# 天气预报技术文集

（2018）

国家气象中心　编

## 内容简介

文集收录了2018年3月在江西南昌召开的“2018年全国重大天气过程总结和预报技术经验交流会”上交流的66篇论文，内容分为“暴雨、暴雪”“台风、雾霾、低温、水文气象”“强对流天气”“天气预报技术方法”四部分。可供全国气象、水文、航空、交通气象、环境保护等部门中从事天气预报预测业务、科研和管理的人员参考。

**图书在版编目(CIP)数据**

天气预报技术文集. 2018 / 国家气象中心编. -- 北京 : 气象出版社，2020.1(2022.3 重印)

ISBN 978-7-5029-7176-2

Ⅰ.①天… Ⅱ.①国… Ⅲ.①天气预报－文集 Ⅳ.①P45-53

中国版本图书馆CIP数据核字(2020)第034749号

**天气预报技术文集(2018)**

---

**出版发行**：气象出版社
**地　　址**：北京市海淀区中关村南大街46号　　**邮政编码**：100081
**电　　话**：010-68407112(总编室)　010-68408042(发行部)
**网　　址**：http://www.qxcbs.com　　**E-mail**：qxcbs@cma.gov.cn
**责任编辑**：张锐锐　吕厚荃　　**终　　审**：吴晓鹏
**责任校对**：王丽梅　　**责任技编**：赵相宁
**封面设计**：王　伟
**印　　刷**：北京中石油彩色印刷有限责任公司
**开　　本**：787 mm×1092 mm　1/16　　**印　　张**：33.75
**字　　数**：840千字
**版　　次**：2020年1月第1版　　**印　　次**：2022年3月第4次印刷
**定　　价**：180.00元

---

# 编者的话

"全国重大天气过程总结和预报技术经验交流会"自1997年首次召开以来，至2018年已有22年了。经过20多年的发展，报告论文整体水平不断提高，总结分析以及交流的深度和广度不断加强，在预报员的能力培养以及专业化预报业务技术体系建设方面发挥了重要作用，有力地促进了预报业务水平的提高和预报员能力的提升。

本次会议主要针对2017年重大天气事件，重点围绕2017年度台风、暴雨、强对流、雾、霾、暴雪等重大灾害性天气和疑难天气过程，水文气象、卫星遥感气象监测、数值天气预报解释应用等技术发展，系统平台建设，以及新资料和新方法的应用等方面进行了深入交流和研讨。会议得到了各级气象预报业务单位预报员和科研人员的积极响应，大会共收到来自全国各省(区、市)气象部门、相关科研院(所)以及气象部门外单位的论文237篇，其中国家级业务单位与各省(区、市)气象局论文223篇，其余稿件来自部队、民航和海洋领域的相关部门。内容涉及2017年灾害性天气及其次生灾害发生发展的成因、预报业务的技术难点、重大社会活动气象保障、数值天气预报技术、业务平台建设以及应用技术等多个方面。谨此将经过专家推荐的66篇论文全文纳入《天气预报技术文集(2018)》，与读者共同分享我国天气预报技术总结与发展成果。

本文集的出版，得到了中国气象局有关职能司、省(区、市)气象局及气象出版社的大力支持。借此机会对各单位及所有论文的作者给予的支持一并表示感谢。

由于水平有限，编辑过程中存在许多不足之处，恳请读者指出并提出宝贵意见。

# 编者的话

# 目　录



## 第一部分　暴雨、暴雪分会场报告



## 第二部分　台风、雾霾、低温、水文气象分会场报告

## 第三部分 强对流天气分会场报告



## 第四部分 天气预报技术方法分会场报告

# 第一部分

# 暴雨、暴雪

# 分会场报告

# 广州“5·7”大暴雨高分辨率模式分析

盛　杰　张小雯　唐文苑　尤　悦　万子为

（国家气象中心，北京 100081）

**摘　要**

2017 年 5 月 7 日广州发生特大暴雨过程，通过定量检验和天气学分析，对比分析了 GRAPES-3 km 高分辨率模式对于此次过程的模拟能力。结果表明：高分辨模式对于极端降水的量级有一定的模拟能力，但是对于精准的落区和发生时段还有一定的误差，业务模式的实时更新同化可能可以改善，提高模式预报能力。

**关键词**：特大暴雨过程；局地强对流；高分率模式；定量检验

## 1　实况特征

从 2017 年 5 月 7 日 00—10 时累积降水实况监测显示，广州附近出现 2 个大降水中心，这 2 个大降水中心分别出现在两个时段，第一个阶段是 00—04 时，在广州西北部的花都出现 323 mm 的大值中心，第二个阶段是 05—08 时，在广州的东北部出现 453 mm 的大值中心，其中 05—06 时的小时雨强达到 184 mm·$h^{-1}$。结合地形分布可以看到大降水中心均出现在四面环山的地形低洼处，地形对这次过程的影响有待进一步分析，整个降水过程呈现局地性强、累计雨量大的特点。

从 HMW8 红外通道（逐 10 min）卫星云图演变（图略）分析造成两次大降水中心的对流云团，在第一阶段，在广州中部偏西地区不断有小尺度对流云团初生、发展和消亡，后向传播特质显著。小尺度对流云团直径在 10～20 km，属于 γ 中尺度，云团生命史短，生消更替快。虽然云团发展高度没有异常偏高，但其对应的雨强却异常偏强，连续 3 h 维持在 10～25 mm·$(10\ min)^{-1}$。在第二阶段，在广州中部偏东地区不断有小尺度对流云团发展，对流云团特征与第一阶段相同且不断初生、发展和消亡。同样连续 3 h 维持在 15～40 mm·$(10\ min)^{-1}$，最大雨强达到 41 mm·$(10\ min)^{-1}$。

分析造成此次大暴雨过程的地面影响系统，结合地面温度场演变及对应的 1 h 降水资料（图 1）可以看出，过程配合明显的地面中尺度冷锋系统，系统前后对应显著冷暖中心，且该系统不断南压，因此推测由地形抬升触发对流在广州北部清远山地初生，对流发生后冷池发展出中尺度冷锋影响对流的传播（图 1a、图 1b）。为验证冷池驱动对此次暴雨过程的影响，分析了地面 1 h 变温及对应的 1 h 降水，发现负变温大值中心与降水大值中心有较好的对应关系，即出现降水的地方也出现了较大的变温，但是冷池中的位温在地面环境中并无体现（图 1c、图 1d）。

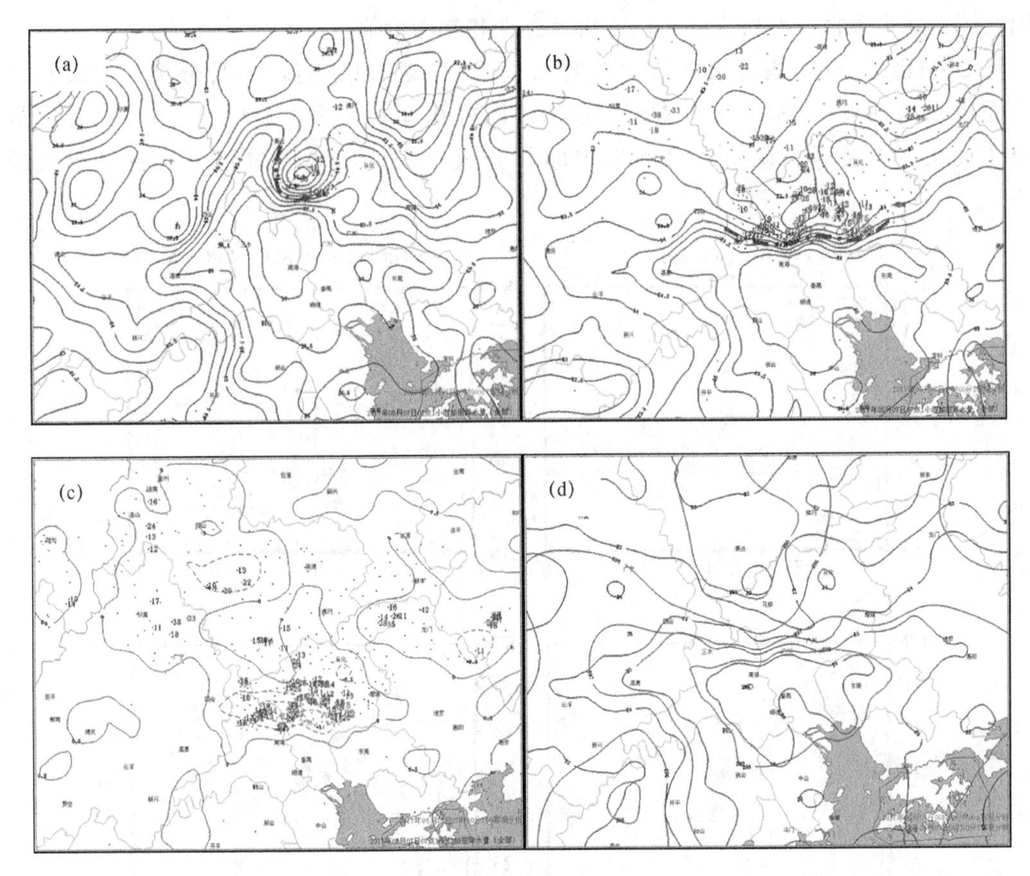

图1　2017年5月7日02时地面温度和1 h降水(a)；7日07时地面温度和1 h降水(b)；
7日07时地面1 h变温和1 h降水(c)；7日06时地面温度和位温(从04时开始)(d)

## 2　模式表现

分析此次过程各家中尺度模式的预报情况可见，GRAPES-RAFS、华东模式(9 km)、华南区域模式、北京RMAPS四家模式在5月6日08时均漏报了7日凌晨的局地强对流。更细分辨率的GRAPES_3 km模式在6日08时漏报了7日凌晨的局地强对流，但是在6日20时预报了在广东中部有较强回波，与7日06时实况相比，回波范围与实况较为一致，但是回波大值中心较实况偏北，没有预报出广州附近的强回波区。快速更新同化系统(RAFS)从14时起报开始，逐3 h均预报了广州附近的回波，较实况相比，回波强度偏弱。因此更细分辨率的中尺度模式及快速更新同化的中尺度模式具备一定的参考价值。

从模式预报与7日02—05时和05—08时的3 h降水实况比较看出，华东模式(9 km)在6日20时预报的02—05时降水与实况有较大偏差，虽然报出了05—08时广州附近的降水，但是量级有较大偏差；华东更新同化(3 km)模式6日23时预报的02—05时降水与实况较接近，同时也预报出了05—08时的降水，但是量级偏小；随后华东更新同化(3 km)模式7日02时预报的02—05时降水与实况依然较接近，但没有预报出05—08时广州附近的降水，位置明显偏北。因此对流可分辨模式有一定的预报能力，给出了强降水的信息，快速更新同化系统的预报效果有改进，但也存在空报和漏报。综上得出结论，对流可分辨模式与快速更新同化模式无论是回波还是降水预报方面均具备一定的指示意义和参考价值。

从 GRAPES_meso 集合预报的效果看，6 日 20 时起报的成员中，部分集合成员预报出了广东凌晨的回波，显示广东有对流（图 2）。同样从降水预报上（图 3），部分集合成员预报出了此次广东暴雨。说明集合预报中的部分成员对此次暴雨过程也具备一定的预报能力。

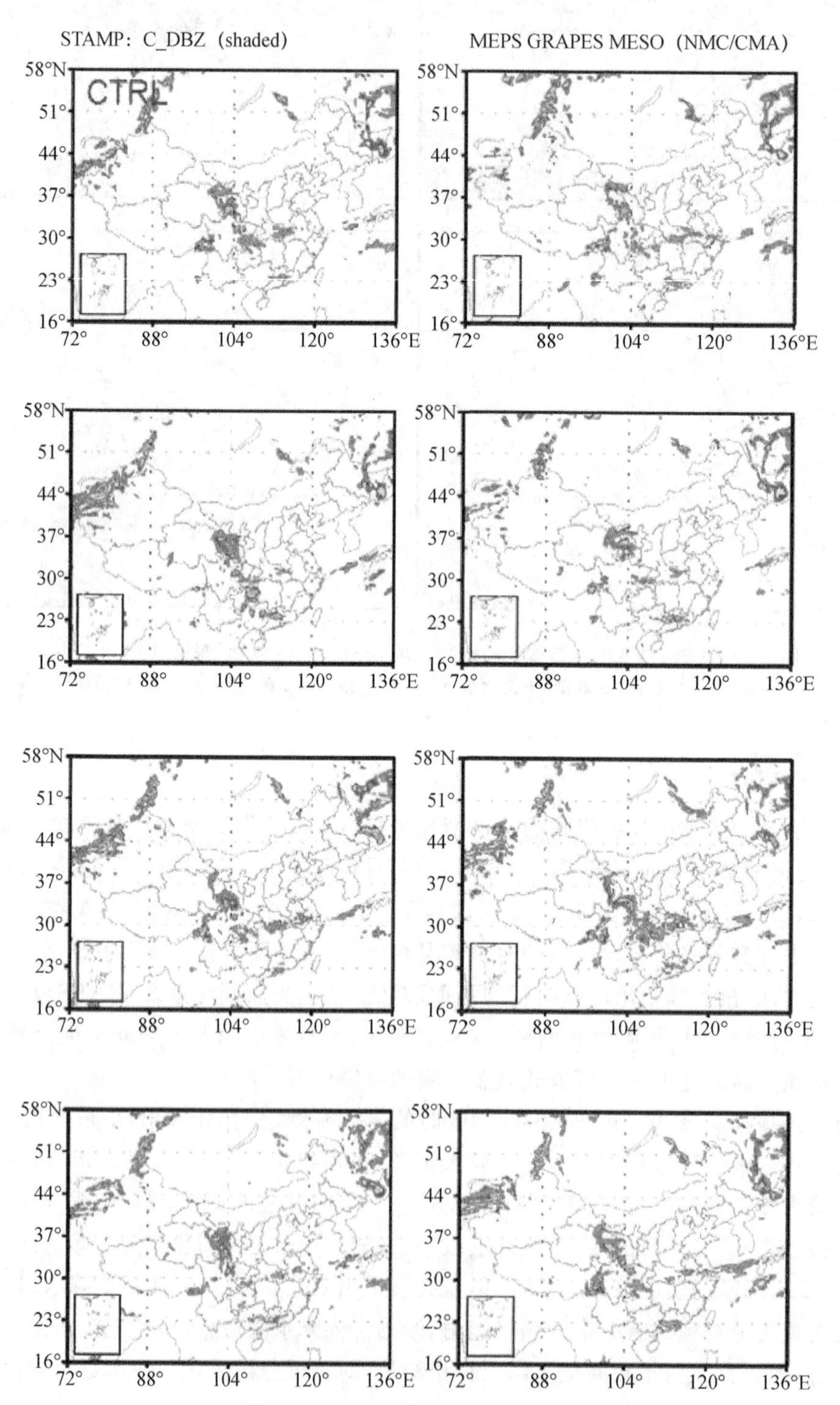

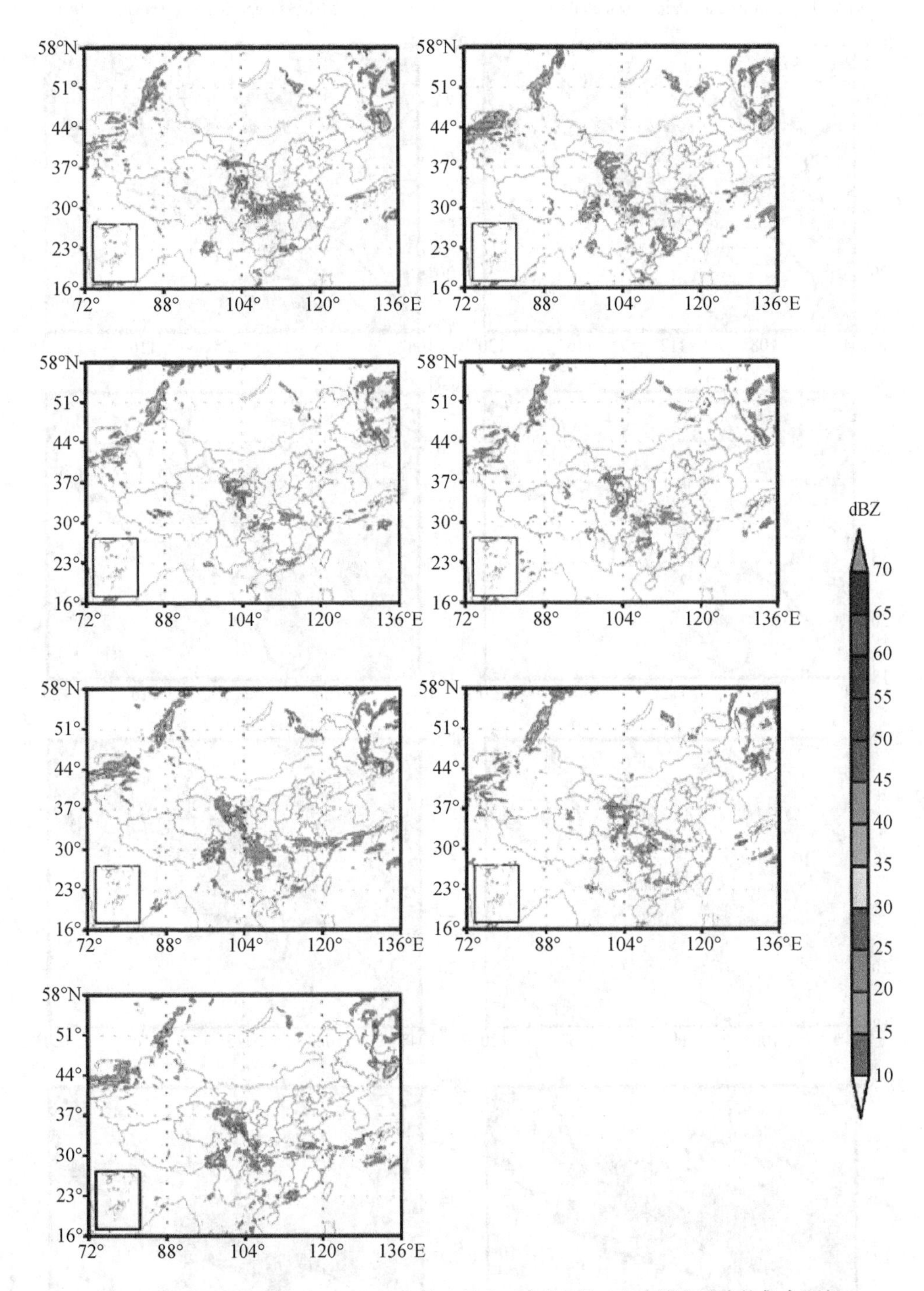


图 2　GRAPES_meso 在 2017 年 5 月 6 日 20 时对 7 日 05 时雷达回波的集合预报

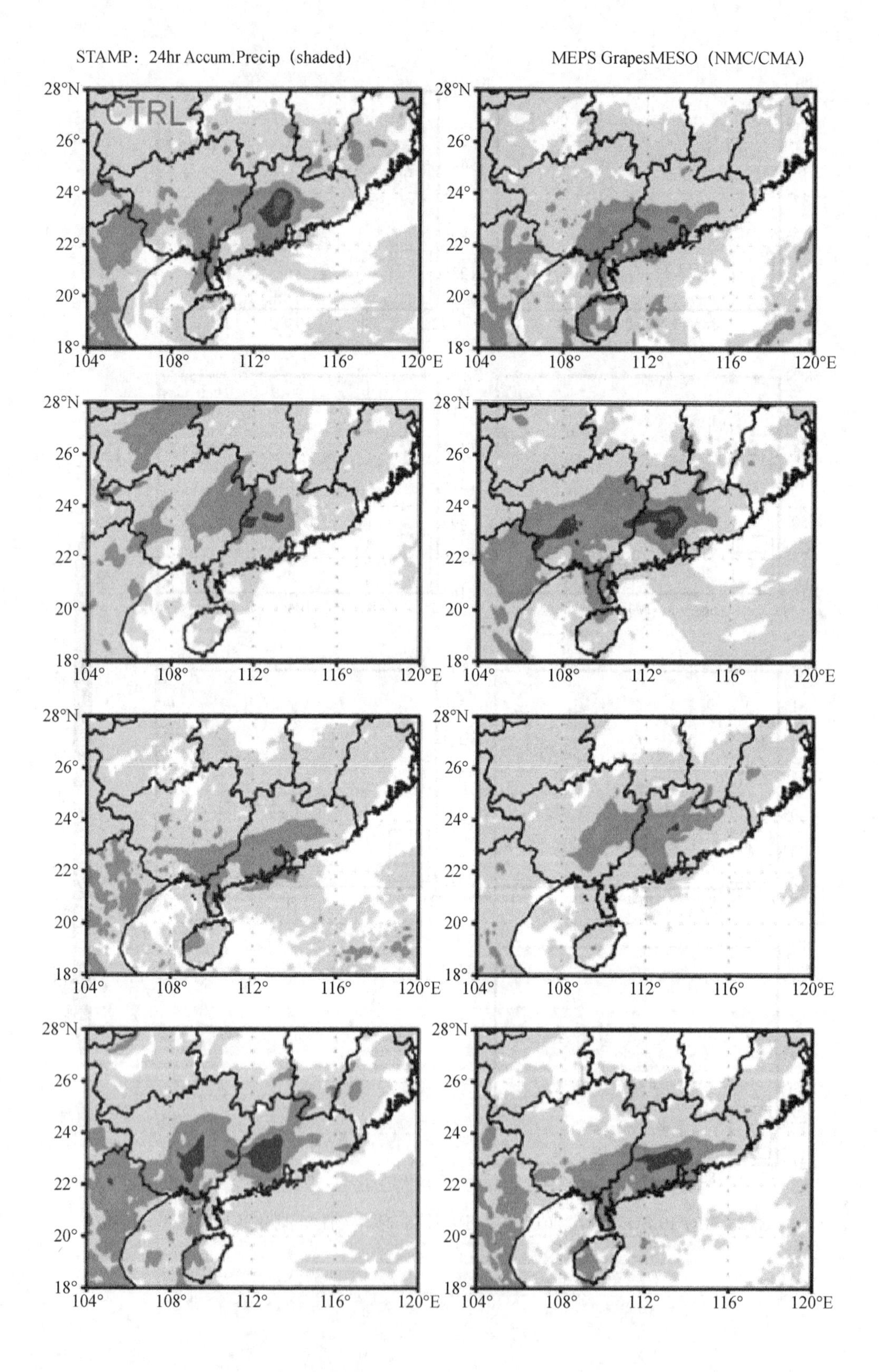
STAMP：24hr Accum.Precip（shaded）
MEPS GrapesMESO（NMC/CMA）
CTRL
28°N
26°
24°
22°
20°
18°
104°
108°
112°
116°
120°E

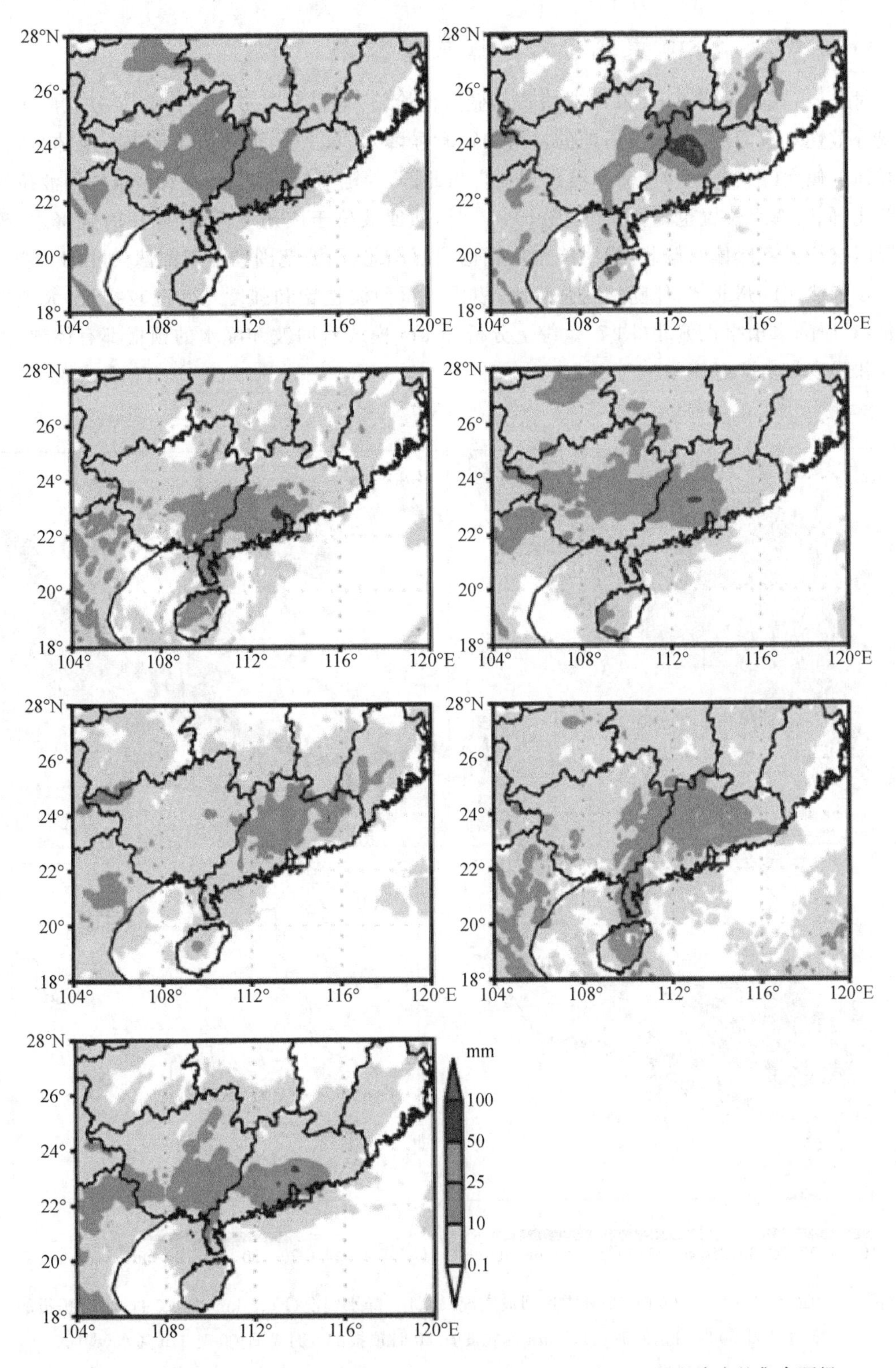


图 3　GRAPES_meso 在 2017 年 5 月 6 日 20 时对 7 日 12 时 24 h 累积降水的集合预报

## 3　GRAPES_3 km 模式小时定性定量检验

对 3 km 模式 5 月 6 日 20 时起报产品做定性检验，可以发现，7 日 00 时 12 分在广东西部出现分散性对流回波，也出现局地的雷暴和短时强降水，模式对回波和降水都有所体现，但是回波强度偏大(图 4)；02 时，强回波出现在广州北部，伴随短时强降水，模式预报的回波位置偏西偏北，同时降水位置也偏西偏北(图 5)；04 时，强回波位于广州北部，伴随短时强降水，模式预报回波位置依然偏西偏北，同时降水位置也偏西偏北，回波范围和强度都偏大(图 6)；06 时，强回波依然在广州北部，伴随短时强降水，模式预报回波位置和强度与实况较接近，大值中心偏北，对应降水预报也偏北(图 7)。综上分析，3 km 模式对回波和降水的预报都有体现，但是位置和强度与实况有偏差。

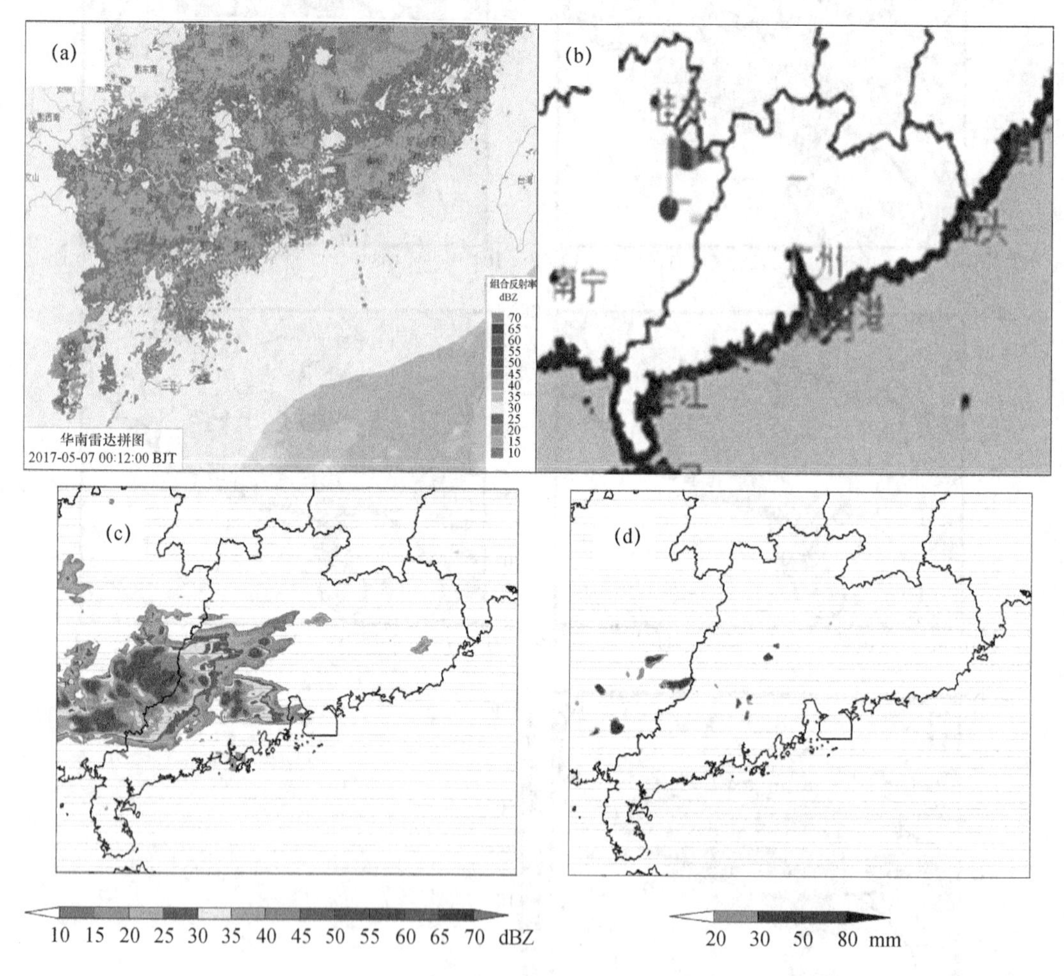


图 4　2017 年 5 月 7 日 00 时 12 分雷达回波实况(a)、1 h 降水实况(b)、3 km 模式 6 日 20 时预报的 5 月 7 日 00 时雷达回波(c)、3 km 模式 6 日 20 时预报的 5 月 7 日 00 时 1 h 降水(d)

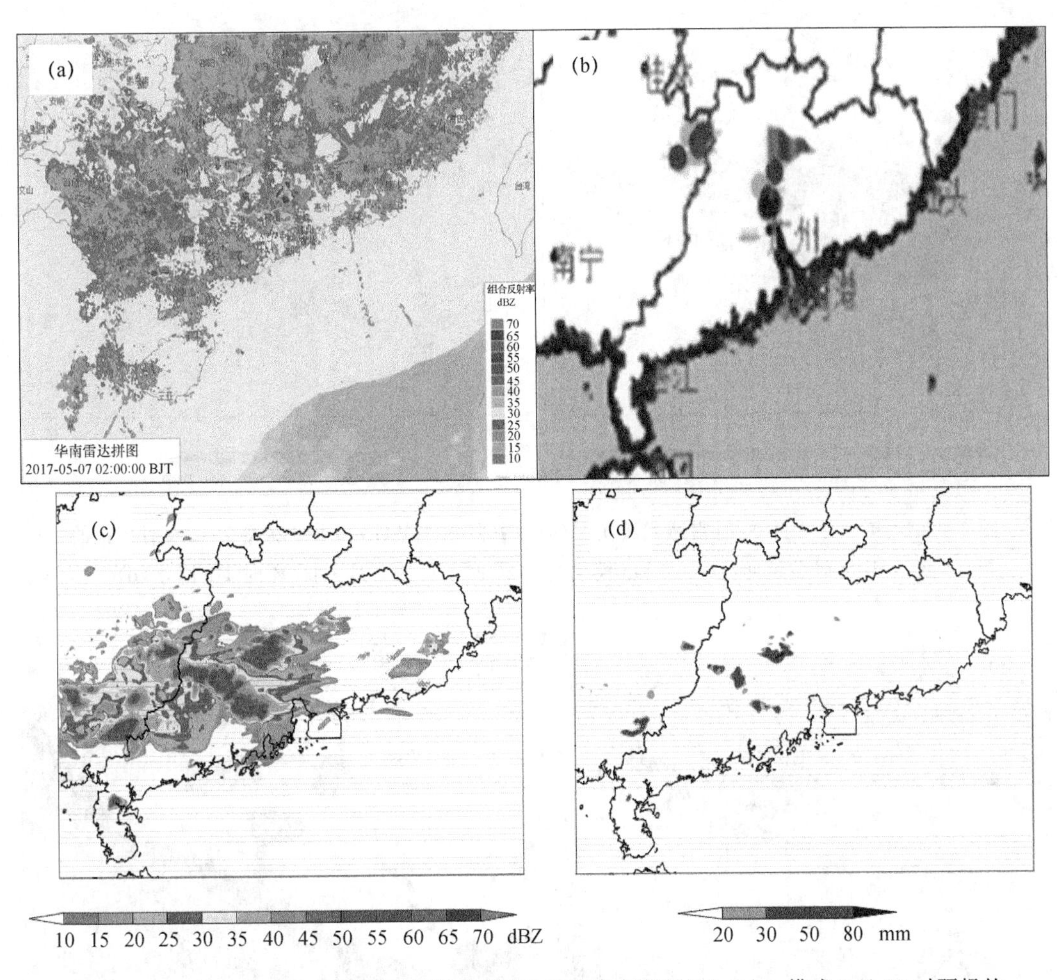


图5　2017年5月7日02时雷达回波实况(a)、1 h降水实况(b)、3 km模式6日20时预报的5月7日02时雷达回波(c)、3 km模式6日20时预报的5月7日02时1 h降水(d)

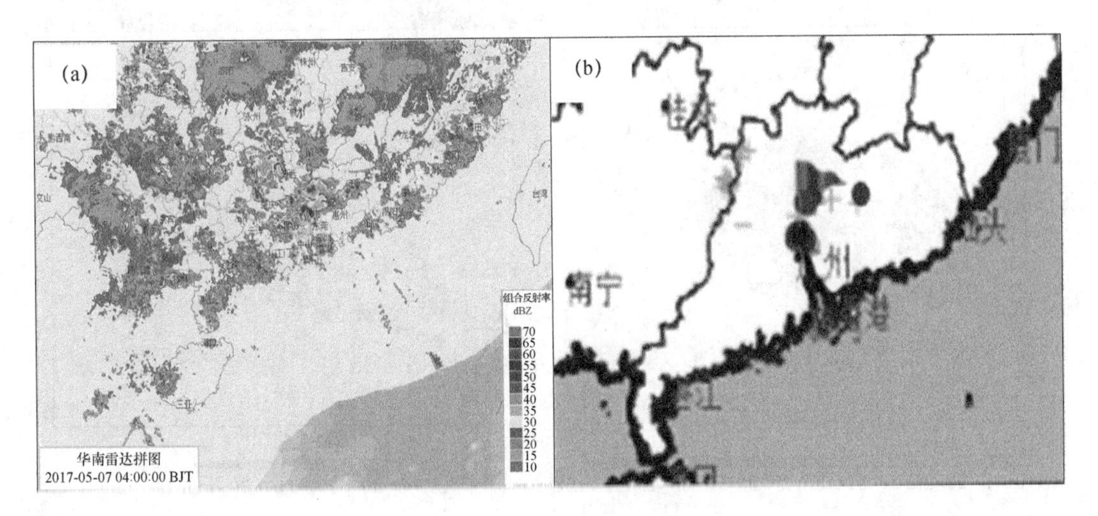

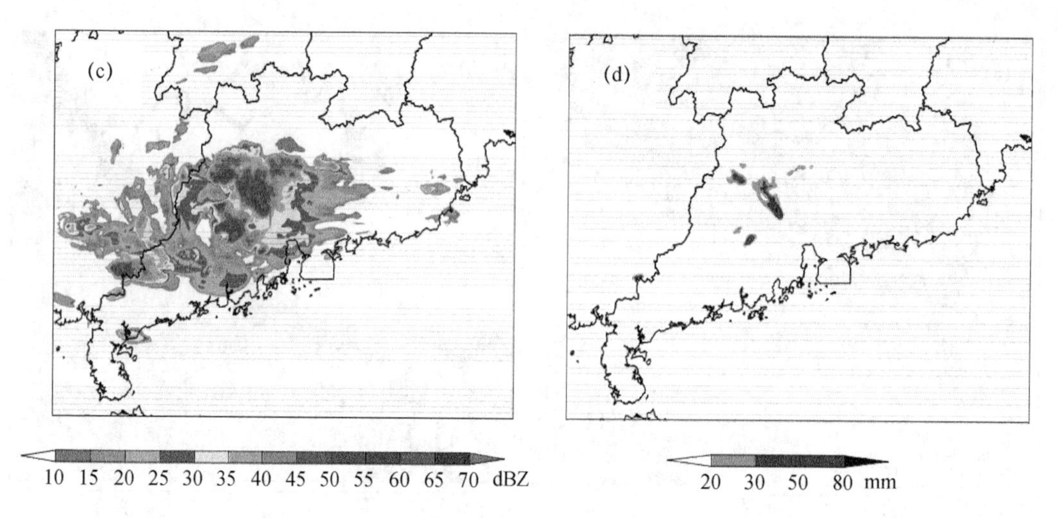


图 6　2017 年 5 月 7 日 04 时雷达回波实况(a)、1 h 降水实况(b)、3 km 模式 6 日 20 时预报的 5 月 7 日 04 时雷达回波(c)、3 km 模式 6 日 20 时预报的 5 月 7 日 04 时 1 h 降水(d)

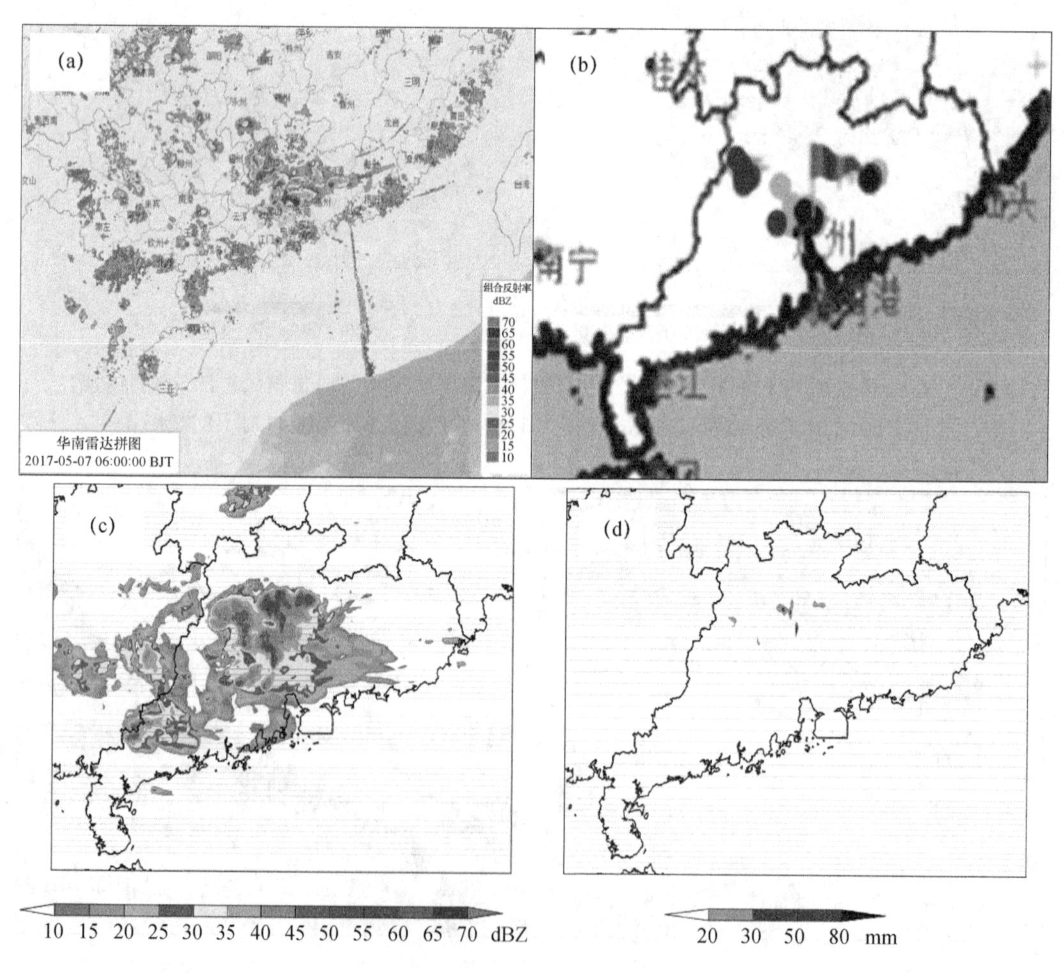


图 7　2017 年 5 月 7 日 06 时雷达回波实况(a)、1 h 降水实况(b)、3 km 模式 6 日 20 时预报的 5 月 7 日 06 时雷达回波(c)、3 km 模式 6 日 20 时预报的 5 月 7 日 06 时 1 h 降水(d)

对模式预报产品做定量检验可以发现，使用新型的检验方法包括基于对象的MODE检验方法及FSS检验结果，分析了模式>50dBZ（经过强度修正）的单体MODE分数，得出在00—05时，GRAPES_3 km预报效果比华东模式好（图8）。对比实况和模式预报的小时降水量频率分布曲线发现，在强降水的第一个阶段（00—04时），华东模式在降水量级预报上与实况接近，而3 km模式在10～20 mm降水区间预报偏弱，20 mm以上量级降水预报偏强；在强降水的第二阶段（04—08时），华东和3 km模式均存在降水量级预报偏弱的问题（图9）。进一步分析6日20时起报的每个预报时效的大于5 mm降水预报评分可见，01时、06—10时、14时时效GRAPES预报效果优于华东模式（未订正）；11时、13时时效华东模式（未订正）预报效果较GRAPES好；其他时次两家模式预报效果接近，综合分析GRAPES_3 km预报效果较华东模式（未订正）好（图10）。分析6日20时起报的每个预报时效的大于20 mm降水预报评分可见，01时、05—10时、14时时效GRAPES预报效果优于华东模式（未订正）；11—12时时效华东模式（未订正）预报效果较GRAPES好；其他时次两家模式预报效果接近（图11）。综合分析GRAPES_3 km对于雷达回波及小时降水量的预报效果在01—05时预报时效（雷达回波）、01—11时预报时效（小时降水量）比华东模式（未订正）好。

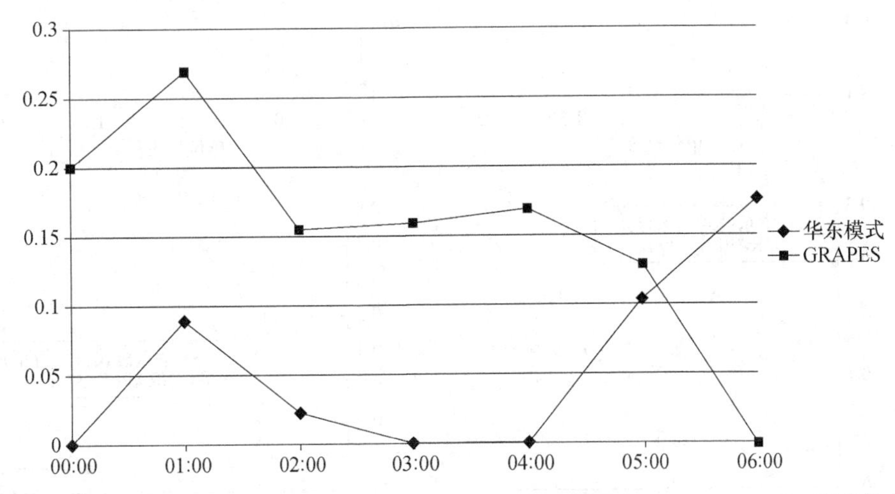


图8 基于对象检验2017年5月7日00—05时华东模式预报和GRAPES_3 km预报效果

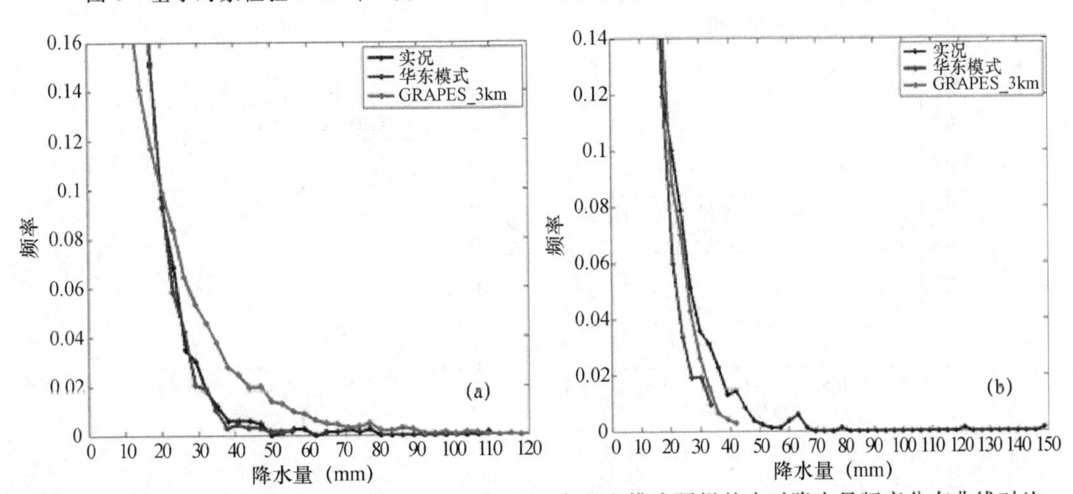


图9 2017年5月7日00—04时(a)、04—08时(b)实况和模式预报的小时降水量频率分布曲线对比

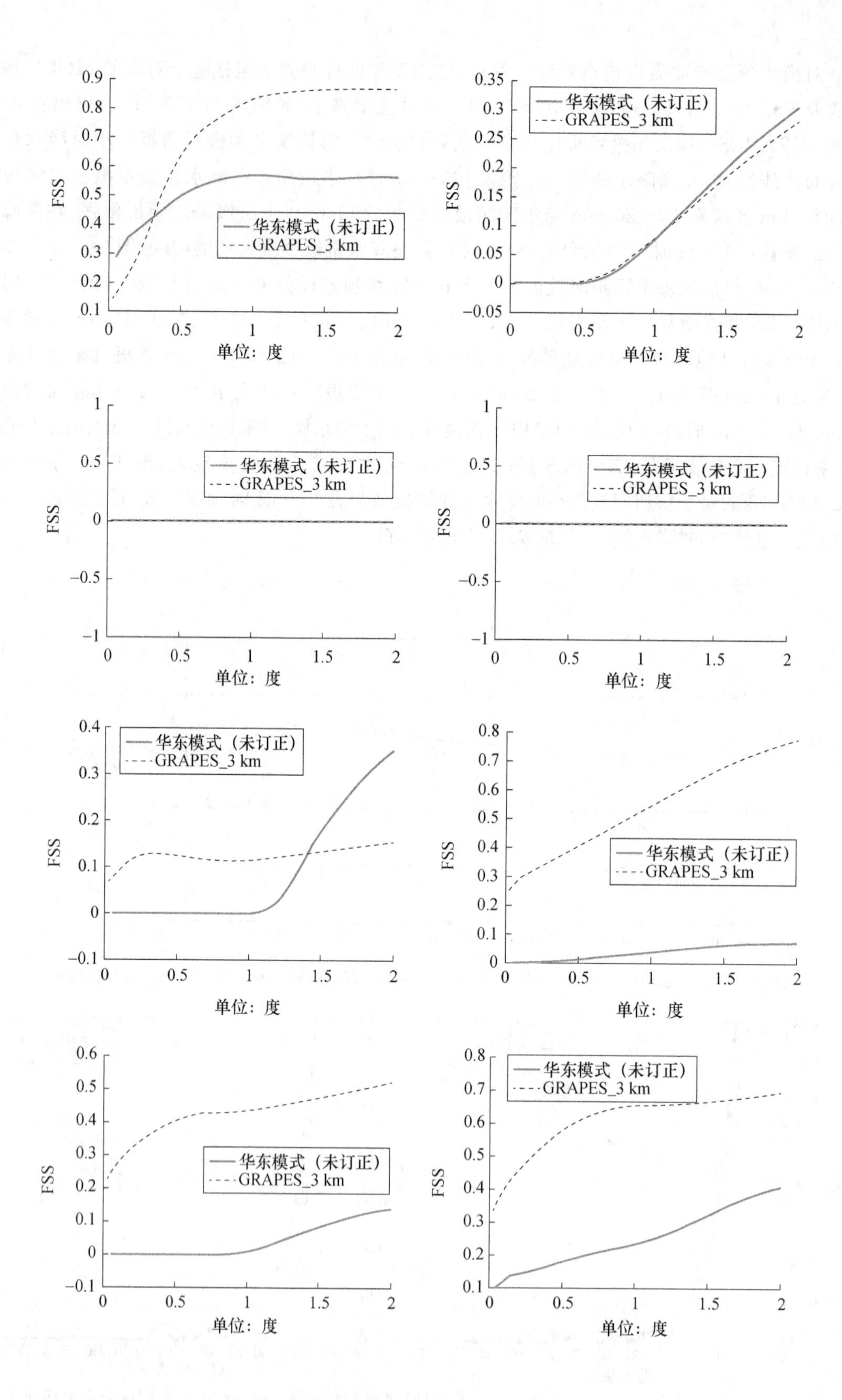
FSS
单位：度
华东模式（未订正）
GRAPES_3 km
FSS
单位：度
华东模式（未订正）
GRAPES_3 km
FSS
单位：度
华东模式（未订正）
GRAPES_3 km
FSS
单位：度
华东模式（未订正）
GRAPES_3 km
FSS
单位：度
华东模式（未订正）
GRAPES_3 km
FSS
单位：度
华东模式（未订正）
GRAPES_3 km
FSS
单位：度
华东模式（未订正）
GRAPES_3 km
FSS
单位：度
华东模式（未订正）
GRAPES_3 km

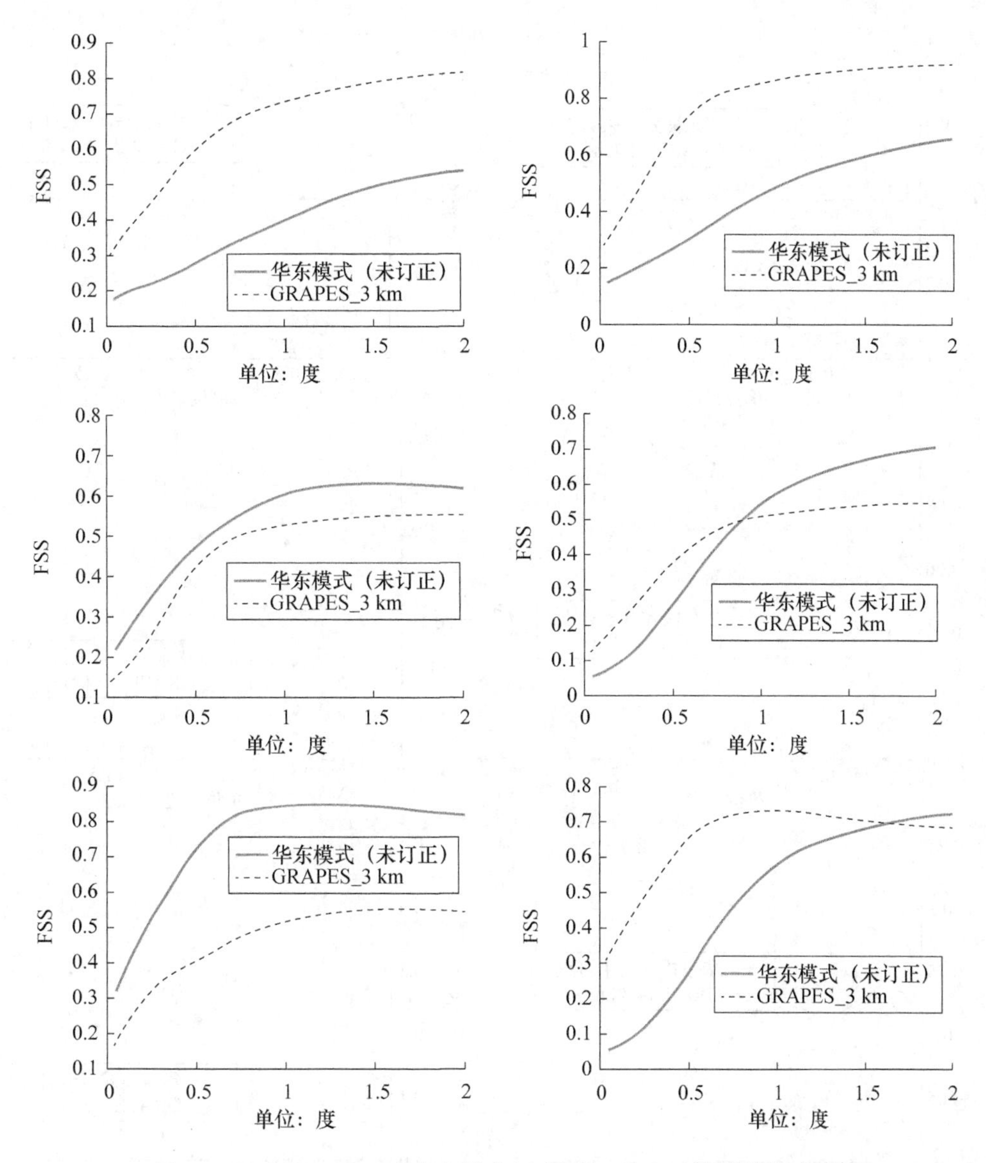


图 10　GRAPES_3 km 和华东模式(未订正)6 日 20 时起报的逐小时预报时效的大于 5 mm 降水预报评分

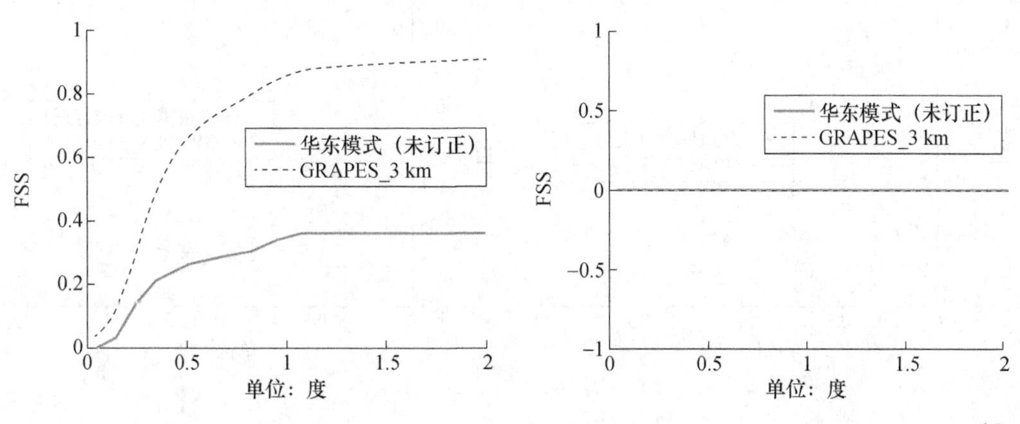

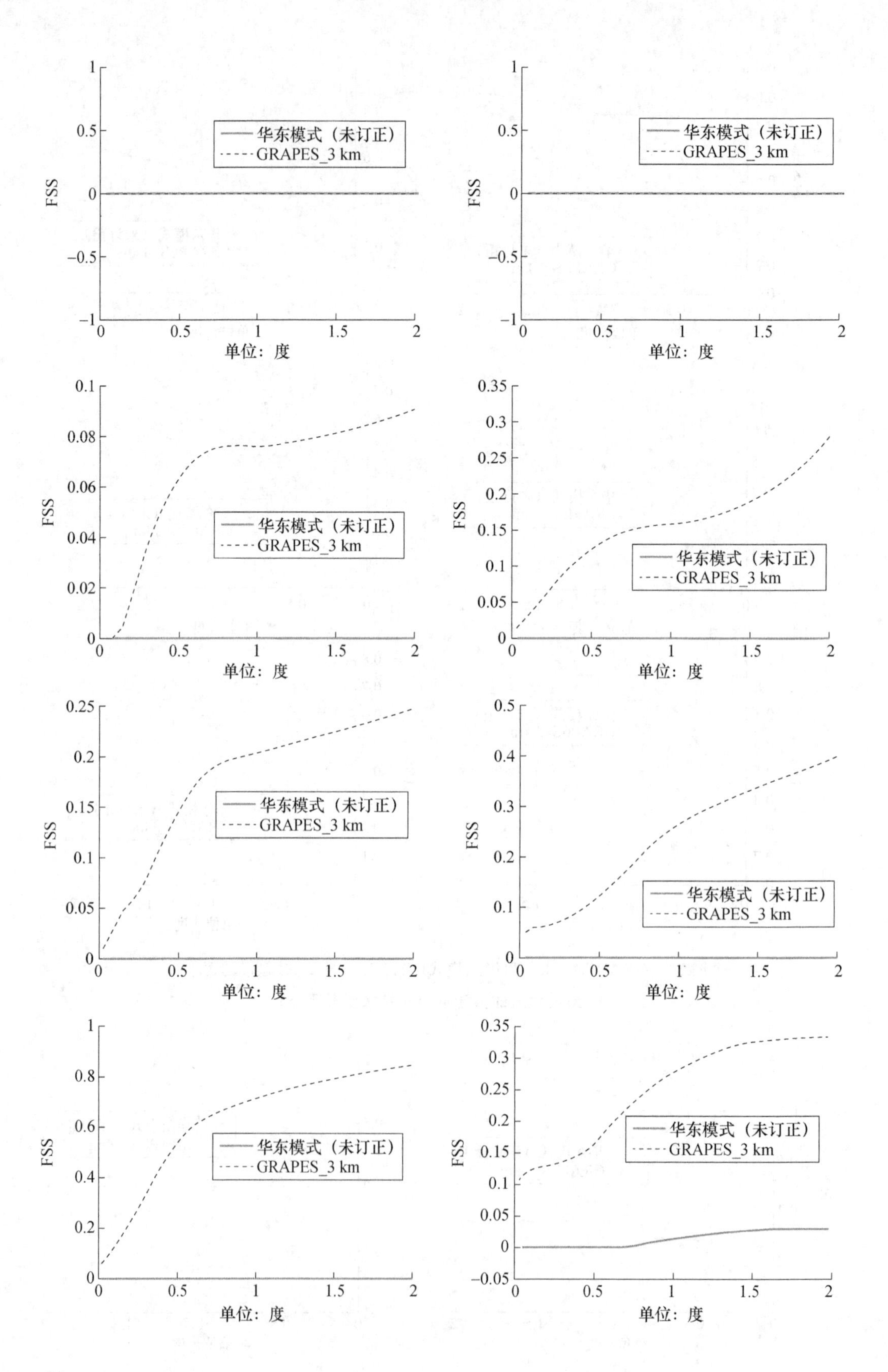
华东模式（未订正）
GRAPES_3 km
FSS
单位：度

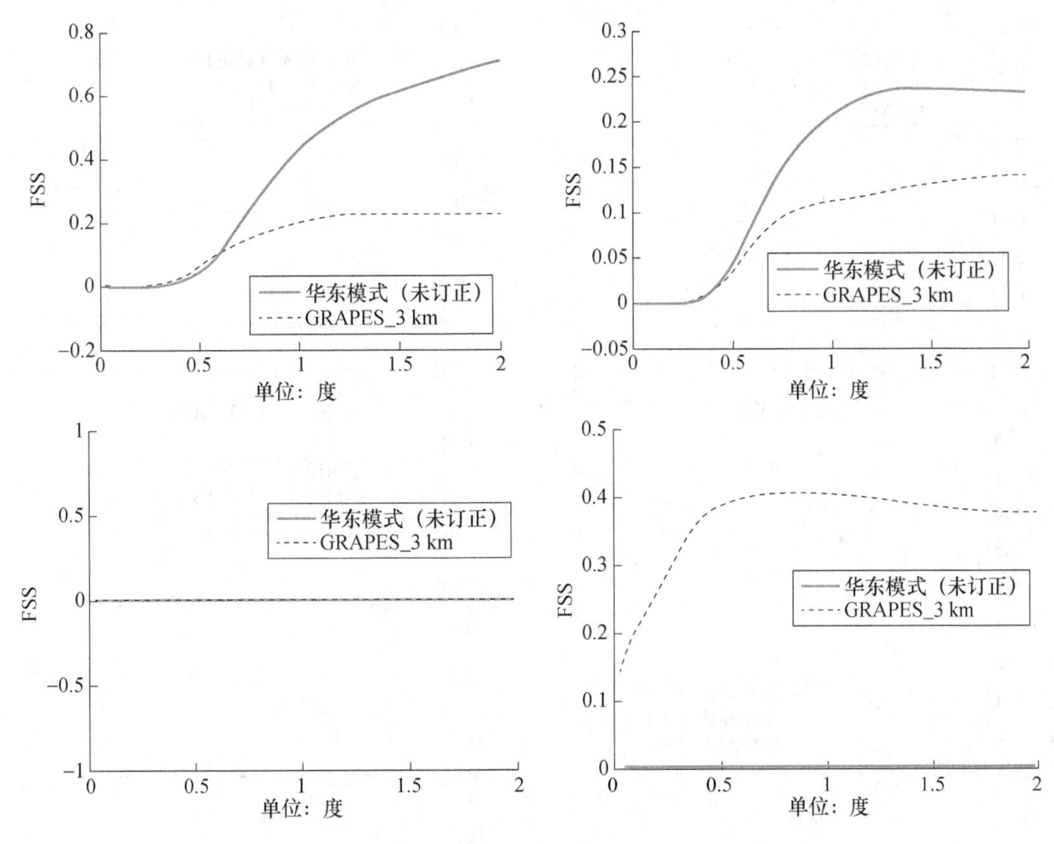


图 11　GRAPES_3 km 和华东模式(未订正)6 日 20 时起报的
逐小时预报时效的大于 20 mm 降水预报评分

若定性比较订正的华东模式、未订正的华东模式和 GRAPES_3 km 在 6 日 20 时起报的 09—14 时预报时效的预报结果显示，订正后的华东模式较未订正之前有更好的预报效果，虽然在降水位置上仍然存在偏差，也存在较大的漏报情况。订正后的华东模式较 GRAPES_3 km 而言，两家模式都存在明显的漏报，预报的降水位置也存在一定的偏差，但是订正后的华东模式在较远的预报时效里对降水的预报有指示意义。定量分析结果显示(图 12)，订正后的华东模式较未订正之前有更好的预报效果，效果改善显著，除了 11 时效没有得到改善；而 GRAPES_3 km 只在 09 时效优于订正后的华东模式，其他几个时效均是订正后的华东模式优于 GRAPES_3 km。因此，综合分析订正后的华东模式对于小时降水量的预报效果优于 GRAPES_3 km。

## 4　分析和讨论

模式预报各有千秋，为了更清楚地分析造成模式预报差异及模式空报漏报的原因，从而分析此次暴雨过程的简单机理，GRAPES-RAFS 在 6 日 08 时起报 7 日 02 时在低层风场、中层高度场、湿度场和热力不稳定条件上面没有显著反应，但是 6 日 20 时起报 7 日 02 时在低层风场、中层高度场、湿度场和热力不稳定条件上面有一定的反应，08 时起报的 588 dagpm 线偏北，不利于对流发展，而 20 时起报的 500 hPa 高度场有弱槽；20 时起报的 925 风场看出底层回流冷空气相对较弱，使得暖切位置相对偏北；广州附近的能量条件也较差，不利于对流。

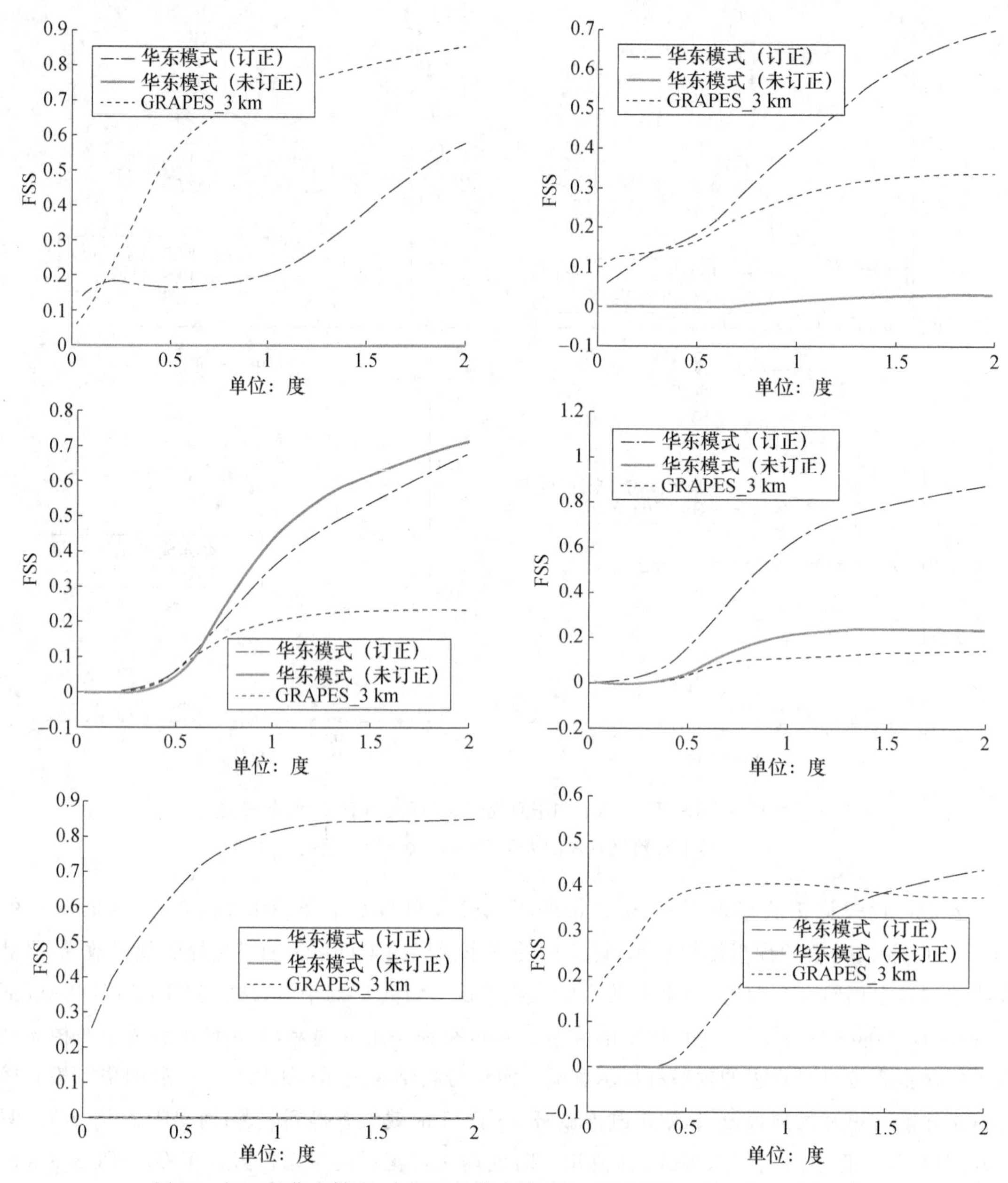


图 12　订正的华东模式、未订正的华东模式和 GRAPES_3 km 在 6 日 20 时起报的 09—14 时预报时效的 1 h 降水预报评分(>20 mm)

从 5 月 7 日 02—03 时相关自动站分钟降雨量可以看出,此次过程分钟降雨量均表现在 2 mm·min$^{-1}$左右,雨强偏大从而造成此次强降雨过程。05—07 时相关测站小时、分钟降雨量表现在 1.5 mm·min$^{-1}$左右,其中小时雨强 184 mm·h$^{-1}$的测站最大分钟雨强达到 4.5 mm·min$^{-1}$,平均分钟雨强在 3 mm·min$^{-1}$左右,均表现为雨强偏大(图 13)。

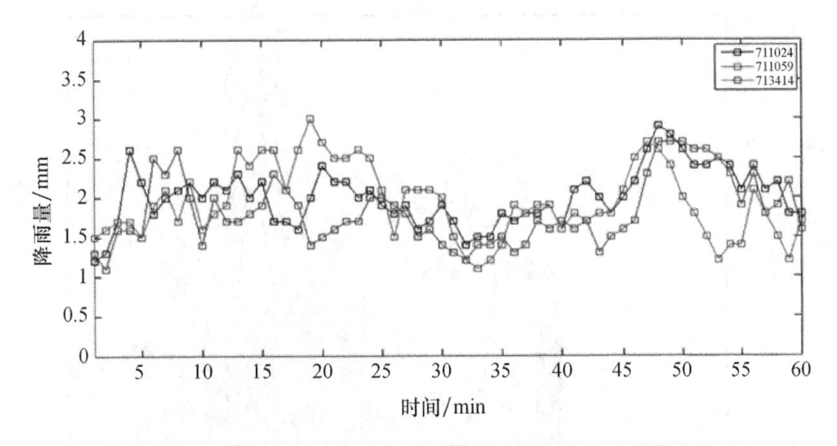


图 13　2017 年 5 月 7 日 02—03 时自动站分钟降雨量

此次过程 02—03 时实况最大雨强为 120.6 mm・$h^{-1}$，GRAPES_3 km 在 6 日 20 时起报的 02—03 时最大雨强为 122.6 mm・$h^{-1}$，较为准确地预报出了实况。从实况的风廓线雷达图上(图 14)可以看到，雷达回波达到 55 dBZ 以上，剖面图显示低层主要表现为雨滴粒子分布，上层存在冰霰粒子，同时从实况的雷达剖面图(图略)看到过程表现为低质心的暖云降水。GRAPES_3 km 预报(图 15)可见低层同样表现为液态水分布，相较实况范围略小，高层表现为固态水分布，但是雷达回波发展高度较实况偏高，与实况存在明显差异，没有表现出低质心特征。

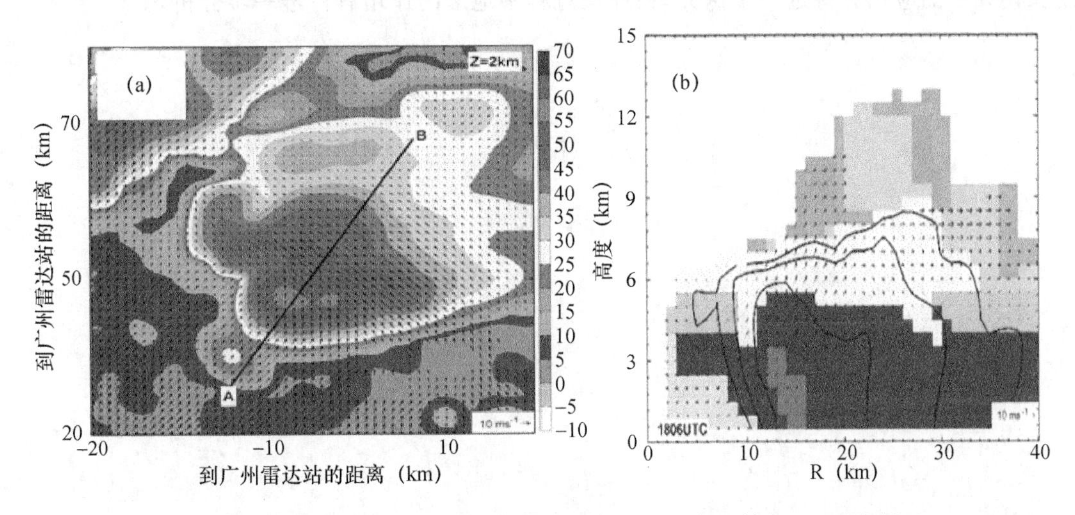


图 14　2017 年 5 月 7 日 02 时风廓线雷达图。(a)组合反射率；(b)垂直剖面

再从地面温度场、湿度场和地面风场实况与模式对比可见，7 日 01 时地面风场出现明显的南风与北风交汇的中尺度锋区，对应锋区南边温度和湿度的大值区，此时模式预报与实况一致。可见 GRAPES_3 km 能够在冷池形成初期，对冷池以及对应的辐合线的位置表现较好。但是 06 时，在对流传播发展阶段，中尺度锋区依然存在，略有向南移动，同时也对应了锋区南边的温度和湿度的大值区，然而模式却报出了一个明显的南北走向的风速辐合带，辐合带两侧也能看到温度场和湿度场的差异，说明此时模式的预报已经与实况不一致了。进一步看 07 时和 08 时模式预报的温度场、回波和地面风场看到，模式预报出了一个较强的南风，对应能量的高值区，但是在南风的西侧预报出了较强的回波，可能正是由于模式预报出的风暴左侧出现的

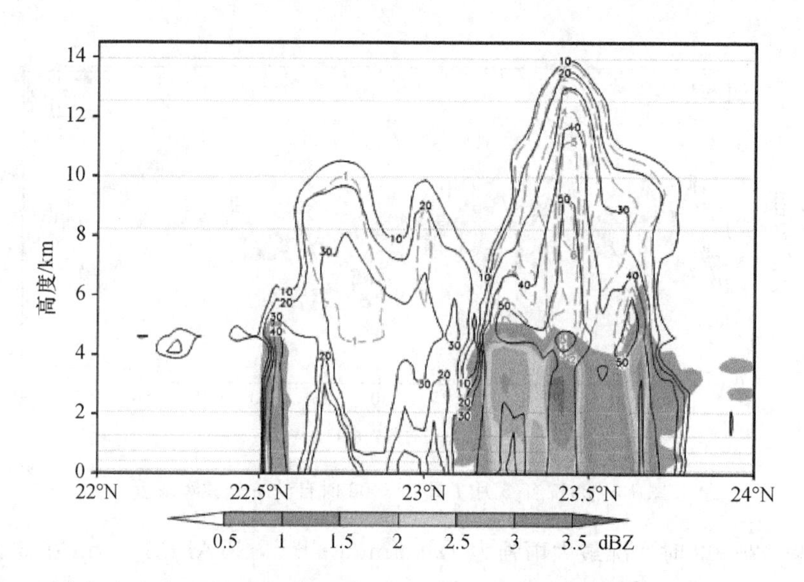


图 15　GRAPES_3 km 预报 2017 年 5 月 7 日 02 时雷达回波垂直剖面

与实况不一致的冷中心和明显的辐散区，导致模式对风场、温度场、湿度场、降水以及造成强降水的风暴体的生消及移动路径的预报都出现了偏差。

综上所述，GRAPES_3 km 在弱扰动下对于强对流预报具备一定的模拟能力，暖云降水机制在模式中的应用有待进一步探究，在此次过程中地形的作用有待进一步分析。

# 辽宁长历时暴雨中尺度对流系统特征分析*

陈传雷[1,2]　管兆勇[1]　纪永明[2]　肖光梁[2]　贾旭轩[3]　程　攀[2]

(1 南京信息工程大学气象灾害教育部重点实验室，南京 210044；

2 辽宁省气象灾害监测预警中心，沈阳 110166；

3 沈阳中心气象台，沈阳 110166)

## 提　要

选取发生在辽宁的 3 次典型长历时暴雨过程，利用 NCEP/NCAR 1°×1°再分析、FY-2E 卫星黑体亮温 TBB、多普勒天气雷达和自动气象站等资料，分析了降水实况、天气形势背景、卫星红外云图、雷达回波的结构和强度变化的代表性特征。结果表明：辽宁长历时暴雨是在有利于产生暴雨的大尺度环境背景下，稳定的形势场导致冷暖空气在某一地区长时间持续相互作用而造成的。该型暴雨在降水实况上有降水雨强变化小、强降水无明显阶段性特征和降水雨强变化大、强降水具有明显阶段性特征两种类型。一般性对流云团、暖云和深对流云团均可造成该型暴雨，其中一般性对流云团的云顶亮温变化幅度小，为－47～－36℃，暖云的云顶亮温为－8～3℃，深对流云团的云顶亮温为－68～－50℃，且强降水发生在云顶亮温低值中心偏向温度梯度大值区一侧。该型暴雨在雷达回波上表现为上游回波连续移入形成“列车效应”、本地不断生成并加强、上游生成的强回波维持较强的强度阶段性移入三种类型，小时平均回波强度及其变化对降水强度和趋势有较好的指示意义。尤其需要指出的是，应特别关注副热带高压西侧低层高能高湿、凝结高度低、整层近乎饱和且又具有局地地形抬升触发条件的地区的暖云强降水的分析和监测。

**关键词：**暴雨　长历时　雷达　对流云团　中尺度特征

## 引言

根据强降水持续时间的长短，暴雨可分为短时暴雨(≤6 h)和长历时暴雨(＞6 h)[1]。关于短时暴雨的研究，近些年很多气象工作者从多方面进行了深入研究并取得了很多成果。如孙建华等[2,3]、王亦平等[4]对短时暴雨的中尺度对流系统的形成及其环境场、不稳定条件增加与维持的机制、湿位涡、MβCS 等特征进行了深入分析，王黎娟等[5]和东高红等[6]分析了锋面垂直环流与中尺度对流系统的相互作用、海风锋在渤海西岸短时暴雨过程中的作用等。张沛源等[7]、刘黎平等[8]、杜秉玉等[9]和郑媛媛等[10]分别利用多普勒天气雷达资料研究了雷达速度图上逆风区、β 中尺度辐合系统、大气低层气流结构、中低层气旋性切变对短时暴雨形成和维持的影响。同时，短时暴雨的预报预警指标也日趋完善，如王令等[11]利用北京区域雷达拼图、VDRAS、卫星云图等多种探测资料，对比分析了两次突发性局地暴雨的中尺度系统特征，提炼了北京城区突发性短时暴雨的预报预警指标。

*资助项目：中国气象局预报员专项项目(CMAYBY2015—015)、中国气象局预报预测核心业务发展专项(CMAHX20160103)。

对出现次数相对较少的“长历时”暴雨，由于其强降水持续时间长、降水雨强大且降水总量大，相比于短时暴雨更容易造成更加严重的灾害，但目前针对该类暴雨的分析研究相对较少，仍主要着眼于空间分布、日变化等气候特征及其与大气环流的联系等方面的分析[12-17]，仅有个别学者分析了天气形势和雷达产品特征，如张家国等[18]利用多普勒雷达资料对湖北一次长历时强降水的回波结构特征、中尺度系统活动和地形作用进行了分析，发现中尺度超低空急流在地形的阻挡下转向与偏南暖湿气流在静止锋附近形成了持续性的中尺度气旋性辐合上升运动，对此次长历时强降水起到了关键作用。本文针对发生在辽宁地区3次典型长历时暴雨过程，分析了强降水发生期间的卫星红外云图、雷达回波结构和强度变化特征，总结了产生强降水的中尺度对流系统活动特征，为今后类似过程的预报预警工作提供参考。

## 1 资料

本文所用的资料主要包括：(1)美国国家环境预报中心(NCEP)/美国国家大气研究中心(NCAR)提供的空间分辨率1°×1°、时间间隔6 h的再分析格点资料；(2)国家气象信息中心提供的FY-2E卫星红外云图0.1°×0.1°逐小时TBB(云顶黑体辐射亮温)资料；(3)辽宁省气象档案馆提供的辽宁省区域自动气象站逐小时降水量资料；(4)辽宁省多普勒天气雷达反射率拼图产品资料。

## 2 降水特征

本文选取的3个个例为：(1)2010年7月20日08时至21日08时(北京时，下同)，辽宁中部出现了大暴雨到特大暴雨，其中铁岭县阿吉乡出现了连续10 h雨强≥10 mm·h$^{-1}$的强降水，24 h降水量达361 mm(图1a)，降水表现为雨强变化小、强降水持续时间长和降水阶段性不明显特征；(2)2010年8月20日08时至21日08时，辽宁东南部地区出现了暴雨局部特大暴雨，其中丹东市五龙背乡出现了连续9 h雨强≥10 mm·h$^{-1}$的强降水，24 h降水量达498 mm(图1b)，降水表现为雨强变化大、强降水持续时间长和降水有明显的阶段性特征；(3)2013年8月16日08时至17日08时，辽宁东部地区出现了暴雨到特大暴雨，其中清原县大苏河乡出现了连续约9 h雨强≥10 mm·h$^{-1}$的强降水(其中8月16日20时至21时为9 mm)，24 h降水量达325 mm，降水表现为雨强变化大、强降水持续时间长和降水有明显的阶段性特征(图1c)。

3次降水过程均具有如下特征：(1)降水总量大，24 h降水量均达到了特大暴雨；(2)雨强大，最大1 h雨量分别达到了48 mm、91 mm和77 mm，特别是五龙背乡连续有3 h降水雨强≥50 mm·h$^{-1}$；(3)强降水持续时间长，雨强连续≥10 mm·h$^{-1}$的持续时间分别达到或接近10 h、9 h和9 h(图1 d～f)。

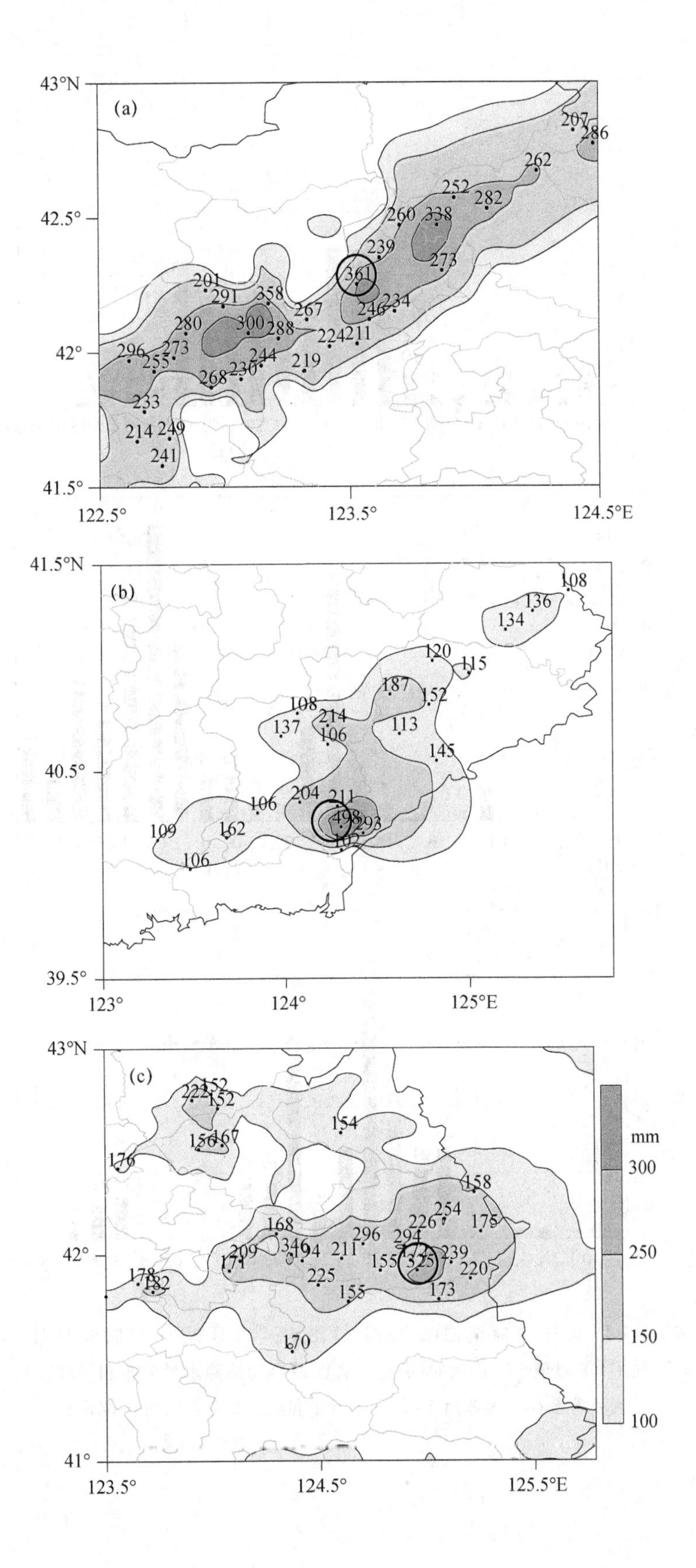
43°N
(a)
42.5°
42°
41.5°
122.5°
123.5°
124.5°E
41.5°N
(b)
40.5°
39.5°
123°
124°
125°E
43°N
(c)
42°
41°
123.5°
124.5°
125.5°E
mm
300
250
150
100

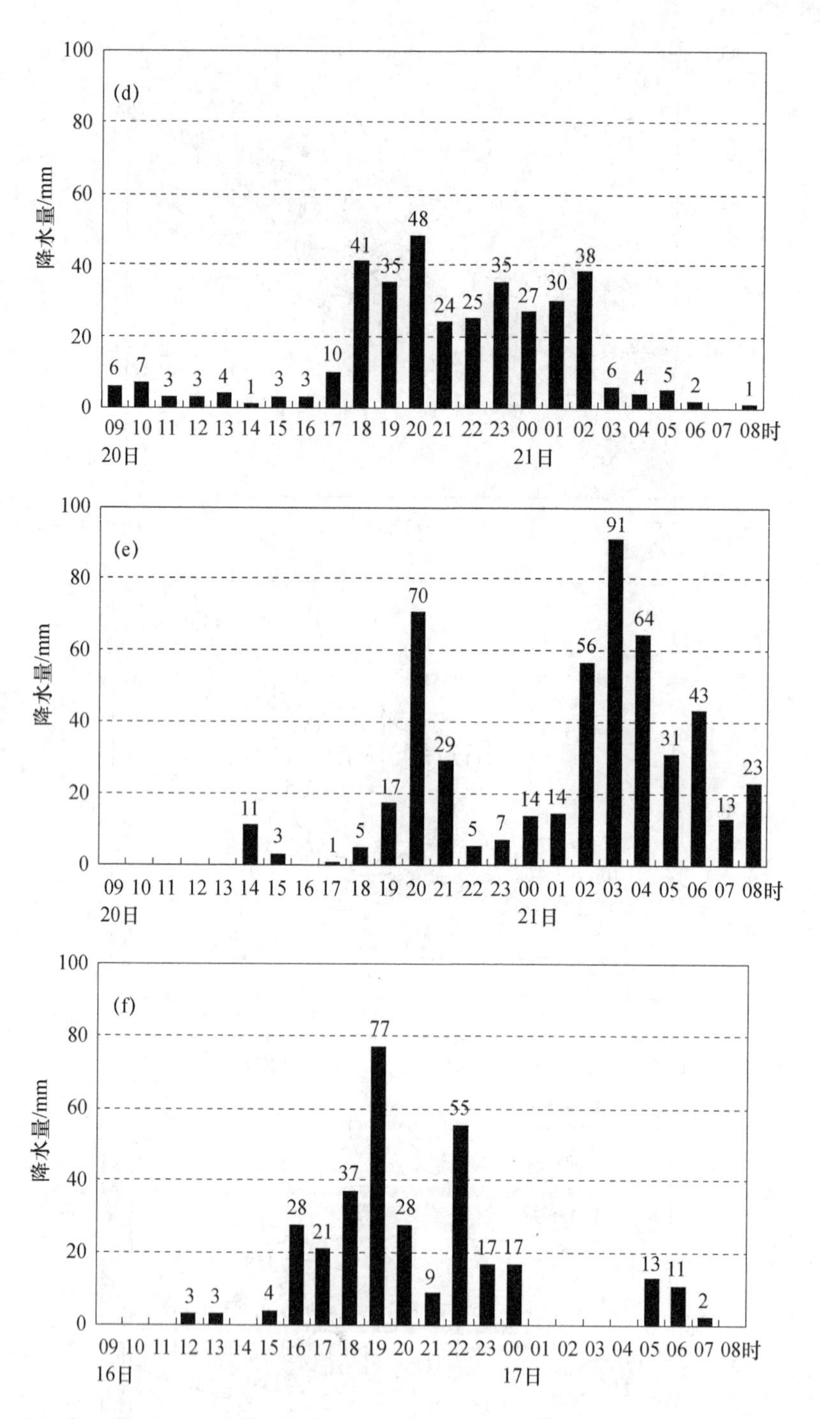


图1 2010年7月20日08时至21日08时(a)、2010年8月20日08时至21日08时(b)、2013年8月16日08时至17日08时(c)辽宁省区域自动站降水量分布和同时段阿吉乡(d)、五龙背乡(e)、大苏河乡(f)逐小时雨量(○:3个乡镇所在位置)

## 3 影响系统特征

3次过程均发生在有利于辽宁产生暴雨的大尺度环境背景下。从强降水发生时的500 hPa高度场、200 hPa急流、850 hPa风场和急流可以看出(图2),2010年7月20日20时(图2a),东北冷涡中心位于黑龙江北部地区,500 hPa高空槽内由蒙古东部经华北向南一直伸展至四川盆地,副热带高压(以下简称副高)呈东北西南向块状分布,中心位于日本岛南部,588 dagpm等位势线位于朝鲜北部附近,辽宁处于500 hPa高空槽前部和地面海上高压西侧,辽宁东北部地区处于200 hPa高空急流轴右侧的辐散区和850 hPa低空急流顶端的辐合区控制,副热带高压西侧偏南气流向北输送的暖湿空气与贝加尔湖高压脊前部西北气流引导南下的冷空气在辽宁东北部地区交汇。2010年8月21日02时(图2b),500 hPa有两支高空槽,一支位于黑龙江北部至贝加尔湖南部,另一支位于河套地区,但两个高空槽均距辽宁较远,副热带高压呈东西向块状分布,中心位于日本南部,588 dagpm等位势线位于辽宁中部,辽宁处于500 hPa高空槽底部和地面海上高压西北侧,副热带高压西侧的西南急流和南侧的偏东急流将南海和东海的暖湿空气输送到辽宁东南部。2013年8月16日20时(图2c),500 hPa贝加尔湖至鄂霍次克海一带为宽广的低槽区,来自极地的强冷空气南下至蒙古东部地区后东移影响辽宁,副热带高压呈东西向带状,海上高压中心位于日本中南部,大陆高压中心位于山东西部,辽宁处于500 hPa低槽区底部和地面东北低压冷锋前部,辽宁东部地区位于200 hPa高空急流轴右侧出口区的辐散区与850 hPa低空急流左侧辐合区的叠置区,海上副热带高压西北侧的西南气流引导北上的暖湿空气与极地南下的强冷空气在辽宁东部地区交汇。

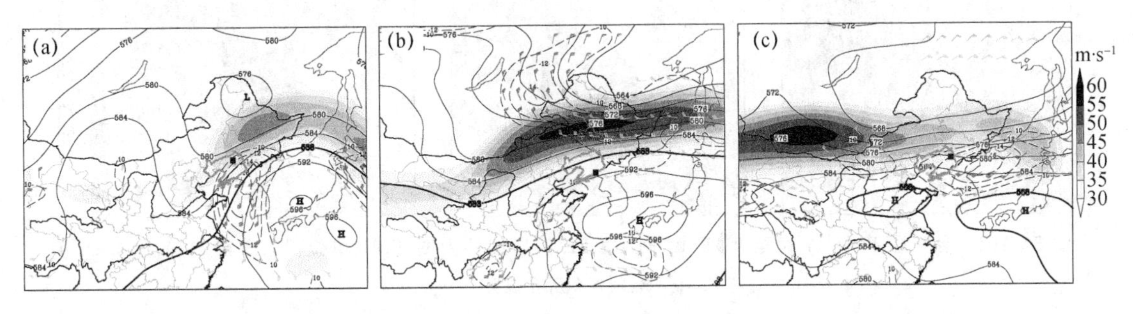


图2 500 hPa高度场(实线,单位:dagpm),200 hPa急流(阴影,单位:m·s$^{-1}$,只显示≥30 m·s$^{-1}$),850 hPa风场(风向杆)和急流(虚线,单位:m·s$^{-1}$,只显示≥10 m·s$^{-1}$)

(a)2010年7月20日20时;(b)2010年8月21日02时;(c)2013年8月16日20时

(■:阿吉乡、五龙背乡、大苏河乡所在位置)

## 4 中尺度对流系统特征

### 4.1 中尺度对流云团特征

#### 4.1.1 铁岭县阿吉乡特大暴雨过程

铁岭县阿吉乡的强降水是先后受4个对流云团影响产生的(图3)。第一个云团于7月20日15时在盘锦北部地区生成(图略),于17—18时影响阿吉乡,中心TBB值为−41～−38℃,阿吉乡开始出现强降水。20日19—22时受渤海北部北上对流云团的影响,中心TBB最低值为－47℃，雨强也同时达到最大为 48 mm・h$^{-1}$。20 日 23 时至 21 日 2 时分别受阜新、盘锦地区生成东北方向移动的对流云团影响，阿吉乡又维持了 4 h 的强降水。21 日 02 时之后由于上空的对流云团逐渐减弱并东移，阿吉乡降水明显减弱。分析发现，阿吉乡强降水发生在对流云团发展旺盛的冷云区的 TBB 梯度区内，在强降水发生前的 16—17 时，其上空云团的 TBB 值由－13℃快速下降至－38℃，1 h 下降幅度达 25℃。可以发现阿吉乡强降水发生期间，其上空云团的 TBB 值在－47～－36℃之间波动变化，雨强在 24--48 mm・h$^{-1}$之间波动变化，TBB 值和雨强均呈现小幅变化特征(图 3a)。

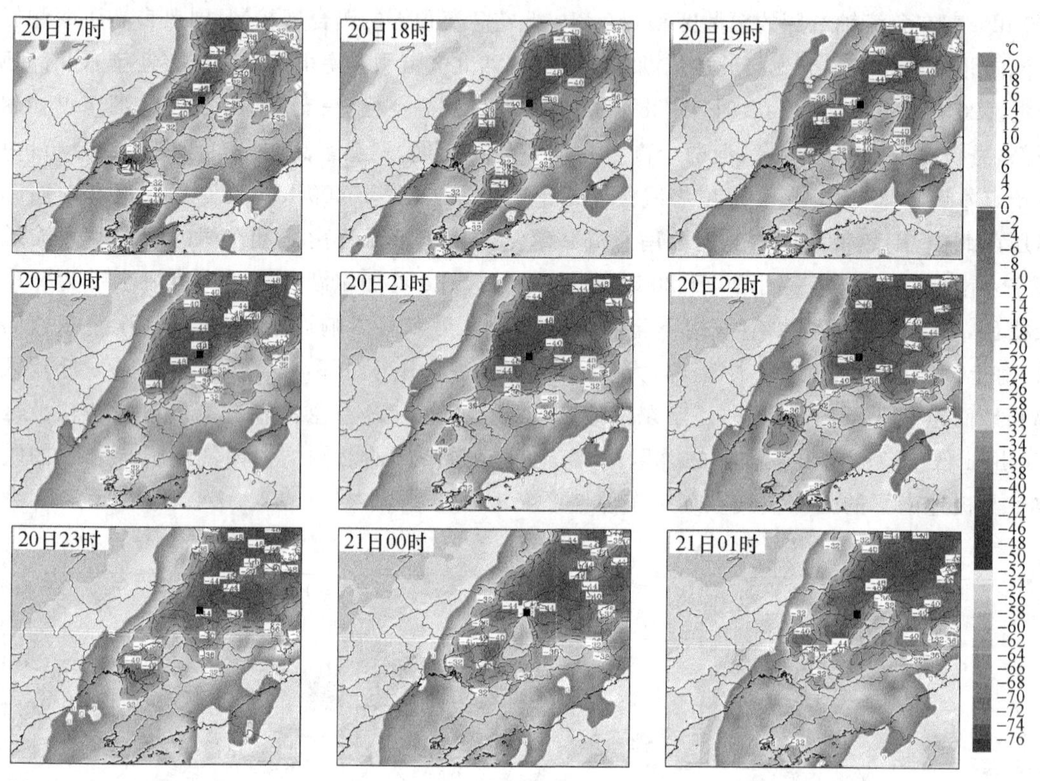


图 3 2010 年 7 月 20 日 17 时至 21 日 01 时 FY-2E 卫星红外云图 TBB(单位：℃；分辨率：0.1°×0.1°)

(■：阿吉乡所在位置)

#### 4.1.2 丹东市五龙背乡特大暴雨过程

丹东市五龙背乡的强降水分为两个阶段(图 6b)。第一阶段(8 月 20 日 18—21 时)3 h 总降水量和 1 h 最大降水量分别达到了 116 mm 和 70 mm，20 日 18 时五龙背乡东北方向有两个对流云团逐渐发展，20 日 19 时两个云团合并后向东北方向移动，但五龙背乡并未受该云团的直接影响(图 4)，其上空云团的 TBB 值在 20 日 18 时、19 时分别为 4℃、3℃，20 日 20 时才逐渐降低到－6℃(图 4b)，这说明五龙背乡上空云团在很低的高度便凝结产生降水，具有明显的暖云降水特征。通过分析 8 月 20 日 20 时与五龙背乡距离 22.5 km 的丹东站探空资料和地面图发现(图略)，地面露点达到了 24℃，975 hPa 以下饱和，975～600 hPa 接近饱和，抬升凝结高度(近地面层)到 0℃层高度(5 km 左右)之间的暖云层厚度达到了 5 km，对流有效位能(CAPE)较小，为 225 J・kg$^{-1}$，且呈狭长分布；这种中低层高温高湿、低抬升凝结高度的大气环境，在近地面中尺度辐合线和地形的抬升触发下，使得五龙背乡产生了连续 3 h 的强降水，该阶段五龙背乡上空 TBB 值较高，以暖云降水为主。

第二阶段(8 月 21 日 01—06 时)五龙背乡出现了连续 5 h 的强降水，3 h 总降水量和 1 h 最大降水量分别达到了 211 mm 和 91 mm。与第一阶段强降水类似，21 日 01—03 时，五龙背乡的东北方向和西南方向分别有两个对流云团发展加强，但两个云团均并未直接影响五龙背乡，其上空云团的 TBB 值为－20～－8℃，直至 21 日 04 时两个云团合并加强后，其上空云团的 TBB 值快速降低到－43℃，并处于云团南侧的 TBB 梯度大值区内，才开始转为较明显的对流云团影响。

由于五龙背乡强降水没有明显的大尺度抬升系统，在红外云图上也没有明显的强对流云团特征，在监测和预报中容易被忽视，因此预报员应特别关注这种低层高湿、凝结高度低、整层近乎饱和，同时又具有局地地形抬升触发条件地区的强降水的监测和预报。

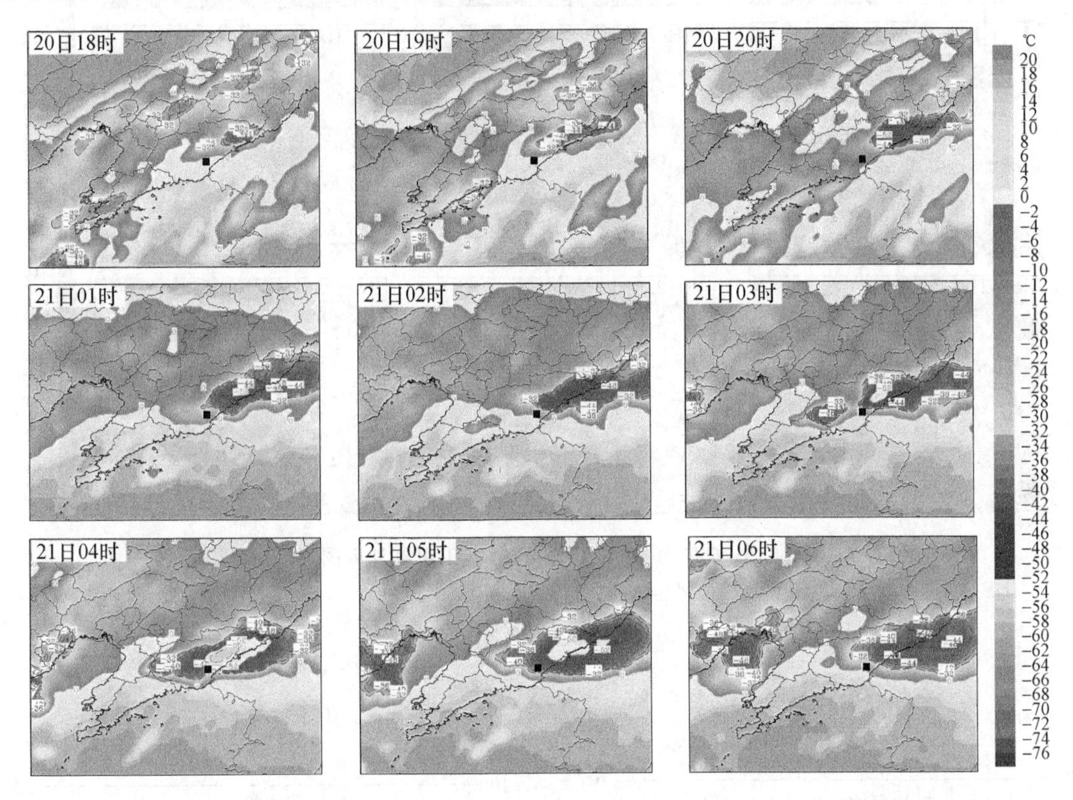


图 4　2010 年 8 月 20 日 18 时至 21 日 06 时 FY-2E 卫星逐小时红外云图 TBB 分布(单位:℃;分辨率:0.1°×0.1°)

(■:五龙背乡所在位置)

#### 4.1.3　清原县大苏河乡特大暴雨过程

清原县大苏河乡的强降水是由两个深厚的强对流云团造成的。8 月 16 日 15 时抚顺西部对流云团发展，同时抚顺东部对流云团加强，降水开始加强，强降水处于 TBB 梯度陡增处(图 5)。16 日 16 时抚顺西部对流云团东移并入东部云团，沈阳抚顺交接处有一小尺度对流云团产生，并迅速发展加强，抚顺地区产生强降水，强降水仍处于 TBB 梯度陡增处。16 日 17—19 时小尺度对流云团东移逐渐并入东部云团，形成向西突起的椭圆形对流云团，对流云团发展到强盛，TBB 值降低到－68℃，之后逐渐减弱东移，强降水产生在云团突起部位亮温梯度大值区内，大苏河乡 16—19 时 3 h 雨量达到 140 mm(图 6c)。16 日 20—21 时受抚顺东部局地生成的小尺度对流云团影响，与辽宁东南部发展的对流云团北部合并加强，TBB 梯度陡增处出现强降水，小时雨强达 60 mm，22 时辽宁东南部的对流云团转为东移，抚顺地区降水迅速减小。可以发现此次过程降水的强烈增幅发生在对流云团合并加强时期，强降水发生在云顶亮温低值中心偏向最大温度梯度的区域。

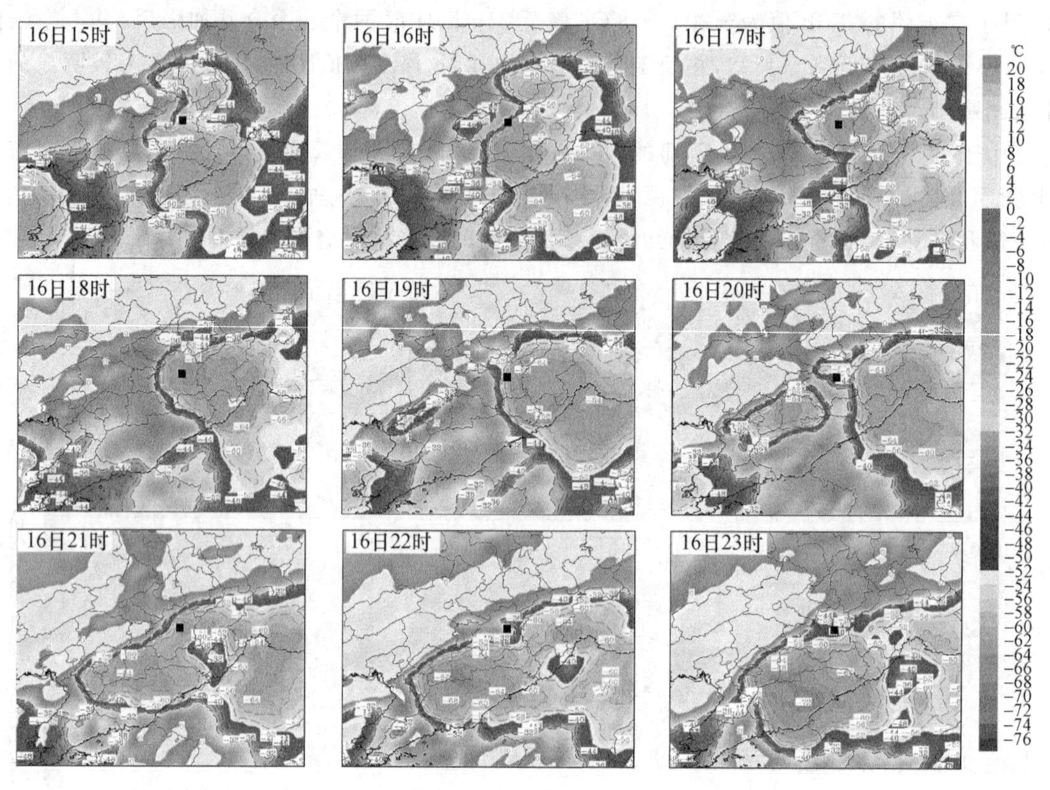


图 5　2013 年 8 月 16 日 15 时至 23 时 FY-2E 卫星红外云图逐小时 TBB 分布

（单位：℃；分辨率：0.1°×0.1°）

（■：大苏河乡所在位置）

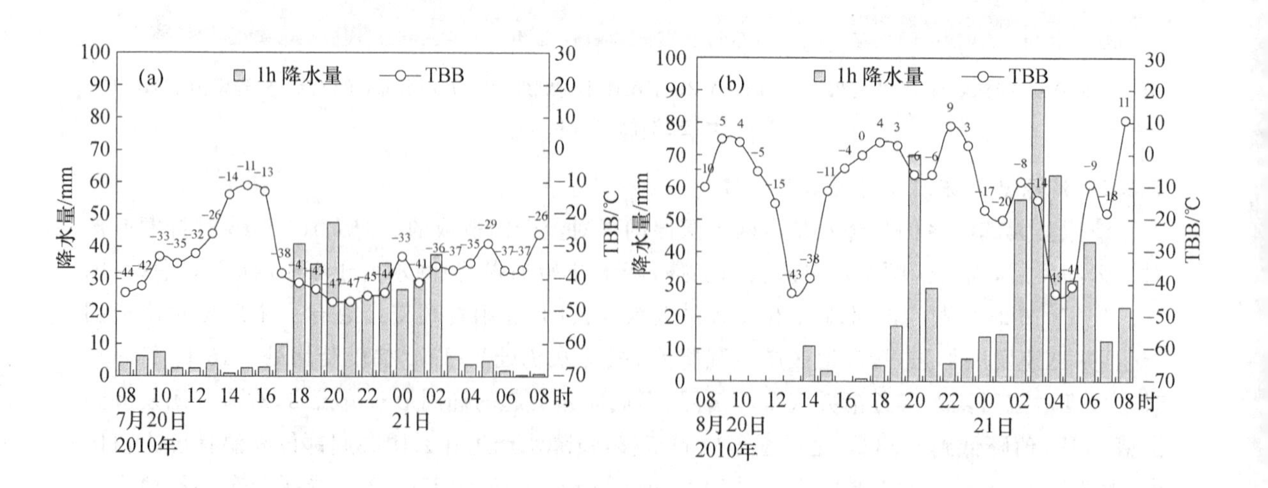

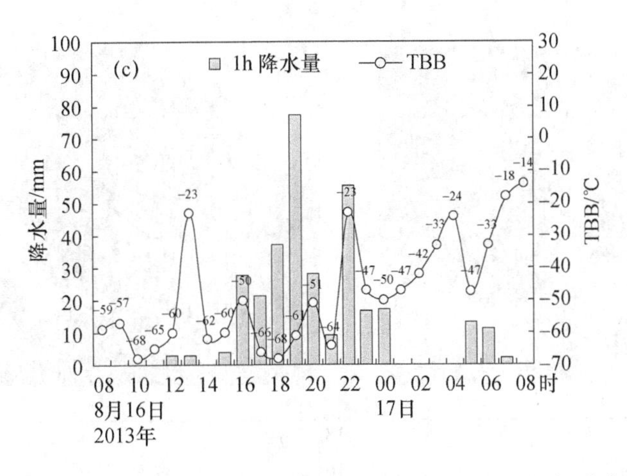


图 6　3 次暴雨过程 FY-2E 红外云图逐小时 TBB 演变(实线,单位:℃)
和小时雨量(直方图,单位:mm)
(a)铁岭县阿吉乡;(b)丹东市五龙背乡;(c)清原县大苏河乡

## 4.2　多普勒天气雷达特征

### 4.2.1　铁岭县阿吉乡特大暴雨过程

铁岭县阿吉乡特大暴雨是副热带高压西侧西南气流引导北上的暖湿空气与贝加尔湖高压脊前部西北气流引导南下的冷空气在辽宁东北部地区长时间相互作用造成的。从雷达反射率因子的演变特征可以看出(图 7),7 月 20 日 15 时左右辽宁西南部地区开始出现大片降水回波,17 时 36 分辽河流域北部地区逐渐形成一条西南—东北向的中尺度积层混合云降水回波带(图 7a),降水回波分布范围较广,在强度较弱的层云降水回波内镶嵌有多个强度超过 45 dBZ 的对流性单体降水回波,这些降水回波以带状结构组成回波群向东北方向移动(图 7 中黑色箭头方向)。在中尺度对流活动发展强盛阶段的 19 时 24 分至 01 时 48 分(图 7b、c、d),由辽河流域降水回波带中不断分裂出尺度更小的对流性单体降水回波沿副高西侧西南引导气流向下游移动,从后侧缓慢地补充到铁岭地区并发展、增强,形成了中尺度对流性降水回波带呈准静止地维持在辽宁中部至铁岭一线,强降水回波集中地区的回波强度始终大于 45 dBZ。相应在同时次雷达回波剖面图上(图 7f、g、h),这种特征持续了近 10 h。21 日 02 时以后,辽宁中部至铁岭一线的中尺度对流性降水回波带开始减弱并逐渐消亡,阿吉乡的降水强度也随之减小。可见,阿吉乡的长历时暴雨是由上游不断生成的降水回波持续移入影响形成的“列车效应”造成,回波的强度变化小,强回波发展高度不高,雨强变化不大。

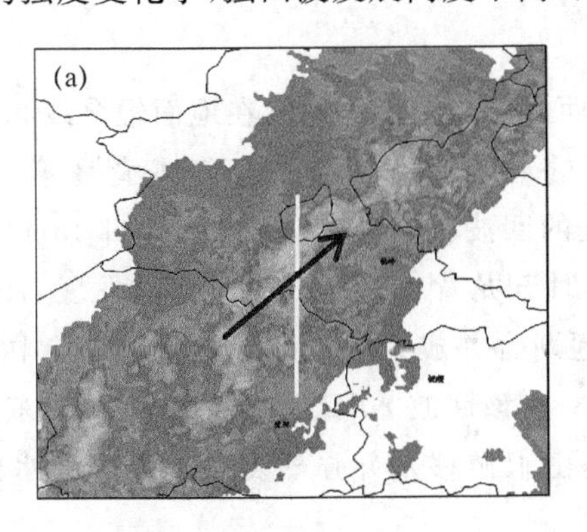


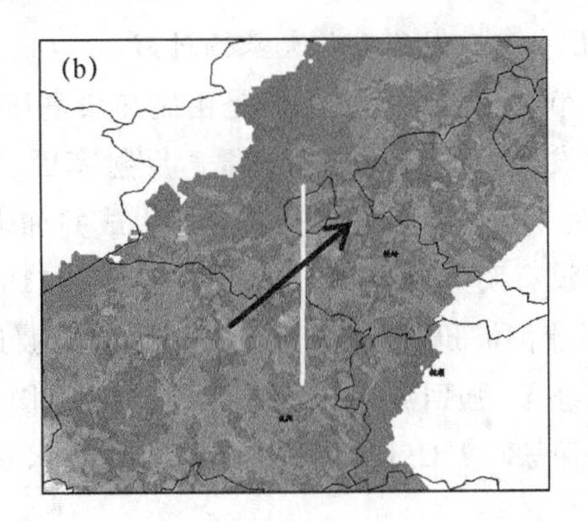

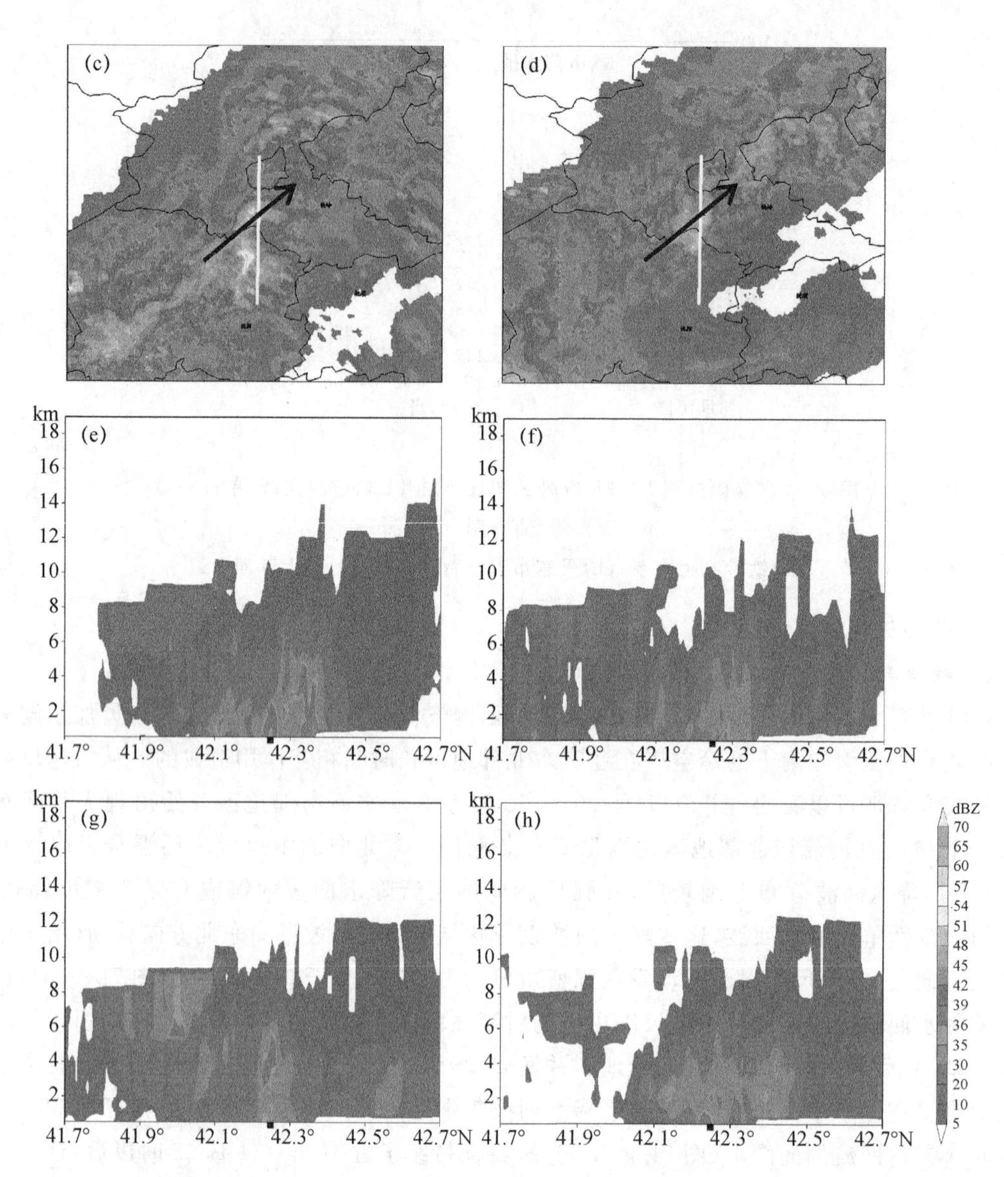


图 7　2010 年 7 月 20 日 17:36(a)、19:24(b)、21:36(c)和 7 月 21 日 01:48(d)雷达组合反射率因子(单位:dBZ,黑色箭头为回波移动方向)及同时刻阿吉乡上空沿白色实线的基本反射率垂直剖面(e,f,g,h,单位:dBZ,黑色方块处为阿吉乡所在纬度)

4.2.2　丹东市五龙背乡特大暴雨过程

丹东市五龙背乡特大暴雨是由副热带高压西侧的高能高湿空气在地面辐合线和地形的局地抬升触发作用下形成的。从雷达反射率因子的演变特征可以看出,五龙背乡第一阶段(20 日 18 时至 21 时)的强降水是由本地生成并加强的回波影响造成(图 8a),20 日 18 时之前五龙背乡附近没有明显的降水回波(图略),20 日 19 时五龙背乡上空开始有回波发展,19 时 48 分(图 8a)对流回波迅速发展,多个单体降水回波逐渐合并成一条西南—东北走向的中尺度对流性降水回波带,强回波顶高发展到 3～4 km(图 8e),该回波 20 日 21 时后逐渐减弱东移。五龙背乡第一阶段(21 日 18 时至 21 时)的强降水是由上游移入并强烈发展加强的降水回波持续影响造成，20 日 23 时开始，五龙背乡上空和其西南方向开始有回波发展，但强度不强，21 日 1 时 30 分至 3 时 24 分（图 8b、c、d）中尺度对流性降水回波带内强对流性单体降水回波不断相互合并加强，降水回波结构趋于完整，水平宽度达 50 km，强回波中心强度超过 60 dBZ，回波顶高从 3～4 km 增大到 8 km 以上（图 8f、g、h），中尺度对流活动发展到最鼎盛阶段，五龙背乡出现雨强≥90 mm・$h^{-1}$短时强降水，雨强≥30 mm・$h^{-1}$持续 5 h。由此可见，五龙背乡第一阶段的强降水是由本地生成并加强的回波影响造成的，第二阶段的强降水是由上游移入并强烈发展加强的降水回波持续影响造成的，回波的强度变化大，强回波发展高度高，雨强变化大。

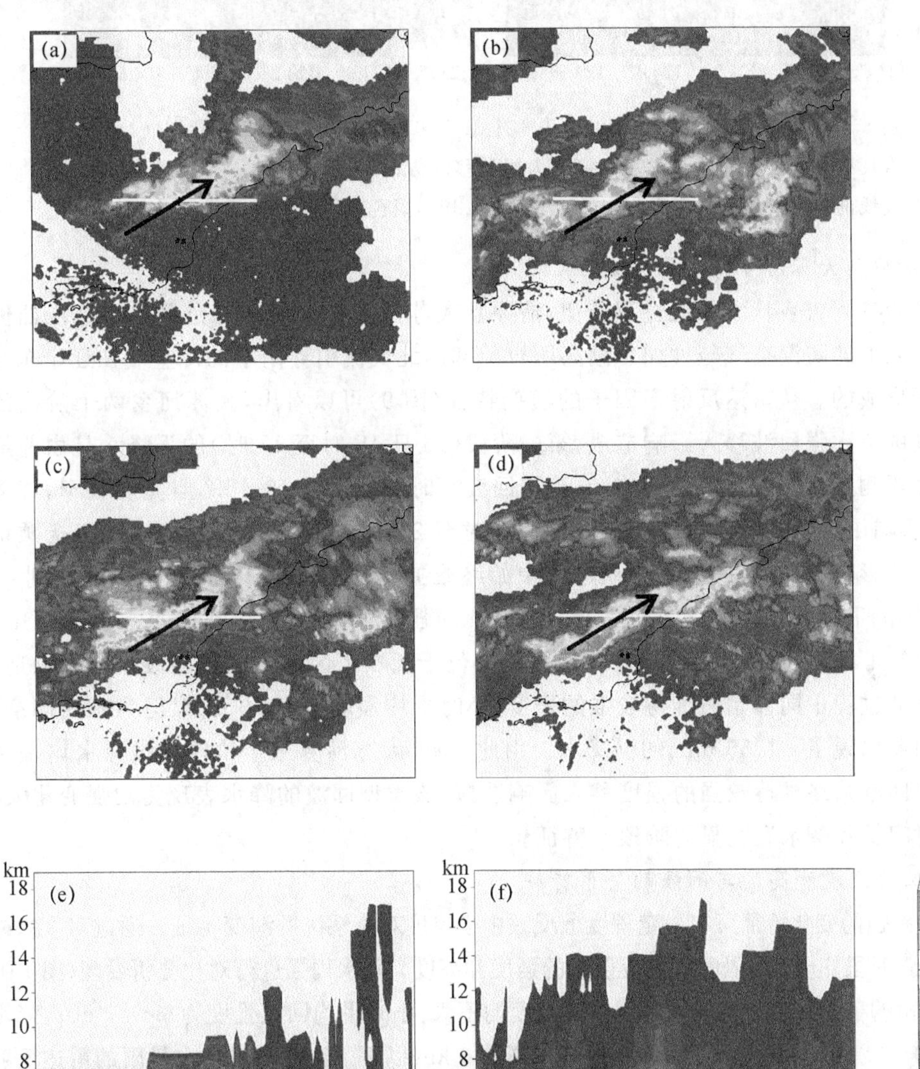

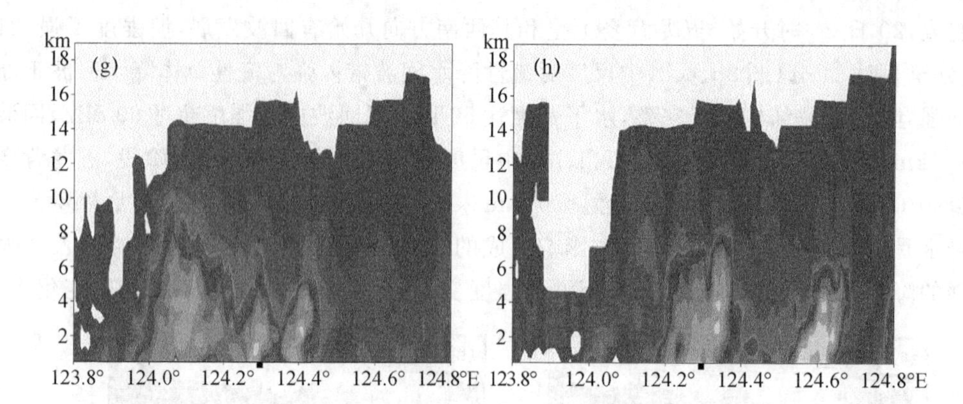


图 8　2010 年 8 月 20 日 19:48(a)和 8 月 21 日 01:30(b)、02:34(c)、03:24(d)雷达组合反射率因子(单位:dBZ,黑色箭头为回波移动方向)及同时刻五龙背乡上空沿白色实线的基本反射率垂直剖面(e,f,g,h,单位:dBZ,黑色方块处为五龙背乡所在经度)

#### 4.2.3　清原县大苏河乡特大暴雨过程

与铁岭县阿吉乡特大暴雨过程类似,清原县大苏河乡特大暴雨也是副热带高压西侧西南气流引导北上的暖湿空气与贝加尔湖高压脊前部西北气流引导南下的冷空气在辽宁东北部地区交汇所形成的。从雷达反射率因子的演变特征(图 9)可以看出,大苏河乡两个阶段的强降水分别是由三次强回波移入影响造成,第一阶段(16 日 15 时至 17 时)的强降水是由前期位于大苏河乡西侧上游的回波东移影响造成,该回波小时平均强度 42 dBZ,且宽度较窄,移动速度较快,仅影响了 2 h 左右。第二阶段(16 日 17 时至 20 时)的强降水是由前期位于抚顺市区的强回波东移影响造成,该回波在移动过程中始终维持较强的强度,小时平均强度达到 45～50 dBZ,且为东西向宽带状,使大苏河乡出现了 3 h 的强降水,最大雨强达到了 77 mm · $h^{-1}$。第三阶段(16 日 21 时至 22 时)的强降水是由前期位于抚顺市区北侧的强回波东移影响造成,该回波在移动过程中同样始终维持较强的强度,小时平均强度达到 50 dBZ,但为东西向窄带状,使大苏河乡出现了 1 h 55 mm 的强降水。由此可见,大苏河乡三个阶段的强降水均是由上游生成的强回波始终维持较强的强度移入影响造成,该类型回波的降水表现为雨强变化大、强降水持续时间长和降水有明显的阶段性特征。

#### 4.2.4　回波强度和高度与雨强的关系特征

降水雨强的变化特征可在一定程度上反映中小尺度对流系统的演变特征。通过对 3 次降水过程降水最强时段 6 min 间隔的雷达反射率的强度和高度与降水雨强进行对比分析发现(图 10),阿吉乡特大暴雨的雷达反射率与地面雨强变化幅度均不大,小时平均回波强度为43～47 dBZ,降水雨强普遍为 20～40 mm · $h^{-1}$,≥40 dBZ 的回波顶高在 6 km 以下。五龙背乡特大暴雨的雷达反射率与地面雨强变化幅度较大,平均回波强度为 45～58 dBZ,降水雨强普遍为 30～90 mm · $h^{-1}$,≥40 dBZ 的回波顶高达到 9 km,≥50 dBZ 的回波顶高达到 6 km。大苏河乡特大暴雨的雷达反射率与地面雨强变化幅度很大,平均回波强度为 39～51 dBZ,降水雨强普遍为 20～70 mm · $h^{-1}$,≥40 dBZ 的回波顶高达到7 km。同时可以发现,当小时平均回波强度≥50 dBZ 时,降水雨强均超过了 50 mm · $h^{-1}$,当小时平均回波强度增大或减小时,降水雨强也基本随之增大或减小。由此可见,利用小时平均雷达回波强度变化分析这种长历时降水的雨强变化趋势有较好的参考意义。

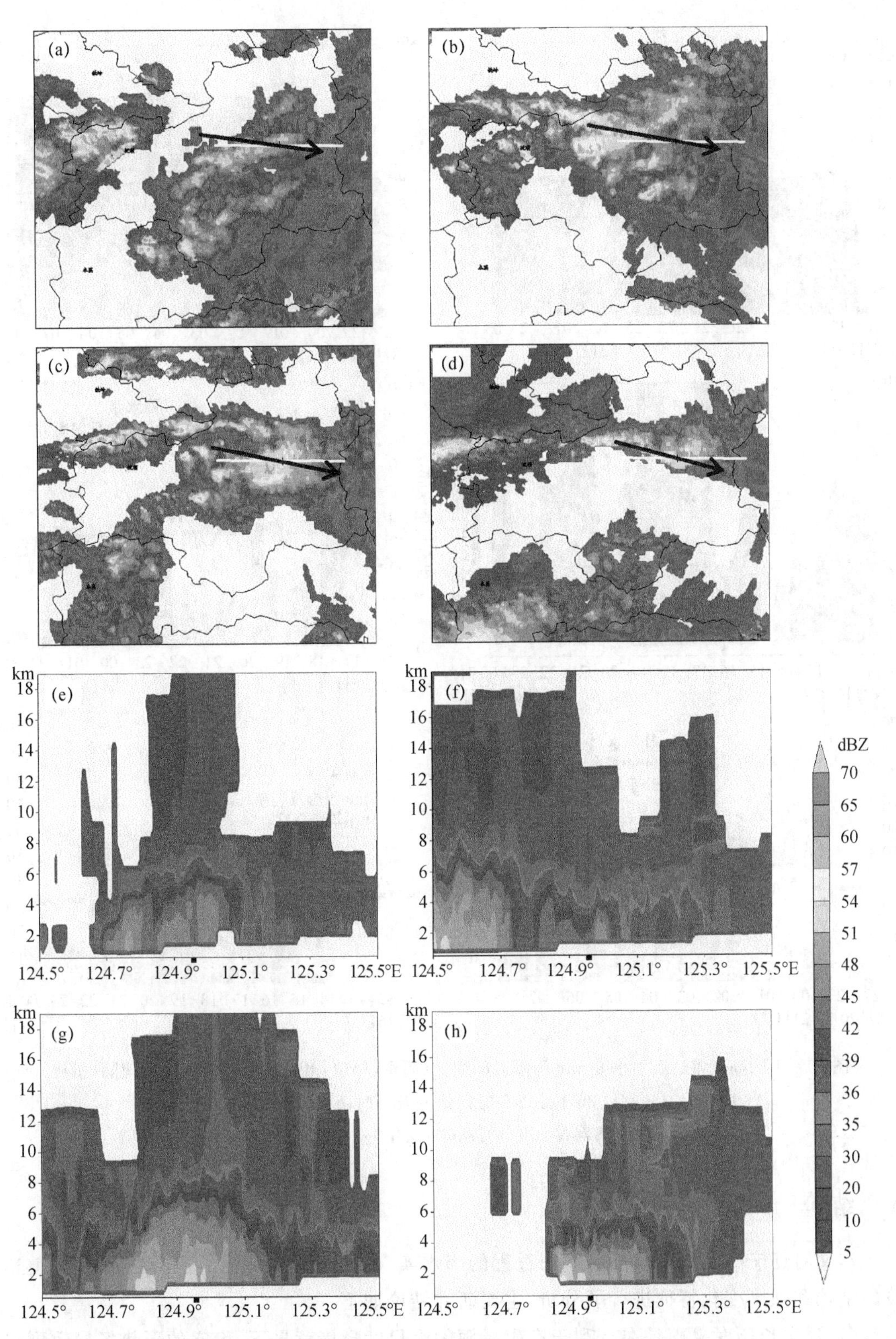


图 9　2013 年 8 月 16 日 15:36(a)、17:54(b)、18:54(c)、21:54(d)雷达组合反射率因子(单位:dBZ,黑色箭头为回波移动方向)及同时刻大苏河乡上空沿白色实线的基本反射率垂直剖面(e,f,g,h,单位:dBZ,黑色方块处为大苏河乡所在经度)

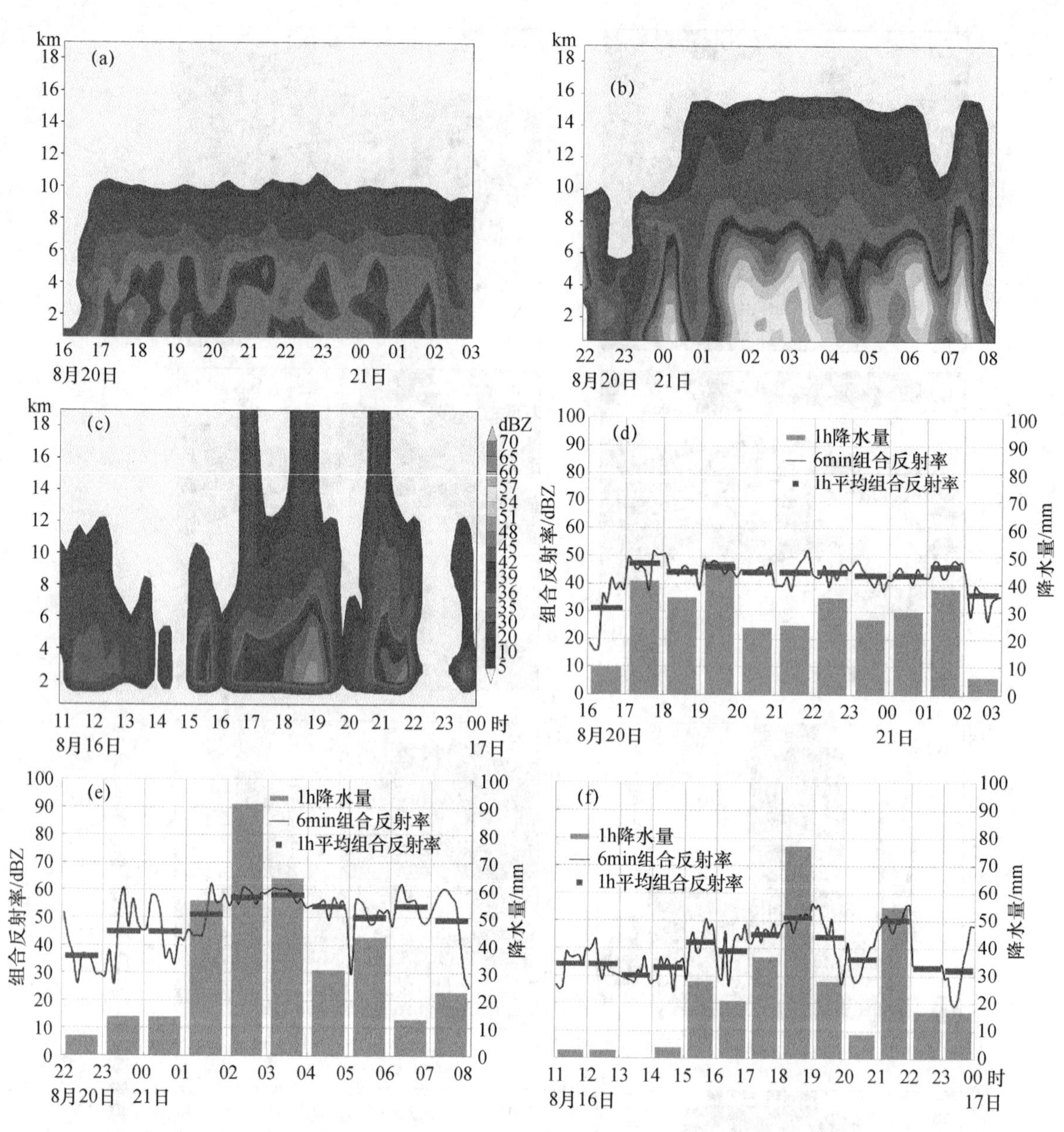


图 10　不同高度雷达反射率 6 min 间隔时间演变(阴影,单位:dBZ)和反射率 6 min 间隔(折线)、1 h 平均(短直线,单位:dBZ)时间演变及小时雨量(直方图,单位:mm)

(a、d:铁岭县阿吉乡;b、e:丹东市五龙背乡;c、f:清原县大苏河乡)

## 5　结论

本文对辽宁 3 次典型长历时暴雨过程的降水实况、天气形势背景、卫星红外云图、雷达回波的结构和强度变化特征进行了分析,主要研究结论如下。

(1)辽宁长历时暴雨是在有利于产生暴雨的大尺度环境背景下,稳定的形势场导致副热带高压西侧的暖湿空气与贝加尔湖高压脊前南下的极地强冷空气在某一地区长时间持续相互作用而造成的。该型暴雨在降水实况上表现为降水雨强变化小、强降水无明显阶段性特征和降水雨强变化大、强降水具有明显阶段性特征两种类型。

(2)一般性对流云团、暖云和深对流云团均可造成该型暴雨，其中一般性对流云团的云顶亮温为－47～－36℃，云顶亮温和降水雨强均呈现小幅变化；暖云的云顶亮温为－8～9℃，云顶亮温和降水雨强变化幅度均较大；深对流云团的云顶亮温为－68～－50℃，强降水发生在云顶亮温低值中心偏向温度梯度大值区一侧。

(3)该型暴雨在雷达回波上表现为上游回波连续移入形成“列车效应”、本地不断生成并加强、上游生成的强回波维持较强的强度阶段性移入三种类型。当小时平均回波强度≥50 dBZ时，降水雨强均超过了 50 mm·$h^{-1}$，当小时平均回波强度增大或减小时，降水雨强也随之增大或减小，因此小时平均回波强度及其变化对降水强度和趋势有较好的指示意义。

(4)尤其需要指出的是，对类似五龙背乡这种暖云造成的强降水过程，由于在天气尺度上没有明显的抬升系统，但其处于低层高能高湿、凝结高度低、整层近乎饱和，且又具有局地地形抬升触发条件的区域，在红外云图上也没有明显的强对流云团特征，因此在业务中应特别注意此类暖云强降水的分析和监测。

## 参考文献


[1] Yu R C, Xu Y P, Zhou T J, et al. Relation between rainfall duration and diurnal variation in the warm season precipitation over central eastern China [J]. Geophys Res Lett, 2007,34(13):L13703, doi:10.1029/2007GL030315.

[2] 孙建华，赵思雄．华南“94.6”特大暴雨的中尺度对流系统及其环境场研究 Ⅰ．引发暴雨的 β 中尺度对流系统的数值模拟研究[J]. 大气科学，2002,26(4):541-557.

[3] 孙建华，赵思雄．华南“94.6”特大暴雨的中尺度对流系统及其环境场研究 Ⅱ．物理过程、环境场以及地形对中尺度对流系统的作用[J]. 大气科学，2002,26(5):633-646.

[4] 王亦平，陆维松，潘益农，等．淮河流域东北部一次异常特大暴雨的数值模拟研究 Ⅰ：结果检验和 β 中尺度对流系统的特征分析[J]. 气象学报，2008,66(2):167-176.

[5] 王黎娟，任晨平，崔晓鹏，等．“碧利斯”暴雨增幅高分辨率数值模拟及诊断分析[J]. 大气科学学报，2013,36( 2):147-157.

[6] 东高红，何群英，刘一玮，等．海风锋在渤海西岸局地暴雨过程中的作用[J]. 气象，2011,37(9):1100-1107.

[7] 张沛源，陈荣林．多普勒速度图上的暴雨判据研究[J]. 应用气象学报，1995,6(3):373-378.

[8] 刘黎平，阮征，覃丹宇．长江流域梅雨锋暴雨过程的中尺度结构个例分析[J]. 中国科学 D 辑，2004,34(2):1193-1201.

[9] 杜秉玉，陈钟荣，张卫青．梅雨锋暴雨的 Doppler 雷达观测研究：边界层中尺度涡旋系统[J]. 南京气象学院学报，1998,21(2):201-207.

[10] 郑媛媛，张小玲，朱红芳，等．2007 年 7 月 8 日特大暴雨过程的中尺度特征[J]. 气象，2009,35(2):3-7.

[11] 王令，王国荣，孙秀忠，等．应用多种探测资料对比分析两次突发性局地强降水[J]. 气象，2002,28(3):281-290.

[12] Li J, Yu R C, Wang J J. Diurnal variations of summer precipitation in Beijing [J]. Chinese Science Bulletin, 2008, 53(12):1933-1936, doi:10.1007/s11434-008-0195-7.

[13] Yin S Q, Chen D L, Xie Y. Diurnal variations of precipitation during the warm season over China [J]. International Journal of Climatology, 2009, 29(8):1154-1170, doi:10.1002/joc.1758.

[14] Yuan W H, Yu R C, Chen H M, et al. Subseasonal characteristics of diurnal variation in summer monsoon rainfall over central eastern China [J]. J Climate, 2010, 23 (24): 6684-6695, doi: 10.1175/2010JCLI3805.1.

[15] 张娇,郭品文,王东勇,等. 淮河流域持续性强降水过程的环流变化特征[J]. 大气科学学报, 2012,35(3):322-328.

[16] 金炜昕,李维京,孙丞虎,等. 夏季中国中东部不同历时降水时空分布特征[J]. 气候与环境研究, 2015, 20(4):465-476.

[17] 张端禹,郑彬,汪小康,等. 华南前汛期持续暴雨环流分型初步研究[J]. 大气科学学报, 2015,38(3):310-320.

[18] 张家国,岳阳,牛淑贞,等. 一次长历时特大暴雨多普勒雷达中尺度分析[J]. 气象,2010,36(4):21-26.

# 弱天气尺度强迫下北京局地强降水过程分类及相关个例研究*

郭金兰　李　靖　尹晓惠　王媛媛　刘　燕

（北京市气象台，北京 100089）

## 摘　要

研究近十年北京弱天气尺度系统强迫下局地强降水个例的环流特征，依据高空环流形势凝练4种天气类型：蒙古冷涡底部型、偏西气流型、西北气流型和短波槽型；地面多为低压前部或南高北低的气压场分布；强降水落区与切变线或地面辐合线位置相配合，落区分布以东北部居多，占65%。通过对2017年8月11日蒙古冷涡底部型局地强降水过程的大尺度背景场特征及中尺度触发机制的详细分析。发现在过程前，蒙古冷涡缓慢东移，同时东部高压加强北抬，导致高空降温，低空暖平流发展，边界层内不稳定度加剧，低空偏南急流建立，垂直风切变增强；偏南低空急流为强对流的发生提供了有利的动力、水汽及不稳定条件；位于河北中部的MCS（中尺度对流系统）在地面中尺度辐合线附近迅速发展，西南低空急流促使MCS向北推进，卫星云图TBB大梯度区与强降水落区有较好的对应关系，预报指示意义明显。VDRAS（多普勒雷达变分分析系统）反演风场分析发现，边界层低层辐合系统，促使雷达回波迅速组织、发展。偏南低空急流及地面辐合线是此次北京局地强对流天气的触发系统。对不同尺度模式检验发现，RMAPS-ST中尺度模式持续预报此次降水过程，起止时间存在一定偏差，但降雨带移动方向与实况一致度较高，移速在临近时次更为准确，有较好的参考性；EC模式总体趋势预报可供参考，但对较小尺度的风速、风向切变的预报偏差较大，导致降水量级和强降水落区预报偏差。

**关键词：**弱天气尺度系统　强降水落区　地面辐合线　低空急流

## 引言

北京地区夏季由强对流导致的局地强降水天气时有发生。局地强降水天气，主要指发生在局地小范围、持续时间短、降水效率高的对流性降水（雨强≥20 mm·h$^{-1}$）。此类天气具有突发性、局地性及高强度的特点，在短时间内极易达到或超过暴雨（≥50 mm）量级。预报、预警的难度大，准确率低，提前量小，进而往往影响应急防范措施的实效，给人们的生活、城市交通、山区地质等带来严重威胁，甚至危及生命。因而成为北京地区夏季的高影响天气。据王国荣等[1]统计分析发现，强对流暴雨落区往往对应短时强降水高发区，主要分布在山区至平原的过渡区域及城区。由于此类天气过程的天气尺度影响系统的强迫相对较弱，从大尺度动力条件很难判断是否能触发北京地区的强对流性系统，而且数值模式对此类天气的预报能力不足，偏差较大，加之强风暴尺度小，生命期短，对流触发后，系统发展迅速，且与北京地区的特殊地形及城市热岛效应相叠加，又为此类天气的预报增加了难度。孙明生等[2]、孙继松等[3]揭示了北京地

*资助项目：中国气象局预报员专项（CMAYBY2017－002）。

区局地强对流天气的形成机理及边界层环境条件，发现由于复杂的地形和下垫面环境，雷暴在移入北京地区过程中往往呈现加强或减弱趋势，局地激发或合并加强的新雷暴也屡见不鲜。

对于北方暴雨的研究，气象学家们从暴雨发生的天气尺度背景[4]、中尺度系统[5]、中尺度对流[6]以及特殊地形[7]等进行了诊断分析和数值模拟，取得了许多的研究成果。对于北京地区的局地暴雨(或强降水)，前人也做了大量的研究，研究发现北京地区的特殊地形、城市热岛及城市冠层的分布对强对流的发展、强降水落区的影响至关重要[2]。孙继松等[3]研究了北京地区强降水落区与地形的关系，指出地形和下垫面也会对雷暴发生发展产生复杂影响，进而影响暴雨落区和强度。王迎春[8]对一次局地暴雨的分析诊断表明，中尺度低压和辐合线是对流的触发系统。国外专家早年就对雷暴的触发机理做了大量研究，Wilson 等[9]对美国东部雷暴统计和个例分析表明，大多数雷暴是在雷达所探测到的辐合线附近生成，两条辐合线交汇处极有可能生成新的雷暴。

上述成果为北京局地强降水过程的深入研究提供了依据。但目前对此类天气的个例研究较多，对其规律和特征的系统性分析研究较少。本文利用大尺度常规探测资料及地面自动站加密资料，对近十年弱天气尺度强迫下北京局地强降水个例进行了筛选分类，并利用 NCEP 再分析资料(1.0°×1.0°)、京津冀地面加密自动站、卫星、雷达资料及 VDRAS 反演的中尺度再分析资料对相关个例进行分析，针对 2017 年 8 月 11 日傍晚至前半夜发生在北京城区及东部的局地强降水过程，就其大尺度背景场及中尺度系统的演变特征进行分析，并对不同尺度数值模式的预报效果进行了检验。

## 1 弱天气尺度强迫下北京局地强降水过程分类

对于北京地区而言，这里将具有以下特征的天气系统称为“弱天气尺度系统”：(1)我国西北地区东部至华北大部地区 500 hPa 高空以纬向环流为主，蒙古地区冷空气沿偏东路径影响我国，冷槽位于东北地区，华北北部处于低槽底部，北京高空受冷平流影响；(2)高空冷涡位于蒙古地区中部，冷涡底部分裂冷空气影响北京、河北至山西北部；(3)高空以偏西气流为主，或有短波槽偏北路径影响。上述情况下，北京地区上空为弱上升或下沉区，地面往往处于东部高压西侧或低压东侧，边界层盛行偏南或偏东风。

根据短时强降水(雨强≥20 mm·h$^{-1}$)标准，并规定 1 h 内短时强降水站点≤5 个，且分布集中在少于两个不同 30 km 范围内，即确定为局地强降水日；再应用近十年常规大气探测资料及北京地区地面加密自动站逐小时降水资料，筛选具有上述弱天气尺度影响系统特征的局地强降水个例。并根据局地强降水落区分布特征及发展路径，确定弱天气尺度强迫下北京局地强降水个例天气类型(见表 1)，按高空 500 hPa 环流特征分为 4 种类型：a、蒙古冷涡底部型(3 个)，地面处低压前部，强降水落区分布于东北部或西部。b、偏西气流型(6 个)，地面处于高压底部或弱倒槽顶端时，强降水落区分布于东北部及城区东部；地面处于高压后部时，强降水落区分布于北部、城区及东南部；地面处于高压前部时，强降水落区分布于北部；地面处于鞍型场时，强降水落区分布于南部。c、西北气流型(9 个)，此类高空多处于东北冷涡后部，有冷槽配合，地面气压场多为低压前部和南高北低形势，强降水落区分布以东北部及城区为主。d、短波槽型(2 个)，500 hPa 环流形势较平直，短波槽沿河北西部、北部移动；地面处于低压前部，强降水落区分布以西部、北部为主。

分析发现，强降水落区与切变线或地面辐合线相配合(图略)，落区分布以东北部居多，占 65%。

**表 1. 北京地区弱系统强迫局地强降水个例分类统计**

| 日期(年月日) | 类型 | 落区 | 日期 | 类型 | 落区 |
|---|---|---|---|---|---|
| 20080625 | 蒙古冷涡底部+地面低压前部 | 东北部 | 20130604 | 偏西气流+地面高压后部 | 北部 |
| 20080907 | 偏西气流+地面高压底部 | 东北部城区 | 20130706 | 短波槽+地面低压前部 | 西部南部 |
| 20090616 | 偏西气流+地面高压后部 | 城区东南部 | 20140613 | 西北气流+地面弱高压前部 | 北部 |
| 20090711 | 短波槽+地面低压前部 | 北部 | 20140616 | 西北气流+地面低压前部 | 东北部城区 |
| 20090722 | 西北气流+地面南高北低 | 东北部 | 20140821 | 蒙古冷涡底部+地面低压前部 | 北部西南部 |
| 20100601 | 西北气流+地面南高北低 | 西南部 | 20150616 | 西北气流+地面低压前部 | 西北 |
| 20110701 | 偏西气流+地面鞍型场 | 南部 | 20150714 | 蒙古冷涡底部+地面低压前部 | 西部 |
| 20120709 | 偏西气流+地面弱倒槽 | 东北部城区 | 20160606 | 西北气流+地面低压前部 | 东部 |
| 20120710 | 西北气流+地面高压后部 | 东北部城区 | 20160907 | 西北气流+地面弱高压前部 | 城区西南 |
| 20120812 | 西北气流+地面高压底部 | 东北 | 20160812 | 偏西气流+地面高压前部 | 北部 |

## 2 “0811”蒙古冷涡底部型局地强降水过程分析与模式检验

### 2.1 降水实况

受高空蒙古冷涡底部分裂冷空气、低空切变线和地面辐合线影响，2017 年 8 月 11 日傍晚到前半夜北京市出现强对流天气，突发性、局地性极强；城区及东部局地表现最为剧烈，出现局地短时强降水，并伴有冰雹和短时大风等强对流天气。降水主要出现在 11 日 17 时至 12 日 02 时(图 1)，强降水主要集中在北京东部地区，该地区雨量达中到大雨，局地暴雨，最大降水出现在朝阳区楼梓庄，为 138.6 mm；最大雨强出现在通州双埠头，达 80 mm $\cdot$ h$^{-1}$(11 日 20—21 时)。自动站监测有 17 个测站≥50 mm，3 个测站超过 100 mm。海淀、朝阳、丰台、东城、西城、通州、顺义、密云等区局地出现冰雹；并伴有 6～9 级短时大风。

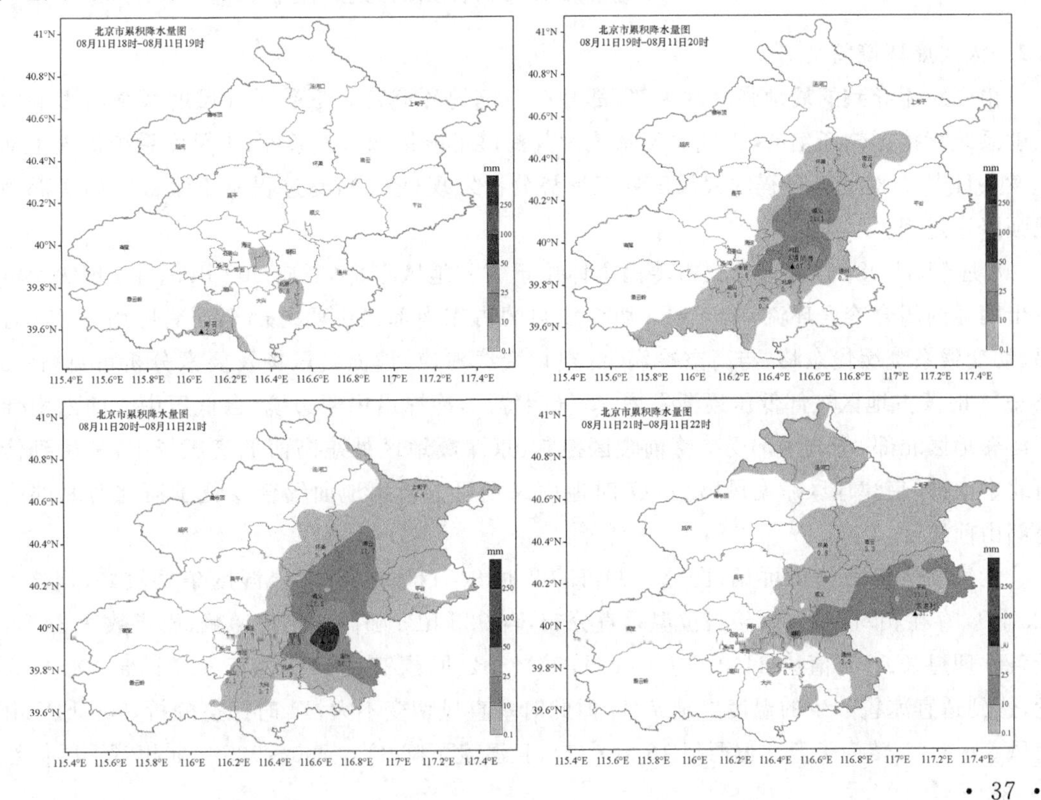

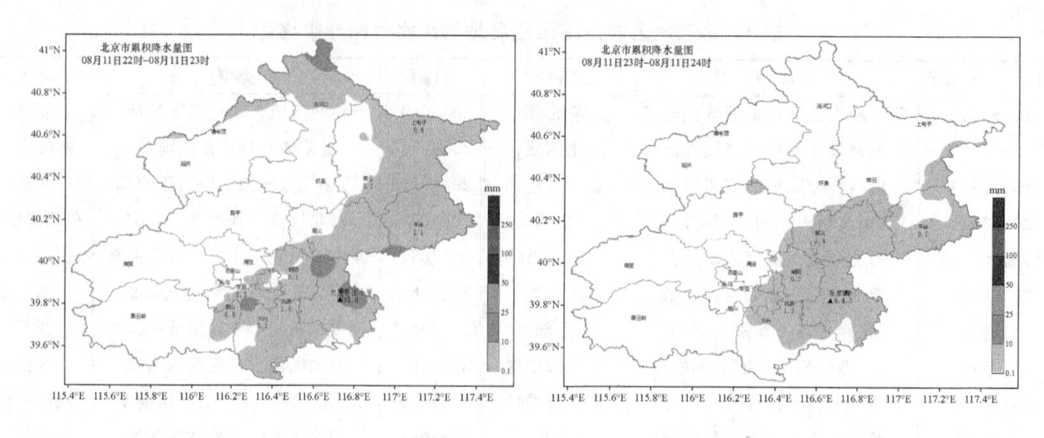


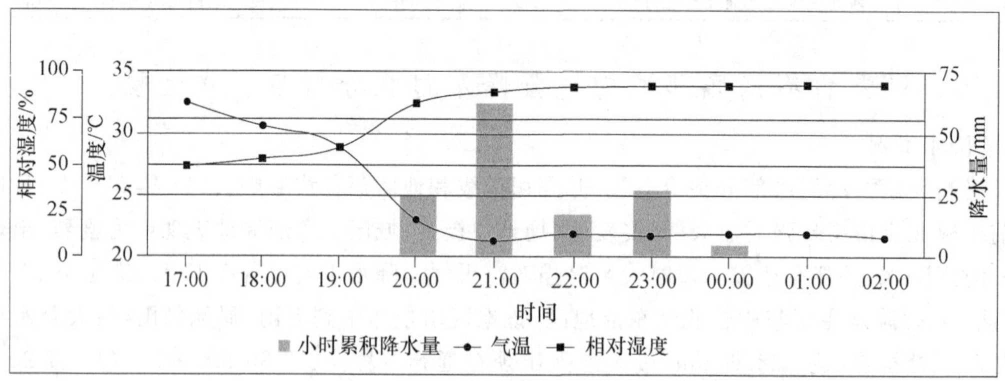


图 1　2017 年 8 月 11 日 18 时至 24 时逐小时降水量及朝阳区楼梓庄
8 月 11 日 17 时至 12 日 02 时自动站各要素时序图

## 2.2　大尺度环境特征

由强对流导致的局地强降水天气，都是在一定的环流背景下受天气尺度系统的影响由中尺度系统直接影响产生的，天气尺度系统为其提供了能量和水汽条件，中尺度系统提供了动力触发条件[10]。对此次过程的大尺度环流形势分析发现(图 2)，此过程属于蒙古冷涡底部型局地强降水过程。

8 月 11 日 08 时，深厚的蒙古冷涡主体位于蒙古地区东部，对应 500 hPa、700 hPa 均可分析出明显的闭合冷涡环流，850 hPa 切变线自蒙古东南部经山西北部至河套中南部，20 时冷涡、切变线系统缓慢东移；与高空冷涡、低空切变线对应，地面气压场及要素分析可见(图 3)，08—17 时蒙古地区东部低压逐渐发展，呈气旋特征，冷锋沿中蒙边境，自低压中心向西南伸展至河套地区北部，华北中部受冷锋前暖区控制，京津冀地区处东高西低气压场中，午后到傍晚河北中南部、京津地区东南风增强，17 时地面风场可分析出地面辐合线位于河北西北部及中南部山前地区。

大气层结状态分析可见(图略)，11 日 08 时 54511 站探空高层湿度条件较好，但 700～925 hPa 存在相对干层；假相当位温垂直分布，自 925 hPa 随高度迅速递减，K 指数达 34℃，能量条件理想，CAPE 值达 3440.7 J·kg$^{-1}$，0℃、−20℃层高度分别位于 600 hPa、400 hPa 附近，达到适宜冰雹产生的温度层结条件，但此时垂直风切变不大；14 时探空分析，500 hPa 由西南风 8 m·s$^{-1}$转为了西北偏西风 16 m·s$^{-1}$，且温度下降 3℃，700～925 hPa 相对干层仍然存

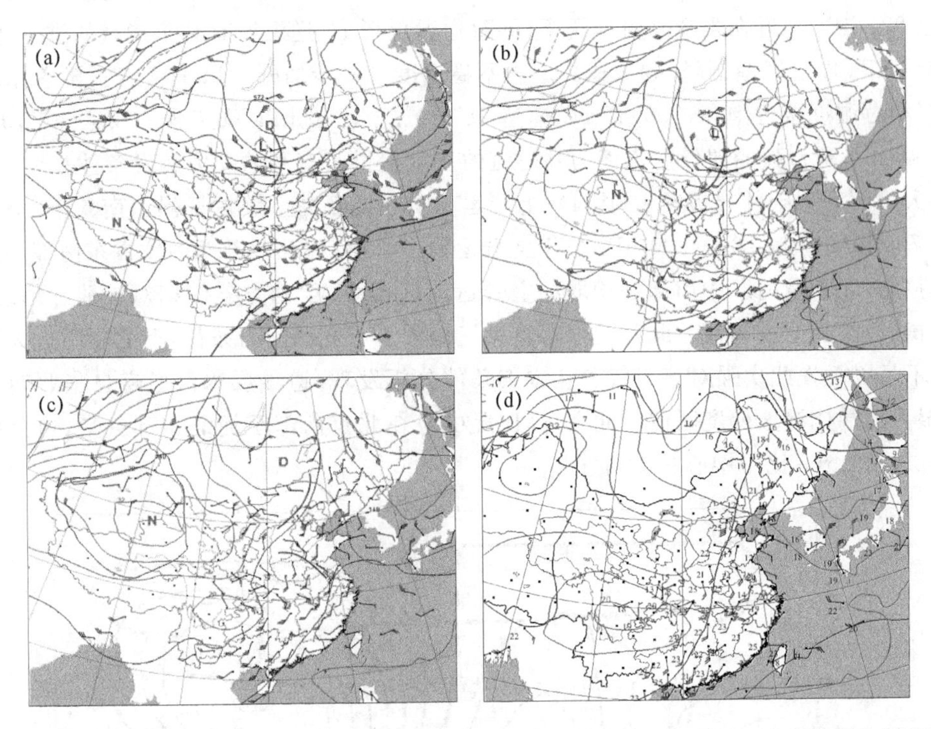


图 2　2017 年 8 月 11 日 20 时 500 hPa(a)、700 hPa(b)、850 hPa(c)、925 hPa(d)高度场和温度场

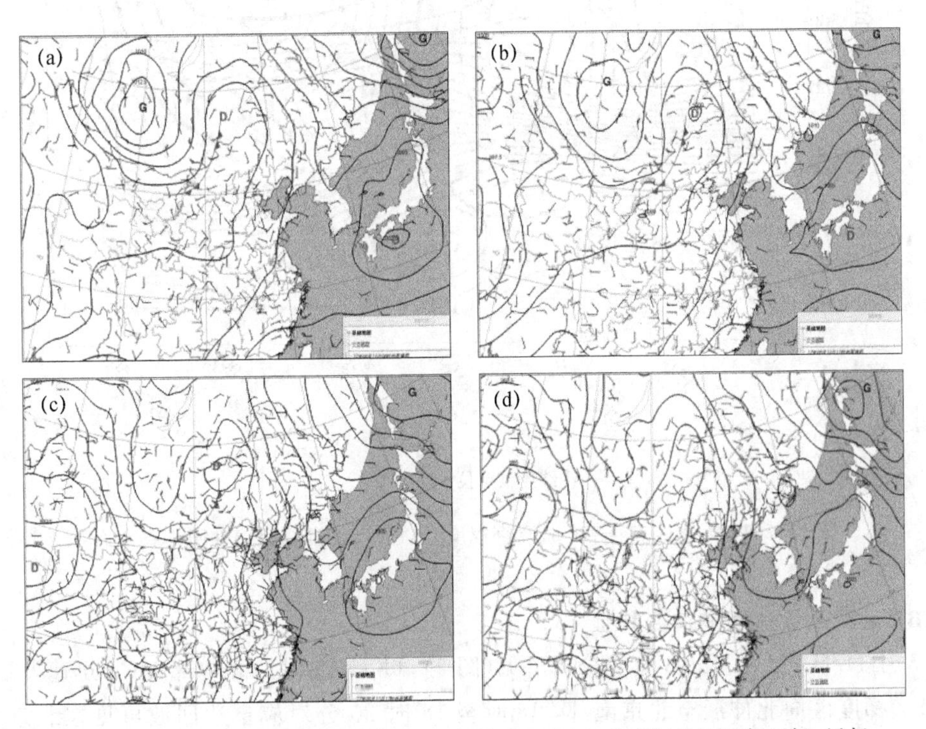


图 3　2017 年 8 月 11 日 08 时(a)、14 时(b)、17 时(c)、20 时(d)地面气压场、风场

在，边界层偏南风已明显增强，850～925 hPa 达 14～20 m·s$^{-1}$，超低空急流建立，垂直风切变增强；且 925 hPa 附近在强暖平流作用下，导致逆温层形成，逆温层有利于能量的进一步积累；同时，850 hPa 以上气温下降，导致边界层内不稳定度进一步加剧。11 日 20 时，随着系统的临近，整层相对湿度接近饱和，700 hPa 风速达 28 m·s$^{-1}$，850 hPa 风速为 20 m·s$^{-1}$，925 hPa 风速为 16 m·s$^{-1}$，强的超低空急流为强对流的发生提供了有利的动力触发条件。

从大尺度动力条件分析发现(图 4)，上升运动中心处于高空蒙古低涡东南象限，上升运动区位于 700 hPa 以上，200～300 hPa 位于上升运动中心层；河北北部至内蒙古东南部为强上升运动区控制，北京及河北中南部处于弱的上升运动区；大尺度动力条件相对较弱。华北北部，高空冷槽、低空切变线为河北北部的强对流天气提供了有利的动力条件，但北京附近大尺度动力条件不足以触发此次强对流天气。从水汽条件分析发现，边界层水汽通道自华北南部向北伸展，湿舌顶端比湿大梯度区位于北京，高比湿中心在北京南部至河北中部一带，边界层存在高比湿层，925 hPa 比湿中心达 19 g·kg$^{-1}$。

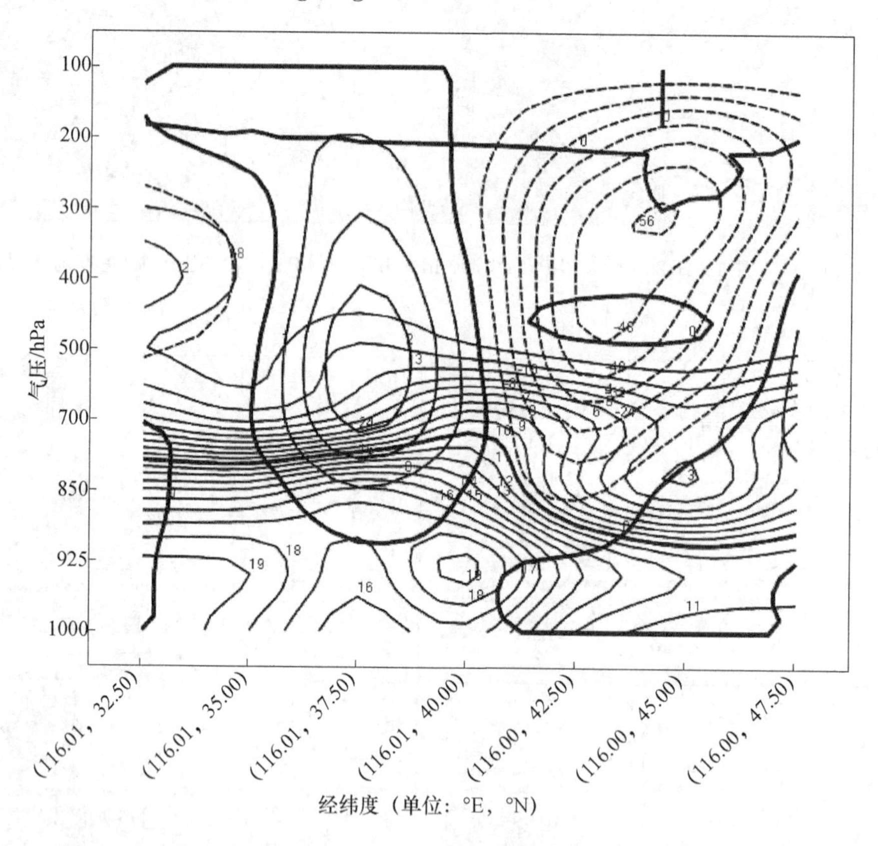


图 4　2017 年 8 月 11 日 20 时垂直速度(黑色)＋比湿(灰色)空间垂直剖面

## 2.3　TBB 云图及雷达回波演变特征

从 8 月 11 日 FY-2C TBB 演变分析可见(图 5)，11 日 18 时河北中部 MCS 迅速发展，其北侧 TBB 大梯度区向北伸展至北京南部，18 时至 18 时 30 分对应雷达回波可见在北京大兴西部开始有局地对流单体出现，并迅速北上加强，18 时 45 分前后在北京城区局地回波强烈发展，并组织形成南北向带状，中心强度≥50 dBZ，给城区附近造成强降水和冰雹天气。

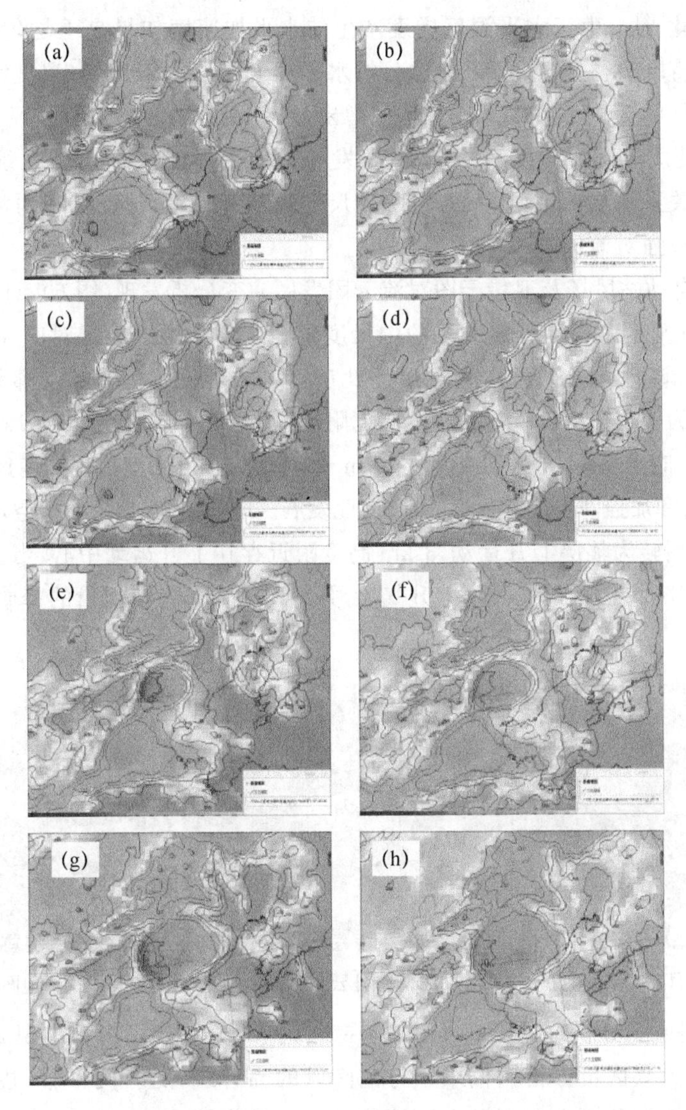


图 5　2017 年 8 月 11 日 18 时(a)、18 时 15 分(b)、19 时(c)、19 时 15 分(d)、20 时(e)、20 时 15 分(f)、21 时(g)、21 时 15 分(h) FY-2C TBB

### 2.4　中尺度触发机制初步分析

北京地区的局地强降水过程大多发生在大尺度动力弱强迫或其边缘,局地强降水落区与边界层热、动力环境及水汽条件密切相关,往往由边界层中尺度辐合抬升机制直接触发,并迅速发展。中尺度触发机制的研判成为预报、预警的关键环节。

局地暴雨主要是由低槽层状云系中镶嵌的中尺度对流系统活动造成的,中尺度对流系统引发局地暴雨,因此,中尺度对流系统形成的热力动力机制十分关键[11]。中尺度对流云团在切变暖区一侧边界一般比较整齐和清晰,并且 TBB 值梯度比较大,短时强降水一般就出现在中小尺度对流系统暖区一侧且 TBB 值梯度大的区域。

当强降水发生后所形成的水平出流,恰好与其前部环境风构成明显切变或甚至有相向而来的环境风时,就有可能会在近地面层内形成中尺度风切变或辐合,直接触发对流的发生发展或甚至使其组织化[12]。由于水平温度梯度产生的水平加速度如果是不均匀的，也会产生垂直运动和相应的垂直环流。因此，可以通过分析水平温度梯度的不均匀(温度锋区的变化)状况，揭示局地动力条件的变化[13]。Wilson 等[14]指出，79%的风暴(96%的强风暴)发生在辐合线附近，易笑园[15]使用 VDRAS 反演结果发现，发展中的深厚的 α 中尺度系统内部组织结构与低层气流的分布关系密切。因此，在一定的大尺度环流背景下，诊断分析对流层低层和近地面层流场有助于预报强对流天气发生发展[16]。

通过对地面自动站风场及卫星云图对流云团发展演变分析发现(图 6)，11 日 17 时地面风场在河北中部形成明显的东南风与偏北风的中尺度辐合线，同时，该地区对应 $T_d \geqslant 25$℃的高露点温度区，云图可见该地区 MCS 迅速发展。此时，从 8 月 11 日海淀风廓线图(图 7)可见，3600 m 高度以下为西南风或偏南风，3 km 高度附近存在西南风急流的脉动，16 时至 16 时 24 分以及 18 时 12 分—19 时 18 分风速达到或超过 20 m·s$^{-1}$；1～3 km 高度出现西南风低空急流，有利于不稳定层结的维持和加强，同时，有利于 MCS 向北发展。结合 20 时观象台探空，925～700 hPa 风速极具增大，19 时以后转为整层上升运动，3 km 高度附近存在上升运动中心，当上游低涡系统临近时，低空急流可以引起较强的天气尺度上升气流，并进而触发不稳定能量的释放，产生小尺度的强上升运动。

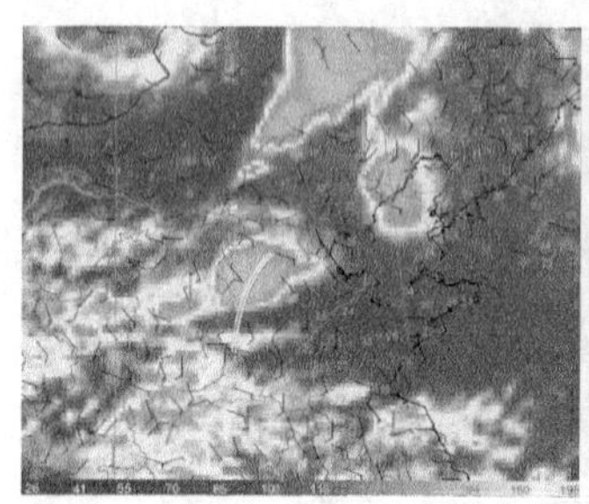

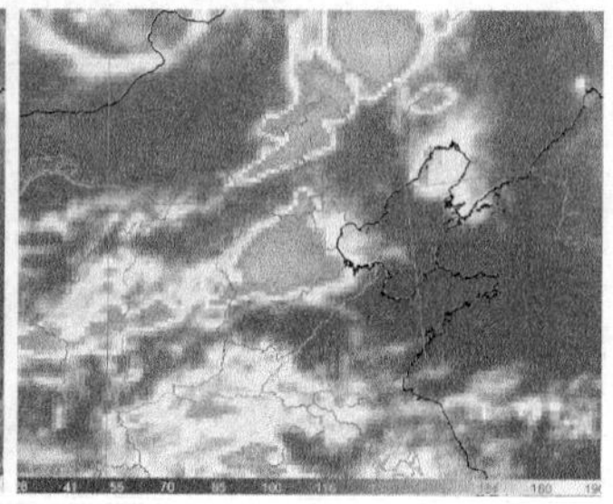

图 6　2017 年 8 月 11 日 17—19 时逐小时 FY-2C 红外云图，图中：地面风场(黑色风杆)+地面辐合线(双实线)

VDRAS 反演风场分析可见，200 m 风场在 18 时 42 分北京东南部出现 2～4 m·s$^{-1}$偏东风，在城区东部至大兴区可分析出偏东风与偏南风的辐合线，随时间推移，边界层偏南急流发展加强(图略)，城区东部至大兴区辐合线维持、加强；且分析出北京南部 600～1400 m 上空偏南风达 12～16 m·s$^{-1}$，而城区东部至大兴一带偏南风<8 m·s$^{-1}$，在 200 m 辐合线附近，600～1400 m 上空叠加风速辐合，边界层局地出现强烈辐合，导致 19 时前后回波在城区东部一带迅速组织、发展。可见，边界层急流及地面辐合线触发了此次北京局地强对流天气。

## 2.5　不同尺度数值模式预报效果

### 2.5.1　RMAPS-ST 中尺度模式检验

将 RMAPS-ST 各起报时次逐小时降水预报与前 12 h 累积降水实况对比分析发现，各起报时次预报降水概率为 100%，但降水起止时间存在一定偏差，降水开始及结束时间均偏早，临近时次，起止时间与实况更为接近，但仍有偏差；预报降水雨带自西南向东北方向，与实况的一致度较高；雨带的移速在前期预报略偏快，临近时次则移速基本与实况一致，可见本次过程 RMAPS-ST 对雨带的移动方向及速度的预报在临近时刻有较好的参考性。在过程雨量和落区预报上，随时间临近，预报降水量级向大调整，更接近实况；但各时次降水落区与实况存在明显偏差，强降水落区位置偏北。

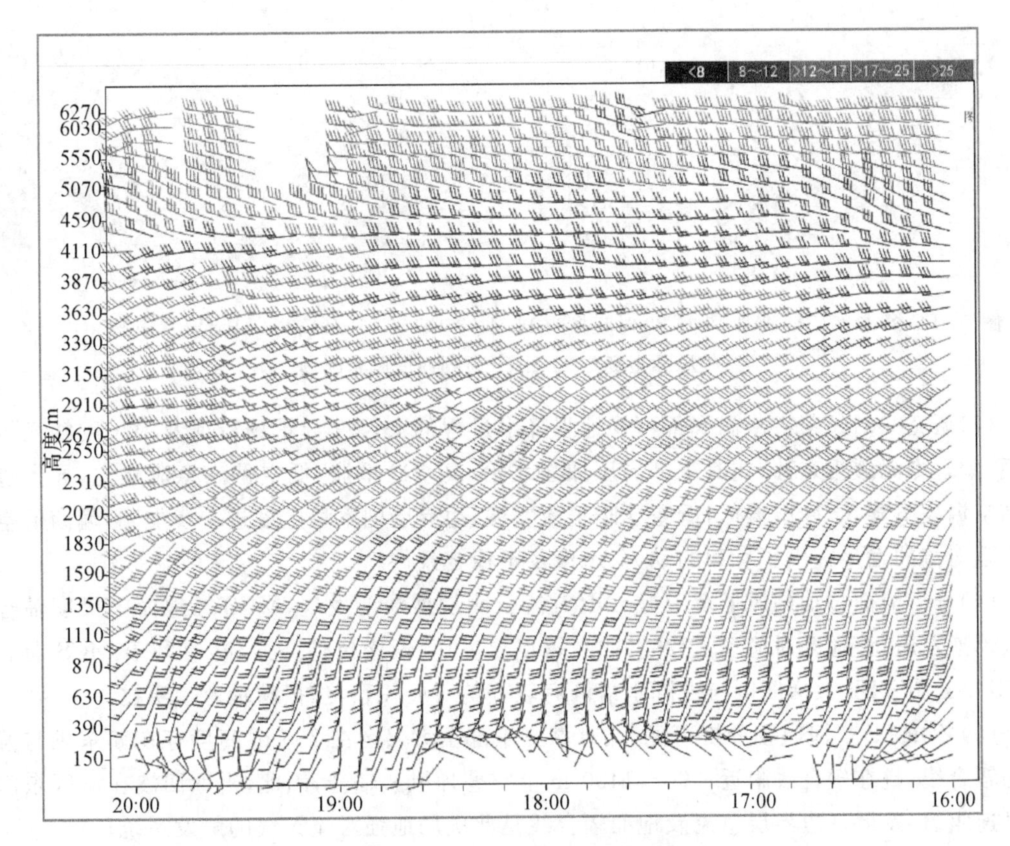


图 7　2017 年 8 月 11 日 16—20 时海淀风廓线图(12 min 间隔)

综合考虑预报的时效性及准确性,11 日 08 时的预报参考性最好(图略)对雨带移动方向及移速把握较好,累积降水量预报也和实况较一致,为全市中雨,但降水开始和结束时间偏早,同时强降水落区方向偏北。

### 2.5.2　EC 细网格模式预报检验

对 EC 模式预报的降水与实况进行对比(图略),10 日 08 时起报的 EC 细网格预报降水量级明显偏大,强降水落区范围也明显偏大;10 日 20 时起报的 EC 细网格预报降水量级进一步上调,暴雨以上落区和范围覆盖北京大部地区。可见,EC 细网格对此次过程的降水量级和强降水落区预报明显偏大,但整体降水趋势可供参考。

8 月 11 日 08 时 500 hPa、700 hPa 实况与 EC(10 日 20 时起报)模式预报对比发现(图 8),整体系统位置较一致,但局地较小范围内风场存在明显偏差,华北南部风速预报小于实况,且风向偏南分量弱于实况; EC 数值预报 850 hPa 切变线预报明显偏强,且位置偏北。说明其动力辐合系统的位置和强度预报偏差较大,从而导致降水预报偏强。

## 3　小结

(1)筛选近十年弱天气尺度系统强迫下北京 20 个局地强降水个例,按高空形势分为 4 种类型:蒙古冷涡底部型、偏西气流型、西北气流型和短波槽型;地面形势多为低压前部或南高北低的气压场分布;强降水落区与切变线或地面辐合线位置相配合,落区分布以东北部居多,占 65%。

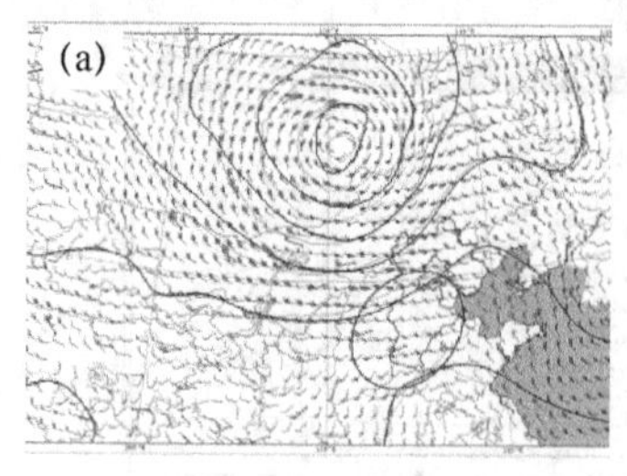

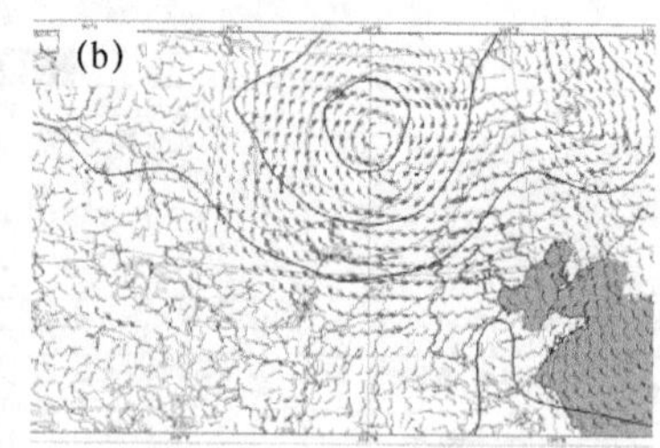

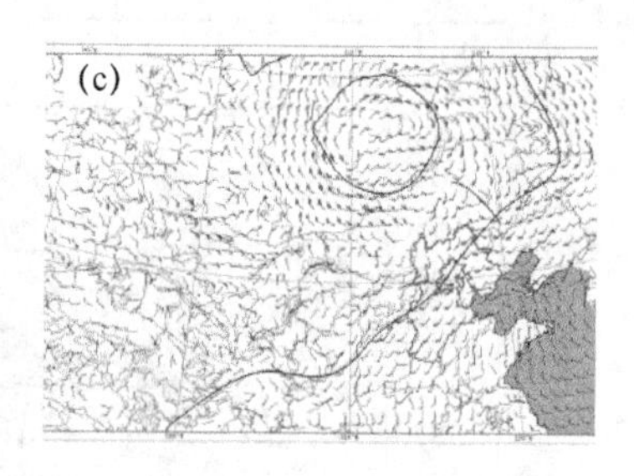


图 8　EC 模式 2017 年 8 月 10 日 20 时起报的 11 日 08 时 500 hPa(a)、700 hPa(b)、850 hPa(c)高度+风预报场与 11 日 08 时同高度风实况场

(2)研究“0811”蒙古冷涡底部型局地强降水过程的大尺度背景场特征及中尺度触发机制发现，蒙古冷涡缓慢东移，同时东部高压加强北抬，高空冷平流、低空偏南急流建立，导致过程前高空温度下降，干冷层偏低，低空强暖平流发展，边界层内不稳定度进一步加剧；偏南低空急流为强对流的发生提供了有利的动力、水汽及不稳定条件。

(4)分析地面自动站风场及卫星云图对流云团发展演变发现，MCS 在地面中尺度辐合线附近迅速发展，该地区对应 $T_d \geqslant 25℃$的高露点温度区；西南风低空急流，有利于 MCS 向北发展；卫星云图 TBB 大梯度区与强降水落区有较好的对应关系，预报指示意义明显。

(5)VDRAS 反演风场分析可见，北京城区东部至大兴区在 200 m 高度存在偏东风与偏南风的辐合线，且在辐合线附近，600～1400 m 上空叠加风速辐合，因此，雷达回波在城区东部一带迅速组织、发展。边界层急流及地面辐合线是此次局地强对流天气的触发系统。

(6)RMAPS-ST 模式对该过程雨带的移动方向及速度预报在临近时刻有较好的参考性；雨量和落区预报临近时次更接近实况，但各时次降水落区与实况存在偏差，强降水落区预报能力不理想。低空偏南气流演变过程中，风速、风向切变的尺度相对较小，EC 模式预报偏差较大，导致降水量级和强降水落区出现明显偏差，影响预报员对落区及时间的把握，但模式总体降水趋势可供参考。

## 参考文献


[1]　王国荣，王令．北京地区夏季短时强降水时空分布特征[J]. 暴雨灾害，2013，32(3)：276-279.

[2]　孙明生，高守亭，孙继松，等．北京地区暴雨及强对流天气分析与预报技术[M]. 北京：气象出版社，2012：54-55.

[3]　孙继松．北京地区夏季边界层急流的基本特征及形成机理研究[J]. 大气科学，2005，29(3)：445-451.

[4]　陶诗言．中国之暴雨[M]. 北京：科学出版社，1980：225.

[5]　毕宝贵，刘月巍，李泽椿．2002 年 6 月 8—9 日陕南大暴雨系统的中尺度分析[J]. 大气科学，2004，28(5)：747-763.

[6]　吕艳彬，郑永光，李亚萍，等．华北平原中尺度对流复合体发生的环境和条件[J]. 应用气象学报，2002，13(4)：406-412.

[7]　徐国强，胡欣，苏华．太行山地形对“96.8”暴雨影响的数值试验研究[J]. 气象，1999，25(7)：3-7.

[8]　王迎春，钱婷婷，郑永光，等．对引发密云泥石流的局地暴雨的分析诊断[J]. 应用气象学报，2003，14(3)：277-286.

[9]　Wilson J W, Mueller C K. Nowcast of thunderstorm initiation and evolution[J]. Weather and Forecas-

ing, 1993, 8:113-131.

[10] 杨晓霞,吴炜,姜鹏,等. 山东省三次暖切变线极强降水的对比分析[J]. 气象, 2013,39(12):1550-1560.

[11] 赵玉春,王叶红. 2008年8月10日北京地区暴雨过程的诊断分析和数值研究[J]. 气象,2008,34(S1):16-25.

[12] 孙靖,王建捷. 北京地区一次引发强降水的中尺度对流系统的组织发展特征及成因探讨[J]. 气象,2010,36(12):19-27.

[13] 张玉玲. 中尺度大气动力学引论[M]. 北京:气象出版社,1999:78-79.

[14] Wilson J W,Schreibei W E. Initiation of convective storms at radar-observed boundary layer convergence lines [J]. Mon Wea Rev,1986,114(12):2516-2536.

[15] 易笑园,李泽椿,姚学祥,等. 一个锢囚状中尺度对流系统的多尺度结构分析[J]. 气象学报,2011,69(2):49-62.

[16] 翟国庆,俞樟孝. 强对流天气发生前期地面风场特征[J]. 大气科学,1992,16(5):522-529.

# 低涡外围暴雨的倾斜发展机制及短期预报思考*

张　楠　杨晓君　何群英　刘一玮

（天津市气象台，天津 300074）

**摘　要**

针对 2017 年 8 月 2 日局地暴雨过程，利用欧洲中心再分析资料，多普勒雷达组网资料以及加密自动站资料探讨了局地暴雨天气的触发机制，特别研究了其倾斜发展机制以及短期时效的可预报性。结果表明：此次过程可分为三个阶段，其中第二阶段（2 日 10—15 时）降水主要是在边界层辐合线触发下，在露点温度中心触发的雷暴所致，第三阶段（2 日 20 时—3 日 02 时）天津南部降水主要是受涡旋北抬影响。第一阶段（2 日 05—10 时）和第三阶段的天津北部雷暴是受斜升机制影响，其降水中心与条件性对称不稳定区（MPV2 负值中心）对应较好。在短期时效内，数值模式可稳定预报"斜升机制"，但条件性对称不稳定区的预报不准确，不能真实反映 MPV2 的分布情况，而 TJ-WRF 模式预报的扰动湿涡度的异常增长，可在短期时效内用于判定条件性对称不稳定。

**关键词**：局地暴雨 斜升机制 条件性对称不稳定 扰动湿涡度 短期预报

## 引言

暴雨是华北沿海地区夏季常见的灾害性天气之一，常给人民生命财产、国防建设及工农业生产带来严重危害。华北暴雨具有突发性、局地性强的特点，且物理机制较为复杂[1-4]，特别是局地性暴雨，其影响系统多为大尺度天气系统制约下的中小尺度系统，预报难度很大[5]，需要充分应用各种先进的加密探测资料进行检测，诊断分析出中小尺度系统或局地尺度系统的发展和变化，进而预报出此类暴雨天气。

Mueller 等[6]、Wilson 等[7,8]研究表明，大多数风暴都起源于边界层辐合线附近，如果此处的大气垂直层结有利于对流发展，就容易生成雷暴。然而，并非所有雷暴都是在边界层触发，由于边界层以上观测资料的时空分辨率低，数值模式的预报能力有限，这种雷暴是气象学目前所面临的富有挑战性的预报难题之一[9]。2017 年 8 月 2 日白天到夜间，天津地区受低涡外围气流影响，出现暴雨天气过程，此次过程虽为系统性降水，24 h 降水落区的短期预报难度不大，但逐小时降水落区局地性较强，局部雨强较大，特别是此次过程中有些产生强降水的雷暴在边界层、对流层低层均没有较好的触发系统，短期甚至是短临时效预报都存在较大的难度。本文针对此次过程，利用欧洲中心再分析资料，天津塘沽、河北沧州两部多普勒雷达组网资料，加密自动站资料分析此次过程的多尺度特征及触发机制，探讨局地暴雨天气的形成机理。

## 1　过程简介及预报回顾

由 2017 年 8 月 2 日 08 时—3 日 08 时累积降水分布图（图略）可知，受低涡和冷空气共同

*资助项目：国家自然科学基金项目（41575049，41675046）；中国气象局预报员专项（CMAYBY2016－006，CMAYBY2018－005，CMAYBY2017－005）；天津市气象局重点项目（201723zdxm04）；天津市气象局气象预报预警创新团队项目。

影响,2 日白天到夜间,海河流域东部出现暴雨天气过程,在此次过程中天津地区平均降水量 38.8 mm,最大雨量出现在蓟州的八仙山,雨量为 165.8 mm。降水中心主要位于天津的北部和东南部地区,降水主要集中在 2 日 20 时—3 日 05 时,雨强较大,滨海新区太平镇站 2 日 22—23 时小时雨强达到 50 $mm \cdot h^{-1}$ 以上。通过统计天津地区 284 个自动观测站的累积雨量,此次过程共有 32 站出现小雨,93 站出现中雨,77 站出现大雨,82 站达到暴雨以上量级,占总站数的 28.57%,根据《预报服务业务规范手册》规定,此次过程属于局地暴雨。

从逐小时的降水分布来看,此次降水过程分为 3 个阶段:第一阶段(2 日 05—10 时),如图 1a～d 所示,在 06 时,有一东北—西南向的线状雨带出现,并不断向北移动,此时雨带在天津地区断裂,08 时东西两个线状对流连为一体,影响天津北部地区,10 时进一步向北移动,移出天津。第二阶段(2 日 10—15 时),如图 1e～g 所示,在 10—11 时(图 1e),在天津北部形成 γ 尺度雨团,11—12 时(图 1f)形成雷暴群并向北移动,14 时(图 1g)形成带状对流系统,影响天津北部地区,15 时(图略)减弱消散并移出天津。第三阶段(2 日 20 时—3 日 02 时),如图 1h～l 所示,20—21 时(图 1h),涡旋雨带北抬,开始影响天津南部地区,2 日 21 时—3 日 01 时(图 1i～l),该雨带先东移再北抬,在天津东南部地区形成暴雨中心,与此同时,在 21—22 时(图 1i),天津中北部地区有对流触发,迅速发展并向北移动(图 1i～l),影响天津北部地区再次出现强降水。

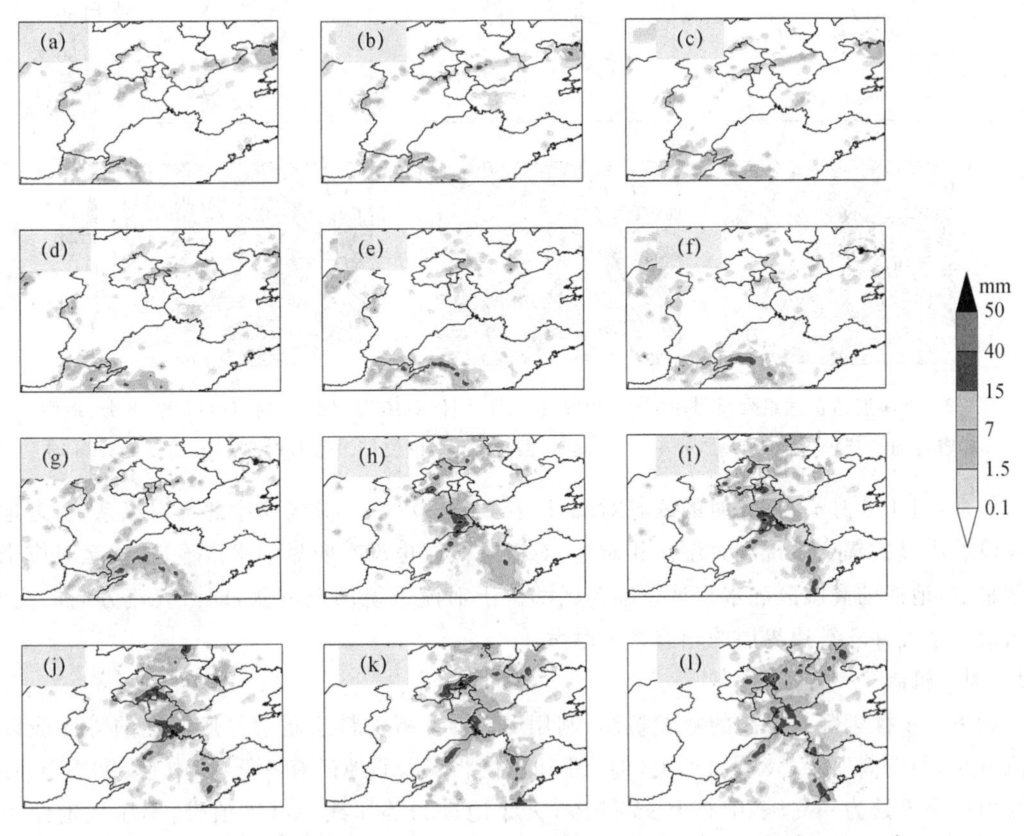


图 1　小时降水量(单位:mm):8 月 2 日(a)06 时;(b)07 时;(c)08 时;(d)09 时;(e)11 时;(f)12 时;(g)14 时;(h)21 时;(i)22 时;(j)23 时;8 月 3 日(k)00 时;(l)01 时

## 2 多尺度机制分析

### 2.1 边界层辐合

Mueller 等[6]、Wilson 等[7,8]研究表明，大多数风暴都起源于边界层辐合线附近，如果此处的大气垂直层结有利于对流发展，就容易生成雷暴。2017 年 8 月 2 日 10 时，如图 2a 所示，天津北部的云团已经移出天津，在下沉运动和冷池的共同作用下，形成辐散气流(图 2d)，其向南辐散的一支与东南风相遇形成辐合，在辐合区南侧的偏南气流区中露点温度的大值中心(中心值达到 27℃以上)触发对流的发展(图 2a)。对流形成后，2 日 12 时(图 2e)由于其位于辐合区的南侧，其向北的出流将辐合线向北推进，一方面有利于对流系统向北传播，另一方面，使中尺度辐合进一步增强，并与带状露点温度中心相配合，使对流增强呈带状分布(图 2b)，随着对流的进一步加强，受降水拖曳作用影响，近地面被辐散气流占据，虽然其向南辐散的气流与东南风相遇形成辐合，但没有露点温度中心相配合，水汽和能量条件较差(图 2f)，雷暴趋于消散(图 2c)。

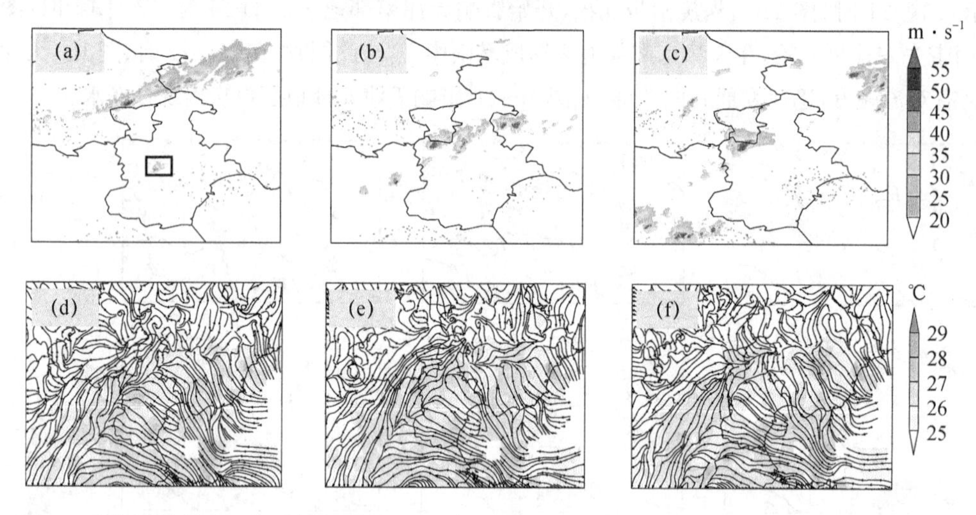


图 2 天津塘沽雷达组合反射率因子：2017 年 8 月 2 日(a)10 时；(b)12 时；(c)14 时 48 分；地面加密自动站流场(流线，单位：$m \cdot s^{-1}$)、露点温度(阴影，单位：℃)：(d)10 时；(e)12 时；(f)14 时

然而，对于 8 月 2 日 06 时的线状对流，以及 2 日 20 时 42 分天津中北部对流系统，近地面层并没有明显的辐合系统和大湿区相对应，对流层低层也没有明显的水汽输送，甚至对应水汽通量辐散，地面的高湿区和水汽通量辐合区都位于对流系统的东南侧，即沿气流方向的上游，说明对流系统并非被边界层的辐合系统触发。

### 2.2 斜升机制

为进一步探索降水云团的触发机制，利用 EC 再分析资料绘制了等熵面上的等压线以及气流分布，如图 3 所示。8 月 2 日 08 时(图 3a)，在北京以北地区有一低压，中心 890 hPa，在河北与山东交界处为一高压，中心为 950 hPa，天津地区为等压线梯度大值带，等压线走向为东北—西南走向，此时的风场为东南风，与等压线垂直，由高压吹向低压，由于气流是沿等熵面运动的，因此东南气流在行进过程中是沿等熵面爬升的，20 时(图 3b)的形势与 08 时类似，说明此次对流系统是在气流斜升的过程中被触发出来的。

同时，从图 3a、3b 中可以看出，整个华北东部沿海地区皆是斜升运动区，但对流并非在华北地区东部沿海均匀分布。8 月 2 日 06 时(图 3c)，华北东部存在线状对流，但在天津地区形成断裂，即天津的东侧和西侧皆有线状对流发展，且在同一条直线上，而天津地区却没有对流发展；2 日 21 时(图 3 d)，除天津南部地区受涡旋北抬影响有对流发展外，在天津中北部有对流触发，并向北移动，造成天津北部地区的强降水，而在两个对流云团之间，天津中部地区以层状云降水为主，没有对流性强降水生成。

从图 3a、3b 中还可以看出，等熵面的密集带宽度约为 200 km，而跨越的等压面仅为 60 hPa，属于天气尺度的斜升运动，这种量级的上升运动仅能产生弱的层状云降水，如产生对流性天气，需具备一定的对流触发条件。斜升运动是否能得到进一步发展，要看其是否具备条件性对称不稳定，而湿位涡是判断条件性对称不稳定的重要参数。

湿位涡是一个能同时表征大气动力、热力和水汽性质的综合物理量。近年来，其概念和理论得到了深入研究和广泛应用，等压面上湿位涡的表达式为：

$$MPV=-g(\zeta+f)\frac{\partial\theta_e}{\partial p}+g\left(\frac{\partial v}{\partial p}\frac{\partial\theta_e}{\partial x}-\frac{\partial u}{\partial p}\frac{\partial\theta_e}{\partial y}\right) \tag{1}$$

湿位涡可分为湿正压项 $MPV1$ 和湿斜压项 $MPV2$，即：

$$MPV1=-g(\zeta+f)\frac{\partial\theta_e}{\partial p} \tag{2}$$

$$MPV2=g\left(\frac{\partial v}{\partial p}\frac{\partial\theta_e}{\partial x}-\frac{\partial u}{\partial p}\frac{\partial\theta_e}{\partial y}\right) \tag{3}$$

式中：$MPV1$ 是湿位涡的第一分量(垂直分量)，表示惯性稳定度$(\zeta+f)$和对流稳定度$-g\frac{\partial\theta_e}{\partial p}$的作用，其值取决于空气块绝对涡度的垂直分量与相当位温的垂直梯度的乘积，为湿正压项。$MPV2$ 是湿位涡的第二分量(水平分量)，它的数值由风的垂直切变(即水平涡度)和相当位温的水平梯度决定，包含了湿斜压性$(\nabla_p\theta_e)$和水平风垂直切变的贡献，故称为湿斜压项。吴国雄等[10]研究指出：$MPV2$ 负值越强，表明大气斜压性越强，表明大气为条件性对称不稳定。

从边界层 925 hPa 的 $MPV2$ 的空间分布来看，8 月 2 日 08 时(图 3e)，在华北东部存在东北—西南向的带状 $MPV2$ 负值区，在天津的西侧和东侧各存在 $MPV2$ 的负值中心，中心强度达到－0.4 PVU，与 2 日 06 时的对流区(图 3c)相对应；2 日 20 时(图 3f)，在天津中北部为 $MPV2$ 的负值中心，中心强度达到－0.3 PVU，与 2 日 20 时 42 分在天津中北部触发的对流(图 3d)相对应。说明这两个时次在大尺度斜升运动中，遇到 $MPV2<0$ 的条件性对称不稳定区，触发对流的发展。

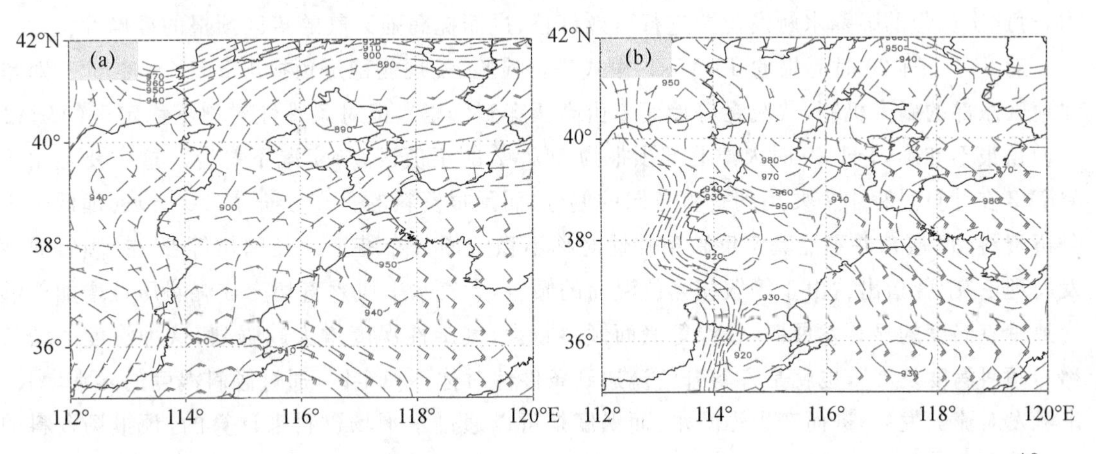

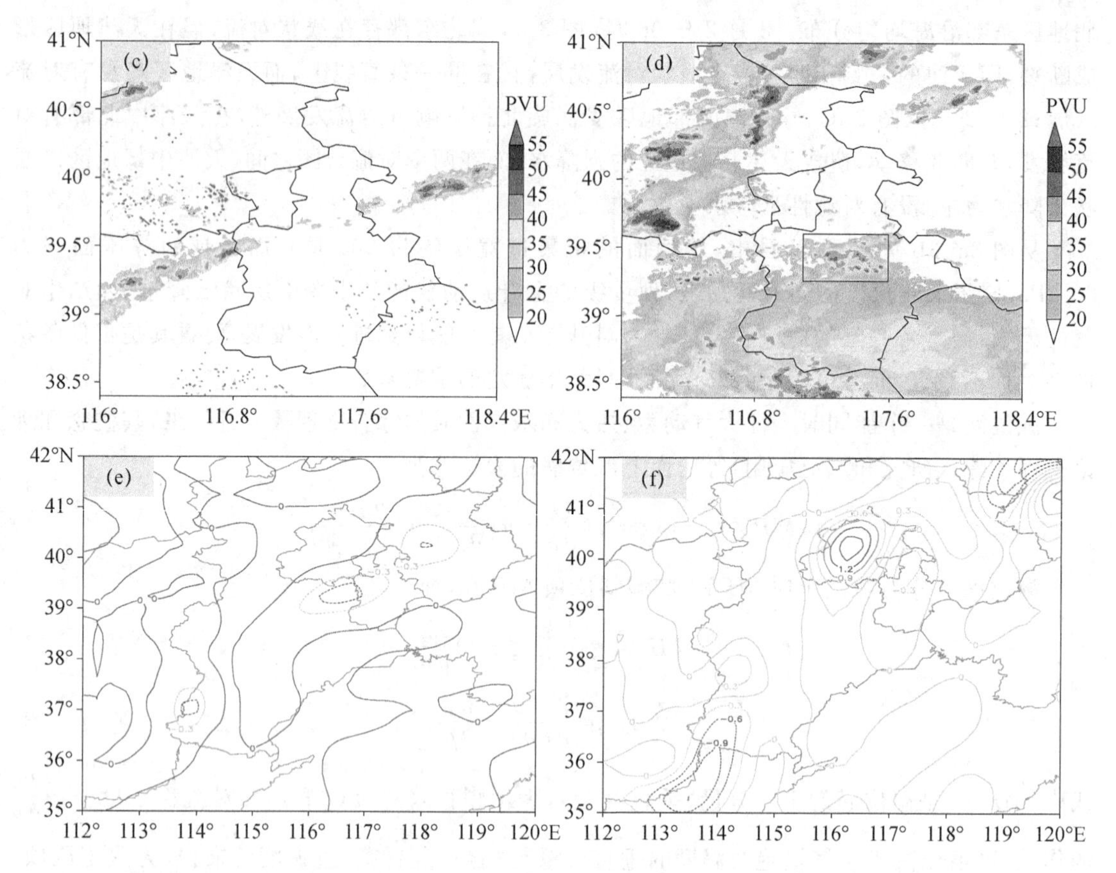


图 3　303 K 等熵面上的气压(等值线,单位:hPa)、风场(风向杆,单位:$m \cdot s^{-1}$)分布:2017 年 8 月 2 日(a)08 时;(b)20 时;天津塘沽雷达组合反射率因子:2017 年 8 月 2 日(c)06 时;(d)21 时;湿位涡斜压项 *MPV*2(等值线,单位:PVU):(e)08 时;(f)20 时

## 3　斜升对流触发的短期预报思考

从上文中的分析可以看出,8 月 2 日 06 时和 20 时 42 分在天津北部生成的对流云团是在大尺度斜升运动中,遇到 *MPV*2<0 的条件性对称不稳定区被触发的。那么数值模式能否在短期时效内对斜升运动和条件性对称不稳定区进行准确预报?预报员能否据此在短期时效内,对此次过程的强降水触发位置进行有效订正,进而提高强天气的落区预报的准确性?

对 8 月 1 日 20 时起报的 TJ-WRF 模式进行检验,发现能稳定预报出 2 日 08 时和 20 时华北地区东部的斜升机制(气流在等熵面上由高压穿到低压),但对条件性对称不稳定区(*MPV*2<0)预报不准确,2 日 20 时天津北部预报为 *MPV*2 的正值区,与实况不符合。这主要是由于 *MPV*2 在计算过程中需要用到垂直方向的偏分,而预报资料的垂直分辨率(10 层)远远低于再分析资料(37 层),并不能真实反映条件性对称不稳定的分布特征。吴国雄等[10]在"倾斜涡度发展理论"中曾指出:"由于等假相当位温面的倾斜,大气水平风垂直切变或湿斜压性增加能够导致垂直涡度的显著发展,并且湿等熵面倾斜越大,气旋性涡度增大越强烈,这种涡度的增长称为倾斜涡度发展",也就是说斜升气流遇到条件性对称不稳定区,通过倾斜涡度的异常增长,来触发对流的发展,进而产生强降水,而涡度是可以通过水平场资料来计算的,预报场资料的

水平分辨率满足其计算需求。

本文利用北京大学钱维宏教授研发的扰动技术[11-15]，基于 TJ-WRF 模式的预报场资料，计算对流发展前后扰动湿涡度的变化，来判断条件对称不稳定发展区域，进而判断强降水落区。沿 117°E 做扰动湿涡度的经向剖面(图 4)，8 月 2 日 07 时(图 4a)在天津北部存在负涡度区(方框区)，负涡度中心达到$-2\times10^{-5}s^{-1}$，2 日 08 时(图 4b)负涡度区(方框区)面积和数值明显减小，说明天津北部地区上空有涡度的异常增长区，说明具备一定的对称不稳定条件。2 日19 时(图 4c)在天津中北部有负的湿涡度中心，到了 20 时(图 4 d)迅速转为正的湿涡度中心，中心强度大于$2\times10^{-5}s^{-1}$，涡度异常增长明显，且形成一个倾斜的正涡度异常区，说明此处存在 MPV2 的负值中心，为条件性对称不稳定区。由此可见，在预报出气流做倾斜上升运动时，在短期时效内可通过中尺度数值模式预报的湿涡度的异常增长区来判断条件性对称不稳定区，进而对对流系统的触发进行预报。

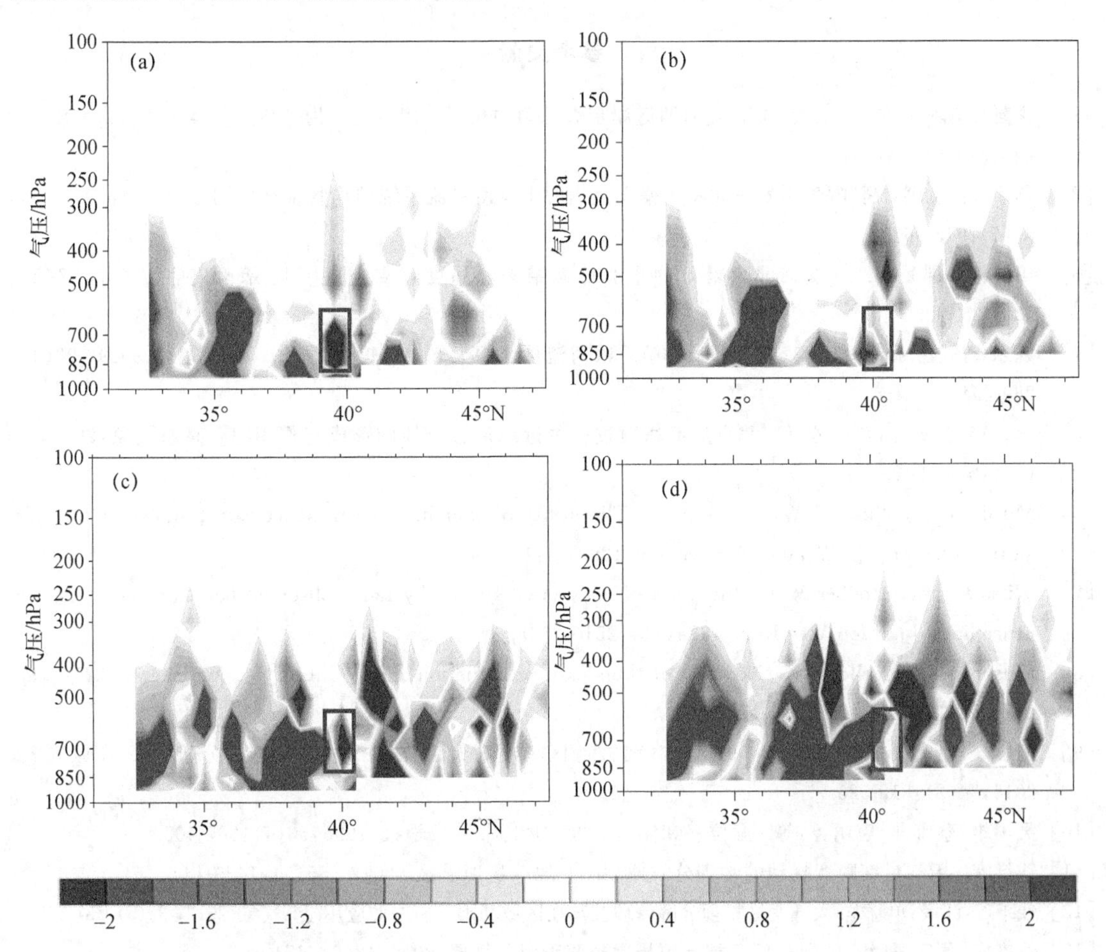


图 4　扰动湿涡度(阴影，单位：$10^{-5}s^{-1}$)：2017 年 8 月 2 日(a)07 时；(b)08 时；(c)19 时；(d)20 时

## 4　结论

针对“8・2”局地暴雨过程，利用欧洲中心再分析资料，天津塘沽、河北沧州两部多普勒雷达组网资料，加密自动站资料分析暴雨落区的中尺度触发机制，探讨局地暴雨天气的形成机

理，得出如下结论。

(1)根据中尺度特征分析，此次过程分为三个阶段：第一阶段(8 月 2 日 05—10 时)，线状对流发展并向北移动；第二阶段(2 日 10—15 时)，天津中部对流触发，并向北推进；第三阶段(2 日 20 时—3 日 02 时)，涡旋北抬，影响东南部短时强降水；在北部触发对流，影响北部地区强降水。

(2)根据多尺度分析，第二阶段降水主要是在边界层辐合线触发下，在露点温度中心触发的雷暴所致，第三阶段天津南部降水主要是受涡旋北抬影响。第一阶段和第三阶段的天津北部雷暴是受斜升机制影响，其降水中心与条件性对称不稳定区($MPV2$ 负值中心)对应较好。

(3)在短期时效内，数值模式可稳定预报“斜升机制”，但对于对称不稳定区的预报不准确，原因可能在于预报场垂直分辨率较低，不能真实反映 $MPV2$ 的分布情况，TJ-WRF 扰动湿涡度的异常增长，可在短期时效内判定条件性对称不稳定区。

## 参考文献


[1] 李延江，陈小雷，张宝贵，等. 渤海西海岸带大暴雨中尺度云团空间结构分析[J]. 高原气象，2013,32(3):818-828.

[2] 赵宇，崔晓鹏，高守亭. 引发华北特大暴雨过程的中尺度对流系统结构特征研究[J]. 大气科学，2011,35(5):945-962.

[3] 田秀霞，邵爱梅. 一次河北大暴雨的华北低涡结构和涡度收支分析[J]. 暴雨灾害，2008,27(4):320-325.

[4] 魏东，杨波，孙继松. 北京地区深秋季节一次对流性暴雨天气中尺度分析[J]. 暴雨灾害，2009，28(4):289-294.

[5] 李青春，苗世光，郑祚芳，等. 北京局地暴雨过程中近地层辐合线的形成与作用[J]. 高原气象，2011，30(5):1232-1242.

[6] Mueller C K, Wilson J W, Crook N A. The utility of sounding and mesonet data to nowcast thunderstorm initiation[J]. Weather Forecasting,1993, 8:132-146.

[7] Wilson J W, Schreiber W E. Initiation of convective storms by radar observed boundary layer convergence lines[J]. Mon Wea Rev, 1986,114:2516-2536.

[8] Wilson J W, Mueller C K. Nowcast of thunderstorm initiation and evolution[J]. Weather and Forecasting,1993, 8:113-131.

[9] 鲍媛媛，康志明，李伦，等. 2009 年早春南方地区一次高架雷暴天气过程的机理分析[J]. 高原气象，2015,34(2):515-525.

[10] 吴国雄，蔡雅萍，唐明菁，等. 湿位涡和倾斜涡度发展[J]. 气象学报，1995,53(4):387-405.

[11] 钱维宏. 天气尺度瞬变扰动的物理分解原理[J]. 地球物理学报，2012，55(5):1439-1448.

[12] 钱维宏，江漫，单晓龙. 大气变量物理分解原理及其在区域暴雨分析中的应用[J]. 气象，2013，39(5):537-542.

[13] 钱维宏，蒋宁，杜钧. 中国东部 7 类暴雨异常环流型[J]. 气象，2016,42(6):674-685.

[14] Qian W H, Du J, Shan X L, et al. Incorporating the effects of moisture into a dynamical parameter: moist vorticity and moist divergence[J]. Weather and Forecasting, 2015,12:1411-1428.

[15] Jiang N, Qian W H, Du J, et al. A comprehensive approach from the raw and normalized anomalies to the analysis and prediction of the Beijing extreme rainfall on July 21,2012[J]. Nature Hazards, 2016, 84:1551-1567.

# 2016年6月湖南株洲极端暖区降雨的多尺度特征分析

刘红武[1]　杨　令[2]　尹忠海[1]　徐靖宇[1]　王青霞[1]

(1. 湖南省气象台,长沙 410118;2. 湖南省益阳市气象局,益阳 413000)

## 摘　要

利用多源资料对发生在湖南株洲的一次极端暖区特大暴雨过程进行了多尺度特征分析。结果表明:本次极端降雨过程发生在高层正涡度向低层正涡度增强、上升气流发展最强及西南气流加强的过程中,高层辐散要强于低层辐合,辐散抽吸作用强,南海是主要的水起源地;中尺度云团显示,株洲强降雨主要由三个γ中尺度云团发展合并而成,出现在中尺度云团的发生发展到成熟阶段,其落区位于云团西部边缘的TBB梯度大值区;雷达降水回波主要以低质心回波为主,且强降水回波在株洲中部地区生消发展造成明显的列车效应,速度径向剖面可见明显的底层逆风区,在其前部有较强的斜升气流,使对流风暴得以维持和发展。

**关键词**:暖区特大暴雨　极端　中尺度分析　列车效应　逆风区

## 引言

湖南地处亚热带季风气候区的长江中下游地区,在汛期常出现极端降雨事件,造成洪涝、渍涝、滑坡等次生灾害,对人民生命财产及社会经济的可持续发展造成巨大影响[1-4]。如2005年5月31日,湖南省邵阳市新邵县太芝庙乡的暴雨引发的严重山洪灾害使太芝庙乡死亡87人,重伤480人,倒塌房屋上万间,造成直接经济损失10亿元[5];2010年6月18—20日湖南极端暴雨过程造成11个地区20个县市163.2万人受灾、8人死亡、7人失踪、735人受伤,转移人口23.6万人,直接经济损失约7.3亿元,可见,极端降雨的致灾性强,其影响也受到政府和社会各界的普遍关注。产生极端暴雨的降雨过程受到行星尺度、天气尺度和中小尺度等多种尺度系统的相互影响,其预报是极其复杂的问题。

2016年6月14—16日,湘西、湘中及以南部分地区出现了较大范围的暴雨天气,其中湖南株洲1 h降水与24 h降水均打破建站以来日雨量的历史记录。本文将利用常规观测资料、地面自动站资料、NCEP 1°× 1°再分析资料、FY-2F卫星资料及雷达资料等综合资料分析这次过程的多尺度特征并探讨湖南此类极端暴雨形成的机理,为这类暴雨的预报提供一些参考依据。

## 1　暴雨过程概况及灾情

### 1.1　暴雨过程概况

6月14 16日,湘西、湘中及以南部分地区出现了暴雨、部分大暴雨、局地特大暴雨天气过程(图1),主要降雨位于14日夜间至15日白天。经统计,6月14日20时—15日20时(北京时,下同),全省区域气象自动站过程降水量≥100.0 mm的站数有220个,≥200.0 mm的站数有 18 个，≥300.0 mm 的站数有 1 个，最大降水出现在衡山县长春镇，为 365.9 mm；株洲区域气象自动站过程降水量≥50.0 mm 的站数有 109 个，≥100.0 mm 的站数有 57 个，≥200.0 mm 的站数有 7 个，最大降水出现在石峰区石峰公园的 289.5 mm，株洲本站出现特大暴雨，为 257.6 mm，突破 1964 年 6 月 17 日的历史极值(195.7 mm)。从自动站逐小时降雨量可以看到，株洲市强降雨主要集中在 15 日 06 时至 08 时，最大小时雨强出现在株洲石峰区清水塘(图 1b)，为 114.4 mm，其次是石峰公园，为 86.3 mm，株洲国家观测站为 72.2 mm(15 日 05 时)和 61.4 mm(06 时)。

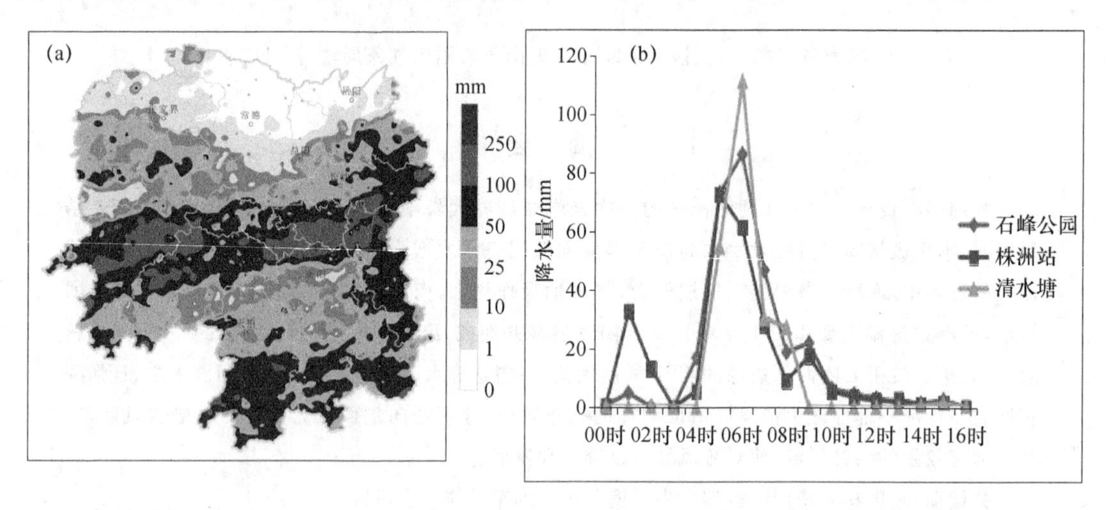


图 1　湖南省 2016 年 6 月 14—16 日降雨实况图(a)与株洲市三个代表站逐小时雨量(b)(单位：mm)

### 1.2　灾情

本轮强降雨共造成全省 106.1 万人受灾，因灾死亡 5 人、失踪 8 人，紧急转移安置人口 14.46 万，须紧急生活救助人口 1.02 万，农作物受灾面积 5.93 万 $hm^2$，绝收面积 1.18 万 $hm^2$，倒塌房屋 1951 间，严重损坏房屋 7021 间，直接经济损失 7.56 亿元；株洲市区因强降雨导致部分街道、低洼地带受淹；湘潭县、株洲石峰区分别发生一起滑坡险情；娄底涟源 G207 线 K2484＋800 至 K2484＋900 段因滑坡导致交通中断；邵阳洞口 G320 线 K1482＋500 至 K1483＋000 段因降雨引起路基垮塌，导致交通中断。

## 2　大尺度环流背景分析

暴雨发生前的 6 月 13 日 08 时，亚洲中高纬为两槽一脊型，哈萨克斯坦和雅库茨克地区形成了两个切断低涡，贝加尔湖西部建立起一个强盛的阻塞高压(以下简称阻高)，在阻高东部到雅库茨克低涡之间的南部地区为一宽广的横槽区；中低纬度地区副高稳定维持在华南，在孟加拉湾地区有一较为深厚的低压槽。13 日 20 时，贝加尔湖西部阻高崩溃，横槽开始转竖，蒙古西部形成闭合的低值中心，随后带动冷空气向西偏南方向移动到我国华北地区，与雅库茨克低涡连成一条横跨我国中东部的阶梯槽，槽后冷平流带动北方冷空气缓慢扩散南下。14 日 20 时，阶梯槽带着弱冷空气渗透影响我国中东部地区，湖南中南部地区位于 584 dagpm 线附近，低纬度低槽向东缓慢移动过程中，副高位置基本不变，与此同时，700 hPa 切变线位于湘中及以北，西南气流开始加强，至 15 日 08 时，西南急流建立，郴州站达到 18 $m \cdot s^{-1}$，925 hPa 在湘中偏东北有低涡生成，超低空急流建立。15 日 20 时整层系统均东移南压，雨带缓慢东移南压。

## 3 强降雨环境条件诊断分析

### 3.1 水汽条件

6月14日08时，700 hPa水汽通量从中南半岛东部到南海西部经桂、黔到湘西南有一条东西向带状水汽通道，20时该水汽通道转为西西南—东东北方向，在怀化西南部形成一个$-5\times10^{-7}$g·s$^{-1}$·cm$^{-2}$·hPa$^{-1}$的水汽通量散度大值区。15日08时(图2a)，水汽通量强度继续加强，怀化南部水汽通量散度大值区向北扩展，在湖南境内有2个负值中心，分别位于湘西州西部、娄底衡阳一带，中心值依次大于$-5\times10^{-7}$g·s$^{-1}$·cm$^{-2}$·hPa$^{-1}$、$-4\times10^{-7}$g·s$^{-1}$·cm$^{-2}$·hPa$^{-1}$，揭示南海是主要水汽源地。15日20时，水汽通量散度继续东移到湖南中东部到江西北部一线，强度进一步加强到$-7\times10^{-7}$g·s$^{-1}$·cm$^{-2}$·hPa$^{-1}$左右，与此同时，850 hPa东北风加强，与西南风在湘中一带对峙，预示着冷空气已从底层开始影响湖南。提取特大暴雨区株洲站附近(28°N,

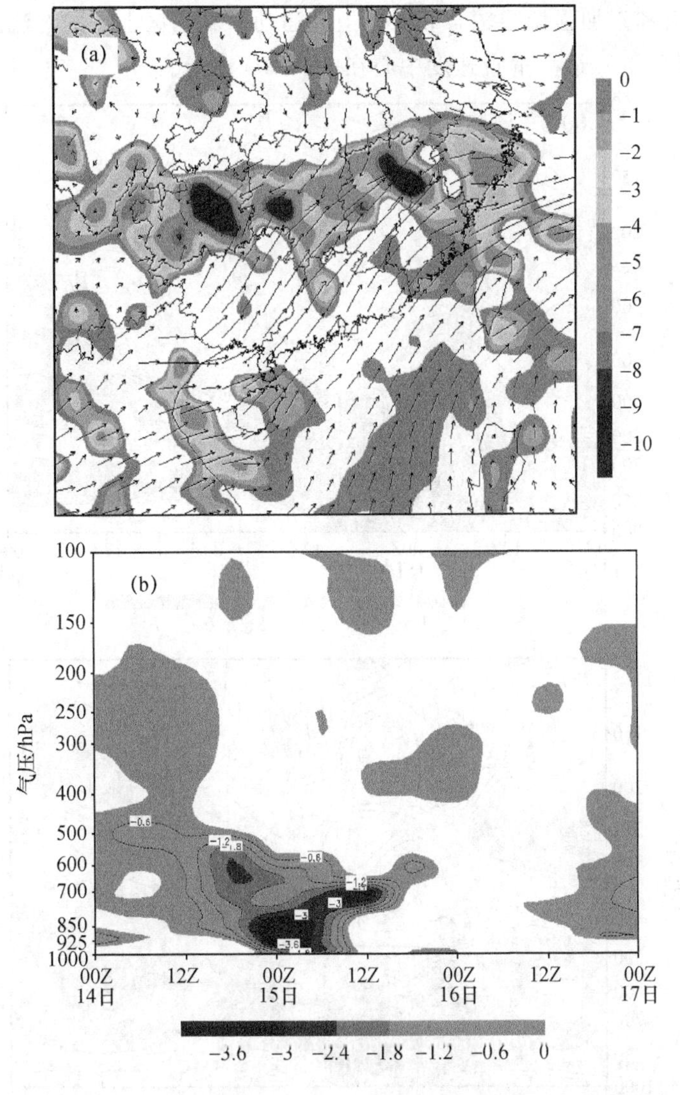


图2 2016年6月15日08时(北京时)850 hPa水汽通量(矢量)和水汽通量散度(阴影)图(a)、6月14—16日(28°N,113°E)水汽通量散度(b)(单位:$10^{-7}$g·s$^{-1}$·cm$^{-2}$·hPa$^{-1}$)时间—高度剖面图

113°E)水汽通量散度随时间高度的变化图可见(图 2b),14 日 08 时 500 hPa 附近水汽通量散度增加到—0.6×$10^{-7}$g · $s^{-1}$ · $cm^{-2}$ · $hPa^{-1}$左右,随后大值区增加但是高度降低。由此可见水汽通量散度由高层向低层发展,并迅速增加,从而产生了株洲地区的特大暴雨。

### 3.2 动力条件

分析强降雨区(112°—114°E,27°—29°N)平均涡度、散度和垂直速度时间—高度剖面图可见(图 3),6 月 14 日 20 时至 15 日 20 时,强降雨区上空 400～100 hPa 有小于－6.5×$10^{-5}s^{-1}$负涡度区(图 3a);正涡度区位于 600 hPa 以下,14 日 20 时至 15 日 00 时,正涡度向中层伸展至 400 hPa,正涡度平流使其下的涡度值迅速增加,到 15 日 08 时,850 hPa 中心值大于 8×$10^{-5}s^{-1}$。散度分布与涡度类似(图 3b),14 日 20 时开始,500 hPa 往上为辐散区,14 日 20 时至 15 日 08 时,500～100 hPa 层有两个大值区中心,其最大值为－2.5×$10^{-5}s^{-1}$左右,600 hPa 以下为辐合区,并逐步加强。15 日 02 时到 08 时株洲站高层辐散比低层辐合要强,为 3×$10^{-5}s^{-1}$,表明高层辐散形成的抽吸效应有利于加强低层辐合和对流上升运动。暴雨区上空的对流上升运动强烈发展到 200 hPa 以上(图 3c),最大垂直速度中心在 500 hPa 以上。

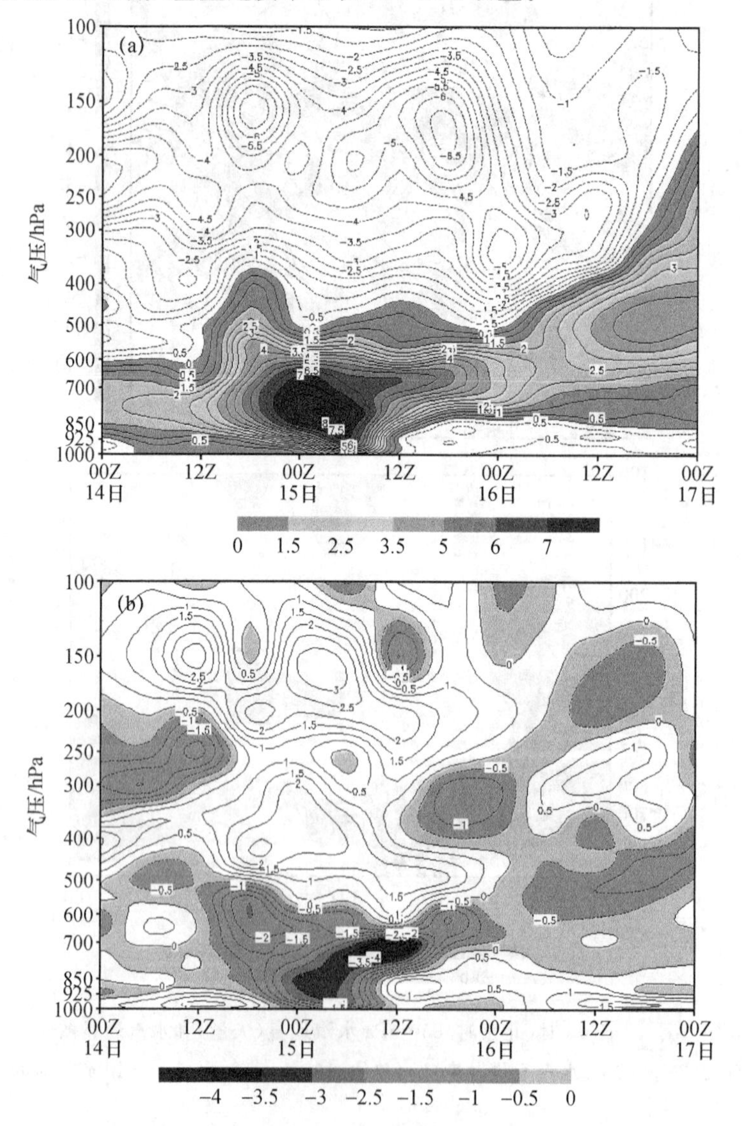

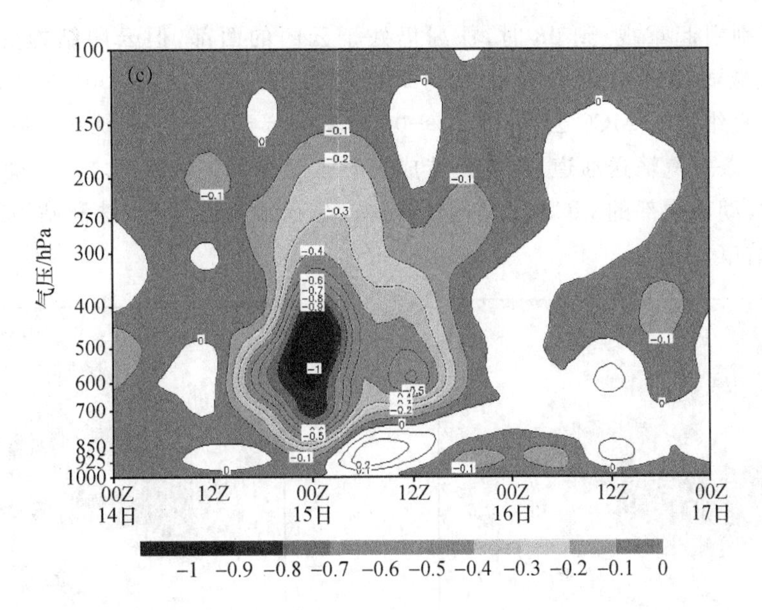


图 3 2016 年 6 月 14—16 日(112°—114°E,27°—29°N)区域平均的涡度(a)、散度(b)、垂直速度(c)时间—高度剖面图

**3.3 热力条件**

这次大暴雨强度大、历时短,还伴有雷电,属强对流性暖区暴雨,大气层结极不稳定。从暴雨区上空 $\theta_{se}$ 垂直廓线可看出,6 月 15 日 08 时 $\theta_{se}$ 廓线在 500～700 hPa 递增,层结稳定,700～1000 hPa 递减,层结不稳定。大气中低层处于上干冷、下暖湿的不稳定层结,且暴雨区 $\Delta\theta_{se}$(500-850)<0,有利于强对流的发生。14 时,$\theta_{se}$ 廓线在 925～700 hPa 之间为迅速递增的趋势,此时中低层层结趋于稳定,长株潭(长沙、株洲、湘潭)的暴雨天气结束。从 CAPE 分布可见,14 日 20 时,长沙站 CAPE 为 1859 J·kg$^{-1}$,提前于暴雨 6 h 出现。$\theta_{se}$ 差值变化和 CAPE 增大变化均超前强降雨 12 h,对强对流性暴雨预报有指示意义。

# 4 中尺度分析

**4.1 降雨云团特征**

株洲站(见图 4 中的"+")出现短时强降水的时段主要集中在 6 月 15 日 06—08 时,从卫星云图 TBB 资料发现,05 时在株洲站附近新生有一 γ 中尺度的云团,株洲站位于云团西部边缘,此时降水开始加强,同时在其正下方存在一个新发展的 γ 中尺度云团,两者结构紧密,互相作用,在其右下方有一个 β 中尺度处于成熟阶段的云团;到 06 时,株洲附近的中尺度云团与其正下方的云团发生了合并,云团迅速发展,TBB 亮温值小于－60℃达到 β 中尺度,株洲站位于云团西部亮温梯度大值区边缘,而 06—07 时是株洲站雨强的最大值时候,符合强降水出现时的卫星云图特征[6],而原来位于株洲右下方(江西境内)云团稳定少动,变化亦不大,但小于－52℃云体与其左侧的已连接了一起,预示着两者已经发生了相互作用;到 07 时,05 时存在的三个对流云团完成融合成为一体,云顶 TBB 小于－60℃范围达到 α 中尺度,对流云团达到成熟阶段,株洲站仍处于云团西部边缘的 TBB 梯度大值区,可见最强降雨发生在中尺度云团发展到成熟阶段,但云顶高度与前两个时次相比,并没有特别明显的提升,这在预报中应特别引起重视；到 08 时，株洲仍处于云团的西部，但云团结构变得较为松散，TBB 梯度明显减弱，雨强也随之减小；参考 MCC 的定义[7-9]，从 02—08 时在广西中北部至湖南西南部一直维持有 MCC 云团，在 05—08 时其外部云体与影响株洲站降水的云团连接在一起，构成一条水汽输送通道，可能是造成短时强降水发生的原因之一。随后，MCC 云团逐步减弱消散，湖南中部的 MCS 扩大，但结构松散，云顶高度变低，株洲站演变成为一般性降水，并逐渐结束。

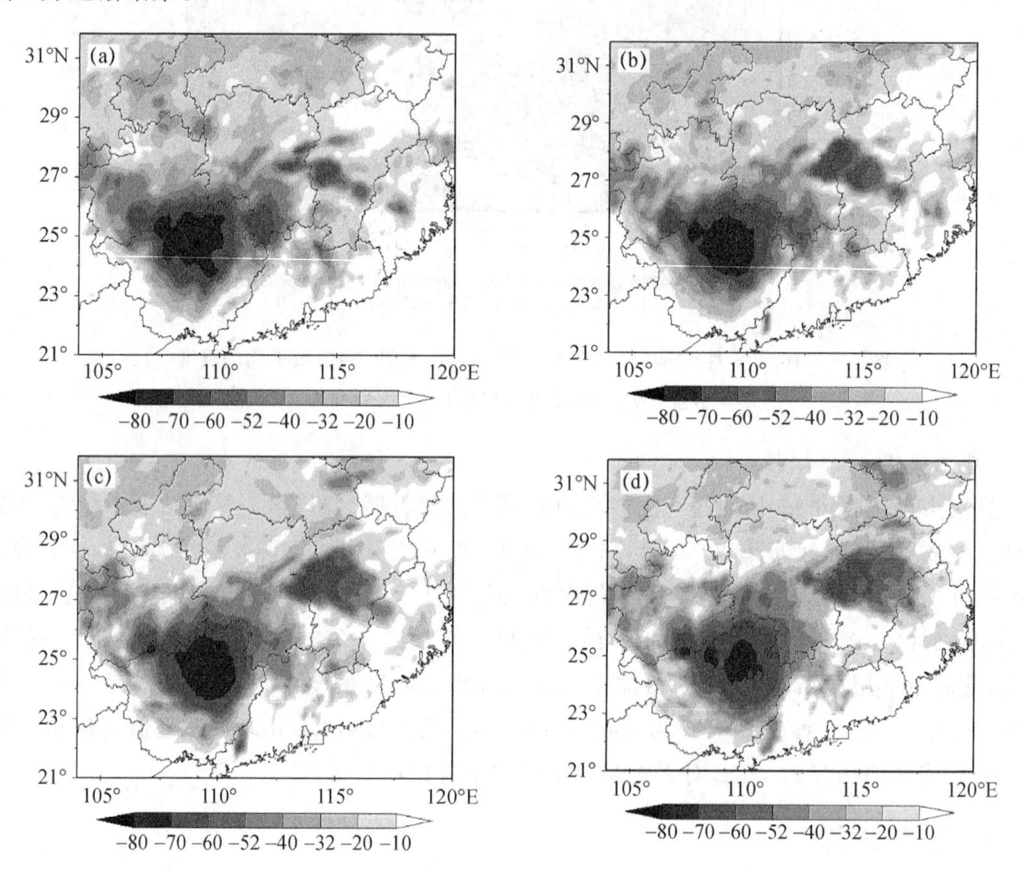


图 4　2016 年 6 月 14 日 05 时(a)、14 日 06 时(b)、14 日 07 时(c)、15 日 08 时(d)的 FY-2F 的 TBB 分布(单位：e)

### 4.2　雷达回波分析

从长沙雷达站资料分析，6 月 15 日 04 时，降水回波从株洲北部开始自西向东发展迅速，04 时 53 分强回波主体已经开始影响株洲北部，45 dBZ 以上的回波呈带状分布，最强回波强度达到 55 dBZ；垂直液态水含量(VIL)在市区北部达到 14 g・m$^{-2}$，回波顶高(ET)发展较高，最高伸展到 12 km，说明整个对流回波发展较为旺盛。速度图上，回波呈现“S”形的暖平流特征，株洲市区处在风向辐合区内，且 0.5°、1.5°、2.4°仰角速度图上存在明显的逆风区，市区中部逆风区的存在使得回波有进一步向市区中心发展的可能。

对回波发展较为旺盛的株洲西部进行剖面分析可见(图略)，强回波发展高度在 7 km 以下，强度最大的回波接近地面，说明回波主要以“低质心”的降水回波为主。由速度径向剖面可见，在逆风区前部有一股较强的斜升气流存在，在底层辐合区上部存在风暴顶辐散特征，这种底层辐合高层辐散的回波特征加强了地面的上升运动，而斜升气流的存在对于风暴的维持起着促进作用，使得整个风暴得以更好地维持和发展。

从 05 时 16 分的 0.5°、2.4°仰角可以见到株洲中部偏北位置辐合较为明显，但辐合并非是上下对称结构，存在一定的倾斜；14.4°仰角出现了较强的风暴顶辐散结构特征，且高空风速较中低层也有明显增加的趋势，"抽吸作用"有利于上升运动的加强和维持，使得风暴的结构能够更长时间的维持。而在辐合区后侧有较弱的辐散区存在，对应高层有辐散存在，中层有较不明显的中层径向辐合，说明在前侧辐合区域北部可能有雷暴大风存在。

从时间序列上分析，降水在发展过程中具有明显的"列车效应"。从反射率因子的发展可见，整个降雨过程中强回波在株洲中部地区有重叠，强降水回波在株洲中部地区生消发展造成明显的"列车效应"，这种"低质心、高效率"的降水回波的长时间维持是造成株洲大暴雨的重要原因。

## 5 小结

(1)本次暴雨天气过程打破了株洲市建站以来的日雨量与小时雨量极值，是在有利的大尺度环流背景下发生的。水汽、动力、热力及能量条件等都表明株洲有着强降雨发生的条件，强降雨发生在急流加强的时段，且高层辐散要强于底层辐合，$\theta_{se}$差值变化和 CAPE 增大变化均超前强降雨 12 h。

(2)中尺度云团特征显示，株洲的强降雨主要出现在中尺度云团的发生发展到成熟阶段，其落区位于云团西部边缘的 TBB 梯度大值区，虽然在不远处存在 MCC，但降雨强度要小，由此可见，MCC 周边发展的对流云团的强降水也要引起足够的重视，且容易预报失误。

(3)通过对雷达产品分析可知，强度最大的回波接近地面，说明回波主要以"低质心"的降水回波为主，且强降水回波在株洲中部地区生消发展造成明显的"列车效应"。速度径向剖面可见明显的底层逆风区，且在逆风区前部有一股较强的斜升气流存在，在底层辐合区上部存在风暴顶辐散特征，这种底层辐合高层辐散的回波特征加强了地面的上升运动，而斜升气流的存在对于风暴的维持起来促进作用，使得整个风暴更好地维持和发展。

**参考文献**

[1] Wang Y Q, Zhou L. Observed trends in extreme precipitation events in China during 1961—2001 and the associated changes in large-scale circulation [J]. Geophys Res Lett, 2005,32(5):L09707.

[2] 矫梅燕，毕宝贵，鲍媛媛，等. 2003 年 7 月 3—4 日淮河流域大暴雨结构和维持机制分析[J]. 大气科学，2006, 30(3):475-490.

[3] 孙建华，赵思雄，傅慎明，等. 2012 年 7 月 21 日北京特大暴雨的多尺度特征[J]. 大气科学，2013,37(3):705-718.

[4] 张剑明，章新平，蔡秀峰，等. 湖南湘中地区一次暴雨及大暴雨过程分析[J]. 干旱气象，2013,31(1):117-125.

[5] 周雨华，刘志雄，谭一洲，等. 湖南新邵太芝庙乡特大致洪暴雨分析[J]. 气象，2006,32(11):81-88.

[6] 王宁，王秀娟，张硕，等. 吉林省一场持续性暴雨成因及 MCC 特征分析[J]. 气象，2016,42(7):809-818.

[7] 熊文兵，李江南，姚才，等."05・6"华南持续性暴雨的成因分析[J]. 热带气象学报，2007,23(1):90-97.

[8] 寿绍文，励申申，姚秀萍. 中尺度气象学[M]. 北京：气象出版社，2003:121.

[9] 张小玲，孙建华，陶诗言，等. 2002 年 8 月湖南致洪强降水过程与成因分析[J]. 气候与环境研究，2004, 9(3):476-493.

# 2017年吉林省两次副高后部极端降水成因的综合对比分析

王　宁　云　天　姚　帅　王　琪　孙凯军

（吉林省气象台，长春 130062）

## 摘　要

利用常规气象观测资料、区域自动站加密降水资料、NCEP 1°×1°逐6 h再分析资料及雷达资料，对2017年吉林中部两次副高后部切变大暴雨的成因进行综合对比分析。结果表明：副高偏北、中纬度锋区明显、切变线长时间维持是导致暴雨持续发生的重要天气系统。两次大暴雨落区重复，各种物理量指标均达到或超过该类暴雨阈值的上限，“7·13”大暴雨的动力、热力及能量条件优势明显，暴雨落区与850 hPa MPV1负值中心对应较好；“7·20”大暴雨低空西南急流强、水汽条件更为丰沛，850 hPa MPV2负值区与强降雨带对应关系较好且有3～6 h的提前预报量。“7·13”暴雨雷达回波呈“弓形”，最强达55 dBZ，回波顶高超过12 km，存在速度模糊区，对流特征显著；“7·20”暴雨回波呈块状或片絮状，强度35～45 dBZ，回波顶高8～10 km，以低质心高效降水回波为主。

**关键词**：副高后部　切变　极端降水对比分析

## 引言

暴雨是导致洪涝灾害以及山体滑坡、崩塌、泥石流等地质灾害的重要因素。暴雨问题一直以来都是气象学者研究和关注的焦点。对于中国北方暴雨的研究多侧重于天气和气候诊断分析，数值模拟和机理分析，中尺度特征和暴雨落区精细化分析等方面。郑秀雅等[1]将东北暴雨划分为台风、气旋、冷涡和切变线四种类型，并分别总结了各型暴雨的环流形势特征及其成因；孙力等[2]、孙永罡等[3]分析了1998年嫩江和松花江流域东北冷涡暴雨的环流背景，指出持续的水汽输送是大范围强降水频繁出现的主要原因；孙军等[4]对2010年7—8月东北地区10次强降雨成因进行了分析，认为环流形势异常稳定、暖湿气流与冷空气在吉林和辽宁中东部交汇是形成持续暴雨的重要原因；陈力强等[5]、姜学恭等[6]利用中尺度数值模式进行敏感性试验，揭示了东北冷涡暴雨的中尺度形成机制及垂直结构特征；袁美英等[7]、张晰莹等[8]、陈艳秋等[9]对东北暴雨的中尺度对流系统、MCC演变特征、雷达回波、中尺度急流特征等方面进行了详细分析；孙兴池等[10]依据影响系统的空间结构及冷暖空气的相互作用对山东省切变暴雨落区进行了精细化分析。上述研究成果为北方暴雨预报提供了一定的技术支持。

2017年7月13日和19—20日，吉林省中部先后出现两次区域性大暴雨天气过程。本文利用常规气象观测及探空资料、区域自动站加密降水资料、NCEP 1°×1°逐6 h再分析资料及雷达资料，对这两次副高后部切变大暴雨的水汽、动力、热力条件及雷达回波特征等进行综合对比分析，旨在加深对东北地区切变大暴雨的天气动力学成因及其物理机制的认识，为进一步完善此类暴雨预报方法、提高精细化预报预警能力提供参考。

## 1 两次暴雨过程的降水特点

7月13日08时—14日08时，吉林省出现区域性暴雨和大暴雨，主要雨带集中在四平东部、长春南部、吉林、辽源和延边西部。过程雨量＞250 mm有5站，100～250 mm之间有80站，50～100 mm之间有170站。本次特大暴雨具有降水集中、雨量大、雨强强等特点。强降雨集中在13日17—22时，最大点永吉春登村日雨量为295.7 mm，最大雨强永吉官厅乡为107.1 mm·$h^{-1}$，最大日雨量及最大小时雨强均突破永吉县1951年以来历史极值。

7月19日07时—21日05时，吉林省再次出现区域性暴雨和大暴雨。过程雨量＞250 mm有5站，100～250 mm之间有246站，50～100 mm之间有388站。永吉县再次成为降雨中心，最大过程降雨量出现在永吉县火石山村，达388.5 mm，最大雨强永吉县达屯村107 mm·$h^{-1}$，永吉县火石山村日降水量达369 mm，再次突破永吉县24 h雨量历史极值。本次降水持续时间更长，范围更广、过程雨量更大，最大小时雨强与“7·13”暴雨相当。强降水集中在两个阶段，第一阶段：主雨带位于吉林、延边北部，多站出现短时强降水，最大雨强107 mm·$h^{-1}$（永吉20日02时），雷电密集，部分测站出现大风，对流性较强；第二阶段：主雨带集中在四平、吉林、延边及长白山保护区，暴雨、大暴雨范围更大，最大雨强30～55 mm·$h^{-1}$（桦甸、敦化20日20—23时），以短时强降水为主，雷电相对较弱。

## 2 环流形势对比分析

分析500 hPa环流形势特征（图1a、b、c），可知：“7·13”暴雨和“7·20”第一阶段暴雨的影响系统较为相似，都是在副高偏北的情况下（584 dagpm线位于40°N），欧亚东部中高纬温压场斜压性较大，≥16 m·$s^{-1}$的偏西风急流带穿过吉林中北部，系统不断发展加强，受500 hPa偏北涡底部槽、850 hPa切变线及低空急流共同影响，产生对流性强降水；“7·20”第二阶段暴雨发生时（20日08—20时），500 hPa南支槽前西南急流增至28 m·$s^{-1}$，≥20 m·$s^{-1}$的偏西风急流带穿过吉林大部，暖平流势力较强，形成暖锋锋生，中纬度锋区明显加强，850 hPa切变线及低空急流也有所加强，致使吉林中部再次出现强降水且落区重复。

地面形势有所不同（图1d、e、f），“7·13”大暴雨发生在偏北低压冷锋前部的弱辐合区域内；“7·20”第一阶段大暴雨是由偏北低压冷锋过境产生的，之后华北气旋暖锋向东伸展，暖锋锋生，引发吉林中部出现第二阶段强降水，强降水由对流性逐渐转为混合性。

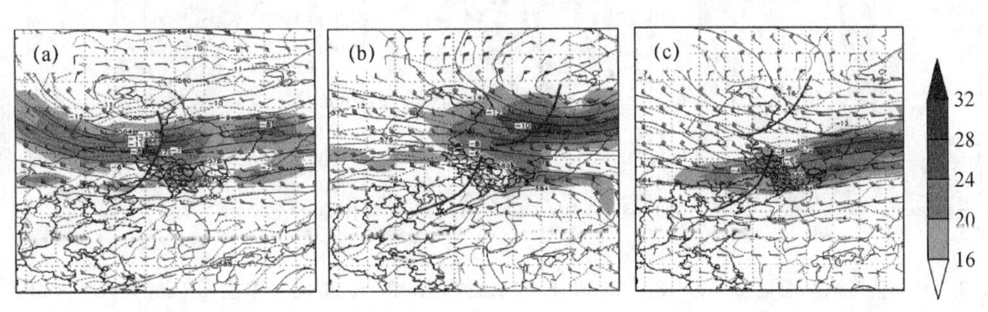

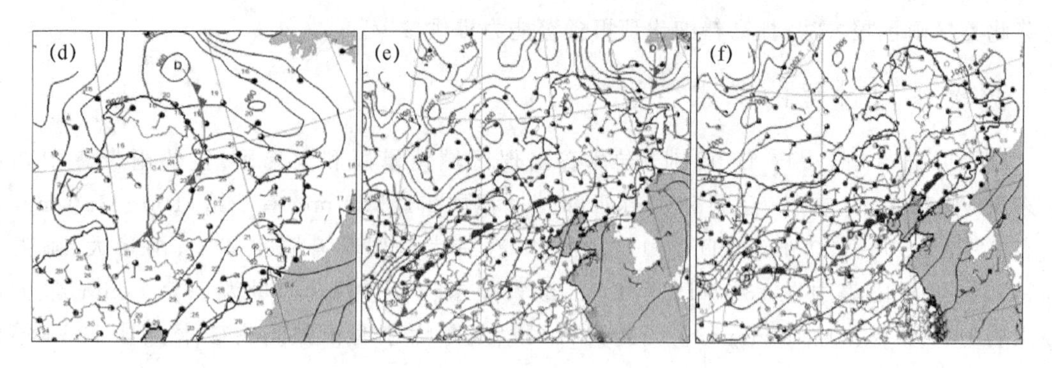


图 1　500 hPa 温压场(a. 7 月 13 日 20 时;b. 19 日 20 时;c. 20 日 20 时;阴影区为≥16 m·s$^{-1}$急流带)及地面形势(d. 13 日 20 时;e. 19 日 20 时;f. 20 日 20 时)

## 3　物理量场对比分析

### 3.1　水汽条件

通过计算大气整层水汽通量(图 2),可知:两次暴雨过程水汽主要来源于渤海和黄海,水汽通量大值输送轴线由西南指向吉林中部,“7·13”暴雨水汽通量最大值达 90 g·cm$^{-1}$·s$^{-1}$·hPa$^{-1}$,此时850 hPa南风急流最大风速 16~18 m·s$^{-1}$,强劲的西南急流将黄渤海的水汽集中向吉林中部输送,850 hPa 比湿 12~13 g·kg$^{-1}$;“7·20”第一阶段强降水发生时,大气整层水汽通量最大值 75 g·cm$^{-1}$·s$^{-1}$·hPa$^{-1}$,850 hPa 西南急流 12~14 m·s$^{-1}$,最大比湿 13~14 g·kg$^{-1}$;第二阶段强降水发生时,大气整层水汽通量最大值达 90 g·cm$^{-1}$·s$^{-1}$·hPa$^{-1}$,850 hPa 西南急流增至 18 m·s$^{-1}$,最大比湿 14~15 g·kg$^{-1}$。整体看,“7·20”暴雨过程水汽输送持续时间长,特别是第二阶段强降水发生时,850 hPa 西南急流及最大比湿略强于“7·13”暴雨。

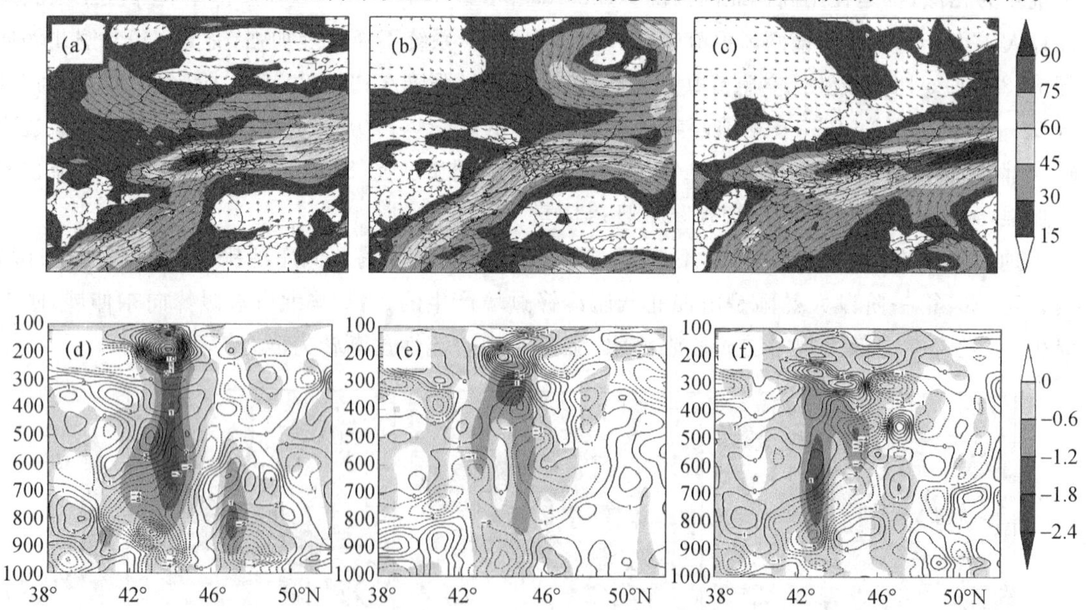


图 2　大气整层水汽通量(a. 7 月 13 日 20 时;b. 19 日 14 时;c. 20 日 20 时。单位:g·cm$^{-1}$·s$^{-1}$·hPa$^{-1}$)及沿 126°E 散度与垂直速度(阴影)纬向—垂直剖面(d. 13 日 20 时;e. 19 日 14 时;f. 20 日 20 时)

### 3.2　动力条件

沿 126°E 做散度与垂直速度(阴影)的纬向—垂直剖面,可知:"7·13"强降水发生时,在永吉上空(44°N 附近)低层散度场辐合中心位于 950 hPa,中心强度 $-8\times10^{-5}\text{s}^{-1}$,辐散中心位于 200 hPa,中心强度 $13\times10^{-5}\text{s}^{-1}$,上下层散度差达 $21\times10^{-5}\text{s}^{-1}$,极有利于上升运动的发生,中心强度 $-2.4\times10^{-3}\text{hPa}\cdot\text{s}^{-1}$,位于 600 hPa。"7·20"暴雨第一时段强降水发生时,在永吉上空低层辐合中心位于 950 hPa,中心强度 $-4\times10^{-5}\text{s}^{-1}$,辐散中心位于 200 hPa,中心强度 $10\times10^{-5}\text{s}^{-1}$,且高层辐散明显大于低层辐合,抽吸作用明显,致使云团被抬升到较高的位置,最大上升速度中心位于 350 hPa,强度 $-1.8\times10^{-3}\text{hPa}\cdot\text{s}^{-1}$;第二时段强降水发生时,在永吉上空低层辐合中心位于 850 hPa,中心强度 $-7\times10^{-5}\text{s}^{-1}$,辐散中心位于 250 hPa,中心强度 $7\times10^{-5}\text{s}^{-1}$,降水持续,最大上升速度增强至 $-2.4\times10^{-3}\text{hPa}\cdot\text{s}^{-1}$,与"7·13"暴雨上升速度相当,但范围偏小,且中心下降至 700 hPa,反映出持续性降水的拖曳作用及其潜热释放对上升运动的正反馈作用。

### 3.3　湿位涡特征

计算 850 hPa 湿位涡,可知:"7·13"暴雨发生时,MPV1 和 MPV2 均表现为负值区(图 3),但 MPV1 负值中心明显小于 MPV2 负值中心,表明强降水的对流性更强。7 月 13 日 08 时,MPV1 负值中心为-1.4,位于吉林中北部,在 12 h 以后该区域降水达到最强,MPV1 也随之减弱至—0.8,降水持续。"7·20"暴雨发生时,MPV2 负值区明显小于 MPV1 负值区,表明对流不稳定有所减弱,对称不稳定特征增强。MPV2 负值区与强降雨带有着较好的对应关系,MPV2 负值的增加要先于雨量的增加,大约有 3~6 h 的提前量,对强降水预报有一定的指示意义。

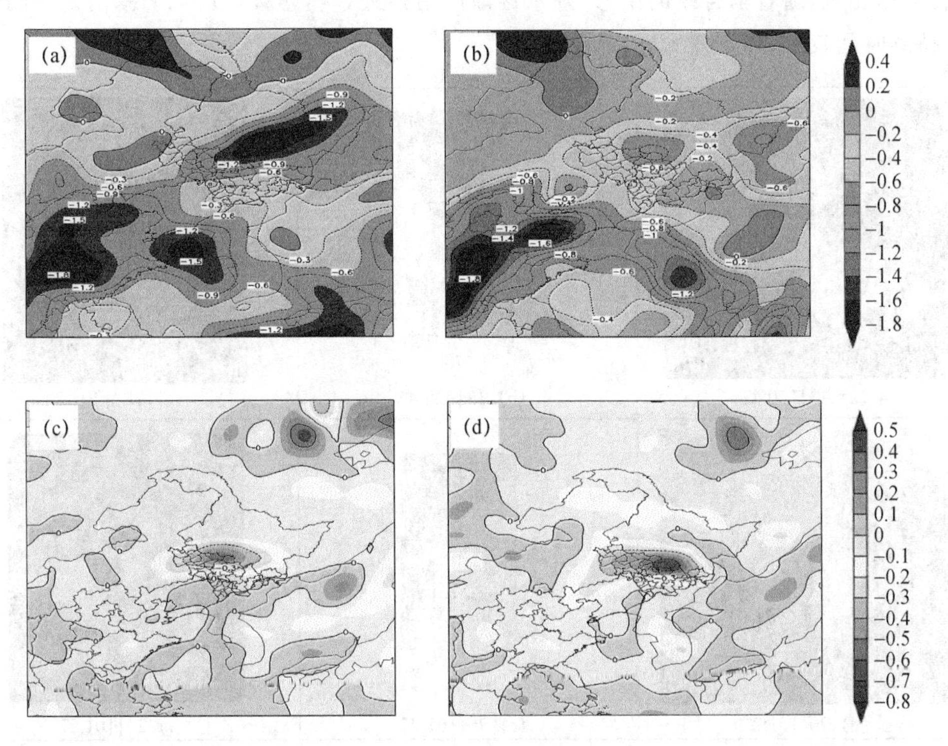

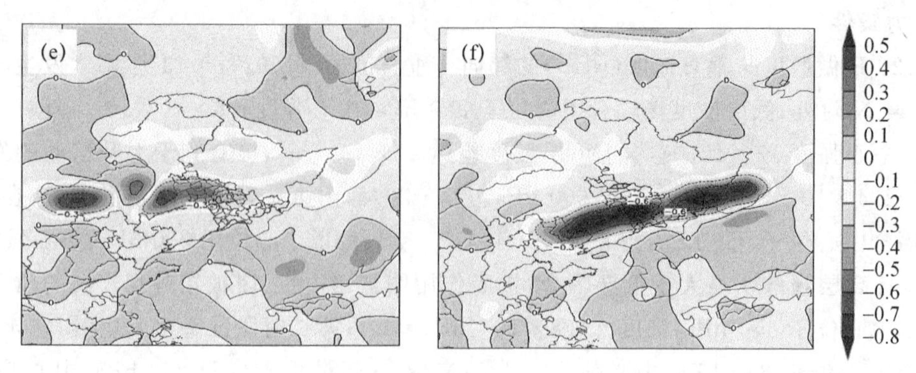


图 3　2017 年 7 月 13 日 850 hPa MPV1(a、b)和 7 月 19—20 日 850 hPa MPV2(c、d、e、f)

## 4　雷达特征对比分析

“7・13”暴雨发生时，在低层切变线附近存在若干个小尺度的对流单体，不断合并发展加强，至 13 日 20 时 42 分形成一条长约 130 km 的“弓形”回波，位于吉林中部，回波最强达 55 dBZ，回波顶高超过 12 km，≥50 dBZ 的回波高度达 8 km，存在速度模糊区，表明低空西南急流较强，暴雨发生时多站出现雷暴大风，对流特征显著。

“7・20”第一阶段暴雨发生时，回波呈块状分布，其中较大的一块位于低空急流出口区前部的气旋性辐合区域内，回波强度一般为 35～45 dBZ，个别分散点最大值达 50 dBZ，回波顶高 8～10 km，≥35 dBZ 核心高度位于 4～6 km，质心较低，低空以偏西风急流为主；第二阶段暴雨发生时，回波呈片絮状，强度一般为 30～40 dBZ，≥30 dBZ 核心高度位于 4～5 km，此时中西部转为偏北风，随着辐合线的南移，降水逐渐向南推进。整体看，“7・20”暴雨雷达回波质心较低，持续时间较长，降水效率较高(图 4)。

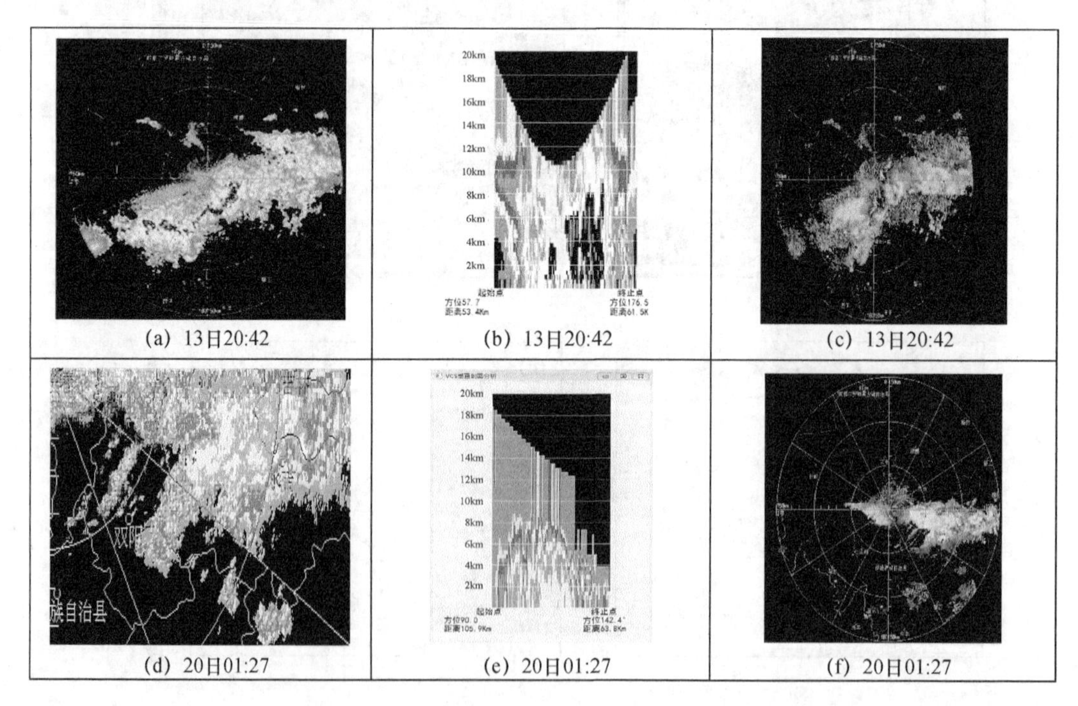


(a) 13日20:42　(b) 13日20:42　(c) 13日20:42
(d) 20日01:27　(e) 20日01:27　(f) 20日01:27

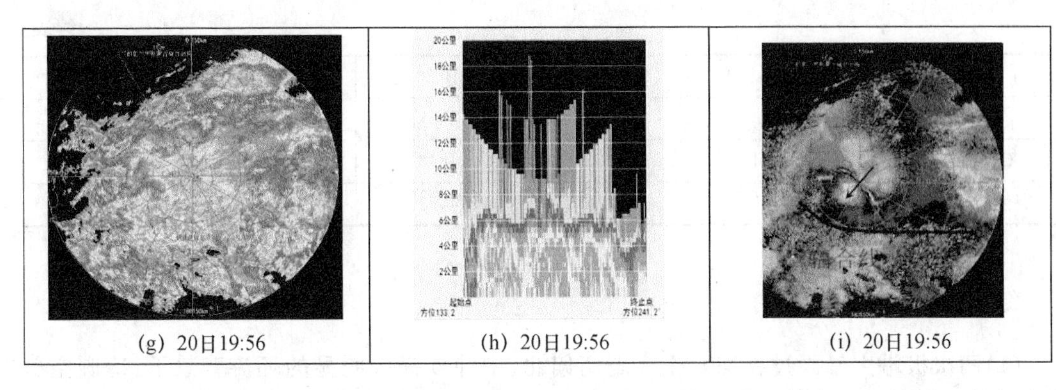
(g) 20日19:56　(h) 20日19:56　(i) 20日19:56

4　2017年7月13日20时42分、20日01时27分和20日19时56分长春雷达1.5°仰角反射率因子（图a、d、g）、垂直剖面（图b、e、h）及径向速度（图c、f、i）

## 5　探空资料分析

选取暴雨区附近的探空站（长春站）作为代表站，分析探空资料的时间变化（表1），可知：持续性强降水的产生必然与不稳定能量“释放—快速重建”机制密切相关[11]。“7·13”暴雨发生时（13日08时），CAPE迅速增至1365.9 $J \cdot kg^{-1}$，850与500 hPa温差达28℃，SI指数−7.65℃，K指数42℃，热动力条件迅速增强，引发了“7·13”对流性暴雨的发生；之后各种指标均开始减弱，13日20时，CAPE减小至32.4 $J \cdot kg^{-1}$，850与500 hPa温差14℃，SI指数>0，K指数31℃，降水随之减小，完成了能量的积累与释放。“7·20”第一阶段暴雨发生时（19日20时），中部地区CAPE值498.7 $J \cdot kg^{-1}$，850与500 hPa温差24℃，SI指数−2.36，K指数39℃，热动力条件要弱于“7·13”暴雨；“7·20”第二阶段暴雨发生时（20日08时），中部地区CAPE值进一步减小至4.6 $J \cdot kg^{-1}$，其他各种物理量指标也迅速减弱。比较两次暴雨过程，对流抑制能量均较小为65～78 $J \cdot kg^{-1}$，具备了较好的动力抬升条件，“7·13”暴雨CAPE值的变化幅度、峰值以及850与500 hPa温差值、SI指数、K指数均明显高于“7·20”暴雨，热动力及不稳定能量条件优势明显，在“7·20”第二阶段暴雨持续发生时，热动力及不稳定能量条件均较弱，降水也由混合性向稳定性过渡，并由中部逐渐移向东南部。

根据云的微物理理论，降水系统中的暖云层越厚，越有利于高降水效率的产生[12]。此次强降水发生期间，抬升凝结高度普遍较低，均≤840 m，“7·20”暴雨发生时，抬升凝结高度降至780～820 m，暖云层厚度由“7·13”暴雨发生时的3357 m逐渐增至4000 m以上，20日20时达到最强，约为5280 m，导致降水效率的迅速提高，中东部暴雨站数明显增多。

**表1　长春站探空资料分析**

| | 13日08时 | 13日20时 | 19日20时 | 20日08时 | 20日20时 |
|---|---|---|---|---|---|
| CAPE($J \cdot kg^{-1}$) | 1365.9 | 32.4 | 498.7 | 4.6 | 0 |
| CIN($J \cdot kg^{-1}$) | 78.3 | 59.9 | 64.5 | 0 | 0 |
| 850—500 hPa温差(℃) | 28 | 14 | 24 | 23 | 21 |
| SI指数(℃) | −7.65 | 7.69 | −2.36 | −0.37 | −1.87 |
| K指数(℃) | 42 | 31 | 39 | 32 | 43 |

续表

| | 13日08时 | 13日20时 | 19日20时 | 20日08时 | 20日20时 |
|---|---|---|---|---|---|
| LCL(m) | 884 | 805 | 820 | 820 | 776 |
| 0℃层高度(m) | 4241 | 4293 | 4893 | 4947 | 6056 |
| 暖云层厚度(m) | 3357 | 3488 | 4073 | 4126 | 5280 |

## 6 结论与讨论

(1)两次极端大暴雨过程均发生在副高偏北、中纬度锋区明显的环流背景下,冷暖空气在吉林中部交汇,形成一条东西向的切变线并长时间维持是暴雨持续发生的重要天气系统。

(2)对比两次大暴雨与副高后部暴雨的物理量场,可知:两次大暴雨的各种指标均达到或超过该类暴雨阈值的上限,"7·13"暴雨的动力、热力及能量条件优势明显,暴雨落区与850 hPa MPV1负值中心对应较好,暴雨对流性更强;"7·20"暴雨低空西南急流更强、水汽条件更为丰沛,850 hPa MPV2负值区与强降雨带对应关系较好且有3～6 h的提前预报量。

(3)雷达回波特征方面,"7·13"暴雨发生时,若干个小尺度的对流单体合并发展成"弓形"回波,最强达55 dBZ,回波顶高超过12 km,存在速度模糊区,低空西南急流明显,多站出现雷暴大风,对流特征显著;"7·20"暴雨发生时,回波呈块状或片絮状,强度一般为35～45 dBZ,回波顶高8～10 km,以低质心高效降水回波为主。

(4)地形作用不可忽视,永吉县地处长白山向松辽平原过渡的前缘,属于低山丘陵区,境内有4个大中型水库和多条河流经过,水汽条件比较丰沛,同时切变线的存在加强了低层辐合和动力抬升作用,导致该区域强降水反复出现。

(5)综合比较各家数值预报产品,EC-thin和WRF模式显示出较好的预报性能,对于暴雨以上强降水落区预报与实况更为接近,日本和GRAPES-GFS模式预报性能稍差,T639和德国降水模式预报性能居中;对于≥250 mm的降水极值预报各家模式均存在较大的误差。

### 参考文献


[1] 郑秀雅,张廷治,白人海.东北暴雨[M].北京:气象出版社,1992:1-7.

[2] 孙力,安刚,高枞亭,等.1998年夏季嫩江和松花江流域东北冷涡暴雨的成因分析[J].应用气象学报,2002,13(2):156-162.

[3] 孙永罡,白人海.1998年夏季松花江、嫩江流域大暴雨的水汽输送[J].气象,2000,26(10):24-28.

[4] 孙军,代刊,樊利强.2010年7—8月东北地区强降雨过程分析和预报技术探讨[J].气象,2011,37(7):785-794.

[5] 陈力强,陈受钧,周小珊,等.东北冷涡诱发的一次MCS结构特征数值模拟[J].气象学报,2005,63(2):173-183.

[6] 姜学恭,孙永刚,沈建国."98.8"松嫩流域一次东北冷涡暴雨的数值模拟初步分析[J].应用气象学报,2001,12(2):176-187.

[7] 袁美英,李泽椿,张小玲.东北地区一次短时大暴雨中尺度对流系统分析[J].气象学报,2010,68(1):125-136.

[8] 张晰莹,吴英,王承伟,等.东北地区MCC雷达回波特征分析[J].气象,2010,36(8):33-39.

[9] 陈艳秋，袁子鹏，黄阁，等.一次中尺度急流激发的辽宁大暴雨观测分析[J].气象，2009，35(2)：41-48.
[10] 孙兴池，王西晶，周雪松.纬向切变线暴雨落区的精细化分析[J].气象，2012，38(7)：779-785.
[11] 马学款，符娇兰，曹殿斌.海南 2008 年秋季持续性暴雨过程的物理机制分析[J].气象，2012，38(7)：795-803.
[12] 俞小鼎，姚秀萍，熊廷南，等.多普勒天气雷达原理与业务分析[M].北京：气象出版社，2006：171.

# 冷涡背景下局地强降水的中尺度分析和预报偏差分析与思考*

何群英　尉英华　张　楠　孙密娜　王艳春

（天津市气象台，天津 300074）

**摘　要**

利用常规地面和高空气象观测资料、天津市自动站逐小时加密地面降水资料、FY-2E 卫星云图、天津 CINRAD/SA 多普勒天气雷达产品、塘沽微波辐射计资料，以及 NCEP/NCAR 逐 6 h 资料（分辨率为 1°×1°），重点分析中小尺度对流系统的结构演变特征（包括空间、组织、热力和动力）及其与降雨强度的关系。研究表明，此次局地暴雨过程是在高空冷涡背景下产生的，降水过程主要分为三个阶段，分别由高空横槽、低涡前部切变线和低涡本身影响所致，雨量分布极不均匀，低层中小尺度系统是触发暴雨的主要因素。(1)高空阻塞形势建立，使得低涡移动缓慢，造成持续降水。(2)强降水的落区与边界层中尺度低涡以及低涡附近动力热力及水汽分布相关。(3)对流强度取决于高低空系统的配置（高冷＋低暖湿）。

**关键词**：冷涡　中尺度低涡　局地强降水　中尺度

## 引言

暴雨的形成与中尺度对流系统的发生发展有着密切关系[1]。近年来，随着各种非常规观测资料的应用和中尺度数值模式的发展，国内在暴雨中尺度对流系统研究方面取得很大进展[2-5]。例如，程麟生等[2]通过 数值模拟发现，特大暴雨与 700 hPa 上 β 中尺度低涡生成和强烈发展直接关联；孙建华等[3]采用常规观测和“973”中国暴雨试验资料，对一次由中尺度对流系统（MCS）发展而产生的低涡以及伴随其发生发展的对流系统进行了分析和模拟研究；陈忠明等[4]通过对暴雨中尺度涡旋发生发展的诊断指出，湿中性层结下凝结潜热的垂直非均匀分布与垂直涡度的耦合强迫作用可能是暴雨中尺度系统发展的动力机制；陆汉城等[5]则利用模式资料，分析了梅雨锋致洪暴雨的 β 中尺度涡旋发生发展机理。鉴于暴雨系统及其结构的多样性，对造成暴雨的中尺度对流系统的发生、发展及移动变化规律等尚有许多缺乏客观认识的方面，对暴雨个例中尺度对流系统的结构认识还须继续进行分析研究。

天津地处中纬度西风带中，深受高、中、低纬度系统相互作用之影响。夏季，受西风带、副热带和热带环流的影响，极地冷空气频繁入侵，加之东邻渤海、北依燕山等特殊地形的动力、热力的作用，使得天津暴雨具有强度大、时间集中、地形影响大等特征。同时，暴雨的中尺度特征异常明显，尤其是高空冷涡引发的对流性暴雨突发性和局地性更加显著，给预报带来很大难度。随着城市经济的快速发展，这种突发性的暴雨对城市交通、工农业生产以及人民的生活等方面都带来了巨大的影响，经济损失也十分严重。根据多年统计，天津夏

* 资助项目：中国气象局预报员专项（CMAYBY2018—005）；天津市气象局预报预警创新团队项目。

季暴雨多以这种局地对流性暴雨天气出现为主，平均每年出现8～10次。例如，2008年6月22日夜间开始至7月1日早晨,受高空冷涡影响,天津连续9天多次遭受伴有局地暴雨的强对流天气的袭击;2009年7月22—23日的局地大暴雨过程造成严重的城市内涝,最大雨量出现在滨海新区的宁车沽237.4 mm,最大小时雨强62.3 mm·h$^{-1}$,此过程造成城市大面积积水、农田渍涝,给交通、农作物、油田作业等造成经济损失和重大社会影响。为此,冷涡背景下的强对流天气受到了众多专家的关注,易笑园等[6]对2008年6月生命史长达9 d的冷涡系统的云图形态、移动轨迹、强度变化及其长久维持的原因进行了分析;并对比分析该冷涡影响下的持续对流性天气与冷涡分裂的冷空气、湿度层结及水汽条件的关系,探讨对流性天气的预报着眼点和不稳定参数阈值。杨姗姗等[7]、何晗等[8]、张仙等[9]、王磊等[10]分别对冷涡背景下的飑线、强降水、降雹和MCS等做了统计分析,得出了有意义的结论,但目前针对冷涡背景下强降水的发生和落区预报研究还是比较少。由于强降水的发生发展与复杂的下垫面关系密切,目前这种局地对流性暴雨的落区依然是我们预报的难点。2017年6月21—24日,受高空冷涡和低空中尺度涡旋的共同影响,天津市出现了持续性局地强降雨过程,该过程与以往出现的同类过程究竟有何不同？本文利用常规地面和高空气象观测资料、天津市自动站逐小时加密地面降水资料、FY-2E卫星云图、天津CINRAD/SA多普勒天气雷达产品、塘沽微波辐射计资料,以及NCEP/NCAR逐6 h资料(分辨率为1°×1°),重点分析中小尺度对流系统的结构演变特征(包括空间、组织、热力和动力)及其与降雨强度的关系,掌握其变化规律,进而探究冷涡背景下中小尺度(β、γ)系统结构演变对暴雨落区和强度的影响,以提高对这类天气的认识,提高预报准确率。

## 1 天气概况

### 1.1 降水实况

受低涡天气系统影响,2017年6月21日至24日天津一次出现持续性局地强降雨过程,从21日夜间开始到24日早晨时全市平均降水量49.5 mm,东部、北部部分地区降水量达80～120 mm,全市最大过程雨量为139.2 mm,出现在天津东北部宁河岳龙镇,见图1a。本次降水过程总体表现雨势平缓,但雨量的空间分布极不均匀,受低空中尺度低涡和切变线的影响,强降水的局地性很强,最大小时雨强出现在滨海新区北塘街,为64.1 mm·h$^{-1}$。全市287个雨量站中,有110站降水量达50～100 mm,占38.3%;10站降水量达100～150 mm,占3.5%;各区雨量为27.2(津南)～64.5 mm(宝坻)。由于500 hPa低涡移动缓慢,本市持续受低涡影响,降水持续时间达72 h之多(图1b),具有降水范围大、持续时间长、局地短时雨强大的特点。

### 1.2 天气形势

此次持续性的局地强降水天气过程是在高空冷涡背景下发生的(图略),在500 hPa图上呈现两槽一脊型,西西伯利亚和我国东北地区为低槽区,贝加尔湖为高压脊,从20日开始高压脊逐渐加强成阻塞高压,东北低槽区也由21日的槽区逐渐加强成与冷空气相伴的低涡,由于高空阻塞形势的建立,低涡移动缓慢,此时低空(850 hPa、925 hPa)也有中尺度低涡和切变线活动,因此在高空低涡缓慢东移的过程中,给天津以及京津冀带来了一次明显的对流性降水过程。

此次局地暴雨过程是在高空冷涡背景下产生的，雨量分布极不均匀，低层中小尺度系统是触发暴雨的主要因素，因此精细分析中小尺度系统的发生发展和演变特征，特别重点探讨中尺度对流系统对局地暴雨落区的影响，对我们认识该类天气特点和暴雨落区预报将提供一定基础。

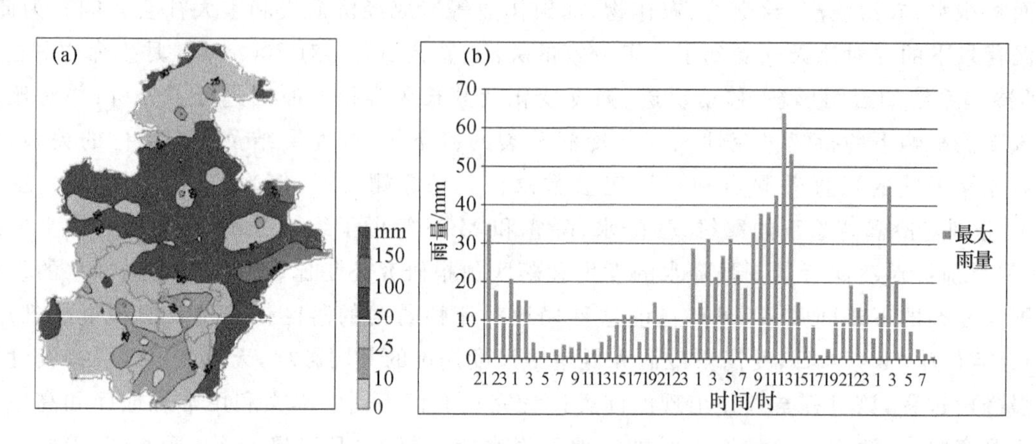


图 1　2017 年 6 月 21 日 20 时至 24 日 8 时(a. 过程降雨量，单位：mm；b. 逐小时最大雨强，单位：mm・h$^{-1}$)

## 2　中尺度特征分析

### 2.1　中尺度雨团特征

从天气尺度从影响系统分析，本次降水过程主要分为三个阶段，分别由高空横槽、低涡前部切变线和低涡本身影响所致。图 2(a～c)分别是三个阶段的降水分布，图 2(d～f)是代表站小时降水量随时间变化。从图 2(a～c)可清楚地看到强降水的局地性很强，第一阶段强降水在天津西部，第二阶段在天津北部和东部，第三阶段在天津北部和东北部，空间分布的中尺度特征十分明显。从图 2(d～f)的强降水随时间演变看，三个阶段并不相同，第一阶段单峰型(图 2d)，强降水持续 5 h 左右，主要由三个中尺度雨团组成，每个中尺度雨团持续 1～2 h，最大小时雨强为 35 mm・h$^{-1}$，出现在天津西北部的武清下伍旗镇，是降水时间最集中的一个时段；第二阶段多峰型(图 2e)，降水的局地性更强，强降水是由 4～5 个分散性的中尺度雨团组成，基本为 γ 尺度，持续时间一般为 1 h 以内，甚至几十分钟，最大小时雨强为 19.8 mm・h$^{-1}$，出现在天津东部滨海新区，降水总体比较平缓，过程降水持续时间比较长；第三阶段为双峰型(图 2f)，由 2～3 个中尺度雨团组成，第一个峰值出现在出 23 日上午(08 时到 13 时)，降水相对比较集中，自北部向东南方向移动，从宝坻经过宁河、东丽等地移到滨海新区，雨团持续时间达 4～5 h，雨强较强，最大小时雨强为 53.7 mm・h$^{-1}$，出现在滨海新区大神堂，是三个阶段降水强度最强的。第二个峰值出现在 24 日凌晨，为分散性局地强降水。

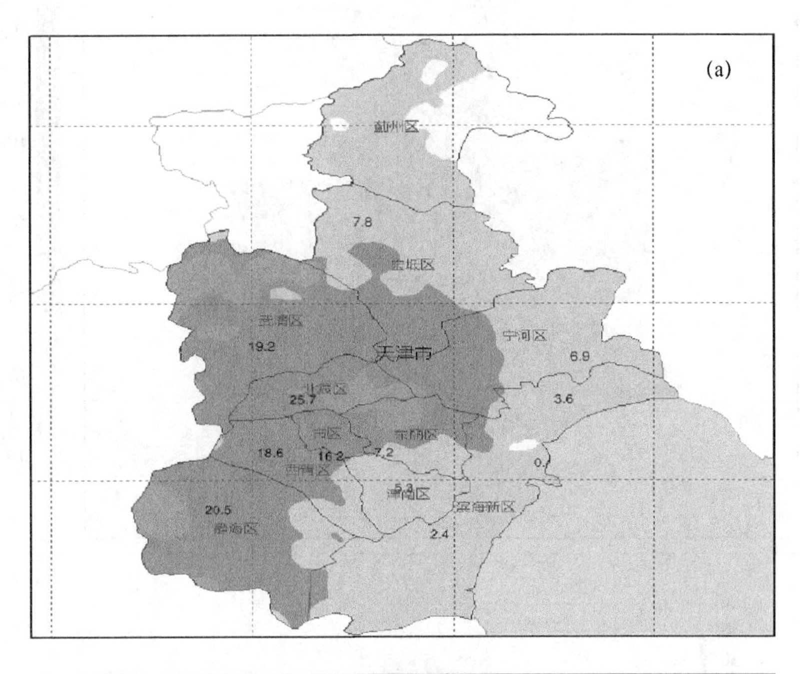
(a)
蓟州区
7.8
宝坻区
武清区
19.2
天津市
宁河区
6.9
北辰区
25.7
3.6
市区
东丽区
18.6
16.2
7.2
西青区
津南区
滨海新区
20.5
静海区
2.4

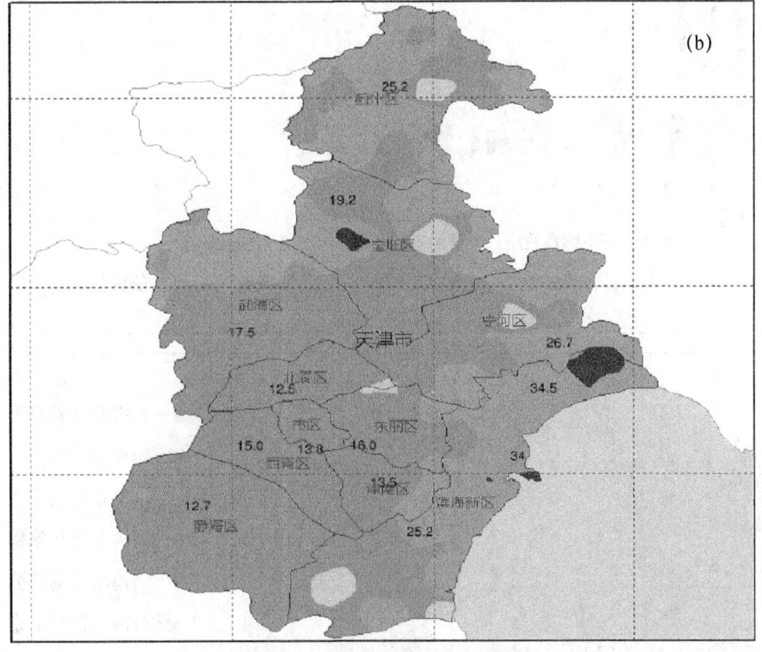
(b)
25.2
蓟州区
19.2
宝坻区
武清区
宁河区
17.5
天津市
26.7
北辰区
12.5
34.5
市区
东丽区
15.0
13.8
16.0
西青区
13.5
津南区
滨海新区
12.7
静海区
25.2

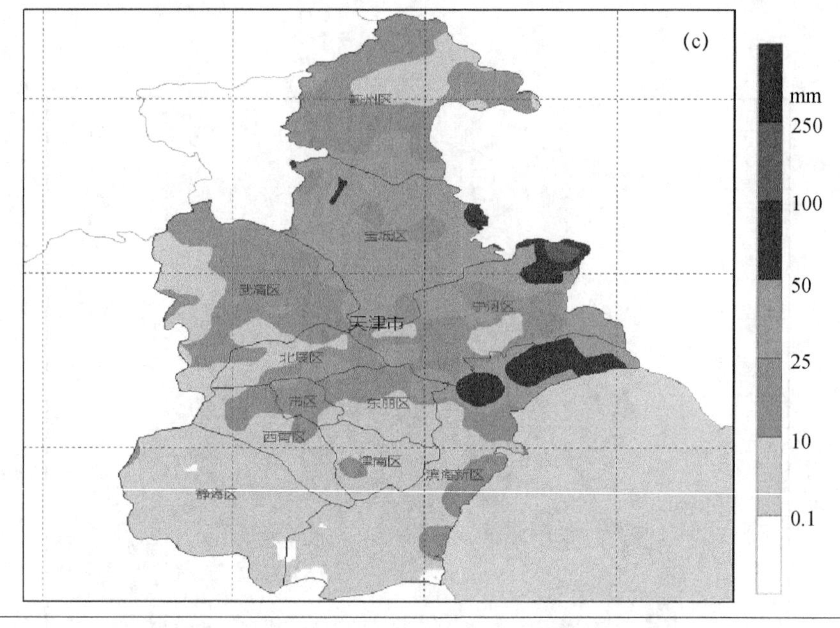
(c)
mm
250
100
50
25
10
0.1
蓟州区
宝坻区
武清区
天津市
宁河区
北辰区
市区
东丽区
西青区
津南区
滨海新区
静海区

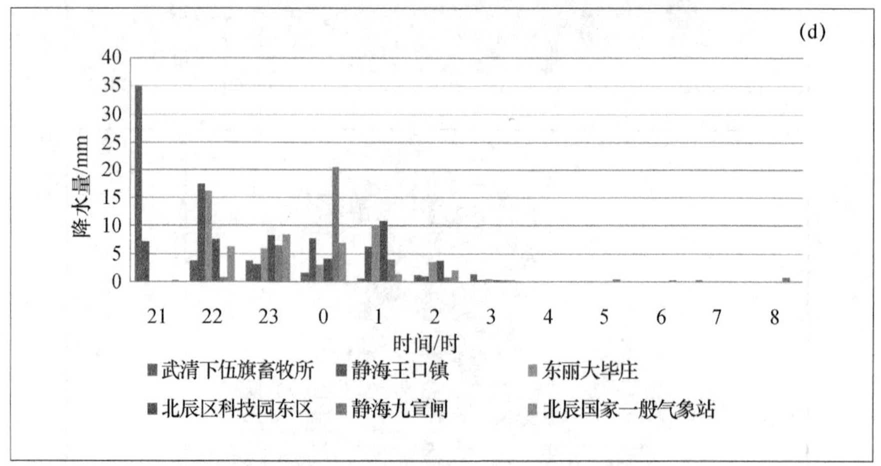
(d)
降水量/mm
40
35
30
25
20
15
10
5
0
21
22
23
0
1
2
3
4
5
6
7
8
时间/时
武清下伍旗畜牧所
静海王口镇
东丽大毕庄
北辰区科技园东区
静海九宣闸
北辰国家一般气象站

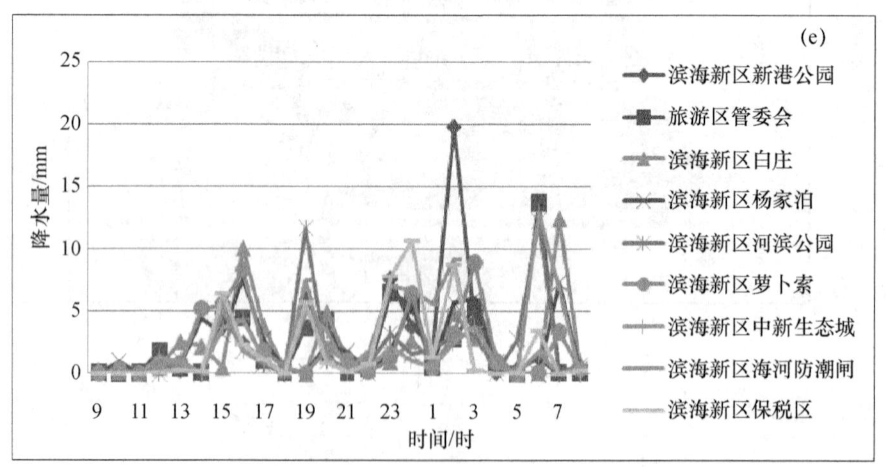
(e)
降水量/mm
25
20
15
10
5
0
9
11
13
15
17
19
21
23
1
3
5
7
时间/时
滨海新区新港公园
旅游区管委会
滨海新区白庄
滨海新区杨家泊
滨海新区河滨公园
滨海新区萝卜索
滨海新区中新生态城
滨海新区海河防潮闸
滨海新区保税区

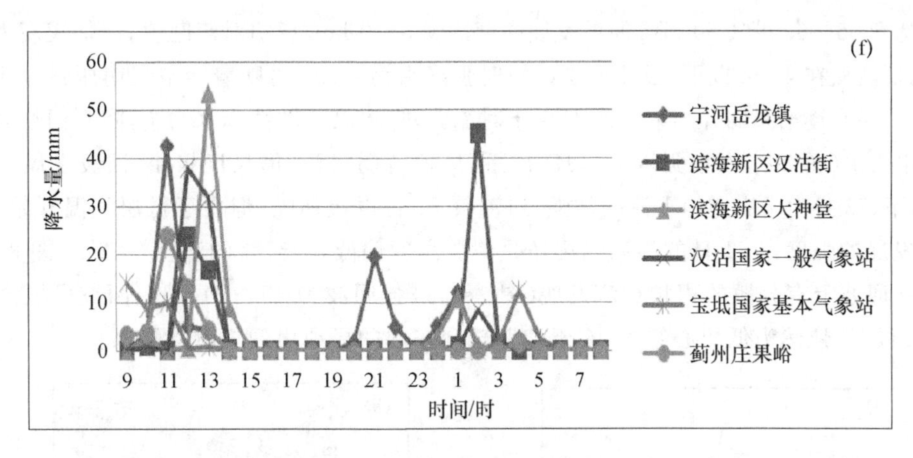


图 2　降水量空间分布(a. 21 日 20 时—22 日 08 时；b. 22 日 08 时—23 日 08 时；c. 23 日 08 时—24 日 08 时)和代表站小时降水量随时间变化(d. 21 日 20 时—22 日 08 时；e. 22 日 08 时—23 日 08 时；f. 23 日 08 时—24 日 08 时)

## 2.2　中尺度对流系统结构特征和动热力机制分析

中尺度对流系统的发生、发展总是在有利的大尺度或天气尺度背景下产生的，从本次降水过程三个阶段的环流形势演变以及物理量配置图(图略)来看，21 日天津位于高空横槽南部的西北气流中，冷平流较强，低空为高温高湿高能，大气处于强对流不稳定，850 hPa 和 500 hPa $\theta_{se}$差值达到 18.1℃，抬升指数－5.21℃(表 1)，有利于强对流的发展，因此是本次过程对流最强的时段；22 日本市位于高空低涡的东部和东南部，冷平流在河北西北部和北京附近，天津处于低涡前部的偏南气流中，低空有暖切变，能量、水汽和不稳定以及抬升条件都比较弱(表 1)，因此此阶段对流较弱，降水平缓；23 日随着高空低涡的东移，冷平流较强，对流有所加强，并且低层也低涡切变的发展，因此降水再度加强，局地形成了强降水。

**表 1　2017 年 6 月 21—23 日物理量参数**

| 时间 | SI | LI | K | Sweat | CAPE | Wm | $Q_{850}$ | $\Delta\theta_{se}$ |
|---|---|---|---|---|---|---|---|---|
| 21 日 08 时 | －5.5 | —0.68 | 35 | 352 | 141 | 32.6 | 12.6 | 18.1 |
| 21 日 20 时 | －4.68 | －5.21 | 37 | 288 | 931 | 50.6 | 11 | 11.8 |
| 22 日 08 时 | 1.19 | —0.47 | 33 | 167 | 121 | 10.7 | 9.7 | －1,6 |
| 22 日 20 时 | —0.16 | 0.16 | 35 | 327 | 95 | 7.4 | 10.3 | 1.9 |
| 23 日 08 时 | 0.36 | —0.43 | 32 | 161 | 108 | 35.1 | 9.7 | 2.0 |
| 23 日 20 时 | 0.36 | －1.05 | 33 | 165 | 247 | 36 | 9.7 | 3.5 |
| 最大 | 1.19 | 0.16 | 37 | 352 | 931 | 50.6 | 12.6 | 18.1 |
| 最小 | －5.5 | －5.21 | 32 | 161 | 95 | 7.4 | 9.7 | －1.6 |
| 平均 | －2.6 | －2.8 | 33 | 300 | 600 | 30 | 12 | 12 |

### 2.2.1　结构特征

在上面分析的三个阶段降水的环流背景之下，中尺度对流系统也有其不同的特征，21 日夜间在有利的天气背景下，中尺度对流系统发展旺盛(图 3a)，冷云盖温度为－62℃并覆盖天津中西部地区 2～3 h，造成了局地强降水，从雷达回波上也反映出有较强的块状对流回波(图 3c)，强回波中心达到55～60 dBZ,50 dBZ回波发展高度达到8～9 km,说明对流旺盛,但仍表现为低质心结构,强回波核在4 km以下,因此还是以短时强降水为主;22时随着冷空气南压强对流云团也逐渐南压,降水逐渐减弱并结束。22日由于对流弱,降水以分散性降水为主,降水回波以均匀的层云降水为主(图3d),回波强度30 dBZ以下,局地有弱对流,但尺度极小,回波发展高度都在3 km以下;23日由于高空冷平流的加强,对流较22日再次加强,但由于低层气温开始下降,因此对流发展的强度比21日的高温高湿还是偏弱高度偏低,冷云盖的温度－42℃(图3b),在大片的层状回波上有分散的积状对流发展(图3e),最强回波为45～50 dBZ,回波发展高度一般在5 km以下,依然为低质心结构,在天津北部和东部的局地出现短时强降水。

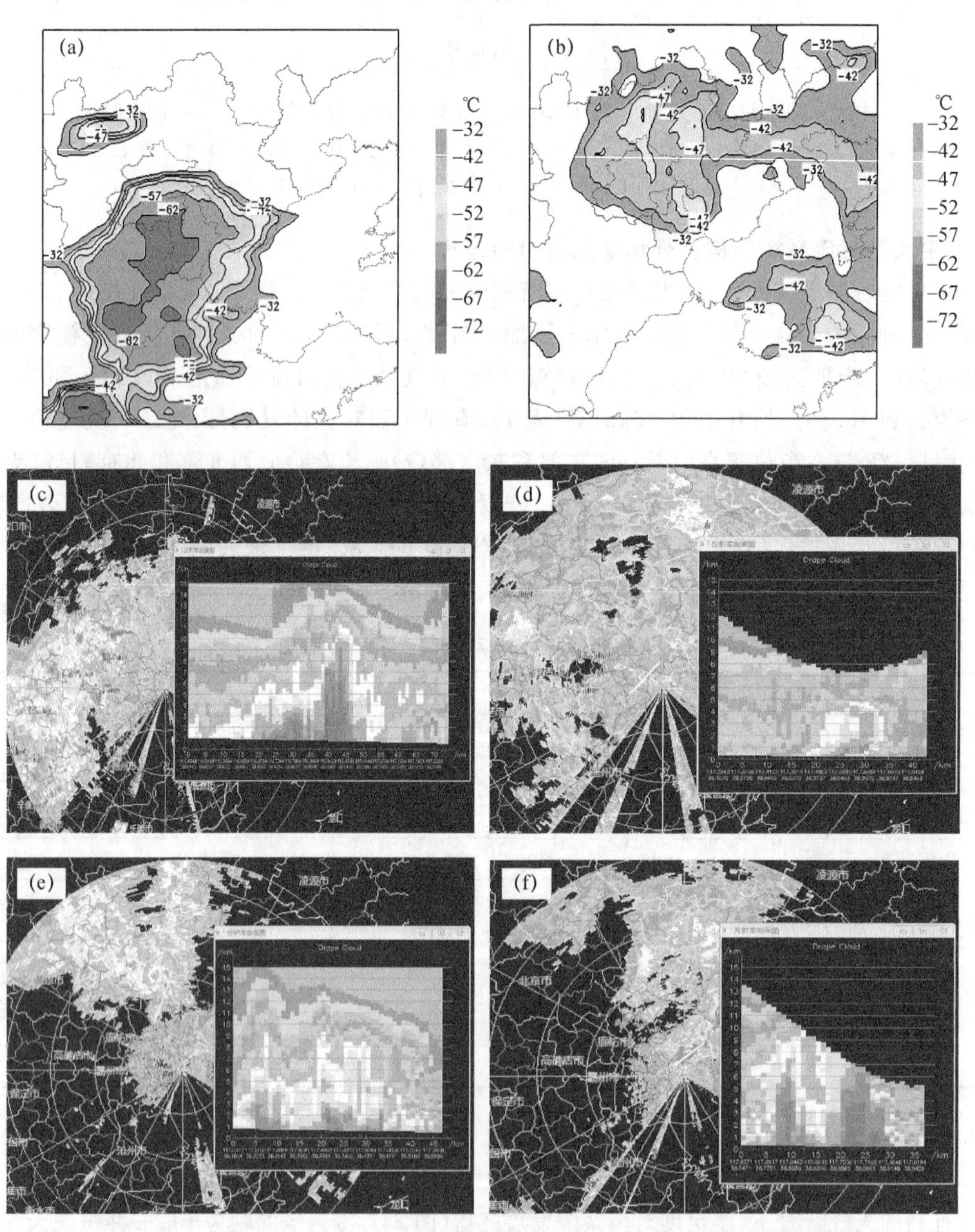


图3　2017年6月21—23日TBB(a.21日20时;b.23日08时)和雷达回波

(c.21日20时48分;d.22日14时42分;e.23日06时48分;f.23日11时48分)

#### 2.2.2 中尺度对流系统发展的动力热力机制分析

在有利的天气背景下，中尺度物理条件决定了对流系统的发展和消亡，利用 VDRAS 资料和加密自动站资料分析了 23 日局地强降水期间局地物理量的变化。从图 4 可看到，23 日上午边界层(200 m 到 1400 m)在天津北部和东部为一致的偏东辐合气流，辐合中心为 30～40 km，而中层(3400 m)转为西北辐散气流，构成局地垂直环流，有利于上升运动的发展，并且有明显的垂直风切变，因此有利于中尺度对流系统的发展加强，同时从地面温度场、风场、和露点温度的分布(图略)，也能清楚地看到在东风的持续作用下，天津北部有明显的动力辐合抬升机制和水汽的辐合。

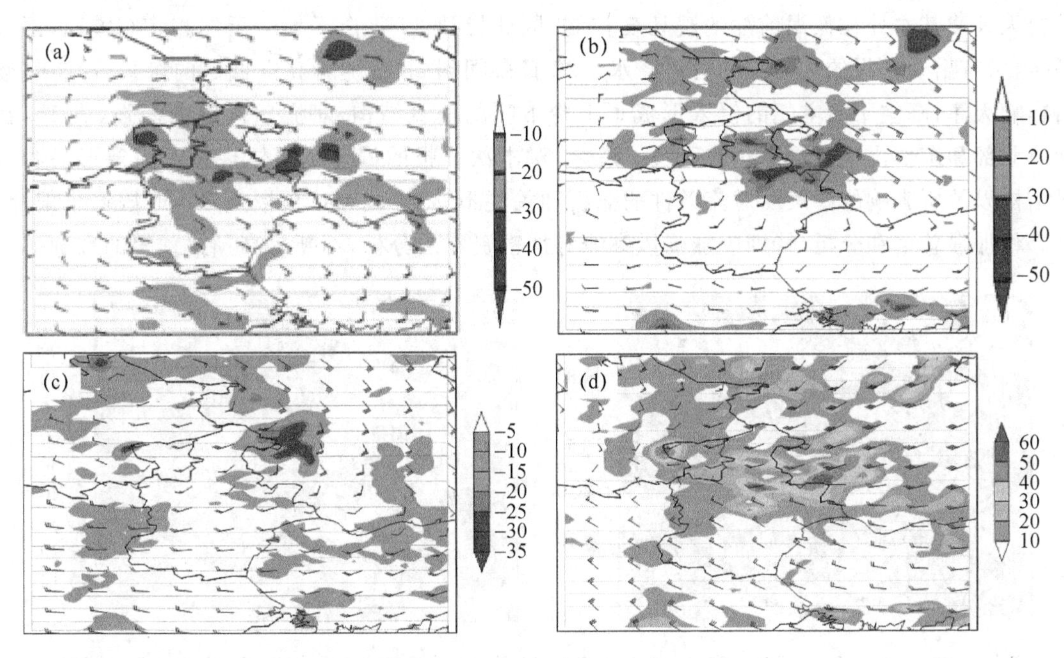


图 4　2017 年 6 月 23 日 08 时中低层和边界层风场和散度(a. 200 m；b. 1400 m；c. 2600 m；d. 3400 m)

### 2.3 中尺度对流系统的生消变化与强降水强度落区分析

通过对强降水时段小时最大雨量、TBB、反射率因子的对比分析(图略)可以看到，21 日夜间的强对流过程是在对流系统发展旺盛期间出现的强降水，因此冷云盖的 TBB 值与强降水对应较好，在降水最强时段 TBB 值低于－62℃，随着 TBB 值的升高，降水也逐渐减弱。而对于 23 日白天出现的弱对流强降水，由于降水的局地性更强，因此降水强度与云图的对流云顶温度对应较差，尽管出现了小时雨强 53.7 mm・$h^{-1}$、局地强降雨，但 TBB 值依然在－40℃或以上；说明具有一定的暖云降水性质，雷达回波上也反映出层积混合的降水回波，这类降水降雨效率高，与反射率因子对应较好，小时最大雨量在 30 mm 以上时，反射率因子都能达到或超过 50 dBZ，这符合我们平时总结的短时暴雨预报指标。

冷涡背景下局地暴雨的落区由于其明显的对流性质，一直是我们的预报难题。研究表明，中小尺度系统是暴雨的直接制造者，同时复杂下垫面的物理量变化与暴雨落区关系密切。分析发现，23 日出现在天津北部和东部地区的强降水与低层和边界层的中尺度低涡有关，在高空冷涡东移至天津上空时，925 hPa 有一个中尺度低涡从天津南部东移入海(图略)，天津北部和东部正是处在低涡北部和东部的偏东急流带上，有风速的脉动和辐合(图略)，并且分析地面资料显示在低涡中心附近虽然有一定的辐合，但受低涡后部偏北风的影响是相对的干区（图略），而天津北部和东部在偏东风的作用下，有明显的水汽辐合和抬升，因此同一天气背景下降水分布的中尺度特征十分明显。

## 3 偏差分析

对于这次久旱转雨的天气过程我们提前发布了天气预报，预报的过程雨量 40～60 mm 与实况（全市平均降雨量 49.5 mm）基本一致，但由于高空阻塞形势的建立，低涡移动缓慢，并且低涡的结构不同于典型的冷涡暴雨结构（图 5），基本呈正压分布，冷空气活动较弱，特别是 22 日白天天津基本处在低涡前部的暖切变控制，因此导致 22 日白天大气层结稳定（表 1），雨势平缓，没有出现预报的大范围的对流降水。22 日夜间到 23 日随着高空低涡的东移，冷空气逐渐影响天津，高空干冷空气的侵入形成了上冷下暖的垂直结构，对流条件逐渐加强（表 1），在天津北部和东部出现了局地对流天气。总之，对本次预报的偏差主要体现在对阻塞形势和冷涡结构以及所影响的中尺度对流条件的分析和关注不够，因此导致预报强降水时段偏早偏强，今后将加强总结和分析，特别应加强风廓线等加密资料的分析，不断提高预报预警的准确率。

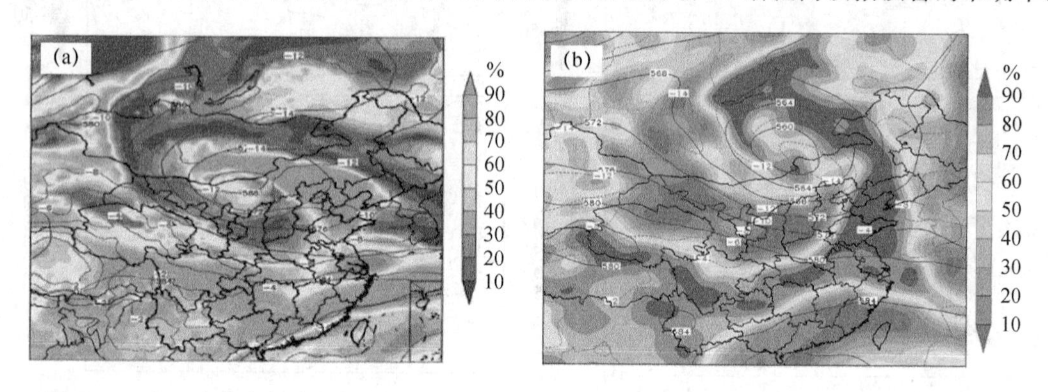


图 5 500 hPa 高度和相对湿度（a. 2017 年 6 月 22 日；b. 典型冷涡暴雨结构，2008 年 6 月 23 日）

## 4 总结与思考

（1）高空阻塞形势建立，使得低涡移动缓慢，造成持续降水。

（2）本次降水过程主要分为三个阶段，分别由高空横槽、低涡前部切变线和低涡本身影响所致。

（3）强降水的落区与边界层动力、热力和水汽相关。

（4）对流强度与高低空系统的配置（高冷＋低暖湿）。

（5）关注高低空系统的配置，加强对流性分析。

（6）数值预报产品的持续跟踪。

**参考文献**

［1］ 陶诗言. 中国之暴雨［M］. 北京：科学出版社，1980：66-90.

［2］ 程麟生，冯伍虎. “98・7”突发大暴雨及中尺度低涡结构的分析和数值模拟［J］. 大气科学，2001，25(4)：465-478.

［3］ 孙建华，张小玲，齐琳琳，等. 2002 年中国暴雨试验期间一次低涡切变上发生发展的中尺度对流系统研

究[J].大气科学,2004,28(5):675-691.

[4] 陈忠明,闵文彬,崔春光.暴雨中尺度涡旋系统发生发展的诊断[J].暴雨灾害,2007,26(1):29-34.

[5] 陆汉城,成巍,朱民,等.梅雨锋致洪暴雨的β中尺度涡旋机理的分析[J].解放军理工大学学报(自然科学版),2002,3(4):70-76.

[6] 易笑园,李泽椿,李云,等.长生命史冷涡影响下持续对流性天气的环境条件[J].气象,2010,36(1):17-25.

[7] 杨珊珊,谌芸,李晟祺,等.冷涡背景下飑线过程统计分析[J].气象,2016,42(9):1079-1089.

[8] 何晗,谌芸,肖天贵,等.冷涡背景下短时强降水的统计分析[J].气象,2015,41(12):1466-1476.

[9] 张仙,谌芸,王磊,等.冷涡背景下京津冀地区连续降雹统计分析[J].气象,2013,39(12):1570-1579.

[10] 王磊,谌芸,张仙,等.冷涡背景下 MCS 的统计分析[J].气象,2013,39(11):1385-1392.

# 一次华南非典型暖区特大暴雨的诊断分析

高耀庭[1]　韦道明[2]　费增坪[1]　令聪婧[1]　王　鑫[1]

(1. 31010部队;2. 32020部队)

## 摘　要

2017年5月7日广州发生一次特大暴雨过程,3 h雨量打破了广东省历史极值。本文应用FINE ECWMF 0.25°×0.25°资料,对此次过程空中、地面形势进行分析,发现此次强降水暴发的环流背景与典型的暖区暴雨天气形势有很大相似之处,但也存在显著差异,主要表现为此次过程空中气流为显著的“三流汇合”,而典型的暖区暴雨无论是低涡型、切变线型,还是西南风型都不具有这个特点。另外,地面气压场东西风汇合的特点体现了冷空气回流触发的作用,但又符合暖区暴雨的基本定义,呈现出与典型暖区暴雨相异的特征,并结合地面加密观测资料、高空探空、多普勒雷达资料等,分析此次特大暴雨过程的环境条件,探讨这次特大暴雨过程中不同物理量的表现和作用,得到了针对暖区暴雨预报保障的很有意义的结论。

**关键词**:非典型　暖区暴雨　冰雹　环境条件　雷达特征

## 引言

2017年5月7日,广州多区先后突发特大暴雨(图1)。监测显示,00时到14时,全市共有232个监测站雨量超过50 mm(暴雨,占全市55%站点),其中123个监测站雨量超过100 mm(大暴雨),12个气象站超过250 mm(特大暴雨)。据初步统计,广州市倒塌房屋172间,安全转移群众6925人,全市未收到人员伤亡报告。

此次特大暴雨过程具有三个特点:

第一,雨强刷新历史极值。花都、增城、黄埔出现了100 mm以上的1 h降水,增城新塘镇1 h雨量184.4 mm,小时雨量历史排名第二,增城新塘镇3 h雨量382.6 mm,打破了广东省3 h雨量历史极值。

第二,日雨量破广州历史纪录。黄埔区九龙镇降雨量524.1 mm,打破了广州市日雨量历史极值。

第三,强降水时空分布集中。本次突发暴雨从花都局地生成,加强并向周围发展,移动缓慢,强降水持续时间长、累计雨量大。实况资料显示,强降水出现三次增强三次减弱的“三起三落”过程,强降水时段主要是03—04时、06—07时、10—12时。

此次降水过程符合华南暖区暴雨的基本特征。华南暖区暴雨通常发生在地面锋线南侧暖区中,或是暴雨发生时华南一带没有锋面存在,也不受冷空气和变性高压脊控制。华南暖区暴雨由于其独特的中尺度对流特征,暴雨突发性强,地域性特征显著,且目前我国预报业务中使用的全球数值预报模式对暖区暴雨的预报能力十分有限,是困扰预报业务人员的难点问题,长期以来一直是大气科学研究和定量降水预报业务中的难点问题。

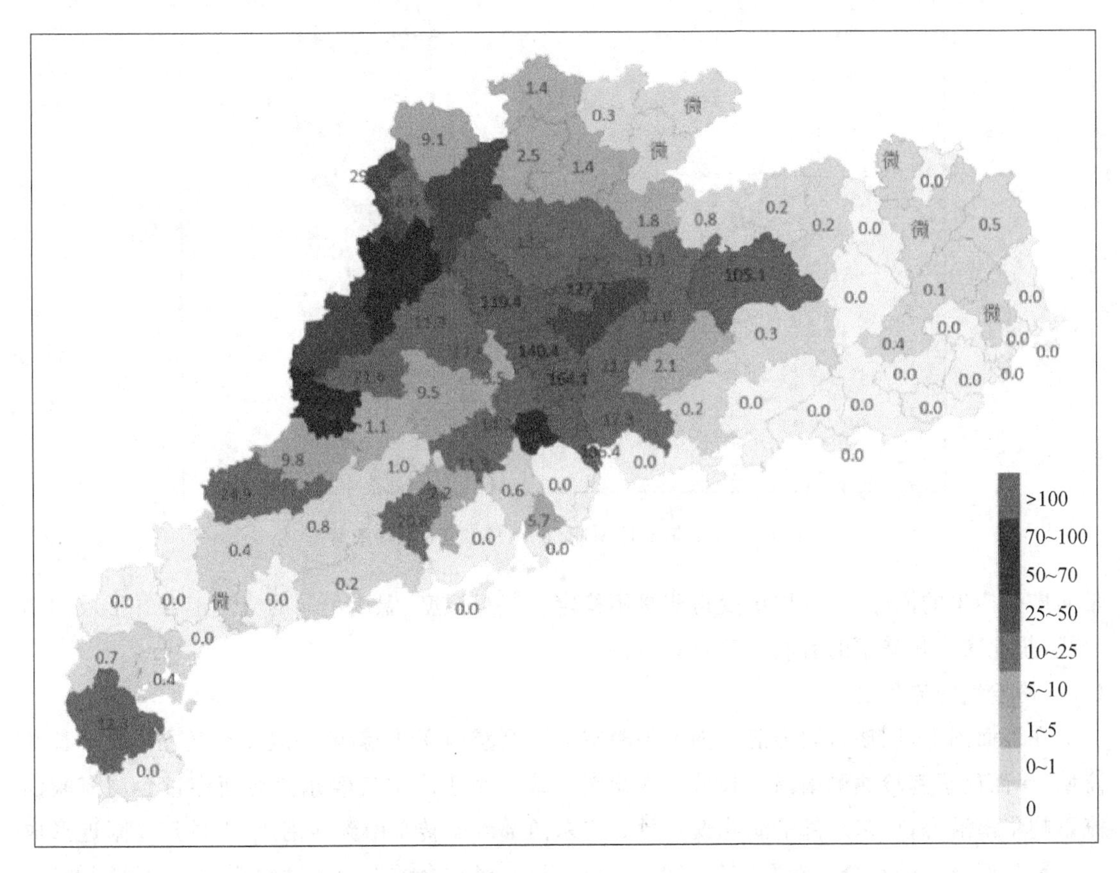


图 1　2017 年 5 月 7 日 20 时广州 24 h 降水量(单位:mm)

# 1　天气背景

## 1.1　三支气流汇合

2017 年 5 月 6 日 20 时,500 hPa 高度显示,中低纬地区是阶梯槽形势,不断从青藏高原东移滑过两广(广东、广西)北部,7 日 08 时,高原小槽恰好位于广东中部珠江口上空。南支槽位于中南半岛西侧,副高较为强盛,北部边缘位于华南沿海地区。追溯前期的高空天气形势,自 5 月底,副高位置较为稳定,对南支槽的移动起到了阻挡作用,使其移动缓慢,南支槽位置维持,槽前较强的西南季风不断增强并覆盖至华南上空。

6 日 20 时 925～850 hPa 风场上(图 2),长江流域整体高压脊,华东为一个冷式反气旋,南海北部则为一个暖式反气旋,日本—台湾海峡—广东东部沿海一线为天气尺度切变线,切变线尾部位于珠江口,该切变线前期受偏北、偏西气流影响东移、南压,东移显著,切变线尾部南压至珠江口后受南部暖式反气旋阻挡呈准静止状态,珠江口北部为较为干冷的偏北气流,南部南偏东气流相比较而言呈干暖状态,珠江口西侧西南气流不断增强,呈显著暖湿状态,珠江口西侧至广西北部形成一条暖式切变线,随着西南季风的不断加强,珠江口及东部的冷式切变和西侧的暖式切变线逐渐减弱,至 7 日 20 时,切变线已完全消失,华南为一致的西南暖湿气流控制。

高空槽带来的干冷空气与暖湿的西南气流、干暖的东南气流在珠江口交汇,在将水汽和能

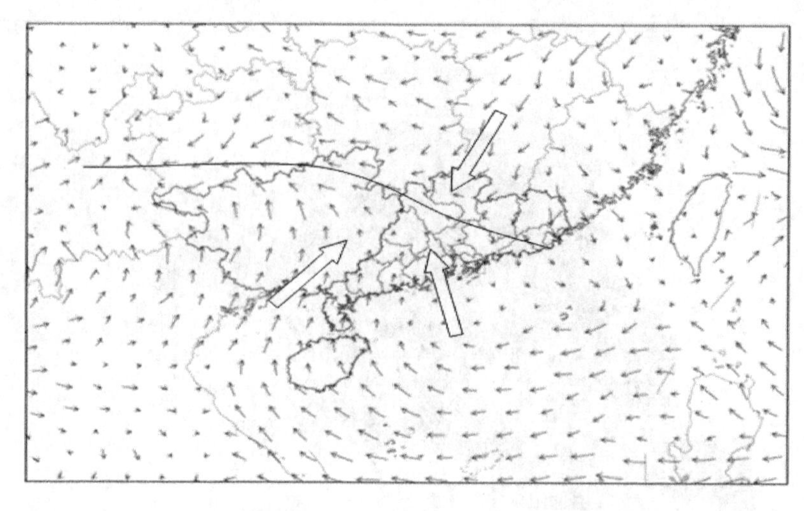

图2　2017年5月6日20时850 hPa风场形势

量向广州聚集的同时,大气层结变得非常不稳定。三只湿度、温度不同的气流汇合并形成的切变线,是此次广州暴雨的有利天气背景条件。

### 1.2　冷空气回流促发

在地面图上(图略),因为前期南下的冷空气已经减弱变性,新的一股冷空气主体位于长江流域,锋面位于南岭北侧南昌—长沙—贵州南一线。小股冷空气经东海海面穿过台湾海峡回流影响华南沿海,广东东部沿海吹偏东风。广东西部海面转吹南到西南风,在珠江口附近形成东南风与西南风的汇合。在两支气流的汇合点附近,经常会诱发中尺度辐合线和中尺度低压,触发强对流和暴雨[1,2]。

通过空中及地面形势分析[3],发现此次强降水暴发的环流背景与强西南季风型暖区暴雨的天气形势较为相似,但是其"三流汇合"的特征又是西南季风型暖区暴雨不具备的,而且地面气压场东西风汇合的特征表明此次暖区暴雨存在冷空气回流的触发作用,是一次非典型暖区暴雨过程。

## 2　环境条件分析

### 2.1　不稳定能量

当日广州地区的K指数为34.4℃,SI指数为—0.3℃,两种指数数值大小并不显著异常,但5日20时K指数大小为22.5℃,SI指数大小为3.7℃,两种指数的大小存在较大变化,K指数的短时大幅增加是强对流天气的一个显著征兆。

对流有效位能(CAPE)是表征大气静力不稳定的一个基本物理量,6日20时,珠江口出现CAPE接近1000 J·$kg^{-1}$的狭窄带状大值区,位于华南春季雷暴大风和普通雷暴的CAPE参考值(分别为1712和855 J·$kg^{-1}$)之间[4],而冰雹天气的CAPE阈值为大于等于1000 J·$kg^{-1}$,说明珠江口附近有较强的对流有效位能,存在中等强度雷暴大风的可能,但冰雹的可能极小。CAPE大值区基本位于珠江口和南海海面上,对流有效位能的大小与下垫面是否有充沛水汽有很大关系,所以,珠江口及其南侧广阔洋面的地理地形,也是此次广州发生强降水的重要原因。

### 2.2　热力条件

在分析空中垂直温度变化时还发现(图略),6 日 20 时广州上空的 0℃层高度约 500 hPa,接近强对流 0℃层平均高度,－20℃高度层明显高于 400 hPa,而有利于冰雹产生的合适的 0℃和－20℃高度层高度分别为 600 hPa 和 400 hPa,且冰雹产生的空中湿度分布通常为上干下湿,所以此次特大暴雨过程的温湿场环境不适合冰雹生长[5-7],也是此次特大暴雨过程并未出现冰雹的原因。

### 2.3　水汽条件

在分析空中垂直温湿分布时发现,6 日 20 时广州上空相对湿度呈高、低层湿,中间干的分布状态,低层 700 hPa 及以下的湿度达 70％以上,500 hPa 较干,约为 40％,到达 250 hPa 后,相对湿度上升到 80％。一般当湿层的厚度达到 700 hPa 时,就有利于暴雨的发生,造成暴雨区的水汽集中。此次暴雨爆发初期,已经具有湿层厚度达到 700 hPa 的特征。随着西南暖湿气流的持续,水汽通量辐合中心仍在广州附近,广州上空湿度不断增大,湿度厚度达到 600 hPa,500 hPa 的湿度也增大至 60％。良好的水汽输送和辐合,厚湿度气层的形成,为特大暴雨的发生提供了足够的水汽条件。

### 2.4　触发系统

从地面加密观测资料分析,强降水发生前(图 3a),广州地面是较为一致的东南风,7 日 07 时(图 3b),广州北部风向的偏东、偏北分量明显增大,广州中部出现明显的北东风与南东风之间的辐合线,并缓慢南压;09 时,广州中南部的荔湾区和番禺区附近出现闭合低压环流;09 时后,闭合低压开始快速南压;14 时(图 3c),低压环流位于广东南部;此后逐渐远离广州后消散,持续近两个小时的闭合低压与广州中南部的强降水时段较为吻合。

从地面加密观测资料分析,中尺度对流云团生成前和生成后都伴有地面中尺度辐合线,并有地面中尺度低压生成。因此,地面中尺度辐合线和地面中尺度低压是中尺度对流云团产生和维持的重要系统,对暴雨的发生有触发作用[7]。

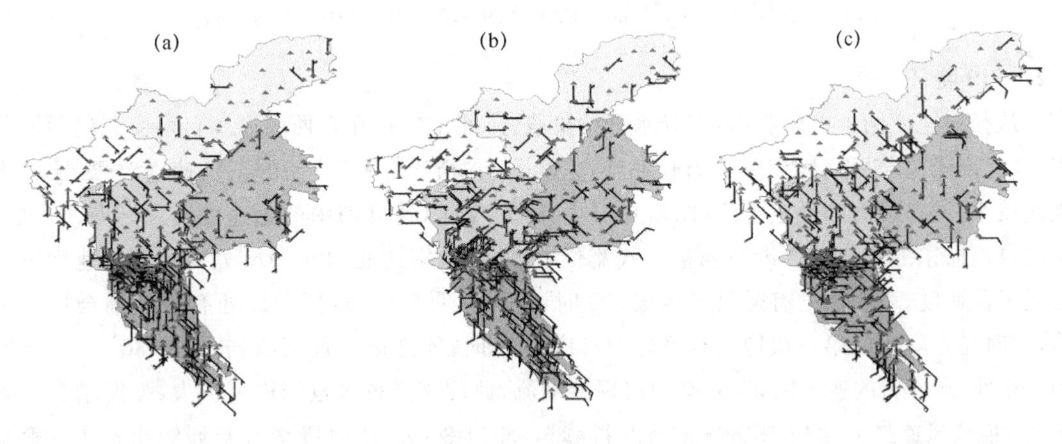


图 3　2017 年 5 月 7 日广州地面加密观测风场图

(a. 7 日 00 时;b. 7 日 07 时;c. 7 日 14 时)

## 3 雷达资料分析

### 3.1 CAPPI和VIL特征

从雷达回波的演变分析，此次过程回波平均移速为5 km·h$^{-1}$，移动极为缓慢，并且，回波在长达14 h的移动过程中不仅没有减弱，而且通过不断合并出现多次增强过程，所以，此次天气过程强度大，且移动缓慢是造成强降水的主要原因。另外，此次强降水过程VIL最大值远小于大冰雹的预警临界指标(45 dBZ)，CAPPI显示，虽然强回波单体的回波高度均伸展到8 km以上，但45 dBZ强回波的高度基本在5 km高度以下，相应的当天0℃和－20℃等温线的高度分别为4.5 km和8 km。但是在03—06时，在雷达0～60°方向上出现45 dBZ强回波的高度超过5 km，－20℃等温线以上最大反射率因子也出现超过30 dBZ的单体，并且多时次伴有三体散射和旁瓣回波现象(图4)，说明云内中数体积直径大于0.4 cm的冰粒子和水粒子混合存在，但是云内上升气流不显著，45 dBZ高度也并未显著抬升，所以，从CAPPI和VIL分析，当日降冰雹的概率很小[8,9]。

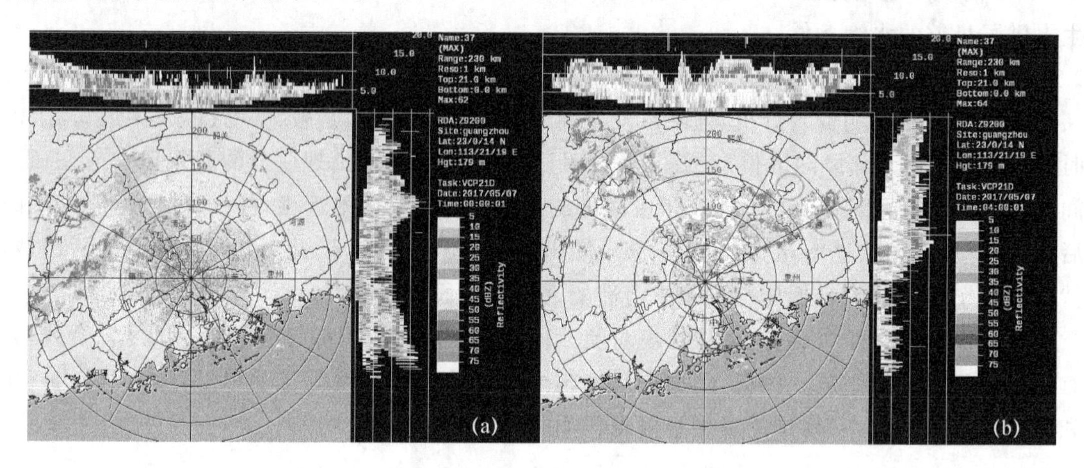


图4 2017年5月7日雷达CAPPI图(a.7日00时;b.7日04时)

### 3.2 PPI特征

从径向速度图中可以看出，强降水开始阶段，广州上空存在自西向东和自南向北的两股气流，零速度线呈“S”形，表明空中为暖平流，速度图上没有“牛眼”特征的正负速度对，表明空中风速较小，没有显著的低空急流(图略)。5月7日01时，速度图中的正速度区逐渐向西扩展，表明自西向东的暖气流逐渐减弱被冷气流代替，并且在雷达北侧50 km处大范围正速度区中出现了负速度，表明该处有逆风区生成；03时，逆风区明显增强，预示该处有强烈辐合抬升运动，此时与强降水的第一次增强有极好的对应。04时，原逆风区逐渐减弱，但在30°～60°方向50 km处，出现新的逆风区，表明空中出现冷平流，此后该逆风区范围逐渐扩大，强度增强。到05时，逆风风速最大达到15 m·s$^{-1}$，并持续至06时30分，该时段增城新塘镇出现1 h雨量184.4 mm的短时大暴雨，也是强降水的第二次增强过程。07时开始，逆风区范围逐渐收缩减弱，表明随强降水潜热释放，辐合上升运动减弱。11时，正负速度区互相嵌入，形成多处逆风区，表明空中气流仍然处于不稳定状态，对流运动再次增强，与此次强降水第三次增强吻合，可见逆风区的出现，预示着雨强将增大。同时，速度图上始终未出现典型的中气旋特征，表明空中的对流强度还不足以达到冰雹、龙卷的对流要求。

## 4 小结

(1)此次强降水爆发的环流背景与西南风型暖区暴雨的天气形势较为相似,但空中“三流汇合”的特征及地面冷空气回流的触发,又使此次暖区暴雨具有显著的非典型特征。

(2)环境条件显示,空中能量大值区与强降水区域有很好的对应关系,CAPE 值较大,符合强雷雨天气的不稳定能量的特征,但是低于降雹的阈值,空中 0°C 和 −20°C 高度层高度分别为 600 hPa 和 400 hPa,且冰雹产生的空中湿度分布通常为上干下湿,所以此次特大暴雨过程的温湿场环境不适合冰雹生长,也是此次特大暴雨过程并未出现冰雹的原因。

(3)从动力条件分析,中尺度对流云团生成前和生成后都伴有地面中尺度辐合线,并有地面中尺度低压生成,对此次暴雨的发生有触发作用。

(4)从雷达回波的演变分析,此次过程回波强度并非显著较强,但是其平均移速极为缓慢,回波在的移动过程中强度“三起三落”,长达 14 h 的持续影响是造成此次广州强降水的主要原因。

(5)通过雷达回波的分析,还可以发现,此次过程中云内体积直径大于 0.4 cm 的冰粒子和水粒子混合存在,但是云内上升气流不显著,45 dBZ 高度也始终未显著抬升,且未出现典型的中气旋特征,表明空中的状态还不足以达到冰雹、龙卷的强对流要求。

### 参考文献


[1] 林良勋,冯业荣,黄忠,等.广东省天气预报技术手册[M].北京:气象出版社,2006.

[2] 古霖,罗碧瑜,谢龙生,等.华南暖区暴雨中尺度对流系统的观测分析与诊断[J].安徽农业科学,2010,38(1):41-43.

[3] 赵国君,高耀庭.广东地区暖区暴雨形势特点分析及预报方法研究[J].航空气象,2014,(3).

[4] 杨新林,孙建华,鲁蓉,等.华南雷暴大风天气的环境条件分布特征[J].气象,2017,43(7):769-780.

[5] 高耀庭,韦道明,杨建伟,等.“3.20”东莞强对流天气过程分析[J].航空气象,2014,(2).

[6] 张晓美,蒙伟光,张艳霞,等.华南暖区暴雨中尺度对流系统的分析[J].热带气旋学报,2009,25(5):551-560.

[7] 刘健文,郭虎,李耀东,等.天气分析预报物理量计算基础[M].北京:气象出版社,2005.

[8] 章国材.强对流天气分析与预报[M].北京:气象出版社,2011.

[9] 郑永光,陶祖钰,俞小鼎.强对流天气预报的一些基本问题[J].气象,2017,43(6):641-652.

# 湿急流下MCS致灾暴雨分析

胡中明[1]　秦玉琳[1]　杜　倩[1]　冯　旭[1]　姚　帅[1]　张　同[1]　胡洪泉[2]

（1. 吉林省气象台，长春 130062；2. 吉林省防雷减灾中心，长春 130062）

## 摘　要

利用吉林省50个人工站与1300余个自动气象站逐时雨量资料、NCEP再分析资料（1°×1°）和日本葵花-8卫星红外图像及长春新一代多普勒雷达资料，对2017年汛期吉林省中部一场致灾暴雨进行了分析。结果表明：该场暴雨是在纬向带状副高后部低层切变前侧发生的。湿急流在降雨中发挥了主要作用，它是一条输送水汽、热量和不稳定能量的输送带，高低空急流耦合可导致次级环流和中尺度系统的产生。急流持续可导致“列车效应”产生，急流具有明显日变化，午后形成，夜间发展。三个中尺度MCS先后影响永吉，雷达上表现为低质心高效降水回波。各家预报模式对流降水效果较好，预报预警比较成功，但对极值把握欠佳。

**关键词**：湿急流　MCS　急流耦合　低质心高效降水回波

## 引言

湿急流是20世纪70年代末谢义炳在长期研究降水问题的基础上、在雷雨顺能量学方法对暴雨和强对流天气研究成果的启发下提出的一个科学猜想。近年来在多个暴雨实例的中尺度数值模拟结果都与湿急流猜想相符，即暴雨区中是存在将低空急流和高空急流在垂直方向上连接起来的湿急流，利用可视化技术还可将湿空气块在暴雨云团中的上升、加速和转向的轨迹清楚地展示出来。湿急流是指低层空气在湿不稳定大气的上升过程中，不断加速形成一支斜穿整个对流层的自下而上的急流。在湿急流附近，凝结饱和区的分布和发展过程，似乎表明水汽在急流形成过程中起了一种主动作用。孙艳辉在一次暴风雪过程中的中尺度重力波特征及其影响分析中指出，在波导中传播的中尺度重力波能够与基本气流进行动量交换，使得对流层中上层4.5～8 km气层内的水平平均风速趋于均匀，形成斜穿整个对流层的饱和湿空气急流，即“湿急流”。那么在地处中高纬度的东北地区，有否湿急流作用，其产生的暴雨（或暴雪）强度如何？本文利用2017年夏季吉林省中部永吉的一场致灾暴雨进行了分析。

## 1　雨情特点及灾情

从2017年7月13日08时—14日08时吉林省自动站降水量分布图（图1a）可看到，本次降水24 h降雨量大，共出现特大暴雨5个、大暴雨82个、暴雨169个。全省平均降雨量26.3 mm，永吉春登村最大，为296.0 mm。降雨雨强也非常大，13日19—20时，永吉官厅乡1 h雨强达107.1 mm。1 h降水量≥50 mm的有39站，主要集中在13日午后的13—14时和傍晚到前半夜的17—23时，其中20—21时1 h降水量≥50 mm的有22站。降雨无论时间上还是空间上都非常集中：时间集中在13日13—23时的10 h内，大暴雨区域集中在150 km×60 km=0.9万 km²

范围内,仅占吉林省总面积的二十分之一左右。本次降水刷新了吉林省多个降雨量极值,其中永吉官厅乡 1 h 雨量为 107.1 mm(之前 91.9 mm,双阳),3 h 雨量为 200.2 mm(之前 135.4 mm,通化市);永吉玉关村 6 h 雨量达 255.6 mm(之前 149.0 mm,扶余),12 h 雨量达 280.4 mm(之前 186.6 mm,扶余);永吉春登村 24 h 雨量达 296.0 mm(之前 194.5 mm,公主岭)。可见降水强度之强、雨势之大。降水具有明显强对流特点,从图 1b 上总闪密度分布可见强降雨区也是闪电高密集区。

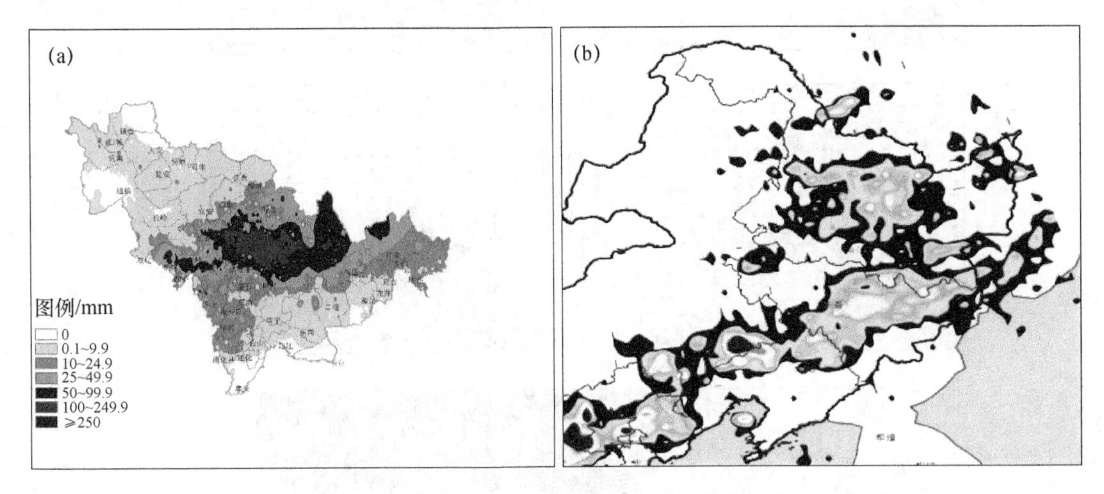


图 1 (a)2017 年 7 月 13 日 08 时—14 日 08 时吉林省降水量分布图(单位:mm);
(b)2017 年 7 月 13 日 08 时—14 日 08 时吉林省闪电总密度分布图(单位:次)

由于降雨急促且雨量大,造成较大灾害。据吉林省防汛办数据,截至 7 月 17 日 07 时,全省 15 个县(市、区)82 个乡镇 51.3 万人受灾,紧急转移人口 12.69 万,因灾死亡 19 人、失踪 18 人,倒塌和严重损坏房屋 10497 间;农作物受灾面积 12.4 万 $hm^2$,其中绝收面积 1.4 万 $hm^2$;停产工矿企业 36 个,铁路中断 2 条次,公路中断 140 条次,供电中断 69 条次,通讯中断 66 条次;损坏小型水库 4 座、堤防 151 处、护岸 57 处、水闸 147 座、塘坝 65 座、灌溉设施 390 处、水文测站 31 个、机电泵站 25 座,水利设施直接经济损失 11.4 亿元,全省直接经济总损失 212.3 亿元。

## 2 暴雨成因分析

### 2.1 动力与水汽条件

图 2a～d 显示的是 7 月 13 日 08 时—14 日 02 时间隔 6 h 的 850 hPa 风场与比湿场,可以看到低层切变始终位于吉林省西部,切变前部为 WSW 方向的急流,急流长度和宽度均达数百千米。13 日午后急流加强,急流核中心最强风速达 20 $m \cdot s^{-1}$,吉林省中部有风速的辐合,同时与急流相伴的是比湿大值区,13 日 14 时吉林省中部比湿达到 14 $g \cdot kg^{-1}$,远远超过吉林省出现暴雨的阈值。在急流区沿西南—东北向做垂直剖面(图 2e)可见,吉林省中部 400 hPa 以上为强劲的西风急流,最大风速超过 28 $m \cdot s^{-1}$,而对流层中层在大风速区下风方(右下方),风速也普遍在 20 $m \cdot s^{-1}$以上,850 hPa 以下风向转为 WSW,风速 12 $m \cdot s^{-1}$以上,与急流区相伴的是深厚的湿层,向上一直延展到 200 hPa,即在吉林省中部形成一条湿急流,与其相配合的是一个上升速度中心,同时其东西两侧为下沉区,表明有次级环流的产生。时间剖面图(图 2f)可见,13 日午后低层比湿区明显加大且向上层伸展。

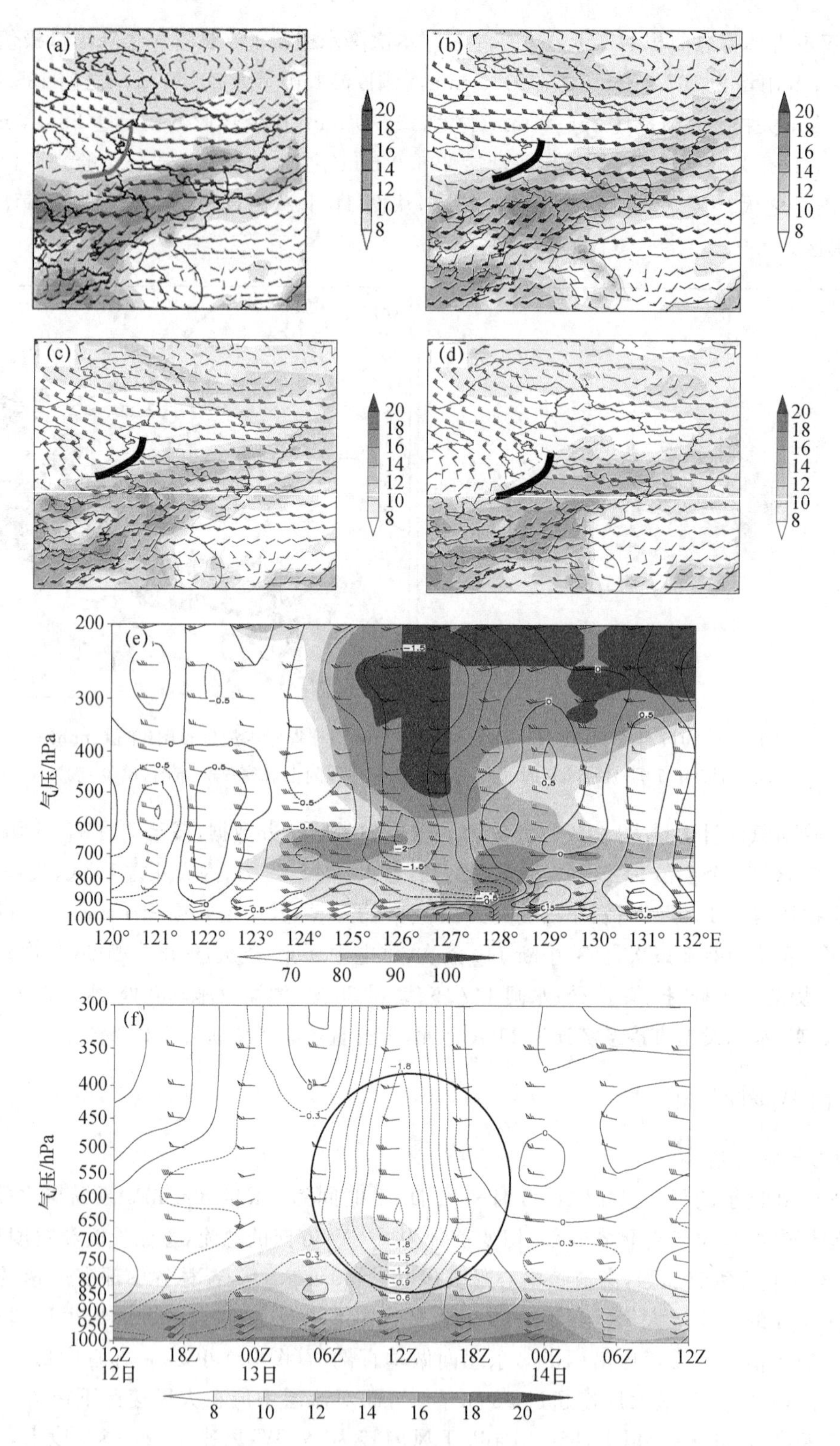


图 2　2017 年 7 月 13—14 日 850 hPa 风场与比湿(单位:g·kg$^{-1}$)(a. 13 日 08 时;b. 13 日 14 时;c. 13 日 20 时;d. 14 日 02 时);沿 44°N 各层风场与相对湿度及上升速度空间剖面图(单位:%)(e. 13 日 20 时);沿永吉各层风场与比湿及上升速度时间剖面图(单位:g·kg$^{-1}$)(f. 13 日 02 时—14 日 20 时)

## 2.2　热力条件

从降雨最强时段(13 日 20 时)的高低空温度平流配置来看(图略),吉林省中部低层为暖平流区,高层在切变线后侧有冷平流入侵,这种上冷下暖的配置使得对流不稳定增强。

## 2.3　不稳定条件

从间隔 6 h 的 CAPE 值分布图(图 3)可以看出,降雨前期,吉林省中部偏西的位置有 CAPE 大值区,数值超过 2000 $J \cdot kg^{-1}$,这一数值远远大于 7 月常年平均的 CAPE 值(607 $J \cdot kg^{-1}$),随着时间推移,CAPE 大值区随气流向东移动,但随着降水的开始,20 时 CAPE 值迅速下降到 2000 $J \cdot kg^{-1}$以下,强降雨结束时,CAPE 大值区继续下降且面积收缩。从长春站 7 月 13 日 08 时 $T$-ln$p$ 层结曲线来看,925 hPa 到 200 hPa 风速都很大,500 hPa 以下风随高度顺转,以上风随高度逆转,也印证了上冷下暖的温度层结配置。同时温度曲线与露点曲线在 700 hPa 以下低层和 500 hPa 以上高层都呈现相隔较近的态势,表明都有湿层,而且高低空湿区通过急流打通的趋势已初露端倪,CAPE 达 1365.4 $J \cdot kg^{-1}$,具备了良好的不稳定能量条件。

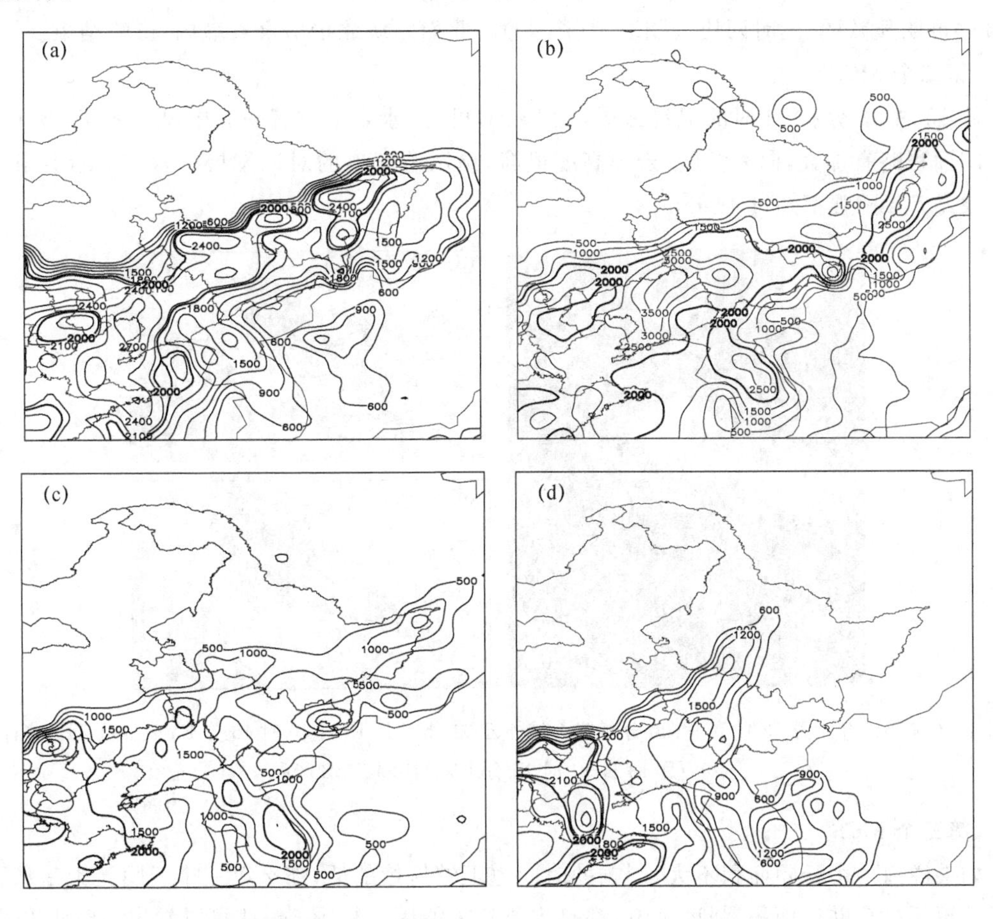


图 3　2017 年 7 月 13—14 日 CAPE(a. 13 日 08 时;b. 13 日 14 时;c. 13 日 00 时;d. 14 日 02 时;单位:$J \cdot kg^{-1}$)

## 3 中尺度雨团分析

选取永吉(人工站)、永吉春登村(过程降水量最大站)分析。永吉官厅乡(小时雨强最大站)做逐时雨量(图略)分析发现,本次大暴雨过程主要是由三个中尺度云团造成的,分别是10—11时的α中尺度云团、14时前后的β中尺度云团、18—22时的α中尺度持续拉长状对流系统云团。配合卫星云图上有三个MCS(中尺度对流系统),曾波曾对我国中东部地区夏季MCS进行了统计分析,李佳颖、张晰莹、肖递祥分别利用个例对华南、东北、西南的MCS进行了环境场及动力分析。下面利用日本高分辨率葵花-8卫星与FY-2系列卫星数值产品对本次过程的三个MCS进行分析。

### 3.1 第一个MCS

2017年7月13日10—11时,受一个近椭圆的α中尺度MCS影响,永吉及其周边乡镇出现短时强降水,选取的三点小时雨强均≥20 mm。从10时20分的红外云图(图4a)可见,云团呈东北—西南向,10时15分内部云团的TBB低值中心恰好位于永吉上空(图4b),但1 h后,TBB强度明显减弱,同时两块云团断裂(图4c)。北面一块北抬出永吉境内,影响结束。

### 3.2 第二个MCS

从13时30分和14时的卫星云图(图5a、b)可见,永吉上空有一β中尺度云团,在半小时内云团面积略有加大,向东扩展,云顶高度很高,预示着旺盛的对流发展。永吉春登村和永吉县气象站1 h雨强都超过44 mm。

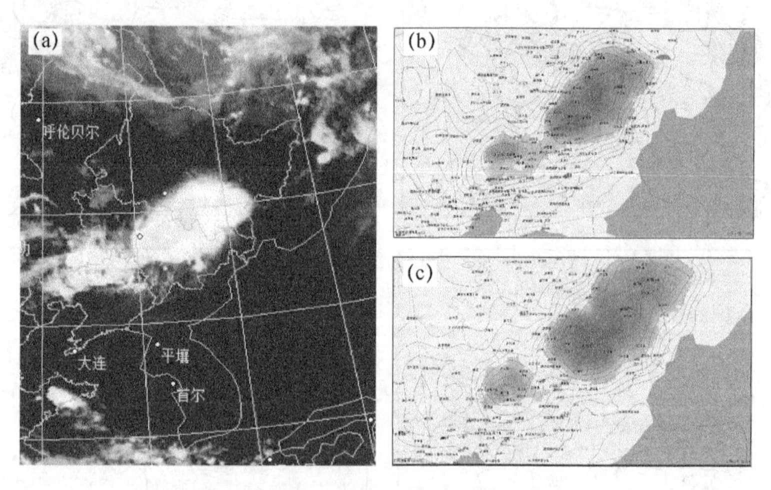


图4 (a) 2017年7月13日10时20分葵花-8红外云图;(b)7月13日10时15分FY-2卫星TBB产品;(c)7月13日11时15分FY-2卫星TBB产品

### 3.3 第三个MCS

如果说前两个云团面积不大,影响的时间也不够持续的话,那么第三个云团无论是从影响时间长短还是合并后面积、强度来看,都是主要致灾原因。从图6a~f可以看出,16时30分时永吉上空的β中尺度云团发展旺盛,到18时向东扩展面积加大,此时它与西边云团还未相连,在突增的低空急流引导下,18时云团与西边云团打通,19时已连成一个α中尺度拉长状对流系统,且由于低空急流的维持,使得后面云团持续并入,形成一个狭长的对流系统。该对流系统影响时间长达近5 h,使得三站的降雨强度都达到大暴雨(≥100 mm)。

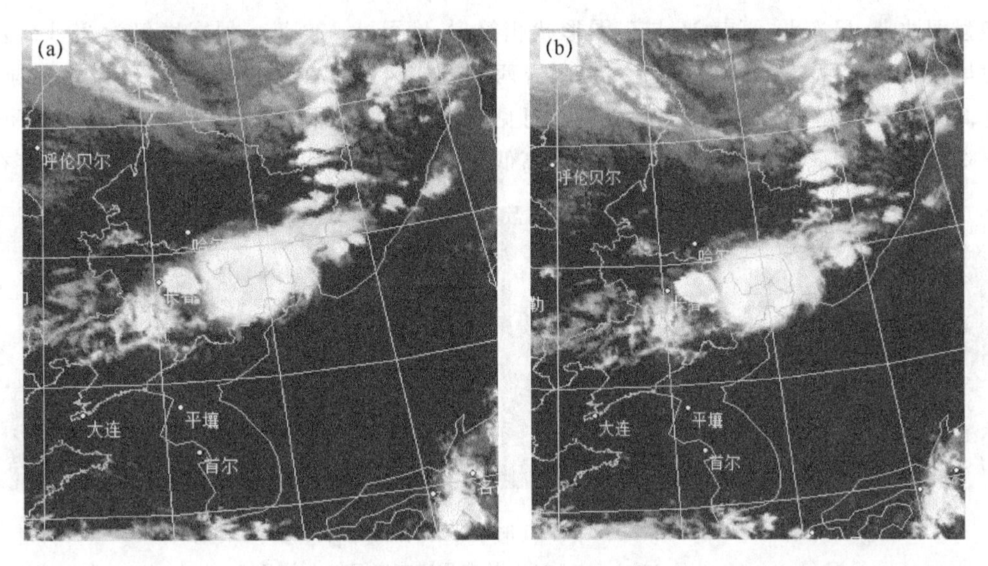


图 5 (a)2017 年 7 月 13 日 13 时 30 分葵花-8 红外云图；(b)7 月 13 日 14 时葵花-8 红外云图

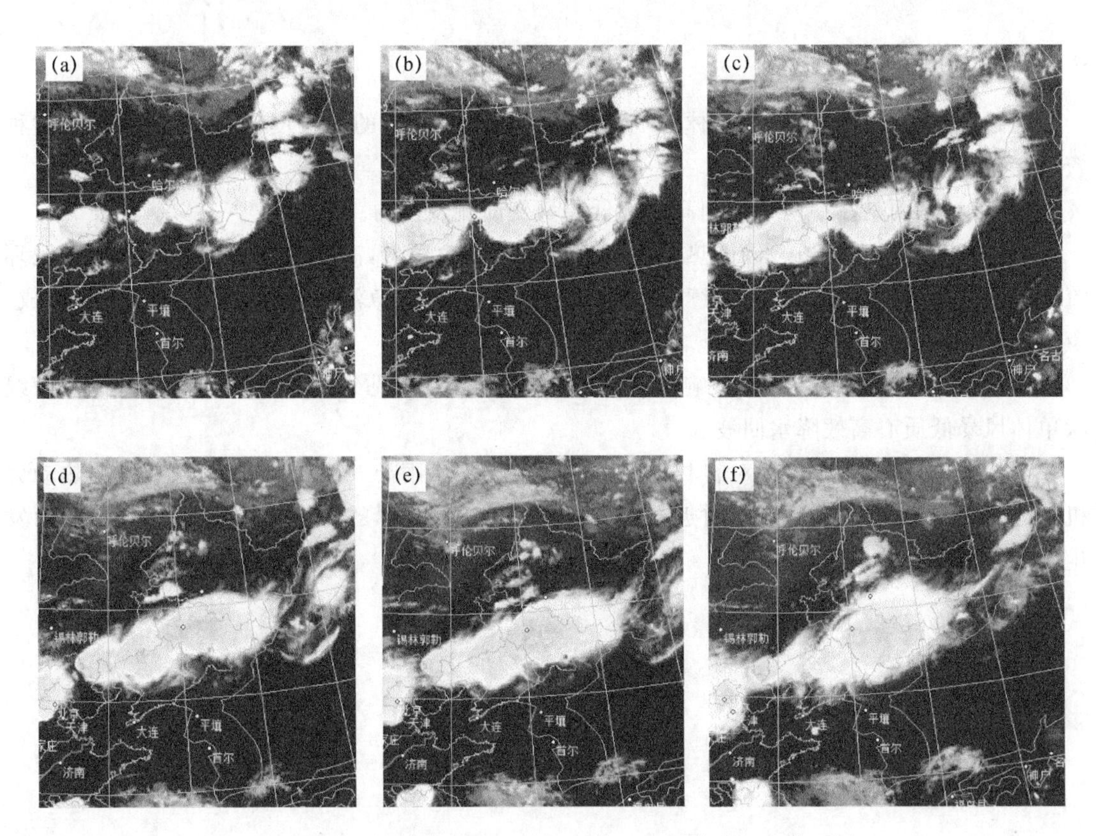


图 6 2017 年 7 月 13 日 16 时 30 分—22 时葵花-8 红外云图

（a. 16 时 30 分；b. 18 时；c. 19 时；d. 20 时；e. 21 时；f. 22 时）

## 4 雷达回波分析

选取第三个 MCS 影响期间 21 时 04 分的雷达图像（图 7a、b），可以见到与急流相对应的一条强回波带，呈东北-西南向，与云图形状相符，长度可达 120 km，但宽度仅为 20 km 左右。回波最强中心超过 45 dBZ，速度图上在永吉西侧有逆风区存在，地面图上可见与之对应的中尺度低压。沿急流方向做回波的垂直剖面可见，强回波主要集中在 6 km 以下，属于低质心高效率降水回波，因此降水强度较大，也表明高低空急流已连为一体，也印证了湿急流的存在。

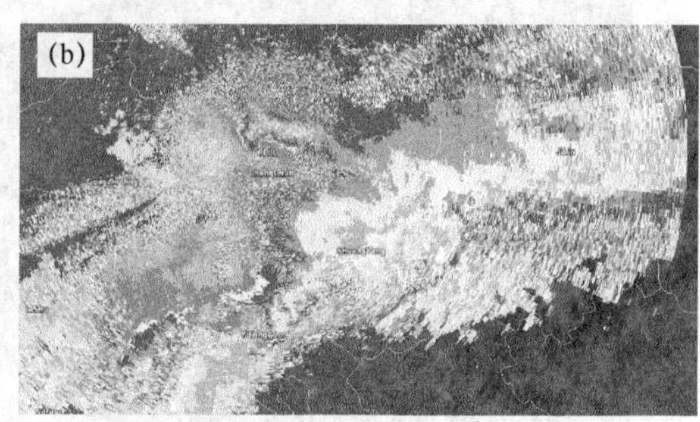

图 7 (a) 2017 年 7 月 13 日 21 时 04 分长春雷达强度图(0.5°仰角)；(b)7 月 13 日 21 时 04 分长春雷达速度图(0.5°仰角)

## 5 结论和讨论

通过对 2017 年 7 月 13 日吉林省中部一场致灾特大暴雨的多尺度、多种观测手段和多种资料综合分析，得到以下结论。

(1)该场暴雨是在纬向带状副高后部低层切变前侧发生的。

(2)湿急流是一条输送水汽、热量和不稳定能量的输送带，高低空急流耦合可导致次级环流和中尺度系统的产生。急流持续可导致“列车效应”产生，急流具有明显日变化，午后形成，夜间发展。

(3)三个中尺度 MCS 先后影响永吉，高分辨率云图可以见到单体合并过程。雷达上为线状单体风暴低质心高效降水回波。

当然，本文仅就一个个例对吉林省中部一场致灾大暴雨天气进行了分析，湿急流的热动力机制还须进一步探讨，今后还应对近几年的更多个例进行详尽的比较分析，以求对致灾暴雨发生发展有更深入的认识。

# 安徽省暖切变暴雨气候特征分析*

朱红芳　钱　磊　朱佳宁　杨祖祥　郑淋淋　程　华

（安徽省气象台，合肥 230031）

## 摘　要

利用安徽省 80 个台站 2005—2016 年近 11 a 的逐日降水资料及 NCEP 1°×1°再分析资料，对安徽省 3—9 月暖切变暴雨的气候特征进行了统计分析，统计了暖切变暴雨的暴雨站数分布、雨量特征及其与切变线相对位置特征分布，结果如下：(1)安徽省暖切变暴雨日中出现 10 站以上暴雨的比例为 53%，且沿江江南发生暖切变暴雨的频数更高，暴雨范围也较大。(2)暖切变暴雨基本呈现出南多北少的特征，沿淮西部、大别山区和沿江江南大部为暴雨频发区，同时也是平均降水量大值区；而最大日降水量除了大别山区以及沿江江南东部、南部为 100 mm 以上的大值区外，淮河以北东部和江淮中部也也有超过 100 mm 以上的大值区。(3)暖切变暴雨 10 mm 以下降水量在切变线南北侧呈现双峰式分布，而 10～100 mm 范围内降水分布则呈现单峰式分布，其中 50 mm 以上暴雨区多偏向于分布在切变线上及其南侧 1～2 个纬度的位置上。

**关键词**：暖切暴雨　气候特征　概率分布

## 引言

暴雨作为中国主要灾害性天气之一，一直是国内外学者研究的热点，尤其是国内的学者，对华南暴雨、江淮暴雨、华北暴雨以及台风暴雨等都进行了大量的研究。陈玥等[1]将长江中下游地区暖区暴雨按天气形势划分为冷锋前暖区暴雨、暖切变暖区暴雨以及副热带高压边缘暖区暴雨三种类型，并进行统计分析后建立三类暖区暴雨的概念模型；马嘉理等[2]根据风场切变的不同将切变线暴雨分为暖切变线暴雨、冷切变线暴雨、准静止切变线暴雨和低涡切变线暴雨，对江淮地区的切变线和暴雨进行了统计。结果表明：在切变线暴雨的总频数中，暖切变线暴雨占近 40%，且暖变切暴雨出现频数呈显著的增长趋势，加之其雨量贡献大，需要引起足够的关注，并进行深入的研究和分析。

安徽省地处江淮地区，北有淮河，南有长江，夏雨集中，暴雨也是安徽最常发生、影响最大的灾害性天气，长时间的暴雨极易形成洪涝灾害，造成严重的危害。近年来安徽气象工作者对本省暴雨做了大量的个例分析和统计研究[3-6]，对梅雨锋暴雨和台风暴雨等进行了分类统计。童金等[7]等对安徽省春季暴雨的气候特征、环流类型等进行了统计分析，但目前对暖切变暴雨未做细致全面的分析，因此有必要挑选安徽省近十年来 3—9 月的暖切变暴雨过程并进行统计分析，对暖切变暴雨的预报着眼点和预报指标进行归纳补充，以增强对此类天气过程全面整体的认识，为改进暖切变暴雨预报提供参考依据。

*资助项目：2017 年中国气象局预报员专项项目(CMAYBY2017—032)。

## 1 资料和方法

文中所用资料为江淮流域(27°—36°N,110°—122°E)2005—2016 年 3—9 月逐日 08 时 24 h 雨量数据,以及 NCEP 1°×1°再分析资料。

先根据日雨量统计,若某台站某日 $R_{24\,h}$≥50 mm,记该台站在该日出现一次暴雨;当安徽某日同时发生暴雨的站数大于等于 3 个,则记该日为一个暴雨日。在统计出所有的暴雨日后,按照影响系统的不同可再细分为低涡暴雨、台风暴雨、切变线暴雨等。

本文挑选暴雨日主要依据 NCEP GFS 850 hPa 风场上的切变线,同时只选取暖式切变线(东南风与西南风或偏东风与偏南风构成的切变线)的暴雨日。

按照以上标准,2005—2016 年 3—9 月安徽共有 34 个暖切暴雨日。

## 2 暖切变暴雨气候特征

### 2.1 时间分布特征

分析暖切变暴雨逐月的降水次数,结果见图 1,可见安徽的暖切变暴雨主要发生在 6 月。此时安徽省常处于梅雨季节,副热带高压增强北抬,其脊线位置北移至 22°—25°N,因而使得切变线多位于江淮流域,造成安徽多暖切变暴雨发生。

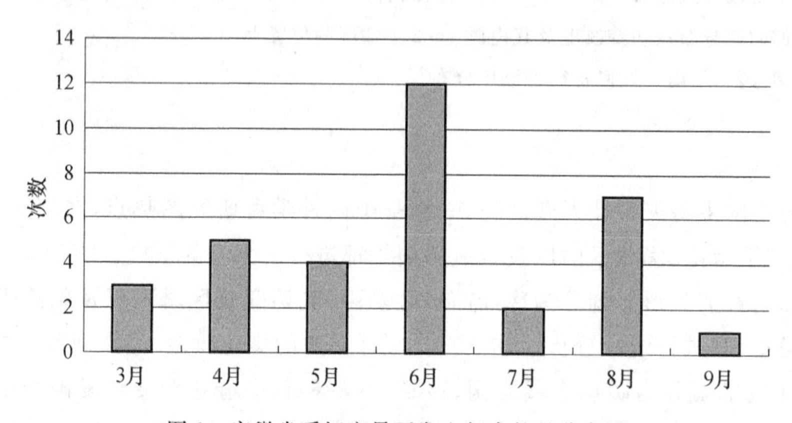


图 1 安徽省暖切变暴雨发生频次的月分布图

安徽省有气象站点 80 个,可分为淮河以北、江淮之间和沿江江南 3 个区域,其中淮河以北站点 22 个,江淮站点 26 个,沿江江南站点 32 个。分别统计了 34 个暖切变暴雨日中全省和三片区域出现暴雨的站数。图 2 为全省和各片区域出现 3 站以上、10 站以上暴雨的次数。由图可知:(1)有 18 个(53%)暖切变暴雨日全省出现了 10 站以上的暴雨,其中 6 个暖切变暴雨日出现暴雨的站数超过 20 站(17.6%);出现暴雨站数最多的是 2015 年 6 月 16 日,全省共有 37 个站出现暴雨,集中在沿淮到沿江地区。(2)暖切变暴雨日中沿江江南区域出现 3 站以上暴雨的日数最多,为 23 次,超过 10 站的也有 8 次。而淮河以北和江淮之间区域出现 3 站以上暴雨的日数均为 13 次,远少于沿江江南区域。这说明安徽省沿江江南发生暖切变暴雨的频数更高,且暴雨范围也较大。

### 2.2 空间分布特征

对 2005—2016 年 3—9 月间暖切变暴雨日中安徽各站出现暴雨的总次数、平均降水量

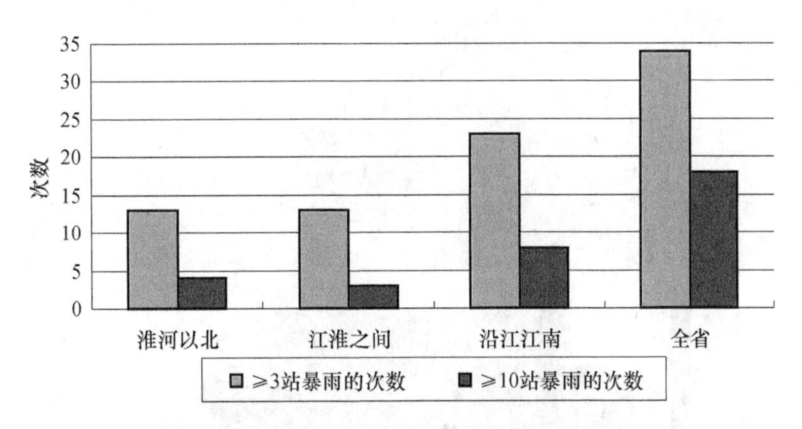


图 2　安徽省不同区域出现 3 站以上、10 站以上暴雨的次数

和最大日降水量(图 3)的分布特征进行统计分析。从中可见,安徽省暖切变暴雨基本呈现出南多北少的特征,其中沿淮西部、大别山区和沿江江南大部出现最频繁,为 6～11 个暴雨日,以黄山最多有 11 个;淮北北部和东部、江淮之间中部暴雨出现最少,其中砀山和亳州仅有 1 个暴雨日。从平均暴雨量(图 3a)看,其分布特征与总暴雨次数基本相同,降水量大值区位于沿淮西部、大别山区和沿江江南大部,其中江南中南部超过 35 mm,为全省最大。而最大日降水量(图 3c)分布与平均降水量差异较大,有明显的局地性,100 mm 以上的大值区主要位于大别山区以及沿江江南东部、南部,但淮河以北东部和江淮中部也有超过 100 mm 以上的站点。

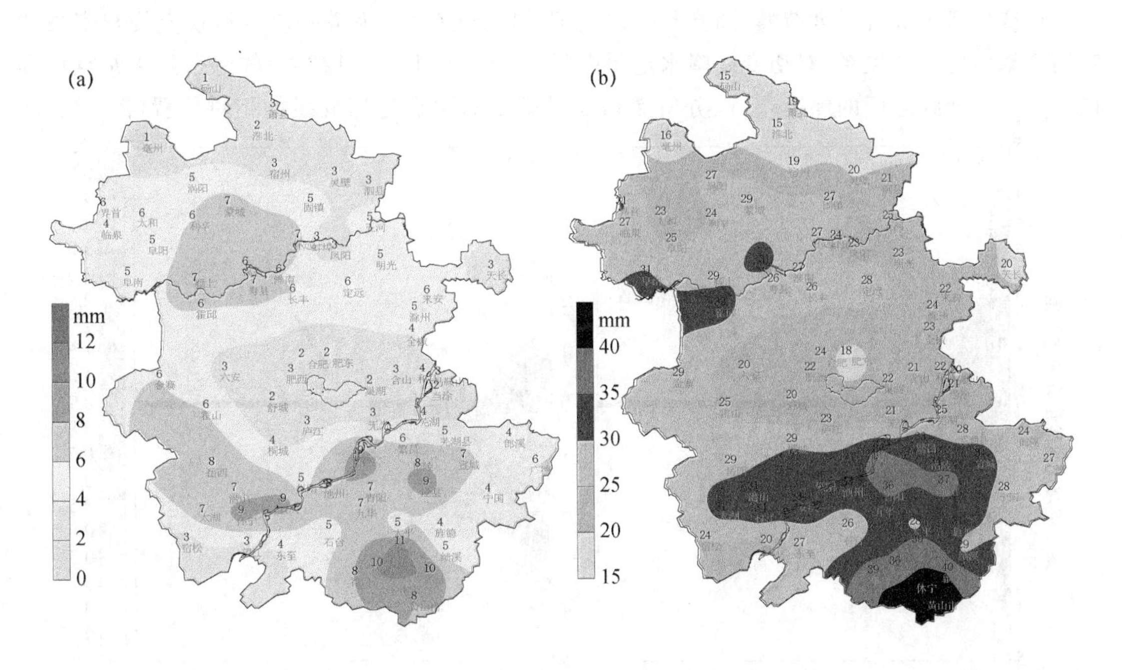

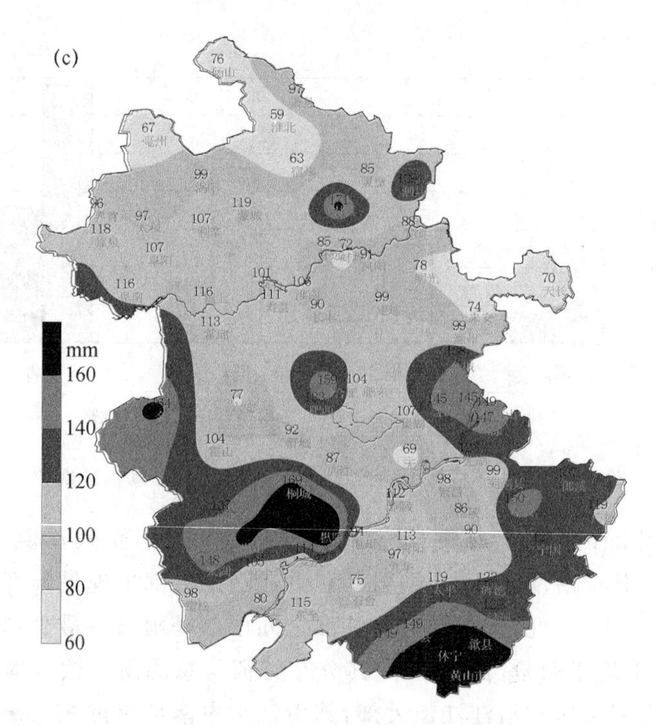


图 3 安徽省暖切变暴雨日中各站出现暴雨的总次数(a)、平均降水量(b)、最大日降水量(c)

## 3 暖切暴雨与切变线的特征分析

切变线属于天气尺度范畴,通常与一定范围的降水有关。为进一步分析切变线与安徽省暖切变暴雨之间的关系,对切变线降水范围内(27°—36°N,110°—122°E)的每个降水站点计算该站点与切变线之间的纬度差,以分析暖切变暴雨中暴雨点与切变线的相对位置(图 4)。从

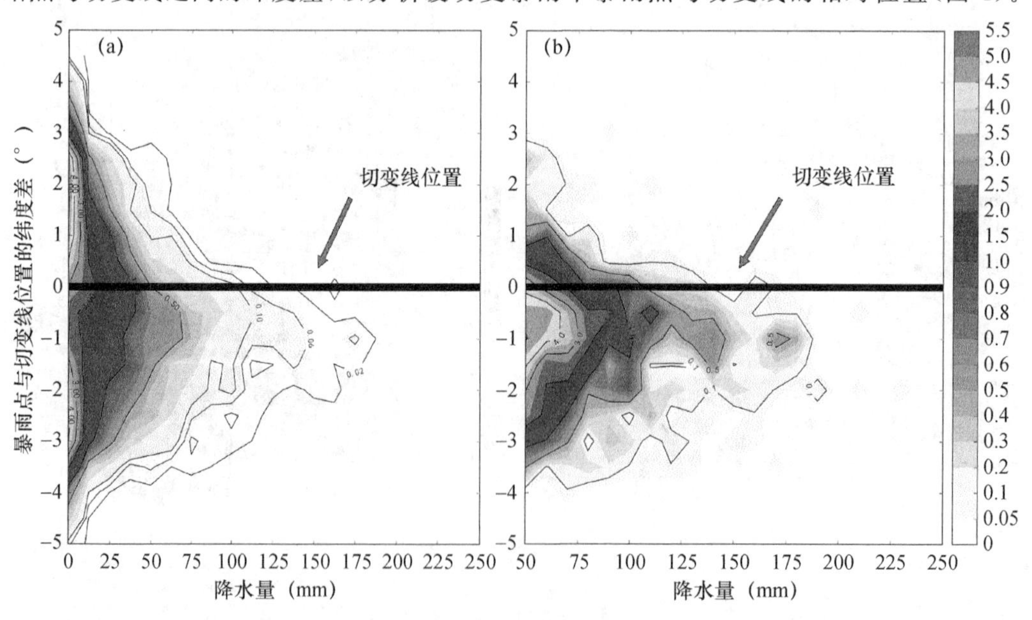


图 4 安徽省暖切变暴雨日中所有降水站点(a)和暴雨站点(b)与切变线相对位置的概率分布图

所有量级降水量统计结果来看(图 4a),10 mm 以下降水量在切变线南北侧呈现双峰式分布,主要分布区域位于距离切变 1～3 个纬度的位置,而 10～100 mm 范围内降水分布则呈现单峰式分布,其中 10～50 mm 的降水分布范围主要集中在切变线北边 2 个纬度至南侧 3 个纬度的范围内;而 50～100 mm 的暴雨分布(图 4b)范围,在切变线北部 1 个纬度至南部 2 个纬度的范围内,更为集中并且大值区向南偏移;而 100 mm 以上的降水区则基本位于切变线南侧 2 个纬度范围内,北侧几乎没有分布。以上分析表明暖切变暴雨的强降水区多偏向于分布在切变线上及其南侧的位置上,发生频数最多的区域位于切变线南侧 1 个纬度的位置上。

## 4 结论

利用安徽省 80 个台站 2005—2016 年近 11 a 的逐日降水资料及 NCEP 1°×1°再分析资料,对安徽省 3—9 月暖切变暴雨的气候特征进行了统计分析,对暖切变暴雨的暴雨站数分布、雨量特征及其与切变线相对位置特征分布进行了总结,得出以下结论。

(1)安徽省暖切变暴雨日中出现了 10 站以上暴雨的比例为 53%,且沿江江南发生暖切变暴雨的频数更高,暴雨范围也较大。

(2)安徽省暖切变暴雨基本呈现出南多北少的特征,沿淮西部、大别山区和沿江江南大部为暴雨频发区,同时也是平均降水量大值区;最大日降水量分布的局地性明显,除了大别山区以及沿江江南东部、南部为 100 mm 以上的大值区外,淮河以北东部和江淮中部也也有超过 100 mm 以上的大值区。

(3)安徽省暖切变暴雨 10 mm 以下降水量在切变线南北侧呈现双峰式分布,而 10～100 mm 范围内降水分布则呈现单峰式分布,其中 50 mm 以上暴雨区多偏向于分布在切变线上及其南侧的位置上,发生频数最多的区域位于切变线南侧 1 个纬度的位置上。

### 参考文献

[1] 陈玥,谌芸,陈涛,等. 长江中下游地区暖区暴雨特征分析[J]. 气象,2016,42(6):724-731.

[2] 马嘉理,姚秀萍. 1981—2013 年 6—7 月江淮地区切变线及暴雨统计分析[J]. 气象学报,2015,73(5):883-894.

[3] 余金龙,姚叶青,邱学兴. 安徽一次大范围暴雨和大风过程的成因分析[J]. 气象科学,2012,32(3):288-292.

[4] 傅云飞,冯静夷,朱红芳,等. 西太平洋副热带高压下热对流降水结构特征的个例分析[J]. 气象学报,2005,63(5):752-761.

[5] 谢五三,田红. 近 50 年安徽省暴雨气候特征[J]. 气象科技,2011,39(2):160-164.

[6] 黄勇,张红,冯妍. 近 38 年安徽省夏季降水日数和强度的分布与变化特征[J]. 长江流域资源与环境,2012, 21(2):157-167.

[7] 童金,魏凌翔,张娇,等. 安徽省春季暴雨气候特征统计分析[J]. 暴雨灾害, 2016,35(6):504-510.

# 河北“16·7”特大暴雨的中尺度风场特征分析*

王丛梅[1]　刘　瑾[1]　段宇辉[2]

(1. 邢台市气象局，邢台 054000；2. 河北省气象台，石家庄 050021)

## 摘　要

2016 年 7 月 19—20 日，河北出现特大暴雨过程。应用常规高空探测资料、地面加密观测资料，以及非常规的风廓线雷达和多普勒雷达资料和反演资料，分析了此次过程的高低空风场配置和中尺度风场演变。此次低涡气旋暴雨主要分三个阶段，斜压发展阶段、黄淮气旋发展成熟阶段和北上减弱阶段。不同阶段均有边界层偏东风急流、低空偏南风急流、高空急流共同影响。成熟阶段低涡气旋中心由低到高略有西倾，移动缓慢并有小幅南北摆动，低层有东风和东北风的辐合，偏东风持续时间长达 36 h 以上，地形作用明显。太行山强降水期间，偏东风最高向上伸展到8 km 高度，风向随高度顺转，且边界层风速最大达 29 m·s$^{-1}$，垂直风切变维持在 20 m·s$^{-1}$以上。气旋加强阶段偏东风的高度由边界层逐渐向中高层扩展，急流从低层开始出现然后向中上层加强，气旋减弱阶段风速先从高空开始减弱，然后逐渐向中低层减弱。

**关键词**：低涡　气旋　特大暴雨　中尺度风场

## 引言

对于低涡气旋暴雨的降水演变与风场的关系，有很多有意义的成果，如山东气旋暴雨研究表明[1]，黄淮气旋型暴雨出现在气旋暖锋附近，西南气流风速轴的左侧、有风向辐合的地区，高低空急流垂直耦合诱发深对流，促使暴雨产生；江淮气旋型暴雨落区在气旋中心北侧，属冷区降水；当有低空偏南风急流出现时，降水量大，反之则小。中尺度雨团(带)和短时强降水主要出现在地面中尺度气旋周围附近，呈现明显的螺旋雨带结构[2-4]。应用非常规探测资料可以深入细致研究低涡气旋的中尺度风场结构和强降水的演变特征，雷达风场反演表明，中低层辐合线和中尺度气旋是暴雨的重要原因，辐合线演变及低空急流的强度和移向对强降水有指示意义[5-7]，风廓线资料可详细分析出暴雨过程中低空急流及边界层急流的扰动过程[8]。

“16·7”暴雨过程来势之猛、雨量之大、灾害之重实为罕见，高空有低涡系统，同时地面气旋发展完整的大范围暴雨个例在河北省也并不多见，预报难度非常大。因此从低涡气旋系统的风场结构和演变特征出发，细致分析降雨强度和落区与风场的配置关系，为此类暴雨预报提供经验和参考。

## 1　降雨实况

2016 年 7 月 18 日夜间至 20 日夜间，河北出现特大暴雨过程，国家站平均降雨量 162 mm，大部地区雨量为 100～300 mm(图 1)，最大值为石家庄井陉 433.4 mm。区域自动站超过500 mm的强降雨位于太行山区，最大值为石家庄赞皇嶂石岩 814.7 mm，最大雨强出现在邢台市区南

* 资助项目：中国气象局预报员专项(CMAYBY2017—010)。

大郭 19 日 23 时 138.5 mm · $h^{-1}$。此次特大暴雨过程来势猛、灾害重，造成河北省死亡 114 人、失踪 111 人、1043 余万人受灾，直接经济损失 574 余亿元。

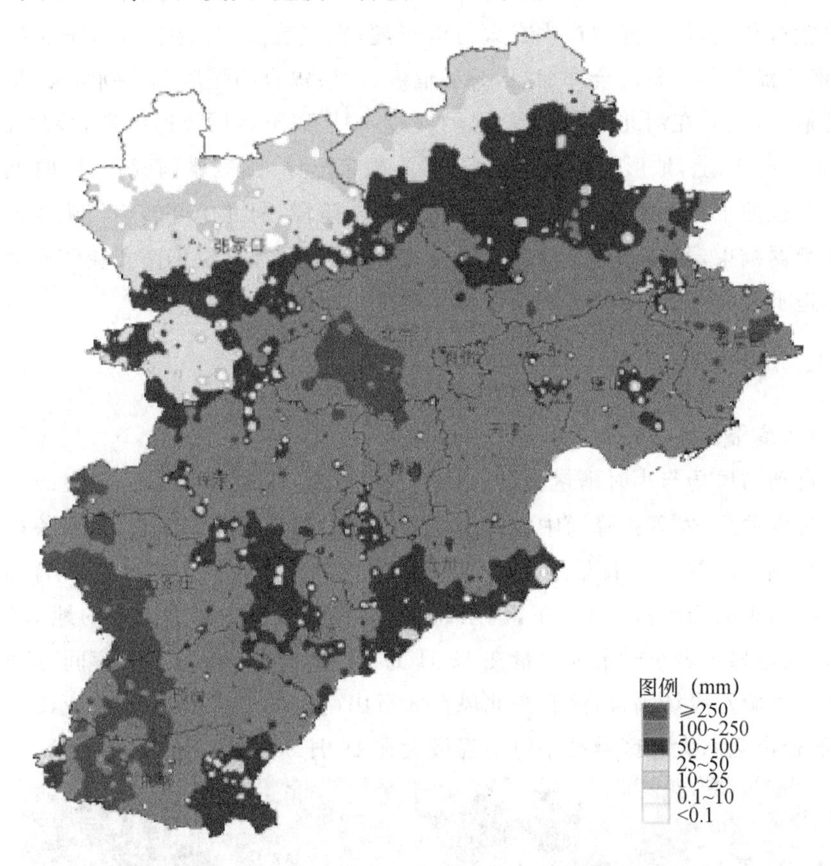


图 1　2016 年 7 月 18 日 08 时—21 日 08 时过程雨量（mm）

## 2　天气尺度风场特征

此次特大暴雨过程是由西南涡北上与西风带斜压系统合并加强为黄淮气旋再继续北上造成的（图 2）。系统发展主要分三个阶段，斜压发展阶段、黄淮气旋形成发展成熟阶段和北上减弱阶段，不同阶段均有边界层偏东风急流、低空偏南风急流、高空急流共同影响。

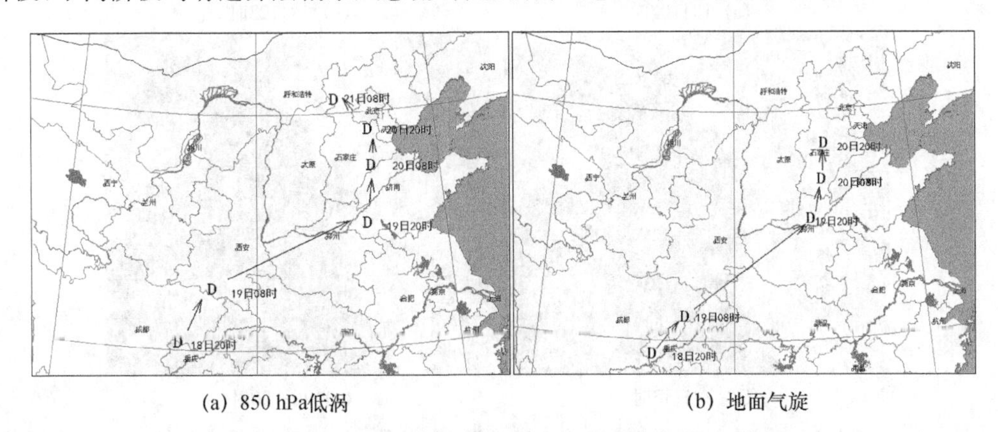


(a) 850 hPa低涡　　(b) 地面气旋

图 2　“16 · 7”暴雨过程低空低涡和地面气旋中心动态图

在斜压发展阶段，华北处于高空急流入口区右侧、后倾槽前的偏南气流之中、低空东南急流的前方、地面倒槽北部的偏东风控制下，高低空急流的耦合使系统性上升运动加强，同时太行山的强迫抬升作用，使强降雨产生在太行山东麓；在气旋发展成熟阶段，华北高低空急流靠近，低空西南急流与东南急流合并加强，高层辐散、低层辐合的强度都达到最大，低涡气旋的动力抬升达到最强，低涡在河北南部加深，移动缓慢，中层以下各层风速都增大，黄淮气旋顶部东北风达 20 m·s$^{-1}$以上，地形作用更加明显，螺旋雨带形成，山区暴雨成灾，同时低涡东侧暖湿气流辐合抬升也使平原降雨随后加强；气旋北上减弱阶段，河北南部转为气旋西南侧偏北气流影响下降雨减弱结束，而高低空急流耦合位置北移，低空和边界层偏南急流转向为偏东急流在燕山地形强迫下辐合抬升，因此螺旋雨带的北侧降雨更明显。

## 3 中尺度风场特征

### 3.1 地面中尺度辐合线

将国家自动站风场与小时雨量叠加(图 3)，分析雨强在 20 mm·h$^{-1}$以上的中尺度雨团与地面风场的对应关系，发现强降雨中心位于地面风场中尺度辐合线附近，以及偏东风地形影响的太行山区和燕山南麓。19 日早晨到上午，太行山前南北向中尺度辐合线影响，邢台、邯郸的山前铁路沿线出现强降雨；19 日下午，偏东风逐渐加强，辐合主要是山前的地形作用，深山区降雨加强，区域站嶂石岩小时最大雨量在 19 日 17 时达 128.1 mm；19 日夜间，地面气旋影响，河北南部既有气旋性风场辐合，又有东北风在太行山南段的地形辐合，前半夜山区和山前降雨达到最强，邢台市区南大郭区域站小时雨强最大在 19 日 23 时达 138.5 mm·h$^{-1}$，后半夜西部

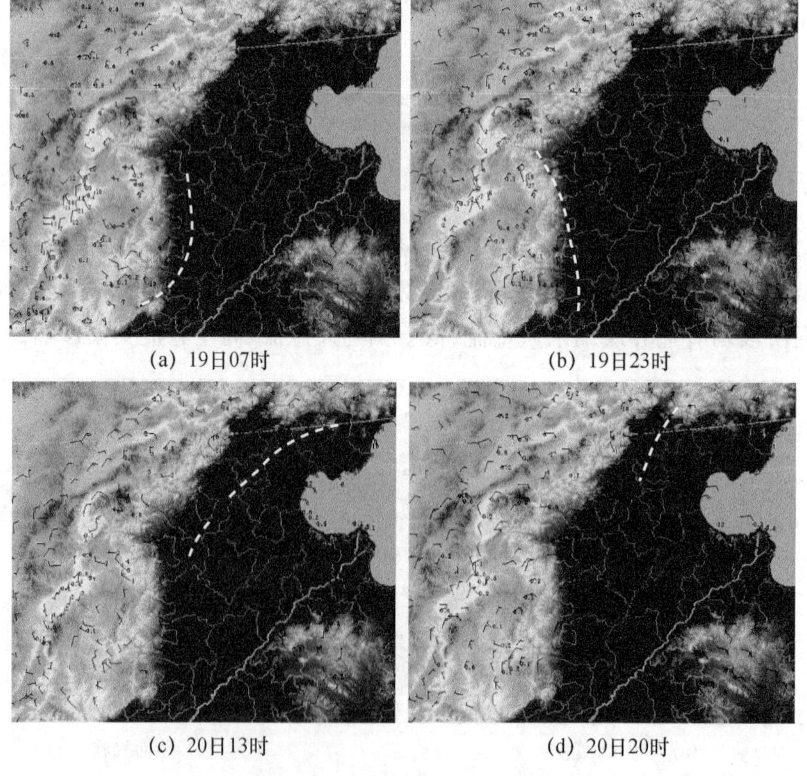

(a) 19日07时　(b) 19日23时　(c) 20日13时　(d) 20日20时

图 3 “16·7”暴雨过程地面中尺度风场与前 1 h 雨量(mm)叠加

降雨减弱，东部平原降雨开始加强；20 日白天，气旋继续北移，河北西南部地区转为气旋环流的后部为西北偏北风，降雨明显减弱，而河北东部平原既有气旋辐合、又有偏东风与东北风的辐合线，中尺度雨团在平原地区自南向北移动较快，而在太行山和燕山交界处中尺度辐合线维持较长时间，加上地形作用，使此地的总雨量超过东部平原；20 日夜间，气旋性环流消失，在倒槽顶部辐合线以及山脉阻挡抬升和海岸线抬升等地形作用下，唐山和秦皇岛附近有降雨加强；随后风场继续减弱，河北范围内的强降雨结束。

### 3.2 中低层中尺度水平风场

此次大暴雨期间，京津冀范围内有 8～10 个风廓线雷达运行正常，获取的高空风资料与探空对比基本一致，分别选取 750 m、1470 m、3030 m、5790 m 高度资料分析中低层风场变化。19 日 08 时，河北西南部边界层在气旋性环流顶部，为东南到偏东气流，东南风达 14 $m \cdot s^{-1}$，有地形辐合抬升；低层河北南部为一致偏东气流，西部有风速辐合，中层为西南气流，衡水风速 16 $m \cdot s^{-1}$，远大于邯郸 8 $m \cdot s^{-1}$，为风速辐散。低层辐合、中层辐散，同时加上地形作用，此时强降雨出现西南部山前地区。20 日 02 时，河北南部边界层在气旋性环流西侧，为东北气流，石家庄达 20 $m \cdot s^{-1}$；中、低层气旋环流中心正位于河北南部，此时石家庄和邢台的西部地区既有系统辐合又有地形辐合，降雨处于强盛阶段，东南部平原处于气旋的东南象限，降雨处于加强阶段。20 日 08 时，各层的气旋中心都位于河北平原；河北南部边界层为强东北风，河北北部偏东风风速加强，风速都达到 20 $m \cdot s^{-1}$以上；此时河北西南部降雨明显减弱，河北中东部平原气旋性辐合最强，强降雨也位于这个区域。20 日白天，气旋环流缓慢北上，河北南部风速逐步减小，降雨基本结束；京津偏东风风速持续增大，20 日白天维持在 20 $m \cdot s^{-1}$以上，北京中西部既有气旋辐合又有地形辐合，降雨进入强盛阶段，傍晚开始风速逐渐减弱，降雨强度也逐渐减弱。20 日夜间，低层和边界层气旋环流中心位于京津，但风速逐渐减小到 8 $m \cdot s^{-1}$以下，降雨趋于结束。

应用四维变分风场显示系统，对石家庄多普勒雷达资料进行反演，将反演的低层（1.5～3 km）风场与石家庄风廓线实况对比，发现二者基本一致，但与邢台探空对比差别较大，表明反演的数值离雷达越近则可信度越高，因此我们只对雷达附近 50 km 以内的石家庄地区的反演风场做分析。同样发现，低涡气旋中心由低到高略有西倾，移动缓慢并有小幅南北摆动，低层风向由东南风向偏东风偏转加强，且有东风和东北风的辐合时，太行山一带降雨加强。

### 3.3 单站垂直风场演变

石家庄和北京同时都有多普勒雷达和风廓线雷达，二者距离较近，两种来源的风廓线产品对比，各层风向风速以及演变特征比较一致，因此用风廓线雷达风场以及由此计算的温度平流、0～6 km 深层垂直风切变来分析此次降雨过程的垂直风场演变特征。

对应降水开始、加强和减弱三个阶段，石家庄单站高低空风的配置明显不同（图 4）。19 日白天降雨开始时，2 km 以下由小于 8 $m \cdot s^{-1}$的东南风向偏东风转变，17 时风速增大到20 $m \cdot s^{-1}$以上，最强出现在 19 日 19 时 1100 m 高度为 29 $m \cdot s^{-1}$，3～7 km 的偏南风也增大到 20 $m \cdot s^{-1}$以上，表明边界层低涡气旋北侧的偏东风和中低层槽前的偏南风都明显增大，深山区降雨加强。19 日夜间，边界层转为东北风，风速维持在 20 $m \cdot s^{-1}$以上，中低层由东南风转为偏东风；特别是短时强降水期间，4 km 以下风速都达到了 20 $m \cdot s^{-1}$以上，中低层偏东风和边界层偏北风都随时间伸展高度逐渐增高，偏东风最高伸展到 8 km 以上；偏北风（12～18 $m \cdot s^{-1}$）主要位于 500 m 以下边界层，≥20 $m \cdot s^{-1}$的偏东风位于 0.8～4.5 km 高度，大风核位于 1 km 高度附近，20 日 05 时最

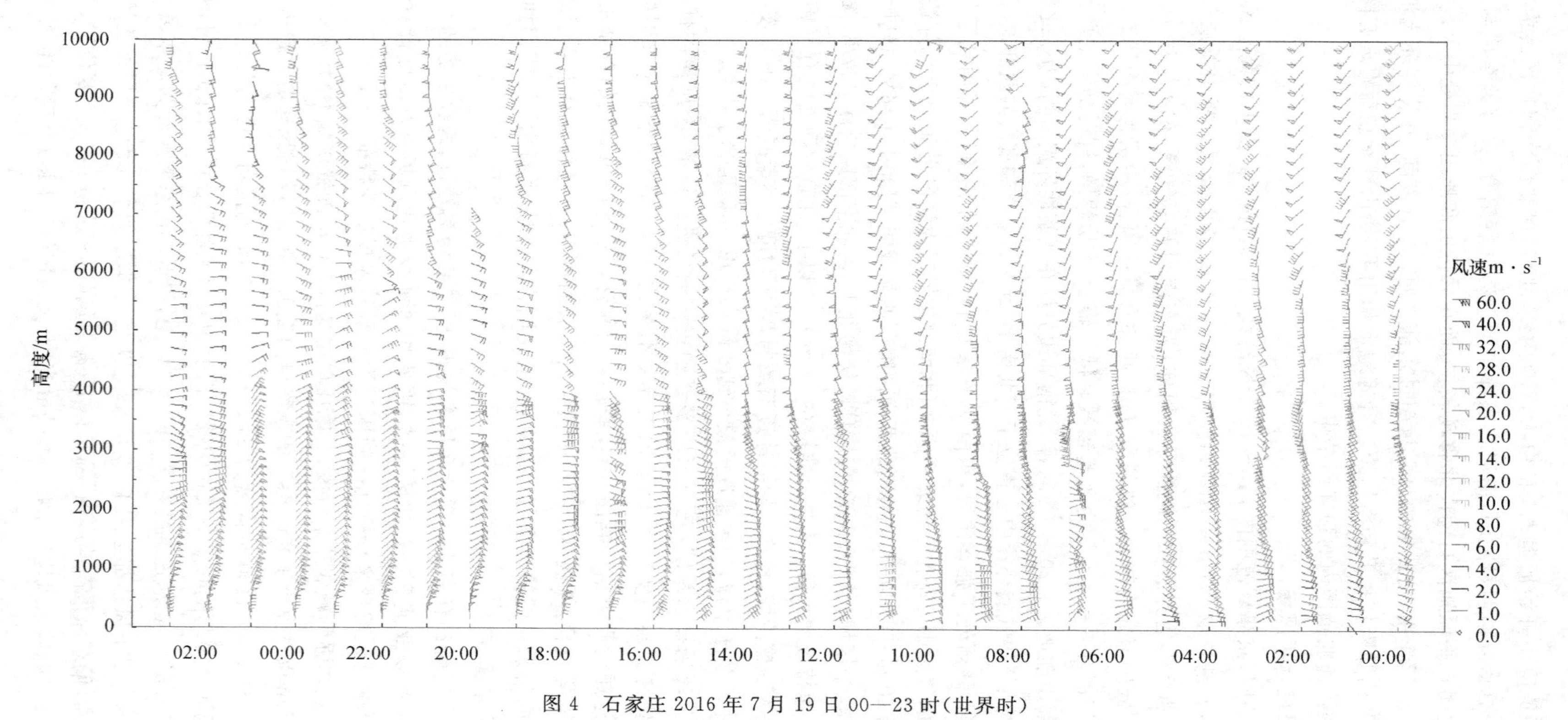


图 4　石家庄 2016 年 7 月 19 日 00—23 时(世界时)
风廓线雷达逐小时水平风垂直分布($m \cdot s^{-1}$)

大 27 $m \cdot s^{-1}$，表明边界层位于气旋西北部、中低层位于低涡的北侧，低涡中心随高度向西南倾斜，低涡和气旋风场都达到最强，太行山区和山前一带降雨达到最强；20 日白天降雨减弱结束，边界层转为偏北风，中低层转为东南偏东风，风速迅速减小，表明中低层低涡系统减弱和远离。总的来看，风向随高度一致顺转，各层风场表现为气旋移近、加深加强再远离、减弱特征，气旋中心随高度向西南倾斜，气旋垂直厚度最大超过 8 km，边界层偏东风持续时间超过 36 h，中低层暖平流持续 15 h 以上。太行山强降雨阶段，整体暖平流环境下，边界层有冷平流扰动，偏东风厚度增加、强度增大，深层垂直风切变达到 20 $m \cdot s^{-1}$以上强的级别。

北京逐小时雨强总体弱于石家庄，与石家庄风廓线相比大风核存在的时间明显较少，表明低涡气旋在北上的过程中强度减弱；偏东风高度降低，表明低涡的深厚程度在北上过程中减弱；石家庄风廓线上，高层 8 km 以上和低层 3 km 附近风速先增大，随后边界层和中层再增大，表明低涡系统先在低层发展加强，再向上向下发展加强；北京风廓线上，中上层风速先减弱，低层再减弱，表明低涡系统减弱从中上层开始。

## 4 结论

(1)此次特大暴雨的主要影响系统是黄淮气旋，主要分斜压发展阶段、黄淮气旋发展成熟阶段和减弱北上三个阶段。气旋暴雨中有边界层偏东风急流、低空西南急流和东南急流、高空西南急流共同影响。

(2)气旋中心由低到高略有西倾，移动缓慢并有小幅南北摆动，地形作用明显。强降雨中心位于气旋顶部偏东风地形影响的太行山区和燕山南麓，以及地面气旋风场的中尺度辐合线附近。

(3)石家庄和北京单站风垂直分布，风向都随高度一致顺转，气旋加强阶段偏东风的高度由边界层逐渐向中高层扩展，急流从低层开始出现然后向中上层加强，气旋远离减弱阶段风速先从高空开始减弱，然后逐渐向中低层减弱。气旋垂直厚度最大超过 8 km，边界层偏东风持续时间超过 36 h，中低层暖平流持续 15 h 以上。太行山强降雨阶段，整体暖平流环境下，边界层有冷平流扰动，偏东风厚度增加、强度增大，边界层风速最大达 29 $m \cdot s^{-1}$，垂直风切变维持在 20 $m \cdot s^{-1}$以上。

### 参考文献


[1] 郑丽娜，孙兴池．气旋类山东暴雨过程天气学特征分析[J]．沙漠与绿洲气象，2016，10(4)：74-80.

[2] 周淼．高原涡东移引发的下游暴雨的降水结构和回波演变分析[D]．北京：中国气象科学研究院，2014.

[3] 张一平，王新敏，梁俊平，等．黄淮地区两次低涡暴雨的中尺度特征分析[J]．暴雨灾害，2013，32(4)：303-313.

[4] 向朔育．一次西南低涡及其降水的结构特征分析[D]．北京：中国气象科学研究院，2012.

[5] 周海光，王玉彬．双多普勒雷达对淮河流域特大暴雨的风场反演[J]．气象，2004，30(2)：17-19.

[6] 刘婷婷，苗春生，张亚萍，等．多普勒雷达风场反演技术在西南涡暴雨过程中的应用[J]．气象，2014，40(12)：1530-1538.

[7] 王丽荣，刘黎平，王立荣，等．一次局地短时大暴雨的 γ 中尺度分析[J]．高原气象，2011，30(1)：217-225.

[8] 徐灵芝，吕江津，许长义．2012 年 7 月末天津暴雨过程的扰动特征[J]．大气科学学报，2014，37(5)：613-622.

# 微物理和边界层方案在区域暴雨过程中的对比试验

张 南 朱 刚 张 珊

（河北省气象台，石家庄 050021）

**摘 要**

为了优选以 WRF 为核心的 RMAPS-ST 物理参数化方案，了解模式降水的预报性能，本文针对 2006—2016 年 32 次区域性暴雨过程，进行了微物理和边界层方案的对比试验，并根据京津冀地区 175 个国家站 24 h 降水量进行分过程、分天气系统的客观检验，得到如下结论：(1)对于降水的出现，模式可信度较高；随着量级的加大，模式降水预报评分下降，空漏报情况都增加；(2)Thomps 微物理和 YSU 边界层方案的 TS 评分最高；(3)分个例来看，模式对降水过程的再现程度差别较大；大部分过程均表现为模式降水预报结果范围偏小；(4)模式对低涡和冷锋降水过程的评分较高，且不同参数化方案间差别不大。

**关键字**：微物理过程 边界层方案 数值模式 降水 检验评估

## 引言

暴雨是河北主要灾害性天气之一，暴雨的精细化预报一直是预报的重点和难点。随着数值预报技术的快速发展和预报手段的不断完善，数值预报产品在天气预报业务中的应用越来越广泛，数值模式的发展为更为细致揭示华北暴雨发生发展特点提供了可能，已经成为中短期天气预报的基础。目前数值预报产品已成为预报员制作天气预报必不可少的重要依据，但由于数值预报结果受模式的初始场、边界条件、物理过程、地形、植被及模式本身设计等诸多因素的影响，模式输出产品特别是对天气要素的预报，无论是从量级大小和出现时间，还是从空间分布来看常常不可避免地会存在一定的误差。降水预报仍然是预报员首要关注的数值预报产品，因此，检验和评估模式的预报性能是必不可少的工作[1-5]，如何高效理解和应用数值预报产品是目前预报员面对的挑战。正确理解数值预报产品的性能，对模式存在问题和不足进行充分检验、总结，可以使预报员在有技术支撑的情况下对数值预报释用，从而在预报业务中充分发挥人的主观能动性，取得好的预报效果。

2016 年河北省气象台依托华北区域中心引进以 WRF 为核心的 RMAPS-ST 系统，在本地曙光服务器上完成了系统的移植，建立起以 WRF3.7 为核心的逐 3 h 的观测资料快速同化预报系统，系统采用热启循环技术，有效地提高了模式结果的可用时效。但由于应用时间短，对 WRF 本身参数化在暴雨预报中的性能还不甚了解。因此，我们对近十年京津冀地区暴雨个例进行了回算，通过客观检验评估方法，一方面满足业务开发人员选取最优参数化方案的需要，同时也满足预报人员更好地应用模式结果提高暴雨预报精细化程度的需要。

## 1 试验基本方案

在数值模式模拟天气过程时，往往由于模式分辨率不足等原因，对次网格尺度的物理过程不能很好地描述,需要诸如辐射、边界层、微物理等物理过程参数化来完善模拟的效果。目前很多参数化方案均来自各种当前较为流行的气象模式所使用的方案。由于物理过程直接决定了模拟效果,因此各物理过程合理选择参数化方案有重要意义。然而模式中各种物理过程具有的参数化方案有几种到几十种不等,组合可达10万以上,很难将每种组合都实验一遍。在参考与参数化方案有关的文献和各地业务运行方案的基础上,选定对微物理过程和边界层方案进行对比试验,试验方案如表1所示。

试验针对2006—2016年影响京津冀地区的大范围32次暴雨过程(表2)展开模拟研究,初始场和侧边界条件选用NCEP 1°×1°再分析资料,模式框架为欧拉质量坐标,三重嵌套网格,内网格水平分辨率为3 km。模式中考虑的物理过程包括:RRTM长波辐射方案、Dudhia短波辐射方案、Monin-Obukhov近地层方案和Naoh陆面过程,在内层网格关闭积云对流参数化。针对08—08时的24 h降水过程,所有模拟均提前12 h起报,积分36 h。降水结果取12~36 h的累积降水量,参考中国气象局减灾司的气象预报产品质量评分系统技术手册及气发〔2005〕109号文——中短期天气预报质量检验办法(试行),针对京津冀地区175个国家观测站通过MET检验包进行>0.1、10、25、50、100 mm累积降水量检验,计算*TS*、*PO*(漏报率)、*FAR*(空报率)、*BI*(偏差),并按过程、影响系统和整体情况进行统计分析。

**表1 试验方案**

| 方案编号 | 微物理过程 | 边界层方案 |
|---|---|---|
| 8_7* | Thomps(8) | ACM2(7) |
| 6_7 | WSM6(6) | ACM2 |
| 16_7 | WDW6(16) | ACM2 |
| 8_1 | Thompson | YSU(1) |
| 6_1 | WSM6 | YSU |
| 16_1 | WDW6 | YUS |

*为现有业务方案

**表2 2006—2016年主要暴雨过程**

| 日期(年月日) | ≥50 mm站数 | ≥100 mm站数 | 影响系统 | 日期(年月日) | ≥50 mm站数 | ≥100 mm站数 | 影响系统 |
|---|---|---|---|---|---|---|---|
| 20060828 | 34 | 6 | 低槽冷锋 | 20080813 | 15 | 3 | 切变线 |
| 20080714 | 54 | 4 | 低槽冷锋 | 20100819 | 20 | 0 | 切变线 |
| 20110724 | 57 | 8 | 低槽冷锋 | 20110702 | 17 | 0 | 切变线 |
| 20110729 | 80 | 16 | 低槽冷锋 | 20110809 | 4 | 2 | 切变线 |
| 20120721 | 71 | 48 | 低槽冷锋 | 20110814 | 23 | 5 | 切变线 |
| 20120731 | 44 | 4 | 低槽冷锋 | 20110815 | 38 | 7 | 切变线 |
| 20120901 | 26 | 1 | 低槽冷锋 | 20120726 | 23 | 4 | 切变线 |
| 20060825 | 21 | 6 | 低槽冷锋 | 20070630 | 24 | 4 | 低涡 |
| 20070730 | 20 | 3 | 低槽冷锋 | 20090608 | 17 | 1 | 低涡 |
| 20090509 | 24 | 1 | 低槽冷锋 | 20090722 | 14 | 2 | 低涡 |
| 20100818 | 21 | 1 | 低槽冷锋 | 20090723 | 15 | 0 | 低涡 |

续表

| 日期（年月日） | ≥50 mm 站数 | ≥100 mm 站数 | 影响系统 | 日期（年月日） | ≥50 mm 站数 | ≥100 mm 站数 | 影响系统 |
|---|---|---|---|---|---|---|---|
| 20130701 | 37 | 8 | 低槽冷锋 | 20100719 | 37 | 15 | 低涡 |
| 20060714 | 13 | 4 | 热带气旋 | 20140631 | 10 | 1 | 低涡 |
| 20120803 | 10 | 9 | 热带气旋 | 20150831 | 15 | 3 | 低涡 |
| 20090708 | 14 | 1 | 气旋 | 20160719 | 117 | 51 | 低涡 |
| 20080809 | 5 | 1 | 切变线 | 20160720 | 84 | 51 | 低涡 |

TS 评分：$TS_k=\frac{NA_k}{NA_k+NB_k+NC_k}\times 100\%$

漏报率：$PO_k=\frac{NC_k}{NA_k+NC_k}\times 100\%$

空报率：$FAR_k=\frac{NB_k}{NA_k+NB_k}\times 100\%$

式中：$NA$ 为有降水预报正确站（次）数，$NB$ 为空报站（次）数、$NC$ 为漏报站（次）数。

## 2 整体评分

从微物理和边界层过程的 6 种试验方案对 2006—2016 年 32 次暴雨过程 TS 评分可以看出，对于出现降水预报准确率 6 种方案的评分都在 80%以上，但 10 mm 以上的降水 $TS$ 值明显下降，接近 60%，随着降水量级增大，$TS$ 值下降幅度减小，而且从 32 次过程来看，100 mm 以上降水的 $TS$ 值还略高于 50 mm 以上。一方面说明，降水过程中存在一种奇特现象：过程出现大范围的大暴雨，而暴雨站出现相对分散，如 2012 年 8 月 3 日受热带气旋“达维”影响，在唐山南部、秦皇岛出现了大范围的大暴雨，如表 2 中给出全省共出现暴雨的 10 个站中有 9 个站降水量超过 100 mm。另一方面说明，模式对大范围强降水具有预报能力。

对比 6 种参数化组合方案，不难看出，目前业务应用的 8_7 方案并不具有优势，特别是在大降水量级的评分中；而方案 8_1 则在大部分评分中略胜一筹，在 5 个累积级别中 3 个级别处于优势，另外两个级别也同 6_1 基本持平。还可以看到，在微物理过程相同的情况下，边界层取 YSU 方案要比 ACM2 的评分高；而相同边界层方案时，WDM6 方案的评分最低。

从空、漏报率来看（图 1b、c），对于出现降水的空报率在 10%以下，说明当模式预报降水发生，其可信度较高，降水量级越大，空报越明显，但基本维持在 50%以下；漏报较空报情况突出，也是随降水量级的增大而明显，对于暴雨以上量级的漏报率超过 60%；同时，和 TS 评分相对应对于 100 mm 以上的大暴雨，模式的空漏报情况要好于 50 mm 以上的降水评分，这再一次证实，中尺度模式能够反映出大范围的强降水过程，对这类降水过程具有预报能力。对于 >0.1 mm和 10 mm 降水，YSU 方案要比 ACM2 的空报率要大；而随着降水量级的增加，所有方案的空报率都是增加的，但没有一种方案表现出绝对的优势。从漏报率上，边界层 YSU 方案有明显的优势，漏报率在相同的微物理过程中都低于 ACM2 方案；而在相同的边界层参数下，WDM6 方案的漏报率最高，对于 25 mm 以上降水，WSM6 方案漏报率最低。综合来看，6 种参数组合方案中 8_1 还是具有一定的优势，特别是在漏报率上，明显低于其他组合。

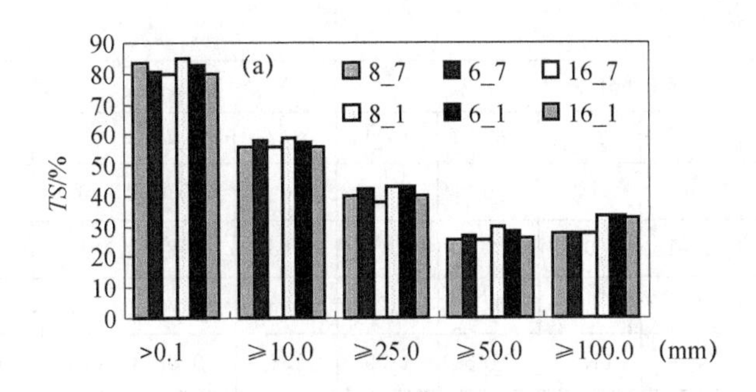


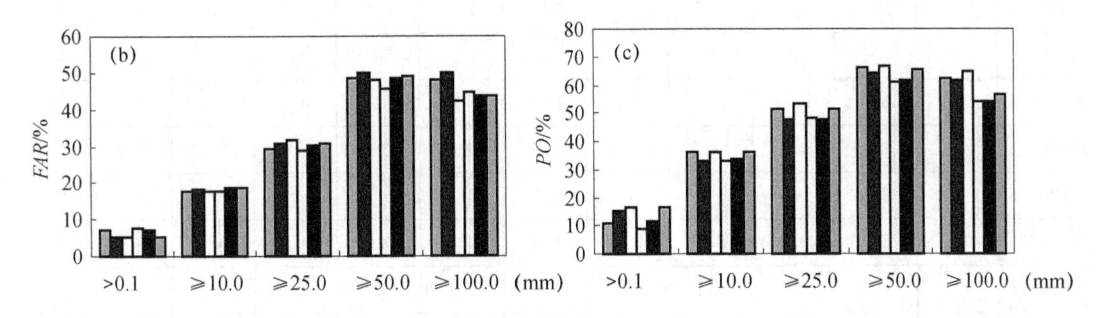


图 1　6 种参数化组合方案 24 h 累积降水量 *TS* 评分(a)、空报率(b)、漏报率(c)

## 3　不同方案对暴雨及以上量级预报性能比较

针对 32 个过程逐一进行检验评估，表 3 给出了 50 mm 以上降水的 *TS* 评分和预报偏差。可以看到，模式对降水过程的再现程度差别较大，其中 3～5 个个例评分全为 0 或者几乎为 0，说明模式降水结果不能提供暴雨信息，如 2006 年 7 月 14 日、2009 年 7 月 8 日；*TS* 评分最高的降水过程出现在 2016 年 7 月 20 日，所有方案的降水结果均在 75 分以上，最高可达到 87 分。比较 6 种组合方案的评分结果，发现大部分个例情况相差不大，如对于“20090708”这次过程中的暴雨级别以上的降水各类方案均没有反映，*TS* 评分为 0，偏差指数也为 0；再如 2016 年 7 月 19—20 日，2012 年 7 月 21 日这种极端的降水过程，整体评分均较高；但是也有些过程评分差别很大，如 2012 年 8 月 3 日热带气旋的降水过程和 2010 年 7 月 19 日西南涡过程，降水模拟 TS 评分 10～70 和 22.7～58，相差较大，从图 2a～c 和图 2d～f 对于这两个过程不同方案的雨区都很相似，只是位置的偏差导致评分出现较大差别。

偏差统计来看，偏差值为 1 表明模式结果和实况在京津冀范围内的分布基本一致，小于 1 说明模式降水的分布比实况分布范围要小，相反若是大于 1 则表明模式结果预报范围偏大。统计来看(略)，32 个个例中大部分是模式降水范围小于实况，即 Bs＜1，而且大部分个例 6 种方案表现基本一致。

**表 3　2006—2016 主要暴雨过程降水评分**

| 年月日 | *TS* 评分 | | | | | | *BI* | | | | | |
|---|---|---|---|---|---|---|---|---|---|---|---|---|
| | 8_7 | 6_7 | 16_7 | 8_1 | 6_1 | 16_1 | 8_7 | 6_7 | 16_7 | 8_1 | 6_1 | 16_1 |
| 20060714 | 0 | 0 | 0 | 4 | 0 | 0 | 0 | 0.2 | 0 | 0.2 | 0.2 | 0.2 |
| 20120803 | 70 | 50 | 10 | 56.2 | 69.2 | 64.3 | 0.7 | 0.5 | 0.1 | 1.5 | 1.2 | 1.3 |

续表

| 年月日 | TS 评分 | | | | | | BI | | | | | |
|---|---|---|---|---|---|---|---|---|---|---|---|---|
| | 8_7 | 6_7 | 16_7 | 8_1 | 6_1 | 16_1 | 8_7 | 6_7 | 16_7 | 8_1 | 6_1 | 16_1 |
| 20090708 | 0 | 0 | 0 | 0 | 0 | 0 | 0 | 0 | 0 | 0 | 0 | 0 |
| 20080809 | 12.5 | 10 | 11.1 | 0 | 14.3 | 0 | 0.8 | 1.2 | 1 | 0 | 0.6 | 0.4 |
| 20080813 | 16.7 | 18.8 | 12.9 | 14.3 | 6.1 | 12 | 1.5 | 1.7 | 1.5 | 1.3 | 1.5 | 1 |
| 20100819 | 17.9 | 12.1 | 27.6 | 11.4 | 34.5 | 12.9 | 1.3 | 0.9 | 0.9 | 0.9 | 0.9 | 0.8 |
| 20110702 | 12.5 | 22.2 | 9.5 | 8.7 | 0 | 5.3 | 0.5 | 0.8 | 0.3 | 0.4 | 0.1 | 0.1 |
| 20110809 | 0 | 0 | 0 | 0 | 0 | 0 | 0 | 0 | 0 | 0.2 | 0 | 0.8 |
| 20110814 | 2.8 | 6.8 | 11.4 | 9.5 | 7.5 | 16.7 | 0.6 | 1 | 0.7 | 1 | 0.9 | 0.8 |
| 20110815 | 4 | 2.4 | 4.4 | 12.3 | 12.3 | 3.6 | 0.4 | 0.1 | 0.2 | 0.7 | 0.7 | 0.5 |
| 20120726 | 0 | 3.8 | 0 | 0 | 0 | 3.7 | 0.1 | 0.2 | 0 | 0.1 | 0.1 | 0.2 |
| 20070630 | 9.1 | 8.9 | 9.1 | 8.3 | 8.7 | 8.7 | 0.5 | 0.6 | 0.5 | 0.7 | 0.6 | 0.6 |
| 20090608 | 4.3 | 0 | 0 | 7.1 | 8 | 0 | 0.1 | 0 | 0.1 | 0.4 | 0.3 | 0 |
| 20090722 | 0 | 0 | 0 | 0 | 0 | 0 | 0 | 0 | 0 | 0 | 0.2 | 0.1 |
| 20090723 | 8 | 12.5 | 0 | 4.5 | 8 | 8 | 0.8 | 0.8 | 0.7 | 0.5 | 0.8 | 0.8 |
| 20100719 | 22.7 | 37.5 | 33.3 | 44.9 | 58 | 50 | 0.2 | 0.5 | 0.4 | 0.6 | 0.8 | 0.5 |
| 20140631 | 0 | 8.3 | 0 | 0 | 0 | 0 | 0.7 | 0.3 | 0.3 | 0.1 | 0.4 | 0.3 |
| 20150831 | 14.3 | 33.3 | 12.5 | 9.1 | 16.7 | 0 | 0.6 | 0.9 | 0.2 | 0.6 | 0.4 | 0.1 |
| 20160719 | 49.6 | 55 | 64.2 | 68.1 | 64.2 | 64.7 | 0.5 | 0.6 | 0.7 | 0.7 | 0.7 | 0.7 |
| 20160720 | 79.6 | 75.8 | 81.3 | 87.9 | 82.8 | 80.2 | 1 | 1.1 | 1 | 1 | 1 | 1 |
| 20060828 | 17.9 | 13.5 | 2.6 | 11.1 | 11.1 | 2.9 | 0.3 | 0.2 | 0.1 | 0.1 | 0.1 | 0 |
| 20080714 | 0 | 1.3 | 4.3 | 16.2 | 16.7 | 14.1 | 0.2 | 0.2 | 0.2 | 0.4 | 0.4 | 0.4 |
| 20110724 | 21 | 24.2 | 10 | 22.6 | 25 | 24.6 | 0.3 | 0.4 | 0.4 | 0.3 | 0.4 | 0.4 |
| 20110729 | 32.1 | 29.4 | 39.8 | 30.2 | 29.9 | 25.2 | 0.8 | 0.7 | 0.6 | 0.7 | 0.6 | 0.6 |
| 20120721 | 54.2 | 49.6 | 46.7 | 60.2 | 52.6 | 48.7 | 1.6 | 1.6 | 1.5 | 1.3 | 1.5 | 1.5 |
| 20120731 | 33.3 | 29 | 13.5 | 29.7 | 30.2 | 26.6 | 0.9 | 0.8 | 0.3 | 0.8 | 0.8 | 0.8 |
| 20120901 | 29.5 | 23.6 | 24.6 | 30.6 | 23.9 | 25.4 | 2 | 2.4 | 2.3 | 2.1 | 2.4 | 2.4 |
| 20060825 | 2.7 | 10 | 14.7 | 11.6 | 0 | 0 | 0.7 | 1 | 0.8 | 1.2 | 0.9 | 0.5 |
| 20070730 | 17.8 | 28.6 | 19.5 | 13.3 | 17.1 | 7.7 | 0.4 | 0.4 | 0.3 | 0.3 | 0.3 | 0.1 |
| 20090509 | 0 | 4 | 0 | 7.7 | 13.3 | 6.5 | 0 | 0.2 | 0.2 | 0.3 | 0.5 | 0.5 |
| 20130701 | 4.9 | 12.3 | 6.7 | 11.5 | 10.3 | 6 | 0.8 | 1 | 0.8 | 0.6 | 0.8 | 1 |
| 20100818 | 23.4 | 14.5 | 16.4 | 19.6 | 7.4 | 11.3 | 1.8 | 2 | 2.7 | 2.2 | 2.5 | 1.8 |

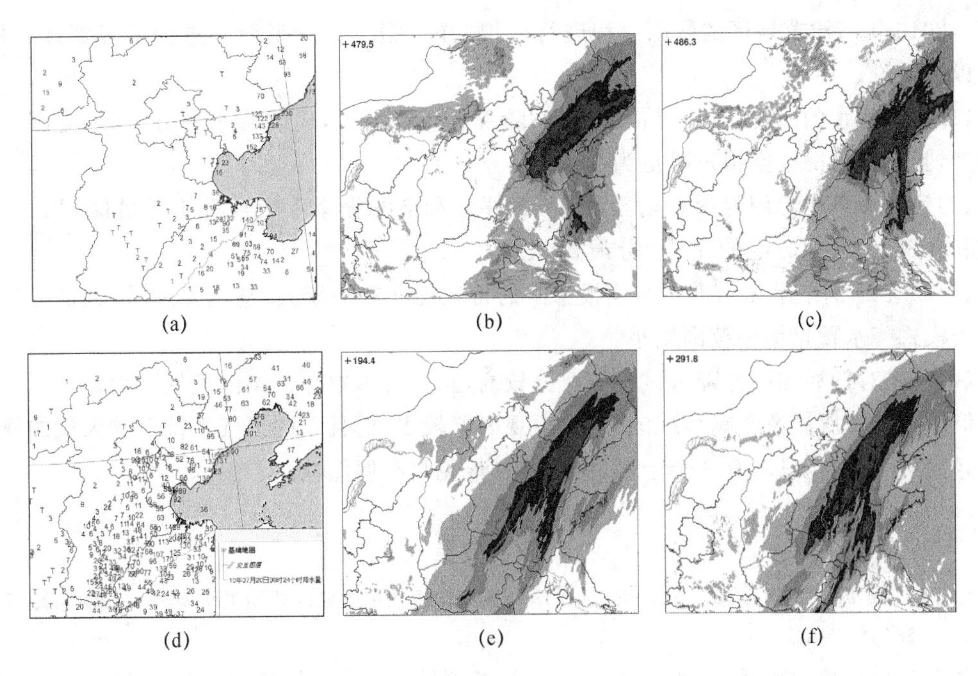


图 2　2012 年 8 月 3 日降水实况(a)、8_7 组合方案(b)、16_7 组合方案(c)
和 2010 年 7 月 18 日降水实况(d)、8_7 组合方案(e)、6_1 组合方案(f)

## 4　不同天气系统下预报性能比较

本文依照高空影响系统和地面影响系统，将发生在 2006—2016 年的 32 个暴雨日天气进行天气系统分型，进而研究不同天气背景下模式对降水的预报性能。从表 2 可以看出筛选过程中低槽冷锋类最多，共 12 个个例，其次是低涡类 9 个，切变线次之为 8 例，气旋类共 3 例，这基本符合河北地区影响系统的出现的概率。

TS 评分结果显示(图 3)，0.1 mm、10 mm、25 mm、50 mm 低涡类和低槽冷锋类评分明显高于气旋和切变类，但对于 100 mm 以上气旋类评分最高。

不同参数化组合方案在不同影响系统下表现差别不大。

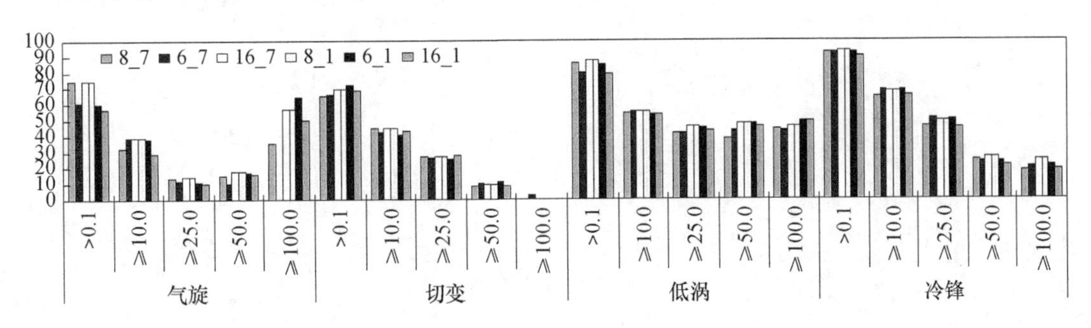


图 3　不同影响系统降水的 TS 评分

## 5　结果与讨论

本文选取 3 种微物理和 2 种边界层方案组成 6 种参数化组合方案应用 WRF3.7 针对

2006—2016 年京津冀地区的暴雨过程进行模拟，并根据 175 个观测站进行了客观评分检验，得到以下结论。

(1)对于降水的出现，模式可信度较高；随着量级的加大，模式降水评分下降，空漏报情况都增加，且漏报情况较空报情况更为突出。

(2)目前业务中应用的参数化方案在 TS 评分和空漏报率上表现都不是最优，Thomps 微物理和 YSU 边界层方案的 TS 评分最高。

(3)32 个个例结果显示模式对预报暴雨的再现程度差别较大；从偏差来看，大部分过程均表现为模式降水预报结果范围偏小。

(4)模式对低涡和冷锋降水过程的评分较高，且不同参数化方案间差别不大。

但因为本文所涉及影响系统的分类，主观因素较多，而且不同天气系统下的天气的样本数不同，特别是气旋类只含有 3 个个例，统计结果难免具有偶然性。

## 参考文献


[1] 张宁娜，黄阁，吴曼丽，等. 2010 年国内外 3 种数值预报在东北地区的预报检验[J]. 气象与环境学报，2012,28(2):28-33.

[2] 管成功，王克敏，陈晓红. 2002—2005 年 T213 数值降水预报产品分析检验[J]. 气象，2006. 32(8):70-76.

[3] 吴曼丽，沈玉敏，梁寒. 辽宁中尺度数值模式产品和 T213 产品对比检验分析[J]. 气象科技，2009,37(3):276-280.

[4] 张南，侯瑞钦. 两种初始场 MM5 模式预报效果对比评估[J]. 气象科技，2009,37(2):129-134.

[5] 王雨. 2004 年主汛期各数值预报模式定量降水预报评估[J]. 应用气象学报，2006,17(3):316-324.

# 贺兰山干旱区一次特大致洪暴雨 MCS 特征分析

张肃诏[1,2,3]　纪晓玲[1,2,3]　葛　森[1,2,3]　任小芳[1,2,3]

(1 中国气象局旱区特色农业气象灾害监测预警与风险管理重点实验室,银川 750002;

2 宁夏气象防灾减灾重点实验室,银川 750002;

3 宁夏气象台,银川 750002)

**摘　要**

2016 年 8 月 21 日傍晚到夜间宁夏贺兰山沿山银川段出现有气象记录以来特大极值暴雨,诱发超 50 a 一遇山洪。本文利用卫星云图、雷达、自动站、常规观测资料等对其进行分析研究。结果表明:此次特大致洪暴雨是由中尺度对流系统(MCS)造成的,伴随降水生消,MCS 经历了一次完整的形成、发展、成熟、消散的过程。TBB 中心值、云顶亮温≤－32℃的冷云盖面积和云顶亮温≤－52℃的冷云盖面积、雷达回波强度与逐小时降水量有较好的对应关系。贺兰山沿山银川段不断有对流单体生成,在沿地面辐合线向北移动的同时,对流单体不断合并加强、消亡且稳定少动。MCS 生成在 200 hPa 高空急流中心附近即强辐散区、低空偏南急流轴左侧流场最大弯曲处的强暖平流区和 850 hPa 偏东大风速轴南侧的风速辐合区,在贺兰山地形及偏南急流的共同影响下,出现短历时暴雨(强降水),而 V 型缺口延伸处正好位于 MCS 中心前缘第四象限,导致不断有单点短时暴雨出现。天气尺度强迫作用相对比较弱(地面无冷锋或高空无冷槽的天气系统)的环境中。低层到高层有较强的暖平流,使低层大气层结稳定度减小,对流不稳定性增强;明显的垂直风切变特征,不仅有利于强对流的继续维持,也有利于低层水汽向上输送,更有利于强降水;垂直风切变随时间呈缓慢增强趋势,有利于上升气流和下沉气流在较长的时间内共存,有利于不断激发新单体生成。同时水汽、动力、不稳定条件等环境场为 MCS 的形成与发展提供了有利条件。

**关键词**:MCS　特大致洪暴雨　贺兰山　TBB　环境条件

## 引言

研究表明,暴雨、冰雹、雷暴大风等灾害性天气往往是由中小尺度对流系统造成的。Maddox 最早定义的典型 $\alpha$ 中尺度(200～2000 km)对流系统,它在红外云图上表现为接近椭圆形的冷云盖,云顶亮温≤－32℃的冷云盖面积须≥$10^6$ km$^2$,云顶亮温≤－52℃的冷云盖面积须≥$5\times10^4$ km$^2$,满足尺度条件的持续时间 6 h 以上,在最大范围时刻椭圆偏心率≤0.7,即中尺度对流复合体(简称 MCC),它具有多尺度系统特征。历史上著名的“75・8”河南特大暴雨就是由多个 MCC 活动造成的。1989 年,Cotton 等在对美国 134 个例进行分析的基础上,将 MCC 标准做了调整。之后,中外学者对 MCC 的云图特征、雷达回波特征、降水特征、天气尺度环境场、内部结构、形成机理、数值模拟等方面进行了一系列研究,取得了很多重要成果。Maddox 通过对 10 个 MCC 合成分析,给出了成熟阶段 MCC 的结构特征。Fang、李玉兰等、项续康等分别对长江中下游地区、西南地区和华南地区的中尺度对流系统进行了分析,给出了这些地区的 MCC 大尺度环境条件的概念模型。吕艳彬等、江吉喜等、杨本湘等分析了中国华北平原MCC生成发展的环境条件、青藏高原东南部MCC的地域特点。井宇、井喜等对中国黄河中游和淮河流域的MCC致洪暴雨做了研究。康凤琴等研究了中国南方MCC的涡度、水汽和热量收支平衡。覃丹宇等研究了中国MCC和一般暴雨云团发生发展的物理条件差异。Leary和Rappaport利用雷达、地面、高空及卫星资料给出了MCC的内部三维结构。郑永光等分析了我国黄海MCS发展环境发现，低层为高相当位温的暖湿空气，大气层结为条件性不稳定及与暖平流相联系的风向随高度顺转，强而稳定的西南低空急流向MCS活跃区输送水汽，与对流层低层暖切变线伴随的辐合及不太强的上升运动，与副热带西风急流出口区右侧发散气流相联系的高层辐散。

近年来，在气候变化背景下，贺兰山及其东麓的极端强降水天气越来越多，并一再打破历史纪录，屡次创造极值，造成严重的次生灾害，严重威胁到人民群众生命财产安全。特别是2016年8月21日傍晚到夜间，宁夏贺兰山沿山银川到石嘴山段出现特大暴雨，诱发超50 a一遇山洪。从初步分析来看，这是一次典型的中尺度对流系统活动造成的。本文利用卫星云图、雷达、NCEP等资料，从MCS云图特征、天气尺度环境场特征、发生发展机制等方面进行研究，以期揭示这类特大致洪暴雨的多尺度系统特征和天气成因，为这类致洪暴雨气象服务提供支撑和依据。

## 1　特大致洪暴雨概况

2016年8月21日傍晚到夜间，宁夏贺兰山银川到石嘴山段出现大到特大暴雨(图1)，短历时强降水(≥10 mm·h$^{-1}$，宁夏标准)持续时间4～5 h，最强时段在21日20时—22日02时，累积雨量有10个站超过50 mm·(13 h)$^{-1}$，其中5个站超过100 mm·(13 h)$^{-1}$，2站超200 mm·(13 h)$^{-1}$，最大累积雨量和最大小时雨强均出现在贺兰山滑雪场，分别为242.2 mm和82.5 mm·h$^{-1}$(22日00—01时)，拜寺口沟达221.1 mm和80.6 mm·h$^{-1}$(21日23—24时)(表1)，均为气象记录以来历史极值。

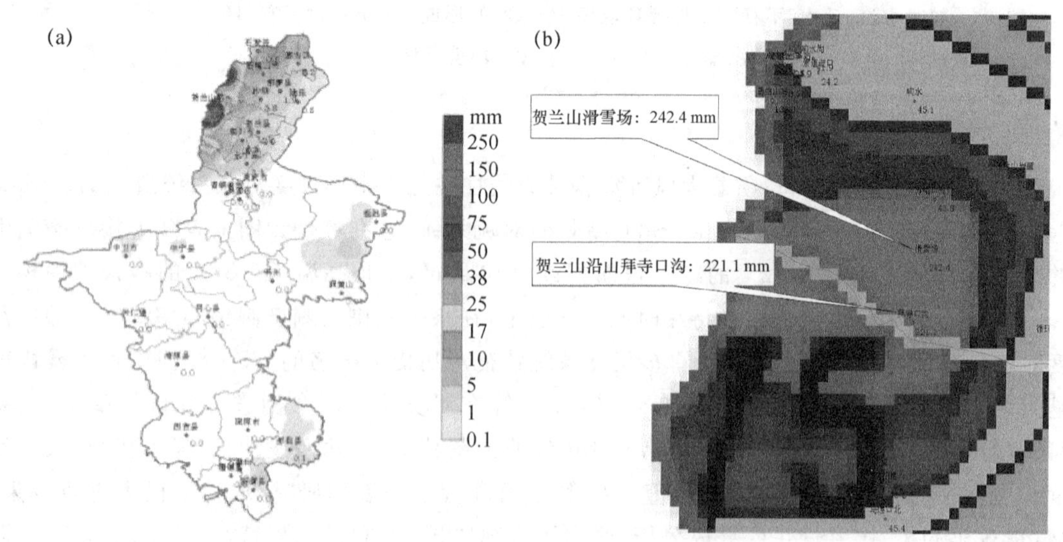


图1　2016年8月21日19时至22日08时累积降水量分布图
(a:全自治区分布图；b:局部放大图；单位:mm)

表1 累计雨量≥100 mm的贺兰山站点逐小时降水量(单位:mm)

| 站点 | 21日 | | | | | | 22日 | | | | | | | | 合计 |
|---|---|---|---|---|---|---|---|---|---|---|---|---|---|---|---|
| | 19时 | 20时 | 21时 | 22时 | 23时 | 24时 | 01时 | 02时 | 03时 | 04时 | 05时 | 06时 | 07时 | 08时 | |
| 滑雪场 | 3.6 | 0 | 28.4 | 42.1 | 9 | 49 | 82.5 | 7.8 | 1.7 | 2.3 | 2.4 | 7.9 | 2.8 | 2.2 | 242.4 |
| 拜寺口沟 | 4.3 | 0.3 | 25.7 | 76.6 | 1.9 | 80.6 | 17.7 | 0.2 | 0.9 | 1.5 | 1.3 | 4.8 | 3.3 | 1.4 | 221.1 |
| 响水沟 | 1 | 0.4 | 29 | 36.8 | 25 | 11.9 | 6.3 | 11.5 | / | / | / | / | / | / | 121.9 |
| 岩画 | 0.2 | 15.1 | 0.8 | 6.4 | 4.2 | 11.6 | 39.9 | 19.6 | 1.5 | 2.1 | 2.2 | 5.6 | 2.6 | 1.8 | 113.6 |
| 气象站 | 2.3 | 0.9 | 14.1 | 24.6 | 42.9 | 11.1 | 3.8 | 6.4 | 9.6 | 7.2 | 5.1 | 4.4 | 0.9 | 1.7 | 135 |

注:“/”表示无资料,因强降水导致自动站故障无法实时监测。

此次特大暴雨范围小、突发性强、持续时间短、强度大,表现出明显的强对流暴雨特征。特大暴雨引发贺兰山东麓沿线多条沟道罕见山洪,8月22日凌晨01时16分贺兰山苏峪口沟最大洪峰流量达420 $m^3 \cdot s^{-1}$,出现超50 a一遇洪水(表2),造成严重损失。但因提前准确预报预警,山洪气象风险预警升级为I级比最大洪峰出现提前3 h,为成功救出近5000人被困群众赢得了时间,为保障现场救援提供了决策依据,实现大灾面前“零伤亡”,得到时任中国气象局局长、自治区党委书记和主席等多次批示和自治区党委、政府高度评价及社会各界的一致好评。

表2 2016年8月21日晚贺兰山沿山洪水统计表

| 所属区域 | 河流 | 站名 | 洪峰流量($m^3 \cdot s^{-1}$) | 发生时间 | 备注 |
|---|---|---|---|---|---|
| 银川西夏区 | 大口子沟 | 大口子沟口沟 | 44.00 | 8月21日21:00 | |
| | 椿树沟 | 椿树沟 | 28.00 | 8月21日21:15 | |
| 贺兰县 | 苏峪口 | 苏峪口 | 420.00 | 8月22日01:16 | 50 a一遇 |
| | 拜寺口沟 | 拜寺口沟 | 256.00 | 8月22日01:00 | 调查 |
| 大武口 | 汝箕沟 | 汝箕沟 | 93.80 | 8月22日05:00 | |
| 平罗 | 大水沟 | | 600.00 | 8月22日03:30 | |
| | 小水沟 | | 250.00 | 8月22日04:30 | |

# 2 MCS发生发展特征

## 2.1 基本特征

从8月21日14时到22日08时风云2号红外云图演变来看,此次特大致洪暴雨是由中尺度对流系统MCS造成的。MCS经历了一次完整的形成、发展、成熟、消散的过程。

21日15—18时,河西走廊永昌附近不断有中小尺度对流系统生成,如图2所示,18:00民勤附近2个对流云团合并,形成β中尺度对流系统,此时,在贺兰山地形阻挡和强迫抬升作用下,贺兰山西侧弱对流系统发展加强为γ中尺度对流系统,造成贺兰山岩画出现短时强降水(15.1 $mm \cdot h^{-1}$);21时,β中系统快速东移,并与γ中尺度系统合并加强,中尺度对流系统形成,在贺兰山地形及偏南急流的共同影响下,MCS前部在贺兰山银川段形成一“V”形缺口,贺兰山滑雪场、拜寺口沟、响水沟、贺兰山气象站开始出现短历时暴雨(强降水)。21日22时—22日01时,MCS逐渐发展成熟,中心位置偏西、结构密实,V型缺口持续存在,23—00时,V型缺口表现最为完整清晰,其延伸处正好位于MCS中心前缘第四象限贺兰山滑雪场到拜寺口沟附近，导致该地不断有单点短时暴雨出现。22 日 02—07 时，MCS 范围进一步扩大并向东移，但中心强度逐渐减弱，沿山一带降水强度减弱。

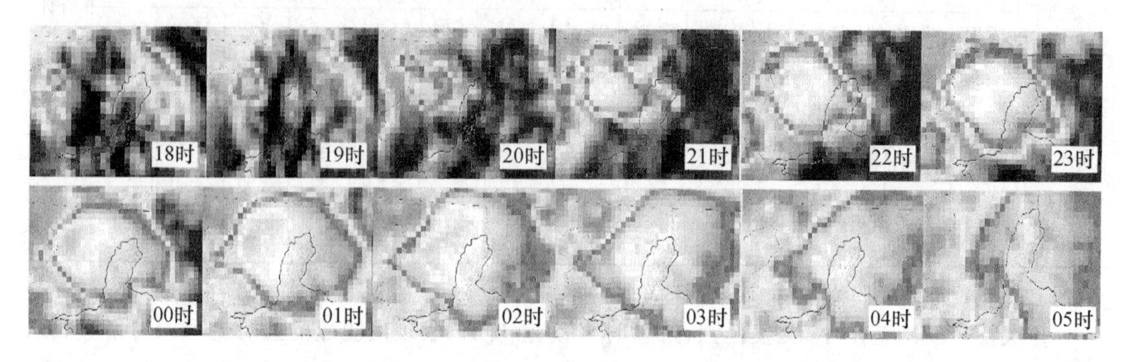


图 2　2016 年 8 月 21 日 18:00—22 日 05:00 红外云图演变

## 2.2　TBB 特征

分析风云 2 号卫星黑体亮温 TBB 发现(图 3)，对应对流云团的合并加强，8 月 21 日 19 时贺兰山西侧云顶亮温中心强度迅速增强至−55℃；20—21 时云顶亮温中心在缓慢东移的过程中，强度持续增强，面积不断增大，云顶亮温≤−32℃的冷云盖面积由 $0.1\times10^6 km^2$ 扩大到 $0.2\times10^6 km^2$，云顶亮温≤−52℃的冷云盖面积由 $0.6\times10^4 km^2$ 扩大到 $2.6\times10^4 km^2$；22 时，云顶亮温中心位置变化不大，强度增强至−70℃，冷云盖面积进一步增大，云顶亮温≤−32℃的冷云盖面积达到 $0.6\times10^6$ $km^2$，云顶亮温≤−52℃的冷云盖面积达到 $250\times10^4$ $km^2$。随着云顶亮温中心强度进一步增强，其前端伸展到贺兰山沿山一带，降水量逐渐增大，22 时拜寺口沟小时雨强达 76.6 mm，22 日 00 时贺兰山滑雪场小时雨强达 80.6 $mm\cdot h^{-1}$，强降水区位于中尺度对流系统中心位置右后象限处。随着中尺度对流系统东移，强降水区也随之东移。

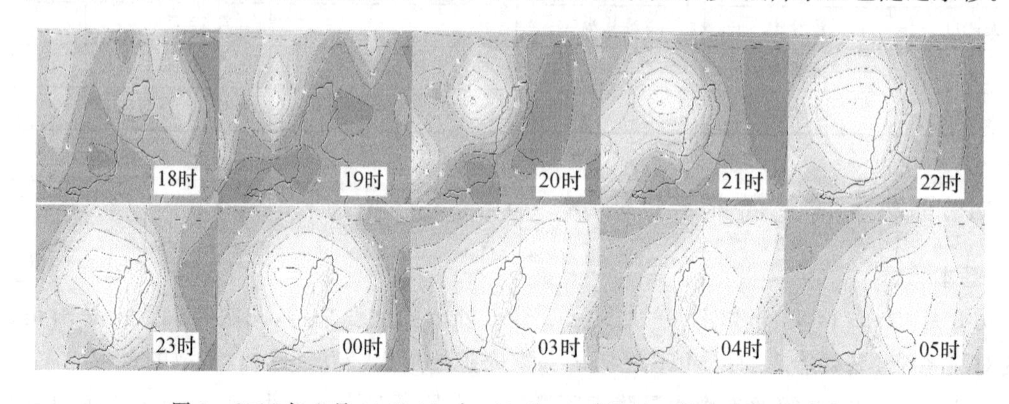


图 3　2016 年 8 月 21 日 18 时—22 日 08 时风云 2 号卫星 TBB 演变

分析 8 月 21 日 20 时到 22 日 05 时 TBB 与逐小时降水量的关系发现，对应 MCS 形成、发展、成熟、减弱，TBB 最大中心强度呈现“减小、维持、增大”趋势，逐小时最大小时雨强刚好相反，即“增大、维持、减小”趋势(表 3)，TBB 最大中心强度<−68℃时，最大小时雨强均超过 10 mm，持续 9 h 左右，TBB 最大中心强度<−76℃时，最大小时雨强均在 40 $mm\cdot h^{-1}$ 以上，持续 5 h 左右，两者表现出很好的对应关系。相应的−32℃冷云盖面积持续增大，−52℃冷云盖面积则表现为“先升后降”，22 日 02 时达到顶峰，其面积增大趋势明显落后于短历时暴雨出

现时间，最大雨强出现时间较最大冷云盖面积出现时间提前 1 h 左右，意味着－52℃冷云盖面积达到最大时，短历时暴雨趋于减弱结束。

表 3　最大小时雨强、最大黑体亮温、冷云盖面积以及 0.5°仰角回波强度

| 时间 | 20 时 | 21 时 | 22 时 | 23 时 | 00 时 | 01 时 | 02 时 | 03 时 | 04 时 | 05 时 |
|---|---|---|---|---|---|---|---|---|---|---|
| 最大小时雨强($mm \cdot h^{-1}$) | 15.1 | 49.4 | 76.6 | 42.9 | 80.6 | 82.5 | 11.5 | 9.6 | 23.4 | 6.4 |
| TBB 中心强度(℃) | －68 | －76 | －79 | －79 | －79 | －77 | －74 | －73 | －73 | －70 |
| －32℃冷云盖面积($10^3 km^2$) | 10.8 | 22.0 | 57.6 | 74.0 | 90.4 | 113.0 | 121.0 | 161.3 | 158.5 | 186.5 |
| －52℃冷云盖面积($10^3 km^2$) | 1.2 | 6.2 | 25.6 | 30.2 | 40.4 | 88.2 | 98.8 | 74.7 | 60.5 | 45.5 |
| 0.5°仰角回波强度(dBZ) | 54 | 56 | 56 | 61 | 56 | 59 | 53 | 47 | 41 | 42 |

## 2.3　MCS 雷达回波特征

对应卫星云图，银川多普勒雷达显示，8 月 21 日 19 时贺兰山沿山银川段有降水回波生成，沿地面辐合线向北移动，其南部不断有新的对流单体生成，与之合并加强、消亡并又激发出新的对流单体，且稳定少动。

### 2.3.1　发展阶段

从 8 月 21 日 20 时 04 分雷达基本反射率因子(图 4)看，贺兰山银川段南北向排列有多个对流单体形成，对应的径向速度图上，雷达站左侧为正速度区，右侧为负速度区，呈现"S"形分布，此时，1.5°仰角上，贺兰山银川段径向速度自南向北呈现"负、正、负、正"排列，2.4°仰角上则表现为大片正速度区中有多个负速度区，表明有强烈的辐合、辐散，沿山的对流单体将增强或减弱。垂直剖面上(图略)，对流单体内有上升气流，上升气流携带水汽，造成高层的反射率强，最强反射率出现在 1.5°和 2.4°，强度均大于 50 dBZ。

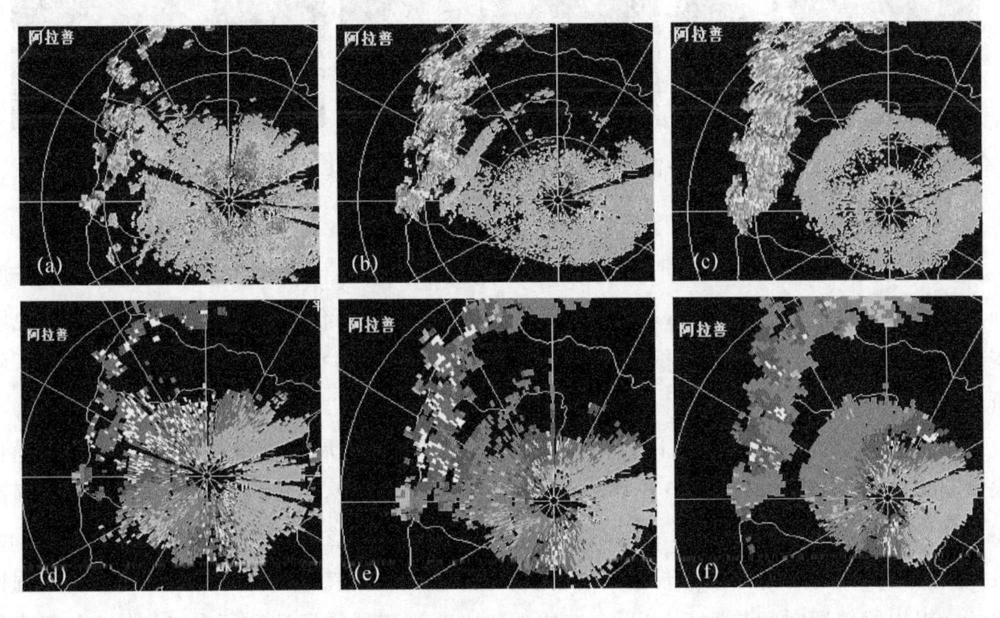


图 4　2016 年 8 月 21 日 20 时 04 分雷达回波和径向速度图 0.5°仰角(a、d)、1.5°仰角(b、e)、2.4°仰角(c、f)

2.3.2 成熟阶段

8月21日21时，在贺兰山沿山银川段有南北向排列的对流单体a、b、c发展加强，21时27分，在偏南气流牵引下，对流单体a向北移动并与b合并为一个新的对流单体，维持少动，强度增强，最强回波65 dBZ，对流单体c逐渐消散。如图5所示，21时49分，沿山的对流单体移速缓慢，范围不断扩大，多个对流单体不断发展合并加强，形成近南北向带状回波，最强回波位于2.4°仰角，达60 dBZ，对应速度图中，零径向速度线呈现出明显的"S"形，大风速区出现在2.4°仰角雷达站东南方，风向从低层的偏北向逐渐转为东北、东南风，表明存在明显的辐合流场。此时，1.5°仰角上，沿山苏峪口附近有逆风区存在，表现为强烈的辐合上升。22日00时25分，回波强度达60 dBZ，顶高超过9 km，强回波中心高度在5 km，此时，1.5°仰角速度图中，上风方正速度区面积增大，苏峪口附近的逆风区仍然存在，且有正负速度对出现，表明有中气旋。

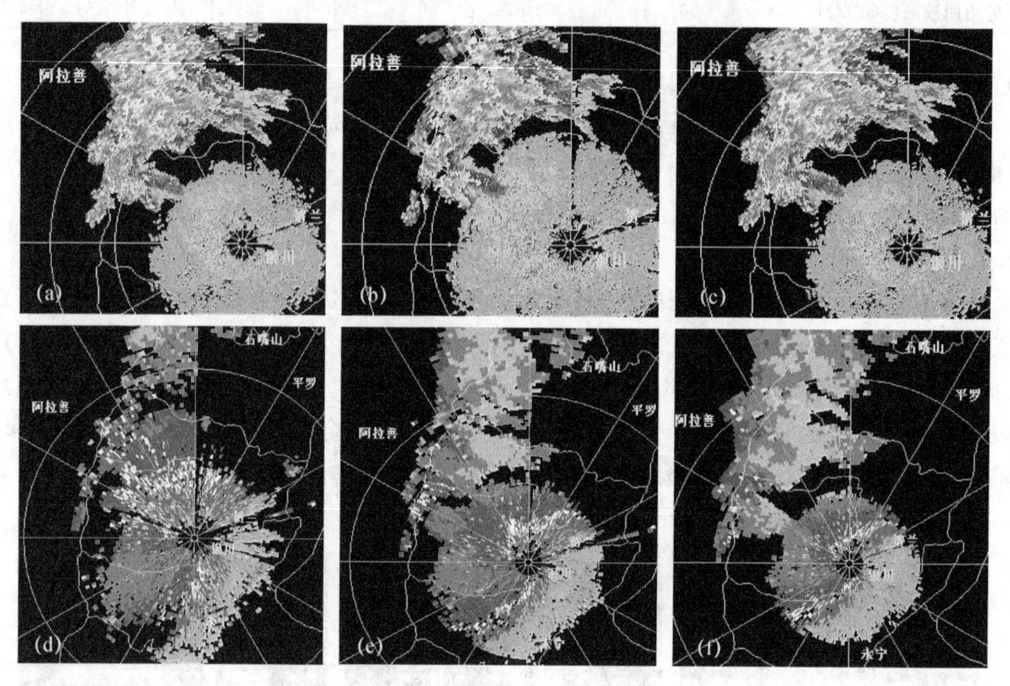


图5 2016年8月21日21时49分雷达回波和径向速度图0.5°仰角(a、d)、1.5°仰角(b、e)、2.4°仰角(c、f)

2.3.3 消亡阶段

由图6可见，8月22日02时05分，0.5°仰角基本反射率图中强回波区逐渐向北移动，回波强度减弱，回波强度中心下降，对应速度场，1.5°仰角，沿山仍有弱的负速度区存在，说明仍有弱辐合，但上风方正速度区面积进一步扩大，回波已进入消亡阶段，风暴单体逐渐被下沉气流所控制。

对应对流云团不同阶段，21日20时—22日02时回波伸展高度维持在8～12 km，垂直液态水含量基本保持在20～37 kg·m$^{-3}$(表4)。积云发展到成熟阶段增长迅速，最强回波顶高出现在22时28分—00时41分，达14.6～15.5 km，垂直液态水含量23:46增至最大37 kg·m$^{-3}$，且最大值所在的位置与降水最大位置、演变趋势基本相同。从持续时间来看，>50 dBZ的强回波在贺兰山银川段停留时间长达5 h以上，造成贺兰山苏峪口滑雪场站和拜寺口沟站5 h降雨量分别为211 mm和202.5 mm，最大小时雨强分别为80.6 mm和82.5 mm。22日02时05分开始，垂直液态水含量逐渐减小。

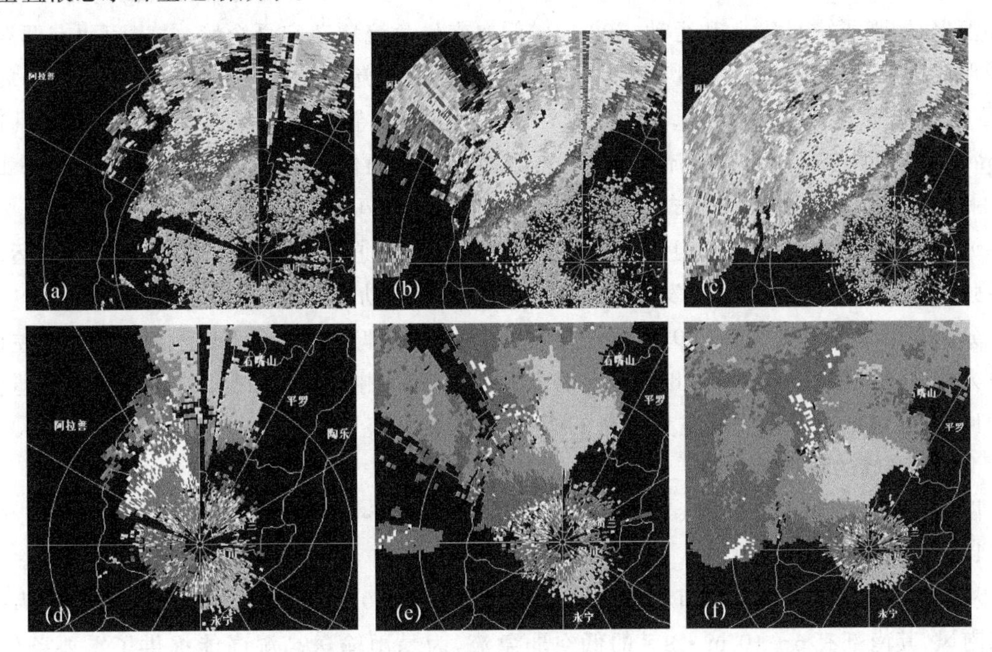


图 6　2016 年 8 月 22 日 02 时 05 分雷达回波和径向速度图 0.5°仰角(a、d)、1.5°仰角(b、e)、2.4°仰角(c、f)

**表 4　垂直液态水含量变化　(单位:kg · $m^{-3}$)**

| 积云阶段 | 成熟阶段 | | | 消亡阶段 | 小时强降水发生时段 |
|---|---|---|---|---|---|
| 20 时 04 分 | 21 时 38 分 | 23 时 46 分 | 01 时 30 分 | 02 时 05 分 | 21 时—22 时<br>23 时 02 分—00 时 02 分 |
| 20 | 27 | 37 | 36 | 21 | 27～37 |

### 2.4　冷暖平流对 MCS 的影响

分析银川多普勒雷达风廓线(图略)，8 月 21 日 20 时—22 日 00 时，2 km 以下风随高度顺转有暖平流，风向由偏东风转为东南风，风速逐渐增大。2～8 km 由风随高度顺转，由东南风转为西南风，整个时段风速≥12 m · $s^{-1}$所在高度维持在 1.5 km 处。

这种风向风速表明：低层到高层有较强的暖平流，使低层大气层结稳定度减小，对流不稳定性增强；明显的垂直风切变特征，不仅有利于强对流的继续维持，也有利于低层水汽向上输送，更有利于强降水；垂直风切变随时间呈缓慢增强趋势，有利于上升气流和下沉气流在较长的时间内共存，有利于不断激发新单体生成。

## 3　MCS 环境条件分析

利用 8 月 21 日到 22 日 NCEP/NCAR 全球再分析资料(分辨率为 1°×1°，每日 4 次，6 h 间隔)等分析天气尺度环境场特征和 MCS 形成发展的物理机制。

### 3.1　MCS 形成的环流背景

8 月 21 日 08—20 时，200 hPa 等压面上，南亚高压稳定位于宁夏南部，高空急流呈反气旋性弯曲位于南亚高压北部，表现为强的高空辐散；500 hPa 西太平洋副热带高压控制中国大陆,5920 gpm 中心位于宁夏东南侧,5880 gpm 和 5920 gpm 之间西南暖湿气流高能区向宁夏北部汇聚,增强了大尺度上升运动;700 hPa 低空南风急流覆盖宁夏全境,甘肃河西有低涡、切变线形成,并有 −2℃的 24 h 负变温区,说明西部有冷平流入侵,促进了低涡、切变线发展,为 MCS 的生成创造了有利条件;850 hPa 宁夏中北部维持偏东风并逐渐增大,最大风速达 18 $m \cdot s^{-1}$,说明东部有冷空气流入;地面热倒槽在宁夏西侧向北伸展,低压中心为 995 hPa,其东侧东南风与西侧偏东风形成一条东北西南向的地面辐合线,缓慢少动,一直维持到 22 日 02:00,地面表现为明显的辐合上升运动,在贺兰山地形强迫抬升作用下,低层辐合上升运动进一步强烈发展,为 MCS 的发生发展提供了持续的能量与动力条件。

分析表明,MCS 生成在 200 hPa 高空急流中心附近即强辐散区、低空偏南急流轴左侧流场最大弯曲处的强暖平流区和 850 hPa 偏东大风速轴南侧的风速辐合区,天气尺度强迫作用相对比较弱(地面无冷锋或高空无冷槽的天气系统)的环境中。

### 3.2 MCS 形成的环境场特征

以下分析均以拜寺口沟站(105.9°E,38.7°N,海拔 1364 m)为例。

#### 3.2.1 水汽条件

从 8 月 21 日 20:00 风场和水汽通量及其散度来看,700 hPa 和 850 hPa 宁夏上空为一致的东南风,其南部有 6～10 $m \cdot s^{-1}$ 的低空弱急流,为暴雨输送高湿高能提供了重要条件;此时,850 hPa 青藏高原到宁夏大部为大片水汽辐合区所覆盖,并配合有20 $g \cdot m^{-1} \cdot s^{-1}$ 的水汽通量中心,水汽条件充沛。另外,从水汽通量散度剖面来看,近地面层到高层表现为"负、正、负"配置,最大辐合中心在 850 hPa,为−0.5 $g \cdot s^{-1} \cdot cm^{-1} \cdot hPa^{-1}$,说明近地面层水汽辐合比较强,而中层表现为辐散,500 hPa 以上为水汽辐合,对应水汽含量,800～600 hPa 相对湿度维持在 70%以上,600 hPa 以上则维持在 70%以下,表现为"上干下湿"配置,有利中尺度对流系统 MCS 的发展。

#### 3.2.2 动力条件

从垂直速度时间剖面可以看出,8 月 21 日午后到傍晚,整层表现为负垂直速度,说明整层以垂直上升运动为主,中心位于 400～600 hPa,对应散度场,350 hPa 以下以负值为主,以上到 200 hPa 以正值为主,表现为低层辐合、高层辐散,辐合中心位于 500～600 hPa 层,这种配置促进了垂直上升运动,为 MCS 发展提供了强烈的动力抬升条件。

#### 3.2.3 不稳定条件

分析假相当位温 $\theta_{se}$ 高度变化情况发现,8 月 20 日假相当位温中心位于 600 hPa 以上,随着时间变化中心位置逐渐向低层倾斜,21 日整层均处于 $\theta_{se} \geqslant 342$ K 的高能舌前部,对流稳定性指数 08 时 K≥36℃,20 时 K≥40℃,暴雨点附近达到了 42.5℃,不稳定能量积聚充沛,为 MCS 的形成进而导致特大暴雨的形成提供了高能和强的对流不稳定条件。

## 4 结论与讨论

本文对此次特大致洪暴雨 MCS 特征进行了分析,主要结论如下。

(1)此次特大致洪暴雨是由中小尺度对流系统 MCS 引起的,伴随降水生消,MCS 经历了一次完整的形成、发展、成熟、消散的过程。在贺兰山地形阻挡和强迫抬升作用下,贺兰山西侧弱对流系统发展加强为对流系统,β 中尺度系统快速东移,并与 γ 中尺度系统合并加强,中尺度对流系统 MCS 形成，在贺兰山地形及偏南急流的共同影响下，出现短历时暴雨（强降水），而 V 型缺口延伸处正好位于 MCS 中心前缘第四象限，导致不断有单点短时暴雨出现。

（2）TBB 与逐时降水量有较好的对应关系。云顶亮温≤－32℃的冷云盖面积和云顶亮温≤－52℃的冷云盖面积不断增大，贺兰山沿山银川段不断有对流单体生成，在沿地面辐合线向北移动的同时，对流单体不断合并加强、消亡且稳定少动。

（3）MCS 生成在 200 hPa 高空急流中心附近即强辐散区、低空偏南急流轴左侧流场最大弯曲处的强暖平流区和 850 hPa 偏东大风速轴南侧的风速辐合区，天气尺度强迫作用相对比较弱（地面无冷锋或高空无冷槽的天气系统）的环境中。水汽、动力、不稳定条件等环境场为 MCS 的形成与发展提供了有利条件。

# 2016年7月6日鄂东短时大暴雨的再分析*

谭江红[1] 汪子荷[2] 钟 敏[3]

(1. 荆州市气象台,荆州 434020; 2. 南京信息工程大学大气科学学院,南京 210044;
3. 武汉中心气象台,武汉 430074)

## 摘 要

利用高空和地面探测、ERA-Interim再分析资料、ECMWF高分辨率数值预报产品、卫星与雷达资料,本文对2016年7月5—6日湖北一次大暴雨过程进行了模式资料解释应用和短期预报角度的再分析,总结了强降水短期预报主观分析中存在的问题,厘清了预报思路,并开发了改进资料应用的新系统。通过对本次降水过程的配料条件进行定性和定量分析,发现湿层结构、能量释放过程中的再补充、能量条件与动力抬升结构的时空配置对此次极端降水的雨强有重要影响,也是容易被忽视的预报着眼点。基于抬升湿层或饱和层垂直结构的演变与对流有效位能时序,本次过程具备良好的可预报性,以时序剖面分析上述条件进行定量降水预报的可操作性强、效果较好。

**关键词**:雨强 着眼点 对流有效位能 抬升饱和层 湿层结构

## 引言

2016年汛期湖北省遭遇了5轮强降水过程,其中7月5日夜间到6日凌晨湖北省中东部普降暴雨,仙桃东部、武汉大部、孝感东南部、黄冈北部面雨量均在100 mm以上,如图1所示。武汉城区普遍出现超过200 mm的极端降水。这次过程突发性强,因此带来了严重的城市防洪排涝压力,受江河湖库水位暴涨影响,武汉城区渍涝严重,全城百余处被淹,交通瘫痪,部分地区电力、通讯中断。

现阶段数值模式在短期预报时效内对形势的把握已经比较理想,但其定量要素预报仍然是一个短板。中国气象局《现代天气业务发展指导意见》(气发〔2010〕1号)指出,现代天气预报的主要特征是以数值预报为基础,当前任何短期预报结论都以模式对大气环流形势演变的预报为前提。业务经验表明,天气要素预报误差的来源主要分为模式形势预报存在重大误差和预报员分析决策导致的误差两类,当天气预报的基础即形势预报存在偏差时,预报员对形势的订正往往是无能为力的,而从模式形势预报到要素定量预报是预报员应着重解决的问题。人工决策仍然在当前定量降水预报中发挥着重要作用[1],定量降水应该是一种基于模式要素的定量配料,这种配料离不开对降水条件的正确把握。降水量是降水强度对时间的积分,因此日常分析降水的四大着眼点为水汽、动力、热力、持续时间[2]。业务中如何减少这些条件分析的主观性,增加分析的可操作性和客观定量成分,是预报员应加强改进的工作。水汽条件容易通过绝对水汽含量相关的物理量把握,探空显示,此次过程湖北范围内的绝对水汽含量基本相同,都是梅雨区的最佳值,850 hPa露点普遍为18~21℃,比湿14 g·kg$^{-1}$以上,垂直积分总水

*资助项目:中国气象局预报员专项"基于高分辨率模式的湖北汛期QPF研究"(CMAYBY2017—048)。

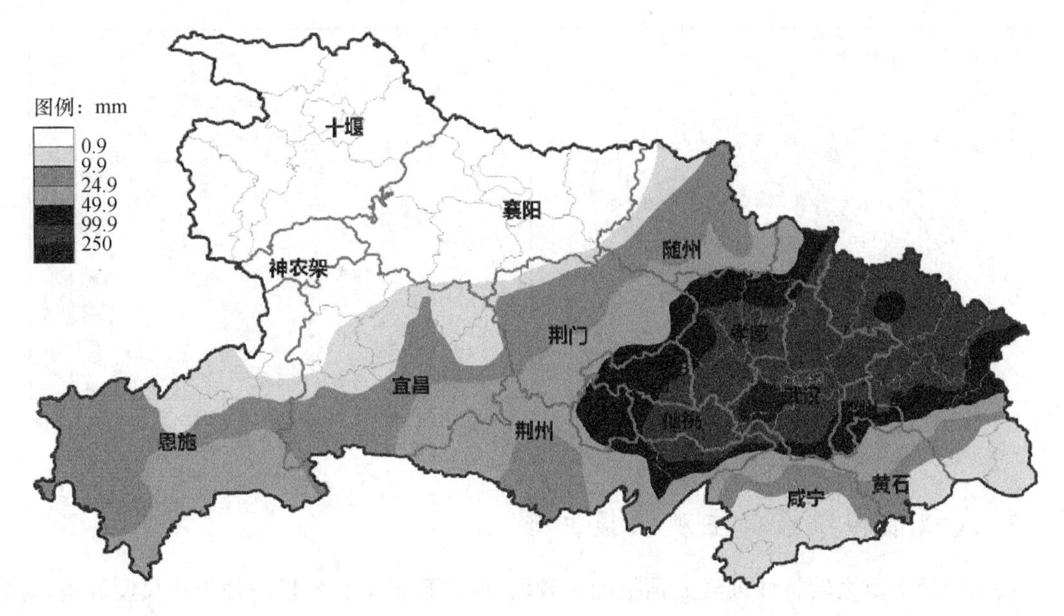


图 1　2016 年 7 月 5 日 20 时至 7 月 6 日 20 时湖北国家观测站 24 h 雨量分布

汽含量 60 kg・m$^{-2}$以上。持续时间可以从系统影响的起始和结束时间把握，最难以把握的是降水强度，同时降水强度也是导致灾害的最重要因素，即降水越“急”，排涝压力越大，洪水越易发。降水强度又和动力抬升强度直接相关，天气尺度的动力作用有限，模式对天气尺度动力作用的模拟能力也较强，因而预报员对热力条件即能量条件的把握是关键——能量条件最终通过积云对流转化为抬升浮力（最终仍是抬升动力条件）。高分辨率数值天气预报模式资料应用以来，如何从海量数据中挖掘对预报最有价值的关键信息而不缺漏，也是摆在预报员面前的重大课题[3]。通过卫星和雷达资料可识别出本次过程明显的“列车效应”传播特征，结合环境场分析自动站降水效率，6 日凌晨准确地发布了暴雨红色预警，因此本文不再详述短临预报思路，本次过程的短期降水量级估计是难点。本文主要从定量思路出发，探究本次过程环境要素的配置特征，资料解释应用方面的不足之处和本次过程短期预报的可预报性。

## 1　环流形势与系统

降水过程发生时，副热带高压脊线已经加强北抬至 27°N 附近，与此同时，西风带系统也很活跃，暴雨发生在西风带西北气流与副高北侧西南气流交汇处的偏副高外围区域，北方冷涡转动南下，500 hPa 冷空气渗透，在副高外围西南气流中形成了短波小槽，中低层则为暖式切变线控制，暴雨区基本集中在暖式切变线的南侧，中低层偏南暖湿气流也是本次过程的水汽输送通道和能量来源。

本次过程主要发生在 7 月 5 日晚和 6 日上午之间，利用 ERA-Interim 再分析资料分析了此间环流形势的演变过程（图 2）。5 日 20 时至 6 日 08 时，500 hPa 低槽在向东移动过程中分为南北两支，南支小槽（图 2b）在本次过程中起到了直接作用，一是该短波槽起到了天气尺度动力抬升机制的作用，二是小槽携带干冷空气的卷入使得上干冷下暖湿的位势不稳定层结特征加强，亦即加强了能量条件，中尺度暴雨云团在上述有利背景条件下被触发。

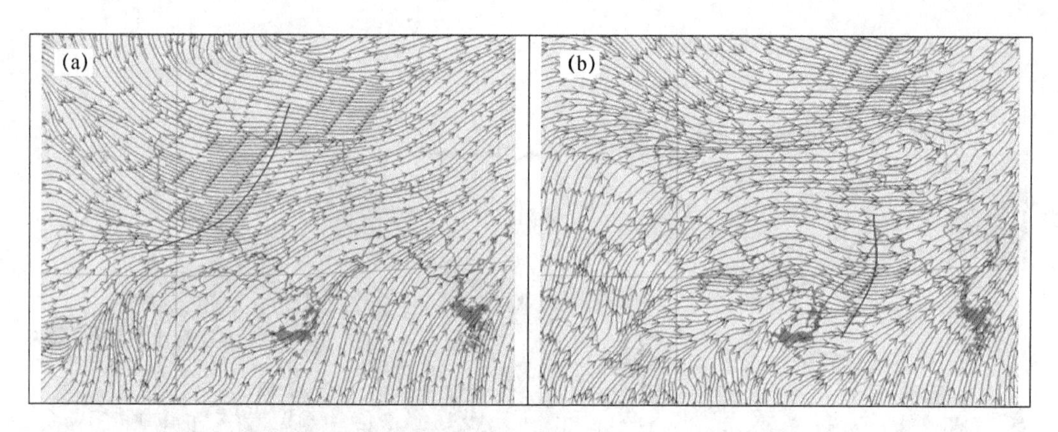


图 2　湖北省 500 hPa 流场演变过程(a:7 月 5 日 20 时,b:7 月 6 日 08 时)

## 2　模式预报和预报员主观预报回顾

模式仍然对重大转折性天气的预报能力较弱,较难预报出突发性的强中小尺度暴雨,对暴雨强度、落区和出现时间的预报仍是一个突出的问题[4]。如图 3 所示,总体上本次过程包括中尺度模式和集合预报在内的模式降水量预报偏小很多,或落区偏差很大,T639 对极端降水的把握与实况相对接近,尽管如此,T639 的预报与实况相比,落区范围和雨量也均偏小。业务实践和模式客观统计学检验表明,ECMWF 模式对各影响系统及要素的预报最接近实况;日本模式和 T639 模式次之[5,6]。所以日常业务经常以 ECMWF 模式形势预报为基础进行分析。此次过程形势预报方面,仍是 ECMWF 较为接近(图 4),显然 ECMWF 模式的形势预报满足了此次过程的分析,即形势误差不应是构成本次过程预报失败的理由。而从 T639 模式降水要素的优异表现来看,T639 模式从形势到要素的计算方案可能有其本地优势,今后在业务中对 T639 的极端降水应予以更多关注。

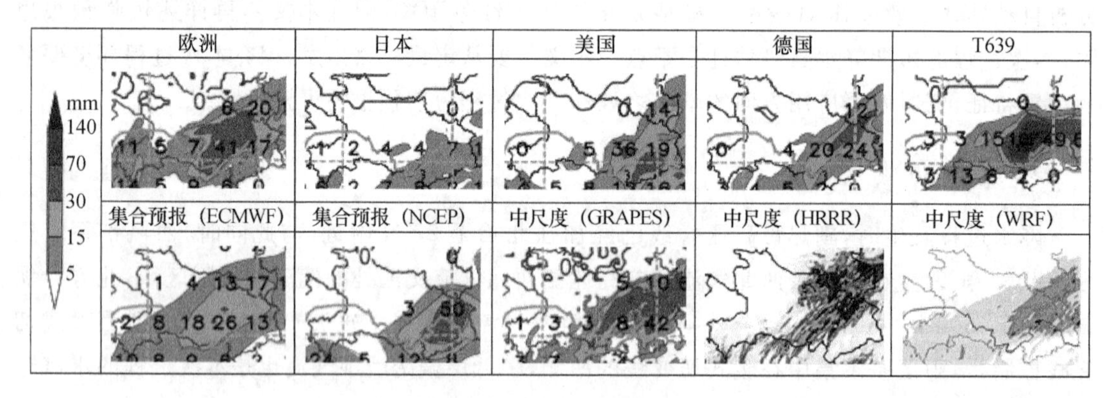


图 3　2016 年 7 月 6 日 08 时前 12 h 累计雨量预报集合邮票图(起报时间:5 日 08 时,单位:mm)

在资料应用方面,ECMWF 高分辨率资料在大规模业务应用之前,只能依赖 24 h 间隔的形势场进行短期预报,因此对 20 时至 20 时之间形势演变缺乏具体和精细的考量,而天气过程的发生具有突然性,即在 20 时与 20 时之间的任何时间均可发生短时强天气,7 月 5 日夜间暴雨正是此类,天气过程的发生无疑与同时刻的环流形势、天气系统相关性最强,如果只是分析逐 20 时形势,不能满足此次过程的预报要求。ECMWF 高分辨率数值产品业务应用以来,研究天气系统更精确的时间演变和某些中尺度过程有了更好的参考资料，本文也正是基于细网格资料进行再分析。

虽然 ECMWF 模式的形势预报满足了此次过程的分析，预报员可能对系统夜间东移后南支小槽波动的作用，尤其是高层干冷倾入造成的对流能量突增估计不足，加上此次过程 5 日 20 时急流并不明显，进一步增加了对降水强度主观定量的难度，业务中将主观经验客观定量化是亟待解决的。

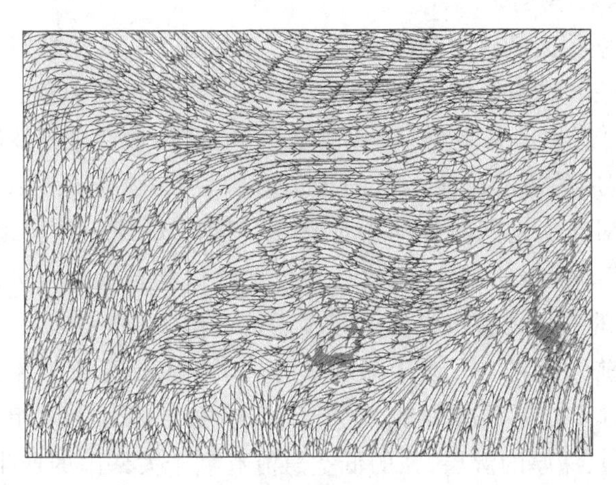

图 4　2016 年 7 月 6 日 08 时湖北省 500 hPa 中尺度流场预报与实况对比

## 3　资料应用的改进、能量异常演变与抬升结构的配置

高分辨率模式将在强对流天气预报及预警中发挥越来越重要的作用:高分辨率模式能增加预报员的预期能力，模式对强对流过程有更细致的刻画，有助于延长预警时效和提高精细化程度，充分挖掘和组合模式的各种输出要素是有效而快捷地发挥高分辨率模式性能的重要途径[7]。细网格 72 h 时效内时间分辨率已经高达 3 h，240 h 内则为逐 6 h，垂直层次多达 10 个以上，除了温、压、湿、风、雨等常规气象要素，其他诊断物理量也很多。因此，以空间分布场的角度进行资料的主观分析需要耗费大量时间，比如仅仅分析 24 h 内常用层次(1000、925、850、700、500 hPa)风场演变，就需要分析多达 40 张分布图，而且这种分析远远不能满足要求，既没有充分分析所有层次和其他要素，也仅仅是对 24 h 预报进行分析，而预报时效往往在 3 d 以上。面对海量的资料，预报员会基于经验选择一些其认为关键的分布场，所以从资料充分利用的角度来看，这种取舍具有一定的主观性，这也是导致中小尺度系统分析易漏的重要原因之一。一个解决资料使用效率的方法是时序剖面的应用，该方法可以在短时间内迅速调阅关于某一地点或区域的更多资料，以尽可能充分利用模式产品提供的所有信息，并研究气象要素的垂直分布。笔者基于 Delphi 编程环境和 GrADS 开发了细网格数值模式产品分析系统[8]，近年来根据湖北预报员模式资料应用经验的反馈持续优化，在实际业务中可以高效率地生成包括模式时序剖面在内的各类模式图形产品。

任何天气过程都离不开水汽相变，相对湿度的增大又是水汽相变的必经过程。在天气分析中，＞80％的相对湿度区常常称为湿区，与成云直接相关；而＞90％的相对湿度区经常被认为是饱和区，与致雨相关性高[9]。空气的饱和意味着温度露点差的减小，在水汽含量、露点基本稳定的条件下，表明温度降低向露点靠近，而温度的降低又与抬升相关：由于抬升过程中气压降低，气块对外做功，有绝热冷却作用；随高度的增高温度递减，非绝热混合也起到一定作用。所以高湿区或饱和层不仅仅体现了云层结构这一“结果”，也是系统性动力抬升这一“原因”的反映。业务经验也可佐证，相对湿度超过80%的区域与高空波动(槽)、切变线、辐合线等动力抬升系统所处的层次或位置高度对应。所以相对湿度垂直结构在日常预报中应是分析最多的因素之一，而业务应用中易将这个条件误认为是仅仅单一的水汽条件。另据研究表明，暖云层厚度越大，降水效率越高[10]。

ECMWF高分辨率数值模式本质上并非中尺度模式，并不能模拟对流风暴，所以时序剖面只能反映天气尺度抬升作用形成的湿区结构。极端降水往往和积云对流有关。研究表明，对流有效位能(CAPE)值相比K指数、沙氏指数来说，其物理意义更清晰[11]，且包含整层积分的因素，是一个广泛应用的衡量对流能量的最佳参数，所以常引入CAPE这一因素用于判断天气尺度系统影响时对流能量同时性的叠加作用。同时CAPE具有很强的对流雨强预报能力[12,13]，只是在高分辨率资料应用之前，这一参数无法以高预报时空分辨率给出，因此当前研究模式CAPE与降水的关系具有很强的业务实用性。

基于上述分析和前人研究[14]，确定降水率的三个因素是降水效率、云底上升气流速度和上升空气的比湿，而对于暖区深厚对流，上升气流速度与热力条件相关性很大，大的CAPE($1000\sim2000\ J\cdot kg^{-1}$)、深厚的湿层、强的低空急流有利于大暴雨的产生且具备短时强降水因素的高度概括性。为了探究雨量和湿层结构、CAPE值之间的关系，根据雨量进行分区，选取位于雨区中心位置的代表站点进行分析，得到表1。由于无法基于实况探测分析计算(实况高空探测不具备分析中的高时空分辨率)，采用MOS统计预报方法的思路，表1中的CAPE值是根据24 h时效内ECMWF高分辨率模式分析场或预报场等压面层结资料计算得到，并根据各站小时最大雨强出现时间求相邻时次的平均值。例如，小时最大降水出现在07时，则计算模式05时预报场与08时再分析场之间的均值。湿层形态是指相对湿度>80%的高湿层垂直结构，定义饱和层为相对湿度>90%的层次，取925 hPa、850 hPa、700 hPa、600 hPa、500 hPa、400 hPa、300 hPa、200 hPa、100 hPa，这是欧洲细网格提供的解码层次。这里不取1000 hPa，是考虑降水蒸发影响也会导致近地层相对湿度增大，不能代表抬升状况，不一定能构成降水因素。与武汉、恩施、宜昌探空对比，由于细网格24 h即6日08时各等压面层风、高度、温度、湿度都基本正确预报，故模式资料的可用性较高，以此计算的24 h内各时次各站CAPE也基本与实况一致。

**表1　各站最大小时雨强发生时的CAPE值和湿度分布特征**

| 小时雨强极值/mm | 出现站点/时间 | CAPE/J·kg$^{-1}$ | 湿层形态 | 饱和层数 |
|---|---|---|---|---|
| 61.3 | 江夏/07时 | 1287.0 | 1000～200 hPa | 6 |
| 40.1 | 武汉/04时 | 957.9 | 1000～600 hPa | 4 |
| 20.1 | 云梦/02时 | 519.2 | 1000～600 hPa | 5 |
| 19.1 | 嘉鱼/00时 | 1081.8 | 1000～600 hPa | 3 |
| 13.1 | 监利/22时 | 192.0 | 1000～500 hPa | 4 |
| 9.0 | 大冶/11时 | 1310.6 | 500～200 hPa | 3 |

续表

| 小时雨强极值/mm | 出现站点/时间 | CAPE/J·kg$^{-1}$ | 湿层形态 | 饱和层数 |
|---|---|---|---|---|
| 6.7 | 广水/17时 | 358.0 | 1000～500 hPa | 3 |
| 5.3 | 咸宁/10时 | 1114.5 | 1000～850 hPa | 3 |
| 5.2 | 石首/21时 | 55.5 | 1000～500 hPa | 5 |
| 1.4 | 赤壁/09时 | 945.3 | 1000～500 hPa | 2 |

以表1进行各角度分析。

极端降水分析：此次强降水过程小时雨强极端值为江夏的61.3 mm，其CAPE值达到了1000 J·kg$^{-1}$以上，出现极端雨强时湿层伸展高度最高，1000～200 hPa均＞80％，＞90％的饱和层也最多(6层)。武汉湿度层伸展高度为600 hPa，基本为极端值伸展高度的一半，即对流层中层，此时降水强度40 mm左右。通过暴雨中心站点的配料条件表明，要出现50 mm左右的小时强降水，湿层自边界层而上伸展高度至少要达到600 hPa，能量则要达到1000 J·kg$^{-1}$左右，而＞90％的饱和层则需≥4层。

控制变量进行各配料条件分析。

能量条件：如果湿层满足条件，即能伸展到对流层中层而CAPE仅达到一半(500 J·kg$^{-1}$左右)，则降水强度可达20 mm左右，如云梦站。监利位于暴雨区外的西南侧，CAPE为192 J·kg$^{-1}$，雨强为10 mm左右，石首降水过程发生时CAPE锐减为55 J·kg$^{-1}$，其降水强度仅仅5 mm。从上述三站来看，CAPE越大，降水强度越大，至少达到500 J·kg$^{-1}$，才能出现＞20 mm的短时强降水。气块在特定环境中绝热上升的最大垂直速度理论上取决于CAPE向动能的转化程度，并且由此可以求出$W_{max}$[15]：

$$W_{max}=(2CAPE)^{1/2}$$

大多数对流风暴中上升气流的垂直速度为$W_{max}$的一半左右，而降水效率与上升速度正相关，由上式求出湿层结构相似的石首、监利、云梦上升速度分别为：5.3、9.8、16.1 m·s$^{-1}$，和雨量高度满足正比关系，由此证明CAPE或热力条件是定量降水中必须考虑的关键因素。

湿度结构或动力条件：嘉鱼站的能量条件、湿层高度都满足要求，而饱和层少于4层，从天气系统来看，与切变线位置较远，因此低层多以偏南风输送为主，辐合抬升与暴雨区相比略差，饱和层浅，只有20 mm·h$^{-1}$左右的雨强，咸宁在嘉鱼的基础上，抬升高度(强度)只有其一半，小时雨强只有5 mm·h$^{-1}$左右。大冶的CAPE超过1000 J·kg$^{-1}$，甚至高于暴雨中心的江夏，而雨强只有10 mm·h$^{-1}$，这是因为其抬升高度处于对流层中层500 hPa以上，中低层缺乏强的抬升系统导致能量无法释放进而转化为浮力。能量条件基本满足，而抬升饱和层仅仅2层的赤壁，小时雨强仅仅1 mm·h$^{-1}$。

可见，某一时段的降水强度与当时的能量条件和湿层结构相关性非常好，根据上述条件基本可以确定此次过程的雨强预报阈值。当湿层结构为对流层整层时，CAPE为1000 J·kg$^{-1}$，短时强降水可达50 mm·h$^{-1}$；湿层结构为边界层-对流层中层，CAPE介于500～1000 J·kg$^{-1}$，降水强度基本为20～50 mm·h$^{-1}$。以上情形饱和层不能少于4层。上述对流层中下层的湿层结构满足，CAPE介于100～500 J·kg$^{-1}$，降水强度10 mm左右或以上，不足100 J·kg$^{-1}$，时，则为5 mm左右。饱和层少于3层，则考虑动力抬升强度有限，基本不考虑超过20 mm的短时强降水。再以单站角度进行此次过程二者配置、演变的细化分析，如图5所示。此次过程急流并不明显，但后半夜略微加强，从江夏的CAPE演变来看，其极值出现在05时，此时湿层结构也是最为深厚，这表明低槽东移，影响武汉地区的天气尺度系统、大气结构的演变使得动力作用和能量条件都发生了有利改变，动力抬升与能量条件同时达到最好状态，因而产生了极端强降水。值得注意的是，这是一个预报员容易忽视的问题，20时武汉地区已经开始了降水，通常认为，在天气过程发生后能量会得到一定程度的释放，夜间由于辐射降温，能量一般也是出于消退的状态，但此次过程恰恰相反，由于环流系统的演变反而使得能量在过程发生后还得以补充加强，并与动力条件在时间上发生了最优重合配置。

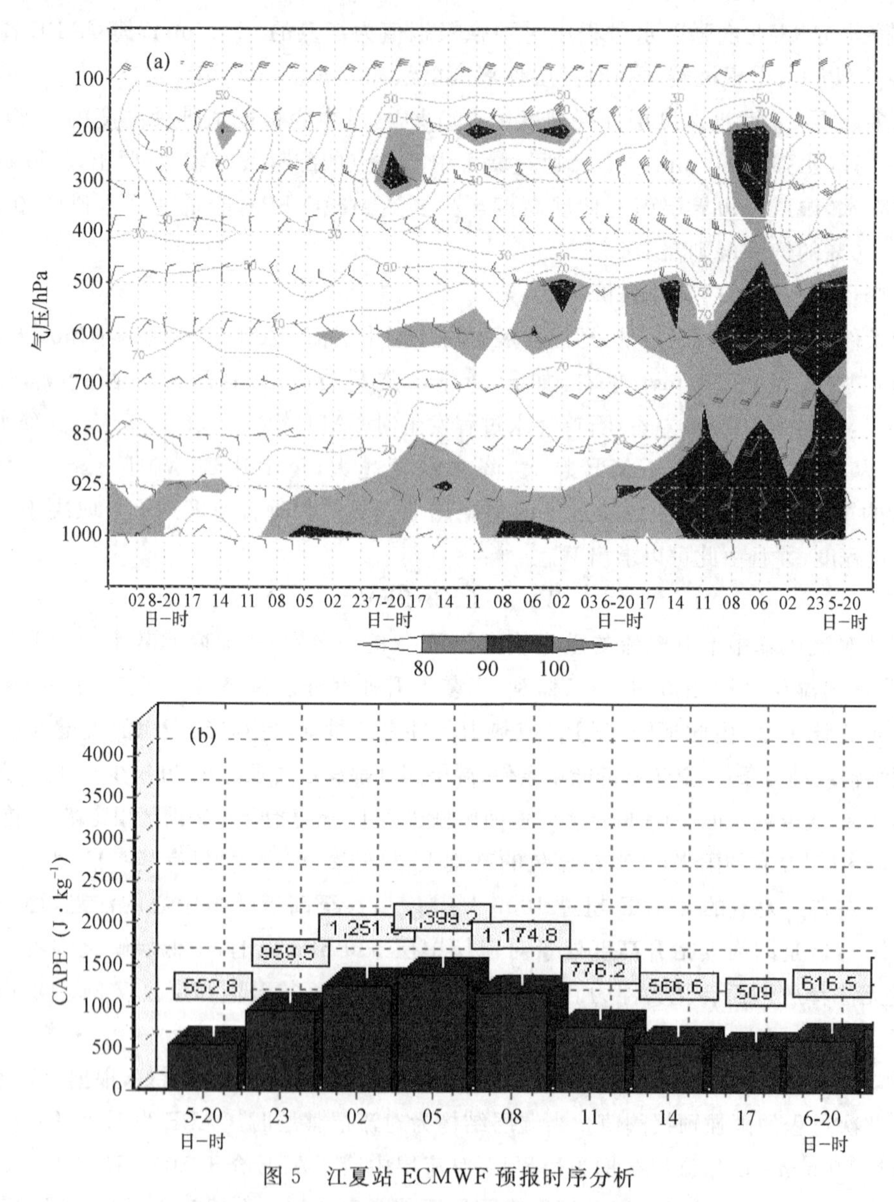


图5 江夏站ECMWF预报时序分析

（a. 风与相对湿度剖面，时间轴向左，阴影：相对湿度＞80%区域；b. CAPE演变）

## 4 结论与讨论

(1)分析空间分布场的方法利用高分辨率模式资料的效率低，容易对某时刻或某层次关键系统和关键要素的作用估计不足，对于地方预报员，利用时序曲线、模式剖面可以充分利用数值预报提供的更多信息，并研究气象要素的垂直分布。

(2)7 月 6 日鄂东暴雨过程中，中尺度短波小槽的影响显著，欧洲高分辨率模式预报的形势场满足此次预报要求，但降水要素预报与实况相差甚远，预报员对要素的订正决策仍可发挥重要作用。

(3)本过程是一次高能状态下的短时强降水，预报此类过程须着重关注过程开始后能量释放过程中的再补充以至于不减反增。限于高分辨率模式资料应用以前探空资料时空分辨率不足的问题，预报中对能量条件的分析时间上经常过于靠前，而忽视了抬升条件真正满足时的实际能量状态，这一时段内能量的异常增减变化经常导致预报失败。

(4)由于空气的饱和相变与抬升冷却有关，相对湿度的垂直分布，尤其是>90%饱和层的形态反映了大气动力抬升的结构(位置)与强度，以湿层垂直剖面配合系统研判动力条件效果更直观，可操作性更强。暴雨发生时湿层深厚，降水效率与湿层厚度呈正相关关系。

(5)水汽条件一定的情形下，能量与动力条件的把握是定量预报暴雨雨强的关键，CAPE 与湿层结构的演变能很好地反映二者及其配置，在业务应用中可作为定量降水预报的有效配料条件，短时强降水发生在大 CAPE 值与湿层、饱和层最佳结构同时满足的时段，利用 CAPE 时序、风叠加相对湿度时序剖面分析预报时段内各时刻的配置可最大程度减少对某一地区的空漏报。

(6)本次过程发生在低空急流并不明显的情形下，夜间急流脉动短暂加强，>50 $mm \cdot h^{-1}$ 强降水发生时，其 CAPE 值超过 1000 $J \cdot kg^{-1}$，湿层自边界层伸展至对流层中层(600 hPa)甚至 200 hPa，其中对流层中下层的抬升是能量释放的关键因素。在湿层结构相同，天气尺度动力系统相似的环境条件下，雨强则近似与$(2CAPE)^{1/2}$满足正相关关系。

## 参考文献


[1] 毕宝贵，代刊，王毅，等. 定量降水预报技术进展[J]. 应用气象学报，2016,27(5):534-549.

[2] 张小玲，陶诗言，孙建华. 基于"配料"的暴雨预报[J]. 大气科学，2010，34(4):754-766.

[3] 朱玉祥，黄嘉佑，丁一汇. 统计方法在数值模式中应用的若干新进展[J]. 气象，2016，42(4):456-465.

[4] 陈德辉，薛纪善. 数值天气预报业务模式现状与展望[J]. 气象学报，2004，62(5):623-633.

[5] 尹姗. 2015 年 12 月至 2016 年 2 月 T639、ECMWF 及日本模式中期预报性能检验[J]. 气象，2016,42(5):637-642.

[6] 张峰. 2016 年 3—5 月 T639、ECMWF 及日本模式中期预报性能检验[J]. 气象，2016，42(8):1020-1025.

[7] 漆梁波. 高分辨率数值模式在强对流天气预警中的业务应用进展[J]. 气象，2015,41(6):661-673.

[8] 谭江红，张伦瑾，文海松. 基于混编技术实现数值产品综合查询平台的设计[J]. 电脑编程技巧与维护，2012,22:54-56.

[9] 朱乾根，林锦瑞，寿绍文，等. 天气学原理与方法(第四版)[M]. 北京:气象出版社，2007:328-329.

[10] 郝莹，姚叶青，郑媛媛，等. 短时强降水的多尺度分析及临近预警[J]. 气象，2012,38(8):903-912.

[11] 陈艳，寿绍文，宿海良. CAPE 等环境参数在华北罕见秋季大暴雨中的应用. 气象，2005，31(10):56-61.

[12] 张建春，王海霞，陶祖钰. 对流有效位能预报能力的统计分析[J]. 暴雨灾害，2014,33(3):290-296.

[13] 郑仙照，寿绍文，沈新勇. 一次暴雨天气过程的物理量分析[J]. 气象，2006，32(1):102-106.

[14] 俞小鼎. 2012 年 7 月 21 日北京特大暴雨成因分析[J]. 气象，2012,38(11):1313-1329.

[15] 俞小鼎，姚秀萍，熊庭南，等. 多普勒天气雷达原理与业务应用[M]. 北京:气象出版社，2006:92-93.

# 乌鲁木齐“2015.12.11”极端暴雪天气的综合分析

张俊兰　万　瑜　闵　月

（新疆维吾尔自治区气象台，乌鲁木齐 830002）

**摘　要**

2015 年 12 月 11 日乌鲁木齐及周边地区的暴雪天气是一次极端暴雪过程，南北低值系统结合、高低空“四支气流”汇合为暴雪提供了有利的大尺度环流背景，环流形势具有夏季大降水特征。与历年相比，此次暴雪的环流形势具有极端性环流特征。水汽长时间通过西南和偏西路径输送至暴雪区，并在 700 hPa 以下辐合和聚集，水汽主要来自 700 hPa 以下低层。风廓线雷达反演的上升运动区升高、中层上升运动区下降以及低层上升运动区的增强，均与降雪增强相对应；地面 β 中尺度辐合中心和辐合线出现 1～2 h 后，强降雪（降雪强度均＞1.0 mm・h$^{-1}$）出现，雷达回波上零速度区的“S”形结构的出现时间与强降水时段有一定对应，此次暴雪中 GRAPES 中尺度数值产品预报能力优于 ECMWF。

**关键词**：水汽和动力条件　天气雷达　β 中尺度系统　暴雪极端性分析

## 引言

乌鲁木齐位于亚欧大陆腹地和祖国西北方，地处天山中段北麓、准噶尔盆地南缘，总面积 1.3788 万 km$^2$，辖七区一县，市区三面环山，地势东南高、西北低，平均海拔 800 m，属中温带半干旱大陆性气候。乌鲁木齐在世界上距海洋最远，是新疆维吾尔自治区首府，新疆政治、经济、文化中心，也是第二座亚欧大陆桥中国西部桥头堡和我国向西开放的重要门户，乌鲁木齐越来越重要的政治和经济地位使之对气象防灾减灾的要求越来越高。但冬季气象灾害多，暴雪时常出现，雪灾对社会经济和人民生活造成较大影响，成为制约经济建设可持续发展的重要因素之一。2015 年 12 月 11 日乌鲁木齐及周边地区的大范围暴雪是极端暴雪天气过程，通过分析此次极端暴雪天气的水汽、动力条件和中尺度天气系统演变等，揭示暴雪成因和长时间维持机制，并对比检验了 ECMWF 细网格和 GRAPES_Meso 中尺度数值预报产品的预报能力，为进一步明确预报思路、提升暴雪预报预警能力提供技术支撑。

## 1　极端暴雪概况

2015 年 12 月 11 日乌鲁木齐及周边地区的暴雪天气是一次极端暴雪过程，其特征为：(1)多地出现极端暴雪，城区、米东区、小渠子、白杨沟 4 站 11 日降雪量（35.9 mm、27.4 mm、21.7 mm、14.7 mm）突破了建站以来的冬季最大日降水量值；(2)积雪深度厚。城区、米东区、小渠子 3 站积雪深度（45 cm、33 cm、62 cm）超过了建站以来的 12 月最大积雪深度。(3)降雪持续时间长。大部分地区降雪在 20 h 以上，乌鲁木齐城区持续 37 h。(4)最大暴雪中心位于乌鲁木齐城区，过程降雪量 46.3 mm，11 日降雪量 35.9 mm（破历史极大值），超过历年冬季平均降雪量 40.1 mm，积雪深度达 45 cm，11 日 02—11 时共 7 个时次小时雪强超过 2 mm・h$^{-1}$。

此次暴雪对乌鲁木齐公路交通和民航飞行影响很大，交通严重堵塞，引发交通事故180余起；乌鲁木齐国际机场共200多架航班延误、取消和备降。

## 2 大尺度环流背景

降雪前500 hPa环流经向度加大，欧洲沿岸脊向北发展，乌拉尔山长波槽向南加深，里海南部的低值系统与乌拉尔山大槽合并叠加，槽前的西南风伸至30°N以南。12月9—10日，东欧高压脊顶受到冷平流侵袭，向东南方向衰退，推动乌拉尔山大槽东移南下，槽前偏南风增强为偏南急流，11日南疆盆地偏南风达20 m·s$^{-1}$。此次极端暴雪过程属典型的欧洲脊发展衰退、乌拉尔低槽东移型，并有南支低值系统结合，为典型的后倾槽形势，南、北低值系统的叠加、结合以及中层南疆偏低的偏南急流为乌鲁木齐极端暴雪提供了有利的大尺度环流背景，环流形势具有夏季大降水环流特征。

## 3 水汽条件

### 3.1 水汽输送路径及强度

此次暴雪中存在2条水汽输送路径，分别是400～600 hPa的西南路径、650～850 hPa的偏西路径。(1)西南路径。这条路径的水汽主要来源于阿拉伯海，随高空槽东移，400～600 hPa印度半岛到南疆的西南—偏南风东移过程中不断增强，阿拉伯海北部的部分水汽输送至印度半岛一带，同时印度半岛至青藏高原的西南风带里建立了水汽通道，将暖湿气流向暴雪区输送，11日08时500 hPa有一宽度约4个纬距东北—西南走向的水汽通量大值区，说明西南方水汽不断向东北输送，最大水汽通量>2 g·cm$^{-1}$·hPa$^{-1}$·s$^{-1}$(图1a)；(2)偏西路径。这条路径的水汽主要来源于里海和咸海，650～850 hPa存在自欧洲沿岸沿偏西气流接力向里海和咸海输送的偏西水汽路径，水汽达到里海和咸海地区后又向北疆输送水汽，承担输送水汽的偏西急流进入北疆后转为西北风并增强为西北急流，急流核中心向东南方移动靠近暴雪区，暴雪区位于水汽通量高值区附近，最大水汽通量>3 g·cm$^{-1}$·hPa$^{-1}$·s$^{-1}$(图1b)。

### 3.2 水汽输送的空间结构

暴雪区上空具有较强的水汽输送。有西南和偏西2条水汽输送路径在不同高度将水汽接力输送至暴雪区，水汽输送时间长，水汽输送累计时间长达114 h。水汽输送自925 hPa伸至400 hPa，主要在400～600 hPa、600～750 hPa、750 hPa至近地层3层内(图1c)，水汽输送厚度达525 hPa，中亚南部最大水汽输送达7 g·cm$^{-1}$·hPa$^{-1}$·s$^{-1}$，但较强的水汽输送在中低层，中低层抵达输入北疆的水汽输送长时间维持在1～3 g·cm$^{-1}$·hPa$^{-1}$·s$^{-1}$，偏西水汽路径在中层(650～450 hPa)叠加输送30 h。

### 3.3 水汽辐合的空间结构

乌鲁木齐上空900～450 hPa之间存在不同强度的水汽辐合，最强辐合层次位于750 hPa附近(图1 d)，水汽汇合和聚集主要在低层，水汽长时间通过西南和偏西路径输送至暴雪区，并在700 hPa以下辐合和聚集。虽然乌鲁木齐中低层有较强的水汽输送，但水汽辐合主要出现在低层700～800 hPa，低层偏西路径的水汽进入新疆，在偏北急流和天山山脉的地形强迫抬升下，水汽在天山北坡山前出现汇合和集中。虽然乌鲁木齐上空的水汽输送的厚度厚、强度强，但水汽辐合主要在700～800 hPa，水汽主要来自700 hPa以下低层。

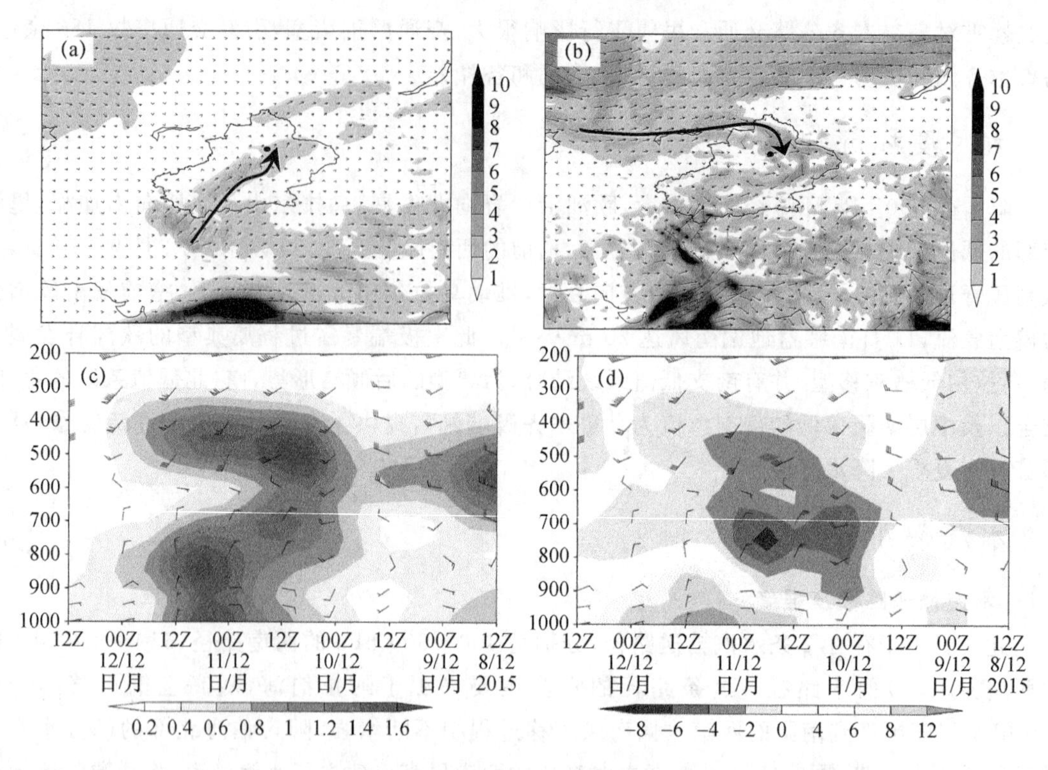


图1 2015年12月11日08时500 hPa水汽通量+风场(a)、850 hPa水汽通量+风场(b)和9—12日乌鲁木齐附近上空水汽通量(c)、水汽通量散度(d)时间-高度剖面图(水汽通量单位:g·cm$^{-1}$·hPa$^{-1}$·s$^{-1}$)

# 4 动力抬升条件

## 4.1 上升运动和散度

乌鲁木齐上空"四支气流"的汇合是大尺度抬升运动和低层地形强迫抬升的重要天气系统,中高层偏南气流有利于大尺度垂直上升运动的发展和维持,低层700 hPa偏北气流和850 hPa东北气流南下后在天山北坡受山脉阻挡,形成风速辐合和风向转变,地形强迫抬升作用有利于辐合和抬升运动。

中低层850~400 hPa负散度和高层350~200 hPa正散度的高低空配置有利于辐合上升运动的发展,上升运动区从300 hPa延伸至地面,上升运动厚度达300 hPa,850 hPa高度为上升运动大值区。

## 4.2 风廓线雷达反演的垂直速度

风廓线雷达通过返回信号信噪比和系统噪声功率的方法估算得到的回波资料是可以业务应用的。图2为此次暴雪中乌鲁木齐风廓线雷达资料估算的垂直速度高度—时间垂直剖面,图中垂直速度回波经历了发展、最强、次强3个时段。乌鲁木齐风廓线雷达反演的垂直速度资料显示,4000 m附近上升区的出现和高度下降以及低层上升运动的增大,对5 min雪强增强具有预示意义,但低层850 hPa上升运动增大的警示作用更为明显,较5 min雪强的增强提前5~10 min。

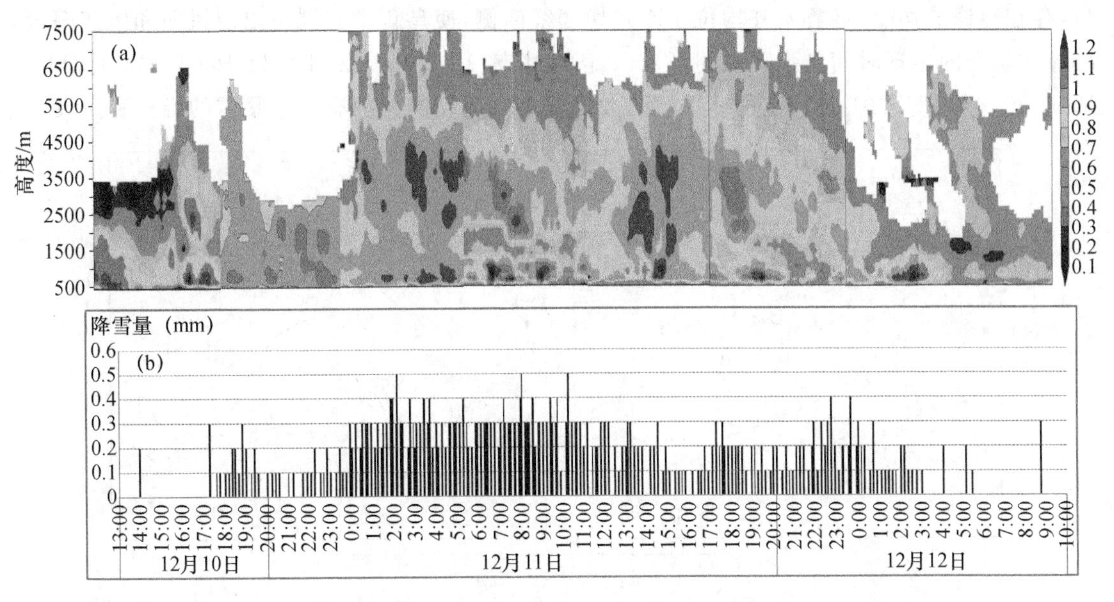


图 2 乌鲁木齐风廓线雷达资料估算的 2015 年 12 月 10—12 日 13 时—12 日 10 时垂直速度的高度—时间垂直剖面图(a)和乌鲁木齐 5 min 降雪量(b)变化

(单位:垂直速度为 $m \cdot s^{-1}$,降雪量为:mm)

## 5 中尺度天气系统

### 5.1 地面β中尺度的辐合中心和辐合线

强暴雪来临前 2 h 左右—11 日 00 时,乌鲁木齐及周边地区出现了地面β中尺度辐合中心和辐合线,乌鲁木齐市西部的偏北风、北部的偏东风和东部的偏南风形成明显的气旋性辐合中心,辐合中心南部有辐合线,此时降雪强度开始增强,强度增至 1.0 $mm \cdot h^{-1}$(图 3a),至 11 日 03 时,乌鲁木齐及周边地区的地面β中尺度辐合中心维持,但辐合强度有所减弱,此时降雪强度仍超过 1.0 $mm \cdot h^{-1}$(图 3b),11 日 07 时,地面γ中尺度辐合中心再次出现,08 时降雪量增加至2.8 $mm \cdot h^{-1}$(图 3c)。地面β中尺度的辐合中心和辐合线是重要的中小尺度天气系统,强暴雪来临前 2 h 左右,乌鲁木齐及周边地区出现了地面β中尺度辐合中心和辐合线,它出现后降雪强度增强,降雪强度均增至 1.0 $mm \cdot h^{-1}$以上,并较强降雪提前 1～2 h 出现。

### 5.2 雷达回波特征

#### 5.2.1 反射率因子

在乌鲁木齐新一代天气雷达产品 1.5°仰角回波图像上,雷达回波上属层状云降水回波,乌鲁木齐上空最大回波强度为 15 dBZ,最高回波顶高 2.5 km 左右,降雪强度的增强滞后于回波强度。降雪强度的增强滞后于回波强度的增强,降水增强后,回波强度逐渐减弱。

#### 5.2.2 径向速度

在 1.5°仰角径向速度场上,距雷达中心 30 km 内,零速度线经过测站时,西北部零度线随距离增加逆转转向正速度区,负速度面积大于正速度面积,出现了 3 个零速度区的“S”形结构(10 日 16 时、11 日 01 时 54 分和 15 时 45 分),雷达站西北部为西北风,东北部为东北风(图

4)，存在冷锋式切变，乌鲁木齐均位于冷式切变线南侧，使乌鲁木齐周边出现风向和风速辐合，冷锋式切变的出现时间与强降水时段有一定的对应(10 日 15—21 时、11 日 01—11 时、11 日 15 时 30 分—12 日 01 时)，这种冷平流与大尺度辐合运动的叠加有利于暴雪的维持和发展。

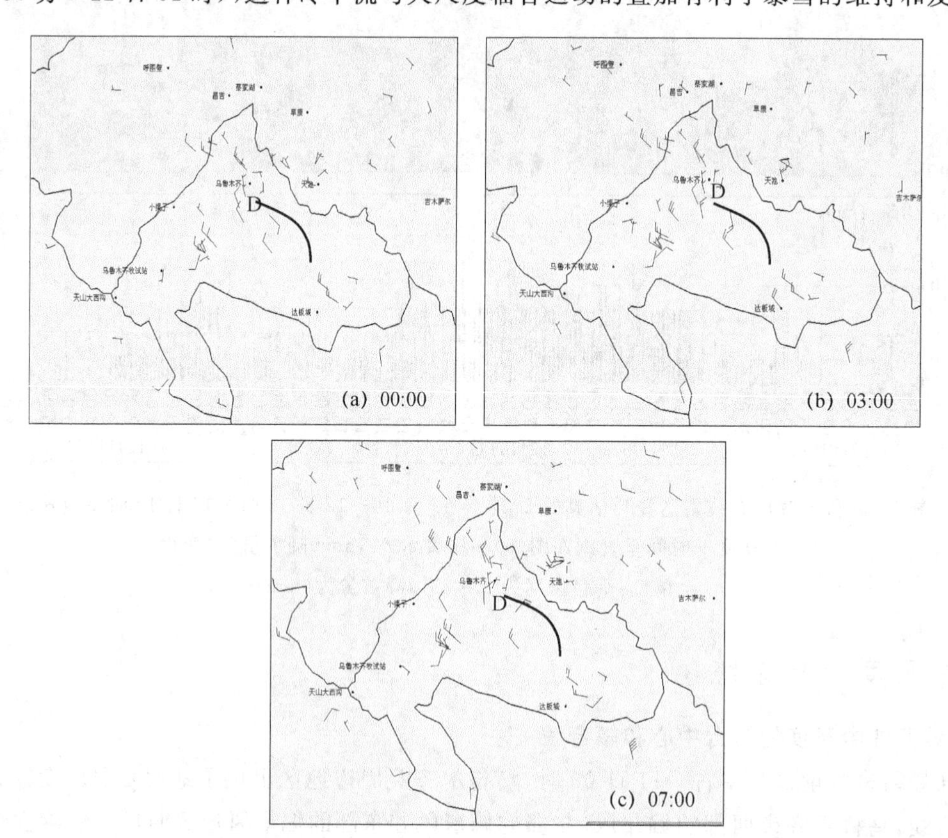


图 3 乌鲁木齐及周边 2015 年 12 月 11 日 00 时(a)、03 时(b)、07 时(c)加密自动站风场

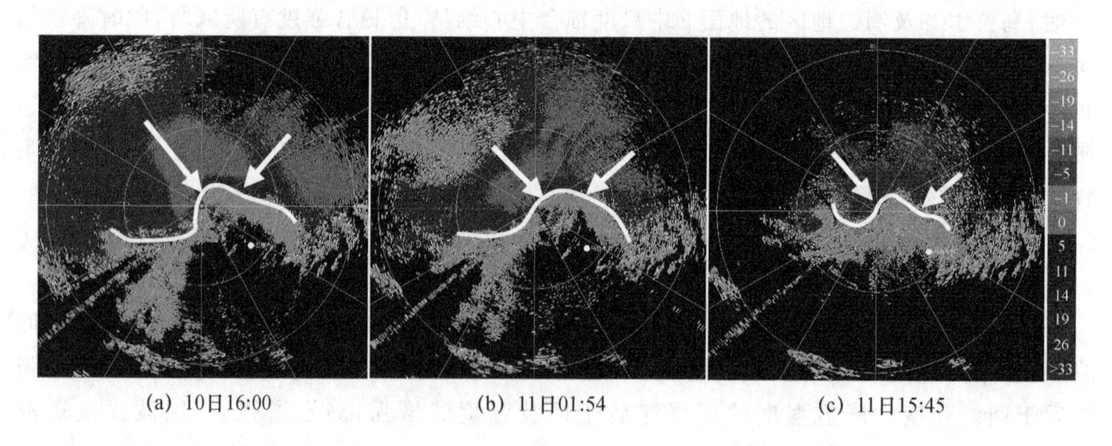


(a) 10日16:00 (b) 11日01:54 (c) 11日15:45

图 4 2015 年 12 月 10—11 日乌鲁木齐新一代天气雷达 1.5°仰角径向速度(单位：m·s$^{-1}$)

## 6 环流形势的极端性分析

此次极端暴雪过程较 2014 年 12 月 8 日(次强暴雪)明显偏强，环流形势具有一定的极端

性，主要表现为极端暴雪出现在强经向环流下，脊前北风带更强，低槽位置更南，槽脊移动更慢，降雪时间更长。500 hPa 上 552 dagpm 线南界达 37°N 附近，较次强暴雪日和历年分别偏南 3 个和 12 个纬距，致使南下干冷空气和北上暖湿气流在北疆沿天山一带剧烈交绥形成极端暴雪。

# 7 数值预报产品检验

应用 ECMWF 细网格和 GRAPES_Meso 中尺度数值预报产品对比检验 12 月 11 日北疆沿天山一带和暴雪中心的降水预报能力。

## 7.1 降雪落区预报

ECMWF 和 GRAPES 在未来 24～72 h 时效内均预报出北疆沿天山一带的乌苏到木垒一线为最大降水带，最强暴雪中心位于乌鲁木齐东部，GRAPES 落区预报更为准确：(1) GRAPES 预报乌鲁木齐东部最大暴雪中心外围有大值区伸向西南方（小渠子方向）；(2) GRAPES 预报乌苏到木垒一线暴雪区降水量的更接近实况。

## 7.2 乌鲁木齐单点预报

用乌鲁木齐最近格点预报作为乌鲁木齐单点预报，对乌鲁木齐单点预报，GRAPES 和 ECMWF 模式预报均偏小，GRAPES 预报效果更好。预报时效为 72 h、48 h 和 24 h 时，ECMWF 预报值为 26.7 mm、23.2 mm、25.7 mm，GRAPES 为 25.68 mm、25.03 mm、33.57 mm，GRAPES 误差明显偏小，24 h 预报仅较实况偏小 2.3 mm。

# 2016 年 1 月重庆大范围降雪天气过程分析

李 晶 王 欢 何 军

（重庆市气象台，重庆 401147）

**摘 要**

利用常规观测资料、地面加密观测资料及 NCEP 1°×1°再分析资料，对 2016 年 1 月重庆大范围降雪天气过程的成因进行了分析，并探讨了降水相态的转换过程。结果表明：高层的横槽转竖和低层的切变线南下，引导强冷空气影响重庆是此次降温降雪过程的主要成因，但上升运动和水汽辐合较弱，降雪量偏小。对流层低层高湿区与降雪落区重庆中西部和东南部地区相对应。强冷空气造成大范围的降温，地面气温降至 1℃以下，是雨转雪的主要条件。

**关键词**：重庆降雪 成因 降水相态转化

## 引言

重庆地处四川盆地东部，位于青藏高原东部的东亚季风区，属中亚热带季风性湿润气候，冬季气候温暖，由于有秦岭、大巴山脉屏障，冷空气不易入侵，降雪天气较少，仅东部的中高山地区略多，而全市大范围的降雪天气过程更少，因此针对重庆降雪的相关预报技术方法和分析研究也较少，日常对降雪的预报能力薄弱。近年来，国内对降雪天气成因、降水相态转换的研究多针对暴雪天气过程[1-8]，对包括重庆在内四川盆地这样的少雪区域的降雪研究很少，缺乏系统深入研究该地区降雪成因及相态转换的分析。

2016 年 1 月重庆出现了一次大范围降雪过程，23 个区县站点(全市共 34 个)出现了降雪，综合强度为 1951 年以来第三强。本文利用常规观测资料、地面加密观测资料及 NCEP 1°×1°再分析资料等，分析此次过程的天气形势、水汽条件、动力条件，探讨重庆降雪的成因及降水相态的转换。

## 1 过程概况及天气特点

2016 年 1 月 19—24 日，重庆出现了一次大范围的降雪天气过程。19 日夜间至 22 日白天，重庆大部地区以间断小雨为主，东部海拔较高的区县有降雪，东南部有冻雨；22 日夜间至 24 日白天，重庆中西部、东南部地区先后出现降雪。此次过程重庆有 23 站出现降雪，其中 21 个站点出现了积雪，最大积雪深度为 11.0cm(表 1)，综合强度为 1951 年以来第三强，仅次于 1977 年和 1991 年，重庆主城区(沙坪坝站)也出现了 1992 年以来最大的一次降雪天气。

受降雪天气影响，重庆的城口、綦江、万盛、巴南、荣昌、渝北、沙坪坝、江津等多个区县遭受低温冻害、雪灾，造成人畜受灾，电力、饮水、交通、通信等设施受损，农作物受灾、农房受损，据民政部门统计共造成 25.9 万人受灾，死亡 2 人，农作物受灾面积 1.4 万 $hm^2$，直接经济损失达 1.2 亿元。

**表 1　2016 年 1 月 19—24 日重庆区县站点最大积雪深度和降雪量**

| 站名 | 最大积雪深度(cm) | 降雪量(mm) | 站名 | 最大积雪深度(cm) | 降雪量(mm) |
|---|---|---|---|---|---|
| 潼南 | 5.0 | 7.8 | 綦江 | 4.0 | 5.2 |
| 大足 | 4.0 | 6.3 | 万盛 | 11.0 | 9.1 |
| 铜梁 | 4.5 | 10.3 | 长寿 | 3.0 | 4.9 |
| 合川 | 8.0 | 6.1 | 垫江 | 1.0 | 1.0 |
| 北碚 | 4.0 | 7.3 | 南川 | 11.0 | 12.8 |
| 沙坪坝 |  | 5.8 | 武隆 |  | 0.1 |
| 渝北 | 8.0 | 7.6 | 黔江 | 5.0 | 11.3 |
| 巴南 | 10.0 | 3.5 | 酉阳 | 4.0 | 5.6 |
| 荣昌 | 7.0 | 12.5 | 秀山 | 2.0 | 2.6 |
| 永川 | 1.9 | 8.9 | 巫山 | 2.3 | 2.0 |
| 璧山 | 11.0 | 11.4 | 城口 | 1.7 | 2.9 |
| 江津 | 2.0 | 5.4 |  |  |  |

此次过程重庆出现了大范围的降温，分析 2016 年 1 月 23—24 日的平均气温、最低气温与历史同期的对比情况(表略)，2016 年 1 月 23—24 日的平均气温显著偏低，除奉节、巫溪外其余 32 个站点的历史排位均在前 5 以内，其中 22 个站点达到了历史最低值；25 个站点最低气温低于 0℃。除奉节、巫溪外其余 32 个站点的历史排位均在前 10 以内，其中 27 个站点在前 5 以内，8 个站点达到了历史最低值。降雪结束后，2016 年 1 月 25 日最低气温除沙坪坝、江津为 0.1、0.2℃外，其余站点均低于 0℃(表略)，且各站点 25 日的最低气温达到了 2016 年 1 月中旬、1 月以及年度的最低气温。将其与历年同期 1 月中旬最低气温对比，重庆西部、东南部的 7 个站点达到了历史最低值，31 个站点排名历史前 5 位。

可见，此次过程影响重庆的冷空气强度大，各地气温下降明显，部分地区气温降到了历史同期的极值，中西部、东南部地区尤为突出，这也与降雪的落区相对应。

## 2　环流形势分析

分析此次过程的环流形势和主要影响系统，500 hPa 上 22 日 20 时至 23 日 20 时(北京时，下同)，蒙古至新疆的横槽转竖，尾部影响至重庆，槽后偏北风风速增大，引导强冷空气东移南下，−20℃的等温线从重庆东北部压至重庆偏南地区(图 1a)；700 hPa 上，四川盆地东部的切变线迅速南压影响重庆，云南—贵州—湖南一带存在西南急流，重庆位于急流北侧，相对湿度维持在 80%以上(图 1b)，22 日 20 时、23 日 08 时重庆西部一直有弱的切变，23 日 20 时重庆偏南地区也存在弱切变，相对湿度超过 90%的高湿区位于重庆中西部及东南部，而重庆东北部受偏北气流控制，相对湿度低；850 hPa 上，东北风风速增大，且与等温线几乎垂直，重庆境内受明显的回流冷空气影响，0℃线已南压至广西北部，低层形成深厚冷垫，高湿区同样位于重庆中西部、东南部；地面蒙古高压稳定发展，中心强度持续加强，冷空气不断南下，重庆境内气压升高、负变温明显。24 日 08 时，500 hPa 重庆境内均受槽后西北气流控制，低层也转为偏北气流，湿度明显下降，地面气温开始略有回升、气压略降，降雪结束。故此次降雪天气过程主要出现在 22 日夜间至 24 日凌晨，落区主要位于重庆中西部和东南部地区，与高湿区对应。

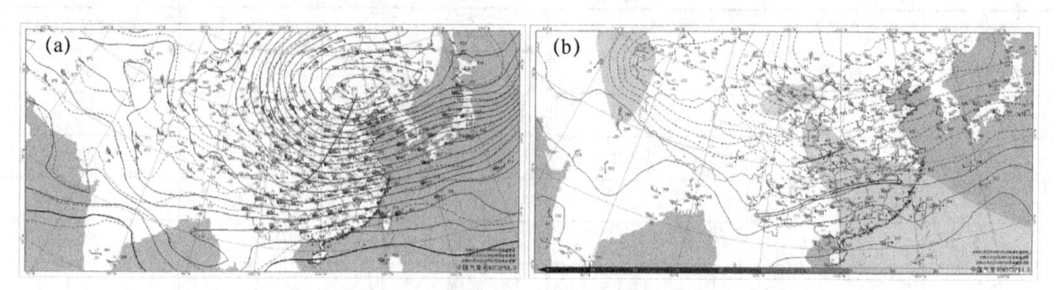


图 1　2016 年 1 月 22 日 20 时(a)500 hPa 高度场、温度场、槽线及风场；
(b)700 hPa 温度场、湿度场、切变线、急流及风场

## 3　物理量诊断分析

### 3.1　水汽条件

700 hPa 的水汽通量：此次过程的水汽供应主要来自孟加拉的西南水汽输送带[7]，重庆处于西南急流的北侧，有弱的水汽辐合。

850 hPa 水汽通量散度(图 2)：22 日 20 时至 23 日 20 时重庆中西部、东南部地区有弱的负值区，但量值较小，水汽通量散度小于 $-2\times10^{-5}$ g·cm$^{-1}$·hPa$^{-1}$·s$^{-1}$，有弱的水汽辐合；24 日 08 时，重庆境内均转为辐散。

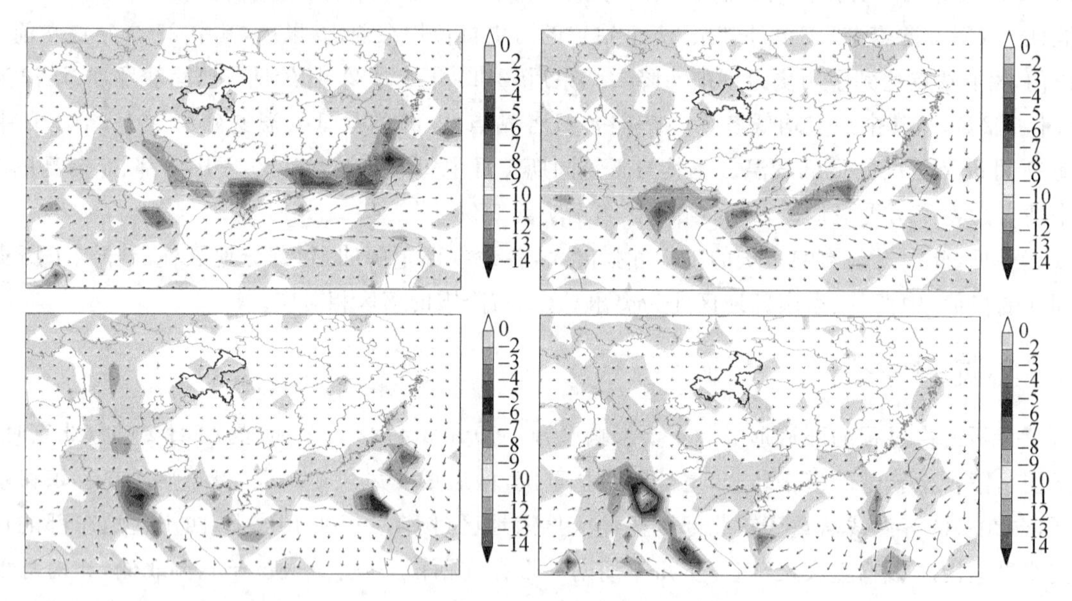


图 2　2016 年 1 月 22 日 20 时(a)、23 日 08 时(b)、23 日 14 时(c)、23 日 20 时(d)
850 hPa 水汽通量(单位：g·cm$^{-1}$·hPa$^{-1}$·s$^{-1}$)和水汽通量散度
(阴影，单位：$10^{-5}$ g·cm$^{-1}$·hPa$^{-1}$·s$^{-1}$)

### 3.2　动力条件

选取沙坪坝、酉阳的垂直速度剖面图(图 3)分析，整个雨雪天气过程中，即 19 日 20 时至 24 日 08 时，近地面至高层均为弱的上升运动；22 日 20 时，沙坪坝的上升运动加强，高层发展至 450 hPa，高低层的中心值均增大，超过了 $-1.0\times10^{-3}$ hPa·s$^{-1}$，开始出现降雪；22 日 08 时

至 23 日 08 时，酉阳的上升运动加强，低层的中心值增大到 $-3.0\times10^{-3}$ hPa·$s^{-1}$，这个时段与酉阳的降雪时段相对应。

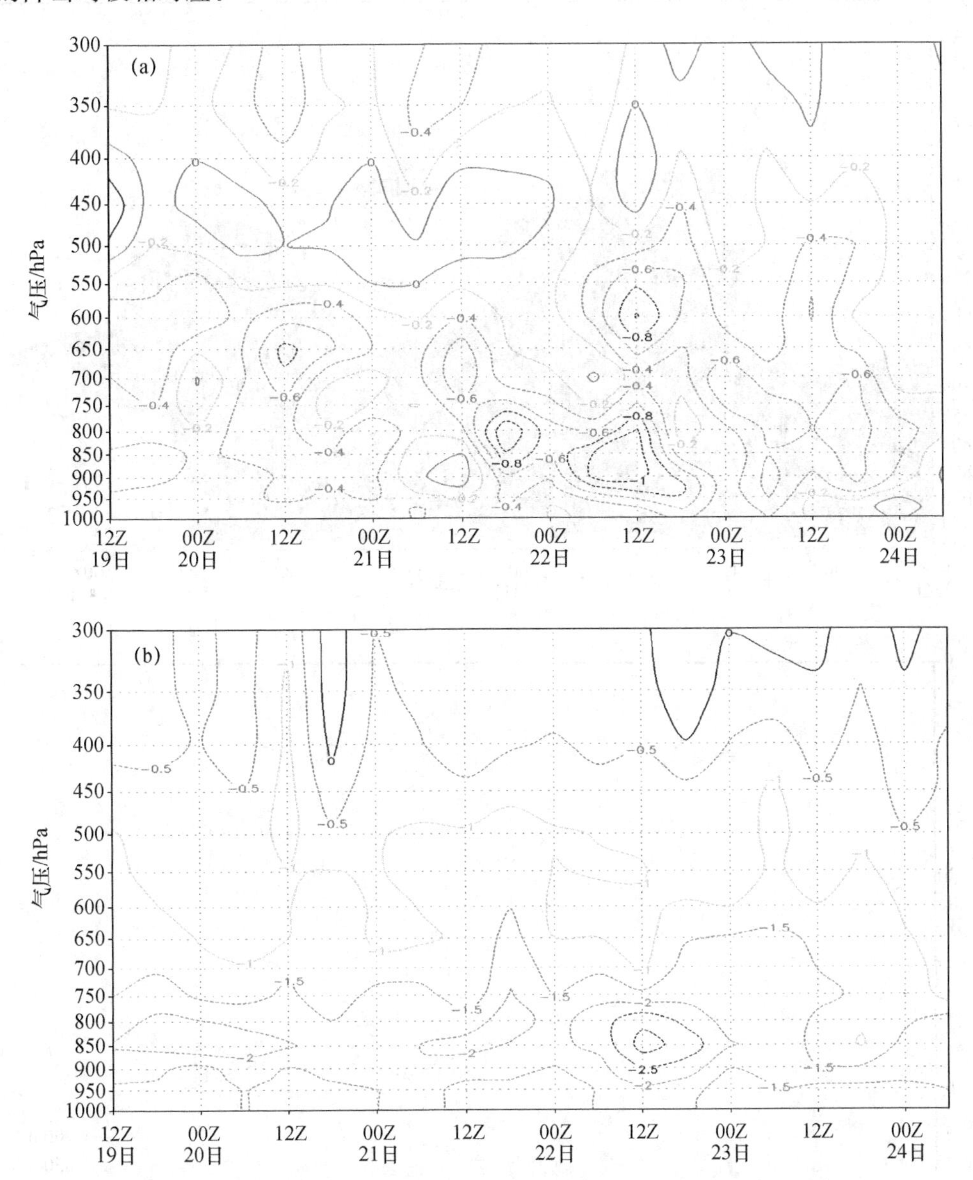


图 3　2016 年 1 月 19 日 20 时至 24 日 08 时垂直速度时序剖面(单位：Pa·$s^{-1}$)

(a)沙坪坝(106°E,29°N)；(b)酉阳(109°E,29°N)

### 3.3　层结特征分析

沙坪坝 22 日 20 时至 23 日 08 时，近地面至 500 hPa 为一深厚的湿层，相对湿度超过 80%，气温 0℃线逐渐从 900 hPa 压至近地面(图 4a)，地面有冷空气影响，低层冷垫形成，700 hPa、850 hPa 的气温明显下降，22 日 20 时 700 hPa 骤降至－12℃，850 hPa 温度降至－4℃以下(图 4b)，有利于降雪。酉阳 21 日 20 时 700 hPa、850 hPa 开始出现明显的降温(图 5b)，600 hPa 至 900 hPa 逐渐形成深厚的湿层(图 5a)，但 22 日 05 时前 700 hPa 的温度高于 850 hPa的温度，有逆温层存在，降水以雨为主，因站点的气温低于 0℃(图 6)，故出现冻雨；

05 时后逆温消失，酉阳转为降雪。

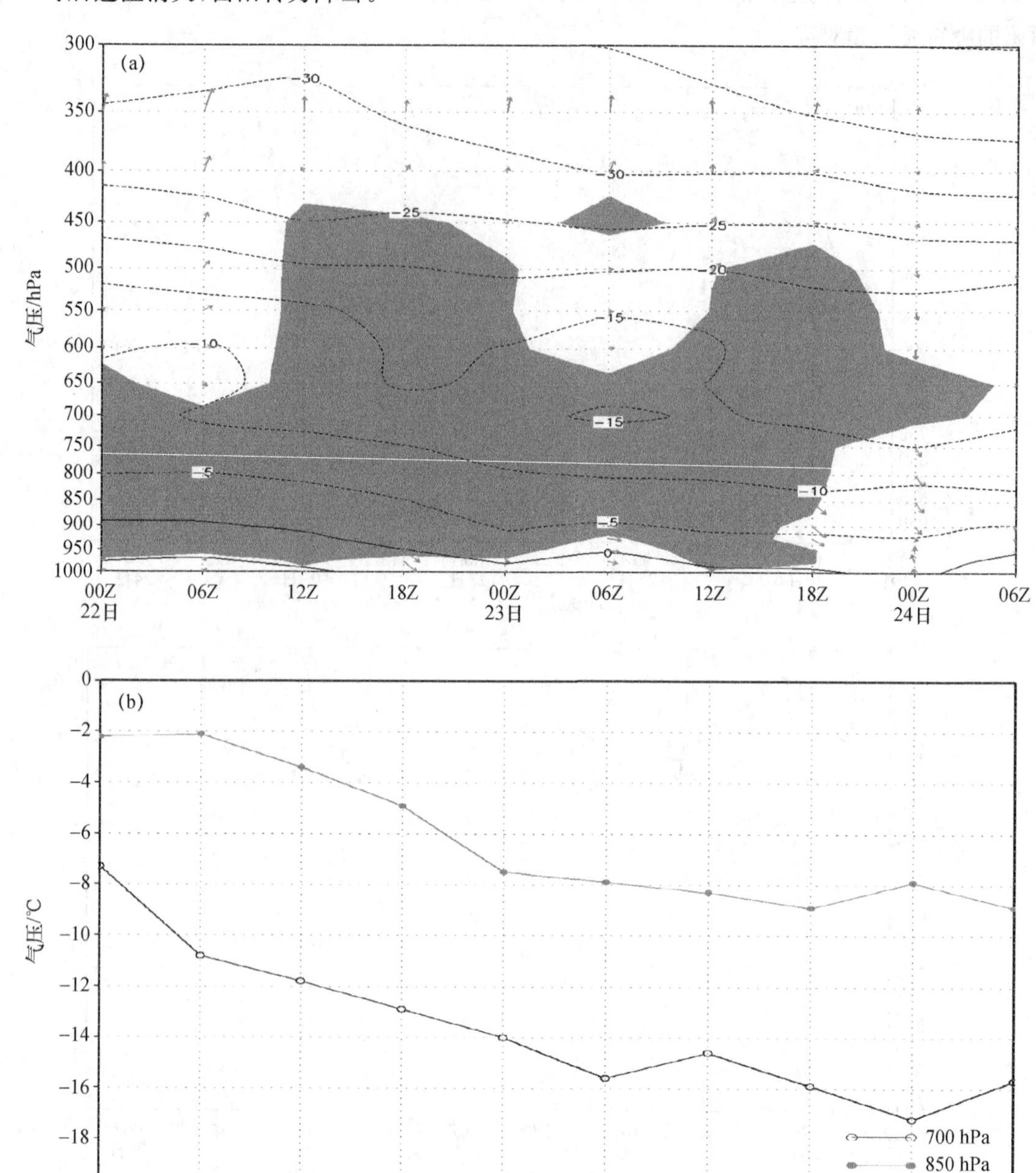


图 4　2016 年 1 月 22 日 08 时至 24 日 14 时沙坪坝(a)温度场(单位:℃)、相对湿度场(单位:%)、垂直风场(箭头,单位:m·s$^{-1}$)时序剖面图,(b)700、850 hPa 温度(单位:℃)

### 3.4　地面气象要素变化与降雪时段的对应分析

冷空气的入侵导致气温骤降、气压升高，由于冷空气影响各测站的气温、气压、相对湿度等地面气象要素在冷空气到来前后，都发生了明显的变化[9]。以沙坪坝(代表重庆主城)、荣昌(代表重庆西部)、垫江(代表重庆中部)、酉阳(代表重庆东南部)、城口(代表重庆东北部)为例分析重庆地面的气温、相对湿度、气压变化(图略)。可以看出，受冷空气影响，19 日 20 时至 21

日 08 时，重庆地区气温下降、气压缓慢升高，各代表站都有明显的增湿，沙坪坝、荣昌、垫江均出现了降水，城口气温降至 0℃以下，出现降雪，酉阳气温也在 0℃以下，由于有逆温存在(图 5a)，故出现冻雨而并未降雪；21 日 08 时至 20 时，重庆大部地区降水减弱，地面气压略降，城口湿度明显下降，气温有所回升，降雪结束；冷空气持续影响，重庆地区气压升高、气温下降，酉阳 22 日 05 时逆温消失(图 5b)开始出现降雪，22 日 20 时至 23 日 08 时，重庆中西部气温降至 1℃以下，各代表站均出现降雪；24 日 08 时后，各站气温回升，气压略降，湿度明显下降，降雪结束。

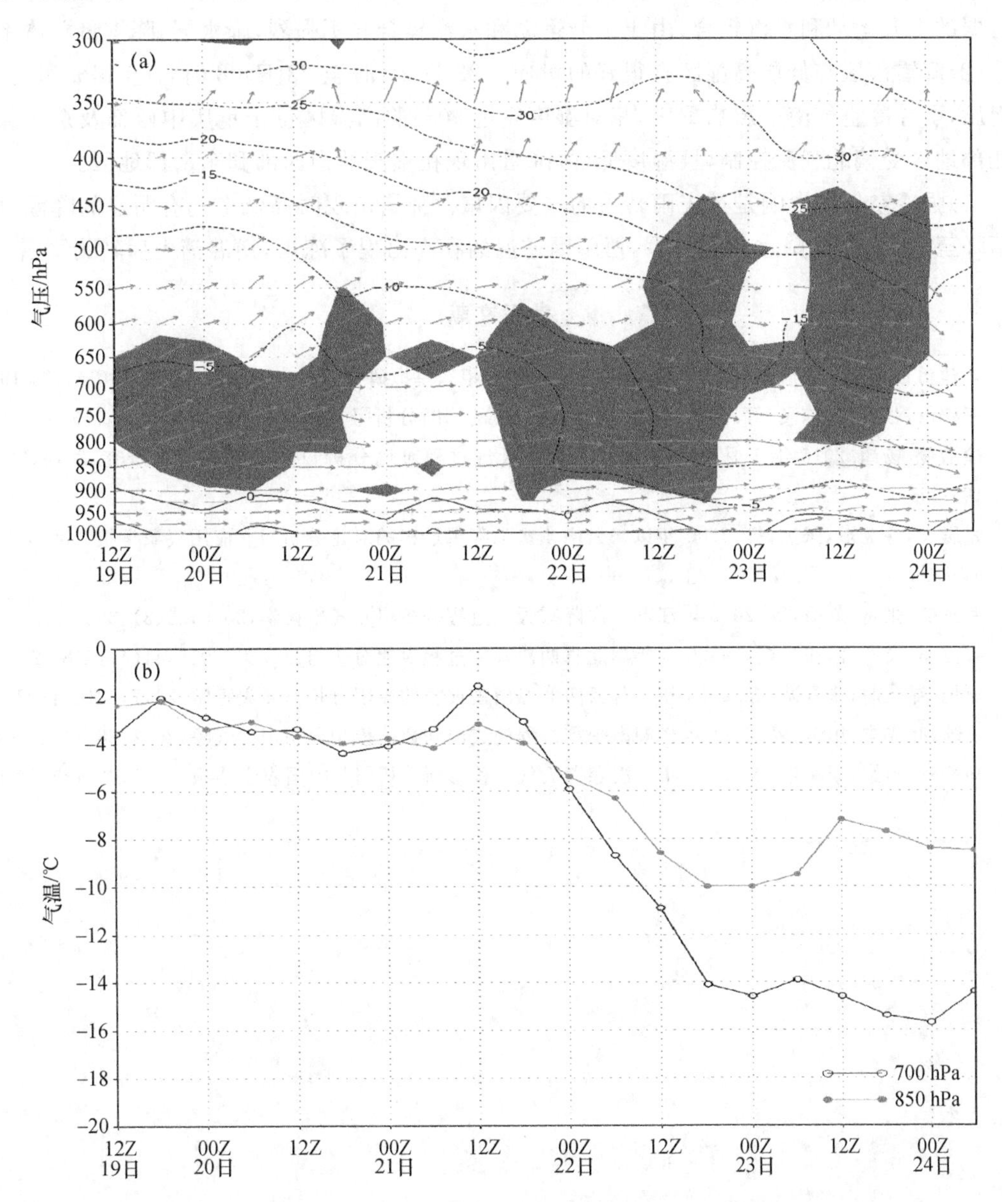


图 5　2016 年 1 月 19 日 20 时至 24 日 08 时酉阳(a)温度场(单位：℃)、相对湿度场(单位：%)、垂直风场(单位：m · s$^{-1}$)时序剖面图，(b)700、850 hPa 温度(单位：℃)

综上所述，此次降雪天气过程重庆境内有弱的上升运动和水汽辐合，重庆的降雪总体强度不大，这与动力条件和水汽条件反映一致。分析层结特征及地面气象要素变化反映出，深厚的湿层和剧烈的降温有利于降雪的产生，地面气温降至1℃以下时降水相态为雪，对流层低层有逆温存在且地面气温低于0℃时，降水相态为冻雨。

## 4 结论

(1)此次重庆大范围降雪天气过程的成因，是高空横槽转竖引导北方强冷空气南下，低层切变线影响，且湿度大，地面降温明显，重庆大部地区出现了降雪。动力、热力条件的分析，重庆有弱的上升运动和水汽辐合，由于上升运动和水汽辐合并不强烈，降水弱，降雪量总体不大。

(2)降雪落区与低层高湿区有很好的对应。22日20时至23日08时，700 hPa切变线迅速南压，引导冷空气南下影响重庆，相对湿度超过90%的高湿区位于重庆中西部及东南部，而东北部地区受偏北气流控制，且湿度低，故降雪出现在重庆的中西部和东南部地区。

(3)强冷空气的影响是重庆雨转雪的主要因素。降雪出现时高低空均有明显的降温，地面气温降至1℃以下时降水相态为雪，酉阳因逆温的存在出现了冻雨，逆温消失后转为降雪。

### 参考文献

[1] 刘建勇，顾思南，徐迪峰.南方两次降雪过程的降水相态模拟研究[J].高原气象，2013，32(1)：179-190.
[2] 王桂臣，张红华，陈飞，等.2008年初江苏暴雪天气的诊断分析[J].气象科学，2010，30(1)：60-66.
[3] 徐洁玲，杨超.2016年1月赣北地区两次暴雪天气过程对比分析[J].气象与减灾研究，2016，39(3)：198-205.
[4] 张腾飞，鲁亚斌，张杰，等.2000年以来云南4次强降雪过程的对比分析[J].应用气象学报，2007，18(1)：64-72.
[5] 尹东屏，张备，刘梅，等.2006年江苏两次降雪天气过程分析[J].气象科学，2009，29(3)：398-402.
[6] 张萍萍，吴翠红，祁海霞，等.2013年湖北省两次降雪过程对比分析[J].气象，2015，41(4)：418-426.
[7] 史悦，郑建萌，张万诚，等.2016年1月云南低温雨雪灾害的原因分析[J].灾害学，2017，32(4)：208-213.
[8] 姚蓉，叶成志，田莹，等.2011年初湖南暴雪过程的成因和数值模拟分析[J].气象，2012，38(7)：848-857.
[9] 马严枝，李娟，李新生，等.2016年一次寒潮天气过程诊断分析[J].中国农学通报，2017，33(18)：94-102.

# 2015年、2016年北京初冬雨雪相态分析

荆　浩　亢妍妍　邢　楠　李杭玥　赵　玮

（北京市气象台，北京 100089）

**摘　要**

于2015年和2016年11月发生在北京地区的两次相似的降水过程，都经历了降雨、相态频繁转换和降雪三个阶段。分析两次降水过程结果表明：(1)形成北京降雪的低层偏东气流分别是由来自东北冷高压旋转南下的偏干、偏冷气流和来自南方低值系统旋转北上的偏暖、偏湿的两股气流混合而成并形成明显锋面，回流冷垫越湿、越冷越有利于阻止降雪下落时蒸发和融化。锋面在北京中部的南北摆动造成了该地区雨雪相态频繁转换。(2)当2 m高度气温小于1℃，显著湿层(>80%)是影响北京雨雪相态的重要因素，易存在与锋面附近靠近冷区位置。用云顶温度表征时，当云顶温度小于−16℃或大于−8℃时分别为降雪和降雨相态，云顶温度在−12℃左右为混合相态。

**关键词：**雨雪相态　锋面　偏东风　回流冷垫

## 引言

初冬季节北京及华北地区降水相态具有多变性和复杂性，降水相态的预报一直是预报的难点和重点。近些年已经不断开展对雨雪相态变化成因及预报的研究。一些研究成果表明，雨雪相态的判定与对流层低层温度关系十分密切，比如高洋等[1]研究发现700 hPa附近温度最高达到4℃以上有利于高层的雪和冰晶下落到暖层后融化，降水相态为雨。许爱华等[2]研究指出，925 hPa以下层次大气温度是南方降水相态的关键，降雪时925 hPa气温−2℃则可作为固态降水的预报判据。李江波等[3]研究过程指出，降雪发生时，0℃层的高度明显下降，地面温度在0℃左右和1000 hPa温度在2℃以下可作为雨雪转换的判据，925 hPa以下温度对降水相态起主要作用。对于北京地区，张琳娜等[4]和廖晓农等[5]主要利用低层温度作为阈值，判别过渡季节内雨雪转换。

以往做了很好且有意义的工作，对于降水相态变化的天气过程认识不断加深，预报准确率也有一定提高。实际上，降水的相态不同取决于在形成降水粒子相态和降水下落过程中相态的变化情况。由此发现降水相态不仅与低层温度有密切关系，还和对流层的温、湿的配合密切相关，即冰晶、冰晶层、过冷水层和水滴层的存在和分布关系。近年对于发生在华北地区初冬时段的雨雪相态的主观预报一直存在一定偏差。这里分析了2015年和2016年初冬两次雨雪转换过程，两次过程都发生在11月21日前后，通过对整层温湿结构分析，寻找雨雪相态转换原因。

## 1　过程概述

2015年11月20日夜间，河北北部、北京西部、北部出现小雪，北京城区及南部地区小雨

或雨夹雪;21日白天北京西部、北部地区出现中雪,局地大雪,城区及南部地区小雨转雨夹雪或小雪;22日北京出现强降雪,大部分地区降雪量级达大雪,北部、西部和城区部分地区为暴雪,主要降雪时段出现在22日白天。22日04时至23日06时,全市平均降雪量为8.8 mm,城区9.7 mm,西北部9.9 mm,东北部7.7 mm,西南部8.2 mm,东南部7.1 mm;全市最大降雪出现在昌平居庸关长城,为18.1 mm;城区最大降雪在丰台站,为14.7 mm;全市有47个观测站达到暴雪量级;截至06时,平原地区积雪深度为5～12 cm,山区8～15 cm。

2016年11月19日22时至21日上午北京出现明显雨雪天气,全市平均降水量为7.3 mm,城区平均降水量7.5 mm。20日中午前后开始,西部和北部的山区出现雨夹雪或小雪;16时前后延庆雨夹雪转雪,22—23时城区大部分站转雨夹雪,半夜前后转雪;21日11时降雪基本结束。降雪时段主要在20日23时至21日11时,全市平均累计降雪量2.9 mm,城区平均3.2 mm。其中最大降雪在平谷玻璃台8.5 mm,其次为大兴采育7.5 mm、朝阳豆各庄7.2 mm。此次雨雪天气过程持续时间长,相态转换复杂。

## 2 过程分析

### 2.1 偏东风作用

通过分析EC再分析资料发现,这两次过程中形成北京降雪的低层偏东气流是由两股气流混合而成。一支是来自北方冷高压外围经东北平原、渤海湾顺时针旋转南下到华北平原的偏干、偏冷气流为东北回流冷垫;另一支来自南方低值系统逆时针旋转北上的偏暖、偏湿气流。两支气流交汇形成锋面,停留在北京地区,前者作为冷气团位于锋面以北,主要起到了抬升暖湿气流和降低低层温度的作用,后者位于锋面附近并沿锋面向后滑升,为降水的发生提供了水汽。来自东北回流冷垫为干冷性质,渤海湾附近常常有低值系统活动,海面附近低层大气水汽丰富,当冷空气流经渤海湾,抬升海面暖湿空气并带到北京地区,而北京本地几乎没有水汽辐合时,仍可以产生微量降雪,尤其在沿山地区,当本地低层存在暖湿气流配合中空短波槽,降水量明显增加。回流冷垫越湿、越冷,越容易产生降雪,一是为降雪提供了少量水汽,二是当空中降水云产生雪花下落时,湿冷性的低层大气在阻止降雪下落蒸发和融化起到重要作用。

### 2.2 湿层厚度与雨雪相态关系

以2015年11月21日08时探空为例,54511站相对湿度大于80%区域主要在700 hPa以下,温度在−8℃左右;而这个区域以下,主要为过冷水,极少有冰晶,同时此站EC分析场上的显著的上升运动在700 hPa以下,与显著湿层高度相当。而在此时张家口探空资料是,显著湿层顶温度仍在−16℃左右;这个温度下冰晶和过冷水并存,在湿层顶端绝大多数为冰晶。若以Rh=80%作为云的上界面,显然,北京地区云顶温度−8℃,只含有过冷水,张家口附近云顶温度在−16℃,存在大量冰晶。北京站凝结高度较低,接近1000 hPa,全部为过冷水凝结,此时地面2 m高度温度在0.5℃上下,北京站此时为降雨。张家口附近由云顶冰晶下落经过过冷水产生降雪。对比两站的20日08时探空,北京和张家口都是降雪,同样相对湿度大于80%层顶温度约−20℃。再看22日08时探空,两站显著湿层顶皆伸展到−20℃层以下,不出意料,实况都为降雪天气。所以,大湿度层伸展的高度是否接近或低于−16℃是降雪很重要的指标,也就是云顶是否有冰晶下落是区分降雪和降雨的主要判据。

## 2.3 锋面位置与雨雪相态关系

以 2015 年 21 日 08 时为例，地面图上（图 1a）可以明显分析出地面冷锋。对比雨雪分界线发现（图 1b），距离锋面不同位置，产生的雨雪相态不同。对于这两次过程，位于暖气团一侧易产生降雨；锋面附近易导致混合态降水，位于冷气团一侧易产生降雪。这不仅与地面温度相关，更与湿层厚度和云顶温度有关。通常云厚度从锋面附近向冷区方向增加，若以南北风作为锋面界面，两次过程都在距离锋面向北 1 个纬度内云顶厚度达到最大，此范围内降雪也最为明显，再远离锋面湿层高度升高，厚度开始减小。

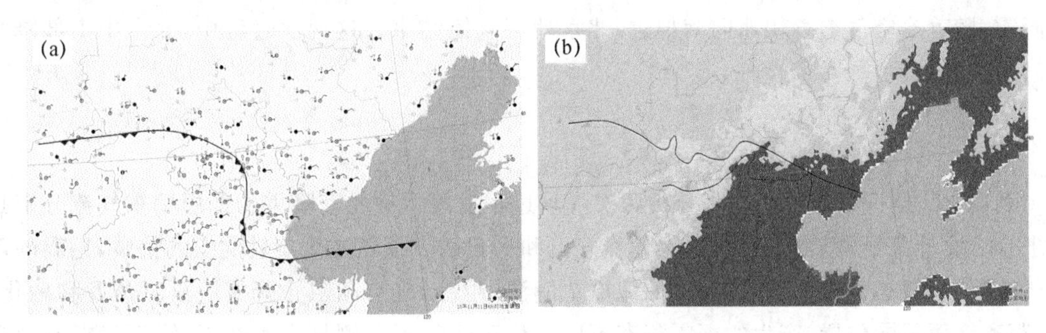


图 1　2015 年 11 月 21 日 08 时地面观测(a)和雨雪分界线(b)

分析地面观测和 EC 分析场发现（图 2），地面高压在 11 时向南推进，而 14 时后北退，到次日 08 时南下明显，同时附近测站经历雨夹雪-雪-雨-雪的相态转换。锋面和雨雪分界线正好压在北京中部地区，雨雪分界线跟随地面锋面南北摆动。从北京 RUC 探空的分析场可以看出，相对于 08 时，11 时湿层增厚，底层降温，实况转为降雪，与锋面南进表现特征相似，14 时湿层破坏，降雪转为雨。锋面在停滞时的这种南北小幅摆动，可能由于气压的日变化引起冷暖气团体积短暂波动，或者 700 hPa 以上高空有弱短波槽经过。正是锋面在北京中部的南北摆动造成了该地区雨雪相态频繁转换。

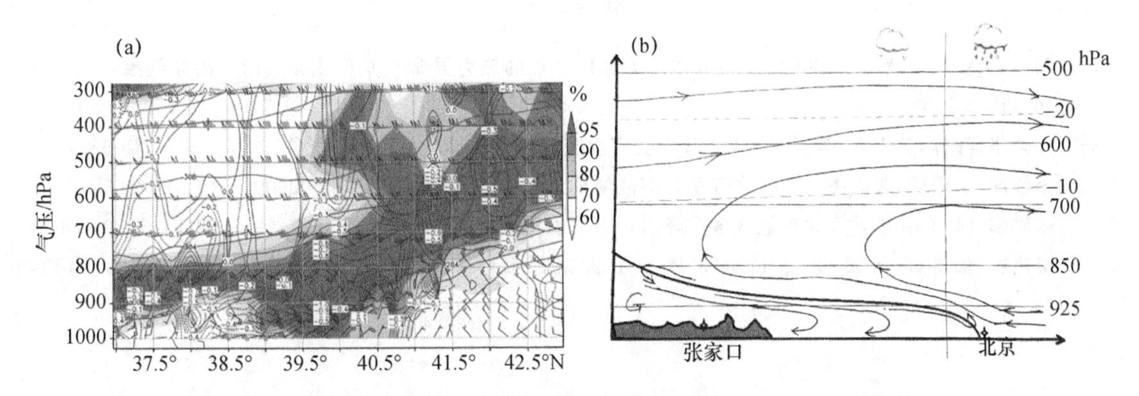


图 2　2016 年 11 月 20 日 20 时 EC 分析场温度和假相当位温径向剖面(a)和回流降雪锋面系统环流示意图(b)

对比 21 日 08 时两个站的探空发现，形态比较相似，尤其在 2.5 km 以下的区域，相似度极高，源于两站都在同一个气团中。从温压风场分析看，700 hPa 河北中部已存在明显温度梯度，中低层从北京到张家口有偏南风和偏北风风场的辐合，辐合位置随高度逐渐向西倾斜。即存在一条狭窄的显著上升气流，其位置从北京到张家口方向随高度向西倾斜。地面上，可分析出一条锋线，相对于冷锋南侧，冷锋北侧低温、低露点，大多为降雪天气，风力较大；冷锋南侧则为降雨或雾天气。从2016年11月20日20时EC分析场温度和假相当位温径向剖面(图2a)看，低层南北风界限明显，湿层和位温分布符合锋面结构特征。据此推测，北京到张家口存在如图2b所示锋面系统。偏东暖湿气流沿东北回流冷垫向斜后方滑动。

两次过程地面锋面的快速南下都是发生在夜间，锋面南压同时伴随毗邻锋面附近冷区湿层的短暂增厚、0℃层高度快速下降、偏南风转为偏北风，此时北京中南部由雨或雨夹雪转为明显降雪，随着冷空气继续快速向南推进，北京地区降雪结束。这两次过程中，北京中南部降雪时间短暂，降雪量相对较小。

## 3 结论

利用EC分析场和常规观测分析两次降水过程发现：(1)北京降雪的低层偏东气流分别是由来自东北冷高压旋转南下的偏干、偏冷气流和来自南方低值系统旋转北上的偏暖、偏湿的两股气流混合而成，并形成明显锋面，回流冷垫越湿、越冷，越有利阻止降雪下落时蒸发和融化。(2)距离锋面不同位置，产生的雨雪相态不同。位于暖气团一侧易产生降雨；锋面附近易导致混合态降水，位于冷气团一侧易产生降雪，锋面在北京中部的南北摆动造成了该地区雨雪相态频繁转换。(3)显著湿层(＞80％)是影响北京雨雪相态的重要因素，易存在于锋面附近靠近冷区位置，若以南北风作为锋面界面，两次过程都在距离锋面向北1个纬度内云顶厚度达到最大，此范围内降雪也最为明显。用云顶温度表征时，当云顶温度小于－16℃和大于－8℃时分别为降雪和降雨相态，云顶温度在－12℃左右为混合相态，即云顶是否有冰晶下落是区分降雪和降雨的主要判据。当锋面南压，同时伴随毗邻锋面附近冷区湿层的短暂增厚、0℃层高度快速下降、偏南风转为偏北风，降水相态迅速由混合态转为固态。

**参考文献**

[1] 高洋，吴统文，陈葆德. 2008年1月我国南方冻雨过程的热力异常及其形成原因[J]. 高原气象，2011，30(6)：1526-1533.

[2] 许爱华，乔林，詹丰兴，等. 2005年3月一次寒潮天气过程的诊断分析[J]. 气象，2006，32(3)：49-55.

[3] 李江波，李根娥，裴雨杰，等. 一次春季强寒潮的降水相态变化分析[J]. 气象，2009，35(7)，87-94.

[4] 张琳娜，郭锐，曾剑，等. 北京地区冬季降水相态的识别判据研究[J]. 高原气象，2013，32(6)：1780-1786.

[5] 廖晓农，张琳娜，何娜，等. 2012年3月17日北京降水相态转变的机制讨论[J]. 气象，2013，39(1)：28-38.

# 第二部分

# 台风、雾霾、低温、水文气象分会场报告

# 台风“纳沙”和“海棠”的预报难点分析

董　林　高拴柱　许映龙　向纯怡　王海平

钱奇峰　顾　华　吕爱民　柳龙生

（国家气象中心，北京 100081）

## 摘　要

1709号台风“纳沙”和1710号台风“海棠”分别于2017年7月30日和31日在福建福清登陆，登陆后环流合并北上，自南向北先后影响台湾、福建、浙江等18个省（区、市），造成大范围的风雨影响；双台风具有登陆前双台风作用明显、24 h内在同一地点登陆、登陆后两个台风环流合并、“海棠”非对称结构对风雨分布有明显影响，以及台风倒槽和西风带系统结合、降水范围大时间长等五大特点；双台风的路径和强度预报具有“纳沙”起编时刻的预报方向确定难度大、双台风作用导致登陆前路径不确定性大和登陆后合并难把握以及“纳沙”登陆福建的强度预报难确定三大预报难点。分析结果显示：三大预报难点主要是由于模式在长时效对副高和高空急流的预报偏差、罕见的近距离双台风作用以及登陆强度变化以及登陆点的摆动等原因造成的。

**关键词**：双台风　登陆　环流合并

## 1　台风概况

### 1.1　台风“纳沙”和“海棠”实况

2017年7月25日23时，菲律宾以东洋面有热带低压发展，26日11时，该低压加强为第9号台风“纳沙”（英文名：Nesat；名字来源：柬埔寨；名字意义：渔夫）。“纳沙”生成后以每小时15～20 km的速度向西北方向移动，强度逐渐加强，29日05时达到其强度风速极值40 $m \cdot s^{-1}$，气压960 hPa（台风级）。29日19时40分，“纳沙”登陆台湾省宜兰县（13级，40 $m \cdot s^{-1}$，960 hPa）；30日06时“纳沙”登陆福建省福清市沿海（12级，33 $m \cdot s^{-1}$，975 hPa，台风级），30日14时“纳沙”在福建省尤溪县境内减弱为热带低压；7月30日20时，中央气象台对其停止编号。

2017年7月28日14时，南海北部海面有热带低压发展，28日20时该低压加强为第10号台风“海棠”（英文名：Haitang；名字来源：中国；名字意义：花）。“海棠”生成后向北偏东方向移动，强度有所加强，7月30日17时30分前后，在台湾省屏东县沿海登陆（9级，23 $m \cdot s^{-1}$，984 hPa，热带风暴级），登陆后转向北偏西方向移动，7月31日02时50分前后，在福建省福清市沿海登陆（8级，18 $m \cdot s^{-1}$，990 hPa，热带风暴级），登陆后“海棠”强度逐渐减弱，并与“纳沙”减弱后的残余环流合并，8月1日08时中央气象台对其停止编号，但是两个台风减弱合并后的环流继续北上，与西风带系统相结合，造成大范围降水。

### 1.2　台风“纳沙”和“海棠”的特点

（1）登陆前双台风作用明显：7月28日到30日台风“纳沙”登陆前，两个台风之间的距离从约1000 km逐渐减小到650 km，藤原效应逐渐加强，出现明显的互旋路径（图1a）。

(2) 24 h 内在同一地点登陆:台风“纳沙”于 7 月 30 日早晨 06 时登陆福建福清,时隔近21 h 后(31 日凌晨 02 时 50 分),台风“海棠” 也几乎在同一地点登陆,为 1949 年以来首次出现。

(3) 登陆后两个台风环流合并:台风“纳沙”和 “海棠”于 7 月 31 日在福建境内发生合并,历史罕见。从相似个例来看,1949 年以来,大多数双台风合并均发生在海上,在我国大陆上发现的台风合并只有 1997 年的台风“Amber”和台风“Cass”,分别以强热带风暴级和热带低压强度先后在福建福清和晋江登陆,并在福建境内发生合并。

(4)“海棠”的非对称结构对风雨分布有明显影响:“海棠”登陆福建前,降水主要发生在切变下风方向的左侧,且切变影响占主导作用;进入台湾海峡后,降水分布逐渐受到地形作用的影响,非对称特征减弱。

(5)台风倒槽和西风带系统结合,降水范围大、时间长:风雨影响到我国东部 18 省(区、市),为历史罕见。7 月 31 日早晨“海棠”与“纳沙”残余环流合并北上,并与北方冷空气结合,自南向北先后影响台湾、福建、浙江、广东、江西、湖南、湖北、安徽、河南、江苏、山东、京津冀及辽宁、吉林、黑龙江、内蒙古 18 个省(区、市),累积降雨 50 mm、100 mm 以上的覆盖面积分别达到 102 万 $km^2$、39 万 $km^2$。从 7 月 28 日开始影响台湾,到 8 月 4 日影响结束,共历时 8 d。期间,福建福州和宁德、浙江温州、河南信阳、河北沧州、辽宁鞍山等局地累积降雨量为 300~500 mm,福州沿海点雨量达 552 mm(图 1b)。河北、辽宁、吉林和黑龙江共有 16 个气象观测站日降水量突破 8 月历史极值,其中 6 个站突破历史极值。

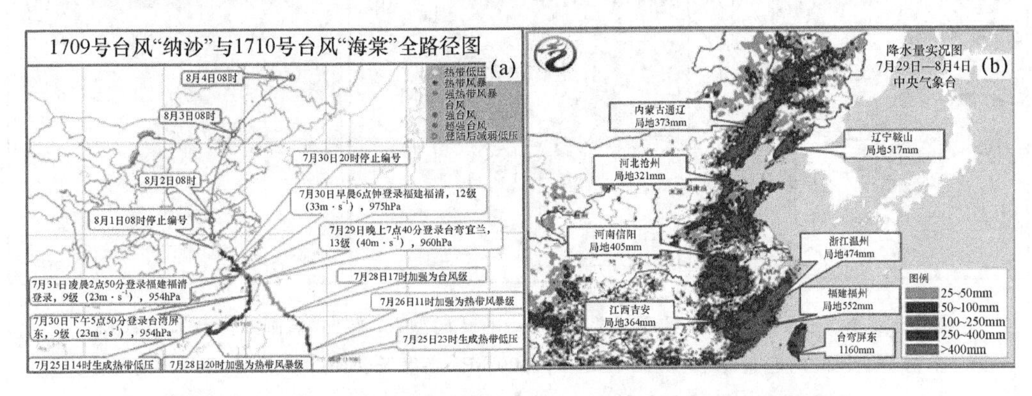


图 1 (a) 1709 号台风“纳沙”和 1710 号台风“海棠”全路径图
(b)2017 年 7 月 29 日—8 月 4 日累积雨量

## 2 台风预报及服务情况

“纳沙”和“海棠”双台风期间,中央气象台共发布台风蓝色预警 7 期、黄色预警 7 期,连续四天组织相关省份加密会商;在历史罕见的“三台共存”及台风“纳沙”“海棠”影响期间,共增设应急首席岗 4 人次、领班岗 5 人次、应急夜班 3 人次,值班人员持续作战,取得了较好的预报效果;在路径预报方面“纳沙” 优于日本,“海棠”优于日美;强度预报均领先日美。

## 3 台风路径和强度的预报难点分析

### 3.1 1709 号台风“纳沙”起编时刻的预报方向确定存在较大难度

在 7 月 26 日,1709 号台风“纳沙”起编时,GRAPES、T639、EC 和 NCEP 模式对其后期的路径方向预报存在较大分歧：前三个模式均预报其将向东北方向移动，只有 NCEP 模式预测其将向西北方向移动。分析模式预报出现分歧的原因，主要是由于 96～120 h 对副高的预报不同造成的。NCEP 模式预报副高将一直维持带状形态，而另外三家模式预报副高将出现断裂、东退和减弱的形势。此预报难点主要是部分确定性模式（特别是 EC 模式）对副高和高空急流长时效的预报偏差造成的；预报员利用对流层高层 200 hPa 流场夏季转向型与非转向型的天气学模型、大气动力场分析、参考集合预报结果等对确定性模式的预报结果进行修订；该方法在此次预报中取得了较好的效果，如图 2 所示，但是目前方法还处于经验性、定性阶段，需要进一步检验和量化。

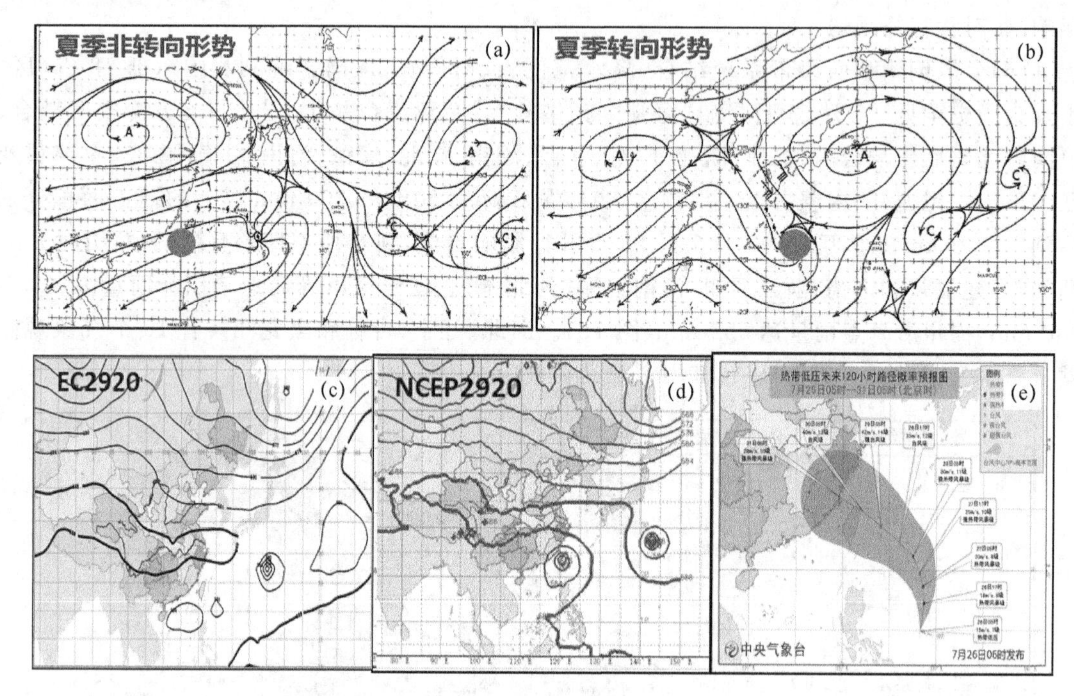


图 2　夏季 200 hPa 高层流场天气学模型（a. 非转向型；b. 转向型；圆点为台风位置）和 7 月 25 日 20 时起报的 96 h（29 日 20 时）500 hPa 高度场（c. EC 模式；d. NCEP 模式；e. 7 月 26 日早会商展示的 1709 号台风“纳沙”未来 120 h 路径预报图）

### 3.2　双台风作用导致登陆前路径误差增大和登陆后合并难把握

台风“纳沙”和“海棠”先后于 7 月 26 日和 7 月 28 日生成，两个台风从 7 月 28 日 20 时至 7 月 30 日 20 时共存时间达 2 d。双台风共存期间，其距离从约 1000 km 逐渐减小到 650 km 左右，并在先后登陆福建后发生环流合并的现象（图 3）。两个台风距离之近，以及在陆地上环流合并的现象都是非常罕见的。从历史个例统计来看，在西北太平洋和南海，双台风共存现象并不罕见，从 1949 年—2016 年 8 月期间，共发生 495 次，占全部样本的 49％（总样本数 2028；样本时间 1949 年—2017 年 8 月 15 日；条件：TS 及以上强度；大于等于一个共存时次，资料来源 CMA best-track）；但是两个台风距离在 1000 km 以下的样本却比较少，只占双台风样本的 7.7％。当两个台风之间的距离在 500 km 以下时，发生合并的概率较大，但是这种情况一般发生在海上，靠近我国陆地的合并现象只出现过 3 次，分别为 1970 年的台风“Ellen”（7009）和“Fran”（7010）在东海合并、台风“Tim”（9406）和“Vanessa”（9407）在台湾海峡合并以及 1997

年的台风"Amber"(9714)和"Cass"(97XX)在福建境内合并;在以上三次台风合并中,除了1970 年的台风"Ellen"和"Fran"强度相当,合并方式是互旋为一个双眼台风之外,另外两次台风合并都是以弱台风逐渐减弱合并到强台风的方式发生的,如图 4 所示。

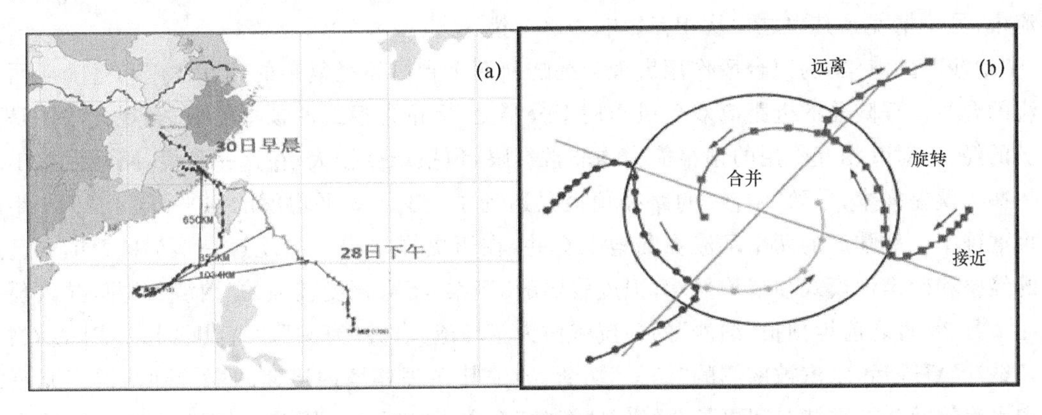


图 3 (a)"纳沙"和"海棠"登陆前的路径和距离非转向型;
(b)双台风相互作用的三阶段示意图

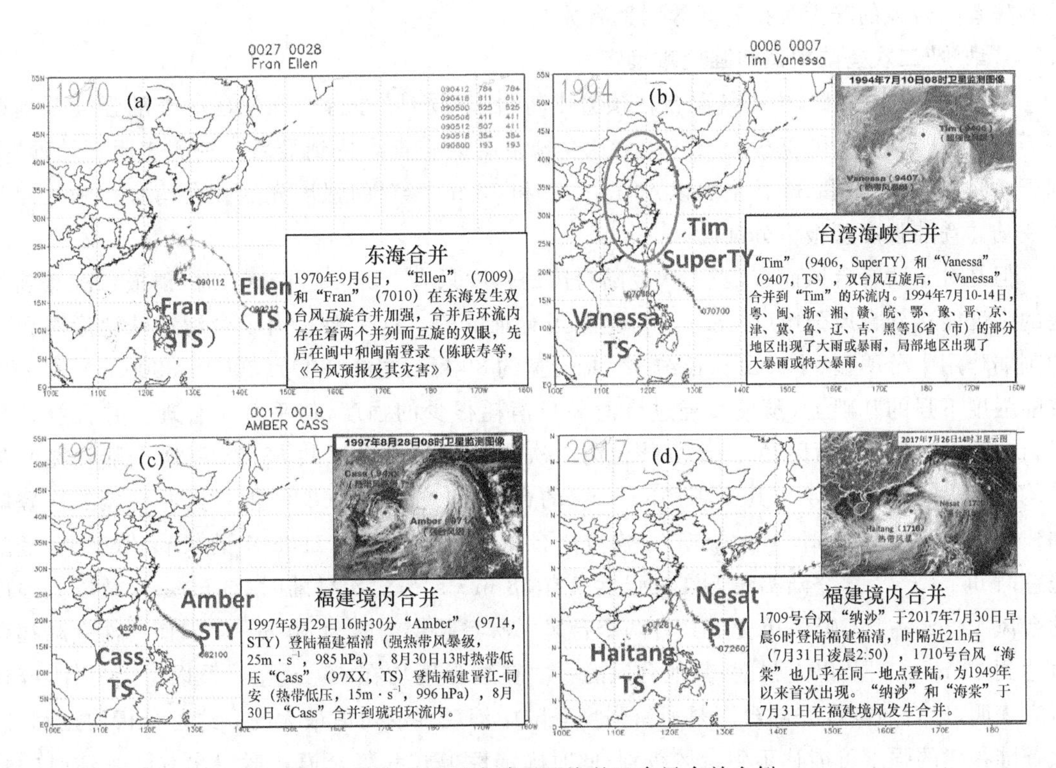


图 4 发生在我国大陆和近海的双台风合并个例

(a)1970 年的台风"Fran"和"Ellen";(b)1994 年的台风"Tim"和"Vanessa";
(c)1997 年的台风"Amber"和"Cass";(d)2017 年的台风"纳沙"和"海棠"

双台风的相互作用是 个复杂的问题,虽然早在 20 世纪 20—30 年代,曾经有学者进行过研究,得到了经典的藤原效应理论模型,但是在实际业务中出现经典藤原效应的个例非常罕见(只有两次)。近年来的研究表明,双台风的相互作用远比理论模型复杂,一般要经历三个阶段，如图 3b 所示，即(1)相互靠近阶段：通常是反气旋式地靠近；(2)相互作用阶段：表现为相互捕捉和长时间互旋的过程，在互旋过程中两气旋可能相互接近，也可能逐渐远离；(3)作用停止阶段：两者相互作用的停止可能表现为两种情况，一是其中之一的消失，多为合并到主导气旋环流中；另一情况是其中之一从相互影响中迅速逃逸[1]。

“纳沙”和“海棠”的双台风作用表现为登陆前两个台风路径复杂的相互作用和登陆后两个环流的合并。登陆前的近距离双台风作用十分罕见，无论是模式的预报能力、客观方法还是预报员的经验，对其相互作用的预报能力均非常有限，预报难度较大；在这一阶段，路径误差出现了一些大误差样本，导致“纳沙”的路径预报只达到了过去 5 a 平均值的水平，低于 2016 年的预报准确率。登陆后的两个环流在陆地上合并，在历史样本中只出现过一次(1997 年)，且过去的经验和确定性模式预报均显示，强度较弱的“海棠”将被强度较强的“纳沙”吞并，导致预报员在 7 月 30 日之前均预报“纳沙”的环流将作为主环流，合并“海棠”后继续北上。实际观测表明，“纳沙”登陆后，水汽被南侧的“海棠”切断，导致其在福建境内迅速减弱；同时，得到充足能量和水汽的“海棠”维持时间更长，最终是“海棠”吞并了“纳沙”。因此，当判断两个台风的合并方式时，应该综合考虑两个台风最接近时刻的相对强度，这与其各自的极值强度、登陆的时间差和先登陆台风的陆上维持时间等因素有关。

### 3.3 “纳沙”二次登陆福建的强度难确定

2017 年 7 月 27 日，中央气象台在预警中将台风“纳沙”在台湾和福建的登陆强度分别确定为 35～40 $m \cdot s^{-1}$和 25～33 $m \cdot s^{-1}$，这个预报结论一直维持到最后。观测表明，“纳沙”分别于 7 月 29 日晚上和 30 日早晨以 40 $m \cdot s^{-1}$和 33 $m \cdot s^{-1}$的强度先后在台湾宜兰和福建福清登陆。登陆强度预报十分准确。

但是对于西行台风而言，当一次登陆台湾的强度只有 35～40 $m \cdot s^{-1}$时，预报二次登陆福建的强度能达到台风强度(33 $m \cdot s^{-1}$)是相当有难度的。这主要是由于台湾特殊地形对台风的削弱作用十分明显(中央山脉长约 320 km，宽约 80 km，主峰高度为 3000～3900 m)，在一次登陆强度不强的基础上，预报其经过台湾岛只消耗很少的强度，似乎并不合理。并且统计显示，1949—2016 年西行路径、一次登陆台湾二次登陆福建的台风共 63 个，一次登陆台湾时的平均强度为 42.2 $m \cdot s^{-1}$，其中≥40 $m \cdot s^{-1}$的台风 43 个，占比 68%；但是这些台风二次登陆福建的平均强度只有 27.9 $m \cdot s^{-1}$；一次登陆台湾的最强台风是 1962 年的“Opal”(6208，登陆花莲时 65 $m \cdot s^{-1}$)，登陆福建连江时强度只有 38 $m \cdot s^{-1}$；二次登陆时 33 $m \cdot s^{-1}$及以上强度的台风 19 个，占比 30%；历史上只有两个台风一次登陆台湾时为 40 $m \cdot s^{-1}$，而二次登陆福建时达到 33 $m \cdot s^{-1}$及以上强度，其他台风的一次登陆强度均在 45 $m \cdot s^{-1}$及以上。另外，统计研究表明，以台风强度登陆台湾是所有强度登陆中消耗强度比值最大的。这些分析均显示，二次登陆福建的强度可能达不到台风级别；此时确定性模式和集合模式对二次登陆福建时的强度预报只有 20 $m \cdot s^{-1}$左右。

预报员之所以考虑二次登陆强度可能在 25～33 $m \cdot s^{-1}$，主要是基于两点考虑：第一，研究表明，台风登陆台湾后的强度消耗，除了与其一次登陆的强度和地点有关之外，还与登陆角度和过岛时间密切相关。当台风到达台湾东侧登陆点前的两个纬距之内，将路径方向调整为与中央山脉夹角在 90°附近时，登陆时消耗的强度最小；另外，台风经过台湾岛的平均时间为 6～7 h，过岛时间越短消耗能量越少[2](表 1，表 2)。第二，确定性模式和集合模式对“纳沙”的路径方向和移动速度的预报比较稳定，当“纳沙”登陆台湾岛时，其路径方向基本与中央山脉垂直，并且移动速度较快，“纳沙”在台湾岛的停留时间在 5 h 之内。基于以上分析，在模式的路径预报准确的基础上，预报员对二次登陆福建的强度做了正确的订正。

**表 1　不同级别 TC 经过台湾岛时的强度损耗(方框为台风级 TC 消耗强度的比例[2])**

| | TD | TS | STS | TY | STY | Super TY |
|---|---|---|---|---|---|---|
| 个数 | 6 | 4 | 17 | 23 | 16 | 12 |
| 比例/% | 7.3 | 4.9 | 20.7 | 28.0 | 19.5 | 14.6 |
| 平均风速减小/m·s$^{-1}$ | 0.6 | 1.3 | 2.2 | 4.8 | 5.6 | 10.3 |
| 平均气压增加/hPa | −0.2 | 2.1 | 1.9 | 7.7 | 9.3 | 16.6 |
| 平均通过时间/h | 5.8 | 5.3 | 6.9 | 8.6 | 6.1 | 6.1 |

**表 2　以不同角度登陆台湾岛时的强度损耗(方框为垂直中央山脉的路径[2])**

| 登陆角度 | 340°～25° | 205°～250° | 250°～295° | 295°～340° |
|---|---|---|---|---|
| 移动方向 | 北一东北<br>36°～45° | 西南一西<br>225°～270° | 西一西北<br>270°～315° | 西北一北<br>315°～360 |
| TC 个数 | 5 | 6 | 47 | 24 |
| 平均风速减小/m·s$^{-1}$ | 4.2 | 6.9 | 4.4 | 4.7 |
| 平均气压增加/hPa | 5.3 | 6.9 | 6.9 | 7.9 |
| 平均通过时间/h | 6.8 | 11.8 | 5.8 | 7.9 |

# 4　结论和讨论

## 4.1　结论

(1)1709 号台风“纳沙”和 1710 号台风“海棠”分别于 7 月 30 日和 31 日在福建福清登陆，登陆后环流合并北上，自南向北先后影响台湾、福建、浙江等 18 个省(区、市)，造成了大范围的风雨影响。

(2)两个台风具有登陆前双台风作用明显、24 h 内在同一地点登陆、登陆后两个台风环流合并、台风“海棠”非对称结构对风雨分布具有明显影响以及台风倒槽和西风带系统结合，降水范围大、时间长等五大特点。

(3)双台风的路径和强度预报具有“纳沙”起编时刻的预报方向确定难度大、双台风作用导致登陆前路径不确定性大和登陆后合并难把握以及“纳沙”登陆福建的强度预报难确定三大难点。

## 4.2　讨论

(1)“纳沙”起编时刻确定预报方向难度大的预报难点

此预报难点主要是 EC 确定性模式在长时效对副高和高空急流的预报偏差造成的；可以利用对流层高层 200 hPa 流场夏季转向型与非转向型的天气学模型、大气动力场分析、参考集合预报结果等对确定性模式的预报结果进行修订；该方法在此次预报中取得了较好的效果，但是方法还处于经验性、定性阶段，需要进一步检验和量化。

(2)双台风作用导致登陆前路径误差增大和登陆后合并难把握的预报难点

此预报难点主要是罕见的近距离双台风作用造成的，同时涡旋追踪器的质量、EC模式的陆上风场预报偏差也在一定程度上误导了预报员；虽然有双台风作用规律的总结（经历反气旋式靠近、捕捉、气旋式互旋、合并或逃逸等阶段），但是每个阶段的起止时间和作用程度无量化指标，尚无法有效地应用于业务预报，需要进行数值模拟或理想实验；现阶段可能对预报起到帮助作用的手段，一是改善涡旋追踪器的质量，二是加强模式预报性能的检验。

(3)"纳沙"二次登陆福建的强度难确定的预报难点

此为预报难点主要是一次登陆强度变化和登陆点摆动造成的；在影响二次登陆的四个因素中（一次登陆强度、一次登陆点、登陆角度和过岛时间），后两个因素更重要；如果模式预报的路径方向和移动速度准确，可以对二次登陆强度进行修订。

## 参考文献


[1] Lander M，Holland G J. On the interaction of tropical-cyclone-scale vortices. I：Observations[J]. Quart J Roy Meteor Soc，1993，119：1347-1361.

[2] 董林，端义宏.热带气旋经过台湾岛强度变化特征[J].气象，2008，34(7)：10-14.

# 比较分析台风“杜苏芮”(2017)近海加强的主要原因

冯　箫

(海南省气象台,海口 570203)

**摘　要**

利用EC再分析资料、EC集合预报产品、中央台实时路径、NOAA的OISST日海温资料、卫星云图等对2017年影响海南岛的“杜苏芮”“桑卡”和“塔拉斯”三个路径相似,但近海增强幅度不一样的台风,在海洋和大气环流条件等方面进行比较,结果表明:(1)异常偏高的海洋温度和较高的海洋热容量是导致“杜苏芮”“塔拉斯”“桑卡”近海增强幅度由大到小排列的主要原因。(2)加强的副热带高压,有利于热带气旋东侧急流的形成和较强的水汽的输送,使“杜苏芮”近海强度增加显著。(3)活跃的南海辐合带使西南气流输送发生分支,对“塔拉斯”和“桑卡”的西南水汽供应减少,不利于它们强度的显著增加。(4)明显的高层辐散也是“杜苏芮”增强幅度明显的原因之一,而环境风垂直切变对“杜苏芮”“塔拉斯”“桑卡”而言,近海期间相差并不明显。

**关键字**:海温　水汽输送　垂直风切变　高层辐散

## 引言

受海水变浅(热容量减少)和海岛地形摩擦等影响,移进近海的台风强度往往渐趋减弱,但也有进入近海后台风强度不减反增,甚至突然增强的情况。对台风的强度没有做出及时的预报,往往会因防御不足造成重大的经济损失和人员伤亡。近十年来,对台风强度预报并未得到明显的提高,台风强度预报本身存在较大困难,因此,加强对台风近海增强的成因和机制研究十分必要。海南岛地处热带地区,属热带季风海洋性气候,是我国受热带气旋影响较为严重的地区之一。分析和比较不同热带气旋在海南岛近海加强幅度的大小和造成增强幅度有所差异的原因,对提高影响海南的台风强度的预报是十分有意义的。

## 1　台风“杜苏芮”(2017)路径及强度的变化

台风“杜苏芮”是2017年第三个从海南岛南部海面掠过,并在越南登陆的台风。其生成源地在西太平洋,在不断西行的过程中逐渐加强。9月14日05时,中央气象台将其升格为强热带风暴,15时,升格为台风;9月15日08时,当“杜苏芮”掠过海南南部海面,进入北部湾后,中央气象台将其升格为强台风(最大风速:45 $m \cdot s^{-1}$,最低气压:950 hPa,如图1a所示)。而和台风“杜苏芮”具有相似路径的台风“桑卡”及“塔拉斯”,仅分别发展到热带风暴(最大风速:45 $m \cdot s^{-1}$,最低气压:950 hPa,如图1b所示)和强热带风暴级别(最大风速:23 $m \cdot s^{-1}$,最低气压:990 hPa,如图1c所示)。“桑卡”及“塔拉斯”是南海生成的“土台风”,相比“杜苏芮”——西太平洋酝酿而成的台风,它们本身所具有的发展空间就受到限制(指移动距离较短,还未进一步发展已登陆),但比较它们处在近海的时长(以进入永兴岛以西为界),发现“杜苏芮”从强热带风暴加强为强台风,只花了1 d的时间;而“桑卡”及“塔拉斯”生成时就位于西沙群岛附近,生命史分别维持 5 d 和 2 d,却都不具有“杜苏芮”那样明显加强的趋势。比较图 2 中三者最低气压和最大风速的变化,就可看出“杜苏芮”增强的线性趋势很显著,而“桑卡”和“塔拉斯”强度增大则缓慢许多。综上可知,虽然“杜苏芮”“桑卡”和“塔拉斯”在近海都有所增强,但增强的幅度从大到小依次为“杜苏芮”>“塔拉斯”>“桑卡”。造成他们之间差异的原因,与海洋,大气环流及其自身结构等方面有密切联系。下面,我们将从海洋和大气环流条件等方面进行比较,讨论造成三者在近海增强幅度差异的原因。

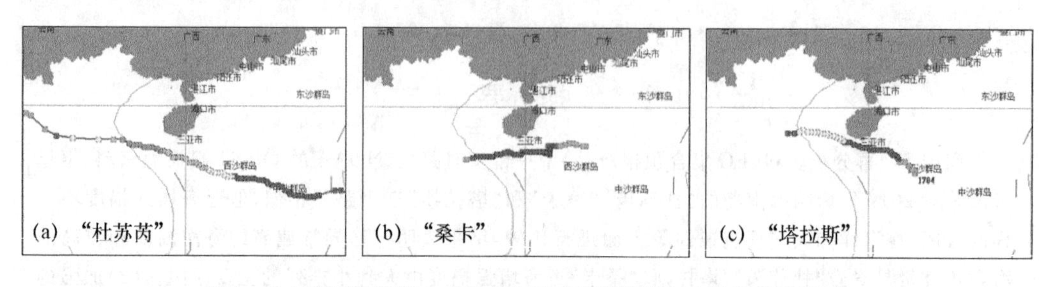


图 1　台风“杜苏芮”(a)、“桑卡”(b)和“塔拉斯”(c)的路径及强度

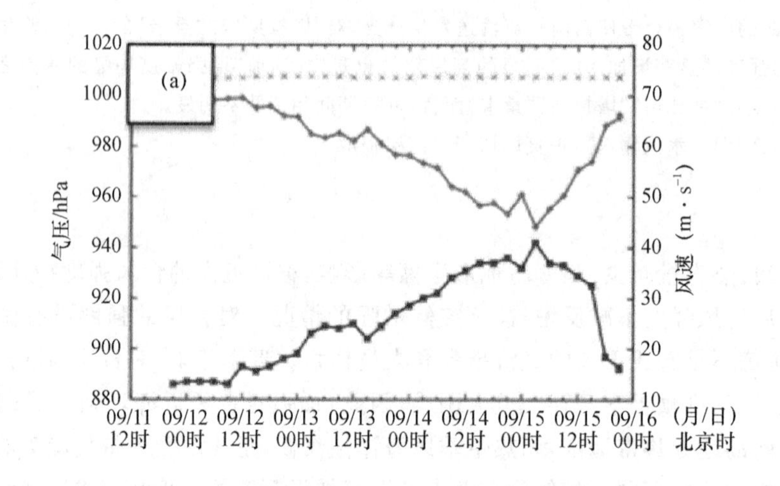


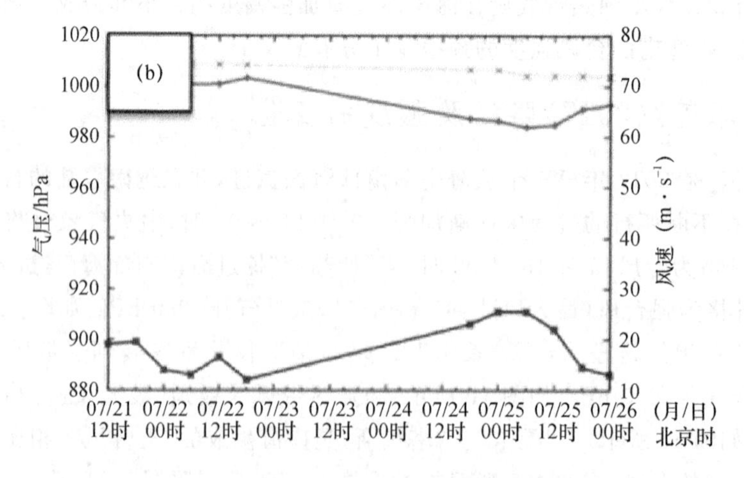

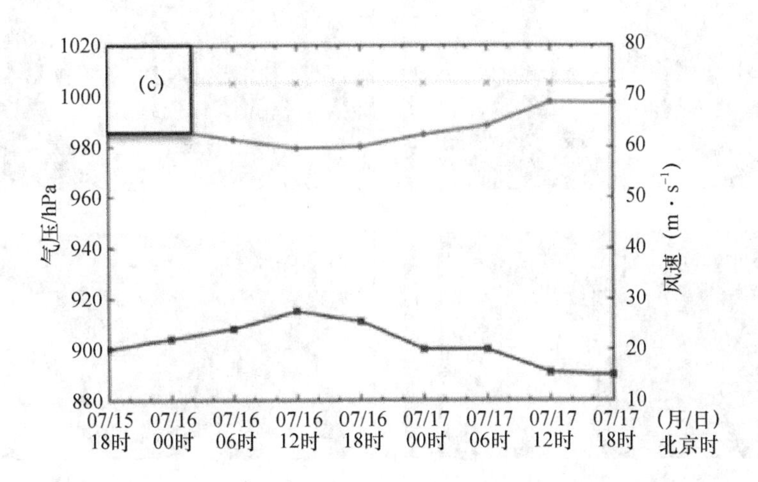


图 2　台风“杜苏芮”(a)、“桑卡”(b)和“塔拉斯”(c)的最大风速(粗实线)及最低气压(细实线)的变化时间序列。

## 2　海洋条件

热带气旋生成和发展最重要的能量来源于海洋的潜热和感热[1]。海洋通过表面热通量对热带气旋强度产生影响，而输入台风的海洋潜热和感热通量与海表温度高低有关[2]。一般认为海表温度高于 27℃是台风强度增强的基础条件[3]。另外，陈寿联[4]也指出，海洋热容量与热带气旋加强的关系比海表温度更加密切。

台风“杜苏芮”9 月 14 日在近海从强热带风暴级快速发展成强台风级别，从海温监测资料上可以发现，9 月 14 日当天，海南岛周边海面及北部湾海面的海表温度都≥30℃(图 3a)，与气候平均场相比的海温距平场(图 3b)，同样在海南岛周边海区，具有显著的正的温度距平。高的海水温度为“杜苏芮”西行在近海的发展增强提供良好了的环境。但是“桑卡”和“塔拉斯”近海时(分别为 7 月 22 日、7 月 15 日)的海温及海温距平场都没有比“杜苏芮”当天的海温条件更有优势(图 3c～f)，其中对于“桑卡”而言，其近海前行的区域，海表温度距平场甚至出现了负异常，这将不利于“桑卡”的进一步发展。这也是“桑卡”发展强度为三者中最弱的重要原因。

一般认为大于 50 kJ·cm$^{-2}$的海洋热容量值有利于加速热带气旋的增强[5]。本文也进一步比较了三个热带气旋在近海期间海水热容量的大小。对于“杜苏芮”而言，其在海南岛近海附近，海洋热容量逐渐增大，最大在北部湾海区可达 100～150 kJ·cm$^{-2}$。“桑卡”和“塔拉斯”附近海区的海洋热容量最大仅达 75～100 kJ·cm$^{-2}$，明显弱于“杜苏芮”；其中“桑卡”较大海洋热容量的面积也小于“塔拉斯”，这进一步证明良好的海洋环境对热带气旋近海增强具有重要的影响，其中海表温度越是温暖，海洋热容量越高，热带气旋增强的幅度越显著。

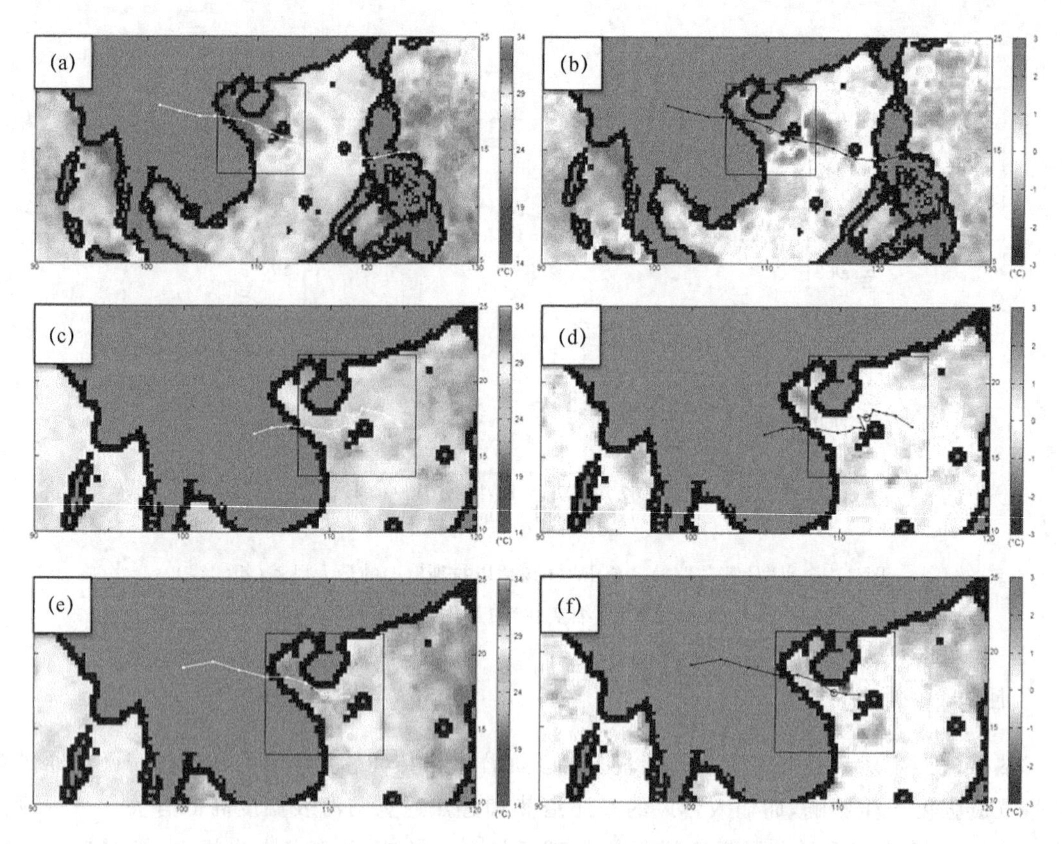

图 3　海温空间分布(左列)及海温距平的空间分布场(右列),
其中(a)和(b)为 9 月 14 日,(c)和(d)为 7 月 22 日,(e)和(f)为 7 月 15 日

## 3　大气环流条件

### 3.1　副热带高压

副热带高压的增强不仅对热带气旋的路径走向具有引导作用,也有利于副热带高压东侧东南急流的形成,从而加强热带气旋东南侧的水汽输入,为热带气旋的增强提供能量。“杜苏芮”东北侧的副热带高压成斜矩形,控制了华南和长江中下游一带。“杜苏芮”500 hPa 上的低涡环流中心所处的位置和副高之间距离很近,高低压之间的梯度大,容易在低涡东北一侧(副高东南一侧)形成较强的急流。“桑卡”和“塔拉斯”在 500 hPa 上,热带气旋低涡和副热带高压之间的距离比“杜苏芮”更远,相应的气压梯度就弱,急流并不明显。在 3.2 节中,我们会进一步比较低层水汽通量大小,寻找水汽输送与这三个台风近海强度增幅的关系。

### 3.2　水汽输送及积云对流情况

研究表明,台风东侧和南侧气流加强使输入台风的水汽通量增加,有利于水汽、能量卷入热带气旋内核区。水汽主要来自低空急流和超低空急流。比较三者,在副热带高压增强的形势下(图略),发现“杜苏芮”在东南和西南的水汽输送是十分明显的。东侧强的水汽输送使“杜苏芮”北侧的螺旋云带出现明显的积云对流。而对于“塔拉斯”和“桑卡”而言,由于其东侧急流和水汽输送较弱,北侧的螺旋云带中积云对流组织较为分散,甚至没有(如“桑卡”整个降水云团都集中在台风中心的南侧)。比较三者南侧的水汽支流,发现在“塔拉斯”和“桑卡”活跃期间,南海中部的热带辐合带也十分活跃(如图在南海中东部有热带云团活动)。来自南海的西南水汽输送出现分支,部分提供给南海中部的热带云团,部分供应给热带气旋,这样就极大地削弱了台风南侧水汽输送的大小。但“杜苏芮”活跃期间,南海辐合带活动较弱,强的西南水汽输送至台风中心,为“杜苏芮”的加强提供能量。

### 3.3 垂直风切变

环境风垂直切边是影响台风强度变化的一个重要因子[6]。小的环境风垂直切变使积云对流产生的潜热在对流层上层聚集,加热同一气柱形成 TC 暖核;如果环境风垂直切变很大,热量会快速流出不能在对流层上层聚集,不利于 TC 的生成和加强。中央气象台指出,中国近海海域台风发展加强,垂直风切变为 5～10 $m \cdot s^{-1}$。“杜苏芮”在远海风切变都很小,近海虽然有所增大,但依然维持 10 $m \cdot s^{-1}$左右的风切变。从风切变上比较(图 4),其实三者在近海的风切变都差不多(约 5 $m \cdot s^{-1}$),说明风切变并不是造成它们近海增强幅度不一样的主要原因。

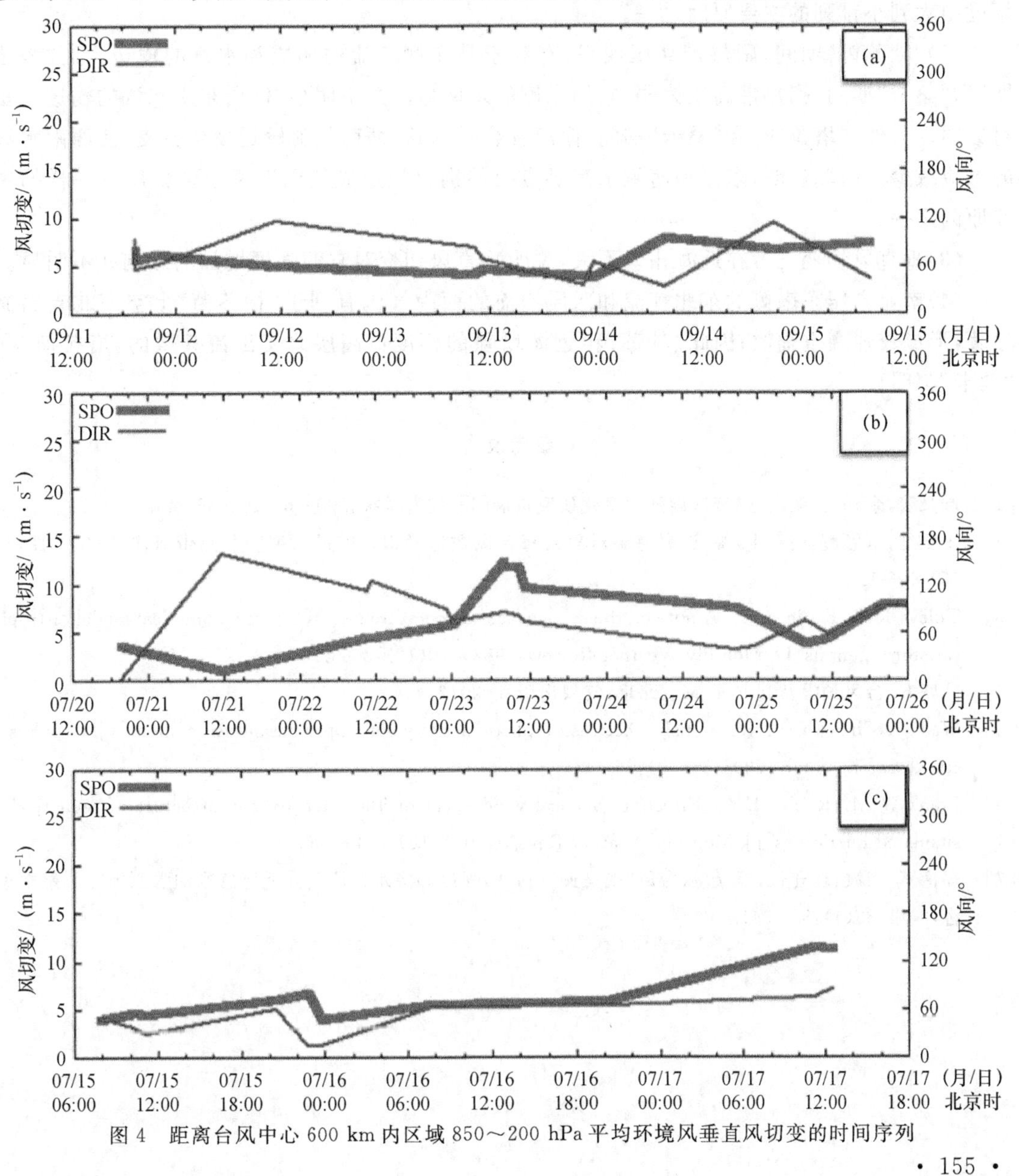


图 4　距离台风中心 600 km 内区域 850～200 hPa 平均环境风垂直风切变的时间序列

### 3.4 高层辐散

台风外流与对流层上部环境气流之间的相互作用能够直接影响台风的强度变化。郑艳等[7]发现,“威马逊”登陆海南省前后,其上空南北支出流明显,高空辐散较强,从而导致其强度突增。“杜苏芮”和“威马逊”的情况非常相似,处于南亚高压脊线东南部和西风槽南侧,其上空南北支出流明显,高空辐散强;而“桑卡”和“塔拉斯”虽然也处在南亚高压东南部,南支辐散明显;但其东北侧一个为一脊,一个为远离的西风槽,所以北侧的出流甚微;总之,“桑卡”和“塔拉斯”高层的辐散没有“杜苏芮”如此明显,这也是它们强度有所差异的原因之一。

## 4 总结

(1)异常偏高的海洋温度和较高的海洋热容量是导致“杜苏芮”“塔拉斯”“桑卡”近海增强幅度由大到小排列的主要原因之一。

(2)“杜苏芮”期间,副热带高压偏强,有利于其东侧急流的形成和水汽的输送。而“塔拉斯”和“桑卡”期间,副热带高压偏弱,它们东侧的东南急流并不明显,低层东南水汽的输送也相对较弱。另外,“塔拉斯”和“桑卡”期间,南海辐合带活跃,西南气流输送发生分支,使西南水汽的供应减少。由此说明,东侧和南侧水汽供应的差别也是造成他们近海增强幅度不一样的主要原因之一。

(3)垂直风切变三者在近海相差不大,说明垂直风切变对它们强度增加的影响并不明显。

(4)南亚高压东南侧的东北气流和西风槽前的西南气流有利于“杜苏芮”上空南北支出流显著,形成较强高空辐散;因此“杜苏芮”近海增强的幅度比高层北支出流甚微的“塔拉斯”和“桑卡”都明显。

### 参考文献

[1] 端义宏,余晖,伍荣生.热带气旋强度变化研究进展[J].气象学报,2005,63(5):636-645.

[2] 王坚红,邵彩霞,苗春生,等.近海海温对再入海台风数值模拟影响的研究[J].热带海洋学报,2012,31(5):106-115.

[3] Tuleya R E, Kurihara Y. A note on the sea surface temperature sensitivity of a numerical model of tropical storm genesis[J]. Monthly Weather Review,1982,110(12):2063.

[4] 陈联寿.台风预报及其灾害[M].北京:气象出版社,2012.

[5] Wada A,Chan J C L. Relationship between typhoon activity and upper ocean heat content[J]. Geophysical Research Letters,2008,35(17):36-44.

[6] Frank W M, Ritchie E A. Effects of vertical wind shear on the intensity and structure of numerically simulated hurricanes[J]. Monthly Weather Review,2001,129:2249-2269.

[7] 郑艳,蔡亲波,程守长,等.超强台风“威马逊”(1409)强度和降水特征及其近海急剧加强原因[J].暴雨灾害,2014,33(4):333-341.

# 超强台风“鲇鱼”大风成因和预报分析*

邵颖斌[1]　毕潇潇[2]　刘锦绣[1]　夏丽花[1]

(1. 福建省气象台,福州 350001;2. 吉林省气象台,长春 130062)

## 摘　要

2016年第17号台风“鲇鱼”正面袭击福建省,并于9月26—29日期间给福建带来了严重的风雨灾害,尤其是大风带来的破坏影响非常严重。本文对“鲇鱼”台风大风的成因进行分析,发现:(1)“鲇鱼”外围螺旋雨带较台风本体先行逼近以及台湾海峡的狭管效应导致台风大风提早出现,且强风多集中在福建中北部沿海。(2)“鲇鱼”影响福建前期,地面冷空气自中偏东路向南补充,使得福建中北部沿海气压梯度明显增大,这是造成该地区起风时间提前、大风强度强、大风维持时间长的原因之一。(3)对流能量释放造成的大风与台风环流带来的大风叠加产生的增幅效应,亦可能是“鲇鱼”在福建造成大范围、长时间强风的一个原因。(4)预报员根据积累的台风大风预报经验,并结合丰富的观测资料对数值模式输出的产品进行订正,将有利于做出准确率更高的大风预报。

**关键词**:台风大风致灾　台风结构　对比分析

## 引言

近年来,由于全国多地遭受大风灾害而导致人员伤亡和经济损失,大风预报已经成为业务工作中一个新的关注点,亦成为研究热点。其中台风大风致灾是最严重的大风灾害之一,而过去对台风大风致灾的研究相对较少,预报经验也比较不足[1-3]。因此,对台风带来的大风进行预报技术总结和研究具有重要意义。

2016年第17号台风“鲇鱼”正面袭击福建省,并于9月26—29日期间给福建带来了严重的风雨灾害,尤其是大风带来的破坏影响非常严重。该台风路径稳定、强度超强、大风范围广、强度强、持续时间长。“鲇鱼”靠近台湾岛至在福建再次登陆后继续移动期间,福建沿海和陆地上8级以上强风维持时间长达46 h,10级以上强风维持时间达到18 h;宁德—泉州沿海平均风都出现10～12级、局地出现13级(平潭牛山岛37.2 $m \cdot s^{-1}$记录为最大,之后尽管强风维持但测站停止记录),沿海和内陆县市陆上阵风大范围出现11～12级。尤其是“鲇鱼”台风发生在14号台风“莫兰蒂”给福建沿海地市和近海海区带来历史罕见风灾之后不久,连续两个台风的风雨重灾区有多处重叠。而对于“鲇鱼”带来的大风的预报检验来看,同时发生了空报和漏报,这其中既有预报员考虑服务效果而进行的主观判断,很大一部分原因还是由于对造成台风大风的影响因子的认识不够充分。本文对“鲇鱼”台风大风预报技术进行总结和成因进行分析,为今后台风大风的预报积累经验。

* 资助项目:中国气象局预报员专项(CMAYBY2017－035),福建省气象局开放式气象科学研究基金项目(2017K04)。

## 1 “鲇鱼”大风特征与影响成因分析

“鲇鱼”移动路径比较稳定(图1),因此对其路径与登陆点的预报一直比较有把握,且预报效果较好。“鲇鱼”是一个大尺度的台风,其7级风圈半径达400～450 km、10级风圈半径达220～200 km。台风本体与其外围的螺旋雨带带来的大风范围覆盖广,全省有40个县市222个乡镇出现10级以上大风。在福建省的实际业务中,我们更关注沿海和海上的平均风大风,以及陆地上的阵风大风。故下文中若无特别说明,则提及沿海和海上大风均指平均风,提及陆上大风则均指阵风。

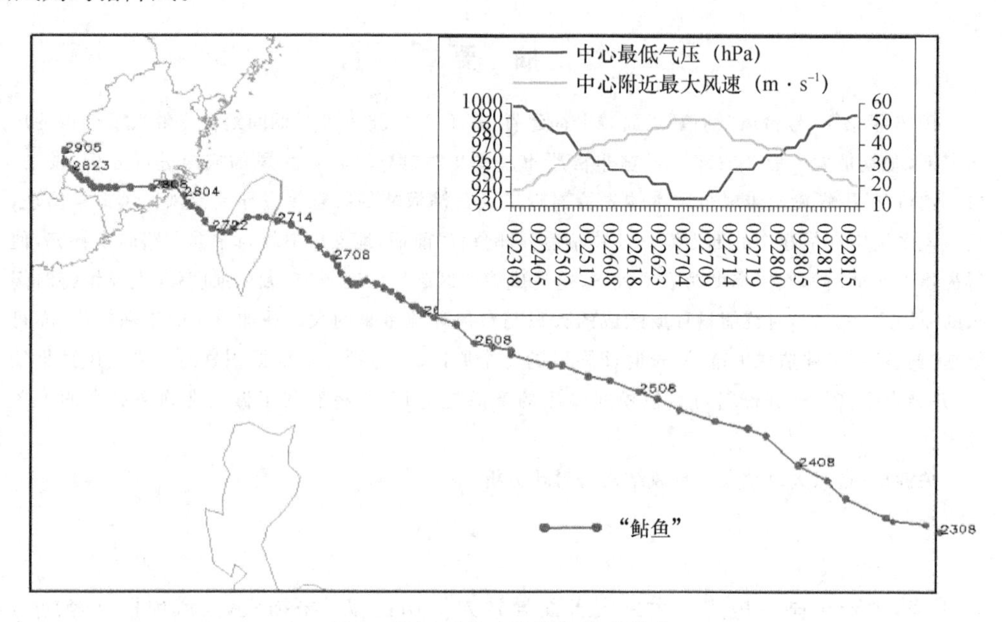


图1 “鲇鱼”移动路径与强度演变

### 1.1 大风实况与预报检验

受“鲇鱼”外围环流影响,9月26日上午起沿海风力开始逐渐增大,其中中部沿海大风起风时间最早、风力也最强。至27日夜间中北部沿海风力达10～11级,阵风12～14级,其中12级以上大风主要出现在福州-莆田沿海,中北部沿海10级以上大风持续时间达18 h、泉州沿海10级以上大风持续时间达12 h;南部沿海6～7级,阵风达8～9级(表1)。平均风速最大为平潭牛山岛37.2 m·s$^{-1}$(13级),阵风最大为连江目屿岛47.9 m·s$^{-1}$(15级)。28日上午起沿海转为东南风—偏南风,28日下午起沿海和海峡的风力自北向南逐渐减弱,13时之后北部沿海仅剩下6～7级大风、中南部沿海局部还有8级风(表2),到19—20时仅南部沿海还有一个站测到8级风,且下一时次起全省沿海风均弱于8级了。

**表1 沿海平均风起风时间**

| 大风等级 | 宁德沿海 | 福州、莆田沿海 | 泉州沿海 | 厦门、漳州沿海 |
|---|---|---|---|---|
| 8级风 | 27日04—05时 | 26日20—21时 | 26日20—21时 | 27日16—17时 |
| 10级风 | 27日11—12时 | 27日11—12时 | 27日15—16时 | — |

**表 2　沿海平均风减弱时间**

| 大风等级 | 宁德沿海 | 福州、莆田沿海 | 泉州沿海 | 厦门、漳州沿海 |
|---|---|---|---|---|
| 8 级风 | 28 日 12—13 时 | 28 日 15—16 时 | 28 日 17—18 时 | 28 日 20—21 时 |
| 10 级风 | 28 日 04—05 时 | 28 日 04—05 时 | 28 日 02—03 时 | — |

台风大风预报在业务实践中主要是依靠 ECMWF 模式细网格输出的地面风场的格点预报产品，加之地面气压分析与主观订正做出预报，且陆地大风较沿海大风更缺乏预报经验。另一方面，大风防御和风灾带来的折损还没有形成较成熟的共识。因此想要实现台风大风的精细预报，还需要从其发生机制与预报技巧上多做分析和总结。

从“鲇鱼”台风过程的沿海风预报情况来看，福建中部沿海的大风预报较好，而宁德沿海的 10 级大风出现漏报、厦门—漳州沿海的 10 级大风出现空报，另外宁德沿海的 8 级大风的起风时间较预报更早出现（表 3）。其中随着“鲇鱼”逼近，在值班时虽然考虑过要适当降低闽南沿海的大风预报量级，但是本着“临近不轻易降级”和“宁愿空报不要漏报”的想法还是维持了前期预报的量级，最终事实验证为空报。而“鲇鱼”带来陆上大风实况与 ECMWF 模式的细网格产品比较，不难发现模式预报较实况在量级上明显偏低（图 2）。尽管根据经验，主观预报在模式输出的基础上已经调高了量级，但是仍未能达到陆上大风的极值。

**表 3　沿海大风的预报检验**

| 大风等级 | 宁德沿海 | 福州、莆田沿海 | 泉州沿海 | 厦门、漳州沿海 |
|---|---|---|---|---|
| 8 级风 | 起风更早 | 预报较好 | 预报较好 | 预报较好 |
| 10 级风 | 漏报 | 预报较好 | 预报较好 | 空报 |

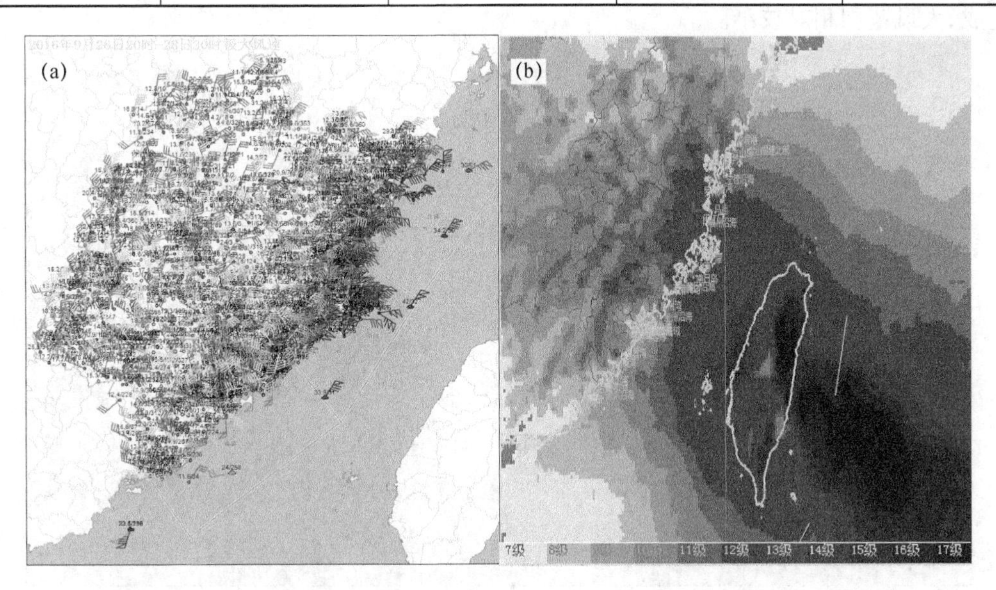


图 2　2016 年 9 月 26 日 20 时—28 日 20 时 6 级以上实况陆上大风(a)与 ECMWF 模式细网格输出的格点预报产品(b)比较

### 1.2 大风影响成因分析

影响台风大风的因素众多且各因素之间互相作用[4]，除台风路径、台风强度之外，台风结构、周围环境场配置、地形等因素也是影响台风大风的重要因子，下文将分别对其进行分析。

#### 1.2.1 台风非对称结构的作用

总结近年来沿相似路径登陆福建的台风与台风大风，发现大风起风时间、大风区范围与极大风强度与台风结构密切相关。“鲇鱼”是一个大尺度且非对称结构特征明显的台风，非对称结构的最主要特征表现在具有传播形式的螺旋雨带和$\beta$效应中的通风流[5]。从雷达回波的动态演变中可以看到，“鲇鱼”在靠近台湾岛时其结构便已经逐渐呈现出非对称结构特征，在台风结构的第二象限存在一个东北—西南向的强螺旋雨带不断增强逼近(图略)。由螺旋雨带的移速可以较准确地预报福建中北部沿海大风起风的时间，而由螺旋雨带的强度(最低气压与最大风速)可以预报在台风登陆前该区域大风的量级。台风环流中非对称结构部分的强度可由台风本体强度来推测，但目前业务中主要是预报员主观分析，未来也可以借由雷达资料的反演等方法进行客观预报，这其中仍存在许多待研究的课题。

将台风“鲇鱼”与“莫兰蒂”进行对比分析(图3)，可以发现一个显著的差别：大尺度、具有非对称结构特征的“鲇鱼”，其10～12级大风几乎全部发生在台风路径的右侧，且最强风发生时台风中心还位于台湾岛东面洋面上、大风量级稍落后于台风中心最强风力；而小尺度、结构密实且对称的“莫兰蒂”，其大风区主要围绕在台风路径附近，最强风发生在台风登陆时，且大风量级与台风中心最强风力相当。“鲇鱼”受到台湾岛阻挡的作用，在闽南沿海再次登陆时，其强度减弱且左侧结构已趋于松散，因此在福建南部没有造成明显风灾。反之，没有经过台湾岛而直接登陆闽南的“莫兰蒂”，强度没有折损、结构亦保持其对称特征，因此大风主要由台风本体造成、大风范围相对较小。

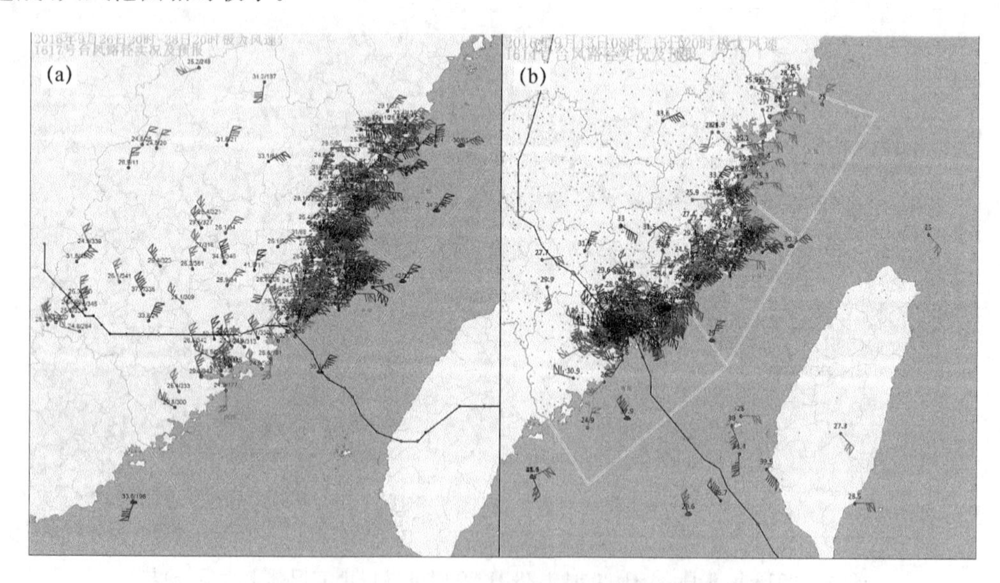


图3 “鲇鱼”(a)与“莫兰蒂”(b)台风过程中10级以上大风分布与台风移动路径的相对位置

公众与决策服务对台风大风的预报需求日益提高，主要包括大风范围、大风强度、起风时间、减弱时间和维持时间 5 个方面，而事实证明这都与台风结构特征密切相关。实践中发现，虽然目前数值模式对于台风路径预报和强度预报的准确率已相当高，但对台风结构的提前模拟仍有待提高。预报员习惯依靠的数值模式的地面风场产品较难反映台风结构特征，如果只依靠 ECMWF 模式细网格输出的地面风场的格点预报产品很难快速、准确地预报台风大风。因此，在临近预报中必须要更多关注卫星、雷达等实况观测资料，判断台风结构的演变，并进一步预判台风大风的起止时间、大风范围和大风强度，以提高预报效果。

1.2.2　北方冷空气向南渗透的作用

由地转关系推导可知，地转风速的大小与水平气压梯度力成正比。在大风预报中，也经常将气压梯度作为判断风力强弱的重要指标，且海平面气压场的分布疏密直接影响风场分布。根据气压场分布的不同，前人将台风大风分为两个类型[6]：(1)低压型，即大陆上为低压维持，台风来前外围风力较小，直到临近才受台风本体环流影响出现大风；(2)冷空气结合型，即大陆上有冷高压，受冷空气南下影响，台风与冷高压之间气压梯度增大，台风本体还未靠近大风已经提前出现。

“鲇鱼”发生在夏末秋初(9 月底)，在其向大陆靠近的同时，中高纬度有冷性高压维持，从地面形势上也可以分析出一条明显的冷锋逐渐南压东移至江淮一带，并引导北方冷空气补充南下，使得我国东部沿海形成正变压区并长时间维持(图略)。同时，在中偏东路冷空气南下渗透与北上的台风环流共同作用下，福建中北部沿海的地面等压线加密、气压梯度增大，而福建南部沿海的等压线分布相对稀疏、气压梯度相对较小。这样的气压梯度与变压场分布，有利于福建中北部沿海起风时间更早、大风强度更强、大风维持时间长。

上述形势在前期 ECMWF 模式的形势预报中亦有体现，通过检验可知，数值模式的形势场预报稳定且与实况十分接近。从不同时次起报的海平面气压场来看(图略)，等压线分布呈现出中北部较密集、南部较稀疏的现象，这与实况大风区的分布相匹配，是预报台风大风的一个重要信号。从模式预报的海平面气压差时序图中也可以看到(图略)，杭州与平潭之间的气压梯度远大于福鼎与东山之间的气压梯度，且杭州与平潭之间的气压梯度达到最大的时刻比福鼎与东山之间提早 6～12 h，这对于预报大风极值偏态分布具有指示意义。此外，台湾海峡特殊地形的狭管效应，是预报福建中部沿海和海上的大风加大时另一点需要注意的地方。

1.2.3　对流能量释放的作用

台风是一个天气尺度的气旋性涡旋，其环流系统本身携带了丰沛水汽和能量，外围螺旋雨带中也高度集中了台风中的气旋式涡度、垂直运动、水平动量等。当台风外围螺旋雨带靠近陆地时，如果遇上冷空气就容易触发对流能量的释放[7]。同时，福建复杂的地形亦有利于在高能高湿的条件下触发陆上强对流[8]。强对流引起的大风天气与台风环流带来的大风叠加产生的增幅效应，亦可能是“鲇鱼”在福建造成大范围、长时间强风的原因之一。

从南面的福州与北面的邵武 2 站 27 日 08 时与 20 时的 $T$-log$p$ 探空图对比(图略)上可以看出，对流层中低层有较强的垂直风切变、对流抑制为 0 或较小，且 08 时各站中层均有一明显干层、存在“上干下湿”结构，尤其是邵武站为典型的喇叭口结构、具备明显的不稳定能量；20 时两站的垂直方向的风速较 08 时增长显著，但“上干下湿”结构不再明显，不稳定能量被释放。

## 2 结语

(1)在台风路径和强度预报已经相当准确的基础上,台风大风预报问题在一定程度上可以转换为对台风结构演变的追踪和预判。台风结构的对称或非对称特征,很大程度上决定了台风大风的起风时间和大风区的分布情况。“鲇鱼”外围螺旋雨带较台风本体先行逼近,导致台风大风提早出现,且强风多集中在福建中北部沿海。此外台湾岛地形对台风结构的破坏作用与台湾海峡的狭管效应对福建沿海大风的作用也不容忽视。

(2)在预报台风大风时,分析地面气压梯度和变压场的变化是一个直接有效的预报方法,同时具有科学的数理意义。在“鲇鱼”北上影响福建前期,地面冷空气自中偏东路向南补充,使得福建中北部沿海为正变压区控制、气压梯度明显增大,这是造成该地区起风时间提早、大风强度强、大风维持时间长的原因之一。

(3)在台风带来高能高湿条件下,冷空气南下与复杂地形有利于触发强对流的发生。对流能量释放造成的大风与台风环流带来的大风叠加产生的增幅效应,亦可能是“鲇鱼”在福建造成大范围、长时间强风的一个原因。

(4)随着对台风等极端天气预报的要求日益提高,台风大风更加精细的定时定点的预报已经成为当前亟待提高一项预报难题。我们探讨台风大风的可预报性时,既承认其困难与报不准的现状,又相信通过对不同个例进行对比与统计和对数值预报产品进行分析与释用,预报员仍有能力根据积累的经验对数值模式输出的不同产品进行订正,并通过灵活运用丰富的观测资料做出准确率更高的预报。

**参考文献**


[1] 凌士兵,高珊,刘铭. 台风“杜鹃”影响期间福建大风天气的特征及成因[J]. 台湾海峡, 2005,24(1): 15-21.

[2] 王忠东,曹楚,楼丽银,等. 超强台风“罗莎”和“韦帕”大风过程对比分析[J]. 气象科技, 2009,37(2): 156-161.

[3] 曹楚,王忠东,郑峰. 台风“莫拉克”影响期间浙江大风成因分析[J]. 气象科技, 2013,41(6): 1109-1115.

[4] 林新彬,刘爱鸣,林毅,等. 福建省天气预报技术手册[M]. 北京:气象出版社,2013:77-78.

[5] Holland G J. Tropical cyclone motion:a comparison of theory and observation[J]. J Atmos Sci,1984, 41 (1):68-75.

[6] 陈联寿,丁一汇. 西北太平洋台风概论[M]. 北京:科学出版社,1979:217-229,440-448.

[7] 闵颖. 台风暴雨的数值模拟与资料同化研究[D]. 南京:南京信息工程大学,2008:42-46.

[8] 孙继松,戴建华,何立富,等. 强对流天气预报的基本原理与技术方法[M]. 北京:气象出版社, 2014: 31-38.

# 地基 GPS 水汽资料在“纳沙”台风暴雨过程的应用分析

陈　颖

（江西省赣州市气象局，赣州 341000）

**摘　要**

本文利用赣州市地基 GPS 观测网反演后得到的 GPS PWV 对 2017 年 7 月 31 日台风暴雨过程进行综合分析，得出了 GPS PWV 的变化同实际降水间存在的相关性。结果表明：GPS PWV 能及时地反映大气中水汽的时空变化，当 PWV 持续增长或下降 1～4 h 后，对应着实际降水的开始或结束，当 PWV 出现峰值对应着强降水的发生。强烈的上升运动有利于 PWV 的积累增长，上升运动的强度同 GPS PWV 的大小有很强的相关性；利用 GPS PWV 提供的精确的水汽变化再结合热力、动力条件对于暴雨预报和降水落区判定具有重要的指示意义。

**关键词**：GPS　PWV　动力热力条件　暴雨

## 引言

水汽不仅在各种大气物理过程中起着至关重要的作用，而且是降水产生的必要条件，大气中水汽含量的多少既决定饱和状态是否达到，也直接影响降水量的大小。近年来，随着 GPS 技术的高速发展，其在水汽监测方面的研究也越来越受到各方的重视。20 世纪 90 年代，国外学者就提出了利用地基 GPS 技术探测大气水汽含量的方法，发现 GPS 探测大气可降水量 PWV 变化具有很好的精度[1]，现已在天气预报、人工影响天气、空中水资源开发等气象业务领域开始得到了广泛应用。GPS 不像相对湿度，会受温度的控制，所以它可以提高对灾害性天气的监测和预报能力，而且精度高、稳定性好[2,3]。但目前关于 GPS PWV 的研究多集中于数据本身的演变特征同降雨量的相关性中，在天气过程中涉及的动力、热力条件也是不可忽略的关键因素，因为具备饱和的水汽条件只是降雨发生的必要条件之一，若相关的动力、热力条件不满足，降水也难以发生。目前赣州对这方面资料研究应用还是空白。为了能将 GPS 水汽资料充分有效地应用于实际预报中，找出 PWV 产生变化的内在原因，提升该水汽资料对于实际天气预报具有的指示意义，本文利用赣州地区地基 GPS 观测网反演的可降水量资料并结合其他观测资料，对 2017 年 7 月 31 日发生的台风暴雨过程进行综合分析，配合降水过程中的动力、热力条件，以探讨 GPS 可降水量演变与实际降水过程的对应关系，为台风暴雨预报提供更多的参考依据。

## 1　台风“纳沙”概况和降雨实况

2017 年第 9 号台风“纳沙”于 7 月 26 日 11 时在菲律宾以东洋面发展成为热带风暴，随后逐渐加强北上，27 日 11 时加强成为强热带风暴，17 时路径转为西北方向移动，于 28 日 17 时在距离台湾省宜兰县南偏东方向 335 km 的海面上加强成为台风。随后“纳沙”移动速度明显加快，29 日 20 时在台湾省宜兰县附近登陆，登陆后向偏西方向移动，强度未减弱，在台湾境内移动时一直维持台风级。进入台湾海峡后，“纳沙”转向西北方向移动，30 日 06 时前后在福建省福清市沿海再次登陆，随后“纳沙”快速减弱并继续向西北方向移动，30 日 10 时减弱为热带风暴。30 日 20 时对其停止编号。于 31 日 20 时左右从抚州进入江西，强度为热带低压，随后低压中心转向偏北方向移动。

受其外围云系影响，7 月 31 日赣州市出现了一次暴雨降雨过程，国家站平均雨量为 49.0 mm，出现 3 站大暴雨（最大为安远 141.8 mm），3 站暴雨（兴国、南康、上犹），3 站大雨。据上报灾情资料统计，寻乌 3 个乡镇受灾，受灾 23 人，转移 7 人；农作物受灾面积 0.27 $hm^2$；公路中断 11 段；损坏提防 3 处；直接经济总损失 99.7 万元。

## 2　环流形势分析

从台风“纳沙”生成到影响期间，中高纬环流为两槽两脊型，以纬向环流为主，经向度不大，整个太平洋副热带高压强度一直比较强盛，呈带状分布，控制在 23°—35°N，脊线稳定维持在 30°N 附近，西伸脊点到达 70°E。7 月 28 日 08 时在 110°—120°E 副高北侧有一高空槽东移发展，移动速度缓慢，24 h 移动了不到 10 个经距，在移动过程中槽不断增强，经向度加深，强大的高压坝被分裂为东、西两环。此时台风“纳沙”受副高南侧东南气流引导，向西北方向移动。“纳沙”登陆台湾后，由于受到北面高空槽东移的阻挡，它开始转向偏西方向移动，朝着福建沿海靠近。在登陆福建后，受副高西侧的东南偏南气流引导，转向西北偏北方向移动。随着台风逐渐靠近，GPS PWV 值也随之迅速增长。

## 3　GPS PWV 与降水的关系

### 3.1　PWV 资料处理方法

数据来源：江西省气象局与江西省测绘局在赣州布设有 15 个 GPS 观测站，再结合赣州探空站资料，有利于建立适合的 ZHD 模型。

原理及处理方法：当 GPS 卫星发出的信号穿越大气时，受大气成分折射的影响，卫星信号发生延迟现象，根据这种延迟信号来测定大气中的温度和水汽含量、监测气候变化等叫作 GPS 气象学。这种延迟（大气的总延迟）主要是由电离层延迟和对流层延迟组成，由于电离层延迟与信号频率平方成反比，可以利用双频接收机两个频率大气延迟方程的线性组合进行消除。对流层延迟包括天顶湿延迟 ZWD 和天顶静力延迟 ZHD，其中天顶静力延迟造成的误差占总延迟的 90%，通过建立气压、湿度和温度等要素的函数方程，可以获得毫米量级的静力延迟，最后经过公式转换就可求出大气可降水量 PWV 值。具体计算过程如下：

大气可降水量计算公式：

$$PWV = \Pi \times ZWD \tag{1}$$

$$ZWD = ZTD - ZHD \tag{2}$$

式中：Π 为转换因子，ZWD 为天顶湿延迟，ZHD 为天顶静力延迟，ZTD 为对流层天顶总延迟，可由 GAMIT 软件直接计算得到。

ZHD 天顶静力延迟则要通过 Saastamoinen 模型、Hopfield 模型或 Black 模型和地面气压计算得到，而这些模型中的系数会随地理位置的变化而变化。邹海波等[4]结合探空站资料对

ZHD 模型进行了改善，提高了 ZHD 的计算精度。改善后的 ZHD 模型为：

$$\mathrm{ZHD}_S = 96.9573 + 0.1337 \times \frac{P_s}{1 - 0.0026\cos(2\varphi) - 0.00028H}$$

$$\mathrm{ZHD}_H = 100.21 + 0.89(40.082 + 0.14898(T_s - 273.16) - H)\frac{P_s}{T_s}$$

$$\mathrm{ZHD}_B = 92.2716 + 0.1406(T_s - 4.12)\frac{P_s}{T_s} \tag{3}$$

式中：$\mathrm{ZHD}_S$为改善后的 Saastamoinen 模型，$\mathrm{ZHD}_H$为改善后的 Hopfield 模型，$\mathrm{ZHD}_B$为改善后的 Black 模型。

PWV 是由大气气柱的总水汽含量转换为等效液态水柱高度得到的，其中转换因子Ⅱ为：

$$\Pi = \frac{10^6}{\rho_w R_v (k_3 / T_m + k_2')} \tag{4}$$

式中：$k_3 = 3.739 \times 10^5\,\mathrm{K^2 \cdot hPa^{-1}}$和$k'_2 = 22\,\mathrm{K \cdot hPa^{-1}}$是物理常数，$R_v = 461.495\,\mathrm{J \cdot kg^{-1} \cdot K^{-1}}$为水汽的比气体常数，$T_m$ 为大气平均加权温度，表示测站上空水汽压和绝对温度沿天顶方向的积分值，具体表示为：

$$T_m = \frac{\int_z (p_v / T)\,\mathrm{d}z}{\int_z (p_v / T^2)\,\mathrm{d}z} \tag{5}$$

式中：$p_v$、$T$ 分别为水汽压和温度(K)。实际计算中，目前通常使用 Bevis 提出的 $T_m$近似计算公式：

$$T_m = 70.2 + 0.72T_s \tag{6}$$

### 3.2 PWV 和降雨量演变特征分析

图 1 给出了台风“纳沙”影响赣州期间兴国、赣县、安远三站 GPS PWV 与逐小时降水量的演变过程。从图 1 可以看出，在台风影响前(7 月 30 日 09 时前)，兴国、赣县、安远三站 PWV 值均小于 50 mm，无降水出现，30 日 09 时后，随着在福建登陆后的“纳沙”不断自东向西移动，不断向赣州市东北部地区靠近，GPS PWV 值也随之自西向东开始明显增加，离“纳沙”较近的兴国于 30 日 09 时后开始明显增加，安远在 30 日 10 时后开始明显增加，而赣县位置偏西，于 30 日 12 时后 PWV 值才开始明显增加。30 日 14 时兴国 GPS PWV 值率先超过60 mm，并在随后 4 h 出现降雨，30 日 18 时安远 GPS PWV 值超过 60 mm，并在随后 3 h 后出现降雨，而赣州的 GPS PWV 值则在 30 日 19 时才超过 60 mm，随后 1 h 出现降雨。随着“纳沙”向江西中东部与福建边界移动靠近，兴国、赣县、安远 GPS PWV 值继续增加，31 日 03 时兴国 GPS PWV 值达到最大 75.85 mm，对应出现 31.6 mm·h$^{-1}$强降雨，31 日 05 时赣州 GPS PWV 值达到最大 74.07 mm，对应出现 32.9 mm·h$^{-1}$强降雨。31 日 20 时“纳沙”从抚州进入江西后，转向偏北方向移动，对赣州市中部以南地区的影响逐渐结束，安远在 8 月 1 日 0 时以后 GPS PWV 值降至 60 mm 以下后，降水停止；此时中部以北地区仍受到“纳沙”减弱后的低压槽影响，GPS PWV 值仍然维持在 60～66 mm，降雨仍在继续，赣县、兴国站当 GPS PWV 值降至 60 mm 以下后，降水才停止。

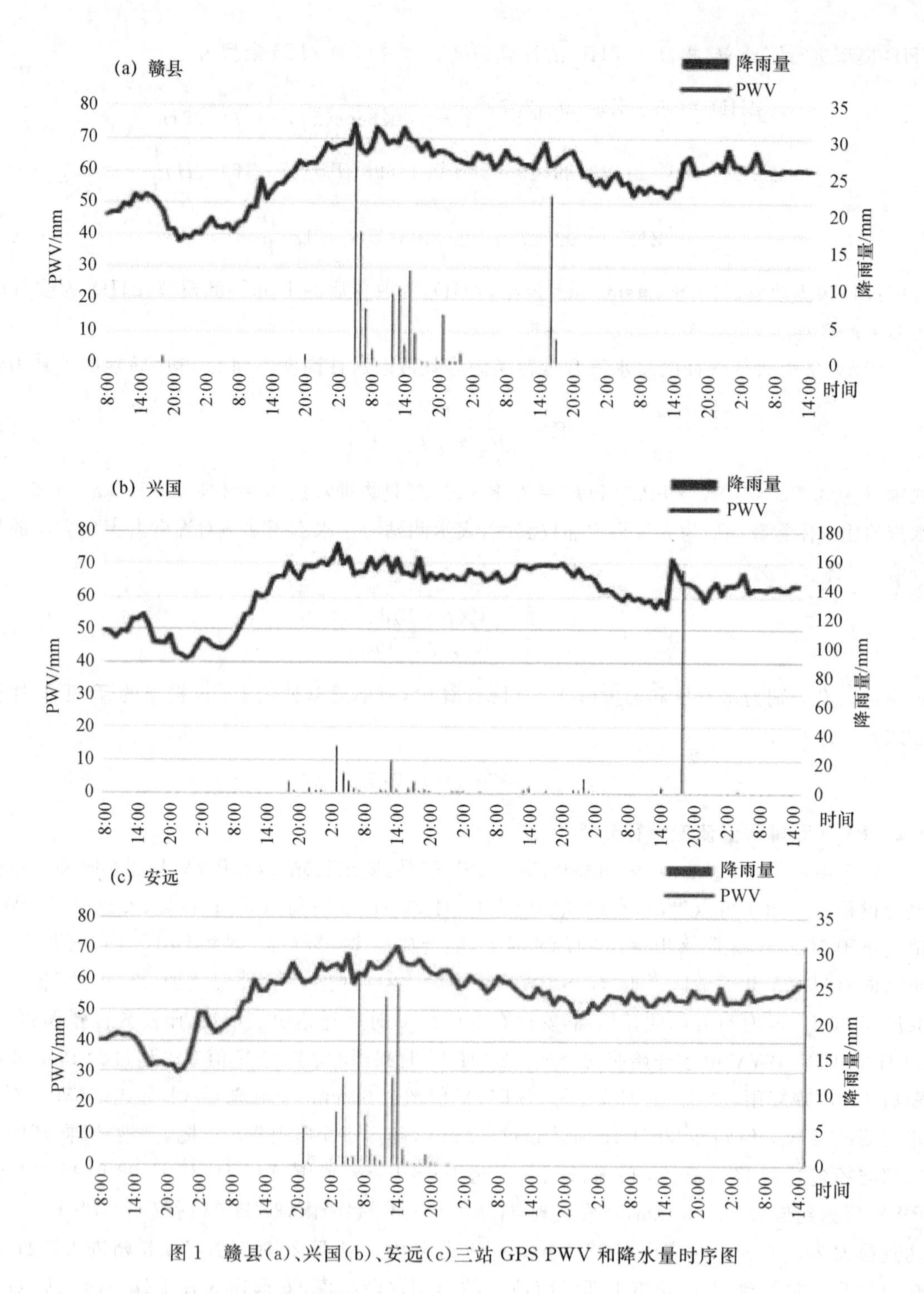


图 1　赣县(a)、兴国(b)、安远(c)三站 GPS PWV 和降水量时序图

对这次大暴雨过程中赣州市其他 12 个地基 GPS 站的 GPS PWV 与降雨也做了类似的分析，发现结果与之类似，即降雨都出现在 GPS PWV 迅速增加至一稳定值(60 mm 以上)后的一段时间，而结束于 GPS PWV 明显减小至稳定值(60 mm 以下)时。通过分析发现，赣州所有 GPS 站 PWV 持续增长到 60 mm 以上，随后的 1～4 h 才出现降雨。强降雨都出现在 PWV 迅速增长后达到最大值时。

## 4 GPS PWV 与动力、热力条件分析

分析此次过程垂直速度场发现,从 7 月 30 日 08 时开始 500 hPa 以下一直都是维持着上升运动,这为 GPS PWV 的积累提供了原动力,而此时也正是 GPS PWV 值从低位快速上升的阶段。到了 30 日 08 时开始,赣州市北部上升运动先发展到了 200 hPa,GPS PWV 值在随后 4 h 跃升至 60 mm 以上;其余地区在 30 日 14 时开始,上升运动才发展到 200 hPa,GPS PWV 值也同样在随后的 3～4 h 跃升至 60 mm 以上。强烈的上升运动有利于水汽的聚集,局地垂直运动与 GPS PWV 值的增长有较强的对应关系。

通过对此次降水过程的散度场和涡度场的变化特征分析,在这次降雨过程中,中低层主要是负散度区,气流辐合,而高层为正散度区,气流辐散。与涡度场配合,形成了中低层负散度,正涡度,高层正散度,负涡度的配置结构,有利于降水的持续和发展。低层源源不断地有水汽输送,而高空的辐散作用为水汽提供了出口,加强并维持着垂直上升运动的发展,有利于降水过程的持续。

大气的热力状况也是影响本次过程的一个关键因素。通过对比湿 $q$ 和 $\theta_{se}$ 假相当位温垂直分布情况分析发现,本次降雨过程发生前赣州上空大气层一直呈现出不稳定的状态,同时水汽条件也是相当好,850 hPa 比湿 $q$ 一直在 14～15 $g \cdot kg^{-1}$,表明降雨开始前赣州上空一直处于高温高湿不稳定状态。随着台风登陆福建后向西移动,30 日 14 时开始高能舌也随之西移,赣州市在 30 日 14 时至 31 日 20 时一直处于高能区和比湿 $q$ 大于 16 $g \cdot kg^{-1}$ 区域中。然而该不稳定状态发展持续的时间,刚好同 GPW PWV 的变化存在较好的对应关系,即 30 日 14 时以后,GPS PWV 呈现出快速增长态势。

## 5 结论与讨论

(1)此次"纳沙"台风降水过程主要是台风外围本体降水带来的暴雨,台风移动路径主要受副高南侧引导气流移动。随着台风登陆后逐渐靠近,GPS PWV 值也随之增长。

(2)通过对 2017 年 7 月 31 日"纳沙"台风暴雨过程中逐小时 GPS PWV 和降雨资料分析发现,GPS PWV 变化趋势和实际降水量变化趋势有着较强的对应关系。降水开始前和结束后,可降水量分别有一个递增和递减的过程。当 GPS PWV 值在增长过程时超过 60 mm 后的 1～4 h 出现降雨,并在 GPS PWV 值达到最大时出现降雨量最大值。

(3)高时空分辨率的 GPS PWV 资料可以实时地反映站点上空的水汽变化状况,通过结合过程中的动力、热力条件发现,强烈的上升运动有利于 PWV 的增长,PWV 值处于高位时,往往大气处于不稳定的状态。

### 参考文献

[1] Dixon T. An introduction to the global positioning system and some geological applications[J]. Reviews Geophysics, 1991, 29(2):249-276.

[2] 丁金才. GPS 气象学及其进展[J]. 大气科学研究与应用,1999,17:116-125.

[3] 万蓉,郑国光. 地基 GPS 在暴雨预报中的应用进展[J]. 气象科学, 2008,28(6):697-702.

[4] 邹海波,单九生,吴珊珊,等. 利用 GAMIT 对江西省 GPS 可降水量的反演应用[J]. 气象与减灾研究,2010,33(3):56-60.

# 两次台风触发的吉林省大暴雨天气过程对比分析*

刘　娜　杨秀艳　王　威　耿寿福　高文强

（吉林省白山市气象局，白山 134300）

## 摘　要

本文利用加密站实时观测资料、NCEP(1°×1°)再分析资料结合卫星资料和雷达产品，对2016年8月29日至9月2日台风“狮子山”云系结合中纬度地区温带气旋云系共同影响而触发的吉林省大暴雨天气过程和对2017年8月2至4日台风“海棠”减弱结合西风槽触发的暴雨天气过程进行诊断分析，结果表明，两次过程相同点：均为台风减弱登陆影响，降水持续时间长，范围广，降水强度大；湿度条件深厚，中低层大气水汽饱和度高，850 hPa暴雨区比湿超过14 g·kg$^{-1}$，整层垂直运动较强，存在明显的上升运动中心，且持续时间超过6 h；假相当位温随高度明显减小，KI指数超过32℃，持续时间超过6 h，不稳定能量较强，均为混合性质降水。两次过程不同点：台风“狮子山”路径异常，经过3次登陆、两次减弱和加强，此次台风与中高纬度南下温带气旋相互作用，两个低值系统耦合作用，降水分为两个时段降水，前期以台风降水为主，后期温带气旋与台风合并，又有一次能量爆发；台风和温带气旋形成的东南急流和偏东急流为此次降水提供较好的水汽条件和触发条件；台风“海棠”在福建省登陆，经多个省份，影响吉林省时减弱结合西风槽后冷空气，低层存在明显西南风急流和切变线，为此次降水提供较好动力和水汽条件。第一次过程中水汽输送主要有两条通道，偏东路径和东南路径，第二次过程水汽输送主要来自西南风急流输送的西南路径水汽。

**关键词**：台风　西风槽　温带气旋　深厚湿层　不稳定条件

## 引言

热带气旋带来的主要灾害天气就是大风、暴雨，而实际业务中对其路径和降水等级预报难度比较大，因此台风登陆所带来的暴雨一直是广大气象工作者研究的重点。专家研究发现：每个热带气旋带来的暴雨有共性，也有其独有的特点，不仅与热带气旋本身环流有关，冷空气的入侵、季风槽以及地形的作用也是造成暴雨的重要原因。热带气旋是我国主要天气灾害系统之一，也是造成吉林省夏季暴雨的主要天气系统之一。当热带气旋北上时对吉林省尤其吉林省的中部和东南部地区影响巨大，常引发该地区大范围洪涝灾害。虽然北上的热带气旋为数不多，但是造成的影响和损失是相当严重的。可以说，吉林省盛夏季节的暴雨，特别是特大范围暴雨，大多有台风参与，如1985年的台风“Lee”和“Mimie”。因此，减轻登陆热带气旋造成的洪涝灾害始终是我国气象科学的重要研究领域和难点课题。

2016年台风“狮子山”和2017年台风“海棠”均触发了吉林省大暴雨天气。主要灾害是暴雨引发的局地洪涝、地质灾害，造成吉林省大部分地区农作物受灾严重，经济损失重大。因此，进一步加强对台风暴雨分析研究无疑具有重要现实意义。

* 吉林省白山市气象局“白山市气象灾害风险区划”项目(201701)。

## 1 天气实况概述

台风“狮子山”(简称一过程)对吉林省影响特点:一是降水时间长。受“狮子山”台风和温带气旋共同影响,风雨天气从 8 月 29 日午后开始一直持续到 9 月 1 日。二是影响范围广。全省均受影响,中东部影响严重。三是累积雨量大。中东部出现大到暴雨天气,特别是延边普降暴雨、大暴雨。截至 9 月 2 日 08 时,全省共有 184 站累积降雨量超过 100 mm,其中 8 站累积降雨量超过 200 mm,最大出现在天池,为 249.9 mm,图们等 14 个县市降雨量都突破了历史极值。四是风力较大。全省大部有 4～5 级偏北风,中西部阵风 6～7 级,洮北区瞬时最大风速达 16.8 $m \cdot s^{-1}$。

台风“海棠”(简称二过程)对吉林省影响特点:一是降水时间长,从 8 月 2 日中午前后开始,出现降雨天气,至 4 日 08 时,降雨超过 200 mm 的有 8 站,100～199.9 mm 的有 162 站,50～99.9 mm 的有 299 站。二是降水量大,出现大暴雨天气,最大降水量出现在乾安县余字乡小学 250.0 mm。三是降水强度大,面雨量大,1 h 最大雨强为吉林市铁西村 65.3 mm,全省平均降水量为 42.9 mm。四是此次过程无明显大风天气。

## 2 环流背景分析

### 2.1 气候背景分析

一过程大暴雨是在超强厄尔尼诺气候背景下产生的。本次厄尔尼诺的特殊性在于,持续时间超长,自 2014 年 9 月至 2016 年 5 月持续 21 个月,强度为 1950 年以来最强之一。从 Nino3.4区海温变化情况可以看出,此次厄尔尼诺现象为历年来最强的一次,Nino3.4 区指数达到 2.9℃,比历年要高 0.5～1℃,在 2015 年 12 月份赤道东太平洋的海温达到最高,厄尔尼诺现象达到峰值。今年 4 月份海温恢复正常,由于海气相互作用的滞后性导致在厄尔尼诺次年出现极端降水天气过程。二过程为厄尔尼诺向拉尼娜转换的气候背景下,同时 2017 年副热带高压异常偏强,西伸并与大陆高压连接,呈带状分布在 30°N,导致 8 月份北上台风受阻。

### 2.2 大尺度形势场分析

2016 年第 10 号台风“狮子山”于 8 月 20 日 02 时在西北太平洋洋面生成,此后缓慢向西南方向移动;至 25 日到达最南端后反向折回日本以东洋面,强度迅速加强至超强台风;从 8 月 28 日 500 hPa 高度场和红外卫星云图叠加可以看出,500 hPa 为“两高一低”形势,即大陆高压和海上副热带高压夹击刚刚生成的台风系统,台风系统沿着海上副热带高压前部的西南气流向东北方向移动。30 日下午到达日本本州北部后再次折向西偏北方向移动,并迅速穿过日本海于 31 日 05 时在俄罗斯海参崴登陆后转向西偏南方向移动;31 日 07 时 50 分进入吉林省东部和龙市,强度降为热带风暴级,西行过程中于 31 日 14 时在吉林省中部磐石市减弱变性为温带气旋。

2017 年第 10 号台风“海棠”于 7 月 31 日夜间减弱为热带低压,8 月 1 日早晨 05 时其中心位于江西省余干县境内,经纬度为 28.9°N,116.4°E,外围最大风力仍有 7 级(16 $m \cdot s^{-1}$),中心附近最低气压为 995 hPa。减弱台风经安徽、山东后北上与西风槽结合,造成东北地区大面积特大暴雨。台风北上过程中减弱为低压,与东北地区低压系统合并,形成带状低压通道,低压中心 8 月 2 日 08 时至 20 时经辽宁中西部,2 日 20 时至 3 日 08 时移入吉林省中西部地区,3

日 20 时减弱北上影响黑龙江北部地区。吉林省降水主要发生在 2 日夜间至 3 日夜间。台风北上过程中,受中纬度长波槽脊和西太平洋副热带高压影响。首先中纬度 50°N 在贝加尔湖以西,8 月 1 日 20 时有一低涡,低涡前部弱脊,脊前为短波槽。副热带高压前期为带状与大陆高压合并东西分布在 30°N,2 日 20 时海上同时有两个台风发展,台风强度较强,将副热带高压冲断北上,其中第 10 号台风沿副高外围西南气流与西风槽前西南气流北上。500 hPa 高空温度场落后于高度场,高空斜压性强,对西风槽脊发展较有利,槽加深,槽前西南气流结合副高前部西南气流加强,引导地面低压系统向偏北移动。3 日 08 时,高空副热带高压 584 dagpm 线向东退,促使副高后部低涡向东移动。500 hPa 高度场在 40°N,120°E 处形成明显的西南—东北走向流线,有利于引导低空西南急流的建立。

两次大暴雨天气过程深厚的行星尺度系统和天气尺度系统的相互作用、稳定维持导致降水持续时间长。

从低层 850 hPa 风场可以看出一过程 8 月 29 日至 31 日在系统外围形成明显的偏东和偏东北急流,此急流的形成和维持对降水的触发和水汽输送提供较好的动力条件和水汽通道。二过程低层 850 hPa 8 月 1 日至 3 日 08 时偏南急流基本建立,纬向长度从日本海上一直延伸到吉林省中部地区,同时中部地区西南急流左侧出现明显的冷式切变线,切变线和急流配合区域为降水较强时段。

两次大暴雨天气过程地面均为低压控制,第一次过程地面触发机制为台风和温带气旋合并造成,系统深厚,低压中心强度强,第二次过程为台风减弱为温带锋面气旋暖锋段影响,系统中心强度较第一次过程偏弱。

## 3　降水形成条件和维持机制

### 3.1　水汽条件

对吉林省 2016 年 8 月 29 日 08 时到 31 日 08 时、2017 年 8 月 2 日 08 时至 3 日 08 时垂直方向进行水汽积分(图 1),两次过程水汽通量大值区位置均与降水区吻合,其中配合风场对水汽的输送可以看出,第一次过程水汽输送源地主要来自日本海的偏东路径和东南路径,水汽输送通道配合偏东急流,维持时间长,源源不断将水汽输送到降水区,加之台风本身携带水汽造成吉林省东南部大暴雨天气。二过程台风外围水汽,以及东海海面水汽,在副高后部强劲的西

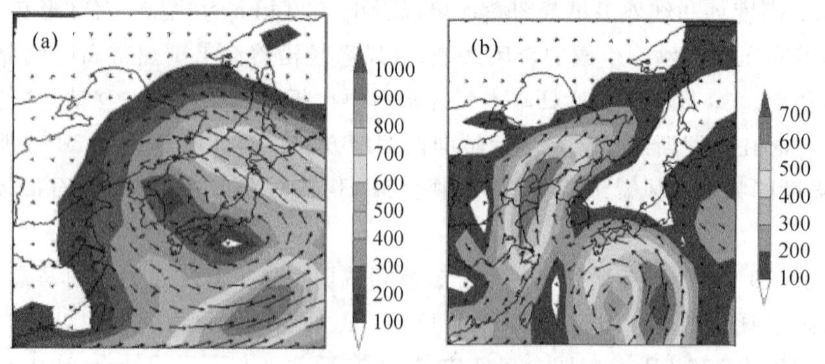


图 1　(a)吉林省 2016 年 8 月 29 日 08 时到 31 日 08 时垂直方向水汽积分;
(b)吉林省 2017 年 8 月 2 日 08 时至 3 日 08 时垂直方向水汽积分
(矢量为水汽输送 $q \cdot V$,阴影区为水汽输送大小,单位 $kg \cdot s^{-1} \cdot m^{-1}$)

南风影响下，自南向北输送至吉林地区。从水汽通量积分场来看，8 月 2 日至 3 日水汽通量大值区域为带状西南-东北走向，大值中心位于吉林省及辽宁省南部地区，在西南风急流配合下，水汽源源不断向暴雨区输送。两次过程 850 hPa 比湿均超过吉林省暴雨阈值，在东部地区均超过 10 $g \cdot kg^{-1}$，最大值达到 14 $g \cdot kg^{-1}$，水汽通量辐合中心比湿均在 13 $g \cdot kg^{-1}$以上，最大达到 15 $g \cdot kg^{-1}$以上。

### 3.2 动力机制

热量条件提供一定的热力对流触发条件，整体抬升力还不足以触发如此强的降水。此次过程中动力抬升条件非常强。从高空槽前的正涡度平流对低层减压有利于上升运动加强，同时急流前部辐合和切变影响也对上升运动提供一定有利条件。从实况上升运动场来看，吉林省大部分地区都在上升运动区，第一次过程上升运动中心主要位于吉林省东南部地区，其中最强上升运动中心达到 85 个单位，且持续时间超过 6 h；第二次过程有两个集中的上升运动中心，中心位于吉林省白城、松原、长春和四平交汇区域。上升运动中心最大值超过 80 个单位，且维持时间超过 6 h。选取两个垂直速度大值时段，做垂直方向剖面图，可以看出，垂直上升速度区深厚，整层为上升运动，两侧有弱的下沉运动形成次级环流，又有助于上升运动的加强。其中两次过程中垂直速度大值时段降水雨强值时段配合较好，导致强降水持续时间长。

### 3.3 不稳定机制

由于两次过程降水前期均是副热带高压控制，前期热力条件较好，易导致能量集中爆发有利于对流的产生。两次降水过程中 KI 指数全省超过 32℃，大暴雨地区强度 36～40℃，且大暴雨区出现在能量高能舌区。从 850 hPa 假相当位温水平分布（图 2）可以看出不稳定能量的分布情况，其中两次过程大暴雨区最大值超过 70℃，呈舌状分布，大暴雨区主要出现在假相当位温大值区和梯度大值区附近。此处假相当位温 850～500 hPa（图略）差值均为负值，从两次过程假相当位温时间序列垂直剖面图（图 2c）可以看出，随高度变化假相当位温不断减小，其中负值中心集中在大暴雨区，最大负值中心超过 10℃。大范围的负值中心指示对流不稳定集中区域，不稳定能量集中释放，触发强降水产生。

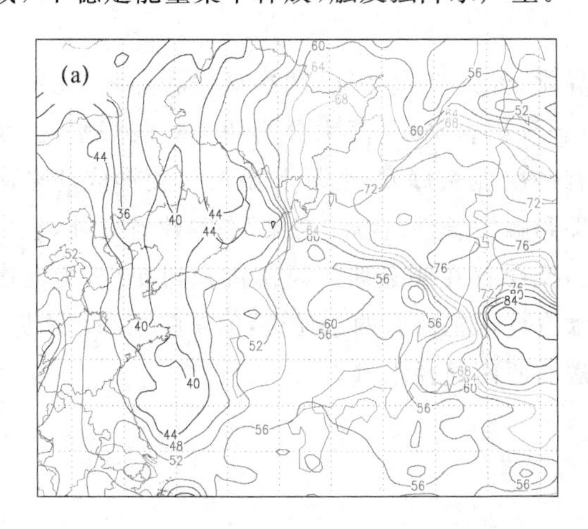


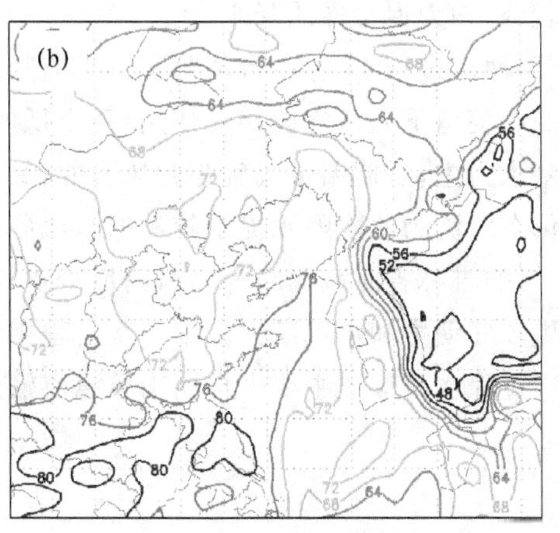

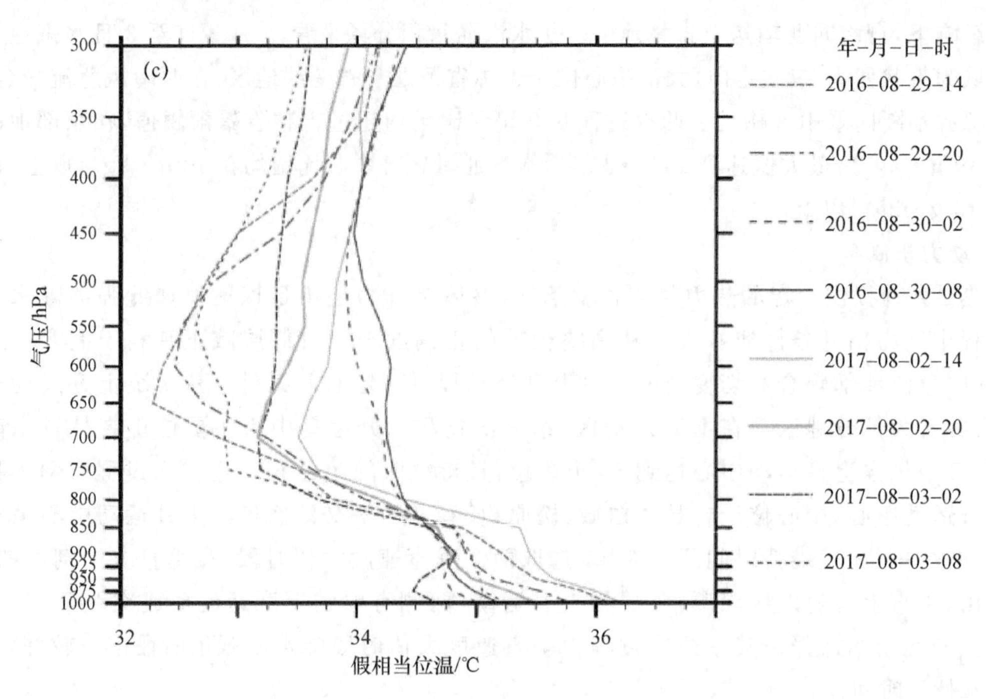


图 2 (a)吉林省 2016 年 8 月 29 日 14 时 850 hPa 假相当位温(单位:℃);
(b)吉林省 2017 年 8 月 3 日 02 时 850 hPa 假相当位温(单位:℃);
(c)两次大暴雨过程假相当位温随高度变化

## 4 结论

(1)两次过程相同点:均为台风减弱登陆影响,降水持续时间长,范围广,降水强度大;湿度条件深厚,中低层大气水汽饱和度高,850 hPa 暴雨区比湿超过 14 $g \cdot kg^{-1}$,整层垂直运动较强,存在明显的上升运动中心,且持续时间超过 6 h;850 hPa 假相当位温大值超过 75℃,从时序剖面图上看,假相当位温随高度是明显减小,KI 指数超过 32℃,持续时间超过 6 h,不稳定能量较强,均为混合性质降水。

(2)两次过程不同点:台风“狮子山”路径异常,经过 3 次登陆、两次减弱和加强,此次台风与中高纬度南下温带气旋相互作用,两个低值系统耦合作用,降水分为两个时段降水,前期以台风降水为主,后期温带气旋与台风合并,又有一次能量爆发;台风和温带气旋形成的东南急流和偏东急流为此次降水提供较好的水汽条件和触发条件;台风“海棠”在福建省登陆,经多个省份,影响吉林省时减弱结合西风槽后冷空气,低层存在明显西南风急流和切变线,为此次降水提供较好动力和水汽条件。第一次过程中水汽输送主要有两条通道,偏东路径和东南路径,第二次过程水汽输送主要来自西南风急流输送的西南路径水汽。

# 两例相似路径台风对辽东半岛降水影响的对比分析

梁　军[1]　冯呈呈[1]　张胜军[2]　李婷婷[1]

(1. 大连市气象台，大连 116001；

2. 中国气象科学研究院灾害天气国家重点实验室，北京 100081)

## 摘　要

台风"Polly"(9216)和"Matmo"(1410)影响辽东半岛时的路径近乎重合，但"Polly"造成了大范围暴雨—大暴雨，而"Matmo"仅个别测站出现暴雨。利用中国气象局热带气旋年鉴、FY-2D卫星的黑体亮度温度(TBB)产品(0.1°×0.1°)、日本气象厅TBB资料、大连地区逐小时自动气象站降雨量资料、常规观测资料和欧洲中期数值预报中心(ECMWF)ERA-Interim全球再分析资料(0.125°×0.125°)，对两个台风影响辽东半岛的降水过程进行了对比分析。结果表明：(1)两个台风均进入西风槽区而变性，在其西侧和北侧分别具有冷锋和暖锋锋生，辽东半岛的降水均发生在台风低压环流北侧的锋生区和环境风垂直切变明显增大过程中。但两个变性台风的大尺度环流背景却差异显著，台风"Polly"与西北侧较强冷空气相互作用，锋区随高度增加向西北倾斜，且与低空东南急流相连获得丰富水汽供应，强降水持续时间长，而台风"Matmo"与东北部对流层低层冷空气相互作用明显，锋区随高度增加略向东北倾斜，但其低空急流水汽通道被快速隔断，不稳定度和动力抬升条件减弱，强降水持续时间短。(2)"Polly"和"Matmo"的降水分布非对称明显，均出现在顺垂直切变方向的左侧。但"Polly"中尺度对流活动在其北侧发展旺盛，且向西南弯曲，"Matmo"对流活动仅发生在台风环流东北侧。(3)台风的强降水落区还与其低层环流内冷、暖平流的活动密切相关。"Polly"西北侧的冷平流加强，辽东半岛位于台风北侧低层冷暖平流交汇区，水平辐合加强，深厚的上升运动维持，而"Matmo"东北侧的冷平流加强，辽东半岛逐渐位于台风西侧，低层转为冷平流控制的下沉运动区，大气层结趋于稳定。

**关键词**：热带气旋　暴雨　环流特征　变性

## 引言

热带气旋(TC)北上与中纬度系统相互作用可产生变性(ET)过程[1]。ET过程中，TC由一个热带正压对称结构演变为一个半冷半暖的温带斜压非对称结构[2,3]，其风雨强度和分布也会发生明显变化。TC的变性过程可分为两个阶段[3]，即TC与中纬度斜压带相互作用，初始结构发生改变的第一阶段和变性发展为温带气旋的再加强阶段(第二阶段)。若TC低空有持续的水汽输送[4-6]，或从斜压区获得能量[7-11]，激发中尺度对流系统(MCS)，TC可变性发展为温带气旋，可导致TC暴雨增幅和大范围强降水。辽东半岛区域性强降水多由变性热带气旋引起[12]，且多发生在TC变性的第一阶段。变性TC影响下其降水强度和分布的影响因素更为复杂[13-15]。即使北上路径相似的变性台风，其变性不同时期对所经地区的降水也会产生不同的影响[16,17]。因此，相似路径TC与西风带系统相互作用及其对暴雨的影响的预报技术尚须进一步提高[18]。

1992年的9216号台风("Polly")和2014年的1410号台风("Matmo")是两个变性北上台

风(图 1a)。影响辽东半岛期间其路径近乎一致,且均变性减弱[19,20]。辽东半岛降水期间,两个台风中心海平面气压差为 1～2 hPa(图 1b,图中横坐标上的粗线段为辽东半岛降水时间),但“Polly”的降水却比“Matmo”的明显偏多。前者影响期间,辽东半岛地区从 9 月 1 日凌晨开始至 2 日 00 时(北京时间,下同),普降大暴雨(图 1c),大连市区(38.9°N,121.6°E)日降雨量为 232 mm,最大日降雨量出现在大连东部的长海县(39.2°N,122.5°E),为 253 mm;而后者影响期间(7 月 24 日 20 时至 25 日 20 时),辽东半岛西北部地区的降水量不足 10 mm,其他地区为 20～40 mm,基准站最大日雨量出现在大连市区,为 38 mm,仅有一个海岛自动气象站(39.1°N,123.1°E)日雨量达到暴雨量级,为 93 mm(图 1d)。两者累计降水差异如此显著,这其中的物理过程值得探讨。

本文利用欧洲中期数值预报中心 ERA-Interim 全球再分析资料(0.125°×0.125°)、常规观测资料、每小时一次的 FY-2D 卫星的黑体亮度温度(TBB)产品(0.1°×0.1°)、日本气象厅 3 h 一次的 TBB 资料(1°×1°)、大连地区逐小时自动气象站降雨量资料及中国气象局《热带气旋年鉴》资料,对这两次北上变性台风影响下辽东半岛降水截然不同的天气过程进行对比分析,以期为今后北上台风降水预报提供参考。

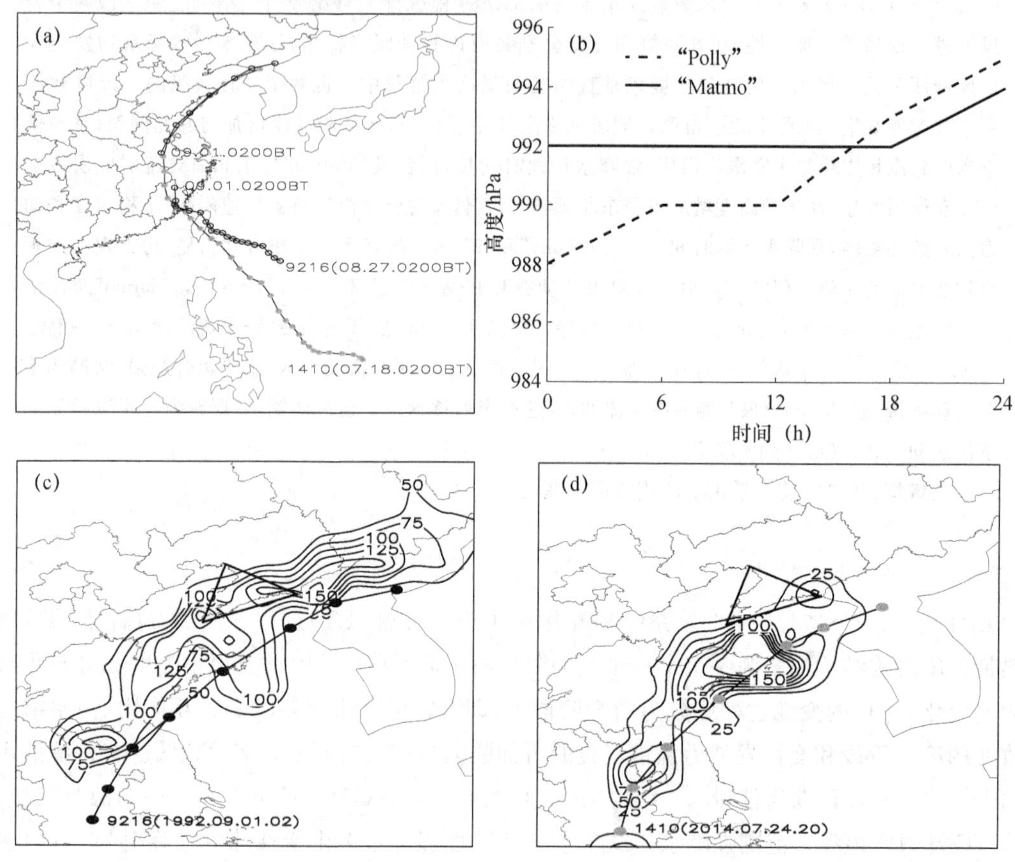


图 1 (a)台风“Matmo”和“Polly”的路径及其(b)影响辽东半岛期间的中心海平面气压变化(横坐标 0 表示影响辽东半岛的初始时刻,横坐标上的粗线段为降水时间);(c)“Polly” 1992 年 8 月 31 日 20 时(北京时,下同)至 9 月 1 日 20 时和(d)“Matmo” 2014 年 7 月 24 日 20 时至 25 日 20 时降水量和台风路径(台风位置间隔 6 h);(c)和(d)中三角形区域为辽东半岛地区

## 1 台风降水的卫星云图特征

1992 年 9 月 1 日 02 时，台风“Polly”已在安徽南部形成副中心[21]。从此时的 TBB 分布可以看出(图 2a)，台风南部的云系随着主中心的消失逐渐松散，较强的 TBB 负值区出现在台风北部。与此同时，位于台风西侧的西风槽云带逆时针卷入台风，台风北部的对流发展旺盛，东西向的云带明显向南弯曲，而低于 −52℃ 的中尺度对流云团则向西南弯曲明显(图 2b，c)，在辽东半岛地区维持了近 15 h。23 时后，低于 −32℃ 的中尺度云带移出辽东半岛。移出后，其北部东西向的环状云带由基本对称的热带气旋云系变为向东北伸展的非对称斜压云系，于 2 日 08 时在朝鲜半岛西北部海面上(38.5°N，124°E)演变为温带气旋[19]。“Polly”影响辽东半岛期间，台风东南部始终与副热带暖湿输送带相连，在其北部东西向准对称的对流云系的持续影响下，辽东半岛地区的强降水也长时间维持(9 月 1 日 07—21 时)。

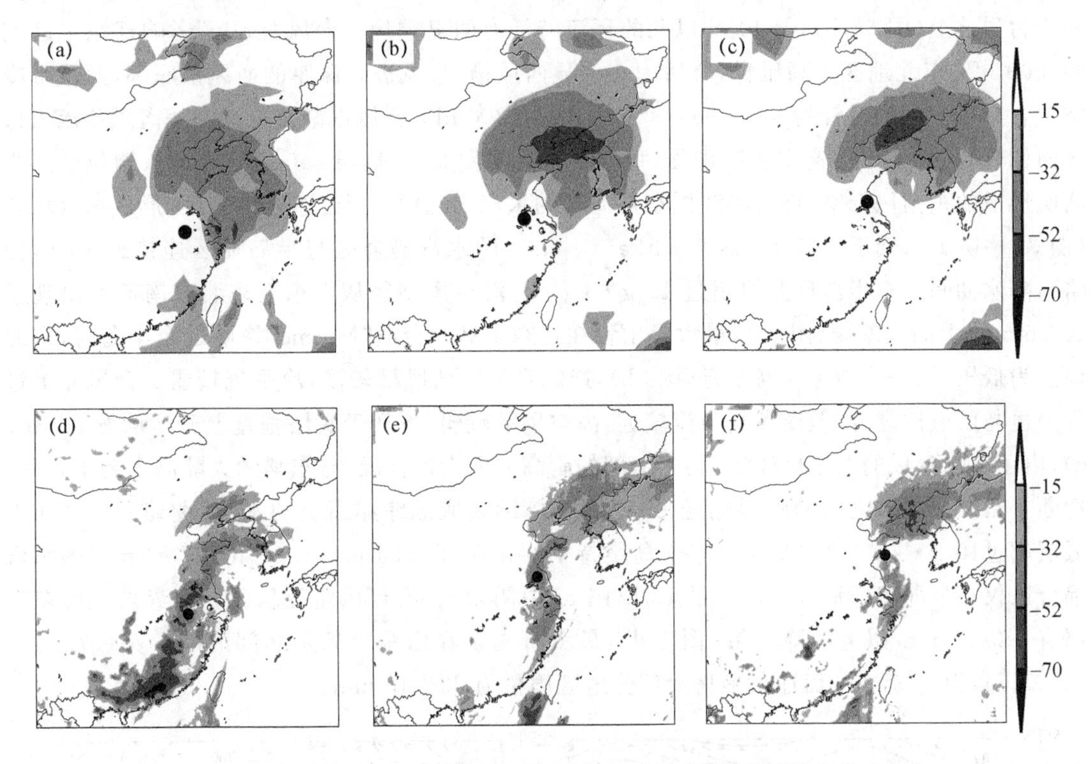


图 2 台风(a～c)“Polly”和(d～f)“Matmo”云顶亮温(℃)分布

(a. 1992 年 9 月 1 日 02 时；b. 1992 年 9 月 1 日 08 时；c. 1992 年 9 月 1 日 14 时；d. 2014 年 7 月 24 日 20 时；e. 2014 年 7 月 25 日 08 时；f. 2014 年 7 月 25 日 14 时)

台风“Matmo”登陆后初期(图略)，台风主体云系明显减弱，分布呈椭圆形，强对流云区主要分布在台风中心南侧，其西北侧 40°N 附近有一条东北—西南向的高空槽前云带。7 月 24 日 20 时(图 2d)，台风云系与西风槽前云带合并，强对流云向台风北部发展，外围云系已影响到辽东半岛。之后，台风南部的云系趋于松散，其东北部的云带发展(图 2e)，具有明显的非对称性斜压云系特征，但辽东半岛仍处于反气旋环流内(图 3f)，其逐时雨量多不足 1 mm。随着台风南侧暖湿输送带的断裂，进一步抑制了其对流运动的发展，台风南部的螺旋云系逐渐消散(图 2f)，东北侧的中尺度云团强度减弱，25 日 14 时 Matmo 变性为温带气旋[20]，3 h 后辽东半岛的降水逐渐停止；强降水持续时间短(7月25日13—18时)，降水量小。

上述分析表明，辽东半岛强降水期间，"Polly"和"Matmo"两个台风均发生变性，其北部围绕眼区均有低于−32℃的螺旋云带(图2)，但由于北上过程中水汽输送条件及其与冷空气的相互作用不同，云带内的对流发展特征差异显著，辽东半岛所产生的降水强度明显不同。"Polly"的中尺度对流云团在其北侧发展，呈东西向基本对称的结构分布；而"Matmo"台风中尺度对流云团始终为非对称斜压结构，仅维持在其东北部，逐渐孤立和减弱。辽东半岛分别位于影响台风的不同对流运动发展区域，降水强度明显不同。

## 2　大尺度环流特征对比

两个台风影响辽东半岛(图3中三角形区域)期间，对流层中高层40°N以南的环流特征基本相似(图3a～d)。副热带高压近南北向稳定在日本海附近，大陆高压中心在100°E以西，有利于台风北上(图3a,b)，但40°N以北的环流特征有明显差异。台风"Polly"影响辽东半岛期间，500 hPa东北地区为高压脊，脊后为一明显西风槽，台风进入深厚的西风槽底部，西风带冷空气自台风西部逆时针卷入(图3a)。对流层高层200 hPa台风逐渐移近高空偏南风急流入口区南侧(图3c)，有利于高层辐散加强，垂直上升运动发展；而低层850 hPa台风东侧与副高之间所形成的东南风低空急流，将我国东部海域的水汽向北输送至辽东半岛地区，形成水汽辐合(图3e中阴影)，低于−55 $g\cdot s^{-1}\cdot hPa^{-1}\cdot cm^{-2}$的水汽辐合区与半岛地区连接近18 h(图略)，降水期间辽东半岛比湿均超过11 $g\cdot kg^{-1}$。沿台风路径从山东至东北东南部均出现了100 mm以上的大暴雨(图1c)，最大日雨量在辽东半岛。台风"Matmo"影响辽东半岛时，东北地区为低压槽，华北地区为高压脊(图3b)，影响台风的西风槽较浅，冷平流较弱。台风北上过程中也与西风槽靠近，但离高空急流较远，高空辐散较弱，不利于底层垂直上升运动发展(图3d)；由于影响台风的西风槽较浅，其东南部的副高向西南侧伸展，与东移的大陆高压趋于合并，切断了台风与副高之间的暖湿输送带，不利于持续获取低纬洋面上的水汽(图略)。850 hPa低层超过10 $g\cdot kg^{-1}$的比湿在辽东半岛维持了6 h，低于−55 $g\cdot s^{-1}\cdot hPa^{-1}\cdot cm^{-2}$的水汽辐合区仅在半岛东部地区维持不足12 h(图3f中阴影)。沿台风路径从苏皖交界处至山东东部有一条50 mm以上的降水带(图1 d)，最大日雨量在山东半岛东北部的成山头(37.4°N，122.7°E)，为163 mm，而辽东半岛大部分地区雨量为20～40 mm。

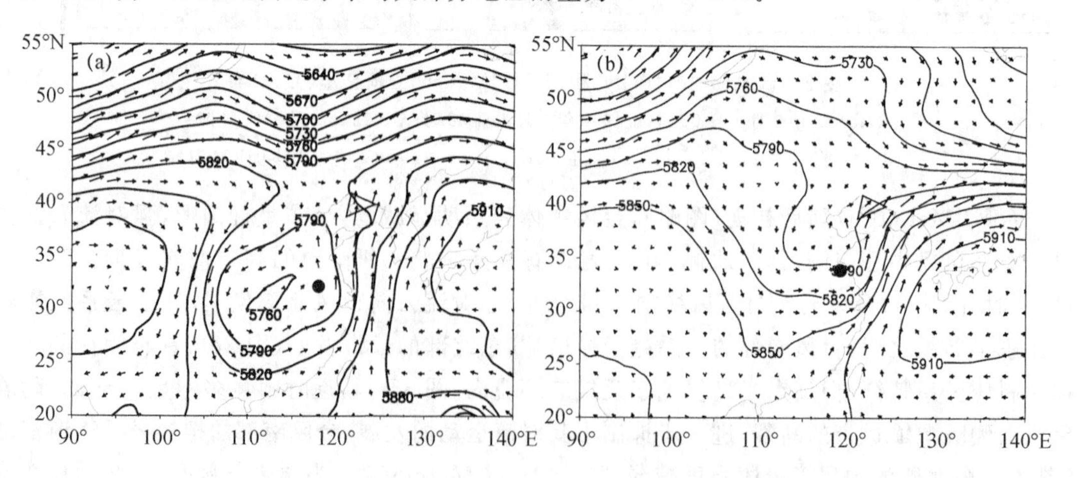

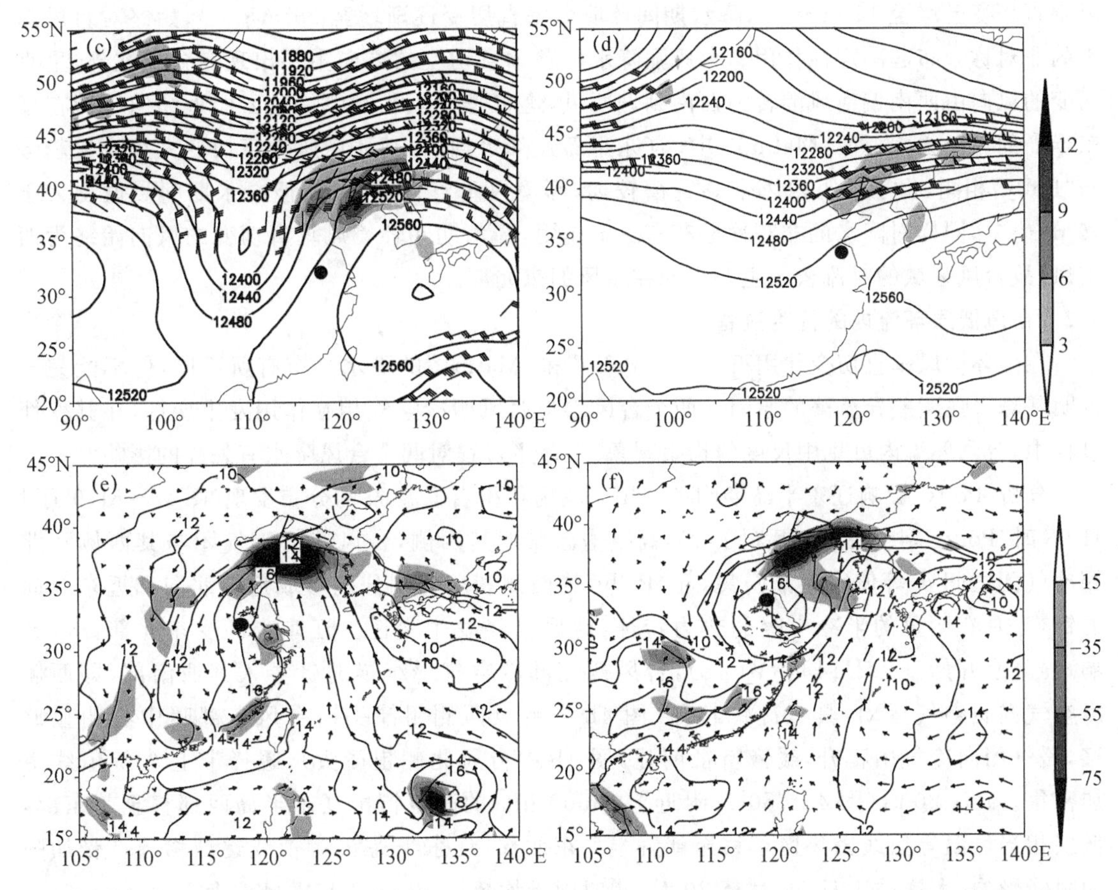


图 3　a,b:500 hPa 风场和高度场(gpm);c,d:200 hPa 风场(≥25 m・s$^{-1}$)、高度场(gpm)和散度场(阴影为≥3×10$^{-5}$ s$^{-1}$的散度区);e,f:850 hPa 风场、比湿(等值线,仅给出不小于 10 g・kg$^{-1}$的区域)和水汽通量散度(阴影为小于－15 g・s$^{-1}$・hPa$^{-1}$・cm$^{-2}$的水汽辐合区):a,c,e:"Polly",1992 年 9 月 1 日 08 时;b,d,f:"Matmo",2014 年 7 月 25 日 08 时。图中三角形为辽东半岛;圆点为台风中心,下同

从上述分析可以看出,台风"Polly"和"Matmo"影响辽东半岛期间路径相似,但其大尺度环流背景存在明显差异。"Polly"靠近高空急流,与较深高空槽相互作用,获得持续的水汽输送,台风强降水持续时间长;"Matmo"远离高空急流,相互作用的高空槽较浅,其低空急流水汽通道被快速隔断,台风强降水持续时间短。

## 3　变性过程中台风降水的主要影响因子对比

### 3.1　环境风垂直切变

台风"Polly"和"Matmo"影响辽东半岛期间,台风外围的对流云团和降水分布具有明显的非对称性,这与环境风垂直切变密切相关。研究表明,在北半球,TC 的垂直切变大于 7.5 m・s$^{-1}$,台风的强降水区和中尺度对流云团主要出现在顺切变方向及其左侧[13]。

分析台风区域(以台风中心为中心的 10 个经纬度范围)平均 200 hPa 与 850 hPa 风垂直切变随时间的演变可以看出,"Polly"和"Matmo"影响辽东半岛期间(图略),台风区域环境风垂直切变差异显著。辽东半岛强降水初期,"Polly"逐渐移近对流层高层偏南风大值区,环境风垂直切变已增至 14 m·s$^{-1}$，降水期间环境风垂直切变逐渐增至 25 m·s$^{-1}$，始终对台风降水的非对称分布起决定性作用。台风强降水区顺垂直切变的方向主要出现在台风北部，垂直切变的风向由西南偏南风顺转为西南到偏西风，这也是台风北侧中尺度云团近纬向维持在辽东半岛的一个原因。而“Matmo”引发辽东半岛强降水期间，其环境风垂直切变大小变化趋势与“Polly”相同，由于其距西风带高空槽较远，环境风垂直切变偏弱，但降水期间量值均大于 16 m·s$^{-1}$，同样对降水的非对称分布有决定作用，降水期间环境风垂直切变的风向始终为西南风，故台风区域的对流云团主要出现在台风的东北部。

### 3.2 台风低层环流内的锋生过程

在强环境风垂直切变作用下，台风“Polly”和“Matmo”的降水分布有所不同，但不能完全说明其降水强度差异显著的原因。两个台风均与西风槽冷空气相互作用发生变性，在其变性过程中，台风环流内可见中尺度的锋生现象[1]，锋生过程对两个台风降水有怎样的影响？

分析“Polly”影响辽东半岛期间 850 hPa 风场和相当位温 $\theta e$ 的分布发现(图 4a～c)，9 月 1 日 08 时“Polly”副中心形成后(图 4a)，高空槽已靠近其西侧，台风东部暖气团与其西侧和北侧冷气团之间 $\theta_e$ 等值线逐渐密集，在“Polly”的西侧和东北侧分别形成近南北向和近东西向的锋带，具有明显的半冷半暖的热力特征，台风已经发生变性。辽东半岛受东北部锋区影响，强降水开始。1 日 14 时(图 4b)，台风西北部冷空气继续逆时针卷入其西南部，即西侧冷空气向暖空气运动，具有冷锋特征(图 4b 中台风西侧粗箭头)；台风东部暖中心明显北移，暖气团向冷气团爬升，暖锋特征明显(图 4b 中台风北侧粗箭头)，暖锋带上 $\theta_e$ 等值线更加密集。1 日 20 时(图 4c)，50°N 附近上空 500 hPa 的高空槽由辽东半岛西部移至其东部，低层相当位温等值线密集区东移至朝鲜半岛东北部，辽东半岛 $\theta_e$ 等值线逐渐稀疏。受加强的暖锋影响，大连站 1 日 09 时至 20 时，小时雨量均超过 10 mm，其中最大为 47.9 mm·h$^{-1}$(1 日 13—14 时)。

由于辽东半岛(38°—41°N，122°—124°E)降水主要受台风北侧锋区影响，因此过台风中心做相当位温和垂直流场的经向剖面，其中垂直风矢量由经向风 $v$ 与 $-100\times\omega$ 合成(图 4d～f)。1992 年 9 月 1 日 08 时(图 4 d)，35°—40°N 之间 700 hPa 以下已有冷空气，台风中心附近至 37°N、台风南侧 25°—30°N 之间已存在 $\theta e$ 等值线密集区；台风中心北侧自低层到高层出现向北、向西倾斜(图略)的强锋区，锋区上有强上升运动区和正涡度区，台风南侧锋区仅在低层有弱的上升运动。台风北侧对流发展旺盛，南侧云系逐渐松散消失。1 日 14 时(图 4e)，500 hPa 高空槽叠置在台风低压上，台风中心上空 600 hPa 以上已为下沉冷气流控制，其两侧低层下沉冷空气明显加强(向下箭头增长)，而台风东侧低层的暖湿输送维持，高空暖舌继续下伸，台风中心与辽东半岛间的锋区维持，锋区上低层正涡度增大，$18\times10^{-5}\,s^{-1}$ 的正涡度柱由 750 hPa 发展到近 600 hPa，在强上升运动区的北侧(35°—40°N)有明显的垂直环流，而台风南侧锋区低层转为下沉气流，抑制对流发展。1 日 20 时(图 4f)，“Polly”东北移靠近高空急流轴南端，低层涡度柱持续向上伸展，但台风中心已为下沉气流控制，$18\times10^{-5}\,s^{-1}$ 的正涡度柱由 600 hPa 降至 850 hPa 以下，其北侧锋区上 700 hPa 以下的上升气流明显减弱，相对应的中尺度对流云团逐渐减弱，辽东半岛降水趋于停止。

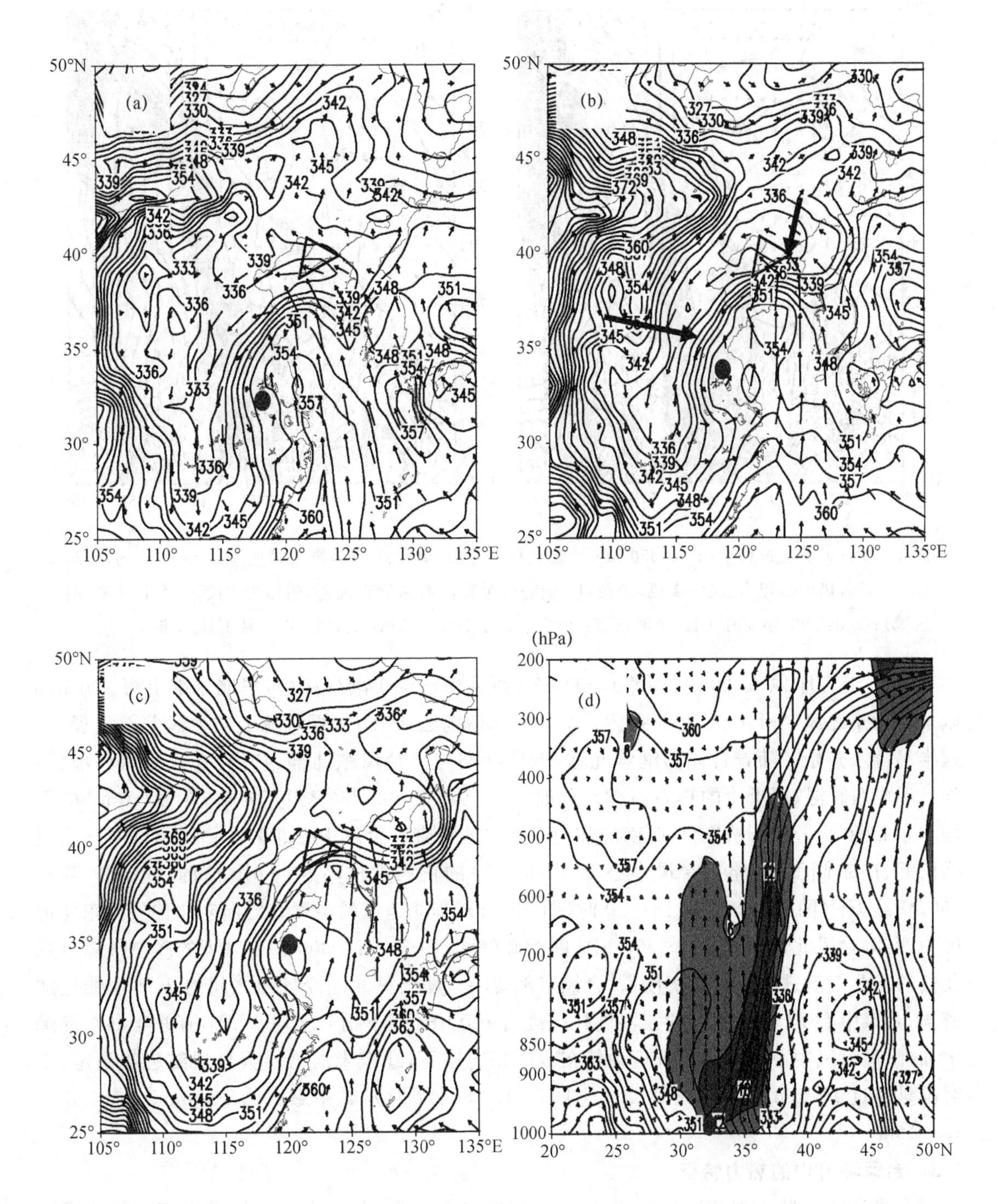

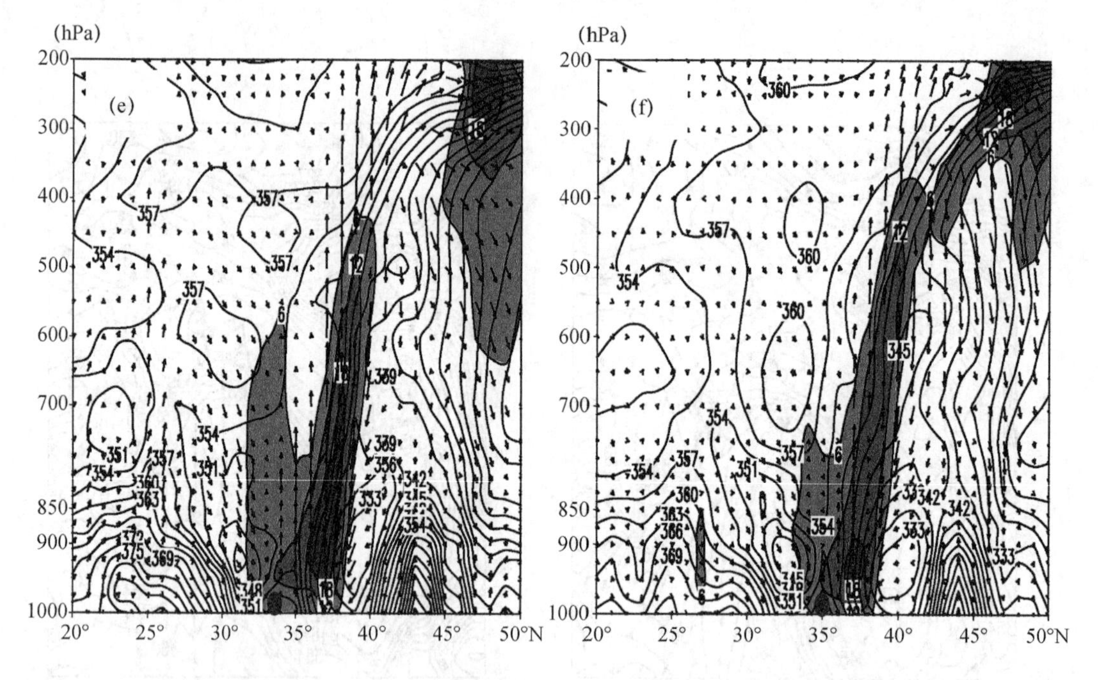


图 4 “Polly”变性过程中(a～c)850 hPa 风场和相当位温(单位:K);阴影为风速≥20 m·$s^{-1}$的区域;(d～f)过台风中心相当位温(实线,单位:K)的经向垂直剖面和垂直流场(阴影为涡度≥$6\times10^{-5}s^{-1}$的区域);(a、d:1992 年 9 月 1 日 08 时;b、e:1992 年 9 月 1 日 14 时;c、f:1992 年 9 月 1 日 20 时)

2014 年 7 月 24 日 20 时(图略),500 hPa 西风槽已位于渤海西岸,华北东部沿海 700 hPa 以下已为东北风,“Matmo”北部螺旋云系与西风槽前云带合并,强对流云向台风北部发展,辽东半岛降水开始。随着台风的继续北移,低层冷空气自台风东北部逆时针卷入台风西部(图 5a),形成东暖湿、西干冷的热力结构。此时台风已经变性。与“Polly”相似,在“Matmo”的西侧和东北侧,也分别形成东北-西南向和近东西向的锋带。台风中心北侧的锋区自低层到高层略向北、向东倾斜(图略),台风中心 $12\times10^{-5}s^{-1}$的正涡度柱高度由 6 h 前的 350 hPa 降至 700 hPa 以下(图 5d)。25 日 14—20 时(图 5b～c),华北地区的温度脊已向东北伸展至东北地区中西部,台风北侧上空 800～500 hPa 间为暖气团(图 5e～f),800 hPa 以下的冷空气随台风北侧的东北气流进一步向西南侵入,台风东部暖湿气团与其北侧冷气团之间的 $\theta e$ 等值线更加密集,台风中心 $12\times10^{-5}s^{-1}$的正涡度柱高度由 700 hPa 以下抬升至 500 hPa,辽东半岛东部降水加强,但台风中心上空的上升运动仅在 850 hPa 以下,辽东半岛低层大气层结趋于稳定,小时雨量超过 10 mm 的降水仅持续了 4 h(25 日 13—17 时),其中最大为 16 mm·$h^{-1}$(25 日 15—16 时)。

### 3.3 台风环流内的热力特征

上述分析表明,台风“Polly”和“Matmo”影响辽东半岛期间,强环境风垂直切变影响降水分布,但强降水只出现在台风北部锋区附近的一定位置,这与台风低层环流中的冷暖平流密切相关[22]。

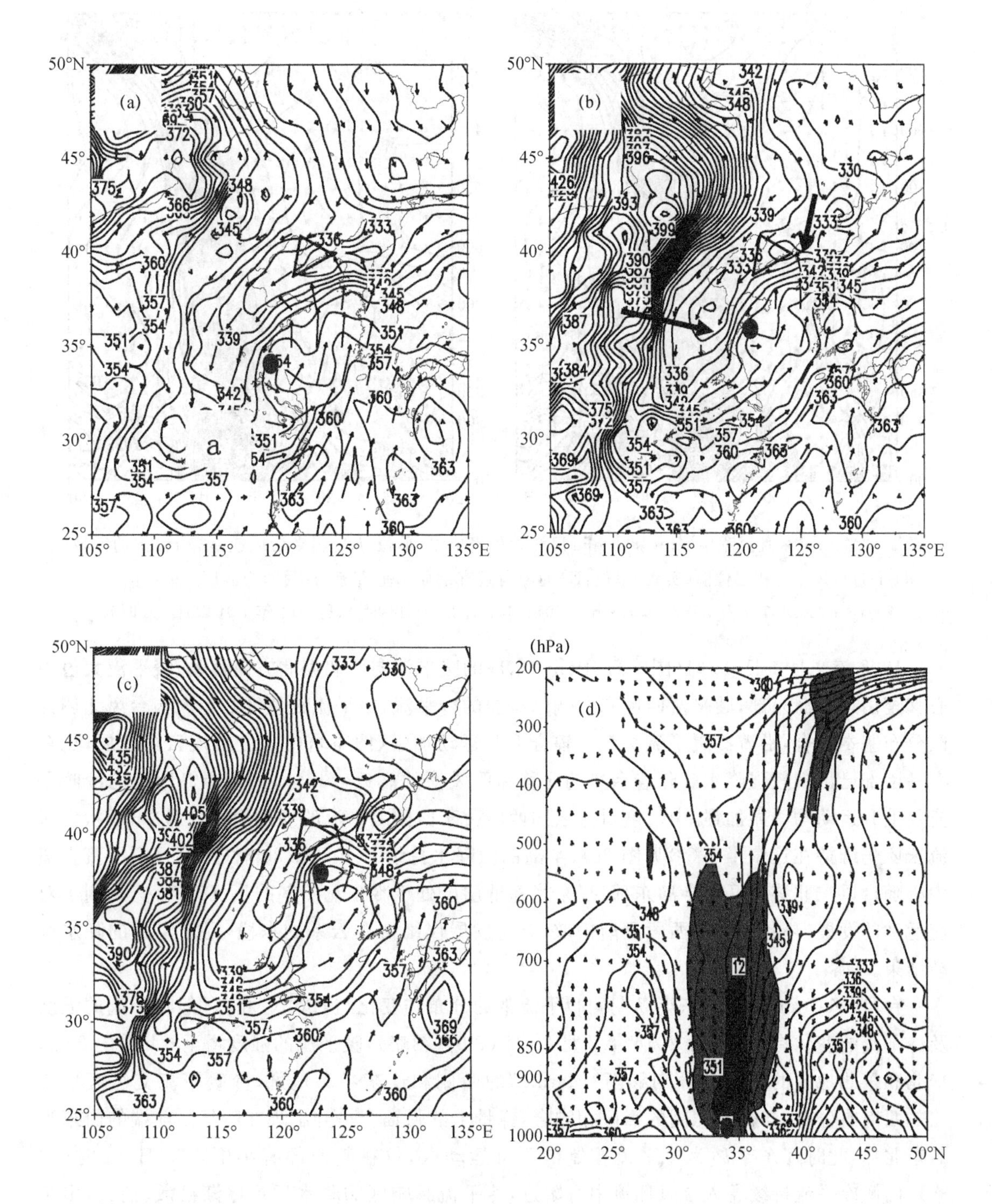
(a)
(b)
(c)
(d)
(hPa)
50°N
45°
40°
35°
30°
25°
105°
110°
115°
120°
125°
130°
135°E
20°
50°N
200
300
400
500
600
700
850
900
1000

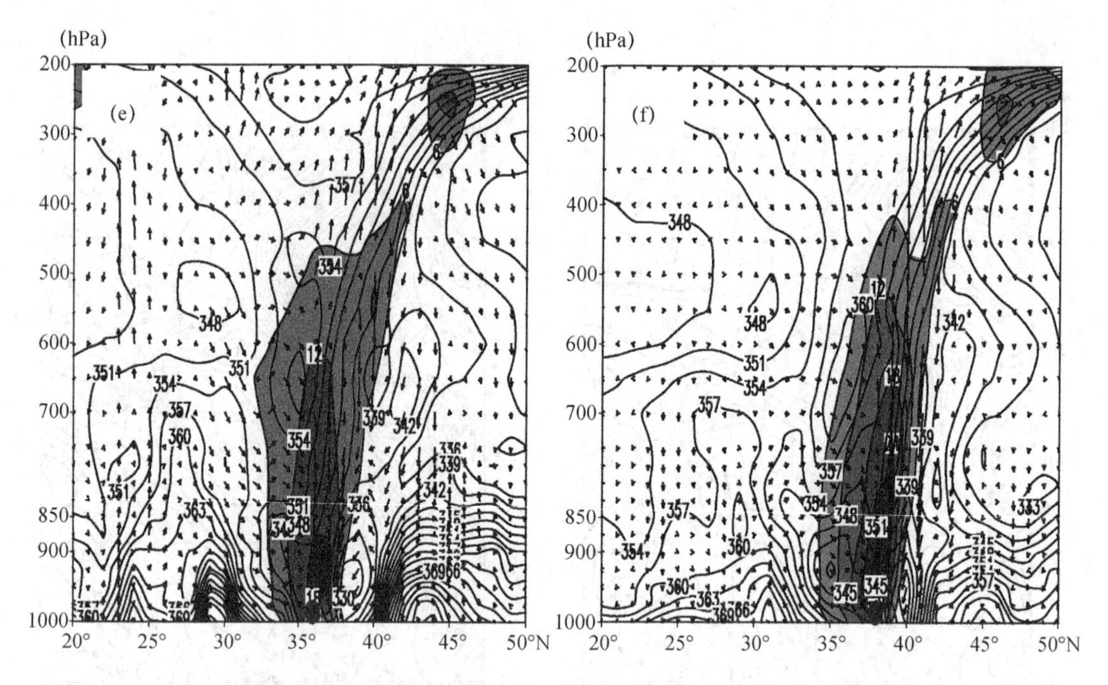


图 5 “Matmo”变性过程中(a～c)850 hPa 风场和相当位温(单位:K);阴影为风速⩾20 m • s 的区域;(d～f)过台风中心相当位温(实线,单位:K)的经向垂直剖面和垂直流场(阴影为涡度⩾$6\times10^{-5}$ $s^{-1}$ 的区域);(a、d:2014 年 7 月 25 日 08 时; b、e:2014 年 7 月 25 日 14 时;c、f:2014 年 7 月 25 日 20 时)

1992 年 9 月 1 日 08 时(图略),“Polly”东部的暖平流向西北偏北方向移动,暖平流大值中心移至山东半岛东部,暖平流西侧和北侧已有弱的冷平流,暖平流大值区的走向与台风北侧锋区分布基本吻合,沿着冷暖平流交汇处辐合上升运动加强(图略),中尺度对流云团发展,辽东半岛南部已出现较强降水。随着台风的北移和西风槽的靠近(图略),辽东半岛附近的冷暖平流及上升运动均明显加强,中尺度对流云团西段由于西侧冷平流的加强而向南弯曲,环状强对流云团仍维持在辽东半岛(参见图 2c),半岛的强降水持续。至 1 日 20 时(图略),暖平流大值中心随台风东北移至辽东半岛东部,辽东半岛低层已处于冷平流控制的下沉运动区,抑制了对流运动的发展,环状云系的西段逐渐松散,对流发展仅维持在云系的东段,辽东半岛的降水逐渐结束。

台风“Matmo”影响辽东半岛期间暖平流带的分布和变化与“Polly”相似,但暖平流的强度及冷平流的变化有所差异。2014 年 7 月 25 日 08 时(图略),暖平流的强度增至 6 h 前的 2 倍,华北和东北地区的冷空气分别移至“Matmo”的西侧和辽东半岛地区,冷暖平流交汇区呈东北—西南向分布,与台风北侧的锋区相吻合,锋带上的强辐合抬升出现在暖气团前端的山东半岛东北部,此时辽东半岛为冷平流控制的下沉运动区,仅在其南部有小雨。25 日 14 时(图略),西侧冷平流持续卷入台风环流中心附近,冷平流影响区的降水云系逐渐松散、消失,山东半岛的降水逐渐停止;而辽东半岛东部的暖平流随台风的东北移略有加强,低层冷暖平流交汇处的辐合抬升加强,其降水加强。25 日 20 时(图略),台风东北移至黄海北部洋面上,华北地区的暖气团东移至辽东半岛,活跃的冷暖平流出现在台风环流东北部,该区域的中尺度对流发展,但相对于辽东半岛偏东,半岛东部的降水逐渐停止。

由此可见，台风“Polly”和“Matmo”变性过程中低层环流均伴随着冷、暖平流的活动，两者北侧锋带上冷平流的变化过程不同，辽东半岛降水强度差异显著。“Polly”西北侧的冷平流加强，对流云团趋于对称的环状，长时间维持在辽东半岛，降水强度大；“Matmo”东北侧的冷平流加强，非对称斜压云系向台风东北部发展，仅短时间影响辽东半岛东部，降水强度小。冷暖平流交汇之处对强降水有较好的示踪作用，这也揭示了强降水落区在锋面的一定区域出现。

# 4 结论

本文对比分析了路径近乎一致且均变性减弱的两个台风“Polly”和“Matmo”对辽东半岛降水的不同影响，得到以下结论。

(1)两个台风均与西风带高空槽相互作用产生变性。在变性过程中，台风环流的西侧和北侧均伴随着中尺度锋生过程，辽东半岛的两次降水均发生在台风北部环流中的中尺度锋生过程中。但两个变性台风的大尺度环流背景却不尽相同。“Polly”与较深的高空西风槽相互作用，冷空气自台风西北侧对流层中高层倾斜下沉，锋区自低层到高层向西北倾斜，且始终与东南部水汽输送带相连，对流层低层的辐合中心与高层的强辐散中心相耦合，获得较多的水汽能量且整层抬升至对流层高层，降水强度大、持续时间长；而“Matmo”影响期间，冷空气从台风东北侧对流层低层侵入，锋区自低层到高层略向东北倾斜，台风中心被冷空气迅速填塞，其低空急流水汽通道被快速隔断，上升运动仅维持在对流层低层，降水强度小、持续时间短。

(2)降水云系的非对称分布与环境风垂直切变方向密切相关。在强环境风垂直切变的作用下，“Polly”中尺度对流云团在其北侧发展并向西南弯曲，随着垂直切变方向的顺转云系由非对称结构演变为对称结构；而“Matmo”螺旋云系始终沿垂直风切变左侧在台风东北部发展。

(3)台风低层环流内冷、暖平流的活动直接影响变性台风强降水落区的分布。“Polly”西北侧的冷平流加强，辽东半岛处于台风环流低层北侧的冷暖平流交汇区，水平辐合加强，深厚的上升运动维持，中尺度对流发展；“Matmo”东北侧的冷平流加强，辽东半岛逐渐位于台风西侧，其低层转为冷平流控制的下沉运动区，大气层结趋于稳定，中尺度对流运动减弱。

**参考文献**

[1] 陈联寿，丁一汇. 西太平洋台风概论[M]. 北京：科学出版社，1979：305-310，331-333，462-474.

[2] Harr P A，Elsberry E L. Extratropical transition of tropical cyclones over the western North Pacific. Part I：Evolution of structural characteristics during the transition process[J]. Mon Wea Rev，2000，128(6)：2613-2633.

[3] Klein P M，Harr P A，Elsberry R L. Extratropical transition of western North Pacific tropical cyclones：Midlatitude and tropical cyclone contributions to reintensification[J]. Mon Wea Rev，2002，130(9)：2240-2259.

[4] 李英，陈联寿，王继志. 登陆热带气旋长久维持与迅速消亡的大尺度环流特征[J]. 气象学报，2004，62(2)：167-179.

[5] 杨晓霞，陈联寿，刘诗军，等. 山东省远距离热带气旋暴雨研究[J]. 气象学报，2008，66(2)：236-250.

[6] 程正泉，陈联寿，李英. 登陆台风降水的大尺度环流诊断分析[J]. 气象学报，2009，67(5)：840-850.

[7] 丁治英，张兴强，何金海，等. 非纬向高空急流与远距离台风中尺度暴雨的研究[J]. 热带气象学报，2001，17(2)：144-154.

[8] 梁军,陈联寿,张胜军,等.冷空气影响辽东半岛热带气旋降水的数值试验[J].大气科学,2008,32(5):1107-1118.
[9] 杜惠良,黄新晴,冯晓伟,等.弱冷空气与台风残留低压相互作用对一次大暴雨过程的影响[J].气象,2011,37(7):847-856.
[10] 冀春晓,赵放,高守亭,等.登陆台风 Matsa(麦莎)中尺度扰动特征分析[J].大气科学,2012,36(3):551-563.
[11] 周玲丽,翟国庆,王东海,等.0713 号"韦帕"台风暴雨的中尺度数值研究和非对称性结构分析[J].大气科学,2011,35(6):1046-1056.
[12] 梁军,陈联寿.影响辽东半岛热带气旋运动、强度和影响的特征[J].热带气象学报,2005,21(4):410-419.
[13] Chen S Y,Knaff J A,Marks F D Jr. Effects of vertical wind shear and storm motion on tropical cyclone rainfall asymmetries deduced from TRMM[J]. Mon Wea Rev,2006,134(11):3190-3208.
[14] 陈镭,徐海明,余晖,等.台风"桑美"(0608)登陆前后降水结构的时空演变特征[J].大气科学,2010,34(1):105-119.
[15] 李英,陈联寿,雷小途.Winnie(9711)台风变性加强过程中的降水变化研究[J].大气科学,2013,37(3):623-633.
[16] 丁德平,李英.北京地区的台风降水特征研究[J].气象学报,2009,67(5):864-874.
[17] 梁军,李英,张胜军,等.影响辽东半岛两个台风 Meari 和 Muifa 暴雨环流特征的对比分析[J].大气科学,2015,39(6):1215-1224.
[18] 赵思雄,孙建华.近年来灾害性天气机理和预测研究的进展[J].大气科学,2013,37(2):297-312.
[19] 中国气象局.热带气旋年鉴 1992[M].北京:气象出版社,1992:123.
[20] 中国气象局.热带气旋年鉴 2014[M].北京:气象出版社,2014:195.
[21] 徐夏囡.Polly(9216)台风登陆后的地面中尺度系统分析[J].应用气象学报,1996,7(3):267-274.
[22] Bonell M,Callaghan J. The synoptic meteorology of high rainfalls and the storm runoff response wet tropics[M]//Stork N,Turton S,Eds. Living in a Dynamic Tropical Forecast Landscape. Oxford:Blackwell Press,2008:488.

# 双台风作用下的辽宁“803”不同尺度极端暴雨分析

孙 欣 阎 琦 陆井龙 纪永明 曲荣强 藤方达 田 莉

（沈阳中心气象台，沈阳 110166）

## 摘 要

针对2017年8月2—5日的一次辽宁极端暴雨过程，利用常规观测资料和NCEP再分析资料以及雷达、卫星等非常规资料，对不同尺度降水系统产生极端暴雨成因进行分析。结果表明：(1)在西南、东南季风急流以及“奥鹿”台风能量不断补充下，“海棠”热带气旋维持，并在变性为温带气旋后，在有利的水汽、不稳定能量、垂直斜压锋区作用下迅速加强北上，产生天气尺度大范围混合型辽西较强降水，同时产生的具有后向传播特征的对流性降水回波，“列车效应”产生区域集中的大暴雨局地特大暴雨。(2)高温高湿强烈不稳定层结下，东北气旋渗透冷湿空气与北上超暖湿气流交汇过程中，中尺度气旋、切变线组织强对流回波，产生了辽东南地区凹形地形持续性中尺度强降水。

**关键词**：极端暴雨 诊断分析 中尺度降水

## 引言

近年来，针对辽宁地区暴雨的主要影响系统、触发机制以及地面气象要素特征有很多研究，取得了许多有意义的研究成果。例如，公颖等[1]对影响辽宁地区25次暴雨过程的典型系统进行分类和统计分析，得出200 hPa主要影响系统为高空急流，500 hPa主要影响系统为高空槽，850 hPa诱发系统为气旋、切变线和鞍型场切变；孙欣等[2]对2008年夏季辽宁地区3次区域性暴雨天气过程的触发机制进行探讨，结果表明，低空急流为暴雨提供了必要的水汽条件，低空急流、宽且厚的湿柱和能量锋与辽宁强降水的等级和落区关系密切；阎琦等[3]对2011年7月30日辽宁短时大暴雨过程进行分析，认为地面等温线密集带与地面切变线（或中尺度低压）可触发中尺度雨团，导致降水强度陡增；梁军等[4]对比分析2013年辽东半岛2次切变线暴雨过程，发现在有利的大尺度环流背景下，沿切变线生成的中尺度对流系统是造成强降水的主要影响系统，但2次过程的切变线与其北侧高空槽的相对位置不同。大量的研究为认识暴雨的形成机理和寻找预报着眼点提供了非常有价值的参考依据。然而，每次暴雨过程的环流背景和中尺度强迫源可能不同，如何根据新观测手段解析暴雨过程的中小尺度特征更值得关注。

2017年8月2日20时至5日14时辽宁西部、东南部出现特大暴雨，其分布如图1所示。国家气象观测站岫岩（317.3 mm）、朝阳（246.6 mm）日最大降水量突破历史极值，喀左（150.6 mm）、建昌（209.2 mm）突破8月份历史极值。岫岩县永贵村1 h降水量达112.5 mm。区域自动站降水量最大岫岩马岭（510.9 mm），岫岩永贵村小时降水量达112.5 mm。灾害共造成72.88万人受灾，因灾死亡3人，倒塌房屋、农作物受灾、公路中断、供电中断、通信中断、损坏堤防；初步统计直接经济损失61.88亿元。

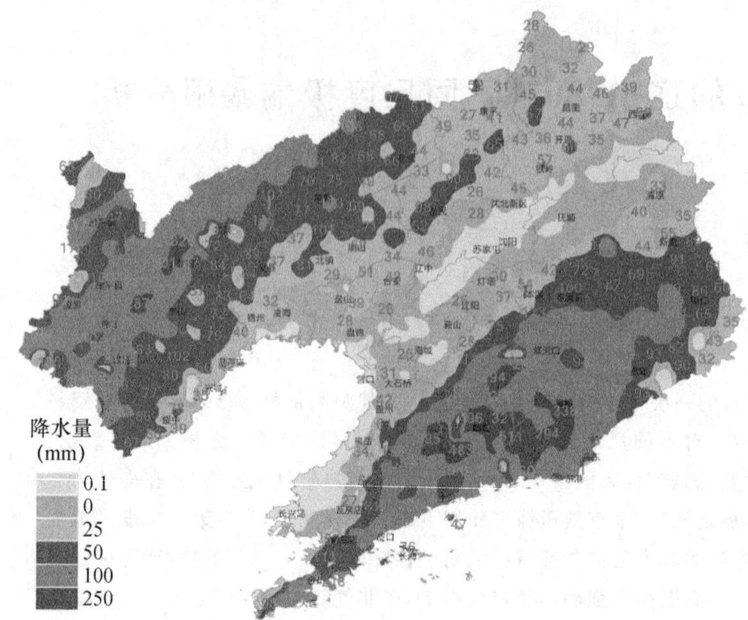


全省雨情统计数据

（总站数：1612）

≥250mm的站数：72
≥100mm的站数：371
≥50mm的站数：726
≥25mm的站数：1050
≥10mm的站数：1309

全省降水量前15名站点

| 行政区 | 站名 | 雨量/mm |
|---|---|---|
| 1鞍山岫岩 | 马岭 | 510.9 |
| 2鞍山岫岩 | 石灰窑 | 496.4 |
| 3大连庄河 | 塔岭 | 483.3 |
| 4鞍山岫岩 | 鹿圈子 | 450.0 |
| 5鞍山岫岩 | 杨家堡 | 415.8 |
| 6营口盖州 | 云山沟 | 395.1 |
| 7丹东凤城 | 蓝旗 | 393.6 |
| 8营口盖州 | 毛岭村 | 390.4 |
| 9鞍山岫岩 | 合顺 | 388.2 |
| 10鞍山岫岩 | 双山 | 380.2 |
| 11丹东凤城 | 沙里寨 | 365.6 |
| 12丹东东港 | 龙王庙 | 360.7 |
| 13鞍山岫岩 | 岭沟 | 360.6 |
| 14丹东东港 | 跃进水库 | 359.5 |
| 15鞍山岫岩 | 梨酒 | 355.3 |

图1　2017年8月2日20时至5日14时过程辽宁降水量分布

本文着重讨论“海棠”台风北上原因、“海棠”“奥鹿”台风在这次暴雨事件中的主要作用，以及不同尺度降水系统产生极端暴雨成因。

## 1　“海棠”台风气旋直接北上原因

### 1.1　“海棠”台风路径与强度演变特征

“海棠”台风演变大致可分为6个阶段，如图2所示。第一阶段（7月29日08时—8月1日08时），台风于29日08时在南海生成，向东北方向移动，经台湾岛后向西北方向移动，在福建登陆后继续向西北方向移动，热带气旋中心于8月1日08时在江西北部停止编号。第二阶段（8月1日08时—2日20时），热带气旋变性为温带气旋阶段，强度维持，缓慢北移，2日20时气旋中心移动至安徽北部。第三阶段（8月2日20时—3日02时），气旋快速北抬，3日02时中心位于河北南部，强度减弱至995 hPa。第四阶段（8月3日02时—3日14时），气旋加强发展转向东北移动，中心气压从995 hPa降至991 hPa，移速减慢，3日14时中心移至辽宁西北部地区，在此期间辽宁西部地区出现暴雨到大暴雨，局地特大暴雨。第五阶段（8月3日14时—4日05时），气旋继续加强，中心气压从992 hPa降至989 hPa，4日08时中心移动至吉林北部，在此期间辽宁东南部出现大暴雨到特大暴雨，吉林与黑龙江出现暴雨以上降水。第六阶段（8月4日05时—5日05时），气旋强度减弱，5日05时移出黑龙江，在此期间，辽宁东南部出现暴雨天气。

### 1.2　“海棠”台风气旋维持加强并北上的影响因素

#### 1.2.1　中空冷空气侵入台风变性为温带气旋

8月2日20时—3日20时300 hPa、500 hPa、850 hPa流场、温度场、风场、变温场（图3）上，2日20时850～500 hPa气旋中心与暖中心有偏离，500 hPa气旋后部冷气流明显，气旋中心北部24 h变温出现−3℃；3日08时，冷空气继续向气旋底层渗透，850 hPa气旋后部24 h

变温出现－3℃，500 hPa 气旋进入中纬度斜压锋区中，气旋产生中低层的冷锋锋区，同时，由于气旋形成以来在持续的强暖平流的作用下，气旋前部产生暖锋锋区，形成斜压的温带气旋；3日 20 时，温带气旋中层形成的温带气旋上下伸展，形成深厚的低涡系统。

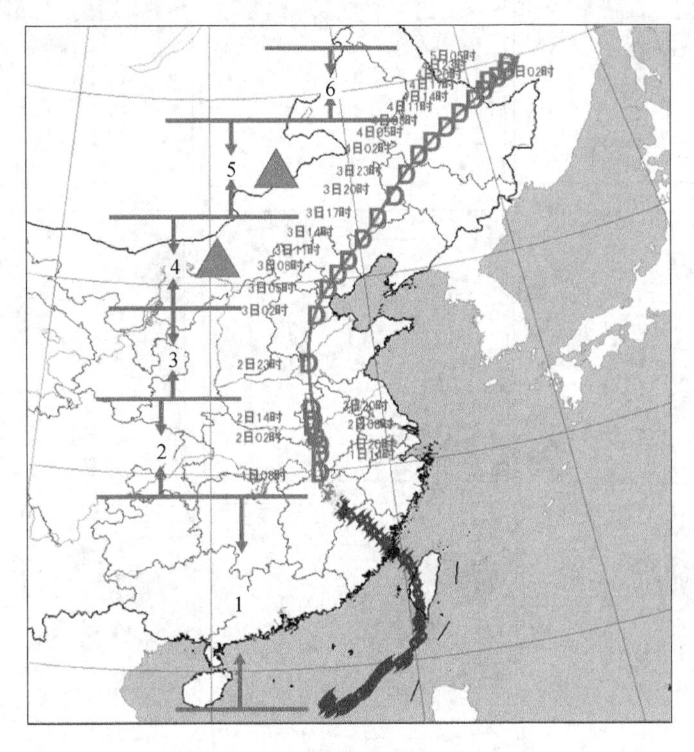


图 2　台风移动路径及演变阶段划分

由“葵花 8 号”7 通道水汽图像可见(图略)，2 日 20 时，气旋在快速北调之后，云团结构松散，3 日 02 时气旋南部有积云发展，并不断涌入气旋，3 日 08 时预示干冷空气暗区边界形成光滑 S 型，气旋北侧水汽羽与高空锋羽结合变得白亮，呈现涡旋云系结构，3 日 14 时，涡旋云系西侧与暗区边界清楚，暗区前端 V 型干冷舌已侵入辽宁西北部，冷锋云带在辽西，暖锋云带在吉林省中部，显示出完整的成熟温带气旋云系结构。

### 1.2.2　“海棠”台风气旋的能量来源

8 月 2 日 08 时—3 日 08 时 850 hPa 水汽通量和流线叠加图配合水汽云图与 500 hPa 风场图(图 4)可以看到，维持阶段——低层一支偏南急流从孟加拉湾经南海沿着副高西侧转向偏北方向，另一支偏东急流自台风“奥鹿”沿副高东南侧涌入气旋外围，在中层西南、东南急流上的水汽云带都与强盛的赤道云团相连；变性加强阶段——低层西南、东南两支水汽通道依然畅通，而且随着“奥鹿”台风西北移动向温带气旋靠近，加强的东南急流加大了向温带气旋输送水汽的强度，中层冷空气侵入偏南急流上积云团发展不断涌入涡旋云系中。可以说，维持阶段中低层两支季风急流与气旋周围的偏南急流联合，形成西南、东南两条水汽输送通道，将热带积云团和台风“奥鹿”的丰沛水汽向“海棠”台风气旋输送。变性加强阶段，西南、东南两支水汽通道依然畅通并加大输送强度的基础上，中层干冷、低层暖湿的温度层结，为温带气旋加强提供水汽与不稳定能量。

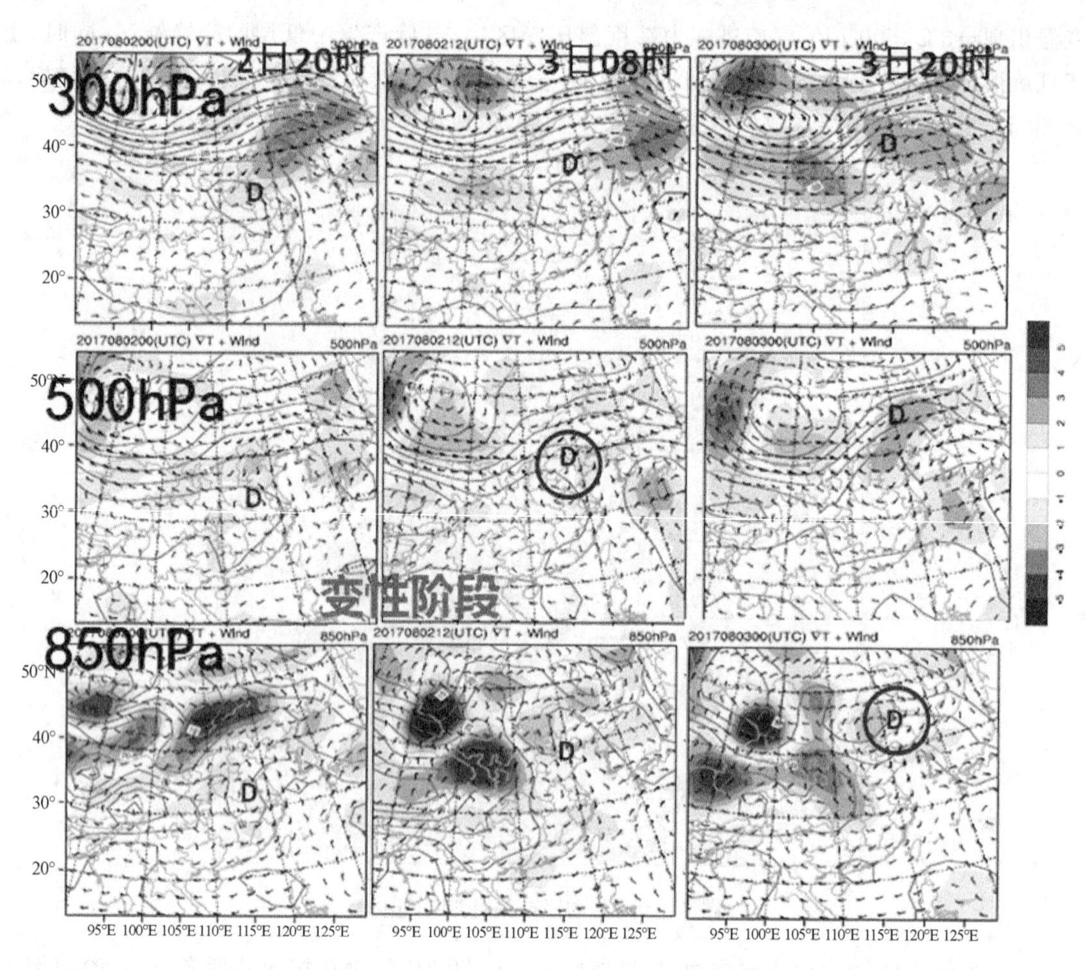


图 3　2017 年 8 月 2 日 20 时—3 日 20 时 300(上)、500(中)、850 hPa(下)温度、风、变温(阴影)场

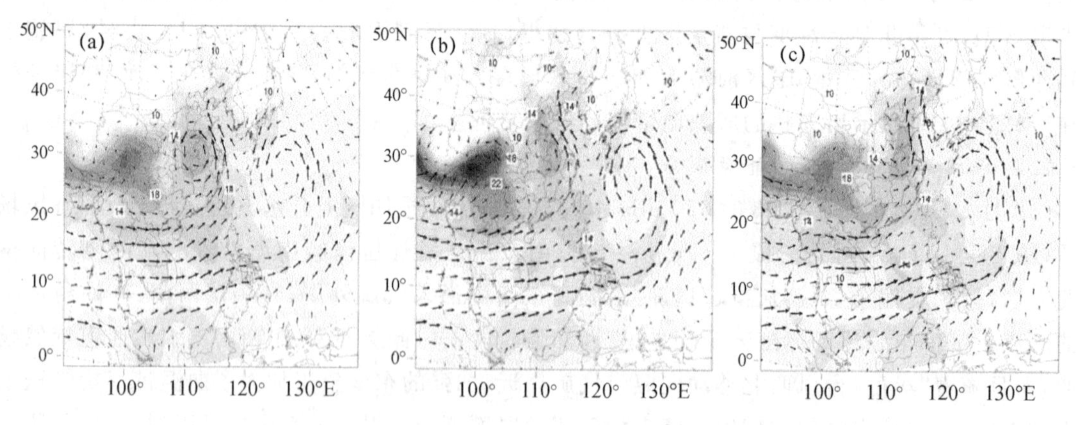

图 4　2017 年 8 月 2 日 08 时—3 日 08 时 850 hPa 水汽通量和流场

(a. 2 日 08 时；b. 2 日 20 时；c. 3 日 08 时)

1.2.3　斜压锋区的作用

从 8 月 1 日 08 时—4 日 20 时 300、500、850 hPa 流场、温度场、风场、变温场上(图略)可以看到，维持阶段热带气旋基本为正压结构，高空为正变温、低空温度变化不大；变性加强阶段气

旋逐渐进入高空锋区中，850 hPa 到 300 hPa 上下锋区基本保持垂直状态，锋区两侧冷槽南伸、暖脊增强，底层锋区强度达到 8℃/5 个纬距；另外，这个阶段期间温带气旋中上层为≥2℃变温的暖脊。可见，温带气旋是在斜压锋区前部的暖空气垂直加速抬升的作用下减压达到迅速发展的。

#### 1.2.4 上下耦合产生上升运动

在 8 月 1 日 08 时—3 日 20 时 200 hPa(图 5)、850 hPa 流场和 1 日 08 时—4 日 08 时气旋中心气压、风切、地面温度、露点、瞬间最大风速时间演变图上可以看到，维持阶段——垂直风切变一直较小，前期高低空气旋基本呈垂直结构，底层气旋式强流入(20 $m \cdot s^{-1}$)、高层气旋式弱流入，后期高空气旋环流破坏，底层气旋式流入减弱(18 $m \cdot s^{-1}$)、高层气旋式弱流出；变性加强阶段——垂直风切≥10 $m \cdot s^{-1}$ 且逐渐加大，3 日 20 时达到最大 22 $m \cdot s^{-1}$，前期底层气旋式流入减弱(14 $m \cdot s^{-1}$)，高层气旋上空处于高空急流分支区产生了高空风向辐散形势，后期底层气旋式流入加强(20 $m \cdot s^{-1}$)，气旋上空进入高空急流尾部的位置，出现强烈的风向、风速辐散。

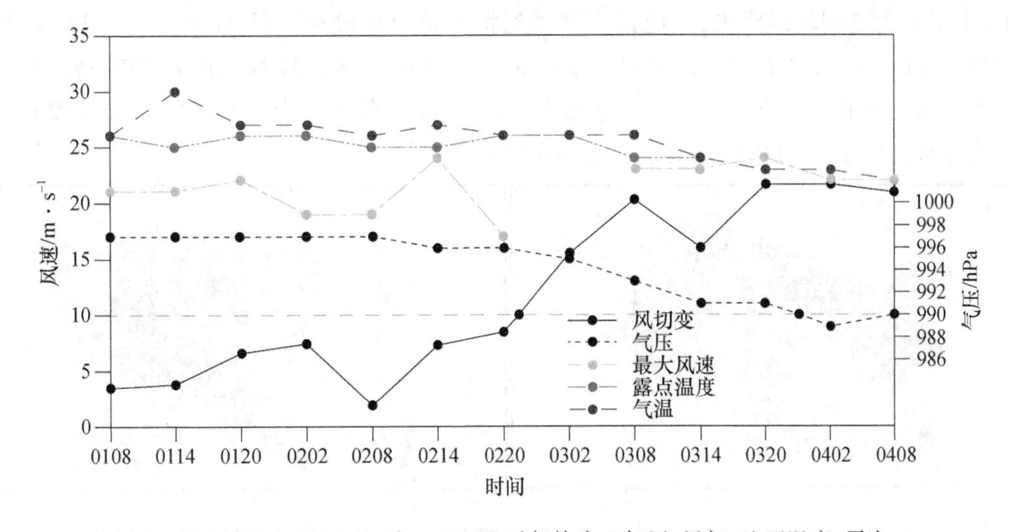


图 5 2017 年 8 月 1 日 08 时—4 日 08 时气旋中心气压、风切、地面温度、露点、瞬间最大风速时间演变图

总之，维持阶段温度、露点、气旋中心气压值少变，但周边瞬间最大风速下降，说明气旋呈减弱趋势，但能够维持其特性；这是因为西南、东南两条水汽输送通道将热带积云团和台风“奥鹿”热带气旋的丰沛的水汽向“海棠”台风气旋输送，加上弱的高空增温和底层的强流入产生暖湿空气抬升减压，使得热带气旋虽然受到地面摩擦仍然得以维持。变性加强阶段，温度、露点、气旋中心气压值下降、周边瞬间最大风速加大，是因为水汽通道在加大输送强度的基础上，垂直斜压锋区发展，上干下湿、下暖上冷的不稳定层结，强烈的高空辐散、低空辐合造成的。即在上下耦合和不稳定能量释放作用下，超级暖湿空气在垂直斜压锋区上快速抬升，使得温带气旋迅速加强。

#### 1.2.5 “海棠”台风气旋北上影响因素

维持阶段，200 hPa 南亚高压先东进、后西退，500 hPa 上“奥鹿”台风在副热带高压东南部打转，阻挡了副热带高压东撤，副热带高压相应先北上、后南落，500 hPa 随着高空槽东移，副热带高压脊线由西北东南向顺时针旋转为南北向，对应热带气旋的引导气流由西北风转为偏北风。随着热带气旋强度略有减弱，引导气流风速由 8 $m \cdot s^{-1}$ 减弱为 6 $m \cdot s^{-1}$。“海棠”减弱的热带气旋只能缓慢北上。

变性加强阶段，南亚高压先维持、后加强东进，500 hPa 上“奥鹿”台风移动到副热带高压南部，阻挡了副热带高压南落，相应副热带高压先减弱东退、后加强北上，南北脊线继续顺时针旋转为东北西南向，但纬向轴线始终维持在 35°N 左右，随着热带气旋强度加强引导气流由 $6\ m \cdot s^{-1}$ 升到 $16\ m \cdot s^{-1}$。温带气旋先由于高空槽吸引合并，一度快速北跳，然后越过副热带高压轴线，以维持阶段略快的移速转为东北方向移动。

# 2　不同尺度降水产生极端暴雨成因

## 2.1　天气尺度系统的背景及物理诊断

这次过程持续时间长，从时间到地域分布(图 6)，可分为两个阶段：辽西大暴雨阶段 8 月 2 日 20 时—3 日 17 时(短时特大暴雨阶段 2 日 22 时— 3 日 12 时)，从出现最大降水量的龙城区召巴都(318.6 mm)逐小时降水量分布看，在凌晨和上午出现累积降水量峰值，凌晨强降水范围小，上午为大范围较强降水；东南部大暴雨到特大暴雨阶段在 3 日 17 时—5 日 14 时(短时特大暴雨阶段 3 日 21 时—4 日 13 时、5 日 00 时—06 时)，从出现最大降水量的马岭(510.8 mm)和次大降水量的石灰窑逐小时降水量分布看，东南部降水分为 3 个时段，4 日凌晨和 4 日早晨强降水范围小，4 日午后基本上午后降水减弱范围增大。

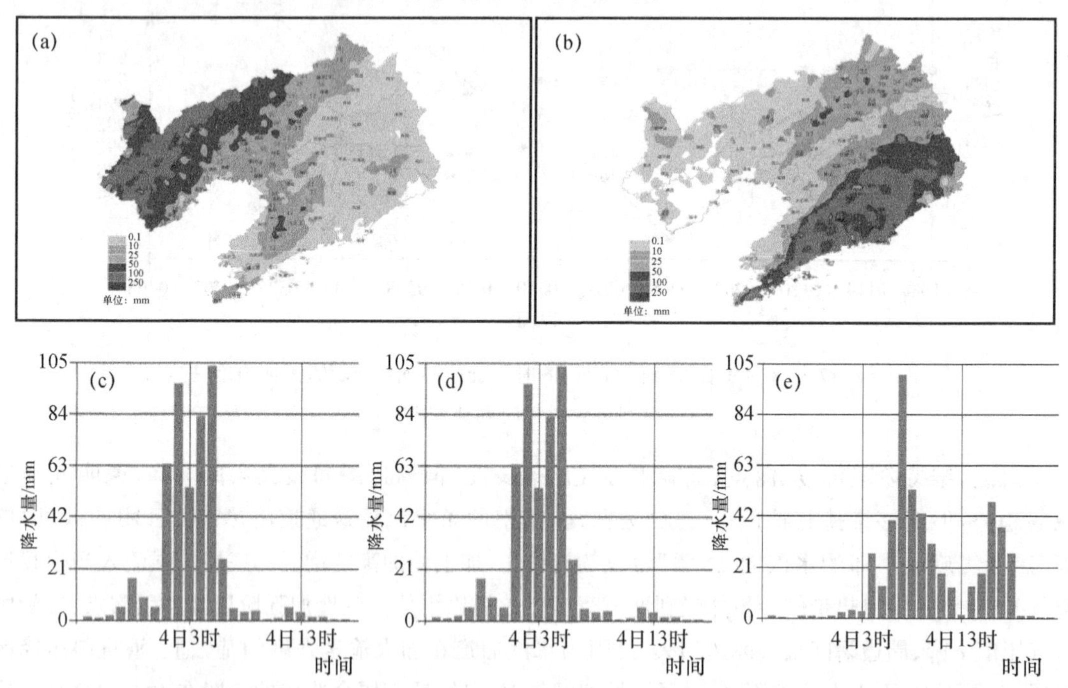


图 6　2017 年 8 月 2 日 20 时—3 日 20 时(a)、3 日 17 时—5 日 14 时(b)辽宁降水量分布图；龙城区召巴都(c，辽西)、石灰窑(d)和马岭(e，东南部)逐小时降水量图

### 2.1.1　辽西大暴雨阶段天气尺度系统背景及物理诊断

#### 2.1.1.1　辽西大暴雨大尺度背景场分析

500 hPa 上副热带高压与西风带高压脊叠加为阻塞高压脊，蒙古高空槽东移，“海棠”变性温带气旋环流加强东北上，合并形成低涡；850 hPa 上低涡北上加强，其东部与西南季风相连的偏

南急流加强(由 12 m·s$^{-1}$增大到 20 m·s$^{-1}$),辽宁西部在急流出口区左侧、暖切变南侧及冷切变东侧;地面上 3 日 02 时“海棠”低压与超级地倒灌东北气流、西路西北气流在辽西辐合产生辽西凌晨强降水。08 时随着“海棠”热带气旋变性为温带气旋,其顶部产生大范围降水。

2.1.1.2 辽西大暴雨物理诊断

(1)水汽条件

8 月 2 日 20 时和 3 日 02 时水汽通量和风场(图略)、辽西降水水汽追踪图(图 7a)上可以看到,辽西西南、东南季风急流将孟加拉湾、东海及奥鹿台风水汽输送到辽宁西部并形成水汽辐合中心。

朝阳比湿随时间垂直分布图(图 7b)上,暴雨发生前 24 h 850 hPa 以下比湿逐渐增大到 10～16 g·kg$^{-1}$。暴雨临近时增大到 14～20 g·kg$^{-1}$,中高层出现由 0～2 g·kg$^{-1}$湿度突然增大到 2～6 g·kg$^{-1}$的现象,且比湿增加的增幅比低层大,即大暴雨发生前,对流层中低层维持着相对高的湿度条件,大暴雨即将开始和发生期间对流层整层比湿增大、湿柱加厚。850 hPa 比湿最大值 14 g·kg$^{-1}$略低于辽宁区域暴雨平均值(15.5 g·kg$^{-1}$)。

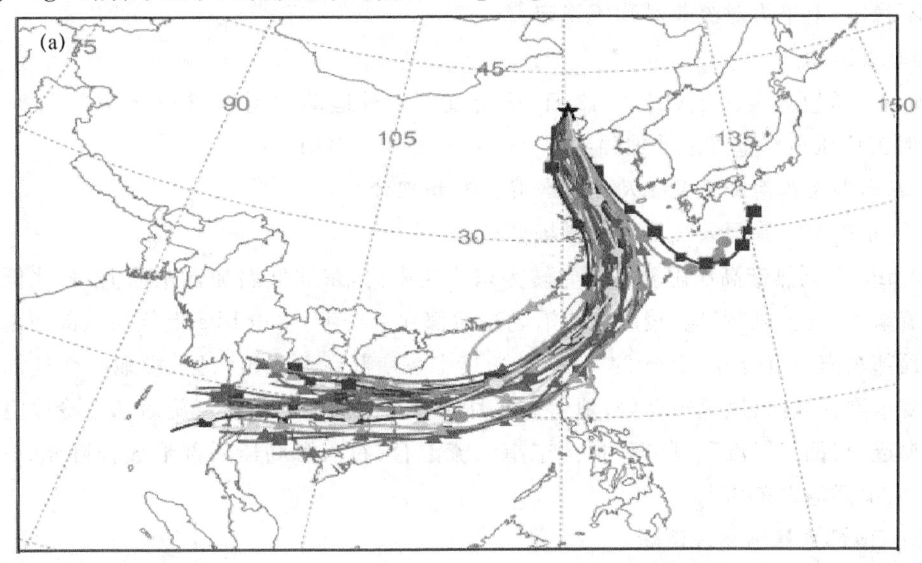


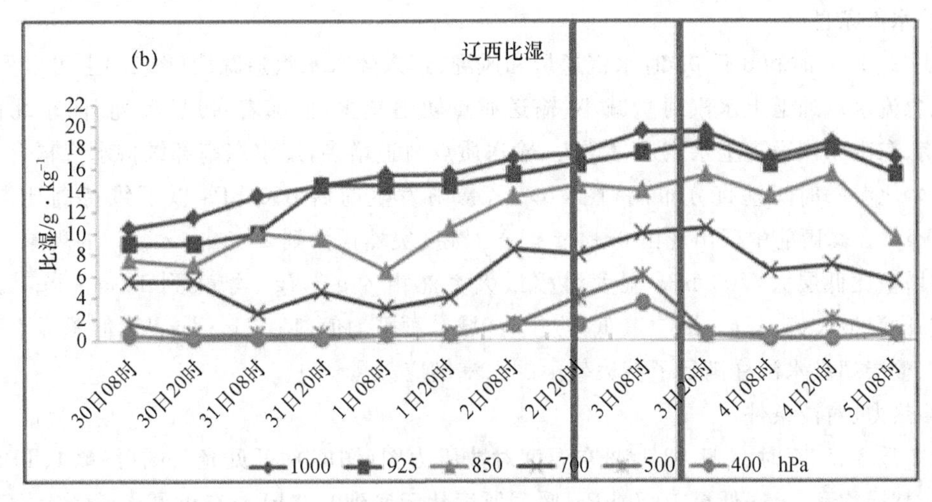


图 7 2017 年 8 月 2 日 08 时—5 日 08 时辽西降水水汽追踪(a. 图中★位于 41.5°N,120.5°E)、朝阳比湿随时间垂直分布图(b)

(2)热力、对流条件

8月2日20时、3日08时锦州温度对数压力图(图略)可以看到,2日20时上干下湿,CAPE值为1070 J·kg$^{-1}$,对流受到抑制;3日08时为整层饱和,对流消失,CAPE值减小到889 J·kg$^{-1}$,云底低至1000 hPa,暖云厚度从云底到550 hPa。可见光云图上有上冲云顶、云顶亮温高(−56 ℃),属对流暖云降水。

8月2日08时—4日08时朝阳$\theta_{se}$随时间垂直分布图上,850 hPa $\theta_{se}$≥345°K虽然稍低于辽宁区域暴雨平均值(352.9 K),但符合章国材等定义的$\theta_{se}$≥320 K为热带气团。低层2日20时—3日02时500～1000 hPa $\theta_{se}$随高度上升而减小,最大差值大10 K,为层结不稳定区,3日02时—14时为$\theta_{se}$的鞍形场区,为弱对流接近中性层结。

2日20时—3日04时、3日09时—17时朝阳MPV、MPV1、MPV2随时间垂直分布上看出,辽西MPV、MPV1分布接近为低层明显负值,3日09时—17时MPV2低层正值(正值来源于垂直风切变与纬向的锋区强度),这是垂直风切变加大、大气斜压性加强的作用,表明凌晨为对流不稳定,上午为对流兼对称不稳定。

(3)垂直运动

700 hPa垂直速度图上(图略),3日02时辽西上升运动达到(−20～−10)×10$^{-3}$ hPa·s$^{-1}$,08时为低压顶部垂直运动加强到(−50～−40)×10$^{-3}$ hPa·s$^{-1}$。

#### 2.1.2 东南部大暴雨阶段天气尺度系统背景及物理诊断

##### 2.1.2.1 东南部大暴雨天气尺度背景场分析

500 hPa上副热带高压阻塞高压脊转为东北西南向,东北低涡加强东北上,东北低涡前部冷湿气流南下,与台风“奥鹿”暖湿气流沿副高后部北上交汇;850 hPa上低涡东部西南急流与“奥鹿”顶部东南急流合并(增至24 m·s$^{-1}$),辽宁东南部在急流出口区、极地冷空气加入的超强冷切变东侧及风向、风速辐合处;地面上8月4日夜间加强的东北气旋后部湿冷冷空气不断向东南渗透,与偏南气流和“奥鹿”顶部东南气流汇合,在入海高压后部形成强降水;4日午后冷锋东移,雨区随之东移。

##### 2.1.2.2 东南部大暴雨物理诊断

(1)水汽条件

8月2日20时和3日02时水汽通量和风场、辽东降水水汽追踪图(图8a)上可以看到,西南季风急流水汽通道上水汽通量减小、输送质点轨道减少,但随着台风“奥鹿”向东北低涡靠近,偏南、东南水汽通道上水汽通量增大、输送质点轨道增多,辽宁东南部维持水汽辐合中心。

岫岩比湿随时间垂直分布图(图8b)上,暴雨发生前后850 hPa以下维持高比湿14～20 g·kg$^{-1}$。暴雨前中层出现由0～4 g·kg$^{-1}$湿度突然增大到2～10 g·kg$^{-1}$的现象,且比湿增加的增幅比低层大,700 hPa湿度增幅最大突然由4 g·kg$^{-1}$增大到10 g·kg$^{-1}$。虽然850 hPa比湿最大值14 g·kg$^{-1}$略低于辽宁区域暴雨平均值(15.5 g·kg$^{-1}$),但源源不断的水汽输送、整层超湿水汽柱满足了特大暴雨的水汽供应。

(2)热力、对流条件

从8月3日20时、4日08时丹东温度对数压力图(图略)、可见光云图(图略)、TBB上可以看到,整层饱和,云底低至1000 hPa,暖云厚度从云底到550 hPa;在可见光云图上没有上冲云顶,为暗影区,云顶亮温−52℃,属于低质心暖云对流降水。

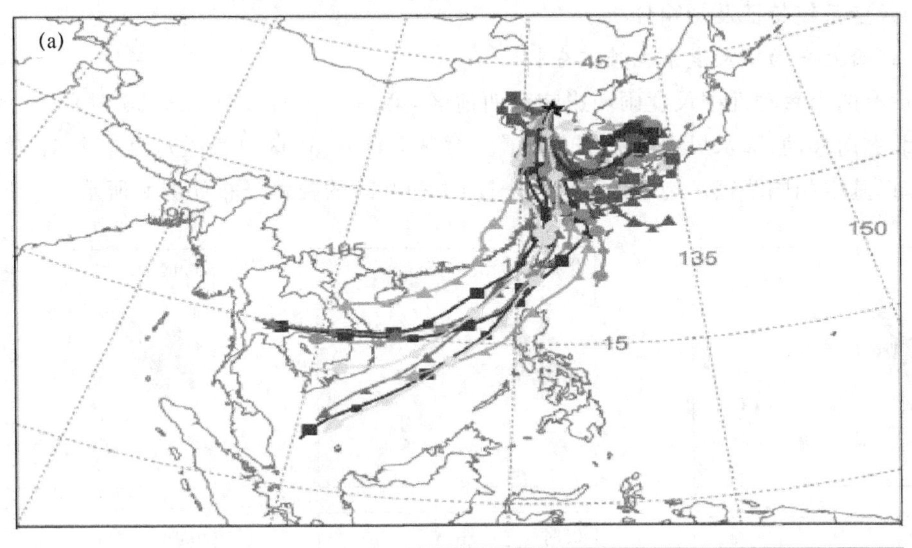


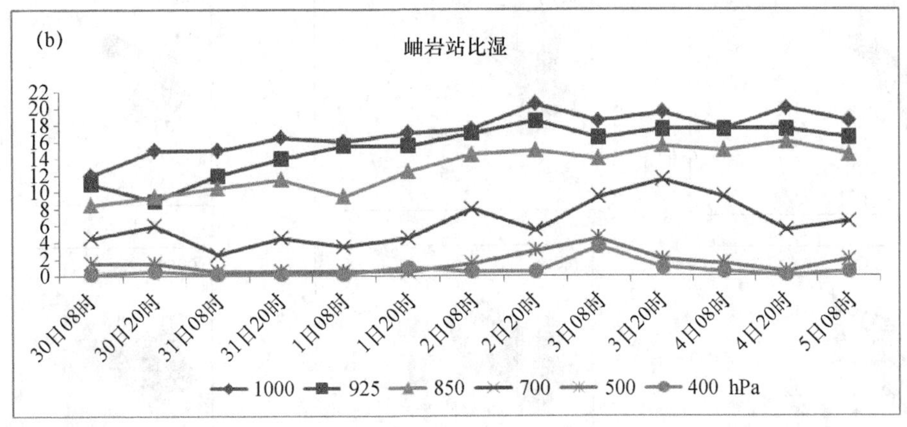


图 8　2017 年 8 月 3 日 08 时—5 日 08 时东南部降水水汽追踪

(a)(图中★位于 40°N,123°E)、岫岩比湿随时间垂直分布(b)

3 日 20 时,CAPE 值为 1467 $J \cdot kg^{-1}$,对流抑制 15.7 $J \cdot kg^{-1}$;3 日 08 时对流能量基本消失。

2 日 08 时—5 日 12 时岫岩 $\theta_{se}$ 随时间垂直分布图(图略)上,850 hPa $\theta_{se} \geqslant 355$ K 高于辽宁区域暴雨平均值(352.9 K)。低层 3 日 20 时—3 日 02 时 500～1000 hPa $\theta_{se}$ 随高度减小差值 $>25$ K,为层结极度不稳定区,3 日 02 时—14 时为 $\theta_{se}$ 的鞍形场区,为弱对流接近中性层结。

从 3 日 20 时—4 日 20 时岫岩 MPV、MPV1、MPV2 随时间垂直分布(图略)上看出,辽宁东南部低层 MPV 最大为 $-2 \times 10^{-6} m^2 \cdot s^{-1} \cdot K \cdot kg^{-1}$,在相同时间和位置 MPV1 达到 $-1.5 \times 10^{-6} m^2 \cdot s^{-1} \cdot K \cdot kg^{-1}$,MPV2 达到 $-0.6 \times 10^{-6} m^2 \cdot s^{-1} \cdot K \cdot kg^{-1}$(负值来源于垂直风切变与径向的锋区强度),表明该阶段不但有强的对流不稳定,而且有径向的对流不稳定。

(3)垂直运动

700 hPa 垂直速度图上(图略),3 日 20 时低压顶部垂直运动加强到 $(-60 \sim -40) \times 10^{-3} hPa \cdot s^{-1}$,东南部地区 $(-30 \sim -10) \times 10^{-3} hPa \cdot s^{-1}$,但 3 日 20 时下降到 $-10 \times 10^{-3} hPa \cdot s^{-1}$ 左右。可见天气尺度提供的上升速度远远不能满足产生特大暴雨的需求。

## 2.2 中尺度系统特征及影响分析

### 2.2.1 辽西大暴雨中尺度系统特征分析

先后有两个移动性中尺度雨团影响辽西地区，第一个(8 月 3 日 01—06 时)辽宁西南部进入向东北方向移动，降水尺度最大 100 $km^2$。雨强＞45 mm(03 时最强)，第二个 07 时开始，强度稍弱，以基本相同路径影响辽西。8 月 3 日 01—09 时的降水分布如图 9 所示。

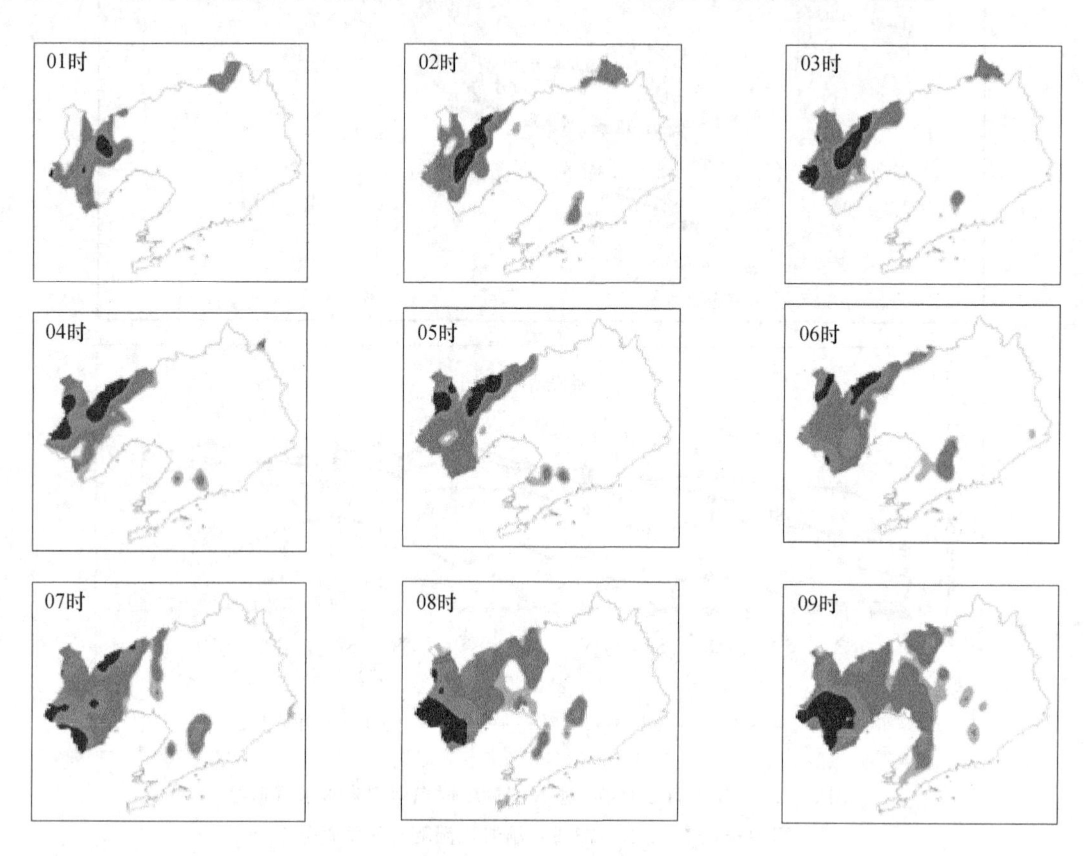


图 9 2017 年 8 月 3 日 01—09 时逐小时降水量演变

2017 年 8 月 2 日 22 时—3 日 05 时辽西降水强度最大时段，最大降水量连续出现 ≥45 $mm \cdot h^{-1}$ 短时暴雨。从雷达回波反射率因子时间演变来看(图 10)，2 日 20—23 时为初始积云降水回波阶段，辽宁西北部地区陆续有强度超过 40 dBZ 的小尺度对流性单体降水回波生成、发展并缓慢向偏北方向移动(图中箭头方向)。3 日 0:42 以后随着对流性单体降水回波急剧发展，多个单体降水回波逐渐合并成一条长 200 km，宽 40～50 km 近乎南—北走向的中

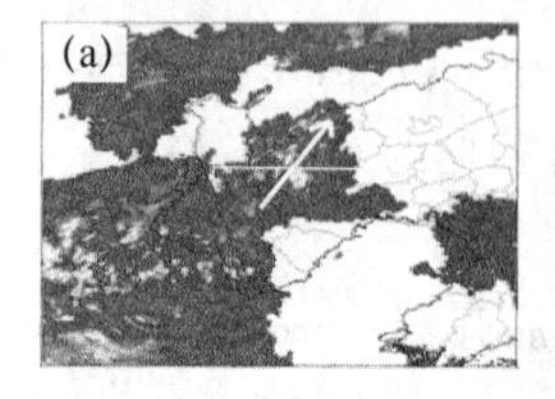

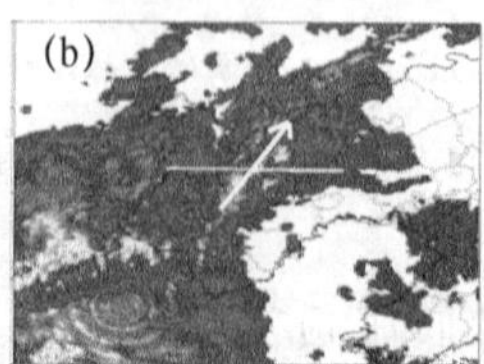

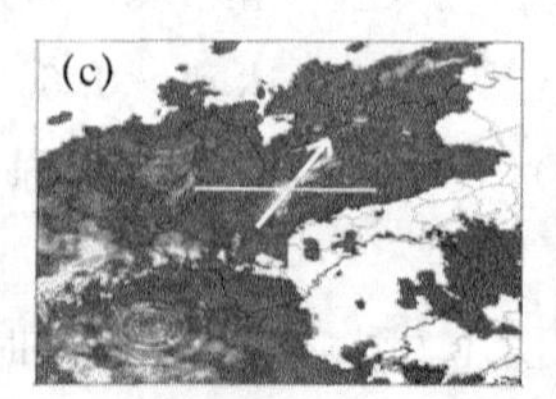

图 10 2017 年 8 月 3 日 00—04 时雷达组合反射率

(a. 00 时 42 分；b. 01 时 54 分；c. 02 时 20 分；d. 04 时)

尺度对流性降水回波带，强回波顶高发展到 4～5 km。3 日 01 时 54 分—04 时中尺度对流性降水回波带内强对流性单体降水回波不断相互吞噬、加强，带状降水回波结构趋于完整，一度强回波中心强度超过 55 dBZ，回波顶高从 4～5 km 猛增到 8～10 km 以上，并出现了超级单体的穹窿现象，中尺度对流活动发展到最鼎盛阶段。

雷达径向速度场边界层急流最早在短时强降水开始前 0.5 h 就显著增强，短时强降水开始时中低空急流有所加强，1 h 内边界层急流增加 6 $m \cdot s^{-1}$，中低空急流增加 2～4 $m \cdot s^{-1}$，两者维持时间略大于短时强降水持续时间。

通过以上分析发现：多个新生对流性单体降水回波在已经北上单体的南方（后侧）不断生成、继续北上，具有明显的后向传播特征，同时，降水回波到达朝阳地区附近就开始猛烈发展并且移速放缓，使“列车效应”得以维持，这是造成 2017 年“8・02”朝阳市特大暴雨的重要原因。另外，地面中尺度风场辐合线也与强降水回波位置相吻合，从而造成辽宁西北部大片区域多站出现短时特大暴雨。

### 2.2.2　东南部特大暴雨中尺度对流系统特点

持续性中尺度雨带影响辽宁东南部（4 日 02—09 时），两个强中心位于岫岩、凤城。降水尺度最大 100 $km^2$，雨强＞40 $mm \cdot h^{-1}$（图 11）。强中尺度雨团移动缓慢，05 时强度最强。

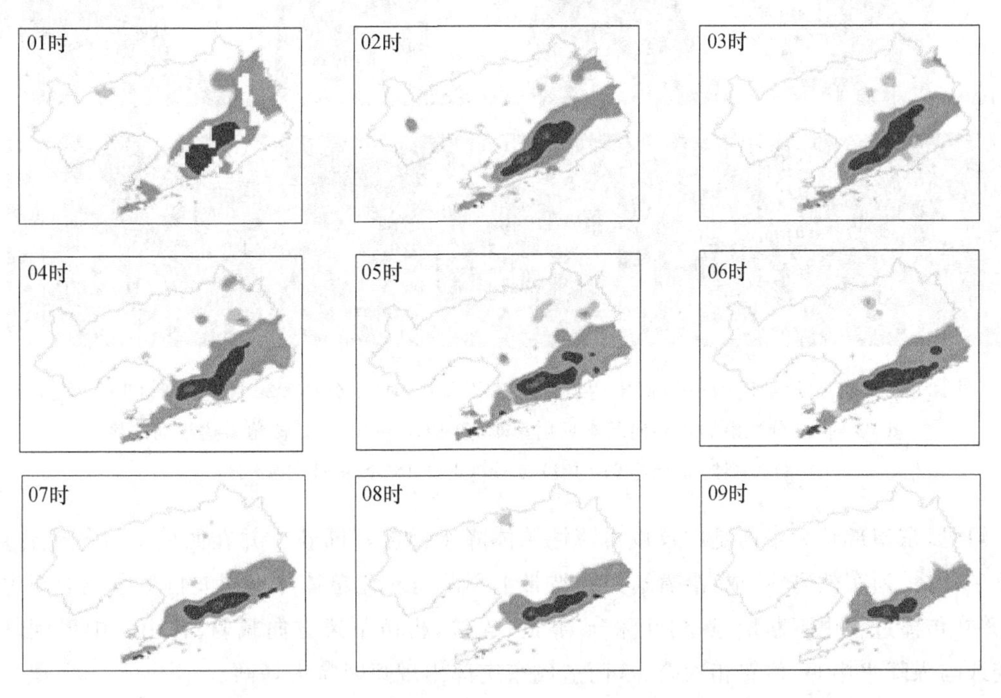


图 11　2017 年 8 月 4 日 01—09 时逐小时降水量演变

3 日 22 时左右，辽宁东南部地区开始出现大片降水回波。4 日 01 时 36 分辽宁东南部地区逐渐形成一条西南—东北走向的中尺度积层混合云降水回波带，降水回波分布范围较广，在强度较弱的层云降水回波内镶嵌有多个强度超过 45 dBZ 的小尺度对流性单体降水回波，这些降水回波以带状结构组成回波群向东北方向移动（图 12a 中箭头方向）。在中尺度对流活动发展强盛阶段 02 时 30 分至 04 时 48 分，由辽宁东南部区域降水回波带中不断分裂出尺度更小的对流性单体降水回波以相同的路径，从后侧缓慢地补充到相同地区并发展、增强，形成的中尺度对流性降水回波带呈准静止地维持在大连至鞍山一线，强降水回波集中地区的回波强度始终大于55 dBZ(图 12e～h)。相应地,在同时次雷达回波剖面图上,回波整体强度大都超过 35 dBZ(图 12b～d),回波顶高一般在 6～8 km,镶嵌在其中≥40 dBZ 的强回波伸展到 10 km,对流活动呈旺盛发展状态。4 日 07 时以后,大连至鞍山一线的中尺度对流性降水回波带开始南压,并逐渐减弱、消亡,准静止回波及降水强度也随之减小。

8 月 4 日 01—05 时雷达径向速度场(图 12i～l)发现,在短时强降水开始前 0.5～2 h,4 日 01—02 时中小尺度风速辐合明显增强,气旋式辐合的正负速度较大,超过 15 m·$s^{-1}$,达到了中气旋的强度,表明强对流风暴具有一定组织性,预示短时强降水将持续和发展。

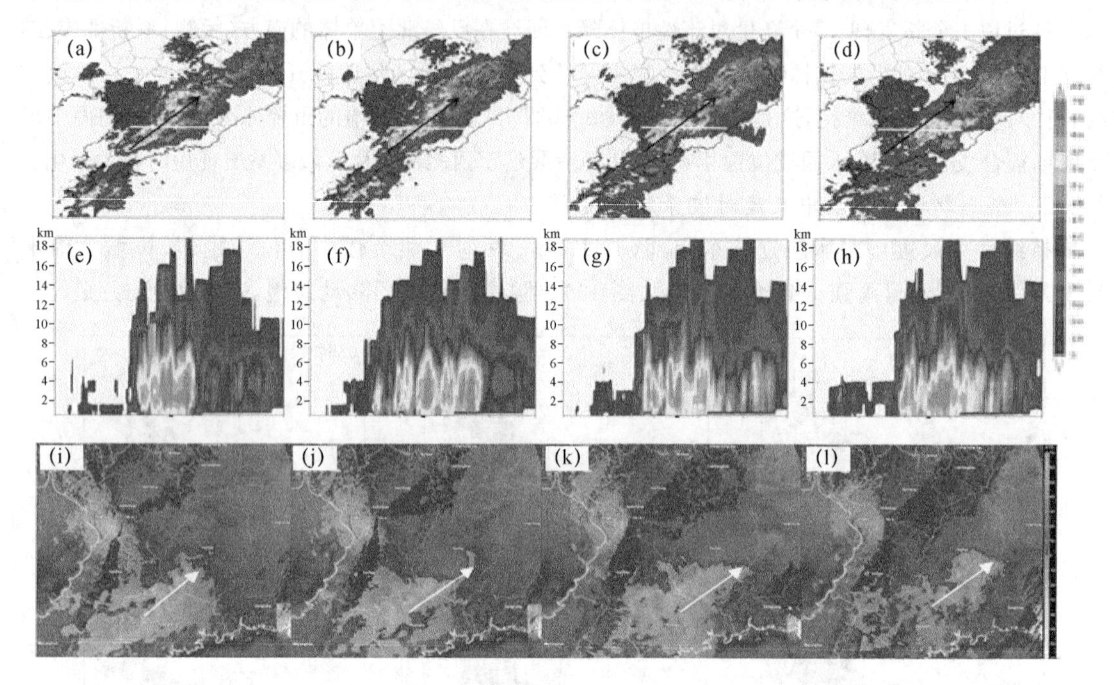


图 12　2017 年 8 月 4 日 01—05 时雷达组合反射率(a. 01 时 36 分;b. 02 时 30 分;c. 03 时 48 分;d. 04 时 48 分)、沿岫岩纬向基本反射率垂直剖面(e～h)、0.5°仰角雷达径向速度(i. 01 时 36 分;j. 02 时 30 分;k. 03 时 48 分;l. 04 时 48 分)

可见,东南部特大暴雨是中尺度对流性单体降水回波不断新生并在西南引导气流作用下向下游传播"列车效应"造成,沿着这条回波带上不断有对流单体降水回波自上风方向新生、发展,并在传播过程中不断增强,相互弥合、靠近、连接,再由下风方向减弱、移出。中尺度气旋、切变线与强降水中心、位置相吻合,从而造成东南部出现短时特大暴雨。

### 2.2.3　与地形有关的地面中尺度辐合线

特大暴雨带则呈现东北—西南走向,与地形梯度大值区分布相近,最强降水易出现风速辐合、风向切边的山前地形梯度大值区或喇叭口地形区(图 13)。

特别是辽宁东南部山区的凹形地形,本身具有常态的地形风向辐合线,当与中尺度天气系统相叠加时,加大了中尺度辐合强度的同时,形成了准静止切变线。

## 3　结论与讨论

(1)在西南、东南季风急流以及"奥鹿"台风能量和水汽的不断补充下,高空弱的增温和底

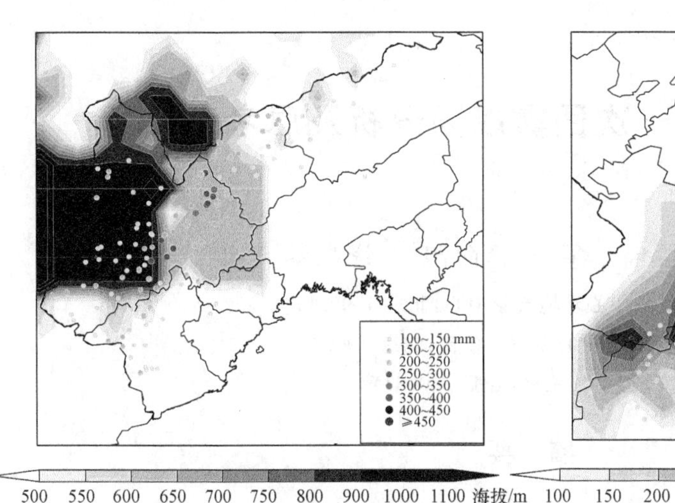

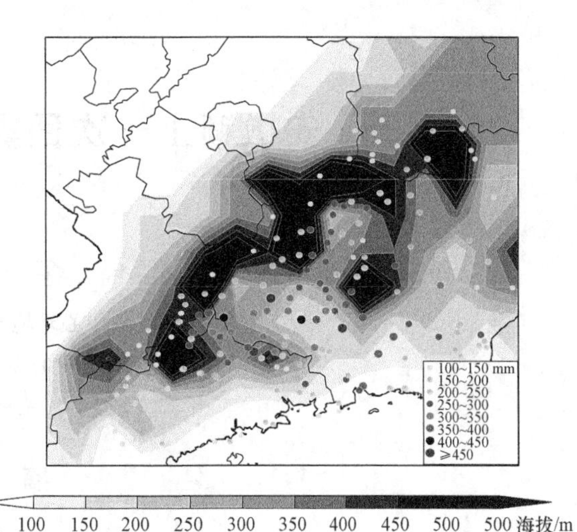


图 13　2017 年 8 月 2—3 日 20 时(a)、3 日 17 时—5 日 14 时(b)≥100 mm 降水及地形分布

层强的流入，产生暖湿空气抬升减压，使“海棠”热带气旋虽然受到地面摩擦仍然得以维持；变性为温带气旋后，西南、东南两支水汽通道对水汽的输送加强，在上层辐散流出、底层辐合流入垂直耦合和不稳定能量释放作用下，强的暖湿空气在垂直斜压锋区上快速抬升减压，温带气旋得以迅速加强；在副热带高压与高空槽的引导下能够北上穿越华中、华北、东北地区。

(2)辽西地区大暴雨成因特点：①地面暖锋、低空冷暖切变与高空低涡，构成了深厚抬升机制。②降水分为两个阶段，前半段层结不稳定强，地面移动的中尺度风场辐合线触发不稳定能量释放，产生局地强对流降水；后半段对流性稍有减弱，但垂直切变及斜压性增强，温带气旋发展产生天气尺度大范围混合型较强降水。③以“海棠”变性温带气旋、孟加拉湾、东海为主，“奥鹿”台风为辅的超暖湿水汽输送在辽宁西部辐合。④对流性降水回波具有后向传播的特征，“列车效应”产生区域集中的大暴雨、局地特大暴雨。

(3)东南部地区特大暴雨成因特点：①地面气旋、高低空低涡，构成了深厚涡旋上升机制。②以“海棠”变性温带气旋、“奥鹿”台风为主，孟加拉湾、东海为辅的水汽输送，整层超湿水汽柱提供充沛水汽供应。③高温高湿形成强烈的不稳定层结，东北气旋渗透冷湿空气与北上超暖湿空气交汇过程中，产生中尺度气旋和切变线，使强对流回波组织化。④中尺度对流性单体降水回波不断新生，并在西南引导气流作用下出现“列车效应”。

(4)降水回波具有低质心深厚暖云热带降水性质，降水效率高，加大了降水强度。

(5)最强降水出现在风速辐合、风向切变的山前地形梯度大值区或喇叭口地形区。凹形地形本身具有的地形风向辐合线与中尺度天气系统相叠加时，加大了中尺度辐合强度的同时，形成了准静止切变线，可出现持续性中尺度云团。

## 参考文献

[1]　公颖，陈力强，隋明．2001—2010 年辽宁区域性暴雨阶段性特征[J]．气象与环境学报，2011，27(6)：14-19.

[2]　孙欣，陈传雷，赵明，等．辽宁 2008 年 3 场暴雨对比分析[J]．气象科学，2010，30(6)：881-888.

[3]　阎琦，孙欣，乔小湜，等．“20110730”辽宁大暴雨过程分析[J]．气象与环境学报，2013，29(5)：6-11.

[4]　梁军，李燕，黄艇，等．2013 年辽东半岛 2 次切变线暴雨的对比分析[J]．干旱气象，2015，33(5)：822-829.

# 安徽颍上一次团雾成因分析及思考

吕梦瑶[1] 马学款[1] 田 华[2] 程向阳[3] 饶晓琴[1] 谢 超[1]

（1. 国家气象中心环境气象中心，北京 100081；
2. 公共气象服务中心专业气象台，北京 100081；
3. 安徽省气象局，合肥 230031）

## 摘 要

本文利用常规自动气象监测站资料、秒探空资料，结合高速公路自动气象观测数据，对2017年11月15日安徽颍上一次典型的辐射雾中突发性团雾天气形成的气象条件进行分析，发现：(1)此次突发性团雾天气发生在大范围辐射雾背景当中，高空纬向环流、地面均压场，弱风、低层高湿、存在逆温层、垂直层结稳定，符合一般辐射雾发生、维持的气象条件；(2) 此次团雾发生点周边多湖泊，且附近地势较为平坦，地形地貌和风向的变化是此次团雾事故发生的客观因素；(3) 由于近地面层结稳定，且为静风状态，大气湍流微弱，日出后随着地面蒸发作用加大及下垫面性质的差异，造成局地水汽分布的不均。日出后随着气温上升及风速加大，湍流混合作用增强，使局地高湿气团得到充分混合而使能见度急剧下降，这可能是团雾形成的主要因素。

**关键字**：辐射雾 团雾 气象条件

## 引言

团雾是受局部地区地形、地貌和中小尺度气候环境影响下，具有突发性、范围小、浓度强、能见度低特点的雾。由于团雾发生时能见度骤降、局地性强，车辆难以提前得到通知或警示，驶入团雾区时往往来不及减速，常常酿成重大交通事故，对高速公路安全和经济效益都带来了很大影响。因此，近年来国内外科研工作者致力于预测团雾从而避免交通事故的发生。

加强对团雾发生规律研究，了解团雾形成的局地性因素，是提高团雾预报水平的基础。由于团雾的尺度小、生成迅速，不容易被常规气象观测捕捉，因此，过去对于团雾的研究比较少，大量的研究工作是针对大雾进行的[1-5]。在此基础上，有学者对高速公路上雾的天气气候特征、形成气象条件以及雾过程中的大尺度环流背景等进行了研究和探讨[6-12]，并有学者建立了一套高速公路能见度预报系统[13,14]。近年来有学者开始利用数值预报模式对团雾个例进行模拟和分析。Pagowski 等[15]利用数值模式分析了加拿大安大略省一次引起重大交通事故的团雾过程，指出湖岸所导致的局地性水汽辐合是该团雾形成的主要因素。万小雁等[16]利用不同陆面方案对沪宁高速公路团雾个例进行了模拟，显示出 WRF 模式在沪宁高速公路团雾过程数值模拟中的优势。

本文利用常规自动气象监测站资料、秒探空资料，结合高速公路自动气象观测数据，对2017年11月15日安徽颍上一次典型的辐射雾中突发性团雾天气的形成气象条件进行分析，并探讨对团雾监测、预报和服务的思考，旨在为高速公路高影响天气的预报和灾害预警提供科学依据。

# 1　天气实况与预报预警服务

## 1.1　天气实况

### 1.1.1　卫星监测

NOAA 卫星资料显示(图 1),2017 年 11 月 15 日 07 时 22 分(11 月 14 日,23 时 22 分 UTC),安徽省江淮之间西部和沿淮西部地区存在大范围的雾,基本分布在瓦埠湖、城东湖、城西湖和淮河等大型水体周围,湖泊、河流等大型水体在水平和垂直方向上提供了充足的水汽,再加上当时的弱风条件,更加有利于雾的生成、持续和发展。

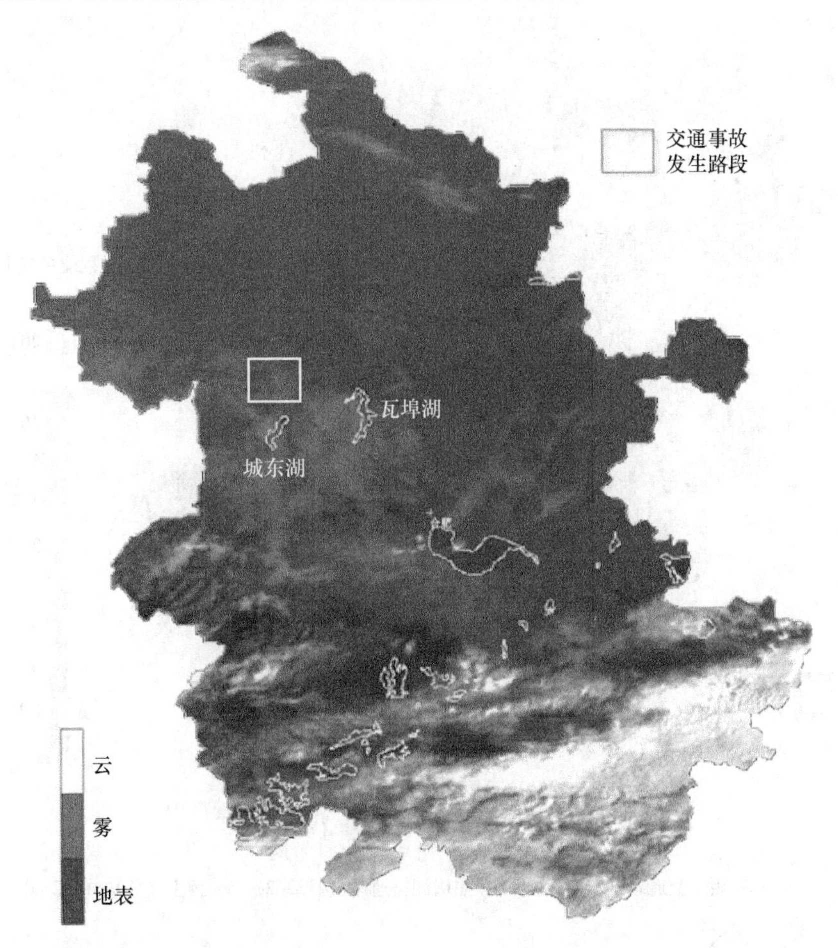


图 1　雾情监测图(NOAA 卫星,2017 年 11 月 15 日 07:22,北京时,下同)

### 1.1.2　自动站和交通站监测

11 月 15 日 02 时开始,安徽省沿淮到沿江的部分地区出现大雾天气并发展。从高速公路能见度资料分析来看(图 2),11 月 15 日 00 时至 12 时,江淮之间中西部、沿淮西部部分地区出现能见度不足 200 m 的大雾,其中交通事故发生路段附近的最小能见度不足 100 m。

颍上交通站(732754)、焦岗湖交通站(733262)、颍上气象站(58210)距离事发点直线距离分别约 11 km、14 km、20 km。图 3 为以上 3 站的逐 10 min 的能见度监测序列图。从 07 时 10 分—07 时 40 分,颍上交通站能见度逐步升高,在 07 时 40 分以后能见度急剧下降,短短10 min

由 1339 m 降至 109 m，事故就发生在该时段。相比之下，焦岗湖交通站(733262)和颍上气象站(58210)从 07 时 10 分—07 时 40 分监测到的能见度均未低于 500 m，在 07 时 40 分—7 时 50 分的事发时段能见度还稍有升高。可见，无论从空间分布还是时间变化，能见度都存在明显的不均匀性。

因颍上交通站(732754)在事发点周围的观测站中更能代表事发路段的实况，以下就利用该站的监测数据进行具体分析。

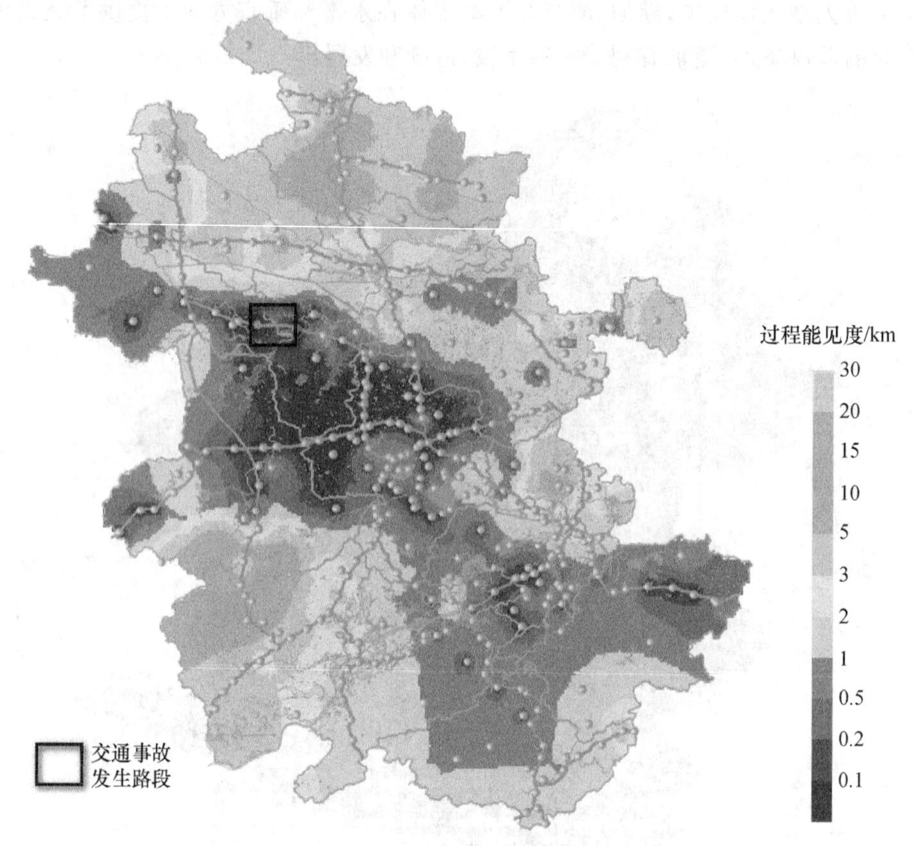


图 2　过程最小能见度分布

(11 月 15 日 00—12 时，单位：km)

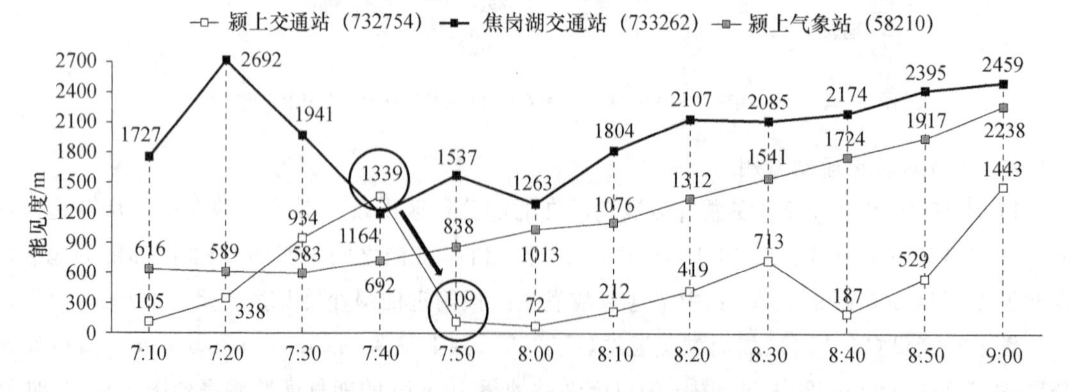


图 3　颍上交通站(732754)、焦岗湖交通站(733262)与颍上气象站(58210)

11 月 15 日 07 时 10 分—09 时逐 10 min 能见度监测序列图

图 4 为颍上交通站的 15 日 00—10 时逐 10 min 温度、相对湿度、风速、能见度的监测变化曲线图。从 15 日 00—10 时的能见度变化来看，颍上交通站能见度变化明显，00—03 时能见度由 1200 m 逐步降低至 100 m 左右；03—05 时能见度起伏剧烈，时好时坏；05—07 时长时间维持在 100 m 以下；07 时—07 时 40 分能见度有所好转，07 时 40 分时能见度已超过 1000 m；07 时 40 分—08 时能见度又急剧下降至 72 m 以下。事故发生前后的能见度变化特征与团雾的“浓—淡—浓”的“象鼻形”现象一致。能见度忽好忽坏很容易导致司机在驾驶中警惕性降低，从而造成安全事故。另外，从温度、相对湿度、风速等气象要素变化曲线来看：01 时 30 分开始，气温呈现显著下降趋势，06 时 30 分（日出）后气温下降趋缓，在 07 时 20 分出现最低温度 5.0℃，此后气温迅速上升；相对湿度从 03 时起便维持在 85％以上，空气相对湿度较高；05 时至 07 时 30 分风速持续为0 m·$s^{-1}$。由于近地面层结稳定，且为静风状态，大气湍流微弱，日出后随着地面蒸发作用加大及下垫面性质的差异，造成局地水汽分布的不均。07 时 20 分后随着气温上升及风速加大，湍流混合作用增强，使局地高湿气团得到充分混合而使能见度急剧下降，这可能是团雾形成的主要因素。周边团雾形成后随风漂移，造成测站附近公路能见度在短时间内剧烈变化。

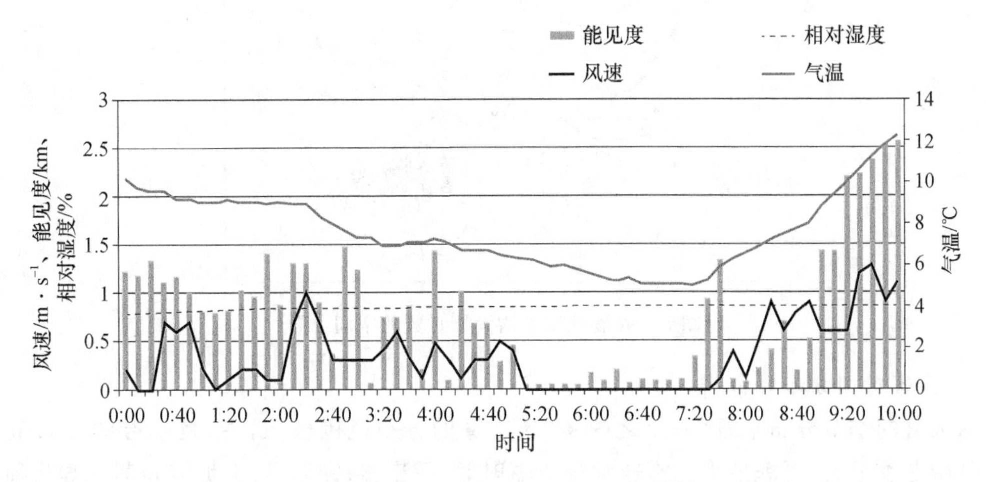


图 4　颍上交通站(732754)11 月 15 日 00—10 时逐 10 min
气温、相对湿度、风速、能见度监测序列图

## 2　成因分析

团雾是辐射雾的一种，是直接使贴近路面的气层变冷而形成的雾。团雾往往出现在大雾中局部范围内，雾气更浓，能见度更低。日出后是团雾的多发时段。日出后下垫面和近地层空气受太阳辐射加热而产生扰动，使近地层湍流增大，促进了雾滴的碰并和输送，使团雾迅速形成。因此，本文尝试对大雾发生时的几种气象要素进行分析，试图找出引起团雾发生的典型气象指标。

### 2.1　气候背景

#### 2.1.1　大雾空间分布特征

从大雾的空间分布来看（图 5），1961—2010 年，安徽全省各地都有大雾出现，但受地形和局地条件的影响,大雾的分布很不均匀,年平均雾日在 30 d 以上的区域主要位于大别山区和皖南山区,最高为黄山光明顶 259 d,九华山 146 d;年平均雾日不足 10 d 的区域主要位于沿江西部的太湖、潜山、宿松和桐城一带,这可能与其地处“风流管”位置有关;安徽省其他大部分地区年平均雾日均在 10～30 d。总体来看,安徽省年平均雾日分布具有“山区多、平原少、南北多、中间少”的特点。此外,统计显示,安徽省近 90%的雾日能见度都低于 200 m,其中约 51%的雾日能见度低于 50 m。

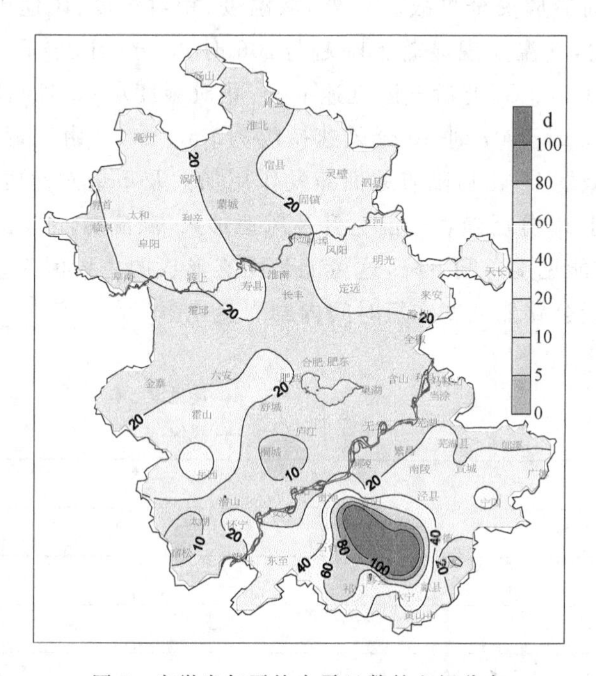


图 5　安徽省年平均大雾日数的空间分布

2.1.2　大雾时间分布特征

从大雾的季节分布来看,一年之中冬、秋季雾的分布范围较大,春、夏季雾的分布范围较小。其中冬季最大,夏季最小。雾通常分成辐射雾、平流雾、锋面雾、上坡雾和蒸发雾几种。辐射雾多发生于秋冬,平流雾多出现在春夏,而蒸发雾、上坡雾则多产生于夏季。安徽省为内陆省份,主要以辐射雾为主,且秋冬季节受冷高压天气系统影响较多,夜间地面辐射冷却使空气达到饱和而形成大雾,所以在秋冬季大雾发生的范围较大。

安徽省各地的地理条件、气象条件等状况不同,各月雾日的分布也存在差别,大致可分为秋季峰值型、冬季峰值型、夏季峰值型和均匀型四种(图 6)。其中安徽省大部分地区都属于冬季峰值型,雾日集中在 10—12 月及 1 月。这类型大多为辐射雾,因为冬季云量少、降水少、气温低且日较差大,利于辐射雾的形成。此次大雾灾害发生地颍上县即属于此类型。

从雾的日变化来看(图 7),雾的日变化与温度的日变化较为一致,雾大多数开始于晚上 23 时至次日 08 时,尤其以 05—06 时和 08 时为大雾发生高峰时段;大多数结束于 05—12 时,尤其以 08—10 时为大雾消散高峰时段。持续时间多在 0～3 h,其中又以 1 h 以内的居多。

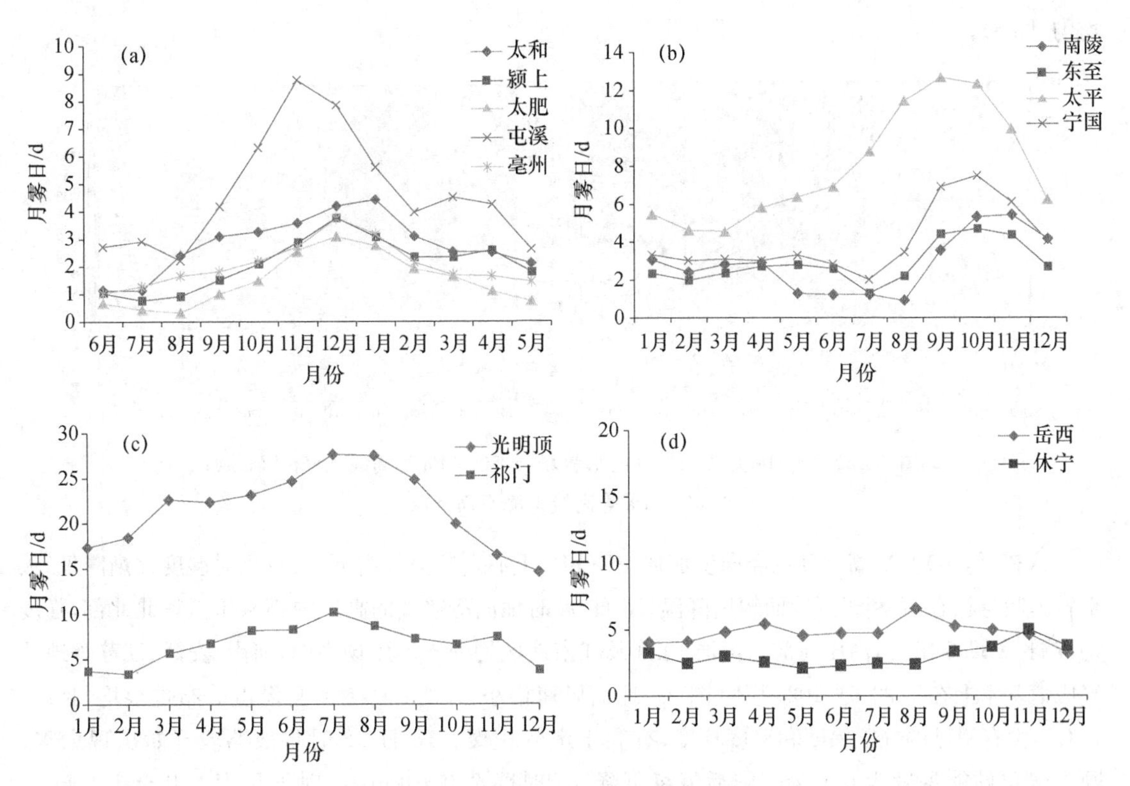


图 6　安徽省雾日的月际变化

(a)冬季峰值型;(b)秋季峰值型;(c)夏季峰值型;(d)均匀型

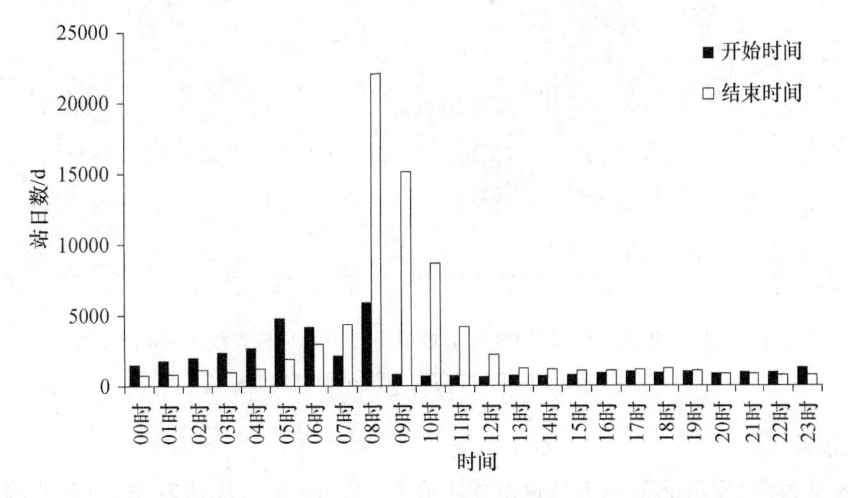


图 7　大雾开始时间和结束时间的站日数(即发生在某时刻的所有大雾日数的总和)的日变化

## 2.2　天气形势

11 月 14 日 20 时,500 hPa 高空以纬向环流为主,850 hPa 上受反气旋和弱下沉气流控制,地面冷高压中心位于内蒙古北部,中心气压 1032.5 hPa,黄淮、江淮及江南地区均处于均压场,河南、安徽、江苏等地的气压值基本上在 1020～1022.5 hPa,地面风速很小(<2 m·$s^{-1}$),温度分布

均匀(图 8)。

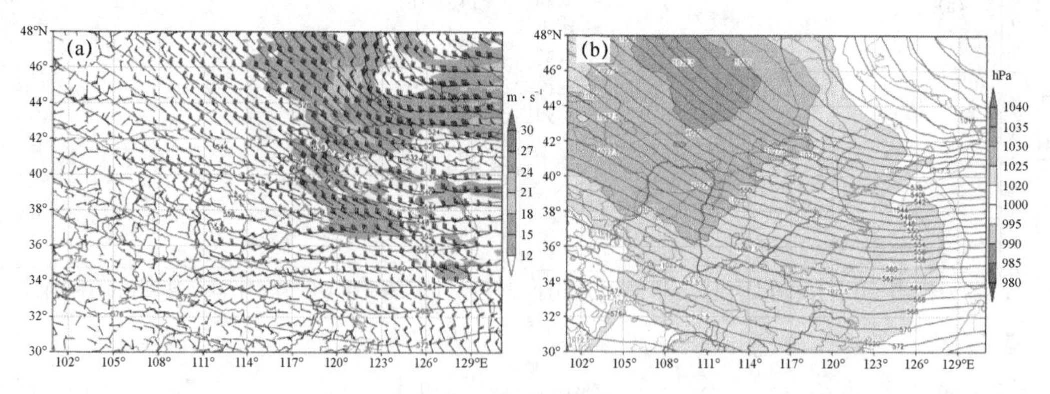


图 8　2017 年 11 月 14 日 20 时形势场(a. 500 hPa 等高线＋850 hPa 风;
b. 500 hPa 等高线＋海平面气压)

入夜后,500 hPa 高空环流经向度加强,850 hPa 上有弱冷空气南下,高空相对湿度逐渐降低,天空转为晴空状态,有利于近地面辐射降温;15 日 08 时地面冷空气的高压中心南压至华北北部,强度仍较弱(1032.5 hPa),高压前部的黄淮、江淮及江南地区均处于均压场当中,河南、安徽、江苏等地的气压值基本上在 1022.5～1025 hPa(图 9),地面风速很小($<2\ m\cdot s^{-1}$),且温度分布也很均匀(7～10℃),没有明显的气压梯度和温度梯度,有利于水汽积聚。15 日 02 时事故路段开始出现大雾,颍上气象站能见度为 0.9 km,随后继续下降,07 时降至 0.6 km,08 时能见度上升至 1.0 km。

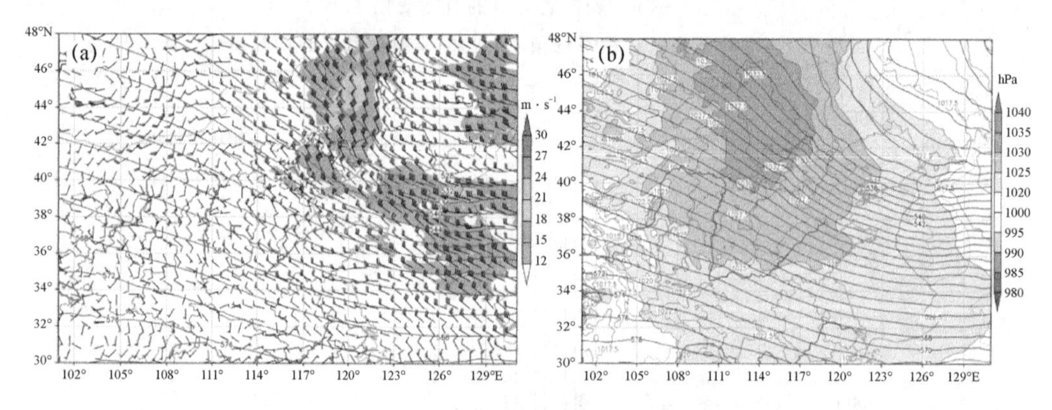


图 9　2017 年 11 月 15 日 08 时形势场(a:500 hPa 等高线＋850 hPa 风;
b:500 hPa 等高线＋海平面气压)

## 2.3　动力条件

本次大雾过程,安徽北部地表风速基本上在 $0\sim2\ m\cdot s^{-1}$,风速较小,但并非静风;存在适当强度的冷暖空气交换,有利于辐射雾的生成。

以 15 日早晨为例,在散度场上(图 10a),安徽北部上空 850 hPa 等压面上存在弱的辐散($<2\times10^{-5}\ s^{-1}$);涡度场上,安徽北部大部分地区基本上处于负涡度区或者弱的正涡度区(图 10b),最大绝对值$<2\times10^{-5}s^{-1}$,说明垂直运动非常弱;垂直速度场可以进一步反映出这一特征(图 10c),15 日 08 时,安徽北部以弱的下沉运动为主,垂直速度绝对值小于 $0.2\ Pa\cdot s^{-1}$,基本为零,垂直运动不强是浓雾发生的物理条件之一。

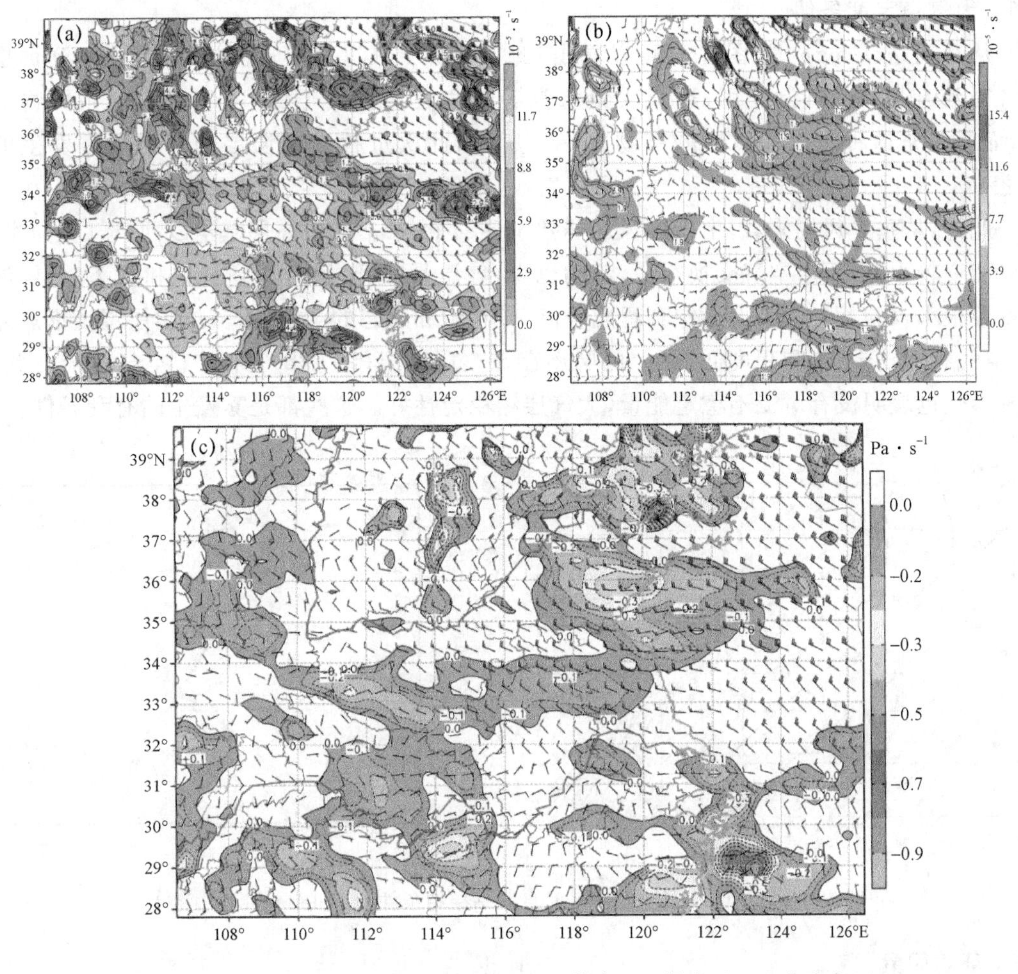


图 10　2017 年 11 月 15 日 08 时 850 hPa 散度(a)、涡度(b)、上升速度(c)

## 2.4　水汽条件

近地面较高的相对湿度是雾发生的必要条件。从图 11 可以看出,15 日 08 时,安徽北部地区上空 850 hPa 相对湿度低于 60%,而地面 2 m 相对湿度高达 90%以上,存在明显“上干下湿”的高低空配置,且对流层中低层(700～500 hPa)的相对湿度大多在 40%以下(图略),这种对流层中层相对较干的形势有利于夜间辐射降温,低层空气更容易达到饱和。

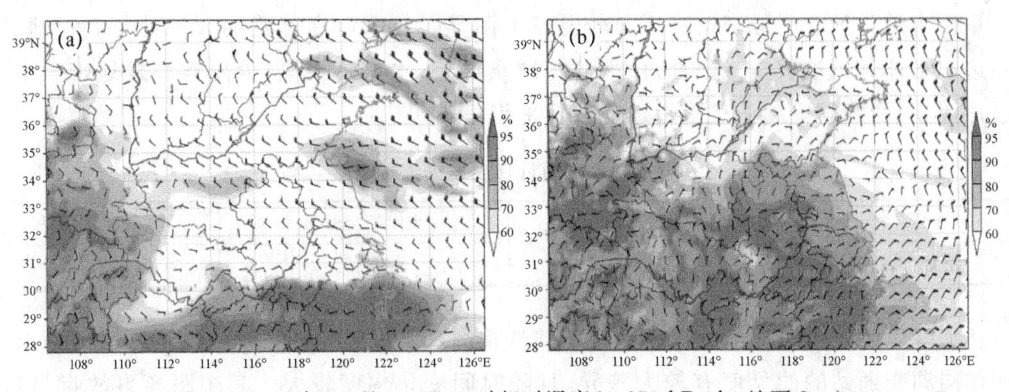


图 11　2017 年 11 月 15 日 08 时相对湿度(a. 850 hPa;b. 地面 2 m)

## 2.5 大气稳定度条件

从阜阳站 $T$-log$p$ 图(图 12a)可以看出,此次大雾天气过程有逆温层存在,由于逆温层对空气对流有强烈的抑制作用,造成大量水汽等聚集在逆温层下面,不利于大气污染物的扩散,而雾就是这种水汽等集聚的产物之一。所以,此次过程中逆温层的存在是雾发生的条件之一。

此外,从垂直风场来看,中低层风速非常小($<4\ m\cdot s^{-1}$),中高层基本以西风气流为主,垂直风切变较小,上下层空气交换很少,流动也少,气温易降低,容易达到过饱和状态;低层温度露点差很小,相对湿度大,大气饱和程度较高,存在饱和状态的湿层,对流层中层温度露点差较大,空气相对较干,饱和程度低;在中低层还存在多层逆温(图 12b),抑制了空气对流。此外,对流参数也表明没有对流不稳定能量,大气层结稳定性好。这些都是雾发生的有利条件。

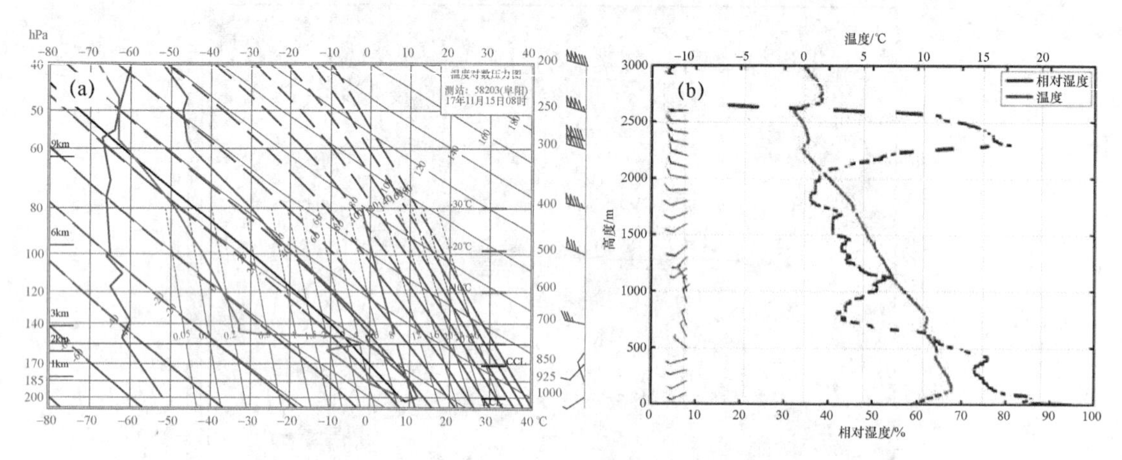


图 12　2017 年 11 月 15 日 08 时阜阳站层结条件(a. $T$-log$p$;b. 秒探空)

## 2.6 环境因素

团雾具有突发性、局地性、尺度小、浓度大的特点。团雾外视线良好,团雾内一片朦胧。大的团雾覆盖面积长约 5 km,小的团雾仅有 1 km。团雾预测预报难、区域性强,容易造成重大交通事故。因此,被称为高速公路的"流动杀手"。

与市区相比,郊区和乡村地带容易出现团雾,尤其是部分比较空旷的高速公路路段。团雾常在高速公路上出现的气象原因是高速公路路面白天温度较高,昼夜温差更大,更有利于团雾形成。此外,如果地势低洼、空气湿度大,也更易形成团雾。

阜阳市地处淮北平原,秋、冬季节较易发生团雾。阜阳市高速路网大都处于农村地带,路网两边小水体和植被较多,清晨时段大气扩散条件差,水汽易聚集,为团雾高发地带。事故点靠近焦岗湖、西淝湖等湖泊且附近地势较为平坦(表 1)

**表 1　事故附近代表站的海拔高度**

| 站名 | 颍上交通站 | 焦岗湖交通站 | 颍上气象站 |
|---|---|---|---|
| 海拔(m) | 24.5 | 18.5 | 25.2 |

从灾害发生点周边逐十分钟能见度的演变情况来看(图 3 和表 1),颍上气象站、颍上交通站和焦岗湖交通站的能见度有较大差异,且随时间变化幅度较大。其中距离事故点最近(约

11 km)的颍上交通站在05时30分—06时期间能见度仅60 m,07时10分开始,能见度有所好转,07时40分能见度超过1 km。但是,在偏东气流影响下,焦岗湖水汽辐射冷却成雾并向西移至此地,再次降低了该区域能见度,致使07时50分左右能见度骤降至100 m。这一时期恰好为此次事故发生时段。因此,从能见度时间和空间分布的不均匀性来看,能见度短暂转好后,大量水汽冷却成雾西移至此地,在地貌、风向共同作用下形成的局地雾(又称团雾),是此次事故发生的客观因素。

## 3 小结与讨论

本文利用常规自动气象监测站资料、秒探空资料,结合高速公路自动气象观测数据,对2017年11月15日安徽颍上一次典型的辐射雾中突发性团雾天气的形成气象条件进行分析,主要结论如下。

(1)此次突发性团雾天气发生在大范围辐射雾背景当中,高空纬向环流、地面均压场,弱风、低层高湿、存在逆温层、垂直层结稳定,符合一般辐射雾发生、维持的气象条件。

(2)此次团雾发生点周边多湖泊,且附近地势较为平坦,地形地貌和风向的变化是此次团雾事故发生的客观因素。

(3)由于近地面层结稳定,且为静风状态,大气湍流微弱,日出后随着地面蒸发作用加大及下垫面性质的差异,造成局地水汽分布的不均。日出后随着气温上升及风速加大,湍流混合作用增强,使局地高湿气团得到充分混合而使能见度急剧下降,这可能是团雾形成的主要因素。

本文虽然探讨了一次突发性团雾天气的可能成因,但由于缺乏更精细的团雾观测资料和微物理结构的观测值,所以团雾机理的研究还有待进一步深化。下一步希望能够加大监测网的建设,对关键路段、团雾易发路段进一步加密监测,采用多技术监测手段,引入雷达和卫星监测数据;同时,加强对高速公路网团雾形成、发展、维持、消散的机制的研究,和临近预报技术的研究与应用,研制团雾预报预警标准,编制“团雾地图”,提高团雾预报预警能力。

**参考文献**


[1] 李子华.地区性浓雾物理[M].北京:气象出版社,2008.

[2] 张恒德,饶晓琴,乔林.一次华东地区大范围持续雾过程的诊断分析[J].高原气象,2011,30(5):1255-1265.

[3] 毛冬艳,杨贵名.华北平原雾发生的气象条件[J].气象,2006,32(1):78-83.

[4] 王丽萍,陈少勇,董安祥.气候变化对中国大雾的影响[J].地理学报,2006,61(5):527-536.

[5] 吴洪,柳崇健,邵洁,等.北京地区大雾形成的分析和预报[J].应用气象学报,2000,11(1):123-127.

[6] 田华,王亚伟.京津塘高速公路雾气候特征与气象条件分析[J].气象,2008,34(1):66-71.

[7] 冯民学,袁成松,卞光辉,等.沪宁高速公路无锡段春季浓雾的实时监测和若干特征[J].气象科学,2003,23(4):435-445.

[8] 袁成松,梁敬东,焦圣明,等.低能见度浓雾监测、临近预报的实例分析与认识[J].气象科学,2007,27(6):661-665.

[9] 吴和红,严明良,缪启龙,等.沪宁高速公路大雾及气象要素特征分析[J].气象与减灾研究,2010,33(4):31-37.

[10] 田小毅，吴建军，严明良，等.高速公路低能见度浓雾监测预报中的几点新进展[J].气象科学，2009，29(3)：414-420.
[11] 贺皓，刘子臣，徐虹，等.陕西省高等级公路大雾的预报方法研究[J].陕西气象，2003(1)：7-10.
[12] 刘跃红，罗楠，司福意，等.焦郑高速公路雾天气预报与监测[J].气象与环境科学，2003(1)：11-12.
[13] 吴兑，赵博，邓雪娇，等.南岭山地高速公路雾区恶劣能见度研究[J].高原气象，2007，26(3)：649-654.
[14] 吴兑，邓雪娇，游积平，等.南岭山地高速公路雾区能见度预报系统[J].热带气象学报，2006，22(5)：417-422.
[15] Pagowski M，Gultepe I，King P. Analysis and modeling of an extremely dense fog event in Southern Ontario[J]. Journal of Applied Meteorology，2004，43(1)：3-16.
[16] 万小雁，包云轩，严明良，等.不同陆面方案对沪宁高速公路团雾的模拟[J].气象科学，2010，30(4)：487-494.

# 吉林省两次重度污染天气过程对比分析*

刘　娜　胥珈珈　李梁才　刘德福

（吉林省白山市气象局，白山 134300）

**摘　要**

本文利用2016年12月16—20日和12月30日至2017年1月2日两次连续重度污染天气过程资料，从环流形势场、形成条件、维持机制等多方面进行综合对比分析。结果表明：两次重度污染天气过程中纬度环流均较平直，500 hPa都为高空槽后脊前弱的西北偏西风控制，高空槽后负涡度平流输送有利于地面高压发展和维持；低空925 hPa风场较弱，为弱的偏南气流，为水汽和污染物输送提供有利条件；地面30°N以南地区为强的大陆高压控制，吉林省地区处于高压边缘，高低压过渡区域；此环流背景是大范围霾天气持续较长时间的重要原因。925 hPa相对湿度最小值在70%～90%，AQI较低，两次过程850 hPa比湿均比较小，为1～2 $g \cdot kg^{-1}$；在重污染期间，高低层辐合和辐散场均接近于零，低层以弱的辐散为主，可见中高层大气与地面的对流运动并不强，污染后期均有降水出现，降水出现前期低层转为辐合上升运动，降水出现后污染天气结束；低空存在明显的暖平流输送，近地面层存在明显逆温，逆温层厚度在1.5 km左右，探空曲线上看垂直风切变较小，低层风随高度顺转有暖平流。

**关键词**：重度污染　逆温层　静稳天气形势　暖平流输送

## 引言

大气中的颗粒物（$PM_{2.5}$、$PM_{10}$等）是影响人体健康、大气的能见度和气候的重要污染物。我国城市大气颗粒物污染较为严重，且来源广泛、复杂。其中扬尘是我国大部分地区颗粒物的重要来源；煤烟尘对我国工业城市的颗粒物浓度增加也有重要贡献。东北地区秋冬来临之际，秸秆焚烧，供暖期开始，雾霾如期而至。2014—2016年每年秋冬季节都会有持续较长的几次重度污染天气，重度污染天气给人们生产生活带来很大的不便，同时对人的健康十分不利。重度污染天气与污染源有一定关系，同时与气象条件也密切相关，温度、湿度、风、逆温、气压等合理的配置，易产生静稳天气形势，非常有利于重度污染的形成与维持。本文针对2016年冬季吉林省两次比较典型的持续重度污染天气过程进行分析，从环流形势、物理量场分布、气象要素场特征等方面进行综合对比分析，探讨重度污染天气形成和维持原因及预报着眼点，以期给预报工作提供参考。

## 1　重度污染天气概述

2016年12月16—20日（一过程）和2016年12月30日至2017年1月2日（二过程），吉林省全省大部分地区出现中度以上污染天气，第一次过程污染范围广，污染程度重，其中白城、长春、四平、辽源、吉林AQI指数超过300，达到重度污染，且持续时间较长，每天均有三个小时重度污染时间，且在傍晚前后污染程度加重。第二次过程白城、松原、四平、长春北部、辽源

*资助项目：吉林省白山市气象局“白山市气象灾害风险区划”项目（201701）。

等部分地区出现了重度污染天气过程，此次过程持续时间较第一次过程短，强度和范围较第一次过程略弱。两次污染过程均是前期河北和辽宁一带有重度污染发生，随着西南暖湿气流的输送，污染源逐渐向北扩散，同时秋冬季节燃煤取暖的作用也是重要的污染源。

## 2 环流形势分析

从2016年12月16—20日和2016年12月30日至2017年1月2日500 hPa高度场平均环流形势(图1)可以看出，一过程重度污染期间吉林省高空为高空槽后弱脊区控制，主导气流为偏西气流，二过程重污染吉林省高空环流形势也为高空槽后脊前，主导气流为西北偏西气流。两次污染过程从距平场来看，第一次污染过程正距平变化比第二次过程明显偏强，其中距平正值中心处于吉林省中部地区，说明污染过程期间吉林省高空气压场较历年明显偏高，气压场异常偏强，环流背景对污染扩散不利。从低层925 hPa风场可以看出，两次污染过程低层均为偏南风，第一次污染过程偏南风风速较第二次过程偏大，两次污染过程时京津冀地区和辽宁一带均有重污染天气过程产生，南风气流有利于上游污染物向本地输送，同时南风对污染期间水汽来源提供有利的输送通道。从地面形势场可以看出，第一次污染过程吉林省处于高压控制区，高压主体在吉林省西部地区，吉林省南部为高压，北部为弱低压控制，中西部地区为高低压过渡区均压带内；第二次污染过程吉林省同样也是受高压控制，高压主体同样在吉林省西部地区，

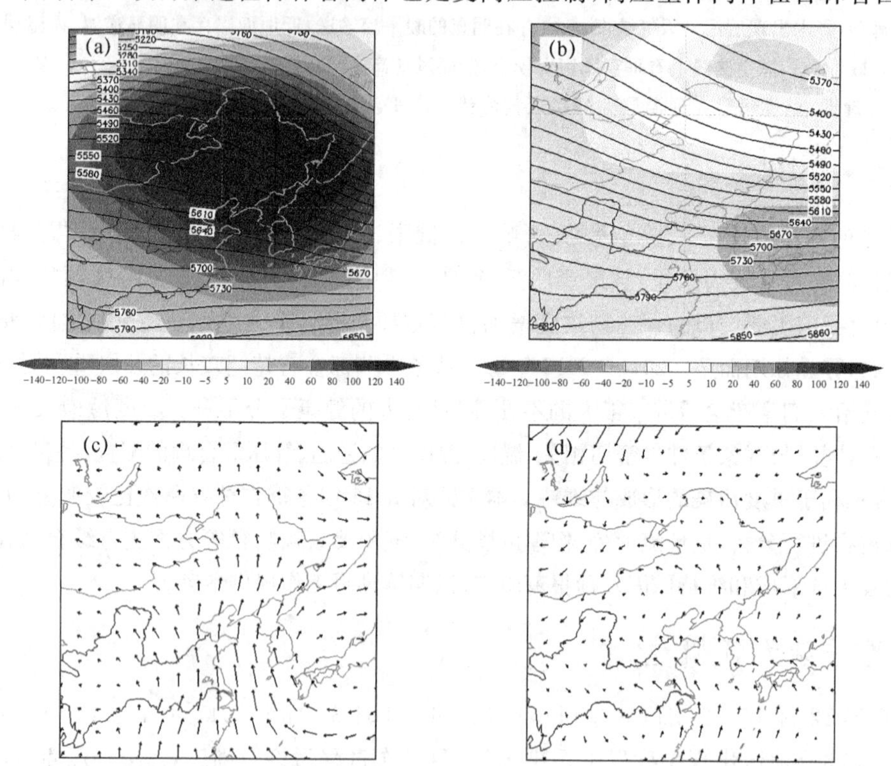


图1 2016年12月16日20时和20日20时500 hPa平均高度场(a. 阴影区为距平场，单位:gpm)、2016年12月30日至2017年1月2日500 hPa平均高度场(b. 阴影区为距平场，单位:gpm)、2016年12月30日20时和2017年1月2日20时925 hPa平均风场(c)、2016年12月30日至2017年1月2日500 hPa平均风场(d)

吉林省处于高压前部，高低压过渡区域内部，两次污染过程地面距平场变化不明显。高空脊后负的涡度平流，导致地面出现弱的下沉运动，有利于地面高压发展和维持，低层风场较弱，不利于污染物扩散，此种高低空配置形势为静稳天气形势，不利于空气污染物扩散，为重污染天气形成和维持提供较好的环流形势背景。

## 3　重度污染形成条件和维持机制

### 3.1　湿度

从两次污染过程 925 hPa 平均最小相对湿度场分析(图 2)，可以看出湿度条件最小值在 70%～90%，为雾和霾混合性质的天气过程，其中在一天中有几个时次达到重度污染；经统计，午后空气相对湿度较小，在 70%左右，实况监测午后到前半夜为霾天气过程。早晨空气相对湿度在 80%～90%为雾天气过程，AQI 较低。两次过程 925 hPa 比湿均比较小，为 1～2 g·kg$^{-1}$。长春站的探空曲线可以看出，两次过程底层存在弱的湿层，湿层厚度第一次过程较第二次过程略厚，但整体均是在 850 hPa 以下。

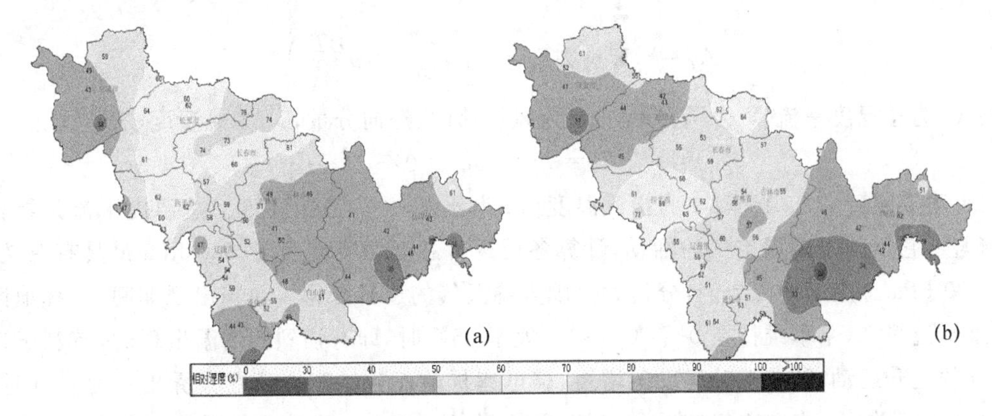


图 2　2016 年 12 月 16 日 20 时至 20 日 20 时平均最小相对湿度(a)、
2016 年 12 月 30 日 20 时至 2017 年 1 月 2 日 20 时平均最小相对湿度(b)

### 3.2　动力条件特征

水平方向上的风速量级比垂直方向上的大得多，但垂直分量是天气变化重要因素，下文分析污染过程中中低层水平方向风场(水平散度)特征。

气流的运动直接主导着颗粒物的运动。图 3 显示的散度图是重度污染过程前后散度距平高度剖面图。两次污染过程具有相似的特点，散度值都相对较小，趋于稳定的天气形势。污染过程前期，即颗粒物浓度较小时，散度值为正值，低层空气表现为辐散趋势；到了污染过程末期，即颗粒物浓度达到顶峰时期，也恰好对应散度值最小的时候，空气表现为辐合过程，而后散度值逐渐增加，颗粒物浓度迅速下降。800 hPa 以上高度表现为弱辐散运动或接近于零，可见中高层大气与地面的对流并不强，尤其是第一个过程；这也使得第一个过程结束后污染物并没有实质被带走，继而引发了第二次污染过程。后期降水开始，地面转为辐合场，高空有弱辐散，导致上升运动，有利于降水产生，同时降水沉降的作用使重污染天气结束。

### 3.3　暖平流输送

总温度平流的计算公式为：

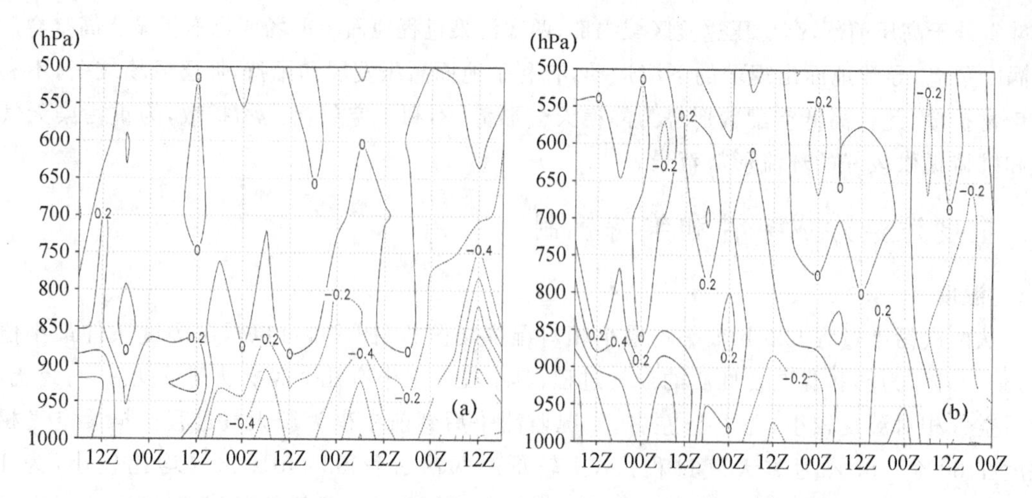

图3　2016年12月16日20时至20日20时不同高度散度距平剖面图(a)、
2016年12月30日20时至2017年1月2日20时不同高度散度距平剖面图(b)

$$A_T=-\mathbf{V}\cdot\nabla T_i=-\left(u\frac{\partial T_t}{\partial x}+v\frac{\partial T_t}{\partial y}\right) \tag{1}$$

式中：$A_T$ 为总温度平流，$\mathbf{V}$ 为风矢量，$u$、$v$ 为风速纬向、经向分量，$T_t$ 为总温度，表达式为：

$$T_t=T+2.5q+10Z \tag{2}$$

式中：$T$ 为温度（$=273.16+t$，$t$ 为摄氏温度），$q$ 为比湿，$Z$ 为海拔高度。总温度平流是综合性的物理量，它反映了暖湿空气的活动，计算各层逐日总温度平流发现，500 hPa 最具有意义，所以用 500 hPa 总温度平流为例，分析大范围雾霾天气的逐日变化。在霾出现期间，吉林地区的总温度平流很小，基本维持在 0～7℃·$s^{-1}$，大于 15℃时，即有强烈的增温出现时，有利于近地层空气的上升运动，随着上升运动的增强，霾迅速扩散而告结束。而在大雾出现前一日时，总温度平流一般较大，表明空气较湿，有利于雾的形成。从表1可清楚地看出，雾霾出现前总温度平流的差异。由公式(2)可知，$T$ 表示温度项，$2.5q$ 表示湿度项，$10Z$ 表示厚度项，对于某站而言，厚度项不变，分析总温度平流前项在雾霾天气出现前的贡献可知，大范围霾出现前，总温度平流较大，而在大范围大雾出现前，相对较小。可见大范围霾出现前，有暖干平流向吉林地区输送，而雾出现前，则有暖湿平流或弱冷湿平流向吉林省输送，而且霾的平流比雾的平流强。

**表1　雾霾出现前总温度平流(单位：℃·$s^{-1}$)**

| 时间 | 长春 | 辽源 | 四平 |
|---|---|---|---|
| 12月15日20时 | 3.5 | 7.5 | 5.4 |
| 次日实况 | 有雾转中度霾 | 有重度霾 | 有重度霾 |
| 12月29日20时 | 1.5 | 3.6 | 3.2 |
| 次日实况 | 雾 | 有雾转中度霾 | 有雾转中度霾 |

## 3.4　逆温层和低层风场

选取两次污染过程中污染最重时刻对应的探空曲线。从长春站探空曲线（图4）可以看出，两次污染过程低层均出现明显逆温，且逆温层厚度第一次过程较第二次厚，延伸到 1.5 km 左右。同时从底层风场可以看出低层风较弱，且低层风随高度有弱的顺转，表示低层有弱的暖平流，有利于逆温层的维持，同时表明大气处于静稳状态，有利于污染的维持。

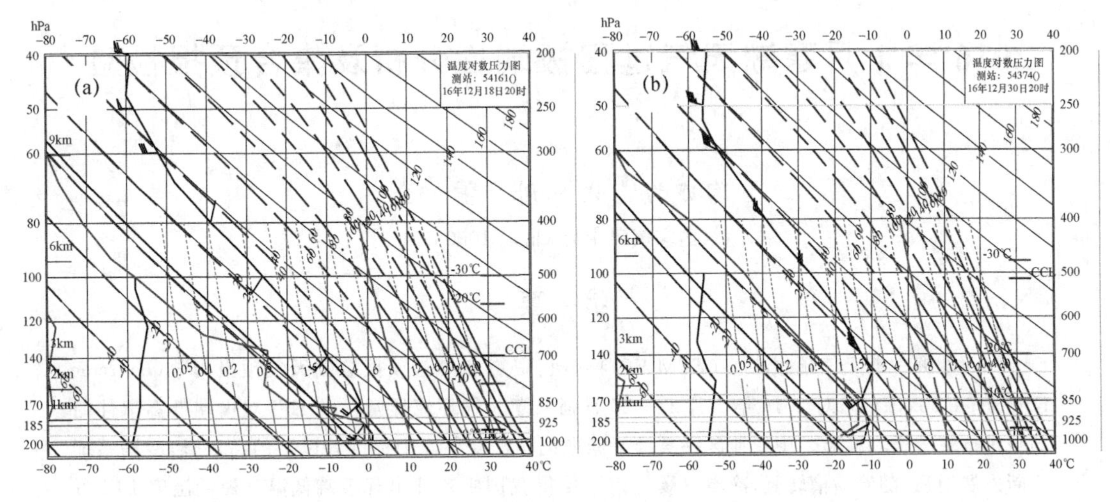


图4　2016年12月18日20时(a)和30日20时(b)长春站探空曲线图

## 4　结论

(1)两次污染过程较相似，高空影响系统为脊后，低层有弱的西南暖湿气流输送，地面为稳定的高压控制，整体大气环流为静稳状态，不利于污染物扩散。

(2)大范围霾出现前，整层空气都较为干燥，相对湿度一般为70%，近地层出现弱的逆转；而大范围雾出现前，空气较为潮湿，湿层可达90%以上，两次过程为雾霾转换，所以湿度条件有所变化，低层有弱的水汽通量输送和水汽通量弱的辐合。925 hPa比湿为1～2 $g \cdot kg^{-1}$，在近地层空气接近饱和，这一特征出现在雾霾出现前。

(3)动力诊断表明，污染过程前期，即颗粒物浓度较小时，散度值为正值，低层空气表现为辐散趋势；到了污染过程末期，即颗粒物浓度达到顶峰时期，也恰好对应散度值最小的时候，空气表现为辐合过程，而后散度值逐渐增加，颗粒物浓度迅速下降。800 hPa以上高度表现为弱辐散运动或接近于零，可见中高层大气与地面的对流并不强。

(5)霾出现时总温度平流较雾出现时大。大范围霾出现前，有暖干平流向吉林地区输送，而雾出现前，则有暖湿平流或弱冷湿平流向吉林输送，而且霾的平流比雾的平流强。

(6)逆温层的持续存在对雾霾预报有指示意义，有利于水汽和大气颗粒物在近地层积聚，从而有利于雾霾的形成和持续。同时低层弱的暖平流有利于雾霾天气维持。

(7)两次重度污染天气过程发生时间较接近，对吉林省影响非常大，且持续时间长，从气象要素温、压、湿度、风、逆温等多个角度对比分析，希望在今后重度污染预报中有参考价值。

# 2016年1月寒潮天气过程极端性分析及集合预报检验

陶亦为　代　刊　董　全

（国家气象中心，北京 100081）

## 摘　要

利用欧洲中期天气预报中心（ECMWF）再分析资料和集合预报极端天气预报指数（Extreme Forecast Index，EFI），对2016年1月21—25日强寒潮天气环流异常性和EFI对极端低温事件的预报进行了分析和检验。中亚地区一直维持标准化异常度在3个标准差以上的高压脊，冷涡系统不断发展增强，随着横槽转竖，冷空气爆发南下使得我国中东部出现极端低温。最低温度EFI可以提前7 d预报出低温信号，随着EFI预报时效的延长所对应的最大*TS*评分随之降低，对不同时效预报须选取合适的EFI阈值。对5％百分位的低温事件短期时效（1～3 d）最低温度EFI临界阈值为—0.6，中期时效（4～7 d）临近阈值为—0.5；对1％百分位的低温事件临界阈值则为—0.7。5％百分位的低温事件各时效最低温度EFI在江南、黄淮、江淮、江汉等地表现最好，华北、华南、西南地区、西北地区表现次之，在东北地区表现相对较差。

**关键词**：寒潮　标准化异常度　集合预报　极端天气预报指数　极端低温事件

## 引言

社会公众越来越关注极端天气事件，有研究表明世界范围内极端天气事件的发生呈现上升的趋势，所造成的损失也越来越高[1]。Beniston等[2]研究指出，极端天气事件可以分为三种：(1)有比较低的发生概率；(2)有较强的发生强度；(3)对经济社会产生较严重的影响。政府间气候变化专门委员会（Intergovernmental Panel on Climate Change，IPCC）第四次评估报告[3]从概率分布角度对极端天气事件做了明确定义：极端气候事件就是某一特定地点和时间，当天气气候状态严重偏离其气候平均态时，发生概率极小的事件，通常发生概率只占该类天气现象的10％或者更低。近几年极端天气事件越来越受到气象界重视，很多气象专家和学者都对极端天气事件进行了深入研究[4-7]。

当前的确定性模式可以较好地预报出天气过程，但对极端天气事件这种小概率事件，预报上具有较强的不确定性，给预报员带来了更大的挑战。有学者研究表明[8,9]基于大气系统的非线性和复杂性，加上初值和模式等本身无法避免的一些不确定性，用单一模式确定预报结果是不合理的，而集合预报却是解决预报上不确定性的重要工具。针对极端天气事件的预报，Lalaurette[10]基于ECMWF集合预报系统（Ensemble Prediction System，EPS）开发了EFI，其原理就是计算模式气候累积概率分布函数与集合预报结果的累积概率分布函数的连续概率差异，这一差异越大，说明天气偏离气候态就越大，极端事件发生概率越大，从而对极端天气事件进行预报和早期预警。有研究指出[11]EFI可以作为一个重要的工具提前几天预报出极端天气事件。近几年我国研究人员针对EFI也做了一些研究工作，董全等[12]指出EFI的预报效果和阈值存在明显的季节差异，夏季预报较好，阈值较大，冬季预报较差，阈值较小。夏凡等[13]

研究得出极端天气预报指数对极端低温天气有较好的识别能力，可提前 3～5 d 发出极端低温的预警信号，基于 T213 集合预报生成的极端天气预报指数对极端低温的预报存在正的识别技巧，随着预报时效的延长，识别技巧逐渐降低。吴剑坤等[14]利用 S 指数评分方法确定发布极端温度预警信号阈值。

2016 年 1 月 21—25 日，我国爆发了入冬以来最强的一次寒潮天气过程，造成全国大部地区大范围剧烈降温，多地出现极端低温天气，强寒潮共造成 233 个县(市)最低气温跌破当地建站以来 1 月份历史极值，其中 69 站日最低气温突破历史记录[15]。针对此次强寒潮天气过程司东等[16]从气候学角度用北极涛动(AO)分析了本次寒潮过程，他认为，在 1 月中旬 AO 负位相达到最强之后，强寒潮出现导致 1 月下旬全国出现极端低温。另有学者[17]用确定性模式对强寒潮过程模式预报效果进行了检验，认为确定性模式可以较好地把握大体环流形势，但确定性模式对于最低温度的预报都存在低估现象。本文拟从天气学角度分析强寒潮过程的极端性，并应用集合预报 EFI 对本次强寒潮过程进行检验，探讨如何有效地利用 EFI 提高对极端灾害性天气过程预报的准确率。

## 1 方法和资料

本文使用的资料包括 ECMWF 的 2016 年 1 月份的 EPS 最低气温(08 时至次日 08 时)EFI(预报时效为 24～168 h)、ECMWF 的 0.5°×0.5°网格点逐 6 h 再分析资料以及国家气象信息中心归档整理的中国地面基本气象要素日值数据集(V3.0)和国家气象中心实时数据库资料。

为了研究并定义本次寒潮过程低温的极端性，因为天气是否极端是要与历史同期相比较而言的，本文先构建了气候样本，本文的气候样本是选取本次寒潮日历日前后 15 d 共 30 a(1981—2010 年)的最低温度，合计为 31 d×30 a=930 个最低温度样本构建气候样本(本文提及的历史同期专指构建的气候样本)，对于极端低温天气事件的定义采用了分位数法，研究中分别定义了第 5%百分位与第 1%百分位作为极端低温天气事件的阈值，通过比较寒潮日最低温度相对于历史同期的排名来确定本次寒潮过程最低温度的极端性。由于部分站点因为缺测或新建等原因使得有效样本数小于 930 个，故选取样本数大于或等于 90%的总样本数即 837 个有效样本作为气候样本，经计算满足以上条件的站点共 2321 站。

同一气象要素在不同地域或不同季节的异常度是不一样的，为了更直观和方便统一地比较天气要素异常程度，在本文应用“标准化异常度(Standardized Anomaly，SA)”方法[18]对气象要素(地面气压、地面 2 m 温度、850 hPa 温度场、500 hPa 高度场和温度场)进行了标准化异常度计算：

$$\mathrm{SA}=\frac{OBS\text{-}MEAN(\mathrm{climate})}{SD(\mathrm{climate})} \tag{1}$$

式中：$OBS$ 为寒潮过程期间再分析资料，$MEAN$(climate)和 $SD$(climate)分别为气候均值和气候方差，本次寒潮过程发生在 1 月第五候，在计算各年气候背景时本文使用 1 月第五候的前一候和后一候的气象要素，即对 1 月第四至六候的气象要素作为各年气候背景来计算 SA 和距平，气候平均值取 1981—2010 年平均值。

按照 Lalaurette[10]对 EFI 的定义，EFI 取值为－1～1，以气温为例，当温度 EFI 越接近于

1(−1)时则表明温度异常偏高(偏低)程度越严重且发生的可能性越大。对于最低温度 EFI 预报效果的检验,则需要检验不同 EFI 值的预报效果,寻求一个最佳 EFI 临界阈值。因此本文将最低温度 EFI 值插值到站点上,通过两分类预报检验方法,对于每个站点分为最低温度 EFI 预报极端低温事件发生(不发生)对比实况低温事件发生(不发生)的预报正确性($NA$、$ND$)以及空报($NB$)和漏报($NC$)几种可能情况(见表 1),通过风险评分($TS$)、命中率($H$)、空报率($F$)等方法(见公式(2)～(4))对最低温度 EFI 做定量检验,找到最大 TS 评分以确定最低温度 EFI 的临界阈值。

**表 1 两分类预报检验列联表**

| 预报事件 | 观测事件 | |
|---|---|---|
| | 发生 | 不发生 |
| 发生 | $NA$ | $NB$ |
| 不发生 | $NC$ | $ND$ |

$$TS=\frac{NA}{NA+NB+NC} \tag{2}$$

$$H=\frac{NA}{NA+NC} \tag{3}$$

$$\mathrm{F}=\frac{NB}{NB+ND} \tag{4}$$

## 2 环流背景及天气实况

此次强寒潮从 1 月 21 日发生至 25 日结束历时 5 d,强寒潮的爆发与前期大气环流形势有着密切关系。从强寒潮过程发生前的 20 日 08 时 500 hPa 高度场来看(图 1a),欧亚地区中高纬 500 hPa 环流呈现两槽一脊的 Ω 流型分布,欧洲东部至里海是一片广阔的低槽区,槽前偏南暖平流使得高压脊不断发展并缓慢东移至咸海以东,高压脊南北振幅达 40 个纬距,脊前偏北风使得冷空气在贝湖附近不断堆积加强,在贝湖东部逐渐形成一个冷性涡旋(以下简称冷涡),冷中心强度达−49℃,对应地面为强盛的高压,中心位于蒙古西部,中心值达到了 1072.5 hPa。

随着高压脊继续发展加强,21 日在巴尔喀什湖以北地区逐渐形成闭合高压中心,阻塞形势逐步建立,脊前强盛的偏北气流引导冷涡南下,位于新疆北部的横槽与冷涡低槽逐渐接近,地面冷锋南下进入我国新疆北部—内蒙古一带,新疆北部、甘肃、内蒙古中西部出现降温;22 日 08 时(图 1b),高压脊南北振幅扩展到 45 个纬距,脊前偏北气流中心风速增至 38 $\mathrm{m \cdot s^{-1}}$,冷涡南压至内蒙古北部,低槽与横槽逐渐结合成一条横贯我国北方的横槽,冷中心加强南下,地面高压中心值强度增强至 1080 hPa,地面冷锋 24 h 小时向南推进了约 5 个纬距,华北中北部、西北地区中部和东北部开始降温;23 日,高压脊不断东伸,呈现东北—西南走向,冷涡中心南压至辽宁附近,内蒙古西部至东北地区中南部都被−44℃等温线所控制,横槽逐渐下摆转竖,冷空气开始爆发南下影响我国南方地区,造成西北地区东南部、西南地区东部、江汉、黄淮、江淮等地出现显著降温;24 日,随着另一个极涡发展南下,使得高压脊开始减弱,冷空气继续南下影响我国南方,江南中东部、西南地区东南部、云南东部、华南等地出现明显降温,我国华南中部以北地区地面气压均高于1040 hPa;25日随着冷涡东移,高压脊减弱西退,地面高压中心在25日20时减弱至1062.5 hPa,冷空气南下入海,过程趋于结束,25日凌晨我国南方等地迎来本次寒潮过程的最低温。

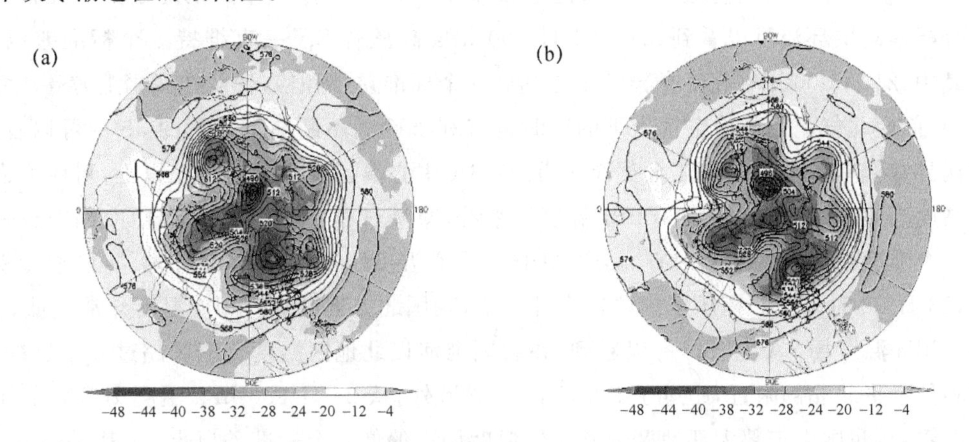


图1 北半球500 hPa高度场(线条,单位:dagpm)和温度场(阴影,单位:℃)
(a)1月20日08时;(b)1月22日08时

此次强寒潮过程造成新疆中北部、西北地区、东北地区东北部、内蒙古中部、华北、黄淮、江淮、江汉、江南中东部、华南、西南地区东部及云南东部等地部分地区最大降温幅度达8～14℃,局地超过14℃(图略),由于前期我国中东部地区冷空气活动频繁,寒潮过程前我国中东部地区温度已较常年偏低,此次寒潮过程使得我国中东部地区气温进一步降低,多地出现极端低温,江南大部过程最低温度普遍下降到－4℃以下,气温0℃线一直南压至华南中部一带(图2)。

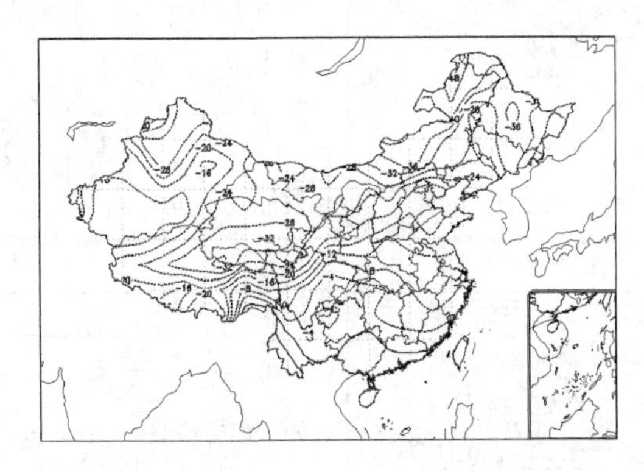

图2 2016年1月21—25日寒潮过程最低温度(单位:℃)

## 3 寒潮过程异常性分析

此次强寒潮带来的极端低温与环流异常有着直接联系。从中高层环流分析来看,21—25日500 hPa高度距平场上西亚附近维持负距平(图3a),负距平中心较常年偏低10 dagpm以上,纵贯南北的大槽一直稳定维持,槽前暖平流使得下游脊不断发展。里海至巴尔喀什湖之间是广阔的正距平区,正距平中心超过25 dagpm,异常强盛的高压脊稳定维持,脊前强盛的偏北气流,有利于北极冷空气不断向南输送,为寒潮的发展和爆发提供了充足的冷空气。

为了进一步说明强寒潮过程大气环流的异常，本文通过 SA 方法来分析大气环流的异常程度。Grumm 等[19,20]研究通常把 SA 超过气候平均值 3 个标准差的情况定义为异常天气事件。分析中高层环流可以看到，21—24 日 500 hPa 高压脊 SA 一直维持 3 个标准差以上(图略)，其中，21 日 500 hPa 高压脊异常中心达到 5 个标准差(图略)，说明在我国上游高压脊异常强盛，脊前西北气流引导冷空气南下的同时也有利于冷涡不断南下。从图 3b 中可以看到，23 日冷涡异常偏南影响我国华北至黄淮一带，负 SA 中心值超过 7 个标准差以上，对应冷涡中心位势高度为 512 dagpm。从 500 hPa 温度场来看，寒潮过程前期(21—23 日)冷涡附近一直维持着一个强度在－48℃的冷中心，其中 23 日冷中心温度距平达－15℃(图略)。随着冷涡不断南压，23 日 08 时冷中心南压至内蒙古中部一带，我国北方地区 500 hPa 温度异常偏低。从 23 日 500 hPa 温度场 SA(图 3c)可以看到，在我国淮河以北地区温度负值区超过 3 个标准差，负值中心位于华北北部附近，超过了 9 个标准差。另外，从 23 日 850 hPa 温度场 SA 分布(图 3d)可以看到，我国中东部大部地区 850 hPa 温度场都偏低 4 个标准差以上，尤其是在 500 hPa 冷涡附近，850 hPa 温度负 SA 超过 6 个标准差以上，局部达 7 个标准差。综合以上分析可以看到，这次寒潮过程是因为我国上游存在一个极端强盛的高压脊(SA 一直稳定维持偏高 3 个标准差以上)，在脊前强盛的偏北气流影响下，形成极端异常的冷涡系统影响我国。

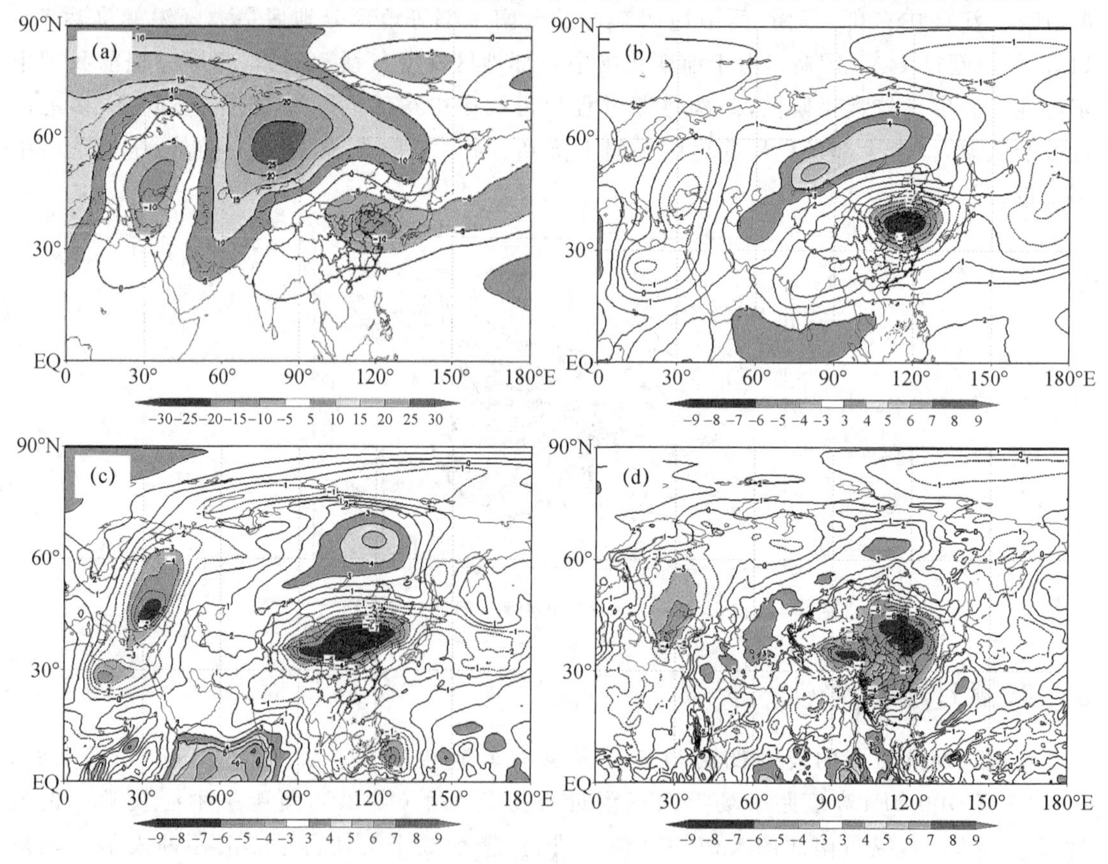


图 3　寒潮过程欧亚大陆 500 hPa 高度场距平(a. 单位：dagpm)23 日欧亚大陆 500 hPa 高度场(b)、温度场(c)和 850 hPa 温度场(d)SA 分布(填色区为 SA 大于 3 个标准差)

从地面气压场来看，在整个寒潮过程蒙古国西部都维持着一个高压中心，其中，1月22日08时蒙古国西部有4个站地面气压超过1080 hPa，其中一站地面气压达1086.6 hPa，周围地面气压超过1070 hPa的站共16个，合计地面气压超过1070 hPa的面积大约51万$km^2$，高压如此强大，影响范围之大，这是历史上非常罕见的。寒潮后期，冷空气一直南压至华南，1月24日华南中北部以北地区地面气压超过了1040 hPa；从地面气压距平来看(图略)，我国大部地面气压距平都偏高10 hPa，部分地区甚至偏高超过25 hPa；从24日地面气压SA来看(图4a)，我国华南、江南东部、西北地区东部、西南地区东部、云南中东部等地地面气压偏高超过7个标准差，表明冷空气势力极其强盛，并一直南压至我国华南地区使得我国黄河以南大部地区24日地面2 m温度偏低3个标准差以上(图4b)，其中，华南中东部、江南东部、西南地区东部、云南东部等地地面2 m温度SA超过7个标准差，上述地区地面2 m温度距平在－8℃左右，部分地区甚至超过了－12℃以上(图略)。

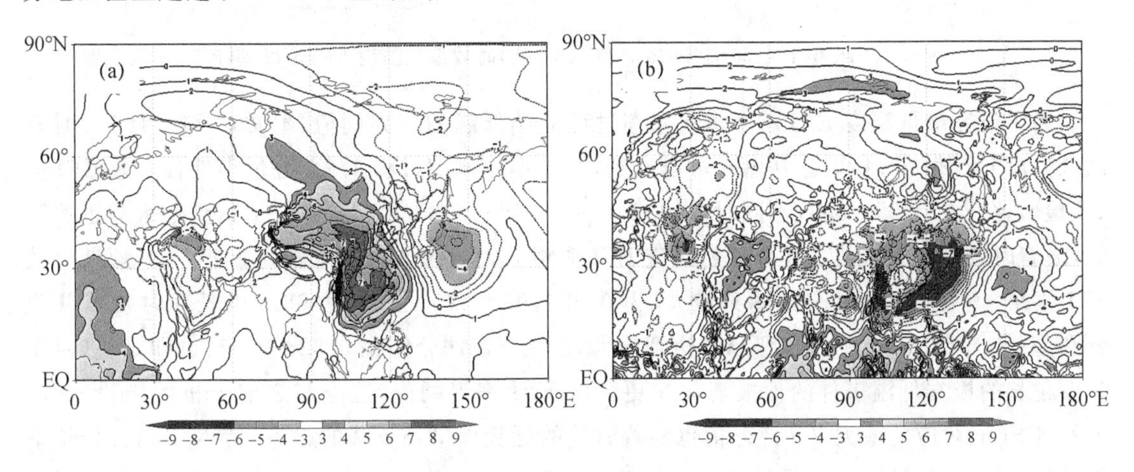


图4　2016年1月24日欧亚大陆地面气压(a)和地面2 m温度(b)SA分布(填色区为SA大于3个标准差)

## 4　集合预报极端天气预报检验

强寒潮使得我国南方大部地区在1月25日凌晨迎来了本次过程的最低温度，当天全国实况最低温度有933站突破或达到历史同期1%百分位(以下简称1%百分位事件)、1430站突破或达到历史同期5%百分位(以下简称5%百分位事件)。从1月25日最低温度EFI(图5)可以看到，我国黄河以南大部地区站点最低温度为5%百分位事件，1%百分位事件主要集中在西北地区东南部、四川盆地中北部、云南东部、湖北东部、江淮南部、江南中东部、华南中东部等地。从24 h时效最低温度EFI预报(图5a)可以看到，华南、江南、江淮、江汉、四川盆地、山东中部、云南中东部等地最低温度EFI值小于－0.8，江淮东部、华南南部、江南东部，云南中东部EFI值小于－0.95，与1%百分位事件的站点有很好的对应关系，说明EFI可以很好地预报出极端最低温度；对于西北地区东部1%百分位事件的站点，最低温度EFI值在－0.5～－0.8，较前面提到的地区偏小；图5b为168 h时效最低温度EFI预报，提前7 d预报在华南、江南、江淮、江汉、四川盆地、山东中部、云南中东部等地EFI值小于－0.6，与突破或达到历史同期1%百分位的站点也有比较好的对应关系，说明EFI提前7 d对极端低温有比较好的预报能力。168 h时效最低温度EFI预报与24 h时效预报相比范围较为一致，但EFI值较24 h时效偏高，对于长时效的预报须关注更高的 EFI 临界阈值。

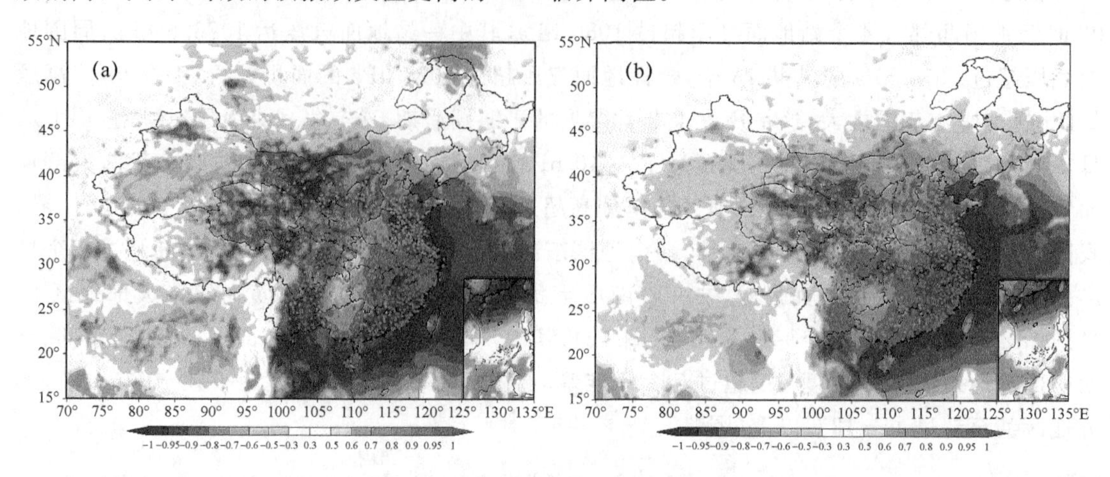


图 5　2016 年 1 月 25 日 24 h(a)和 168 h(b)时效最低温度 EFI 预报(填色)

为了研究最低温度 EFI 对于本次寒潮过程极端低温的临界阈值，本文对 24～168 h 时效最低温度 EFI 做 TS 检验。从图 6 可以看到，对于本次寒潮过程 5％百分位事件各时效 EFI 值 TS 检验评分在 0.05～0.7，不同时效的 EFI 在－0.4～－0.6 时 *TS* 评分值达到最大后迅速降低，随着时效延长最大 *TS* 评分值所对应 EFI 值降低。从表 2 也可以看到 24～72 h 短期时效 EFI 值在－0.6 时 *TS* 评分值达到最大(为 0.68)，96～120 h、144～168 h 中长期时效 EFI 值分别为－0.5 与－0.4 时 *TS* 评分值达到最大，最大 *TS* 评分值在 0.62～0.67，也即是说，对于时效越长的极端低温事件的预报需关注更高的 EFI 临界阈值，这点与之前分析的结论一致。另外，EFI 值对应的最大 *TS* 评分值也随着时效的延长而呈现下降的趋势。针对 5％百分位事件，短期(1～3 d)时效内最低温度 EFI 临近阈值为－0.6，考虑到 144 h 与 168 h 时效最低温度 EFI 值分别为－0.5 和－0.4 时两者 TS 评分比较接近，因此对于中期(4～7 d)时效内最低温度 EFI 临近阈值可以考虑为－0.5。

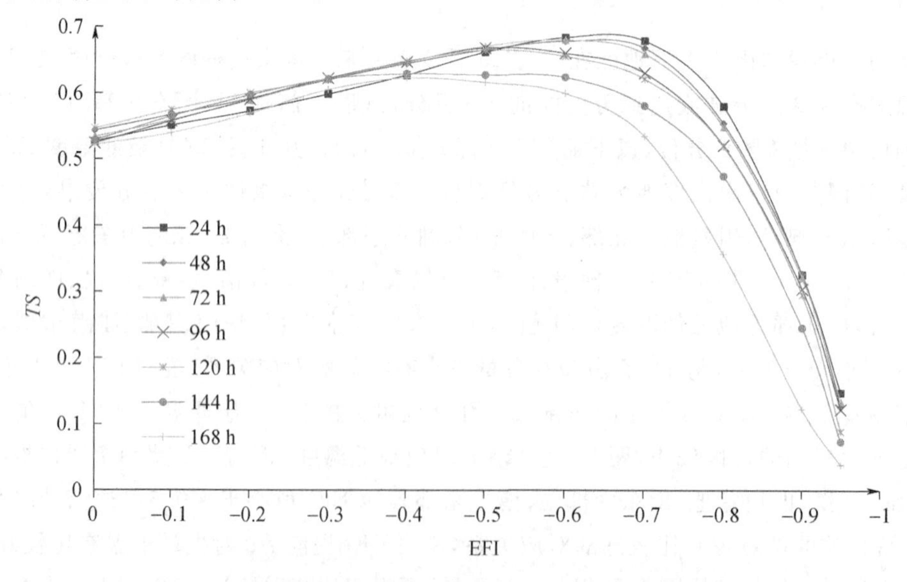


图 6　寒潮过程不同时效最低温度 EFI 的 TS 评分(5％百分位)

表 2　寒潮过程各时效 EFI 值对应的最大 *TS* 评分值

| 百分位 | 检验参数 | 24 h | 48 h | 72 h | 96 h | 120 h | 144 h | 168 h |
|---|---|---|---|---|---|---|---|---|
| 5% | EFI | −0.6 | −0.6 | −0.6 | −0.5 | −0.5 | −0.4 | −0.4 |
| | *TS* | 0.68 | 0.68 | 0.68 | 0.67 | 0.66 | 0.63 | 0.62 |
| 1% | EFI | −0.8 | −0.7 | −0.7 | −0.7 | −0.7 | −0.7 | −0.7 |
| | *TS* | 0.46 | 0.45 | 0.46 | 0.45 | 0.45 | 0.43 | 0.42 |

对于更为极端的情况(1%百分位事件)(图 7),可以看到各时效 *TS* 评分值在 0.05～0.5,不同时效的最低温度 EFI 值在−0.6～−0.8 时 *TS* 评分值达到最大后降低。从表 2 也可以看到,对于更极端的情况在短期时效(24 h)EFI 值为−0.8 时 *TS* 评分值达到最大,48～168 h 时效 EFI 值为−0.7 时 *TS* 评分值达到最大,各时效最大 *TS* 评分值在 0.42～0.46,并且随着时效的延长最大 *TS* 评分值略有下降。从以上分析可以看到,对于更极端的情况最低温度 EFI 也有比较好的预报效果,中期时效预报效果也比较稳定。值得注意的是:对于更极端的事件要关注更低 EFI 临界阈值才能获得更高的 *TS* 评分,也就是说,在预报更极端的事件中需要设定合适的 EFI 临界阈值才能获得更好的预报效果,这点与 EFI 设计原理是一致的。与之前讨论 5%百分位事件情况一致,对于更极端情况,考虑到 24 h 时效预报最低温度 EFI 值为−0.8 时 *TS* 评分值为 0.46,EFI 值为−0.7 时 *TS* 评分值为 0.44,两者评分比较接近,所以对于强寒潮造成的极端低温(1%百分位事件),可以考虑 EFI 的临界阈值为−0.7。

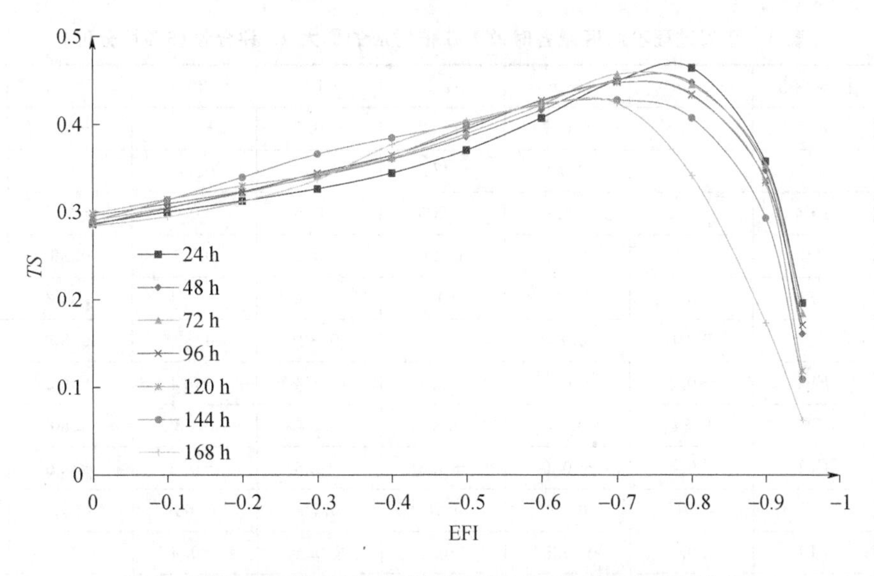


图 7　寒潮过程不同时效最低温度 EFI 的 TS 评分(1%百分位)

相对作用特征曲线(Relative Operating Characteristic,ROC)可以应用到两分类事件概率预报的评估当中,评估预报的优缺点,在坐标轴中完美的预报位于左上角顶部(H,F)=(0,1),最差的预报位于坐标轴(H,F)=(1,0),对角线以上(下)代表预报正(负)技巧,ROC 曲线下面积可以衡量预报技巧好坏,面积越大(小)预报技巧越好(差)[21]。从图 8 中可以看到,对 5%和 1%百分位事件,寒潮期间不同时效最低温度 EFI 预报 ROC 曲线均在对角线以上,表明各时效最低温度 EFI 对极端低温事件的预报均为正预报技巧,且随着时效的延长各时效 ROC 曲线面积趋于减小，也就是说，随着时效的延长最低温度 EFI 预报技巧也逐步降低。另外，通过对比图 8a 与图 8b 可以看到，对于 5%百分位事件各时效 ROC 曲线的面积均大于 1%百分位事件的 ROC 曲线的面积；随着低温极端程度的增加，最低温度 EFI 的预报能力也随之降低，与前文对最低温度 EFI 值 TS 评分的分析结论一致。

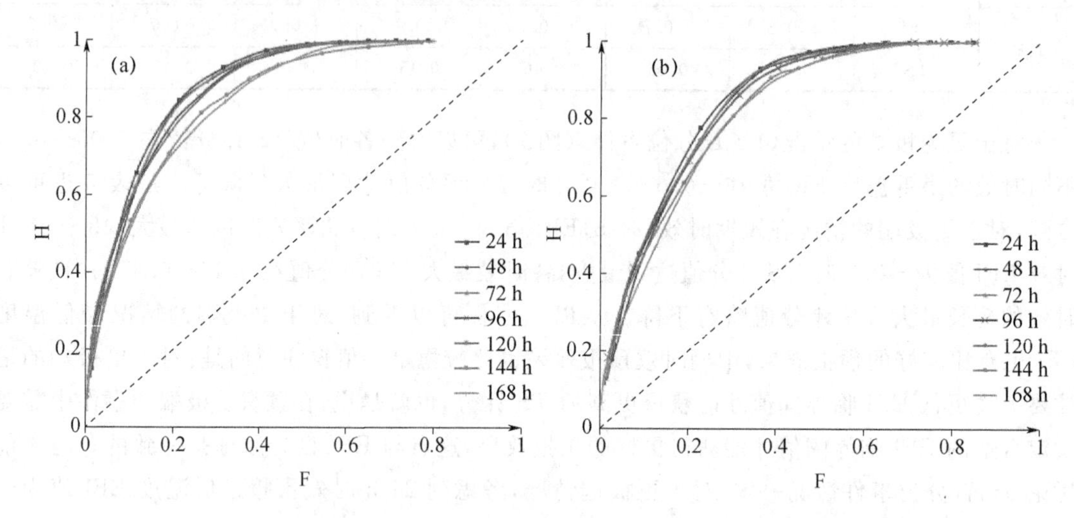


图 8　不同时效最低温度 EFI 对 5%百分位(a)和 1%百分位(b)以下的极端低温事件预报的 ROC 曲线

**表 3　寒潮过程不同区域各时效 EFI 值对应的最大 *TS* 评分值(5%百分位)**

| 区域 | 检验参数 | 24 h | 48 h | 72 h | 96 h | 120 h | 144 h | 168 h |
|---|---|---|---|---|---|---|---|---|
| 华北 | EFI | −0.7 | −0.7 | −0.7 | −0.7 | −0.5 | −0.4 | −0.4 |
|  | *TS* | 0.69 | 0.70 | 0.71 | 0.70 | 0.68 | 0.69 | 0.68 |
| 东北 | EFI | −0.7 | −0.6 | −0.6 | −0.5 | −0.5 | −0.5 | −0.4 |
|  | *TS* | 0.46 | 0.43 | 0.44 | 0.44 | 0.40 | 0.38 | 0.34 |
| 黄淮至江淮 | EFI | −0.5 | −0.4 | −0.4 | −0.4 | −0.4 | −0.2 | −0.3 |
|  | *TS* | 0.84 | 0.84 | 0.83 | 0.82 | 0.83 | 0.80 | 0.80 |
| 江南 | EFI | −0.5 | −0.4 | −0.4 | −0.4 | −0.4 | −0.2 | −0.3 |
|  | *TS* | 0.84 | 0.84 | 0.84 | 0.83 | 0.83 | 0.80 | 0.80 |
| 华南 | EFI | −0.6 | −0.6 | −0.6 | −0.6 | −0.6 | −0.6 | −0.5 |
|  | *TS* | 0.70 | 0.72 | 0.70 | 0.70 | 0.68 | 0.67 | 0.67 |
| 西南 | EFI | −0.6 | −0.5 | −0.5 | −0.4 | −0.4 | −0.2 | −0.3 |
|  | *TS* | 0.69 | 0.67 | 0.66 | 0.67 | 0.69 | 0.68 | 0.68 |
| 西北 | EFI | −0.6 | −0.6 | −0.6 | −0.5 | −0.5 | −0.5 | −0.5 |
|  | *TS* | 0.72 | 0.73 | 0.74 | 0.72 | 0.74 | 0.71 | 0.70 |

前文检验分析了中国范围内最低温度 EFI 对本次寒潮过程的预报效果，但不同地区 EFI 表现效果并不完全一致，下面将对不同区域最低温度 EFI 的预报效果进行检验。本文将中国分为 7 个区域，分别为华北、东北、江南、华南、西南、西北以及黄淮至江淮区域(因黄淮、江汉、江淮区域面积均比较小，故合并为一个区域进行分析)，针对 5%百分位事件计算不同区域不

同时效最低温度 EFI 值所对应的最大 *TS* 评分值。从表 3 可以看到，对于此次强寒潮各时效最低温度 EFI 对江南及黄淮至江淮区域预报表现均比较好，最大 *TS* 评分值在 0.8～0.84；华北、华南、西南、西北地区各时效最大 *TS* 评分值均较为接近，在 0.67～0.72；东北地区预报效果相对较差，各时效最大 *TS* 值在 0.34～0.46。另外，考虑部分相邻 EFI 值 *TS* 评分值较为接近，华北、东北、黄淮至江淮区域、江南、华南、西南、西北地区中短期时段(1～3 d)最低温度 EFI 预报临界阈值分别取为－0.7、－0.6、－0.4、－0.4、－0.6、－0.5、－0.6，中期时段(4～7 d 天)最低温度 EFI 预报临界阈值分别为－0.4、－0.5、－0.3、－0.3、－0.6、－0.3、－0.5。

## 5　结论与讨论

应用标准化异常度(SA)方法，从天气学角度对 2016 年 1 月 21—25 日强寒潮天气过程大气环流异常进行分析的基础上，对本次寒潮过程集合预报最低温度极端天气预报指数(EFI)的预报能力进行检验评估，对比不同区域最低温度 EFI 的预报效果并确定 EFI 临界阈值。得到如下结论。

(1)此次强寒潮过程与大气环流异常有直接联系。欧亚中高纬 500 hPa 环流呈两槽一脊的“Ω”流型分布，欧洲中部大槽发展东移，槽前持续的暖平流使中亚地区异常庞大的高压脊(SA 大于 3 个标准差)稳定维持，脊前偏北气流使冷空气在贝加尔湖附近堆积加强，形成非常强盛的冷涡系统，对应地面高压中心达 1080 hPa 以上。随着横槽转竖及冷涡南下，强冷空气爆发，24 日华南中部以北地区地面气压均大于 1040 hPa(SA 大于 3 个标准差)，使得我国中东部多地出现了极端低温。

(2)各时效最低温度 EFI 对 5%和 1%百分位事件的预报效果均很好，可以提前 7 d 预报出极端低温信号，最低温度 EFI 值所对应的最大 TS 评分随着预报时效的延长而降低。针对不同时效不同百分位事件须选取合适的 EFI 临界阈值，短期时效(1～3 d)5%百分位事件最低温度 EFI 的临界阈值为－0.6，中期时效(4～7 d)EFI 临近阈值为－0.5；对于 1%百分位事件最低温度 EFI 临界阈值为－0.7。

(3)通过 ROC 曲线分析，各时效最低温度 EFI 对 5%和 1%百分位事件均有正预报技巧，随着低温极端程度的增加其预报能力也随之降低。对 5%百分位事件各时效最低温度 EFI 在江南、黄淮、江淮、江汉等地表现最好，华北、华南、西南地区、西北地区表现次之，在东北地区表现相对较差。

(4)通过检验分析了最低温度 EFI 的预报效果，当最低温度 EFI 值达到临界阈值时，预报员在参考确定性模式做最低温度预报时可以更有信心对温度做适当的调整，避免出现低估现象，另外也可以看到 EFI 在中长期也有较好的预报效果，预报员可以借助 EFI 提前对灾害性天气做出估计和判断。但值得注意的是本文只分析和检验了本次强寒潮天气过程，各地预报员在实际应用 EFI 时还须统计本地极端天气样本通过检验以确定当地的 EFI 临界阈值。

**参考文献**

[1]　Munich Re. Topics, An Annual Review of Natural Catastrophes[M]. Munich Reinsurance Company Publications, Munich, 2002: 49.

[2] Beniston M, Stephenson D B. Extreme climatic events and their evolution under changing climatic conditions[J]. Glob Planet Change, 2004, 44:1-9.

[3] Solomon S, Qin D, Manning M, et al. IPCC AR4: Climate Change 2007: Working Group I: The Physical Science Basis[M]. New York: Cambridge University Press, 2007.

[4] Stephenson D B. Definition, diagnosis, and origin of extreme weather and climate events[M]. In Climate Extremes and Society, Diaz HF, Murnane RJ(eds). New York: Cambridge University Press, 2008: 348.

[5] Zhai P, Sun A, Ren F, et al. Changes of Climate Extremes in China[J]. Climatic Change, 1999, 42(1): 203-218.

[6] 孙军,谌芸,杨舒楠,等. 北京"7.21"特大暴雨极端性分析及思考(二)极端性降水成因初探及思考[J]. 气象,2012,38(10):1267-1277.

[7] 任福民,高辉,刘绿柳,等. 极端天气气候事件监测与预测研究进展及其应用综述[J]. 气象,2014,40(7):860-874.

[8] 杜钧,陈静. 单一值预报向概率预报转变的基础:谈谈集合预报及其带来的变革[J]. 气象,2010a,36(11):1-11.

[9] 杜钧,邓国. 单一值预报向概率预报转变的价值:谈谈概率预报的检验和应用[J]. 气象,2010b,36(12):10-18.

[10] Lalaurette F. Early detection of abnormal weather conditions using a probabilistic extreme forecast index [J]. Q J R Meteorol Soc, 2003, 129:3037-3057.

[11] Richardson D S, Bidlot J, FerrantiL, et al. Verification statistics and evaluations of ECMWF forecasts in 2010-2011[J]. ECMWF Tech. Memo. 2011, 654.

[12] 董全,代刊,陶亦为. ECMWF 集合预报的极端气温预报产品应用和检验[J]. 天气预报,2016,(4): 41-51.

[13] 夏凡,陈静. 基于 T213 集合预报的极端天气预报指数及温度预报应用试验[J]. 气象,2012,38(12): 1492-1501.

[14] 吴剑坤,高丽,乔林,等. 基于 T213 集合预报的中国极端温度预报方法研究[J]. 气象科学,2015,35(4):438-444.

[15] 国家气候中心. 2016 年 1 月全国气候影响评价[R]. 2016.

[16] 司东,马丽娟,王朋岭,等. 2015/2016 年冬季北极涛动异常活动及其对我国气温的影响[J]. 气象,2016,42(7):892-897.

[17] 曲巧娜,范苏丹,车军辉,等. 数值模式对 2016 年 1 月世纪寒潮过程的预报能力检验[J]. 山东气象,2016,36(147):42-48.

[18] 杜钧,Grumm R,邓国. 预报异常极端高影响天气的"集合异常预报法":以北京 2012 年 7 月 21 日特大暴雨为例[J]. 大气科学,2014,38(4):685-699.

[19] Grumm R H, Hart R. Standardized anomalies applied to significant cold season weather events: Preliminary findings[J]. Weaather and Forecasting, 2001, 16(6):736-754.

[20] Junker N W, Grumm R H, Hart R, et al. Use of standardized anomaly fields to anticipate extreme rainfall in the mountains of northern California[J]. Weather and Forecasting, 2008, 23(3):336-356.

[21] Ian T. Jolliffe, David B. Stephenson. 预报检验:大气科学从业者指南(第二版)[M]. 李应林等译. 北京:气象出版社:2016:29-54.

# 一次寒潮过程中青海湖锢囚锋系统的生消演变分析

王振海[1]　黄志凤[2]　张青梅[1]　韩廷芳[3]　马秀梅[1]　李　静[1]

（1. 青海省气象台，西宁 810001；

2. 青海省气象灾害技术指导中心，西宁 810001；

3. 青海省格尔木市气象台，格尔木 816000）

**摘　要**

利用地面加密区域站资料和风廓线雷达资料等，对一次青海湖锢囚锋的生成、发展及消亡过程进行了时空的中尺度加密分析，结果表明：此次青海湖锢囚锋生成于 2017 年 2 月 20 日 22 时至 21 日 01 时，初始为冷式锢囚锋，至 21 日 14 时为其发展期，该时期为冷式转中性锢囚锋，21 日 20 时逐步减弱，并与 22 日 02 时消亡，消亡阶段为暖式锢囚锋，生消过程维持时间约 24 h。青海湖锢囚锋附近的降水首先出现于东、西两路冷空气相遇之前的地形辐合区域，相遇锢囚之后降水主要取决于被冷空气锢囚的暖空气抬升的高度及锢囚锋移动方向。一般对于冷式或暖式锢囚锋而言，出现在锢囚锋偏更冷冷锋一侧，而对于中性锢囚锋，降水则对称出现在地面锢囚锋线两侧一定距离之外的区域内，各类锢囚锋地面锋线位置附近降水均较小。风廓线雷达对此次锢囚锋演变过程具有较好的反应，边界层风向的转换对于锢囚锋的位置移动有较好的捕捉，且锢囚锋过境前后其上空冷暖平流的转换也符合锢囚锋的理论认知。

**关键词**：青海湖锢囚锋　生消演变　风廓线雷达　降水落区

## 引言

青海省地处青藏高原东北部（88°—103°E，30°—40°N），整体地形南高北低，南部（35°N 以南）属于青藏高原主体。一般来说，由于北部祁连山脉的阻挡，影响青海省北部地区的地面冷空气一般来自两股。一股是强冷空气灌入南疆盆地后，逐渐溢入高原西侧阿尔金山山口，从而进入柴达木盆地，进而自西向东影响北部大部地区，在后部冷空气很强时也可以南溢上高原主体，此股冷空气一般被青海天气预报工作者称为西路冷空气。而此时，和这股冷空气在北疆尚处于同一冷气团的另一股冷空气往往沿着祁连山北侧的河西走廊地区迅速东移南下，因为沿途路径相对较为平坦，移速较快，很容易在高原东北部河谷地区形成向西倒灌的冷空气，成为影响青海东北部地区的另一股冷空气。这两股冷空气常在青海湖附近迎面相遇，形成青海湖锢囚锋，从而对该地区造成较强的降水。

在日常实际预报中，青海天气预报工作者对于青海锢囚锋较为关注，但对于其具体的发生发展、生消方面的研究，目前较为鲜见。老一代高原预报员孙庆伟等曾对 1976 年 5 月一次青海湖锢囚锋过程从天气尺度系统进行过分析，但限于当时站点及资料等客观原因，未从中尺度系统或更小的尺度方面进行研究。鉴于以上原因，本文利用最新的加密区域站资料及风廓线雷达资料，就 2017 年 2 月 20—22 日一次较强寒潮过程中，青海湖锢囚锋的发生发展、生成消亡过程中地面资料进行时空加密分析，期望能对青海湖锢囚锋系统进行初步的观测分析，研究其生消发展，定性其时空尺度，探究其降水落区，对高原实际天气预报工作中多发的该中尺度系统进行初步的研究，对提高青海气象防灾减灾能力进行有益的探索。

## 1 天气过程实况及大尺度天气系统背景

### 1.1 天气过程实况

2017 年 2 月 20—22 日，受新疆东移较强冷空气影响，青海省北部地区自西向东出现寒潮天气，并伴随降雪、大风、沙尘天气。此次寒潮天气过程影响范围大，降温幅度大，降雪强度强，伴随天气复杂，此次强冷空气影响下，青海省北部大部站点达到寒潮标准，其中降温幅度最大的是柴达木盆地东缘及东部河谷地区，平均气温降温幅度均在 10℃以上。此次寒潮天气伴随的降雪天气自 20 日白天开始，至 22 日白天开始减弱，主要出现在柴达木盆地东侧和海东东部地区。降水主要时段是 20 日夜间和 21 日夜间。由于影响青海省的西路冷空气快速进入柴达木盆地，在该地区均出现大风和沙尘天气，主要出现时段是在 20 日白天，盆地大部测站监测到大风和扬沙天气。

### 1.2 大尺度天气系统背景

此次过程是晚冬季节一次北方冷空气向南侵袭，从而影响青海的一次较为典型的寒潮过程，高空冷中心(≥－40℃)及地面冷高压(≥1040 hPa)均达到了青海省寒潮的基本阈值。分析 2 月 19 日 20 时至 21 日 08 时期间冷空气移动动态(图 1)可见，在此期间，北方冷空气南下

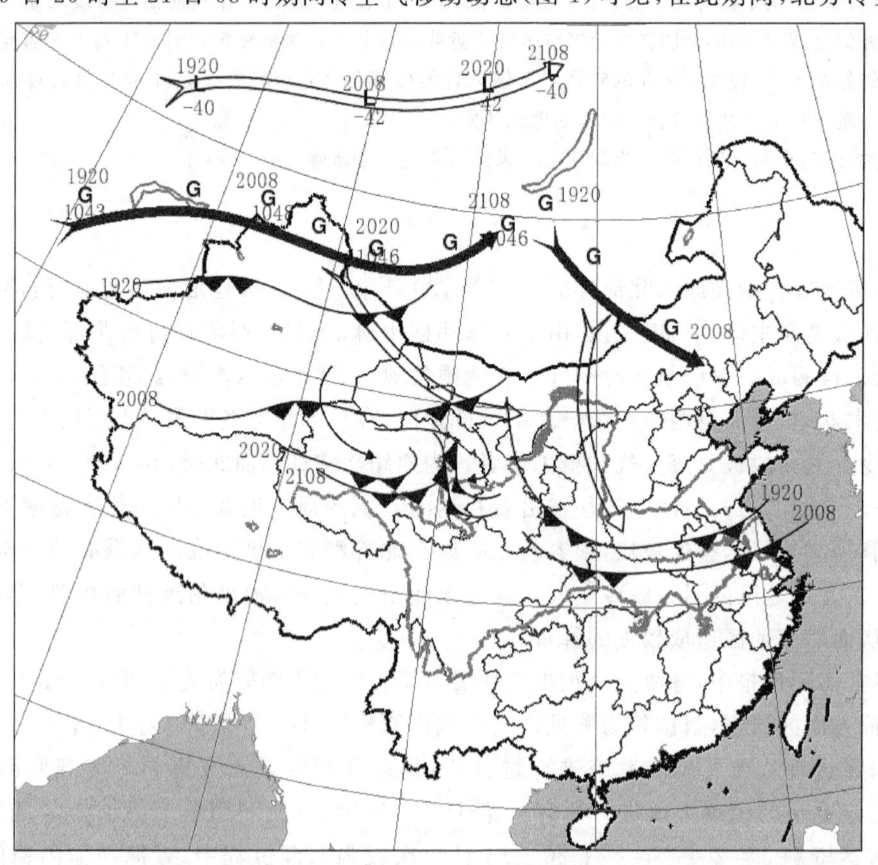


图 1 2017 年 2 月 19 日 20 时至 21 日 08 时冷锋、地面冷高压、高空冷中心移动动态图

较为频繁，在 19 日 20 时，同时有两股冷空气影响中国，但影响东部的东北路径冷空气对青海省影响不大。主要影响青海省的冷空气还是来自新疆北部（地面高压中心 1043 hPa，500 hPa 冷中心－40℃），入新疆，翻天山，从而影响青海。但此次过程地面系统和高空系统均偏北，因此主要影响区域为青海北部地区。冷空气对青海的侵袭也是按常规的东路和西路两个路径进入，且西路快于东路到达青海境内。20 日 08 时西路冷空气已经影响海西西部的茫崖站，测站出现降水和扬沙天气，此后 12 h，西路冷空气强势入侵平坦而干燥的柴达木盆地。在冷空气在盆地向东突进的过程中，在前期偏暖偏旱的天气背景下，层结的不稳定给沿途沙尘天气创造了较好的起沙条件，狂风卷集着沙尘，至 20 日 20 时，西路冷空气抵达盆地东侧山区，而此时东路冷空气也倒灌入东部河谷地区，两路冷空气于该日夜间在青海湖附近形成锢囚锋。

## 2 青海湖锢囚锋生消演变过程分析

冷空气到达某一地时，由于空气冷却压缩，一般地面气压会有较明显地反映。但高原天气气温日较差大，气压日变化特征也较明显，为了滤除气压的日变化特征，高原天气预报中一般用 24 h 正变压（$+\Delta P_{24}$）表示冷空气活动情况，用其大小表示冷空气相对于当时暖空气的强弱程度。在此次青海湖锢囚锋过程分析中，主要针对该物理量、结合青海地形资料，手工进行等值线分析，尝试揭示青海湖锢囚锋生成、发展及消亡的过程。

### 2.1 青海湖锢囚锋生成阶段(2 月 20 日 22 时—21 日 01 时)

分析 2 月 20 日 22 时和 21 日 01 时期间的地面加密区域站$+\Delta P_{24}$等值线图（图 2）。由图可见，在 20 日 22 时，东西两路冷空气沿地形向青海湖地区汇集，西路冷空气已经到达柴达木

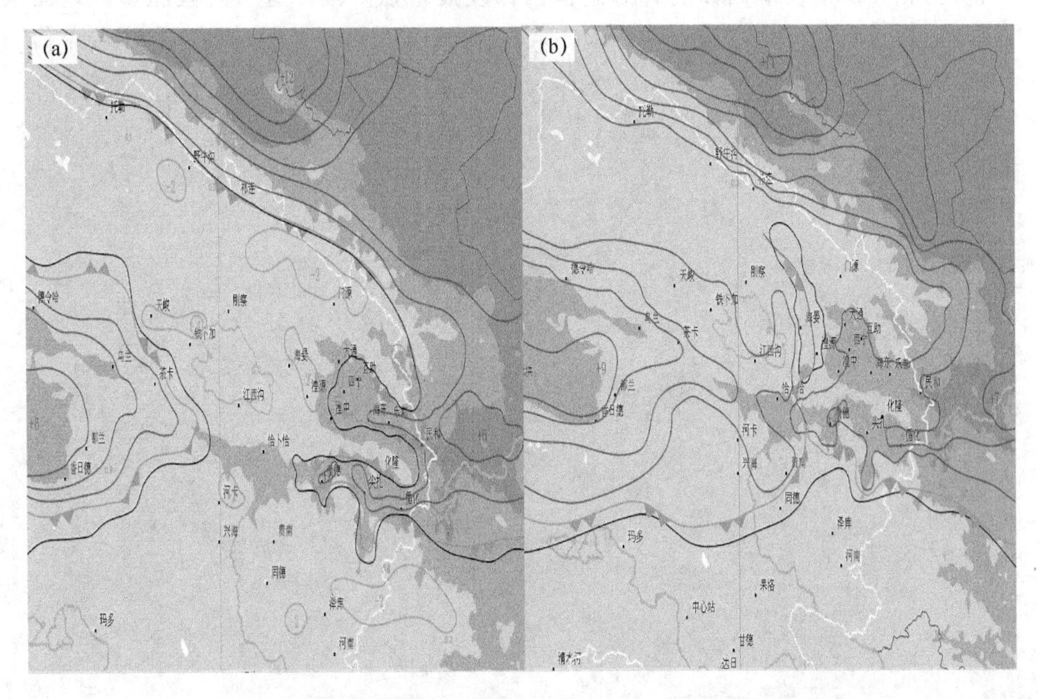

图 2 生成阶段.青海湖附近地面 $\Delta P_{24}$ 逐 2 hPa 等值线图及锢囚锋分析

（a. 20 日 22 时；b. 21 日 01 时，深灰色为正变压区域，浅灰色为负变压区域）

盆地东侧开始堆积，而东路冷空气则已沿东部河谷地形倒灌进入，处于二者之间的青海湖地区则是负变压区域，说明受两侧冷空气锋前暖空气影响，这一区域空气温度相对前一天有所增温。经过 3 h，至 21 日 01 时，除了青海湖东部地区尚有一定区域的弱负变压区域外，这一地区基本为正变压所控制，说明东西两路冷空气迎面相遇于青海湖东部地区，开始锢囚，并将二者之间的暖空气抬升至空中。而锢囚锋的位置而言，海晏至共和一线以东为较明显偏东风，而西侧则是较明显偏西风，二者辐合的地区就是地面锢囚锋的位置。这一阶段为青海湖锢囚锋的生成阶段，由于这一期间锢囚锋西侧偏西风速大于东侧偏东风速，因此更冷的西路冷空气（$+\Delta P_{24}>9$ hPa）将暖空气及东路冷空气抬升至空中并缓慢东移，因此为冷式锢囚锋。

对生成阶段降水而言，西路冷空气主要出现在柴达木盆地东侧易形成气流辐合区域的都兰地区，而东路冷空气则出现在回流冷空气灌入河谷地区的河谷口（民和）地区，而锢囚锋附近及周边降水无降水出现。

### 2.2 青海湖锢囚锋发展阶段(2 月 21 日 01 时—21 日 14 时)

2 月 21 日 08 时，青海湖附近正变压值逐渐增大，$+\Delta P_{24}$ 为 4～6 hPa，且西路冷空气增强明显加强，柴达木盆地东侧地面正变压达到 +16 hPa 以上，$+\Delta P_{24}$ 梯度也较大（图 3a）。东路冷空气也开始增强，但增强幅度没有西路明显，说明此时仍是西路冷空占主导的冷式锢囚锋阶段。至 14 时，由于北方主力冷空气的东移，西路冷空气减弱明显，东路冷空气终于增强至可以和西路向抗衡的冷空气，两路冷空气势力相当，锢囚锋在青海湖附近东西震荡摆动，属于中性锢囚锋（图 3b）。因此，这一时期是由西路冷空气占主导的冷式锢囚锋逐步演变成为东西两路冷空气势力相当的中性锢囚锋的青海湖锢囚锋发展增强阶段。这一阶段随着近地面东西

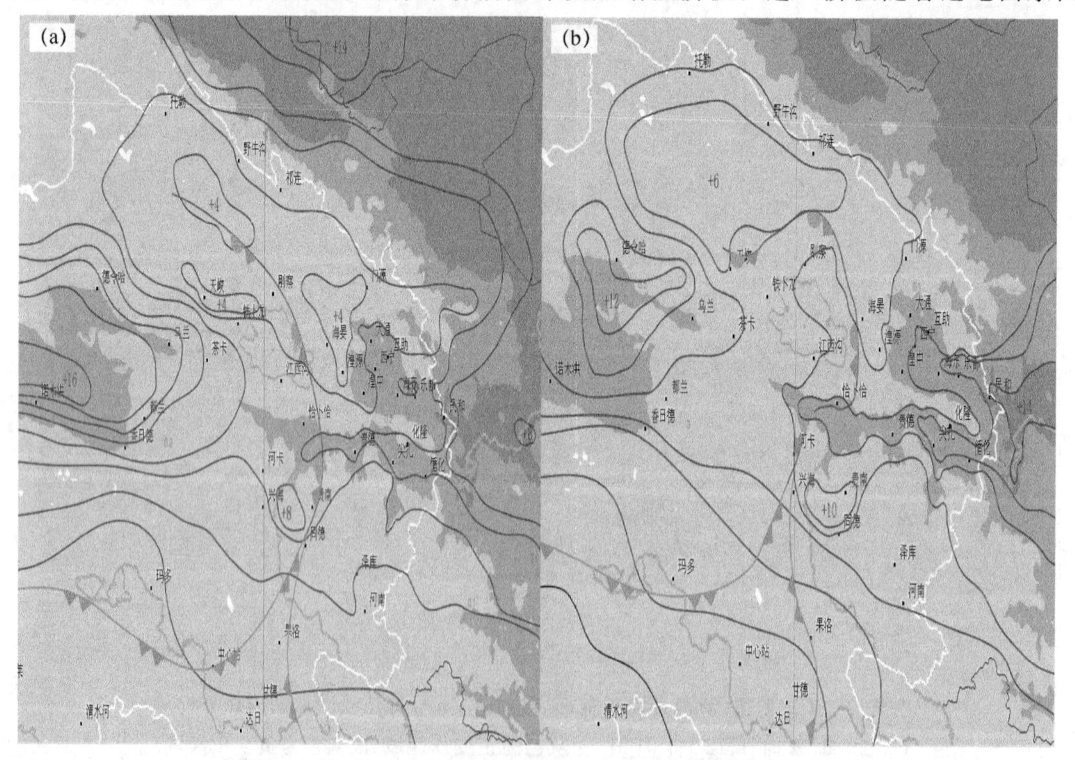


图 3 发展阶段：青海湖附近地面 24 h 正变压及锢囚锋分析

（a. 21 日 08 时；b. 21 日 14 时，深灰色为正变压区域，浅灰色为负变压区域）

两路冷空气的逐渐堆积，暖空气被进一步抬升，地面锢囚锋锋线附近的刚察站开始出现降水，但降水量级不大，较大的降水仍出现在发展阶段冷式锢囚锋更冷冷空气一侧的柴达木盆地东侧，而在冷式锢囚锋演变为中性锢囚锋后，14 时后，降水则出现在地面锢囚锋锋线两侧一地距离的区域内。

### 2.3 青海湖锢囚锋消亡阶段(2 月 21 日 14 时—22 日 02 时)

至 21 日 20 时，东路冷空气在东移的北方主力冷空气的强力补充下，增强较为明显（$+\Delta P_{24}>12$ hPa），同时西路冷空气减弱较明显（$\Delta P_{24}<6$ hPa）（图 4a）。东路冷空气偏东风速明显大于西路偏西冷空气，东风压倒西风，因此推动锢囚锋西移至青海湖西部地区，其后不断西推。分析东、西两股冷空气的强度和相对冷暖情况，东路冷空气仍相对较暖，因此在锢囚锋西推过程中，应该是东路冷空气在西路冷空气之上推动弱暖空气爬升的过程，降水区域应是锢囚锋地面位置更偏西的地方，也即地面锢囚锋偏更冷冷锋（西路冷锋）的后部，这与实况降水也是一致的。此后，至 21 日 23 时，青海湖锢囚锋一直较为稳定地在青海湖西部地区徘徊，降水区域在锢囚锋西部一直维持。因此，青海湖锢囚锋可能是 21 日夜间海西东部大雪天气的主要原因。至 22 日 02 时，东路残留冷空气影响东部河谷地区，西路冷空气减弱消失，青海湖以西的德令哈地区也由偏西风转为东北风，至此，锢囚锋消亡（图 4b）。“01·20”青海湖锢囚锋系统生成、发展、消亡周期约为 24 h 左右。

锢囚锋消亡后，随着冷空气向南部高原爬升，降水范围进一步扩大，南部偏北地区出现相对较强降水。

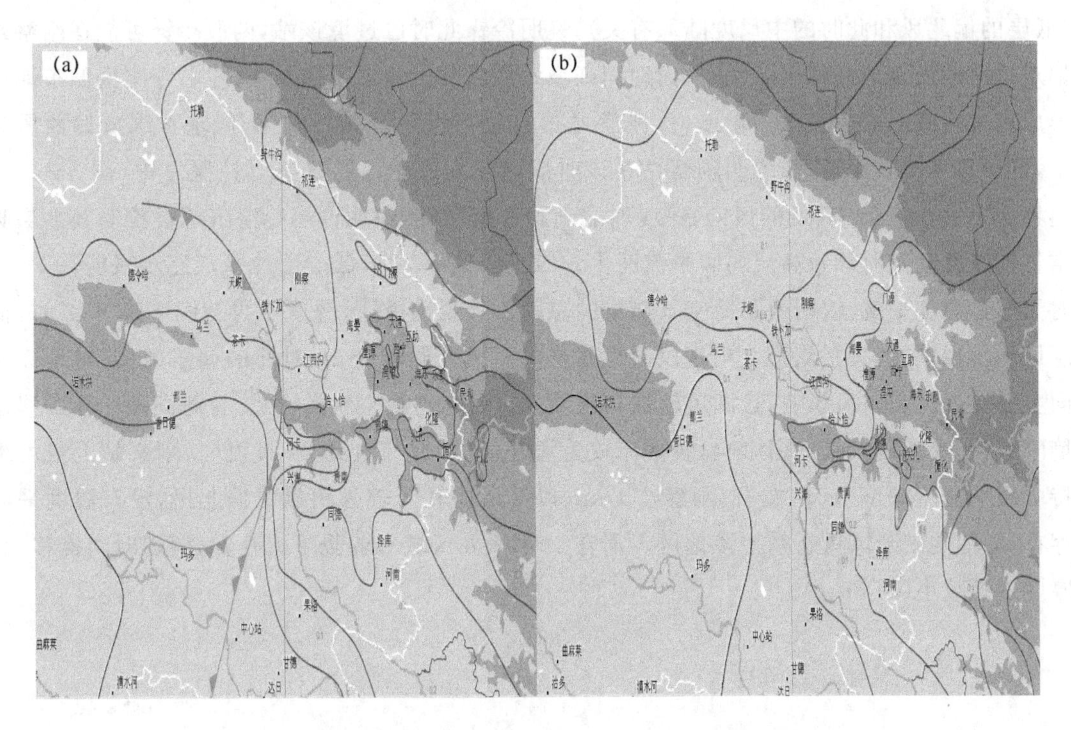


图 4 消亡阶段：青海湖附近地面 24 h 正变压及锢囚锋分析

（a：21 日 20 时，b：22 日 02 时；深灰色为正变压区域，浅灰色为负变压区域）

## 3 青海湖锢囚锋期间风廓线雷达资料分析

刚察站处于青海湖北侧，对于青海湖锢囚锋的观测具有得天独厚的地理位置。2016 年初，该站安装了风廓线雷达，下面对此次过程中青海湖锢囚锋的演变在该雷达资料的反映进行简要的分析。因为 3 km 以上(500 hPa 以上)风向基本为一致的偏西风，着重分析 3 km 以下，尤其是边界层内冷空气影响导致的风向及冷暖平流的转换。

从 2 月 20 日 18—21 时，刚察站边界层以上至 3 km 为偏西风，风向随高度变化不明显，说明中高层没有明显的温度平流，而上空 1 km 以下均为较明显的弱偏东风，风向顺转较为清楚，说明低层有暖平流，这和地面负变压区域是对应的。而且随时间推进，顺转层高度逐步抬升至边界层顶附近，暖平流逐渐增厚，说明西路冷锋推动锋前暖气团逐步向刚察站移动，但尚未到达本站。21 时 30 分—00 时 30 分刚察站上空边界层以上至 3 km 没有明显冷暖平流导致的风向转换，但边界层内风向转换较为明显。23 时之前边界层风向由偏东风转为偏南风，其中在 22 时 30 分边界层内风向顺转较为明显，说明该时次边界层内暖平流较为明显，而仅仅过了半个小时，23 时左右时刚察站风向由偏南风迅速转为偏北部，风随高度急剧逆转，边界层内暖平流转为冷平流，说明西路冷锋过境刚察站，锋前中尺度暖低压导致的暖平流和锋后冷空气引导的冷平流表现较为清楚。21 日 00 时左右，刚察站边界层内风向转为较为一致的偏西风(低层的偏北风和此时的中尺度陆风有关)，说明冷锋此时已过境该站，两股冷锋可能在刚察站偏东地区迎面相遇而锢囚，这和前面地面区域站加密分析的锢囚锋 01 时左右在刚察偏东地区形成基本一致。此后至 21 日 06 时，刚察站边界层内风向虽偶有变化，但基本维持偏西风为主，低层冷平流较为清楚，说明刚察站在该时期内基本属于西路冷空气控制之中(图 5a)。而边界层之上至 3 km 高度的风向在 04 时之前均有所顺转，说明低层冷空气缓慢推动其上层暖空气向东移动到时导致高层弱暖平流产生。21 日 06—12 时，低层由冷平流逐步减弱，08—11 时无明显温度平流，说明西路冷空气造成的温度下降到达极值，温度不再持续下降。12 时，低层风向出现顺转，暖平流开始出现风向也逐步由西风开始转为 14 时后的偏东风(此时地面风向主要受湖风和东风影响，且湖风较强)，说明此时受东路冷空气的西进，青海湖锢囚锋西移过境刚察站，受相对较暖气团影响，暖平流较为清楚，且之后一直到 21 日夜间，刚察站上空均维持弱暖平流。22 日 01 时左右，刚察站 1 km 以下风向转为较为明显的偏北风，没有温度平流存在，局地的湖陆风重新掌控该地区。而在 1～2 km 区域有弱暖平流存在，但随时间推移，其厚度逐渐减小(图 5b、c)。

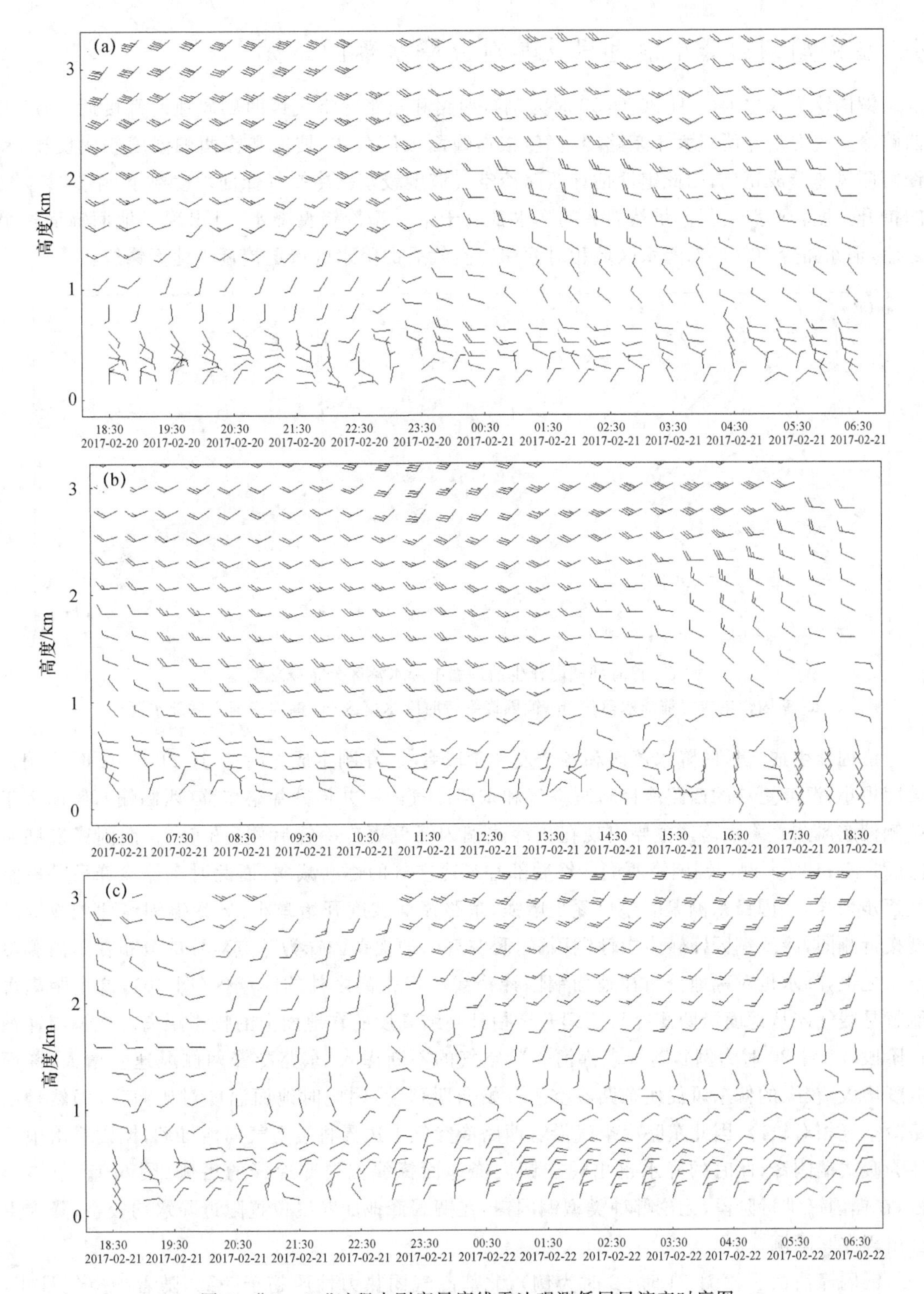


图 5 “01·20”过程中刚察风廓线雷达观测低层风演变时序图
（a. 20 日 18 时 30 分—21 日 06 时 30 分，b. 21 日 06 时 30 分—21 日 18 时 30 分，c. 21 日 18 时 30 分—22 日 06 时 30 分）

## 4 青海湖锢囚锋生消过程及其对应降水落区分析

锢囚锋生成之前(2 月 20 日 22 时为例),西路和东路冷空气锋两侧风速差都接近一致,但西路冷空气温度差明显大于东路冷空气,根据锋面坡度公式,坡度和锋两侧温度差成反比,和锋两侧风速差成正比,因此定性估计西路冷空气坡度较东路冷空气锋面坡度要小,东路冷空气的抬升力度较西路要强。虽然二者的降水都属于第一型冷锋型降水,且出现于地面锋面过境之后,但东路冷空气后部降水区域相对西路冷空气后的降水区域更接近于地面锋线。

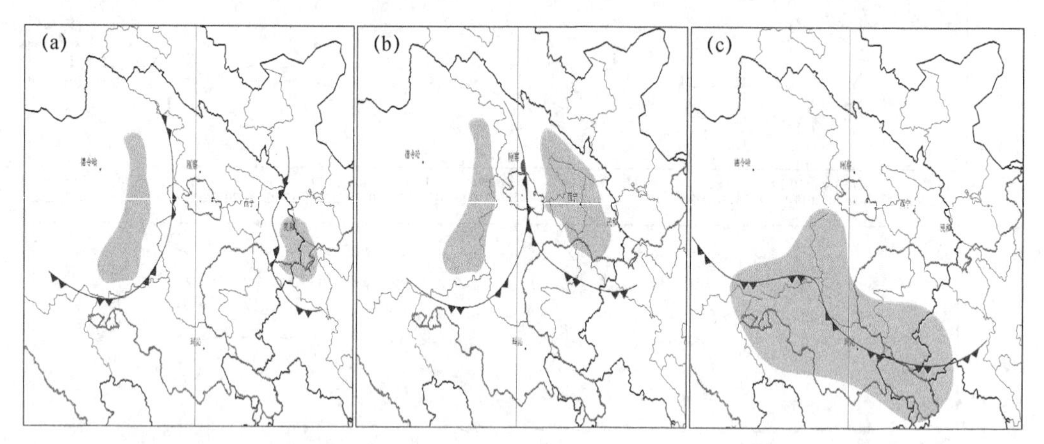


图 6 青海湖锢囚锋生消过程中降水落区分布概念模型

(a. 锢囚锋生成之前降水落区;b. 锢囚锋维持时降水落区;c. 锢囚锋消亡后降水落区)

锢囚锋生成之后的降水落区和各个发展阶段有关,在刚生成之时(2 月 21 日 01 时为例),坡度更小、温度更冷的西路冷锋将暖空气和东路冷气团一并抬升并略东移(西侧偏西风速大于东侧偏东风速),降水落区主要出现在该冷式锢囚锋偏更冷冷锋后侧(图 6a)。锢囚锋发展阶段(21 日 14 时为例),锢囚锋西侧冷锋后部补充冷空气的逐渐减弱,而此时东侧冷锋后部冷空气逐步增强,锢囚锋东侧温度差也逐步增强,东路锋面坡度开始减小,导致锢囚锋两侧冷锋坡度接近相同,冷式锢囚锋转为中性锢囚锋,暖空气以地面锢囚锋为基点对称的分布在其两侧冷空气之上,降水也对称地分布在地面锢囚锋锋线一定距离之外的区域内(图 6b),这个距离可能就是暖气团从地面沿两侧冷气团爬升至抬升凝结高度的在地面上的投影距离。在锢囚锋消亡阶段(21 日 20 时为例),随着东部河谷冷空气的不断灌入,东路冷锋两侧风速差增大,锋面坡度增大,较强的偏东风促使东路冷空气开始向西移动,因此时地面温度对比而言,仍然是西路冷空气相对较冷,因此东路冷空气沿着西路冷空气上边界将暖空气向西推动,锢囚锋由中性转为暖式锢囚锋,此时的降水也出现在锢囚锋地面锋线偏更冷冷锋的后侧(图 6c)。总体而言,在锢囚锋维持阶段,无论哪种类型锢囚锋,在锢囚锋地面锋线位置附近降水均较小,降水主要出现在其两侧。

锢囚锋消亡后(2 月 21 时 02 时为例),北部冷气团热力性质趋于一致,随着冷空气堆积,开始逐步蔓延至南部高原地区,南部锋生,北部锋消。南部地面冷锋前,青海南部北侧降水较为明显,青海北部降水区域减弱。

## 5 结论

(1)此次青海湖锢囚锋生成于2月20日22时至21日01时,初始为冷式锢囚锋,至21日14时为其发展期,该时期为冷式转中性锢囚锋,21日20时逐步减弱,并与22日02时消亡,消亡阶段为暖式锢囚锋,生消过程维持时间约24 h。

(2)青海湖锢囚锋附近的降水首先出现于东、西两路冷空气相遇之前的地形辐合区域,相遇锢囚之后降水主要取决于被冷空气锢囚的暖空气抬升的高度及锢囚锋移动方向,一般对于冷式或暖式锢囚锋而言,出现在锢囚锋偏更冷冷锋一侧,而对于中性锢囚锋,降水则对称出现在地面锢囚锋线两侧一定距离之外的区域内,各类锢囚锋地面锋线位置附近降水均较小。

(3)风廓线雷达对此次锢囚锋演变过程具有较好地反映,边界层风向的转换对于锢囚锋的位置移动有较好的捕捉,且锢囚锋过境前后其上空冷暖平流的转换也符合锢囚锋的理论认知。

# 2018年1月底至2月初贵州低温雨雪天气成因

杜小玲[1]　蓝　伟[2]　甘文强[1]　朱文达[1]

(1 贵州省气象台,贵阳 550002;2 贵州省气象局,贵阳 550002)

## 摘　要

2018年1月24日夜间—2月5日贵州出现低温雨雪冰冻天气,过程长达10天有余,伴随4次连续的强冷空气影响,具有持续时间较长、前期中东部以冻雨为主、结冰增长较快、后期中西部以降雪为主的特点。本文利用NCEP(美国国家环境预报中心)1°×1°再分析资料、MICAPS(气象信息综合分析处理系统)观测资料,对2018年1月底—2月初发生在贵州的低温雨雪冰冻天气进行了分析。分析表明:(1)中高纬度阻塞形势和两槽一脊型是造成贵州低温雨雪的重要背景,东亚极涡强大、偏南,且持续时间长,导致强冷空气能深入影响南方;(2)4次强冷空气影响及锋区西推是贵州自东向西出现低温雨雪天气的重要原因;(3)"前暖后冷"的温湿特征造成了不同的降水相态。28日前低层存在较明显的水汽辐合,是降水集中时段,有利的降水条件是造成结冰增长的重要原因;(4)在冻雨和结冰增长期,逆温偏低,逆温梯度明显,具有明显的暖层;在雨雪西移,且混合相态相当时,逆温仍较低,逆温梯度较前期有所减小,暖层消失,具有冷性结构特点;在降雪为主期间,云顶和逆温底的气温均降至-10℃以下,无暖层,逆温梯度进一步减小,冷性结构显著。

**关键词**:2018年　低温雨雪　雨凇　降雪　电线结冰

## 引言

低温雨雪冰冻天气是我国冬季的灾害性天气,一旦发生,通常会给各行各业及人民生活造成严重影响。自2008年初我国南方发生低温雨雪冰冻灾害后,气象科学家及广大科技工作者愈加关注对这类灾害性天气的研究。在环流背景方面,陶诗言和卫捷[1]、赵思雄和孙建华[2,3]指出欧亚大陆大气环流异常,中高纬度稳定的阻塞环流背景对冻雨天气的维持是十分有利的。丁一汇等[4]指出乌拉尔山阻塞与中亚低槽形成的偶极子不但使冷空气从西方路径入侵中国,而且导致上游强西风气流明显分支,使南支西风系统显著加强。欧亚大范围地区气流分成两支分别从高纬度和低纬度绕过青藏高原向东流去,最后在长江流域汇合是造成2008年初冰冻雪灾的一个重要大气环流条件。研究指出并强调了逆温层是形成和长时间维持南方大范围冻雨的一个必要天气条件。在贵州冻雨的研究中,杜小玲等[5-7]利用贵州48 a观测资料,揭示了贵州冻雨以27°N为频发地带的分布特征,同时还利用12次阻塞型强冻雨过程分析了乌拉尔山阻塞型和贝加尔湖阻塞型冻雨的天气学特征和概念模型。在2011年1月贵州再次发生的仅次于2008年初的低温雨雪冰冻天气中,还揭示了强冻雨、冰粒及降雪天气的温度场、锋区结构、大气运动状况等存在差异。2018年1月底至2月初,贵州又出现持续十余天的低温雨雪灾害天气。其产生的背景是否和2008年初、2011年初的低温雨雪天气的背景一样?在十余天的过程中有哪些特点?温湿场结构有什么特点?这些都是这次灾害性天气值得研究的问题,本文将针对这些问题开展以下研究。

本文所用资料来源：NCEP\NCAR FNL 1°×1°格点分析资料、MICAPS 高空观测资料(12 h 间隔)、地面观测资料(3 h 间隔)，雨凇、降雪(雨夹雪、小雪或冰粒)和电线结冰直径均从地面观测资料读取。

## 1　2018 年初贵州省低温雨雪特点

2018 年 1 月 24 日夜间开始至 2 月 5 日，贵州出现十天有余的低温雨雪天气(图 1a、b)。1 月 24 日受到强冷空气影响，贵州省东部和北部出现寒潮天气，24 日夜间东部有 6 个县市最低气温降至 0℃以下，有 4 个县市出现雨凇，最大结冰直径为 29 mm(含 26.8 mm 导线直径，下同)。25 日开始强冷空气继续向贵州中西部推进，雨雪范围迅速扩大，到 25 日夜间有 53 个县市最低气温降至 0℃以下，34 县市出现雨凇，导线结冰直径增长至 36 mm，另有 25 县市出现降雪。26 日强冷空气到达贵州西部，低温雨雪扩大至西部地区。27 日强冷空气继续影响贵州，低温雨雪范围到 28 日凌晨达到最大(图 1c)，有 73 县市最低气温降至 0℃以下，59 个县市出现雨凇，22 个县市出现降雪，最大结冰直径为 41 mm。28—29 日 0℃以下低温几乎影响全省，但雨雪天气明显减小至省的西部地区。30 日到 31 日白天，低温雨雪明显减少，而 31 日夜间贵州西部出现大范围降雪，有 40 个县市出现降雪、而雨凇则降至 4 个县市。2 月 1 日夜间到 2 日白天又一轮低温雨雪天气影响贵州中西部，有 73 县市最低气温降至 0℃以下，2 日白天有 49 县市出现降雪，且有 13 县市出现积雪，最大积雪深度达 2 cm，而雨凇仅有 3 个县市。4 日低温雨雪再次扩大(图 1 d)，52 个县市出现降雪，雨凇仅有 7 个县市。5—6 日 0℃低温继续扩大，但雨雪天气基本消退。因此低温雨雪天气到 2 月 5 日基本结束。

在上述低温雨雪期间，24 日、25 日的 24 h 最大降水量分别有 6 mm 和 15 mm 外，其余每日最大降水量均小于 4 mm，表现出弱降水的特点。从导线结冰来看，1 月 24—28 日期间，最大结冰直径不断增长，到 28 日 08 时观测到最大直径达到最大 43 mm，29 日开始逐步减小。从积雪站次和积雪深度来看，2 月 4 日降雪最广(52 县市)、积雪最深(22 县市积雪，最深 3 cm)，其次是 2 月 2 日(49 县市降雪，13 县市积雪，最大积雪深度 2cm)。其余时间积雪面积虽广，但积雪均不足 10 县市，且积雪深度均为 0～1cm，表现出弱降雪的特点。

综合分析可见，1 月 24 日夜间开始到 2 月 5 日，贵州再次出现较长时间的低温雨雪天气，此次过程持续时间较长，降水相态复杂，雨雪混合。25—28 日凌晨贵州中东部以冻雨为主，结冰增长较快。28 日白天至 29 日，低温维持，但雨雪西移并减少。30—31 日白天雨雪继续减少，31 日夜间以及 2 月 1 日夜间至 5 日凌晨降雪频繁，冻雨明显减少。

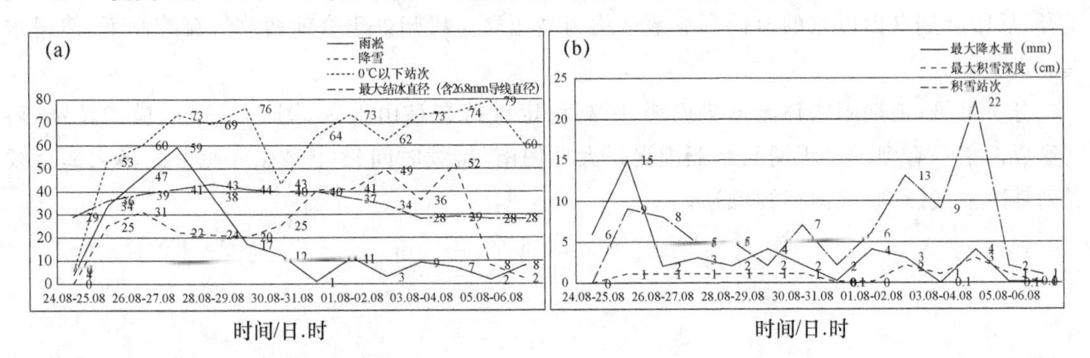

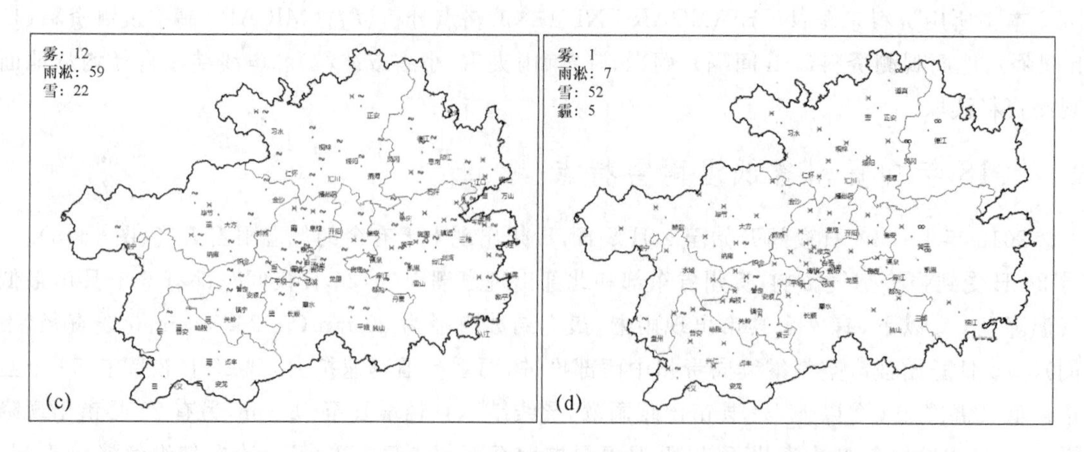


图 1　2018 年 1 月 24 日—2 月 7 日贵州省低温雨雪不同要素的站次变化(a、b)，
(c)1 月 27 日 08 时—28 日 08 时、(d)2 月 4 日 08 时—5 日 08 时出现雨雪的站次统计

## 2　不同环流是低温雨雪天气的重要背景

2018 年 1 月 20—23 日亚欧中高纬度已经建立阻塞形势，乌拉尔山附近是稳定的阻塞高压(以下简称阻高)，高压中心为 552 dagpm，亚洲中高纬度是宽广的低压，极涡中心位于雅库茨克—鄂霍次克海一带，中心值将至 500 dagpm 以下。24 日开始至 27 日期间(图 2a)，阻高中心位于乌山南侧，中心平均值达到 560 dagpm，阻高不断向俄罗斯北部隆起，形成东北—西南向的高压脊。其右前侧在新疆北部的阿勒泰地区形成了 532 dagpm 的低涡，低涡与－40℃的冷中心配合。同时，极涡强大，且偏南，516 dagpm 的区域覆盖了我国东北地区至鄂霍次克海广大地区，极涡主体进入鄂霍次克海，而在我国东北地区不断有新生低涡并入主体极涡。在这种西高东低的阻塞形势下，从贝加尔湖—北疆形成了东北—西南向的横槽，利于冷空气不断南下影响贵州。在中低纬度，24 日南支槽到达 80°E 附近，随后逐步东移。在 24—27 日期间，贵州处于逐步东移的南支槽前西南气流影响下，具有一定的水汽输送条件，利于降水的发展。

28—29 日随着南支槽向东移出贵州，南支气流由偏西气流逐步转为偏西北气流。而中高纬度横槽转竖，造成强冷空气南下。

31 日夜间至 2 月 4 日期间(图 2b)，亚欧中高纬度形成两槽一脊型，俄罗斯远东至我国东北地区处于 516 dagpm 的极涡影响下，极涡与－44℃的冷中心对应，使得东亚槽强大且偏南，槽底达到 30°N 附近，利于强冷空气直达华南。中低纬度上，原先在印缅上空的南支槽转为高压脊，从印度到乌山以东的西伯利亚地区均为高压脊。贵州处于脊前西北气流控制下，使得水汽输送偏弱。

分析可见，前期阻塞环流形势显著，阻高稳定维持在乌山地区(图 2c)，中期横槽转竖，后期形成两槽一脊型。过程期间东亚极涡强大且偏南，持续时间长(图 2 d)，使得我国大部持续受到强冷空气影响，气温持续低迷。

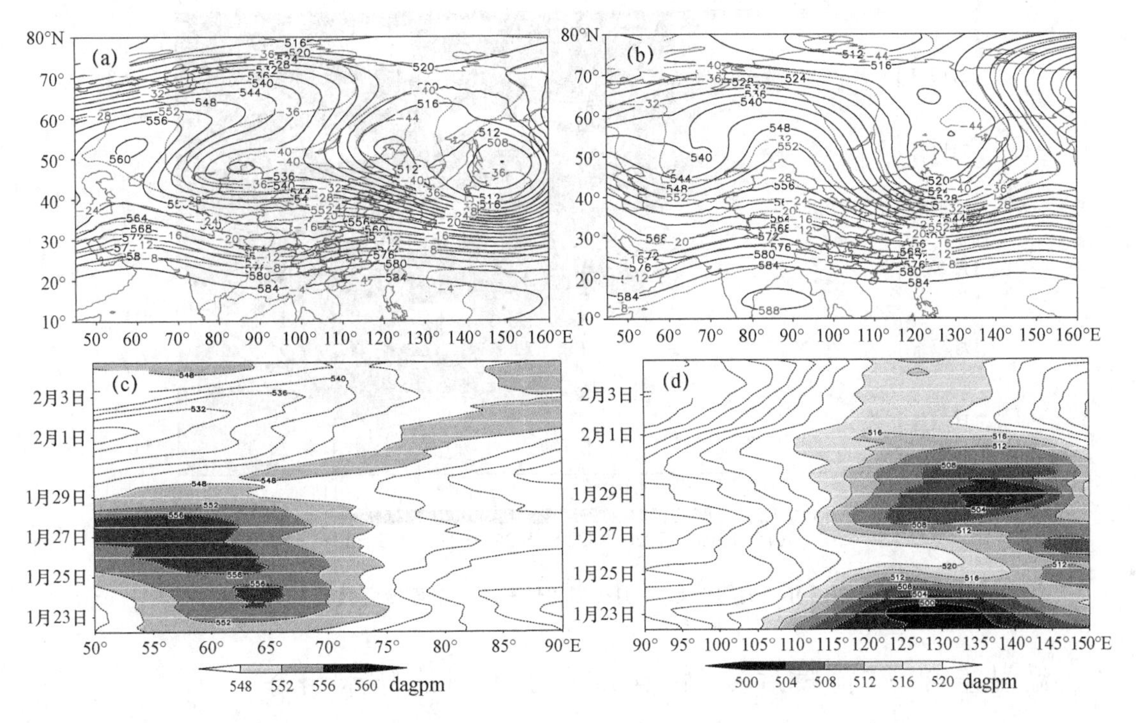


图 2　2018 年 1 月 24—27 日(a)、2 月 1—4 日(b)500 hPa 位势高度(单位:dagpm)及温度场(单位:℃)、45°—65°N 阻高演变(c)、45°—65°N 极涡演变(d)

## 3　4 次强冷空气影响及锋区西推是贵州自东向西出现低温雨雪天气的重要原因

2018 年初贵州持续十余天的低温雨雪天气与 4 次强冷空气的影响密不可分。图 3 显示了强冷空气与地面锋区的变化。从冷空气中心值变化来看,4 次强冷空气出现在 1 月 25—27 日、28—30 日、31 和 2 月 1 日、2—4 日,且持续相连,显示了强冷空气影响的不间断性和持续性。从锋区位置来看,存在 4 次西伸的过程。第一次西伸出现在 1 月 25—26 日,锋区从 110°E 附近向西迅速推进到 105°E 以西,表明强冷空气自东向西影响贵州全省。而 27 日锋区在 105°E 以东摆动,表明锋区在贵州西部摆动。这个阶段对应着贵州的低温雨雪从东部开始向中西部发展。第二次西伸出现在 1 月 28—29 日,受强度达 1030 hPa 的冷空气影响,锋区从 105°E 附近向西推进到 102°E 附近,表明锋区从贵州西部进入云南东部,到 30 日锋区在 103°E 维持,这个阶段低温雨雪天气转至贵州西部到云南东部。第三次西伸出现在 1 月 31 日前后,受强度为 1032.5 hPa 的强冷空气补充影响,锋区缓慢向西接近 101°—102°E,低温仍在西部至云南中东部维持。第四西伸出现在月 2—4 日,受另一股强度为 1032.5 hPa 强冷空气的影响,锋区在 100°—102°E 之间维持,低温雨雪天气仍影响贵州中西部和云南中东部。

表明持续的低温雨雪天气与 4 次强冷空气的影响密切不分,且 2 月初冷空气强度强于 1 月底冷空气的强度,而锋区的位置影响着低温雨雪的区域。

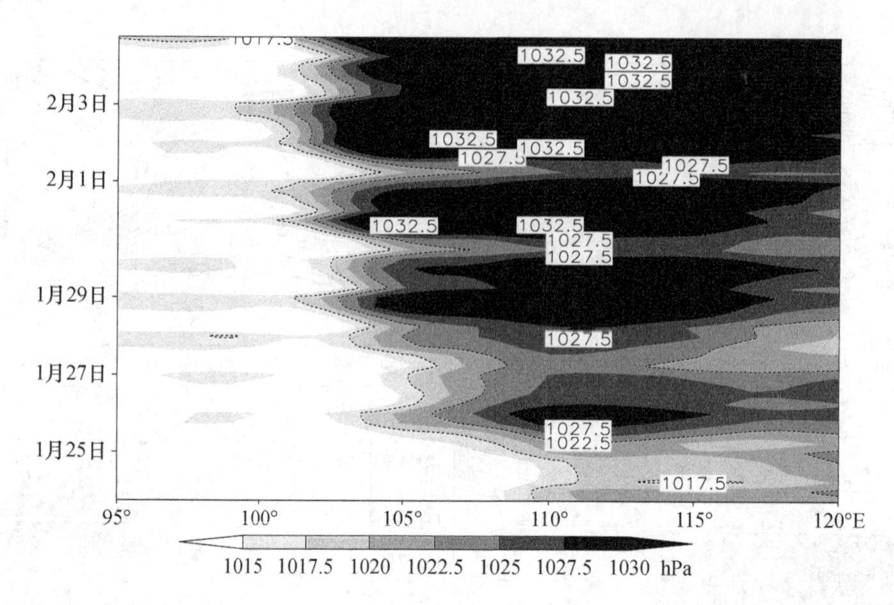


图 3 2018 年 1 月 24 日—2 月 4 日 24°—30°E 地面冷空气及锋区变化

## 4 温湿差异—“前暖后冷”特点造成了不同的降水相态

大气的温度结构对确定地面观测到的降水类型非常重要。贵州出现低温雨雪天气时几乎都是在锋面逆温存在的背景下发生的，但不同降水相态的温度场、湿度场的垂直结构存在差异[8]。图 4a 揭示了 1 月 24 日—2 月 5 日期间贵州省上空(104°—109°E)沿 27°N 的温度场和相对湿度场变化。从温度场来看，25—27 日期间，近地面为 0℃以下，700～800 hPa 为 0℃以上，700 hPa 以上为 0℃以下，这个阶段具有“冷暖冷”的温度结构。28 日开始至 2 月 5 日期间，整层的温度几乎都在 0℃以下(1 月 31 日—2 月 1 日白天除外，下同)，表现出冷性的结构。从湿度场上看，表现出前低后高的趋势。1 月 24—27 日相对湿度位于 60%以上的高湿区(阴影区)出现在 600 hPa 以下，1 月 28—30 日高湿区到达 600 hPa 附近，2 月 1—5 日期间高湿区伸展高度接近 500 hPa，且－10℃线向下进入高湿区。因而，综合来看 1 月 25—27 日的云层以中低云为主，并具有暖云特征。28 日开始到 2 月 5 日的云层逐步向上伸展，并具有冷云特征。

为进一步了解不同相态时温湿分布结构，文中选取了 1 月 27 日夜间(冻雨最多)(图 4b)、2 月 4 日 20 时(降雪最多)(图 4c)沿 27°N 的温湿结构。27 日 20 时高湿区向西到达 105°E 附近，95%以上的近饱和区覆盖了 106°E 以东的区域，并多与 0～5℃的暖区匹配，而高湿区的上下界则是 0℃以下的冷区。因而覆盖贵州中东部地区的中低云在“冷—暖—冷”的结构中存在明显的暖云特征。由于高湿区冷云接地，反映出降水较明显。而在 2 月 4 日 20 时(图 4c)，高湿区主要存在于 700～500 hPa，显然云系向上抬升。此时湿区向西越过了 102°E，与－10℃左右的冷区匹配的利于降雪的冷湿区主要影响 103°—108°E，表明此时主要的降雪出现在贵州中东部至云南东部。显然，不同的温湿特征导致了不同的降水相态。

从图 4 d 的水汽辐合可见，1 月 28 日前贵州低层存在较明显的水汽辐合，正好是降水集中的时段，而有利的降水条件是结冰增长的重要原因。29—31 日低层出现了弱的辐散，对应着雨雪区明显减少。2 月 1 日夜间到 2 日上午又出现了一段辐合区，与较大范围的降雪有关。

随后水汽的辐合和辐散均减弱，使得后期雨雪更弱。

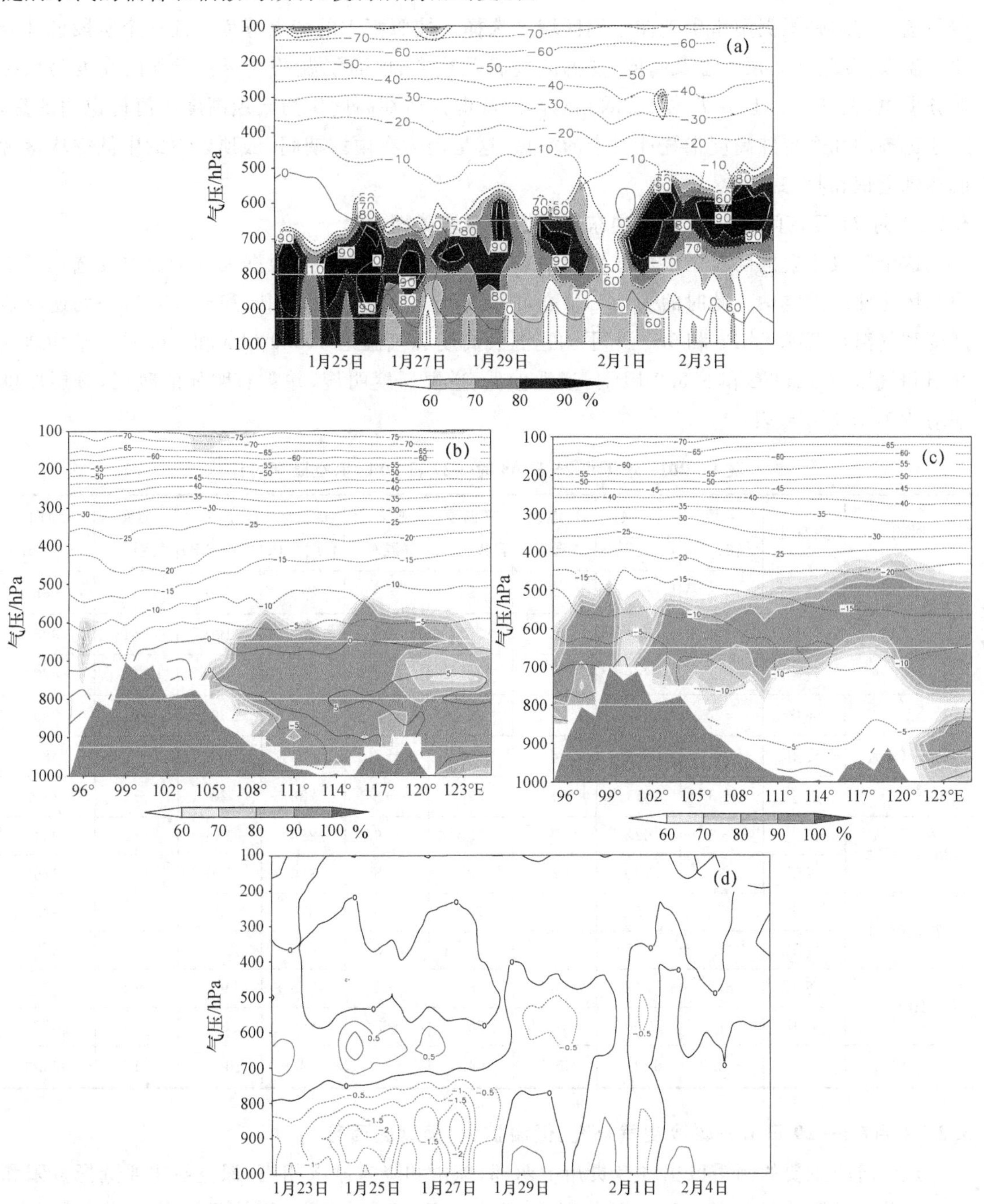


图4　2018年1月24日—2月5日(a)、1月27日20时(b)、2月4日20时(c)温度湿度的时间—高度剖面，1月24日—2月4日的水汽通量散度(d)

## 5　不同降水相态在 $T$-ln$p$ 图上的差异

从图1可知，1月24日夜间到27日夜间是贵州中东部低温雨雪天气增长期，28—29日是低温维持，但雨雪减少阶段，1月31日夜间以及2月1日夜间到5日凌晨是贵州中西部积雪占主导的时段，因而选取了怀化、贵阳、威宁三个探空站分别代表贵州东部、中部、西部。表1～3中所选探空站是根据雨雪出现在不同区域来选择。按照雨雪的特点分为上述三个阶段统计云顶气温及高度、逆温顶气温及高度、逆温底气温及高度、地面气温及气压。云顶的高度是预报业务惯例，在 $T\text{-}\ln p$ 上 $T-T_d \leqslant 4$℃的相对湿度高湿区所在高度作为云顶高度。值得说明的是，上述选择的几个特殊高度未统计对应的露点，这是因为在雨雪期间，云顶以下的中低空均接近或达到近饱和状态。

**5.1　1月24日夜间—27日夜间中东部低温雨雪增长期**

这个阶段主要的雨雪区出现在贵州中东部，并以冻雨占主导，根据天气情况主要选择了贵阳和怀化两个探空站。此时的平均云顶高度和气温分别为653.6 hPa和－2.9℃，平均逆温顶高度和气温是764.4 hPa和5.7℃，平均逆温底高度和气温是848.9 hPa和－6.3℃，平均地面气温和气压为－1.9℃和926.9 hPa。逆温偏低，逆温梯度明显，并具有明显的暖层，暖层厚度平均达104.6 hPa(表1)。

**表1　2018年1月25日08时—27日20时探空要素统计**

| 时间 | 探空站 | 云顶气温/℃ | 云顶高度/hPa | 逆温顶气温/℃ | 逆温顶高度/hPa | 逆温底气温/℃ | 逆温底高度/hPa | 暖层厚度/hPa | 地面气温/℃ | 地面气压/hPa |
|---|---|---|---|---|---|---|---|---|---|---|
| 25日08时 | 怀化 | －3 | 654 | 7 | 794 | －5 | 873 | 150 | 1 | 988 |
| 25日20时 | 怀化 | －4 | 654 | 4 | 751 | －9 | 863 | 100 | －1 | 995 |
| | 贵阳 | －1 | 649 | 7 | 762 | －2 | 820 | 110 | 1 | 877 |
| 26日08时 | 怀化 | －11 | 545 | 4 | 743 | －9 | 889 | 80 | －3 | 999 |
| | 贵阳 | －5 | 651 | 4 | 755 | －7 | 804 | 90 | －2 | 881 |
| | 威宁 | －3 | 671 | 1 | 724 | －3 | 738 | 20 | －1 | 774 |
| 26日20时 | 怀化 | －2 | 672 | 7 | 788 | －9 | 884 | 120 | －2 | 994 |
| | 贵阳 | 3 | 700 | 8 | 785 | －5 | 850 | 170 | －4 | 876 |
| 27日08时 | 怀化 | －3 | 655 | 6 | 780 | －9 | 878 | 120 | －3 | 993 |
| | 贵阳 | －4 | 645 | 8 | 780 | －5 | 863 | 125 | －4 | 876 |
| 27日20时 | 怀化 | －3 | 647 | 6 | 756 | －8 | 875 | 90 | －2 | 993 |
| | 贵阳 | 1 | 700 | 6 | 755 | －5 | 850 | 80 | －3 | 877 |
| 平均 | | －2.9 | 653.6 | 5.7 | 764.4 | －6.3 | 848.9 | 104.6 | －1.9 | 926.9 |

**5.2　1月28—29日又一轮冷空气补充，低温扩大，雨雪区西移**

这个阶段主要的雨雪区出现在贵州中西部，冻雨和降雪站次相当，探空站主要选择贵阳和威宁。此时的平均云顶高度和气温分别为671.1 hPa和－5.1℃，平均逆温顶高度和气温是706.34 hPa和－2.3℃，平均逆温底高度和气温是767 hPa和－8.8℃，平均地面气温和气压为－3.7℃和862.7 hPa(表2)。这时各层气温继续下降，逆温底距地面仍较低，逆温梯度较前期有所减小，暖层消失，具有冷性结构特点。但由于逆温底气温偏低，普遍达到－11～－8℃，造成这个阶段雨雪混合，难分伯仲。

表 2 2018 年 1 月 28 日 08 时—29 日 20 时探空要素统计

| 时间 | | 云顶气温/℃ | 云顶高度/hPa | 逆温顶气温/℃ | 逆温顶高度/hPa | 逆温底气温/℃ | 逆温底高度/hPa | 暖层厚度 | 地面气温/℃ | 地面气压/hPa |
|---|---|---|---|---|---|---|---|---|---|---|
| 28 日 08 时 | 怀化 | −10 | 600 | 0 | 727 | −10 | 882 | 0 | −3 | 997 |
| | 贵阳 | −3 | 688 | 0 | 727 | −7 | 784 | 0 | −3 | 880 |
| | 威宁 | −3 | 714 | −3 | 714 | −6 | 758 | 0 | −5 | 774 |
| 28 日 20 时 | 怀化 | −3 | 680 | −1 | 700 | −11 | 834 | 0 | −1 | 999 |
| | 贵阳 | −2 | 667 | −1 | 683 | −8 | 760 | 0 | −2 | 882 |
| | 威宁 | −9 | 700 | −3 | 700 | −9 | 700 | 0 | −5 | 775 |
| 29 日 08 时 | 贵阳 | −3 | 700 | −3 | 700 | −10 | 758 | 0 | −4 | 885 |
| | 威宁 | −11 | 597 | −6 | 669 | −11 | 714 | 0 | −7 | 778 |
| 29 日 20 时 | 贵阳 | −3 | 679 | −2 | 757 | −8 | 780 | 0 | −3 | 882 |
| | 威宁 | −4 | 686 | −4 | 686 | −8 | 700 | 0 | −4 | 775 |
| 平均 | | −5.1 | 671.1 | −2.3 | 706.3 | −8.8 | 767.0 | 0.0 | −3.7 | 862.7 |

### 5.3 2 月初中西部降雪

这个阶段主要的雨雪区出现在贵州中西部，以降雪为主，因而探空站主要选择贵阳和威宁。此时的平均云顶高度和气温分别为 564.1 hPa 和 −10.3℃，平均逆温顶高度和气温是 624.5 hPa 和 −5.3℃，平均逆温底高度和气温是 720.9 hPa 和 −10.7℃，平均地面气温和气压为 −3.6℃和 845.2 hPa(表 3)。这时空中气温继续下降，云顶和逆温底的气温均降至 −10℃以下，无暖层，逆温梯度进一步减小，冷性结构显著。

表 3 2018 年 1 月 31 日夜间、2 月 1 日夜间—5 日 08 时探空要素统计

| 时间 | | 云顶气温/℃ | 云顶高度/hPa | 逆温顶气温/℃ | 逆温顶高度/hPa | 逆温底气温/℃ | 逆温底高度/hPa | 暖层厚度 | 地面气温/℃ | 地面气压/hPa |
|---|---|---|---|---|---|---|---|---|---|---|
| 1 月 31 日 20 时 | 贵阳 | −6 | 657 | −4 | 95 | −9 | 755 | 0 | 0 | 886 |
| | 威宁 | −9 | 601 | −6 | 684 | −9 | 700 | 0 | −3 | 779 |
| 2 月 1 日 20 时 | 贵阳 | −7 | 611 | −2 | 695 | −7 | 748 | 0 | 1 | 882 |
| | 威宁 | −6 | 600 | −3 | 658 | −7 | 748 | 0 | −5 | 775 |
| 2 月 2 日 08 时 | 贵阳 | −11 | 530 | −6 | 647 | −12 | 725 | 0 | −2 | 888 |
| | 威宁 | −11 | 524 | −9 | 607 | −14 | 702 | 0 | −8 | 783 |
| 2 月 2 日 20 时 | 贵阳 | −15 | 531 | −6 | 669 | −12 | 725 | 0 | 1 | 888 |
| | 威宁 | −12 | 547 | −7 | 631 | −13 | 700 | 0 | −6 | 781 |
| 2 月 3 日 08 时 | 贵阳 | −14 | 551 | −6 | 700 | −11 | 724 | 0 | −2 | 888 |
| | 威宁 | −10 | 544 | −5 | 642 | −11 | 708 | 0 | −7 | 780 |
| 2 月 3 日 20 时 | 贵阳 | −8 | 585 | −4 | 694 | −9 | 762 | 0 | −1 | 884 |
| | 威宁 | −7 | 597 | −4 | 655 | −10 | 691 | 0 | −5 | 777 |
| 2 月 4 日 08 时 | 贵阳 | −14 | 543 | −6 | 642 | −11 | 749 | 0 | −3 | 886 |
| | 威宁 | −12 | 532 | −6 | 631 | −13 | 700 | 0 | −7 | 778 |

续表

| 时间 | | 云顶气温/℃ | 云顶高度/hPa | 逆温顶气温/℃ | 逆温顶高度/hPa | 逆温底气温/℃ | 逆温底高度/hPa | 暖层厚度 | 地面气温/℃ | 地面气压/hPa |
|---|---|---|---|---|---|---|---|---|---|---|
| 2月4日20时 | 贵阳 | −10 | 558 | −5 | 644 | −11 | 721 | 0 | −2 | 886 |
| | 威宁 | −12 | 536 | −4 | 640 | −12 | 676 | 0 | −6 | 779 |
| 2月5日08时 | 贵阳 | −12 | 543 | −5 | 676 | −10 | 716 | 0 | −3 | 1004 |
| | 威宁 | −10 | 564 | −7 | 631 | −11 | 727 | 0 | −7 | 889 |
| 平均 | | −10.3 | 564.1 | −5.3 | 624.5 | −10.7 | 720.9 | 0.0 | −3.6 | 845.2 |

### 5.4 基于统计的不同降水相态的探空模型

根据上述三个阶段的统计结果，利用 $T$-ln$p$ 图，制作了冻雨、雨雪混合、降雪三类探空模型（图5）。可见2018年1月底至2月初的低温雨雪天气中，以不同降水相态占主导时，探空图上存在异同。相同之处在于，中低层均有逆温存在。不同点是：(1)逆温梯度出现冻雨时最大，降雪时最小，混合型时居中；(2)冻雨时有明显的暖层，具有“冷暖冷”的特点。而雨雪混合时及降雪时无暖层，具有冷性结构特点；(3)冻雨和混合性降水时湿层伸展高度偏低，低于600 hPa，降雪时湿层伸展高度超过600 hPa。

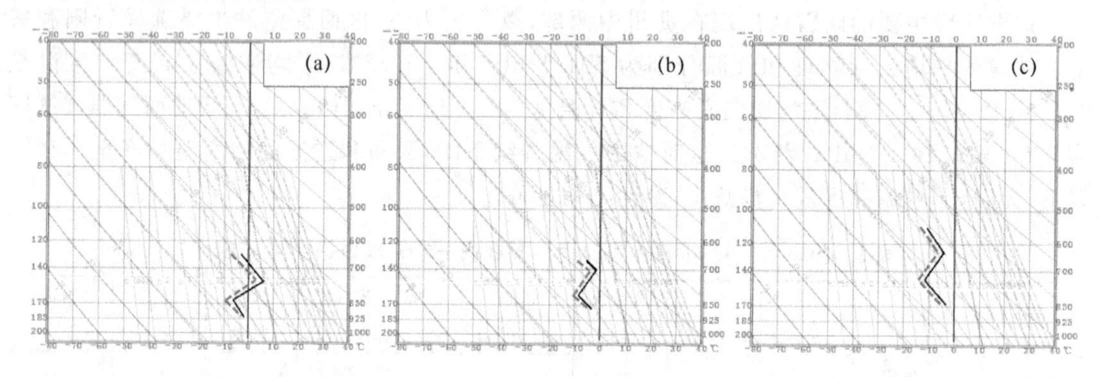


图5　三类降水相态的探空模型(图中竖线为0℃线)

(a)冻雨占主导；(b)雨雪混合且势均力敌；(c)降雪

## 6　结论

(1)2018年1月底至2月初，贵州又出现持续十余天的低温雨雪灾害天气。此次过程持续时间较长，降水相态复杂，雨雪混合。25—28日凌晨贵州中东部以冻雨为主，结冰增长较快。28日白天—29日，低温维持，但雨雪西移并减少。30—31日白天雨雪继续减少，31日夜间以及2月1日夜间至5日凌晨降雪频繁，冻雨明显减少。

(2)前期阻塞环流形势显著，阻高稳定维持在乌拉尔山地区，中期横槽转竖，后期形成两槽一脊型。过程期间东亚极涡强大且偏南，持续时间长，使得我国大部持续受到强冷空气影响，气温低迷。

(3)4次强冷空气影响及锋区西推是贵州自东向西出现低温雨雪天气的重要原因。

(4)“前暖后冷”的温湿特征造成了不同的降水相态，同时1月28日前低层存在较明显的水汽辐合，是降水集中时段，降水是造成结冰增长的重要原因。

(5)不同降水相态在 $T\text{-}\ln p$ 图上存在异同，可根据不同阶段的统计结构构建不同的探空模型。

## 参考文献


[1] 陶诗言，卫捷．2008 年 1 月我国南方严重冰雪灾害过程分析［J］．气候与环境研究，2008,13(4)：337-350.

[2] 赵思雄，孙建华．2008 年初南方雨雪冰冻天气的环流场与多尺度特征[J]．气候与环境研究，2008,13(4)：351-367.

[3] 孙建华，赵思雄．2008 年初南方雨雪冰冻灾害天气静止锋与层结结构分析［J］．气候与环境研究，2008，13(4)：368-384.

[4] 丁一汇，王尊娅，宋亚芳，等．中国南方 2008 年 1 月罕见低温雨雪冰冻灾害发生的原因及其与气候变暖的关系［J］．气象学报，2008，66(5)：808-825.

[5] 杜小玲，蓝伟．两次滇黔准静止锋锋区结构的对比分析［J］．高原气象，2010，29(5)：1183-1196.

[6] 杜小玲，彭芳，武文辉．贵州冻雨频发地带分布特征及成因分析［J］．气象，2010，36(5)：92-97.

[7] 杜小玲，高守亭，许可．中高纬阻塞环流背景下贵州强冻雨特征及概念模型研究［J］．暴雨灾害，2012，31(1)：15-22.

[8] 杜小玲，高守亭，彭芳．2011 年初贵州持续低温雨雪冰冻天气成因研究[J]．大气科学，2014，38(1)：61-72.

# 川北小流域2017年8月山洪过程预报试验*

包红军

（国家气象中心，北京 100081）

## 摘　要

无资料山洪小流域预报对于阈值统计预报与机理模型预报都是非常复杂的预报难题。本研究基于GMKHM分布式水文模型建立川北无资料小流域山洪预报模型，模型参数采用先验估计技术获取，并针对流域2017年8月下旬山洪过程，基于逐小时的QPE和QPF产品驱动进行预报试验。结果表明，模型的实时预报精度较高，其中洪峰预报误差为10%，峰现时差为0 h。

**关键词**：山洪预报　GMKHM分布式水文模型　参数先验估计　青川流域

## 引言

山洪是指山区溪沟小流域突发性暴涨暴落的地表径流[1-3]，常发生在山丘小区域内由短历时来水（强降水、融雪、冰川融水等）诱发，往往造成社会经济和人民群众生命财产严重损失。随着气候变化背景下极端天气事件发生频率有所提高，山丘区小流域面积小、坡陡、汇流时间短，在突发性暴雨条件下极易引发山洪灾害，成为国内外学者研究的热点[3-8]。

目前，国外常用的山洪预报预警方法主要为基于分布式水文模型的山洪过程预报[9]和基于临界雨量阈值的山洪预报预警评估[10]两种。在国内，国务院《全国山洪灾害防治规划报告》中规定山洪流域为面积为200 $km^2$以内的山区型小流域，流域往往没有水文站，为无资料山洪流域。无资料流域水文过程涉及水文科学的基础理论和方法，一直是水文学研究的难点，这给山洪预报预警带来更大的技术困难[11]。

IAHS（国家水文学会）计划正是针对无资料流域的水文预报问题，在水文理论和多源资料应用方面，探寻解决实际问题的途径[12,13]。分布式水文模型可以更好地考虑降水和下垫面条件的空间变异性，能够更好地利用GIS技术、遥感与遥测等空间信息描述水文过程的机理与模拟流域的降雨—径流响应在项目进展过程中发挥了重要的推动作用[14-19]。应用水文模型进行无资料流域山洪预报的显著难点就是没有长序列水文数据进行模型参数率定。Foody等[20]尝试应用基于经验SCS曲线和马斯京根法的半分布式水文模型进行无资料流域山洪预报，模型参数直接由地形和植被覆盖数据获取。Vieux等[21]指出，基于Green-Ampt下渗理论的分布式水文模型可以很好地描述山洪定量化过程。Chahinian等[22]在山洪预报中比较应用了Horton、Philip和SCS等产流模型。Estupina-Borrell等[1]指出，山洪径流形成过程产流机制包含蓄满产流与超渗产流，并且在径流形成过程中常常同时存在。在预报中只考虑单一产流机制往往导致预报结果出现一定的偏差[23]。

*资助项目：国家重点研发计划（2016YFC0402702）、国家自然科学基金项目（51509043、41775111）和国家气象中心水文气象预报团队项目。

本研究基于作者前期提出的GMKHM分布式水文模型[12-13,24]研究川北无资料小流域山洪预报，模型参数基于DEM、GIS和RS技术先验估计直接获取[25-26]。针对流域2017年8月下旬山洪过程，基于逐小时的QPE和QPF产品驱动进行预报试验，验证分布式水文模型在无资料小流域山洪预报性能。

# 1 GMKHM分布式水文模型

## 1.1 GMKHM分布式水文模型

GMKHM分布式混合产流水文模型是以流域内的DEM栅格作为水文响应过程的基本单元，并假设单元栅格内地形地貌、陆面植被覆盖和土壤组成类型等下垫面条件和降水强迫空间分布一致，GMKHM模型中只考虑DEM栅格间水文要素的变异性。在栅格水文单元中，植被冠层截留和蒸散发计算后得到的净雨量，经过混合产流S计算与划分水源后，根据河网逐栅格汇流演算次序，依次将地表径流、壤中流与地下径流演算至流域出口断面，得到其水文过程[12,13]。更多关于该水文模型的细节请参见参考文献[12,13]。

## 1.2 模型先验估计技术

依据GMKHM分布式混合产流水文模型参数与流域地貌特征、土壤类型以及植被覆盖等之间的关系，对模型参数进行先验估计。通过研究发现，模型有些参数可以直接通过每个栅格单元的土壤类型和植被覆盖类型估计，例如，叶面指数($LAI$)、最大叶面指数($LAI_{\max}$)、作物高度($h_{lc}$)可以由LADS直接获取，地表曼宁糙率系数($n_h$)可由陆面地表覆盖类型得到。

产流模型(含分水源)参数包括蓄满产流与超渗产流两类参数。单元栅格张力水容量($W_M$)、自由水蓄水容量($S_M$)由下式得到：

$$W_M=(\theta_{fc}-\theta_{wp})\times L_a \tag{1}$$

$$S_M=(\theta_s-\theta_{fc})\times L_h \tag{2}$$

式中，$\theta_s$为饱和含水量，$\theta_{fc}$为田间持水量，$\theta_{wp}$为凋萎含水量，$L_a$为包气带厚度($m$)，$L_h$为腐殖质土层厚度($m$)。$\theta_s$、$\theta_{fc}$、$\theta_{wp}$均可以根据栅格单元的土壤类型获取，$L_a$和$L_h$与单元栅格的地形指数与植被类型存在定量化关系。

壤中流的出流系数($K_i$)和地下水的出流系数($K_g$)根据赵人俊教授研究，其和表示自由水出流的快慢，与土壤类型有关：

$$K_i+K_g=0.7 \tag{3}$$

$$\frac{K_i}{K_g}=\frac{1+2(1-\theta_{wp})}{m_r} \tag{4}$$

式中，$m_r$为自由水出流校正系数，一般取$m_r=1$。

超渗产流计算中，Green Ampt下渗方法中参数的有效水力传导度$K_s$、湿润锋面土壤吸力$S_f$均根据水文学手册中取值，饱和含水率$\theta_s$由栅格单元的土壤类型获取。稳定下渗率($f_c$)，下渗能力分布曲线指数($B_f$)超渗产流面积比例($fp$)分别根据参考文献[24]提供的经验取值。

蒸散发参数主要为上层土壤的张力水蓄水容量($W_{UM}$)；下层土壤的张力水蓄水容量($W_{LM}$)；深层蒸散发系数($C$)；蒸散发折算系数($K$)。$W_{UM}$和$W_{LM}$可以由公式(1)求得，$C$与栅格单元的植被覆盖率有关，在植被密集地区可取0.18，因此可假定其与植被覆盖率的比值为

0.18。$K$ 主要与测量水面蒸发时所用的蒸发器有关，对于国内普遍采用的E-601蒸发皿而言，一般取 $K=1$。

汇流参数包括河道曼宁糙率系数($n_c$)、地表坡度($S_{oh}$)、河道坡度($S_{oc}$)。河道曼宁糙率系数($n_c$)根据参考文献推求：

$$n_c = n_0 S_{oc}^{k_1} A_d^{k_2} \tag{5}$$

式中，$k_1$ 与 $k_2$ 为经验系数，$A_d$ 为上游汇水面积(km²)，$n_0$ 为流域出口栅格的曼宁糙率系数，$k_1$、$k_2$ 和 $n_0$ 均可由经验关系获取。

## 2 研究流域

本次研究选择嘉陵江乔庄河支流大沟流域青川水文站以上控制流域为无资料流域洪水预报验证流域。青川水文站以上控制的大沟流域面积79.8 km²，占乔庄河流域总面积的10.6%。大沟流域共涉2个省2个县的2个乡镇。其中，四川省内的总面积达到全流域的37.6%，涉及广元市青川县的乔庄镇；甘肃境内的流域面积占大沟流域总面积的62.4%，涉及陇南市文县的碧口镇。流域内有两个雨量站(李子坝站和大沟村站)和一个水文站(青川水文站)。

图1 大沟流域地貌图

大沟流域位于秦巴山地，流域内大部分地处山区、半山区，流域内海拔高度由北向南呈递减趋势。地势西北高东南低，山脉纵横，谷深坡陡，地形起伏高程范围800～1850 m(图1)。流域表层土壤类型主要为壤土和壤砂土。其中，壤土主要分布在西北部的高山地区以及乔庄镇所在的流域出口位置。其他地势较低的低山河谷地区多为壤砂土(图2)。而下层土壤由西北向东南呈现粘壤土、沙壤土到壤土的过渡趋势。

大沟流域内的土地利用类型主要是常绿针叶林和混合林，其中常绿针叶林主要分布在大沟流域西北高山地区；而混合林主要分布在流域下游的地山和河谷地区(图3)。

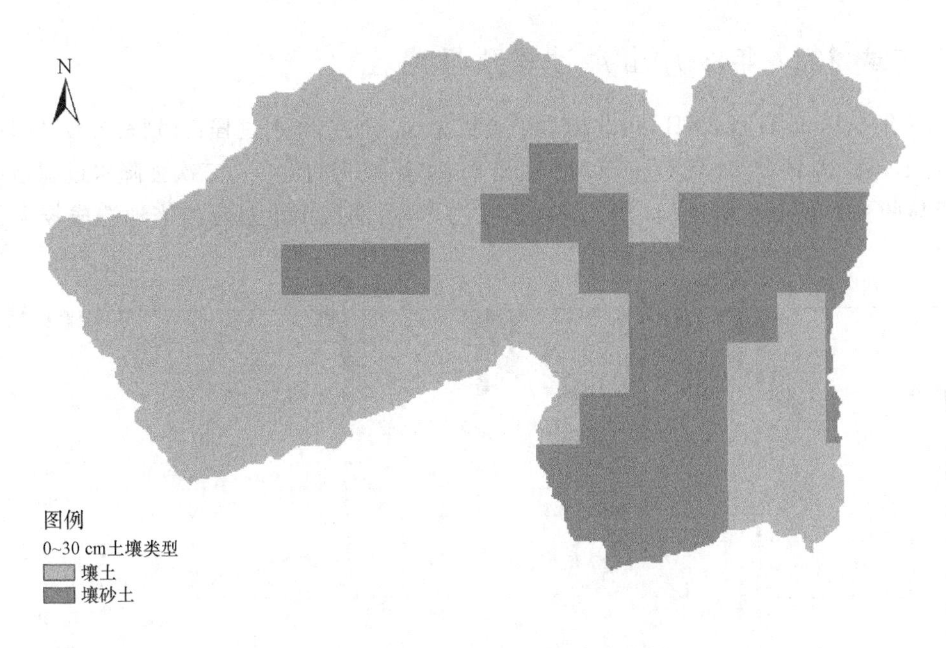


图 2　大沟流域 0～30 cm 土壤类型图

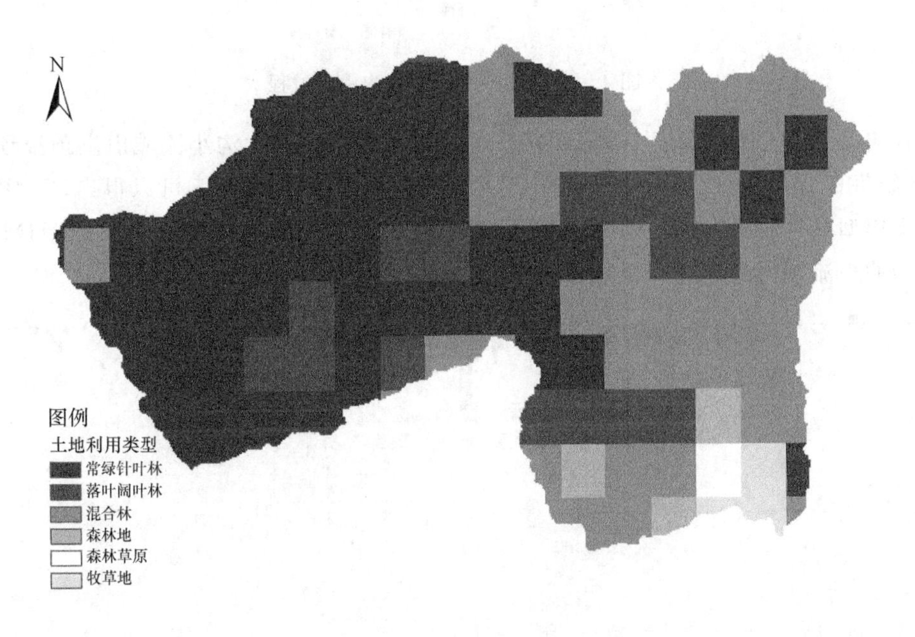


图 3　大沟流域土地利用图

流域内自然生态条件优良，气候条件好，无污染，土壤酸碱适度，无农药残留物、重金属含量低、森林覆盖率高、终年云雾缭绕，具有独特的自然优势。年均降水量 1027 mm。有旱灾、风灾、洪灾、雹灾等自然灾害。大沟流域内沟谷发达，水网密布，大小溪沟河流甚多，其中流域内的干流为大沟河，支流为小沟，都是乔庄河的一部分，属嘉陵江水系。

## 3　小流域2017年8月山洪过程预报试验

2017年8月25日至29日，川北山洪小流域出现三次强降水过程：分别是8月25日11时至26日10时，26日23时至27日9时，28日01时至07时(图4)。三次强降水过程造成大沟流域明显的三次洪水涨落过程，并且量级逐次递增，后两次山洪过程给当地造成较大的山洪灾害。

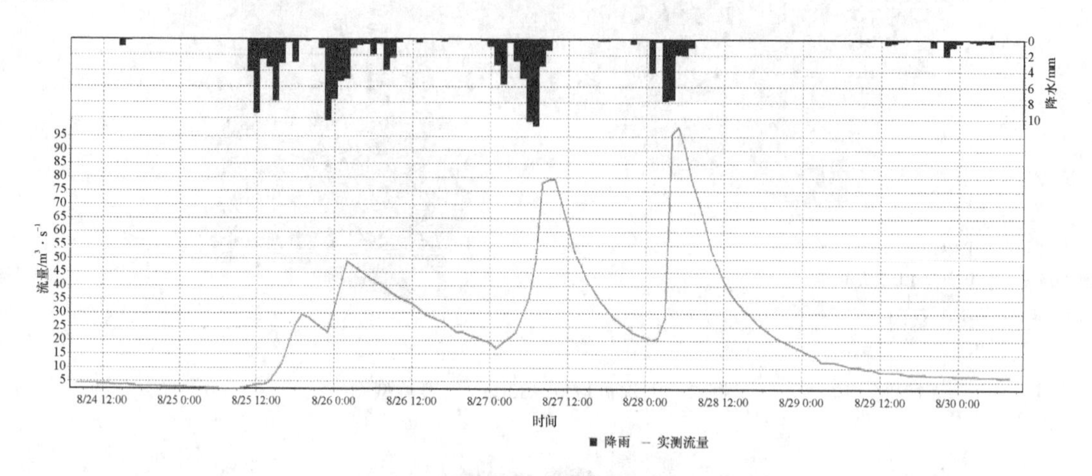


图4　2017年8月下旬大沟山洪过程

2016年5月起，作者基于GMKHM分布式水文模型建立大沟小流域山洪预报预警模型系统，系统每日07时做未来72 h的逐小时山洪定量化预报。从图5可以得出，GMKHM分布式水文模型基于实况自动站雨量模拟预报与实况较好地吻合，说明基于GMKHM分布式水文模型的小流域山洪预报模型本身不确定性较小且精度较高。

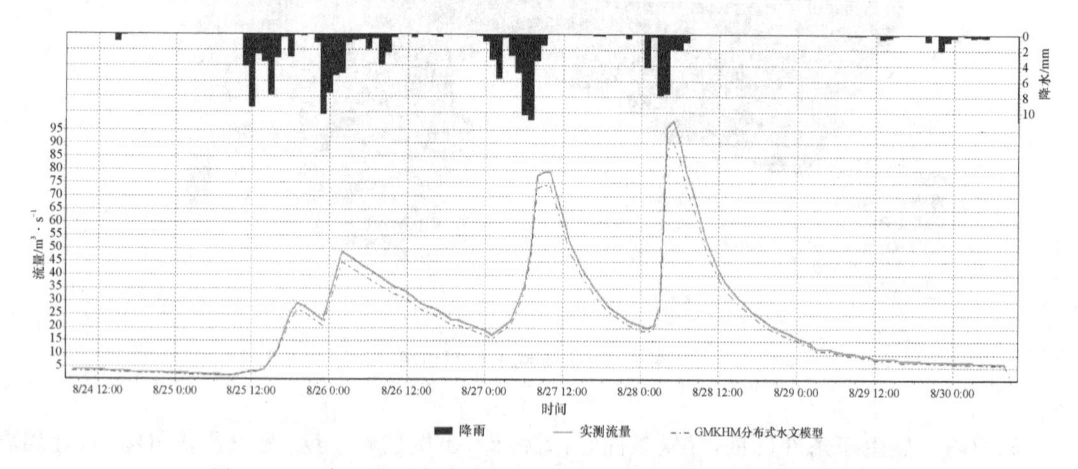


图5　2017年8月下旬大沟山洪实况降水驱动预报模型模拟过程

从2017年8月27日实时预报中，基于GMKHM分布式水文模型的小流域山洪预报模型预报出后两次山洪过程，特别是8月27日和28日的两个洪峰，误差均在20%以内(图6)。

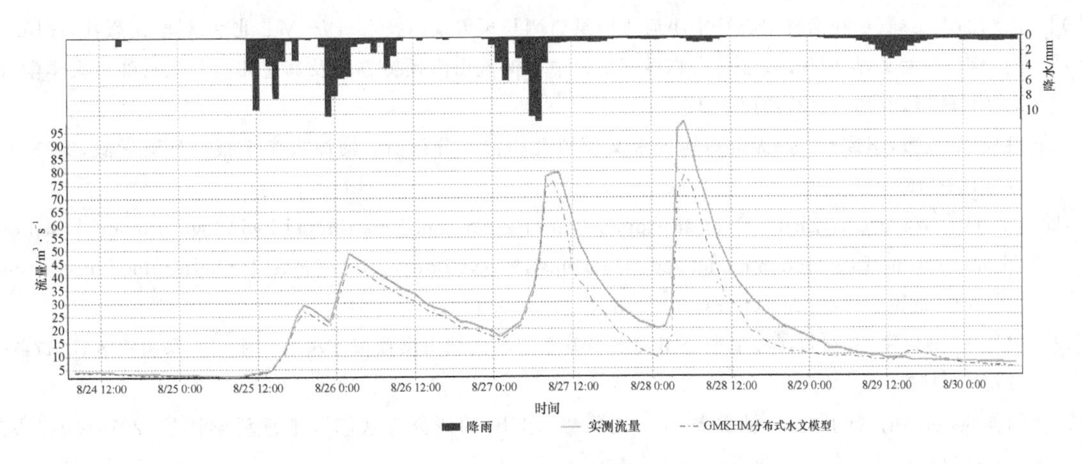


图 6 2017 年 8 月 27 日实时预报山洪过程图

## 4 结论与讨论

(1)无资料小流域的山洪预报是山洪灾害气象预警业务的预报难题。本研究使用GMKHM分布式水文模型对川北小流域 2017 年 8 月山洪过程进行无资料流域山洪预报试验,并采用先验估计技术实现分布式水文模型参数值推求,在预报中精度较好。

(2)在川北小流域预报验证表明在洪峰模拟预报和与实况洪水过程吻合程度上均较好,也证明了山洪形成过程中存在一定比例的超渗产流,尤其对洪峰影响较大。对同类预报提供一定的支撑。

(3)本次研究的模型参数均来自于模型的先验估计后直接应用。考虑到 DEM、遥感信息(RS)等数据都存在一定的不确定性,以及部分经验取值误差,获取的参数值不可避免地存在一定偏差,但还需要在更多的山洪流域与山洪个例中验证预报模型的合理性与适用性。

## 参考文献

[1] Estupina-Borrell V, Dartus D, and Ababou R. Flash flood modeling with the MARINE hydrological distributed model[J]. Hydrol Earth Syst Sci Discuss, 2006, 3: 3397-3438.

[2] 国家防汛抗旱总指挥部办公室,中国科学院水利部成都山地灾害与环境研究所. 山洪诱发的泥石流、滑坡灾害及防治[M]. 北京:科学出版社,1994.

[3] 叶金印,吴勇拓,李致家,等. 湿润地区中小河流山洪预报方法研究与应用[J]. 河海大学学报(自然科学版),2012,40(6):615-621.

[4] 彭涛,李俊,殷志远,等. 基于集合降水预报产品的汛期洪水预报试验[J]. 暴雨灾害,2010,29(3):274-278.

[5] 刘志雨,侯爱中,王秀庆. 基于分布式水文模型的中小河流洪水预报技术[J]. 水文,2015,35(1):1-6.

[6] Amengual A, Romero R, Gómez M, et al. A hydrometeorological modeling study of a flash-flood event over Catalonia, Spain[J]. Journal of Hydrometeorology, 2007, 8: 282-303.

[7] Borga M, Anagnostou E N, Blöschl G, et al. Flash flood forecasting, warning and risk management: the HYDRATE project[J]. Environmental Science & Policy, 2011, 14(7): 834-844.

[8] Alfieri L, Thielen J, Pappenberger F. Ensemble hydro-meteorological simulation for flash flood early detection in southern Switzerland[J]. Journal of Hydrology, 2012, (s5): 143-153.

[9] 水利部水文局(水利信息中心). 中小河流山洪监测与预警预测技术研究[M]. 北京:科学出版社,2010.

[10] 刘志雨,杨大文,胡健伟. 基于动态临界雨量的中小河流山洪预警方法及其应用[J]. 北京师范大学学报自然科学版,2010,46(3):317-321.

[11] 姚成,章玉霞,李致家,等. 无资料地区水文模拟及相似性分析[J]. 河海大学学报自然科学版,2013,41(2):108-113.

[12] Bao H J,Wang L L,Zhang K,et al. Application of a developed distributed hydrological model based on the mixed runoff generation model and 2D kinematic wave flow routing model for better flood forecasting[J]. Atmospheric Science Letters,2017,18(7):284-293.

[13] 包红军,李致家,王莉莉,等. 基于分布式水文模型的小流域山洪预报方法与应用[J]. 暴雨灾害,2017,36(2):156-163.

[14] 刘苏峡,刘昌明,赵卫民. 无测站流域水文预测(PUB)的研究方法[J]. 地理科学进展,2010,29(11):1333-1339.

[15] Bárdossy A,Singh S K. Robust estimation of hydrological model parameters[J]. Hydrology & Earth System Sciences,2008,12(6):1273-1283.

[16] Yao C,Li Z J,Bao H J,et al. Application of a developed grid-Xinanjiang model to Chinese watersheds for flood forecasting purpose[J]. Journal of Hydrologic Engineering,2009,14(9):923-934.

[17] Yao C,Li Z,Yu Z,et al. A priori parameter estimates for a distributed,grid-based Xinanjiang model using geographically based information[J]. Journal of Hydrology,2012,468-469(6):47-62.

[18] Li Z J,Zhang K. Comparison of three GIS-based hydrological models[J]. Journal of Hydrologic Engineering,2008,13(5):364-370.

[19] Yao C,Zhang K,Yu Z,et al. Improving the flood prediction capability of the Xinanjiang model in ungauged nested catchments by coupling it with the geomorphologic instantaneous unit hydrograph[J]. Journal of Hydrology,2014,517(2):1035-1048.

[20] Foody G M,Ghoneim E M,Arnell N W. Predicting locations sensitive to flash flooding in an arid environment[J]. Journal of Hydrology,2004,292(1-4):48-58.

[21] Vieux B E,Cui Z,Gaur A. Evaluation of a physics-based distributed hydrologic model for flood forecasting[J]. Journal of Hydrology,2004,298(1-4):155-177.

[22] Chahinian N,Moussa R,Andrieux P,et al. Comparison of infiltration models to simulate flood events at the field scale[J]. Journal of Hydrology,2005,306(1-4):191-214.

[23] Albergel J,Le mod̀ ele hortonien. geǹ5 ese des crues et des inondations,Ed[M]. SHF,Paris,ENGREF,2003:10-15

[24] 包红军,王莉莉,李致家,等. 基于混合产流与二维运动波汇流分布式水文模型[J]. 水电能源科学,2016,34(11):1-4,21.

[25] 包红军,王莉莉,李致家,等. 基于 Holtan 产流的分布式水文模型[J]. 河海大学学报自然科学版,2016,44(4):340-346.

[26] Bao H J. Coupling Ensemble weather predictions based on TIGGE database with Grid-Xinanjiang model for flood forecast[J/OL]. Advances in Geosciences,2011,29:61-67,doi:10.5194/adgeo-29-61-2011.

# 基于分布式水文模型的中小流域洪水淹没及径流模拟研究*

郝　莹[1,2] 王　皓[1]　刘　杰[1]

(1. 安徽省气象台，合肥 230031；

2. 中国气象科学研究院灾害天气国家重点实验室，北京 100081)

**摘　要**

以滁河流域为研究区，在 GIS 技术支持下，应用 RRI(Rainfall Runoff Inundation Model)分布式水文模型对“凤凰”台风造成的流域性洪涝过程进行了洪水淹没和径流模拟。利用 MODIS资料计算得出的洪水淹没实况对洪水淹没模拟进行检验，得出模拟的洪水淹没的区域和卫星监测的区域基本相似。对滁州城区、南京浦口区及城区、全椒县襄河镇的大范围积涝具有较好的模拟能力，并且模拟的洪水淹没深度和实况较为一致。各水文站流量峰值及流量的变化趋势也均得到较好的模拟效果。可见 RRI 模型在滁河流域有较好的适用性，具有一定的推广意义。

**关键词**：RRI 模型　分布式　洪水淹没　模拟

## 引言

分布式水文物理模型是 1969 年由 Freeze 和 Harlan[1] 提出的，他们建议在考虑流域内部垂直方向的水量交换的同时，也应考虑流域内部水平方向水量交换。限于当时的计算机水平，水文学家对分布式水文物理模型的研究并不是很多。20 世纪 80 年代以后，随着计算机技术、GIS(Geographic information system)地理信息系统、DEM(digital elevation model)数字化高程模型以及 RS(Remote sensing)遥感技术的迅速发展，为分布式水文模型提供了强大的技术支撑。同时分布式水文物理模型可以更好地解释水文循环的规律、水文过程的空间变异性以及水文、地球化学、生态环境、气象和气候的耦合等问题，使得分布式水文模型成为水文学家研究的前沿热点之一。ICHARM(International Centre for Water Hazard and Risk Management)是日本国土交通省下属机构，也是隶属于联合国教科文组织下的研究机构。该中心自主研发了多个水文模型，用于洪水预报。RRI(Rainfall-Run-off-Inundation model)是其中研究最深入、推广最广泛的模型，但是在国内尚未有人应用该模型。鉴于此，本文采用 RRI 模型对滁河流域进行洪水淹没和径流模拟的适用性研究，以期为中小流域的积涝及洪水预报提供一种有效方法，为相似水文条件的流域水资源综合管理与决策提供科学依据。

* 资助项目：灾害天气国家重点实验室开放课题(2015LASW-B02)，淮河流域气象开放研究基金(HRM201501)，中国气象局预报员专项(CMAYBY2018—032)。

## 1 RRI分布式水文模型简介

Rainfall-Runoff-Inundation(RRI)模型是由ICHARM研究所的Takahiro SAYAMA副教授开发的分布式水文模型。RRI水文模型是一个2D的模型，它可以同时模拟降雨径流和洪水淹没[2]。这个模型对坡面和河道进行分别处理，在河道所在的栅格单元上，模型假设坡面和河流位于同一个栅格单元，河道被看作是沿着覆盖在坡面栅格单元中心线的一条线。位于坡面的栅格单元的流量由2D扩散波模型进行计算，而河道中的流量则由1D扩散波模型计算。为了能更好地表示降雨—径流—淹没的过程，RRI模型还模拟了侧向潜流、垂直入渗流量以及地表径流(图1)。对于山区比较重要的侧向潜流，由流量—水力梯度的关系式进行计算，该关系式同时考虑了饱和的潜流和地表径流。而垂直入渗流量则由Green-Ampt模型进行估算。在该模型中，河道和坡面的流量之间的相互作用则由不同的溢流公式进行评估，这些溢流公式取决于水位和堤防高度的情况。

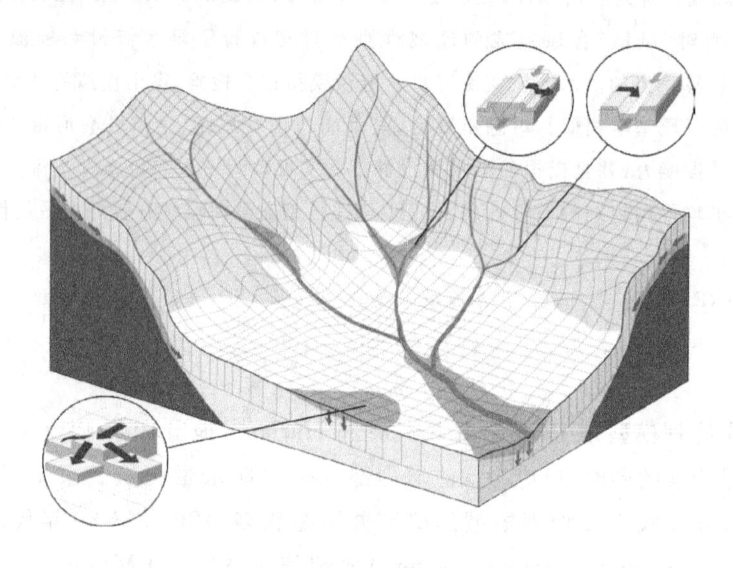

图1 RRI模型的示意图

该模型和其他水文模型相比有以下几个优点：

(1)使用扩散波假设来代替运动波的假设，从而流向就不仅仅只跟地形有关，流速也不仅是地形梯度的函数，而是水力梯度的函数；

(2)为了物理表示降雨径流过程，该模式模拟了潜流(包括侧向潜流和垂直渗透)；

(3)该模式可以同时模拟降雨径流和洪水淹没。

## 2 流域选取及模拟流程

为使该模型应用到中国，更好地服务于洪水防灾减灾，选取滁河流域(图2)作为研究区域，基于ArcGIS支撑平台，遵循图3的流程对2008年7月31日—8月2日“凤凰”台风导致的滁河地区严重的洪涝过程进行了模拟。

图 2　滁河流域概况

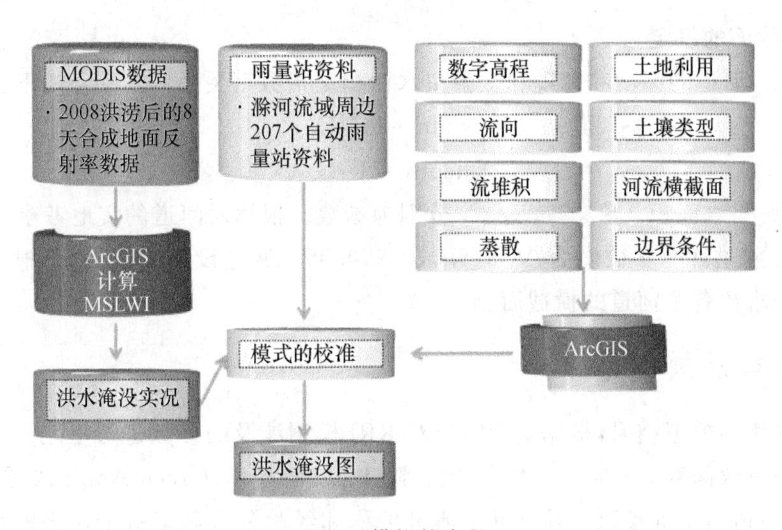


图 3　模拟的流程

## 3　基础数据的获取和处理

### 3.1　DEM 等数据的获取和处理

首先根据美国联邦地质调查局(USGS)提供的 DEM、流量堆积、流向等数据，使用 ArcGIS 提取了研究区域水系，流域面积共 9003 km²，该研究区域共有 38585 个栅格点，每个栅格点大小约为 392.6 m×462.0 m，并对流向和数字高程模型进行了填洼和挖深处理以纠正其中存在的虚假信息。

### 3.2　土地利用数据的处理及土壤深度的设定

综合 USGS 和欧洲太空局(European Space Agency)提供的土地利用和土地覆盖信息，结合滁河流域实际情况，利用 ArcMap 中的 reclassfy 工具将土地利用重分类为 3 类：森林、耕地和水体(图 4)。对不同的土地利用设置不同的参数。采用联合国粮农组织( FAO)的土壤数据库，并参考了滁州地志，滁州地区的土壤类型主要为棕壤土，土壤有效深度大约为 40 cm。

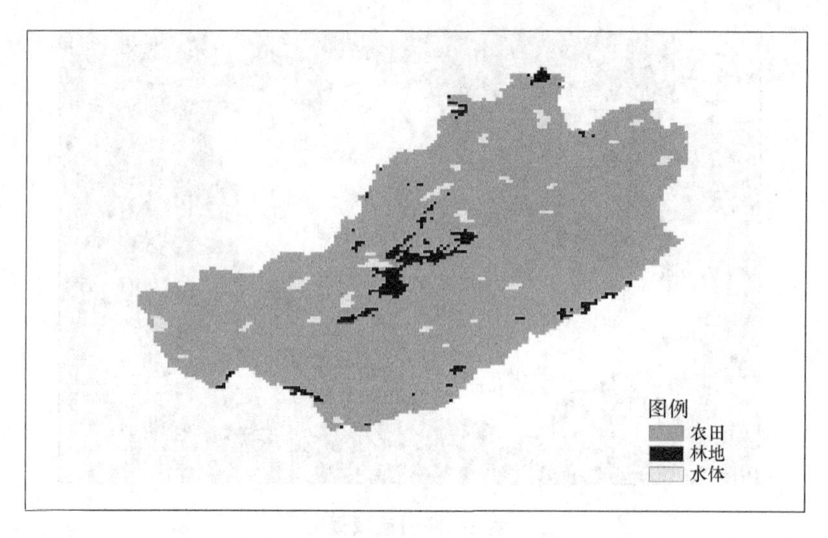


图 4　重分类后的土里利用状况

### 3.3　河道横截面的设定

在 RRI 中，河道的深度和宽度和上游集水面积呈指数型关系。其关系如下：

$$width = A^{S_w} C_w$$

$$depth = A^{S_d} C_d$$

式中，A 为上游集水面积。$S_w$，$C_w$，$S_d$，$C_d$ 分别为参数。根据对河道的实地考察并结合 Google Earth 的信息，将这四个参数设为 0.35，5.0，0.2，0.95。通过设定参数后，可根据每个栅格的上游集水面积求出各个河道的横截面。

## 4　模型运行及模拟结果

为达到最优的模拟结果，根据实际情况对 RRI 模型涉及的参数进行率定。对每个栅格设置不同的土壤有效深度、土壤导水率、有效孔隙率、坡面糙率、Green-Ampt 渗透模型参数、侧向潜流参数、河道糙率等参数。并且基于流量堆积和经验公式确定每个栅格的河道断面。最后利用 GNUPLOT 软件得到了逐小时可视化的淹没深度分布图（图略）以及洪水淹没深度峰值。

### 4.1　洪水淹没深度模拟结果

将模拟出的流域淹没深度峰值分布图（图 5）和利用 MODIS 卫星资料计算出的洪水淹没实况（图 6）进行对比可见：模拟的洪水淹没的区域和卫星监测的区域基本相似。对于图中圆圈中指示的滁州城区深达 1.5 m 的内涝，模拟的结果显示出一个淹没深度为 2.5 m 的相对大值区。对于南京浦口区及城区（黑色圆圈）的大面积积涝，在模拟的图中也有所展示。对于全椒县襄河镇（图中圆圈）深度为 2.5 m 的洪涝，模拟的结果和实况非常一致。可见该模型对于此次的洪涝过程有一定的模拟能力，但模拟的洪水淹没深度普遍偏大。

### 4.2　径流模拟结果

流量峰值的模拟结果和实况也较为接近，图 7 显示滁州站实测为 1380 $m^3 \cdot s^{-1}$，模拟的结果为 1007.3 $m^3 \cdot s^{-1}$，襄河口闸实测为 418 $m^3 \cdot s^{-1}$，模拟为 511 $m^3 \cdot s^{-1}$。

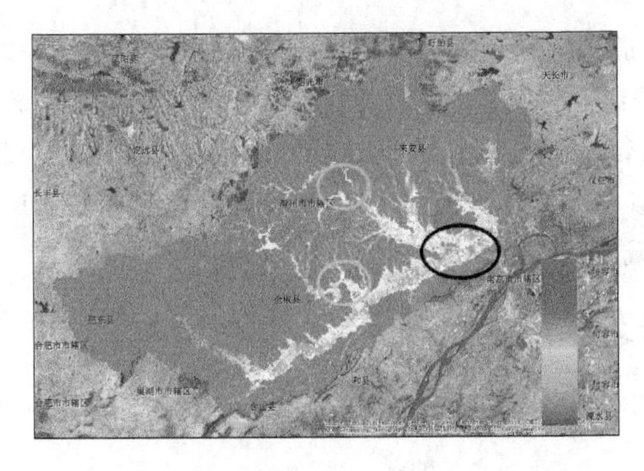

图 5　RRI 模拟出的洪水淹没深度峰值

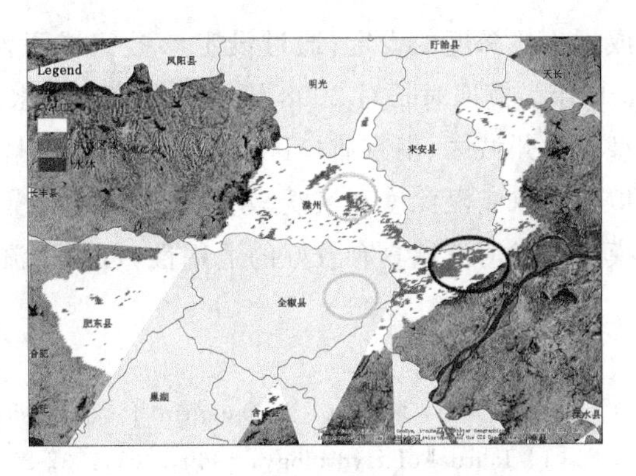


图 6　使用 MODIS 卫星资料通过计算 MSLWI 指数得到的洪水淹没实况

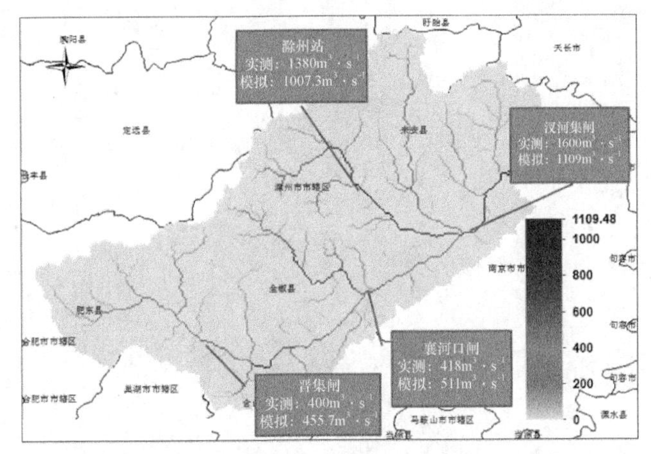


图 7　RRI 模型模拟的流量峰值空间分布图

图 8 中展示的襄河闸模拟流量和实际流量的对比来看，该模型可基本模拟出流量剧增的时间以及流量的变化趋势。但是对 8 月 3 日以后的流量减少模拟效果欠佳，可能是因为 3 日开闸泄洪导致流量骤减，而模拟此模型时未考虑人工干预因素。

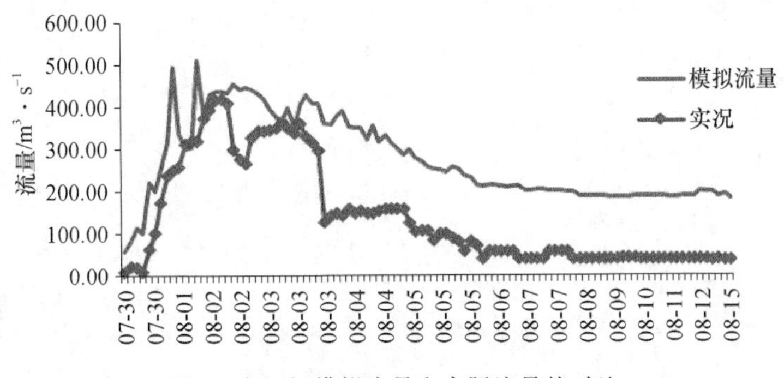


图 8　襄河闸模拟流量和实际流量的对比

## 5　小结

本文首次将日本 RRI 分布式水文模型应用到滁河流域，基于 ArcMap 对模型所需的资料进行一系列的前处理：DEM、流量堆积、流向等资料的处理；提取滁河流域的土地利用信息；完成了土壤深度的设定;通过设定参数完成了河道横截面的设定。在本地化工作的基础上,以5 h作为模拟时长对2008年一次全流域洪水的淹没深度及径流进行模拟。模拟结果表明,模型对滁州城区、南京浦口区及城区、全椒县襄河镇的大范围积涝具有较好的模拟能力,并且模拟的洪水淹没深度和实况较为一致。径流模拟也取得了较好的结果。以上研究表明了RRI模型在滁河流域具有较好的适用性,可为该流域的积涝和洪水监测预警提供科学依据。

## 参考文献

[1] Freeze R A, Harlan R L. Blueprint for a physically-based, digitally-simulated hydrologic response model [J]. Journal of Hydrology, 1969, 9(3):237-258.

[2] Sayama T, Tatebe Y, Tanaka S. An emergency response-type rainfall-runoff-inundation simulation for 2011 Thailand floods[J]. Journal of Flood Risk Management, 2015, 69(1):65-78.

# 第三部分
# 强对流天气
# 分会场报告

# 2017年7月14日沈阳市区局地强对流个例特征分析

杨 磊 曹世腾 陈传雷 王 瀛 才奎志 蒋 超
黄海亮 徐 迪 陈 宇
(辽宁省气象灾害监测预警中心,沈阳 112000)

**摘 要**

本文利用LAPS高时空分辨率资料、GNSS/MET水汽资料以及GR2Analyst雷达资料可视化软件对2017年7月14日沈阳市突发局地强对流天气进行了综合分析,得到以下结论:受低层切变和干线共同影响,同时伴随极强的不稳定能量,GNSS/MET水汽资料显示午后水汽条件增加,因此7月14日午后沈阳市区存在发生强对流天气的潜势。沈阳市区共受到3个风暴影响,其中LAPS地面融合产品均能在对流发展前2 h,表现出有利于触发对流系统的β中尺度风场特征。由于风暴A对应的地面中尺度低压系统持续维持在沈阳市区,风暴A迅速发展为超级单体,导致沈阳市区出现明显的冰雹和雷雨大风天气,GR2Analyst软件更容易制作雷达反射率和径向速度剖面图,同时方便快捷制作的剖面及三维产品能够很好地表征冰雹云的穹隆结构、有界弱回波区以及垂直环流等冰雹云特征。超级单体A形成的出流边界与新民一带地面辐合线相遇后又触发新风暴B。另外,超级单体A和辽宁南部触发的风暴C在沈阳市区南部合并过程中,低层风场出现明显的出流以及径向辐合特征,最终导致沈阳市区南部出现雷雨大风天气。

**关键词**:局地强对流 局地分析预报系统LAPS GR2Analyst雷达软件

## 引言

随着快速融合同化模式的迅速发展,由美国国家海洋和大气管理局所属的预报系统实验室开发的局地分析预报系统LAPS(Local Analysis and Prediction System)在国内很多气象部门实现本地化,由于其能够同时快速融合多源观测资料,并且提供更加接近实况的高时空分辨率分析场,弥补大尺度模式在时空分辨率上的不足,在灾害性天气的分析研究和短临预警业务中获得广泛应用[1-3]。同时GNSS/MET水汽资料能够输出时间分辨率为30 min的大气可降水量(Precipitable Water Vapor,PWV),真实可靠地反映大气中水汽变化的状况,有利于有效分析强对流系统的形成机制[4]。同时由于多普勒雷达在强对流监测和分析中起到重要作用,由国家气象中心强天气中心本地化的GR2Analyst雷达显示软件,能够更加方便快捷地制作对流系统的剖面和三维结构产品,可以提高对强对流天气分析能力以及便于业务应用。

2017年7月14日沈阳市区遭遇强对流天气,由于突发暴雨雨强太大,城市排水系统无法正常工作,造成城区大量积水,全市交通几近瘫痪,部分路段甚至发生了马路塌陷,造成部分车辆受损。本文主要应用辽宁局地分析预报系统输出的分析场和GNSS/MET水汽资料,同时使用GR2Analyst雷达显示软件,针对强对流预警业务需求,分析本次局地强对流天气发生原因,探讨中小尺度对流系统的可预报性及归纳表征强对流天气发生的指标。

## 1　强对流实况

2017年7月14日14—19时，沈阳市区遭遇了2017年入汛以来最强的一次强对流天气过程，本次过程突发性强、雨量大，同时伴随雷雨大风、冰雹天气。沈阳市区共1个站降水量超过100 mm，降水量达到50～99.9 mm的有4个站。

## 2　中尺度系统发展的环境条件

### 2.1　中尺度特征分析

2017年7月14日08时探空观测资料显示，500 hPa低涡中心位于黑龙江北部，辽宁省位于高空槽南端前的西南气流影响下，而850 hPa切变线位于辽河流域一带，700 hPa切变线位于辽宁东部，呈明显前倾形势。从水汽条件来看，除辽宁北部和西部外，其他地区850 hPa存在明显湿区；850 hPa显著流线位于辽宁南部，暖脊北伸到辽宁西部，北部地区存在一条干线，北部的干冷空气南下和暖湿空气交汇，因此辽宁省中东部具有强对流天气发生潜势。

### 2.2　沈阳强对流环境条件

图1给出基于LAPS三维气象场制作的沈阳市区14—17时探空曲线图。14时地面温度高达33℃，近地面层处于干暖的大气状态，中层850 hPa存在明显湿区，而700 hPa又出现干区，这也就形成了"低层干暖、850 hPa湿、700 hPa干冷"的分布特征，可使对流不稳定增强。同时由于近地面温度高达33℃，不稳定能量CAPE在午后显著发展，积蓄了大量的不稳定能量，高达5000 $J \cdot kg^{-1}$，极强的不稳定能量表征由于热力作用可以产生强的上升气流，有利于对流发展到更高的高度，进而形成冰雹。同时值得注意的是16—17时沈阳市区近地面温度降低达到5℃，CAPE也减小到300 $J \cdot kg^{-1}$，低层冷中心和不稳定能量的释放，同时伴随着垂直风切变，有利于出现雷雨大风天气。

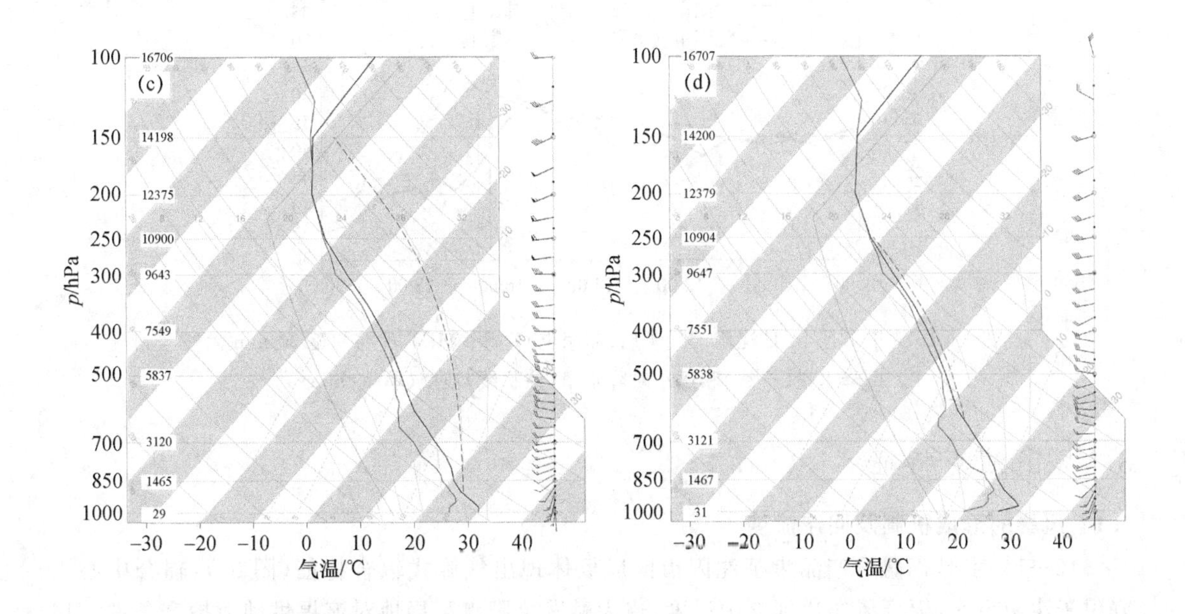

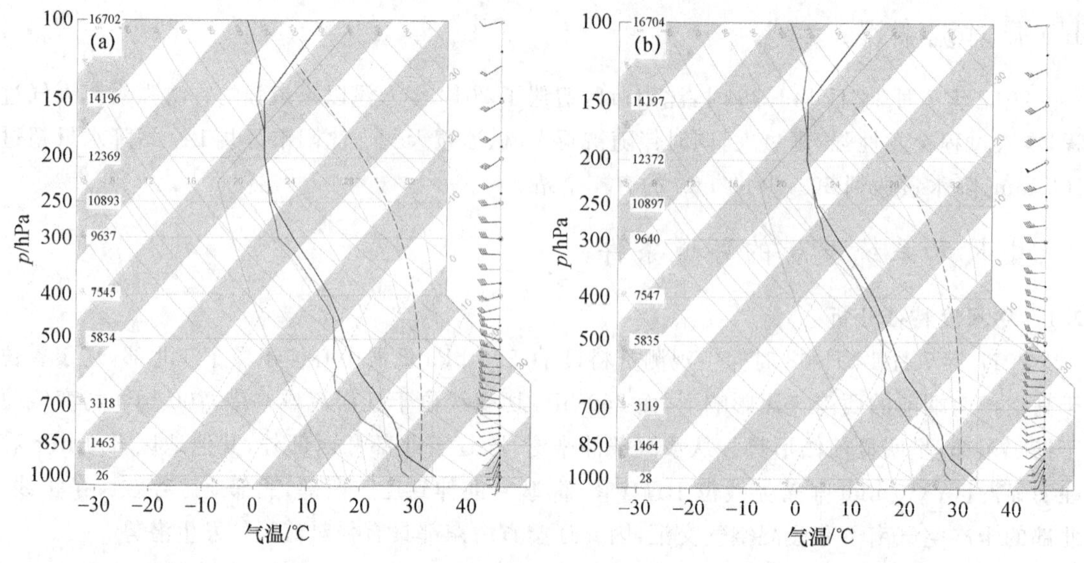


图 1　2017 年 7 月 14 日 14—17 时探空图(a. 14 时;b. 15 时;c. 16 时;d. 17 时)

图 2 给出沈阳市气象局和苏家屯 GNSS/MET 反演的逐 30 min 大气可降水量 PWV 和逐小时降水量，两站相距 20 km，14 日 08—14 时两站 PWV 维持在 55 mm，均达到了同期沈阳市区局地型暴雨水汽条件[5]。从 14:00 开始 PWV 逐渐增加，其中沈阳市气象局 PWV 在 15 时 30 分达到峰值，为 59 mm，而苏家屯在 17:00 达到峰值，为 65 mm，两个站点均在 PWV 达到峰值后出现了短时强降水。在 17 时两个站点的 PWV 相差达到 12 mm，其中沈阳市降水已经结束，而苏家屯降水刚刚开始，水汽条件明显差异也能体现出本次局地性强的特征，存在着中小尺度对流系统导致本次局地强对流个例水汽条件差异。

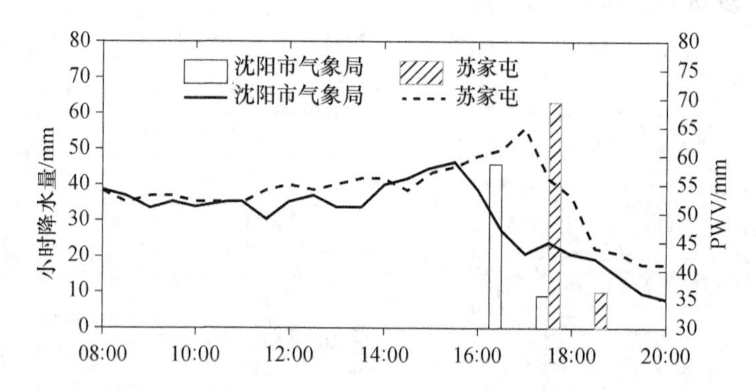


图 2　2017 年 7 月 14 日沈阳市气象局、苏家屯 GNSS/MET 反演的逐 30 min 大气可降水量(折线)和逐小时降水量(柱状线)演变(单位:mm)

# 3　风暴演变特征

## 3.1　风暴的形成机制及回波演变

12—14 时 地面融合产品表征沈阳市区风场体现出气旋式辐合特征(图 3a)，辐合中心正好位于沈阳市区，辐合风场达到 β 中尺度，这为触发沈阳市区局地对流提供动力抬升条件。14 时 30 分沈阳市区的辐合风场开始触发对流单体 A，并且不断发展。由于地面气旋式辐合风场持续影响到沈阳市区，并且 LAPS 探空资料显示不稳定能量高达 5000 $J \cdot kg^{-1}$，因此对流系统 A 在沈阳市区稳定少动，并于 16 时 覆盖沈阳市区中部，强度达到 45 dBZ，A 的尺度也达到 β 中尺度，16—17 时沈阳市区出现 57 mm 的强降水。从 16 时地面融合产品来看（图 3b)，由于 A 回波造成的强降水，沈阳市区已经出现了冷池，这样冷池和周边高温区域形成较大的气压梯度，进而可以形成出流边界，和新民一带的地面辐合线相遇再次触发对流单体 B。而 A 回波在形成出流边界后，也于 16:40 开始逐渐向南移动。

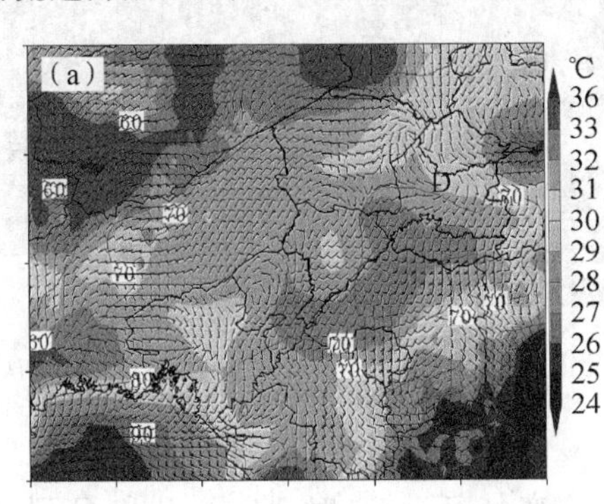

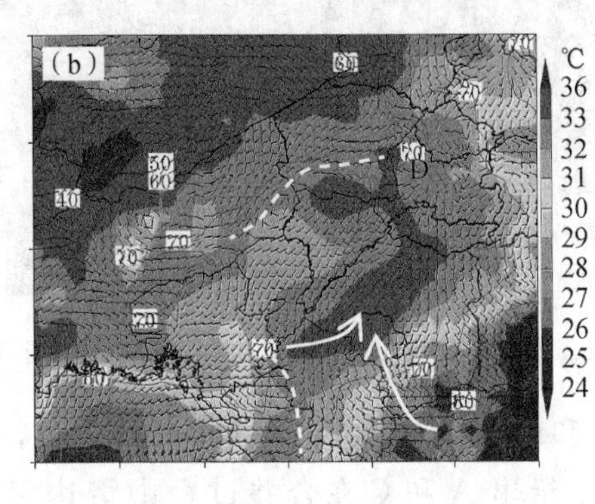


图 3　2017 年 7 月 14 日 14 时(a)、16 时(b)地面风场（风向杆)、温度（等值线，单位：℃）和相对湿度（填色，单位：%)分布图

在 15 时海城市和鞍山市区分别生成 C1 和 C2，地面融合产品在 14 时也识别出在海城一带存在明显的中尺度辐合线，同时在鞍山市区出现明显冷暖气流交汇，但是这两个风暴的触发系统均没有出现气旋式旋转闭合特征，因此两个对流系统在生成后迅速伴随着偏南引导气流向东北方向移动。在 16 时在辽阳县合并，形成对流系统 C，并且逐渐向沈阳市区南部靠近。

### 3.2　强冰雹形成原因

对流系统 A 在造成强降水的同时也产生了冰雹天气。在 15 时 15 分 A 的反射率最强达到 65 dBZ，液态水含量 VIL 达到 65.8 $kg \cdot m^{-2}$，回波顶高达到了 10 km 的高度（图略)。Amburn 等[6]定义 VIL 与风暴顶高度之比为 VIL 密度，并且研究表明 90%雹暴的 VIL 密度≥3.5 $g \cdot m^{-3}$，而几乎所有 VIL 密度≥4.0 $g \cdot m^{-3}$ 风暴都会产生直径≥2 cm 的冰雹，15:15 VIL 密度高达6 $g \cdot m^{-3}$，说明出现冰雹概率极大。从雷达反射率的剖面来看（图 4a)，A 具有明显的高回波中心，基本反射率大于 60 dBZ 的回波主体在 6 km 以上，此时探空图显示 6 km 高度恰好为 −20℃，说明在冰雹增长层 −30～−10℃存在丰富的过冷却水滴，非常有利于大冰雹的产生；同时 A 的西侧出现了弱回波区和中高层回波悬垂特征。从径向速度剖面（图 4b)以及不同仰角径向速度分布图来看，在 A 前侧低层弱回波区有明显的入流以及强辐合，倾斜的上升气流从弱回波区一直伸展到 A 的中层强回波区处，这支强烈的上升气流为风暴输送水汽，维持风暴的发展，并且其托举作用能够使小冰粒长成大冰雹；另外有一支干冷的下沉气流从风暴后部中层流入，从风暴的底部流出，前侧强上升和后侧下沉气流错开，互不妨碍又相互促进，这是风暴流场自组织的一种机制或自维持结构。两股气流在中层存在明显的径向辐合，转动速度达到 25 kts*，达到中气旋标准[7]。由于中气旋持续存在，所以 A 已经发展为超级单体风暴。图

* kts 为节（海里/小时）相当于地球子午线上纬度一分的长度。

4c 给出了对流系统的三维结构图，对流系统发展极其旺盛，并且风暴顶已经位于低层弱回波区之上，根据 Lemon[8] 提出的不同强度风暴模型，A 已经发展为超级单体风暴。正是由于中气旋的发展和维持，使得超级单体发展并维持，造成沈阳市区出现强冰雹天气。同时 GR2Analyst 软件在相同区域分析出冰雹灾害，冰雹直径达到了 5.56 cm。

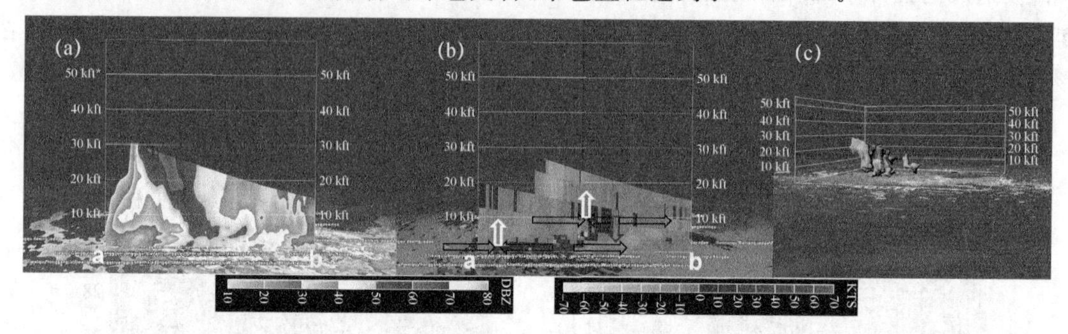


图 4　雷达反射率剖面图(a)、径向速度剖面图(b)以及雷达反射率大于 50 dBZ 回波的三维结构(c)

## 3.3　A 和 C 合并过程特征

图 5 给出 A 和 C 在合并过程中雷达回波的演变特征。17 时 14 分 A 和 C 到达沈阳市区南部，两个回波相距 10 km，A 的雷达回波强度和范围明显强于 C。从雷达回波的剖

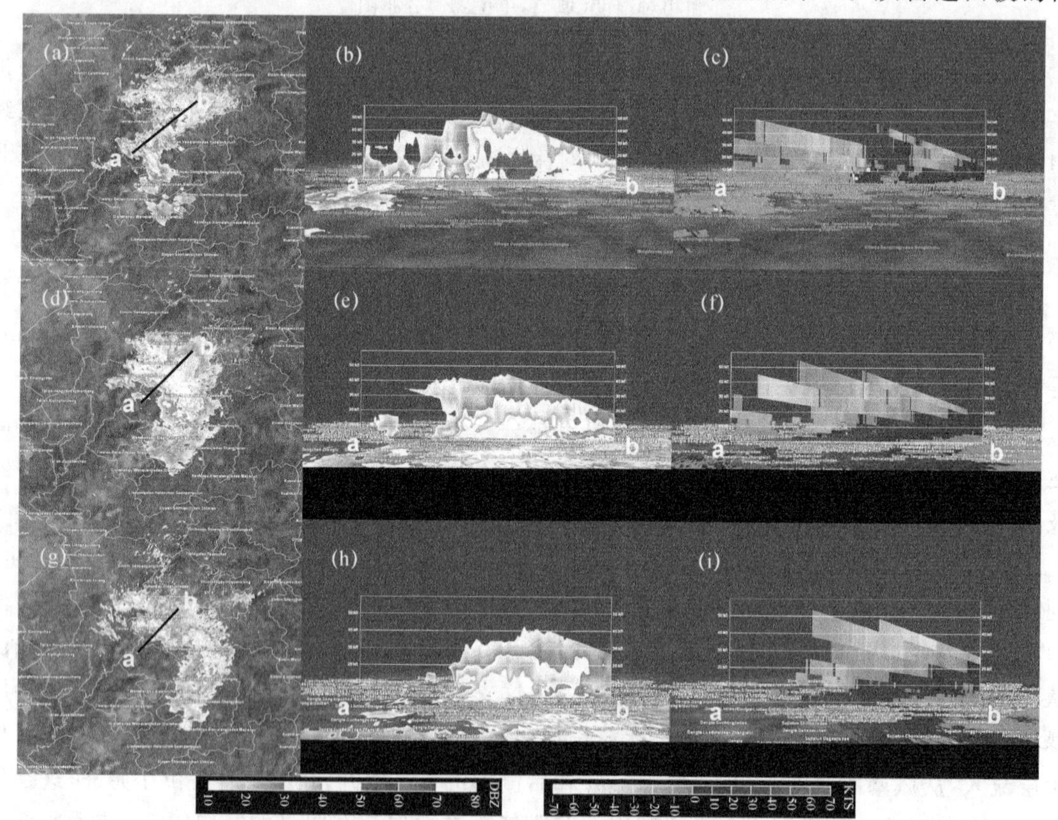


图 5　2017 年 7 月 14 日 17 时 14 分、17 时 45 分、18 时 17 分雷达反射率分布(a、d、g)以及基本反射率(b、e、h)、径向速度剖面图(c、f、i)

* kft＝304.8m。

面结构来看，A 系统低层的雷达反射率仍然高达 50 dBZ；从径向速度剖面来看，在 A 的南边界从低层到高层仍然存在明显的风场辐合特征，但是 C 已经没有明显的辐合特征，所以在合并前对流系统 A 要比 C 更加旺盛。17 时 45 分 A 和 C 已经完全合并形成了对流系统 D，D 对应雷达回波的形状由开始的近乎椭圆形逐渐向线状演变，强回波中心减小到 40 dBZ，回波高度也明显降低，径向速度剖面图也体现出低层出流，出流速度达到 17.2 $m \cdot s^{-1}$，同时存在明显的中层径向辐合 MARC，正负速度中心达到 25 $m \cdot s^{-1}$，有利于出现雷雨大风；同时由于低层辐合风场特征消失，D 回波也可能逐渐开始减弱。从 18 时 17 分来看，D 回波强度逐渐减弱，并且开始向东移动，回波的顶高也降低，沈阳市区呈辐散趋势，说明沈阳市区降水已趋于结束。

## 4 结论与讨论

(1)“7·14”沈阳市局地强对流天气发生在高空槽南端前的西南气流影响下，受低层切变和干线共同影响，伴随极强的不稳定能量，同时 GNSS/MET 水汽资料显示午后水汽条件增加，因此午后沈阳市区存在强对流天气发生的对流潜势。

(2)本次沈阳市区局地强对流天气共受到 A-C 风暴影响，其中 LAPS 地面融合产品均能表征在对流发展前 2 h，地面风场就出现有利于触发对流系统的 β 中尺度风场特征。

(3)由于风暴 A 对应的地面中尺度低压系统持续维持在沈阳市区，该单体迅速发展为超级单体，导致沈阳市区出现明显的冰雹和雷雨大风天气，GR2Analyst 软件更容易制作雷达反射率和径向速度剖面图，同时其三维产品能够很好地表征冰雹云的穹隆结构、高回波中心、有界弱回波区等冰雹云特征。超级单体 A 形成的出流边界与新民一带地面辐合线相遇后又触发新风暴 B。

(4)超级单体 A 和辽宁南部风暴 C 在沈阳市区南部合并过程中低层风场出现明显的出流以及中层径向辐合 MARC 特征，有利于产生雷雨大风天气。

(5)综上分析，本次过程基于 08 时中尺度分析可以判断午后辽宁省中东部存在强对流天气发生的潜势。12 时沈阳市区存在的中尺度辐合风场，可以判断其未来可能触发对流，可以预计未来 1～2 h 可能出现强对流天气。同时由于干线的存在，可能形成冰雹、雷雨大风等强对流天气；由于 GNSS/MET 资料显示水汽条件充足，发生强降水的可能性极大，因此本次过程可以判断是混合型强对流天气。当判识风暴 A 已经形成超级单体时，可以考虑发布沈阳市区的暴雨(橙色，冰雹)橙色，雷雨大风预警，但是暴雨红色预警还需要更加精细的监测和分析来判断，因此冷涡型局地强对流天气预警难点还是在于单点暴雨红色预警。

## 参考文献


[1] 李红莉，张兵，陈波．局地分析和预报系统(LAPS)及其应用[J]．气象科技，2008，36(1)：20-24.

[2] 刘瑞霞，陈洪滨，师春香，等．多源观测数据在 LAPS 三维云量场分析中的应用[J]．应用气象学报，2011，22(1)：123-128.

[3] 杨磊，王瀛，孙丽，等．辽宁地区 LAPS 系统及其在暴雨个例中的应用[J]．气象与环境学报，2017，33(6)：1-8.

[4] 杨磊，蒋大凯，王瀛，等．“8・16”辽宁特大暴雨多尺度特征分析[J]．干旱气象，2017，35(4)：267-274.
[5] 杨磊，蒋大凯，王瀛，等．辽宁省汛期 GPS 大气可降水量的特征分析[J]．干旱气象，2016，34(1)：82-87.
[6] Amburn S A，Wolf P L，VIL density as a hail indicator[J]．Wea Forecasting，1997，12(3)：473-478.
[7] Andra D L. The origin and evolution of the WSR-88D mesocyclone recognition nomogram[C]. Preprints，28 th Conf. on Radar Meteorology，Austin，TX，Amer Meteor Soc，1997：364-365.
[8] Lemon L R. Severe thunderstorm radar identification techniques and warning criteria[R]. NOAA Tech. Memo. NWS NSSFC-3，Kansas City，National Severe Storms Forecast Center，1980：60.

# 2017 年 6 月 2 日山东南部强对流天气的观测和预报分析*

杨晓霞[1]　张　磊[1]　李　恬[2]

(1 山东省气象台,济南 250031;2 山东省济南市气象局,济南 250021)

## 摘　要

利用常规和加密自动站观测资料、卫星云图、雷达回波和 EC 细网格模式分析和预报产品,对 2017 年 6 月 2 日下午至夜间山东南部强对流天气进行分析,对 EC 细网格预报进行检验。结果表明:500 hPa 东北横槽旋转南下,强对流产生在槽后西北气流中,850 hPa 横向暖式切变线转为西风槽东移。在 EC 细网格模式预报中,11—23 时 925 hPa 有中尺度涡旋发展,在涡旋中心附近和其东部的偏南气流辐合区对流不稳定能量急剧升高,伴随着对流的强烈发展,中尺度涡旋向东南移动。在地面加密观测资料中也有中尺度涡旋发展,与 925 hPa 的涡旋相对应。低层中尺度涡旋的发展为对流的产生提供了不稳定能量和动力抬升。EC 细网格模式能预报出低层中尺度涡旋的发展和对流不稳定能量的积聚,能帮助预报员判断强对流天气的时空区域,但对强降水的落区预报偏西、偏北,降水量预报偏小。

**关键词**:强对流　形成机制　500 hPa 横槽旋转南下　低层中尺度涡旋发展　EC 细网格预报检验

## 引言

强对流分为干型强对流和湿型强对流两种,干型强对流造成的天气以雷暴大风和冰雹为主,湿型强对流造成的天气以强降水为主,伴有雷暴大风。干型强对流多产生在春季和秋季,湿型强对流一般产生在夏季。统计分析表明[1],强对流产生雷暴大风的频率高、范围大,造成的灾害严重。目前,依靠卫星云图和雷达监测,对强对流的监测和短时临近预报水平已有较大提高[2],但对强对流的短期预报还是一大难题。产生强对流的大气环境条件、强对流的形成机制、出现时间、落区和强度仍是目前气象研究中的一大课题。对山东省雷暴大风的研究[1]表明,6 月"槽后西北气流型"雷暴大风较多,鲁南产生雷暴大风的温湿条件相对较高。对强对流的形成条件和形成机制研究表明[3-6],高空偏北气流携带的冷空气南下,使得对流层中低层形成不稳定层结和较强的垂直风切变,为强对流天气的发生提供了有利的环境,低层辐合中心及辐合线是对流的触发机制。钱维宏等[7]研究了扰动变量在强对流天气分析和模式评估中的应用,结果表明,欧洲全球模式能够提前 42 h 预报出时 925 hPa 和 850 hPa 的扰动系统位置,这些环境扰动系统和扰动动变量能够帮助预报员判断有可能发生强对流的大致时空区域。本文应用常规和加密观测资料及 EC 细网格全球模式(0.25°×0.25°)分析和预报产品,对 2017 年

* 资助项目:2016 年中国气象局预报预测核心业务发展专项(CMAHX20160208),2013 年和 2014 年山东省气象局气象科学技术研究项目(2013sdxq01,2014sdqxm20),2014 年山东省气象科学研究所数值天气预报应用技术开放研究基金(SDQXKF2014Z05)。

6月2日下午至夜间山东南部的强对流天气的大气环境条件和形成机制进行分析研究，对EC细网格模式的预报进行检验，为预报员提供预报强对流天气的参考依据。

## 1 强对流天气实况和预报分析

2017年6月2日17时—3日05时，鲁西北的西部、鲁中南部和鲁南地区出现强对流，造成雷暴、大风和强降水天气。雷暴大风主要在2日17—23时，极大风速8～11级，有23站达到10～11级，140站8～9级，18—19时雷暴大风最强，7站的极大风速达到11级，茌平的乐平铺自动站极大风速达到32.6 $m \cdot s^{-1}$，茌平站极大风速31.5 $m \cdot s^{-1}$。强降水主要在2日18时—3日05时，过程雨量有22个观测站在50 mm以上，115站雨量在25～50 mm，济宁的军屯雨量观测站最大降水120.7 mm；最大小时雨量20～53 mm，在20—21时降水强度最大，1 h雨量30～53 mm。雷电主要出现在2日17时—3日02时。强对流从鲁西北的南部开始，向东南方向移动，雷暴大风和强降水都是在强对流前期最强，后期减弱。2日17—20时强对流影响聊城、济宁市的西部和泰安市的西部地区，2日20时—3日05时东移到泰安市的南部、济宁东部和枣庄一带，风力减小。雷暴大风的风向以北到东北风为主。在闪电定位仪上，山东省境内2日17时开始监测到闪电，3日02时闪电结束，以负闪为主，在2日17—22时闪电次数较多，小时总闪电次数在180～788次，在17—18时最多，达到788次。对于此次过程，在短期预报中，预报位置偏北、出现时间不确定、雷暴大风和强降水的强度偏小；在短时临近预报中，根据卫星云图和雷达监测，及时发布了预报预警。

## 2 对流云团特征

从FY-2G红外卫星云图中可以看出，2日14时开始在山西与河北的中部交界处生成中尺度对流云团，迅速发展东移，17时30分从鲁西北的西部进入山东境内(图1a)，造成雷暴、大风和强降水。2日19—21时对流云团在鲁西北的西部和鲁中的西部发展为椭圆形(图1b)，中心位于泰安附近，最低TBB为216～220 K。在云团的南部边缘产生强雷电、10～11级偏北雷暴大风和1 h雨量30～50 mm的强降水。21时以后，云团在向东南移动的过程中快速减弱，雷电、大风和降水强度也减弱。

在济南雷达综合反射率因子回波图(CR37)中，表现为东北—西南向的带状回波带，有多个强回波中心，从鲁西北的西部向东南方向移动，经过聊城和泰安的对流单体最强，回波强度在45～65 dBZ(图1c)。在径向速度图中出现正负速度对和速度模糊，对应地面上10～11级的雷暴大风。

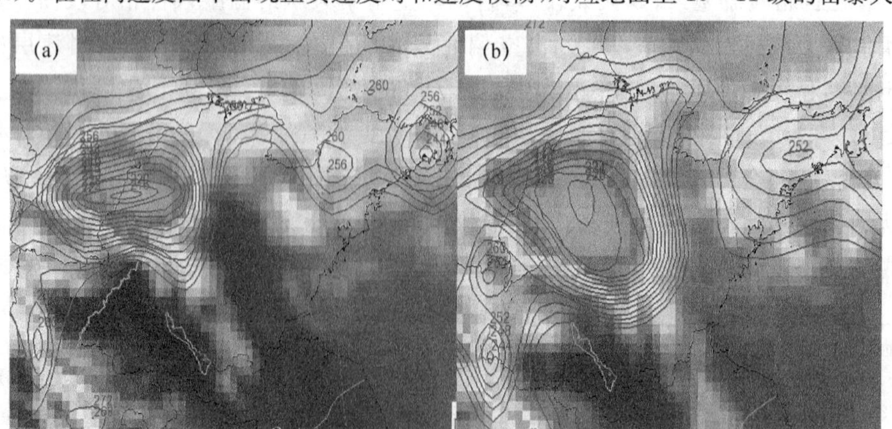

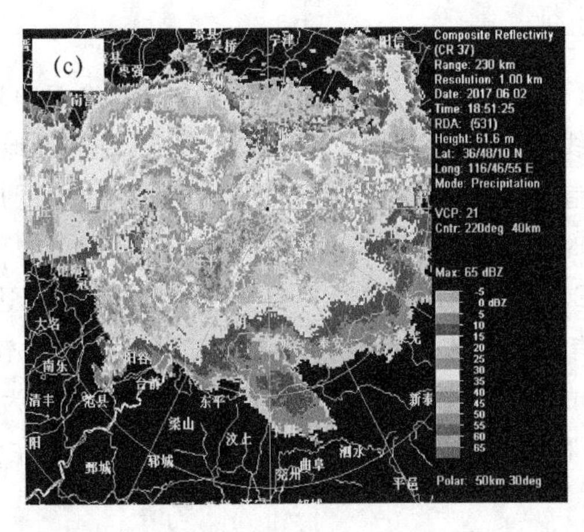


图 1　红外卫星云图和 TBB(等值线间隔 2 K),2 日 18 时(a),19 时(b),
济南雷达站 2 日 18 时 51 分雷达反射率因子分布 CR37(c)

## 3　环流特征和影响系统

对流产生前,6 月 2 日 08 时 500 hPa 上从河套北部至山东上空为一致的西北气流,河套北部的风速达到 28 m·s$^{-1}$,东北地区为冷性低涡中心,低涡西部有横槽位于 50°N 附近。低层 700～925 hPa 东北低涡中心偏东,低涡中心西部的横槽位于东北地区;在河套地区东部为华北中尺度低涡环流,700 hPa 中心位于北京上空,850 hPa 中心位置偏西偏南,中心至山东北部为人字形切变,切变线的南部为暖舌和 20℃的暖中心,鲁西北和鲁中西部偏南风与等温线垂直,有明显的暖平流和风切变辐合;山东西部低层西南风输送暖平流、高层西北风弱冷平流(图 2a、b),有利于中低层大气向不稳定层结发展,且有明显的风垂直切变,有利于对流有组织地发展。2 日下午,500 hPa 河套地区的高压脊加强,其东部东北地区的低涡发展,环流经向度加大,脊前西北气流加强,低涡西部的横槽旋转南下,引导中高层冷空气南下,触发低层暖式切变线南部的对流不稳定能量释放,产生强对流。对流期间,2 日 20 时 500 hPa 低槽东移到黄海,山东受槽后西北气流影响,700～850 hPa 的华北低涡环流减弱消失,700 hPa 转为西北气流,850 hPa 低槽位于山东中部(图 2c、d)。对流云团在低层 850 hPa 暖式切变线南部的偏南气流中发展,在高空 500 hPa 槽后西北气流的引导下向东南移动。

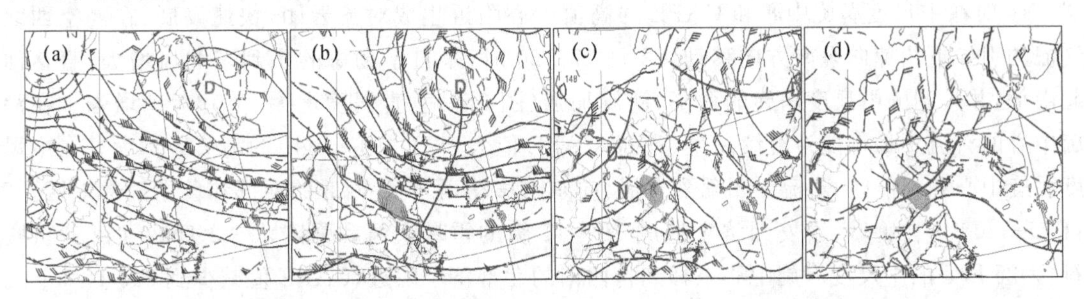


图 2　大气图(实线:等高线;虚线:等温线,等值线间隔 4;阴影区为强对流区),2 日 08 时 500 hPa(a),
2 日 08 时 850 hPa(b),2 日 20 时 500 hPa(c),2 日 20 时 850 hPa(d)

## 4 大气环境温湿特征

产生强对流的三要素为大气对流不稳定、水汽和抬升。2 日 08 时济南章丘探空站上空 600 hPa 以下温度层结曲线和露点曲线呈向下开口的喇叭口形，近地面层较干，在 600 hPa 附近为湿层，近地面层为偏南风，700 hPa 以上为较强的西北风，中低层有较强的风垂直切变，700 hPa 以下风随高度顺时针旋转，低层大气中有暖平流，有利于中低层大气向不稳定层结发展。对流有效位能(CAPE)为零，沙氏指数 SI＝－1.43℃，$\theta_{se(700-850)}$ 达到－9.2℃，中大气层结不稳定和对流性不稳定，有利于对流的发展。整层大气温度露点差较大，大气较干，有利于产生雷暴大风。徐州探空站的探空曲线与章丘类似(图略)，CAPE 也为零，但是其他物理量参数显示，大气层结不稳定，有利于对流的发展。2 日下午强对流云团在济南和徐州之间发展，产生雷暴大风和局地强降水。

## 5 大气动力条件和对流形成机制

### 5.1 高空横槽旋转南下触发对流产生

6 月 2 日 08 时，在 700～850 hPa 华北中尺度低涡附近有较强的辐合上升运动，中心位于北京附近，850 hPa 的上升运动的中心值达到$-32\times10^{-4}$ hPa · $s^{-1}$，山东西部位于上升运动中心的南部。925 hPa 的上升运动中心偏南，位于鲁西北地区，中心值为$-16\times10^{-4}$ hPa · $s^{-1}$。为强对流的发展提供了有利的抬升条件。高层 500 hPa 为较强的西北风，从低层到 500 hPa 有较强的风垂直切变，有利于对流有组织地发展。2 日下午，伴随着高空横槽的旋转南下和槽后冷空气的影响，在 850 hPa 切变线南部的辐合上升运动区产生强对流。

### 5.2 低层中尺度涡旋发展

#### 5.2.1 在 EC 细网格分析和预报中低层中尺度涡旋发展

在 EC 细网格分析和预报产品中，6 月 2 日 08 时(分析场)，在鲁西北的西部低层 925 hPa 为风速 12～16 m · $s^{-1}$的偏南风急流区，对流有效位能(CAPE)升高到 200 J · $kg^{-1}$，2 日 11 时(2 日 08 时起报，下同)在河北南部和山东西部形成中尺度气旋性环流，在环流中心和东部的偏南风急流区 CAPE 的中心值增大到 800 J · $kg^{-1}$，14 时在气旋性环流中心 CAPE 值迅速增大到 1200 J · $kg^{-1}$(图 3a)，其东南部鲁西北西部和鲁西南北部的 CAPE 也升高到 200～800 J · $kg^{-1}$。在中尺度涡旋发展的同时，对流不稳定能量也在积聚升高。高能中心与涡旋中心相叠置，非常有利于对流的发展。14 时在中尺度涡旋中心和 CAPE 的高值中心附近生成对流云团，快速发展，在高空西北气流的引导下快速向东南方向移动。2 日 17—20 时，来自于渤海的东到东北风增大，直达河北南部，并入到的中尺度涡旋的西部，涡旋加强(图 3b)，垂直涡度增大，上升运动增强。在涡旋中心的对流不稳定能量继续积聚、升高，CAPE 值大于 1200 J · $kg^{-1}$的高值区扩大。在中尺度涡旋中心和高能区，对流云团猛烈发展，向东南移动，影响鲁西北的西部和鲁中西部地区。2 日 17—20 时，在聊城、泰安和济宁造成 10～11 级的雷暴大风和强降水。2 日 20 时(分析资料)，925 hPa 的中尺度涡旋中心东移到鲁西南的北部济宁附近，CAPE 值减少到 600 J · $kg^{-1}$。在涡旋中心东部的偏南气流区，鲁中南部和鲁南的 CAPE 增大到 200～600 J · $kg^{-1}$，对流云团在此区域发展。2 日 23 时涡旋中心移到鲁西南(2 日 20 时起报，下同)，在中心东部，偏南气流与偏东气流的辐合区，对流不稳定能量升高，对流云团在此维持。3 日 02 时，涡旋中心稍东移，3 日 05 时低涡中心南移到河南东部和安徽北部，山东位于低涡中心的北部，受偏北气流影响，对流结束。由此可见，在低层，随着中尺度涡旋的生成和发展，在中心附近对流不稳定能量积聚，为对流的发展提供了不稳定能量。低层中尺度涡旋在使得对流不稳定能量积聚的同时又触发不稳定能量释放，对流发展。

#### 5.2.2 地面加密自动站观测中尺度涡旋发展

在 6 月 2 日 08—14 时地面加密自动站观测资料中，山东为东高西低的气压场，西部河套地区为低压区，08—11 时在河北上空为东北风与偏南风的经向辐合线（图 3c）。2 日 14 时，从渤海吹向河北的东到东北风加强，与来自于东南沿海的东南风在河北南部和山东的西北部汇合，形成中尺度气旋性环流（图 3a），与低层 925 hPa 的中尺度气旋性环流同位相叠加，向东南移动，20 时到达鲁西南（图 3b），23 时移到安徽北部。中心比 925 hPa 的环流中心稍偏南。地面至 925 hPa 气旋性辐合上升运动与 925～850 hPa 暖平流产生的上升运动相叠加，加强了低层暖湿空气的抬升，触发对流不稳定能量释放。

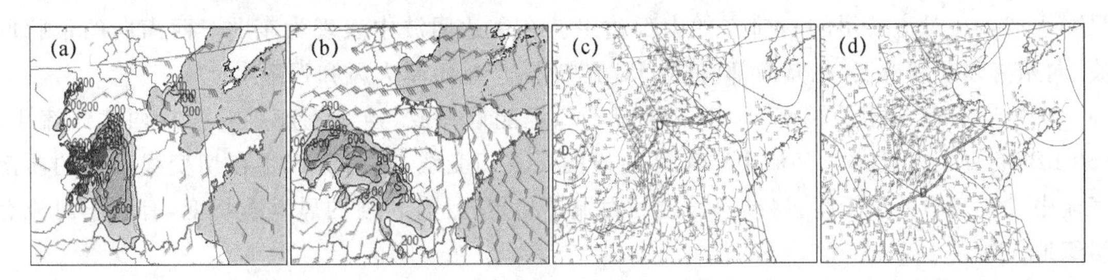


图 3　2017 年 6 月 2 日 14 时(a)和 2 日 20 时(b)925 hPa 风场和 CAPE 分布（等值线间隔 200 J·kg$^{-1}$）、14 时(c)和 20 时(d)地面加密自动站的风场和气压场分布（等值线间隔 1 hPa，粗线为辐合线）

## 6　EC 细网格预报检验

把 6 月 2 日 08 时 EC 细网格预报的 20 时 925 hPa 的涡旋和 CAPE 与实况分析场进行对比发现，预报的涡旋中心位于鲁西北，比实况稍偏西。预报的 CAPE 值中心位置基本相同，但是中心值比实况明显偏大。

在 5 月 31 日 20 时的 60 h 预报中，6 月 2 日 08 时—3 日 08 时的降水区比实况明显偏西偏北（图 4a），有两个降水中心分别位于鲁西北中部和鲁中西部，中心值分别为 32 mm 和 33 mm，预报的中心强度比实况略偏小。6 月 1 日 08 时的 48 h 预报中，2 日 08 时—3 日 08 时的降水

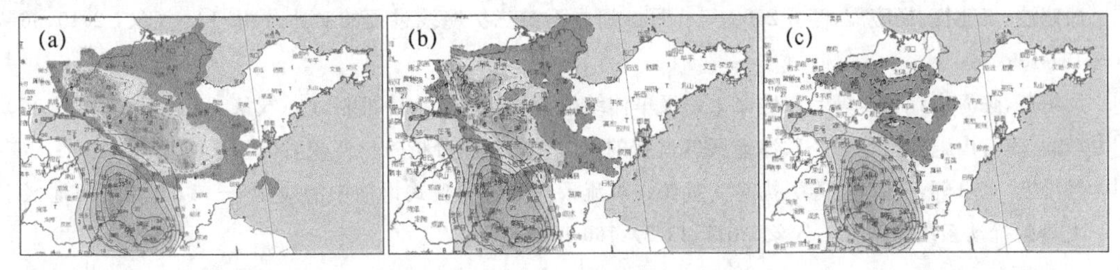


图 4　EC 细网格预报的 6 月 2 日 08 时—3 日 08 时雨量≥5 mm 的区域（虚线，等值线间隔 5 mm）和 2 日 08 时—3 日 08 时实际降水量≥5 mm 的区域（实线，等值线间隔 5 mm）。(a)5 月 31 日 20 时起报 60 h 预报；(b)6 月 1 日 08 时起报 48 h 预报；(c)1 日 20 时起报 36 h 预报

区比实况明显偏西偏北(图 4b),两个降水中心值分别为 40 mm 和 29 mm,预报的中心强度稍偏小。在 1 日 20 时的 36 h 预报中,降水区比前两个起报时次更偏北(图 4c),两个雨量中心分别为 21 mm 和 22 mm,预报的雨量和范围明显偏小。三个起报时次预报的降水区都在鲁西北的中部至鲁中西部,实况在鲁西北的西部至鲁南地区,比实况偏西偏北,中心雨量比实况明显偏小,其中 36 h 的预报误差最大。

## 7 小结

(1)强对流系统从河北南部移入山东,向东南移动,在鲁西北西部、鲁中西南部和鲁南强烈发展,造成强雷电、雷暴大风和局部强降水,强雷电和大风出现在强对流的前期和中期,强降水出现在对流的中期。雷暴大风中心在鲁西北西部和鲁中西南部,强降水中心在雷暴大风中心的东南部鲁南地区。

(2)在卫星云图中,对流云团近于圆形,从西北向东南移动,为右向发展雷暴,雷暴大风和强降水产生在对流云团的右前方的南部边缘。在雷达回波中表现为东北—西南向的带状回波,向东南移动和发展,在其南部有多个对流单体,产生雷暴大风和强降水。

(3)500 hPa 横槽旋转南下,触发对流不稳定能量释放,强对流产生在槽后西北气流中。850 hPa 鲁西北的北部为环流中心东部的横向暖式切变线,强对流产生在切变线南部的西南气流中。大气中低层干暖,层结不稳定和对流不稳定,且有较强的风垂直切变,有利于对流有组织地发展。

(4)地面至 925 hPa 中尺度涡旋发展,不稳定能量积聚,既为对流的发展提供了不稳定能量,又提供了动力抬升。对流在中尺度涡旋中心附近及东部的偏南气流的辐合区发展。

(5)EC 细网格数模式对 925 hPa 中尺度涡旋的预报较好,对 CAPE 的中心预报偏大。对强降水的中心位置预报偏西偏北,对雨量预报偏小。在时效为 60 h、48 h 和 36 h 的 24 h 降水预报中,36 h 预报的偏差最大。

### 参考文献

[1] 杨晓霞,胡顺起,姜鹏,等. 雷暴大风落区的天气学模型和物理量参数研究[J]. 高原气象,2014,33(4):1057-1068.

[2] 俞小鼎. 强对流天气临近预报[Z]. 北京:中国气象局培训中心,2011:4-7:55-59.

[3] 杨晓霞,李春虎,杨成芳,等. 山东省 2006 年 4 月 28 日飑线天气过程分析[J]. 气象,2007,33(1):74-80.

[4] 曲晓波,王建捷,杨晓霞,等. 2009 年 6 月淮河中下游三次飑线过程的对比分析[J]. 气象,2010,36(7):151-159.

[5] 吴海英,陈海山,刘梅,等. 长生命史超级单体结构特征与形成维持机制[J]. 气象,2017,43(2):141-150.

[6] 李聪,姜有山,姜迪,等. 一次冰雹天气过程的多源资料观测分析[J]. 气象,2017,43(9):1084-1094.

[7] 钱维宏,梁卓轩,金荣花,等. 扰动变量在强对流天气分析和模式评估中的应用——以苏北里河地区引发龙卷的扰动系统为例[J]. 气象,2017,43(2):166-180.

# 山东连续两次强对流天气的环境条件和多普勒雷达分析

张　琴[1]　张　晓[2]　孟　伟[1]　李淑玲[1]　胡晓琳[1]

（1. 淄博市气象局，淄博 255048；2. 中国科学院大气物理研究所，北京 100029）

## 摘　要

本文对发生在山东境内的两次强对流天气过程的环境场条件及中小尺度系统的结构特征进行了分析。结果表明：高空冷涡与下滑冷槽、地面气旋造成了前后两次强对流过程；更强的超低温、高低空急流耦合作用、更明显的非均匀结构以及更好的水汽条件，构成过程Ⅱ更强的对流条件。强对流发生前均对应高低层经向风的反向增大，过程Ⅱ对应较大的纬向风速造成了更强的垂直风切变；两次过程高低空的温度平流配置与冰雹落区有很好的对应关系；过程Ⅱ高层漏斗状 $\theta_{se}$ 向下伸展度更大、低层等 $\theta_{se}$ 线更密集，导致垂直涡度的发展更加剧烈。飑线成熟阶段，强烈的中层径向辐合 MARC、后侧入流急流 RIN 造成强的上升气流。超级单体和强对流单体均造成了降雹，但结构存在差异。

**关键词**：大气能量结构　飑线　超级单体

## 引言

叶笃正[1]、陶诗言[2]、曾庆存[3]都曾指出，能量方法在中国暴雨和强对流天气的分析和预报中可揭示许多重要现象。V-3θ 图（风矢位温图）是欧阳首承教授根据溃变理论[4]，利用现有资料提出，能综合反映大气能量。本文引进了 V-3θ 图分析方法，对传统分析方法进行有益补充。强对流天气的发生、发展主要依赖大气的热力及动力条件。众多气象工作者对强对流天气的各物理量的结构特征做了较为深入的分析研究。2013 年 6 月 13 日—14 日山东接连出现两次强对流天气过程。第一次（过程Ⅰ）发生在 13 日午后 14 时持续至 14 日上午 08 时，短时强降水发生在除半岛外的山东大部，前后 4 个站点出现冰雹，最大冰雹直径 8 mm。第二次（过程Ⅱ）从 14 日午后 15 时持续至 15 日早晨 08 时，短时强降水主要出现在鲁中地区，共 4 个站点出现冰雹，最大冰雹直径 20 mm。

## 1　天气系统和环流背景

2013 年 6 月 13 日 08 时 500 hPa 高空图上，中高纬环流经向度明显，蒙古中部有一高空冷涡向东南方向移动，冷涡底部不断分裂出冷空气，导致华北东部出现冷槽。在冷涡的强迫下，内蒙古西部出现地面气旋。14 时，冷槽过境，山东位于槽后的西北气流与气旋前部西南气流的控制之下，高层干冷空气叠加在低层暖湿空气上，导致不稳定层结出现。20 时，随着冷涡和气旋东移，山东上空对流层高层西北气流与对流层低层西南气流加强，强对流天气过程Ⅰ达到最强时段。14 日 08 时，随着冷涡东移，高层被冷涡前西南气流控制，过程Ⅰ结束。14 日 20 时，冷涡中心过境，山东处于冷涡后部和地面气旋前部，高空西北气流和低空西南气流叠加，出现强对流天气过程Ⅱ。15 日 08 时，地面气旋中心东移至渤海湾，山东位于气旋后部，过程Ⅱ结束。

## 2 大气能量结构特征

6 月 13 日 08 时(图 1a),风矢的垂直结构呈整体性的顺滚流,250 hPa 有弱的超低温存在,$\theta^*$ 与 $\theta_{sed}$ 在对流层低层与 T 轴呈钝角,说明此时对流层低层积聚了热力不稳定能量。这些特征对强对流的出现有着指示意义。13 日 20 时(图 1b),对流层顶迅速抬高至 200 hPa,为对流天气的发生提供有利的发展空间,使对流系统得以充分发展。对流层中层 400～700 hPa 为西北风,有冷空气侵入,低层为西南气流。$\theta^* - \theta_{sed} < 10$ K,$\theta^*$ 与 $\theta_{sed}$ 靠近平行,呈蜂腰结构,说明对流层低层水汽条件较好,中层 600 hPa $\theta^*$ 靠近 $\theta$ 线,有一干层存在,构成了上干冷下暖湿的不稳定结构。另外,高层 200 hPa 附近风速增大,为高空急流的抽吸作用,对此次强对流的发生起到了一定的动力作用。

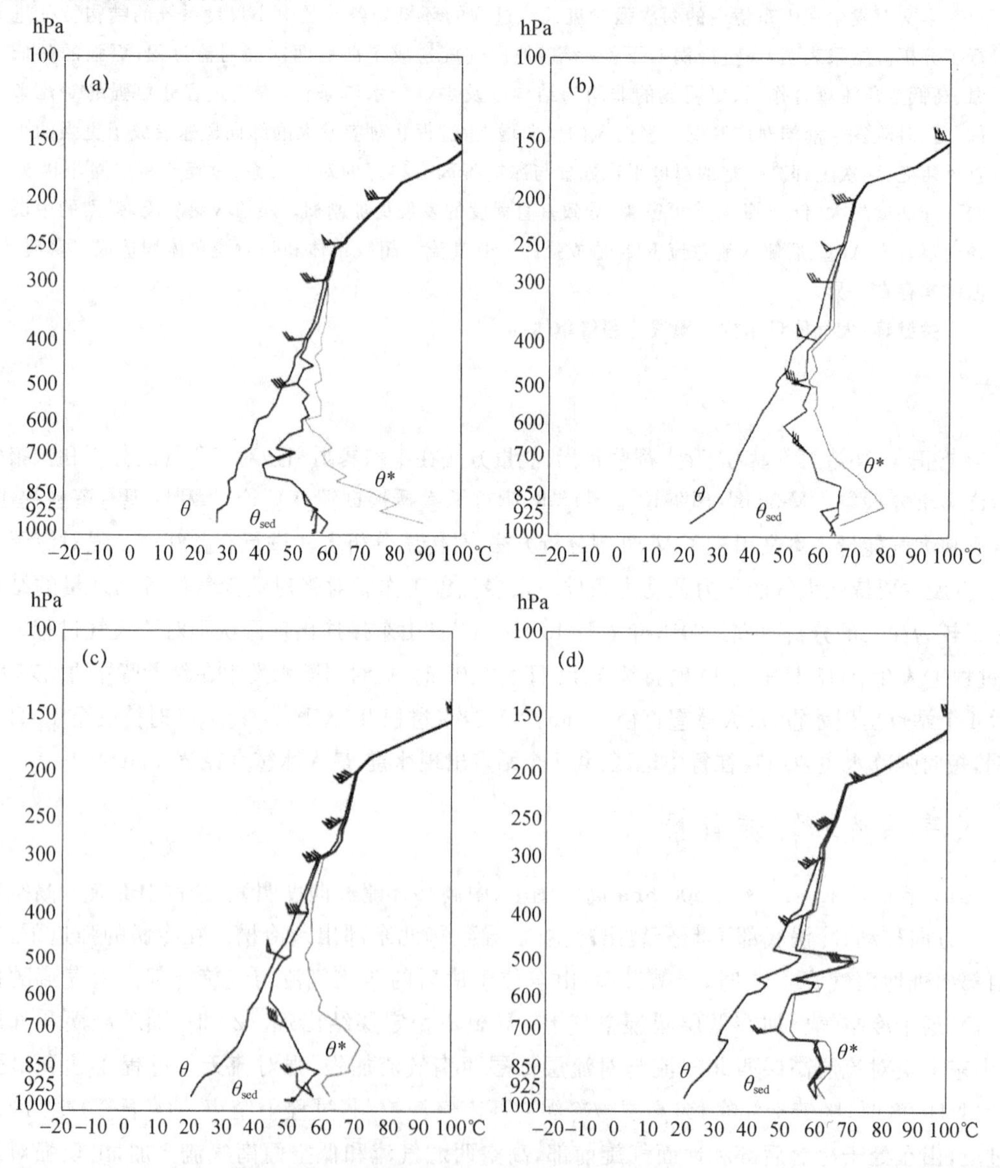


图 1 2013 年 6 月 13 日 08 时(a)、20 时(b)、6 月 14 日 08 时(c)、20 时(d)章丘站 V-3θ 风矢位温图

6 月 14 日 08 时(图 1c),300 hPa 出现强的超低温,对流层非整层顺滚流。由于冷涡的东移,山东上空出现高空急流,图 2c 表现为 300 hPa 以上强的西南风;低层 850 hPa 左右为低空急流,高低空急流耦合造成的抽吸作用明显强于 13 日 08 时。中层 500～700 hPa 为西北风,$\theta^*$ 靠近 $\theta$ 线,低层 850 hPa 为西南风,$\theta^*$ 靠近 $\theta_{sed}$ 线,构成了上干冷、下暖湿的结构,造成强的对流不稳定。水汽的输送为 925 hPa 左右的西南暖湿气流。20 时(图 1d),450～700 hPa $\theta$ 线折拐强烈,出现三个不稳定层,即冷层云,说明高低层温度相差大,出现强烈的对流不稳定。$\theta^*$ 与 $\theta_{sed}$ 曲线以准平行形式准垂直于 T 轴,非均匀结构明显,也表明目前大气呈现极强的对流不稳定。$(\theta^* - \theta_{sed}) < 5$ K,对流层整层均有较好的水汽条件。

## 3 环境场条件分析

### 3.1 垂直风切变

6 月 13 日 08—20 时(图 2),对流层低层(700 hPa 以下)东南风逐渐转为西南风,有利于西南侧高湿区向山东输送水汽。西南气流吹向鲁中山区西南侧,造成的地形辐合作用明显,对鲁中山区西南侧的强天气有重要作用。700 hPa 以上经向风速以及风向差异的增大,使得高低空垂直切变增强。14 日,08—14 时,400 hPa 以下维持了深厚的西南风,为对流层增湿形成高湿度层提供了有利条件。14—20 时,低层西南风转为西北风,高层西南风加强发展。另外,14 日纬向风比 13 日大两倍左右,且 14 日 14—20 时也出现高低层经向风逆转,造成更强的垂直风切变。

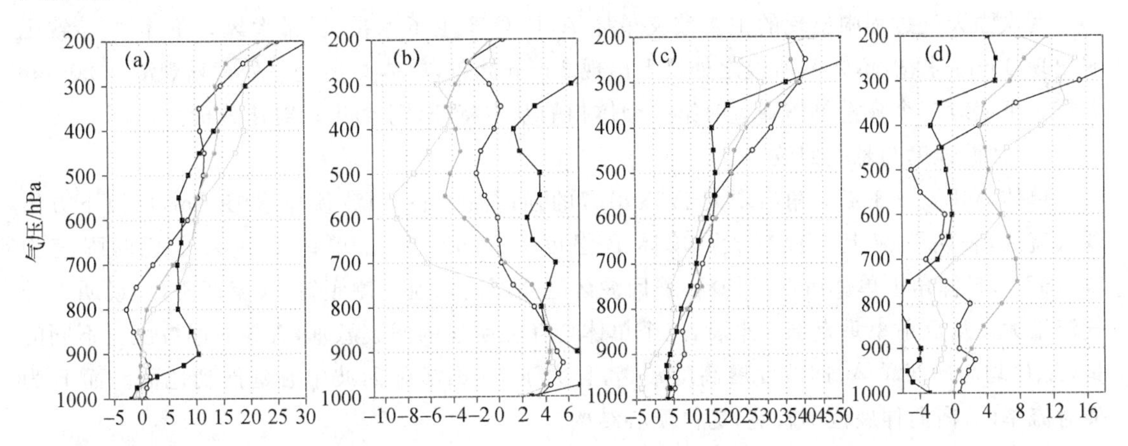


图 2　2013 年 6 月 13 日纬向风(a)、经向风(b)与 14 日纬向风(c)、经向风(d)的垂直廓线(单位:m·s$^{-1}$)
(13 日、14 日 08 时空心圆、14 时实心圆、20 时空心方框、14 日、15 日 02:00 实心方框)

### 3.2 温度平流的作用

通过分析两次过程强对流时段的温度平流分布,发现两次过程高层 200 hPa 为暖平流,对流层低层为冷平流,为强天气的发生发展创造了层结不稳定条件;同时,高低空的温度平流配置与冰雹落区有很好的对应关系。

### 3.3 $\theta_{se}$ 的垂直分布特征

两次过程中等 $\theta_{se}$ 面的倾斜导致低层对流不稳定的增强,垂直涡度的显著发展,导致了强对流的产生。不同的是,过程Ⅱ高层 $\theta_{se}$ 向下伸展更好,低层等 $\theta_{se}$ 线更密集,导致强对流发展更迅速，但由于对流不稳定维持时间短与水汽条件的不同，造成过程Ⅱ降水量小于过程Ⅰ。

## 4　强风暴系统的结构特征

### 4.1　飑线结构特征分析

19时13分（图3）飑线进入初生发展阶段。飑线西段主要由对流单体组成，对流发展强盛，东段为弧形带状回波。飑线西段正负速度区呈相间分布，构成γ尺度的辐合辐散相间的系统，有利于风暴单体的激发生成，包括对流单体A。单体A存在涡管结构、较大的上升气流为降雹提供了有利条件。沿图3a上的直线作剖面，最大反射率在4 km，属低质心系统，飑线前部上升气流随高度略向后倾斜，后侧入流急流RIN侵入雷暴内使雨滴剧烈蒸发[5]，加强由降水拖曳导致的初始下沉气流，增加地面出流的强度，导致雷雨大风的出现。

21时04分，回波呈直线型，进入成熟阶段。低层径向速度图显示，飑线西段正速度区低层存在强烈的飑前入流气流。入流气流西侧的出流急流强度大，存在气旋式环流，低层强烈辐合，造成单体B的形成和维持。东段出现整齐的零速度线，沿图3b中直线做剖面，反射率中心值在6 km，为高质心结构，前侧出现回波悬垂。飑前低层南向气流径向速度达到了15 $m \cdot s^{-1}$，气流垂直上升，在9 km处斜向后流出。飑后中低层出现大于27 $m \cdot s^{-1}$的后侧入流急流RIN，这种由前向后的强上升气流与后侧入流构成的中层径向辐合MARC明显强于飑线初始发展阶段，造成飑线前侧低层辐合增强。

### 4.2　对流单体A、B、C对比分析

两次强天气过程中出现的主要致灾单体A、B、C产生了冰雹、雷暴大风。单体A导致肥城出现8 mm冰雹，单体B所经之处汶上出现2 mm冰雹，单体C所经之处章丘观测到20 mm大雹。下面对三个降雹单体降雹时第一个体扫的基本特征（图4）进行对比分析。

（1）回波强度与悬垂回波

单体A 1.5°～3.4°仰角出现大于65 dBZ的强回波中心，回波顶高达19 km，回波下方出现入流区，表明气流上升速度大。单体B强度大于60 dBZ。单体C进入章丘时强度为67 dBZ，1.5°仰角上单体后部呈钩状，强回波区随高度向入流一侧倾斜，入流区明显，说明上升气流很大。从反射率垂直剖面来看，三个单体均存在明显的回波悬垂，有界弱回波区。不同的是，A、C均为超级单体，回波发展高度较高，且大于65 dBZ强回波中心延伸到地面。而B为强对流单体，横向伸展范围较宽，为高质心结构。

（2）中气旋和TBSS

降雹前后，单体ABC中气旋分别持续了6、1、9个体扫的时间，中低层旋转速度分别为25、20、35 $m \cdot s^{-1}$。单体AB属弱中气旋等级下限，单体C属于中等强度中气旋。强中气旋的存在可以保证了一支强盛的上升气流支撑大冰雹的增长，因此雹暴单体C最强，地面降雹站点最多，直径最大，单体A次之，C最弱。降雹前两个体扫，单体A 1.5°～3.4°三个仰角均出现旁瓣回波和三体散射长钉（TBSS），说明单体A内有直径较大的冰粒子存在。单体C 0.5°～3.4°四个仰角出现旁瓣回波和三体散射现象TBSS，4.3°仰角最长达66 km。研究表明[6]，冰雹云强度越强，三体散射长度越长。超长的TBSS反映了单体C中大冰雹粒子的存在。

（3）液态水含量VIL

单体A在19时前，VIL维持在50 $kg \cdot m^{-3}$左右，19时08分突增至70 $kg \cdot m^{-3}$左右，冰

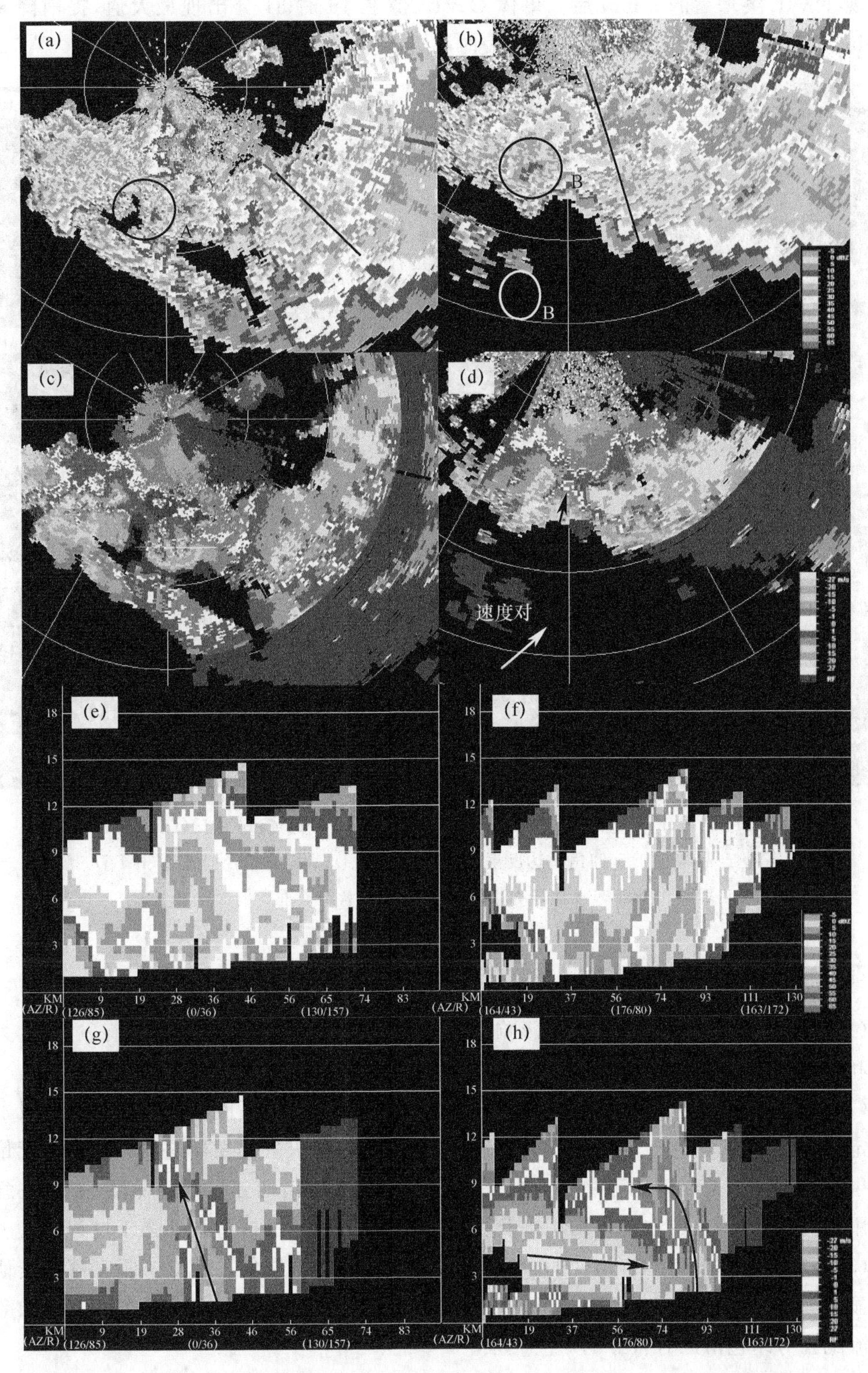


图 3 2013 年 6 月 13 日 19 时 37 分(a、c、e、g)与 21 时 04 分(b、d、f、h)1.5°反射率、1.5°径向速度、0.5°径向速度、反射率因子剖面、径向速度剖面

雹出现在 VIL 突增后的 8 min 后。单体 C VIL 值在 16 时 31 分出现最大值，提前降雹时段 12 min。VIL 的突增现象可作为大冰雹短时临近预报中的一个可用指标。

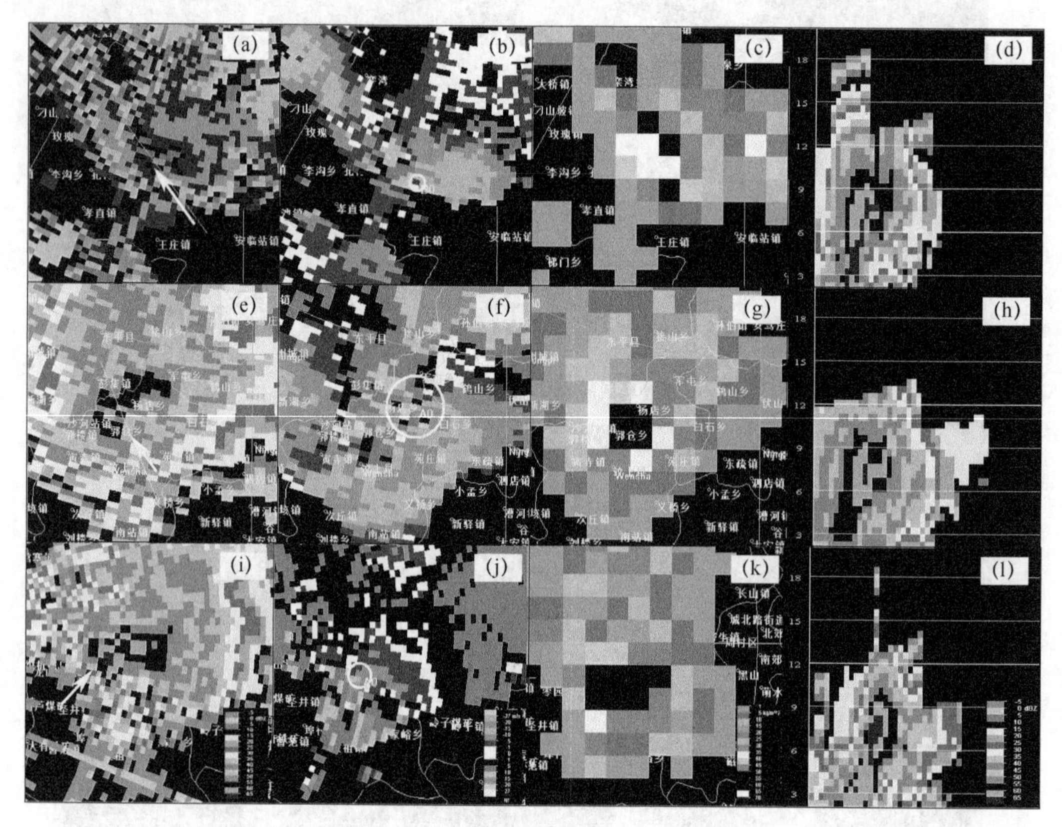


图 4　19:13 肥城(a、b、c、d)、21 时 04 分汶上(e、f、g、h)、16 时 43 分章丘(i、j、k、l)冰雹阶段雷达产品特征 1.5°仰角雷达反射率因子 R(a、e、i)；1.5°仰角径向速度(b、f、j)；垂直积分液态水含量 VIL(c、g、k)；反射率因子垂直剖面(d、h、l)

## 5　结论与讨论

(1)过程Ⅰ的强对流天气的直接影响系统为冷涡前部下滑冷槽与地面气旋，过程Ⅱ为高空冷涡和地面气旋。

(2)两次强对流过程发生前均出现高层超低温现象，上干冷下暖湿气流的叠加造成了对流不稳定。不同的是，过程Ⅰ发生前热力不稳定能量积聚，强天气的发生是热力不稳定能量释放的结果。而过程Ⅱ是以动力不稳定为主。过程发生前高层出现更强的超低温、高低空急流耦合作用、过程中更明显的非均匀结构以及更好的水汽条件，均造成过程Ⅱ强于过程Ⅰ。

(3)两次过程高低空垂直切变的增强，有利于位势不稳定层结的建立。降雹落区受地形的影响显著。过程Ⅱ高空暖平流更强，可能是导致强对流天气更剧烈的原因之一。高低空的温度平流配置与冰雹落区有很好的对应关系。

(4)等 $\theta_{se}$ 面的倾斜导致低层对流不稳定的增强，垂直涡度的显著发展，导致了强对流的产生。不同的是，过程Ⅱ的强天气对应高层 $\theta_{se}$ 向下伸展更好，低层等 $\theta_{se}$ 线更密集，导致强对流发展更强烈。

(5)飑线初始阶段为低质心，成熟阶段为高质心结构。成熟阶段对应强烈的中层径向辐合MARC、后侧入流急流RIN，造成更强的上升气流。三个对流单体对比后发现：单体AC为超级单体，单体B为强对流单体。三个单体降雹前均出现VIL跃增、60 dBZ强回波的高度超过－20℃层、剖面上有悬垂回波及弱回波区结构。单体C超长的TBSS和深厚持久的中气旋可以预示大冰雹的出现。

## 参考文献

[1] 叶笃正.近年来我国大气科学的研究进展[J].大气科学，1979，3(3)：195-202.

[2] 陶诗言，丁一汇，周晓平.暴雨和强对流天气的研究[J].大气科学，1979，3(3)：227-237.

[3] 曾庆存.我国大气动力学和数值预报研究工作的进展[J].大气科学，1979，3(3)：256-269.

[4] 欧阳首承.信息数字化与结构预测 [M].北京：气象出版社，2009.

[5] 章国材.强对流天气分析与预报[M].北京：气象出版社，2011：172-173.

[6] 刘黎平，张鸿发，王致君，等.利用双线偏振雷达识别冰雹区方法初探[J].高原气象，1993，12(3)：395-401.

# 同一冷涡影响连续三天强对流天气的对比分析*

卢焕珍[1,2]　孙建元[1]　刘一玮[1]　韩婷婷[1]

(1. 天津市气象台,天津 300074;2. 河北省气象与生态环境重点实验室,石家庄 050021)

## 摘　要

应用常规观测与地面加密自动站、多普勒雷达、雷达变分分析系统 VDRAS 资料对同一冷涡影响下,2017 年 7 月 7—9 日连续三天强对流天气的天气背景、强对流强度与落区、中尺度对流系统结构与演变特征及成因进行对比分析,结果表明:(1)强对流强度与落区不一定与 500 hPa 冷涡中心位置对应,而是与冷槽后冷平流强度与影响区域对应,$T_{850-500}$ 达到 29℃以上,就可能发生强对流天气,$T_{850-500}$ 值越大,强对流强度越强,强天气威胁指数 SWEAT 在判断对流性天气的强度和落区方面比 CAPE 指数要好,并且提前量 1～2 h,阈值 260 左右。(2)伴随冷涡甩下冷空气,一般都有弓形回波的形成,中心最大强度 65 dBZ,核心高度 5～6 km 时对应 30 mm·h$^{-1}$左右,核心高度降至 3 km 以下且及地时对应 70～100 mm·h$^{-1}$。(3)地面冷锋是天气尺度触发系统,$T_d$ 达到 25～26℃,锋面前后的温差越大(4～5 ℃),对应雷暴大风越大(8～12 级)。(4)NW 冷空气与环境风形成的辐合是雷暴触发加强为带状对流系统的中尺度辐合系统,地面风与辐合线前风场一致情况下,辐合线东移不会北缩减弱,偏东水汽的输送使得水汽条件更有利于雷暴的发展加强。天津静海台头镇附近低层形成 SE 气流与弱 NE 气流的切变、温度梯度大值区,是 9 日台头雷暴的触发系统,西来雷暴冷性水平出流与台头镇附近 SE 气流形成的暖切变辐合是 9 日雷暴发展加强为超级单体的触发系统,扰动温度－7℃的冷性出流造成 8～12 级的雷暴大风。

**关键词**:冷涡　强对流　中尺度对流系统

## 引言

冷涡,即冷性涡旋是造成北方地区雷电、暴雨、大风、冰雹等强对流天气的主要大尺度环流系统。其诱发的强对流天气时常间歇性地重复出现[1]。对于冷涡造成的强对流天气,在天气形势、概念模型、云图形态、强度、中尺度对流系统活动、干侵入特征等方面都有很多的研究[2-5],随着卫星、雷达、自动站、风廓线仪等高时空分辨率的观测资料的应用,冷涡背景下飑线过程[6]、短时强降水[7]、冰雹[8,9]等强对流天气的统计分析、强对流发生发展机制的认识取得了明显进展[10,11]。

2017 年 7 月 7—9 日,华北地区受同一东北冷涡影响,连续 3 d 傍晚至夜间出现局地对流暴雨、冰雹、雷暴大风强对流天气,冷涡是逐日向东北缓慢移动的,数值预报和主观预报也是逐日预报偏东偏北的,实况是 7 日强对流天气较强,落区压在华北的西北部,包括天津的北部蓟州,造成 24 h 漏报;8 日强对流天气较弱,落区压在华北的东北部,不包括天津,造成 24 h 空报,9 日强对流天气最强,落区压在华北的西南部,河北胜芳和静海台头出现小时雨强分别达101 mm·h$^{-1}$、

*资助项目:天津市自然科学基金(17JCYBJC23600),中国气象局预报员专项( CMAYBY2017－005),河北省气象与生态环境重点实验室科研开放课题(Z201604Y)。

72.5 mm·h$^{-1}$的强降雨，华北的西南部(包括天津静海)出现大范围8级以上，部分地区10～12级的雷暴大风、2cm大冰雹天气。提前24 h预报的落区和强度与实况都偏差很大。那么，同一冷涡的位置是逐日向东北移动的，为什么造成如此大的落区和强度偏差，中尺度对流系统的结构与演变特征以及成因是什么？本文重点围绕这些问题对2017年7月7—9日从天气背景、强对流强度与落区，到中尺度对流系统的结构与演变特征以及成因进行对比分析，总结冷涡影响下，强对流强度和落区预报技术，以期对冷涡影响强对流天气预报提供有益的参考。

## 1 强对流天气实况对比

2017年7月7—9日，华北连续三天出现局地对流暴雨、冰雹、雷暴大风强对流天气，7日(图1a)华北的西北部，包括由天津的北部出现8级，局地12级雷暴大风、1～2 cm冰雹、30 mm·h$^{-1}$短时强降雨天气；8日(图1b)华北的东北部出现8级雷暴大风、局地小冰雹、30 mm·h$^{-1}$短时强降雨天气，天津没有出现强对流天气，9日(图1c)华北的西南部出现大范围8级以上，部分地区10～12级雷暴大风、局地2cm冰雹、30 mm·h$^{-1}$以上短时强降雨天气，天津(图1 d)的静海出现小时雨强72.5 mm·h$^{-1}$局地强降雨、8～10级(最大风力12级，35.4 m·s$^{-1}$)雷暴大风、2 cm大冰雹强对流天气。

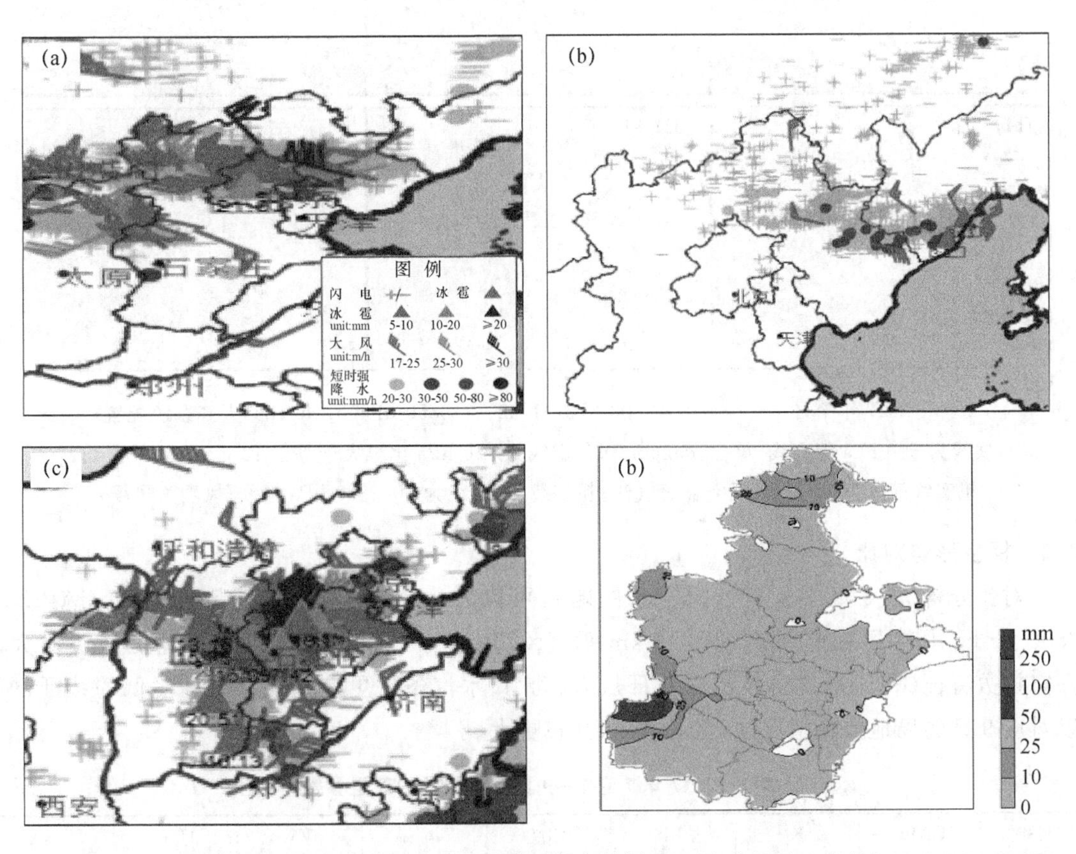


图1 2017年7月7—9日强对流天气实况图(a.7日，b.8日，c.9日)、
天津地区7月9日07时—10日07时降水量(d)

## 2 天气背景对比分析

### 2.1 环流形势对比

7月7—9日20时高空500 hPa、低空850 hPa环流形势(图2a、b)对比分析，可以看出，7—9日均受同一东北冷涡影响，冷涡中心位置偏北，位于内蒙古东北部与蒙古交界，有冷槽从冷涡中心伸至华北、呈前倾形势，副高偏强，稳定少动；高低空 $T_{850\text{-}500}\geqslant 29$℃，不稳定强。不同的是：受东部高压脊阻挡，冷涡向东北方向缓慢移动，中心位置逐日越来越偏东偏北；7—8日中纬度环流较平，9日经向度加大，冷槽加深，呈阶梯式伸至华北以南；7、9日温度槽落后于高空槽，槽后冷平流明显，9日冷平流更强，500 hPa −8℃等温线南压到华北西南部，8日中纬度一带为一暖舌，槽后无明显冷平流，冷平流偏弱压在华北的东北部(河北北部以北)；9日高低空不稳定性更强 $T_{850\text{-}500}$ 达31～33 ℃，低空湿度更大，$q_{850}$ 达12 g・kg$^{-1}$。

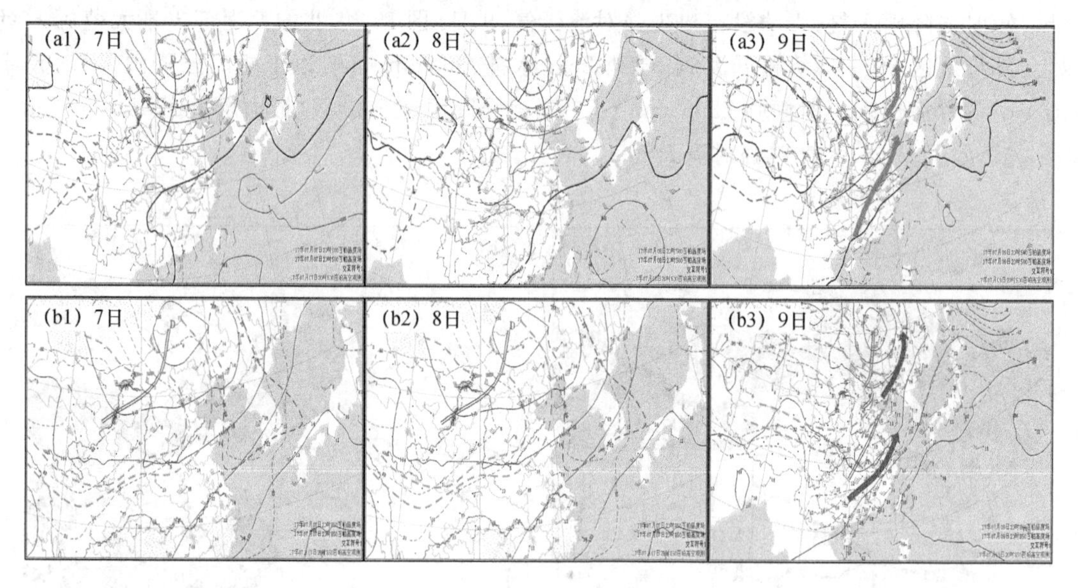


图2 2017年7月7—9日20时500 hPa(a1、a2、a3)、850 hPa(b1、b2、b3)天气系统配置
(实线为500 hPa等高线，单位：dagpm；深色虚线为850 hPa比湿大于等于12 g・kg$^{-1}$等值线；粗实线箭头为850 hPa低空显著气流；粗实线、双实线为500、850 hPa槽线；风羽为风场)

### 2.2 探空形势对比

对比分析7—9日14—20时探空(图略)，可以看出：三天不稳定能量都较大，CAPE≥2800 J・kg$^{-1}$，中层有干冷空气，0～6 km垂直风切变大。不同的是9日20时整层湿度更大，探空指数特征(表1)对比也显示出9日热力、动力、水汽条件更有利、0℃层高度低的特征，所以对应9日的局地强降雨更强，雷暴大风、冰雹更大。

表1 2017年7月7—9日天津相关物理量参数

| 日-时 | CAPE | K | LI | CIN | $T_{850\text{-}500}$ | VV | $H_{0℃}$ | $H_{-20℃}$ |
|---|---|---|---|---|---|---|---|---|
| 7-14 | 2802.7 | 21 | | 0.9 | 29 | | 4.439 | |
| 7-20 | 2690.7 | 33 | −6.06 | 342.1 | 29 | 35.5 | 4.559 | |
| 8-14 | 2074.2 | 28 | −4.71 | 0.8 | 32 | 40.5 | 4.784 | |

续表

| 日-时 | CAPE | K | LI | CIN | $T_{850-500}$ | VV | $H_{0℃}$ | $H_{-20℃}$ |
|---|---|---|---|---|---|---|---|---|
| 8-20 | 2844.4 | 28 | −5.59 | 466.1 | 31 | 42 | 4.443 | 5.991 |
| 9-14 | 3075.1 | 5 | −8.7 | 1 | 31 | 36.1 | 4.643 | 7.352 |
| 9-20 | 2280 | 37 | −8.89 | 285.9 | 33 | 37.7 | 4.345 | 7.127 |

注：CAPE、K、$T_{850-500}$、CIN 分别为对流有效位能、K 指数、850 与 500 hPa 温差、对流抑制指数

## 3 中尺度对流系统特征对比

为进一步分析中尺度对流系统的演变特征，分析华北地区雷达组网组合反射率因子拼图(图 3)，可以看出，7—9 日都有带状 β 中尺度对流系统自西(或西北)向东(或东南)移动，移动过程中都有弓形回波的特征，中心最大强度都达到 60～65 dBZ。不相同的是，带状回波伸展方向、移动方向、扫过区域、超级雷暴单体的生消和强度都不同。

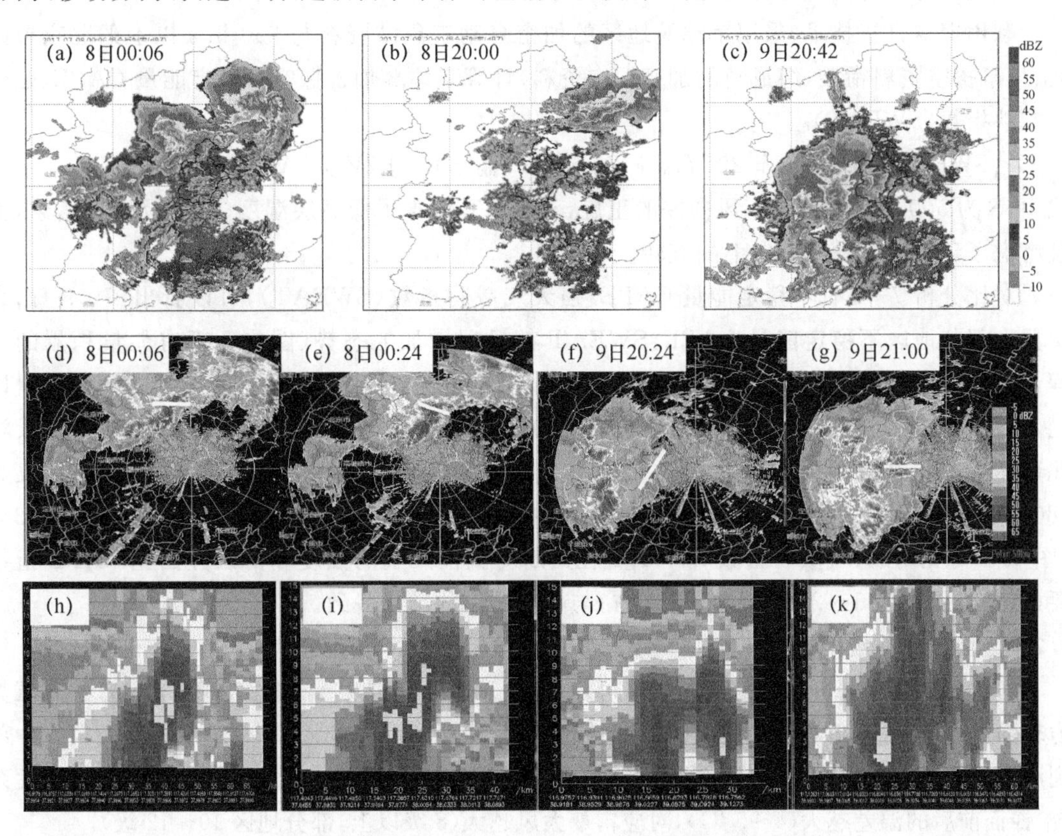


图 3 2017 年 7 月 7—9 日雷达组网拼图(a～c)和 7 日 00 时 06 分、00 时 24 分，9 日 20 时 24 分、21 时天津雷达组合反射率(d～g)及垂直剖面图(h～k)

7 日 2 条带状 β 中尺度对流系统呈东北—西南向，自西向东扫过华北西北部(包括天津蓟州)。第一条移近天津北部减弱，第二条移近天津北部加强，具有弓形回波的特征，沿弓形回波有超级单体雷暴形成，并发展加强，强回波核在 5～6 km，55～60 dBZ 伸展至 8～9 km，45 dBZ 以上伸展至 12 km(当日 −20℃层高度为 7.8 km)。

8 日带状 β 中尺度对流系统呈东—西带状，自西北向东南扫过河北的东北部，带状 β 中尺

度对流系统不够紧致，西段强度较弱，只是在河北的东北部—辽宁一带较强，西段移近天津时继续减弱 。

9 日带状 β 中尺度对流系统呈南—北向，自西向东移动，19 时 54 分时在静海的抬头与河北胜芳交界处突然新生雷暴，20 时 06 分原地快速发展加强为 γ 尺度强雷暴，在其南侧又有 γ 尺度雷暴新生、原地快速发展加强为强雷暴，20 时 36 分—20 时 48 分两单体缓慢东移过程中合并加强为一强雷暴，21 时西来的雷暴并入加强为一超级单体。单体垂直伸展高度更高，45 dBZ 以上伸展至 14～15 km，55 dBZ 以上伸展至 11 km，后侧 60 dBZ 质心及地，对应 21—22 时河北胜芳和静海抬头出现小时雨强分别达 101 $mm \cdot h^{-1}$、72.5 $mm \cdot h^{-1}$ 的强降雨，华北西南部，包括天津静海出现大范围 8 级以上，部分地区 10～12 级的雷暴大风、2 cm 大冰雹天气。

## 4 中尺度对流系统发展演变机制对比

### 4.1 热、动力不稳定条件对比

利用探空订正技术（采用京津冀地区的加密自动气象站资料与 850 hPa 以上的北京或张北、乐亭探空资料衔接，组成新的加密探空资料）计算京津冀加密探空不稳定能量 CAPE、强天气威胁指数（SWEAT）

$$SWEAT=[12T_{d850}+20(T_{850}+T_{d850})-2T_{500}-49]+2V_{850}+V_{500}+125(S+0.2)$$

式中：$S$ 为 500 hPa、850 hPa 风向差的正旋，SWEAT 包含了低高层湿度、温度及风场信息，而且考虑了环境风在垂直方向上的旋转。

对比分析 7—9 日不稳定能量 CAPE、强天气威胁指数（SWEAT），可以看出：7—9 日，京津冀大部分地区不稳定能量 CAPE、SWEAT 都呈现增加的态势（图略），都有能量积累的过程，强对流发生前 CAPE 值都达到 3500 $J \cdot kg^{-1}$ 以上，8、9 日更大，达 4000 或4500 $J \cdot kg^{-1}$ 以上，但强对流发生前 1～2 h 强天气威胁指数 SWEAT 有明显差异，7 日华北西北部包括天津北部达到 260 以上，中心最强达 280；而 8 日只是在华北东北部达到 240 以上，天津北部仅为 180 左右；9 日华北中西部包括天津大部达到 300 以上，天津静海与河北霸州一带更大，达 360（图 4）。可见，强天气威胁指数 SWEAT 在判断对流性天气的强度和落区方面比 CAPE 指数要好，并且提前量 1～2 h，阈值 260 左右；与易笑园[3]的结论一致。

### 4.2 地面触发系统对比

对比分析 7—9 日地面形势（图略），可以看出：7—9 日都有冷锋偏北东移，东部海上高压势力较强 。不同的是：8 日冷锋较弱，7、9 日冷锋较强，锋面附近温差达 3～4 ℃，9 日在内蒙古中部到河套北部还有一副冷锋，锋面附近温差更大，达 4～5℃ 。因此，地面冷锋是天气尺度触发系统，锋面前后的温差越大（4～5 ℃），对应雷暴大风越大（8 级以上，部分地区 10～12 级）。

#### 4.2.1 地面中尺度触发系统对比

结合图 3 中雷达组合反射率的演变，分析加密自动站风场，对比分析 7—9 日对流单体触发、组织发展加强的地面中尺度辐合系统（图 5），可以看出：7—9 日对应带状对流系统的东移，都有辐合线东移。不同的是：7 日先后两条 SE-NW 风的辐合线偏北东移，天津北部东南风，与辐合线前风向一致，露点 $T_d$ 24 ℃，20—22 时、8 日 00—01 时先后两条扫过天津北部，第一条北缩减弱，对应带状对流系统减弱，第二条东移时，气温下降，天津北部转为偏东风，水汽条件更好，第二辐合线横扫天津北部，对应带状对流系统加强为一弓形回波特征的飑线。

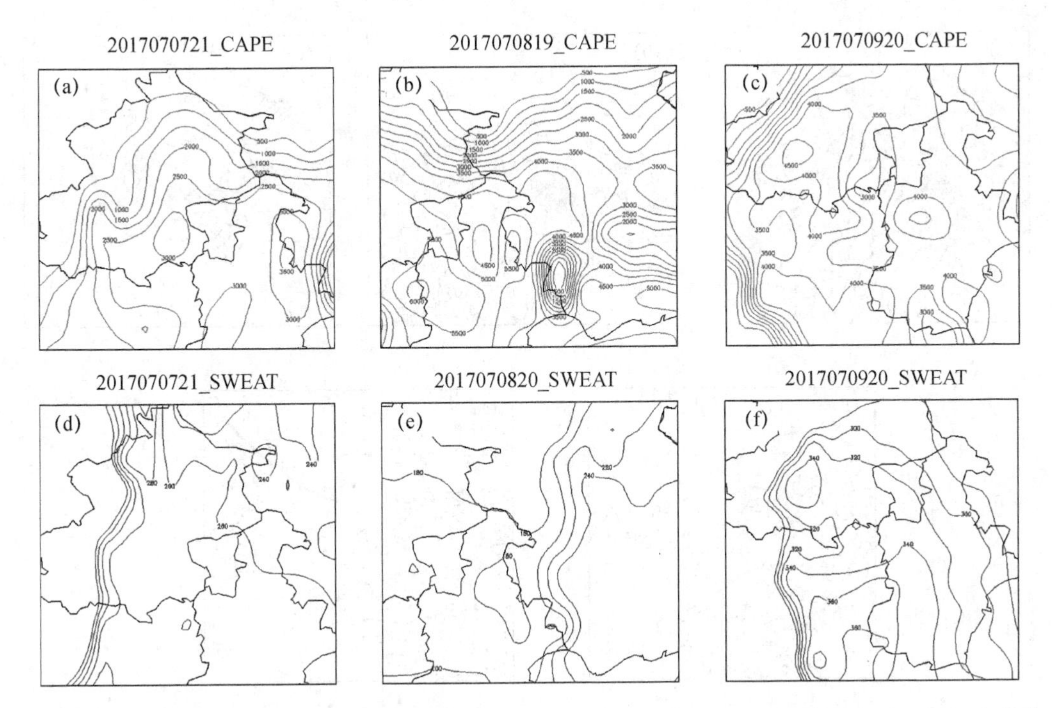


图 4　2017 年 7 月 7 日 21 时、8 日 20 时、9 日 20 时 CAPE、(a～c)强天气威胁指数(SWEAT，d～f)分布

而 8 日辐合线是 SW-NW 风的辐合，偏北东移，天津北部为东北风，$T_d$ 25 ℃，辐合线东移过程中北缩，没有影响天津，河北的北部为 SW 风，东北部沿海一带为 SE 风，水汽输送条件更为有利，辐合线东移南压扫过河北北部、东北部，对应带状对流系统南压过程中加强。

9 日辐合线为偏 SE-NW 风的辐合，位于河北中部，偏南东移，天津南部与辐合线前的风向一致，为 SE 风，$T_d$ 26 ℃。18—19 时静海台头镇与河北胜芳交界有 γ 尺度 SE-NE 风切变形成，对应 19 时 54 分，γ 尺度雷暴触发，原地快速发展加强为强雷暴，20 时 36 分—20 时 48 分与其南侧新生、快速发展加强的 γ 尺度雷暴合并加强为一强雷暴，20—21 时，静海台头镇与河北一带又形成一暖切变，使得西来单体移至台头镇加强，并与台头镇附近的强雷暴合并加强为一超级单体。

综上所述，NW 冷空气与环境风形成的辐合是雷暴触发加强为带状对流系统的中尺度辐合系统，地面风与辐合线前风场一致情况下，辐合线东移不会北缩减弱，偏东水汽的输送使得水汽条件更有利于雷暴的发展加强。台头附近低层形成 SE 气流与弱 NE 气流的切变、温度梯度大值区，是 9 日台头雷暴的触发系统，西来雷暴冷性水平出流与台头附近 SE 气流形成的暖切变辐合是 9 日雷暴发展加强为超级单体的触发系统，扰动温度－7℃的冷性出流造成 8～12 级的雷暴大风。

### 4.3　低层风场和温度场的诊断分析

上节分析可知，7—9 日都有地面辐合线的东移，并且 9 日与 7、8 日不同的是，在天津台头与河北胜芳交界先是东南气流与弱东北气流的切变、后是暖切变线是先后造成台头附近雷暴触发、原地发展加强超级单体的辐合系统。那么这 2 个中尺度系统又是如何形成的呢？应用北京市气象局的 VDRAS(雷达变分分析系统)提供的对流层低层高分辨率风和扰动温度分析场资料来做进一步的分析和探讨。

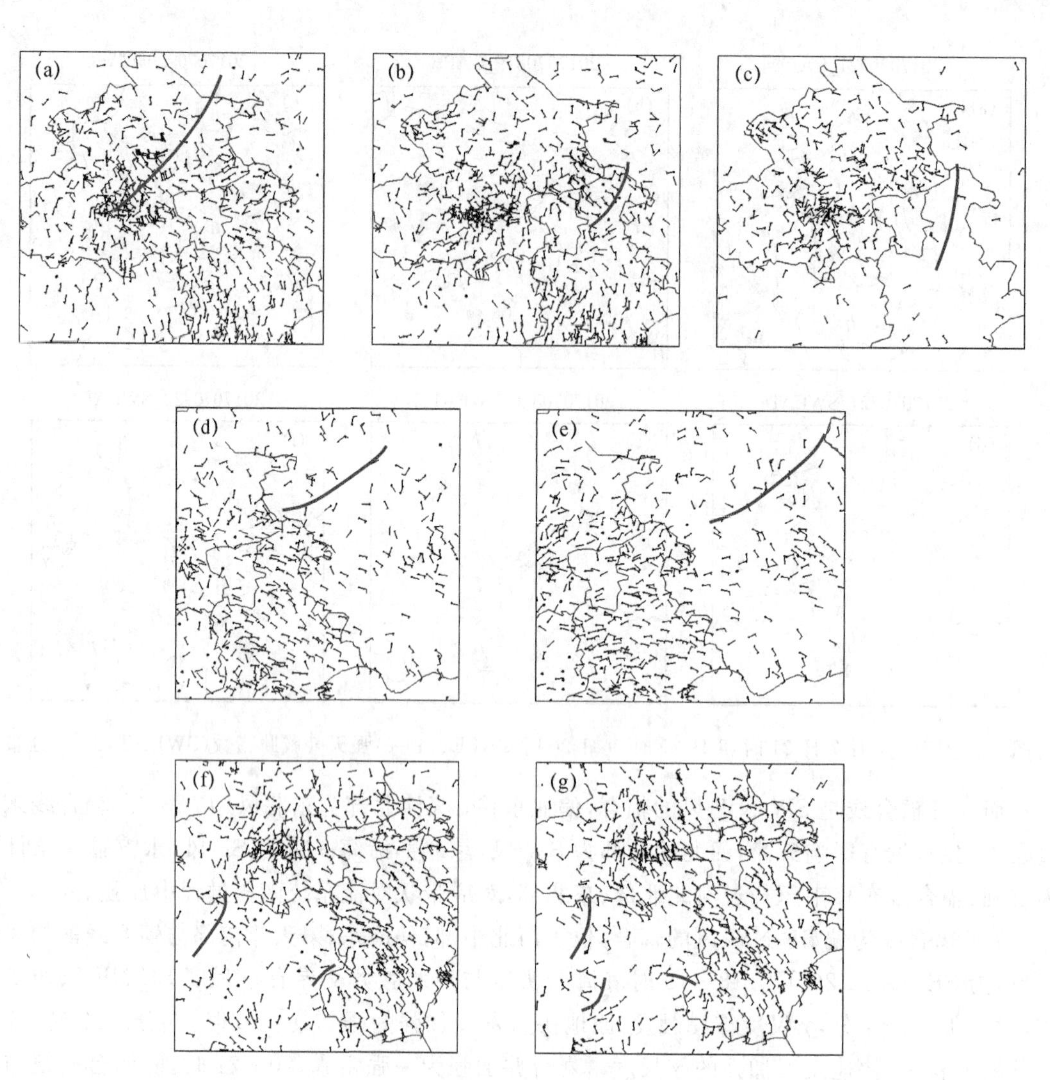


图 5　2017 年 7 月 7 日 21 时(a)和 22 时(b)、8 日 00 时(c)、19 时(d)和 20 时(e)、
9 日 19 时(f)、20 时(g)加密自动站风场的分布

分析近地面 200 m 高度风场和扰动温度场(图略)与地面加密自动站(图 5)对比可知，9 日 18 时来自海上的湿冷空气沿东南风向 NW 方向推进，台头附近形成东南气流与弱东北气流的切变，切变附近温度梯度大。随着暖气流的推进，同时西来的强雷暴冷流出流(SW 气流)移近，与天津台头附近的东南气流形成暖切变辐合，两切变与地面切变形成时间、位置一致。21 时 12 分之后西来雷暴移入与台头雷暴合并加强为一体，－7℃冷性出流扫过天津中南部。

因此，台头附近形成东南气流与弱东北气流的切变，温度梯度大值区，是 9 日台头雷暴的触发系统，西来雷暴冷性水平出流与天津台头附近东南气流形成的暖切变辐合是 9 日雷暴发展加强为超级单体的触发系统，扰动温度－7℃的冷性出流造成 8～12 级的雷暴大风。

## 5　结论

(1)冷涡中心位置虽然偏东北，但温度槽落后于高度槽，槽后冷平流明显，$T_{850\text{-}500}$ 达到 29℃以上，$Q_{850}$ 达 11 g·kg$^{-1}$以上，就可能发生强对流天气，强对流天气落区与冷平流影响区对应，$T_{850-500}$值越大，强对流强度越强，强天气威胁指数SWEAT在判断对流性天气的强度和落区方面比CAPE指数要好，并且提前量1～2 h，阈值260左右。

(2)伴随冷涡甩下冷空气，一般都有弓形回波的形成，中心最大强度65 dBZ，核心高度5～6 km时对应30 mm·$h^{-1}$左右，核心高度降至3 km以下，且及地时对应70～100 mm·$h^{-1}$。

(3)地面冷锋是天气尺度触发系统，$T_d$达到25～26℃，锋面前后的温差越大(4～5 ℃)，对应雷暴大风越大(8～12级)。

(4)NW冷空气与环境风形成的辐合是雷暴触发加强为带状对流系统的中尺度辐合系统，地面风与辐合线前风场一致情况下，辐合线东移不会北缩减弱，偏东水汽的输送使得水汽条件更有利于雷暴的发展加强。台头附近低层形成SE气流与弱NE气流的切变、温度梯度大值区，是9日台头雷暴的触发系统，西来雷暴冷性水平出流与台头附近SE气流形成的暖切变辐合是9日雷暴发展加强为超级单体的触发系统，扰动温度－7℃的冷性出流造成8～12级的雷暴大风。

## 参考文献


[1] 郁珍艳，何立富，范广洲，等. 华北冷涡背景下强对流天气的基本特征分析[J]. 热带气象学报，2011，27(1)：89-94.

[2] 王在文，郑永光，刘还珠，等. 蒙古冷涡影响下的北京降雹天气特征分析[J]. 高原气象，2010，29(3)：763-777.

[3] 易笑园，李泽椿，李云，等. 长生命史冷涡影响下持续对流性天气的环境条件[J]. 气象，2010，36(1)：17-25.

[4] 钟水新，王东海，张人禾，等. 一次冷涡发展阶段大暴雨过程的中尺度对流系统研究[J]. 高原气象，2013，32(2)：435-445.

[5] 吴迪，寿绍文，姚秀萍. 东北冷涡暴雨过程中干侵入特征及其与降水落区的关系[J]. 暴雨灾害，2010，29(2)：111-116.

[6] 杨姗姗，李晟祺，肖天贵，等. 冷涡背景下飑线过程统计分析[J]. 气象，2016，42(9)：1079-1089.

[7] 何晗，谌芸，肖天贵，等. 冷涡背景下短时强降水的统计分析[J]. 气象，2015，41(12)：1466-1476.

[8] 孙兴池，朱官忠. 降雹与不降雹冷涡过程的对比分析[J]. 气象，1997，23(4)：31-35.

[9] 张仙，谌芸，王磊，等. 冷涡背景下京津冀地区连续降雹统计分析[J]. 气象，2013，39(12)：1570-1579.

[10] 孙继松，何娜，王国荣，等."7·21"北京大暴雨系统的结构演变特征及成因初探[J]. 暴雨灾害，2012，31(3)：218-225

[11] 张迎新，李宗涛，姚学祥. 京津冀"7·21"暴雨过程的中尺度分析[J]. 高原气象，2015，34(1)：202-209.

# 宝鸡陇县冰雹新型预警指标研究*

孟妙志　王仲文　巨欢颜　任　欢

（陕西省宝鸡市气象局，宝鸡　721006）

## 摘　要

利用1980—2016年陇县的冰雹资料，采用数理统计方法，分析近37 a陇县冰雹的时空特征；重点利用多普勒雷达资料，对风暴发展特征进行统计分析，探讨上游风暴对陇县风暴的指标性和大小冰雹的回波特征、区别。结果表明：陇县冰雹频次5.2次/a，其中直径>2 cm的大冰雹频次1.1次/a，冰雹主要集中在6、7、8三个月，最多发生于14—17时；陇县冰雹主要在北部，上游交界的乡镇形成东西向带状多雹区；陇县冰雹均自上游组合反射率因子(CR)≥50 dBZ风暴移入陇县发展，自西北路华亭移来占主体，单体移入陇县时间为18～100 min；风暴CR≥60 dBZ、出现旁瓣回波和三体散射对应有大冰雹，风暴CR≥55 dBZ、出现旁瓣回波对应有小冰雹。关注上游CR≥50 dBZ风暴动向，可提前预警陇县冰雹。研究结果可为冰雹预警提供指标。

**关键词**：冰雹　气候特征　雷达特征　预警指标

## 引言

陕西省宝鸡市陇县位于六盘山雹源影响区，是宝鸡冰雹次数最多、雹灾影响最重的县区。每年都有冰雹天气出现，易成灾[1]。宝鸡多普勒雷达已经于2008年6月启用，但目前预报、人工防雹仍使用基于711雷达的参考指标[2,3]，缺乏利用多普勒雷达的预报预警指标。2015年7月18日、2016年6月12日均出现大冰雹，对陇县的烤烟、玉米等农作物造成了严重的灾害。有必要对陇县冰雹特征进行统计分析，提炼基于多普勒雷达的新型短临预报预警指标。

## 1　资料和方法

利用陇县人工影响天气办公室（以下简称人影办）完整记录的1980—2016年冰雹资料，采用数理统计方法，分析近37 a陇县冰雹时空特征。利用多普勒雷达资料，重点对风暴发展特征进行统计分析，探讨上游风暴对陇县风暴的指标性和大小冰雹的回波特征、区别。

统计标准：有冰雹发生时间和地点的记录，以乡镇为单位统计。直径≥2 cm为大冰雹，直径<2 cm为小冰雹。经统计，2008—2016年陇县出现5例大冰雹和31例小冰雹过程。

## 2　陇县冰雹气候特征

陇县冰雹年分布：37 a冰雹总次数为193次，年频次为5.2次；最多为1983年12次，最少为0次，仅1995年未观测到冰雹，有7年冰雹出现次数大于9次。

陇县冰雹月分布：冰雹出现在3—10月，主要出现于夏季6月、7月、8月三个月，冰雹频次

* 资助项目：2016年陕西省气象局重点科研项目(2016z-5)。

分别为 1.4 次/a、1.1 次/a、1.0 次/a，6 月最多；陇县冰雹年年有，6 月至少每年 1 次。

37 a 中，直径大于 2 cm 的大冰雹出现总次数为 39 次，年频次 1.1 次，最多年份为 1991 年共 5 次，次多为 1999 年共 4 次，2007 年共 3 次；有 12 年未观测到大冰雹。大冰雹出现于 4 月至 9 月，集中出现在 6 月、7 月、8 月三个月份，累计分别为 10 次、9 次、8 次，9 月有 6 次、5 月 4 次，4 月为最少，仅有 2 次。

陇县冰雹日分布：冰雹出现在 09—22 时，主要出现在 13—20 时，集中最多在 14—17 时，这个时段是防雹重点时段。

陇县冰雹（大冰雹）空间分布：以乡镇为单位统计，如图 1 所示，冰雹呈现自北向南减少分布，冰雹主要在北部，大冰雹和冰雹分布一致，与上游甘肃交界的乡镇形成多雹区（东西向带状），新集川最多（43 次），火烧寨次多（34 次），河北镇、李家河、固关数量（30 次）相当，排第三。陇县冰雹分布是六盘山雹源的直接反映。

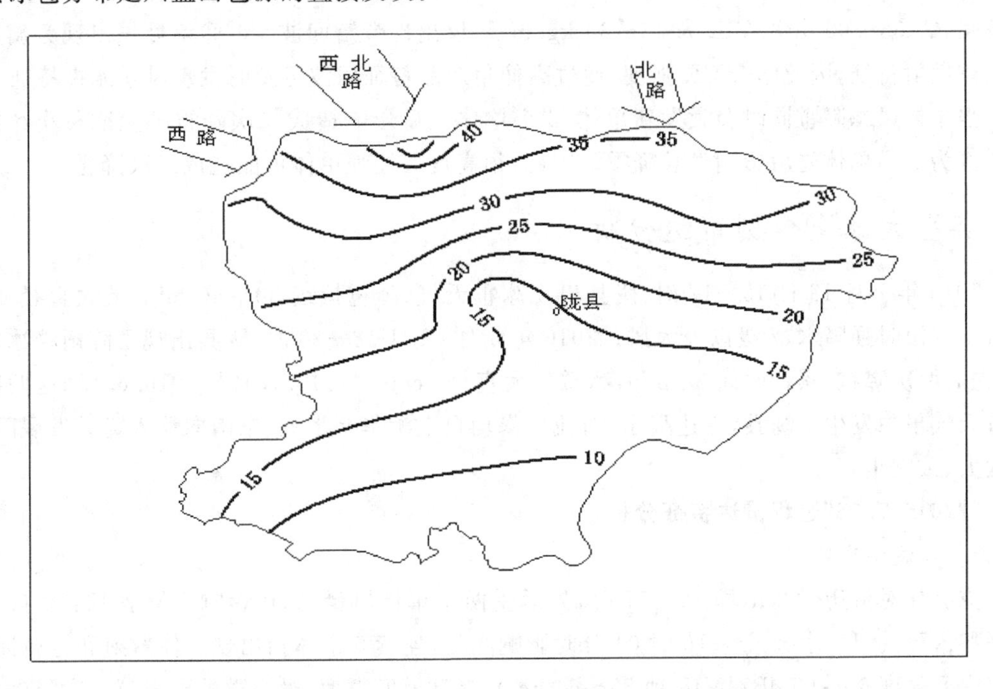


图 1　1980—2016 年陇县冰雹累计次数空间分布（单位：次）

## 3　陇县冰雹多普勒雷达特征

### 3.1　陇县冰雹风暴路径

统计可见，陇县上游午后发展的强对流对陇县对流天气有关联指示性，陇县的冰雹风暴均自上游移入陇县发展，陇县冰雹与上游组合反射率因子（CR≥50 dBZ）单体关联度 100%。即六盘山地区提供了陇县冰雹的原始风暴。

原始风暴在上游形成，风暴自西北向东南移进陇县，移入影响陇县的路径，如图 1 中箭头所示，分为西路（天水市张家川）、西北路（华亭县）、北路（崇信县）。经统计：大冰雹有 2 例西北路、1 例西路、2 例北路；小冰雹主要为西北路，仅 1 例西路、1 例北路。可见陇县冰雹风暴自西北路移来居多（86%），即华亭移来占主体，因此与华亭毗邻的新集川成为陇县冰雹中心。

统计显示，原始风暴在上游华亭、崇信形成 CR≥50 dBZ 单体后移入陇县的时间，大冰雹为 20～74 min，平均 46 min，小冰雹为 18～43 min，平均 33 min。大冰雹风暴酝酿时间长、移动较慢，小冰雹风暴移动较快。

陇县冰雹与上游组合反射率 CR≥50 dBZ 对流单体关联度 100%，原始风暴在上游华亭形成 CR≥50 dBZ 单体后移入陇县的时间平均 30～40 min，据此气象台可在上游出现 CR≥50 dBZ 的风暴时提前发布短临预报、人影办及时进行防雹作业准备，风暴移近陇县边界提前发布冰雹预警信号。2017 年指标业务化，冰雹预警信号准确、提前量 20 min 以上。

### 3.2 冰雹雷达因子统计

三体散射和旁瓣回波是风暴产生冰雹的指示性特征，统计显示陇县大冰雹单体回波强度强，CR 为 60～65 dBZ 、VIL 为 55～65 kg. $m^{-2}$、均出现旁瓣回波和三体散射，三体散射维持 12～36 min，平均 28 min；风暴三体散射出现 1～2 个体扫开始降冰雹；陇县小冰雹单体回波强度较强，CR55～60 dBZ、VIL 为 45～60 kg. $m^{-2}$、仅出现旁瓣回波。6°仰角最先出现旁瓣回波和三体散射特征，因此结合 CR 强度、通过高仰角产品特征回波可及时发现风暴冰雹特征。

强单体风暴降雹同时会激发新单体，2 个单体先后影响造成二次降雹。大冰雹小冰雹各有 4 例为 2 个单体先后影响陇县降雹。因此，须高度关注强单体可能造成二次降雹。

## 4 典型大冰雹个例雷达分析

2015 年 7 月 18 日 15—17 时，陇县出现冰雹天气，降雹持续 30～40 min，最大直径 4cm，同时出现短时强降水、7 级以上大风。2016 年 6 月 12 日 18—20 时，陇县出现雷阵雨伴冰雹天气，先后两次降雹，累计时间 35 min，冰雹最大直径 2cm。“2015.7.18”“2016.6.12”这两次大冰雹天气集中发生于陇县，雷达显示，对流风暴均自上游华亭生成、东南向移入陇县发展降雹，强度大、致灾重。

### 4.1 “2015.7.18”过程雷达特征分析

#### 4.1.1 回波演变特征

陇县强对流历时 2 h，即 15—17 时，先后受两个单体风暴 A、B 影响，A 是 15:00 自上游华亭移入陇县，15 时 09 分—16 时 04 分时影响陇县，连续 5 个体扫出现三体散射和旁瓣回波，回波中心强度 60～65 dBZ、VIL 值 55～64 kg. $m^{-2}$ 且梯度很大，对应陇县出现第一次降(大)冰雹持续 20 min 左右。单体 A 减弱时在右后形成单体 B，16 时 11 分—17 时影响陇县，连续 4 个体扫出现三体散射，中心强度 60～64 dBZ、VIL 值 50～68 kg. $m^{-2}$ 且梯度很大，对应陇县出现第二次降冰雹、持续 15 min 左右。图 2 是宝鸡多普勒雷达显示两个单体主要时段 VIL 演变，由图可见，单体 A、B 为中心强度大、结构紧密、梯度大的风暴。当单体 R≥60 dBZ 且 VIL ≥55 kg · $m^{-2}$ 出现三体散射和旁瓣回波对应降大冰雹。

#### 4.1.2 超级单体特征—钩状回波和中气旋

图 3 为单体 A 15 时 21 分时 PUP 四分屏图，即高低仰角的反射率因子和 1.5°仰角的径向速度图。0.5°、2.4°仰角的图中，单体 A 三体散射特征明显、有钩状回波形态，双箭头指向风暴的低层入流缺口，而 6.0°仰角的图中 R≥55 dBZ 强回波中心落在低层弱回波处，即低层入流缺口对应的弱回波区之上有一个强回波悬垂。沿雷达径向通过最强反射率因子核心做垂直剖面(图略)，显示强回波悬垂明显；回波悬垂上 R≥50 dBZ 高度达到 9 km，远在当日 −20℃层(7.6 km)以上，剖面左侧的

强回波(达 65 dBZ)对应大冰雹的下降通道,已经接地对应陇县出现直径 4 cm 的大冰雹。

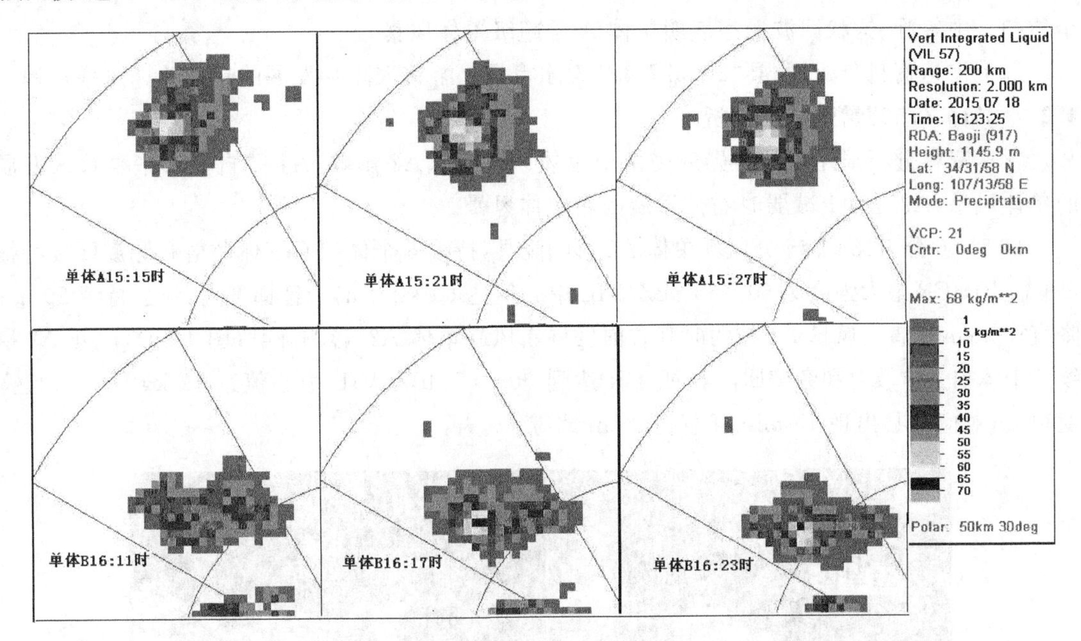


图 2　2015 年 7 月 18 日宝鸡多普勒雷达中风暴单体 A、B 垂直累积液态含水量演变

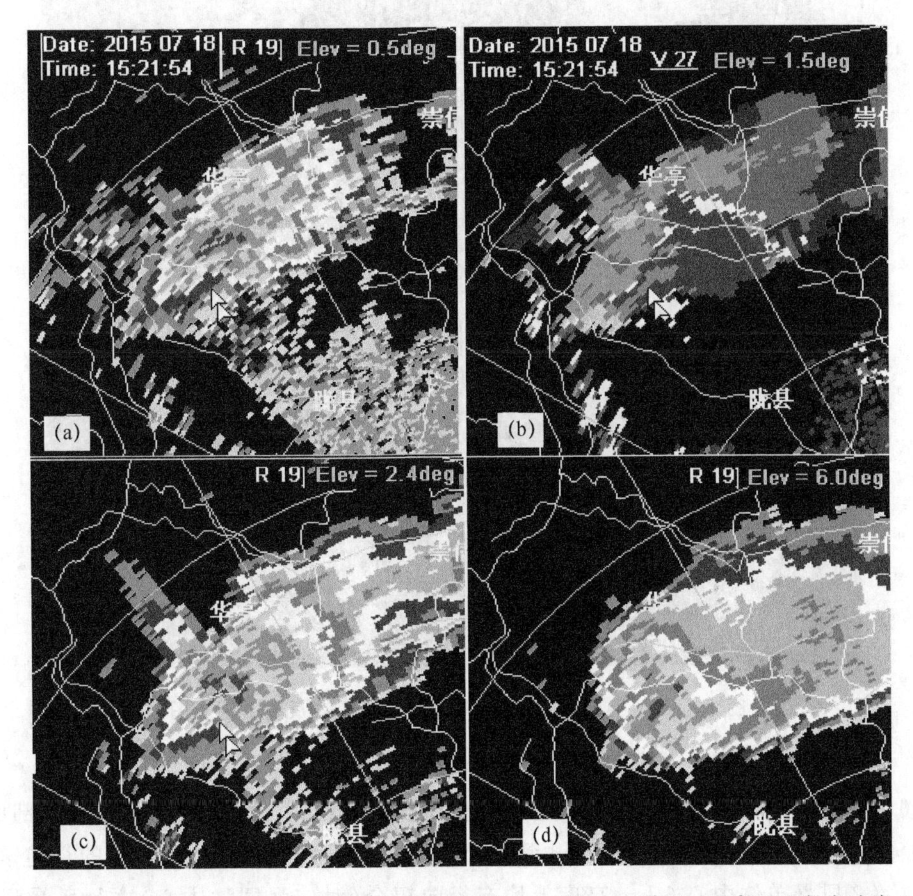


图 3　2015 年 7 月 18 日 15 时 21 分宝鸡雷达反射率因子 0.5°(a)、2.4°(c)、6.0°(d)和径向速度 1.5°(b)

中气旋是雹暴的重要特征[4]，"2015.7.18"过程中雷达产品识别出中气旋，中气旋持续5个体扫。中气旋、钩状回波形态表明单体A是超级单体风暴。

综上雷达资料分析，陇县"2015.7.18"大冰雹是上游移入陇县发展的超级单体风暴过程。

**4.2 "2016.6.12"雷达特征分析**

雷达资料分析显示，陇县先后受两个单体风暴A1、A2影响，A1是自上游华亭移入发展的单体风暴，A2是A1减弱时右前发展的新单体风暴。

17时56分—18时45分风暴单体A1影响陇县，持续6个体扫有三体散射和旁瓣回波特征(图4a、b)，CR最大强度为60～65 dBZ、VIL中心值达60 $kg \cdot m^{-2}$，且梯度大，陇县持续20 min降直径2 cm冰雹。风暴A1减弱时其右前发展新风暴单体A2，影响陇县(图4c、d)，风暴A2持续5个体扫三体散射和旁瓣回波特征，CR达到60～65 dBZ、VIL中心值达69 $kg \cdot m^{-2}$，且梯度很大，对应陇县出现15 min降直径2 cm冰雹。

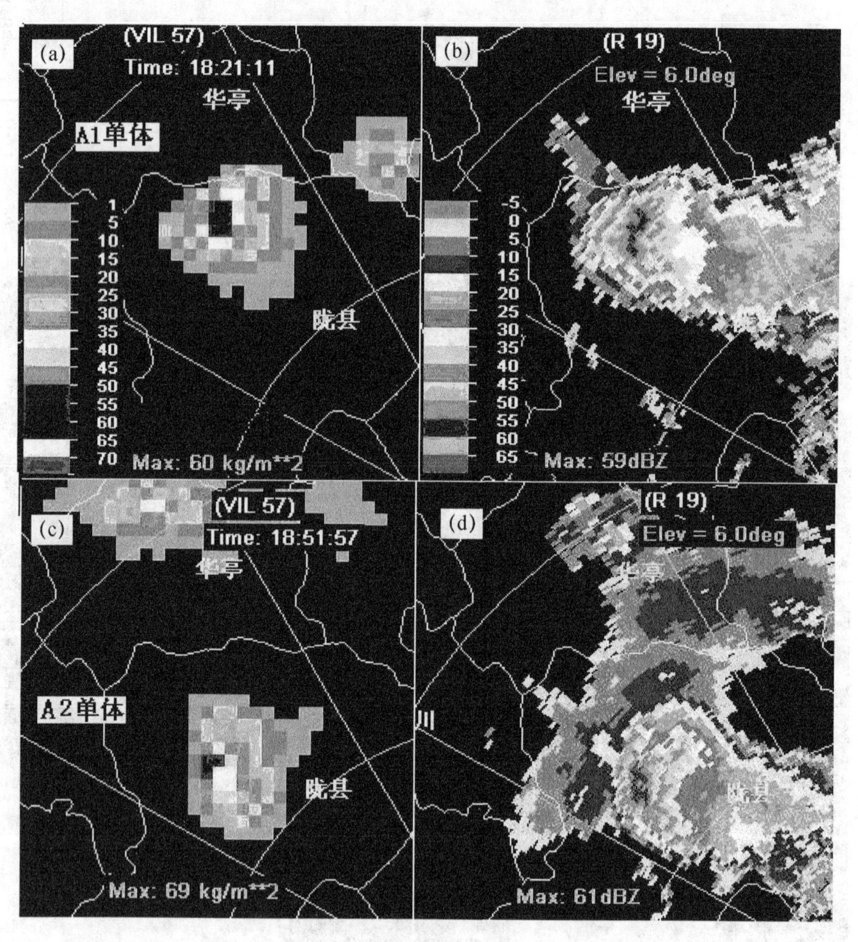


图4 2016年6月12日宝鸡雷达VIL、6.0°反射率因子图

(a、b为18时21分，c、d为18时58分)

由6月12日陇县产生冰雹的2个单体旺盛阶段(18时21分和18时58分)的剖面图(图略)可见，两个单体强反射率中心高度达到6 km以上，强回波达到9 km；对应的径向速度剖面显示，A1、A2风暴单体中心6 km高度上均有径向辐合(对应强回波中心)这是风暴强烈发展

的动力，在风暴后侧低层都有径向辐散。

综上所述，陇县“2016.6.12”冰雹是强单体风暴过程，强对流历时 100 min(17 时 56 分—19 时 36 分)，先后受 2 个强单体风暴影响，对应出现两轮大冰雹。

### 4.3 两次过程最强回波特征

VIL 产品是判断冰雹等灾害性天气的有效指标之一。降雹单体尤其是强降雹单体在成熟前期有明显 VIL 跃增现象[5]，在 VIL 达到最大值后开始降雹。统计“2015.7.18”和“2016.6.12”两次大冰雹过程中风暴单体主要时段 VIL 最大值演变可见，两次过程中风暴单体发展迅速，经 1～2 个体扫 VIL 值跃增至最大 60 $kg \cdot m^{-2}$，降雹后快速下降为＜40 $kg \cdot m^{-2}$。

定义风暴单体 VIL 与顶高之比为 VIL 密度。有研究表明[6]，风暴单体 VIL 密度超过 4 $kg \cdot m^{-3}$，单体会产生大冰雹。由表 1 可见，2 次风暴单体内最大反射率因子均超过 60 dBZ，最大 65 dBZ，对应高度在 6～7 km；45 dBZ 回波高度 10～11 km；回波顶高 13～15 km。其中 VIL 为 60～69 $kg \cdot m^{-2}$，VIL 密度 4.4～4.7 $kg \cdot m^{-3}$。

**表 1 大冰雹风暴单体特征值**

| 时间<br>(年．月．日—时:分) | 最大反射率<br>因子/dBZ | 最大反射率<br>因子高度/km | 回波顶高<br>/km | 45 dBZ 回波<br>高度/km | VIL/<br>($kg \cdot m^{-2}$) | VIL 密度/<br>($g \cdot m^{-3}$) |
|---|---|---|---|---|---|---|
| 2016.6.12—18:21 | 60 | 6.5 | 13.5 | 10.5 | 60 | 4.4 |
| 2016.6.12—18:58 | 64 | 7 | 15 | 10 | 69 | 4.6 |
| 2015.7.18—15:21 | 65 | 6 | 13.5 | 10 | 63 | 4.7 |
| 2015.7.18—16:23 | 60 | 7 | 14.5 | 10.5 | 68 | 4.7 |

综上分析，两次过程中风暴单体出现三体散射和旁瓣回波时，R≥60 dBZ、VIL 持续≥55 $kg \cdot m^{-2}$ 且 VIL 密度大于 4 $kg \cdot m^{-3}$，对应有大冰雹产生。

### 4.4 冰雹指数和风暴追踪信息产品使用检验

对流风暴能否产生冰雹及风暴未来影响区域是短临预报预警的重点、难点，宝鸡雷达冰雹指数(HI)和风暴追踪信息(STI)产品是短临预报业务中的参考，现对这两次大冰雹过程的预测产品进行检验。

雷达 HI 产品识别出 2 次过程风暴可能产生冰雹：预测产生大冰雹的概率为 100%、冰雹最大直径约为 6 cm，与实况降雹 2～4 cm 比较，预报冰雹直径偏大。HI 产品预测大冰雹的概率为 100%且预测大冰雹出现(较实况)早、结束晚，即预测降雹时间长、有提前量，因此可参考冰雹指数产品发布预警。

雷达(STI)产品提供未来 1 h、每 15 min 的风暴移动路径预测。比对两次过程风暴实际轨迹和 STI 产品预测风暴路径发现，两次过程引导气流均为西北气流，“2015.7.18”过程中预测路径偏向风暴右侧、移速略偏快；“2016.6.12”过程中预测路径偏向风暴左侧、移速偏快。预测风暴路径与风暴实际轨迹夹角在 30°以内。由此可见，雷达预测风暴路径与风暴轨迹存在误差，使用时可考虑预测风暴路径左右 30°区域受风暴影响。

## 5 结论

(1)陇县冰雹年频次为 5.2 次，主要在北部，与上游甘肃交界的 5 个乡镇形成东西向带状多雹区，新集川冰雹最多。

(2)陇县冰雹与上游 CR≥50 dBZ 风暴直接相关 100%，即六盘山地区提供了陇县冰雹的原始风暴。上游风暴经西路、西北路、北路移入陇县发展，其中经(华亭)西北路移入陇县的居多。上游原始风暴移入陇县的时间为 18～100 min，据此可提前发布冰雹预警信号，人影办及时进行防雹作业准备。

(3)风暴出现旁瓣回波和三体散射将产生大冰雹，风暴只出现旁瓣回波产生小冰雹。特别是强单体风暴会激发新单体，造成二次降雹。大冰雹产生于风暴 VIL≥55 kg·m$^{-2}$ 且 R≥60 dBZ 出现三体散射和旁瓣回波特征的时段；风暴三体散射出现 1～2 个体扫开始降冰雹。

(4)雷达分析表明，“2015.7.18”和“2016.6.12”两次大冰雹非常典型，自上游华亭移入发展的强单体风暴及其右后产生新单体风暴，致陇县产生两轮降雹。其中“2015.7.18”过程有钩状回波形态、存在中气旋的超级单体风暴，“2016.6.12”过程是强单体风暴。

(5)雷达 HI、STI 产品可参考发布预警。HI 产品预测风暴产生大冰雹的概率 100%具有提前量、预测冰雹尺寸偏大。未来风暴影响地可考虑(STI)产品预测风暴路径左右 30°区域。

## 参考文献

[1] 刘引鸽，文彦君，张转霞. 陇县冰雹灾害特征分析[J]. 宝鸡文理学院学报(自然科学版)，2007，27(2)：159-163.

[2] 李金辉. 陇县防雹作业前后雷达回波变化分析[J]. 陕西气象，2009，6：9-12.

[3] 李金辉，樊鹏. 冰雹云提前识别及预警的研究[J]. 南京气象学院学报，2007，30(1)：114-119.

[4] 俞小鼎，姚秀萍，熊廷南，等. 多普勒天气雷达原理与业务应用[M]. 北京：气象出版社，2006：106.

[5] 刁秀广，朱君鉴，黄秀韶，等. VIL 和 VIL 密度在冰雹云判据中的应用[J]. 高原气象，2008，27(5)：1131-1138.

[6] 胡胜，罗聪，张羽，等. 广东大冰雹风暴单体的多普勒天气雷达特征[J]. 应用气象学报，2015，26(1)：57-65.

# 福建省南移类与北抬类飑线中尺度模态与环境场条件特征分析

黄美金　刘　铭　郭　弘　陶　听　何小宁　林　毅

（福建省气象台，350001 福州）

**摘　要**

本文运用2003—2016年福建地区2017个观测站和区域自动站观测资料及多普勒天气雷达观测资料，统计分析了近40次飑线强对流天气过程中的南移类飑线（24例）、北抬类飑线（16例）线状中尺度对流系统的形成模态、组织模态、移动方向、持续时间等特征，从强对流的不稳定条件和主要触发条件的角度出发，结合高低空冷暖平流强弱、大气的斜压性强弱，分别对福建南移类与北抬类这两类飑线环境场进行分析，建立低层暖平流强迫类和斜压锋生类天气系统条件配置和潜势预报关键指标。同时对两类飑线的源地、移动路径、移速及飑线出现和维持的时段，飑线雷达回波特征及致灾风力大小、站点比例、影响区域也进行了分析。

**关键词：**中尺度模态　低层暖平流强迫类　斜压锋生类　环境条件

## 引言

飑线是一种带（线）状的中尺度深厚对流系统，是非锋面的或狭窄的活跃雷暴带，其水平尺度通常为几百千米，典型生命史6～12 h，常带来灾害性的雷雨大风或局地强降水，有时伴有冰雹和龙卷风，是一种具有短时巨大破坏力的天气系统。福建行政划分属华东地区，但南北跨度大，飑线所产生环境场条件也南北各异。生成源地在北部的飑线和源地在南部的飑线哪种受锋面或系统性冷空气作用更多还是受低层强烈的暖湿平流影响更大？高低空冷暖平流强弱、大气的斜压性强弱直接影响飑线的组织形式、移动路径及致灾天气的级别和强度。

因此，在实际潜势预报业务上通过雷达等非常规观测资料分析和环境条件分析，增加有效识别飑线源地、路径、不同的影响区域和飑线的组织演变、中尺度结构以及南移类飑线与北抬类飑线潜势预报指标及天气系统条件配置，做好飑线等致灾强对流天气精细化预报，变得非常重要和紧迫。

## 1　两类飑线的源地、移动路径、移速及飑线出现和维持的时段

本文运用2003—2016年福建地区2017个观测站和区域自动站观测资料及多普勒天气雷达观测资料，筛选近40个飑线天气过程。

南移类飑线（图1）多发生于武夷山脉东南侧的浦城、武夷山、建宁、泰宁等地，其出现概率为65%（26条），一般是北面江浙境内单体南压，配合建宁、泰宁附近生成的单体，在闽北西北部形成东北—西南向的飑线，这种飑线路径偏东或东偏南，影响福建省中北部的南平大部分县市、三明中北部及宁德、福州地区。

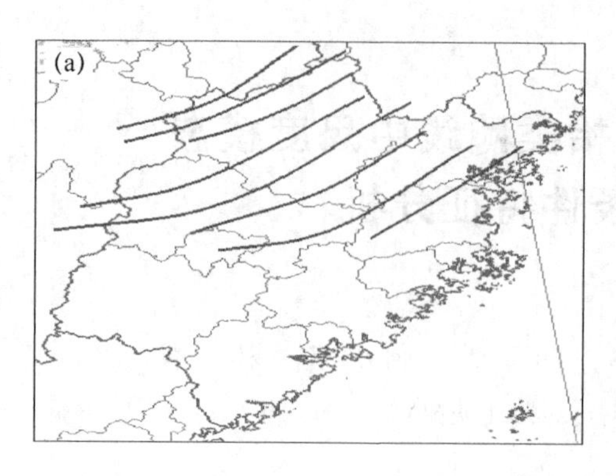


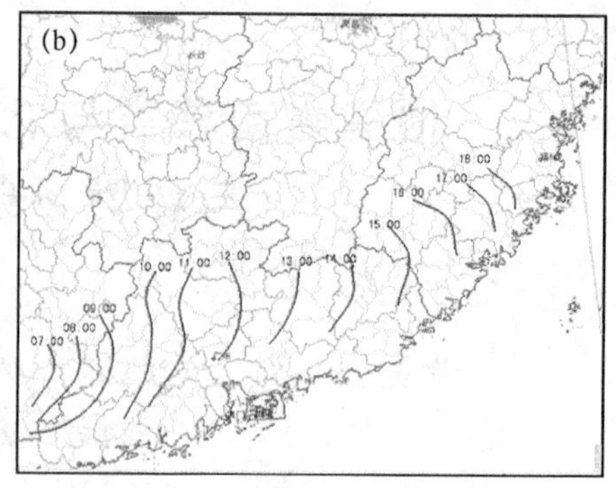


图 1　南移类飑线(a)和北抬类飑线(b)的源地、移动路径

北抬类飑线(图 1)多发生于江西南部、广东东北部或福建省西南部等地，其出现概率为 35%(14 条)，这种飑线一般呈西北—东南走向，带较短而宽，长度在 200 km 以内，带均由一些对流单体构成，其路径为东北方向 30°～40°，影响龙岩、三明南部、泉州等福建中南部地区。

40 个飑线过程中有 27 次(占 67.5%)出现在中午及午后，个别在 17 时前后，傍晚到 22 时前结束，平均历时 7.1 h，最长为 10 h；南移类平均历时 6.6 h，最长达 8.3 h，其中有 8 次(占 30.7%)出现在夜里至凌晨，基本上在 21 时后，2 次(占 7.7%)出现在早晨 05 时左右，历时 3 h 不到；北抬类平均历时 7.3 h，最长达 10.4 h，有 4 次(占 28.6%)出现在凌晨，基本上在 02 时后，早晨 05 时前结束，也历时 3 h 不到。可见中午及午后更有利飑线的产生与维持，这与中午具备的热力条件有联系，同时凌晨飑线的产生维持也与低空急流脉动和冷锋活动有关。

## 2　飑线形成、组织形式

Bluestein 等据雷达反射率资料，将线性型 MCS 细分为断线型(BL)、碎块型(BA)、后部建立型(BB)和嵌入型(EA)四种类型(图 2a)。Parker 等依据层状云与对流带的位置进一步将美国中部的 88 个线状对流系统分为：层状云位于后部的拖尾型(TS)，层状云位于前部的前导型(LS)以及层状云位于两侧的平行型(PS)(图 2b)。Meng 等研究 2008—2009 年中国东部 96 个线状对流个例，揭示我国东部暴雨过程中线状型 MCS 形成期多为断线型，成熟期以拖尾型为主。

(a)
断线型(14例)
后部建立型(13例)
碎块型(8例)
嵌入型(5例)
t=O　t=Δt　t=2Δt

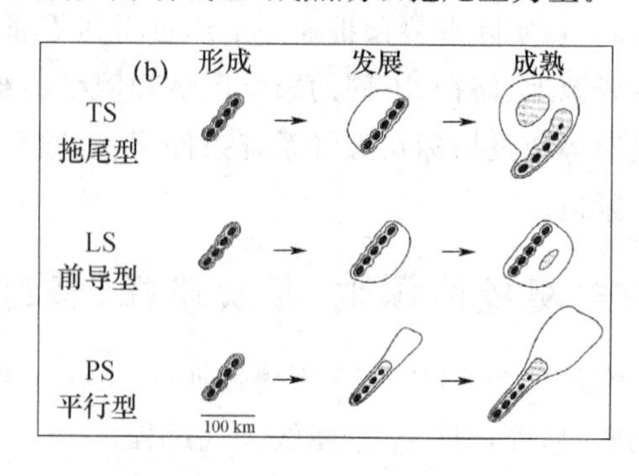


图 2　线状型中尺度对流系统的(a)形成模态及(b)组织模态

对福建这 40 个飑线过程中的线状中尺度对流系统的形成模态、组织模态、移动方向、持续时间等特征进行了分析。福建线状中尺度对流系统以断线型、后建型为主，拖尾型中尺度对流

系统利于福建飑线的发生。北抬类飑线形成模态以断线型为主,间或也有碎块型和后建型,成熟时组织模态以拖尾型为主,也有少量平行型;南移类飑线形成模态则以后建型、断线型为主,间或也有嵌入型,成熟时组织模态以拖尾型为主,也有少量平行型和前导型,拖尾型中尺度对流系统利于福建南移类飑线的发生。线状中尺度对流系统及对流单体的移动方向以偏东方向为主,系统持续时间多为 4～10 h。南移类单体生成至形成线状对流时间以 1～3 h 为主,较北抬类线状中尺度对流系统的组织化过程提前 2 h;北抬类线状对流系统形成至消亡时间平均为 7 h,略长于南移类线状中尺度对流系统。

## 3 建立两类飑线天气系统条件配置和潜势预报关键指标

选取了福建省近 40 个飑线过程,对每个过程进行天气形势配置的综合分析,综合考虑强对流天气形成的热力不稳定、动力抬升和水汽这三个基本条件出发，从强对流的不稳定条件和主要触发条件的角度，总结提炼出福建省这两种环境场基本配置,福建省出现的这两类飑线系统天气形势配置主要以暖平流强迫类和斜压锋生类为主。暖平流强迫类的主要特征是不稳定发展,主要源于低层强烈的暖湿平流。斜压锋生类的特征是中低层冷暖空气强烈交汇产生的深厚对流,即斜压锋生造成的强对流往往表现为高空干冷平流和低空暖湿平流都很强烈。这两类天气尺度的环境场有着各自的显著特征，这些特征在中尺度强对流系统发展过程中所起的作用不同。

### 3.1 低层暖平流强迫类概念模型

低层暖平流强迫类(图 3a)是发生在低层 700 hPa 以下强烈发展的暖湿平流中，并叠加上动力扰动，低层强烈暖湿平流对建立热力不稳定起了主导作用。这种低层强暖湿平流往往和低空急流密切相关,低空急流对中尺度天气系统发展的作用主要体现在有利于热力不稳定增长、水汽输送和低空垂直切变的维持以及启动不稳定能量释放的抬升运动。这类过程动力扰动表现为高空低槽、低空急流(急流核)、中低层切变线、地面辐合线(或海陆锋)、静止锋、地面强烈发展的低压倒槽等。有时在 300～200 hPa 存在高空风分流区,形成较强的风垂直切变,高低空急流耦合造成强烈的垂直上升运动。因此,上述天气系统都可以是这类强对流天气的触发和组织者。

#### 3.1.1 热力条件

这类形势配置中有利的热力条件是:700 hPa 以下有强盛西南暖湿急流，等温线与风向交角较大，较强的 T 水平梯度,暖(湿)平流显著，有利于热力不稳定层结的建立。汉口与福州温差 6～10℃。有 $\Delta T_{850\text{-}500} \geqslant 25$℃强垂直温度梯度。地面冷空气东路南下,冷锋或静止锋南压中转为弯曲冷锋。华西有倒槽东伸,福建沿海正变压和负变温,内陆减压升温明显。

#### 3.1.2 动力条件

从多个个例分析,总结出这类形势配置中的产生强对流的有利动力条件如下。

(1) 这类强对流天气发生高空槽前(700～400 hPa)低槽常常有特殊的结构:一种是前倾槽(垂直槽)或 700～500 hPa 温度槽超前高度槽，产生强的对流不稳定；第二种是 500 hPa 南支槽在 105°E 附近,沿海 30°N 以北有低槽,且 500 hPa 有径向度较大低槽(10 个纬度以上)时,槽前有低于－3 dagpm 的负变高,槽前较大的正涡度平流导致低层低压系统的发展，出现飑线概率更大一些。另外,有时大槽停滞或移动缓慢,槽前西南气流中有短波分裂东移，这对飑线等中尺度系统生成也有触发作用。

(2)850 或 925 hPa 至少有一层存在切变线，且切变分布在 25°～32°N。少数情况下表现为风速辐合，850、700、500 hPa 有大于 12、16、20 $m \cdot s^{-1}$ 的强盛西南急流穿过福建，急流轴相交或紧靠；低层切变线和急流构成了低层辐合系统，特别是低层急流左前侧的交汇处会形成强的上升运动。另外，在强西南急流中的大风核向北传播也是重要的触发条件。

(3)地面图上，强天气发生前，在福建内陆至江西处于暖低压（槽）控制下，低压槽内有中尺度辐合线（静止锋）或小闭合低压，还常常伴有低于日变化的 3 h 变压低值中心（多数为负值），这些都可以作为强对流的地面触发系统。

(4)在高层多数有分流式辐散区穿过低空辐合区上空。这种低层辐合、高层辐散以及短波槽槽前的正涡度平流产生的强上升运动都为强对流发展提供动力条件。

3.1.3　湿度条件

这类形势配置中，由于西南急流强，水汽充沛，温度露点差通常小于 5℃的湿层能到达 700 hPa 以上，并在低层有明显的湿度锋区，强对流天气出现在其南缘。

2012 年 4 月 10 日福建南部出现大范围的雷雨大风和局地冰雹天气过程。从 4 月 10 日龙岩探空可以看到对流层中下层强的暖平流以及上干下湿的特征，湿层厚度达到 700 hPa 以上，明显比高空冷平流类的湿层厚度高。

这类强对流类型多以雷雨大风、短时强降水、冰雹等混合性对流天气。当中层 500 hPa 有明显干舌时，强对流天气以雷雨大风、冰雹为主，而当湿层较深厚时，在湿度大值一侧常常同时伴有短时强降水和雷雨大风。由于这类天气形势下整层暖平流使得 0℃和－20℃ 层高度比较高，所以出现直径大于 20 mm 以上大冰雹概率相对高空冷平流类低。由于低层偏南风或西南风强盛，850 hPa 以下风垂直切变较大，特别是 1 km 以下风垂直切变大，有利于在地面产生雷雨大风。

这类强对流天气的落区与低层的辐合区域关系更密切，易发生在中低层急流交汇处，或地面辐合线，或小低压附近、中低层湿度锋区南侧湿度大值区发展，并沿槽前西南气流向东北移动。当有前倾槽时或槽后冷平流较强时，强对流天气整体有南移分量。在分析槽前类飑线时，高空槽前形成一支＞20 $m \cdot s^{-1}$ 强风速，飑线发生强风速轴与高空槽线之间。

**3.2　斜压锋生类概念模型**

斜压锋生类（图 3b）是发生在中低层冷暖空气强烈交汇，并伴有明显温度锋区和锋生，地面有明显的冷锋活动形势下。这种配置结构往往表现为高空干冷平流和低空暖湿平流都很强烈，冷暖平流不是呈上下垂直叠置，而是向冷空气一侧倾斜。显著的冷暖平流导致斜压锋生和强烈辐合抬升形成的动力强迫是这类强对流天气发生的重要条件。在福建斜压锋生一般高空有冷性低槽发展，槽后较强冷平流促使低层温度梯度加大，或者是低层西南急流形成强烈的暖湿平流也使温度梯度加大。这两支冷暖平流造成了强烈的锋生，是强对流天气触发和组织者，常常诱发福建飑线等中尺度天气系统。

斜压锋生类在天气图上主要有两种形式：第一种，出现紧贴冷锋的冷空气大风与雷雨大风的混合性大风，混合性大风是由强冷空气进入强烈发展的低压倒槽中引发的，低层冷暖平流都很强，表现为南风和北风对吹，925～850 hPa 低涡后部北风一般有 8～12 $m \cdot s^{-1}$，大风核可达 14～20 $m \cdot s^{-1}$，南侧西南风急流可达到 12～16 $m \cdot s^{-1}$，大风核达 20 $m \cdot s^{-1}$ 以上。这类对流指数可能不高，斜压锋生和锋面的动力强迫作用起了关键作用。这类强对流天气多自北向南（东南）移动。

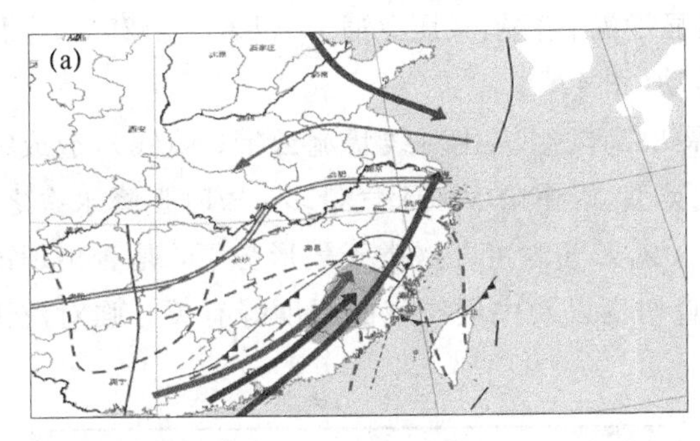

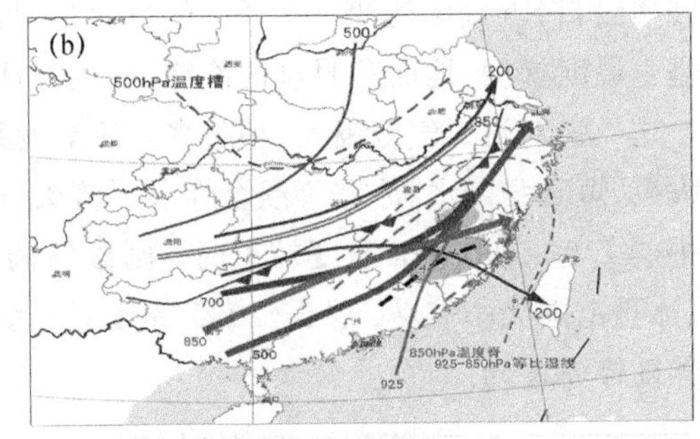


图 3　福建省低层暖平流强迫类(北抬类飑线)概念模型(a)和斜压锋生类(南移类飑线)概念模型(b)

2002 年 4 月 15 日下午到晚上福建北部等地出现大范围的雷雨大风(多为偏北风)和局地冰雹天气，从 4 月 15 日 20 时邵武站探空显示了深厚的西南气流和暖平流，和暖平流强迫类不同的是，在低层暖低压的西北侧有很强的冷锋系统，冷暖空气的强烈交汇，提供了大尺度动力强迫抬升条件，雷雨大风和冷空气大风是混合出现，暖平流强迫类中没有明显的冷空气(冷锋)活动。

第二种是在 925～850 hPa 存在冷式和暖式切变组合成“人”字形切变，高空槽前有低涡和地面气旋波形成，冷切变北侧和南侧也有较强冷暖平流，但低层冷空气强度较前一类弱一些。这类强对流天气多出现在气旋波的暖区，自西南向东北移动。

2002 年 4 月 5 日下午到晚上福建中南部出现大范围雷雨大风和局地冰雹天气，从卫星云图和地面图上显示出长江中下游地区气旋波发展，强对流天气出现在气旋波暖区，雷雨大风的风向多为南到西南。从 2002 年 4 月 5 日 08 时龙岩站探空也可以看到深厚的西南气流和暖平流。

#### 3.2.1　动力条件

分析结果表明，这类强对流天气形势配置中产生的强对流的有利动力条件如下。

(1)500 hPa 中纬度 110°—115°E 低槽东移，多数情况下伴随大的经向度低槽(有时表现为阶梯槽)，槽后有明显的冷平流。低槽东移引导地面冷空气南下。在槽前正涡度平流、暖平流作用下，使地面低值系统发展，地面冷锋在在宜昌—邵武，或位于华西倒槽东—东北侧(图 4)，气压≤1005 hPa、气压下降明显，过程降压 10 hPa。具有深厚的锋面大尺度的动力强迫抬升条件。

(2)850 或 925 hPa 切变分布在 25°—32°N，低层切变线南北两侧存在强西南急流和偏北风急流(或显著的偏北气流)。

(3)850、700、500 hPa 大于 12、16、20 $m \cdot s^{-1}$ 的西南急流穿过福建中北部，急流轴相交或紧靠。它们间的耦合作用会加强锋面附近的上升运动；有时高层 300～200 hPa 分流式辐散场也会加强锋面附近的上升运动，此时强对流天气更为剧烈。

(4)造成这类强对流的锋面系统较深厚，环境场的风垂直切变能达到中等以上。

#### 3.2.2　热力不稳定条件和水汽条件

这类配置中有利的热力不稳定条件是：这类热力不稳定建立的机制和低空暖平流相似，低层西偏南急流形成很强的暖平流，而中高空为弱的暖平流，有时槽后冷平流扩散到槽前，有利于热力不稳定的建立。中低层强西南急流建立为强对流发展提供了很好的水汽条件。福建省强回暖，14 h 气温达 25～30℃、$T_d$>18℃，明显增温、增湿、减压。通常 $\Delta T_{850-500} \geqslant 25$℃，有强的垂直温度梯度，地面有明显的冷锋、气旋波活动(图 4)。

这类强对流天气范围大、种类多，常常发展出高度组织化对线状流云带(飑线)，造成雷雨大风、短时强降水、冰雹等混合性湿对流天气类型，以雷雨大风天气最多，短时强降水次之。当中层 700～400 hPa 湿度较干时，则以雷雨大风天气为主。这类天气形势下，是否出现冰雹、冰雹范围大小与 0℃层、－20℃ 高度、风垂直切变以及中层空气的湿度等有关。强对流天气伴随锋面移动。

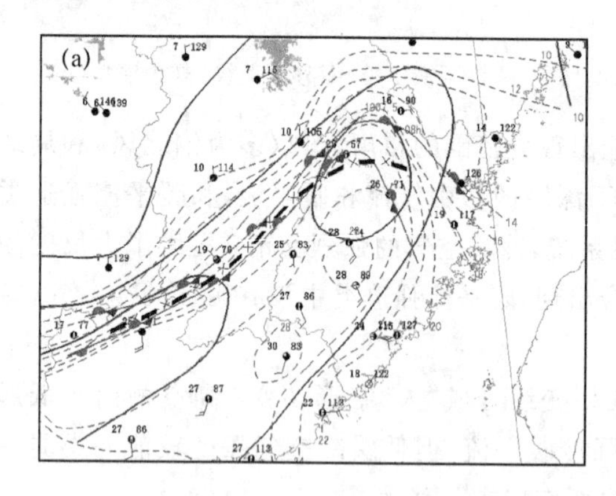


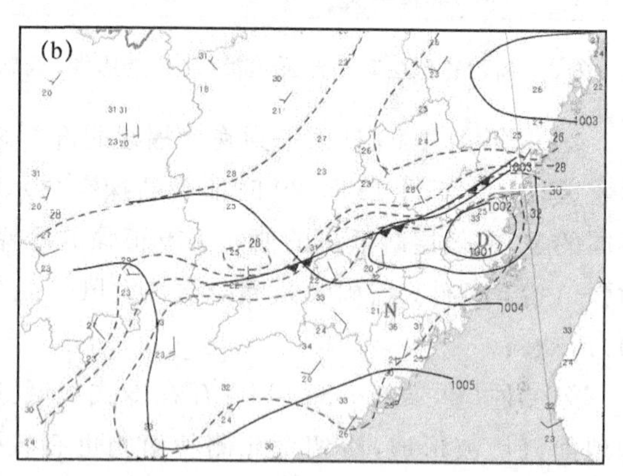


图 4　福建省低层暖平流强迫类(北抬类飑线)

(a)和斜压锋生类(南移类飑线)；(b)地面要素分析

## 4　飑线过程发展维持的低层垂直风切变和冷池相互作用机制分析

低层环境垂直风切变和冷池相互作用是飑线过程维持发展和传播的关键机制。在飑线发展的初期，低层垂直风切变较强，但冷池偏弱，飑线回波前倾。而此时环境热力条件(对流有效位能较高和自由对流高度较低)对飑线的发展加强起到了积极作用，克服了这种低层切变和冷池不平衡所形成的不利条件。在飑线的加强和成熟阶段，由于对流降水使冷空气不断下沉，从而导致冷池快速加强，使低层切变和冷池强度逐渐达到近似平衡状态，低层大气处于最强的垂直抬升状态，飑线发展最为强盛，飑线回波直立。随着时间的推移，降水累积效应导致冷池强度明显大于低层切变强度，不利的形势导致飑线逐渐趋于消散，飑线回波明显变宽、后倾，回波顶高显著下降。另外，低层 0～3 km 风切变对飑线的发展维持最为重要，但是 0～6 km 的中层风切变也有正面作用，特别是在飑线发展旺盛阶段，应该考虑其影响。统计发现，福建飑线发展的初期地面与 850 hPa 的切变值增大为 $10\times10^{-3}\,s^{-1}$，850 hPa 与 500 hPa 的切变值增大为 $5\times10^{-3}\,s^{-1}$，而后低层垂直风切变明显增大，中层垂直风切变增大近 3 倍多，达到强切变条件。

## 5　闪电资料特征分析

从闪电资料分析，飑线形成初期，负地闪主要发生在飑线前部对流区，而正地闪大多出现在飑线后部的层云区。密集的负地闪对应着云中的上升气流，负地闪频数越高，中尺度对流系统发展越旺盛，上升气流的核心内是冰雹携带的负电荷区(7 km)，有利于强对流天气的发生。随着飑线发展，正地闪的频数也开始增加，由于正电荷中心主要位于 5 km 和 10 km 处，风切变形成的斜升气流使高层云冰正电荷区域与中层的负电荷区域发生倾斜，形成云砧，减少了负电荷的屏蔽作用，飑线前部的正地闪也随之增加。

### 5.1 飑线回波致灾风力大小、站点比例、出现地区分析

南移类飑线上会出现多个超级单体，同时飑线的前部还通常会出现单个孤立的超级单体，飑线和飑前超级风暴单体容易造成致灾性大风和冰雹天气；北抬类飑线上会出现多个超级单体，飑线上的超级风暴单体容易造成致灾性大风和冰雹天气。

飑线回波影响往往造成区域性大风天气，以斜压锋生型对流天气出现南移类飑线回波中居多，但与北抬类相比，在强对流天气强度、类型等方面存在差异。两类飑线均出现雷雨大风、冰雹、短时强降水天气，南移类飑线上对流单体强度强于北抬类，南移类飑线雷雨大风范围更广，往往在福建省中北部出现大范围雷雨大风天气。北抬类飑线回波过程以短时强降水和雷雨大风混合性强对流天气为主(图 5)，南移类飑线过程以雷雨大风、冰雹强对流天气为主。南移类飑线致灾大风风力可达 10～12 级、最大 16 级，平均 8～9 级站数达 29 站，10～11 级站数达 2.2 站，而北抬类飑线致灾大风风力为 9～11 级、最大 13 级，平均 8～9 级站数达 22.6 站，10～11 级站数达 0.9 站，即北抬类飑线致灾大风强度及影响范围均小于南移类飑线。

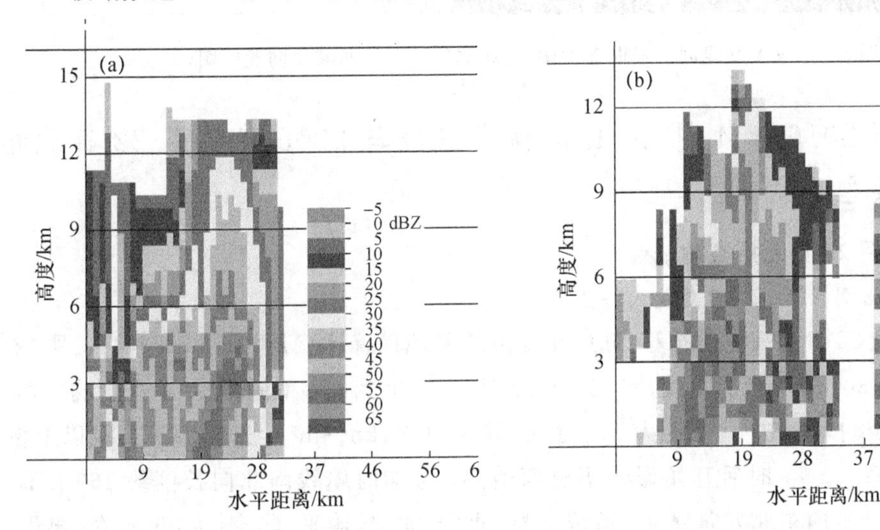


图 5 北抬类(a)、南移类(b)强对流单体结构示意图(单位:dBZ)

### 5.2 飑线雷雨大风回波特征分析

在福建雷雨大风天气过程中，雷雨大风回波以弓状(飑线)及带状回波为主，其中共有 40 个弓状(飑线)回波个例。飑线产生的雷暴大风往往是对流风暴中下沉气流达到地面时产生辐散造成大风。

飑线回波是指示雷暴大风的回波特征，大风通常出现在弓状回波向前凸起的部分，同时，在反射率图上，在弓状回波前沿存在高反射率因子梯度区，后侧存在弱回波通道，在速度图上强回波带通常对应着一条明显的辐合带，在后侧弱回波通道则对应入流大风。40 个飑线带状回波在速度图上表现不一致，一般有辐合带、前侧(或后侧)入流槽口，入流大风、低层大风区或中层径向辐合等五种特征。

中层径向辐合、弓状回波是雷雨大风回波在速度场上的一个主要特征(图 6)，中层径向辐合(MARC)为一个对流风暴中层(通常 3～9 km)的集中径向辐合区。在 40 个个例统计中，共

有 34 例出现中层径向辐合。有 30 个个例(22 个个例同时出现 MARC)在低层(距地面1 km以内)出现 20～27 m·s$^{-1}$的径向速度大值区,4 个个例为阵风锋引起的大风在低层径向速度图中由于距离折叠影响被紫色区域覆盖。9 级的大风通常出现在弓状回波向前凸起的部分,同时,在反射率图上,在弓状回波前沿存在高反射率因子梯度区,后侧存在弱回波通道,速度图上强回波带通常对应着一条明显的辐合带,在后侧弱回波通道则对应入流大风。

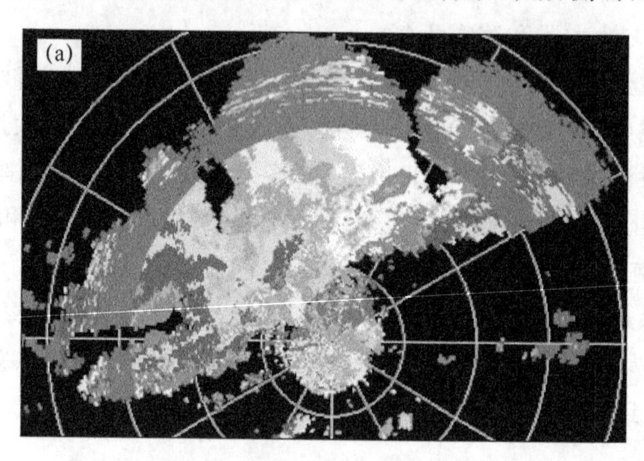


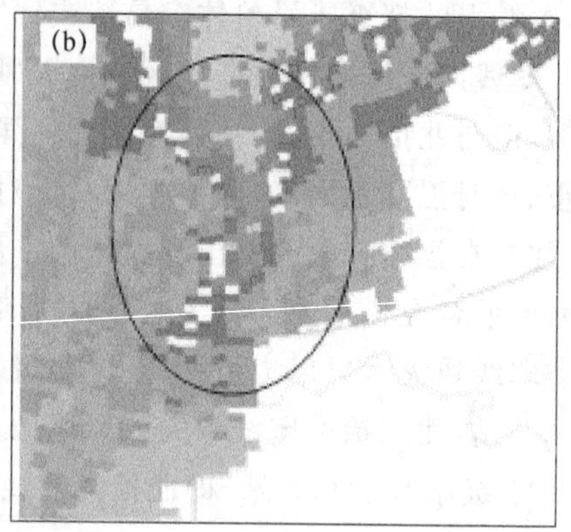


图 6　南移类飑线回波径向速度图(a)和北抬类飑线回波径向速度图(b)

# 6　对比分析 2016 年 4 月 26 日南移类飑线与 2005 年 3 月 22 日北抬类飑线典型个例

## 6.1　2005 年 3 月 22 日北抬类飑线

### 6.1.1　2005 年 3 月 22 日北抬类飑线特点

2005 年 3 月 22 日受高空槽东移、低层切变南压及地面锋区南压影响,2005 年 3 月 22 日一条南北向长达 300 多千米的飑线(图 7),从 22 日 7 时(北京时,下同)开始首先影响广西,9 时开始自西向东横扫广东中北部的大部分地区,移速约 90 km·h$^{-1}$,先后出现 8 级以上雷雨大风、冰雹和强降水。14 时后开始影响福建西南部,影响时飑线南北向长度约 160 km,以 110 km·h$^{-1}$的速度向东北方向移动,造成上杭、永定、龙岩、漳平、华安、大田、永春、德化、安溪、厦门等地先后出现了 8 级以上雷雨大风天气,瞬时最大风速达 13 级以上。本过程飑线移动快速且维持时间长(10 h)、影响范围广,飑线所经之处出现了 2005 年入春以来最强的一次集雷雨大风、强降水、冰雹等强对流天气过程。

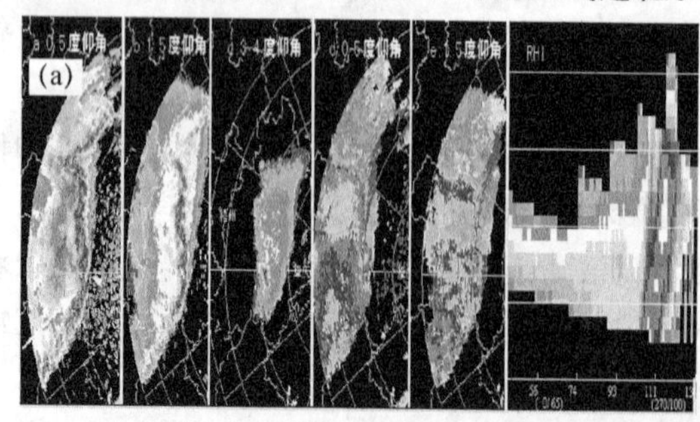


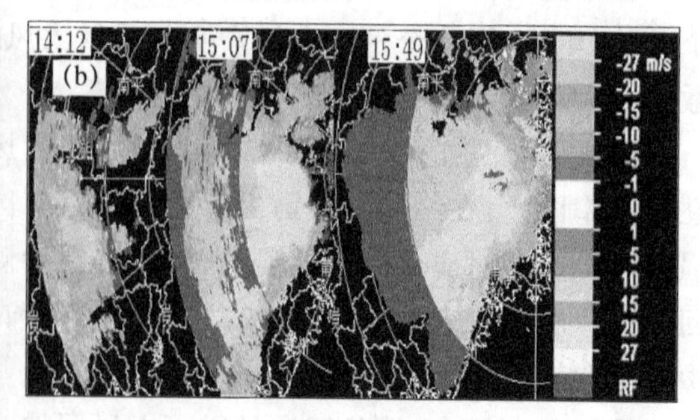


图 7　2005 年 3 月 22 日飑线位置图(a)和飑线 R0.5、R1.5 和 V0.5、V1.5 雷达回波图(b)

6.1.2 环流形势背景

3月22日08时南支槽加深东移且移速明显比低层切变南压的速度加快。700 hPa切变线在500 hPa南支槽以西1～3个纬距，桂、粤上空在对流层中低层有明显的"前倾"结构，在这种环流配置下诱发了本次历史罕见的大范围强飑线天气。福建省处于南支槽前西南急流区，850 hPa处在切变南侧的西南气流内。地面有冷空气从中路扩散南下，22日14时锋区位于江西与福建交界的武夷山脉一带，福建省基本处于地面锋前暖区内。中高层降温与低层增温造成了大气层结的极不稳定，从08时500 hPa、700 hPa、850 hPa三层的温度露点差可以看出，在850 hPa上飑线发生地处于明显的湿平流区（<4 ℃），而500 hPa（16～24℃）和700 hPa（4～8℃）上则为一干平流区。由此可见，此次飑线过程在冷空气触发下，是由高空槽前型的上干下湿引起的不稳定强对流天气。

6.1.3 动力、热力特征和垂直风切变

（1）高、低空急流作用：在副热带高压西北侧和南支槽前建立了一支低空西南急流，它是本次飑线过程的水汽和不稳定能量的主要携带和输送者；南支槽先于700 hPa槽影响桂粤，形成前倾槽型空间结构，为"3・22"强飑线提供了动力启动机制。（2）冷暖平流的作用：中高层冷空气的楔入和低空西南急流为飑线发生提供有利的环境热力场，且福建位于地面锋前暖区内。（3）垂直风切变：高空西风急流的存在和低空西南急流轴南移导致两者在低纬华南地区叠加，使得华南风场具备中纬度地区飑线环境风场的强垂直切变特征。飑线发生在高空急流入口辐散区，低空急流轴辐合区之上，飑线生成后沿低空急流出口区方向强烈发展并快速移动。

6.1.4 雷达特征分析及飑线形成、组织形式

飑线在发展阶段南北段不断新生对流单体，并有向弓形回波中间传递合并的趋势，在减弱阶段有从对称结构向非对称结构转变的趋势，逗点头和尾各自仍可继续发展造成灾害。弓形回波后部的弱反射率因子回波通道即中层入流槽口的出现标志着弓形回波从对称结构向非对称结构的转变，弓形回波发展到最强盛阶段。过程中出现了弓形回波、V形槽口、MARC、飑前"长对流线"等特征；在径向速度图上出现了强入流中心、速度辐合带、小涡旋速度特征等特征。对于飑线这样的由多个强对流单体组成的雷暴群可在其前方地面产生的强烈的下沉辐散冷堆，冷堆的辐散气流如果遇到暖湿气流交绥，可以形成细长的弱回波带并随之移动和变化。

"3・22"飑线回波带（LEWP）以断续线型与后续线型相结合的形式构成一个明显的"弓形"整体，南段呈弱反气旋切变，北段呈强一些的气旋切变，而成熟阶段以拖尾型的组织形态长时间存在。

## 6.2 2016年4月26日南移类飑线

6.2.1 2016年4月26日南移类飑线特点

2016年4月26日12时30分—18时30分（北京时）出现了一系列的强对流风暴，该强对流风暴组织成一条东北—西南向弓状飑线（图8），影响期间（历时约6 h）给福建西北部的南平、三明、龙岩三市先后带来大范围的冰雹、雷雨大风和短时强降水天气。其中13时20分建宁县，泰宁县出现大于2 cm大冰雹，将乐、长汀、连城等地也出现冰雹天气，达到8级以上大风的自动站就有52个，最大小时雨强53.6 $mm \cdot h^{-1}$；在飑线前方80 km处的1个超级单体造成严重的灾害，该风暴历经约2.5 h（其中影响浦城、松溪时间约1 h），自雷达站南侧向东北方

向移动了约100 km。飑线前方孤立的超级单体所经之处多地出现鸡蛋大的冰雹，最大冰雹直径达 3 cm，并且出现 54.9 m·s$^{-1}$(16 级)狂风，是福建陆上大风的最大记录。

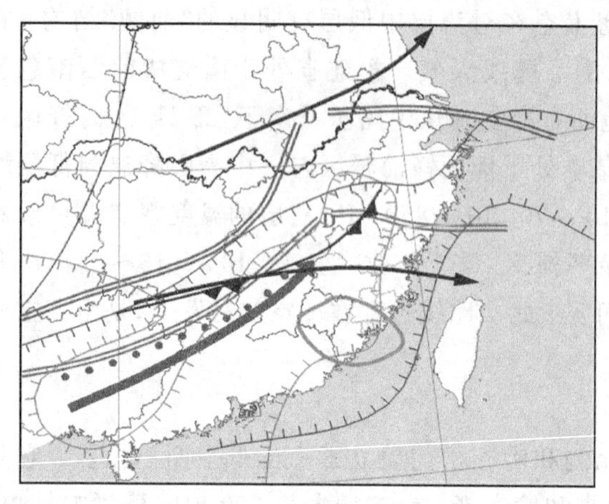

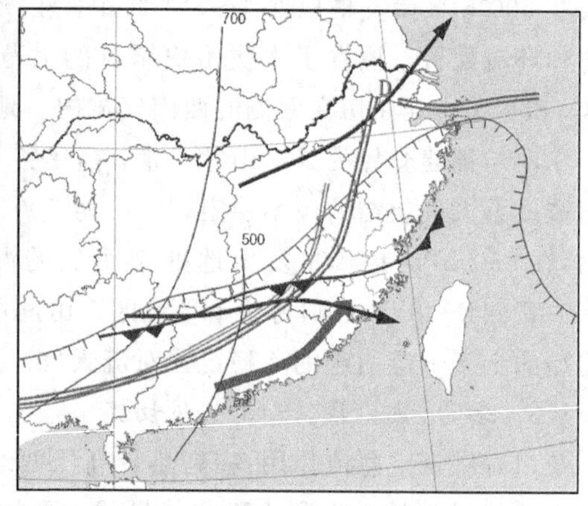


图 8　4 月 26 日 08 时(a)和 20 时中尺度天气分析(b)

6.2.2　环流形势背景

2016 年 4 月 26 日强对流天气过程在高空槽东移，低层低涡切变东移南压并伴有西南急流和地面冷锋南压等主要系统影响下造成的，低层冷暖空气强烈交汇，有明显的温度锋区和地面冷锋，属于显著冷暖平流导致的斜压锋生和强烈辐合抬升动力强迫形成的斜压锋生类强对流天气。

6.2.3　动力、热力特征

强对流天气过程在径向度大的低槽东移，低层低涡切变东移南压，边界层到 500 hPa 的三层西南急流系统相互作用及地面冷锋南压等主要系统影响下造成的，在地面中尺度辐合线的触发之下南支槽前强烈辐合抬升形成的动力强迫产生大范围飑线、冰雹等强对流天气；冷暖空气在福建西部强烈交汇，显著的冷暖平流形成温差达 9℃/100 km 的温度锋区和飑线为斜压锋生所致，而在飑线前 80 km γ 中尺度热低压辐合区内发生发展成超级单体。

6.2.4　雷达特征分析及飑线形成、组织形式

在弓形回波入流一侧存在高反射率因子梯度区，弓状回波的前沿持续产生中气旋，弓形回波的后侧存在－27 m·s$^{-1}$强的下沉后侧入流急流，3～7 km 有中层径向辐合 MARC，同时飑线前的超级单体中深厚和长的辐合带 DCZ 的探测产生了极端的 16 级地面大风。

“4·26”飑线形成形态以后建型建立，而成熟阶段以拖尾型和平行型的组织形态存在。

## 7　结论和讨论

(1)南移类飑线多发生于武夷山脉东南侧，在闽北西北部形成东北—西南向的飑线，这种飑线路径偏东或东偏南，影响福建省中北部地区。北抬类飑线多发生于江西南部、广东东北部或福建省西南部等地一般呈西北—东南走向，其路径为东北方向 30°～ 40°，影响福建中南部地区。

(2)中午及午后更有利飑线的产生与维持，这与中午具备的热力条件有联系，同时凌晨飑线的产生维持也与低空急流脉动和冷锋活动有关。

(3)斜压锋生类是发生在中低层冷暖空气强烈交汇，并伴有明显温度锋区和锋生，地面有

明显的冷锋活动形势下。500 hPa 中纬度 110°—115°E 有低槽东移，多数情况下伴随大的经向度低槽（有时表现为阶梯槽），槽后有明显的冷平流。地面冷锋在在宜昌—邵武，或位于华西倒槽东—东北侧，气压≤1005 hPa、气压下降明显，过程降压 10 hPa。有强的垂直温度梯度，造成这类强对流的锋面系统较深厚，环境场的风垂直切变能达到中等以上。

(4)低层暖平流强迫类是发生在低层 700 hPa 以下强烈发展的暖湿平流中，并叠加上动力扰动，低层强烈暖湿平流对建立热力不稳定起了主导作用。汉口与福州温差达 6～10℃，$\Delta T_{850\text{-}500}\geqslant 25$℃有强的垂直温度梯度。地面冷空气东路南下，冷锋或静止锋南压中转为弯曲冷锋。华西有倒槽东伸，福建沿海正变压和负变温，内陆减压升温明显。低压槽内有中尺度辐合线（静止锋）或小闭合低压，还常常伴有低于日变化的 3 h 变压低值中中心（多数为负值），在高层多数有分流式辐散区穿过低空辐合区上空。

(5)斜压锋生类常常发展出高度组织化对线状流云带（飑线），造成雷雨大风、短时强降水、冰雹等混合性湿对流天气类型，南移类飑线雷雨大风范围更广，往往在福建省中北部出现大范围雷雨大风天气。北抬类飑线回波过程以短时强降水和雷雨大风混合性强对流天气为主。南移类飑线致灾大风最大风力可达 10～12 级，最大 16 级，而北抬类飑线致灾大风最大风力为 9～11 级，最大 13 级，即北抬类飑线致灾大风强度及影响范围均小于南移类飑线。

# 上海一次初夏系列强风雹超级单体过程分析*

戴建华[1]　孙　敏[1]　常亚楠[2]　陈浩君[3]　朱家恺[3]

(1. 上海中心气象台,上海 200030;2. 上海海洋气象台,上海 200030;
3. 上海市气象信息中心,上海 200030)

## 摘　要

2017年7月5日上海地区出现了大范围的午后强对流,从浦东地区开始自东向西不断激发出系列超级单体,导致上海地区出现暴雨、15级阵风、大冰雹、雷电等灾害性天气,并有疑似龙卷漏斗云被网络报道。产生大冰雹的雷暴呈现出钩/指状回波、回波悬垂、有界弱回波、中气旋等超级单体特征,还具有标志大冰雹的三体散射长钉特征回波(TBSS),大冰雹区的具有强反射率(R)、弱差分反射率(Zdr)等特征,强下击暴流形成明显的地面强辐散特征。分析表明:海风锋和前期雷暴的下沉运动汇合形成向西传播的偏东出流不但激发了新的对流,还与低空环境西南气流加强了风暴相对螺旋度,更多的低层水平涡度随着上升运动转化为垂直涡度,激发的对流多呈现为超级单体特征。本文还提出了基于三体散射长钉(TBSS)双偏振及多普勒雷达观测信息的大冰雹超级单体结构分析新方法。

**关键词**:超级单体　大冰雹　海风锋　后向传播　三体散射长钉

## 引言

超级单体风暴是所有对流风暴中组织化程度最高、发展最为强烈、生命史最长的一种孤立的深对流风暴,最早由Browning[1,2]提出,超级单体的雷达反射率因子特征,如钩状回波、中空弱回波区WER(Weak Echo Region)或有界弱回波区(Bounded Weak Echo Region-BWER)、"中气旋"(mesoscale cyclone)[3-6]。在超级单体发生发展机制的研究中,在关注湿度、不稳定条件和中尺度抬升机制等关键因素的同时,垂直风切变和风暴相对螺旋度常被用作分析、诊断强对流风暴特别是超级单体的工具[7-10]。风暴中上升运动与环境风垂直切变的相互作用可以产生稳定旋转,垂直风切变产生水平涡度,然后沿着风暴入流进入风暴内部,当入流在风暴内成为垂直上升气流时,水平涡度转换成为垂直涡度,从而加强了风暴中的垂直涡度,导致风暴中形成深厚的中尺度气旋[11],风暴相对螺旋度可用来度量由抬升环境风水平涡度而导致的上升气流的旋转程度[7,10,12],反映了一定气层厚度内环境风场的旋转程度和"卷"入到对流风暴中环境涡度的多少,也可用于估算垂直风切变环境中风暴运动所产生的旋转潜势,即沿流线方向上的涡度进入上升气流并与之相互作用,在风暴中产

* 基金项目:上海市科委科研计划项目(16DZ1206100)、上海市气象局强对流创新团队和国家自然科学基金资助项目(41775049)。

生深厚、强大、持久的旋转[13]，在上海地区，超级单体的形成还会通过前期雷暴出流的交汇和抬升及低层环境垂直风切变增大、两个对流单体合并导致上升气流增强等方式或机制形成超级单体[14]。我国多普勒天气雷达被广泛用于超级单体的典型特征分析和发展、演变机制研究[10,15-19]。

雷达探测大冰雹时，Wilson 和 Reum[20,21]、Zrnić[22]等研究发现了雷达对大冰雹探测时可能会出现虚假回波，Lemon[23]进一步将此现象定义为“三体散射长钉”(TBSS-three body scatter spike)，通过对一系列大冰雹过程 TBSS 的研究，Lemon 认为 TBSS 是探测大冰雹的充分但非必要条件。

2017 年 7 月 5 日出梅及之后的 2 周时间内，位于副热带高压边缘控制的上海地区出现连续的高温天气和午后强对流天气，7 月 5 日、8 日、14 日和 18 日还出现了局地大冰雹。其中，2017 年 7 月 5 日，上海地区出现了大范围的午后强对流天气，自东向西不断激发出系列超级单体，导致上海地区出现暴雨、15 级阵风、大冰雹、雷电等灾害性天气，其中浦东局部地区出现暴雨(川沙 99.3 mm)，傍晚 17:49 青浦水上运动场出现 47.1 $m \cdot s^{-1}$雷雨大风，青浦 17 时多还有疑似龙卷漏斗云被网络报道，浦东、闵行、青浦等地分别还下了短时大冰雹，冰雹直径一般在 2～3 cm，最大鸡蛋大小(网络视频和图片报道)。上海全市共接报灾情 75 起，其中，暴雨灾情 41 起、风灾 32 起、雷灾 1 起、冰雹引起的灾害 1 起，其中，中心城区 10 起、浦东新区 24 起、闵行区 29 起、嘉定区 6 起、青浦区 3 起。

上海地区的冰雹往往出现在春季和盛夏中后期，出梅后大冰雹多发的现象在上海地区较为罕见。该次强风雹过程具有许多特殊的现象：午后多个对流发生发展，形成了系列的超级单体，在上海地区较为罕见；海风锋触发对流是上海地区盛夏季节对流发生的主要机制，本次过程触发的对流多、强度强且具有超级单体特征，触发对流的方向与高空引导气流相反等，均有鲜明的特点；出现的阵风强度强、冰雹尺度大，潜在威胁巨大。因此对该次过程的成因和关键机制的分析研究十分必要。采用双偏振多普勒天气雷达挖掘大冰雹的一些新特征也十分必要。

本文用常规天气观测、双偏振多普勒天气雷达、风廓线仪、闪电定位、自动气象站等资料，对 2017 年 7 月 5 日上海地区的系列强风雹超级单体进行了分析研究，以揭示出现超级单体的结构特征及其发生、发展和演变的环境背景、中尺度条件及相关机制。

## 1 过程描述

7 月 5 日午后，先在浦东地区由南北双支海风锋激发起 2 个对流单体(图 1a)，单体受引导气流向东移动过程中，其出流与海风锋一起西进，在浦东地区又在激发起 2 个新的单体合并加强后形成一超级单体 S1(图 1b～c)，该超级单体导致浦东地区出现暴雨、大风、大冰雹等强天气；接着，海风锋与阵风锋汇合形成的中尺度锋区继续西进，进一步在奉贤、闵行、松江等地激发起新的系列强超级单体雷暴 S2、S3 和 S4(图 1e～h)，也出现大冰雹、大风等天气，同时再次加强了向西传播的海风锋和阵风锋合并的出流；当该出流与浙江地区向东北方向传播的阵风锋汇合时(图 1f～h)，在青浦地区激发出了本次过程中最强的超级单体 S5(图 1i)，导致地面 47 $m \cdot s^{-1}$的强下击暴流，并有疑似龙卷漏斗云的网络视频报道。

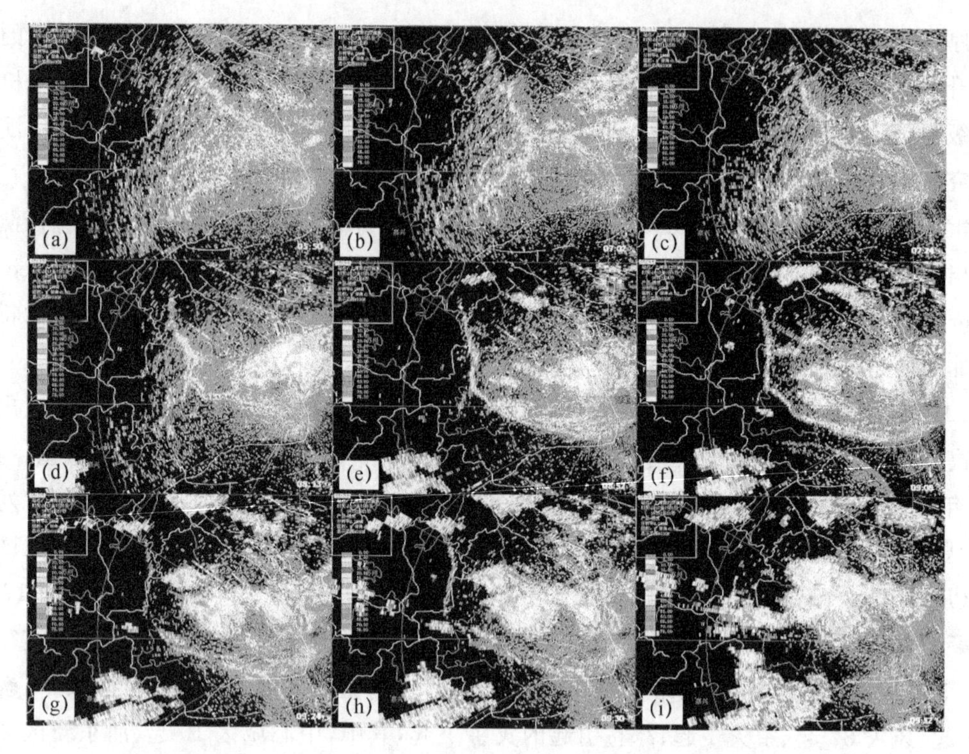


图 1　2017 年 7 月 5 日 0550—0952(UTC)南汇雷达 0.5°仰角反射率产品

## 2　天气形势背景

7 月 5 日副热带高压加强北抬，长三角地区处于副热带高压边缘控制，高空有分流区，低空有西南急流(图 2)。当天上海出梅，当日徐家汇最高气温达 36.2℃，为午后对流发生发展集聚了不稳定能量。

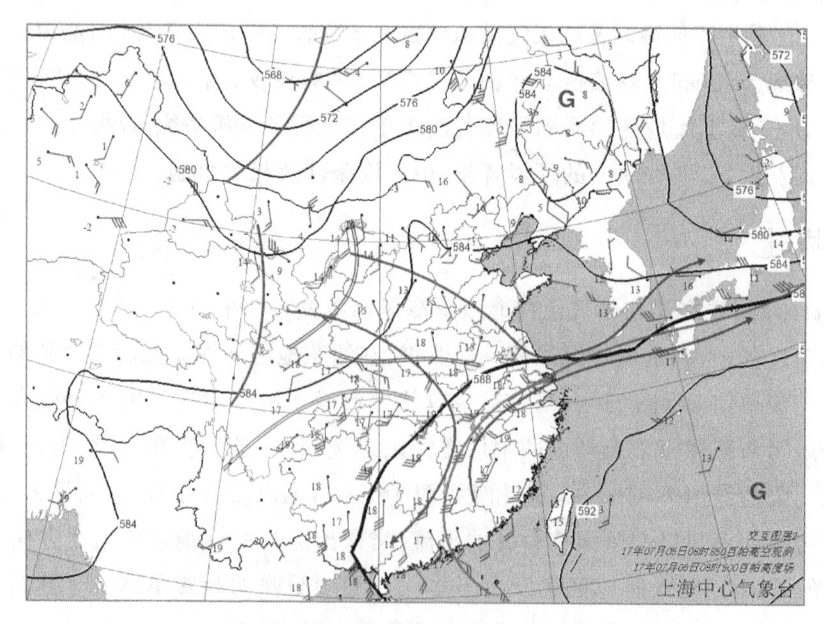


图 2　2017 年 7 月 5 日 08 时天气形势分析

## 3　强对流的发生、发展的条件分析

### 3.1　对流潜势分析

图 3 分别为 7 月 5 日 08 时(图 3a)和 14 时(图 3b)宝山探空资料分析及对应的对流参数对比，08 时起 CAPE(对流有效位能)达 2505 $J \cdot kg^{-1}$，由于副高在加强阶段，整体的下沉抑制较强，对流没有早于 13 时出现，14 时随着海风锋的出现，宝山地区近地面转为东北偏东风，一方面该海风锋将会触发抬升[24]对流，另外一方面低空由西南风转为东风，还加强了该环境条件下的风暴相对螺旋度，有利于潜在对流汲取环境的水平涡度。

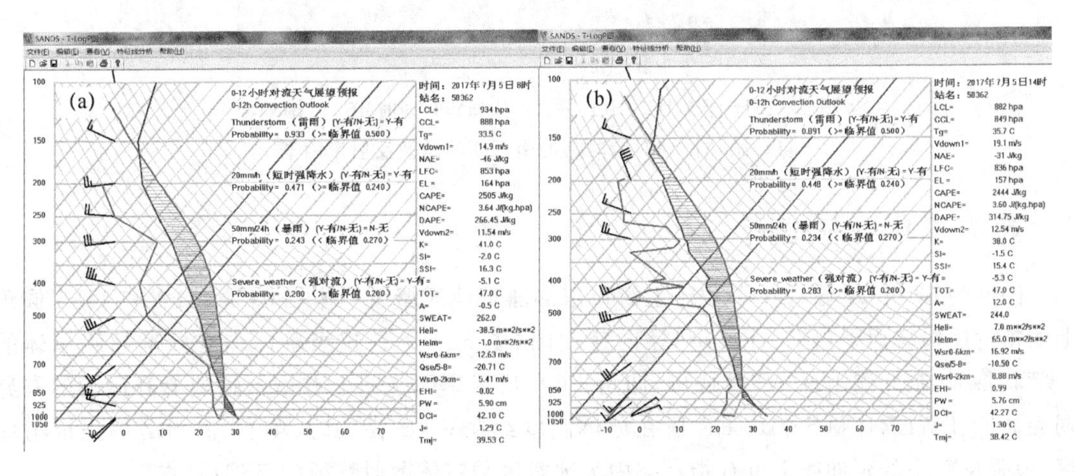


图 3　2017 年 7 月 5 日 08 时(a)和 14 时(b)宝山探空分析

另外，雷暴中大冰雹增长区往往达到−20℃层附近或者更高[25]。由于是副高加强阶段，本次过程中 0℃层高度和−20℃层高度没有明显降低(图略)，当然 0℃层高度较盛夏期(2017 年 8 月中旬)略低。

### 3.2　触发机制分析

午后开始，上海地区北侧沿江和南部地区出现了南北两支海风锋(图 4a、b)，交汇处位于浦东中部地区，13 时 30 分以后，分别在海风锋交汇处和北部沿江地区激发了两个对流单体。

### 3.3　垂直风切变

垂直风切变是强雷暴发展和维持的重要因素，在超级单体发展中起到关键作用[9-11]。7 月 5 日 08 时的宝山探空(图 3a)表明，0～2 km 的垂直风切变为 5.41 $m \cdot s^{-1}$，0～6 km 的垂直风切变仅为 12.63 $m \cdot s^{-1}$，该时刻的垂直风切变的条件并不利于超级单体的形成和发展，到了 14 时，0～2 km 和 0～6 km 的垂直风切变分别增加为 8.88 $m \cdot s^{-1}$和 16.02 $m \cdot s^{-1}$。由于海风锋的过境，低层转为东北风导致中层到地面和低层到地面的风切变明显加大。风切变的加大将导致倾斜的上升运动，有利于大冰雹在空中的增长，也将下沉运动与上升运动分离，使得对流系统维持。

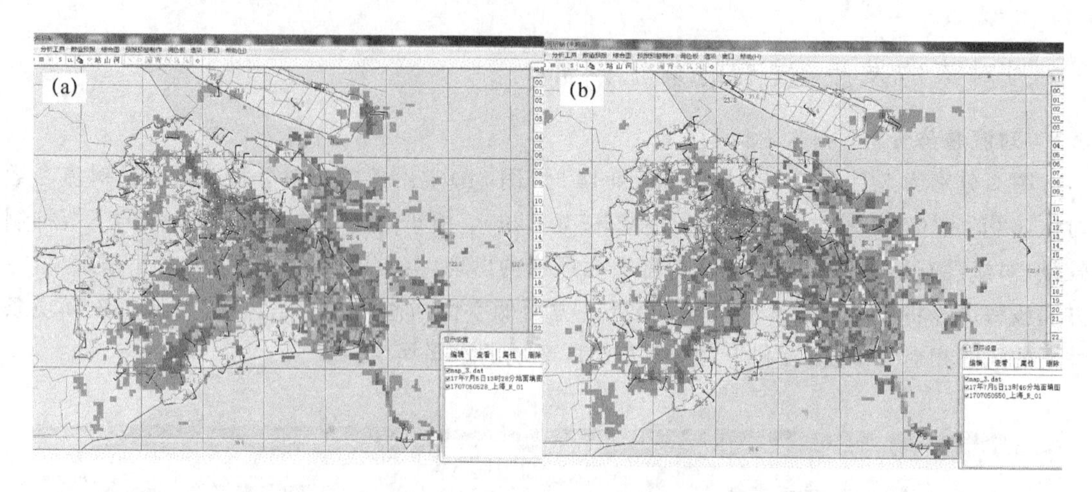


图 4　2017 年 7 月 5 日 13 时 28 分(a)和 13 时 46 分(b)地面自动站填图和对应时刻的南汇 0.5°雷达反射率因子

## 4　超级单体特征分析

图 5 为 07 时 24 分(UTC)位于上海市东部浦东地区超级单体在 0.5°～4.3°和 14.6°仰角上的雷达反射率因子(图 5a～c)和径向速度图(图 5d～f)。超级单体均有标准超级单体的"楔"状特征，东北侧出现"V"形缺口，仰角 14.6°反射率因子图上有指示强烈上升运动的有界弱回波区(BWER)(图 5c)BWER 所在单体高度约在 6 km 高，其东侧有 69 dBZ 的强反射率区，该强反射率的延伸线上也有指示空中大冰雹区的三体散射特征(TBSS)回波[22]。

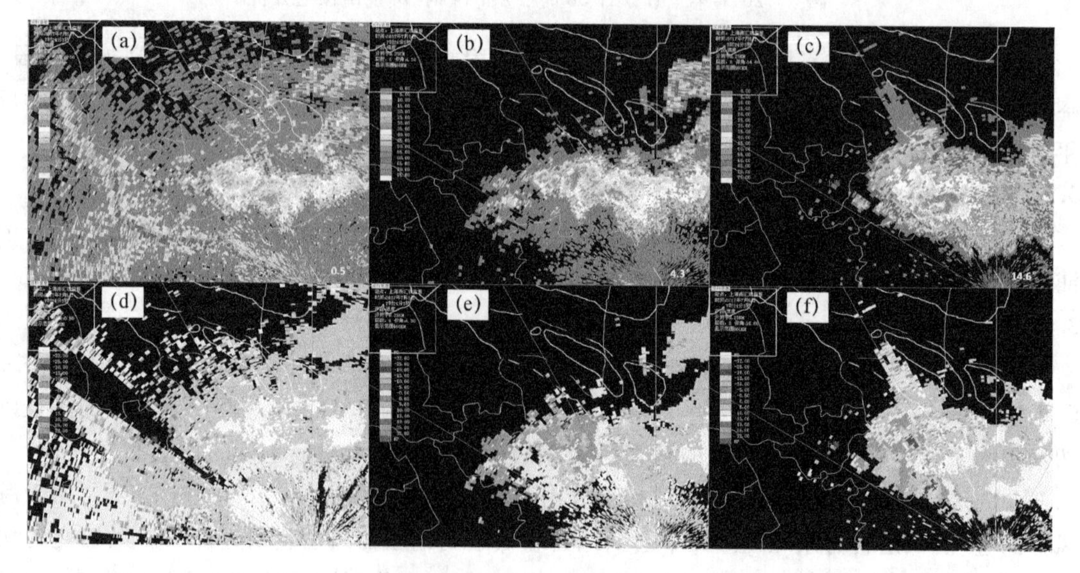


图 5　2017 年 7 月 5 日 0724(UTC)南汇雷达反射因子(a～c)和径向速度(d～f)产品

对比 07 时 24 分(UTC)超级单体在雷达 14.6°仰角(高度约 6 km)上的特征(图 6)可以发现，冰雹区具有强反射率(R)、弱差分反射率(Zdr)的特征，在有界弱回波区中反射率因子较弱，其周边反射率因子强，但弱回波区中及周边的 Zdr 较大，达到 2.5 以上，表明该处为强上升运动向上输送的扁平状的大雨滴，由于 6 km 高度的气温在－20℃附近，这些大雨滴为冰雹的快速增长提供了丰沛的过冷水资源。

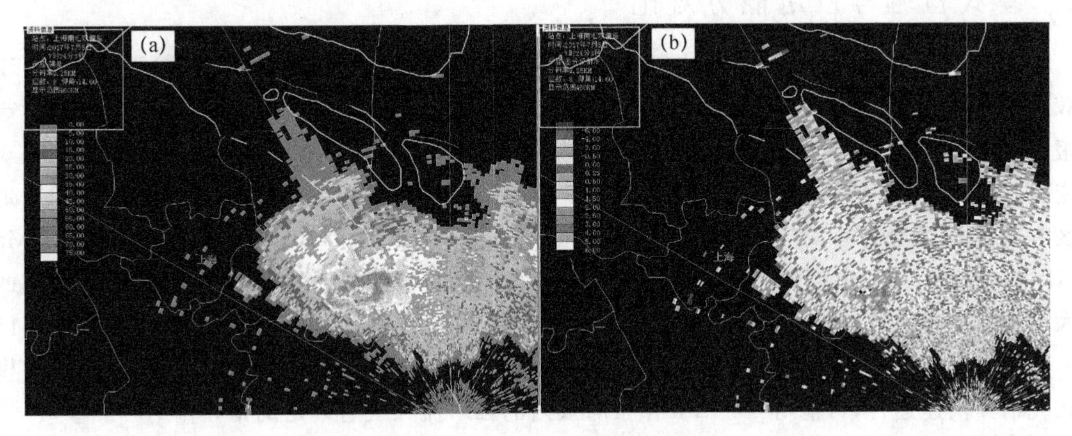


图 6　2017 年 7 月 5 日 0724(UTC)南汇雷达 14.6°仰角反射率因子(a)和差分反射率(b)产品

## 5　形成机制分析

分析表明:海风锋和前期雷暴的下沉运动汇合形成向西传播的偏东出流不但激发了新的对流,还与低空环境西南气流加强了风暴相对螺旋度,更多的低层水平涡度随着上升运动转化为垂直涡度,为超级单体的形成提供了环境条件,激发的对流多呈现为超级单体特征。海风锋与阵风锋的叠加,类似于孙敏等[26]揭示的雷暴后向传播中前期雷暴的阵风锋与原有地面辐合线共同叠加,均形成了推进方向与环境引导气流相反的中尺度锋生区,导致后向传播。

青浦地区超级单体触发和加强,也与低层的东南风加强有关,相对于 0838(UTC),对流发展前 0913(UTC)前后低层 600 m 风力明显加大(图 7),类似于浦东地区,从低层向上,东南风—偏南风—西南风,形成了顺转的风矢端分布[11],显然加强了风暴相对螺旋度。

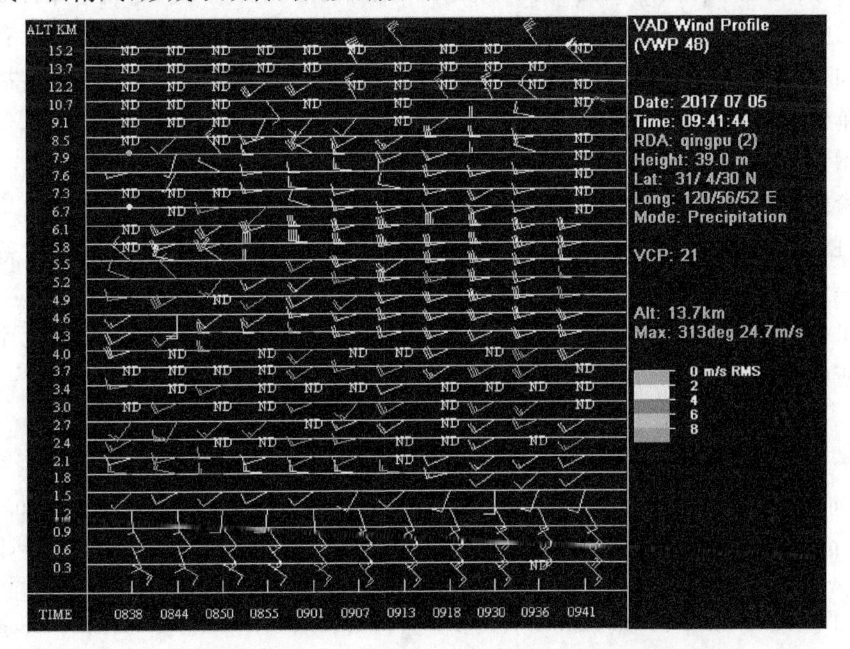


图 7　2017 年 7 月 5 日 0838—0941(UTC)青浦雷达风廓线(VWP)产品

## 6 模式检验与应用能力对比

针对该次午后强对流天气过程，对比、检验了各家业务模式的预报能力，包括 STI-WARMS(II)、STI-WARR、ECMWF 高分辨、NCEP-GFS(图略)。检验分析表明：4 日 20 时起报的各家模式均预报 11 时前后就有降水出现，主要的降水集中在 11—14 时，而对午后的强对流降水均无有效的预报能力。当然 ECMWF 的对流潜势(CAPE)预报指出 14 时前后浦东地区有明显的对流潜势，与该时刻对流发展的落区较为一致；另外，08 时起报的 STI-WARMS(II)也对 14 时前后出现在浦东地区的对流具备较好的预报能力，同时对傍晚前后上海西部的大范围降水也有较好的指示。当然，即使是 15 时起报的快速更新模式 STI-WARR 同化了已经出现强对流的雷达观测资料，但是对后续的对流仍没有预报能力。因此，最新时次中尺度模式凭借其快速运行，可能对 6～12 h 预报时效内的强对流天气有一定的指导作用。

## 7 结论与讨论

用常规天气观测、双偏振多普勒天气雷达、自动气象站、闪电定位和风廓线仪等资料对 2017 年 7 月 5 日发生在上海的强风雹天气过程进行了分析，采用双多普勒雷达风场反演分析了雷暴的流场结构，分析发现：出梅后副热带高压有所加强，在副高边缘控制下，西南气流的加强使得上海地区不稳定潜势、垂直风切变、风暴相对螺旋度明显加强，是产生这次系列强对流的关键环境背景。

本次过程中，产生大冰雹的雷暴多呈现出钩/指状回波、回波悬垂、有界弱回波、中气旋等超级单体的雷达回波特征，还具有标志大冰雹的三体散射长钉特征回波(TBSS)，大冰雹区具有强反射率(R)、弱差分反射率(Zdr)等特征，强下击暴流形成明显的地面强辐散特征。

分析表明：海风锋和前期雷暴的下沉运动汇合形成向西传播的偏东出流不但激发了新的对流，还与低空环境西南气流加强了风暴相对螺旋度，更多的低层水平涡度随着上升运动转化为垂直涡度，为超级单体的形成提供了环境条件，激发的对流多呈现为超级单体特征。海风锋与阵风锋的叠加，类似于孙敏等[26]揭示的雷暴后向传播中前期雷暴的阵风锋与原有地面辐合线共同叠加，均形成了推进方向与环境引导气流相反的中尺度锋生区，导致后向传播。本次过程中超级单体的形成机制呈现出多样性，有通过前期雷暴出流的交汇和抬升触发、低层环境垂直风切变增大、两个单体合并导致上升气流增强等[14]。

模式检验对比表明：预报时效 12 h 以上的模式对该次过程午后的强对流降水均无有效的预报能力；ECMWF 的对流潜势预报可供参考；中尺度模式可能对 6～12 h 预报时效内的强对流天气有一定的指导作用。

提出了基于大冰雹三体散射长钉(TBSS)双偏振及多普勒雷达观测信息对大冰雹超级单体结构分析的新方法和思路。

### 参考文献


[1] Browning K A. Cellular structure of convective storms [J]. Meteo Mag, 1962, 91: 341-350.

[2] Browning K A. Airflow and precipitation trajectories within severe local storms which travel to the right of the winds [J]. J Atmos Sci, 1964, 21: 634-639.

[3] Fujita T T, Analytical meso-meteorology: A review, severe local storms [J]. Meteor Monogr, 1963, 27: 77-125.

[4] Lemon L R, Doswell C A III. Severe thunderstorm evolution and mesocyclone structure as related to tornado genesis[J]. Mon Wea Rev, 1979, 107(9): 1184-1197.

[5] Klemp J B, Wilhelmson R B, Ray P S. Observed and numerically simulated structure of a mature supercell thunderstorm [J]. J Atmos Sci, 1981, 38: 1558-1580.

[6] Rotunno R, and Klemp J B. The influence of the shear-induced pressure gradient on thunderstorm motion [J]. Mon Wea Rev, 1982, 110: 136-151.

[7] Davies-Jones R P, Burgess D W, Foster M. Test of helicity as a forecast parameter[C]. Preprints, 16th Conf. on Severe Local Storms, Kananaskis Park, AB, Canada, Amer Meteor Soc. 1990: 588-592.

[8] Ding J C, Dai J H, Chen Y M, et al. Helicity as a method for forecasting severe weather events [J]. Advances in Atmospheric Sciences, 1996, 13: 532-538.

[9] Weisman M L, Rotunno R. The use of vertical wind shear versus helicity in interpreting supercell dynamics[J]. Atmos Sci, 2000, 57(9): 1452-1472.

[10] 戴建华，陶岚，丁杨，等. 一次罕见飑前强降雹超级单体风暴特征分析[J]. 气象学报，2012，70(4)：609-627.

[11] 俞小鼎，姚秀萍，熊廷南，等. 多普勒天气雷达原理与业务应用[M]. 北京：气象出版社，2006.

[12] Davies-Jones R P, Streamwise vorticity: The origin of updraft rotation in supercell storms[J]. J. Atmos Sci, 1984, 41: 2991-3006.

[13] 俞小鼎，郑媛媛，张爱民，等. 安徽一次强烈龙卷的多普勒天气雷达研究[J]. 高原气象，2006，25(5)：914-924.

[14] 陶岚，戴建华，孙敏. 一次雷暴单体相互作用与中气旋的演变过程分析[J]. 气象，2016，42(1)：14-25.

[15] 郑媛媛，俞小鼎，方翀，等. 一次典型超级单体风暴的多普勒天气雷达观测分析[J]. 气象学报，2004，62(3)：317-328.

[16] 胡胜，于华英，胡东明，等. 一次超级单体的多普勒特征和数值模拟特征对比分析[J]. 热带气象学报，2006，22(5)：466-472.

[17] 俞小鼎，郑媛媛，廖玉芳，等. 一次伴随强烈龙卷的强降水超级单体风暴研究[J]. 大气科学，2008，32(3)：508-522.

[18] 潘玉洁，赵坤，潘益农. 一次强飑线内强降水超级单体风暴的单多普勒雷达分析[J]. 气象学报，2008，66(4)：621-636.

[19] 刁秀广，朱君鉴，刘志红. 三次超级单体风暴雷达产品特征及气流结构差异性分析[J]. 气象学报，2009，67(1)：133-146.

[20] Wilson J W, Reum D. "The hail spike": Reflectivity and velocity signature[C]. Preprints, 23th Conf. on Radar Meteorology, Snowmass, CO, Amer Meteor Soc, 1986: 62-65.

[21] Wilson J W, Reum D. The flare echo: Reflectivity and velocity signature [J]. J Atmos Oceanic Technol, 1988, 5: 197-205.

[22] Zrnić D S, Three-body scattering produces precipitation signature of special diagnostic value[J]. Radio Sci, 1987, 22: 76-86.

[23] Lemon L R. The radar "three-body scatter spike": An operational large-hail signature[J]. Wea Forecasting, 1998, 13: 327-340.

[24] 顾问，张晶，谈建国，等. 上海夏季海风锋及其触发对流的时空分布和环流背景分析[J]. 热带气象学报，2017，33(5)：644-653.

[25] Browning K A. The structure and mechanisms of hailstorms. Hail: A Review of Hail Science and Hail Suppression[J]. Meteor Monogr, Amer Meteor Soc, 1977, 38: 1-43.

[26] 孙敏，戴建华，袁招洪，等. 双多普勒雷达风场反演对一次后向传播雷暴过程的分析[J]. 气象学报，2015，73(2)：247-262.

# 安徽飑线的 WRF 预报检验

周 昆 陶 玮 吴瑞姣 邱学兴

（安徽省气象台，合肥 230031）

## 摘 要

在普查 2000—2017 年江淮飑线的基础上，选择十个较强飑线用 WRF 进行预报检验。重点分析了 2017 年 5 月 14 日个例的天气背景。结果表明：(1)当西风槽伴随冷空气南下，西北太平洋副热带高压维持，有时高压边缘有台风活动，从印度洋或孟加拉湾有西南低空急流沿副高边缘向江淮输送暖湿空气，且 CAPE>1300 $J \cdot kg^{-1}$，CIN<80 $J \cdot kg^{-1}$，0～6 km 垂直风切变>10 $m \cdot s^{-1}$ LCL<930 hPa，Si<272.45 K，850 hPa 温度>20℃时，可判断有发生飑线的潜势。(2)当有系统性降水时，在降水区或其南侧出现的飑线，WRF 预报效果较好。但对局地生成，长度最短的飑线，WRF 未能预报出带状回波。其他几个个例，虽然预报强度偏弱、长度偏短、位置和时间略有偏差，但均能预报出飑线。(3)WRF 对飑线的形成方式、组织形式、结构形态等的预报与实况较一致。

**关键词**：飑线　中尺度数值模式　检验

## 引言

数值天气预报技术在近几十年突飞猛进，大大提高了气象预报预测的准确率，延长了预测预报时效。王桂军等[1]分析了欧洲集合预报对 2015 年汛期不同类型暴雨过程的预报能力，对于局地性强的暴雨过程和台风影响的大暴雨过程，预报能够提示降水落区的可能范围及极端降水发生的可能，而对于冷涡影响的分散的区域性降水过程，预报对降水落区的可能范围有充分把握。但对于局地性强，持续时间短的强对流天气，预报能力还有待于提高。唐文苑等[2]对 2010—2015 年 4—9 月国家级强对流天气预报中雷暴、短时强降水、雷暴大风和冰雹等分类预报进行了检验，6～24 h，雷暴 *TS* 评分为 0.22～0.34，短时强降水为 0.18～0.24，雷暴大风和冰雹为 0.01～0.07，与美国风暴预报中心(SPC)2000—2010 年定期发布的 1 d 对流展望产品检验结果比较，雷暴和短时强降水落区预报 TS 评分较高，雷暴大风和冰雹评分较低。

对于强对流天气的预报检验，可以考察预报质量，比较不同数值模式间的预报水平，还有助于提高预报质量。针对预报对象的不同，许多气象学者采用不同的方法对中尺度数值预报模式进行预报效果的评估，有吴秋霞等[3]对 Advanced Regional Eta Model System 预报的降水 TS 评分检验，王雨等[4]对集合预报的布莱尔技巧评分、秩概率评分检验等。数值模式的检验方法有许多，而最直观的是图形法，能够更具体地提供预报在位移、强度、范围、形态等方面的偏差信息。

目前对于飑线的研究较多[5-8]，中尺度数值模式预报检验较少，本文用雷达图与 WRF 的反射率图直接比较，检验 WRF 对江淮飑线的预报水平。最后对飑线的中尺度数值模式预报存在的问题进行讨论，使预报员能够高效地应用数值模式对飑线的预报。

## 1 资料及模式

本文针对 2017 年 5 月 14 日飑线进行详细检验，接着从 2000 年以来的江淮飑线统计中找出九个此类飑线进行 WRF 预报检验，分析其发生、发展和消亡过程，比较预报与实况的异同。

中尺度数值模式 WRFV3.8 选择双向三层嵌套，空间分辨率为 27 km×9 km×3 km，从地面到 50 hPa 垂直分 35 层，预报时效为 12 h，预报间隔 1 h，微物理过程选择 WSM5 方案，长波辐射过程选择 RRTM，近地面层物理方案为 Monin-Obukhov，陆面过程 5 层模式，行星边界层为 YUS 方案，积云参数化为 KFS 方案。

## 2 2017 年飑线个例

### 2.1 天气背景

飑线主要发生西风槽后。500 hPa 西北太平洋副热带高压的西脊点位于约 140°E 附近。从东北经日本海到东海有一西风槽，伴随有明显干冷空气南下影响江淮地区，在江淮地区低槽随高度接近垂直，在 900 hPa 以下，有东南风与西南风相遇产生弱的辐合。如图 1 所示，850 hPa 以下相对湿度较大，抬升凝结高度为 932 hPa。CAPE 为 532 $J \cdot kg^{-1}$，大气层结不稳定。低空垂直风切变偏弱。飑线发生前，地面气温约 27℃，当西风槽伴随冷温槽南下时，低层的垂直上升运动触发对流，释放不稳定能量，使对流系统组织化形成飑线，39 个乡镇风力超过 8 级；霍山气象观测站出现直径为 1 cm 的冰雹；六安、合肥和安庆等地伴有短时强降水，最大小时雨强舒城油坊 46.3 $mm \cdot h^{-1}$(06—07UTC)。飑线过后，地面气温下降 6℃左右。

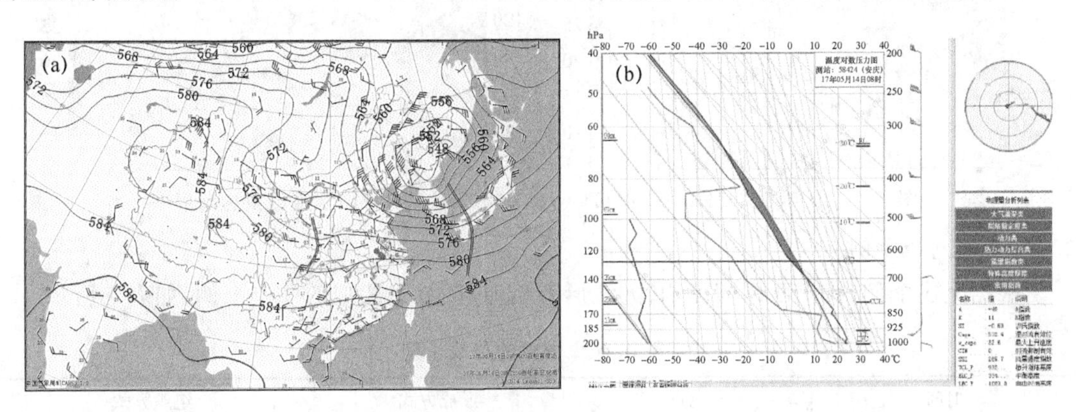


图 1 2017 年 5 月 14 日 0000UTC(a)500 hPa 位势高度，850 hPa 风场，(b)安庆站埃玛图

### 2.2 雷达形态演变

0200UTC，阜阳西部出现对流单体，对流单体逐渐形成西南—东北走向的线状回波，0400UTC，在大别山北部有新对流单体出现。以上分散的回波在向东南移动过程中逐渐组织化，0500UTC，其中东部影响合肥的雷暴单体强度大，达 60 dBZ。0600UTC，一条东北—西南走向的线状回波在江淮南部渐渐形成(图 2)，最大反射率为 60 dBZ，回波核高度约 4.5 km，长约 162 km，生命史约 3 h 22 min，是 BA 型有拖曳层状云的飑线。0800UTC，移至沿江的带状回波断裂，强度减弱(图 3a)。仅芜湖还有一些分散的对流回波。0900UTC，仅余池州东部一个对流单体(图 3b)。

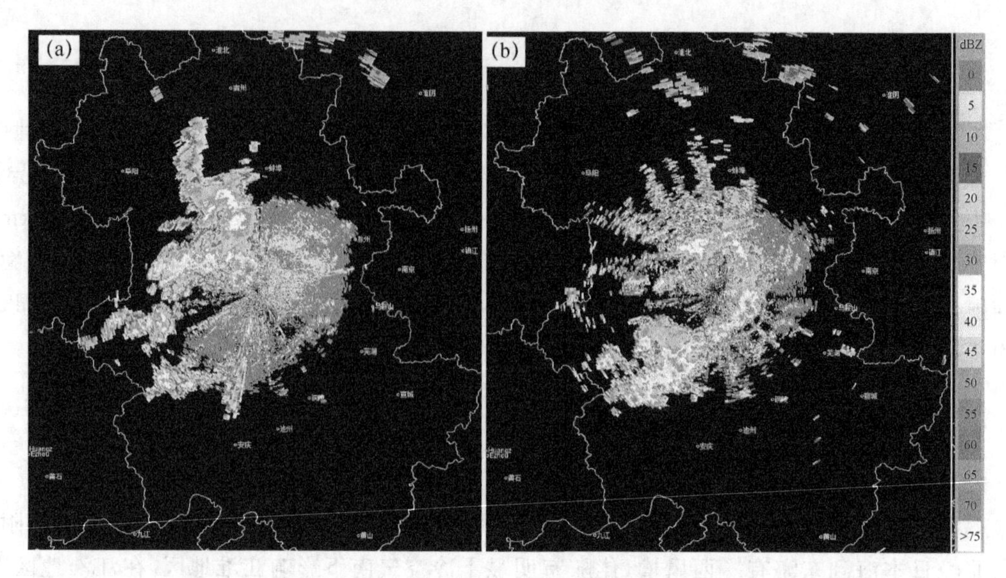


图 2　2017 年 5 月 14 日 0516UTC(a)、0630UTC(b)雷达组合反射率

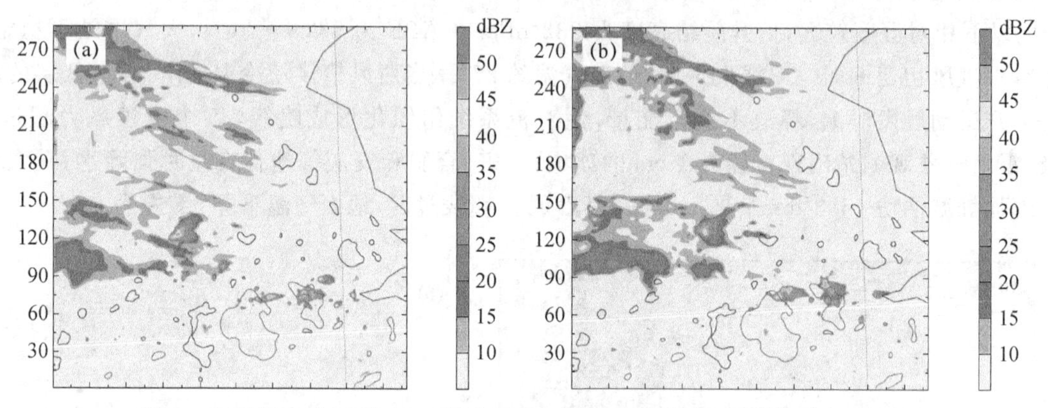


图 3　2017 年 5 月 14 日 0800UTC(a)、0900UTC WRF(b)预报的雷达反射率

## 2.3　其他九个个例

根据上述个例，找出西风槽影响、天气形势相似、回波也相似的 9 个个例，如表 1 所示。

**表 1　9 个相似的飑线个例**

| 时间 | 地点 | 形成方式 | 组织方式 |
| --- | --- | --- | --- |
| 2000 年 6 月 22 日 | 从淮北到江淮之间 | BL | PS |
| 2000 年 7 月 28 日 | 从江淮之间到江南 | BL | PS |
| 2005 年 4 月 30 日 | 从江淮之间到江南 | BB | TS |
| 2007 年 7 月 3 日 | 从江淮之间到江南 | BB | PS |
| 2011 年 7 月 25 日 | 从淮北到江淮之间 | BA | TS |
| 2014 年 7 月 30 日 | 江淮之间 | BL | TS |
| 2015 年 8 月 5 日 | 淮北 | BL | TS |
| 2016 年 6 月 5 日 | 江淮之间 | BA | PS |
| 2016 年 6 月 30 日 | 从江淮之间到江南 | EA | TS |

这 9 个飑线长度为 150～350 km，强度为 60～65 dBZ，生命史为 4～6 h。天气形势上江淮地区均受西风槽影响，有冷空气南下，同时西北太平洋副热带高压强大，从印度洋或孟加拉湾来的西南暖湿空气沿副高边缘向江淮地区输送丰富水汽和动量，有时在高压边缘有台风活动。物理量显示这些个例的 CAPE＞1300 J·kg$^{-1}$，CIN＜ 80 J·kg$^{-1}$，0～6 km 垂直风切变＞10 m·s$^{-1}$ LCL＜930 hPa，Si＜272.45K，850 hPa 温度＞20℃。

## 3　飑线的 WRF 预报检验

### 3.1　2017 年 5 月 14 日个例

WRF 没有预报出这个飑线。WRF 预报的对流单体出现时间比实况偏晚约 2 h，位置偏南约 1.4 个纬距。预报出了江淮之间对流单体中一个发展较强的雷暴单体，但位置比实况偏西约 0.5 个经距，随后仅预报出在安徽南部的东—西走向排列的分散的对流单体，并没预报出连接成带的飑线，且预报的长度和中心强度都明显比实况弱。

### 3.2　九个个例

2000 年 6 月 22 日 0717—0933UTC，从淮河以北向南影响到江淮之间的长约 190 km，中心强度约 60 dBZ 的飑线。WRF 预报出了这条东北—西南走向的回波带，但位置偏北约 1.8 个纬距、偏东约 1.2 个经距，长度与实况相当，中心强度比实况小 10 dBZ 左右。

2000 年 7 月 28 日飑线主要影响江淮之间，长约 260 km，中心强度约 60 dBZ，雷达回波带两侧的反射率梯度大。WRF 预报出了从淮河以北向东南移动，影响江淮地区的飑线，但回波带比实况位置偏北约 1.7 个纬距，影响到江淮地区的时间比实况偏晚约 8 h。而且预报的回波边缘反射率梯度小。

对于 2005 年 04 月 30 日 0102—0126UTC 从江淮之间向南影响到江南的长约 200 km，中心强度约 57 dBZ 的飑线。WRF 预报出了“人”字形结构的回波带和其西段的弓形回波，预报的回波从沿江向东偏南方向移过长江，但预报的位置偏西约 1.7 个经距，WRF 预报的回波达到最强的时间比实况偏晚约 8 h，长度比实况短，强度比实况弱了约 5 dBZ。

2007 年 7 月 3 日 0921—1000UTC，淮河以北的东西走向回波带减弱，在其南部有分散的对流单体生成，又重新排列成近东西走向的线状，长约 335 km。0800UTC，东、西两部分＞40 dBZ 的回波分别连接成线，其西部线状回波强度更强，长约 100 km。1000UTC 后开始减弱，分离成线状排列的对流块。WRF 预报出现了实况中的回波演变情况，预报比实况略提前 1 h，最强时仅＞30 dBZ 的回波连接成线状，东部线状回波的预报强度与实况相当，但西部线状回波的预报比实况偏弱约 15 dBZ，且回波尚未完全连接成线，减弱时间比实况迟了约 1 h。

2011 年 7 月 25 日 0900UTC 合肥北部零散分布的对流块形成一条近南北走向的长约 150 km，中心强度约 60 dBZ 的回波带和一条沿淮东部长约 100 km、强度稍强的东北—西南向回波带，1000UTC，合肥北部的回波带与东部的回波带相接，形成“人”字形回波带。WRF 预报出了“人”字形回波带的演变过程，但长度明显比实况短，强度偏弱约 10 dBZ，位置偏东约 1.2 个经距，且形成的时间偏晚约 30 min。

2014 年 7 月 30 日，WRF 对这个飑线的预报，位置和时间与实况较一致，而且预报出了飑线向东南过巢湖时前部有新的回波带生成，后部的回波带减弱，两条带相交的顶端回波增强的演变形态，但预报飑线连接成带的时间晚，而分离减弱的时间早，即生命史短，且回波带最强时，预报的长度和中心强度都明显比实况弱，反射率始终比实况小 10 dBZ 左右。

2015 年 8 月 5 日 0823UTC 从淮河以北的西北部有强的弓形回波向东南移动，在其东南部有强对流块生成，排列成南北走向、长约 200 km、中心强度约 62 dBZ 的线状回波。预报对弓形回波和排列成线的对流块均预报偏弱约 15 dBZ，且大于 35 dBZ 的回波并未连接成带，位置略偏北 1 个纬距。

2016 年 6 月 5 日 0634—0925UTC，有长约 150 km 的弓形回波从江淮之间西北部向东偏南移动，在江淮西部形成近南北走向的长约 250 km、中心强度约 63 dBZ 的强回波带，0900UTC 后减弱消散。WRF 预报的回波位置接近实况，但强度明显偏弱，江淮西北部仅预报出一片弱回波区，南北排列的强对流块的中心强度仅达 45 dBZ，也未连接成带，且减弱偏早约 1 h。

2016 年 6 月 30 日 2020UTC，在江淮之间出现了大片层状云降水回波，其中在大别山区东部分散有中心强度达 50 dBZ 的对流云降水回波，这些嵌在层云回波中的对流云回波在向东移动过程中合并，2237UTC 逐渐连接成线状，0026UTC 线状强回波移到江淮之间东南部，出现了弓形弧度，长约 120 km，中心强度达 60 dBZ，其南侧有反射率梯度大，边界清晰。0200UTC 后，长度缩短，强度减弱，逐渐融入周围层状云降水回波中。WRF 对于嵌在大尺度层状云回波中的飑线预报得较好，位置、时间和形态均接近于实况，但强度偏弱 10 dBZ。

## 4 结论

天气形势上江淮地区受西风槽影响，有冷空气南下，同时西北太平洋副热带高压强大，从印度洋或孟加拉湾来的西南暖湿空气沿副高边缘向江淮地区输送丰富水汽和动量，有时在高压边缘有台风活动。CAPE＞1300 $J \cdot kg^{-1}$，CIN＜ 80 $J \cdot kg^{-1}$，0～6 km 垂直风切变＞10 $m \cdot s^{-1}$ LCL＜930 hPa，Si＜272.45 K，850 hPa 温度＞20℃时，有发生飑线的潜势。

WRF 预报的检验结果表明，WRF 对江淮地区受西风槽影响，长度 150～350 km、强度 60～65 dBZ、生命史 4～6 h 的飑线有较强的预报能力。虽然预报强度偏弱、长度偏短、位置和时间有偏差，但均能预报出飑线。

当有系统性降水时，在降水区或其南侧出现的飑线，如 2016 年 6 月 30 日，WRF 预报效果较好。针对局地生成、长度较短的飑线，预报难度大。如 2016 年 6 月 5 日、2017 年 5 月 14 日。

WRF 预报的飑线的生消方式、组织形式及带状、线状或“人”字形结构等形态演变与实况较一致。如 2000 年 6 月 22 日的 BL 型、2016 年 6 月 30 日 EA 型、2005 年 4 月 30 日的 BB 型、2001 年 7 月 30 日 BA 型等形成方式；2000 年 6 月 22 日的 PS 型、2001 年 7 月 30 日 LS 型、2016 年 6 月 30 日 TS 型等组织形式；2005 年 4 月 30 日的“人”字形结构、2014 年 7 月 30 日线状回波等。

未来可进行冷涡、高压边缘飑线的 WRF 预报检验。也可对强对流天气进行雷暴、短时强降水、雷暴大风和冰雹等分类来检验模式的预报能力。

因 WRF 所用的 NCEP 等数据每季误差是变化的，可以订正初始场的误差来提高预报准确性。边界层方案、地形的插值方案越接近实况，WRF 对飑线的预报能力就会越高。另外，如果对飑线的形成机理有更深刻的了解，将有助于改进模式中的物理方案，提高对强对流天气的预报能力。

## 参考文献


[1] 王桂军,刘松涛,周奕含,等. ECMWF集合预报对黑龙江省三次暴雨过程的预报检验[J]. 黑龙江气象,2017,34(1):12-13.

[2] 唐文苑,周庆亮,刘鑫华,等. 国家级强对流天气分类预报检验分析[J]. 气象,2017,43(1):67-76.

[3] 吴秋霞,史历,翁永辉,等. AREMS/973模式系统对2004年中国汛期降水实时预报检验[J]. 大气科学,2007,31(2):298-310.

[4] 王雨. 2004年主汛期各数值预报模式定量降水预报评估[J]. 应用气象学报,2006,17(3):316-324.

[5] 曹治强,方宗义,方翔. 2007年7月皖苏北部龙卷风初步分析[J]. 气象,2008,34(7):15-21.

[6] Geerts B. Mesoscale convective systems in the southeast United States during 1994-95: A survey[J]. Wea Forecasting,1998,13:806-869.

[7] Meng Z Y, Yan D C, Zhang Y J. General features of squall lines in east China[J]. Mon Wea Rev,2013,141:1629-1647.

[8] Weisman M L. The genesis of severe, long-lived bow echoes[J]. J Atmos Sci,1993,50(4):645-670.

# 春季一次易漏报冰雹天气的形成机制和雷达特征*

赵海英

（山西省气象台，太原 030006）

## 摘　要

本文对山西春季一次易漏报的冰雹伴雷暴大风天气的形成机制和雷达特征进行了分析，结果表明：(1)此次发生在春季的冰雹天气，具有较大的特殊性，这次过程中热力因子起了主导作用，低层暖平流和暖区位置较通常偏西、偏北、偏强，造成高低层温度平流差异大，形成“上冷下暖”的不稳定层结，冰雹发生在低层暖平流与高空冷平流的重叠区，且低层偏西风输送暖平流，与通常概念模型中偏南气流输送暖平流有较大的差异。(2)冰雹是由孤立的对流云团产生的，地面干线和中尺度辐合线对局地冰雹对流云团有触发和加强作用，干线附近生成了积云线，对流云团在积云线上发展起来后，随着高空偏北环境气流南移，移至地面中尺度辐合线的位置迅速加强发展，形成雹暴。(3)地形在雹暴单体的发生发展中起了重要的作用，峡谷和喇叭口地形内形成了中尺度辐合线，地形中尺度辐合线上有雷暴单体迅速发展加强，产生冰雹。此外，风向与山体正交的站点也易产生雹暴单体。(4)产生冰雹的雷达回波反射率因子强度不是很强，高度也不高，强回波呈现低质心结构等特征，与经典的冰雹概念模型有着较大的差异。

**关键词**：春季　易漏报冰雹　形成机制　雷达特征

## 引言

冰雹是最严重的自然灾害之一，它具有来势凶猛、发展速度快、持续时间短的特点，并常伴随着雷暴大风、短时强降水、急剧降温等强对流灾害性天气。冰雹危害极大，常给农业、建筑、通信、电力、交通以及人民生命财产带来巨大损失。但由于冰雹天气过程短暂，来去迅速，一直以来都是气象预报和防灾减灾的难点。国内外对冰雹的研究较多[1-15]，但对北方春季发生的冰雹研究较少。发生在北方春季的冰雹较少，实际预报业务中极易漏报，本文针对 2016 年 4 月 27 日发生在山西西南部的冰雹伴雷暴大风天气强对流天气过程，利用常规气象观测、卫星云图、新一代天气雷达、加密自动站观测、重要天气报告、灾情报告等资料，对此次过程发生的环境背景、大气层结特征、抬升触发机制，以及多普勒雷达回波特征进行了细致分析，并对预报着眼点和预报难点进行了讨论，以期对今后春季的强对流天气预报提供一定的预报思路，为防灾减灾提供理论基础。

## 1　天气实况和环流背景

### 1.1　天气实况

2016 年 4 月 27 日(以下简称 427)，气象站观测到孝义、汾阳、隰县、曲沃、新绛、永济 6 站出现冰雹，其中新绛冰雹直径最大，达 20 mm，出现在 14:19。灾情报表明，除上述新绛、永济外，运城

*资助项目：中国气象局预报员专项(CMAYBY2017—010)和山西省重点研发计划项目(201703D221032-2)。

市的临猗、闻喜、绛县、芮城4个县的部分乡镇先后发生冰雹天气。其中永济市降雹时间持续10 min,最大冰雹直径16 mm;新绛县降雹时间持续30 min左右,最大冰雹直径20 mm,对农作物生长造成了严重影响。此外,全省出现51站雷暴,五台山、吕梁、闻喜等11站在16—18时出现了瞬时大风,强对流发生区域在山西西南部的吕梁、临汾、运城地区。另外,全省大部出现了降水,24 h降水量在0.2～38.5 mm。这次冰雹天气过程是一次冰雹、雷雨大风、降水并存的强对流天气过程,强对流发生前一天和当天全省大部有降水。

### 1.2 环流背景

2016年4月27日08时,500 hPa上山西北部出现了东北风与西北风的气旋式横切变(图1a),700和850 hPa风场上对应位置均有闭合低涡系统,且低层系统略前倾,700 hPa风场切变线位置超前于850 hPa(图略),同时山西东南部低空有利于动力抬升的风向辐合。500 hPa上温度槽落后于高度槽,风场与温度场夹角大,冷平流强(图1a)。850 hPa上山西省上游从新疆东部到河套地区有一个强大的暖温度脊,与偏西风配合,形成明显的暖平流(图1b),在低空暖平流作用下,地面系统减压为低压区,与850 hPa温度脊对应的位置,地面暖低压自西向东伸展至山西以北(图1c)。500 hPa的冷平流叠加在低层暖平流上,促使层结不稳定性增长,低层暖平流控制区域,850与500 hPa的温差达到了31～37℃(图1d)。山西大范围的强对流天气发生在中高层冷平流与低空暖平流叠加的背景下。值得注意的是,此次850 hPa过程暖平流和暖区位置较通常偏西偏北,使得低层偏西风输送暖平流,这与通常预报员概念中偏南气流输送暖平流有较大的差异。

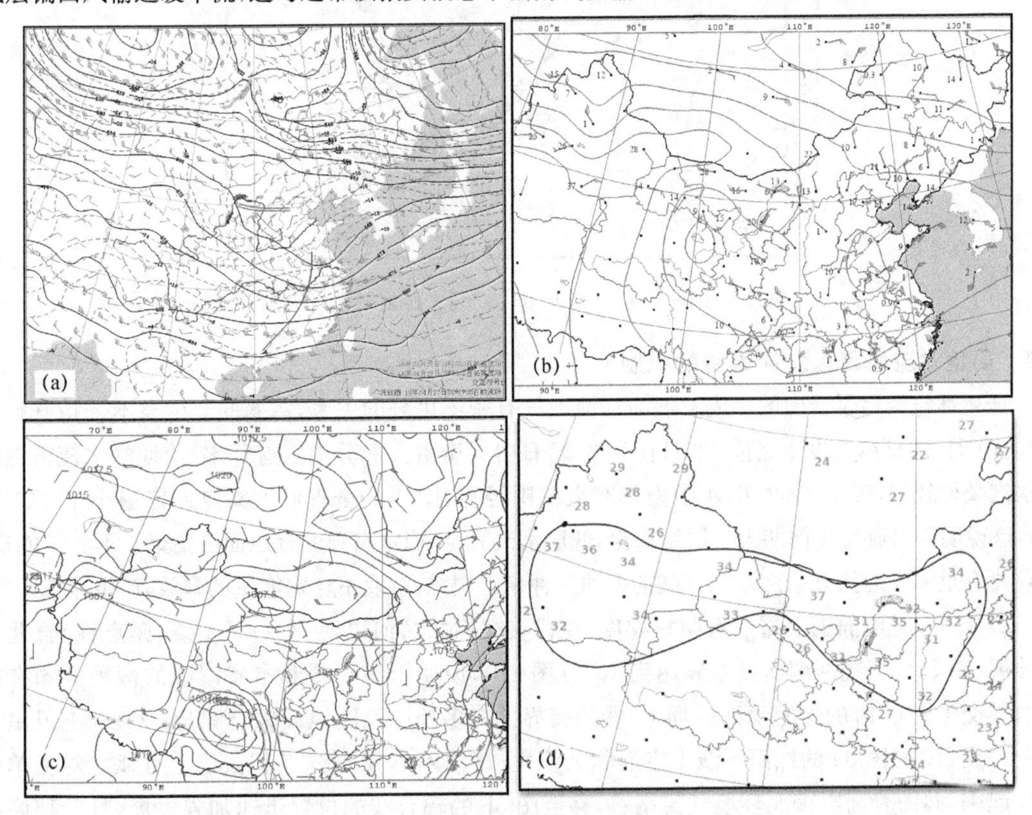


图1　2016年4月27日08时500 hPa高度场、温度场和风场(a);850 hPa温度场和风场(b);地面风场和海平面气压场(c);850 hPa与500 hPa温度差(d)

## 2　局地冰雹天气成因分析

### 2.1　大气层结特征

由于427过程冰雹主要发生在山西的西南部，所以冰雹发生前，上游距离最近的延安站探空资料对研究此次过程的大气温湿廓线特征更有指示意义。在27日08时的延安探空图上(图2)，湿层厚度从地面伸展到600 hPa以下，600 hPa之上为干层，700 hPa以下为暖平流，700～400 hPa之间为冷平流，呈现出有利于强对流发生的“上干冷、下暖湿”的不稳定层结。700 hPa之下层结稳定，850 hPa之下有浅薄逆温，对流抑制有效位能CIN达121.9 J·kg$^{-1}$，有利于近地层不稳定能量的聚集。700 hPa之上不稳定，湿对流有效位能CAPE值达136.2 J·kg$^{-1}$，不稳定参数K指数达35.2℃，SI指数达－3.05℃，有利于强对流的发展，0～6 km垂直风切变较大，达12 m·s$^{-1}$，有利于对流风暴的发展。0℃层高度不足3 km，－20℃层高度高度5.667 km，0℃层和－20℃层高度比夏季冰雹过程低1～2 km。

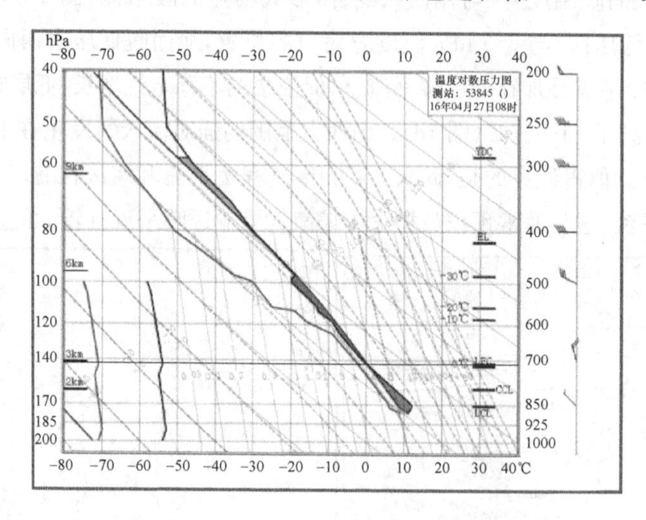


图2　2016年4月27日08:00延安温度对数压力图

### 2.2　局地对流风暴触发和维持的机制

产生冰雹的雷暴云团的生成发展与环境大气有密不可分的关系，雷暴的产生离不开抬升触发机制。4月27日冰雹发生之前，26日夜间至27日白天全省大部分地区有降水，前期降水使得近地面水汽条件较好，27日08时山西中南部有大范围轻雾(图3a)，全省温度露点差普遍小于4℃(图3b)，这说明强对流发生前期大气层结稳定，低层水汽充足，稳定高湿的近地面层集聚了不稳定能量。必须要有足够强的抬升条件才能打破前期的这种稳定层结，触发不稳定能量的释放，产生冰雹天气。

27日08时地面图上露点有明显梯度，在晋陕交界的黄河以西，有一条干线(露点锋)自北向南伸展(图3a)，干线两侧露点差异达到10℃(图3b)，说明上游干暖和本省湿冷的两种气团在山西西界交汇。12时的加密地面风场上，晋陕交界处有多条中尺度地面辐合线(图3c)。由卫星云图上可见，10时图3a的地面干线上空有积云线生成(图4a)，12时这条积云线上有孤立对流单体发展起来，并随着高空偏北环境气流南移，移至图3b的辐合线的位置迅速加强发展，且云顶高度不断伸展，15时云顶TBB(云顶亮温)图上可以分析出若干－42℃的中尺度对流系统(图4b)，15时30分山西南部的2个中尺度对流云团合并，云顶TBB迅速降低至－52℃，冷云盖面积扩大(图

4c),说明雷暴在不断发展加强。地面干线和辐合线附近空气辐合抬升,触发了高温高湿的低层大气不稳定能量的释放,促使强对流云团生成和发展,形成冰雹和雷暴大风天气。

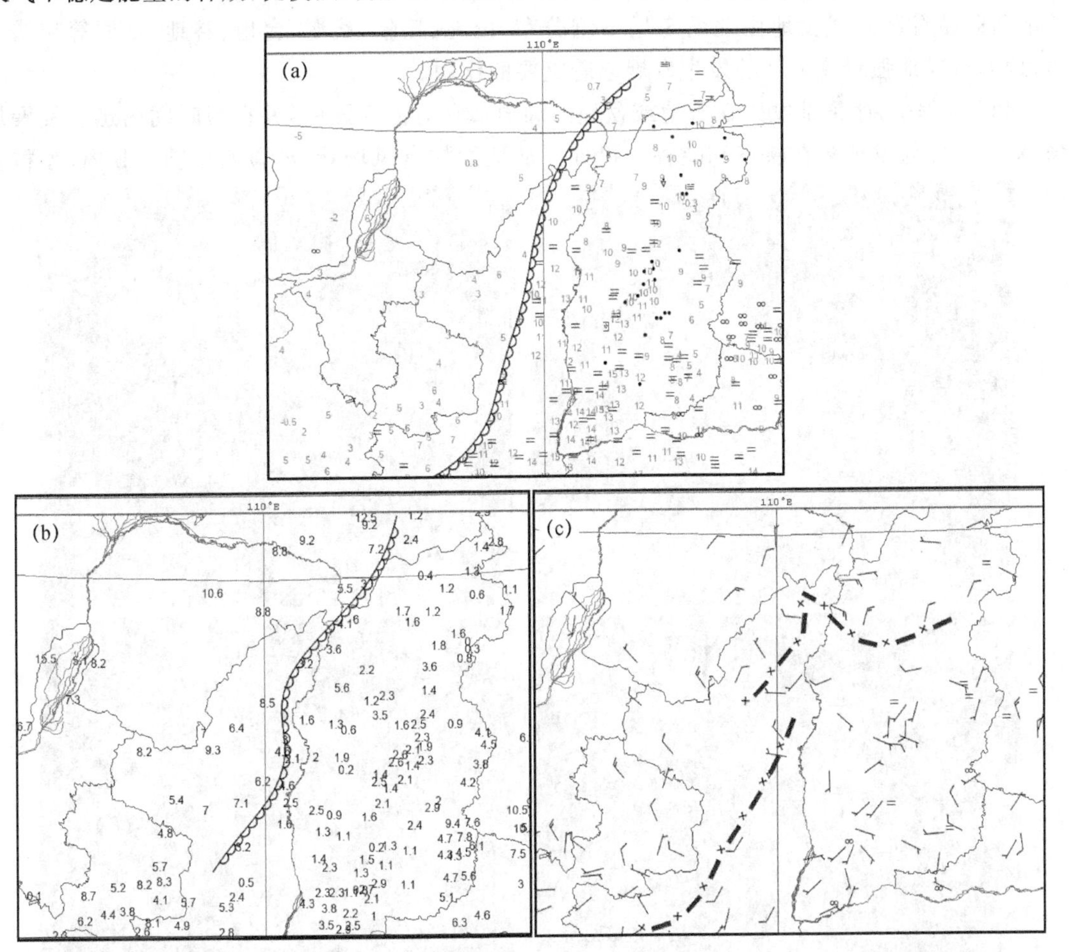

图 3　2016 年 4 月 27 日 08 时地面露点和天气现象(a)、地面温度露点差(b)、地面加密风场(c)

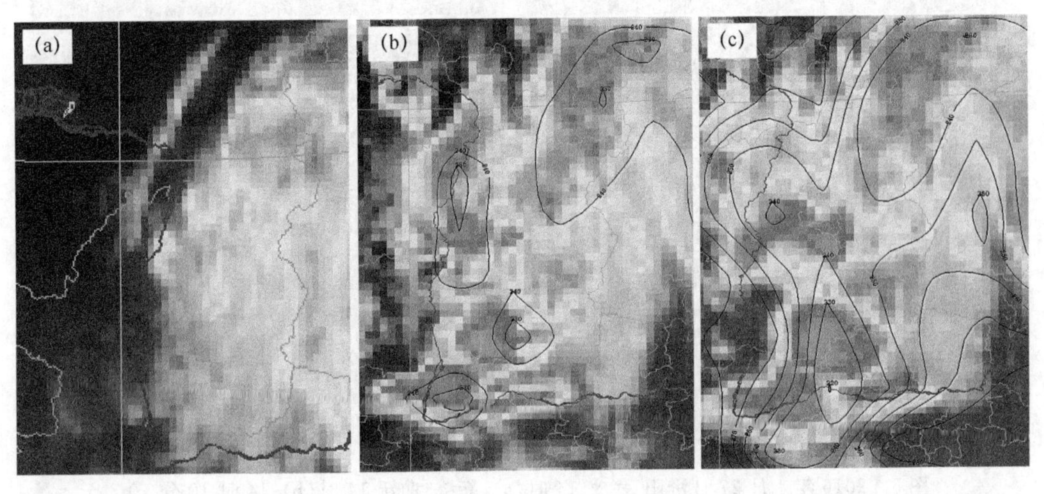

图 4　2016 年 4 月 27 日 10 时(a)、15 时(b)、15 时 30 分(c)卫星云图(黑色线为云顶亮温,单位:K)

**2.3　地形对雹暴单体发生发展的作用**

山西省境内地形复杂，东部太行山、西部吕梁山纵贯南北，中部有大同、忻州、太原、临汾、长治和运城等断陷式盆地由北而南呈 S 型分布，山地、丘陵、残塬、台地、谷地、平原等交错分布，地形对局地强对流天气的发生发展起着重要的作用。

427 过程中，冰雹都发生在谷地或盆地的局地孤立对流云团中，并在短时间内迅速发展加强，对流单体触发地多在峡谷和峡谷入口处。从地面加密风场看，冰雹发生前 3 h 内，冰雹发

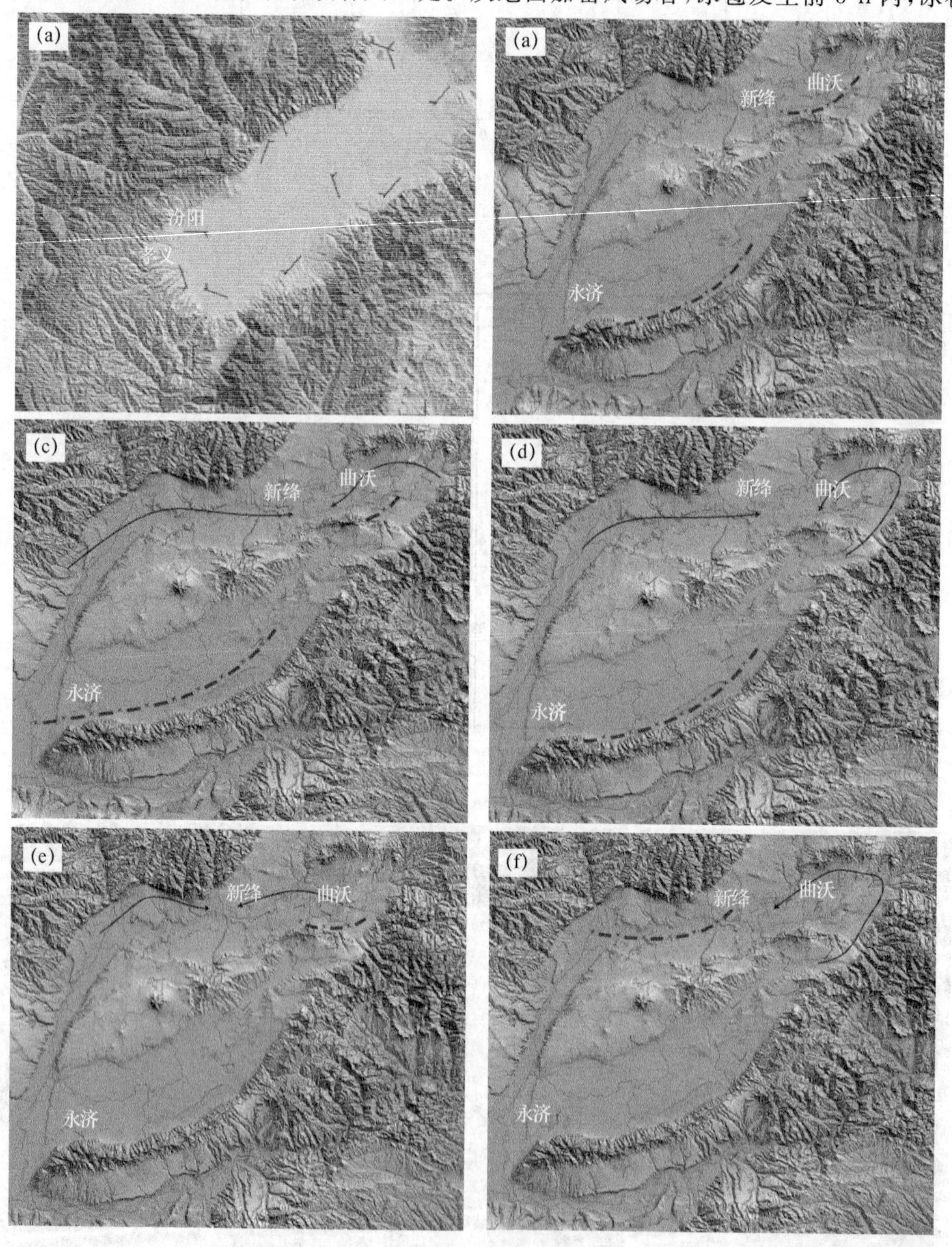


图 5　2016 年 4 月 27 日汾阳、孝义 14 时(a)，新绛、曲沃 14 时(b)、14 时 10 分(c)、14 时 15 分(d)、14 时 35 分(e)、14 时 55 分(f)地形与地面加密风场

生站点汾阳、孝义、永济附近地面风向着山体吹,汾阳、孝义风向与吕梁山正交(图 5a),永济风向与中条山正交(图 5b、c),吹向山坡的风速由于受到山坡阻碍的影响,产生迎风坡上升运动,触发不稳定能量释放,生成了雷暴单体。曲沃处于三面环山的喇叭口盆地中,地面风吹向喇叭口形成沿着山形的气旋性辐合环流(图 5c、d),新绛处于两山之间的峡谷地形中,吹进峡谷的风形成一支与山体走向一致的西风气流,这支西风气流与曲沃喇叭口的东风气流相遇,形成辐合,促使气流在新绛、曲沃附近抬升,生成对流单体(图 5c~f)。峡谷地形作用使得风向转变,形成尺度较小的地形辐合线,这些地形辐合线对天气尺度的动力抬升起到很好的增幅作用。对应在图 6 的雷达组合反射率因子拼图上,形成了与上述地形辐合一致的强回波,复杂地形配合有利天气形势易于在峡谷内和喇叭口内产生辐合气流,从而对雹暴单体的发展和传播起了至关重要的作用。

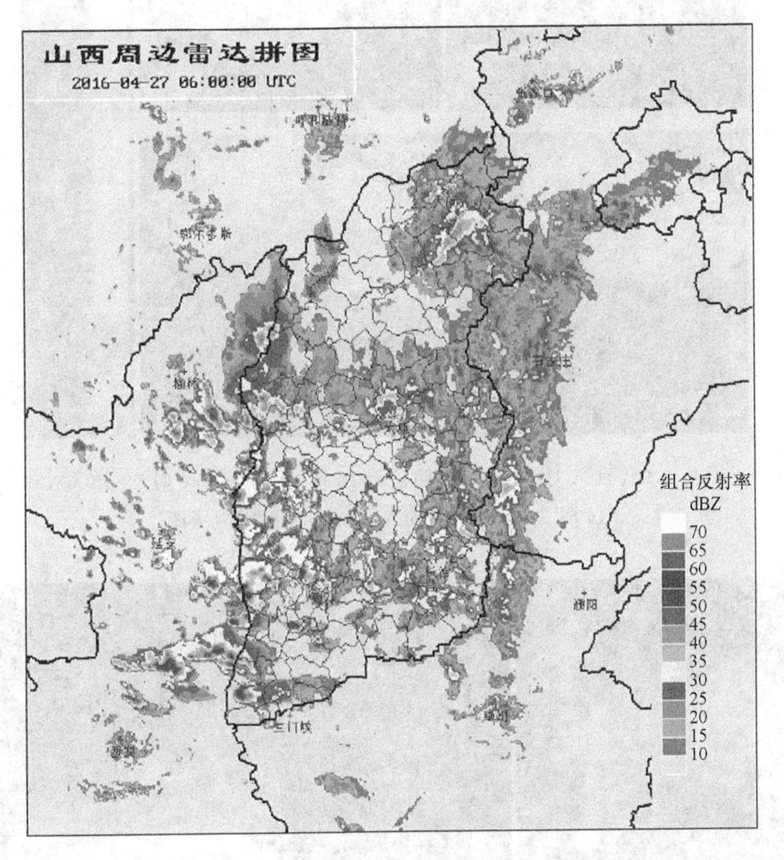


图 6　2016 年 4 月 27 日 14 时 08 分山西雷达拼图

## 3　多普勒雷达观测资料分析

4 月 27 日 14 时 19 分新绛出现直径为 20 mm 的大冰雹,紧接着曲沃出现了直径为 8 mm 的冰雹。从对应时段的雷达反射率因子图(图 7)上看,冰雹都是由孤立的对流单体造成的,这些孤立对流单体在短时间内迅速生成发展,反射率因子强度达到了 55 dBZ 以上。14 时 03 分雷达 2.4°仰角上在新绛的西北侧有两个对流单体发展。14 时 09 分对流单体向东南方向移动,西侧的对流单体增强,14 时 21 分两个对流单体在移动的过程中体合并加强,对流单体的中心强度都达到了 55 dBZ 以上，合并后强雷达回波区的范围进一步扩大。14 时 21 分和 14 时 33 分反射率因子图上可见钩状回波和三体散射长钉。沿 14 时 09 分反射率因子的大值区做径向剖面（图 8），可以看到回波悬垂，低层有回波穹窿，即有有界弱回波区，回波穹窿指示有强烈的上升运动。强回波区在 0℃层以上，55 dBZ 的回波高度从地面伸展至 4 km 高度，具有低质心的特征，而不具备普遍认为的冰雹高悬的强回波特征。

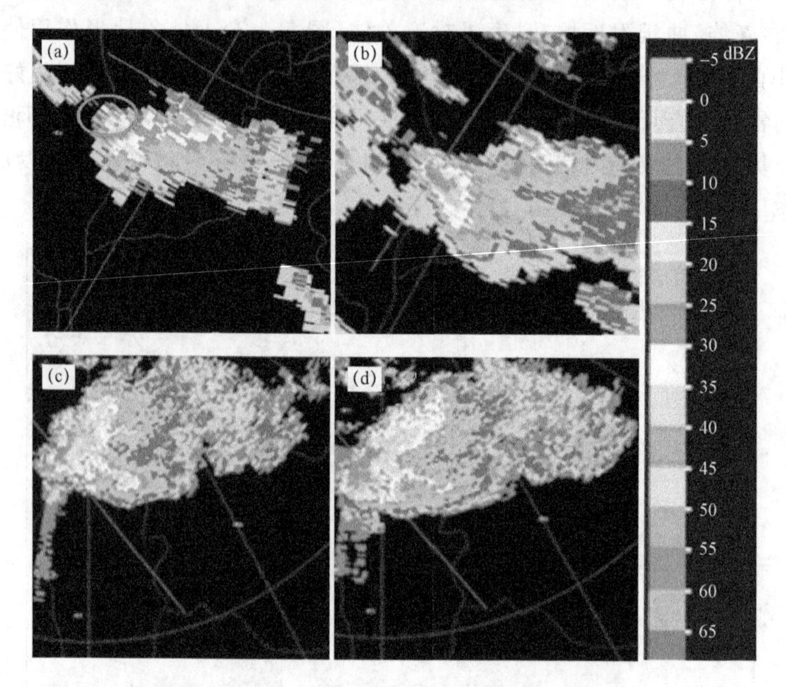


图 7　2016 年 4 月 27 日 2.4°仰角上 14 时 03 分(a)、14 时 09 分(b)、14 时 21 分(c)、14 时 33 分(d)反射率因子图

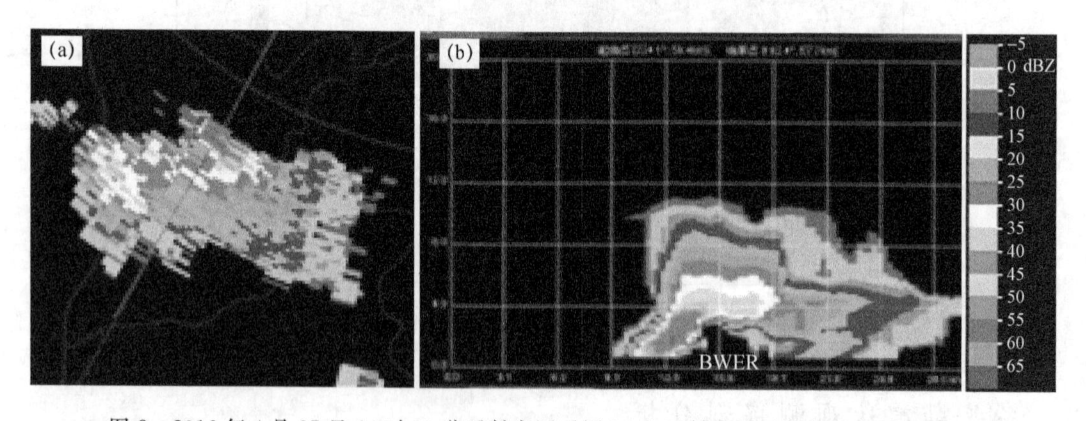


图 8　2016 年 4 月 27 日 14 时 09 分反射率因子图(a)和反射率因子径向垂直剖面图(b)

汾阳在 15 时 21 分出现了直径 3 mm 的冰雹，孝义在 15 时 24 分出现直径 13 mm 冰雹，从汾阳和孝义的雷达回波图上可以看出，15 时在汾阳和孝义均没有出现＞20 dBZ 雷达回波（图 9a），到了 15 时 06 分汾阳附近出现了 45～50 dBZ 的雷达回波（图 9b），说明雷达回波有 15 min 的提前量可以检测到对流系统。15 时 18 分孝义附近出现了 45～50 dBZ 的雷达回波（图 9c），雷达回波仅有6 min 的提前量可以检测到对流系统。

在 15 时 06 分沿着雷达径向做汾阳所在位置的剖面可以看出，回波强度在 50 dBZ 以上，强回波在 0℃层附近，高度较低，大约 4 km，回波具有低质心的特点（图 9d）。按通常冰雹预报的思路，短临预报中不会考虑汾阳出现冰雹。虽然雷达可以检测到对流系统的发展，但根据雷达回波预报仅有 6～15 min 的提前量，且观测不到明显的钩状回波、高悬的强回波、弱回波（有界弱回波）、三体散射长钉等特征，在实际预报中，短临预报极易漏报冰雹。

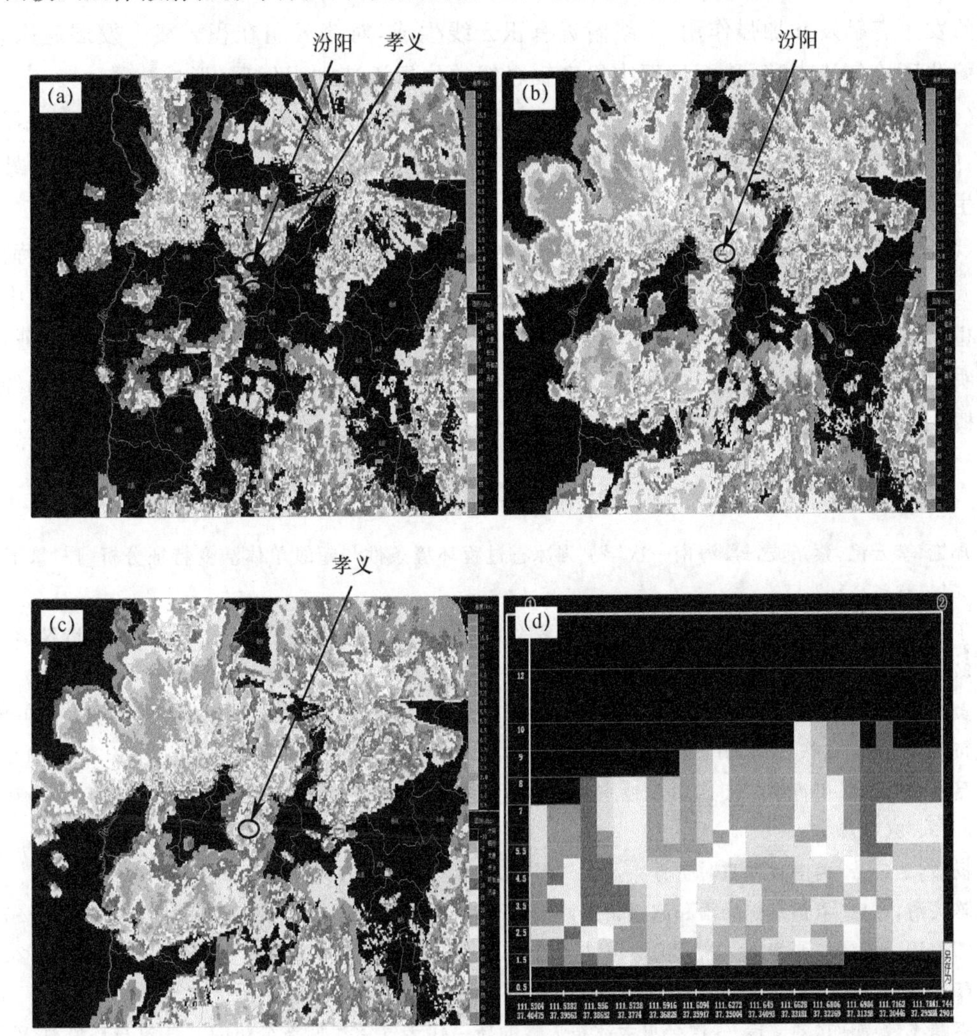


图 9　2016 年 4 月 27 日 15 时(a)、15 时 06 分(b)、15 时 18 分(c)雷达反射率因子图和 15 时 06 分汾阳雷达径向剖面图(d)

## 4　结论

本文通过对发生在山西 2016 年春季 4 月 27 日的冰雹天气过程的分析，发现此次过程有如下特征。

(1)发生在春季 4 月 27 日的冰雹具有较大的特殊性，这次过程中热力因子起了主导作用，冰雹发生在低层暖平流与高空冷平流的重叠区，且高低层温度平流差异大，形成“上冷下暖”的不稳定层结，有利于强对流的产生。且此次过程暖平流和暖区位置较通常偏西偏北，使得低层偏西风输送暖平流，这与通常概念模型中偏南气流输送暖平流有较大的差异。

(2)冰雹发生前地面为热低压控制，存储了大量不稳定能量，且由于前期有降水，对流层低层水汽含量大，为对流单体的生成提供了充分的水汽条件，当干冷空气侵入，与地面湿热低压相互作用，激发了强对流天气发生，地面热低压是辐合维持和水汽集中的重要原因。

(3)"4·27"冰雹是由孤立的对流云团产生的，地面干线和中尺度辐合线对局地冰雹对流云团的发生有触发和加强作用，干线附近有积云线生成，对流云团在积云线上发展起来，随着高空偏北环境气流南移，移至地面中尺度辐合线的位置迅速加强发展，形成冰雹。

(4)地形在雹暴单体的发生发展中起了重要的作用，峡谷和喇叭口地形内形成了中尺度辐合线，中尺度辐合线上有雷暴单体迅速发展加强，产生冰雹。此外，风向与山体正交的站点也易产生雹暴单体。

(5)新绛大冰雹的雷达回波有钩状回波、回波悬垂、有界弱回波和三体散射长钉等特征，但强回波高度不够高，55 dBZ 的强回波高度仅达 4 km，具有低质心的特征；汾阳、孝义、中阳等地冰雹的雷达回波反射率因子强度不是很强，高度不高，强回波呈现低质心结构等特征，观测不到明显的钩状回波、高悬的强回波、弱回波(有界弱回波)、三体散射长钉等特征，这与经典的冰雹概念模型有着较大的差异，使得短临预报中易漏报冰雹。

## 参考文献


[1] 郑艳，李云艳，蔡亲波，等.海南一次罕见强冰雹过程环境条件与超级单体演变特征分析[J].暴雨灾害，2014，33(2)：163-170.

[2] 丁建芳，杜春丽，鲍向东，等.一次冰雹云过程及其冰雹形成机制的模拟研究[J].气象与环境科学，2014，37(2)：49-57.

[3] 黄艳，裴江文.2012 年新疆喀什一次罕见冰雹天气的中尺度特征[J].干旱气象，2014，32(6)：989-995.

[4] 黄元森，丁光义，陈小梅.2012 年 2 月 2 日一次冰雹过程的中尺度特征分析[J].福建气象，2013(2)：6-10.

[5] 吕学东，肖鹏，于竹娟，等.四川盆地东北部春夏两次冰雹天气过程对比分析[J].高原山地气象研究，2013，33(1)：52-57.

[6] 杨敏，丁建芳.河南省冰雹时空分布及天气形势特征[J].气象与环境科学，2015，38(1)：54-60.

[7] 陈关清，方标.贵州铜仁暴雨和冰雹雷达回波特征对比分析[J].气象研究与应用，2015，36(1)：72-75.

[8] 邝美清，蒋宗孝，张家斌，等. 2013 年 3 月 20 日三明市大范围冰雹过程分析[J]. 广东气象，2014，36(5)：36-40.

[9] 袁鹏飞，姬鸿丽，刘文玲.一次罕见大冰雹天气的新一代天气雷达回波分析[J].气象与环境科学，2012，35(1)：62-66.

[10] 袁红松，廖忠辉，彭辉志，等.湘潭市一次冰雹天气过程分析[J].贵州气象，2014，38(6)：30-33.

[11] 王晓玲，龙利民，王珊珊.一次春季冰雹过程的成因分析[J].暴雨灾害，2010，29(2)：160-165.

[12] 张雷，石汉青，燕亚菲，等.西藏冰雹的气候特征[J].高原山地气象研究，2012，32(1)：56-60，76.

[13] 丁建芳，刘磊，鲍向东，等.三门峡一次冰雹天气多普勒雷达资料分析[J].气象与环境科学，2012，35(3)：49-53.

[14] 丁小剑，唐明晖，陈德桥.两次冰雹过程多普勒天气雷达产品的对比分析[J].气象与环境科学，2010，33(2)：42-47.

[15] 方标，严小冬，方可，等.贵州铜仁市春季冰雹天气特征及防雹预警阈值[J].贵州农业科学，2014，42(3)：212-218.

# 2017年3月30日河池西部强冰雹天气中尺度分析

赖　晟

（广西河池市气象台，河池 547000）

## 摘　要

利用常规气象观测资料、欧洲中期数值预报中心再分析资料（ERA-interim）、向日葵8号卫星以及多普勒天气雷达等资料，对2017年3月30日发生在河池西北部的一次超级单体风暴导致的强冰雹天气进行中尺度分析，对其卫星和雷达特征以及形成原因进行了分析和研究。结果表明：(1)60 dBZ以上的强回波、上冲云柱TBB在－60℃以下、VIL跃增、TBSS、BWER以及旁瓣回波是雹暴云的特征，当回波开始出现V形缺口和强度下降时，预示着地面降雹和大风的出现；(3)短临预警中须注意环境气流和地形作用对超级单体风暴发展、传播和移动的影响。

**关键词**：强冰雹　短历时强降水　超级单体　地形

## 引言

冰雹是强对流天气中危害较大的气象灾害之一，其往往会造成较大的影响。河池西北部为冰雹多发区，年平均冰雹日数约为0.7 d·a$^{-1}$，被誉为河池地区的"冰雹走廊"[1]。冰雹天气具有局地性强、突发性强、生命周期短、移动速度快等比较明显的中尺度特征，对冰雹特别是强冰雹的预报预警难度十分之大。国内外许多学者运用各种资料对冰雹预报预警都进行了分析和研究，贺春江、蒙萌等对桂西北冰雹分布特征和春季孕雹环流背景进行了分析和总结[2]；农孟松等总结了TBSS、"V型"入流缺口，以及VIL和回波顶高的跳跃式变化等雷达回波特征是桂北冰雹天气重要的预警指标[3-6]。

本文使用欧洲中心ERA-interim(水平分辨率0.75°×0.75°)再分析资料、常规气象观测资料、向日葵8号卫星(亮温产品：Level 1，星下点分辨率2 km，观测频率10 min)以及多普勒天气雷达等资料，对2017年3月30日16—20时发生在河池西北部至中部的一次超级单体风暴造成的广范围强冰雹天气过程进行中尺度特征分析，以探寻此次冰雹过程中的环流背景、环境配置和触发条件，以及卫星和雷达特征，为之后类似过程中更为提前的预报预警服务工作提供着眼点。

## 1　过程天气实况

2017年3月30日16—20时，受高空槽、切变线和地面冷空气共同影响，河池西北部一带出现强冰雹、雷雨大风等强对流天气。

通过对降雹区(107.0°E，25.0°N)30日14时进行再分析资料的模式探空(图1)，可以发现在850～750 hPa层次存在有一薄的逆温层和等温层，并且有一定的对流抑制能量CIN，干暖盖的存在有利于不稳定能量的积聚；露点层结曲线呈现出上干下湿"喇叭口"的典型强对流天气湿度廓线；速度矢端图上，整层大气的风向和风切变矢量均随高度一致顺时针旋转，风暴移向东南偏东方向，并且存在有强的垂直风切变，0～6 km 垂直风切变达到了 20 m·$s^{-1}$以上；相对风暴螺旋度为 86 $m^2$·$s^{-2}$，产生超级单体雹暴云的潜势较强[20]；探空物理量方面：CAPE 值为 1153 J·$kg^{-1}$，抬升指数－2℃，0℃层高度 4401.2 m，－20℃层高度 7369.2 m，均满足强冰雹天气发生所需的条件。

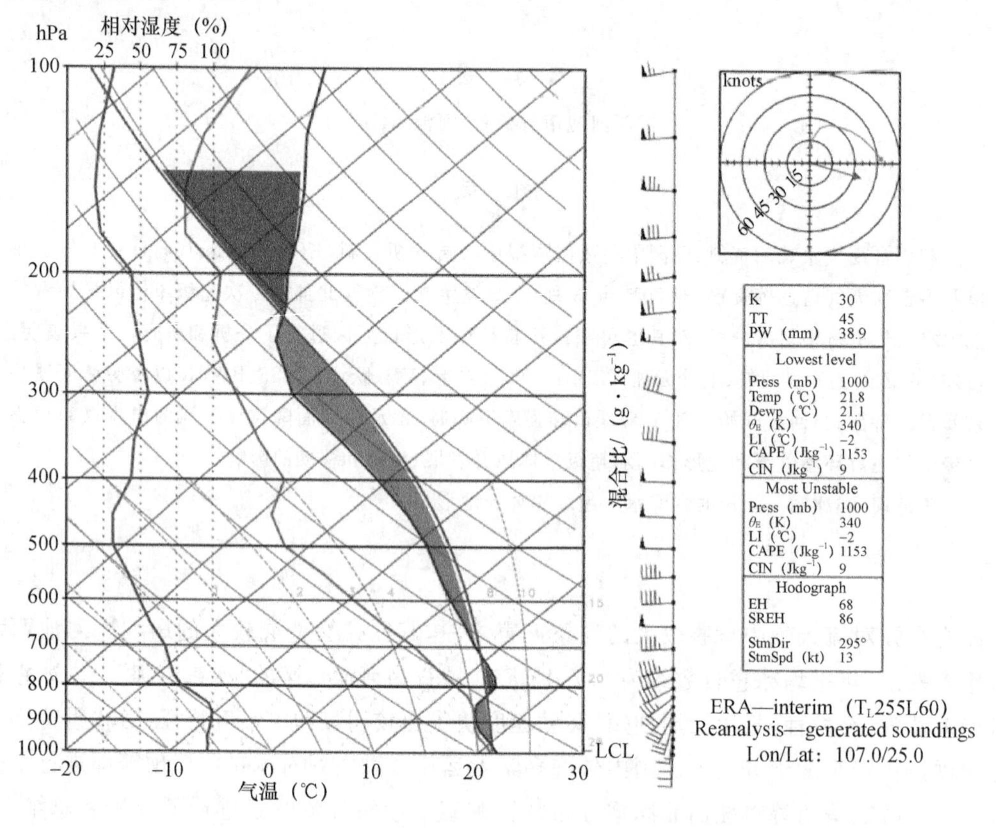


图 1　2017 年 3 月 30 日 14 时(107.0°E,25.0°N)单点模式探空

## 2　雹暴云团特征分析

### 2.1　卫星产品分析

通过分析向日葵 8 号卫星通道 13(IR1)的 2 km 分辨率云顶 TBB 亮温逐 10 min 产品(图 2)，发现对过程具有直接或间接影响的单体风暴主要有 3 个，按其生成时间的先后顺序记为单体A～C；单体 A 在 30 日 13 时 40 分于贵州中部生成，在环境引导气流向东南方向移动；16 时 20 分单体 A 在贵州和广西交界处分裂为 3 个单体后 TBB 亮温快速减弱，此时在其东南侧约 100 km 的乐业县东部又有新的单体 B 生成；单体 A 消散后单体 B 生成后快速发展并向东南偏东方向移入天峨县西南部，云顶 TBB 亮温在 20 min 内从－57℃迅速下降至 16 时 20 分的－64℃以下，从 16 时 30 分开始单体 B 云顶 TBB 亮温－64℃面积进一步扩大，上冲云柱亮温最低值也进一步降低，其西侧的头边界边缘清晰且亮温梯度逐渐加大，高空风下风侧出现了羽状云毡；之后单体 B 继续向东南偏东方向移动，最后在 18 时 20 分移入南丹县南部后亮温开始下降，其东南侧的单体 C 此时开始发展加强；单体 C 往东南方向移动进入金城江区后，低于－64℃的云顶 TBB 亮温仅持续到 19 时后便快速减弱消散。

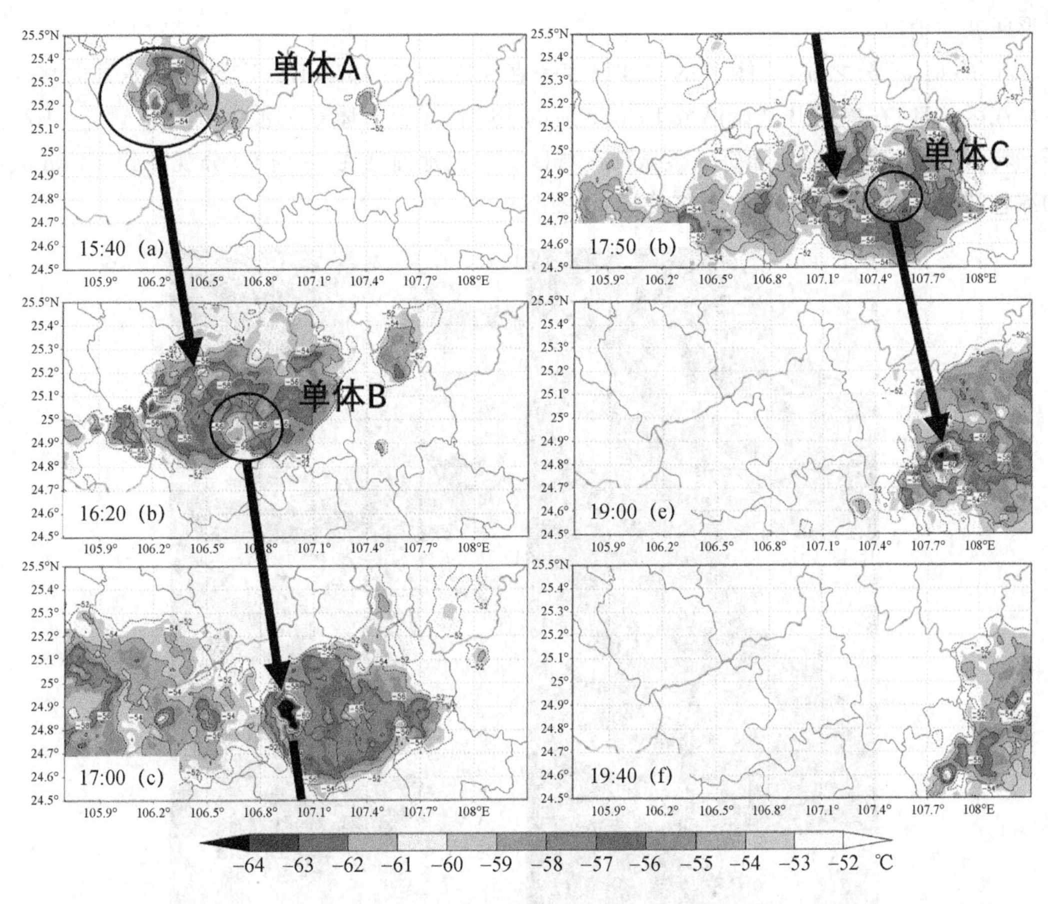


图 2　2017 年 3 月 30 日 15 时 40 分—19 时 40 分向日葵 8 号卫星通道 13(IR1)亮温 TBB 产品

## 2.2　雷达产品分析

### 2.2.1　回波演变分析

2017 年 3 月 30 日 14 时左右单体 A 开始被河池雷达扫描到(图略),单体 A 继续向东南偏东方向移动并不断发展,回波强度最强达到了 67 dBZ。15 时 30 分(图 3a),单体 A 移动至贵州望谟南部,在其东南方向约 180 km 处的乐业东部有一新单体 B 生成,35 dBZ 回波强中心位于 2.4°仰角上(高度约 5.5 km)。15:48(图 3b)单体 B 的 2.4°仰角回波强中心强度快速增强至 58 dBZ,同时单体 A 和单体 B 均有旁瓣回波出现。

16 时 12 分(图 3c),单体 A 移入贵州与广西交界处后强度开始分裂并减弱,单体 B 强度和范围继续增强,在 1.5°仰角上也开始出现有旁瓣回波,2.4°仰角上三体散射 TBSS 回波开始显现;与此同时,在其东南方向约 200 km 处东兰北部又有一新单体 C 生成。16 时 36 分单体 A 强度明显减弱,单体 B 移入广西河池市境内后 0.5°仰角上强度加强至 60 dBZ,并伴随有旁瓣回波。16 时 48 分(图 3 d),单体 B 发展至最强,其回波强度进一步增强至 73 dBZ,单体 B 低层入流有 V 型缺口,回波整体呈钩状,并开始与其东侧一 较强单体合并。17 时 18 分(图 3e)单体 B 强度继续维持并移动至天峨、凤山、东兰三县交界处,回波强中心向前进方向的右侧移动影响凤山东北部和东兰北部。17 时 48 分(图 3f)开始单体 B 的三体散射和旁瓣回波消失,回波整体不再具有钩状的特征,强度开始下降,单体 B 最后 18 时 18 分在南丹县南部减弱为一弓形回波后消散。

在18时06分之前，单体C的回波强度一直保持在45～55 dBZ不变，向正东方向移动至金城江区北部；在单体B开始消散10 min后的18时24分单体C回波强度上升至67 dBZ，并开始转为东南偏东方向移动进入金城江区城区。河池地面站在19时09分观测到5 mm大小的冰雹，随后单体C向东北方向移动减弱(图略)。

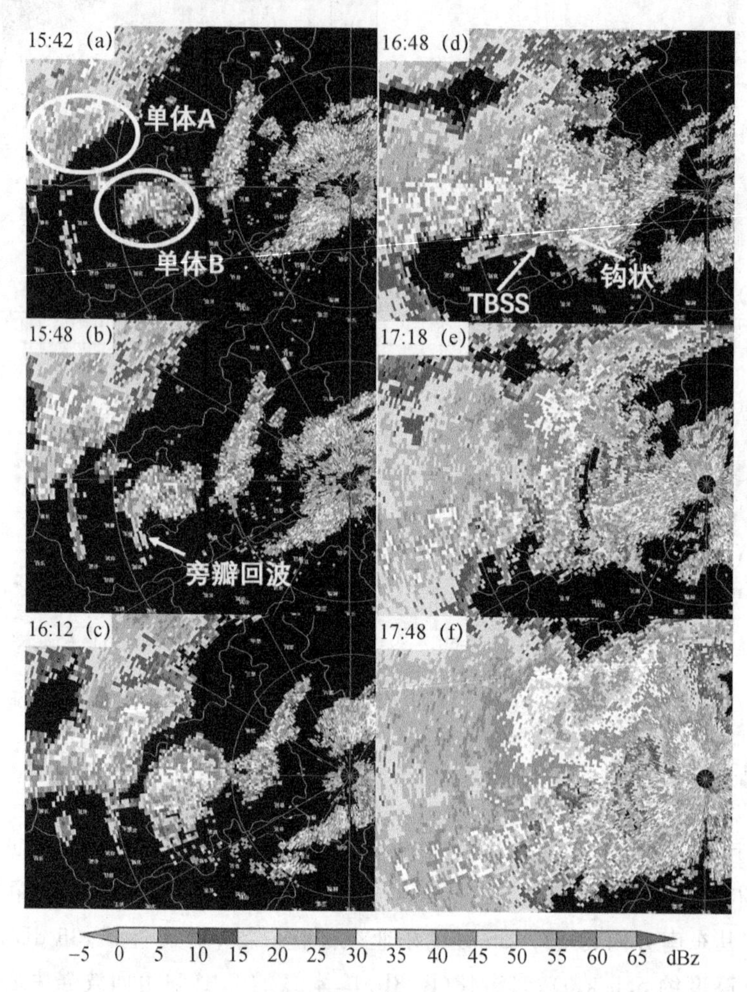


图3　2017年3月30日河池雷达2.4°仰角基本反射率因子演变

(a)15时42分；(b)15时48分；(c)16时12分；(d)16时48分；(e)17时18分；(f)17时48分

2.2.2　超级单体结构分析

图4为16时48分河池雷达0.5°～3.4°仰角基本反射率因子和风暴相对平均径向速度(图5)。在基本反射率因子图上可以看到单体B整体特征与强降水超级单体(HP)的PPI特征相似：回波整体为钩状，大于65 dBZ的强回波中心呈S形，前后侧均存在的V形入流缺口分别表明可能存在有强入流进入上升气流以及强的下沉气流。在风暴相对平均径向速度图(2.4°仰角，单体B处离地面约4.0 km)上存在有明显的旋转辐合，其旋转速度达到了28 m·s$^{-1}$，水平尺度约10 km，旋转辐合从16时36分开始出现至该时刻共持续了三个体扫，并在1.5°～3.4°仰角上均有出现，持续时间、伸展高度、核区直径均满足强中气旋的判定指标。包括最低的0.5°在

内各个仰角上在16时48分均可以观测到十分明显的三体散射和旁瓣回波，表明雹块开始扩散到地面，前后侧的V型缺口也仅在16时42分和16时48分这两个体扫中显现，这与主要降雹区的灾情报告中出现冰雹和地面大风的时刻基本吻合。

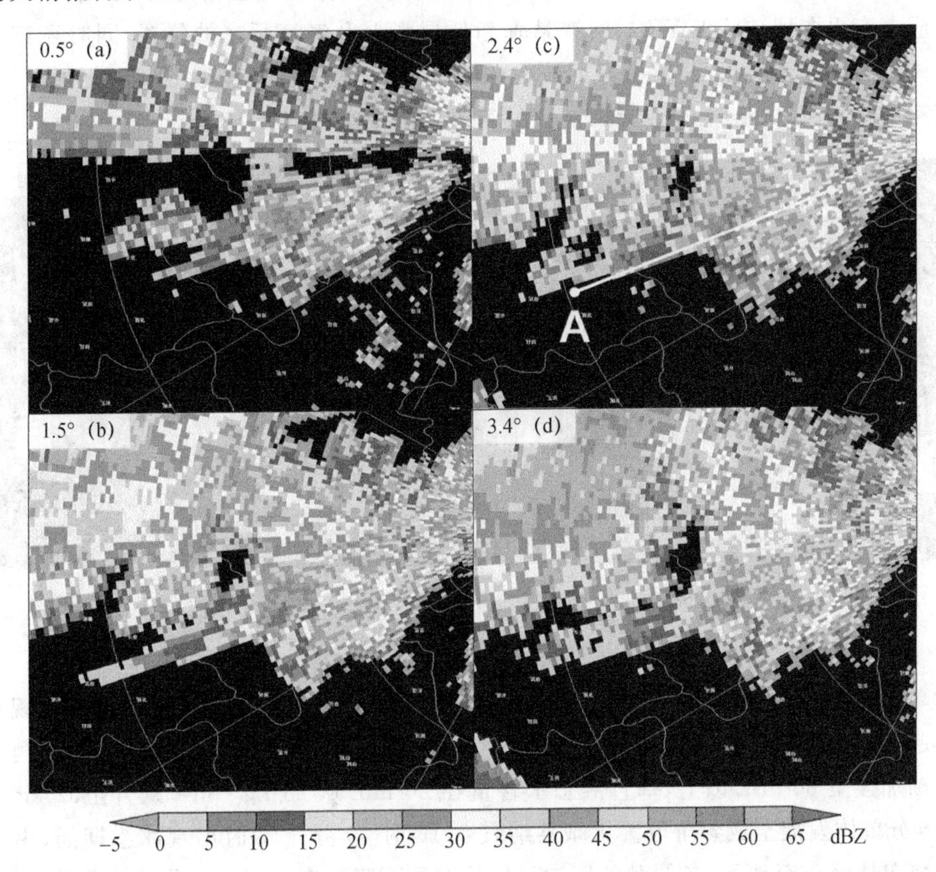


图4　2017年3月30日16时48分河池雷达基本反射率 (a)0.5°;(b)1.5°;(c)2.4°;(d)3.4°

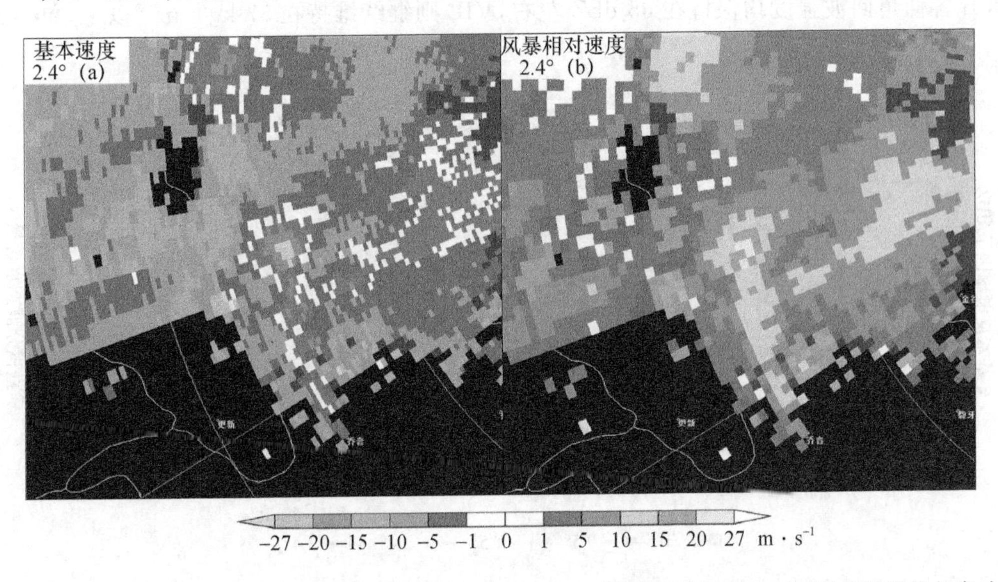


图5　2017年3月30日16时48分河池雷达速度产品 (a)2.4°基本速度;(b)2.4°风暴相对平均径向速度

对 16 时 48 分的单体 B 沿 A～B 进行基本反射率因子(图 6a)和基本速度(图 6b)剖面。在基本反射率剖面上，该时刻单体 B 表现出十分明显的超级单体雹暴云回波特征：60 dBZ 以上的回波墙伸展至－20℃层以上，回波整体向低层入流气流一侧倾斜，在低层的 V 形入流缺口处对应着有界弱回波区 BWER、回波悬垂和低层强上升气流所在的位置，同时还存在有显著的三体散射回波和尖顶回波(旁瓣回波在 RHI 上的表现)；基本速度(图 6b)剖面上，低层流入气流速度达到了 27 $m \cdot s^{-1}$ 以上，并且存在有中层径向辐合 MARC。

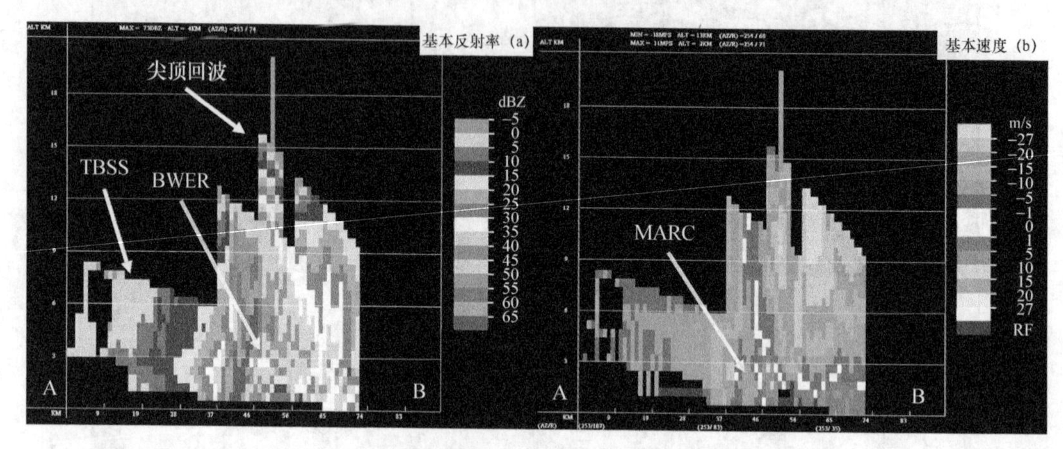


图 6　2017 年 3 月 30 日 16 时 48 分单体 B 沿 A～B 剖面

(a)基本反射率；(b)基本速度

对单体 B 逐个雷达体扫的回波强度和垂直液态水含量进行整理(图 7)，可以发现单体 B 回波的起始位置在 2.4°仰角(离地约 5.5 km)上，随着单体的发展加强最低的 0.5°仰角上回波强度逐渐加强至 60 dBZ 以上，垂直液态水含量在 20 min 从 28 $kg \cdot m^{-2}$ 跃升至 52 $kg \cdot m^{-2}$，16 时 48 分单体发展至成熟阶段。天峨县纳直乡 16 时 40 分—17 时出现冰雹期间，由于降水粒子脱离单体降落至地面，各仰角的回波强度均有所下降。在 17 时 48 分进入消散阶段之前，单体 B 各仰角回波强度均保持在 65 dBZ 左右，VIL 则继续维持在 57 $kg \cdot m^{-2}$ 以上，单体 B 途

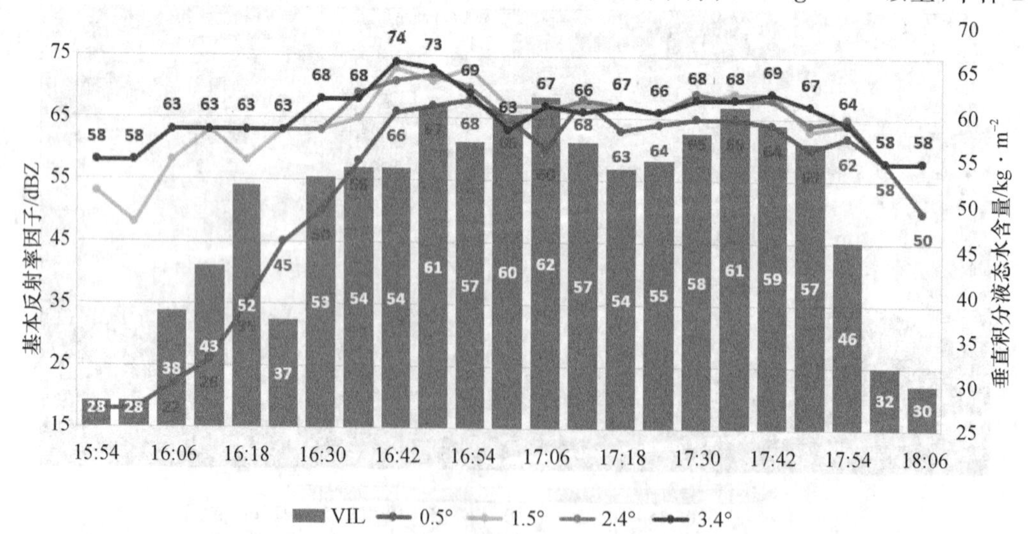


图 7　单体 B 各仰角基本反射率因子(dBZ)和垂直积分液态水含量(VIL)演变分析

经的天峨县东南部、凤山县东北部、东兰县北部均出现了直径 1～3 cm 的冰雹。回波强度在 17 时 48 分之后快速下降后消散，此时单体 B 位于东兰县北部，东兰县北部的巴畴乡自动站在 17 时 40 分—18 时测得 73.2 mm 的短历时强降水。

## 3 结论

超级单体雹暴云在雷达回波上具有回波强度大于 60 dBZ，VIL 在短时间内跃增，中气旋和中层径向辐合，TBSS、BWER 以及旁瓣回波（包括 RHI 上的尖顶回波）等特征，卫星产品上具有上冲云柱亮温低于－60℃，头边界明显且亮温梯度大，当这些特征越明显时就表明冰雹的潜在尺度越大。前后侧 V 型入流缺口开始出现，以及回波强度开始下降时，预示着地面大风和降雹的出现。

### 参考文献


[1] 莫益江.2016 年春季河池市冰雹天气特征及人影消雹实例分析[J].气象研究与应用，2017，38(1)：43-46.

[2] 贺春江，蒙萌，黄肖寒，等.桂西北一次区域性冰雹天气过程分析[J].陕西气象，2014(3)：4-7.

[3] 农孟松，祁丽燕，黄海洪，等.桂西北一次超级单体风暴过程的分析[J].气象，2011，37(12)：1519-1525.

[4] 覃靖，潘海，冯晓玲. 桂北一次冰雹过程综合分析[J].贵州气象，2009，33(3)：19-22.

[5] 王艳兰，王军君，伍静，等.广西 3 次不同类型强对流天气对比分析[J].干旱气象，2015，33(4)：635-643.

[6] 刘国忠，农孟松.桂西北强冰雹灾害的雷达回波特征分析[C].2010 广西气象学会成立 50 周年学术大会，2010.

# 2017年重庆两次雷雨大风成因及加强机制*

张　焱　张亚萍　牟　容　黎中菊

（重庆市气象台，重庆　401147）

## 摘　要

利用高空、地面加密自动站、雷达、卫星等观测资料对2017年发生在重庆西部地区分别由脉冲风暴和飑线造成的两次雷雨大风天气过程进行了分析。结果表明：两次过程均发生在台风登陆北上、副高减弱东退的天气背景下，500 hPa天气系统强迫弱，垂直风切变小，本地环境条件的差异造成了两次过程风暴结构的不同。在弱天气背景下，雷暴冷出流与地面环境风形成的地面辐合线，加强了重庆主城上空的动力不稳定，导致"7・29"过程中重庆主城区强脉冲风暴的发展和加强。积云线与地面中尺度辐合中心是"8・2"飑线过程的触发条件。飑线后方入流对增强地面冷池及其出流具有重要作用，地面强冷池形成的密度流导致了地面大风的形成。

**关键词**：雷雨大风　脉冲风暴　飑线

## 引言

雷雨大风指由对流风暴产生的龙卷以外的地面直线型风害，主要由风暴的强下沉气流造成，有时还有冷池密度流和高空动量下传的作用[1,2]。弱垂直风切变条件下的地面强风通常由脉冲风暴造成，强风范围小。陶岚等[3]的研究指出地面风场辐合、海陆风锋和雷暴冷出流等的相互作用，导致了2007年8月3日下午上海地区出现多个强脉冲风暴。在中等到强垂直风切变条件下对流组织化，超级单体风暴、多单体风暴、飑线常造成大范围的致灾强风。刘香娥等[4]的数值模拟研究表明雨水蒸发过程是影响冷池强度的关键因素，而地面强冷池在飑线灾害性大风的产生中具有重要作用。张勇等[5]对2013年重庆西部的一次强对流天气过程进行了分析，指出地面灾害性大风主要集中在地面强降水及地闪密度中心附近。陈贵川等[6]的研究指出在重庆"5・6"风雹灾害中，中层径向辐合和反射率核心的反复上升、下降是造成地面大风的重要原因，而地形的阻挡形成狭管效应增强了地面大风。

2017年7月29日和8月2日，重庆西部地区连续出现两次雷雨大风天气过程，部分地区出现了8级以上阵风，局部达10级以上，造成了较大的财产损失和社会影响。特别是7月29日下午，主城的渝中区佛图关和北碚区董家溪于16时43分、17时10分分别测得27.3 $m \cdot s^{-1}$和35.3 $m \cdot s^{-1}$的强阵风，大风并伴有冰雹和短时强降水，大量行道树被吹倒，多处广告牌倒塌将汽车砸毁。由图1可见，两次大风过程差异明显，前一次大风过程局地性强，重庆主城的强风风向呈辐散状，为强雷暴单体产生的下击暴流造成；而后一次过程范围较大，两个大风带大致为偏西风向和偏北风向，表现为线状风暴影响的特征。本文利用重庆、永川雷达资料，结合高时空分辨率的地面观测资料，对比分析两次雷雨大风过程的环境条件和风暴结构特征，以揭示

*资助项目：重庆市气象局业务技术攻关团队项目（YWGGTD-201609，YWGGTD-201701）。

风暴的发展和地面风害的成因。

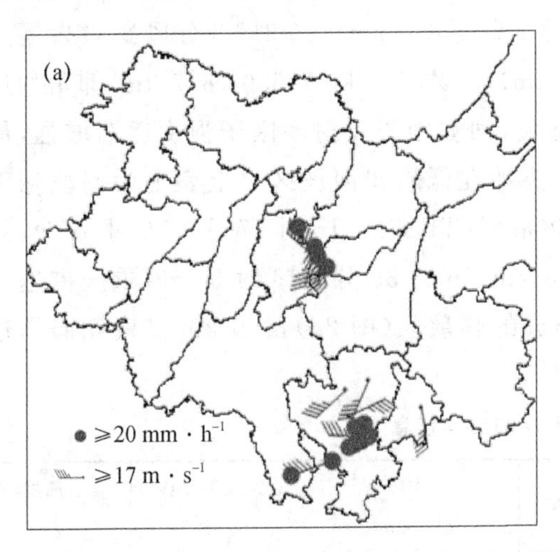


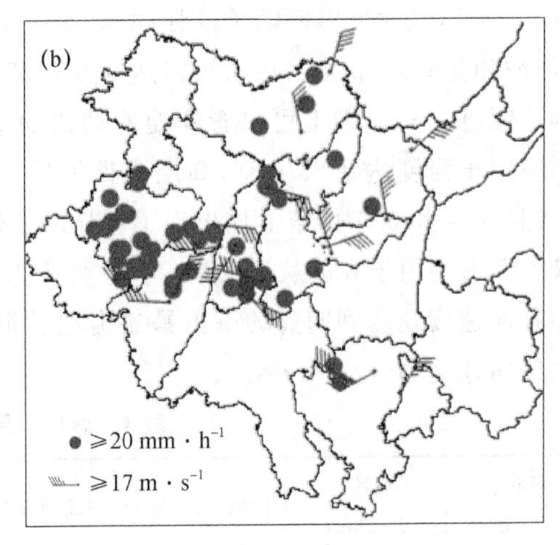


图 1　2017 年 7 月 29 日(a)和 8 月 2 日(a)强对流天气实况

# 1　天气背景条件

两次大风过程均发生在台风登陆北上、副高减弱东退的天气背景下，500 hPa 强迫较弱。2017 年 7 月 29 日 08 时，500 hPa 亚欧中高纬为两槽一脊形势，贝加尔湖高脊前多短波槽东移引导弱冷空气南下，西太副高与青藏高压打通呈东西带状分布控制高原到华东地区，两高之间的切变线位于四川盆地西部一线，副高南侧赤道辐合带活跃，第九号台风“纳沙”和第十号台风“海棠”向偏北方向移动；850 hPa 四川中部到重庆东北部有弱的切变，重庆西部地区处于切变南侧暖区中，重庆上空比湿值为 13 g · $kg^{-1}$；地面图上，重庆西部地区受低压控制，偏东路径弱冷空气侵入盆地东北部(图略)。2017 年 8 月 2 日 08 时，500 hPa 贝加尔湖以西地区受低涡系统控制，中纬度低槽分别位于新疆东部和内蒙古中部到甘肃南部一线，甘肃南部有大于－4℃的 24 h 负变温中心；第十号台风“海棠”的残余低压环流移至湖北、安徽和河南交界地区，重庆处于低压环流西侧的偏东气流控制下；850 hPa 四川盆地北部有弱的切变，重庆地区比湿达到 14 g · $kg^{-1}$；地面图上重庆西部有一个中尺度辐合中心(图略)。

两次大风过程的本地环境条件有所不同。从 7 月 29 日(以下简称“7 · 29”)08 时和 8 月 2 日(以下简称“8 · 2”)08 时重庆(沙坪坝站)探空的温湿廓线结构对比来看(图略)，“8 · 2”过程的低层湿度较“7 · 29”过程更大，500 hPa 以上的干层要更深厚，更有利于有组织对流的形成，而“7 · 29”过程中的环境温度垂直递减率更大，探空廓线类似湿下击暴流探空。

# 2　“7 · 29”强脉冲风暴发展和地面大风成因

## 2.1　风暴特征

“7 · 29”过程中先后有多个对流单体在重庆主城范围发展生消。15 时对流单体 A 首先在重庆主城南部生成，15 时 17 分该单体减弱，在其西北方向出现新的对流单体 B。15 时 46 分，单体 C 和单体 D 在单体 B 的南北两侧新生。单体风暴 D 的初始回波高度为 5.6～6.8 km，之后回波向上向下同时增长，根据多普勒天气雷达风暴跟踪算法(STI)的风暴 D 结构信息(表

1)，16 时 27 分风暴 D 的回波底高降到了 1 km 左右，VIL 由 16 时 21 分的 32 kg·m$^{-2}$跃升至 60 kg·m$^{-2}$，最大反射率因子增强到 63 dBZ，所在高度 8.4 km。16 时 33 分风暴 D 发展到最强，回波顶达到13.3 km，在永川雷达 0.5°(1.7 km)、3.4°(5.5 km)、6.0°(8.7 km)仰角的反射率因子图(图 2a、b、c)上可以看到随着仰角的增大，回波中心反射率因子强度逐渐增强，最大反射率因子强度达到 65 dBZ，高层强回波中心叠加在低层弱回波区之上表现为回波悬垂结构，并且 3.4°和 6.0°仰角上均出现了明显的三体散射(TBSS)。16 时 27 分—16 时 39 分，风暴 D 最大反射率因子高度从 8.4 km 下降到了 3.6 km；16 时 39 分—16 时 50 分，重庆雷达 0.5°仰角径向速度观测到明显的下击暴流击地后形成的辐散区(图 2d)，0.5 km 高度朝向雷达的最大径向速度约－24 m·s$^{-1}$。

**表 1　脉冲风暴 D 的结构信息**

| 时间<br>/时:分 | AZ/RAN<br>/(deg/km$^{-1}$) | 回波底高/km | 回波顶高/km | VIL<br>/(kg·m$^{-2}$) | 最大反射率因子<br>/dBZ | 高度<br>/km |
|---|---|---|---|---|---|---|
| 16:21 | 60/79 | 2.4 | 8.7 | 32 | 59 | 6.4 |
| 16:27 | 60/78 | <1.1 | 8.4 | 60 | 63 | 8.4 |
| 16:33 | 60/77 | <1.1 | 13.3 | 61 | 65 | 6.1 |
| 16:39 | 61/77 | <1.0 | 13.2 | 50 | 62 | 3.6 |
| 16:45 | 61/78 | <1.0 | 8.4 | 41 | 58 | 3.6 |
| 16:51 | 58/76 | <1.0 | 8.2 | 56 | 64 | 6.0 |
| 16:57 | 58/76 | <1.1 | 13.0 | 41 | 64 | 3.5 |
| 17:02 | 58/77 | <1.0 | 8.3 | 37 | 57 | 2.3 |

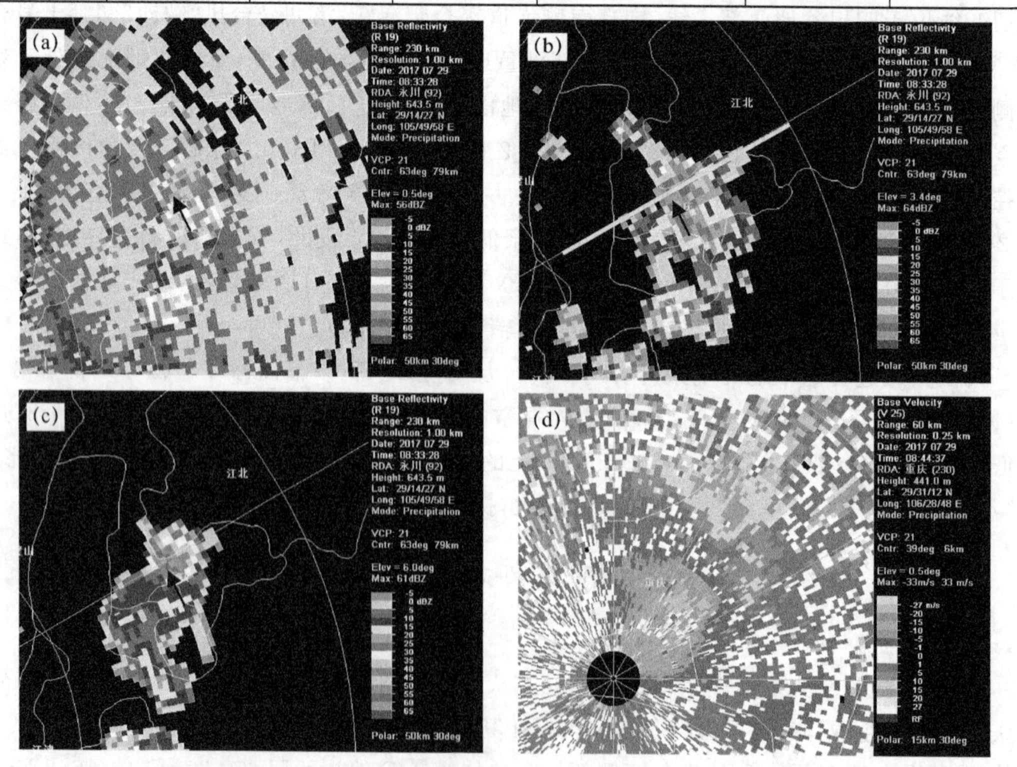


图 2　2017 年 7 月 29 日 16 时 33 分永川雷达 0.5°(a)、3.4°(b)、6.0°(c)仰角反射率因子，
2017 年 7 月 29 日 16 时 45 分重庆雷达 0.5°仰角径向速度(d)(b 中实线为剖面图的绘图路径)

16 时 51 分风暴 D 再次发展，VIL 值出现第二次上升达到 56kg・$m^{-2}$，最大反射率因子强度 63 dBZ，所在高度 6 km，12 min 后反射率因子核下降到 2.3 km，VIL 值降至 37 kg・$m^{-2}$，16 时 56 分风暴单体 E 在其左侧新生发展，维持约 30 min。此次过程的地面大风主要由风暴 D 造成，其影响时间最长，整个生命史达到了 1 h，通过综合 08 时重庆上空垂直风切变条件和单体 D 的雷达回波特征，可以判定单体 D 是一个弱垂直风切变环境下生成的强脉冲风暴。

### 2.2 风暴加强和地面灾害性大风的成因

利用地面加密自动站 5 min 观测的温度和风场资料分析发现，热力分布不均匀，引起风场变化，从而形成的局地热力环流是对流启动的触发条件。从图 3a 中可以看到，重庆主城南部午后升温较快，到了 15 时 15 分多个自动站的气温超过了 40℃，较周围温度高 2～3℃，形成了一个中尺度的热中心，由于地面热中心的存在，以偏北风为主要风向的地面风场出现调整，在热中心出现风场的辐合，15 时 17 分雷达观测到风暴 B 在辐合中心附近(圆点处)新生。15 时 50 分风暴 B 内部下沉冷空气在地面形成的冷空气堆，地面温度降至 29℃，较周围温度低 4～5℃，地面气流由辐合转为辐散(图 5b)，其中向北流出的风暴出流与地面偏北风之间形成了明显的近地面辐合，风暴 D 的新生位置正好区域地面辐合线区域。由于风暴 B 形成的出流改变了近地面的热力和水汽分布，不同性质的冷暖气团在地面辐合线区域相互作用，动力不稳定增大，更加有利于暖湿气流上升，使得风暴 D 发展成为强脉冲风暴。

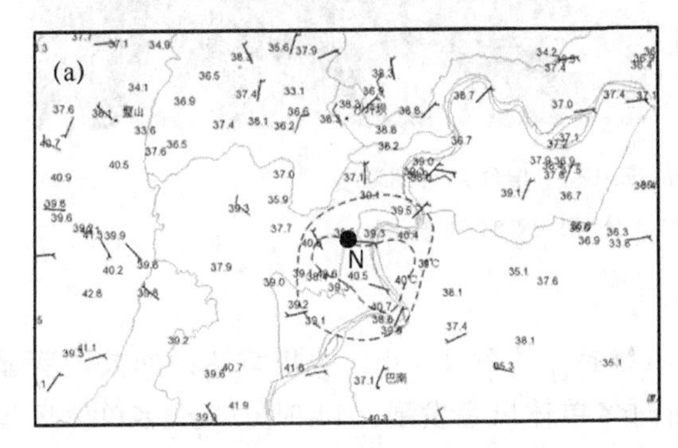

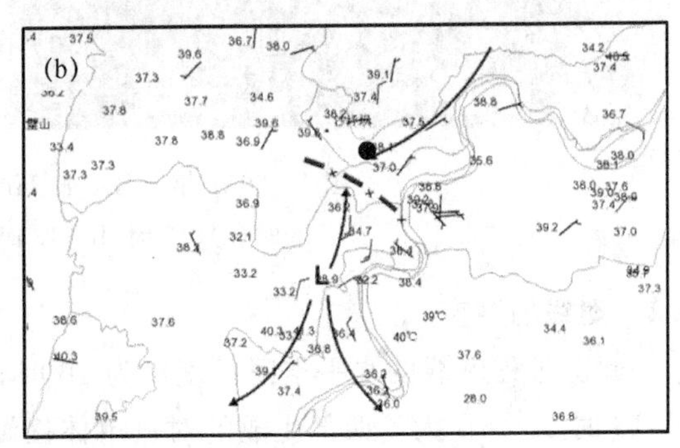


图 3　2017 年 7 月 29 日 15 时 15 分(a)和 15 时 50 分(b)地面温度、风场(a 中虚线为地面等温线、圆点为单体风暴 B 的生成位置，b 中圆点为脉冲风暴 D 的生成位置)

除脉冲风暴形成的强下沉气流外，地面出流的合并和地形的作用也是北碚董家溪出现 12 级大风的重要原因。16 时 51 分—17 时 03 分，风暴 D 反射率因子核从 6.0 km 下降到 2.3 km，产生了第二次下击暴流，16 时 57 分—17 时 03 分风暴 E 的反射率因子核从 6.1 km 下降到 3.6 km，也产生了较强的下沉气流，由于两个风暴相距不远，下沉气流形成的地面出流出现合并。由于北碚董家溪位于歌乐山东侧的嘉陵江河谷地带，西侧地形的阻挡形成狭管效应，对地面大风起到了增强作用。多重因素的共同影响造成了重庆主城出现了罕见的强风天气。

## 3 “8・2”过程飑线及地面大风成因

### 3.1 对流的触发

从图 4 的 Himawari-8 静止气象卫星红外图可以看到此次对流的触发过程。8 月 2 日 10

时(图 4a),四川盆地北部有一条东北—西南向的积云线,这条积云线与 850 hPa 的切变辐合有关,在 500 hPa 偏北气流引导下,积云线逐渐东移南压。12 时 30 分(图 4b),积云线南段移到重庆西北部,地面图显示这一地区有地面辐合中心,高空扰动和地面辐合共同作用在大足和安岳交界处触发对流。13 时 30 分(图 4c),对流发展成为直径约 30 km 的对流云团。到了 14 时 30 分(图 4d)对流云团逐渐发展成为长宽比为 2∶1 的长型椭圆,强对流不断增强。

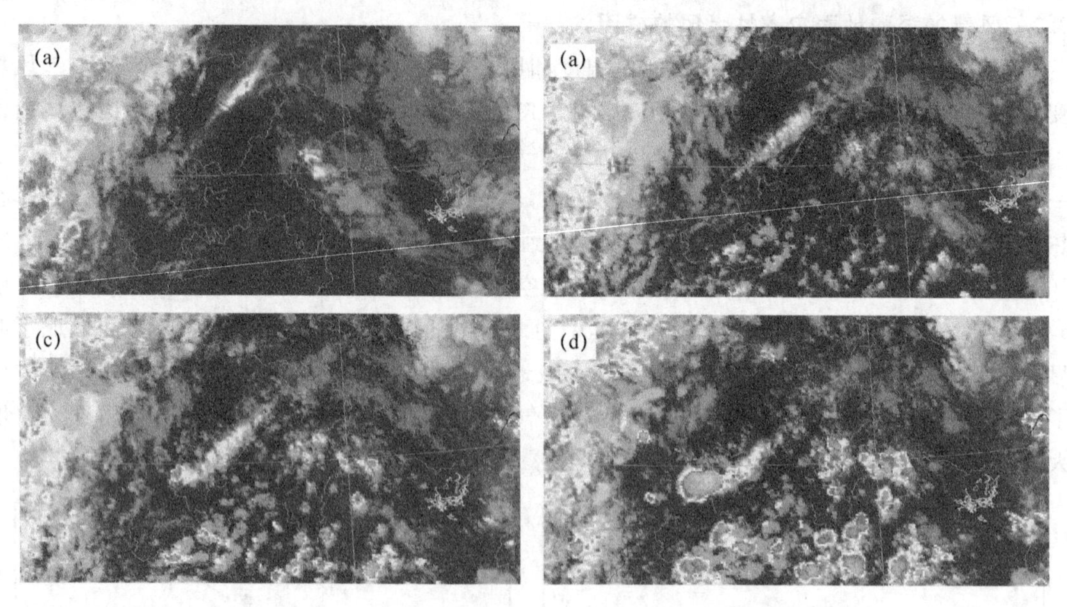


图 4　2017 年 8 月 2 日 Himawari-8 卫星红外云图演变

10 时(a);12 时(b);13 时 30 分(c);14 时 30 分(d)

### 3.2　飑线的演变

此次过程飑线的水平空间尺度约为 100 km,维持了大约 1.5 h。永川雷达的回波演变显示,13 时 32 分在大足西部生成的对流单体逐渐向多单体风暴发展。14 时 01 分,多单体风暴发展合并形成东西向的强回波带,最大回波强度超过 55 dBZ,强回波带中有多个 $\gamma$ 中尺度的对流单体,具有典型的飑线结构。飑线以每小时 40～50 km 的速度向南移动,14 时 36 分进入永川境内,中部开始向南突出,在回波带的西南端出现明显的阵风锋。15:11,阵风锋远离飑线西段,由于地面暖湿气流被切断,飑线西段对流减弱,东段逐渐与东北方向移过来的对流单体合并,之后逐步消散。

### 3.3　地面大风成因

14 时重庆大足境内小时变温低于 $-10$℃,说明地面出现了强冷池,冷池范围约 300 $km^2$。14 时 30 分,飑线进入成熟阶段,其两侧的最大温度梯度约有 10℃ · $(15\ km)^{-1}$。永川雷达 0.5°仰角的平均径向速度场上出现 20 $m \cdot s^{-1}$ 的大风区,平均径向速度剖面显示,在飑线后侧存在一支入流气流,入流逐渐下沉与低层辐散外流合并,形成一条从飑线后部中层(约 3 km)延伸到飑线前缘的后方入流通道。而后方入流会把中层干冷空气持续输送到对流区中下方,通过加剧降水粒子的蒸发冷却作用,增强地面冷池及其出流,导致成熟阶段地面大风生成[7]。

## 4 结论

(1)两次大风过程发生在台风登陆北上、副高减弱东退的天气背景下,500 hPa 强迫偏弱。本地环境条件的差异造成了两次过程风暴结构的不同,“8·2”过程的低层湿度较“7·29”过程更大,500 hPa 以上的干层要更深厚,更有利于有组织对流的形成,而“7·29”过程中的环境温度垂直递减率更大,探空廓线类似湿下击暴流探空。

(2)“7·29”过程中,下垫面加热不均,形成的局地热力环流,是前期对流的触发机制;旧单体消亡产生的冷出流与地面环境风交汇形成地面辐合线,加强了重庆主城上空的动力不稳定,导致重庆主城北部强脉冲风暴的发展和加强。该强脉冲风暴在雷达回波上具有回波悬垂、三体散射等特征,径向速度场上出现了中层径向辐合。脉冲风暴产生的下击暴流,导致了“7·29”地面大风的产生。地面出流的合并和地形的作用对地面大风起到增幅作用。

(3)积云线与地面中尺度辐合中心是“8·2”过程的触发条件。对流单体发展演变形成一条空间尺度约 100 km 的飑线,飑线维持了约为 1.5 h,造成重庆西部地区出现大风、短时强降水。地面强冷池形成的密度流是出现地面大风的主要原因,飑线后方入流对增强地面冷池及其出流具有重要作用。

**参考文献:**


[1] 俞小鼎,周小刚,Lemon L,等. 强对流天气临近预报[Z]. 北京:中国气象局培训中心,2009:55-58.

[2] 王秀明,周小刚,俞小鼎. 雷暴大风环境特征及其对风暴结构影响的对比研究[J]. 气象学报,2013,71(5):839-852.

[3] 陶岚,戴建华,陈雷,等. 一次雷暴冷出流中新生强脉冲风暴的分析[J]. 气象,2009,35(3):30-35.

[4] 刘香娥,郭学良. 灾害性大风发生机理与飑线结构特征的个例分析模拟研究[J]. 大气科学,2012,36(6):1150-1164.

[5] 张勇,刘德,张亚萍,等. 渝西一次强对流风暴过程的中尺度特征分析[J]. 暴雨灾害,2013,32(4):338-345.

[6] 陈贵川,谌芸,乔林,等. 重庆“5.6”强风雹天气过程成因分析[J]. 气象,2011,37(7):871-879.

[7] 康红,费建芳,黄小刚,等. 一次弱弓形飑线后方入流特征的观测分析[J]. 气象学报,2016,74(2):176-188.

# 江西短时强降水特征分析

唐传师[1]　许爱华[2]　马锋敏[3]

（1. 南昌市气象局，南昌 330038；2. 江西省气象台，南昌 330096；3. 江西省气候中心，南昌 330096）

**摘　要**

利用1961—2015年江西83站逐时降水资料，采用EOF和Morlet小波变换等方法分析了20 mm·h$^{-1}$、50 mm·(3 h)$^{-1}$、50 mm·(6 h)$^{-1}$、50 mm·(12 h)$^{-1}$四种短时强降水的时空特征。结果表明：(1)20 mm·h$^{-1}$强降水极值高值区主要在赣中，其他三种强降水极值均呈东强西弱特点。(2)短时强降水频次空间分布呈东多西少特点，主要模态为全省一致，其中浙赣沿线地区是频次异常敏感区，其次还具有北部与中南部反位相的异常模态。(3)短时强降水主要出现在4—8月，6月频次最多；前三种强降水日变化具有明显的双峰型结构，分别在16—17时和05—07时，50 mm·(12 h)$^{-1}$的日变化为单峰型，峰值在01—04时。

**关键词**：短时强降水　极值　频次　时空分布　EOF

## 引言

强降水带来的暴雨洪涝和城市内涝等灾害致灾严重[1]，不少气象工作者利用逐日降水资料对江西暴雨灾害进行了相关研究[2-5]。近年来，随着高时空分辨率降水资料的不断丰富，对逐小时降水等方面的研究也日益增多[6-14]。本文利用1961—2015年江西83个国家气象观测站小时降水数据，分析了江西20 mm·h$^{-1}$（1 h短历时强降水）、50 mm·(3 h)$^{-1}$（暴雨橙色预警信号级别）、50 mm·(6 h)$^{-1}$（暴雨黄色预警信号级别）、50 mm·(12 h)$^{-1}$（暴雨蓝色预警信号级别）等四个级别的短时强降水的时空分布特征（因100 mm·(3 h)$^{-1}$暴雨红色预警信号级别全省历年仅248个数据，不做单独分析），以期为江西短时强降水的预测和防灾减灾进行有益的探索性研究。

## 1　资料与方法

本文所用数据为江西省气象信息中心提供的1961—2015年国家气象观测站的逐时降水资料。对资料进行以下质量控制：1)各站数据缺测率在1%以下；2)用逐时降水量计算逐日降水量(Rh)，并与雨量筒观测的逐日降水量(Rd)比较，满足|Rh-Rd|/Rd＜10%。本文主要分析以下四种短时强降水：(1)1 h强降水，某时次降水量达到20 mm或以上的短历时强降水过程（下文以1 h强降水指代，下同）；(2)3 h强降水，某时次开始的3 h内降水量达到50 mm或以上的降水；(3)6 h强降水，某时次开始的6 h内降水量达到50 mm或以上的降水；(4)12 h强降水，某时次开始的12 h内降水量达到50 mm或以上的降水。

## 2 短时强降水空间分布特征

### 2.1 短时强降水极值空间分布

根据1961—2015年江西83站四种短时强降水最大值，给出极值空间分布(图1)。从图1可以看出，江西1 h强降水极值高值区主要分布在赣中地区的宜春市东南部至抚州市西北部一带，以及赣州市东南部、上饶市北部等地，小时雨强达100 mm·h$^{-1}$以上，最大值出现在崇仁为147.3 mm·h$^{-1}$，全省大部历史上都出现过70 mm·h$^{-1}$以上的短历时强降水。3 h强降水极值高值区位于赣州市东北部、抚州市中部、九江市东部、上饶市西部一带达130～150 mm·(3 h)$^{-1}$，最大值位于赣县为189.5 mm·(3 h)$^{-1}$，低值区在江西西部为110～130 mm·(3 h)$^{-1}$。6 h强降水极值高值区位于抚州市至上饶市西部达180～220 mm·(6 h)$^{-1}$，最大值位于南丰为278.7 mm·(6 h)$^{-1}$，低值区位于江西西部及南部为120～150 mm·(6 h)$^{-1}$。12 h强降水极值高值区位于抚州市至上饶市西部达230～290 mm·(12 h)$^{-1}$，最大值位于庐山为321.6 mm·(12 h)$^{-1}$，低值区位于江西西南部为125～195 mm·(12 h)$^{-1}$。分析表明1 h强降水极值高值区主要分布在赣中，其他三种短时强降水极值均呈现东部强西部弱的特点，高值区主要位于抚州市至上饶市西部一带。江西短时强降水极值出现东部强、西部弱的特点与江

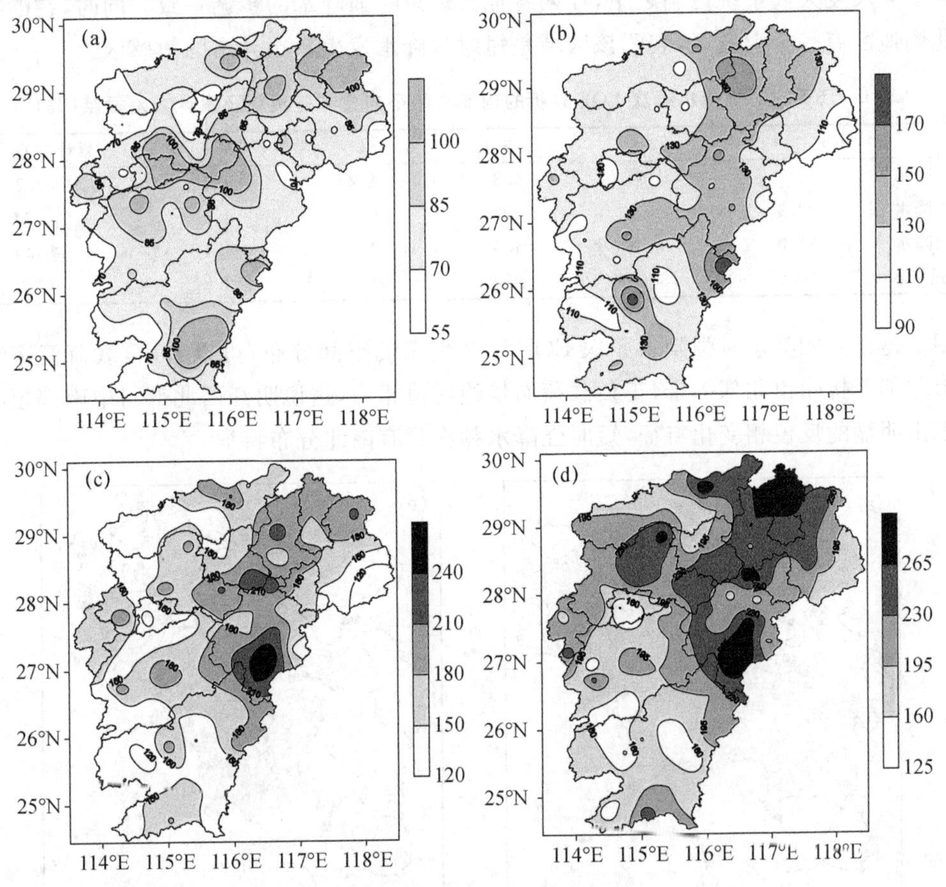


图1 江西短时强降水极值空间分布(单位:mm)

(a. 1 h强降水;b. 3 h强降水;c. 6 h强降水;d. 12 h强降水)

西东、西、南三面环山，北面为鄱阳湖平原的“簸箕口”地形密切相关，此地形有利于冷空气与西南暖湿气流在此交汇，并且江西东临武夷山、怀玉山、黄山等山脉，地形强迫抬升有利产生凝结降水，而江西西部地处罗霄山脉背风坡，空气下沉干绝热增温，不利降水发生。

## 2.2　短时强降水频次空间分布

### 2.2.1　短时强降水频次空间分布

计算江西各站 1981—2010 年四种短时强降水年平均出现频次，得到江西短时强降水气候频次空间分布(图略)，呈现明显的东部多、西部少的分布特征。江西东部各站年均出现 1 h 强降水 6.5～8.5 次，西部各站年均 4.5～6.5 次；3 h 强降水东部各站年均 1.5～2.5 次，西部各站年均 0.5～1.5 次；6 h 强降水东部各站年均 2.5～4.5 次，西部各站年均 1.5～2.5 次；12 h 强降水东部各站年均 4.5～7.0 次，西部各站年均 2.5～4.5 次。

### 2.2.2　短时强降水频次 EOF 分析

对江西 83 站 1961—2015 年四种短时强降水频次进行 EOF 分析，表 1 列出了 EOF 分析前 5 个特征向量的方差贡献，其中前 2 个特征向量通过 0.05 显著性水平的蒙特卡洛检验，因此重点研究前 2 个特征向量场的空间分布特征。四类短时强降水第 1 模态空间分布(图略)均表现为全省一致，表明短时强降水发生频次在空间上具有很好的一致性，这种分布特征说明一般在同一大尺度天气系统控制之下，江西各地出现短时强降水的步调一致。同时，在浙赣铁路沿线北侧地区有一个大值区，表明该区域是短时强降水发生频次异常的敏感区。

**表 1　江西短时强降水频次 EOF 分析的前 5 个特征向量方差贡献及累计方差贡献(%)**

| | 1 | 2 | 3 | 4 | 5 | 累计方差贡献 |
|---|---|---|---|---|---|---|
| 1 h 强降水 | 32.7 | 8.0 | 4.8 | 4.2 | 3.6 | 53.3 |
| 3 h 强降水 | 20.3 | 7.3 | 5.9 | 5.2 | 4.3 | 43.0 |
| 6 h 强降水 | 31.0 | 8.7 | 4.8 | 4.4 | 4.1 | 53.0 |
| 12 h 强降水 | 40.5 | 8.6 | 5.0 | 4.0 | 3.8 | 61.9 |

图 2 是江西四类短时强降水频次 EOF 第 2 模态的空间分布，可以看出，载荷值零线贯穿宜春市北部至抚州市北部一带，正负载荷向量绝对值相当，这说明江西北部与中南部短时强降水表现出明显的反位相变化特征，短时强降水频次具有南北分布特征。

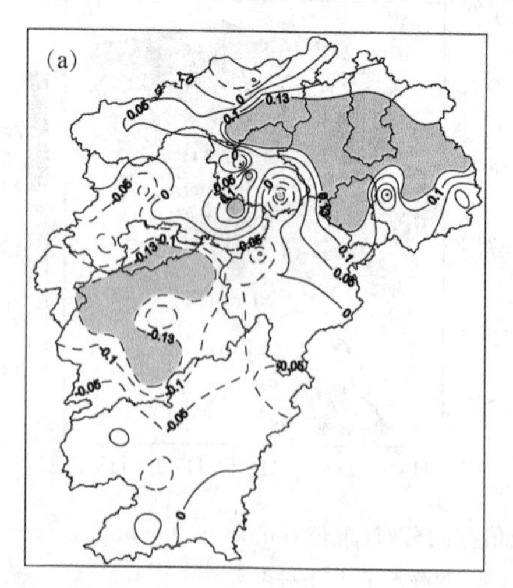


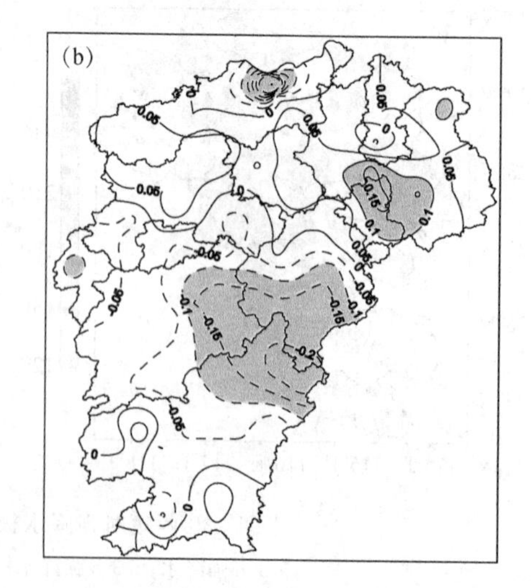

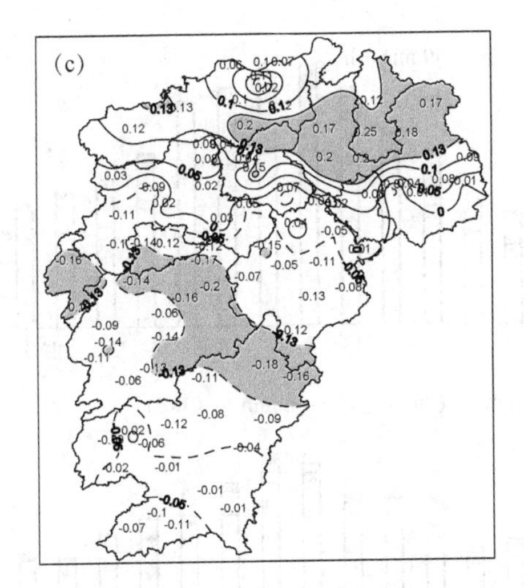


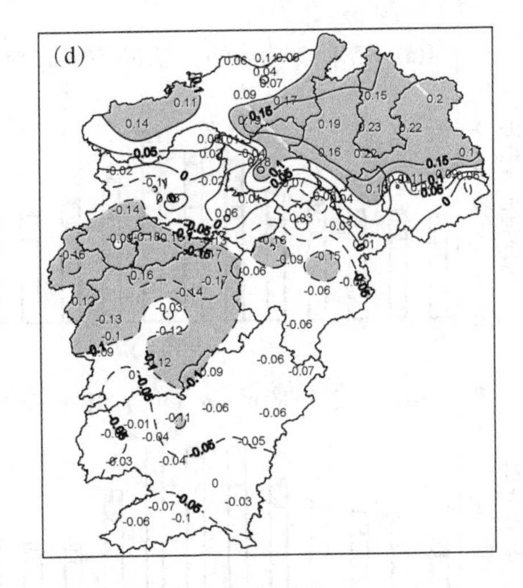


图 2　江西短时强降水频次 EOF 分析第二模态空间分布

（a. 1 h 强降水；b. 3 h 强降水；c. 6 h 强降水；d. 12 h 强降水）

## 3　短时强降水时间分布特征

### 3.1　短时强降水日变化特征

为了解江西四种类型短时强降水发生时间及强度的日变化特征，将 1 h 强降水划分为 20～30 mm·$h^{-1}$、30～50 mm·$h^{-1}$、50 mm·$h^{-1}$及以上等三个不同强度级别，将 3 h 强降水划分为 50～80 mm·$(3\ h)^{-1}$、80～100 mm·$(3\ h)^{-1}$、100 mm·$(3\ h)^{-1}$及以上等三个不同强度级别，其他两种类型短时强降水与 3 h 强降水一致。通过对每个短时强降水过程的发生时间及强度进行分析，结果表明江西四种类型短时强降水均具有明显的日变化(图 3)。从图 3 可以看出，1 h 强降水的频次与强度的日变化较为一致，均主要表现为一个主峰区和一个次峰区，主峰区主要集中在 13—20 时，最高值出现在 16—17 时，次峰区位于 05—07 时，00—01 时以及 10—11 时是峰谷时段，这与宇如聪等[15]关于中国东南内陆典型区域内降水量和降水频次的日变化峰值时间位相一致，出现在 14—21 时时段，并且日变化存在清晨次峰值的结论较为一致。3 h 强降水频次和强度的日变化表现为两个幅度相当的双峰型特征，两个峰区分别在 02—08 时和 14—20 时，9—12 时以及 22—01 时是峰谷时段，但强主峰区位于 05—07 时。6 h 强降水频次和强度的日变化也较为一致，均主要表现为一个主峰区和一个次峰区，主峰区主要集中在 02—07 时，次峰区位于 13—18 时；10—12 时以及 21—23 时是峰谷时段。12 h 强降水频次和强度的日变化表现为较明显的单峰特征，从 20 时开始加强，至次日 07 时为高发时段，最高值出现在 01—04 时，09—19 时是峰谷时段。上述分析表明江西短时强降水主要有午后到傍晚和凌晨两个峰值时段，短持续性强降水(1 h 强降水)主要出现在午后到傍晚，长持续性强降水(12 h 强降水)则主要出现在凌晨，而 3 h、6 h 强降水则处于两者之间的过渡阶段。这与 Yu 等[16]关于中国中东部地区长持续性降水(持续 6 h 以上)的峰值大多发生在夜间至清晨，而短持续性降水(1～3 h)的峰值则多出现在午后到傍晚的结论较为一致。

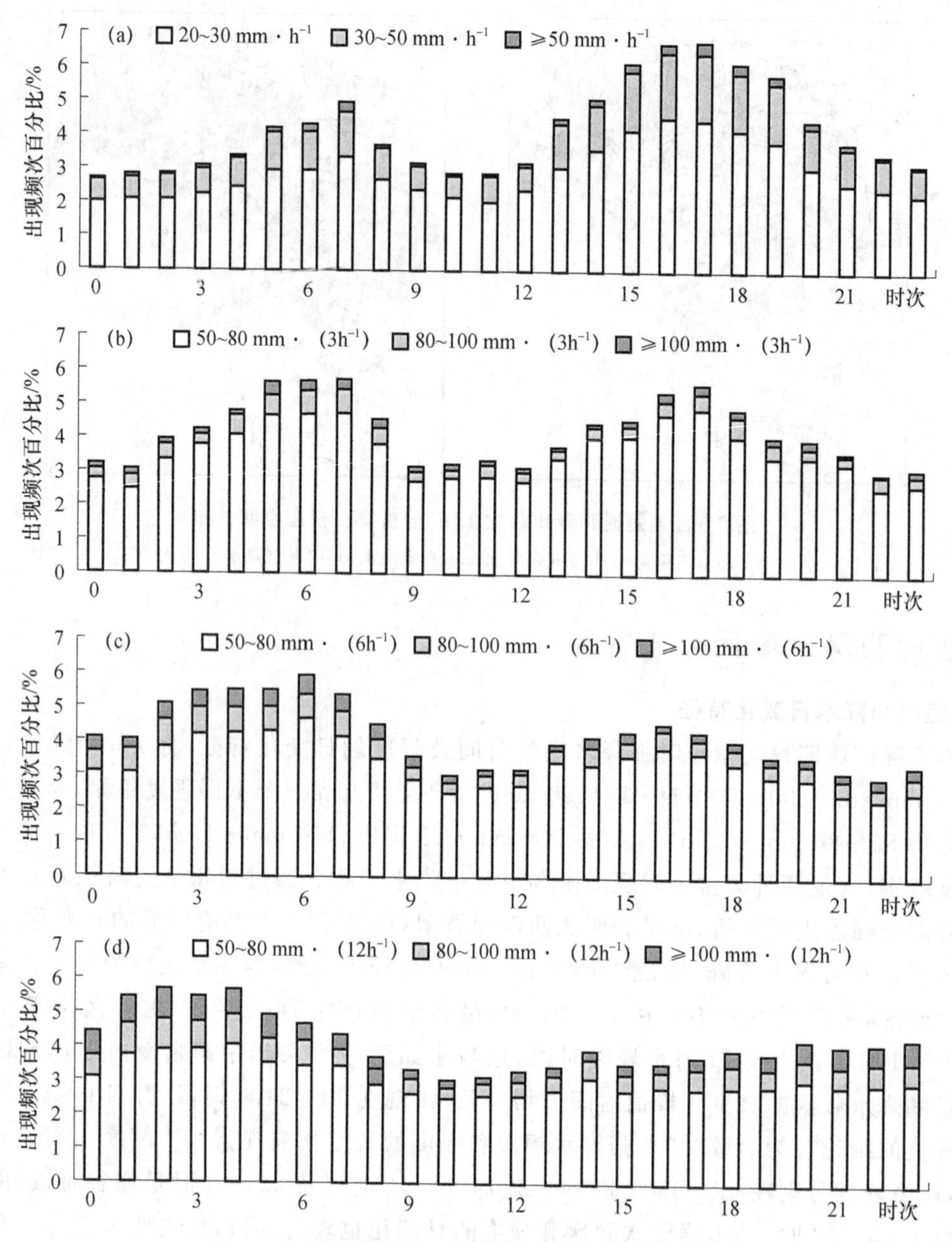


图3 江西短时强降水发生时间及强度日变化

(a. 1 h 强降水；b. 3 h 强降水；c. 6 h 强降水；d. 12 h 强降水)

### 3.2 短时强降水季节变化特征

根据不同月份的每个短时强降水过程的发生时间，分析江西四种类型短时强降水的季节变化特征(图4)。从出现月份分析，江西四种类型短时强降水均主要出现在4—8月，占总次数的85.51%～90.54%，频次最多的月份均在6月，占总次数的26.21%～32.74%。从出现时次分析，江西1 h强降水出现频次最多的时间主要集中在6—8月14—19时，其次是6月份的05—08时。3 h强降水出现频次最多的时间主要集中在5—7月05—08时，其次是6—8月份的15—18时。6 h强降水出现频次最多的时间主要集中在5—7月02—07时。12 h强降水出现的时间段表现为从 18 时开始增多，至次日 08 时为高峰时段，出现频次最多的时间在 5—7 月 02—04 时。

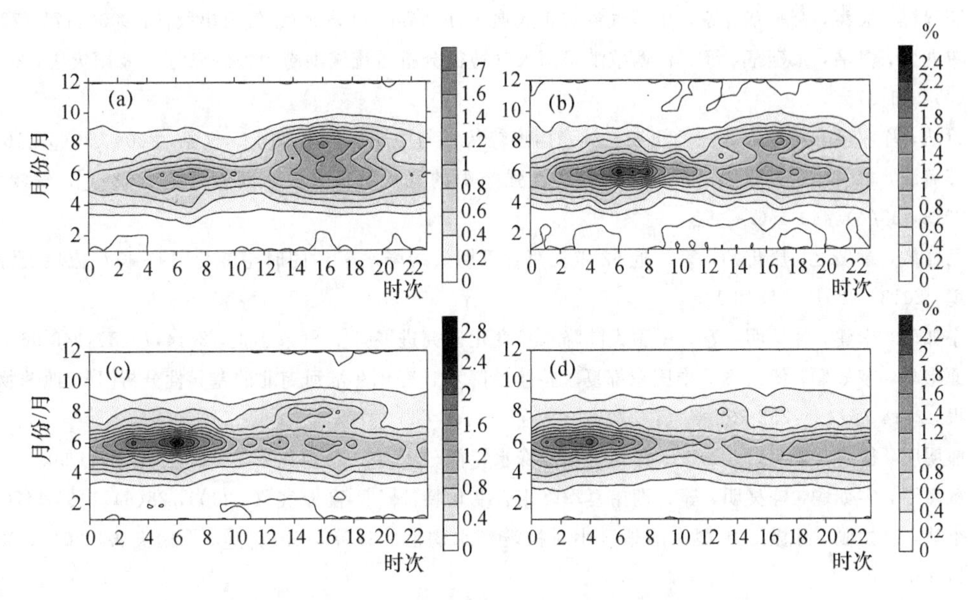


图 4　江西各月不同时刻小时强降水频次百分比(单位：%)
(a. 1 h 强降水；b. 3 h 强降水；c. 6 h 强降水；d. 12 h 强降水)

### 3.3　短时强降水年代际变化特征

为了解江西四类短时强降水的时频特征，使用 Morlet 小波变换进行分析(图略)，结果表明，四类短时强降水的周期变化特征较为一致，在近 55 a 里始终存在 21 a 和 14 a 左右的年代际周期变化，在 20 世纪 80 年代中期之前还存在 8 a 左右的年际周期。

## 4　结论

(1)江西 1 h 强降水极值高值区主要分布在赣中地区的宜春市东南部至抚州市西北部一带，其他三种短时强降水极值呈现东部强、西部弱的特点，高值区位于抚州市至上饶市西部一带。

(2)短时强降水频次空间分布呈东多西少的特点，高值区分布在江西东北部的景德镇和上饶，低值区分布在江西西南部的宜春和赣州。江西各站 1 h 强降水年均出现 4.5～8.5 次。

(3)短时强降水发生频次在空间上具有很好的一致性，其中浙赣铁路沿线北侧地区是短时强降水发生频次异常的敏感区；其次，江西北部与中部短时强降水还表现出明显的反位相特征。

(4)短时强降水主要出现在 4—8 月，6 月频次最多。前三类短时强降水日变化具有明显的双峰型结构。1 h 强降水主峰区最高值出现在 16—17 时，次峰区位于 05—07 时。3 h 强降水存在两个幅度相当的峰区时段，分别在 02—08 时和 14—20 时。6 h 强降水主峰区主要集中在 02—07 时，次峰区位于 13—18 时。12 h 强降水的日变化表现为较明显的单峰特征，高峰期出现在 01—04 时。四类短时强降水频次的周期特征较为一致，在近 55 a 里始终存在 21 a 和 14 a 左右的年代际周期变化，在 20 世纪 80 年代中期之前还存在 8 a 左右的年际周期。

## 参考文献


［1］ 陈双溪，吴涛，符平恭，等．中国气象灾害大典·江西卷[M]．北京：气象出版社，2006:171-172.

［2］ 单九生，尹洁，张延亭，等．江西致洪暴雨天气特征分析与流域洪涝预报研究[J]．暴雨灾害，2007,26(4):311-315.

［3］ 尹洁，陈双溪，刘献耀．江西汛期连续暴雨形势特征与中期预报模型[J]．气象，2004，30(5):16-20.

［4］ 邹海波，单九生，吴珊珊，等．江西持续性强降雨的气候特征及其大尺度环流背景[J]．气象科学，2013，33(4):449-456.

［5］ 马锋敏，章毅之，唐传师，等．近52年江西省汛期极端降水事件的时空变化[J]．长江流域资源与环境，2013，22(10):1348-1355.

［6］ 宇如聪，李建，陈昊明，等．中国大陆降水日变化研究进展[J]．气象学报，2014,72(5):948-968.

［7］ 原韦华，宇如聪，傅云飞．中国东部夏季持续性降水日变化在淮河南北的差异性分析[J]．地球物理学报，2014，57(3):752-759.

［8］ 熊明明，徐姝，李明财，等．天津地区小时降水特征分析[J]．暴雨灾害，2016，35(1):84-90.

［9］ 戴泽军，宇如聪，陈昊明，等．湖南夏季降水日变化特征[J]．高原气象，2009，28(6):1463-1470.

［10］ 李建，宇如聪，孙溦．中国大陆地区小时极端降水阈值的计算与分析[J]．暴雨灾害，2013，32(1):11-16.

［11］ 李建，宇如聪，孙溦．从小时尺度考察中国中东部极端降水的持续性和季节特征[J]．气象学报，2013，71(4):652-659.

［12］ 王国荣，王令．北京地区夏季短时强降水时空分布特征[J]．暴雨灾害，2013，32(3):276-279.

［13］ 吴翠红，王晓玲，龙利民，等．近10a湖北省强降水时空分布特征与主要天气概念模型[J]．暴雨灾害，2013，32(2):113-119.

［14］ 杨诗芳，郝世峰，冯晓伟，等．杭州短时强降水特征分析及预报研究[J]．科技通报，2010,26(4):494-500，545.

［15］ 宇如聪，李建．中国大陆日降水峰值时间位相的区域特征分析[J]．气象学报，2016，74(1):18-30.

［16］ Yu R C，Xu Y P，Zhou T J，et al. Relation between rainfall duration and diurnal variation in the warm season precipitation over central east China[J]．Geophys Res Lett，2007，34：L13703，doi：10.1029/2007GL030315.

# 三峡大坝周边蓄水前后短时强降水变化特征分析

孟　芳　罗剑琴　雷东洋

（湖北省宜昌市气象局，宜昌 443000）

**摘　要**

本文利用三峡大坝周边 6 个气象观测站和全宜昌市 61 个站的降水资料，以大坝蓄水年为界，对比分析蓄水前后大坝周边 $\geqslant 20\ \mathrm{mm \cdot h^{-1}}$、$\geqslant 50\ \mathrm{mm \cdot (3\ h)^{-1}}$、$\geqslant 100\ \mathrm{mm \cdot (6\ h)^{-1}}$ 短时强降水频数的变化特征。结果表明，(1)三峡大坝蓄水后，$\geqslant 20\ \mathrm{mm \cdot h^{-1}}$ 短时强降水频数呈显著增多趋势、$\geqslant 50\ \mathrm{mm \cdot (3\ h)^{-1}}$ 短时强降水年频数有增多趋势、$\geqslant 100\ \mathrm{mm \cdot (6\ h)^{-1}}$ 短时强降水频数变化不明显。与全宜昌市的变化趋势相比，$\geqslant 50\ \mathrm{mm \cdot (3\ h)^{-1}}$、$\geqslant 100\ \mathrm{mm \cdot (6\ h)^{-1}}$ 短时强降水在蓄水后出现的频数较多。(2)大坝蓄水前后，$\geqslant 20\ \mathrm{mm \cdot h^{-1}}$ 短时强降水频数在逐月分布上一致，但蓄水后的 4—7 月出现频数明显大于蓄水前。(3)大坝蓄水前后，$\geqslant 20\ \mathrm{mm \cdot h^{-1}}$ 短时强降水频数在逐小时分布上基本一致，但蓄水后夜间至凌晨的高峰期比蓄水前延长 1～2 h，22 时至 00 时频数大幅增加，出现次高峰区。

**关键词**：三峡大坝周边　蓄水前后　短时强降水　变化

## 引言

长江三峡水利枢纽工程是中国长江上游段建设的大型水利工程项目，是迄今世界上综合效益最大的水利枢纽，发挥了巨大的防洪效益和航运效益。三峡水库从 2003 年 6 月蓄水位 135 m，至 2010 年 10 月实现蓄水位 175 m，随着水库蓄水位上升、水域面积的增大，局地气象要素和气候特征也随之发生变化[1-3]，近年来对三峡库区的气候变化已有很多研究及成果[4-6]。

20 世纪 90 年代以来，在气候变暖背景下，极端天气气候事件的变化引起了广泛关注。很多研究成果都肯定地表示中国近五十年的总降水量无明显变化，由于降水日数的明显减少，降水强度有增加趋势。但在三峡大坝蓄水后，随着水域面积增大，大坝周边极端降水事件会有什么变化，目前对这方面的分析研究很少。本文利用三峡大坝周边 6 个气象观测站和全宜昌市 61 个气象观测站 1980—2016 年逐小时降水资料，对比分析大坝蓄水前后大坝周边短时强降水的变化情况，以期为三峡大坝附近的气象灾害防御提供参考。

## 1　资料与分析方法

文中采用三峡大坝周边 6 个气象观测站和全宜昌市 61 个气象观测站，1980—2016 年共计 37 a 逐小时降水资料，按照短时强降水划分标准（见下文），统计各等级短时强降水出现频数，以 2003 年大坝蓄水年为界，对比分析短时强降水出现频数的变化特征。各气象观测站点分布见图 1。分析短时强降水变化特征采用区域平均的算法。通过气候倾向率[7]和累积距平[7]等方法分析三峡大坝周边蓄水前后短时强降水的变化特征，采用滑动 T 检验（子序列长度取为 5 a)判断气候突变。

短时强降水划分标准为:当某站某 1 h 的降水量大于等于 20 mm 时,就定义该站出现了 $\geqslant$20 mm·$h^{-1}$等级的短时强降水;同理,按照 3 h 降水量大于等于 50 mm 和 6 h 降水量大于等于 100 mm 标准,分别定义了$\geqslant$50 mm·$(3\ h)^{-1}$等级的短时强降水和$\geqslant$100 mm·$(6\ h)^{-1}$等级短时强降水。

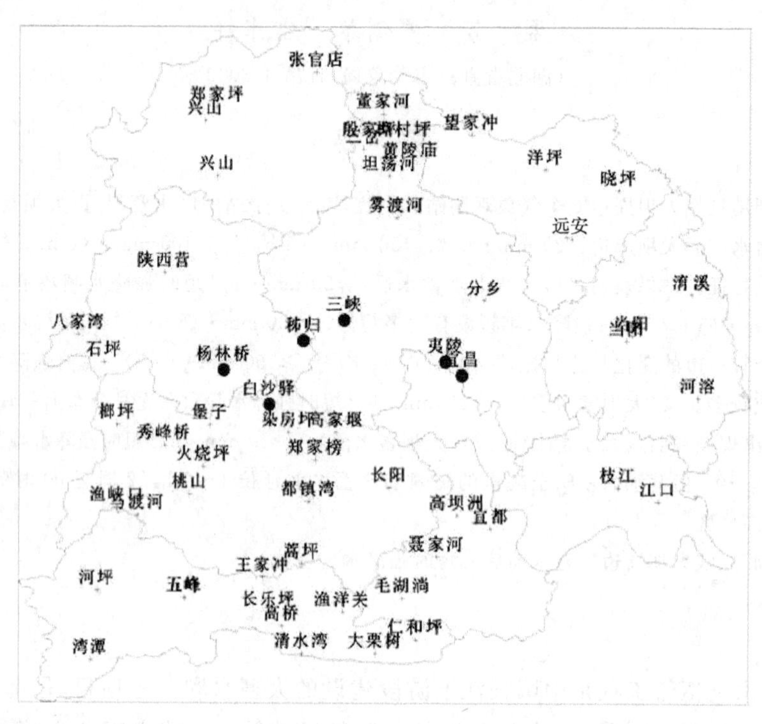


图 1 气象观测站点分布图

(黑色圆点代表大坝周边 6 站;小十字号代表全宜昌市 59 站)

# 2 结果分析

## 2.1 短时强降水的年频数对比

### 2.1.1 $\geqslant$20 mm·$h^{-1}$年频次对比

从$\geqslant$20 mm·$h^{-1}$短时强降水年频数逐年变化图上(图略),1980—2016 年大坝周边整体趋势为线性增多,而全宜昌市整体趋势则为线性下降。在 2003 年大坝蓄水之后,大坝周边年频数高于平均值的年份占 64.3%,全宜昌市年频数高于平均值的年份占 14.3%。由此表明大坝蓄水后,在大坝周边$\geqslant$20 mm·$h^{-1}$短时强降水年频数呈增多趋势。

$\geqslant$20 mm·$h^{-1}$短时强降水年频数累积距平对比图上(图 2a),虽然大坝周边累积距平为负值,全宜昌市累积距平为正值,但两条累积距平曲线在 2005 年以前的变化趋势是基本一致的,而在 2005 年以后变化趋势则相反,即大坝周边呈上升趋势,全宜昌市呈下降趋势。

从滑动 T 检验对比图上(图 2b),大坝周边在 2006 年出现一次由低值向高值的突变,并且超过了置信度为 90%检验的临界值;全宜昌市在 2005 年出现一次由高值向低值的突变,也超过了置信度为 90%检验的临界值。

由此表明，蓄水后大坝周边≥20 mm·$h^{-1}$短时强降水年频数呈增多趋势是可信的，全宜昌市呈下降趋势也是可信的。

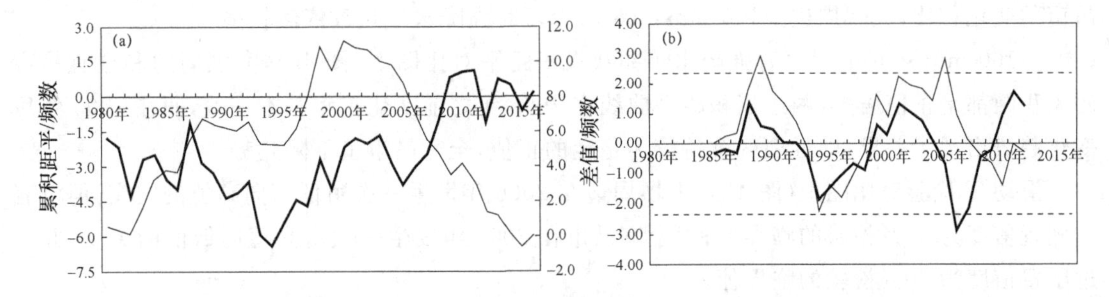


图 2 ≥20 mm·$h^{-1}$短时强降水年频数累积距平对比图(a)和滑动 T 检验对比图(b)

(粗实线为近坝区；细实线为全宜昌市；虚线为 90%信度检验阈值)

### 2.1.2 ≥50 mm·$(3\ h)^{-1}$年频数对比

从≥50 mm·$(3\ h)^{-1}$短时强降水年频数逐年变化图上(图略)，1980—2016 年大坝周边整体趋势为线性增多，而全宜昌市整体趋势则为线性下降。在 2003 年大坝蓄水之后，大坝周边年频数高于平均值的年份占 57.1%，全宜昌市年频数高于平均值的年份占 21.4%。由此表明大坝蓄水后，在大坝周边≥50 mm·$(3\ h)^{-1}$短时强降水年频数呈增多趋势。

≥50 mm·$(3\ h)^{-1}$短时强降水年频数累积距平对比图上(图 3a)，大坝周边累积距平为负值，全宜昌市累积距平为正值，但两条累积距平曲线在 2003 年以前的变化趋势是基本一致的，而在 2003 年以后变化趋势则相反，即大坝周边呈上升趋势，全宜昌市呈下降趋势。

滑动 T 检验对比图上(图 3b)，大坝周边在 2003 年发生一次由低值向高值的突变，但没有达到置信度为 90%检验的临界值；全宜昌市在 2005 年发生一次由高值向低值的突变，超过了置信度为 90%检验的临界值。

由此表明，2005 年后全宜昌市≥50 mm·$(3\ h)^{-1}$短时强降水年频数呈下降趋势是可信的，虽然大坝周边增多趋势没有通过可信检验，但通过跟全宜昌市变化趋势对比，也可以说明蓄水后，大坝周边≥50 mm·$(3\ h)^{-1}$短时强降水年频数有增多的趋势。

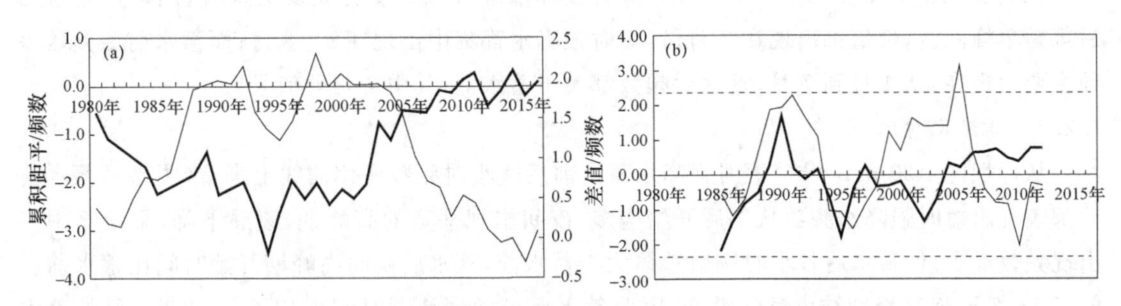


图 3 ≥50 mm·$(3\ h)^{-1}$短时强降水年频数累积距平对比图(a)和滑动 T 检验对比图(b)

(粗实线为近坝区；细实线为全宜昌市；虚线为 90%信度检验阈值)

### 2.1.3 ≥100 mm·$(6\ h)^{-1}$年频数对比

从≥100 mm·$(6\ h)^{-1}$短时强降水年频数逐年变化图上(图略)，1980—2016 年大坝周边整体趋势变化不明显，全宜昌市的整体趋势为线性下降。在 2003 年大坝蓄水之后，大坝周边年频数高于平均值的年份占45.9%，全宜昌市年频数高于平均值的年份占21.4%。由此表明大坝蓄水后，虽然大坝周边≥100 mm·(6 h)$^{-1}$短时强降水年频数变化趋势不明显，但与全宜昌市的变化相比，大坝周边≥100 mm·(6 h)$^{-1}$短时强降水年频数依然较多。

≥100 mm·(6 h)$^{-1}$短时强降水年频数累积距平对比图上(图4a)，大坝周边和全宜昌市的累积距都是正值居多，两条累积距平曲线在2005年之前变化趋势基本一致，而在2005年后变化趋势出现了差异，即近坝区维持较为稳定的正值，全宜昌市呈下降趋势。

滑动T检验对比图上(图4b)，大坝周边在2006年发生一次由低值向高值的突变，但没有达到置信度为90%检验的临界值；而全宜昌市在2002年发生一次由高值向低值的突变，并超过了置信度为90%检验的临界值。

由此表明，2002年后全宜昌市≥100 mm·(6 h)$^{-1}$短时强降水年频数呈下降趋势是可信的，大坝周边≥100 mm·(6 h)$^{-1}$短时强降水年频数在2005年之后没有明显突变出现。

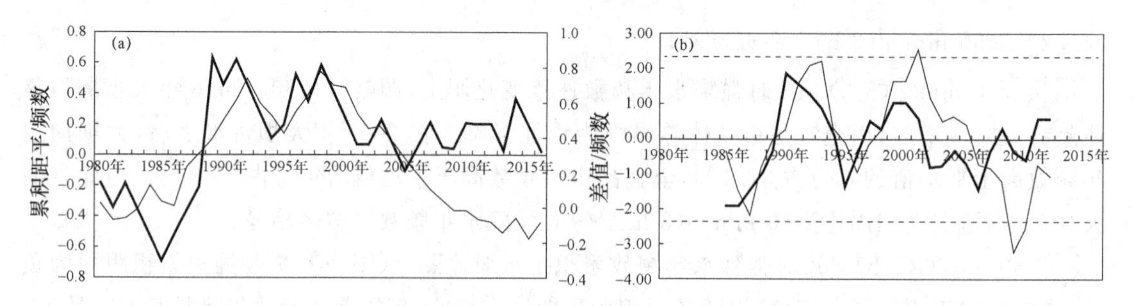


图4　≥100 mm·(6 h)$^{-1}$短时强降水年频次累积距平对比图(a)和滑动T检验对比图(b)

(粗实线为近坝区；细实线为全宜昌市；虚线为90%信度检验阈值)

**2.2　≥20 mm·h$^{-1}$短时强降水时空分布对比**

根据上述分析结论，我们选择了蓄水前后变化最明显的≥20 mm·h$^{-1}$短时强降水频数为样本，对比分析其蓄水前后逐月、逐小时的变化情况。

2.2.1　月分布对比

从近坝区蓄水前后，≥20 mm·h$^{-1}$短时强降水逐月频数变化曲线上来看(图略)，蓄水前后都是单峰曲线，峰值都出现在7月份，短时强降水都集中出现在6—8月；而蓄水前后频数差异主要表现在：从4月到7月，蓄水后频数都大于蓄水前，其中7月差值最大。

2.2.2　日变化对比

从近坝区≥20 mm·h$^{-1}$短时强降水蓄水前后逐小时频数变化曲线上来看(图略)，蓄水前后都表现出短时强降水频数从午后开始增多，夜间出现平宽的高峰期，凌晨下降，早晨至中午出现频数最少；但蓄水后各小时频数总体大于蓄水前，蓄水后夜间高峰期开始时间比蓄水前提前了1～2 h，而高峰期结束时间没变，因此蓄水后夜间高峰期时间延长了1～2 h。另外蓄水后22时至00时频数比蓄水前大幅度增加，从而出现了明显的次高峰。

# 3　小结

(1)三峡大坝蓄水后，大坝周边区域≥20 mm·h$^{-1}$短时强降水年频数呈显著增多趋势，该增多趋势通过90%信度检验，是可信的；≥50 mm·(3 h)$^{-1}$短时强降水年频数有增多趋势，但没有通过 90%信度检验;≥100 mm·$(6\ h)^{-1}$短时强降水年频数变化趋势不明显。

(2)与全宜昌市的变化趋势相比较,大坝周边≥50 mm·$(3\ h)^{-1}$、≥100 mm·$(6\ h)^{-1}$短时强降水年频数在蓄水后出现较多。

(3)大坝蓄水前后,≥20 mm·$h^{-1}$短时强降水频数在逐月分布上一致,但蓄水后 4—7 月出现的频数大于蓄水前。

(4)大坝蓄水前后,≥20 mm·$h^{-1}$短时强降水频数在逐小时分布上基本一致,但蓄水后夜间至凌晨的高峰期比蓄水前延长了 1～2 h,22 时至 00 时出现频数大幅增加,呈现出较为明显的次高峰区。

## 参考文献

[1] 张姣姣,介玉娥,陈兴周,等．小浪底水库蓄水前后雷暴气候变化特征分析[J]. 气象与环境科学,2010,33(01):52-56.

[2] 叶殿秀,张强,邹旭恺．三峡库区雷暴气候变化特征分析[J]. 长江流域资源与环境,2005,14(3):381-385.

[3] 陈鲜艳,张强,叶殿秀,等．三峡库区局地气候变化[J]. 长江流域资源与环境,2009(1):49-53.

[4] 张天宇,范莉,孙杰,等．1961—2008 年三峡库区气候变化特征分析[J]. 长江流域资源与环境,2010(S1):52-61.

[5] 杨荆安,陈正洪．三峡坝区区域性气候特征[J]. 气象科技,2002,30(5):292-299.

[6] 廖要明,张强,陈德亮．1951—2006 年三峡库区夏季气候特征[J]. 气候变化研究进展,2007,3(6):368-372.

[7] 魏凤英．现代气候统计诊断与预测技术(第 2 版)[M]. 北京:气象出版社,2007:37-60.

# 基于SWAP平台的新疆短时强降水预警技术及应用*

张云惠[1]　李建刚[2,3]　谭艳梅[4]　唐　冶[1]

(1. 新疆维吾尔自治区气象台，乌鲁木齐 830002；2. 中国气象局乌鲁木齐沙漠气象研究所，乌鲁木齐 830002；3. 中亚大气科学研究中心，乌鲁木齐 830002；4. 民航新疆空中交通管理局气象中心，乌鲁木齐 830016)

## 摘　要

利用近 10 a FY-2 卫星系列红外云图资料、MICAPS 常规资料、新疆 105 个基本气象观测站逐小时降水量资料，参考国内外中尺度对流系统(MCS)标准，给出了新疆区域 MCS 判识标准。统计分析新疆 35 次短时强降水过程的 MCS 空间分布及参数演变特征，总结新疆不同区域 MCS 预警阈值。基于 SWAP 平台追踪检验短时强降水对应 MCS 特征参数变化，表明新疆 MCS 的 TBB 预警阈值下限偏低 4℃，上限偏高 2～4℃；TBB 梯度在天山山区、南疆偏西为 0.3℃ · $km^{-1}$，北疆偏西、巴州北部与我国中东部一致。短时强降水发生在引导气流方向靠近暖区一侧的冷云盖边缘 TBB 梯度最大处，TBB 梯度图对云团发展变化表现更清楚。基于 SWAP 平台定位追踪对流云团对下游可能发生的强降水有 2～6 h 预警时效，且 30 min 外推预报与实况基本一致，对新疆强降水短临预报预警有一定的指示意义。

**关键词**：SWAP　MCS　短时强降水　预警技术

## 引言

自国家卫星气象中心 2013 年下发卫星天气应用平台(SWAP)以来，该平台为新疆区、地、县级气象台站一线业务人员提供了追踪强对流交互判识的分析工具，SWAP 能够快速追踪对流云团，并实时自动预警，对新疆强对流短临预报预警有很好的指导作用。但是因新疆特殊的气候背景及复杂地形，新疆区域短时强降水的中尺度云团参数特征与我国中东部有一定的差别[1-2]，为此，本文在以往 FY-2 卫星系列云图研究基础上，分析新疆短时强降水的中尺度对流系统(MCS)参数特征，总结基于 SWAP 平台的新疆强降水 MCS 预警指标，为全疆预报人员提供参考。

## 1　资料与方法

通过国家卫星中心网站下载 2005—2016 年 FY-2 系列卫星红外云图，空间分辨率为 0.1°×0.1°的 AWX 格式 TBB 资料和 SWAP 平台显示的 HDF 格式标称半球资料，时间间隔均为 1 h，并收集整理新疆区域 105 个国家基本气象观测资料及 5—9 月逐小时降水量。按照中国气象局规定：对于某个站点小时降水量 $R \geqslant 20$ mm 为短时强降水，由于新疆地域辽阔，本文界定受同一影响系统产生的短时强降水为一次过程，因此将新疆短时强降水时间限定为

* 资助项目：中国气象局预报员专项(CAMYBY2017—084)，中央级公益性科研院所基本科研业务项目(IDM2016001)。

24 h 之内。对 FY-2 静止卫星 TBB 产品处理方法为：先对云图进行增强处理，并选择合适的底图以突出其中的对流云团，并根据判定依据对影响强降水的 MCS 特征进行普查，包括面积、形状、形心、状态、移动方向、TBB 最低值/平均值/梯度、椭圆率等，在此基础上，基于 SWAP 平台反查追踪 MCS 的参数变化。

## 2 新疆区域 MCS 判识标准

中尺度对流系统（MCS）按尺度可以细分为 α 中尺度系统（200～2000 km）、β 中尺度系统（20～200 km）和 γ 中尺度系统（2～20 km）[1,2]。关于 MCS 的判识，随着观测密度及手段的不断改进和发展，对 MCS 的认识也在不断完善中，Maddox[3]、Augustine[4] 等在冷云面积、生命史、形状等对 MCS 进行了严格的定义，并在冷云面积大小方面不断修正（判定标准略）。

郑永光等[1] 在国际标准的基础上，增加了初生时刻的标准，并增加了“形心”以期追踪对流云团的路径，同时略微修订了 −32℃ 冷云区达到最大面积时，α 中尺度持续伸长型对流系统（PECS）和 β 中尺度持续伸长型对流系统（$M_\beta$ECS）的椭圆率为 0.2～0.6，MCC 和 β 中尺度圆形对流系统（$M_\beta$CCS）的椭圆率≥0.6。

因本文所用卫星数据空间分辨率为 0.1°×0.1°，按照一个经（纬）度大致为 100 km 计算，FY-2 系列卫星的分辨率大致为 10 km×10 km。对于尺度小于 20 km 的 γ 中尺度 MCS，还无法对其进行追踪和判别，所以主要关注 β 中尺度及以上的 MCS，类型包括 $M_\alpha$CS（MCC、PECS），$M_\beta$CS（$M_\beta$ECS、$M_\beta$CCS）。在统计分析近 10 年新疆 MCS 参数变化的基础上，根据新疆特殊的地理地形环境，山脉阻挡会造成 MCS 变形，因此修正 β 中尺度对流系统（$M_\beta$CS）最小尺度的面积定义为 $>10^3$ km$^2$，考虑新疆地形复杂对云团影响，椭圆率 0.6 改为 0.5，其他标准与 $M_\alpha$CS 基本一致（表 1）。

**表 1　新疆区域 MCS 的判识标准**

| 类型 | 最小尺度 | 持续时间 | 形状 | 初生 | 形成 | 成熟 | 消亡 |
|---|---|---|---|---|---|---|---|
| $M_\alpha$CS | TBB≤−32℃ 的连续冷云区面积 $>10^5$ km$^2$ | 不限 | −32℃ 连续冷云区达最大范围时，椭圆率≥0.5（MCC），0.2～0.5（PECS） | 从不小于 γ 尺度的对流云团开始算起 | 开始满足最小尺度的时间 | 连续冷云区（TBB≤−32℃）达到最大面积的时刻 | 不再满足最小尺度的时刻 |
| $M_\beta$CS | TBB≤−32℃ 的连续冷云区面积 $>10^3$ km$^2$ | 不限 | 同上 | 同上 | 同上 | 同上 | 同上 |

## 3 基于 SWAP 平台的新疆短时强降水预警指标

### 3.1 新疆短时强降水的 MCS 区域分布特征

统计近十年短时强降水资料，有 38 次降水量 $R\geq20$ mm·h$^{-1}$ 的短时强降水过程，其中 2 次无 TBB≤−32℃冷云盖、1 次缺云图资料，分析 FY2 红外云图 TBB 资料表明，35 次强降水中有 8 个 $M_\alpha$CS，27 个 $M_\beta$CS，其中有 4 次过程多站出现短时强降水。

从35次强降水的MCS初生、成熟及消散时期的空间分布可以看到(图略)，影响新疆强降水过程的$M_{\alpha}CS$主要分布在中天山两侧，$M_{\beta}CS$源地在阿拉套山分布最为密集，其次为巴尔鲁克山靠近克拉玛依市的浅山区和阿克苏地区境内的天山南麓。而成熟时期的MCS较初生期整体向东移动，$M_{\beta}CS$主要分布在伊犁河谷、博州及北疆沿天山一带，$M_{\alpha}CS$分布比较分散，总体北疆多于天山南麓。消散期的$M_{\beta}CS$主要位于准噶尔盆地边缘戈壁绿洲过渡带、巴尔鲁克山和阿拉套山中间的阿拉山口附近以及阿克苏地区中西部，$M_{\alpha}CS$则在准噶尔盆地和塔里木盆地靠近天山的一侧较为密集，另外还有伊犁河谷的东西两侧。

### 3.2 新疆短时强降水MCS预警阈值的确定

分析追踪35次短时强降水对应的MCS初生、成熟及消散的红外云图参数变化，得到红外云图参数演变数据集，即MCS的形心、面积、圆形度、状态、方向、TBB最低值/平均值/梯度、椭圆率等。

35次短时强降水的影响系统主要分为4类：槽前西南(西)气流23次、短波槽5次、低涡4次和脊前西北(偏北)气流3次。对应表1统计分析35次短时强降水MCS参数变化表明，新疆强降水MCS预警阈值按地域特点可分为4个区域：伊犁河谷—博州—石河子以西沿天山一带(17次)阈值为TBB－60～－36℃、梯度平均0.4℃·$km^{-1}$、天山山区(8次)TBB－58～－36℃、梯度平均0.3℃·$km^{-1}$、南疆偏西地区(9次)TBB－54～－35℃、梯度平均0.3℃·$km^{-1}$和巴州北部(1次)TBB－60～－36℃、梯度平均0.4℃·$km^{-1}$。

### 3.3 基于SWAP平台的预警阈值检验

利用SWAP平台强对流交互判识功能(图1)，SWAP系统默认TBB阈值为4档，间隔10℃，分别为－32℃、－42℃、－52℃、－62℃，TBB梯度为0.4℃·$km^{-1}$，对强对流云团有30～60 min(可自定义)的外推预报，云图显示可以以云团亮温和云团梯度两种方式显示，云团路径包括历史路径和外推路径及区域，同时可以提取追踪云团信息，显示目标云团的云团参数及外推预报变化。

通过检验上述35次新疆强降水过程SWAP预警阈值，将系统默认TBB阈值4档、间隔10℃：－32℃、－42℃、－52℃、－62℃，TBB梯度0.4℃·$km^{-1}$，按照新疆不同区域修订TBB阈值为北疆4档、间隔8℃：伊犁河谷-博州-石河子以西沿天山一带和天山山区为－36℃、－44℃、－52℃、－60℃，伊犁河谷-博州-石河子以西沿天山一带TBB梯度0.4℃·$km^{-1}$，天山山区梯度0.3℃·$km^{-1}$；南疆TBB阈值4档，间隔6℃：南疆偏西地区为－36℃、－42℃、－48℃、－54℃，梯度0.3℃·$km^{-1}$，巴州北部为－40℃、－46℃、－52℃、－58℃，梯度0.4℃·$km^{-1}$。

## 4 基于SWAP平台的新疆强降水预警技术及应用

### 4.1 2012年6月4日巴州罕见短时暴雨中尺度对流云团分析

2012年6月4日14—17时，巴州北部出现了一次突发性大暴雨过程，强降水主要出现在库尔勒市和和静县，15—17时两站降水量分别达73.8 mm、75.8 mm，最大雨强分别为46.4 mm·$h^{-1}$、53.2 mm·$h^{-1}$，突破历史极值，表现出了历时短、强度大，且降水分布极其不均匀的特点。彭军等[5]对此次暴雨的中尺度特征进行了分析，指出暴雨发生在MCS中TBB＜－55℃，且长时间维持的冷云盖边缘。

6月4日08时500 hPa南疆西部至库尔勒受中亚低槽前西南气流控制，红外云图动画可以清楚看到，暴雨前4日13时30分阿克苏东部有两个对流云团，TBB最低达－50 ℃，15时15分两对流云团发展加强东移至库尔勒上空，TBB最低达－53℃，15时45分两对流云团合并发展，面积增大，TBB最低达－57℃，雨强明显增强，随着TBB＜－55℃的冷云中心消失，强降水趋于结束。暴雨过程中库尔勒、和静对应的冷云中心位置基本稳定，但当中心移动时，库尔勒出现最强降雨，而另一个冷云中心在略有减弱后再次加强的过程中和静出现了最强降雨。

SWAP平台修订阈值追踪对流云团亮温演变表明，4日13—14时有两个对流云团沿中亚低槽前西南气流自阿克苏东部向巴州北部移动并发展(图1a)；15时30分在库尔勒和和静附近发展成两个$M_\beta CS$，16时两个$M_\beta CS$的TBB＜－32℃及＜－52℃的云团面积明显增大并有合并增强的趋势(图1b)；16时30分两个$M_\beta CS$合并，TBB＜－32℃及＜－52℃的云团面积达最大，而16

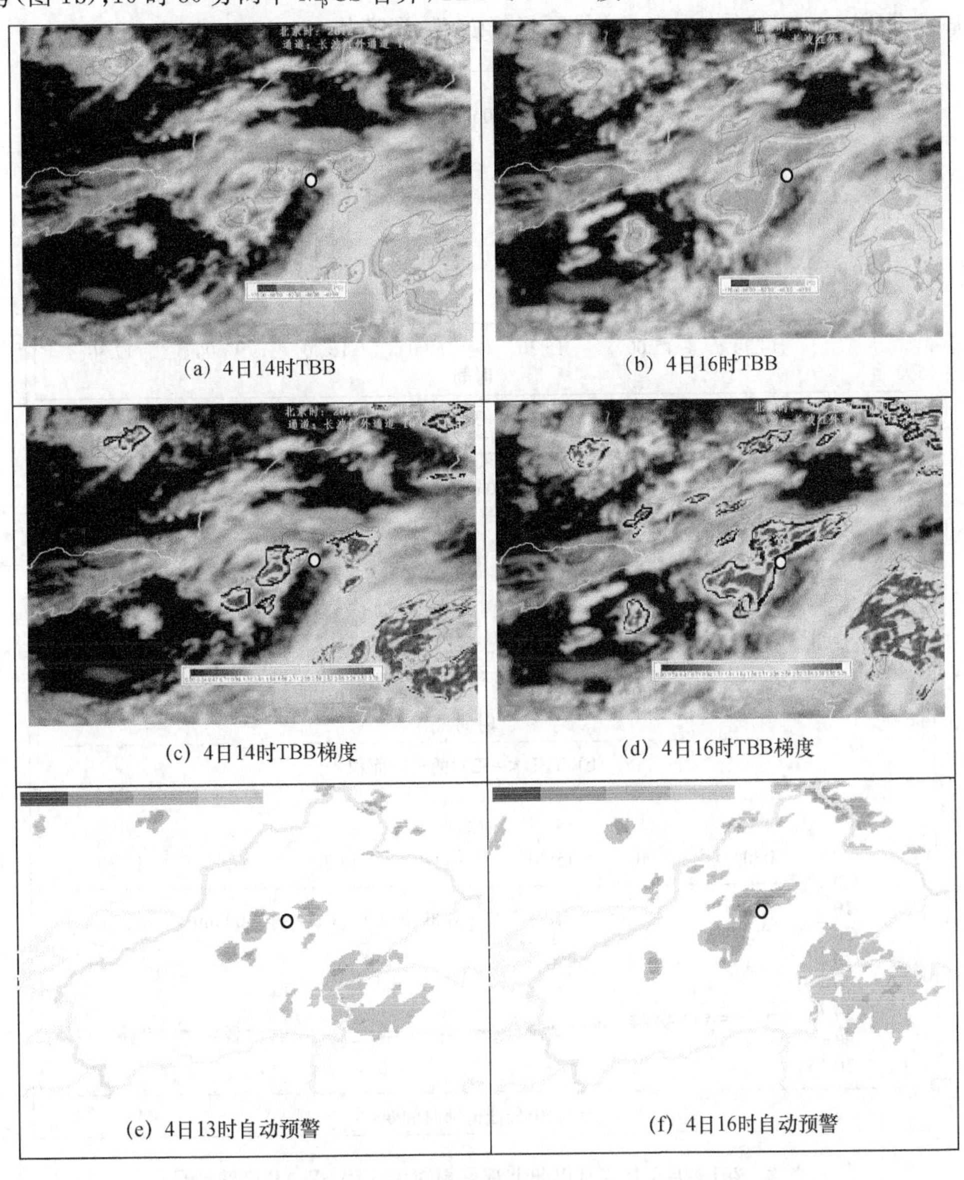


图1　2012年6月4日巴州北部暴雨对流云团SWAP平台云图(圆点为库尔勒)

时—16时15分是库尔勒15 min雨强最强时段，降雨30.1 mm；16时30分—16时45分和静15 min降雨27.7 mm，是和静雨强最强时段，强降水发生在TBB＜－52℃的冷云盖东南一侧。而云团TBB梯度图动画可以清楚看到(图1c、d)，强降水发生在冷云盖东南侧TBB梯度密集的大值区一侧。

SWAP显示位于阿克苏东部的两个对流云团4日13时开始逐半小时自动预警(图1e、f)，直至18时云团减弱东移降水结束，可见修订的阈值对库尔勒强降水有2 h的预警时效。

SWAP平台定位追踪影响强降水的对流云团可以看到，TBB＜－32℃及＜－52℃的云团面积14时30分开始不断增大，16时30分TBB＜－32℃及＜－52℃的云团面积最大分别达$1.4\times10^4$ km$^2$(图2a)、$1.3\times10^3$ km$^2$(图2b)，TBB最低值也达－56℃(图2c)。对比逐30 min、60 min云团参数外推预报表明，30 min外推预报较60 min更接近实况，尤其17:30对流云团发展后期TBB＜－52℃的60 min外推预报偏强，误差较大。

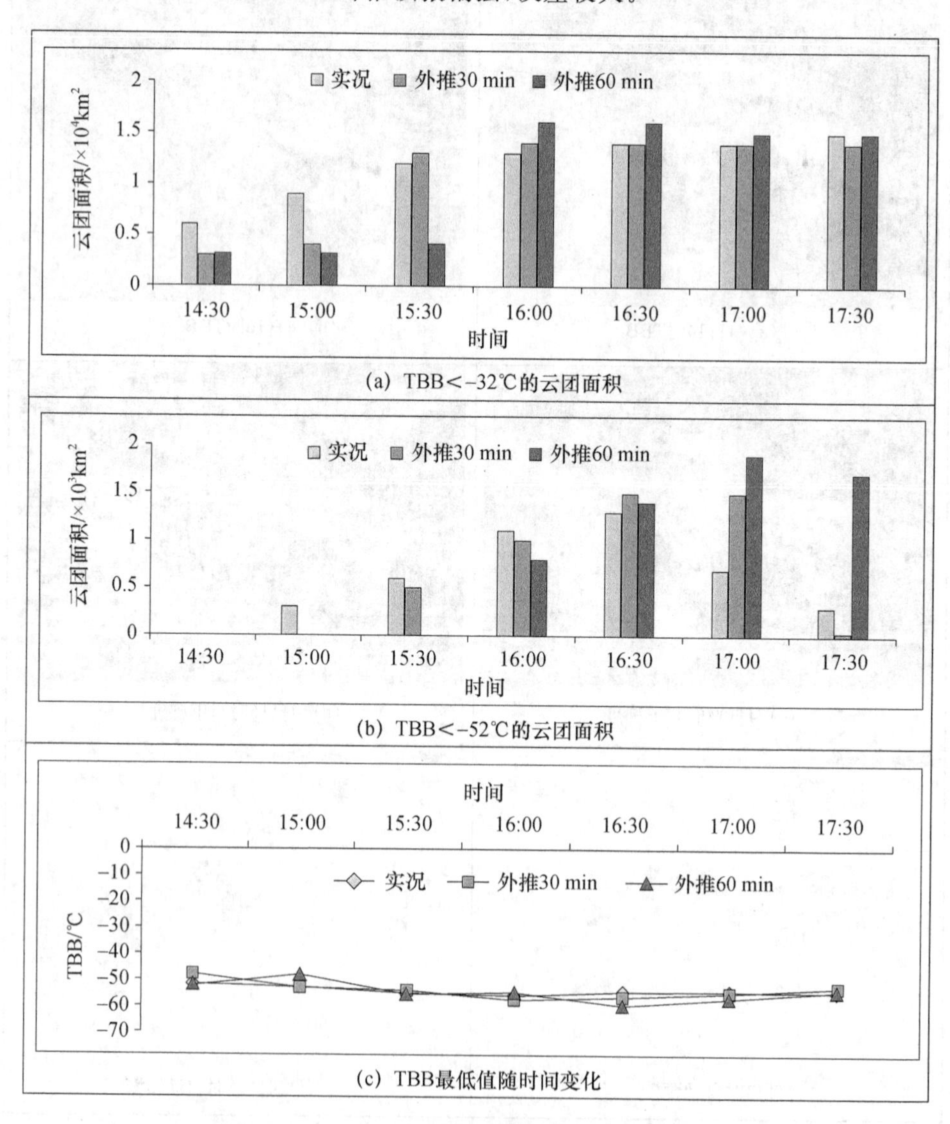


图2　2012年6月4日巴州北部暴雨对流云团SWAP追踪结果

## 4.2 2015年6月9日乌鲁木齐短时强降水中尺度对流云团追踪

2015年6月9日18时30分—20时05分乌鲁木齐出现短时强降水，95 min累计降水量达20.1 mm，其中19—20时降水量14.7 mm，为乌鲁木齐1991年以来小时降水量极值，此次降雨表现为强度强、历时短、局地性强、灾害重等特点。

6月9日08时500 hPa新疆90°E以西处于高压脊控制，乌鲁木齐以东处于高压脊前西北气流控制，乌鲁木齐短时强降水就发生在脊前西北气流的环流背景下。分析乌鲁木齐6月9日08时、14时及20时对流潜势参数变化表明，08时$\Delta\theta_{se850-500}$为6℃，14时明显增强大到15℃，至20时强对流发生时为10℃，即午后乌鲁木齐层结不稳定显著发展，K指数也增大到33℃，SI指数由08时的0.78℃降至14时的—1.8℃，CAPE值08时为0，14时则明显增大为1141 J·kg$^{-1}$，表明午后对流有效位能显著发展，积蓄了大量不稳定能量。云图分析表明，强降水发生在局地新生中尺度对流云团西南侧TBB梯度最大处，TBB最低达－53℃。

SWAP平台修订阈值追踪对流云团演变可以看到，6月9日17时30分乌鲁木齐周围250 km范围内有2个明显的中尺度对流云团(图3a、c)，最强的位于距乌鲁木齐西北方向

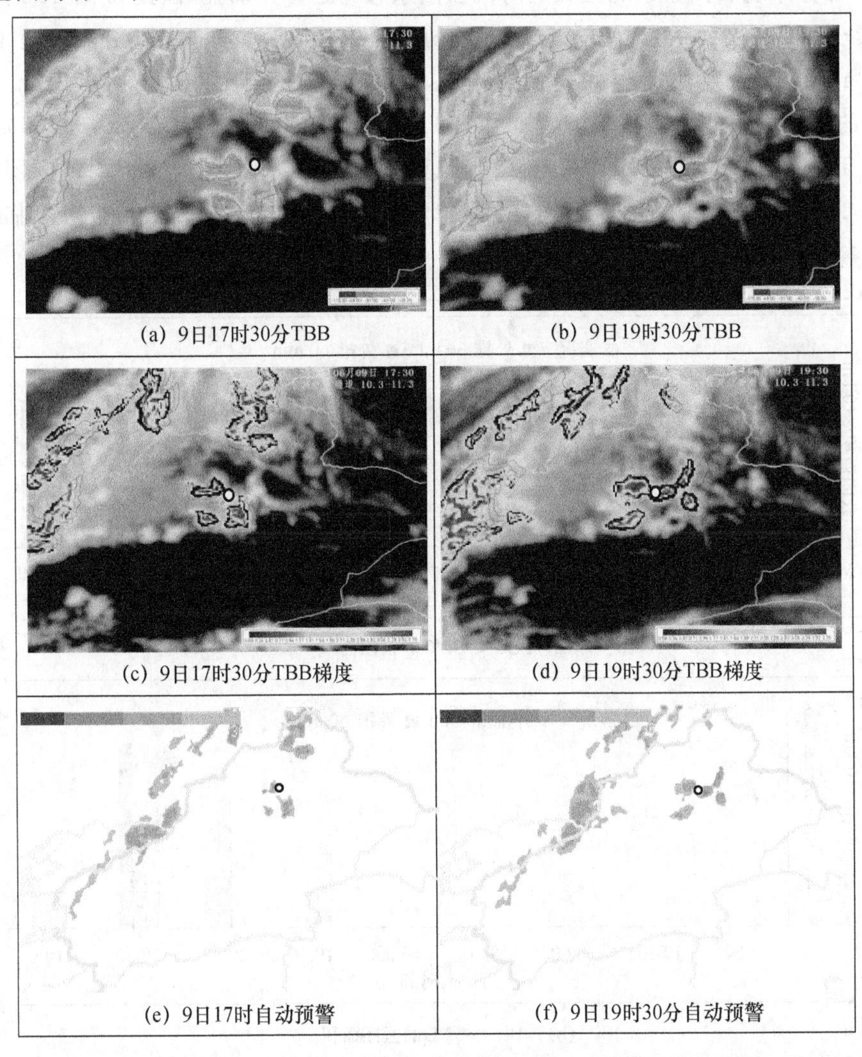
(a) 9日17时30分TBB　(b) 9日19时30分TBB
(c) 9日17时30分TBB梯度　(d) 9日19时30分TBB梯度
(e) 9日17时自动预警　(f) 9日19时30分自动预警

图3 2015年6月9日17时30分—19时30分乌鲁木齐对流云团SWAP预警判识(圆点为乌鲁木齐)

200 km左右的石河子以北区域，该对流云团为不规则的椭圆形 $M_\beta CS$，TBB 最低达－50℃，对流云团在高压脊前西北气流下，沿引导气流东移发展。18 时 30 分石河子对流云团移动缓慢，强度不变，但面积增大，其前方在昌吉—米泉—乌鲁木齐以东新生一东西向扁圆形 $M_\beta CS$，TBB 最低也达－50℃，乌鲁木齐位于对流云团西南侧，此后约 20 min 降水开始。19 时 30 分乌鲁木齐附近的 $M_\beta CS$ 迅速发展加强成标准椭圆形，乌鲁木齐位于该 $M_\beta CS$ 西南侧 TBB 梯度最大处(图 3b、d)。云团 TBB 及其梯度图动画显示可以明显看到，强降水发生在 TBB＜－52℃的冷云盖西南侧，且 TBB 梯度密集区内。

SWAP 显示在 9 日 17 时开始逐半小时自动预警(图 3e、f)，直到两个对流云团合并加强东移影响乌鲁木齐以东地区的强降水，此例说明修订的阈值对小时雨强＜20 mm 的乌鲁木齐短时强降水有 2 h 的预警时效，同时预警也为 MCS 继续东移发展造成的下游强降水预报预警提供有效参考和指导。

SWAP 对流云团定位追踪表明(图 4)，影响乌鲁木齐强降水的对流云团一部分来自局地新生，另一部分来自石河子以北区域的对流云团东移与之合并加强，因此，9 日 19 时之前追踪的 TBB＜－32℃云团面积为石河子以北区域的对流云团，乌鲁木齐局地对流云团 19 时开始生成(图 4a)，在 1 h 内快速合并发展影响乌鲁木齐短时强降水。20 时 TBB＜－32℃及＜－52℃的云团面积分别达 $4.3\times10^3\ km^2$、150 $km^2$，TBB 最低为－54℃，30 min、60 min 云团外推预报 TBB＜－32℃的云团面积与实况接近(图 4a、b、c)，而 20—21 时对流云团发展后期外推预报 TBB＜－52℃的面积及 TBB 最低值均偏强，可见 30 min 外推预报对短临预报预警有很好的参考价值。

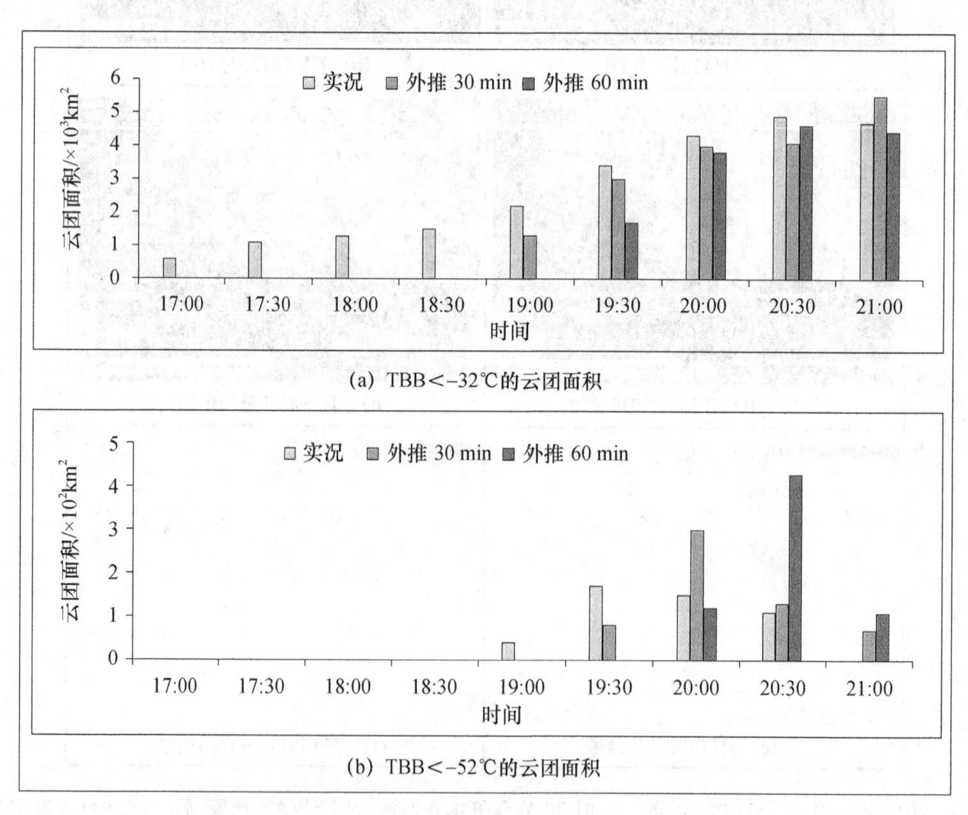

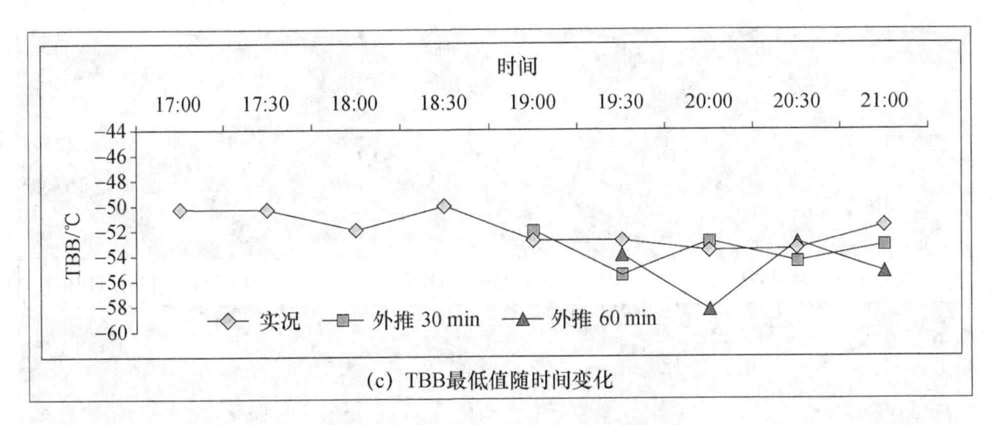


图 4　2015 年 6 月 9 日 17 时 30 分—19 时 30 分乌鲁木齐对流云团 SWAP 追踪结果

### 4.3　2016 年 6 月 17 日伊犁河谷短时强降水对流云团特征

2016 年 6 月 17 日伊犁河谷出现短时强降水，小时雨强＞20 mm 的有 11 个雨量站，过程降雨量 7 站超过 96 mm，强降雨时段分散，伊宁麻扎乡博尔博松区域站最强降水 44.3 mm·$h^{-1}$，降雨主要集中在 6 月 17 日 00—14 时。

16 日 20 时 500 hPa 随着里海、咸海高压脊继续向北发展，中亚低槽东移，伊犁河谷受槽前西南气流影响，700 hPa 伊宁由西风 8 m·$s^{-1}$转为西北风 4 m·$s^{-1}$，850 hPa 伊宁由东南风转为西风，风速均为 6 m·$s^{-1}$，比湿增大到 11 g·$kg^{-1}$，伊犁河谷开始出现对流性降水。17 日 08 时中亚低槽受到西西伯利亚低压外围冷空气南下的补充并东移，850 hPa 有一支 12～16 m·$s^{-1}$偏西急流携带湿冷空气先进入河谷，700 hPa 在 4 h 后由弱西南风也转为偏西急流，冷暖交汇剧烈，造成短时强降水。

SWAP 平台修订阈值追踪对流云团参数演变可以看到(图 5a～f)，6 月 16 日 20 时前后，伊犁河谷上游中亚低槽前西南气流上就有多个对流云团发展，TBB 最低达－45℃。22 时有一个 $M_\beta$CS 进入伊犁河谷西南部，强度减弱，TBB 由－45℃升至－40℃；23 时开始有 4 个 $M_\beta$CS 沿低槽前西南引导气流向伊犁河谷北部加强，即 4 个 $M_\beta$CS 形成列车效应不断影响伊犁河谷北部；24 时开始有 2 个 $M_\beta$CS 合并发展，强度增强，影响伊犁河谷北部的短时强降水。强降水发生在对流云团西南侧 TBB 梯度最大处(图 6e～f)，SWAP 平台 16 日 23 时开始自动预警(图 5g)。

定位追踪影响伊犁河谷短时强降水的对流云团演变表明(图 6)，伊犁河谷强降水时段无 TBB＜－52℃的冷云盖，16 日 24 时伊犁河谷北部的两个 $M_\beta$CS 合并，开始有云团外推预报，17 日 01 时云团发展，TBB＜－32℃的云团面积明显增大到 2.2×$10^3$ $km^2$(图 6a)，TBB 最低为－45℃(图 6b)，17 日 03 时 30 分 TBB＜－32℃的云团面积达 3.4×$10^3$ $km^2$，TBB 最低值－52℃，对流云团明显发展造成伊犁河谷短时强降水。逐 30 min、60 min 云团外推预报与实况略有偏差，但总体趋势一致，对短时强降水短临预报有较好的指导作用。

以上个例检验表明，修订的 TBB 预警阈值及云团外推预报对新疆强对流短时临近预报预警有较好的参考价值，可提前 2～6 h 实时自动预警。

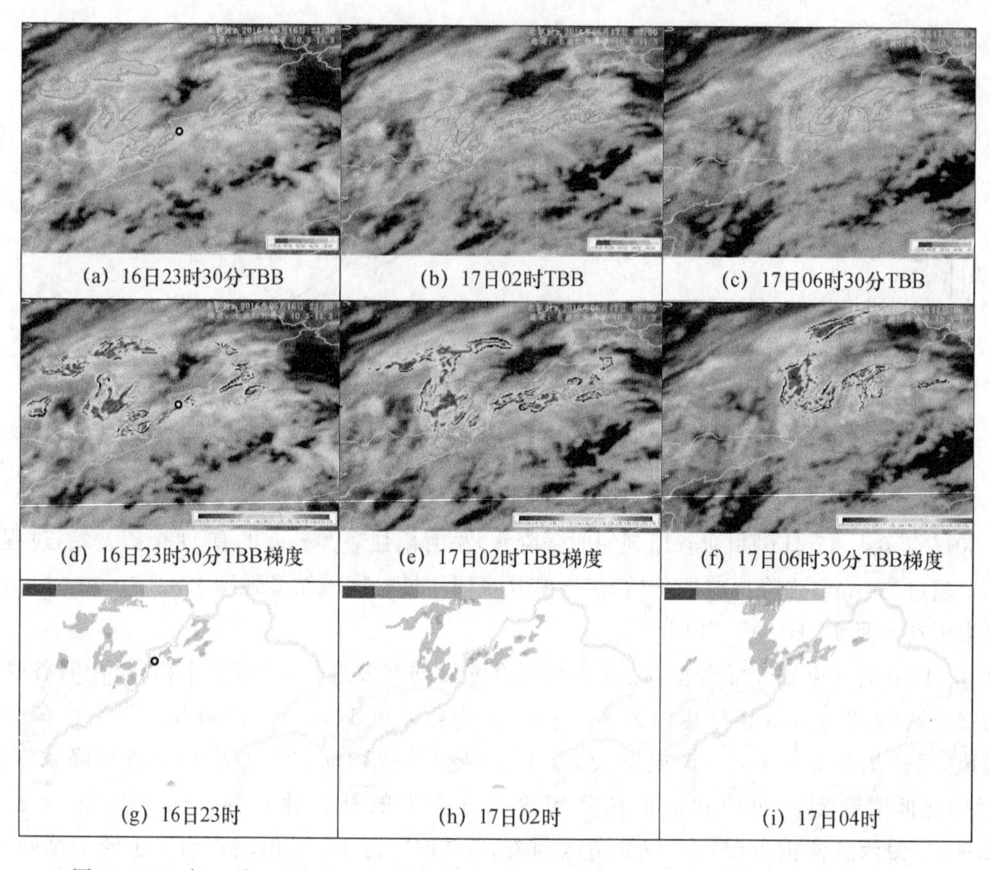


图 5 2016 年 6 月 17 日 SWAP 平台伊犁河谷 MCS 预警判识(圆点为伊犁河谷北部)

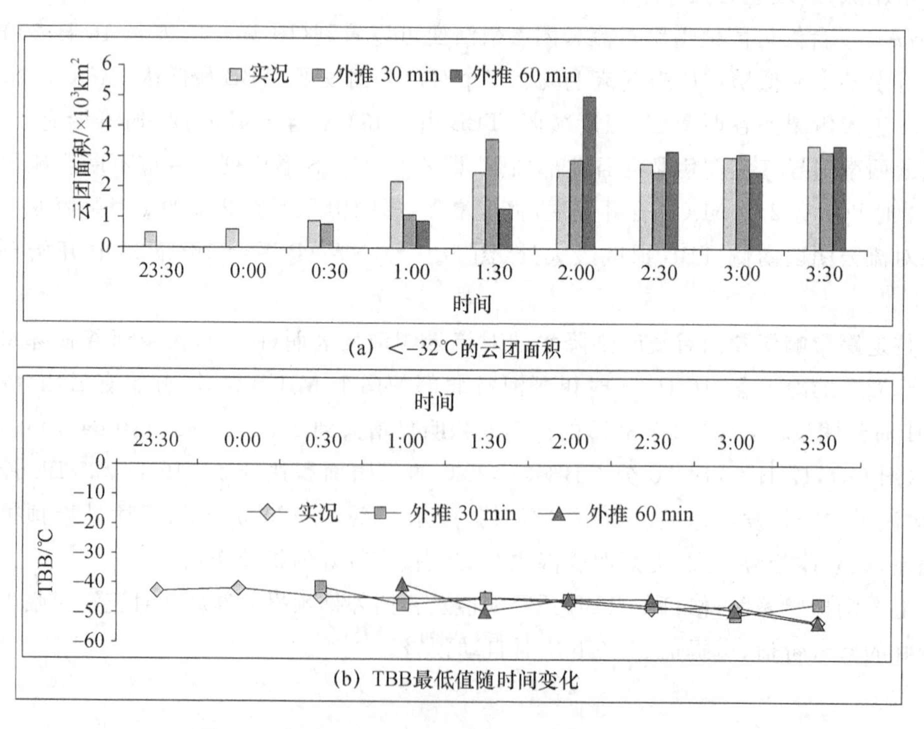


图 6 2016 年 6 月 17 日伊犁河谷对流云团追踪结果

## 5 结论与讨论

(1)利用近 10 a FY-2 系列红外云图资料、新疆 105 个基本气象观测逐小时降水量资料，参考国内外中尺度对流系统(MCS)标准，给出了新疆区域 MCS 判识标准。统计分析新疆 35 次强降水过程 MCS 参数演变特征，如生命史、形状大小、面积、云顶亮温及梯度等参数变化，给出新疆不同区域 MCS 预警阈值。

(2)基于 SWAP 平台追踪分析新疆区域 35 次强降水过程对应的 MCS 参数演变特征，表明新疆区域 MCS 的 TBB4 档阈值间隔较我国中东部偏低 2～4℃；预警阈值下限偏低 4℃，上限偏高 2～4℃；TBB 梯度天山山区、南疆偏西为 0.3℃·$km^{-1}$，北疆偏西、巴州北部与我国中东部一致；短时强降水发生在引导气流方向靠近暖区一侧的冷云盖边缘 TBB 梯度最大处，TBB 梯度图对云团发展变化表现更清楚。

(3)实践检验表明基于 SWAP 平台定位跟踪目标云团，可以掌握云团参数变化趋势，自动预警对于下游可能发生的强降水有 2～6 h 时效，且 30 min 外推预报与实况基本一致，对短时强降水短临预警有较好的参考价值，在 2016 年夏季新疆强降水短临预报中应用，有一定的指示意义。

由于新疆地域辽阔，地形复杂，本文重点分析新疆天山山区及其两侧强对流多发区域短时强降水的 MCS 预警阈值，下一步将继续开展多区域分类型的强对流天气 MCS 预报预警研究。另外，新疆尤其是偏西地区对流云团投影的形状有变形拉长现象，对 MCS 强度及形状的判断有一定影响。

### 参考文献


[1] 郑永光，朱佩君，陈敏，等．1993—1996 黄海及其周边地区 MαCS 的普查分析[J]．北京大学学报：自然科学版，2004,40(1):66-72.

[2] 项续康，江吉喜．我国南方地区的中尺度对流复合体[J]．应用气象学报，1995(1):9-17.

[3] Maddox R A. Meoscale convective complexes[J]. Bulletin of the American Meteorological Society, 1980, 61(11):1374-1387.

[4] Augustine J A, Howard K W. Mesoscale convective complexes over the United States during 1985[J]. Monthly Weather Review, 1991, 119(7):685-701.

[5] 彭军，周雪英，赵威，等．新疆巴州“6.4”罕见大暴雨中尺度特征分析[J]．沙漠与绿洲气象，2016,10(1):68-75.

# 甘肃东部两次短时强降水天气对比分析*

刘新伟[1]　段海霞[2]　杨晓军[1]　狄潇泓[1]

(1. 兰州中心气象台,兰州 730020;2. 中国气象局兰州干旱气象研究所,兰州 730020)

## 摘　要

利用 FY-2E 卫星云图、NCEP/NCAR 1°×1°逐 6 h 再分析资料、甘肃省区域自动站等资料,对比分析两次发生在 8 月中旬及相同气候背景、相同地形条件下的短时强降水天气过程(2014 年 8 月 16—17 日和 2015 年 8 月 11—12 日)。结果表明:两次强降水天气过程的形成机制有所区别,分别由高空冷平流强迫和低层暖平流强迫造成;高空冷平流强迫造成的短时强降水落区较为分散,低层暖平流强迫造成的强降水落区则更为集中;高空冷平流强迫对抬升条件的要求比低层暖平流强迫低,而低层暖平流强迫引起的垂直速度强度弱于高空冷平流强迫;在大致相同的地形条件下,水汽条件是发生短时强降水的主要因素,在这两次大气环流背景基本相同的情况下,水汽条件好的天气过程雨强更大,短时强降水出现站次也更多。

**关键词**:甘肃东部　短时强降水　形势配置　对比分析

## 引言

在全球气候变暖背景下,已经观测到的许多极端天气和气候事件如极寒、热浪、干旱、强降水等,发生频率呈明显增加趋势。强降水作为最主要的强对流天气之一,由于在较短时间内累积了较大的降水量,往往会形成暴洪,造成城市内涝和山洪、泥石流等地质灾害[1]。如 2007 年 7 月 18 日济南特大暴雨[2],2012 年 7 月 21 日北京特大暴雨[3],期间最大小时雨量均超过了 100 mm。因此,短时强降水是强对流天气研究的热点,也是强对流天气业务预报中的重点之一[4,5]。

短时强降水是指 1 h 降水量≥20 mm 的降水过程,往往伴随暴雨天气过程发生,常由中小尺度系统引发,静力平衡和准地转平衡并不完全适用,而且绝大多数灾害性天气事件都伴随有非地转运动特征,具有转折性、局地性、突发性的特点[6]。我国西北地区由于生态、植被、地质条件脆弱,承灾能力差,短时强降水常会引发山洪、泥石流、城市内涝等地质灾害,容易造成人员伤亡和重大经济损失。如 2010 年 8 月 8 日发生在甘肃的“8・8”舟曲特大山洪泥石流灾害出现了小时雨量为 55.4 mm(迭部代古寺)、77.3 mm(舟曲东山镇)的短历时降雨,其降雨强度之大,在我国西部地区罕见;又如 2012 年“5・10”岷县山洪泥石流地质灾害等。西北地区的短时强降水多位于水汽来源相对较少的山区,地形复杂,使得这里的短时强降水落区和强度预报

*资助项目:中国气象局预报员专项“甘肃省对流性暴雨天气研究”(CMAYBY2016—075)、气象预报业务关键技术发展专项“精细化格点预报订正关键技术研究”(YBGJXM201703—04)、中国气象局预报员专项“甘肃省短时强降水云型特征分类研究”(CMAYBY2017—078)及甘肃省气象局创新团队项目(GSQXCXTD-2017—01)。

难度大。

以往关于短时强降水的研究工作已有很多[4-9]，但是以前由于逐小时降水数据缺乏，研究降水特征多采用日、月降水量，而且资料也仅限于单站[10]。2006年以来，随着气象部门区域气象站点的建设，监测资料的时空分辨率有所提高，监测到的短时强降水个例也不断增加，这有助于进一步开展短时强降水形成机制机理的研究。张之贤[11]、白晓平[12]等分别对西北地区东部短时强降水的时空分布特征进行了分析；张之贤等[13]发现陇东南地区短时强降水主要由热力不稳定引起；付双喜等[14]对甘肃短时强降水天气若干环境参数特征进行了分析；许东蓓等[15]利用近15 a西北地区强对流天气的主要研究成果，将引发甘肃强对流天气的环流形势配置分为高空冷平流强迫、低层暖平流强迫和斜压锋生3种类型，并分析了3种类型在中尺度强对流系统发展过程中所起的作用。

统计分析表明，地处甘肃陇东的平凉、庆阳一带，为甘肃省的短时强降水中心之一，尤其是平凉市，短时强降水频发[12]。之前已有研究分别从天气尺度环流特征、物理量特征、雷达特征等多方面对这一地区的暴雨天气过程特征进行了综合或对比分析[16-19]。本文针对8月发生在平凉、庆阳的两次短时强降水天气，分析在相同气候背景、相同下垫面和地形条件下，造成不同雨强、不同降水量的暴雨天气触发机制和形成原因差异，以期为短时强降水的预报预警服务工作提供技术支撑和预报着眼点。

## 1 资料与方法

利用FY-2E卫星云图、NCEP/NCAR 1°×1°逐6 h再分析资料、甘肃省区域自动站观测资料，从降水发生前后的大气环流背景、云图特征、水汽条件、动力条件、不稳定条件以及抬升条件等方面的差异对比分析2014年8月16—17日和2015年8月11—12日两次短时强降水天气过程。由于选取的两次过程中强降水落区基本一致，均出现在平凉、庆阳一带，所以分析时不考虑地形影响，重点关注的是上述条件的不同对两次过程降水强度差异的影响。

## 2 降水天气概况

2014年8月16日(以下简称“过程一”)，甘肃陇东大部出现小到中雨天气，其中平凉、庆阳市出现大到暴雨，最大累积降水量达72.3 mm(图1a)，降水持续时间短，大到暴雨基本由短时强降水造成。平凉、庆阳累计有31个监测站点出现短时强降水，有3个站次小时降水量超过40 mm，最大达47.5 mm·$h^{-1}$，累计有7个站点降水量超过50 mm。降水主要时段集中在19—22时(北京时，下同)，其中20—21时有13站降水量超过20 mm。

2015年8月11日(以下简称“过程二”)，甘肃陇东、陇南等地出现小到中雨天气，平凉、庆阳市出现大到暴雨，最大累积降水量达98.7 mm(图1b)。大到暴雨主要由短时强降水造成，降水过程持续时间5～6 h。平凉、庆阳累计有74个监测站点出现短时强降水，有10个站次小时降水量超过40 mm，最大达64.2 mm·$h^{-1}$，累计有24个站点降水量超过50 mm。降水时段主要集中在20—24时，其中21—22时有27站降水量超过20 mm。

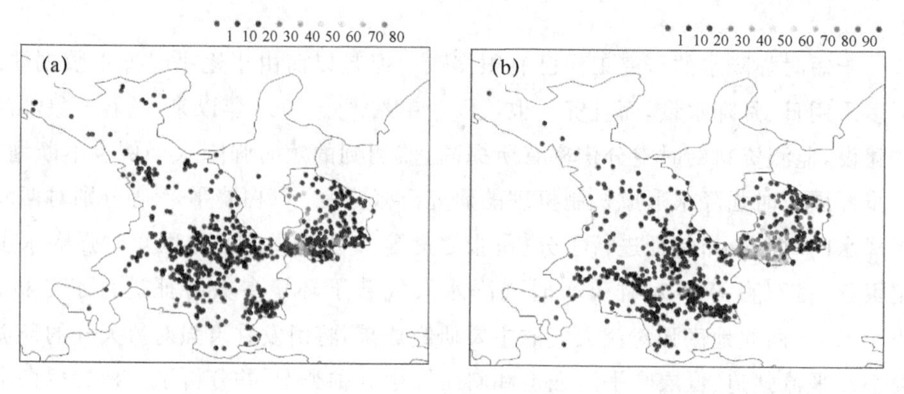


图 1　2014 年 8 月 17 日(a)及 2015 年 8 月 12 日(b)24 h 累积降水量分布

## 3　卫星云图特征

卫星云图能够直观地表现出对流云团的发展。从 FY-2E 云图(图 2)可见,“过程一”从 8 月 16 日 16 时开始,庆阳北部已经受对流云团影响,甘肃南部出现西北—东南向的横向云线,横向云线的出现意味着存在明显的高空急流,云团受高空急流东移影响,逐渐东移南压;19 时以后表现为一个明显的逗点云系,尺度在 200～400 km,头部位于宁夏北部,平凉、庆阳受逗点云系尾部云团影响;19—21 时,平凉上空有明显的 $\gamma$ 中尺度系统,云团最低亮温达－53℃,这个时段正好是短时强降水集中出现时段;“过程二”与 700 hPa 风场相对应,西北地区东部至我国西南为宽广的锋面云系,在锋面云系的北端即宁夏、陕西、甘肃三省交界处为气旋式旋转,甘肃陇东位于涡旋云系的东南象限。锋面云系中的中低云系由西南地区沿西南—东北方向移动至西北地区东北部后转为气旋式旋转,意味着中低层有一支暖湿气流向陇东地区输送能量和水汽。17 时以后,逐渐有 $\gamma$ 中尺度系统生成并南压,19—22 时,主要集中在平凉市华亭、崇信一带,云团最低亮温为－38℃。

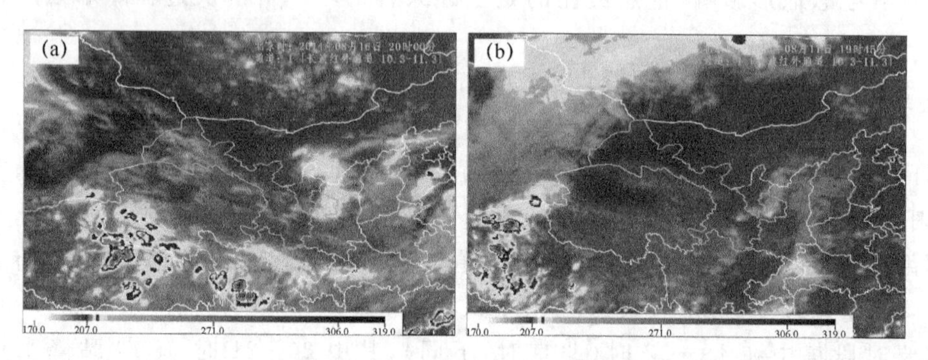


图 2　2014 年 8 月 16 日 20 时(a)及 2015 年 8 月 11 日 19 时 45 分(b)FY-2E 卫星云图

从卫星云图对比来看,两次过程均有 $\gamma$ 中尺度系统生成,造成短时强降水;不同之处在于:“过程一”完全由逗点云系东移南压造成,而“过程二”有明显的水汽配合,在涡旋的底部旋转造成;“过程一”对流发展明显较“过程二”旺盛,云顶最低亮温比“过程二”低 15℃;“过程一”高空急流明显,垂直风切变条件好于“过程二”,更加有利于对流系统的组织化发展。

## 4 环流形势

从大气环流形势演变来看,“过程一”,2014 年 8 月 16 日 20 时,500 hPa(图 3a)西太平洋副热带高压稳定少动,受新疆脊发展北抬的影响,东北冷涡西部北风加强,其底部的高空槽经向度明显加大加深,引导槽后的西北气流及冷平流向东南方向移动。宁夏北部有一个尺度 250 km 左右的低涡,温度槽落后于高度槽,高度槽与温度槽在甘肃陇东大部形成明显的交角,这种形势一直向上延伸至 300 hPa,甘肃河东地区中高层有明显的冷平流。700 hPa(图 3b)一支偏南气流由孟加拉湾自西南向东北延伸至甘肃河东、陕西关中一带;平凉、庆阳上空转为偏东北气流,在甘肃河东形成明显的切变线。陇东上空风向随高度逆转,可见其垂直方向存在冷平流。地面从 11 时开始,自陕西关中至甘肃天水、平凉逐步形成一致的偏东风,最西延伸至甘肃定西,20 时偏东风形成两股气流,一股向西延伸至甘肃中部,一股向北在平凉附近形成辐合线,23 时以后逐步减弱。

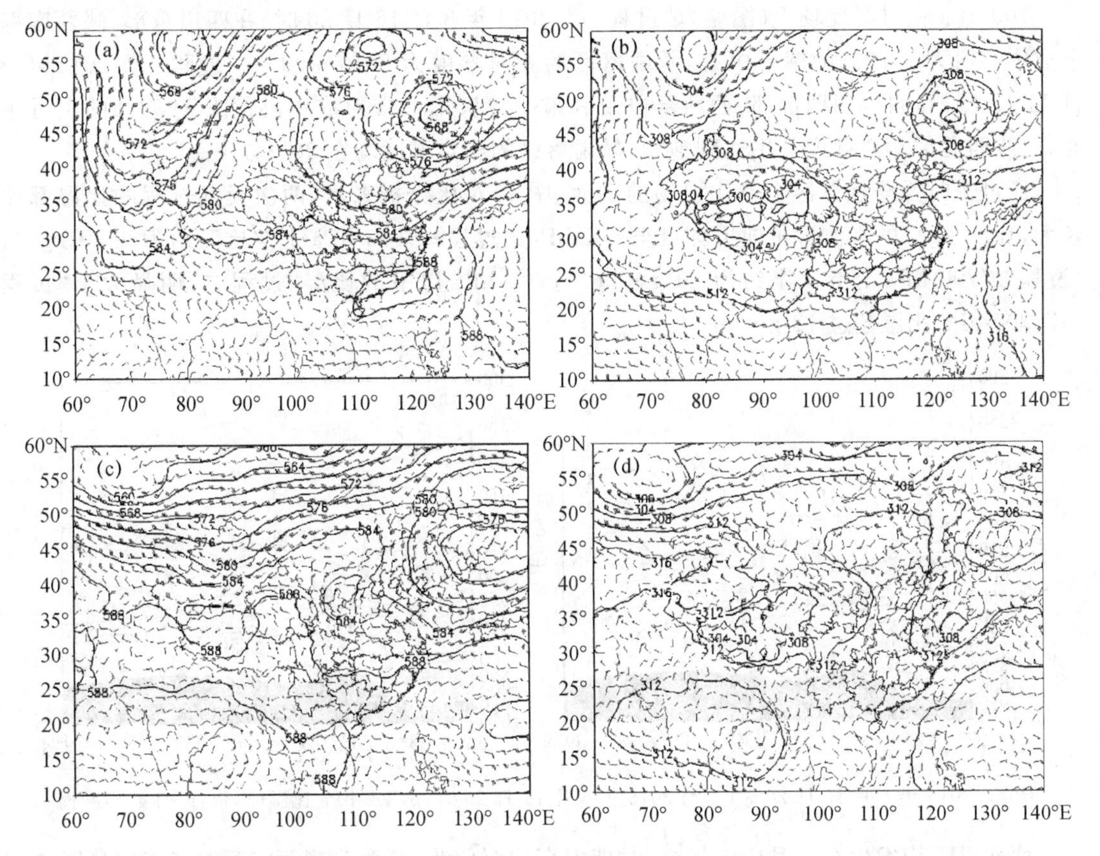


图 3 2014 年 8 月 16 日 20 时(a, b)与 2015 年 8 月 11 日 20 时(c,d)
500 hPa(a,c)及 700 hPa(b,d)NCEP 位势高度场
(等值线,单位:dagpm)和风场(箭矢,单位:m·s$^{-1}$)

“过程二”,2015 年 8 月 11 日 20 时,500 hPa(图 3c)西太平洋副热带高压稳定少动,河套低涡持续维持,这种形势向上延伸至 400 hPa;受青藏高压北抬影响,切断低涡略有东移南压。700 hPa(图 3d)蒙古国上空为明显的反气旋环流,平凉、庆阳北部为一致的偏东气流;自孟加

拉湾北上的偏南暖湿气流已经变得不是很明显，但是另有一支偏东方向而来的气流向北发展；平凉、庆阳为偏南风，风向随高度顺转，其垂直方向存在暖平流。地面从 11 时开始，自陕西关中至甘肃平凉逐步形成一致的偏东风，17 时开始与偏南气流一起向北汇合到平凉，20 时在平凉—庆阳一线形成明显的地面辐合线，一直持续到 23 时左右结束。

“过程一”符合许东蓓等[15]提出的高空冷平流强迫类中的西风槽冷平流型；平凉、庆阳一带午后由于下垫面的强烈加热，高空强冷平流逐渐东移过程中导致层结不稳定性加强，并不断激发产生对流性天气。“过程二”与低层暖平流强迫类类似，平凉、庆阳一带垂直方向为暖平流，700 hPa 为“人字形”切变线，500 hPa 存在明显的低涡，200 hPa 有明显的分流区，整层有利于形成强烈上升运动，强对流天气从地面辐合线附近开始发生发展。

## 5 中尺度对流环境条件

### 5.1 水汽条件

700 hPa 相对湿度场上（图略），“过程一”，2014 年 8 月 16 日 20 时，在四川东部、陕西南部形成中心值大于 90％的湿舌中心，暴雨落区的相对湿度为 80％～90％；“过程二”，2015 年 8 月 11 日 20 时，自四川西部、陕西西部以及甘肃平凉庆阳一带形成中心值大于 90％的湿舌中心，在陕西北部相对湿度几乎达到饱和，暴雨落区的相对湿度均在 90％以上。

通过短时强降水落区上空比湿场的剖面（图 4）对比分析来看，两次天气过程的比湿都比较大，1 $g \cdot kg^{-1}$ 的水汽含量向上伸展至 400 hPa；“过程一”700 hPa 上空比湿约为 9 $g \cdot kg^{-1}$，“过程二”700 hPa 上空比湿约为 10 $g \cdot kg^{-1}$，700 hPa 以下的比湿“过程二”明显大于“过程一”，800 hPa 比湿超过 13 $g \cdot kg^{-1}$。

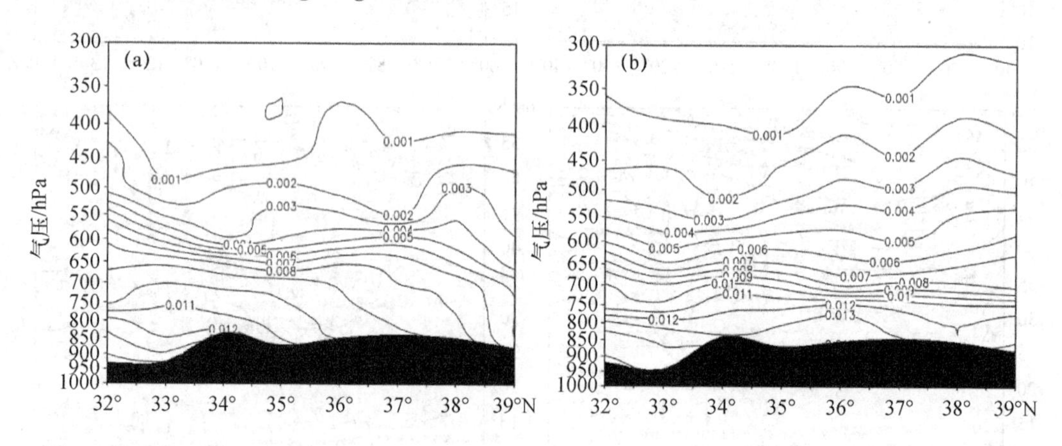


图 4 2014 年 8 月 16 日 20 时(a)与 2015 年 8 月 11 日 20 时(b)700 hPa 比湿（单位：$g \cdot kg^{-1}$）剖面

两次过程均发生在 8 月中旬，这一时期副高偏西偏北，其西北侧西南暖湿气流容易影响到甘肃河东，气候背景上水汽条件比较充足。实际对比来看，两次过程的水汽条件均满足产生短时强降水的前提，“过程二”较“过程一”略强，尤其是 700 hPa 以下近地面水汽条件远高于“过程一”，厚的暖云层保证了云粒子在降水系统的下沉气流里较少被蒸发，有利于高降水效率的产生[20,21]，为“过程二”更大的雨强提供了充足的水汽。

### 5.2 不稳定及抬升条件

分析短时强降水落区中心位置（107°E，35.7°N）的假相当位温经向剖面（图 5），可以看出，

“过程一”在 500 hPa 以下，随高度升高，假相当位温的值逐渐降低，“过程二”与此相同，可见两次过程都有很强的对流不稳定度。对比两次过程假相当位温强度来看，500 hPa 到地面，“过程一”的假相当位温差值为 10 K，而“过程二”的差值达到 14 K，“过程二”的假相当位温梯度明显大于“过程一”，对流性不稳定度更大，对流降水也比“过程一”更加强烈。

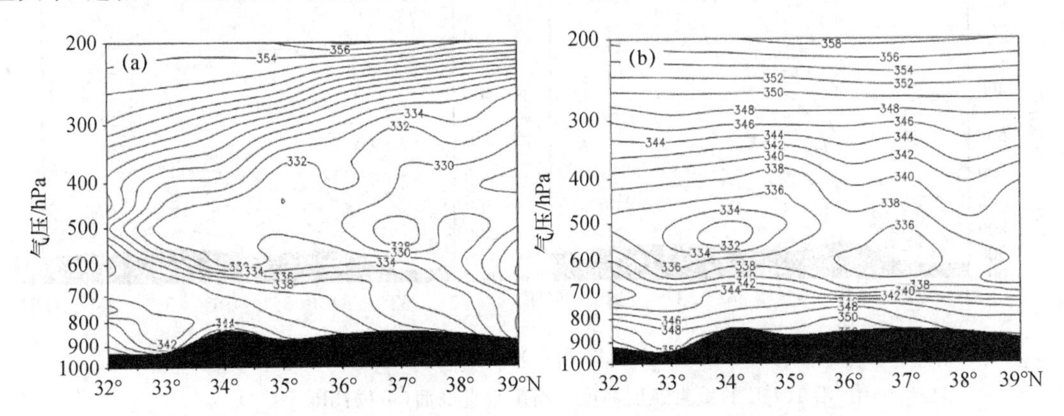


图 5　2014 年 8 月 16 日 20 时(a)与 2015 年 8 月 11 日 20 时(b)
假相当位温沿 107°E 的纬度—高度垂直剖面(单位：K)

表 1 给出对流有效位能及抬升指数值，可以看出，“过程一”2014 年 8 月 16 日 20 时，降水落区的 CAPE 值为 200～400 $J \cdot kg^{-1}$，LI＜－2℃；“过程二”的 CAPE 值为 400～600 $J \cdot kg^{-1}$，LI＜－3℃。对比来看，两次过程均存在明显的不稳定能量，自低层到 500 hPa 形成明显的梯度；“过程二”位于副高 588 dagpm 线控制区域，不稳定能量较“过程一”强，尤其是低层假相当位温值达到 350 K 以上，处于明显的对流不稳定状态；“过程一”的 CAPE 值明显比“过程二”小，表明有高层冷平流下沉强迫激发的对流性天气，并不一定需要很大的 CAPE 值。而“过程二”属于中等强度的不稳定能量，比极端的对流有效位能更有利于高降水效率的形成[21]；“过程二”的抬升条件同样也优于“过程一”。

**表 1　两次过程能量及抬升条件对比**

| 物理量要素 | “过程一” | “过程二” |
|---|---|---|
| 假相当位温差($\theta_{se800-500}$)/K | 10 | 14 |
| 对流有效位能(CAPE)/($J \cdot kg^{-1}$) | 300 | 400 |
| 抬升指数(LI)/℃ | －2 | －3 |

### 5.3　动力条件

图 6 给出沿短时强降水中心过 107°E 的经向垂直速度剖面。“过程一”，2014 年 8 月 16 日，08 时暴雨落区上空(35°N)，800 hPa 以下有弱的垂直速度(－0.1 $hPa \cdot s^{-1}$左右)，800 hPa 以上均为正值；14 时整层的垂直速度差不多均为正值；20 时整层的垂直速度变为负值，最大垂直速度达－0.8 $hPa \cdot s^{-1}$。上升运动突然加大，表明此次过程是高空冷平流激发产生的。

“过程二”，2015 年 8 月 11 日 08 时，暴雨落区上空(35°N)，800 hPa 以下垂直速度为正值，以上为负值，700 hPa 垂直速度中心值为－1 $hPa \cdot s^{-1}$，中心位置在 34°N 附近；14 时700 hPa 以下的垂直速度均为负值，中心值为－0.8 $hPa \cdot s^{-1}$，中心位置仍然在 34°N 附近；20 时与 14

时类似，700 hPa 以下的垂直速度均为负值，中心值为 $-1\ \mathrm{hPa \cdot s^{-1}}$，中心位置仍然在 34°N 附近。表明“过程二”上空一直有不太强的上升运动，而且上升运动中心在 34°N 附近。

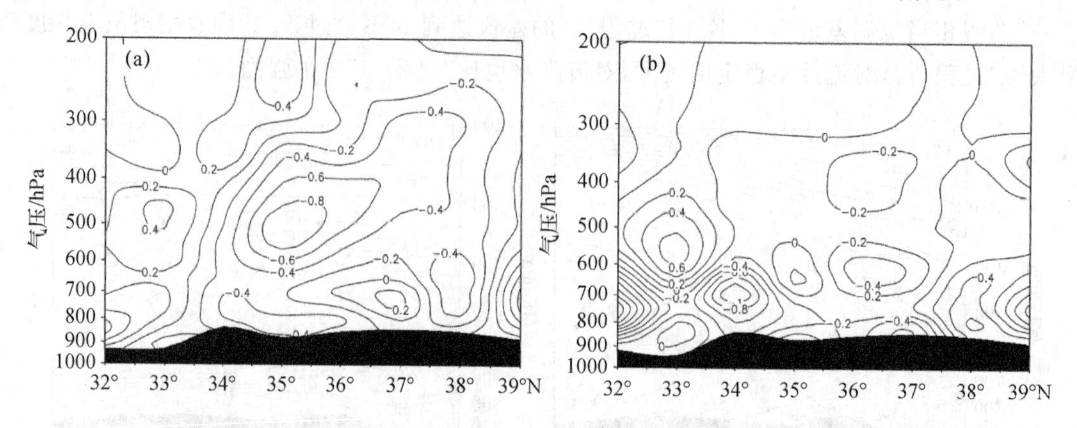


图 6　2014 年 8 月 16 日 20 时(a)及 2015 年 8 月 11 日 20 时(b)
沿 107°E 的垂直速度纬度—高度垂直剖面(单位：$\mathrm{hPa \cdot s^{-1}}$)

垂直速度的对比表明，“过程一”是由高层冷平流下沉强迫激发的对流性天气，垂直上升运动强烈，而且突发性强；而“过程二”是由低层暖平流强迫触发的，而且湿度明显偏大，上升运动较弱。

## 6　小结

(1)“过程一”由西北气流下高空冷平流强迫造成，“过程二”是在高空存在低涡的情况下，由低层暖平流强迫造成。可见在相同气候背景、相同区域、相似的环流形势下，触发机制的不同，降水的强度、范围有较大差异。

(2)高空冷平流强迫引发的对流性天气是系统性的，可以对应卫星云图的逗点云系，但是短时强降水较为分散；低层暖平流强迫引发的对流性天气局地性较强，主要发生在地面辐合线附近，卫星云图上表现为 $\gamma$ 中尺度系统的形式；相较而言，低层暖平流强迫引发的短时强降水量级要强于高空冷平流强迫。

(3)在不考虑地形条件的影响下，水汽条件是发生短时强降水的重要条件，相同的环境条件下，水汽条件好的产生的雨强更大。

(4)高空冷平流强迫引发的对流性天气对流更旺盛，但对 CAPE、LI 等抬升条件的要求不高，而低层暖平流强迫引发的对流性天气较弱。

### 参考文献


[1]　Salvadori G, De Michele C. From generalized Pareto to extreme values law: Scaling properties and derived features[J]. J Geophys Res, 2001, 106: 24063-24070.

[2]　廖移山，李俊，王晓芳，等. 2007 年 7 月 18 日济南大暴雨的 β 中尺度分析[J]. 气象学报，2010，68(6)：944-956.

[3]　谌芸，孙军，徐珺，等. 北京 721 特大暴雨极端性分析及思考(一)观测分析及思考[J]. 气象，2012，38(10)：1255-1266.

[4]　陈炯，郑永光，张小玲，等. 中国暖季短时强降水分布和日变化特征及其与中尺度对流系统日变化关系

分析[J].气象学报,2013,71(3):367-382.

[5] 杨波,孙继松,毛旭,等. 北京地区短时强降水过程的多尺度环流特征[J].气象学报，2016,74(6):919-934.

[6] 杜坤.多尺度资料在强对流天气预报中的应用[D].南京:南京信息工程大学,2011.

[7] 樊李苗,俞小鼎.中国短时强对流天气的若干环境参数特征分析[J].高原气象,2013,32(1):156-165.

[8] 俞小鼎.短时强降水临近预报的思路与方法[J]. 暴雨灾害,2013,32(3):202-209.

[9] 张小玲,余蓉,杜牧云.梅雨锋上短时强降水系统的发展模态[J]. 大气科学,2014,38(4):770-781.

[10] 李建,宇如聪,王建捷.北京市夏季降水的日变化特征[J]. 科学通报,2008,53(7):829-832.

[11] 张之贤,张强,赵庆云,等. 陇东南地区短历时降水特征及其分布规律[J].中国沙漠,2013,33(4):1184-1190.

[12] 白晓平,王式功,赵璐,等. 西北地区东部短时强降水概念模型[J]. 高原气象,2016,35(5):1248-1256.

[13] 张之贤,张强,赵庆云,等. 陇东南地区中尺度物理量分布特征及其短历时强降水的关系[J]. 干旱区资源与环境,2013,27(12):193-197.

[14] 付双喜,何金梅. 甘肃短时强降水天气若干环境参数特征分析[J]. 干旱区地理,2015,38(3):469-477.

[15] 许东蓓,许爱华,肖玮.中国西北四省区强对流天气形势配置及特殊性综合分析[J]. 高原气象,2015,34(4):973-981.

[16] 王宝鉴,孔祥伟,傅朝. 甘肃陇东南一次大暴雨的中尺度特征分析[J]. 高原气象，2016,35(6):1551-1564.

[17] 樊晓春,王若升,李常德. 2010 年 7 月甘肃东部一次致灾大暴雨诊断[J]. 干旱气象,2013,31(2):342-347.

[18] 王楠,李萍云,井宇. 一次短时强降水过程中的干侵入作用[J]. 干旱气象,2015,33(1):138-143.

[19] 杨晓军,刘维成,宋强,等. 甘肃中部地区短时强降水与闪电关系初步分析[J]. 干旱气象,2015,33(5):802-807.

[20] 刘利民,德庆措姆,孟丽霞.甘肃河东一次区域性暴雨天气过程分析[J]. 干旱气象,2009,27(3):271-275.

[21] 郝莹,姚叶青,郑媛媛,等. 短时强降水的多尺度分析及临近预警[J].气象,2012,38(8):903-912.

# 对流参数在闽南地区锋区与暖区强降水的差异特征分析

张　玲　陈德花　苏志重

（厦门市气象台，厦门 361012）

## 摘　要

闽南地区的暴雨主要分为冷暖气流交汇的锋面强降水与暖区强降水，由于强降水的降水特点和危害也不相同，对灾害的防御重点也不同。为提高对两类降水的认识，更好应用对流参数指标，本文选取2014—2016年11个闽南地区典型的锋面和暖区强降水过程，利用加密自动站、邻近探空站等分析两类降水的分布特征及雨强特征，并围绕不同类别的强对流参数特征进行分析，结果发现：闽南地区锋面和暖区降水的强中心分布不同，锋面降水中心主要集中在闽南偏西南地区，暖区降水中心主要集中于厦门以南偏东沿海地区；在不同类别对流参数下，暖区降水常发生在高温高湿环境下，能量类、温湿度、稳定层结类指数均明显大于锋前降水；而锋前降水由于临近锋区，动力类指数和特殊高度类指数均高于暖区降水，在实际业务中要注意区分使用。

**关键词**：暖区降水　锋面降水　对流参数

## 引言

华南处于东亚季风和南亚季风影响的交汇区，前汛期降水不仅存在锋面暴雨还存在暖区暴雨，赵玉春[1,2]等针对两种类型降水进行了详细的个例分析，罗聪等[3]、林确略等[4]分别针对华南前汛期广东、广西的两类暴雨进行详细的特征分析。闽南地区位于华南东部地区，东邻台湾海峡，西邻戴云山脉，海陆风效应及复杂地形的影响，对其降水有很明显的增幅作用。强降水作为闽南地区一种重要的灾害性天气，主要集中在春、夏两季，极易带来城市内涝、水库超警戒水位等汛情。闽南地区的暴雨也主要分为冷暖气流交汇的锋面强降水与暖区强降水。锋面降水与冷空气的活动有着密切关系，暖区降水则常常出现在锋面或切变线南侧的暖空气团内。由于强降水的降水特点和危害也不相同，对灾害的防御重点也不同。

由于各种动力、热力不稳定的存在是对流发展的前提，位势和层结不稳定是强对流最重要的基本条件，对流能量的大小又决定了对流发展的程度。近年来，人们对强天气现象认识的不断深入，预报方法从以经验为主转变到强调物理过程，参数估计逐渐成为预报强天气潜势的基础。一次强天气过程的成功预报，一般是相关天气型结合相关物理参数大小来进行预测，如果这些参数达到一定阈值范围，那么将可能预测这一潜势。因此，分析对流参数成为分析和预报强对流天气的重要工具。

本文选取2014—2016年近三年的11个闽南地区的锋面强降水和暖区强降水个例，进行降水分布特征的多种对流参数计算，旨在对其进行深入研究，并建立分类预警指标，从而提高对强降水天气的预报水平。

## 1　资料与方法

选取2014—2016年典型的锋面（6次）和暖区强降水（5次）（表1），利用加密自动站、探空站等选取最强小时雨强发生前 12 h 内并距离最近的厦门探空站的对流参数进行统计分析。

**表 1　锋面和暖区强降水日期**

| 序号 | 锋面强降水/年月日时 | 暖区强降水/年月日时 |
|---|---|---|
| 1 | 2014051508 | 2014052908 |
| 2 | 2015050320 | 2015052008 |
| 3 | 2015050908 | 2015053008 |
| 4 | 2015051608 | 2016061108 |
| 5 | 2016041508 | 2016061808 |
| 6 | 2016052120 | |

## 2　闽南地区暖区与锋面降水分布特点

分析区域自动站 24 h 累积降水资料，发现 11 个个例中两类降水呈现不同空间分布规律。锋面降水的覆盖区域小于暖区降水，而锋面强降水中心主要集中在龙岩—漳州等偏西地区及厦门附近；暖区强降水中心主要位于厦门以南沿海一带偏东地区(图 1)。

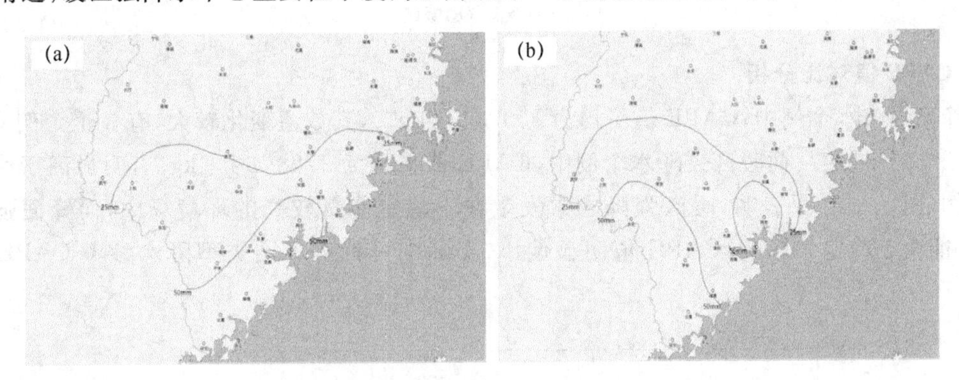


图 1　闽南地区锋面降水(a)和暖区降水(b)主要落区概况

统计区域自动站逐小时降水资料，发现 11 个个例中锋面降水的平均最大小时雨强为 60.6 mm・$h^{-1}$，暖区降水的平均最大小时雨强为 50.6 mm・$h^{-1}$；其中，两类降水中都出现两例＞70 mm・$h^{-1}$的强降水，降水极值均在 80 mm・$h^{-1}$左右。

从降水时间分布讨论，单站暖区降水不如锋面降水集中，估计与这几个个例中暖区降水中有中尺度对流系统活动有关；而从 24 h 总降水量看，暖区降水的降水强度和面积均比锋面降水的强，暖区降水＞100 mm 的站次更多。

## 3　对流参数统计分析

短时强降水是一种强对流天气，从多年气候资料统计来看，它是福建南部出现概率最大的强对流天气，闽南地区的前汛期暴雨过程中大部分包含有短时强降水过程。为了详细分析产生锋面和暖区降水中的环境场情况，选取时间上最靠近强降水出现时段及站点的探空资料进行对比分析对流参数。

### 3.1 平均温湿廓线分析

从图 2 可见，暖区降水底层的温度曲线与露点曲线很接近，表面暖区降水在 700 hPa 及以下的湿层还是深厚的；而锋面降水整层曲线看，上干下湿的特征比较明显，这与冷空气的侵入左右有一定关系。

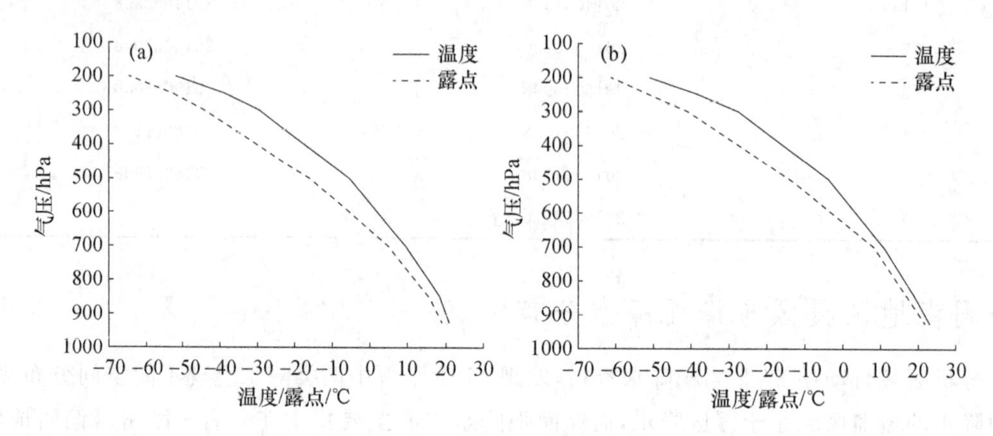


图 2 两类降水中 $t-t_d$ 廓线对比分析图

(a)锋面；(b)暖区

### 3.2 CAPE 值对比分析

锋面强降水个例中，CAPE 值平均为 500.3 J·kg$^{-1}$，其数值变化较大，有 3 个个例 CAPE 值小于 50 J·kg$^{-1}$；而暖区强降水个例中，CAPE 值平均为 1788.4 J·kg$^{-1}$，明显高于锋面降水个例(图 3)。结果表明，暖区强降水常发生在不稳定能量较高的环境场中，而锋面强降水中，可能由于冷空气影响，CAPE 值明显偏小，实际中可针对不同类型降水参考 CAPE 值的应用。

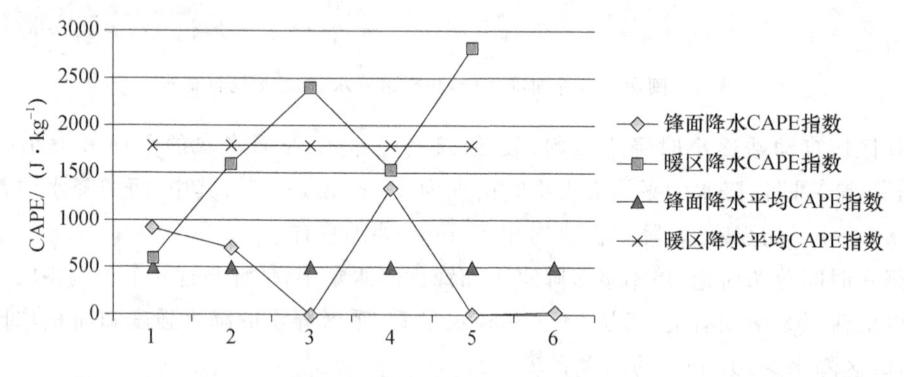


图 3 两类降水中 CAPE 值的对比分析图(单位：J·kg$^{-1}$)

### 3.3 其他分类对流参数对比分析

对于其他常用对流参数，本文选取了温湿类、稳定层结类、动力热力类、能量类、特殊高度类等 14 种参数进行了计算及对比(图 4、表 2)。本文计算中以锋面降水的各指数绝对值为基数，以暖区降水各指数绝对值除以锋面降水各指数绝对值后取得的倍数来进行分析。

结果发现暖区降水个例中，能量类指数 CAPE 值、EHI 值比锋前降水大得多，高达 2.5～3.5 倍。相对而言，暖区降水要伴有更强的对流不稳定能量释放过程；而 CIN 指数则小得多，为 0.18 倍，即锋面降水中，大气抬升到自由对流高度需要克服重力做更多的功，暖区降水相对克服重力做功略小，不稳定能量很容易触发形成对流。

稳定层结度指数与温湿度指数分析中，发现暖区降水其指数均比锋前降水高，一是暖区降水发生的月份多在 5—6 月，锋面降水发生的月份多在 4—5 月，不同的环境温度也有利较深厚暖区的形成，暖区降水的层结不稳定度更高，触发对流的条件更简单。

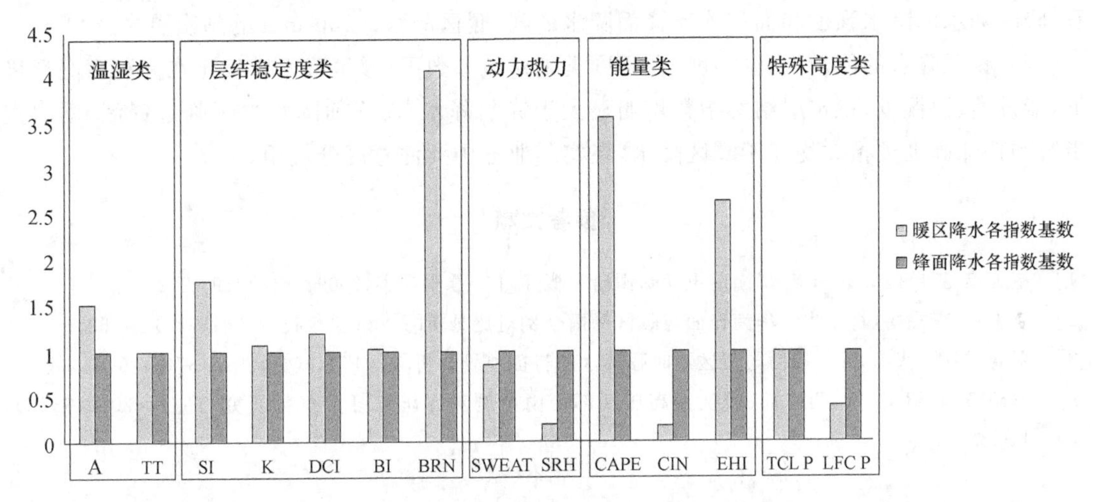


图 4　不同类型对流参数在两类降水中对比分析

而动力热力类指数和特殊高度类指数中，锋面降水的指数高于暖区降水或个别持平。相对而言，锋面降水常发生在锋面及高空切变附近，大气存在较剧烈的上升运动，气团抬升的高度较高，动力条件较好。

**表 2　锋面和暖区降水中各对流参数平均值**

| 参数种类 | 名称 | | 锋面降水平均指数 | 暖区降水平均指数 |
|---|---|---|---|---|
| 温湿类 | A | A 指数 | 5.5 | 8.4 |
| | TT | 总指数 | 44.7 | 44.4 |
| 层结稳定度 | SI | 沙氏指数 | —0.63 | −1.12 |
| | K | K 指数 | 35 | 38 |
| | DCI | 修正对流指数 | 33.9 | 40.8 |
| | BI | 最大抬升指数 | −8.8 | −9.2 |
| | BRN | 粗理查森数 | 45.2 | 184.9 |
| 动力热力类 | SWEAT | 强天气威胁指数 | 300.5 | 258.2 |
| | SRH | 风暴相对螺旋度 | 1.3 | 0.24 |
| 能量类 | CAPE | 湿对流有效位能 | 500.1 | 1788.44 |
| | CIN | 对流抑制有效位能 | 98.9 | 17.4 |
| | EHI | 能量螺旋度 | 88.5 | 233.7 |
| 特殊高度类 | TCL_P | 抬升凝结高度 | 963.1 | 975.2 |
| | LFC_P | 自由对流高度 | 2230.2 | 900.9 |

## 4 小结

(1)闽南地区锋面和暖区降水的强中心分布不同,锋面降水中心主要集中在闽南偏西南地区,暖区降水中心主要集中于厦门以南偏东沿海地区。

(2)近3年闽南地区锋面降水与暖区降水的平均最大小时雨强相近,而从24 h总降水量看,暖区降水的降水强度和面积均比锋面降水的强,暖区降水>100 mm的站次更多。

(3)暖区降水的能量类、温湿度、在不同类别对流参数下,暖区降水常发生在高温高湿环境下,能量类、温湿度、稳定层结类指数均明显大于锋前降水;而锋前降水由于临近锋区,动力类指数和特殊高度类指数均高于暖区降水,在实际业务中要注意区分使用。

### 参考文献


[1] 赵玉春,王叶红.近30年华南前汛期暴雨研究概述[J].暴雨灾害,2009,28(3):193-202.

[2] 赵玉春,李泽椿,肖子牛.华南锋面与暖区暴雨个例对比分析[J].气象科技,2008,36(1):47-53.

[3] 罗聪,胡胜,张羽,等.锋面与暖区短时强降水的特征差异分析[J].广东气象,2015,37(3):6-10.

[4] 林确略,寿绍文.广西锋面、暖区及高压后部暴雨个例对比研究[J].气象研究与应用,2012,33(2):11-18.

# 浙东冬季和夏季两次强雷暴天气过程对比分析

陈淑琴　周　昊　张蔺廉　曹宗元　刘　菡
（舟山市气象台，舟山 316021）

## 摘　要

利用多种观测资料，结合 NCEP 再分析资料，分析了浙东冬季和夏季两次强雷暴过程中的各种环境条件：两次过程水汽条件都不错，夏季个例更好一些。以 CAPE 表达的深厚湿对流潜势条件夏季个例比冬季好。但冬季个例 850～500 hPa 的条件不稳定性要比夏季个例更大。动力抬升条件冬季个例比夏季个例好，最强的抬升在 850 hPa 到 700 hPa。两次过程共同特点是强回波分布与地面 $\theta_{se}$ 高值区和切变线叠加区关系比较好。地面有冷锋影响时，要考虑入海后，风力加大，地面辐合加强，使得对流发展。白天和夜晚入海时，温度变化趋势不一样，这对系统入海后的强度变化有不同的影响。总结出此类冬季雷暴潜势预报的着眼点：(1)分析中低层西南急流的强度，700、850 hPa 风速一般要达到 16～20 m·s$^{-1}$ 以上；(2)地面暖湿空气的强度，露点温度应达到 15～18℃，$\theta_{se}$ 中心达到 330 K 以上；(3)地面是否有锋线或辐合线；(4)应更多关注中低层(850～500 hPa)的不稳定性和动力抬升条件，只关注 CAPE 具有较大的局限性。

**关键词**：冬季雷暴　环境条件　对流入海

## 引言

浙东的宁波、舟山等地有较多石化企业以及石油中转码头，雷电灾害对这些企业影响较大，它不仅造成重大的经济损失，而且还直接威胁到人民群众的生命安全。对夏季雷暴的预报已经有很多的研究[1-5]，但冬季雷暴发生的频率低，预报难度大，一旦发生，有可能造成严重的灾害。因此，开展浙东冬季雷暴与夏季雷暴在水汽、不稳定、动力各方面的环境条件对比研究，分析冬季雷暴发生的环境特征，总结冬季雷暴潜势预报和临近预报的着眼点，有助于提高其预报准确率。

## 1　过程简介和天气背景

2016 年 12 月 21 日舟山产生强雷暴系统，出现强雷电、短时强降水、8～9 级的雷雨大风。2017 年 6 月 29 日下午到夜里，宁波到舟山一带也产生了强雷暴系统，出现强雷电、短时强降水和 8 级雷雨大风。

2016 年 12 月 21 日 08 时，500 hPa 有南、北两支槽在湖北交汇，南支从湖北、湖南到广东，槽前有 28 m·s$^{-1}$ 的西南急流。850 hPa 在安徽附近有一低压中心，低压区等温线密集，有锋面存在，锋前有超过 20 m·s$^{-1}$ 的西南急流，急流前沿到达江苏北部。14 时 850 hPa 西南急流加强北抬，最大风速达 24 m·s$^{-1}$。地面 08 时在苏浙皖交界处有一气旋，14 时气旋加强北抬到黄海，气旋后部冷空气前沿已到达浙江北部。

2017 年 6 月 29 日 08 时，500 hPa 也有南北两支槽，但位置都偏西，在 110°E 附近，副高

588 dagpm 线在浙闽交界处,20 时南支槽东移,槽前西南风速增大到 16～18 m·s$^{-1}$。08 时 850 hPa 从广西到浙江有一支西南急流,最大风速 12～14 m·s$^{-1}$,20 时西南急流加强北抬,最大风速达 16 m·s$^{-1}$。地面浙东处于东高西低的偏南气流中,有一中尺度的倒槽,倒槽中有一些弱的辐合线。

## 2 水汽、不稳定、动力条件分析

### 2.1 水汽条件分析

水汽的含量和垂直分布是影响风暴强度和结构特征的一个重要因子[6-8]。用 NCEP 再分析资料的比湿对比分析水汽条件,2016 年 12 月 21 日 14 时,浙东地区从 925 hPa、850 hPa、700 hPa 的比湿分别大约为 11 g·kg$^{-1}$、9 g·kg$^{-1}$、6 g·kg$^{-1}$,2017 年 6 月 29 日 20 时分别为 15 g·kg$^{-1}$、12 g·kg$^{-1}$、9 g·kg$^{-1}$。地面观测的露点温度分别为 17～19℃、23～25℃。陶祖钰[9] 指出当地面露点温度小于 15℃时,一般不会有强雷暴,因此产生强雷暴的水汽条件都已具备。

### 2.2 不稳定条件分析

2016 年 12 月 21 日 08 时杭州的实测探空(图 1a)显示,从地面到 850 hPa 有一逆温层,这一逆温层并非由冷空气形成,主要是由 850 hPa 强盛的西南气流使 850 hPa 温度升到 15℃形成。850 hPa 到 600 hPa 之间的温度递减率大于湿绝热递减率,为条件不稳定。08 时杭州因地面温度较低,所以 CAPE 非常小,计算 CAPE 值时可以对大气进行时间订正或者空间订正[10],用 12 时舟山定海站地面的温度、露点温度(都是 18.8℃)进行修正,算出来的 CAPE 有 490 J·kg$^{-1}$,用 14 时 NCEP 再分析资料计算出来的舟山地区 CAPE 约 200 J·kg$^{-1}$。2017 年 6 月 29 日 20 时杭州的实测探空(图 1b),计算出来的 CAPE 为 1148 J·kg$^{-1}$,远大于冬季雷暴个例。0 ℃、−20 ℃高度夏季个例都比冬季高很多(表 1)。计算 850 hPa 到 500 hPa 之间的温度差,冬季雷暴浙东地区大于 26℃,夏季为 23～25℃。总指数 TT 冬季个例浙东是 48～51,冬季个例是 43～45(总指数反映的是 850 hPa 到 500 hPa 之间的温度、湿度综合差)。从地面抬升计算的 CPAE 值是夏季个例大,但 850 hPa 到 500 hPa 之间的对流不稳定性是冬季个例更强一些。

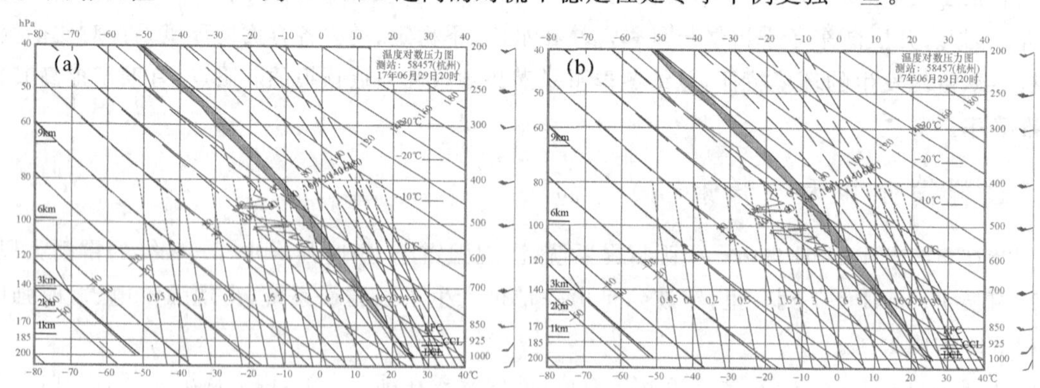


图 1 杭州的实测 $T$-ln$p$ 图(a. 2016 年 12 月 21 日 08 时;b. 2017 年 6 月 29 日 20 时)

### 2.3 动力条件分析

2016 年 12 月 21 日 08 时,500 hPa 在华南有深厚的南支槽东移(图略),槽前有正涡度平流向浙江地区输送,正的涡度平流有利于垂直上升运动的维持和加强,有利于不稳定能量的触发[11],因此强迫出大范围的上升运动。14 时 700 hPa 在整个华南地区都有很强的西南急流(图 2a),最大风速达 26 m·s$^{-1}$,由于急流风向风速的不连续,在浙东产生了较强的辐合,负散度中心达$-5\times10^{-5}$s$^{-1}$。850 hPa、925 hPa 在浙东也有负散度中心,分别为$-5\times10^{-5}$s$^{-1}$、$-3\times10^{-5}$s$^{-1}$(图 2b、c)。2017 年 6 月 29 日 20 时 500 hPa 南支槽位置偏西,槽前正涡度平流比冬季个例弱,700 hPa 西南急流也比较弱,最大风速只有 18 m·s$^{-1}$,在浙东的负散度中心为$-2\times10^{-5}$s$^{-1}$(图 2 d),850 hPa 在浙东的负散度中心$-2.5\times10^{-5}$s$^{-1}$(图 2e),925 hPa 在浙东没有辐合中心(图 2f)。冬季个例中低层辐合抬升作用比夏季个例强,而且抬升最强的层次在 700 hPa、850 hPa。

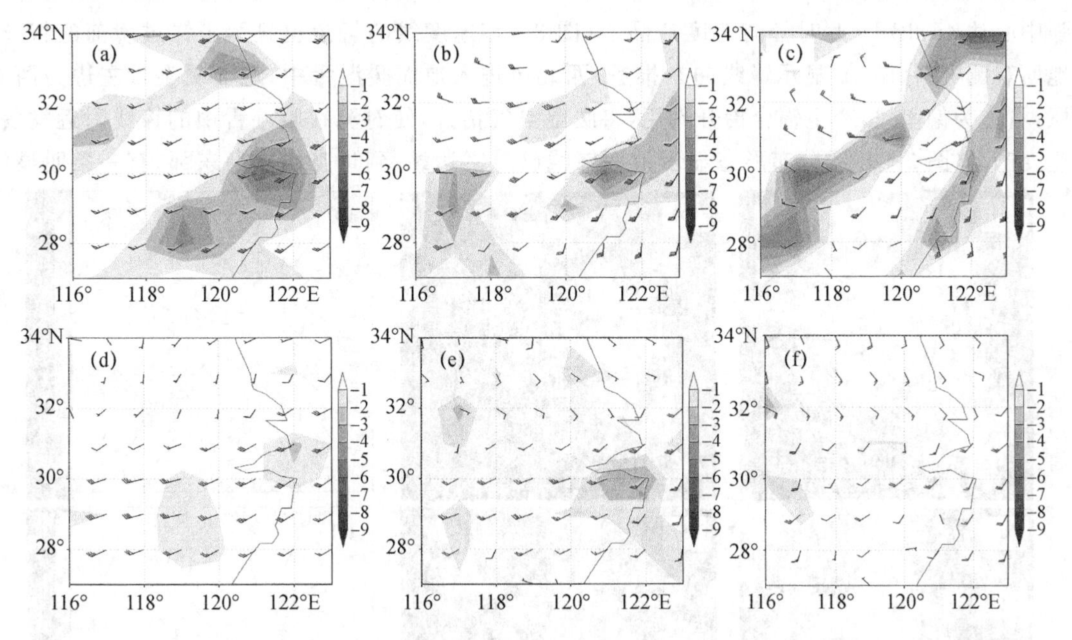


图 2 风场和散度(单位:$10^{-5}$s$^{-1}$)(a、b、c:2016 年 12 月 21 日 14 时 700 hPa、850 hPa、925 hPa;d、e、f:2017 年 6 月 29 日 20 时 700 hPa、850 hPa、925 hPa)

## 2.4 综合对比

表 1 是两次过程各种对流参数对比,冬季个例是用 NCEP 再分析资料计算舟山地区,夏季个例用实测杭州站资料计算。综合各方面的条件对比的结论:水汽条件都不错,夏季个例更好一些。不稳定条件夏季个例比冬季好多了。但冬季个例 850～500 hPa 的不稳定性要比夏季个例更大。0℃、−20℃层高度冬季个例都比夏季低很多,对流只要发展到 6.8 km 就能产生雷电现象。动力抬升条件冬季个例比夏季个例好,而且最强的抬升在 850 hPa 到 700 hPa。垂直风切变、风暴相对螺旋度等指数是冬季个例比夏季好很多。

**表 1 冬季和夏季两次雷暴过程各种对流参数对比**

| 时间 | $T_{dsurf}$/℃ | PW/mm | K/℃ | SI/℃ | CAPE/J·kg$^{-1}$ | CIN/J·kg$^{-1}$ | $T_{850}-T_{500}$/℃ | TT/℃ | $H_{0℃}$/km | $H_{-20℃}$/km | $Shear_{0\sim6\ km}$/m·s$^{-1}$ | $SRH_{0\sim3\ km}$/m$^2$·s$^{-2}$ |
|---|---|---|---|---|---|---|---|---|---|---|---|---|
| 2016 年 12 月 21 日 14 时 | 19 | 43 | 36 | 3.7 | 200 | 80 | 26 | 50 | 3492 | 6800 | 24 | 150 |
| 2017 年 06 月 29 日 20 时 | 25 | 60 | 39 | −1.3 | 1148 | 120 | 24 | 44 | 4950 | 8300 | 13 | 100 |

## 3 雷达回波演变及地面中尺度站加密观测资料分析

在环境背景相似的情况下，雷暴作为中小尺度系统，在其发展演变过程中，各部分强度发展变化、组织结构的形态产生原因要从雷达资料以及地面中尺度站加密观测资料来分析。

2016 年 12 月 21 日上午，舟山及西面大陆上有较多零散的弱降水回波，朝东北方向移动，移动过程中不断发展加强，到中午 12 时已发展成为大片的混合性降水回波，强中心一般为 40 dBZ(图 3a)，地面中尺度气象站观测资料显示(图 3c)12 时舟山及以南地区盛行西南风，有一暖湿舌从宁波向舟山地区伸展。13 时(图 3d)原本片状的降水回波逐渐演变成带状，有多处强中心达 45 dBZ。此时径向速度产品上(图 3e)零速度线的折角也显示了锋过境前的特征。地面观测资料(图 3f)显示锋线向东推进，西北风进入地面暖湿舌中，地面暖湿舌左边为西北风，右边为偏南风，产生辐合抬升作用，将暖湿空气抬升，使对流在暖湿舌中的锋线附近发展。速度产品(图 3h)零线分布形态显示地面锋线已过雷达站，到达舟山本岛东部，有一条明显的

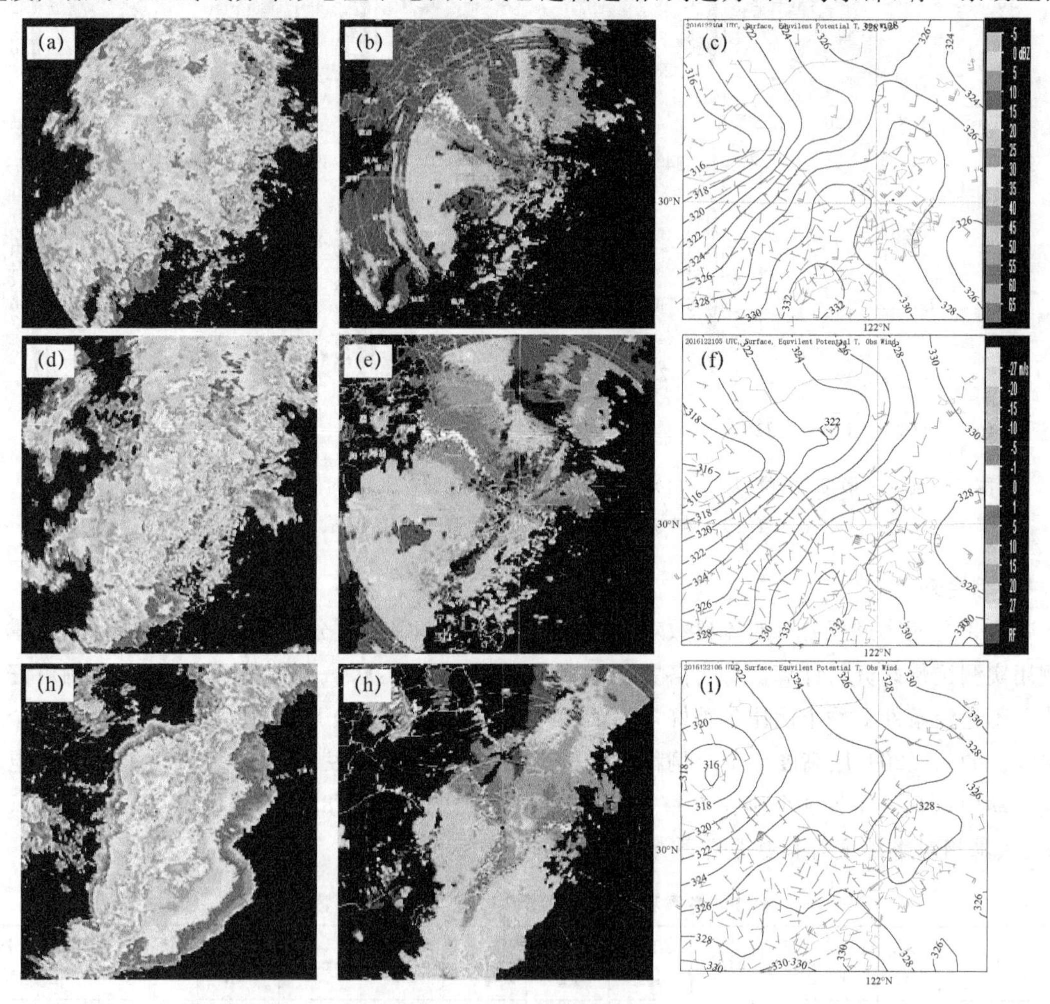


图 3　2016 年 12 月 21 日舟山雷达组合反射率因子(a. 12 时 05 分、d. 13 时 04 分、g. 14 时 33 分)、0.5°仰角径向速度产品(b. 12 时 05 分、e. 13 时 04 分、h. 14 时 21 分)、地面观测平均风和假相当位温 $\theta_{se}$ 分布(单位：K)(c. 12 时、f. 13 时、i. 14 时)

辐合线，最大的正负速度差大于 25 m・s$^{-1}$。14:33(图 3g)在舟山海域已形成一条飑线，强回波中心达 55 dBZ。14 时(图 3i)地面观测资料也可看到锋线到达舟山本岛东部，锋后的西北风比原来在大陆时明显加大，在大陆时锋后西北风只有 2～4 m・s$^{-1}$，到了海上，西北风有 4～10 m・s$^{-1}$，锋后为东到东南风 2～4 m・s$^{-1}$，水平风切变达 6～10 m・s$^{-1}$，这使得锋线入海后辐合抬升加强。强对流中心在此形成的原因主要是因为此处是地面辐合最大的地方，同时又是暖湿中心所在的位置，是发展条件最好的地方。

2017 年 6 月 29 日 16 时浙东地区有一个中尺度的倒槽，倒槽里有一条弱的北西南走向的切变线，从舟山海域西部延伸到宁波地区，地面 $\theta_{se}$达到 358K(图 4c)。在这条切变线附近有一块强的雷暴回波(图 4a)，中心达 55 dBZ，结构比较紧密。在其东移入海的过程中，假相当位温是逐渐减小的(图 4c)，所以入海后就逐渐减弱，尤其是舟山本岛以东的回波，而舟山本岛西面有一个 354 的 $\theta_{se}$中心，和弱的切变，强度减弱的慢一些(图 4b)。20 时在宁波地区又形成了一块比较强的回波(图 4 d)。此时已是夜晚，海上温度减小得慢，此回波移到舟山本岛东部时，$\theta_{se}$反而有所加大(图 4f)，所以强度没有很快减弱，强回波的中心就在舟山本岛东部的暖湿舌上(图 4e)。

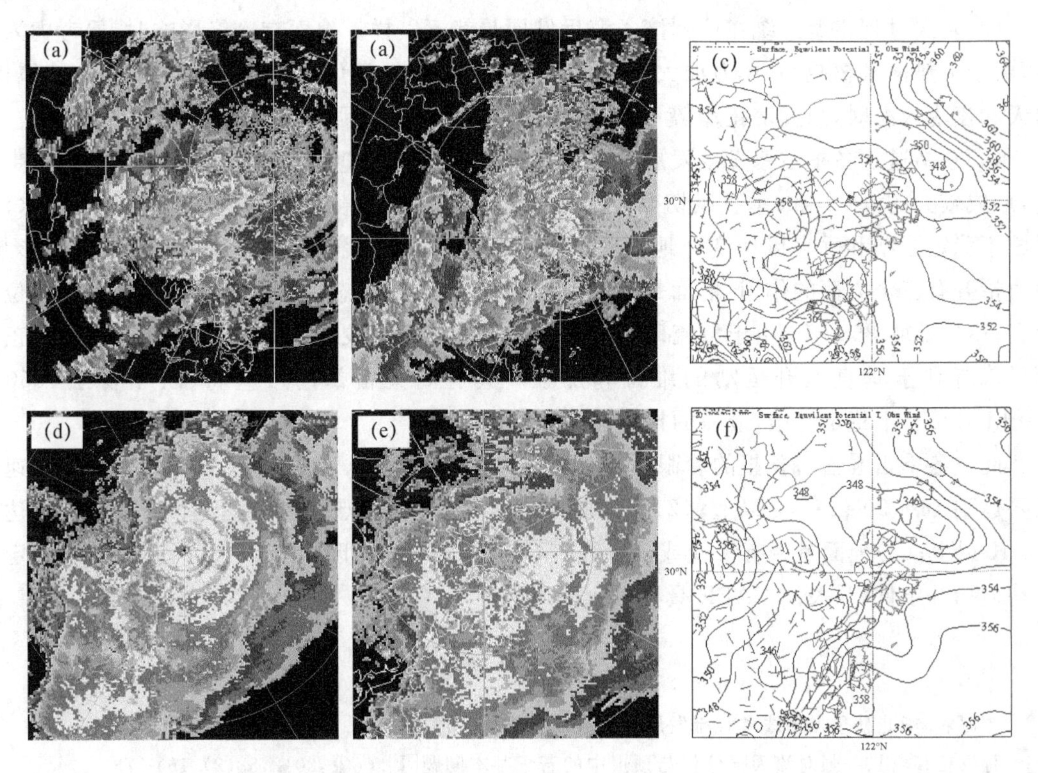


图 4　2017 年 6 月 29 日舟山雷达组合反射率因子(a. 15 时 54 分、b. 17 时 28 分、d. 20 时 01 分、e. 20 时 48 分)、地面观测平均风和假相当位温 $\theta_{se}$分布(单位：K)(c. 16 时、f. 20 时)

两次过程共同特点是强回波分布与地面 $\theta_{se}$高值区和切变线叠加区对应关系比较好，为雷暴系统的临近预报提供了重要线索。

两次过程雷暴系统在杭州湾入海后发展趋势不一样，冬季雷暴入海后加强，夏季雷暴入海后白天是明显减弱，夜里入海后减弱得慢一些。关于对流系统在杭州湾入海后发展趋势，陈淑琴[12]、高梦竹[13]都有过研究，认为与下垫面的温、湿、风等要素有关。本次冬季过程，地面有冷锋入海后，由于下垫面摩擦减小，风力加大，地面辐合加强，使得对流发展。夏季过程，由于没有锋面影响，地面风力很小，入海后也没有明显加大，动力抬升不足，白天海上温度低，所以很快减弱，夜晚海上温度相对陆地略高，但相对白天对流不稳定条件变差，所以减弱得比较慢。

## 4 结论

本文利用多种观测资料，结合 NCEP 再分析资料，分析了 2016 年 12 月 21 日和 2017 年 6 月 29 日浙东两次强雷暴过程中的各种环境条件，得出结论如下。

(1)两次过程水汽条件都不错，夏季个例更好一些。以对流有效位能 CAPE 表达的深厚湿对流潜势条件夏季个例比冬季好多了。但冬季个例 850～500 hPa 的条件不稳定性要比夏季个例更大。动力抬升条件冬季个例比夏季个例好，而且最强的抬升在 850 hPa 到 700 hPa。垂直风切变、风暴相对螺旋度等指数是冬季个例比夏季好很多。

(2)分析雷达资料以及地面中尺度站加密观测资料，两次过程共同特点是强回波分布与地面 $\theta_{se}$高值区和切变线叠加区对应关系比较好，为雷暴系统的临近预报提供了重要线索。

(3)两次过程雷暴系统在杭州湾入海后发展趋势不一样。地面有冷锋影响时，要考虑入海后，由于下垫面摩擦减小，风力加大，地面辐合加强，使得对流发展。由于海陆不同比热属性，白天和夜晚入海时，温度变化趋势不一样，这对系统入海后的强度变化有不一样的影响。

(4)总结这次冬季雷暴发生发展的主要环境特征：处于 500 hPa 槽前，浙东有大风速带通过，形成较大的 0～6 km 垂直风切变。中低层有很强的西南急流和暖湿舌，带来足够的水汽、形成不稳定层结和垂直风切变。地面前期受锋面气旋前部暖湿气流影响，后期受冷锋影响。动力抬升有三个方面的作用：地面是受冷锋影响，冷锋位置形态决定了最终强雷暴系统的位置形态；中层 700、850 hPa 由于急流风向风速的不连续产生了较强的辐合；500 hPa 槽前有正涡度平流有利于垂直上升运动的维持和加强。具有高架雷暴的一些特征：中低层（850～500 hPa）具有不稳定层结，最强的抬升在中低层。

此类冬季雷暴潜势预报的着眼点：(1)分析中低层西南急流的强度，700、850 hPa 风速一般要达到 16～20 $m \cdot s^{-1}$以上；(2)地面暖湿空气的强度，露点温度应达到 15～18℃，$\theta_{se}$达到 330 K 以上；(3)地面是否有锋线或辐合线；(4)应更多关注中低层(850～500 hPa)的不稳定性和动力抬升条件，只关注 CAPE 具有较大的局限性。

### 参考文献


[1] 廖晓农. 华北秋季强弱线型对流发展时天气尺度环境条件探讨[J]. 气象，2013，39(3)：291-301.

[2] 孙继松，陶祖钰. 强对流天气分析与预报中的若干基本问题[J]. 气象，2012，38(2)：164-173.

[3] 王晓峰，许晓林，张蕾，等. 上海“0731” 局地强对流观测分析[J]. 高原气象，2014，33(6)：1627-1639.

[4] 郑永光，周康辉，盛杰，等．强对流天气监测预报预警技术进展[J]. 应用气象学报，2015，26(6)：641-657.

[5] 吴海英，陈海山，刘梅，等. 长生命史超级单体结构特征与形成维持机制[J]. 气象，2017，43(2)：141-150.

[6] 俞小鼎．基于构成要素的预报方法——配料法[J]. 气象，2011，37(8)：913-918.

[7] 俞小鼎，周小刚，王秀明. 雷暴与强对流临近天气预报技术进展[J]. 气象学报，2012，70(3)：311-337.

[8] 郑永光，陶祖钰，俞小鼎. 强对流天气预报的一些基本问题[J]. 气象，2017，43(6)：641-652.

[9] 陶祖钰,范俊红,李开元,等.谈谈气象要素(压、温、湿、风)的物理意义和预报应用价值[J].气象科技进展,2016,6(5):59-64.
[10] 王秀明,俞小鼎,周小刚.雷暴潜势预报中几个基本问题的讨论[J].气象,2014,40(4):389-399.
[11] 俞小鼎,周小刚,王秀明.中国冷季高架对流个例初步分析[J].气象学报,2016,74(6):902-918.
[12] 陈淑琴,黄辉,周丽琴,等.对流单体在杭州湾入海时的强度变化分析[J].气象,2011,37(7):889-896.
[13] 高梦竹,陈耀登,章丽娜,等.对流移入杭州湾后飑线发展机制分析[J].气象,2017,43(1):56-66.

# 2017年内蒙古赤峰“8·11”龙卷环境场及雷达特征分析

晋亮亮　葛海燕　马小林

（内蒙古赤峰市气象局，赤峰 024000）

**摘　要**

利用多普勒雷达观测资料，结合 NCEP 1°×1°再分析资料、探空资料和灾情，对 2017 年 8 月 11 日内蒙古赤峰市中部的龙卷进行了分析。分析表明：(1)此次龙卷产生在蒙古冷涡前部，环境场具有较强的对流不稳定性、较大的低层垂直风切变和较低的对流凝结高度。(2)两次龙卷接地是由同一个超级单体风暴造成的，低层有明显的钩状回波，弱回波区及与之对应的前侧 V 型缺口，由于距离超 100 km，雷达未识别出 TVS，但识别出了 3 DC 和中气旋，尤其是发展到底层的中等强度的中气旋。(3)产生龙卷超级单体风暴最大反射率因子在 60 dBZ 左右，而且在龙卷发生前基于单体的 VIL 和风暴顶高有明显的跃增。(4)龙卷接地前，对应的中气旋顶高不会超过 6 km，切变不小于 $15\times10^{-3}\,s^{-1}$。

**关键词**：龙卷　超级单体风暴　风暴参数　中气旋参数

## 引言

龙卷是破坏力极大的小尺度灾害性天气，往往产生重大的人员伤亡和财产损失。一般将龙卷分为超级单体龙卷和非超级单体龙卷[1]。超级单体龙卷由超级单体风暴产生，通常与深厚且持续的中气旋相联系[2,3]，而非超级单体龙卷与非超级单体风暴相联系，通常与浅薄的、尺度较小的边界层涡旋有关[4,5]，能够产生于各种大气环境中。Brown 等于 1978 年发现一个可能伴随龙卷的比中气旋尺度更小的速度场特征，称为龙卷涡旋特征(Tornadic Vortex Signature，简称 TVS)[6]，在速度图上表现为像素到像素的很大的风切变，此后 TVS 成为龙卷监测和预警的主要手段。

多年来有关龙卷的研究颇多，既有对产生龙卷的环境特征分析[7,8]，也有对龙卷发生时的反射率因子和速度场的探讨[9,10]。Kevin 等[11]对 2011 年发生在美国的龙卷进行了分析；Richard 等[12]针对大量个例分析发现，超级单体组合参数和龙卷参数的价值在于与产生龙卷的超级单体有关；Philip 等[13]在研究 2003 年一次龙卷时认为，大尺度环境支撑深厚的湿对流，近地层的暖锋、垂直风切变和中气旋则产生了明显的龙卷现象；刘娟等[14]的研究表明，龙卷发生在强烈发展的超级风暴单体中，回波带前沿有强烈的水平切变。俞小鼎等[15]的分析认为，龙卷发生时反射率因子的主要特征是低层的钩状回波，有时有由风暴主体向低层入流方向伸出的一个突出物，超级单体龙卷发生前的环境往往为中等到强的对流不稳定能量和中等到强的螺旋度，低层垂直风切变很大；姚叶青等[16]的研究发现，龙卷风暴的中气旋垂直涡度很大，且中气旋的产生超前于龙卷，对龙卷的预警非常有意义。

## 1　灾害实况

2017 年 8 月 11 日 14—16 时，内蒙古赤峰市克什克腾旗和翁牛特旗交界地区发生龙卷天气(图 1)。14 时 28 分赤峰市克什克腾旗前进村遭受龙卷袭击，持续约 10 min，龙卷路径约 2 km；15 时 26 分八里庄、十里铺村、五台山村、山咀子村先后受龙卷袭击，持续约 15 min，龙卷路径长度约 6 km。整个龙卷天气过程的 EF0＋的宽度最大约 1 km。此次龙卷灾害造成 5 人死亡、58 人受伤，转移安置人口 1760；倒塌房屋 360 间，损坏房屋 1004 间；农作物受灾面积 2.12 万 $hm^2$，成灾面积 1.61 万 $hm^2$，绝收面积 0.58 万 $hm^2$，直接经济损失 1 亿元。

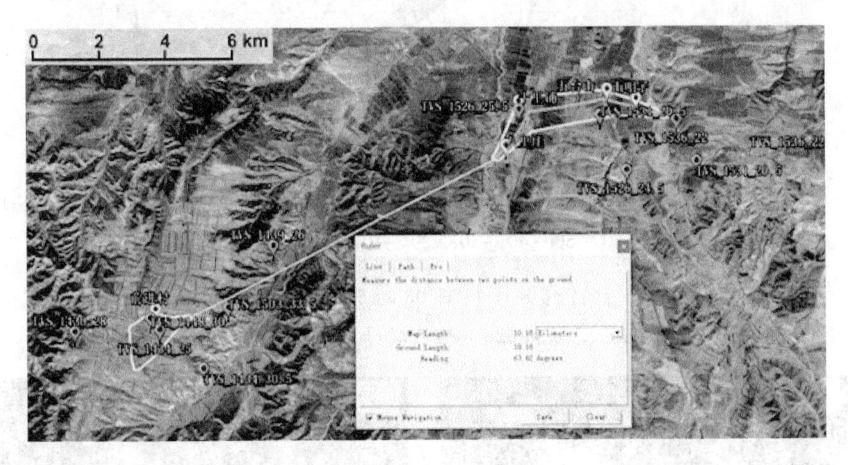


图 1　龙卷路径和 TVS 概况

## 2　天气背景

从 8 月 11 日 08 时 500 hPa 形势场(图 2a)可以看出，在蒙古国东部有冷涡存在，赤峰市西部处于蒙古冷涡的东南象限，温度场上从内蒙古东部到中部与河北，山西的交界处有明显的冷温度槽存在；从 850 hPa(图 2b)上可以看出，赤峰市处于冷涡的底前部，从温度场上看，在 500 hPa 温度槽的位置上有明显的温度脊，上层的温度槽与下层的温度脊叠置，有利于对流不稳定的建立。从 925 hPa 流场上可以看出，冷涡后部的冷空气与暖湿气流在华北北部到西北地区东部形成一条明显的切变线，切变线右侧的西南气流在白天有明显的加强，有利于水汽和能量向赤峰市输送，另外切变线东移系统性抬升，可以起到触发对流的作用。从赤峰站 8 月 11 日 08 时 $T\text{-}\ln p$ 图(图 2c)可以看出，温度层结曲线在低层存在逆温层，低层相对湿度较好，主要集中在 850 hPa 以下，中层以上有干空气的侵入，抬升凝结高度在 500 m 以下，研究表明，抬升凝结高度在 1200 m 以上会大大降低龙卷产生的概率，从 0 到 1 km 的垂直风切变为 $10\times10^{-3}s^{-1}$。赤峰站的 CAPE 值为 2082 $J\cdot kg^{-1}$，表明有强的对流不稳定存在。

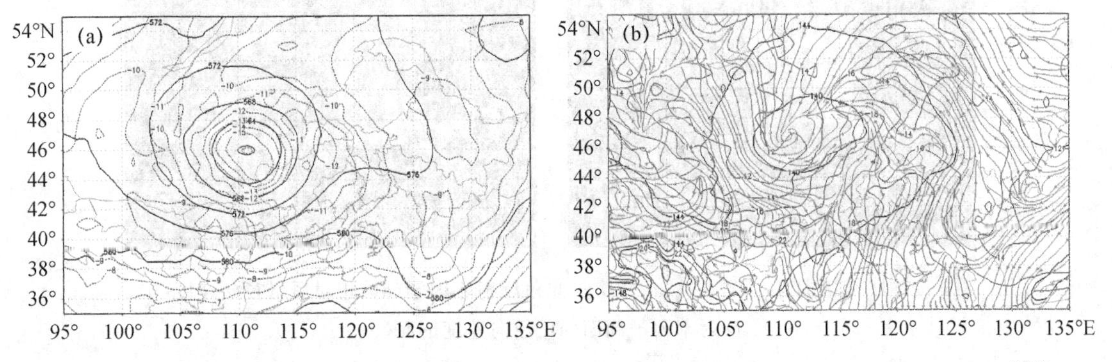

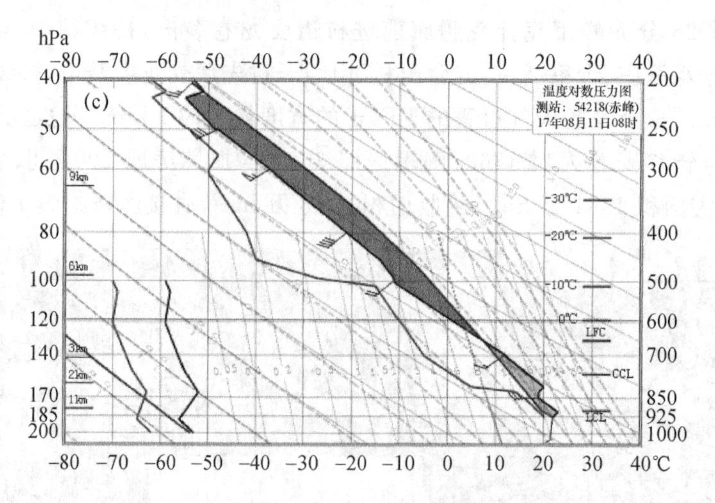


图 2　2017 年 8 月 11 日 08 时 500 hPa 形势场(a)、850 hPa 形势场和 925 hPa 流场(b)、赤峰站 $T$-ln$p$ 图(c)

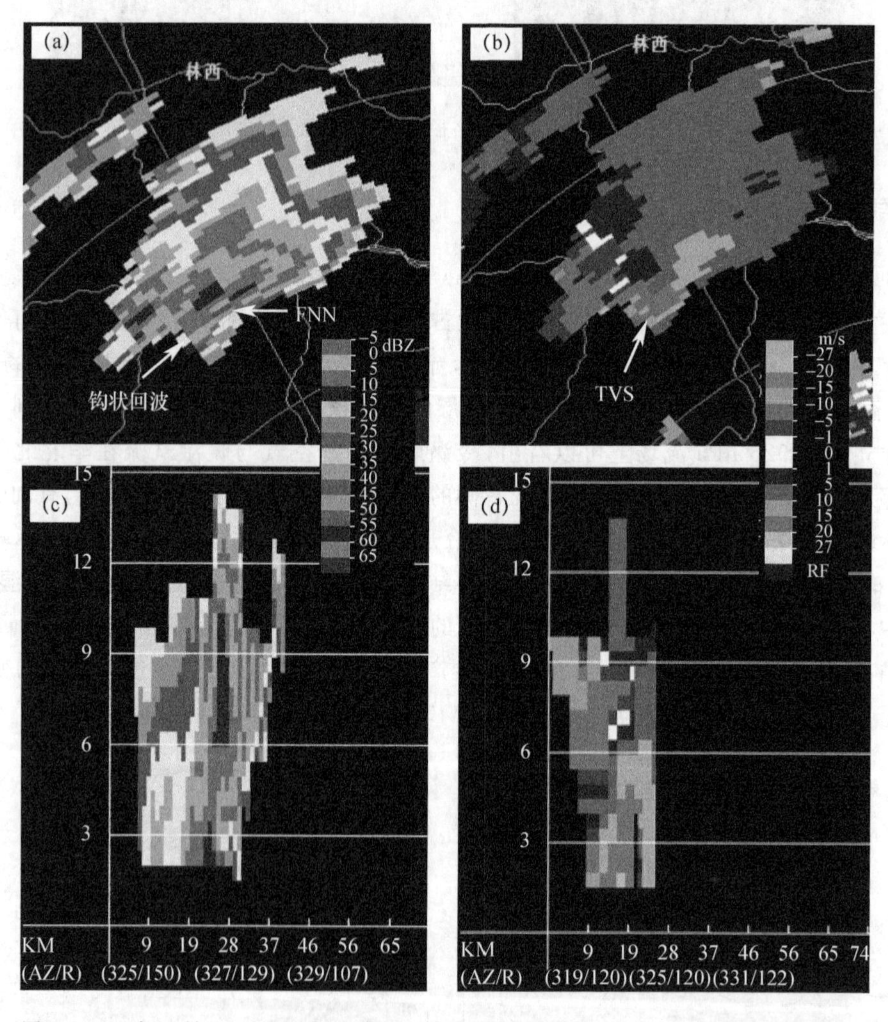


图 3　2017 年 8 月 11 日 14 时 25 分 0.5°仰角反射率因子(a)、相对风暴径向速度(b)、反射率因子剖面(c)、径向速度剖面(d)

## 3　雷达产品分析

### 3.1　反射率因子和相对风暴径向速度分析

反射率因子分析显示，产生龙卷的单体在12时15分被雷达开始跟踪。此后该单体迅速发展，从13时32分的0.5°仰角产品(图略)中可以看出，单体最大反射率因子达到58 dBZ，低层有明显的钩状回波，弱回波区以及与之对应的FFN(前侧V字形缺口)，并且在该时次出现了三维相关切变(3DC)，此时风暴单体已经具有了超级单体风暴的特征。在接下来的50 min，只有在13时42分出现了三维相关切变。14时25分风暴单体低层钩状回波和前侧V型缺口更加明显，并观测到中气旋，成为超级单体风暴，中气旋位于低层钩状回波的顶端(图3)。从反射率因子垂直剖面中可以看出，风暴顶高发展到14 km，最强反射率因子达到55 dBZ以上，并且发展到10 km左右，由于距离雷达较远低层的弱回波区观察不到，但我们仍能发现小范围的有界弱回波区。从相对风暴径向速度图上可以分析出比中气旋直径更小的像素与像素之间风切变，即龙卷涡旋特征(TVS)，相邻方位角之间的速度差达到了35 $m \cdot s^{-1}$，该TVS对应的垂直涡度达到$3.5\times10^{-2}s^{-1}$。从径向速度剖面可以看出，中等强度的中气旋发展到2 km以下，在14时28分左右前进村龙卷发生。之后超级单体略有减弱，低层弱回波区域减小，中气旋消失，龙卷在持续10 min后消失。

从14时40分到15时17分虽有中气旋的出现，但由于风暴发展不够旺盛，并没有发现龙卷造成的灾害。从15时21分开始风暴单体再次发展，低层反射率因子达到60 dBZ以上，15时21分和15时26分连续出现三维相关切变(图4a，图4b)，并可以识别出龙卷涡旋特征，到15时31分出现中气旋(图4c)，龙卷涡旋特征发展到最强，相邻方位角之间的速度差为37 $m \cdot s^{-1}$(图4d)，发生在八里庄四个村的龙卷发生在15时26分左右，早于低层中气旋出现的时间。从15时31分的反射率因子剖面可以看出，最大反射率因子在60 dBZ以上，顶高在13 km左右，有明显的前倾结构，低层的反射率因子无法辨别，但在3 km以下存在有界弱回波区。此后超级单体风暴的结构开始松散，中气旋减弱，龙卷持续15 min后消失。

### 3.2　风暴参数分析

图5中双向黑箭头为发生龙卷灾害的时段，在龙卷发生整个过程中，最大反射率因子的变化不大，基本在60 dBZ上下变动，但是最大反射率因子的高度变化较大，在1.9～10.3 km变化。基于风暴单体的VIL变化幅度也较大，在50～71 $kg \cdot m^{-2}$之间变化，龙卷在前进村第一次接地前2个时次VIL有明显的跃增，从54 $kg \cdot m^{-2}$增加至68 $kg \cdot m^{-2}$，最高达到71 $kg \cdot m^{-2}$，并且在龙卷发生前后的5个时次VIL都在60 $kg \cdot m^{-2}$以上。龙卷在八里庄第二次接地时，同样也出现了VIL的跃增，从59 $kg \cdot m^{-2}$增至67 $kg \cdot m^{-2}$，之后龙卷发生，在龙卷发生前后有6个时次大于60 $kg \cdot m^{-2}$。从回波顶高可以出，13时27分—14时10分回波顶高在11 km左右，说明风暴单体发展不旺盛，很难有龙卷的发生；但在14时15分回波顶高出现跃增，从11 km迅速增加到14 km左右，并且在接下来的4个时次都保持在14 km左右，这个时段前进村出现龙卷，到14时39分顶高下降到10.4 km，龙卷消失。而在八里庄等四个村发生龙卷前，顶高也出现了跃增，从10.1 km增加到13.1 km，并且维持在12.3 km到13.2 km之间，持续了6个时次。

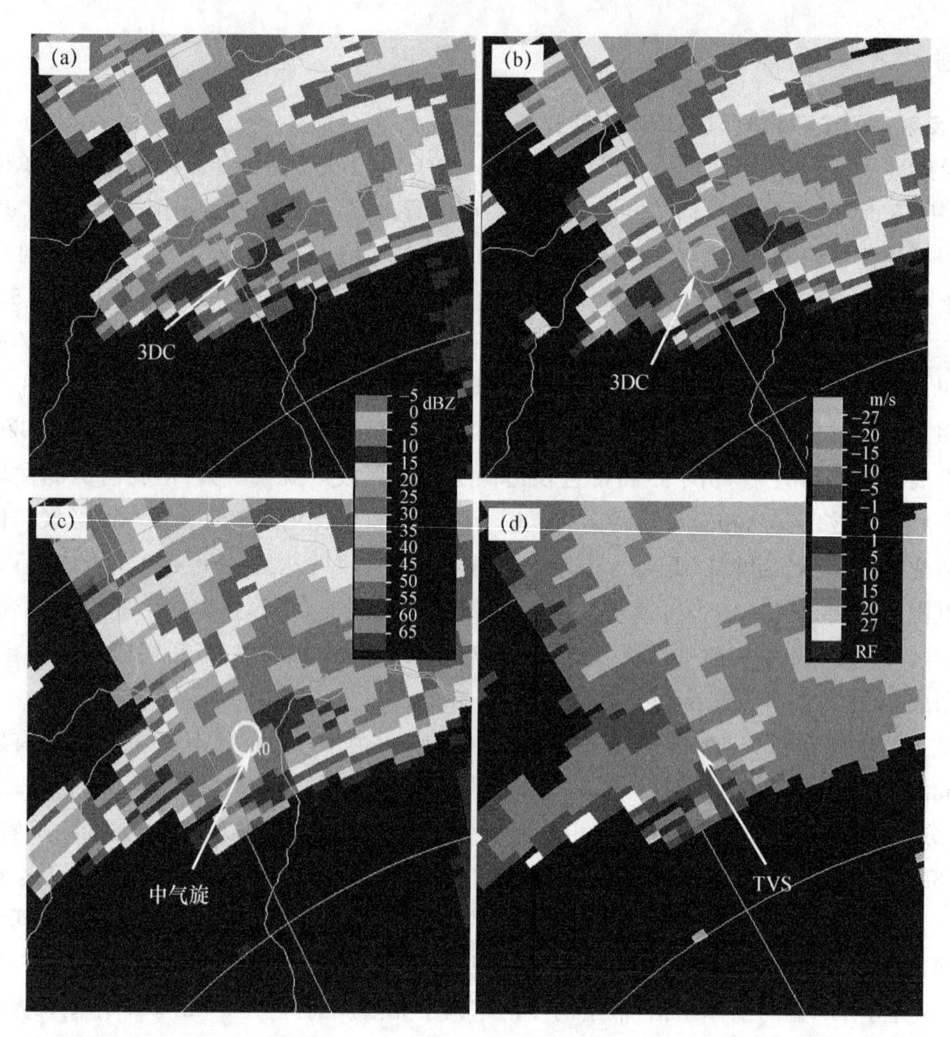


图 4　2017 年 8 月 11 日 15 时 21 分、15 时 26 分、15 时 31 分 0.5°仰角反射率因子(a、b、c)与 15 时 31 分 0.5°相对风暴径向速度(d)

### 3.3　中气旋参数分析

图 5 是龙卷发生过程中中气旋和三维相关切变的变化情况，黑色双箭头表示龙卷发生的时段。从图中可以分析出，龙卷在前进村第一次接地时，中气旋底高 2.0 km、顶高 4.3 km、切变为 $16\times10^{-3}\,s^{-1}$，接下来的一个体扫时没有出现中气旋或三维相关切变，第三个体扫时，出现三维相关切变，对应的底高、顶高和切变分别为 2.1 km、5.8 km、$15\times10^{-3}\,s^{-1}$，随后龙卷消失。在龙卷第二次接地时，三维相关切变和中气旋持续了 4 个体扫，底高在 2 km 左右，顶高在 4 至 6 km 之间徘徊，并且在龙卷接地前顶高有下降，切变前三个体扫维持在 $15\times10^{-3}\,s^{-1}$ 以上，第四个体扫切变有明显的减小，之后三维相关切变没有监测到，随后龙卷减弱消失。

## 4　结论

(1)此次龙卷灾害发生在蒙古冷涡前部，500 hPa 温度槽叠加在 850 hPa 温度脊之上以及低层的逆温层都有利于对流天气的发生发展，其环境场具有较强的对流不稳定性、较大的低层垂直风切变和较低的对流凝结高度。

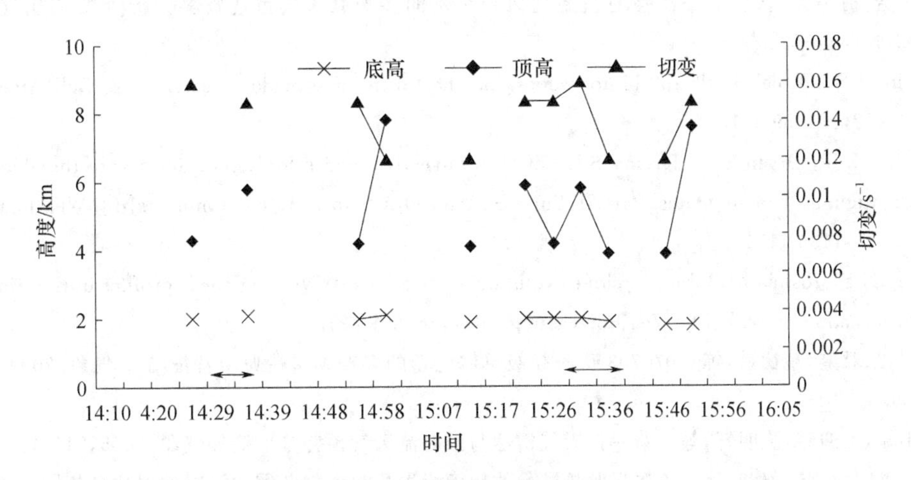


图 5 中气旋和三维相关切变参数

(2)从雷达产品分析,两次龙卷接地是由同一个超级单体风暴造成的,低层有明显的钩状回波,弱回波区及与之对应的前侧 V 型缺口,由于距离超 100 km 雷达未识别出 TVS,但识别出了 3 DC 和中气旋,尤其是发展到底层的中等强度的中气旋。但龙卷发生时中气旋的位置不同,第一次位于低层钩状回波的顶点,第二次位于强回波的后侧。

(3)通过对风暴参数的分析,整个龙卷天气过程中,超级单体风暴的最大反射率因子都在 60 dBZ 左右,在龙卷接地前基于单体的 VIL 和风暴顶高有明显越增,VIL 增大到 60 $kg \cdot m^{-2}$ 以上,而回波顶高增加到 13 km 以上。

(4)龙卷接地前,对应的中气旋顶高不会超过 6 km,中气旋顶高和底高之间的距离在 2～4 km,中气旋的切变不小于 $15 \times 10^{-3} s^{-1}$。

## 参考文献

[1] Wilson J W. Tornado genesis by nonprecipitation induced wind shearlines[J]. Mon Wea Rev,1986, 114: 270-284.

[2] 朱平,田成娟. 青海东部一次强对流天气的多普勒雷达特征分析[J]. 干旱气象,2011,29(3):336-342.

[3] 刘维成,杨晓军,史志娟,等. 一次超级单体风暴的雷达回波特征分析[J]. 干旱气象,2009,27(4):320-326.

[4] 俞小鼎,姚秀萍,熊廷南,等. 多普勒天气雷达原理与业务应用[M]. 北京:气象出版社,2006:130-145.

[5] 何彩芬,姚秀萍,胡春蕾,等. 一次台风前部龙卷的多普勒天气雷达分析[J]. 应用气象学报,2006,17(3):370-375.

[6] Brown R A, Lemon L R, Burgess D W. Tornado detection by pulsed Doppler radar[J]. Mon Wea Rev, 1978,106:29-38.

[7] Lee B D, Catherine A F, Timothy M S. Surface Analysis near and within the Tipton, Kansas, Tornado on 29 May 2008[J]. Mon Wea Rev,2011,139:370-386.

[8] 刘勇,刘子臣,马廷标,等. 一次飑线过程中龙卷及飑锋生成的中尺度分析[J]. 大气科学,1998,22(3):326-335.

[9] 叶成志,唐明晖,陈红专,等. 2013 年湖南首场致灾性强对流天气过程成因分析[J]. 暴雨灾害,2013,32(1):1-10.

[10] 廖玉芳,俞小鼎,郭庆. 一次强对流系列风暴个例的多普勒天气雷达资料分析[J]. 应用气象学报,2003,14(6):656-662.

[11] Kevin M S, Daniel S. The 2011 tornadoes and the future of tornado research[ J]. Bull Amer Meteor Soc,2012,93:959-961.

[12] Richard L T, Bryan T S, Jeremy S G, et al. Convective modes for significant severe thunderstorms in the contiguous United States. Part II: Supercell and QLCS tornado environments[J]. Wea Forecasting, 2012, 27:1136-1154.

[13] Philip N S, Joshua M B. Mesocyclone evolution associated with varying shear profiles during the 24 June 2003 tornado outbreak[J]. Wea Forecasting,2011,26:808-827.

[14] 刘娟,朱君鉴,魏德斌,等. 070703 天长超级单体龙卷的多普勒雷达典型特征[J]. 气象,2009,35(10):32-39.

[15] 俞小鼎,王迎春,陈明轩,等. 新一代天气雷达与强对流天气预警[J]. 高原气象,2005,24(3):456-464.

[16] 姚叶青,俞小鼎,郝莹,等. 两次强龙卷过程的环境背景场和多普勒雷达资料的对比分析[J]. 热带气象学报,2007,23(5):483-490.

# 第四部分
# 天气预报技术方法
# 分会场报告

# 基于 MICAPS4 平台框架的格点预报智能编辑系统设计与应用*

胡　皓[1]　王建鹏[1]　薛春芳[2]　高　嵩[3]　贺雅楠[3]　潘留杰[1]　戴昌明[1]

（1. 陕西省气象台，西安 710014；2. 陕西省气象局，西安 710014；
3. 国家气象中心，北京 100081）

## 摘　要

本文主要介绍了基于 MICAPS4 平台框架的格点预报智能编辑系统设计与应用。首先对MICAPS4平台框架的结构进行了简要介绍，随后详细介绍系统的架构设计思路、主要功能以及智能订正规则的技术方案。最后，介绍目前格点预报智能编辑系统业务应用情况，提出了系统未来发展的方向和目标。

**关键词**：MICAPS4　格点预报系统　业务应用

## 引言

随着社会经济发展，政府、公众、企业对于气象服务的需求已经和过去仅仅满足于常规预报和模糊预报不同，现在更加关注的是精细化预报、标准化术语、及时性传播等新型气象服务，对时空精细化、预报要素的多样化、定量化等方面提出了更高、更迫切的需求。为了满足多方面的需求，需推进精细化格点预报提升气象预报预测能力和水平。

为了提高天气预报准确率和预报产品快速制作与推送，我国气象工作者开展了大量的预报系统建设工作[1-4]。中国气象局自主开发的业务软件系统——气象信息综合分析处理系统（MICAPS：Meteorological Comprehensive Analysis and Processing System）是我国气象业务的基础软件，其强大的人机交互气象信息处理和天气预报制作功能，已成为全国气象预报制作的业务平台，在天气预报及气象服务中发挥了重要作用[5]。从 1994 年中国气象局组织研发的 MICAPS 第一版到 2007 年第三版，为用户提供了灵活的接口和二次开发基础。如国家气象中心开发的基于 MICAPS3.2 平台的格点编辑平台[6]、河北省灾害天气个例库与预报训练系统[7]、安徽省人影业务平台[8]、中国气象局武汉暴雨研究所开发的中小流域降水与水文精细化预报平台和暴雨洪涝预报预警模块[9,10]等。

近年来，数值预报技术的进步，探测手段的日臻完善和丰富，以及高性能计算机快速发展和应用，现代天气预报技术取得了显著的进步[11]。预报方式从站点预报逐步转变为格点预报，时间分辨率精确到逐 3 h 或 1 h，陕西省现有天气预报业务系统已不能满足精细化预报服务制作发布需求，在此基础上发展建设智能化、集约化、精细化气象预报业务系统迫在眉睫。一些省市气象部门开发了基于 WebGIS 技术的精细化格点预报平台[12-15]，2016 年中国气象局

* 资助项目：陕西省气象局精细化气象要素预报攻关团队项目。

推出了第四版 MICAPS 业务平台，该系统满足了海量气象数据的快速应用需求，提供了数据快速解析与数据高速访问支持；满足多样数据的编辑绘制需求，提供了强大的人机交互功能，为适应各专业方向对数据的快速应用，研发了灵活的客户端配置方式以及开放的二次开发框架[16]。因此格点预报智能编辑系统基于 MICAPS4 平台框架开发，可以最大限度地集成 MICAPS4 的强大功能，快速制作发布精细化的天气要素预报，为陕西智能网格预报业务化运行提供有力支撑，在预报业务应用中逐步发挥重要作用。

# 1　MICAPS4 平台框架简介

MICAPS4 平台采用 Microsoft Visual C#语言开发，开发工具：Visual Studio 2015，运行时库：.Net Framework4.0。平台框架分为两大部分：(1)数据模型和数据处理、数据显示(图 1)。MICAPS4 系统定义了标准的内存数据模型，分为矢量数据、格点数据、栅格数据，所有输入数据最终转换为这三类数据模型，这部分包括数据模型的定义、数据分析算法、数据显示。(2)模块化应用程序框架。MICAPS4 系统提供了可扩展的插件式应用程序框架 MEF (Managed Extensibility Framework)，能方便地挂接新增各种应用程序。插件在系统中称之为模块，这部分包括了模块管理和加载、系统接口和服务、界面交互。

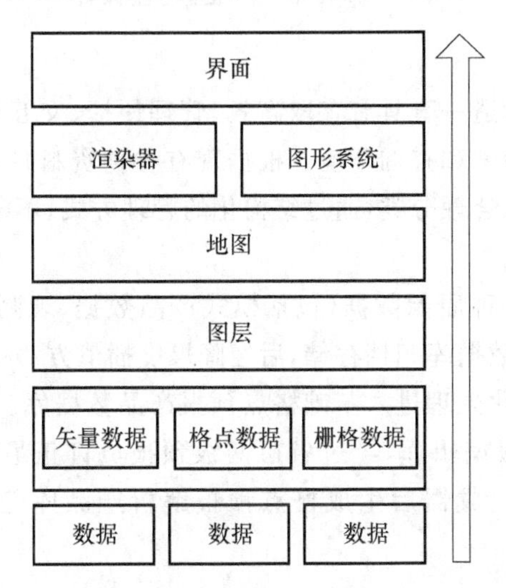


图 1　数据模型和数据处理、数据显示框架图

# 2　系统设计与实现

## 2.1　格点预报业务流程分析

格点预报业务改变了传统的预报制作方式，由之前 98 个县站和 1298 个乡镇站的站点预报、模糊预报向数字化、精细化、智能化格点预报逐步转变。同时，还将原来的间隔 12 h 预报优化为 48 h 内逐小时预报、48～240 h 逐 3 h。这使业务流程更加扁平高效，业务布局更加集约合理，业务技能更加客观智能，实现省市两级不同岗位、不同产品间的预报协同实时制作。图 2 为陕西格点预报业务流程，系统导入本地的客观预报产品，预报员利用系统提供的智能编辑工具，对客观产品进行主观编辑订正。然后产品分发到中国气象局“网格预报云”和本地的格点预报产品数据库中，服务部门通过格点预报自动分析生成器发布各

类气象服务产品。

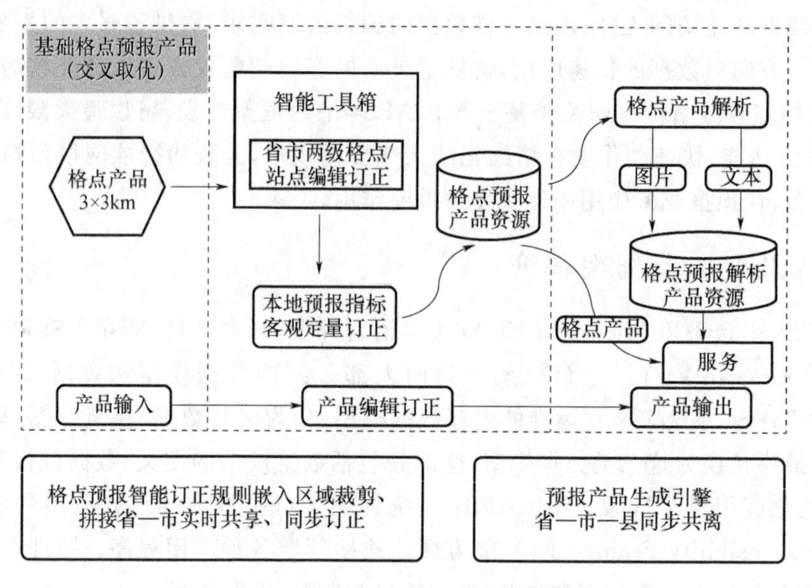


图2　陕西格点预报业务流程图

## 2.2　格点预报数据库设计

格点预报数据库旨在营造一套具有存取高效、管理便捷、交互性强、可快速扩展特点的数据存储、备份、传输、分发、检索和查询环境。根据现有各种资料自身特点，在保证数据质量和稳定性的前提下，准确判断，合理分类，通过结构化的管理方式，不断优化和提升数据访问效率和可操作性。

从数据源采集而来的各种原始数据（包括模式产品数据、观测资料数据以及其他资料数据）通过入库操作进入原始数据库归档存储，后经降尺度插值方法处理生成降尺度格点基数据入库，再由客观订正和标准化处理进入基础格点预报产品数据库。支撑精细化格点预报业务系统的数据I/O的格点预报编辑库，经过省市两级预报员订正最终形成省市格点预报产品库。需求驱动的格点预报生成器后生成格点预报解析产品库经由网络对外发布。如图3所示。

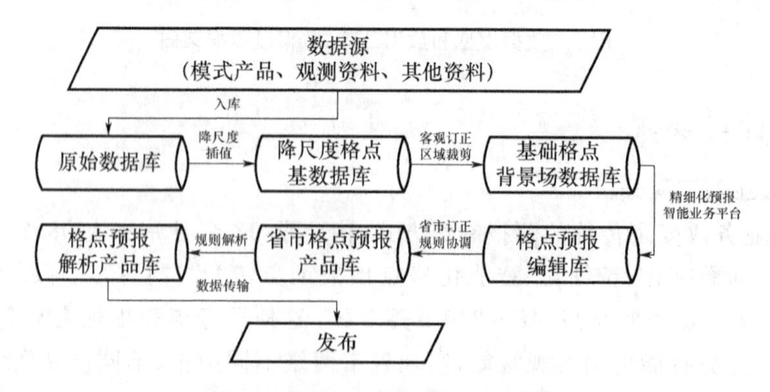


图3　陕西格点预报数据库架构图

## 2.3 系统架构设计

格点预报智能编辑系统采用C/S结构,基于MICAPS4平台框架开发。系统由数据接口、天气分析模块、格点要素预报制作模块、灾害及影响天气预报制作模块、综合预报产品制作发布模块、监控模块等六个模块组成。同时系统嵌入智能订正技术规则,包括等值线反演技术、格点场变分技术、主客观融合技术、要素一致性规则、格点/站点一致性规则、本地预报指标订正等。实现一个开源开放和汇集众智的智能化精细化气象格点预报众创型业务系统(图4)。

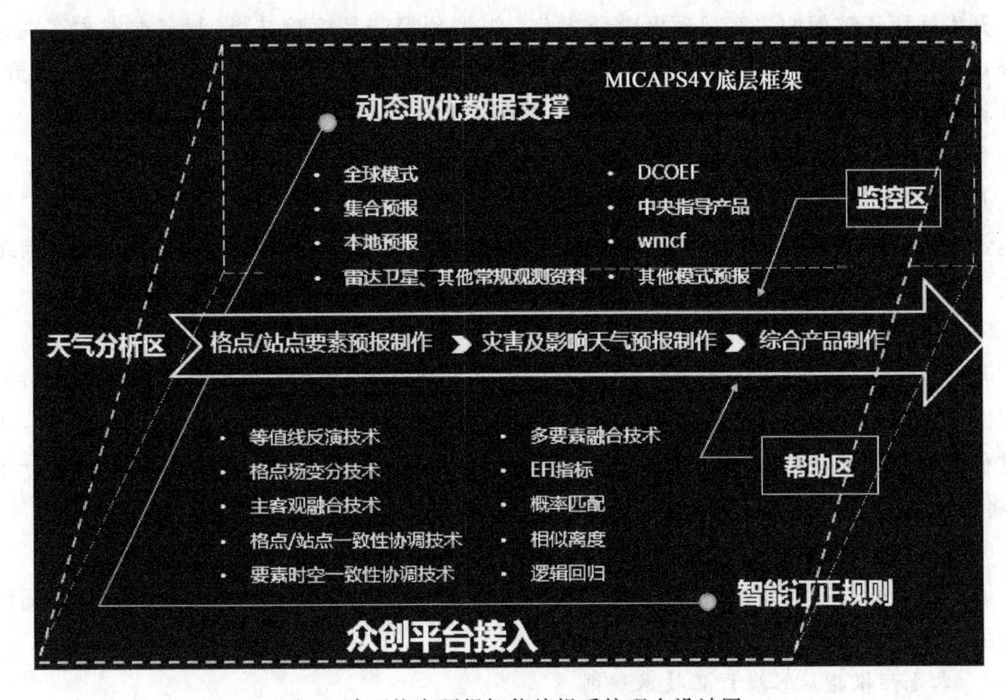


图4 陕西格点预报智能编辑系统理念设计图

使用权限验证的用户登录系统客户端,通过信息传送与后端数据库将格点预报以数据交换的方式提交给系统前端,经过系统自动验证后格点预报被传递给省市格点/站点要素预报制作模块、省市灾害及影响天气制作模块,对数据进行必要的加工并设置一定的发送策略,最后进行格点预报产品发送,同时数据传送给综合产品预报制作模块,人工进行加工后进行产品发送;数据传递的每一个环节都通过监控模块记录并展现在相应的界面,系统所有数据和日志由数据管理统一管理和调度,系统内部进行检索和统计并通过界面展现。

## 2.4 系统智能订正技术规则实现

### 2.4.1 等值线反演技术

通过计算等值线(落区线)的拓扑关系,构建等值线闭合区域归属关系树。计算每个格点所在等值线闭合区域A。在等值线闭合区域归属关系树中,查找等值线闭合区域A的所有内部第一层等值线闭合区域。计算格点到等值线闭合区域A,以及A所有内部第一层等值线闭合区域的距离。将等值线闭合区域的值,与格点到等值线闭合区域的距离利用反距离加权算法计算出格点值。

### 2.4.2 格点场变分技术

开发实现带约束条件的变分方法。降水量逐小时、3 h、6 h、12 h降水值满足累积降水等于24 h降水;温度采用连续变量变分法。例如,如果 $R_{24}=0$,所有的 $R_{06}=0$;如果 $R_{24}\neq 0$ 而 $R_{06}=0$,根据距离分配原则,将 $R_{24}$ 分配给雨区距离最近的几个时次;如果 $R_{24}\neq 0$ 而 $R_{06}$ 不全等于0,在24 h时效内,采用变分法求解满足约束条件的最优解,约束条件为:(a)四个时次的 $R_{06}$ 累加等于 $R_{24}$;(b)每个时次的 $R_{06}$ 尽量和预报员考虑的降水等级一致;(c)每个时次相对调整幅度尽量小。

#### 2.4.3 主客观融合技术

开发适用于陕西的主客观预报融合技术。根据预报产品检验结果,制定本省主客观预报融合规则,形成对下格点预报指导产品。用主客观预报融合的技术取代单纯的数学插值方案,既弥补客观产品在大量级降水上的不足,又发挥了客观产品在小量级降水上的优势。

#### 2.4.4 格点/站点一致性规则

开发适用于陕西的格点/站点一致性技术规则,实现“站点订正优先、格点插值”以及“格点订正,站点邻近距离最短优先”等功能切换,既能完成站点到格点的反馈也能实现格点到站点的反馈。

#### 2.4.5 格点要素时空一致性规则

开展多要素关联约束机制研究,开发要素时空一致性处理技术,实现订正一种要素后的多要素协同修正。开发融合精细化模式输出产品时空演变特征分析的时空约束处理技术,实现对过程总量、单一时效预报、落区中心强度和关键点订正后,基于预报输出产品的时空分布关系,将订正值合理进行时间和空间插值。

#### 2.4.6 多要素融合分析技术规则

研究基于多种基本要素的天气现象转换技术,开发实现降水相态、雾霾、沙尘等天气现象预报的自动生成转换。

#### 2.4.7 本地预报指标客观订正技术规则

分析提取有共识的各地预报经验或指标,凝练形成客观定量化订正规则,开发实现对关键区域、关键天气格点预报要素的客观订正。

## 3 系统界面与功能

### 3.1 系统界面

格点预报智能编辑系统客户端界面分为菜单栏、格点要素栏、时间轴、显示区、工具栏、智能编辑工具箱、图层管理、地图管理、状态栏。客户端的整体界面如图5所示。

菜单栏主要是功能模块之间的切换,分为天气分析模块、格点要素预报制作模块、灾害及影响天气预报制作模块、综合预报产品制作发布模块和监控模块。其中菜单栏的格点要素、短时临近属于格点预报制作模块;影响预报、环境气象、预警信号制作属于灾害及影响天气模块。用户通过验证的账户登录系统,根据岗位权限选择功能模块制作发布产品。

格点要素栏和时间轴提供背景数据加载、要素选择、起报时间和时间间隔的选择。用户选择不同的格点要素,数据在显示区中进行显示,显示的方式包括格点值、站点值、等值线、位图、栏栅点、网格填充等。同时地图管理还提供了地理信息、站点信息和区域锁定等选项。

智能编辑工具箱是系统的核心部分,分为通用工具和智能订正辅助工具。用户可选择不同的编辑工具对预报数据进行点、线、面等编辑修改,格点/站点之间的数据交互满足“站点订正优先、格点插值”以及“格点订正,站点邻近距离最短优先”条件,这样可以保证格点/站点数据一致性。工具栏提供了数据保存、发送、出图等按钮工具,实现数据一键式的发布功能。

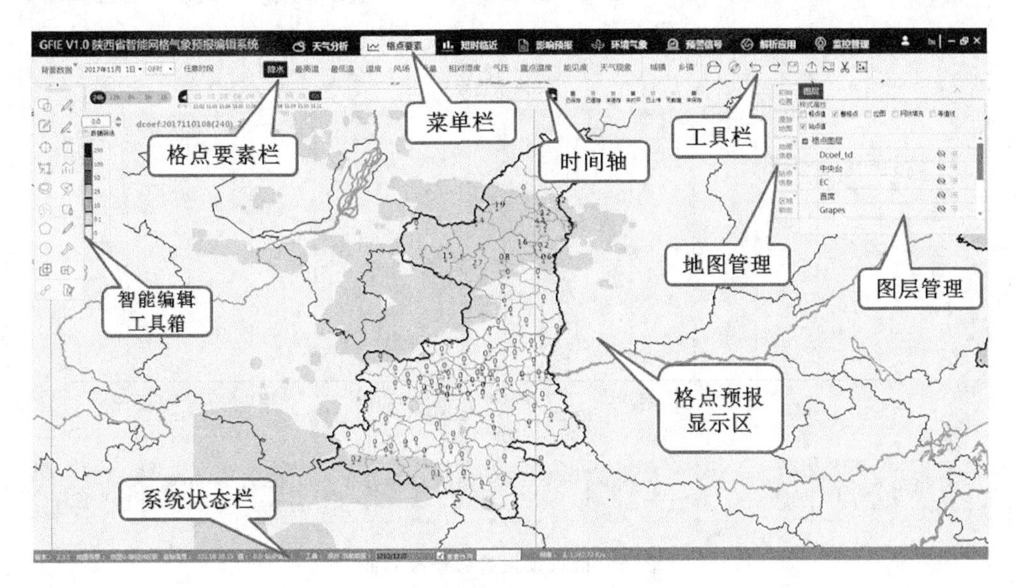


图 5　格点预报智能编辑系统界面

状态栏对系统的属性及状态信息进行显示,包括系统版本号、经纬度信息、站点信息、数据下载情况、要素协同进度、数据上传下载速度等。

### 3.2　系统主要功能

#### 3.2.1　数据调阅

系统采用 MICAPS4 平台数据检索接口程序,在使用过程中用户首先选择背景数据进行数据加载。目前后端数据库提供了两套背景数据产品,分别为中央台格点预报指导产品和本地格点预报客观产品 DCOEF(Dynamic Cross Optimal Element Forecasting),数据格式均为 MICAPS 第四类格点数据。同时,在图层管理中,还提供了各类数值模式的结果查询显示,用户可根据数值预报检验评估结果进行调阅参考。

#### 3.2.2　格点预报数据编辑修改功能

对点的编辑修改:可对画刷实施一定的宽度、数值或加减值,对扫过路径点数值进行改变等操作。对线的编辑修改:进行区域等值线编辑,可对等值线进行删除、增加、拉伸等操作。对面的编辑修改:建立区域的概念,对区域内或者外的值进行修改,实现对区域的复制移动,对区域进行固定值的修改,对区域的数值进行加减,也可对区域数值进行线性渐变或者非线性渐变修改等操作。

格点趋势修改:在图形编辑区绘制修改的区域,弹出“选择曲线类型”选择框,其中格点最大值是所画修改区域中格点值最大的点的变化趋势为代表,格点平均是取所有格点的平均变化趋势,自定义是针对单点(须另外单击要修改的点)变化趋势,“改量”是改变具体的降水量值。在格点曲线调整窗口中可修改单时次,也可按下鼠标左键,拉过要修改的时次进行多个时次的整体调整,如果点击“赋值按钮”,在调整选择点值窗口中进行定值或增减的选择,将对选择的时次进行调整,如图 6 所示。

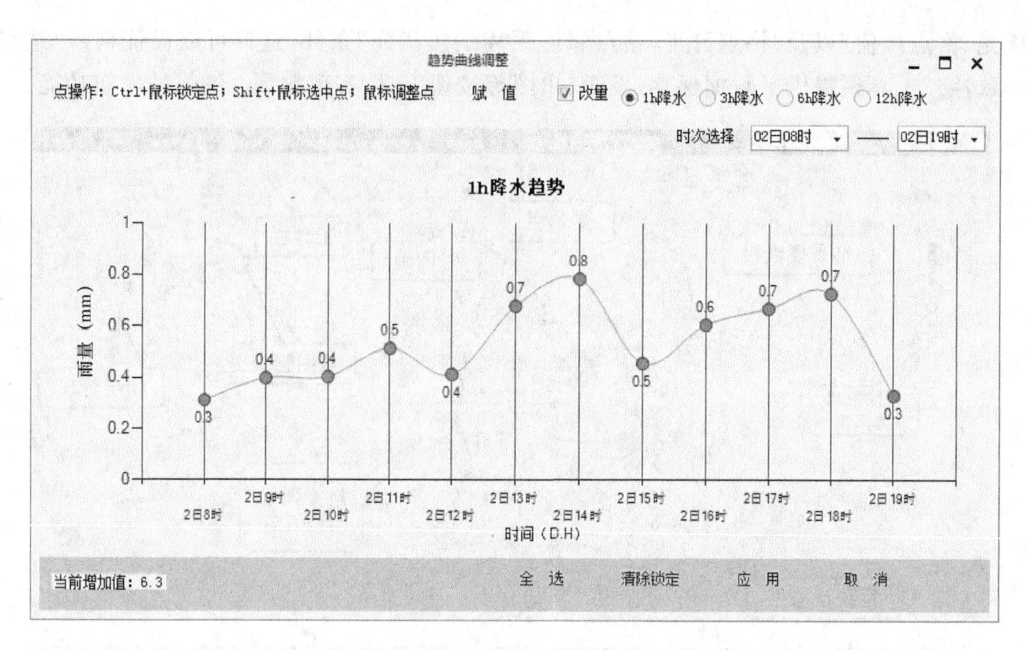


图 6　格点预报趋势修改界面

3.2.3　站点预报数据编辑制作功能

基于 GIS 地图的站点预报编辑修改：对单站要素进行数值修改，可以进行加减值修改等操作；对多站的编辑修改：选定区域，可对区域内多站要素的值进行赋值修改以及数值加减修改，也可对区域内多站的数值进行线性渐变或者非线性渐变修改。

基于表格的站点预报编辑修改：通过表格方式显示各个站点的多时次，多要素预报数据。可以以电码或文字快速改变降水量、温度、风向风速、天气现象等，也可以通过鼠标滚轮来快速改变温度、雨量等数值类型的值。考虑到同时次预报值得相似性，通过站点关联锁定可以批量各个站点的预报值。考虑到站点预报值得连续多时的相似性，通过时间关联锁定可以批量某个站点多时次的预报值。

3.2.4　格点预报要素协同功能

格点预报产品在时间和空间上的矛盾，容易引起如降水产品中预报有明显降水量，而云量产品为晴天等现象出现。系统接入了基于要素关联及时空约束的预报订正融合协同技术，实现了要素协同处理功能。如对于降水采用总量控制，保证 1 h 雨量、3 h 雨量、6 h 雨量、12 h 雨量、24 h 雨量预报间实现协调同步订正。同时站点 12 h 雨量根据邻近距离最短优先原则进行订正，以及协同订正相应云量、相对湿度、能见度、天气现象等(图 7)。

3.2.5　省市预报协同制作功能

系统提供了良好的省市协同订正格点预报产品功能，可部署在省市两级气象台站，实现同时显示即时更新的省市预报的效果，以达到共织“一张网”的目的。采用的技术方案是在服务端搭建消息服务总线，负责与各个客户端系统进行即时通信，转发各个客户端的订正结果；在各个客户端上通过多窗口形式显示不同地区的同一时段、同一要素的格点预报。

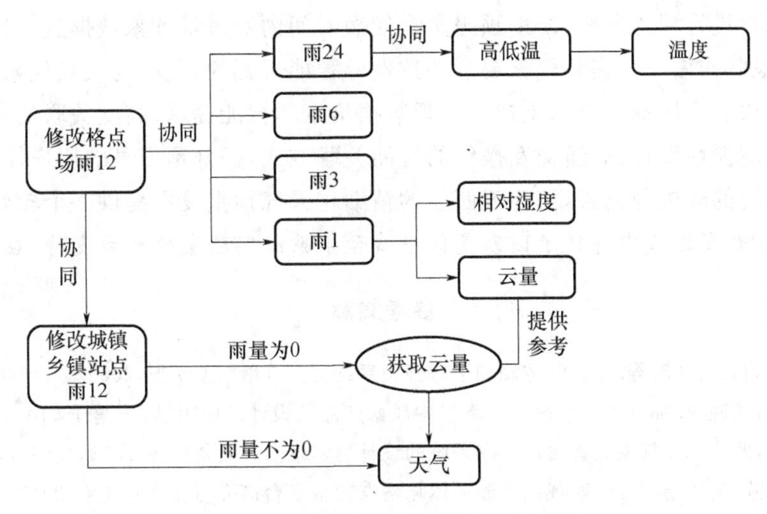


图 7　格点预报要素协同订正流程图

## 4　业务应用

陕西作为 2017 年全国首批格点预报业务试点省份之一，7 月份开始实施格点预报业务单轨化运行，格点预报智能编辑系统在省级及 11 个地市气象台站全面推广，并正式投入业务应用，常态化制作发布格点、站点预报产品，整体运行正常稳定，对陕西的格点预报业务起到技术平台支撑作用。

系统应用过程中体现了三个主要特点。一是适用性和操作性强，系统设计紧密围绕格点预报业务发展需求，集成了 MICAPS4 平台强大的人机交互功能，非常适合预报员的使用习惯。同时，系统针对多要素多时次高精度的预报数据，进行时空关联协同处理，使预报员的从大量重复编辑订正工作中解放出来，专注于关键性、转折性、灾害性天气预报的编辑制作。二是开放性强，系统接入的智能订正技术规则和背景数据可进行配置化修改，如预报员根据本地地形、气候特点研发的本地客观预报产品，可利用 MICAPS4 的数据接口修改数据路径配置后，接入背景数据中。三是扩展性强，系统基于中国气象局自主研发的 MICAPS4 平台框架开发，有专门的团队在不断升级 MICAPS4 框架，以满足气象业务发展中的各种新需求。MICAPS4 提供的可扩展的插件式应用程序框架，能方便地挂接新增应用程序，为格点预报智能编辑系统的改进升级提供技术支持。

## 5　发展前景

目前国际上气象预报业务系统研发重点方向集中在应用智能化、数据可视化和大数据应用等方面[17]，气象大数据在数据可视化和应用方面向业务系统地开发提出了更高的挑战，在可视化方面，由于机器识别目前仍难以与人脑相比，因此，快速准确地提供完整数据的可视化及分析制作预报支持仍是预报业务系统最重要的功能之一，气象数据的数据量增长速度远远超过计算机性能的发展速度，如何更好、更快地提供数据显示，是系统发展面临的重要挑战。

未来提升格点预报智能编辑系统在预报分析制作上的智能化，依托 MICAPS4 平台框架，结合丰富的气象分析算法，实现对高时空分辨率的预报数据进行快速读取与订正，同时，对预报员的操作流程进行深入分析，协助预报员在较短时间内对海量气象数据进行快速分析、准确决策，提升预报制作效率。完善气象要素一致性等智能规则的开发，为大量气象数据能够在天气预报业务中快速应用提供技术支持。实现数据检索的智能提示、高度关联的属性设置、翻页与动画设计的便捷性设计，更新交互操作的智能关联方式，提升预报员的用户体验等。格点预报智能编辑系统的改进与完善，将为陕西省的精细化天气预报发展提供一个较好的业务平台。

致谢：软件开发过程中得到了国家气象中心预报系统实验室的大力支持，在此表示感谢。

## 参考文献

[1] 李月安，曹莉，沃伟峰，等. 强天气监测和潜势预报系统[J]. 应用气象学报，2006，17(增刊)：141-146.

[2] 胡胜，罗兵，黄晓梅. 临近预报系统(SWIFT)中风暴产品的设计及应用[J]. 气象，2010，36(1)：54-58.

[3] 薛峰，刘磊，罗兵，等. 气象灾害灾情共享系统的设计与实现[J]. 气象科技，2013，46(6)：1043-1048.

[4] 胡皓，薛春芳，王建鹏，等. 陕西现代气象一体化格点预报平台简介[J]. 陕西气象，2017，(2)：22-24.

[5] 李月安，曹莉，高嵩，等. MICAPS 预报业务平台现状与发展[J]. 气象，2010，36(7)：50-55.

[6] 高嵩，代刊，薛峰. 基于 MICAPS3.2 格点编辑平台设计与开发[J]. 气象，2014，40(9)：1152-1158.

[7] 孙卓，李江波，曾健刚. 基于 MICAPS3.2 的灾害性天气个例库与预报训练系统的设计与应用[J]. 干旱气象，2017，35(3)：522-527.

[8] 吴林林，刘黎平，徐海军，等. 基于 MICAPS3 核心的人影业务平台设计与开发[J]. 气象，2013，39(3)：383-388.

[9] 王俊超，彭涛，殷志远，等. 基于 MICAPS3.1 的暴雨洪涝预报预警模块的研发[J]. 计算机技术与发展，2012，22(4)：144-148.

[10] 王俊超，彭涛，王丽娟. 基于 MICAPS3.1 的中小流域降水与水文精细化预报平台设计与开发[J]. 干旱气象，2015，33(4)：702-720.

[11] 李泽椿，毕宝贵，金荣花，等. 近 10 年中国现代天气预报的发展与应用[J]. 气象学报，2014，72(6)：1069-1078.

[12] 宁方志，季民，陈许霞. 基于 GIS 的精细化格点预报平台设计与实现——以青岛市为例[J]. 测绘与空间地理信息，2017，40(5)：33-35.

[13] 张宏芳，李建科，陈小婷，等. 基于百度地图的精细化格点预报显示[J]. 气象科技，2017，45(2)：261-268.

[14] 王海宾，范旭亮. 基于 WebGIS 技术的精细化格点预报系统设计与实现[J]. 大气科学研究与应用，2014，45：112-120.

[15] 王海宾，范旭亮. 上海精细化格点预报业务进展与思考[J]. 气象科技进展，2016，6(4)：18-23.

[16] 高嵩，毕宝贵，李月安，等. MICAPS4 预报业务系统建设进展与未来发展[J]. 应用气象学报，2017，28(5)：513-530.

[17] 王海宾，范旭亮，漆梁波，等. 澳大利亚气象局图形预报编辑器(GFE)介绍和分析[J]. 大气科学研究与应用，2012，43：109-116.

# 宁夏智能网格预报业务技术体系建设初探

纪晓玲[1,2]　邵　建[1,2]　张成军[2]　李　强[2]　郑鹏徽[2]
张肃诏[2]　毛　璐[2]　葛　森[2]

（1. 中国气象局旱区特色农业气象重点实验室，银川 750002；2. 宁夏气象台，银川 750002）

## 摘　要

根据第七次全国气象预报工作会议精神和《现代气象预报业务发展规划(2016—2020)》，围绕“无缝隙、精准化、智慧型”发展目标，以预报质量检验评估为基础，以智能网格预报客观订正技术为重点，以智能网格预报业务流程建立为关键，依托智能网格预报业务平台，明确了宁夏智能网格预报业务建设思路、目标和框架体系，确定了各单位主要任务、职责分工、进度安排、考核目标和保障措施，并成立了技术攻关团队，在加强预报质量检验评估的基础上，重点围绕精细格点预报业务技术体系建设开展核心关键技术研发，通过构建智能网格预报客观订正技术体系、智能网格预报业务流程、智能网格预报业务平台。按照智慧气象的发展思路：一是构建或引用中国气象局构建的实况格点场，开展多种客观格点预报产品检验评估；二是在国家级精细化格点指导预报的基础上，通过基于动态检验的综合集成预报与客观订正技术，形成最优背景场，供预报员在固定时间审核发布未来 10 d 的宁夏精细化气象格点预报；三是发展基于多源观测资料快速同化融合与滚动订正的短临预报技术，使得格点预报场随着时间逼近与实况更接近；四是将精细化气象格点预报与预报预警服务产品无缝隙衔接，构建注重用户体验与参与的基于位置、按需推送的气象预报服务技术体系，为基于影响的预报和基于风险的预警提供产品支撑。实现业务产品、预报制作流程标准化，业务功能集约化，客观订正技术智能化，建立宁夏精细化气象格点预报制作及滚动订正技术流程，积极推进智能网格预报业务技术体系建设，为全国精细化气象格点预报一张“网”和精准扶贫等提供支持。

**关键词**：智能网格预报　业务技术体系　流程再造

## 引言

根据气象预报业务发展需求和服务需求，2016 年中国气象局召开第七次全国气象预报工作会议时明确指出，现代气象预报业务向“无缝隙、精准化、智慧型”发展，气象预报业务发展处于转型发展。为落实会议精神，在专题学习研讨、统一思想、转变观念的基础上，宁夏气象局根据《现代气象预报业务发展规划》和《全国精细化气象格点预报业务建设实施方案》[1-4]，编制了《宁夏精细化气象格点预报能力建设实施方案》，明确了宁夏智能网格预报业务建设思路、目标和框架体系，确定了各单位主要任务、职责分工、进度安排、考核目标和保障措施，并成立了技术攻关团队，在加强预报质量检验评估的基础上，重点围绕精细格点预报业务技术体系建设开展核心关键技术研发，通过构建智能网格预报客观订正技术体系、智能网格预报业务流程、智能网格预报业务平台，积极推进智能网格预报业务技术体系建设，为全国精细化气象格点预报一张"网"和精准扶贫等提供支持。

## 1 建立宁夏智能网格预报技术流程

基于国家级精细化格点指导预报，以智能网格预报客观订正技术为重点，以构建智能网格预报业务流程为关键，以宁夏智能化综合业务平台为支撑，建立基于动态检验的综合集成预报与客观订正技术，形成 0～240 h 最优背景场，供预报员在固定时间审核发布未来 10 d 的宁夏精细化气象格点预报；同时，发展基于多源观测资料快速同化融合与滚动订正的短临预报技术，使得格点预报场随着时间逼近与实况更接近；并使精细化气象格点预报与预报预警服务产品实现无缝衔接，为基于影响的预报和基于风险的预警提供产品支撑[5-9]。

## 2 构建基于动态检验评估的智能网格预报客观订正技术体系

根据宁夏智能网格预报业务技术流程(图 1)，一是基于数值预报释用技术研发了宁夏精细网格化客观预报产品。依托预报技术研发团队，基于宁夏 WRF 模式和 EC-Thin 格点预报，针对气温(湿度)采取降尺度插值技术，降水采取消漏空技术，风采取反距离插值技

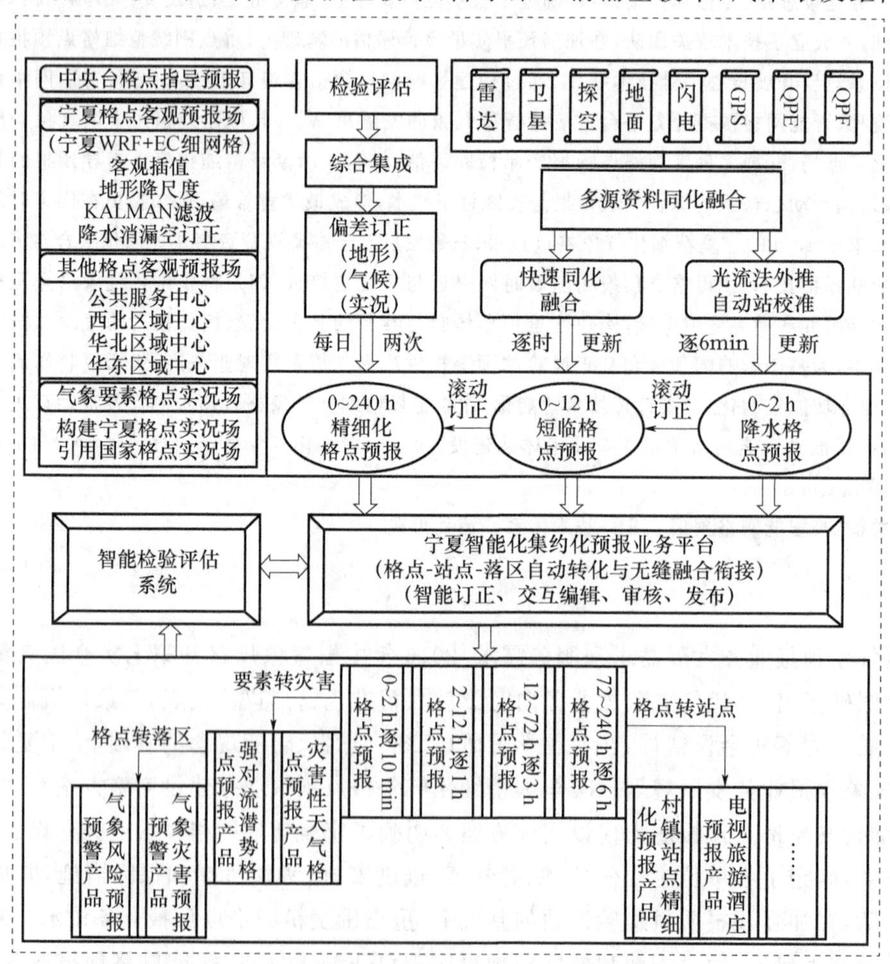


图 1 宁夏智能网格预报业务技术流程

术，建立了 0～240 h 宁夏精细网格客观预报技术，开发了 1 h/3 h/6 h 间隔、5 km 和 1 km 的宁夏客观精细网格预报产品。二是基于动态检验建立了 0～240 h 网格预报客观订正技术流程(图 2)。根据中国气象局下发的格点预报检验规范，对国家气象中心、华东区域中心、宁夏客观精细网格预报等进行动态检验评估与最优集成，结合气候、地形、再检验结果，对最优集成预报进行客观偏差订正、Kalman 滤波、消漏空订正等，其中温、湿等连续变量采用动态最优偏差订正技术将机器不断学习功能引入其中，形成宁夏客观精细网格预报背景场。三是基于多源资料建立了 0～12 h 和 0～2 h 短时临近网格预报(订正)技术(图 3、图 4)。引进 C 波段雷达资料快速同化和基于光流法的 0～2 h 网格预报滚动更新技术，开展了基于宁夏中尺度 WRF 模式雷达资料快速同化技术研发，为开展 0～12 h 和 0～2 h 网格预报业务提供了支撑[10-20]。

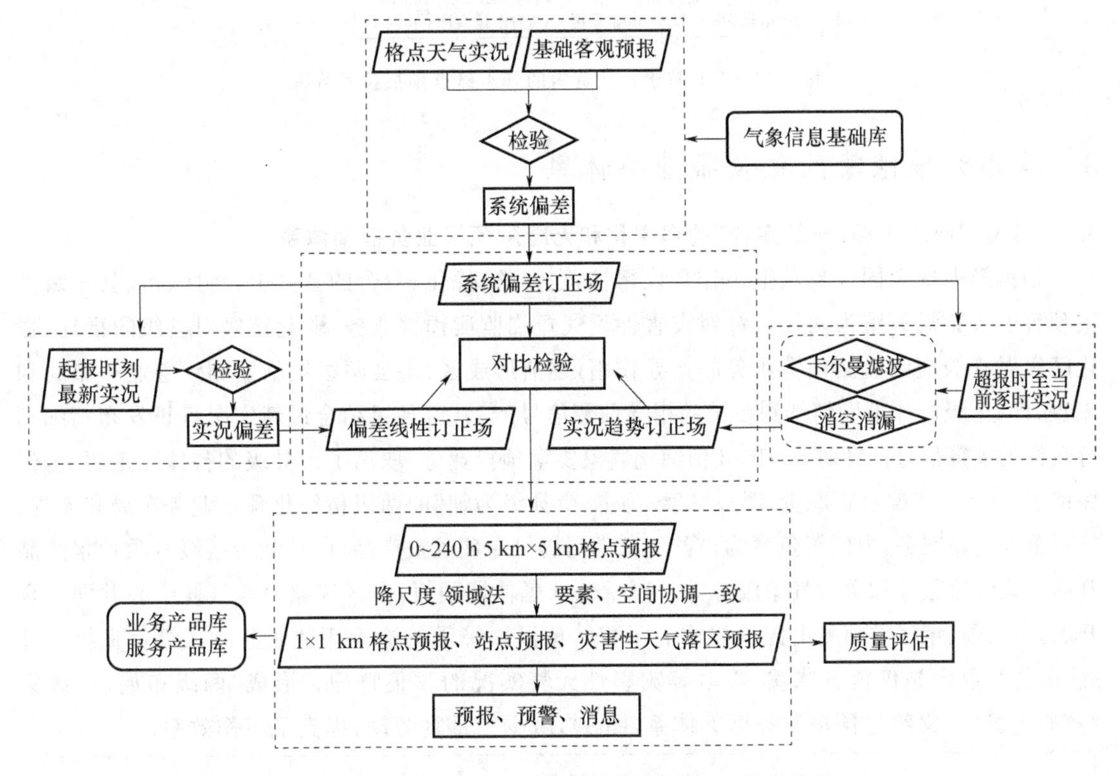


图 2　0～240 h 宁夏智能网格预报客观订正技术流程

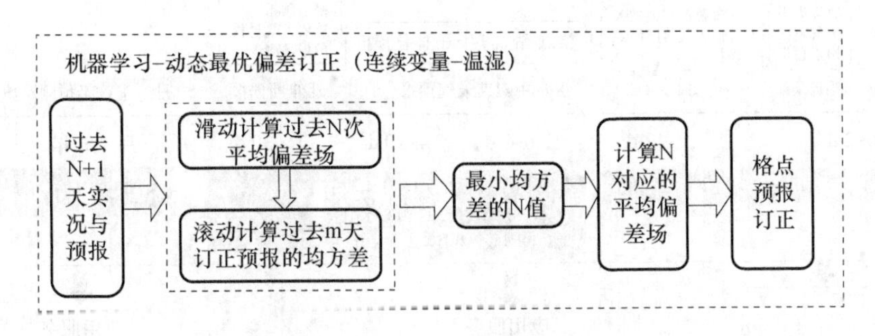


图 3　温度、湿度等连续变量客观订正技术

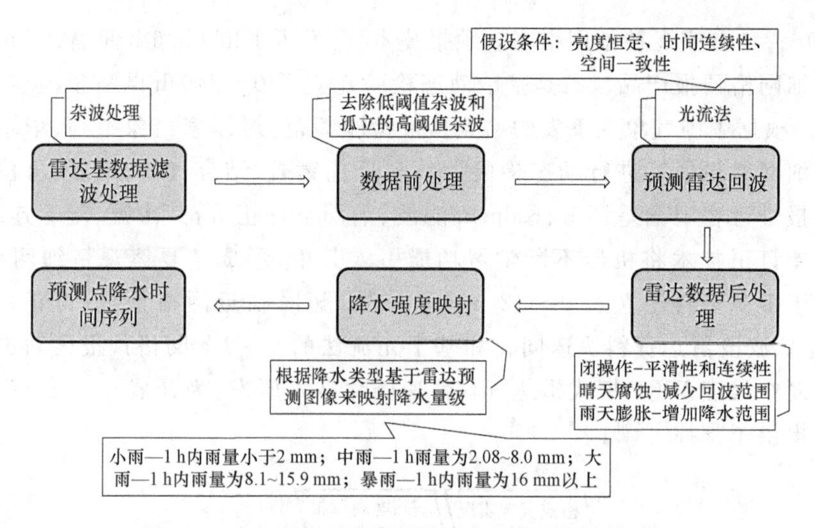


图4　0～2 h基于雷达资料的降水格点预报技术流程

## 3　构建无缝隙集约化预报业务体系

### 3.1　建立"两级布局、一级集约"的扁平化和无缝隙预报业务框架体系

根据第七次全国气象预报工作会议精神，在调整、优化、整合的基础上，将区、市、县三级预报预警业务布局调整为两级。针对灾害性天气短临监测预警业务，弱化市级对县级的指导，强化区级对县级短临监测预警业务的指导作用，逐渐形成区、市县两级短临监测预警业务布局和流程，即：区级制作下发精细到乡镇的指导预警信号产品，市县级结合最新实况订正发布精细到行政村的预警信号。针对0～10 d精细化气象要素预报业务，取消了市县级的整体订正职责，仅保留了0～6 h实况订正职责，形成"区级为主、市县级为辅"的两级精细化预报业务布局和流程。针对重大气象服务，由区级负责为市县气象部门提供专项预报产品，市县利用区级专项预报产品开展决策气象服务和重大气象服务等。11～30 d延伸期预报，由区气象台与气候中心共同联合开展。月、季、年气候预测由区气候中心承担。预报预警质量检验评估业务由区级负责统一开展，市县气象台站仅负责冰雹、雷电等灾害性天气实况的收集整理。形成"两级布局、一级集约"的无缝隙、集约化预报业务框架体系（图5），减少了重复劳动，提高了工作效率。

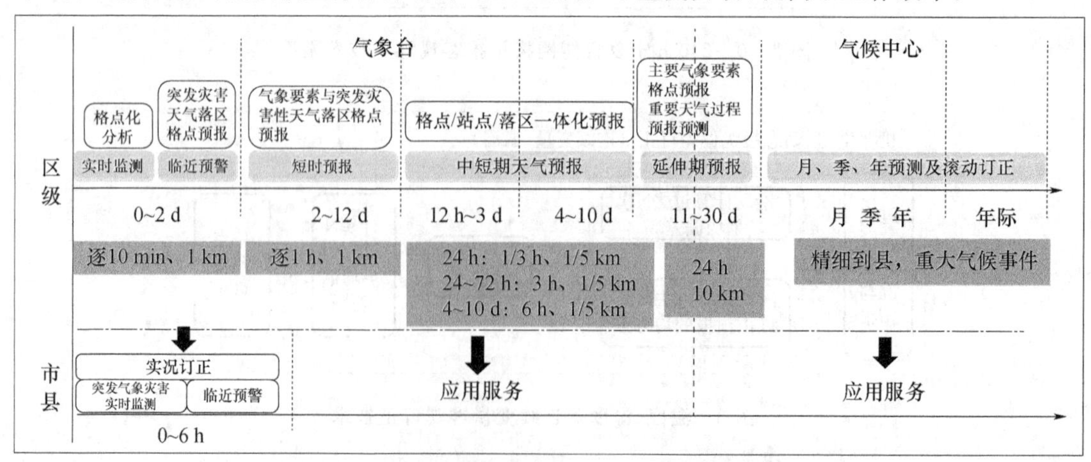


图5　宁夏无缝隙、集约化预报业务框架体系

### 3.2 建立智能网格预报业务流程

打破传统站点预报(订正)业务流程,结合宁夏发展实际和本地特点,对原有业务流程进行优化重组,在省级CIMISS或宁夏三大数据库的支撑下,初步建立了比较完善、思路清晰、分工明确的智能网格预报业务流程(图6),明确了智能网格预报业务职责任务,区信息中心负责数据环境搭建,区气象台负责提供0~10 d(0~30 d)基础的智能网格预报产品,与国家级联动定时制作、实时滚动更新,区气象服务中心和市县气象台站等根据基础网格预报形成专业化预报服务产品并开展服务。并将智能网格预报产品质量纳入检验评估业务。

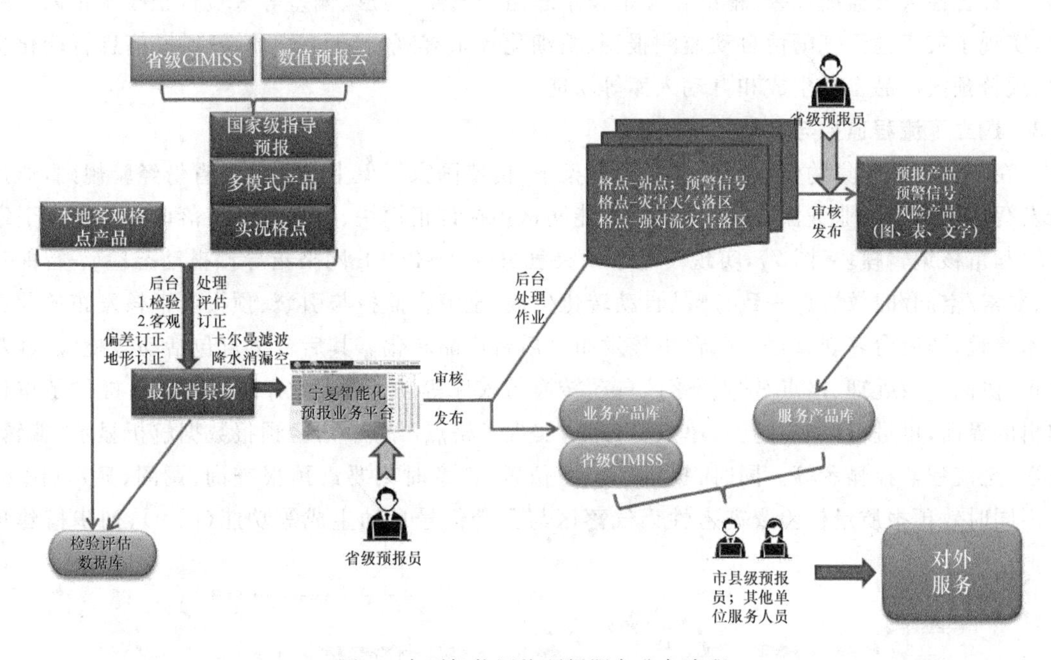


图6 宁夏智能网格预报服务业务流程

### 3.3 梳理僵尸产品,构建智能网格预报服务产品体系

根据智能网格预报业务发展需要和各级气象台站服务需求,宁夏气象局专门发文,梳理气象预报中的“僵尸产品”,对无用的产品进行清理,对有需求但无产品的组织技术研发。2016年以来,通过集中攻关,自主研发了每日2次、最小间隔1 h、最小分辨率1 km的0~240 h宁夏客观网格预报产品;在对国家级格点指导预报和宁夏客观网格预报进行检验评估的基础上,开展客观偏差和实况订正,形成0~240 h宁夏最优格点背景场。引进兰州大学C波段雷达快速同化模块,基于宁夏中尺度数值预报WRF模式,实现了自动站、雷达等多种观测资料的逐小时快速循环同化分析,逐时滚动输出未来0~12 h,1 h间隔的快速同化预报产品。利用雷达降水估测和预报产品,基于TREC风场跟踪和光流法外推技术,结合自动气象站加密观测数据自动校准技术,开展0~2 h临近天气精细化降水预报客观方法研究,实现逐6 min滚动输出1 km分辨率10 min间隔的0~2 h降水预报产品,初步形成最小时间分辨率为分钟级、最小空间分辨率为1 km的格点预报业务产品体系。

## 4　构建宁夏智能化集约化预报业务平台

### 4.1　建立完善宁夏智能化集约化预报业务平台

为促进精细化天气预报业务向智慧型发展，不断推进气象业务现代化建设，根据气象业务发展思路和目标，在对已有的"宁夏区市县三级集约化预报业务平台"进行改造升级的基础上，不断加入智能化、自动化、客观化等元素，基于互联网、数据库、地理信息技术和省级 CIMISS 与宁夏三大数据库(基础信息数据库、业务产品库、服务产品库)，采用分工分布式和模块化架构，将灾害性天气监测预警、精细化预报技术思路和气候、地形、偏差等客观订正技术植入平台中，实现了灾害性天气阈值自动监测报警、精细化预报客观自动订正、预警预报信息智能化提取、预警预报产品自动生成和自动入库等功能。

### 4.2　建立了流程监控与引擎技术

在宁夏智能化集约化预报业务平台框架下，借鉴国家气象中心和先进省份经验规则，通过研发智能网格预报业务流程引擎技术、智能网格预报订正模块、格点/站点/落区智能转化引擎模块和审核编辑模块(图 7)，实现了基于中央气象台 0～240 h 网格指导预报动态检验-智能订正、要素/空间/时效协调一致、产品自动转化生成、全流程监控与引擎、预报员审核发布的业务技术流程，即后台客观订正—前台审核发布—后台产品转化。其后台运行包括动态检验、客观订正、协同一致处理、格点/站点/落区自动转换与入库等功能模块；前台给预报员提供了审核编辑的界面，可进行区域、趋势、单点等订正，实现了格点/站点/落区预报数据解析显示、编辑、发送、全流程监控显示等。同时，提供了任意位置、任意时刻要素预报查询、调阅、显示(图 8)和不同时效预报质量检验及灾害性天气落区与预警信号自动生成等功能(图 9)，初步搭建预

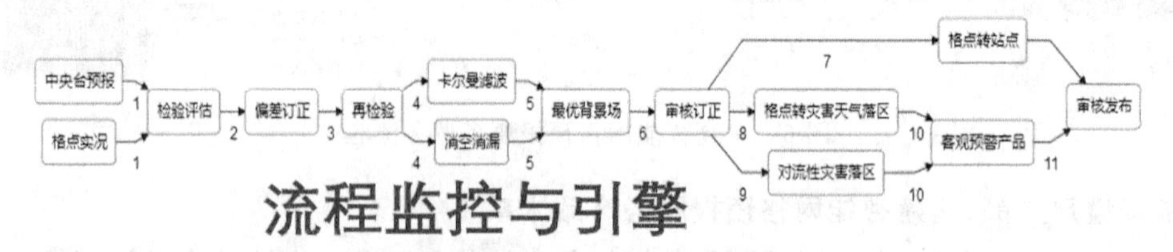


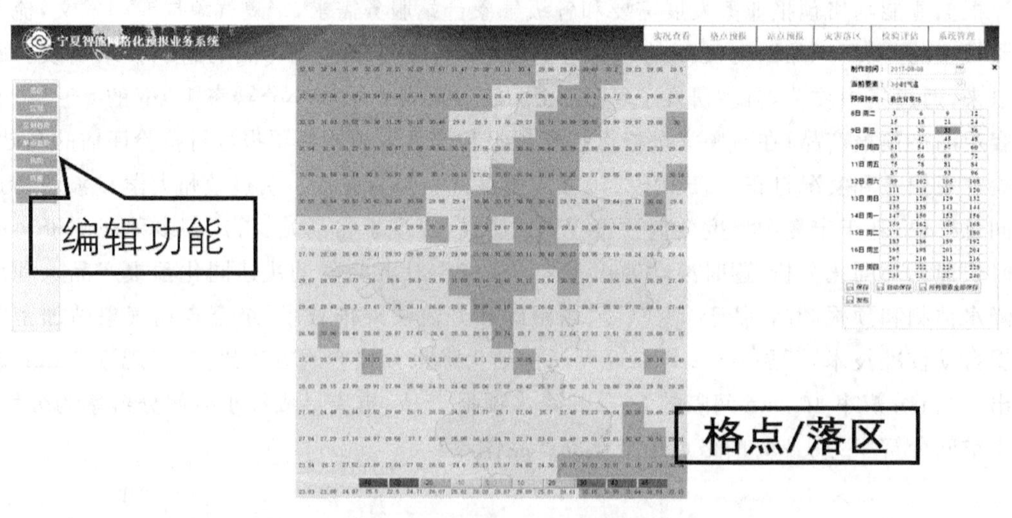


图 7　为预报员提供的审核编辑界面

报员“近于零干预”的智能网格预报业务模块。

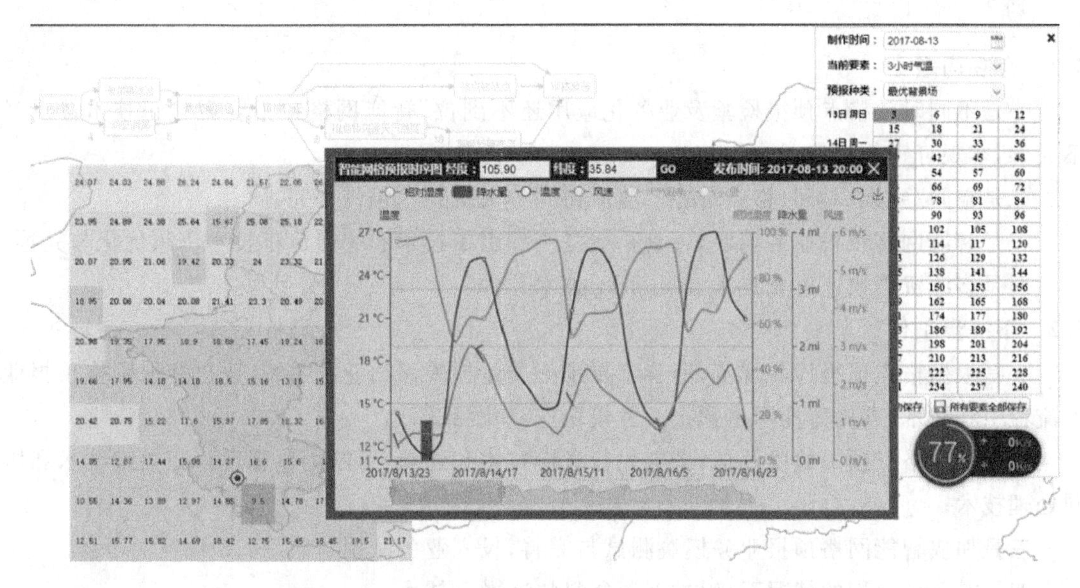


图 8　0～240 h 任意位置、任意时刻要素预报演变

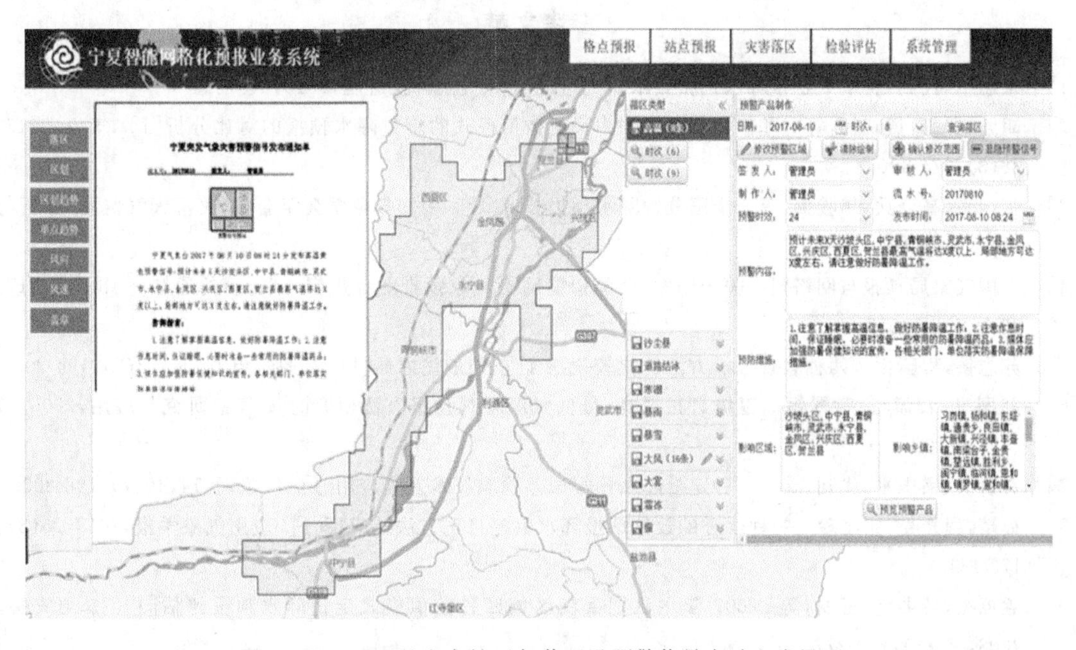


图 9　基于 GIS 的灾害性天气落区及预警信号自动生成界面

## 4.3　建立了常规灾害性天气智能判别提取技术

基于最终发布的格点预报产品，利用气象要素统计分析和阈值判断指标，对高温、大风等常规灾害性天气进行判识，自动生成 5 km×5 km 分辨率常规灾害性天气格点预报产品。同时，基于“配料”和模糊逻辑建模等方法，研究得到不同格点中宁夏强对流天气客观监测预警指标，通过强对流潜势预报客观技术，自动生成 5 km×5 km 分辨率短时强降水、冰雹、雷暴大风等分类强对流天气概率预报格点产品。

## 5　讨论与下一步工作

### 5.1　存在问题

一是不同时效格点预报检验及业务化应用还不到位，智能网格预报客观订正技术体系尚不完善，客观订正能力偏弱。

二是空间/要素/时间、格点/站点/落区协同等关键技术仍需要完善。

三是智能网格预报业务模块，特别是业务流程引擎技术和智能订正技术仍须优化与完善。

四是多源资料快速融合技术(Blending 技术)欠缺。

### 5.2　下一步工作

一是根据格点预报检验规范，完善宁夏预报质量检验评估业务系统，改进智能网格预报业务流程引擎技术，开展智能网格预报业务模块业务化测试；

二是加强格点预报检验评估，借鉴先行省份技术和经验，不断优化客观订正关键技术和协同处理技术；

三是加快智能网格预报业务模块测试与完善，投入业务试用；

四是在条件允许的情况下，引进多源资料快速融合技术。

**参考文献**


[1]　宗志平，代刊，蒋星. 定量降水预报技术研究进展[J]. 气象科技进展，2012，2(5)：29-35.

[2]　胡胜，罗聪，黄晓梅，等. 基于雷达外推和中尺度数值模式的定量降水预报的对比分析[J]. 气象，2012，38(3)：274-280.

[3]　张国平，高金兵，胡骏楠，等. 全国分钟降水预报技术[C]. 中国气象学会年会 S1 灾害天气监测、分析与预报，2015.

[4]　中国气象局预报与网络司. 关于印发《全国智能网格气象预报业务规定(试行)》的通知(气预函〔2017〕36 号)[Z]. 2017.

[5]　苏志侠，程麟生. 两种客观分析方法的比较-逐步订正和最优内插[J]. 高原气象，1994，13(2)：194-205.

[6]　刘国忠，农孟松，黄翠银. 逐级订正最高、最低气温客观预报方法研究[J]. 气象研究与应用，2006，27(1)：14-16.

[7]　符娇兰，宗志平，代刊，等. 一种定量降水预报误差检验技术及其应用[J]. 气象，2014，40(7)：796-805.

[8]　孙靖，程光光，张小玲. 一种改进的数值预报降水偏差订正方法及应用[J]. 应用气象学报，2015，26(2)：173-184.

[9]　孟英杰，吴洪宝，王丽，等. 2007 年主汛期武汉区域四种数值模式定量降水预报评估[J]. 暴雨灾害，2008，27(3)：273-277.

[10]　刘维成，王勇，周晓军. SWAN 系统 QPE 产品的误差统计及订正方法研究[J]. 干旱气象，2014，32(6)：1025-1030.

[11]　蔡辉，高嵩，沃伟峰，等. 基于 MICAPS3 框架的 SWAN 客户端平台设计与开发[C]. 第 27 届中国气象学会年会雷达技术开发与应用分会场论文集，2010.

[12]　胡胜，罗兵，黄晓梅，等. 临近预报系统( SWIFT)中风暴产品的设计及应用[J]. 气象，2010，36(1)：54-58.

[13]　苏军锋，张锋，魏邦宪，等. SWAN 在陇南短历时强降水监测预警预报中的应用[J]. 干旱气象，2012，30(2)：287-292.

[14] 胡胜,孙广凤,郑永光,等. 临近预报系统(SWAN)产品特征及在2010年5月7日广州强对流过程中的应用[J]. 广东气象,2011,33(3):11-15.

[15] 傅朝,闫晗,刘维成,等. SWAN雷达产品在甘肃河东地区冰雹短临预报中的应用[J]. 干旱气象,2013,31(1):199-205.

[16] 东高红,刘黎平. 雷达与雨量计联合估测降水的相关性分析[J]. 应用气象学报,2012,23(1):30-39.

[17] 马慧,万齐林,陈子通,等. 基于Z-I关系和变分校正法改进雷达估测降水[J]. 热带气象学报,2008,24(5):546-549.

[18] 汪瑛,冯业荣,蔡锦辉,等. 雷达定量降水动态分级Z-I关系估算方法[J]. 热带气象学报,2011,27(4):601-608.

[19] 吕晓娜,牛淑贞,袁春风,等. SWAN中定量降水估测和预报产品的检验与误差分析[J]. 暴雨灾害,2013,32(2):142-150.

[20] 王丽,金琪,柯怡明. 三种数值预报产品短期强降水预报定量误差评估[J]. 暴雨灾害,2007,26(4):301-305.

# 北京智能网格预报业务及平台介绍与思考

荀 璐 荆 浩 付宗钰

（北京市气象台，北京 100089）

## 摘 要

随着社会经济发展，建立与现行城镇站点预报相协调的精细化智能网格预报是适应气象服务需求的手段。2017年，北京市气象局调整优化智能网格预报业务流程与岗位职责，升级完善智能网格预报平台，完全实现了站点和格点一体化业务运行，实现了北京市责任范围的空间分辨率为1 km，时间分辨率为“0～24 h逐1 h、24～240 h逐3 h”智能网格预报产品体系。本文主要介绍北京市气象局智能网格预报平台的主要功能，多岗位和多要素协同方案和业务流程，客观技术方法研究和业务化情况，以及目前业务应用情况，并对现存问题和未来面临的挑战进行思考与分析。

**关键词**：智能网格系统平台　协同方案　客观方法

## 引言

随着社会经济发展，社会公众对气象预报的时空精细化、预报要素的多样化、定量化等方面提出了更高、更迫切的需求。传统的城镇站点预报已不能完全适应按需预报、定位预报的服务要求。建立与现行城镇站点预报相协调的精细化智能网格预报既是适应气象服务需求的手段，也是推进预报业务精细化发展的方向与任务。国外，美国、澳大利亚等建立了基于图形预报编辑的数字化预报业务[1,2]。国内，国家气象中心开展了基于格点编辑平台的降水定量预报业务[3]，广东省、陕西省、上海市等气象局先后建立了基于格点交互预报系统（GIFT）的数字化预报业务[4-6]。

在借鉴各先进省份智能网格业务的基础上，2016年12月，北京市气象局智能网格预报业务正式上线，实现了网格预报产品从无到有的突破；2017年4月，通过调整优化智能网格预报业务流程与岗位职责，完全实现了站点和格点一体化业务运行；2017年11月，依托智能化无缝隙格点分析预报系统（以下简称iGrAPS）的升级完善，进一步全面丰富了0～10 d智能网格预报产品体系，提高了预报产品的精细化程度（表1）。该平台支持了网格预报这一项全新的业务内容，并引入了部分主客观订正融合技术及多要素协同订正技术的初步研究成果，一定程度提高了精细化预报准确率。

本文介绍了北京市气象局智能网格预报平台的主要功能、多岗位和多要素协同方案、核心客观技术支撑，以及目前业务应用与改进思考。

## 1 智能网格预报平台主要功能

iGrAPS智能网格预报平台主要包括短时临近预报、要素预报两大主功能模块，包含了背景场选择、起报时间、要素选择、参考资料、编辑工具、图层控制、预报任务监控、近24 h实况数据、预览发布工具、格点站点数据生成发布等功能(系统操作界面见图 1),满足了预报业务的所有需求,并且通过梳理整合气象业务应用系统平台的功能,重构平台架构,归并同类功能,基于集约化的数据环境,建成一体化的综合业务系统,实现业务系统、软件资源的高效利用和集中管理。

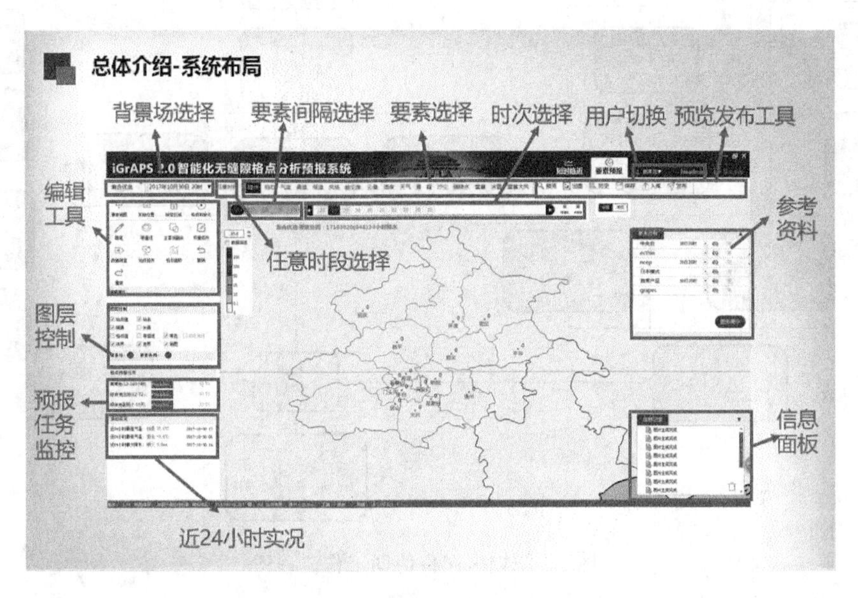


图 1　系统操作界面图

## 2　多岗位、多要素协同订正方案

为适应网格预报发展,北京市气象台对预报业务流程和预报岗位职责进行了调整和优化。预报首席岗承担北京及华北地区“三性”天气过程总把关,负责 0～72 h 过程降水总量和灾害天气预报网格产品制作。短临预报岗负责 0～12 h 逐 1 h 所有要素网格预报产品制作,精细化要素岗负责 12～240 h 逐 1/3 h 所有要素网格预报产品制作(非汛期上述两个岗位合并)。预报首席岗、短临监测预报岗和精细化要素预报岗人员按照各自岗位职责分工,完成不同时段、不同要素、不同时间分辨率的网格预报产品的制作,最终通过多要素和多岗位协同技术,制作完成 0～240 h 全要素网格预报产品(图 2、图 3)。

目前全要素网格预报产品包括“天气现象、降水量、气温、风向、风速、相对湿度、能见度、降水相态、最高气温、最低气温、最大相对湿度、最小相对湿度、云量、雾、霾、沙尘、短时强降水、冰雹、雷暴、雷暴大风”共 20 种产品,详细产品列表见表 1。

为保证全部 20 种气象要素间的关联性、合理性,平台中建立了要素一致性处理技术方法,实现了要素时间和空间的协调订正、不同时效协调订正、要素间关联性订正等智能化处理(图 4、图 5);实现降水总量的可控性和降水时间趋势的可分配性;高低温同 3 h 温度的协同订正;实现了修改降水同相对湿度、云量、天气现象的协同一致、温度同降水相态协同一致;初步实现基本要素与灾害性天气间的协同一致;实现了包括强对流、雾霾等天气现象的双向协同和自动生成;实现了站点与格点预报的一致性。同时,基于实况与“睿图”集成子系统(RMAPS-IN)预报产品实现了对 0～2 h 和 0～12 h 的降水与温度预报的客观滚动订正。

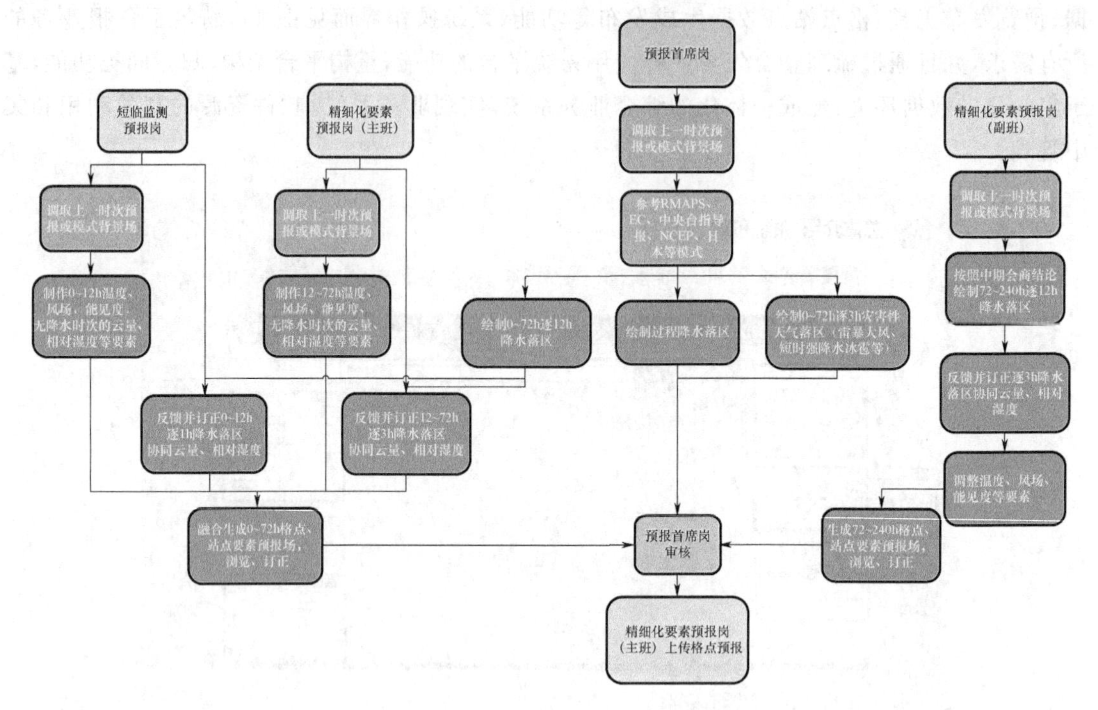


图 2　汛期多岗位协同工作流程图

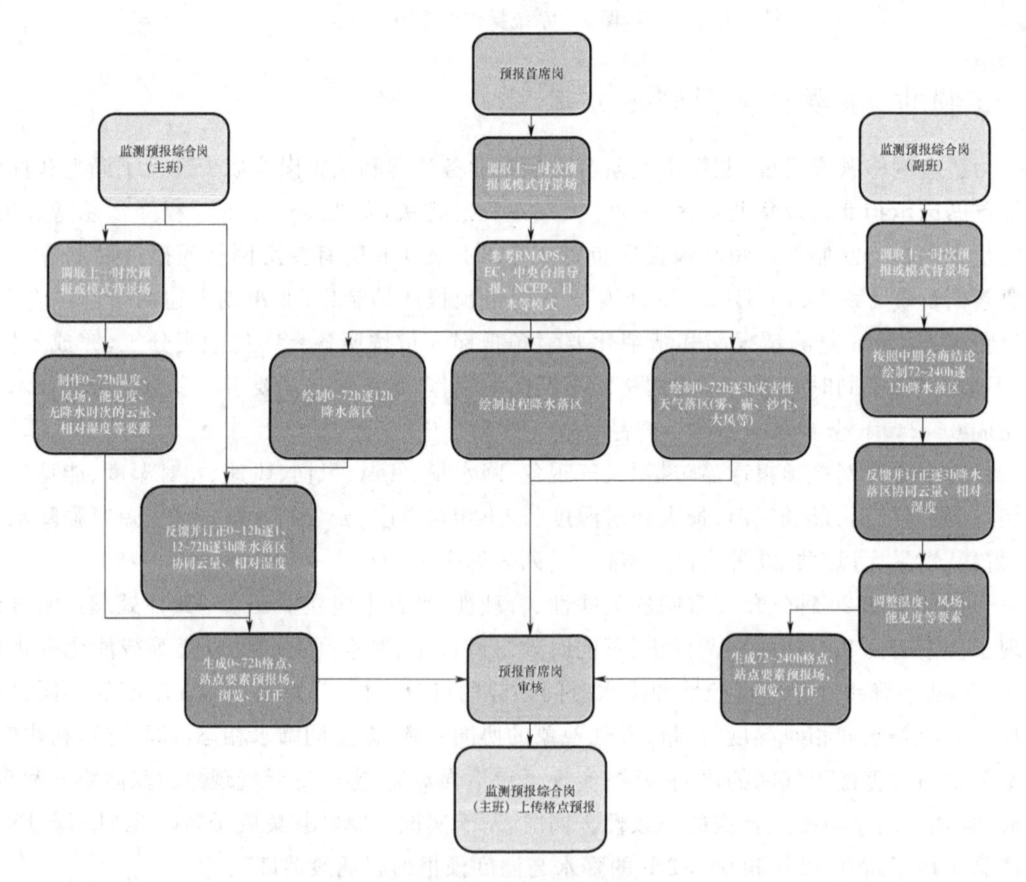


图 3　非汛期多岗位协同工作流程图

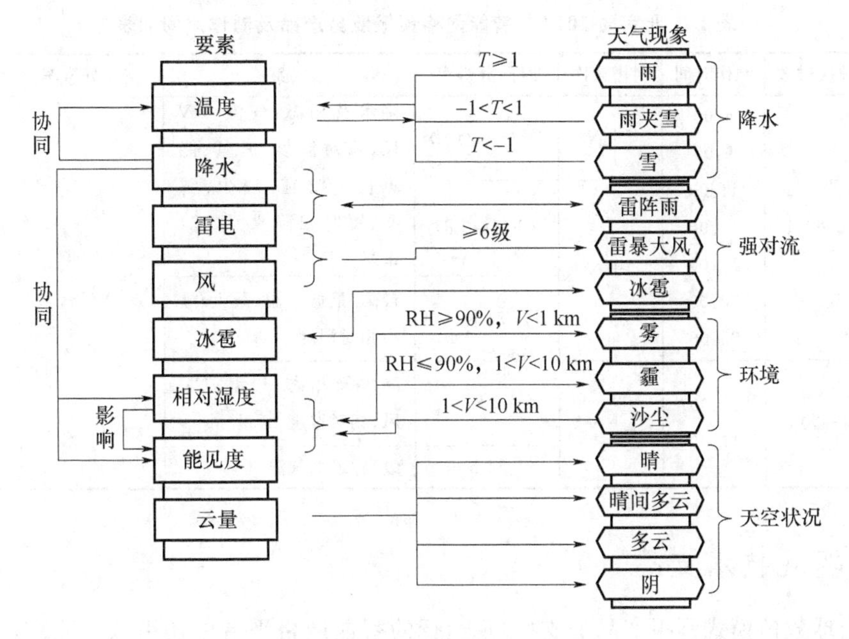


图 4　气象要素间协同一致性架构图

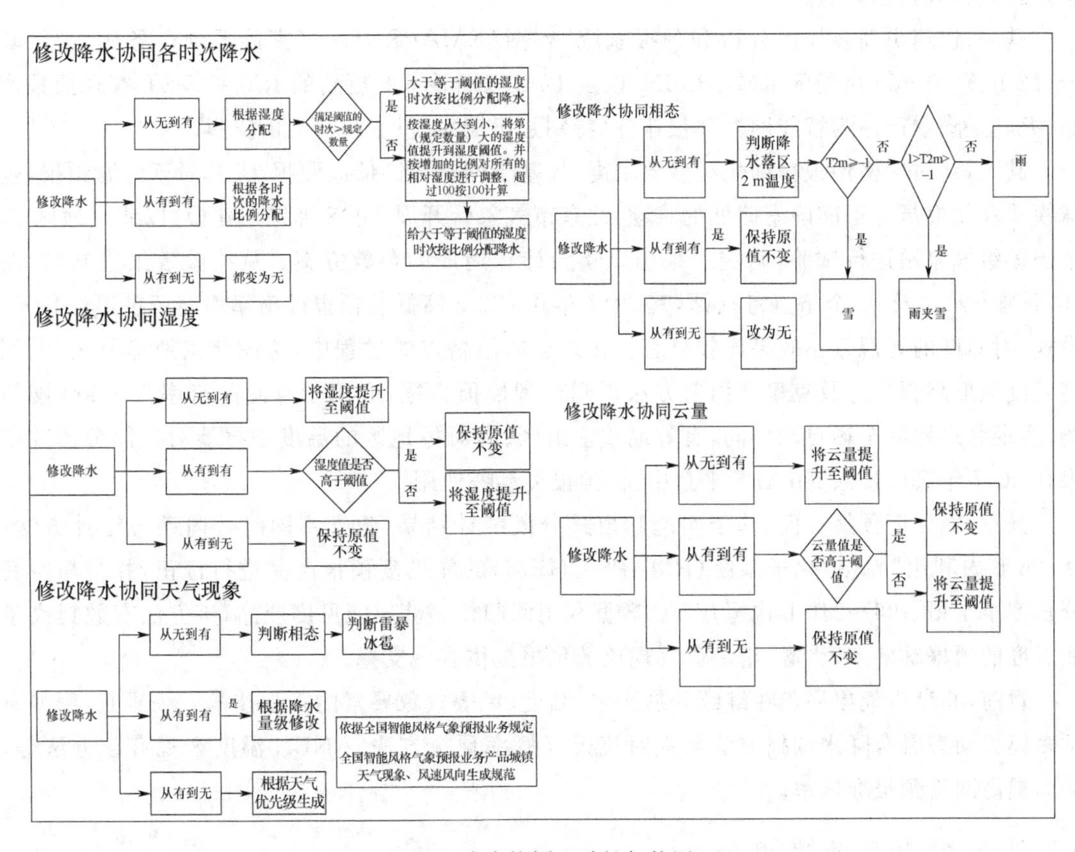


图 5　降水协同一致性架构图

**表 1　北京局 2017 年智能网格预报业务产品及制作时间列表**

<table>
<tr><th>产品名称</th><th>预报时效</th><th>制作时间</th><th>制作频次</th><th>时间分辨率</th><th>要素</th><th>空间分辨率</th><th>区域范围</th></tr>
<tr><td rowspan="5">北京网格预报定时订正产品</td><td rowspan="3">0～3 d</td><td>6:00<br>9:00</td><td>7+N</td><td>1 h(0～24 h)</td><td rowspan="2">降水及相态、气温、UV 风、相对湿度、云量、能见度，雾、霾、沙尘、雷暴、短时强降水、冰雹、雷暴大风</td><td rowspan="5">1 km</td><td rowspan="5">115.30°—117.60°E，39.30°—41.20°N</td></tr>
<tr><td rowspan="2">11:00<br>14:00<br>17:00<br>20:00<br>23:00</td><td rowspan="2">3+N</td><td>3 h(1～3 d)</td></tr>
<tr><td>24 h</td><td>最高/最低气温、最大/最小相对湿度</td></tr>
<tr><td rowspan="2">4～10 d</td><td rowspan="2">11:00<br>17:00</td><td rowspan="2">2+N</td><td>3 h</td><td>降水及相态、气温、UV 风、相对湿度、云量</td></tr>
<tr><td>24 h</td><td>最高/最低气温</td></tr>
</table>

## 3　核心客观技术支撑

除对全球数值模式预报产品的支撑，现运行的智能网格平台中还引入了北京市气象局自主研发的客观技术方法。

其一，快速更新多尺度分析和预报系统“睿图(RMAPS v1.0)”家族系列业务化运行，其 0～12 h 逐 10 min 更新的 RMAPS-IN，以及 12 h 以后逐 3 h 更新的 RMAPS-ST 客观预报产品，尤其是降水产品为智能网格预报业务(特别是汛期)提供了强有力的支撑。

其二，针对网格预报精细化程度要求高，且基于网格的高低温预报，尤其对于低温预报，全球模式和预报员订正准确率偏低的难题，北京市气象台开展 MOS 训练期建模，以北京地区 15 个国家级气象站进行试验，确定了采用以年为计算周期的参数方案。从检验效果来看，针对 15 个国家站以及 55 个格点考核站，其 2017 年 0～72 h 高低温预报准确率均高于预报员和 EC 模式，对温度的客观订正效果比较显著。在站点插值格点的过程中，考虑北京地形复杂，利用高精度地形高程信息及克里金插值方法得到合理插值方案，应用于空间分辨率为 1 km 网格场，实现北京地区全场自动协同，有效地改善山区、高海拔地区的温度预报能力。部分研究成果在 2017 年底已接入 iGrAPS 平台中，供预报员参考使用。

其三，能见度预报方面，基于实况和模式分段统计结果，建立不同时效内动态统计方法，0～96 h 内利用“睿图”化子系统(RMAPS-CHEM)的能见度预报产品进行订正，并提高空间分辨率至 1 km；96～240 h 内采用 EC 数据利用回归模型获取能见度产品，该方法有效提高了能见度的预报准确率，为雾、霾等天气现象的预报提供客观支撑。

目前，北京市气象局仍在继续开展降水、温度、风等气象要素的客观技术方法研究，例如研发多模式动态融合降水预报方法与强对流天气概率预报方法、ANEN 温度客观订正方法等，从而提高网格预报准确率。

## 4　业务应用与改进思考

### 4.1　业务应用

目前，北京市智能网格预报平台可制作一天 7+N 次的精细化的格点、站点和落区等预报产品，实现对传统站点预报和落区预报产品的全覆盖。同时，北京智能网格气象预报产品在气象服务中得到了非常广泛的应用。在冬奥测试赛气象服务中，实现了基于精细化智能网格预报和多种数值模式预报结果来制作冬奥场馆（赛道）的预报产品；在公众气象服务中，研发的微信端“休闲天气”“旅游天气助手”“出行天气”“天气小秘”等应用客户端可为公众提供基于位置的 1 km 分辨率的天气预报产品；在专业气象服务中，为电力管理部门提供高时空分辨率的变电站、输电线路位置和区域天气预报、降水衍生灾害风险、电线舞动结冰等风险预警专项预报产品；为北京市交通委提供 1 km 分辨率的城市主干路网沿线能见度、道面状况、降雨等要素实况和未来 3 h 预报产品。

### 4.2 改进思考

（1）系统平台建设方面，平台中预报编辑界面和工具箱仍需要不断优化，使界面交互性更友好，操作更便捷；升级完善 WEB 版智能网格预报业务系统，优化业务管理和产品浏览与分发监控模块，便于日常值班业务的管理和平台的维护；实现 VIPS 预警与智能网格要素预报的一致性；实现京津冀区域空间分辨率 3 km 的精细化智能网格气象要素预报业务，以及冬奥赛区和关键点的 500 m 空间分辨率精细化网格预报。

（2）客观技术支撑方面，目前能力仍然不足，需大力开展高分辨率区域模式和客观技术方法的研究。完善要素间智能协同订正和要素时空一致性等的关键技术集成，特别是优化基于要素和灾害天气（沙尘、雾、霾、短时强降水、冰雹、雷暴、雷暴大风）的协同规则，确定反馈方式和反馈要素；继续开展降水、温度、风等气象要素的客观技术方法研究，研究成果实现业务转化，应用于平台系统中，优化智能工具箱，改进客观预报效果；开展实况数据和短临产品的融合技术研究，生成实时滚动更新的预报产品，对降水和温度等要素进行实时滚动订正，提高服务效果；实现自动生成多模式集成的最优客观预报产品集。

（3）业务流程方面，基于精细化网格预报产品制作与站点预报制作流程及预报思路有较大差异，需要调整和适应，需要优化完善业务流程，提高平台自动化程度，建设稳定和便捷的数据环境，做好格点预报和服务间的衔接。

（4）检验系统方面，优化智能网格预报检验系统，特别是研发基于网格预报的预警检验和灾害天气检验模块，以及研究基于格点的检验技术，以便快捷准确地生成科学合理的检验结果。

## 5 小结

北京市气象局智能网格预报业务的正式运行，是从无到有的突破，一年以来，主要工作重点在平台建设、业务流程与岗位职责优化调整、客观技术方法研究与成果业务化，以及业务应用和服务等方面，目前，业务人员基本熟悉整个业务流程，并能熟练操作系统平台进行网格预报产品的制作和分发。未来将是从有到精的钻研，需要提高系统稳定性和丰富平台功能，加强对客观技术方法的研究，优化和完善智能网格业务流程，最终提高精细化预报水平，并将高质量的预报产品应用于公众和各行各业中。

## 参考文献

[1] 王海宾，杨引明，漆梁波，等. 澳大利亚气象局图形预报编辑器(GFE)介绍及分析[J]. 大气科学研究与应用，2012，35(1)：109-116.

[2] NOAA ESRL. Graphical Forecast Editor Information Generation Section[EB/OL]. 2016-06-28. Available：http：//esrl. noaa. gov/gsd/eds/gfesuite/.

[3] 中国气象局国家气象中心. FUSE系统完成格点化功能升级并面向全国气象部门发布[EB/OL]. 2014-09-05. http：//www. nmc. gov. cn/cms/article. php? articleId＝84.

[4] 杨群娜，吴乃庚. 广东数字网格预报业务正式投入使用[N]. 中国气象报，2012-12-02.

[5] 胡皓，薛春芳，潘留杰，等. 陕西现代气象一体化格点预报平台简介[J]. 陕西气象，2017(2)：22-24.

[6] 王海宾，杨引明，范旭亮，等. 上海精细化格点预报业务进展与思考[J]. 气象科技进展，2016(6)：18-23.

# 滨州市气象局市县一体化业务平台设计与实现

王培涛　莫　瑶　王凤娇　张婷婷

（山东省滨州市气象局，滨州 256600）

## 摘　要

从滨州市气象局市县气象业务需求分析、平台功能设计和技术实现等方面，介绍了滨州市气象局市县一体化业务平台。该平台采用B/S结构设计，实现了与CIMISS数据库的对接，实现了自动气象站数据实时监测、历史查询统计、灾害性天气自动报警，能够将城镇报报文直接翻译为文字和各类规定格式的产品，并实现了多种产品一键加工制作和一键多渠道发布，实现了文字向12121声讯语音的自动转换和一键更新所有信箱，并且提供了灵活的产品自定义和二次开发接口，有力地保障了滨州市气象局市县业务的开展，为滨州市防灾减灾提供了强的技术支撑。

**关键词**：滨州　一体化业务平台　设计与实现

## 引言

新中国成立前夕，我国气象台站仅有101个[1]，60多年来，伴随我国大气科学理论、技术的进步与发展，气象现代化的建设与发展以及气象服务需求的牵引，天气业务取得了巨大的发展和进步[2]，气象现代化的发展大大促进了气象服务的水平。在业务平台建设方面，很多省市都开展了相关研究[3-11]，业务平台对于气象业务开展起到了强的促进作用。

滨州市气象局自1957年建站（滨县北镇气候站）以来，台站和业务建设不断发展，尤其进入21世纪，现代化建设的大力发展有力地保障了预报服务业务开展。1961年之前，滨州市气象业务只有地面气象观测和简单的农业气象观测，1961年5月开始开展天气预报服务业务，1985年开始开展专业气象服务，2000年全国地市级首部新一代天气雷达（SC）在滨州市业务试运行，2015年雷达异地重建，由SA型替换了原SC型。随着近年来预报准确率的不断提高、社会和经济对气象的需求愈加强烈以及社会整体科技的进步，迫切需要强化气象现代化对日常业务的保障能力。近年来，滨州市气象局高度重视硬件和软件现代化建设，开发了“滨州区域自动气象站数据应用系统”“新城镇报编发软件”“气象业务平台”“专业服务综合平台”等系统，对滨州气象业务提供了有力的技术支撑。但业务系统总体来看相对零散、缺乏功能上的整合，而且产品制作和发布步骤繁琐、效率较低，同一产品需多次发布；市县之间共享机制不高、县（区）局平台支撑水平较差。因此为进一步提高现代化建设对业务的保障作用，更有效率地开展好气象服务和防灾减灾工作，滨州市气象局在充分考虑市县气象业务需求分析的基础上，对平台功能模块和具体实现方式进行了设计，并最终开发了市县一体化业务平台。

## 1　业务需求和功能设计

### 1.1　气象业务需求

滨州市位于山东省的北部、鲁北平原、黄河下游，在黄河三角洲腹地、渤海湾南部，是黄河三角洲区域内最大的行政区，下辖五区五县：滨城区、沾化区、惠民县、阳信县、无棣县、博兴县、邹平县和滨州经济开发区、高新技术产业开发区、北海经济开发区。滨州市气象机构主要有滨州市气象局以及下属的沾化区气象局、惠民县气象局、阳信县气象局、无棣县气象局、博兴县气象局、邹平县气象局。

滨州市气象台气象业务主要涵盖了决策气象服务、公众气象服务以及专业气象服务三部分，另外还包括农业气象服务、沿海气象服务。每天常规发布城镇天气预报、电视台预报、五天滚动预报、市政府日报、24 h 景点预报、报社预报信息、空气污染气象条件预报、短时天气预报、沿海预报、紫外线指数预报、12121 声讯、公众和专业手机短信等信息，另外还需要不定时发布预警信号、周报、旬报、决策手机短信、微博、气象信息快报等产品。发布渠道多且不同，渠道主要有 FTP、手机短信、电子邮件、传真、12121、网站、微博等。各县(区)气象局需要查阅市气象台发布的产品用以解释应用、制作当地气象服务产品。各县(区)气象局因当地需求不同，个别材料格式不同，而且很多材料发布渠道不同。市县业务中均存在着产品众多、发布渠道繁杂、发布时间集中、容易出错的问题。日益增多的业务需要在完成任务的同时，保证预报服务产品的质量，实现多种产品和多种渠道的集约化制作和管理。

### 1.2 功能设计

针对滨州市气象局市县气象业务的迫切需求，对业务进行了梳理，从功能模块和技术实现方式等方面进行了设计。

平台整体要求界面美观、框架合理、操作方便、数据可靠；呈现方式为 B/S 结构；能够实现平台与微信、微博、传真、短信平台、FTP、电子邮件、网站、手机 APP、12121 声讯平台等的对接。针对业务需求，将平台设定为四大模块：系统管理模块、数据监测与报警模块、预报与服务模块、市县资料共享模块。其中，系统管理模块能够实现后台用户角色和权限管理、平台参数配置等功能；数据监测与报警模块能够实现实时气象要素的自动更新和显示、灾害性天气的自动更新和报警、数据的查询统计以及历史比较等功能；预报与服务模块为核心业务操作部分，需提供新城镇报的制作发布功能，然后在新城镇报的基础上自动将报文翻译为基本文字产品，人工干预后能够实现一键式制作多种规定格式的产品，并能一键式将多种产品按照约定好的渠道发送到指定发布对象；市县资料共享模块，可以实现市县之间产品互访和资料的快捷共享。

## 2 平台功能介绍

### 2.1 平台基本技术、结构和框架

滨州气象业务平台是标准化的市县一体化业务平台，以 CIMISS 数据环境为基础，自建库数据为辅助，对获取到的数据进行了整合和处理，实现了市县的业务服务流程的标准化和一体化。平台整体上采用了 B/S 结构设计，能够适应各种复杂多变的客户环境。服务端应用跨平台的开发语言 JAVA 设计，能够很好地支持各种服务器。生产环境采用了主流 Linux 操作系统，数据库采用 MySQL 5.1，稳定性更强。平台包含了登陆界面、主页、数据监测、预报与服务、市县资料共享、预警信号制作、系统管理等主体框架。

### 2.2 主页

主页实现了常用、重要的资料和事项显示，主要分为四个区域：自动站实况、部门内公告

栏、今日预警、最新产品。

自动站实况部分实现了5 min国家自动站实时数据的显示，包括实时和整点的温度、湿度、气压、降水、风向、风速、极大风向、极大风速、能见度、露点，可以让预报员第一时间获取当前天气实况。公告栏由部门负责人进行更新和发布，主要显示重大事项、工作的提醒和常用资料的记录和方便查阅。今日预警一方面使预报员了解当前预警发布情况，一方面提醒及时解除相关信息。最新产品则主要是显示当前部门发布的最新的各类产品。

### 2.3 数据监测

数据监测是自动站数据的显示、查询统计、灾害性天气自动报警的核心模块。实现了国家气象站和区域自动气象站数据实时GIS和表格的显示，并能够自动更新。灾害性天气报警部分，在设定了报警标准的基础上，实现了国家气象站和区域自动气象站大风、暴雨、大雾、高温等灾害性天气的实时监控和声音报警功能。降水量、气温、能见度、风场监测实现了整点、固定时段和自选时段内累积雨量、最高和最低气温、最低能见度、最大风速和极大风速的查询，并能够自动排序显示。实况数据统计部分，实现了按小时、天、旬、月、年等的不同要素指标的查询统计。其中，降水量查询部分实现了降水统计后人工干预功能，可以将疑误数据剔除后重新计算，历史查询部分可以提供当前时段内各台站降水量与去年同期、常年同期的比较，并通过产品配置将查询结果生成雨情短信、表格、色斑图等形式。

### 2.4 预报与服务

预报与服务是预报产品和服务产品加工以及发布的核心部分，主要包括了新城镇报录入和发布以及公众、决策和专业服务产品的制作发布。

#### 2.4.1 新城镇报制作

2008年至今，滨州市气象局新城镇报业务中一直采用自主编写的C/S结构新城镇报编发程序客户端，但无法与其他产品很好地结合起来。而平台以网页形式实现了新城镇报制作发布功能，并对录入报文进行质控，当预报降水、温度为零下时用不同的颜色着重提醒，并且对报文制作时间进行了规定，以防止制作和发布错误时次的城镇报。

#### 2.4.2 电视台预报

城镇报制作完成后，可以将报文自动翻译为文本，添加到电视台预报制作界面中。预报员只需要稍微修订，点击“制作”后即可同时生成多种txt、word规定格式的产品，如电视台预报、5 d滚动预报、市政府每天预报、24 h景点预报、空气污染气象条件预报、专业服务用短期预报以及报社用的产品等。再点击“发布”即可将多种服务产品按照规定好的FTP、电子邮件、网站等渠道发送到指定发布对象(图1)。

#### 2.4.3 服务产品

服务产品主要包括决策服务产品、公众服务产品和专业服务产品，发布渠道包括了手机短信、电子邮件、传真、微博、FTP、12121声讯语音信箱等。

决策服务产品主要包括气象信息快报、决策手机短信、微博、农气服务周报、气候评价等。因网页版的office操作比较复杂，气象信息快报以及其他word产品等采用了本地制作然后上传和发布的方式。发布时，平台实现了与传真、邮件、微博、决策短信平台的对接，可以一键式从多个渠道发布产品(图2)。

图 1　电视台预报制作界面

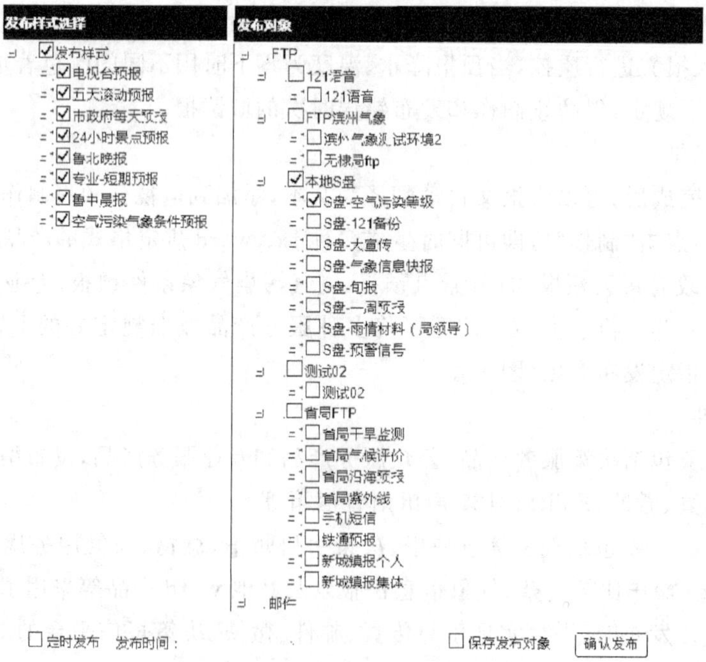

发布样式选择

发布对象

发布样式
电视台预报
五天滚动预报
市政府每天预报
24小时景点预报
鲁北晚报
专业-短期预报
鲁中晨报
空气污染气象条件预报

FTP
121语音
121语音
FTP滨州气象
滨州气象测试环境2
无棣局ftp
本地S盘
S盘-空气污染等级
S盘-121备份
S盘-大宣传
S盘-气象信息快报
S盘-旬报
S盘-一周预报
S盘-雨情材料（局领导）
S盘-预警信号
测试02
测试02
省局FTP
省局干旱监测
省局气候评价
省局沿海预报
省局紫外线
手机短信
铁通预报
新城镇报个人
新城镇报集体
邮件

定时发布　发布时间：

保存发布对象　确认发布

图 2　产品发布界面

公众和专业服务产品除12121声讯语音外，大部分融合在了电视台预报制作中。专业服务产品主要针对每天公众短信、12121声讯以及盐业、电业的专业用户，实现了产品与省局FTP、12121声讯系统、决策短信平台的对接。在自动翻译城镇报报文的基础上略加修改，点击“制作”即可一键式将文本转换为13个语音信箱的语音和其他3种产品，点击“发布”即可更新对应的语音信箱，极大地提高了工作效率。另外，通过对接省局FTP、短信平台，实现了公众手机短信和专业用户手机短信的快捷发布。

### 2.5 市县资料共享

该部分主要用于对不同单位发布产品时方便调阅，以及发布记录的查询、预报校验和产品统计、A文件更新等功能。另外，单独开发了市县一体化业务平台产品浏览页面，可以在不登陆的情况下，在内网方便地查阅不同单位提交的产品，更好地进行资料共享(图3)。

图3 业务平台产品浏览页面

### 2.6 预警信号

提前将各类预警信号标准、防御指南等进行了定义，并定制了产品制作模板，实现了与滨州气象网站、微博和决策短信平台的对接，可以快速地制作预警信号并更新官方网站、微博和发送决策短信等。

### 2.7 系统管理

系统管理是平台的管理核心部分,实现了公告管理、菜单维护、权限管理、自动站管理、阈值管理、色斑图色卡配置、产品模板和发布任务定义、发布对象管理等功能。其中,任务定义部分可以对每一个产品的基本属性、发布样式、产品变量、参考产品进行定义,增加了平台的扩展性和可持续性(图 4)。

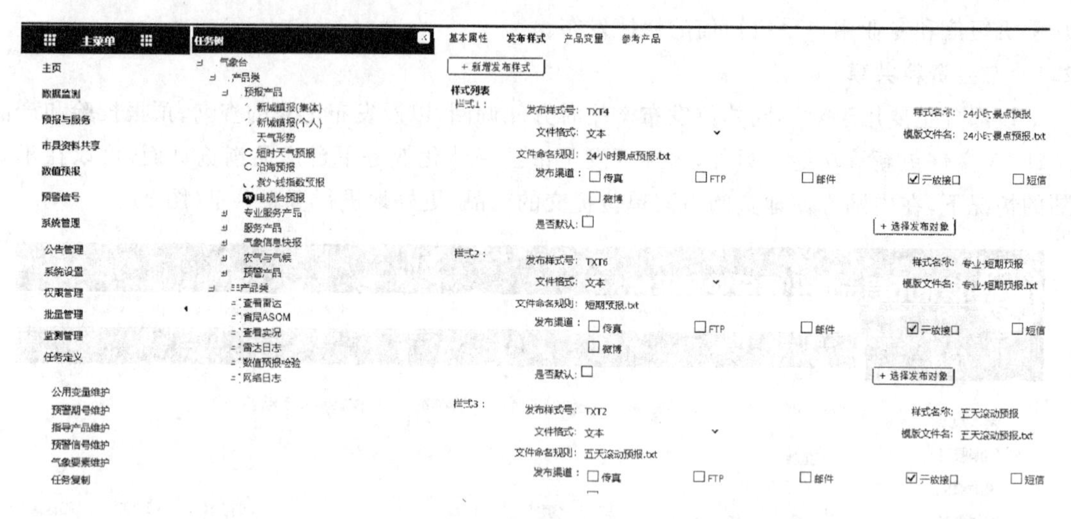


图 4 任务定义界面

## 3 结语

滨州市气象局市县一体化业务平台是在滨州市气象业务不断发展和人民群众对气象服务需求日益增加的背景下设计和开发的。在对业务需求充分调研的前提下,对平台进行了框架和功能设计,开发进程相对比较顺利。为提高平台的高可用性和可持续性,平台数据采用了与 CIMISS 的对接,数据库采用了 MySQL5.1,监测数据提供了人工干预和修订功能,产品配置方面提供了变量和任务定义。面对产品众多、发布渠道复杂的情况,实现了一键式制作多种产品、一键式发布多种渠道。另外,实现了文字向语音的转换,解决了原有的 12121 制作过程的操作繁杂和词条限制的问题。滨州市气象局市县一体化业务平台的建立是滨州气象业务的一项重大变革和成就,提高了滨州气象业务的集约化和现代化,将为滨州气象防灾减灾和滨州市的经济社会发展提供强有力的保障。

## 参考文献


[1] 温克刚,李德善,刘立成. 新中国气象事业发展的壮美画卷——简评《全国基层气象台站简史》[J]. 气象科技进展,2014,4(6):121-122.

[2] 矫梅燕. 天气业务的现代化发展[J]. 气象,2010,36(7):1-4.

[3] 陈有利,沃伟峰,钱燕珍. 宁波市短临业务平台建设的思考[J]. 浙江气象,2017,38(3):41-44.

[4] 周展程,孙志强. 基于 GIS 的自动气象站数据业务平台的实现[J]. 气象研究与应用,2016,37(1):91-93.

[5] 艾艳,孙景兰,范学峰,等. 河南省县级综合气象业务平台的建设及应用[J]. 气象与环境科学,2016,39

(1):114-119.

[6] 罗红梅,周峰,陈湘华.湖南省气象灾害预警信息发布业务平台的设计及应用[J].科技创新导报,2015,12(12):23-24.

[7] 屈右铭,汤宇,蔡荣辉,等.生态气象监测评估业务平台的设计与应用[J].长江流域资源与环境,2010,19(4):421-425.

[8] 王仕星,谢国权,冯国标.浙江省公共气象服务业务平台建设框架设计[J].浙江气象,2009,30(S1):1-6.

[9] 宋煜,邹耀仁,隋洪起,等.大连地区沙尘天气预报预警业务平台[J].气象与环境学报,2009,25(2):45-49.

[10] 齐军岐.基于互联网技术的新一代气象预报服务业务平台[J].陕西气象,2008(5):41-42.

[11] 丁建军,胡文东,丁永红,等.宁夏区域精细化温度预报业务平台[J].气象科技,2005(3):283-288.

# 智能网格预报时空协调一致关键技术研发*

邵 建[1,2] 张肃诏[2] 李 强[2] 郑鹏徽[2]

(1. 中国气象局旱区特色农业气象重点实验室，银川 750002；2. 宁夏气象台，银川 750002)

**摘 要**

自2016年起，我国大力推进气象业务向“智能化、无缝隙、精准化”发展。2017年宁夏积极推进智能网格预报业务体系建设，在网格预报智能订正、主客观融合订正、格点/站点/落区一体化、灾害天气智能识别等方面开展了一些尝试，取得了一定的成果，目前各项成果均引入宁夏智能化格点预报业务平台中。其中一项关键技术，是智能网格预报的时空协调一致技术。该项技术在主客观融合订正、格点/站点/落区一体化中发挥了重要作用。本文重点针对这一关键技术的设计思路和实现方法进行介绍、讨论。

**关键词**：智能网格预报 时空协调一致 关键技术

## 引言

2016年第七次全国气象预报工作会议时明确指出，现代气象预报业务向“无缝隙、精准化、智慧型”发展，气象预报业务发展处于转型发展。在《现代气象预报业务发展规划(2016—2020)》[1]中也明确提出须“完善无缝隙集约化业务体系”“实现站点预报向格点/站点一体化预报转变”。2017年中国气象局预报与网络司印发了《全国精细化气象格点预报业务建设实施方案》[2]和相关业务规定[3]，提出要“构建全国统一时空分辨率的精细化气象格点预报一张网”，“建立主客观融合的精细化气象格点预报技术体系，以及格点预报向各类站点业务”，其中就包括“具备比较合理的时间和空间降尺度插值功能；具有多要素场协调检查和预报合理性检查功能；具有格点预报—服务点产品转换的基本功能”。

近年来，人工智能技术发展迅速，而其在气象上的应用也逐渐增多[4-18]，如自组织神经元网络、参与感知、智能 Agent 等技术；而数据一致性处理技术，则多用于地震和工矿企业等[19-21]。一部分学者在格点预报技术支撑方面开展了一些研究和思考[22-24]，取得了一些成果，推进了智能网格预报业务发展。

在智能网格预报的客观订正中，一致性处理是必不可少的关键步骤；而一致性处理中，又存在时间一致处理和空间一致处理两项关键技术。2017年宁夏积极推进智能网格预报业务体系建设，在此方面开展了一些尝试，取得了一定的成果，目前已将该项成果引入宁夏智能化格点预报业务平台中。本文重点针对这一关键技术的设计思路和实现方法进行介绍、讨论。

## 1 总体设计

时空协调一致性处理，是智能网格预报客观订正发生后，尤其是在对关键点进行订正后，

*资助项目：中国气象局旱区特色农业气象重点实验室项目(2017—02)。

对原有格点场与订正关键点间的预报值进行协调一致并使其合理的过程。时空协调一致关键技术的实现，一方面为不同预报时效的格点预报能够真正无缝隙衔接；另一方面，客观订正过程中，当极值或某一时段预报值有了变动后，如何保证其他时段的预报值能与其连续，并符合基本气象规律。因此，在一致性处理的过程中，关键在于时间上、空间上、要素上的“合理化”问题。宁夏在此方面，采用了相对简单的方法实现这一目的。

在一致性处理过程中，在现阶段，时间、空间是无法同时一致处理的。因此，我们确定先针对单一格点值进行时间协调一致处理，再对某一时刻的所有格点进行空间协调一致处理（图1）。考虑到便捷、高效的处理，我们分别采用时间差分和空间差分方法实现时间、空间的协调一致。

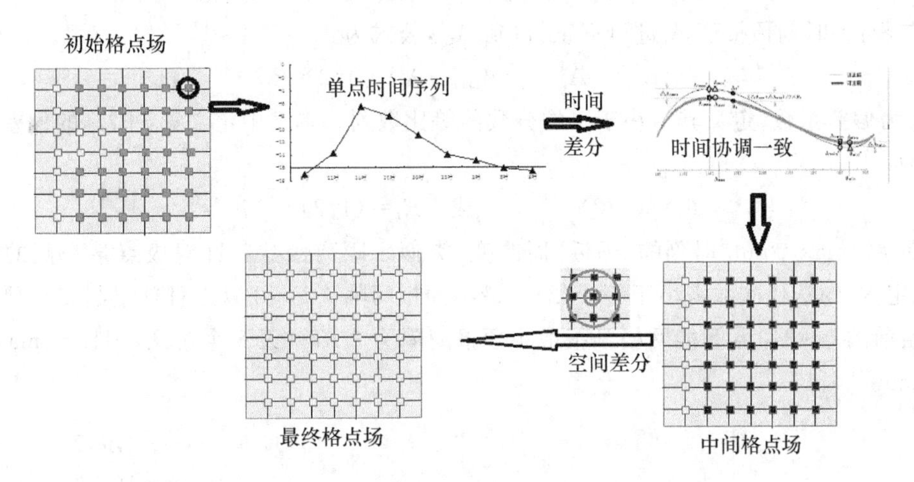


图1　时空协调一致处理技术流程

## 2　时间协调一致技术

采用时间差分法对连续性变量开展协调处理。对连续性变量，采用等距差分方案进行处理，对非连续性变量，则采用非等距差分方案处理。时间协调一致针对单一格点的时间序列进行处理。

### 2.1　连续性变量的协调一致

对于气温（相对湿度）等连续气象要素的日最高、最低气温（日最大、最小相对湿度），须考虑逐时刻（1 h、3 h、6 h）预报要素间与日极值间的对应。通过对日极值时段内逐时刻值计算得出最高值、最低值并记录相应的时刻，以预报员订正发布的日极值为基础，对逐时刻预报中出现极值的时刻预报值进行微调，同时对与其相邻的时次进行相应微调，使得逐时刻预报值、日极值预报相互一致。最简单的方式是直接替换法，即用修订后的极值直接替换到原时刻中极值最近的时刻预报值，其他时刻预报值不变。直接替换法极为简洁，在气温日变化较为平稳时可以采用，但西北地区经常出现气温变化剧烈的情况，利用此方法会人为出现 3 h 降幅达 8℃以上的情况。故本文尝试研发出一种尽量能适用大部分变化状况的协调一致方法。

#### 2.1.1　时段预报值与日极值间的协调一致

此技术主要原则为保持原预报趋势不变的情况下，得到新的预报时序值。值得注意的是，格点预报中日极值预报往往不一定与时刻值相匹配，也即一天 8 个时刻值中的最高（低）值不一定等于日最高(低)值。

以订正气温时的协调一致为例。定义若干变量：原最高、最低气温预报值 $A_{max}$、$A_{min}$，订正后的最高、最低气温预报值 $A'_{max}$、$A'_{min}$，时刻值中取得的最高、最低值 $A_{tmax}$、$A_{tmin}$，时刻值中订正后最高、最低值 $A'_{tmax}$、$A'_{tmin}$；日最高、最低气温订正量 $\Delta A_{max}$、$\Delta A_{min}$ 和时刻最高、最低气温订正量 $\Delta A_{tmax}$、$\Delta A_{tmin}$，则 $\Delta A_{max}=A_{max}-A'_{max}$，$\Delta A_{min}=A_{min}-A'_{min}$、$\Delta A_{tmax}=A_{t\,max}-A'_{tmax}$，$\Delta A_{tmin}=A_{t\,min}-A'_{tmin}$。对于某 $t$ 时刻的气温预报值 $A_t$，采用以下步骤计算其订正值 $A_t'$(图 2)。

第一步：在 8 个时刻中找到最接近日极值的时刻，记录其时刻分别为 $t\text{max}'$、$t\text{min}'$；按照日极值订正幅度对 $t\text{max}'$、$t\text{min}'$时刻的预报值进行初订正，计算公式为：

$$A'_{t\max}=A_{t\max}+\Delta A_{\max} \qquad A'_{t\min}=A_{t\min}+\Delta A_{\min} \tag{1}$$

第二步：各时刻预报值 $A_t$进行订正，得到 $A_t'$，公式为：

$$A'_t=A_t+(\Delta A_{\max}+\Delta A_{\min})/2\times R_t \tag{2}$$

式中，$R_t$ 为偏差系数，定义其为小于 1 的分数的等比数列。本文中定义第 $t$ 时刻的偏差系数计算公式为：

$$R_t=(1/2)^{|t-t\text{max}'|} \quad 或 \quad R_t=(1/2)^{|t-t\text{min}'|} \tag{3}$$

$R_t$ 按照距离 $t\text{max}'$、$t\text{min}'$时刻的“远近”而改变，类似于距离函数。针对极点某一侧的时刻预报值，规定 $R_t$ 的迭代次数需小于等于(24÷最小预报间隔÷2)，并以当日预报起点和预报终点为界。目前的 0～240 h 智能网格预报最小预报间隔为 3 h，一天 8 个时次，则 $|t-t\text{max}'|\leqslant 4$ 或 $|t-t\text{min}'|\leqslant 4$。

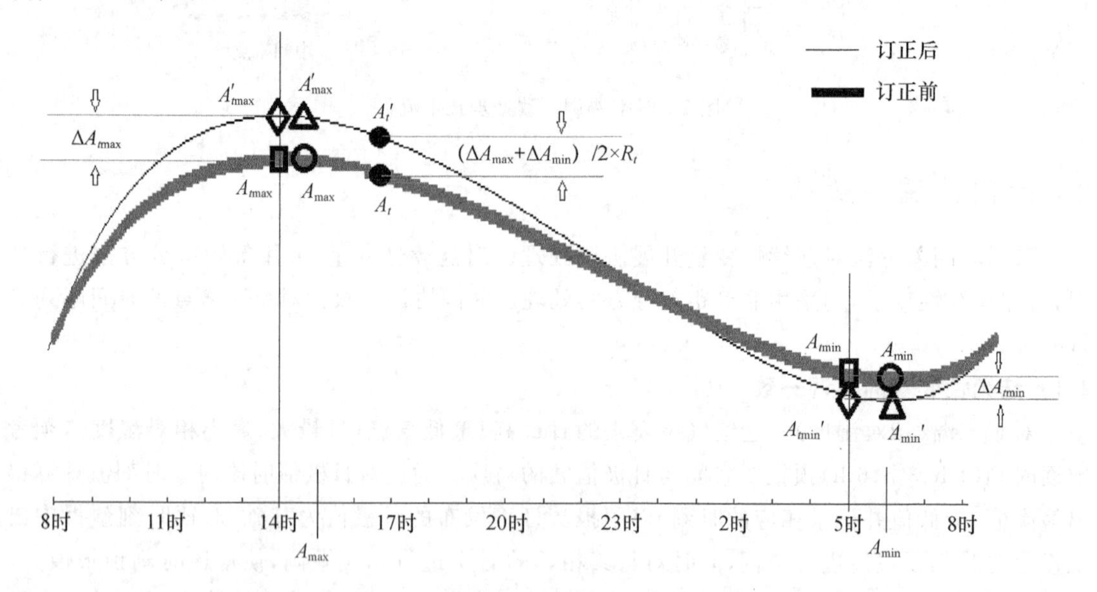


图 2　连续性要素协调一致处理示意图

设定两极值时刻的间隔时刻数为 $S$，$S=[(t\text{max}'-t\text{min}')/最小预报间隔+1]$，所包含的时刻为 $t_s$。对于最高最低两个极点间的若干时刻的预报值，以下式计算 $R_{ts}$：

$$R_{ts}=(1/2)^{|\text{Int}(S/2)+ts-t\text{max}'|} \ 或\ R_{ts}=(1/2)^{|\text{Int}(S/2)+ts-t\text{min}'|} \tag{4}$$

Int()表示对括号内数字取整。从两个极点分别采用上式相应公式往两点中间计算，当 $S$ 为奇数时，迭代次数为 Int$(S/2)+1$，当 $S$ 为偶数时，迭代次数为 Int$(S/2)$。

第三步：对各时刻预报值进行订正。

通过 $R_t$，可以使得时刻预报值是从 $t\max'$、$t\min'$ 时刻开始，逐步向两侧"差分"订正，也即造成了 $t\max'$、$t\min'$ 时刻的订正幅度最大，其余时刻随着"远离"极值点而偏差幅度减小，直至订正幅度接近 0 或到当日预报起点和预报终点。

### 2.1.2 多时段预报要素的衔接协调一致

此部分工作主要用于不同时效和特征的多时效格点预报的无缝衔接中，实现不同预报时效、不同更新频次的 0～2 h 临近预报、2～12 h 短时预报以及 12～240 h 气象要素格点预报产品之间无缝衔接，确保气象要素格点预报的时空连续性。

目前宁夏每日发布以下三大类格点预报产品（图 3）。

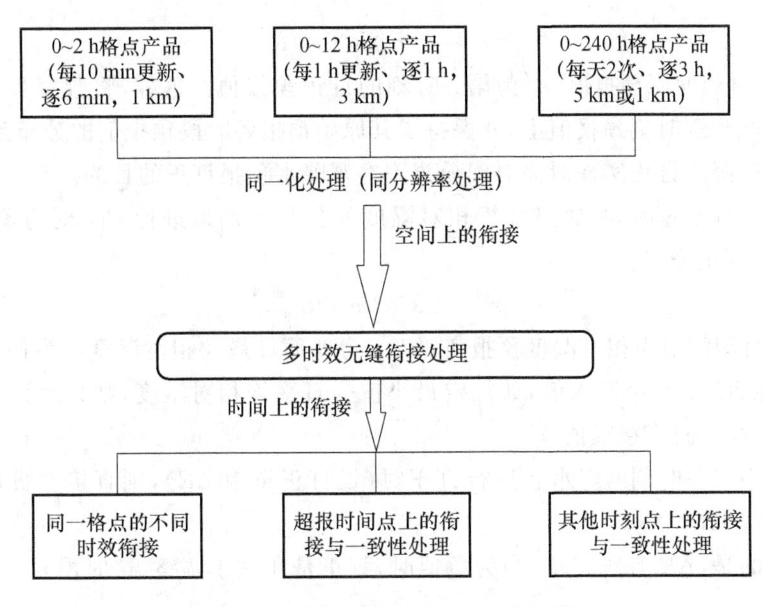


图 3 多时段协调一致处理技术流程

(1)0～2 h 临近格点预报产品：每 10 min 更新，逐 10 min 间隔，空间分辨率 1 km；

(2)0～12 h 短时格点预报产品：每小时更新，逐 1 h 间隔，空间分辨率 3 km；

(3)0～240 h 格点预报产品：每天更新 2 次(05 时、17 时)，逐 3 h 间隔，空间分辨率 5 km。其中三类产品的更新时次、预报间隔、空间分辨率均不一样，因此需要对其进行同一化处理，从空间分辨率、文件格式方面开展处理。参照国家局统一标准和规定范围，统一形成 5 km 分辨率格点产品。

在实现多时段要素的衔接协调，首先要注意同一格点的相邻时效和衔接时效的气象要素预报数值的连续性与边界控制。对衔接点前后三个时效中同一格点气象要素值进行连续性预判，若符合默认的变化趋势则不处理，若不符合默认的变化趋势则采用均值法或三点平滑滤波的方式进行连续性处理。

针对降水要素，采用两个步骤进行处理.(1)将 0－2 h 10 min 更新数据、2～12 h 降水逐小时数据、12～240 h 的 3 h 格点数据直接按照时序顺序连接成一类产品，该产品 0～2 h 逐 10 min 间隔、2～12 h 逐小时间隔、12～240 h 逐 3 h 间隔。(2)考虑衔接处的连续性处理问题，对 1 h 50 min 的预报值与 2 h 整的预报值、2 h 的预报值与 3 h 整的预报值、12 h 预报值与 15 h 的预报值相互间的合理性进行判断。合理的予以保留，不合理的参照 2.1.1 节进行协调一致处理。

**2.2 非连续变量时段预报值与日累计值间的协调问题**

采用时间差分技术对非连续变量开展协调处理，这里主要针对降水开展处理，而风的一致处理较为复杂，这里暂不讨论。以降水量为例，一致性处理分两方面，一是对日降水量进行订正后，时段降水量的自动协调；二是订正时段降水量后，日降水量的自动协调。

在原预报有降水的时候，对日降水量 $R$ 开展订正后形成新的降水量 $R'$，假设订正量为 $\Delta R$，则 $\Delta R=R-R'$。此时对于该日所含第 $t$ 时段的降水量预报订正值来说，其订正公式定义为：

$$r_t'=r_t+\Delta R\times r_t/R \tag{5}$$

式中：$r_t$ 为第 $t$ 时刻的原预报值，$r_t'$ 为第 $t$ 时刻的订正预报值。这样，将预报员订正后的降水预报合理地分配到逐时刻预报值上，并保持了其原始预报各时段预报值的分布趋势，达到通过较粗时间分辨率降水订正实现对高时间分辨率客观降水预报订正的目的。

而在预报无降水量时，则通过计算相对湿度的分布比例来进行 $t$ 时刻的预报值订正（赋值）。定义如下订正公式：

$$r_t'=\Delta R\times Rh_t/Rh_{max} \tag{6}$$

式中：$Rh_t$ 为 $t$ 时刻的地面相对湿度预报值，$Rh_{max}$ 为地面日最大相对湿度。为使一致性处理更合理，可以规定 $Rh_t$ 的最小准入值，如规定最小值为日平均相对湿度，则只对大于该值的情况进行计算赋值，小于时直接赋值 0。

当仅对其中某一时刻的降水量进行订正时（设订正量为 $\Delta R$），则直接在日极值的基础上进行订正，即 $R'=R+\Delta R$。

需要注意的是，$\Delta R$ 有正有负，当为负值时，订正是在往小调整，这时需要注意增加 $R'>0$ 的控制条件。

## 3 空间协调一致技术

采用空间差分法开展空间协调处理。空间协调一致针对单一时刻的空间分布上若干格点进行处理。

参照文献[3]中格点预报检验评分办法，设定空间一致处理的指定范围为 10 km，即针对某一格点来说，以其为圆心（此时称其为“中心格点”），10 km 半径画圆找取需要一致处理的格点，以周边格点距该格点的距离为权重差分订正值，形成新的格点场。按照如下公式进行计算：

$$A_{t\,new}=A_t+\Delta A\times S_{t\,new}/S_{max} \tag{7}$$

式中：$A_t$ 表示查找半径内第 $t$ 个格点的要素预报值，$A_{tnew}$ 表示该格点要素一致性处理后的预报值，$\Delta A$ 为对中心格点进行订正后的订正量，$\Delta A=A-A'$；$S_{tnew}$ 为第 $t$ 个格点与中心格点间的距离，$S_{max}$ 为查找半径，目前设定为 10 km。

## 4　业务应用与讨论

### 4.1　业务应用

2017 年,上述协调一致技术已基本成形,并成功应用到宁夏智能网格预报业务平台中。

(1)在主客观融合订正中的应用

宁夏开发的智能网格预报平台中,设计完成了主客观融合订正模块,其思路是预报员依托平台给出的关键点预报参考值(来自宁夏最优背景场),根据近期预报偏差开展主观订正;主观订正后,订正值自动被平台记录并进行时空协调一致处理,形成时间、空间都较为合理的新格点预报场。

(2)在格点、站点一体化业务中的应用

在宁夏智能网格预报平台中,在格点预报向站点预报转化的过程中,需要应用协调一致技术形成站点要素值,通过预报文字转换模块生产预报服务产品。

(3)在多时效格点预报无缝衔接中的应用

协调一致技术还可应用在 0～2 h 临近格点预报、0～12 h 短时格点预报、0～240 h 短期格点预报的无缝衔接过程中。此部分工作目前宁夏正在开展,但从业务试验的结果来看,该项技术可以基本满足多时效格点预报的无缝智能衔接需求。

### 4.2　讨论

目前该项技术是仅通过数学手段实现协调一致,虽然可以满足业务需求,但应该还有较大的改进余地。比如在数学手段基础上,基于综合观测资料和统计算法,研究不同气象要素间的协调一致性关系,分析单要素空间和时间分布规律,以及不同要素间的协调关系,从而改进协调一致技术,使其更加智能化、客观化、合理化。

### 参考文献


[1] 中国气象局．现代气象预报业务发展规划(2016—2020)[Z].

[2] 中国气象局预报与网络司．全国精细化气象格点预报业务建设实施方案[Z].

[3] 中国气象局预报与网络司．全国智能网格气象预报业务规定(试行)[Z].

[4] 曾晓梅．国外人工智能技术在天气预报中的应用综述[J]. 气象科技,1999,1:4-11.

[5] 孙晓燕,杜景林,周杰．参与感知在气象信息服务系统中的应用研究[J]. 计算机应用与软件,2014,31(5):71-75.

[6] 焦圣明,郑媛媛,王宏斌,等．灾害性天气个例库智能分析系统的设计与实现[J]. 气象,2017,43(3):354-364.

[7] 孙石阳,刘东华,邱宗旭,等．智能专业气象信息融合与服务系统初步探讨[J]. 广东气象,2012,34(6):51-54.

[8] 冯民学．高速公路交通气象智能化监测预警系统研究[D]. 南京:南京信息工程大学, 2005.

[9] 张可,齐彤岩,金凌,等．江苏省地方智能交通系统(ITS)体系框架研究[J]. 交通运输系统工程与信息,2007,7(2):141-146.

[10] 张哲, 陶建华．交通气象智能信息服务系统[J]. 交通运输系统工程与信息, 2006, 6(6):163-168.

[11] 胡争光,郑卫江,高嵩,等．气象网络平台关键技术研究与实现[J]. 应用气象学报,2014,25(3):365-374.

[12] 彭昱忠,王谦,元昌安,等．数据挖掘技术在气象预报研究中的应用[J]. 干旱气象,2015, 33(1):19-27.
[13] 万仕全,何文平,封国林,等．数值模式误差订正方法初探[J]. 高原气象, 2014, 33(2):460-466.
[14] 蒋乐贻,费亮．台风路径人工智能预报方法的研制[J]. 应用气象学报, 1997,8(2):254-255.
[15] 曹京,曹志国．智能 Agent 技术在天气预报中的应用研究[J]. 现代农业科技,2012(12):201-203.
[16] 刘枫．Android 智能手机天气预报系统设计及实现[J]. 计算机时代,2011,4:61-63.
[17] 林孔元,黄瑞祥．气象预报智能系统集成化问题的研究[J]. 气象,1994, 20(6):39-42.
[18] 林万涛,王建州,张文煜,等．基于数值模拟和统计分析及智能优化的风速预报系统[J]. 气候与环境研究,2012,17(5):646-658.
[19] 蔡希玲,刘学伟,王彦娟,等．地表一致性统计相关分析法及其应用[J]. 石油物探,2006,45(4):390-396.
[20] 云美厚,丁伟,王开燕,等．地震资料一致性处理方法研究与初步应用[J]. 石油物探,2006,45(1):65-70.
[21] 仲伯军,印兴耀．复杂地区三维地震资料拼接中的一致性处理技术[J]. 石油物探,2008,47(4):393-398.
[22] 胡皓,薛春芳,潘留杰,等．陕西现代气象一体化格点预报平台简介[J]. 陕西气象,2017,2:22-24.
[23] 黄彬,张格苗．智能网格预报——从站点到格点的全新变革[N]. 中国气象报,2017-6-30(4).
[24] 沈文海."智慧气象"内涵及特征分析[J]. 中国信息化,2015(1):80-91.

# 基于多模式的新疆最高(低)气温预报误差订正及集成方法研究

贾丽红　张云惠　何耀龙　牟　欢

(新疆维吾尔自治区气象台,乌鲁木齐 830002)

**摘　要**

干旱区由于气温日较差大,气温预报(尤其是最高、最低气温预报)难度偏大。利用2013—2015年ECMWF、T639、DOGRAFS、GRAPES 4种模式24 h气温预报,采用递减平均订正法以及集合平均和加权法,设计了2种订正集成方案。方案1是对多模式气温预报先集成后订正,方案2是先订正后集成。对比分析表明:(1)4种模式在新疆气温预报的准确率表现为ECMWF模式整体最好,DOGRAFS模式最差。最低温度的预报准确率提高程度高于最高温度预报准确率。(2)对于不同区域,预报准确率北疆高于南疆、西部高于东部、平原高于山区。对于不同季节,冬季的订正能力大于其他季节。(3)加权平均法优于集合平均法。先订正后集合方案优于先集合再订正方案。(4)使用方案2对2015年7月和2014年4月两次高、低温天气过程进行检验试验,订正效果明显。

**关键词**:最高(低)气温　误差订正　集成　递减平均法

## 引言

气温是与人们日常生活息息相关的气象要素。数值预报产品释用技术被认为是提高气温预报水平最直接、最有效的途径,可以在一定程度上减少模式误差,提高客观要素预报的准确率[1],近些年也取得了一系列成果[2-8]。李佰平等[2]分别利用一元线性回归、多元线性回归、单时效消除偏差和多时效消除偏差平均的订正方法,对ECMWF模式地面气温预报结果进行订正。结果表明,4种订正方法都能有效地减小地面气温多个时效预报的误差。刘抗等[3]利用T639数值预报产品与甘肃省乡镇点的降水、温度历史实况资料,通过建立各乡镇点降水、温度的多元线性逐步回归方程,对降水和温度进行模式释用输出并进行检验分析,发现:精细化乡镇温度预报效果整体偏低,只有个别预报结果在部分地方预报效果相对较好。王丹等[4]利用陕西逐日的最高气温、最低气温等资料,通过线性回归方法建立了基于日最高气温和最低气温预报以及临近气温实况资料的逐时气温预报模型,并对2011年每天的逐时气温预报进行检验。结果表明,该方法在晴天、多云和阴雨天的预报能力依次减弱。吴爱敏[5]建立了最高最低气温SVM、Kalman、多元线性回归3种统计方法的预报模型,采用平均、加权、回归3种方法进行预报集成。结果表明,最低气温预报准确率高于最高气温,集成后加权法准确率最高。彭月等[6]将采用FUSE系统中的MEOFIS平台的模式输出统计(MOS)方法,得到精细化指导要素预报产品,并对长沙、浏阳2站高温预报误差的主成分进行分析。张成军等[7]检验了11类数值预报及其释用产品不同时效的准确率。统计发现:温度预报方面,其准确率均优于中央台指导预报,最高温度尤其明显,最好的是宁夏最高温度释用产品。王丹[8]等利用递减平均法对陕西区域温度精细化指导预报进行误差订正，订正结果表明：该订正方法总体表现为正的订正效果。

除数值预报产品释用技术外，多模式集成技术也越来越得到普及[9-14]。由于模式初始场的不确定性及系统偏差的存在，其预报结果与实况存在一定的差异，且各个模式在动力框架、分辨率、初始场、资料同化技术及物理参数化方案等方面存在差异，从而使得各个模式在模拟能力上存在地理差异，多模式集成技术正是在此基础上合理利用各中心模式预报结果以减小模式系统性偏差的有效途径[9]。赵声蓉[10]利用神经网络方法中的BP网络建立了我国600多个站的气温集成预报系统，结果表明集成的气温预报结果明显优于单个模式的预报结果，不同区域预报误差存在差别，新疆和西藏误差比较大，引起这些地区预报误差较大的原因之一是这些地区气温本身变率较大。吴振玲等[11]利用GRAPES模式、BJRUC模式、T639模式、TJWRF模式，通过逐日滚动建立集成预报模型，对混合演化算法的多模式气温集成预报方法进行了分级、分类及分站检验分析。结果表明：使用该方法建立的气温集成预报模型具有比较可靠的预报能力，预报误差明显小于任一成员，预报准确率高。林春泽等[12]对欧洲中期天气预报中心、日本气象厅、美国国家环境预报中心和英国气象局4个中心集合预报的地面气温场集合平均结果进行检验评估，并利用超级集合、多模式集合平均和消除偏差集合平均3种方法对4个中心的地面气温预报进行集成，结果表明4个中心的集合平均在一定程度上减小了各中心预报的系统性误差，预报效果优于最好的单个中心预报。Hagedorn等[14]使用DEMETER资料，进行单一模式预报和多模式集成预报的对比试验，从基本概念的角度阐述了多模式集成方法优于单模式预报的原因。

以上研究利用不同模式、不同的统计方法对不同地区开展气温预报，不同方法之间进行对比分析并尝试做订正或集成预报，但少有人对气温预报订正或集成的先后顺序做对比研究。新疆位于西北干旱区，远离海洋，太阳高度日变化大，地形及下垫面性质复杂，因此气温日较差大，气温预报（尤其是最高、最低气温预报）难度偏大。本文基于多家数值模式气温预报产品，根据新疆不同地区、不同季节，采用模式订正方法对比分析气温预报提高率，再使用不同的集成方法对多模式气温预报（订正前后）进行集成。对比分析适合新疆地区最高（低）气温预报的订正方法和集成技术。

## 1 资料与方法

### 1.1 资料选取

所用资料是CMACAST下发的ECMWF、T639、中国气象局GRAPES以及新疆区域模式DOGRAFS共4种模式。4种数值模式性能说明见表1。

**表1 4种数值模式性能说明**

| 模式 | 水平分辨率 | 检验区域 | 预报时效/h | 24 h内预报间隔/h |
|---|---|---|---|---|
| ECMWF | 0.25°×0.25° | 70°—95°E,35°—50°N | 240 | 3 |
| T639 | 0.28°×0.28° | 70.12°—95.04°E,35.02°—55.18°N | 240 | 3 |
| GRAPES | 0.15°×0.15° | 70°—95.05°E,35.05°—50.05°N | 168 | 3 |
| DOGRAFS | 0.12°×0.08° | 70°—94.98°E,35.02°—50.04°N | 84 | 1 |

根据中国气象局对各省气温预报的考核指标，重点是检验每日 08 时到次日 08 时（08 时—08 时）24 h 最高（低）气温预报结果。考虑到模式预报的时效性，根据 4 种模式特点，本文将以 4 种模式 2013 年 1 月 1 日—2015 年 12 月 31 日每日 20 时起报，12～36 h 预报时段、24 h 预报时效的 2 m 气温预报为模式研究资料，开展误差订正和集成方法的对比分析。检验的观测资料采用预报区域（70°—95°N，35°—50°E）内新疆 105 个自动站逐小时 2 m 气温的实况观测资料，并采用双线性插值方法[15]将模式网格点要素预报结果插值到站点。模式资料日最高（低）气温的选取是将 24 h 预报时效内的整点气温的最大（小）值作为该模式预报的日最高（低）气温，对实况而言，将 24 h（08 时至次日 08 时）内的逐小时最高（低）气温的最大（小）值作为日最高（低）气温。

新疆站点的多年日较差数据为 1981—2010 年共 30 a 实况日最高气温与最低气温的差值。

### 1.2　季节及区域划分

#### 1.2.1　季节划分

文中对季节进行了划分，春季为 3—5 月、夏季为 6—8 月、秋季为 9—11 月、冬季为 12 月至翌年 2 月。

#### 1.2.2　区域划分

新疆有 15 个地州，各地州气温差异很大。新疆日较差最大的区域北部在富蕴地区，南部在塔克拉玛干沙漠。日较差较小的区域在天山山区及南疆西部。本文为了更加有效地提高不同区域的气温预报准确率，对新疆区域进行分区检验。根据新疆的天气气候特征，分为北疆西部、北疆东部、天山山区、南疆西部和南疆东部共 5 个气温检验区域。

### 1.3　模式检验方法

检验 2 m 最高（低）气温采用的检验方法主要是分析气温的平均绝对误差（MAE）、均方根误差（RMSE）以及气象部门使用的“中短期天气预报质量检验办法”中气温预报的准确率（$TT_k$）（公式省略）。目前中国气象局业务规范对气温预报的准确率评定为 $|F_i - O_i| \leqslant 2$℃，因此本文只分析 $K=2$ 时最高（低）气温准确率 $TT_2$。

### 1.4　误差订正方法

目前模式误差订正方法大体可分成两类[16,17]：一是后验（或事后）订正，即只对预报结果进行订正处理；另一是过程订正。本文采用递减平均法（DAM）[8]属于后验订正。

具体订正步骤如下：

（1）误差估计。计算不同预报时效对于该实况观测场的预报误差，公式如下：

$$b_i(t) = f_i(t) - a_i(t_0) \tag{1}$$

（2）误差累加。将最新的各个时次预报误差累加到上一个时次的误差场，得到更新后的误差场。

$$\mathrm{B}_i(t) = (1-\omega)\mathrm{B}_i(t-1) + \omega b_i(t) \tag{2}$$

（3）误差订正。将新的各个时次预报场分别减去累加后的新误差场得到最终的订正场，公式如下：

$$F_i(t) = f_i(t) - \mathrm{B}_i(t) \tag{3}$$

式中，$f_i(t)$ 为预报场，$a_i(t_0)$ 为观测场，$\omega$ 为权重，$\mathrm{B}_i(t-1)$ 为上一个时次的误差场，$\mathrm{B}_i(t)$ 为累加后的新误差场，$F_i(t)$ 为订正后的预报场。

其中，选择适当的权重系数$\omega$十分重要，权重系数的大小反映了“递减平均法”中历史预报误差的权重大小，直接影响最后的订正结果。鉴于本文使用的模式预报时效短，选取$\omega=0.05$，0.1 和 0.15 进行试验，根据试验结果最终选定$\omega=0.1$作为权重系数。

## 1.5 模式集成方法

集成作为一种博采众长、去粗取精的有效手段，充分利用统计方法和历史资料对参考信息进行分析，能较好地提炼有价值的预报，改善预报效果。集成预报主要强调两个方面的内容，其一是每个集合成员中所包含的可用信息都要得到最大限度地提取和利用；其二是必须实现综合集成预报效果总体上是最好的，其预报产品的性能稳定[17]。确立集合平均和加权集合平均两种方法进行多模式集成试验，分析集成对提高预报能力的影响。

### 1.5.1 多模式集合平均

将多个集合预报结果通过求平均可以转化为一个预报结果，即集合平均。集合平均也是集合预报的最初级产品。对于多模式集成预报而言，最简单的集成方法就是多模式集合平均(EMN)，计算公式如下：

$$\mathrm{F_{EMN}}=\frac{1}{N}\sum_{i=1}^{N}F_i \tag{4}$$

式中，$\mathrm{F_{EMN}}$为集合平均，$N$为参与集成的模式总数，$F_i$为某单一模式的预报。

### 1.5.2 加权集合平均

由于不同模式预报能力有所不同[18,19]，如果各单模式预报采用等权重的话，集合结果中并未体现各模式预报能力的差异，因此在集成过程中，可以通过将不同模式赋予不同的权重，得到一个不等权的集合平均。为了单独了解权重系数在多模式集成过程中的作用，本文在集合平均的基础上引入一种加权集合平均方法。该方法首先将时间序列分为两个时期：训练期和预报期，从训练期中各模式的表现得到统计信息，进而得到各模式权重系数，用于预报期的多模式集成预报，这种采用加权的方法，我们称为加权集合平均法(WEMN)，计算公式如下：

$$F_{\mathrm{wemn}}=\sum_{i=1}^{N}a_iF_i \tag{5}$$

式中，$F_{\mathrm{wemn}}$为加权集合平均，$a_i$为各模式在训练期得到的权重，$F_i$为各模式在预报期的预报，$N$为参与集成的模式个数。

权重系数$a_i$的确定方法[20,21]，即首先得到训练期各模式的预报误差(这里采用平均绝对误差)，取其倒数，某一模式预报误差倒数在所有模式成员误差倒数之和中占的比重，作为权重系数$a_i$，即

$$a_i=(1/E_i)/\sum_{i=1}^{N}(1/E_i) \tag{6}$$

式中$E_i$为各个模式预报误差，由训练期样本的平均绝对误差所得，如下式：

$$E_i=\frac{1}{M}\sum_{j=1}^{M}\mid F_{ij}-O_j\mid \tag{7}$$

式中，$M$为训练期样本数目，$j$表示训练期样本序列号，$F_{ij}$为第$i$个模式预报第$j$个样本的预报值，$O_i$为第$j$个样本的观测值。

## 2 两种订正集成方案及对比

### 2.1 方案1——对多模式气温预报先集成后订正

具体步骤如下。

(1)从2013—2015年每日12时起报的ECMWF、T639、GRAPES和DOGRAFS 4种模式预报的12～36 h时段24 h的2 m气温选取最高(低)气温,分别使用式(4)、式(5)计算出集成后的EMN和WEMN最(低)气温预报,对比分析6种最高(低)气温预报的检验结果;

(2)对集成结果EMN和WEMN最高(低)气温预报再使用递减平均法(DAM)进行误差订正,对比检验结果。

图1给出了ECMWF、T639、GRAPES和DOGRAFS模式5个区域及全疆区域集成前后的2 m日最高最低气温的均方根误差和预报准确率。日最高气温(图1a)4个模式对新疆5个区域的预报走势基本一致,预报准确率$TT_2$主要集中在60%。ECMWF模式整体最好,在北疆西部和南疆西部的准确率可达70%。T639和GRAPES模式水平相当,预报准确率在60%左右。DOGRAFS模式预报准确率在55%左右,整体较差。总体来说,预报准确率北疆高于南疆,西部高于东部,平原高于山区。日最高气温的平均均方根误差在1.9～2.9℃。在不同区域,4个模式均方根误差分别在0.8、0.5、1.2、0.9℃,说明对于不同区域最高气温预报性能T639模式稳定性最高、GRAPES最差。对比分析2种最高气温集成预报EMN和WEMN,可以看出,WEMN比EMN预报准确率提高了3.1%,最大的提高区域在南疆西部,$TT_2$提高了5.8%。但在北疆东部提高不大,在2%以内。

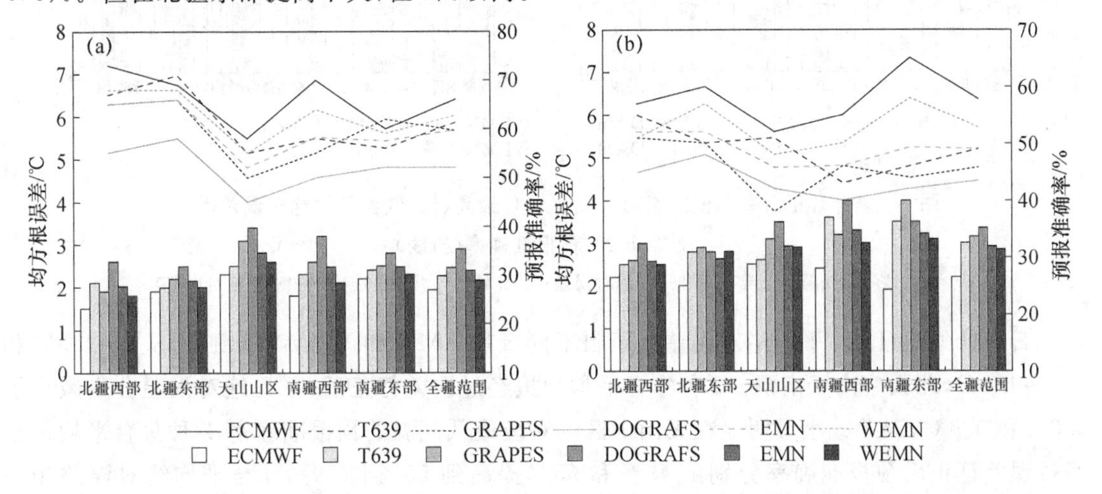


图1 2013—2015年4个模式及集成产品在不同区域2 m日最高(低)气温均方根误差(柱状)及24 h 2℃预报准确率(折线)

(a. 日最高气温均方根误差和预报准确率;b. 日最低气温均方根误差和预报准确率)

日最低气温(图1b)与最高气温相比,4个模式的预报准确率有所下降。与最高气温不同,在北疆东部和南疆东部的准确率最高,可达60%。ECMWF模式整体最好;T639模式不同区域相差不大;GRAPES模式在天山山区$TT_2$最低只有38%,其他地区相差不大;DOGRAFS模式$TT_2$准确率在45%左右,与其他模式的差距比最高气温小。对比分析2种最低气温集成预报EMN和WEMN,可以看出,WEMN比EMN的$TT_2$提高了3.8%,最大的提高区域在南疆东部，为 8.8%。但在北疆西部反而降低了 1%，分析原因在北疆西部 4 个模式的预报值很接近，采用加权集合平均法时各模式的权重系数决定了该模式的权重分配，当数值接近时会出现加权集合平均不如简单集合平均的情况，但一般偏离程度比较低。

图 2 给出了最高(低)气温预报的 2 个集成结果 EMN 和 WEMN 使用递减平均法(DAM)进行误差订正后的预报结果。日最高(低)气温两个集成预报结果 EMN 和 WEMN，经过误差订正后相对应 EMN-DAM 和 WEMN-DAM 预报结果。可以看出，日最高气温(图 2)平均绝对误差在新疆不同区域 EMN 和 WEMN 分别在 3.6～4.3℃和 3.4～4.0℃，北疆略高于南疆。2 种集合平均预报经过误差订止后，平均绝对误差分别减小了 0.3℃和 0.4℃。EMN-DAM 误差减小最明显的区域在北疆东部为 0.6℃，WEMN-DAM 误差减小最明显的区域在天山山区为 0.8℃。对应最高气温的预报准确率，2 种集合平均预报经过误差订正后预报准确率分别由 60%和 63%提高到 63%和 68%。与平均绝对误差相一致，2 种集合平均加订正后预报准确率提高率最大的区域分别是天山山区和南疆东部，提高率分别为 12%和 11%。

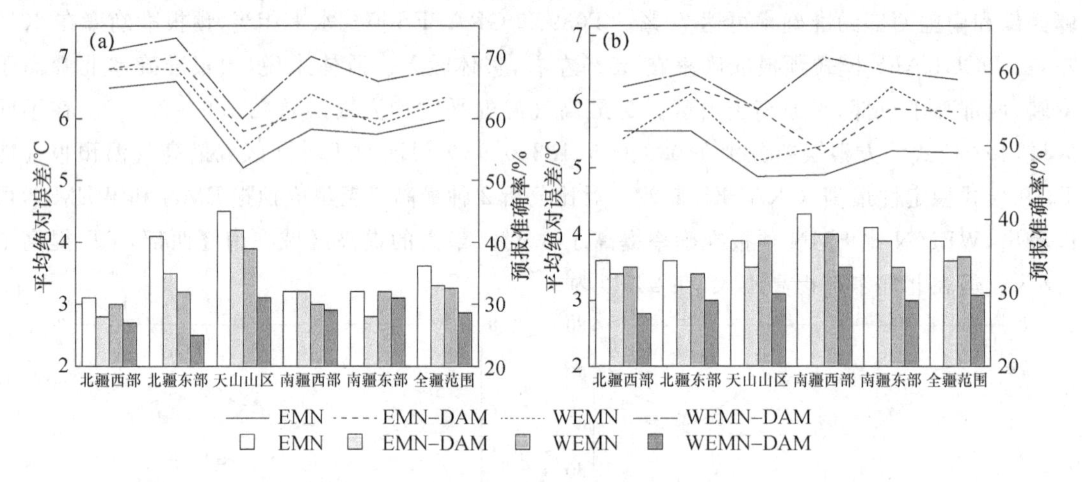


图 2　集合订正后 2 个模式不同区域 2 m 日最高(低)气温平均绝对误差(柱状)及 24 h 2℃预报准确率(折线)

(a. 日最高气温预报准确率和平均绝对误差；b. 日最低气温预报准确率和平均绝对误差)

日最低气温(图 2)平均绝对误差在新疆不同区域 EMN 和 WEMN 分别在 3.6～4.3℃和 3.4～4.0℃，北疆略高于南疆。2 种集合平均预报经过误差订正后，平均绝对误差分别减小了 0.3℃和 0.6℃，误差减小最明显在天山山区。对应最低气温的预报准确率，2 种集合平均预报经过误差订正后预报准确率分别由 49%和 55%提高到 55%和 59%。与平均绝对误差相一致，天山山区预报准确率提高幅度最大，提高率分别为 20%和 13%。

**2.2　方案 2——对多模式气温预报先订正后集成**

具体步骤如下。

(1)从 2013—2015 年每日 12 时起报的 ECMWF、T639、GRAPES 和 DOGRAFS 4 种模式预报的 12～36 h 时段 24 h 的 2 m 气温选取最高(低)气温，分别使用递减平均法(DAM)进行误差订正，得到 4 个模式订正后的最高(低)气温预报，对比分析订正前后的误差结果；

(2)分别使用公式(6)和(7)对步骤(1)中 4 种订正后的气温预报进行 EMN 和 WEMN 集成，对比分析 6 种最高(低)气温预报的预报准确率。

图 3 给出了 ECMWF、T639、GRAPES 和 DOGRAFS 4 种模式 24 h 的 2 m 最高(低)气温使递减平均法(DAM)前后平均绝对误差的差值,差值越大代表订正后的平均绝对误差越小,效果越好。可以看出,日最高气温(图 3a)4 个模式经过递减平均法订正后 MAE 减小了 0.3～0.6℃。其中 DOGRAFS 模式订正效果最好。对于不同区域,除 T639 模式外其他模式的订正效果各有不同,ECMWF 在北疆东部、天山山区较好,南疆西部较差;GRAPES 在南疆西部最差,其他地区相似;DOGRAFS 对北疆较好,南疆较差。

日最低气温(图 3b)4 个模式 MAE 减小了 0.3～0.4℃。其中 GRAPES 和 DOGRAFS 模式订正效果较好。对于不同区域,ECMWF 和 DOGRAFS 在北疆东部较好;T639 和 GRAPES 在天山山区较好。

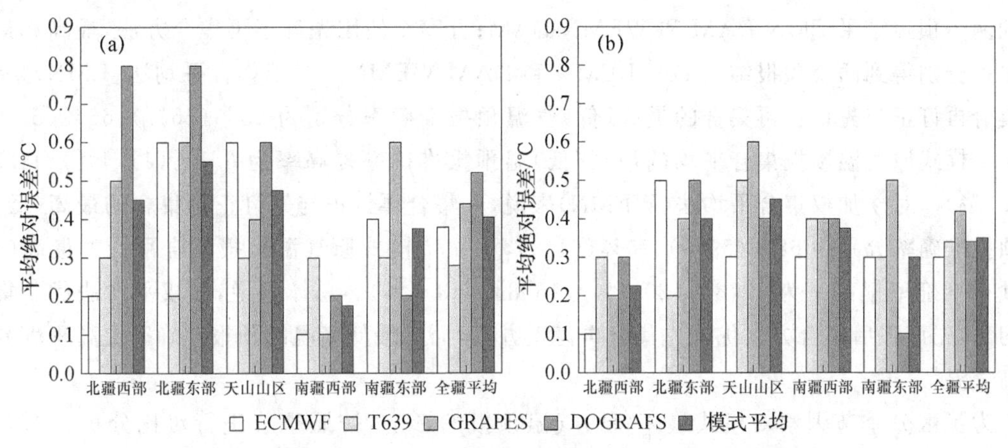


图 3　4 种数值模式 2 m 最高(低)气温订正前后平均绝对误差的差值

(a. 日最高气温平均绝对误差;b. 日最低气温平均绝对误差)

图 4 给出了 4 个模式订正后再分别使用 EMN 和 WEMN 方法得到的日最高(低)气温预报订正集成 DAM-EMN 和 DAM-WEMN 后的预报结果。可以看出,4 个订正模式日最高气温(图 4a)两个集成预报结果 DAM-EMN 和 DAM-WEMN 平均均方根误差分别为 2.2℃和

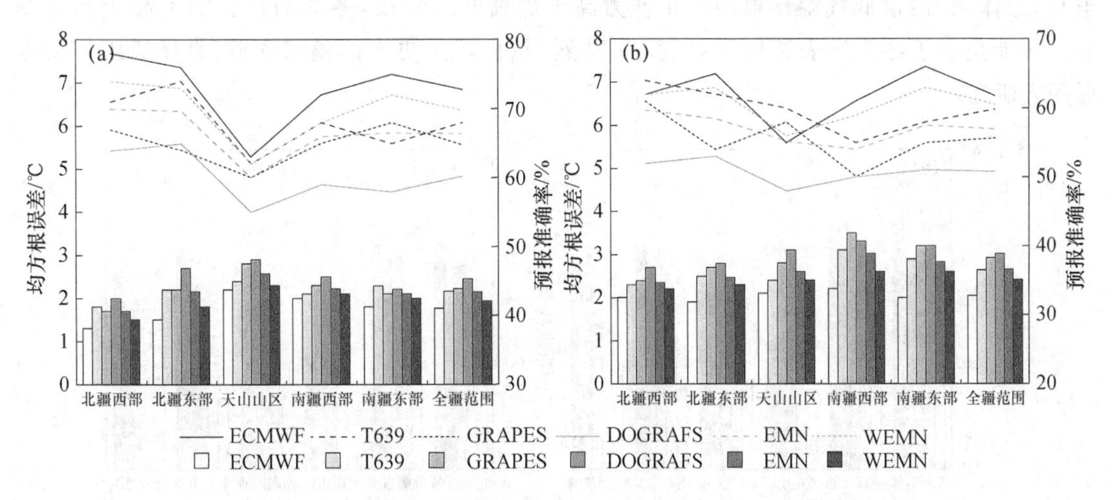


图 4　4 模式订正再集成后不同区域 2 m 日最高(低)气温均方根误差(柱状)和 24 h 预报准确率(折线)

(a:日最高气温均方根误差和预报准确率;b:日最低气温均方根误差和预报准确率)

1.9℃，加权集合订正集成高于平均集成，在北疆东部和天山山区误差减小较为明显。对应预报准确率两种集合方法分别为66%和70%，在南疆东部明显提高了6%。

4个订正模式日最低气温(图4b)两个集成预报结果DAM-EMN和DAM-WEMN平均均方根误差分别为2.7℃和2.4℃，加权集合订正集成高于平均集成，在南疆西部误差减小最明显。对应预报准确率两种集合方法分别为57%和61%，在南疆西部和东部分别提高了5%和6%。

## 3　检验结果分析

本文设计了2个误差订正及集合方案，方案1使用先集合再订正方法，最高和最低气温都得到两个预报结果EMN-DAM和WEMN-DAM；方案2使用先订正再集合方法，最高和最低气温也分别得到两个预报结果DAM-EMN和DAM-WEMN。对于集合平均法(EMN)来说，先集合再订正与先订正再集合的最高(低)气温预报准确率分别为63%(55%)、66%(57%)，比4个模式原气温预报集合平均的最高(低)温预报准确率提高率为6.1%(11.4%)、11.2%(16.3%)。对于加权集合平均法(WEMN)来说，先集合再订正与先订正再集合的最高(低)气温预报准确率分别为68%(59%)、70%(61%)，比4个模式原气温预报集合平均的最高(低)温预报准确率提高率为13.8%(20.4%)、16.8%(23.7%)。总体来说，加权平均法优于集合平均法，先订正后集合方案优于先集合再订正方案，而且最低气温的预报准确率提高程度高于最高气温。

为了区分季节因素对模式最高(低)气温预报的影响，按照季节进行对比分析。图5给出了4个季节2个方案4个最高(低)气温预报(EMN-DAM、WEMN-DAM、DAM-EMN和DAM-WEMN)与原模式气温预报集合平均的预报准确率对比。可以看出，对于最高气温，春季和冬季的订正能力最好，WEMN-DAM和DAM-WEMN两种方法预报准确率分别提高12%、16%(春季)、14%、17%(冬季)；对于最低气温，秋季和冬季的订正能力最好，WEMN-DAM和DAM-WEMN两种方法预报准确率分别提高21%、23%(秋季)、20%、24%(冬季)。总体来看，最低气温预报的订正能力高于最高气温预报，冬季的订正能力高于其他季节。可能是由于冬季地表结构复杂、变化剧烈，从而产生更大的模式误差，具体原因有待今后深入研究。

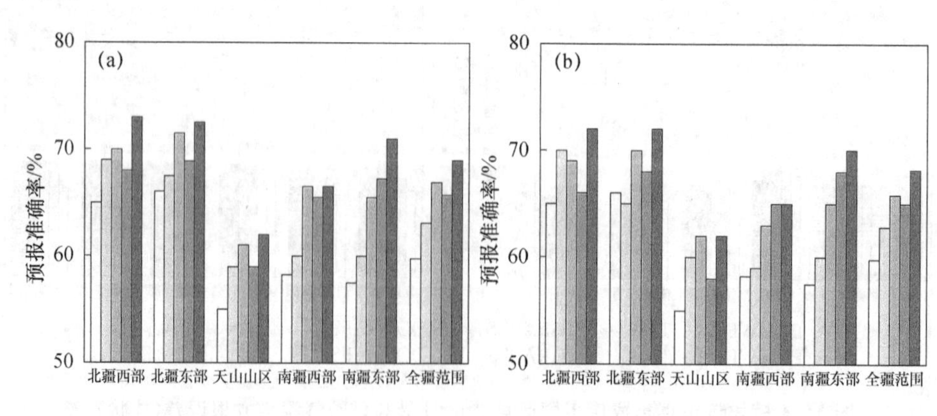

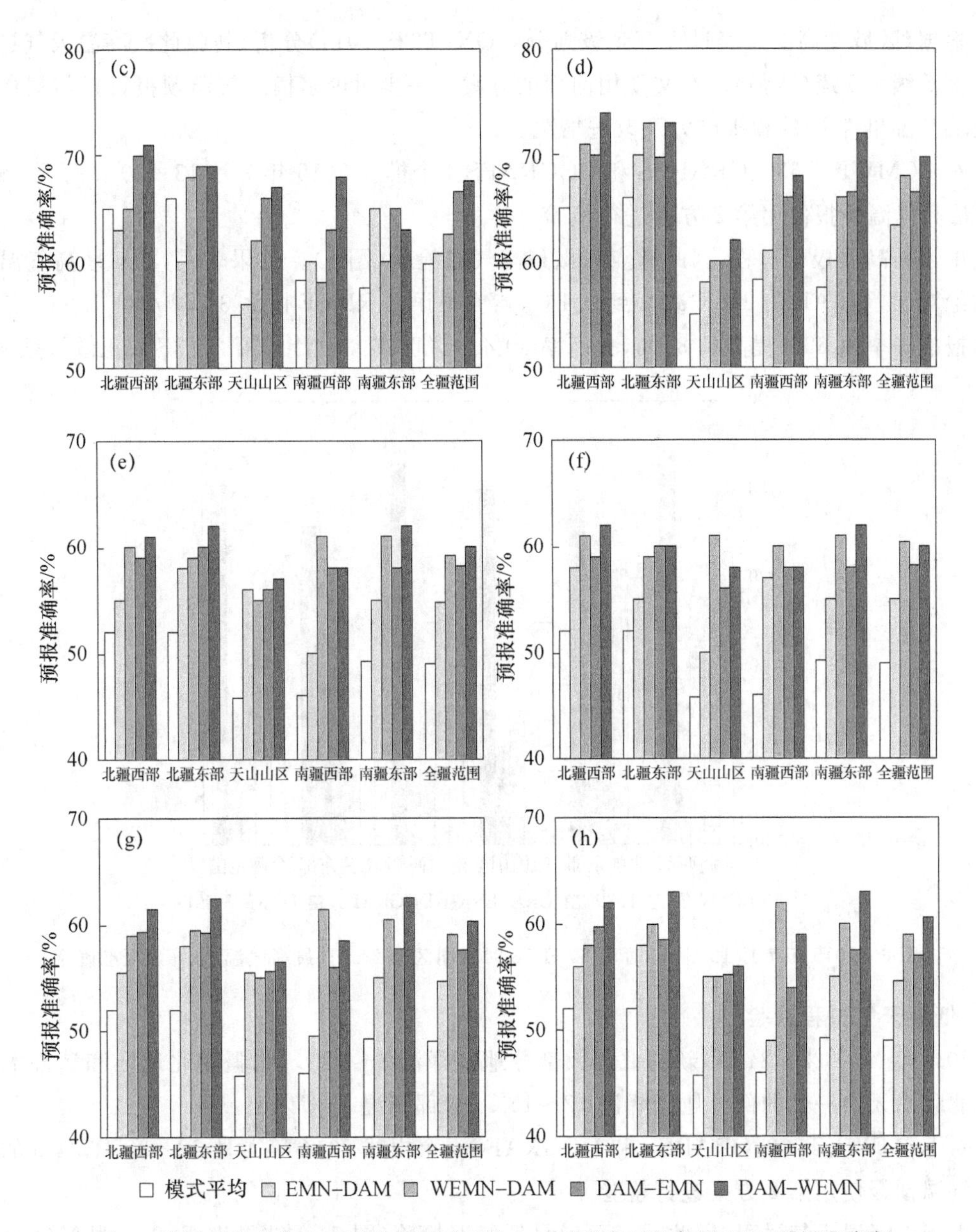


图5　使用2个方案在不同季节不同区域2 m日最高(低)气温24 h预报准确率

(a:春季日最高气温预报准确率;b:夏季日最高气温预报准确率;
c:秋季日最高气温预报准确率;d:冬季日最高气温预报准确率;
e:春季日最低气温预报准确率;f:夏季日最低气温预报准确率;
g:秋季日最低气温预报准确率;h:冬季日最低气温预报准确率)

## 4　极端气温事件的多模式订正集成试验

### 4.1　高温天气过程试验

2015年7月13—30日,新疆出现大范围罕见持续高温天气过程,全疆105站中有89站(占全疆所有站的85%)极端最高气温超过35℃。其中82站超过37℃,49站超过40℃,4站超过45℃。18站极端日最高气温均突破历史极值,40站最长最高气温持续日数突破历史极值。根据《区域性高温天气过程等到级划分》(QX/T228-2014)分析，新疆此次高温天气过程综合强度等级为Ⅰ级(特强)。本文使用前面的方案进一步讨论多模式气温预报订正与集成方法对极端高温事件[22]的预报能力及改进情况。

对ECMWF、T639、GRAPES和DOGRAFS 4个模式2015年7月13—30日每天24 h的2 m最高气温预报使用第2方案进行检验。

由于是高温极端过程，因此重点只做最高气温检验(图6)。结果表明，2 m最高气温预报平均绝对误差MAE由3.8℃减小到2.1℃，均方根误差RMSE由2.3℃减小到1.6℃，最高气温预报准确率由62%提高到81%，提高率30%。说明本文设计的第2方案订正效果很明显。

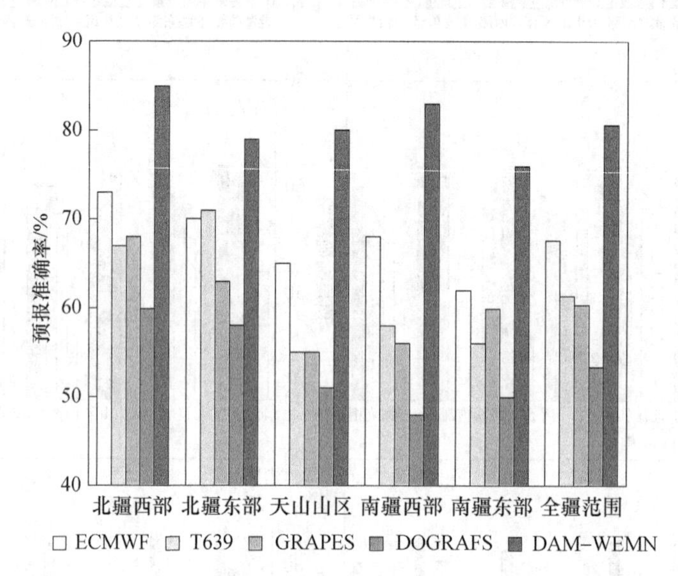


图6　2015年7月13日08时至30日18时不同区域2 m日最高气温24 h预报准确率

### 4.2　低温天气过程试验

2014年4月22—24日，新疆北疆大部分地区降温8～12℃，北疆偏北地区和乌鲁木齐以东的北疆沿天山一带的部分地区降温12～15℃，局部降温15℃以上。

对ECMWF、T639、GRAPES和DOGRAFS 4个模式2014年4月22—23日24 h的2 m最低气温预报使用第2方案进行检验。

由于是降温天气过程，因此重点只做最低气温检验(图7)。结果表明，2 m最低气温预报准确率由50%提高到66%，提高率32%。这次天气过程重点在北疆西部、北部及天山山区，这些区域最低气温准确率提高显著。

## 5　结论和讨论

(1)ECMWF、T639、GRAPES和DOGRAFS模式在新疆2 m日最高(低)气温的预报准确率表现为ECMWF模式整体最好，DOGRAFS模式最差，T639和GRAPES模式水平相当。对于不同区域，气温预报准确率北疆高于南疆，西部高于东部，平原高于山区。

(2)本文设计了对多模式气温预报先集成后订正及先订正后集成两种误差订正集成方案，根据最终的预报效果来看，加权平均法优于集合平均法，先订正后集合方案优于先集合再订正

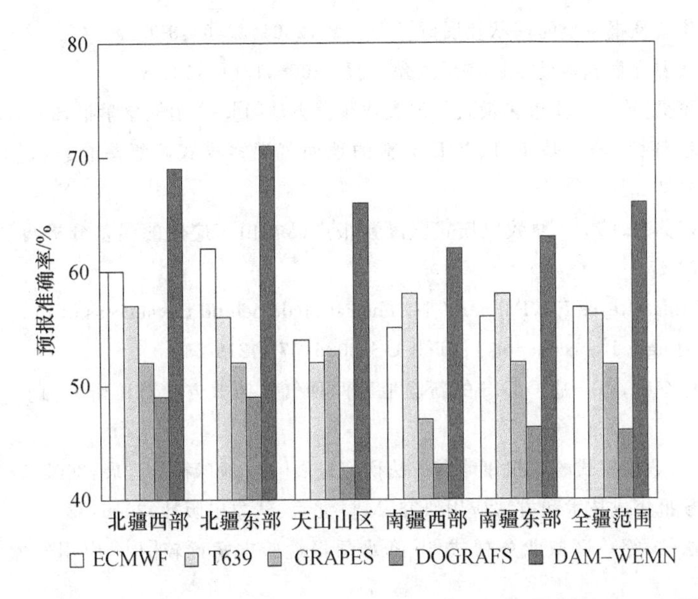


图7 2014年4月22日20时至23日20时不同区域2 m日最低气温24 h预报准确率

方案,说明递减平均法的订正效果为正技巧。而且使用两种方案最低气温的预报准确率提高程度优于最高气温预报准确率提高程度。

(3)对于不同季节,冬季的气温订正能力高于其他季节。其原因有待于深入研究。

(4)利用本文设计的误差订正方案和方法,分别对2015年7月新疆区域大范围罕见持续高温天气过程和2014年4月一次降温天气过程进行检验试验,结果表明,最高气温和最低气温的订正效果都很明显。

本文在使用加权集合平均方法时,对权重系数采用了每个模式固定的阈值,这对不同模式在不同区域、不同季节的权重确定时有一定的局限性,也可能存在权重系数的不精准导致预报误差存在,还需要做进一步更细致的研究工作。

## 参考文献

[1] 薛志磊,张书余. 气温预报方法研究及其应用进展综述[J]. 干旱气象,2012,30(3):451-464.

[2] 李佰平,智协飞. ECMWF模式地面气温预报的四种误差订正方法的比较研究[J]. 气象,2012,38(8):897-902.

[3] 刘抗,李照荣,杨瑞鸿,等. 甘肃省乡镇精细化客观要素预报方法研究[J]. 干旱气象,2015,33(5):882-887.

[4] 王丹,高红燕,张宏芳,等. 一种逐时气温预报方法[J]. 干旱气象,2015,33(1):89-97.

[5] 吴爱敏. 极端气温集成预报方法对比[J]. 气象科技,2012,40(5):772-777.

[6] 彭月,周盛,樊志超,等. 精细化预报产品在长沙的应用和温度检验[J]. 干旱气象,2015,33(5):867-873.

[7] 张成军,纪晓玲,马金仁,等. 多种数值预报及其释用产品在宁夏天气预报业务中的检验评估[J]. 干旱气象,2017,35(1):148-156.

[8] 王丹,黄少妮,高红燕,等. 递减平均法对陕西SCMOC精细化温度预报的订正效果[J]. 干旱气象,2016,34(3):575-583.

[9] 杨学胜．业务集合预报系统的现状及展望[J]．气象，2001，27(6)：3-9.
[10] 赵声蓉．多模式温度集成预报[J]．应用气象学报，2006，17(1)：52-58.
[11] 吴振玲，潘璇，董昊，等．天津市多模式气温集成预报方法[J]．应用气象学报，2014，25(3)：293-301.
[12] 林春泽，智协飞，韩艳，等．基于 TIGGE 资料的地面气温多模式超级集合预报[J]．应用气象学报，2009，20(6)：706-712.
[13] 肖明静，隋明，范苏丹，等．3 种数值模式温度预报产品在山东应用的误差分析与订正[J]．干旱气象，2012，30(3)：472-477.
[14] Hagedorn R，Doblas-Reyes F J，Palmer T N. The rationale behind the success of multi model ensembles in seasonal forecasting-I. Basicconcept[J]. Tell US，2005，57A：219-233.
[15] 张连成，胡列群，李帅，等．基于 GIS 的新疆地区两种气温插值方法对比研究[J]．干旱气象，2017，35(2)：330-336.
[16] 任宏利，丑纪范．数值模式的预报策略和方法研究进展[J]．地球科学进展，2007，22(4)：376-385.
[17] 杞明辉．天气预报集成技术和方法应用研究[M]．北京：气象出版社，2006：82.
[18] 王雨，公颖，陈法敬，等．区域业务模式 6h 降水预报检验方案比较[J]．应用气象学报，2013，24(2)：171-178.
[19] Krishnamurti T N，Kishtwal C M. Improved weather and seasonal climate forecasts from multimodel superensemble[J]. Science，1999，285：1548-1550.
[20] 张涵斌，智协飞，王亚男，等．基于 TIGGE 资料的西太平洋热带气旋多模式集成预报方法比较[J]．气象，2015，41(9)：1058-1067.
[21] 周文友，智协飞．2009 年夏季西太平洋台风路径和强度的多模式集成预报[J]．气象科学，2012，32(5)：492-499.
[22] 齐月，陈海燕，房世波，等．1961—2010 年西北地区极端气候事件变化特征[J]．干旱气象，2015，33(6)：963-969.

# 2015年华南区域模式贵州区域2 m气温预报偏差分析

朱文达[1]　张　媛[2]　杨　静[1]　刘彦华[1]

(1. 贵州省气象台,贵阳 550001; 2. 民航贵州空管分局,贵阳 550012)

## 摘　要

运用2015年华南区域模式08时起报的2 m气温和贵州区域84个国家站观测气温资料,得到2 m气温偏差场,对偏差场进行了年平均、季节平均和主分量分析。研究发现:年平均和季节平均得出气温偏差在不同模式预报时次存在差异,午后到傍晚时段最为显著,以24 h为周期演变。季节平均还反映出偏差冬季偏高、夏季偏低;春秋季节相对较为平稳,且为冬季与夏季两种位相的过渡期。PCA的第1特征向量都为同一位相,全部站点气温偏差表现为相同的变化趋势和同性的空间分布特征,从第2特征向量开始出现位相的分化。第1、2特征向量的时间函数以10～20 d为周期振荡,与冷空气的低频活动和东亚季风的低频振荡一致。这些结论是下一步模式气温订正工作的依据。

**关键词:**华南区域模式　2 m气温　预报偏差　主分量分析

## 引言

伴随互联网云技术的发展,数值预报云使得区域气象中心的数值预报产品实现共享。在数值预报云的支持下,贵州实现对华南区域模式的图形和数据快速共享。为更好地应用该模式,有必要对其在贵州的预报的偏差进行分析,从而了解华南区域模式在贵州的预报能力。

对于模式气温预报偏差的原因分析和订正方法研究一直被学术界和数值模式应用部门热衷探讨。目前用于评估模式气温预报偏差的统计方法较为成熟,智协飞等[1]对模式气温进行贝叶斯模式平均试验,对模式采用均方根误差、距平相关系数、连续等级概率评分等统计量从年际年代际上进行检验、评估。除多等[2]通过地面观测站资料,运用偏差、标准偏差和相关系数等统计量评估了Modem-Era Retrospective Analysis for Research and Applications(MERRA)在分析资料地面气温产品在青藏高原的适用性,指出MERRA资料在青藏高原地面气温表达方面有一定优势。贾佳等[3]基于观测资料分析了高温热浪发生的时空变化特征、对高温热浪进行了分级,运用滑动t检验、Mann-Kendall(MK)方法分析其变化趋势中的突变特征。张寅等[4]利用美国大气辐射测量项目(ARM)制作的"气候模拟最佳估计"观测数据集,检验美国环境预报中心(National Centers for Environment Prediction,NCEP)和全球预报系统(Global Forecast System,GFS)2001—2008年在ARM Southern Great Plains站点预报的大气温度、相对湿度和云量的垂直分布,通过模式预报的气温每6 h时间演变对比,得出NCEP GFS能较好地预报出了温度垂直分布的季节变化。影响模式气温预报的因素众多,何光碧等[5]分析了复杂下垫面和降水对气温预报的影响,得出复杂地形对模式预报的影响较大。姜燕敏等[6]从模式水平分辨率角度评估了模式气温预报的能力,发现模式分辨率的提高,能够更好地模拟气温和各热通量,尤其是在东亚地区年平均气温的模拟中表现出一定的优势。武敬峰等[7]对青藏高原东侧复杂地形下的中央台精细化气温预报进行了检验，指出造成气温偏差的主要原因是降水、冷暖平流和天气系统强弱。在模式气温偏差分析和产生原因研究的基础上，出现2种改进模式气温预报偏差的方法。一种是模式改进，万子为等[8]通过改进模式积云对流参数化方案中的浅对流触发函数，改进模式2 m气温的预报偏差。另一种是统计订正，以吴启树等[9]提出的准对称混合滑动训练期方法和国家气象中心的MOS(Model Output Statistics)系统[10]为代表，能够对模式产品有较大的提高；同时，赵声蓉[11]评估多模式温度集成预报发现，其能够有效避免系统误差，有着较高的预报精度。此外，针对影响模式性能评估的观测数据的质量控制和模式数据插值到站点的插值方法也有专家和学者进行了研究。张颖超等[12]基于粒子群改进的相空间重构法和极限学习机的集成学习算法，对地面气温观测质量控制方法进行了改进。赵滨等[13]建立了新的近地面要素三维插值方法，确保预报和观测在三维空间上保持一致，以减少因垂直方向的一致性问题导致的2 m气温评估偏差。

针对华南区域模式气温的预报结果，本文对2015年模式预报和实况偏差进行分析，研究其时间演变特征和空间分布规律；同时分析2 m气温预报偏差的空间分布特点。从而客观评价华南区域模式在贵州的气温预报能力，为预报员制作智能网格气温预报主观订正和模式客观释用设计提供依据和支撑。

## 1 资料和方法

### 1.1 资料选取

模式资料选取2015年华南区域模式GRAPES(Global/Regional Assimilation and Prediction System)[14]08时起报的2 m气温预报结果，时间间隔为6 h。其中，最大预报时效为48 h的样本有155个，集中在1—6月；最大预报时效为24 h的样本有152个，集中在7—12月(表1)。实况资料采用贵州区域84个国家站2 m气温观测资料，台站分布(图1)能够表征贵州复杂下垫面环境和海拔差异。实况观测数据和模式数据中存在部分数据的缺测，计算时从样本数中剔除，不参与统计量的计算和主分量的分析(表1)。

表1 模式数据样本数逐月分布

| 月份 | 样本数 | 预报时效 | 月份 | 样本数 | 预报时效 |
|---|---|---|---|---|---|
| 1 | 25 | 48 h | 7 | 30 | 24 h |
| 2 | 20 | 48 h | 8 | 23 | 24 h |
| 3 | 26 | 48 h | 9 | 23 | 24 h |
| 4 | 29 | 48 h | 10 | 26 | 24 h |
| 5 | 27 | 48 h | 11 | 25 | 24 h |
| 6 | 28 | 48 h | 12 | 25 | 24 h |

### 1.2 方法介绍

模式预报2 m气温的偏差计算，首先采用双线性插值方案[15]将模式结果格点场插值到站点，然后采用模式站点结果减实况的方式得到气温预报偏差。针对偏差场，选用统计量方差、相关系数等，进行时间演变特征分析；同时在季节内进行Principal Component Analysis(主分量分析，简称PCA)[16]，主分量个数的选取采用$\chi^2$检验的方法[16,17]。

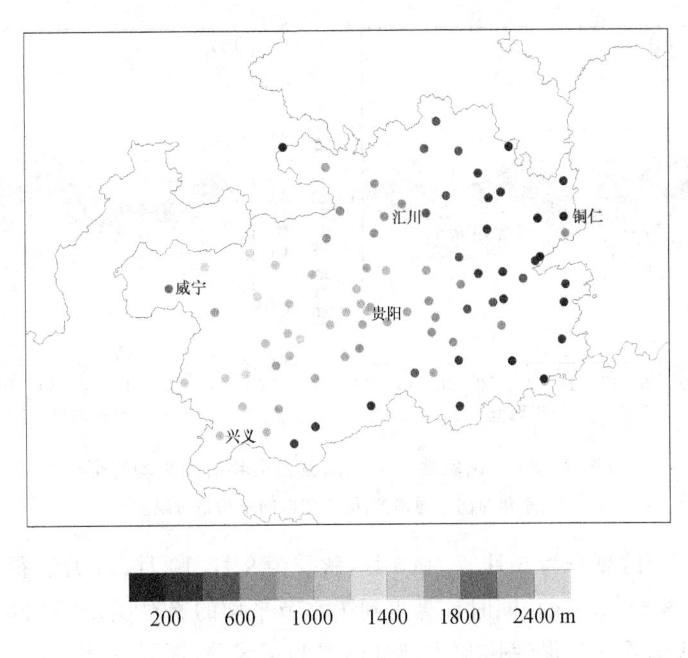


图 1　实况站点分布(填色为站点海拔高度,单位:m)

设已选取 $k$ 个主分量,对应的特征值为 $\lambda_1,\lambda_2,\cdots,\lambda_k$,余下的特征值为 $\lambda_{k+1},\cdots,\lambda_p$,则统计量

$$\chi^2 = -F_0[\ln(\lambda_{k+1}\cdots,\lambda_p)-(p-k)\ln(\theta)] \tag{1}$$

是遵从自由度为 $(p-k+2)(p-k+1)/2$ 的 $\chi^2$ 分布。其中:

$$F_0 = n - \frac{2p+4k+7+2}{p-k} \tag{2}$$

$$\theta = \frac{\lambda_{k+1}+\cdots+\lambda_p}{p-k} \tag{3}$$

式中:$n$ 为样本容量。用 $\chi^2$ 大于 0.05 显著水平的 $\chi^2_{0.05}$ 作为选取主分量的标准。

## 2　偏差时间特征分析

运用 2015 年全年的模式预报结果减去相对应的实况观测值,得到全年 307 个起报场 84 个观测站 48 h(24 h)预报时效内逐 6 h 的偏差。对偏差场做时间平均,得到全年 84 站 48 h(24 h)预报时效内逐 6 h 的平均偏差情况(图 2a),对偏差场求绝对值后做时间平均,得到平均绝对误差(图 2b)。

84 个站的全年平均的偏差各预报时次间存在明显差异,尤其是 06 h、12 h、30 h 和 36 h 的负偏差更为明显。总体平均偏差水平为−3～4℃,最大正平均偏差出现在 06 h,最大的负平均偏差出现在 30 h。大部分站点的平均偏差以 24 h 为周期变化。年平均的绝对误差反映的 06 h 和 30 h 平均绝对误差最大的信号更为显著,平均绝对误差的大小同样呈现以 24 h 为周期变化。总体平均绝对误差的大小能控制在 4℃以内。无论是年平均偏差还是年平均绝对误差,在 0 h 都有 0～2℃,这表明模式的初始场与观测实况仍存在偏差。

模式结果与实况相减得到的偏差按季节进行时间平均处理,其中冬季为 12 月、1 月、2 月,

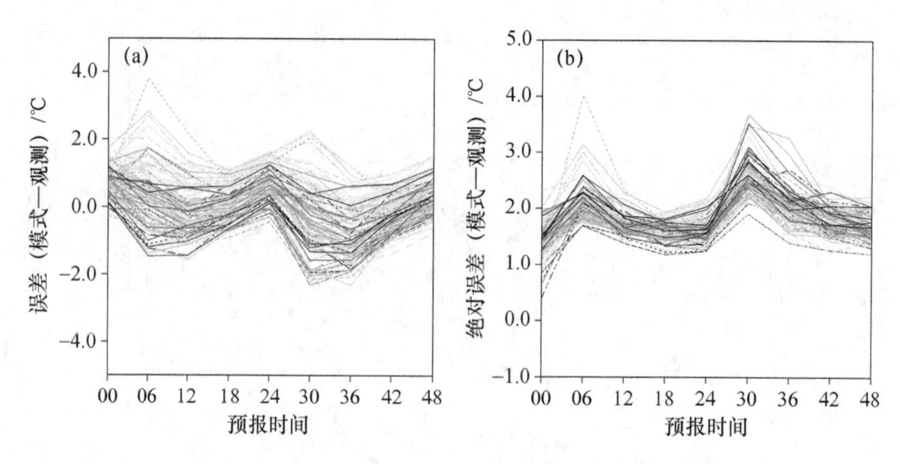


图 2　84 个国家站 2 m 气温偏差全年时间平均特征

（a:全年时间平均偏差;b:全年时间平均绝对误差）

春季为 3 月、4 月、5 月，夏季为 6 月、7 月、8 月，秋季为 9 月、10 月、11 月。得到基于 84 个站的季节平均的偏差(图 3a、c、e、g)，同时计算得到了季节平均的绝对误差(图 3b、d、f、h)。季节平均的偏差表明模式偏差在冬季(图 3a)大部分站点为正偏差，而夏季(图 3e)大部分站点为负偏差，春季(图 3c)和秋季(图 3g)为过渡阶段。大部分站点最大季节平均偏差同样出现在 30 h 和 36 h 的预报时效(秋季除外)，次大的季节平均偏差出现在 06 h 和 12 h，这与年平均的结果一致。各季节的平均绝对误差，在冬季(图 3b)和夏季(图 3f)大部分站点的绝对误差在 3℃左右，个别站点接近 4℃，对应的在春季(图 3d)和秋季(图 3h)大部分站点的绝对误差在 3℃以内。

无论是年平均还是季节平均，2 m 气温偏差都在 06 h、12 h、30 h 和 36 h(即午后到傍晚时段)更为显著，以 24 h 为周期演变，最大平均绝对误差在 4℃左右。同时季节平均还反映出冬季偏高、夏季偏低；春秋季节相对较为平稳的，且为冬季与夏季两种位相的过渡期。针对于此，对于模式订正设计，在模式在预报时效上，订正权重以 24 h 为周期变化，且 06 h、12 h、30 h 和 36 h 订正权重相对更大；在季节变化上，冬季减小，夏季增加，春秋季节周期变化为主。

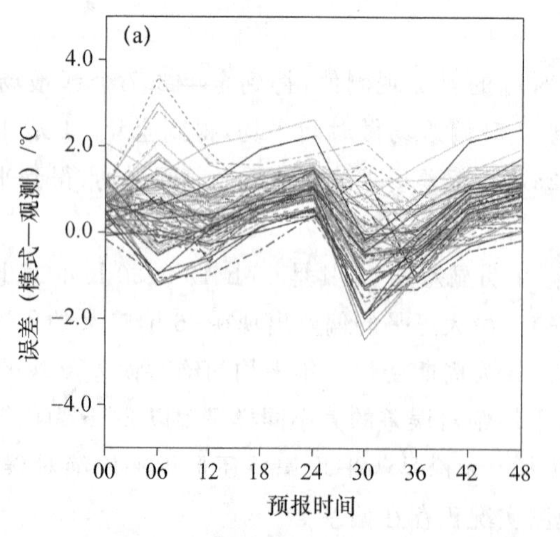


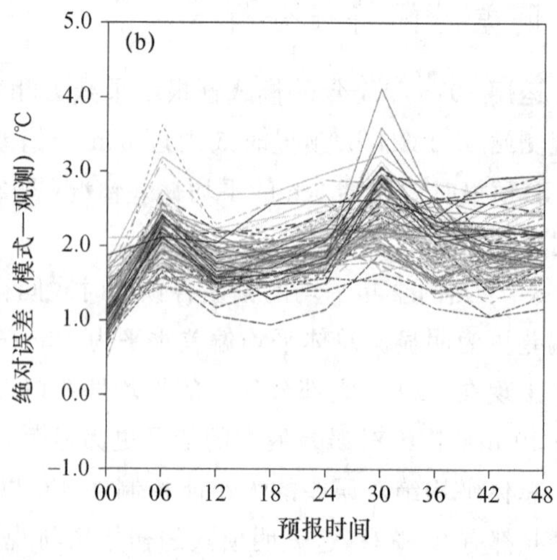

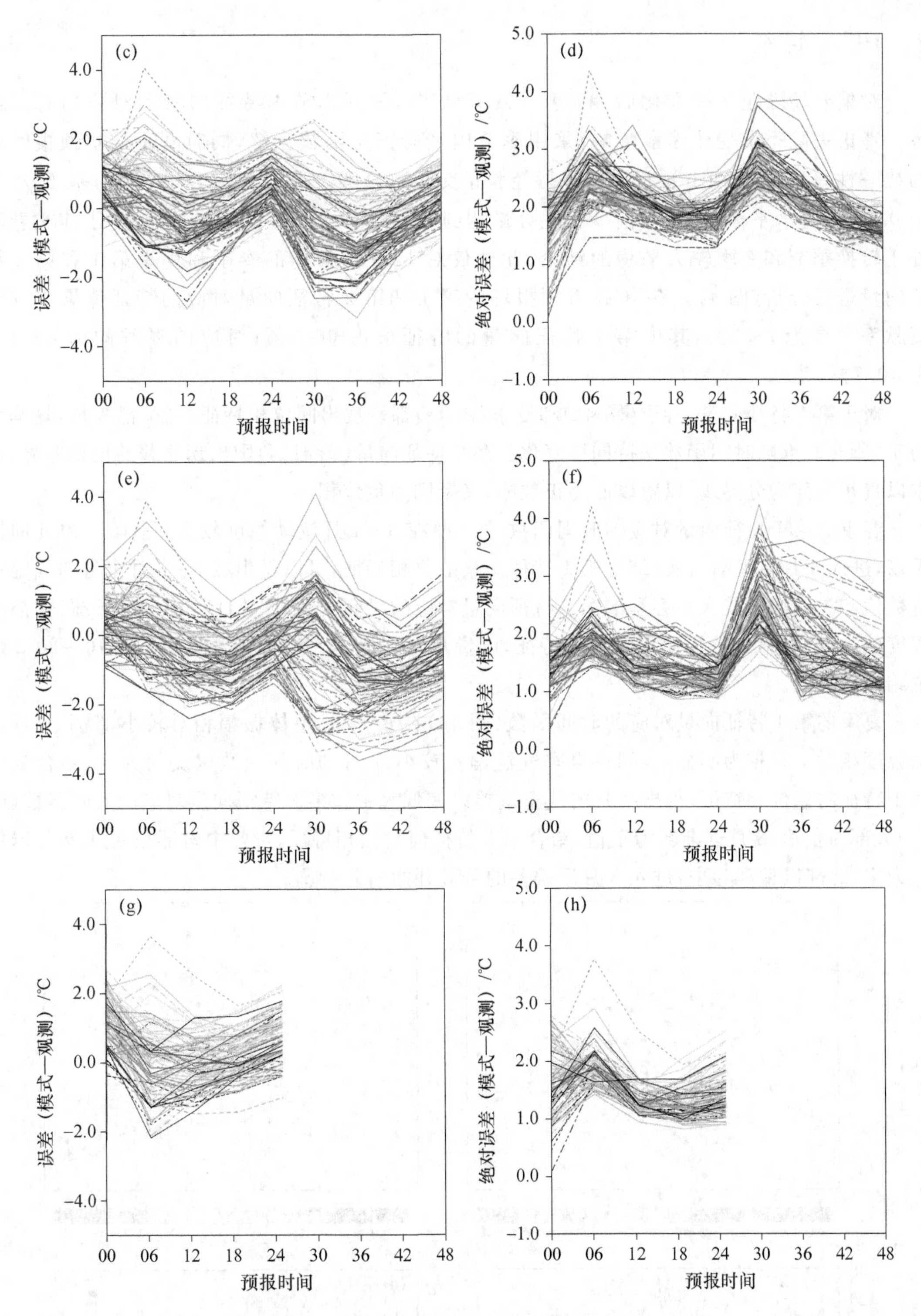


图3　84个国家站2 m气温偏差季节平均特征

（a、c、e、g：冬季、春季、夏季、秋季平均偏差，b、d、f、h：冬季、春季、夏季、秋季平均绝对误差）

# 3 PCA 特征

对偏差场求距平标准化后，利用 PCA 算法[16]，得到季节内特征向量和对应的时间函数。考虑去除季节变化因素影响，采用季节内经验正交函数分解，同时基于样本预报时效的统一性，仅对 0～24 h 预报时效进行经验正交函数分解。根据所得 PCA 结果，基于 $\chi^2$ 大于 0.05 显著水平标准[16,17]，前 9 个主分量达到截留标准。受篇幅限制，同时基于前文春季处于转换季节和夏季较为平稳的结论，此处仅对 12 h 预报场的春季和夏季第 1 和第 2 特征向量进行分析(图 4)。春季 12 h 预报场的第 1 和第 2 特征向量对应的特征值累计方差贡献率[18,19]为 73.9%，其中第 1 特征向量的特征值占 66.7%；对应的夏季的为 49.4% 和 40.7%。

对于第 1 特征向量，春季(图 4a)和夏季(图 4e)都表现出同位相特征，春季都为负，夏季都为正，所有站点随时间函数保持同性变化。第 2 特征向量(图 4b、f)则出现显著的位相差异，基本以贵州中部为分界线，以南以西为正位相，其余则为负位相。

春季的第 1 特征向量对应的时间函数(图 4c)在 3—4 月波动幅度较大，呈 10～20 d 周期振荡，进入 5 月后逐渐平缓；结合第 1 特征向量的位相特征，可以得出在 3—4 月全省的气温偏差数值和波动幅度较大。春季的第 2 特征向量对应的时间函数(图 4d)呈 10～20 d 振荡，波动幅度较小；结合第 2 特征向量的位相特征，以贵州中部为界，南、北气温偏差呈现 10～20 d 反位相振荡特征。

夏季的第 1 特征向量对应的时间函数(图 4g)在 6—8 月整体振幅相对较小，6 月、8 月波动幅度相对 7 月较为明显，表明在夏季气温偏差较小；7 月的时间函数以负值为主，结合夏季第 1 特征向量位相特征，得出 7 月的气温偏差以偏低为主。第 2 特征向量对应的时间函数(图 4h)大部为负值，8 月逐渐转为正值，结合第 2 特征向量位相特征，贵州中南部在 6 月、7 月以偏低为主，北部以偏高为主，进入 8 月后偏差的符号开始南北对调。

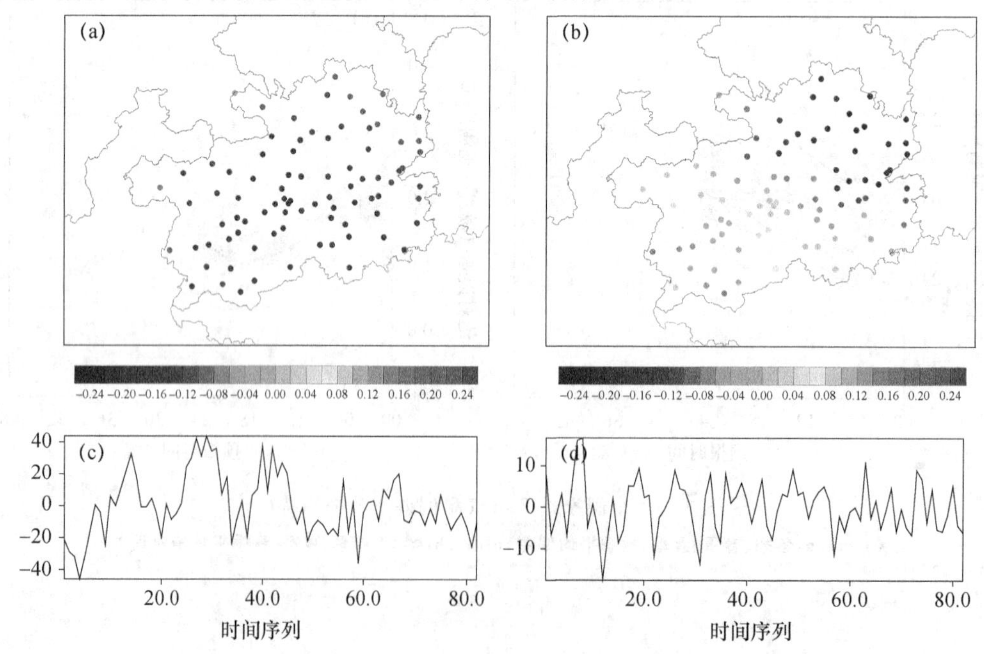

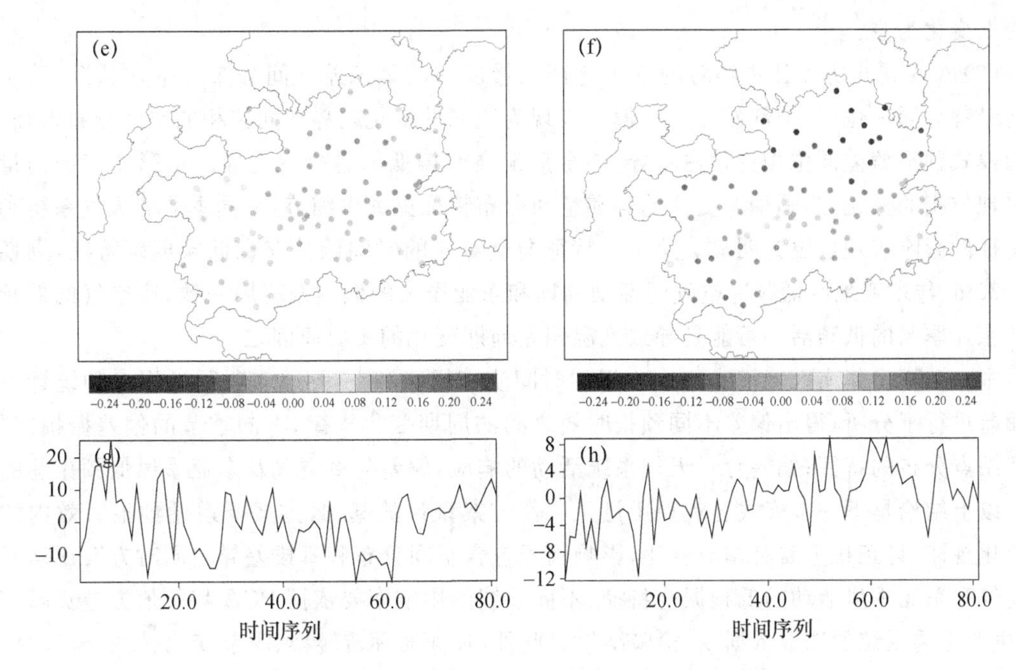


图 4　PCA 12 h 预报时效的特征向量和时间函数

(a. 春季第一特征向量；b. 春季第二特征向量；c. 春季第一特征向量对应的时间函数；
d. 春季第二特征向量对应的时间函数；e、f. 同 a、b，但季节为夏季；
g、h. 同 c、d，但季节为夏季)(a、b、e、f 的 $x$ 坐标为经度，$y$ 坐标为纬度，单位：°；
c、d、g、h 的 $x$ 坐标为时间变量，单位：d，$y$ 坐标为特征向量对应的时间函数)

第 1 特征向量反映的是偏差空间分布的平均状况，从冬季(图略)到秋季(图略)第 1 特征向量都为同一位相，全部站点气温偏差表现为相同的变化趋势和同位相的空间分布特征，这表明模式预报偏差同位相变化占主导，即全部偏高或偏低的趋势占主导。从第 2 特征向量开始出现位相的分化，刻画偏差变化趋势和空间分布特征更突出细节；春季贵州西部地区静止锋影响和强对流展对气温偏差的影响、夏季贵州南部地区副热带高压和强降水[20]影响等都在第 2～5 特征向量(图略)中体现。第 1、2 特征向量对应的时间函数存在低频振荡特征，周期为 10～20 d，这与东亚地区低频冷空气的活动周期和东亚季风的振荡周期一致[21]，可以得出冷空气的低频振荡和东亚季风的低频活动是导致气温偏差周期变化的重要原因之一。

## 4　结论与讨论

通过对华南区域模式 GRAPES 08 时预报场的 2 m 气温进行双线性插值到 84 个国家站后得到的结果与实况观测相减得到偏差，对偏差进行年平均、季节平均和 PCA，得出以下结论。

(1)年平均和季节平均得出气温偏差在不同模式预报时次存在差异，以 06 h、12 h、30 h 和 36 h(即午后到傍晚时段)最为显著，并且以 24 h 为周期演变；最大平均绝对误差在 4℃左右。同时季节平均还反映出冬季偏高、夏季偏低；春秋季节相对较为平稳，且为冬季与夏季两种位相的过渡期。针对于此，对于模式订正设计，在模式在预报时效上，订正权重以 24 h 为周期变化，且 06 h、12 h、30 h 和 36 h 订正权重相对更大；在季节变化上，冬季减小，夏季增加，春秋季节周期变化为主。

(2)PCA 得出方差比占绝对的第 1 特征向量反映的是偏差空间分布的平均状况，第 1 特征向量都为同一位相，全部站点气温偏差表现为相同的变化趋势和同位相的空间分布特征，这表明模式预报偏差同位相变化占主导，即全部偏高或偏低的趋势占主导。从第 2 特征向量开始出现位相的分化，刻画偏差变化趋势和空间分布特征更突出细节，不同季节的天气系统和环流特征的影响表现也更为明显。第 1、2 特征向量对应的时间函数存在低频振荡特征，周期为 10～20 d，与东亚地区低频冷空气的活动周期和东亚季风的低频振荡周一致，冷空气的低频振荡和东亚季风的低频活动可能是导致气温偏差周期变化的重要原因之一。

本文分析了华南区域模式 2 m 气温的时间演变规律和空间分布特征，运用多种统计方法对偏差进行了分析，得出偏差不同预报时效之间的周期变化规律，不同季节的偏差振幅差异，空间站点分布的特征；偏差对于天气系统活动的响应，偏差与冷空气及东亚季风低频振荡的关系。以上结论是下一步模式客观释用订正工作方案设计的基础，方案要遵循预报时效内的周期变化规律，订正权重需有季节变化，影响因子包含空间分布和海拔差异。同时方案还须考虑冷空气和东亚季风活动的低频振荡特征，不同系统的影响率要依据 PCA 特征值方差贡献率分布，主要影响系统的选取依据 $\chi^2$ 检验结果。此外，在面对环流转换、季节变化、转折天气时，预报员的主观订正尤为重要，须参考偏差的振幅变化特征，选取适当订正量度。对于导致偏差产生的数值模式动力框架、参数化方案等模式本身的问题仍需要后期开展大量工作研究。

## 参考文献

[1] 智协飞，王晶，林春泽，等. CMIP5 多模式资料中气温的 BMA 预测方法研究[J]. 气象科学，2015，35(4)：405-412.

[2] 除多，杨勇，罗布坚参，等. MERRA 再分析地面气温产品在青藏高原的适用性分析[J]. 高原气象，2016，35(2)：337-350.

[3] 贾佳，胡泽勇. 中国不同等级高温热浪的时空分布特征及趋势[J]. 地球科学进展，2017，32(5)：546-559.

[4] 张寅，罗亚丽，管兆勇. NCEP 全球预报系统在 ARM SGP 站点预报大气温度、湿度和云量的检验[J]. 大气科学，2012，36(1)：170-184.

[5] 何光碧，肖玉华，张利红，等. GRAPES-Mesov3.1 在西南地区 2011 年汛期的预报检验分析[J]. 成都信息工程学院学报，2015，30(1)：63-71.

[6] 姜燕敏，黄安宁，吴昊旻. 不同水平分辨率 BCC_CSM 模式对中亚地面气温模拟能力评估[J]. 大气科学，2015，39(3)：535-547.

[7] 武敬峰，黄超，陈茂强. 川西高原地区 SCMOC 温度精细化指导预报质量检验及影响因子分析[J]. 高原山地气象研究，2017，37(1)：41-48.

[8] 万子为，王建捷，黄丽萍，等. GRAPES-MESO 模式浅对流参数化的改进与试验[J]. 气象学报，2015，73( 6)：1066-1079.

[9] 吴启树，韩美，郭弘，等. MOS 温度预报中最优训练期方案[J]. 应用气象学报，2016，27(4)：426-434.

[10] 刘还珠，赵声蓉，陆志善，等. 国家气象中心气象要素的客观预报—MOS 系统[J]. 应用气象学报，2004，15(2)：181-191.

[11] 赵声蓉. 多模式温度集成预报[J]. 应用气象学报，2006，17(1)：52-58.

[12] 张颖超，姚润进，熊雄，等. PSO-PSR-ELM 集成学习算法在地面气温观测资料质量控制中的应用[J].

气候与环境研究，2017，22(1):59-70.

[13] 赵滨，李子良，张博. 三维插值方法在 2 m 温度评估中的应用[J]. 南京信息工程大学学报，2016，8(4):343-355.

[14] 陈德辉，薛纪善，杨学胜，等. GRAPES 新一代全球/区域多尺度统一数值预报模式总体设计研究[J]. 科学通报，2008，53(20):2396-2407.

[15] 王守荣，黄荣辉，丁一汇. 水温模式 DHSVM 与区域气候模式 RegCM2/China 嵌套模拟实验[J]. 气象学报，2002，60(4):421-426.

[16] 黄嘉佑. 气象统计分析与预报方法[M]. 北京:气象出版社，2004:121-141.

[17] Buell C E, Bundgaard R C. A factor analysis of winds to 60 km over Battery Mackenzie，C. Z[J]. J Appl Meteor，1971，10:803-810.

[18] 李志方. 太平洋海温与我国大陆降水的 EOF 分析[J]. 贵州气象，2012，36(1):18-20.

[19] 白慧，陈贞红，李长波，等. 贵州省主汛期暴雨的气候特征分析[J]. 贵州气象，2012，36(3):1-6.

[20] 朱文达，万雪丽，彭芳，等. 2015 年 5—8 月贵州区域中尺度 WRF 模式降水检验[J]. 贵州气象，2016，40(3):24-30.

[21] 陆尔，丁一汇. 1991 年江淮特大暴雨与东亚大气低频振荡[J]. 气象学报，1996，6:730-736.

# 基于气象条件的沈阳市空气质量预报方法研究

陆忠艳[1]　王扬锋[2]　蒋大凯[1]　藤方达[1]　丁兆敏[1]　田　莉[1]　林海峰[1]

(1. 沈阳中心气象台,沈阳 110166;2. 中国气象局沈阳大气环境研究所,沈阳 10166)

## 摘　要

空气质量受污染源排放和气象条件共同影响,为了定量评估气象条件对空气质量的影响,本文研制了能够综合反映气象条件对污染物扩散影响的静稳天气指数,利用 2014—2016 年沈阳市取暖季气象与环保数据,分析静稳天气指数和空气质量关系。结果表明:沈阳市出现重污染天气主要有两种,一种是在静稳天气形势下出现重污染天气;另一种是在天气不静稳,但外来输送明显时出现重污染天气。分析静稳天气指数和不同污染等级 $PM_{2.5}$ 浓度关系,发现静稳天气指数对空气质量有较好的指示意义,静稳天气指数越大,越容易出现污染天气,可用于从气象角度预报空气质量。

**关键词**:空气质量　静稳天气指数　取暖季　预报

## 引言

近年来,沈阳市取暖季以 $PM_{2.5}$ 为首要污染物的空气重污染现象频发,对公众健康构成较大威胁,成为影响人们生活的重大环境事件,不仅受到广大民众和科研工作者的关注,也已成为各地各部门政策制订者最为重视的关键问题之一。专家学者们从空气重污染的形成过程、传输机理、影响程度等方面各抒已见,对解释空气重污染过程有一定的帮助。针对不同的空气重污染过程展开了天气特征、影响因素、污染变化等方面开展了一些研究[1-12]。程念亮等[4-6]分析了北京地区多次空气重污染过程,结果表明重污染过程与当地气象条件密切相关,稳定的大气环流形势为污染的持续提供了大气环流背景,风速较小、湿度较大、边界层较低、持续逆温是造成重污染的主要原因;张小曳等[8]在分析了雾和霾与气溶胶的联系、维持机制、污染物构成及如何治理等问题后指出,我国污染问题的主要原因是污染物的排放,但是气象条件对于污染的形成、分布和维持与变化的作用非常明显。李崇等[9]对沈阳一次严重污染天气过程持续和增强气象条件分析表明,严重污染天气过程除了与有利的气象条件有关外,还与外围秸秆集中燃烧所导致的大量污染物长距离输送有密切关联。以往的研究多见于大气环流形势、气象要素等对重污染天气过程的形成、发展、消散的影响分析,在沈阳地区单纯从气象角度预报空气质量的报道较少。气象条件对空气质量的影响评估是气象部门在气象决策服务中面临的一个重要问题,本文尝试从气象条件角度预报空气质量,为决策者提供科学参考依据。

## 1　资料数据说明

$PM_{2.5}$浓度数据来源于辽宁省环境保护厅,2014—2016 年取暖季(11 月 1 日至翌年 3 月

31日)每日08时、20时沈阳地区所辖环境监测站的$PM_{2.5}$浓度平均值。气象数据来源于辽宁省气象局，2014—2016年取暖季每日08时、20时沈阳站的高空和地面观测数据。去除缺测的气象和环保数据，最终参与统计计算的有效数据为827个，其中08时数据426个、20时数据401个(表1)。

**表1　不同$PM_{2.5}$浓度数据样本数**

| | $PM_{2.5}$(0～35) | | $PM_{2.5}$(36～75) | | $PM_{2.5}$(76～115) | | $PM_{2.5}$(116～150) | | $PM_{2.5}$(151～250) | | $PM_{2.5}$(>250) | |
|---|---|---|---|---|---|---|---|---|---|---|---|---|
| 时间/北京时 | 08 | 20 | 08 | 20 | 08 | 20 | 08 | 20 | 08 | 20 | 08 | 20 |
| 样本数 | 49 | 44 | 164 | 185 | 92 | 84 | 52 | 39 | 57 | 39 | 12 | 10 |

## 2　评价指标确立

空气质量受污染源排放和气象条件的共同作用，排入大气中的污染物主要来源于自然排放和人类活动的排放。而在一段时期内，自然排放和人类活动排放的污染物总量是大致稳定的，在不同的气象条件下，同一污染源排放所造成的地面污染物的稀释扩散能力随着气象条件的不同而发生巨大变化[13-18]，这说明气象条件是决定性的控制因素之一。从气象角度定量评估大气环境质量时需要一个定量描述气象条件对空气质量影响的综合指数。静稳天气指数能综合反映大气对污染物的传输扩散能力，相比天气形势场分析或单个气象要素分析能够更全面地体现气象条件对空气质量的影响。张恒德[19]等研发了北京地区静稳天气指数，指出不同城市的静稳天气指数需要采用不同的气象要素、阈值和权重，不同城市的静稳天气指数没有直接的可比性。因此需要根据本地情况研制本地静稳天气指数。

静稳天气指数是定量反映大气静稳程度的指标，是在综合考虑湿度、风速、逆温强度、混合层高度等大气温湿压条件及稳定状况的物理要素基础上构建的，该指数的大小能够综合反映大气水平与垂直稀释、扩散能力。统计分析2014—2016年沈阳站重污染天气期间气象要素分布情况，挑选物理意义明确、对静稳天气有较好指示意义的气象因子。将每个气象因子和$PM_{2.5}$浓度数据做相关性分析，根据相关性高低确定气象因子的权重，相关性越高赋予的权重越大，见表2。对每个气象因子和赋予它的权重求和，最终得到静稳天气指数。

**表2　静稳天气指数构造因子及权重**

| 因子 | 阈值 | 权重 |
|---|---|---|
| ΔT24 | <3℃ | 2 |
| ΔP24 | <3 hPa | 1 |
| RH | 40%～60% | 1 |
| RH | 60%～70% | 2 |
| RH | 70%～80% | 3 |
| RH | <80% | 4 |
| 散度绝对值 | $<2\times10^{-5}\ s^{-1}$ | 1 |
| 10 m水平风速 | $3\sim4\ m\cdot s^{-1}$ | 2 |
| 10 m水平风速 | $2\sim3\ m\cdot s^{-1}$ | 3 |

续表

| 因子 | 阈值 | 权重 |
|---|---|---|
| 10 m 水平风速 | $<2\ m \cdot s^{-1}$ | 4 |
| 垂直速度 | $<0.2\ Pa \cdot s^{-1}$ | 2 |
| 混合层高度 | 800～1500 m | 1 |
| 混合层高度 | <800 m | 2 |
| 混合层高度 | <500 m | 4 |
| 逆温 | 地面至高空任意一层有即可 | 3 |

## 3 静稳天气指数与空气质量关系分析

按照首要污染物为 $PM_{2.5}$ 时的空气质量分级标准对 $PM_{2.5}$ 浓度进行分级，再统计出与之相对应的静稳天气指数阈值，分析静稳天气指数和空气质量关系，旨在找到静稳天气指数对空气质量的指示意义。结果见表 3。

**表 3 2014—2016 年取暖季分级 $PM_{2.5}$ 浓度($\mu g \cdot m^{-3}$)与静稳天气指数关系**

| $PM_{2.5}$(0～35) 优 | | $PM_{2.5}$(36～75) 良 | | $PM_{2.5}$(76～115) 轻度污染 | | $PM_{2.5}$(116～150) 中度污染 | | $PM_{2.5}$(151～250) 重度污染 | | $PM_{2.5}$(>250) 严重污染 | |
|---|---|---|---|---|---|---|---|---|---|---|---|
| 08 时 | 20 时 | 08 时 | 20 时 | 08 时 | 20 时 | 08 时 | 20 时 | 08 时 | 20 时 | 08 时 | 20 时 |
| 7 | 6.4 | 9.4 | 8.8 | 11.5 | 9.3 | 12.3 | 9.7 | 12.5 | 13.3 | 14.8 | 13.6 |
| 平均值 | 6.7 | 9.1 | | 10.4 | | 11.0 | | 12.6 | | 14.2 | |

通过大量样本统计分析可知，静稳天气指数对空气质量有较好的指示意义。静稳天气指数越大，越容易出现污染天气。平均状态下，静稳天气指数小于 6.7 时，空气质量可达到优的级别，静稳天气指数大于 14.2 时，空气质量可出现严重污染，静稳天气指数为 10.4～14.2 空气质量会出现不同程度的污染。静稳天气指数 6.7～9.1，空气质量处在优良之间；静稳天气指数 9.1～10.4，空气质量处于良到轻度污染；静稳天气指数 10.4～11.0，空气质量处于轻度至中度污染；静稳天气指数 11.0～12.6，空气质量处于中度至重度污染，静稳天气指数 12.6～14.2，空气质量处于重度至严重污染，当静稳天气指数>14.2，空气质量严重污染。

分析同等级别空气质量下 08 时和 20 时的静稳天气指数。结果表明，当出现重度污染程度($PM_{2.5}<250\ \mu g \cdot m^{-3}$)以下的污染天气时，08 时的静稳天气指数比 20 时高，说明白天有利的静稳天气形势起的作用大些。而夜间由于燃煤取暖造成污染源占得比重大些。

当出现严重污染天气时($PM_{2.5}>250\ \mu g \cdot m^{-3}$)，多数情况下需要在有利的静稳天气形势下发生。08 时、20 时静稳天气指数都较大。

## 4 静稳天气指数对重污染天气成因判断

重污染天气的形成一般是在有利的静稳天气形势下发生的，按照表 3 的结论，当静稳天气指数小于 9.1 时，空气质量可以达到优良等级，不容易出现污染天气。反查 2014—2016 年 3 a 中 $PM_{2.5}>250\ \mu g \cdot m^{-3}$ 的个例共有 38 个，其中静稳天气指数小于 9.1 的个例有 4 个，分别为 2014 年 10 月 30 日、2015 年 12 月 25 日、2016 年 11 月 5 日和 2015 年 2 月 22 日。分析这 4 次重污染过程的天气背景(表 4),其中前 3 次发生在东北风的输送下,黑龙江、吉林地区的污染物沿着东北平原向沈阳地区输送,污染物主要来源于东北地区秸秆燃烧[20,21],从环境保护部卫星环境应用中心监测的全国秸秆焚烧卫星遥感监测图上可清楚看到火点。第 4 次发生在 2015 年 2 月 22 日,这次过程主要是因为内蒙古一带出现了较严重的沙尘天气,沙尘随着高空偏西气流输送到沈阳地区,在沈阳地区发生沉降。2 月 21 日沈阳刚出现一次降水天气过程,湿度条件很好。在有利的湿度环境下,沉降污染物和水汽混合,颗粒物吸湿增长作用明显,造成沈阳出现重污染天气。4 次重污染天气过程的静稳天气条件均较差,但外来输送明显,当外来输送明显时即使天气静稳形势差些也能出现严重污染天气。从而说明引起沈阳出现重污染天气有两种成因,一种是有利的静稳天气形势造成重污染天气,另一种为受外来输送影响产生重污染天气。

**表 4　输送为主的重污染天气背景分析**

| 日期(年/月/日) | $PM_{2.5}$浓度/$\mu g \cdot m^{-3}$ | 静稳天气指数 | 天气背景 |
|---|---|---|---|
| 2014/10/30 | 370.8 | 8 | 东北风,环境保护部卫星环境应用中心监测到吉林、黑龙江有秸秆焚烧,吉林、黑龙江污染物向沈阳输送明显 |
| 2015/2/22 | 292.6 | 4 | 偏西风,2 月 21 日沈阳出现降雨,内蒙古一带沙尘输送到沈阳,发生湿反应 |
| 2015/12/25 | 375.2 | 8 | 东北风,环境保护部卫星环境应用中心监测到吉林、黑龙江有秸秆焚烧,吉林、黑龙江污染物向沈阳输送明显 |
| 2016/11/5 | 254.8 | 6 | 东北风,环境保护部卫星环境应用中心监测到吉林、黑龙江有秸秆焚烧,吉林、黑龙江污染物向沈阳输送明显 |

应用静稳天气指数对沈阳重污染天气进行预报时,首先可根据静稳天气指数阈值判断引起重污染的主要原因。当静稳天气指数小于 9.1 时,可判断重污染的主要成因是外来输送的影响。当静稳天气指数大于 9.1 时,可判断重污染的主要成因是有利的静稳天气形势造成的。

## 5　静稳天气指数在空气质量预报中的应用

可应用静稳天气指数预报空气质量。以 2017 年 11 月 2 日沈阳出现的一次重污染天气过程为例,根据静稳天气指数阈值分析此次过程主要是外来输送引起的。确定主要原因后,就要关注风(东北平原盛行东北风,风力 4～5 级)对污染物输送影响。从铁岭—沈阳—辽阳—鞍山 $PM_{2.5}$浓度随时间变化曲线(图 1)可清楚看到污染物的传输过程,09 时,沈阳东北部的铁岭地区 $PM_{2.5}$浓度达到峰值,从 10 时开始,铁岭地区 $PM_{2.5}$浓度开始下降,受东北风输送影响,沈阳地区 $PM_{2.5}$浓度开始上升,10—11 时沈阳地区 $PM_{2.5}$浓度变化不大,12 时以后 $PM_{2.5}$浓度显著下降,1 h 后,辽阳地区 $PM_{2.5}$浓度显著上升,在辽阳地区 $PM_{2.5}$浓度显著下降后 1 h,鞍山地区 $PM_{2.5}$浓度又出现峰值。对于主要由输送引起的重污染天气过程,当上游地区 $PM_{2.5}$浓度显著下降时,风向下游地区在 1～2 h 就会出现 $PM_{2.5}$浓度显著上升情况。这对空气质量预报有很好的参考价值,可根据风向上游地区污染物浓度变化情况较好的预判风向下游地区污染物浓度变化情况。

对于由静稳天气形势为主要原因引起的重污染天气,静稳天气指数对重污染天气的发生、发展、减弱、消散趋势有较好指示意义。以 2017 年 12 月 29—31 日沈阳出现的一次重污染天气过程(图 2)为例,2017 年 12 月 29—31 日白天,沈阳出现了一次重污染天气过程,沈阳 $PM_{2.5}$

浓度从 29 日白天开始波动性的上升，30 日 00—11 时，$PM_{2.5}$ 浓度一直在150 $\mu g \cdot m^{-3}$ 以上，处于重度污染状态。30 日午后到夜间污染程度有所减轻，31 日凌晨开始 $PM_{2.5}$ 浓度又开始持续上升，午前出现了短暂的 $PM_{2.5}$ 浓度大于 150 $\mu g \cdot m^{-3}$ 情况，午后快速下降，重污染天气逐渐减弱结束。从沈阳静稳天气指数时间序列预报图（图 3）可以看出，中期预报时效 12 月 24 日 08 时起报：12 月 29 日夜间至 31 日夜间有一次污染天气过程。短期预报时效 28 日 08 时起报：29 日夜间至 31 日夜间有一次污染天气过程。静稳天气指数在中期、短期预报时效内都对这次污染天气过程给出了较好的趋势预报，随着预报的临近，短期预报和实况更为接近，预报从 29 日夜间开始，空气质量逐渐变差，到 30 日白天空气质量将达到重度污染程度，30 日 20 时之后下降，重污染天气过程逐渐结束。静稳天气指数可较好的反应气象条件在空气质量转变中贡献。静稳天气指数对分级空气质量也有较好的指示意义，和 $PM_{2.5}$ 实况较吻合。

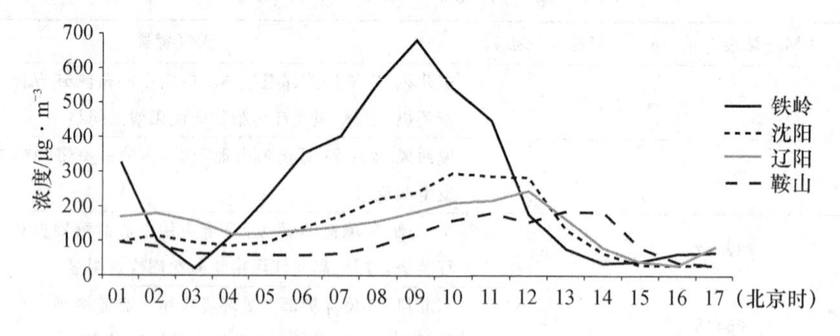


图 1　2017 年 11 月 2 日各站 $PM_{2.5}$ 浓度时间变化曲线

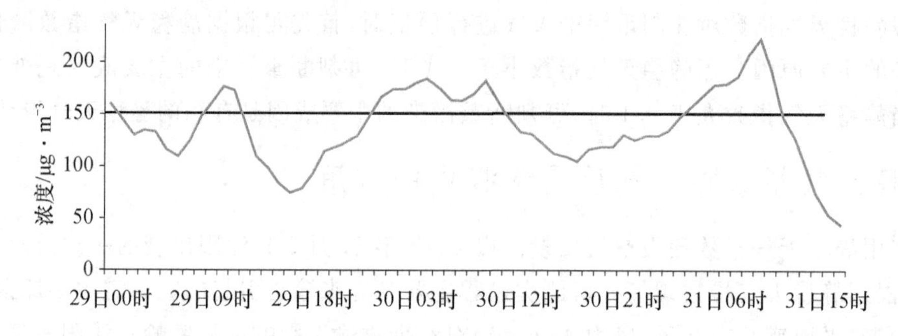


图 2　2017 年 12 月 29—31 日 $PM_{2.5}$ 浓度时间变化曲线

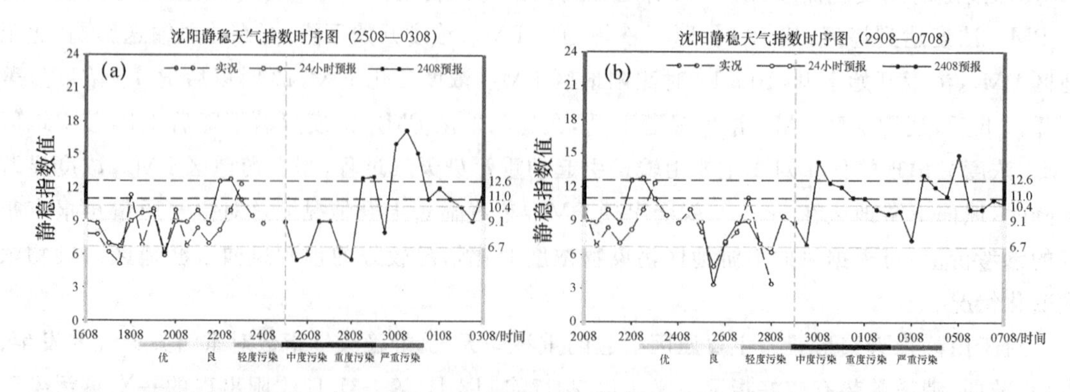


图 3　静稳天气指数对 29—31 日污染过程预报（a. 12 月 24 日 08 时起报；b. 28 日 08 时起报）

（带圈黑色线为预报线，带圈灰色线为实况，灰色竖虚线为实况和预报分隔线；左侧为实况，右侧为预报）

## 6 结论与讨论

(1)静稳天气指数可用于判断引起沈阳重污染天气的主要成因。一种是在有利的静稳天气形势下出现重污染天气,另一种是在天气不静稳,但外来输送明显时出现重污染天气。

(2)静稳天气指数可提前3～5 d给出重污染天气过程趋势预报。24 h预报对污染物增强、减弱、消散时间变化有较好的指示意义。

(3)静稳天气指数在空气质量分级预报中也有较高的参考价值,可根据历史统计静稳天气指数与分级$PM_{2.5}$浓度对应关系,根据静稳天气指数预报未来一周空气质量。

(3)静稳天气指数可作为空气质量预报的一种数值预报产品应用到预报业务中,为预报和决策者防范及应对重污染天气提供科学依据。

(4)本文是在假定取暖季排放源相对稳定的情况下得到的静稳天气指数和空气质量的对应关系。在污染源变化较大时应用此方法有局限性,需要更加深入的研究。

### 参考文献

[1] 李云婷,王占山,安欣欣,等. 2015年"十一"期间北京市大气重污染过程分析[J]. 中国环境科学,2016,36(11):3218-3226.

[2] 王占山,李云婷,孙峰,等. 2014年10月上旬北京市大气重污染分析[J]. 中国环境科学,2015,35(6):1654-1663.

[3] 尉鹏,任阵海,王文杰,等. 2014年10月中国东部持续重污染天气成因分析[J]. 环境科学研究,2015,28(5):676-683.

[4] 程念亮,李云婷,张大伟,等. 2013年1月北京市一次空气重污染成因分析[J]. 环境科学,2015,36(4):1154-1163.

[5] 程念亮,李云婷,张大伟,等. 2014年10月北京市4次典型空气重污染过程成因分析[J]. 2015,环境科学研究,28(2):163-170.

[6] 程念亮,高尚银,李云婷,等. 北京市2013年1月一次空气重污染过程分析[J]. 环境监控与预警,2014,6(5):36-40.

[7] 徐虹,肖致美,孔君,等. 天津市冬季典型大气重污染过程特征[J]. 中国环境科学,2017,37(4):1239-1246.

[8] 张小曳,孙俊英,王亚强,等. 我国雾霾成因及其治理的思考[J]. 科学通报,2013,58(13):1178-1187.

[9] 李崇,袁子鹏,吴宇童,等. 沈阳一次严重污染天气过程持续和增强气象条件分析[J]. 环境科学研究,2017,30(3):349-358.

[10] 高庆先,李亮,马占云,等. 2013—2016年天气形势对北京秋季空气重污染过程的影响[J]. 环境科学研究,2017,30(2):173-183.

[11] 张雅斌,林琳,吴其重,等. "13.12"西安重污染气象条件及影响因素[J]. 应用气象学报,2016,27(1):35-46.

[12] 高庆先,李亮,马占云,等. 2013—2016年天气形势对北京秋季空气重污染过程的影响[J]. 环境科学研究,2017,30(2):173-183.

[13] 程念亮,李云婷,孙峰,等. 北京市空气重污染天气类型分析及预报方法简介[J]. 环境科学与技术,2015,38(5):189-194.

[14] 程念亮,张大伟,李云婷,等. 风向对北京市重污染日$PM_{2.5}$浓度分布影响研究[J]. 环境科学与技术,

2016,39(3):143-149.
[15] 李二杰,刘晓慧,李洋,等. 一次重污染过程及其边界层气象特征量分析[J]. 干旱气象, 2015, 33(5): 856-860.
[16] 唐宜西,张小玲,熊亚军,等. 北京一次持续霾天气过程气象特征分析[J]. 气象与环境学报,2013,29(5):12-19.
[17] 张丽辉,王闯,王帅,等. 2015 年采暖季沈阳市一次空气重污染的过程分析[J]. 环境保护与循环经济, 2017,37(4):59-61.
[18] 高庆先,刘俊蓉,王宁,等. APEC 期间北京及周边城市 AQI 区域特征及天气背景分析[J]. 环境科学, 2015,36(11):3952-3960.
[19] 张恒德,张碧辉,吕梦瑶,等. 北京地区静稳天气综合指数的初步构建及其在环境气象中的应用[J]. 气象,2017,43(8):998-1004.
[20] 杨婷,晏平仲,王自发,等. 基于数值模拟的 2015 年 11 月东北极端重污染过程成因的定量评估[J]. 环境科学学报, 2017,37(1):44-51.
[21] 马小会,唐宜西,孙兆彬,等. 秸秆燃烧对京津冀地区空气质量的影响分析[J]. 华北电力技术, 2016(12):60-65.

# 基于时空邻域的对流尺度定量降水集合预报方法研究

马申佳　何宏让　陈超辉　吴　丹

(国防科技大学气象海洋学院,南京 211101)

**摘　要**

本文将时间因素引入邻域概率法中,结合强飑线过程进行对流尺度集合预报试验,并基于改进后的新型邻域概率法与分数技巧评分,对降水预报进行了不同时空尺度的效果评估检验。结论表明,邻域半径为 15～45 km 的空间尺度能够改善对流尺度天气系统的降水位移误差的空间不确定性,并使其预报效果达到最优。对流尺度降水预报考虑的时间尺度与降水强度之间存在着对应关系,不同时间尺度可以捕获到不同量级降水的时间不确定性。改进的邻域概率法能够同时体现高分辨率模式预报结果在对流尺度降水事件上存在的时空不确定性,实现了对流尺度降水在时空尺度上的综合评估,并能为不同量级降水提供与其时空尺度相匹配的概率预报结果。

**关键词**:对流尺度集合预报　定量降水预报　邻域概率法分数技巧评分　时空邻域

## 引言

对流尺度集合预报是提高对流灾害性天气预报准确率的新方向。近年来,国内外学者以降水和极端天气的指示作用为评估重点,进行了一系列对流尺度集合预报试验,结果表明对流尺度集合预报能够提高一定区域范围的降水强度识别能力,对高影响的对流天气事件有指导价值。庄潇然等[1,2]和蔡沅辰等[3]基于集合卡尔曼滤波采用混合扰动法针对暴雨进行对流尺度集合预报试验。作为经典的增长模培育法(Breeding of Growing Modes,BGM),高峰等[4]、Li 等[5]、Ma 等[6]和马申佳等[7]针对强对流天气开展对流尺度集合预报试验,检验了 BGM 法应用于对流尺度集合预报的合理性和价值。

此外,评估高分辨率模式预报效果也是研究对流尺度集合预报的重要任务之一。然而传统评分在评估高分辨率模式降水预报能力上存在缺陷,尽管能够揭示对流尺度空间结构信息,但评分结果反而低于低分辨率模式[8,9]。基于此,Ebert[10]提出了“邻域”思想的空间检验方法,并对邻域法检验高分辨率降水的基本框架进行了系统阐述。随后,Roberts 等[11]、Weusthoff 等[12]、Schwartz 等[13]和潘留杰等[14]利用邻域法在不同空间尺度上检验高分辨率模式预报结果。在时间尺度方面,Duc 等[15]将时间维度引入高分辨率模式检验并进行初步探索。然而,对流尺度天气预报的时间超前或滞后与空间位移误差同等重要,针对高分辨率模式降水预报性能时间尺度变化的分析研究仍然较少。

本文对强飑线过程进行对流尺度集合预报试验,将时间因素引入邻域概念中,采用改进后的邻域概率法(Neighborhood Probability, NP)与分数技巧评分(Fractions Skill Score, FSS)在不同时空尺度上对预报效果进行评估检验,进而确定能够有效减小高分辨率对流降水事件时空不确定性的时空尺度。

## 1 试验方案设计

2014 年 7 月 30 日下午至 31 日凌晨，我国江淮地区经历了一次大范围强对流天气过程。其中，30 日 06—11 时(世界时，下同)，一条东西向的强飑线由南至北扫过苏、皖两省中北部，明光市出现 7 级以上大风，长丰庄局部地区出现暴雨，1 h 降水量达到 75 mm。

试验采用中尺度非静力模式 WRFV3. 6 版本，模式设置为双向两重嵌套方案，嵌套网格分辨率分别为 9 km 和 3 km，内层区域满足对流尺度预报模式的高分辨率要求。粗网格中心位于(35°N，115°E)，格点数为 367×268，细网格区域格点数为 292×256，垂直不等距分为 42 层。试验分为培育阶段和预报阶段，培育阶段采用 BGM 法通过动态调整方式[5,7]生成初值扰动成员，预报阶段从 2014 年 7 月 29 日 18 时预报到 31 日 00 时。

## 2 方法介绍

### 2.1 邻域概率法

当前邻域法的研究主要集中在空间尺度方面，而对于时间邻域考虑较少。然而，对于灾害性对流降水事件，强降水发生的时间点预报同样关键。因此，对于预报结果存在时间超前与滞后的现象必须加以考虑。本文将时间因素引入邻域概率法中，考虑降水的时间差异性，从而使得概率预报结果更加客观。引入的时间邻域时次数为 3 次和 5 次(以发生时刻 $\tau=t$ 为例，考虑 $\tau=t\pm1$ 和 $t\pm2$ 时刻)，取更长的时间邻域将失去对流尺度天气系统短时强降水的研究意义。则 $\tau=t$ 时刻，$(i,j)$ 格点的邻域值为：

$$NP_{(t,i,j)}=\frac{1}{N_t\times N_{\pi r^2}}\sum_{q=1}^{N_t}\sum_{k=1}^{N_{\pi r^2}}BP_{(\tau,i,j)} \tag{1}$$

式中：$N_t$ 为考虑的时次数，这里取 1，3 和 5，$r$ 为邻域半径，$N_{\pi r^2}$ 为邻域格点数，$BP_{(\tau,i,j)}$ 为二进制概率场，而 $NP_{(\tau,i,j)}$ 为邻域概率场。

同时，考虑全体集合成员的邻域概率，从而得到整个集合预报系统的邻域集合概率(Neighborhood Ensemble Probability, NEP)，是综合考察集合预报系统性能和邻域概率法的重要指标之一。

$$NEP_{(t,i,j)}=\frac{1}{N_m}\sum_{s=1}^{N_m}NP_{(t,i,j)} \tag{2}$$

式中：$N_m$ 为集合成员总数，$NEP_{(t,i,j)}$ 为 $t$ 时刻的邻域集合概率。

### 2.2 分数技巧评分

Roberts 等[11]针对 NP 法定义了 FSS 评分，该评分包含空间尺度信息，而没有涉及时间尺度信息。本文创新性的同时考虑时空尺度信息得到评分结果。根据 NP 法得到某邻域半径 $r$ 在 $t$ 时刻的预报场和观测场的邻域概率 $NP_{F(t,i,j)}$ 和 $NP_{O(t,i,j)}$，定义 FSS 评分。

$$FSS=1-\frac{\sum_{i=1}^{m}\sum_{j=1}^{n}\left[NP_{F(t,i,j)}-NP_{O(t,i,j)}\right]^2}{\sum_{i=1}^{m}\sum_{j=1}^{n}NP_{F(t,i,j)}^2+\sum_{i=1}^{m}\sum_{j=1}^{n}NP_{O(t,i,j)}^2} \tag{3}$$

当 $NP_{F(t,i,j)}$ 不考虑时间不确定性时($N_t=1$)，即只考虑空间不确定性的传统评分；当

$NP_{F(t,i,j)}$考虑时间不确定性时($N_t=3,5$),此时的评分同时考虑到了时空尺度的信息。而观测场作为实况不在时间维度上进行平均,从而检验考虑时间不确定性的预报效果。

## 3 结果分析

### 3.1 空间尺度结果分析

图1给出了降水最强时刻(第14小时)的实况降水分布和1.0 mm·h$^{-1}$降水阈值下采用NEP法在不同邻域影响半径下得到的邻域概率分布。首先从7月30日07—08时(UTC)实况降水分布能够看出(图1h),降水呈东西带状分布,能够展示此次强飑线过程的基本情况。对比实况降水,邻域集合概率分布基本能够给出有指导意义的概率预报结果。随着邻域半径的增大,概率分布呈现出越来越平滑的趋势;同时邻域概率在数值上存在减小的趋势,这是因为随着邻域范围增大,可能考虑到此类对流降水以外区域的缘故。因此,选择合适空间尺度的邻域半径使得概率预报结果更加合理,是值得探讨的问题。可以看出,在邻域半径小于45 km时,概率预报结果不仅较为准确预报出大于1.0 mm·h$^{-1}$降水事件的概率范围,同时高概率中心与两个实况降水中心位置一致,说明45 km的空间尺度能够综合对流尺度系统的小量级降水信息,并为强降水发生提供指示作用。在邻域半径大于45 km时,降水发生概率偏小,但概率中心仍能够对降水有一定的指示作用。

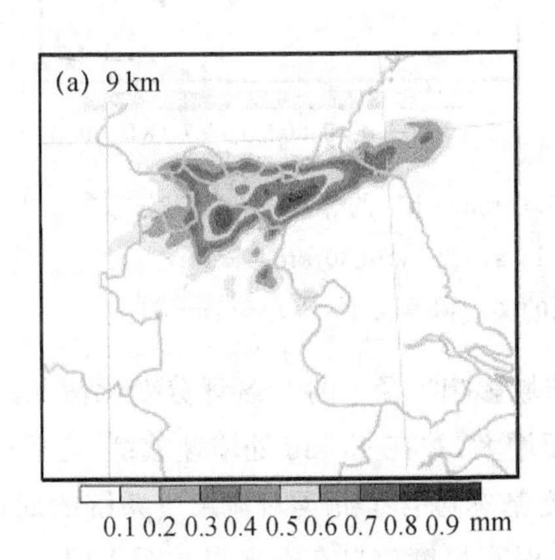


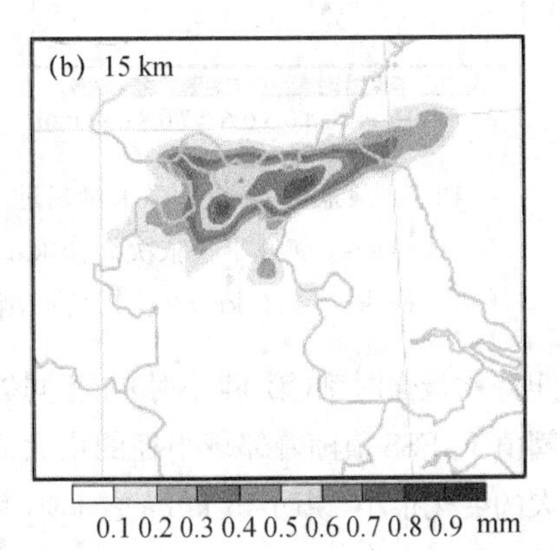


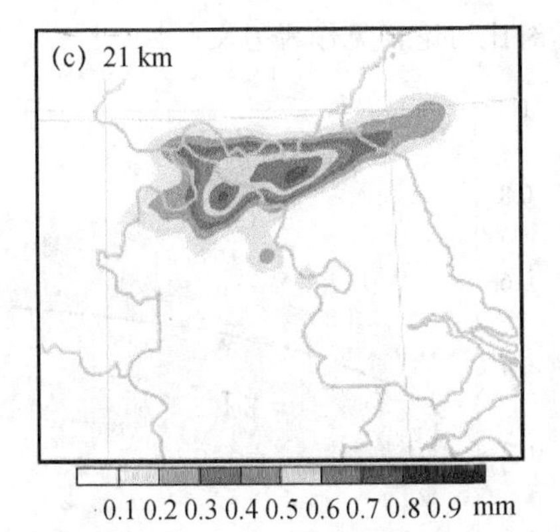


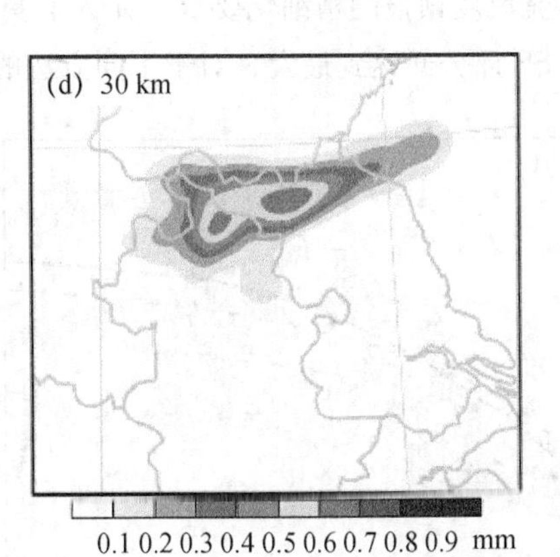

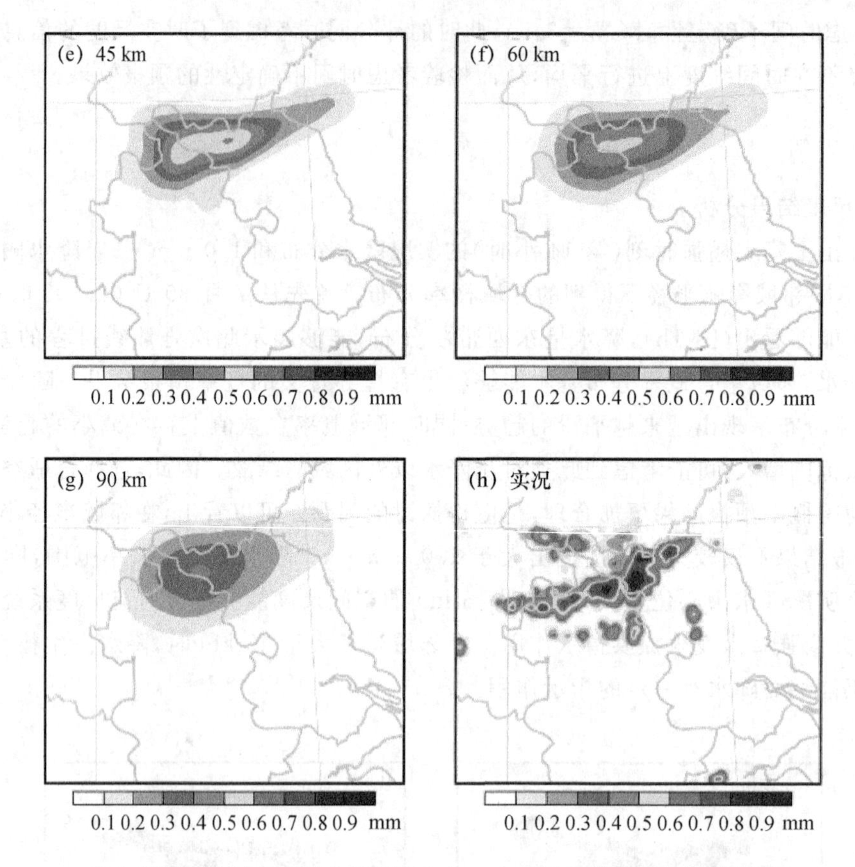


图 1 预报第 14 小时降水量超过 1.0 mm·$h^{-1}$的邻域集合概率分布
(a～g 邻域半径依次为:9 km、15 km、21 km、30 km、45 km、
60 km 和 90 km)和为对应时刻的实况降水分布(h,单位:mm)

图 2 给出降水最强时刻(第 14 小时)在不同邻域影响半径下的 FSS 评分变化情况。由图可见,在所有降水阈值下,FSS 值随着邻域半径的增大而增大,并在 45 km 处增速放缓,之后的 FSS 值随空间尺度增大的变化很小,说明 45 km 的空间尺度基本包含了此类对流尺度系统的局地小尺度信息。而更大的空间尺度人为地降低了空间分辨率,对小尺度信息存在平滑减弱作用,已经不再适用高分辨率对流尺度预报的精细化要求。在人们更加关注的暴雨量级上(图 2d),处于 15～30 km 的邻域半径,FSS 评分便达到最大。对于不同方法的对比讨论详见作者另文[6,7]。

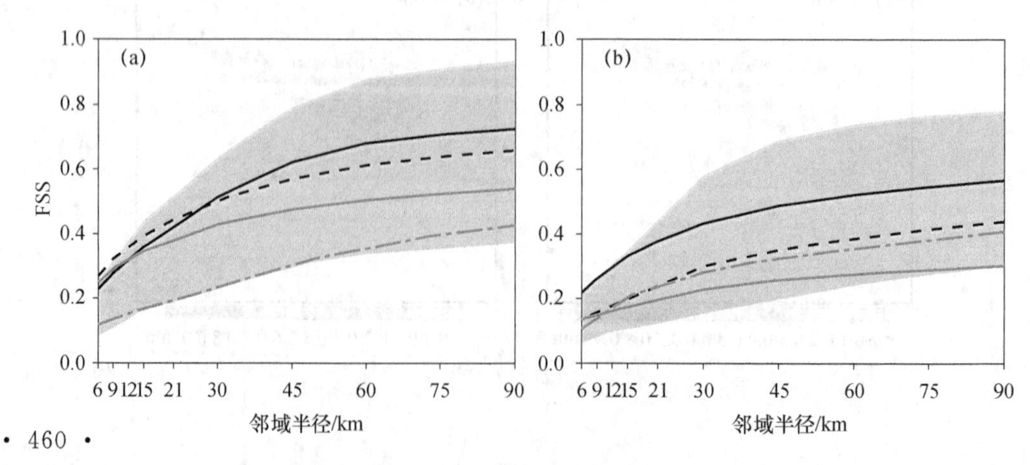

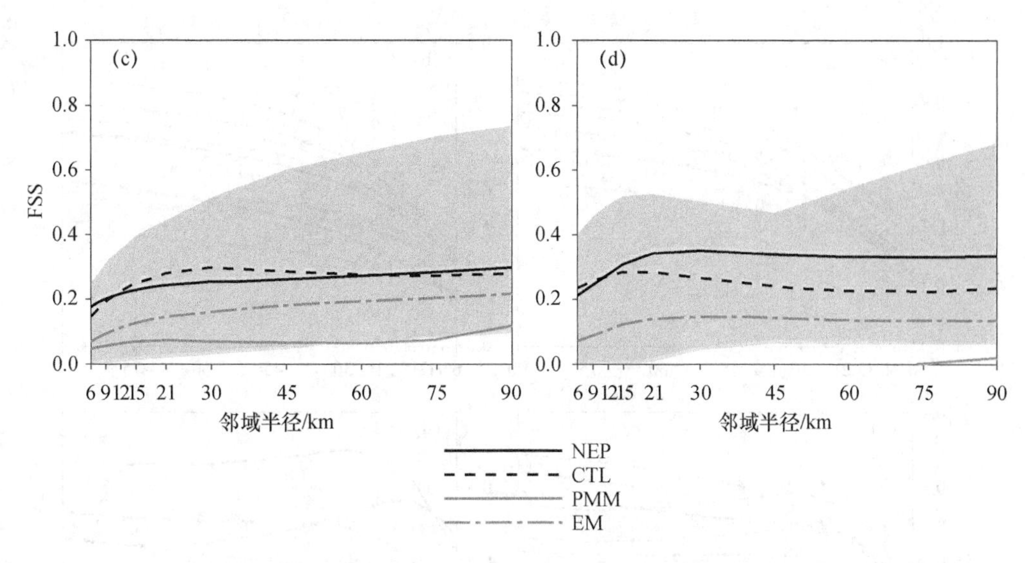


图 2　预报第 14 小时降水超过 1.0(a)、5.0(b)、10.0(c)、16.0 mm・$h^{-1}$(d)的分数技巧评分随邻域半径的演变图(阴影部分为所有集合成员的评分范围)

### 3.2　时间尺度结果分析

图 3 给出降水最强时刻(第 14 小时)三种时间邻域的 FSS 评分随领域半径的变化情况。能够看出,FSS 评分随空间尺度的演变特征与上一节基本一致,本节重点对比不同时间邻域对 FSS 评分的影响,以探讨选择多大的时间尺度可以表征对流尺度系统及其对流降水时间差异性的问题。

如图 3 所示,时间尺度拓展 FSS 评分在小量级降水的预报中,时间尺度越大,FSS 评分越大;随着降水阈值的增大,3 h 时间尺度的 FSS 值大于 1 h 和 5 h 时间尺度;随着降水阈值的进一步增大,时间尺度越小,FSS 评分越大。这是因为 5 h 的时间尺度包含了对流尺度降水事件的小量级降水时间不确定性,随着降水量级的增大,降水的时间分布也更为集中,因此对应的时间尺度也减小。当降水量级增大到暴雨量级时,更小的时间尺度才能减小降水时间差异性以达到更好的预报效果。本试验的最小时间尺度为 1 h,在暴雨量级降水的 FSS 评分最高。当试验的时间分辨率提高到分钟量级时,可以得到更小的时间尺度,对应暴雨的 FSS 评分会更高。

### 3.3　时空尺度综合评估

前两节分别考虑空间尺度和时间尺度对于高分辨率对流尺度降水的时空差异性影响。本节探讨时空尺度两个邻域因素对于预报效果的综合影响,将时间尺度引入降水阈值—空间尺度图中。图 4 为预报第 14 h 不同时空尺度下 NEP 法得到的 FSS 随不同降水阈值变化的矩阵图。在图中,0.5～1.0 mm・$h^{-1}$ 降水阈值对应的空间—时间平面内存在近似斜率为 30 km・$(4\ h)^{-1}$ 的 FSS 常数线(典型的线已在图中标出),5.0～10.0 mm・$h^{-1}$ 的降水阈值对应的空间—时间平面内存在近似斜率为 15～30 km・$(4\ h)^{-1}$ 的 FSS 常数线,这些常数线显示了较小空间尺度与较大时间尺度得到的 FSS 评分等于较大空间尺度和较小时间尺度得到的 FSS 评分。这一事实表明,时空尺度两个邻域因素对于预报效果的影响是相互关联的。同时,对流尺度降水的强度、空间尺度和时间尺度,三者存在内在联系,即不同降水阈值下 FSS 常数线的斜率可能受到对流尺度天气系统固有的时空尺度影响。

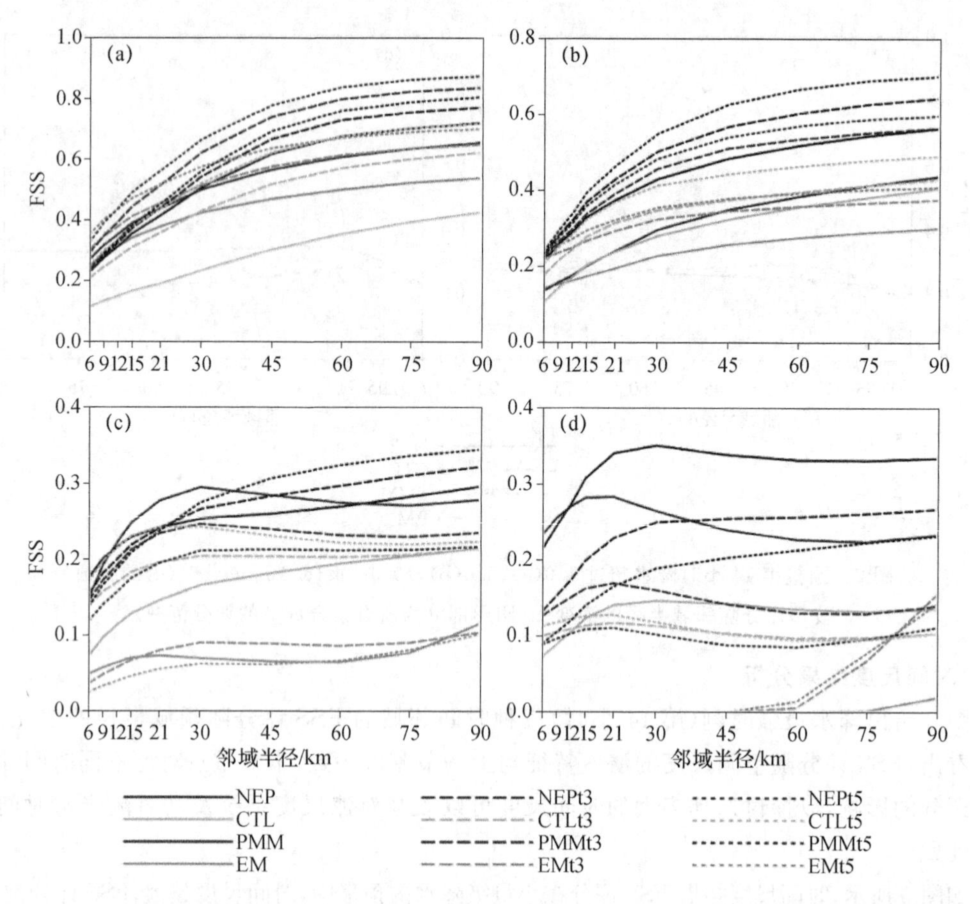


图 3　预报第 14 小时降水超过 1.0(a)、5.0(b)、10.0(c)、16.0 mm·h$^{-1}$(d)的三种时间邻域分数技巧评分随邻域半径的演变图(实线、长虚线、短虚线分别代表 1 h、3 h、5 h 的时间邻域)

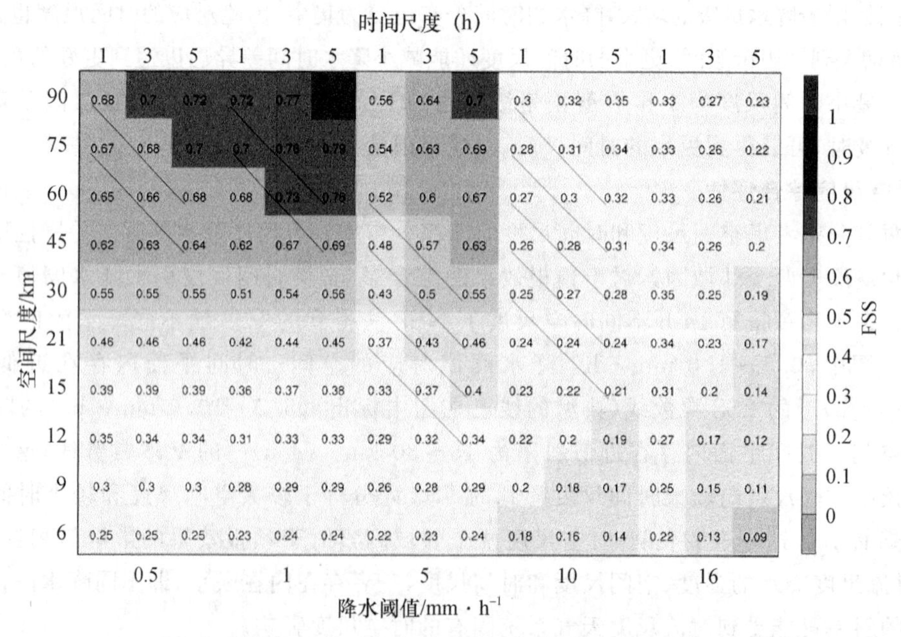


图 4　预报第 14 h FSS 评分的降水阈值-时空尺度矩阵图

## 4 总结与结论

（1）对于此类强飑线过程的对流尺度天气系统，邻域半径为 15～45 km 的空间尺度能够改善降水位移误差的空间不确定性，使其预报效果达到最优。

（2）对流尺度降水预报所考虑的时间尺度窗口与降水量级之间存在着对应关系，不同时间尺度可以捕获到不同量级对流降水的时间不确定性，从而得到更好的预报效果。

（3）时空尺度两个邻域因素对于预报效果的影响是相互关联的。同时，空间和时间的等值尺度比例受到对流尺度天气系统固有的时空尺度影响。

（4）改进的邻域概率法能够同时包含高分辨率模式预报结果在对流尺度降水事件上存在的时空不确定性，并更加方便地为不同量级降水提供与其时空尺度相匹配的概率预报结果，这对提高对流尺度降水预报技巧具有实际指导意义。

### 参考文献


[1] 庄潇然，闵锦忠，蔡沅辰，等. 不同大尺度强迫条件下考虑初始场与侧边界条件不确定性的对流尺度集合预报试验[J]. 气象学报，2016，74(2)：244-258.

[2] 庄潇然，闵锦忠，王世璋，等. 风暴尺度集合预报中的混合初始扰动方法及其在北京 2012 年“7·21”暴雨预报中的应用[J]. 大气科学，2017，41(1)：30-42.

[3] 蔡沅辰，闵锦忠，庄潇然. 不同随机物理扰动方案在一次暴雨集合预报中的对比研究[J]. 高原气象，2017，36(2)：407-423.

[4] 高峰，闵锦忠，孔凡铀. 基于增长模繁殖法的风暴尺度集合预报试验[J]. 高原气象，2010，29(2)：429-436.

[5] Li X，He H R，Chen C H，et al. Convection-allowing ensemble forecast based on the breeding growth method and associated optimization of precipitation forecast[J]. J Meteor Res，2017，31(5)：955-964.

[6] Ma S J，Chen C H，He H R，et al. Assessing the skill of convection-allowing ensemble forecasts of precipitation by optimization of spatial-temporal neighborhoods[J]. Atmosphere，2018，9(2)：43.

[7] 马申佳，陈超辉，何宏让，等. 基于 BGM 的对流尺度集合预报及其检验[J]. 高原气象，2018，37(2)：495-504.

[8] Baldwin M E，Kain J S. Sensitivity of several performance measures to displacement error，bias，and event frequency[J]. Wea Forecasting，2006，21(4)：636-648.

[9] Mittermaier M，Roberts N. Intercomparison of spatial forecast verification methods：identifying skillful spatial scales using the fractions skill score[J]. Wea Forecasting，2010，25(1)：343-354.

[10] Ebert E E. Fuzzy verification of high-resolution gridded forecasts：a review and proposed framework[J]. Meteor Appli，2008，15(1)：51-64.

[11] Roberts N M，Lean H W. Scale-selective verification of rainfall accumulations from high-resolution forecasts of convective events[J]. Mon Wea Rev，2008，136(1)：78-97.

[12] Weusthoff T，Ament F，Arpagaus M，et al. Assessing the benefits of convection-permitting models by neighborhood verification：Examples from MAP D-PHASE[J]. Mon Wea Rev，2010，138(9)：3418-3433.

[13] Schwartz C S，Kain J S，Weiss S J，et al. Toward improved convection-allowing ensembles：model physics sensitivities and optimizing probabilistic guidance with small ensemble membership[J]. Wea Forecas-

ting, 2010, 25(1):263-280.

[14] 潘留杰,张宏芳,陈小婷,等.基于邻域法的高分辨率模式降水的预报能力分析[J].热带气象学报,2013,31(5):632-642.

[15] Duc L, Saito K, Seko H. Spatial-temporal fractions verification for high-resolution ensemble forecasts [J]. Tellus, 2013, 65(18171):183-192.

# 2016年鄂西复杂地形下极端短时强降水成因分析

范元月

(湖北省宜昌市气象局,宜昌 443000)

## 摘 要

鄂西复杂地形下极端短时强降水经常发生的区域有六个,极端短时强降水共分为三类:(1)准静止类,环境场高温高湿,露点锋以及地形提供了中小尺度的强上升运动,单体过江以后迅速加强,静止类回波以及后向传播效应,使靠近河谷地区出现极端短时强降水;(2)合并类,冷锋入暖槽或东风波气流合并,或冷锋前向传播单体与冷锋主体回波合并,为强动力型降水,在动力强的地区单体强烈发展、与主体回波合并造成极端短时强降水;(3)后向传播类,在急流末端产生后向传播,在移动过程中,列车效应产生极端降水。鄂西南地区地形强迫抬升作用起到了重要的小尺度抬升触发机制,使得极端降水多发在几个固定区域。

**关键词**:极端短时强降水　静止　后向传播　合并　地形抬升

## 引言

强降水在我国南、北方均会造成巨大损失,是我国一种常见的灾害性天气,其中尤以突发性短时强降水造成的灾害最为严重。目前关于强降水的研究非常多,俞小鼎[1]和李德俊等[2]均从雷达回波方面提出了短时强降水预警方法;吴翠红等[3]通过分析大量强降水天气个例,分别从动力、热力、水汽等强降水产生的角度出发,建立了湖北省强降水天气模型;顾问等[4]从气候角度出发,讨论了上海地区强降水的时间、空间分布及其变化特征;周长春等[5]从地形角度考虑了强降水的触发机制;刘裕禄等[6]利用数值模式和卫星及雷达资料研究了一次山区短时强降水的触发机制,表明山区夏季对流云合并会造成对流云系统短时间内强度的增强;王佳津等[7]利用后向轨迹模型研究了一次四川盆地暴雨的水汽来源,表明水汽主要来自950 hPa和850 hPa;王丛梅等[8]研究发现,在宁晋地区一次的极端短时强降水过程中,对流系统的后向传播使回波主题移动缓慢、持续时间长,且产生极端降水的对流系统属于高质心发展强烈的大陆强对流型。

利用2001年1月—2016年12月宜昌市14个国家基本气象站资料、337个区域气象站资料及74个水文站降水资料分析发现,在鄂西地区短时强降水分布广泛,区域性明显,频率高、雨强大,集中出现在5—9月的14时至次日02时(北京时,下同),特别是6—8月20—24时,最大值出现在7月中旬,多发区集中在山脉向平原过渡带的迎风坡及河谷附近,受地形和河谷影响明显。发生短时强降水频率高、强度大的六个地区为:夷陵区黄花至旅游新区、长阳高家堰—贺家坪、猇亭区到宜都北部、宜都松木坪至枝江问安、远安河口乡、当阳淯溪镇,以上六个区域易发强度大的短时强降水,在短临预警中需要特别注意。

## 1 准静止(副高控制)类

宜昌地区位于500 hPa副高内部边缘,中低层为弱的暖式切变线;宜昌位于西南干暖气流、东南暖湿气流以及北部偏东较冷回流交汇处;925 hPa在鄂西南地区存在西北—东南向温度、湿度锋区,宜昌站位于湿舌西端;鄂西南处于地面鞍型场中,中、低层引导气流均较弱,对流系统为准静止类(图1a)。

在宜昌西部存在南北向弱露点锋,围绕露点锋存在一个中尺度东西向垂直环流,宜昌位于上升支区域中(图1b)。在西部山区小尺度地形抬升速度远大于天气尺度抬升速度;在宜昌地区尤其是东北部水汽条件较好,整层大气含水量高。

对流单体北抬过江面以后显著加强,在峡谷入口处形成中尺度低涡,单体北抬离开河谷一段距离后消亡,外流气流的后向传播效应使河谷附近单体发展旺盛,移动缓慢加上后向传播共同效应使峡谷入口处产生非常局地的极端短时强降水。

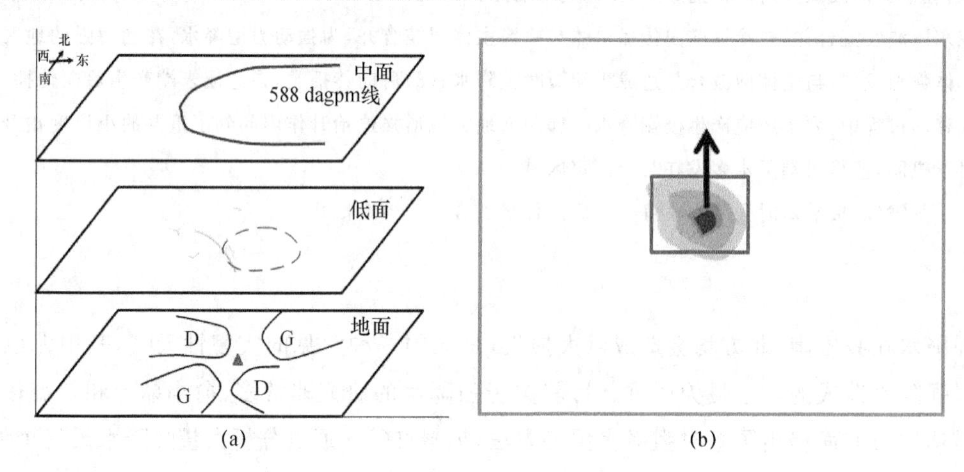


图1 准静止类对流系统

天气模型(a);成熟期对流系统组织结构(b)

## 2 合并类

### 2.1 冷锋入暖槽合并加强

暴雨过程发生前,中层有低槽东移,低层位于低涡前部的西南暖湿气流中,鄂西南处于露点锋暖湿一侧,低层存在强的垂直风切变;暴雨发生前0～3 h,地面图上峡谷南侧出现暖槽,北侧有冷空气扩散南下,冷锋南下与暖槽合并,使系统抬升作用加强(图2a)。

在江汉平原北部存在一个东西向的露点锋,露点温差大,围绕露点锋存在一个中尺度南北向垂直环流,宜昌位于上升支气流中,最大值达0.1～0.15 m·s$^{-1}$,下沉支位于北侧(图2b)。地形抬升速度西部山区达1.0 m·s$^{-1}$,东部平原地区抬升速度贡献不大。不稳定能量异常大,对流不稳定能量转化而成的小尺度上升运动会非常强烈,再加上鄂西山地地形抬升作用,对流单体在山地会强烈发展。

暴雨点东侧为冷锋对流单体南下过程中向西传播、西侧有局地对流云系发展,辐合线与冷锋合并时单体发展,降水加强;单体向西北方向传播过程中,与山区发展强烈的局地对流回波合并(图 2c),产生了局地极端短时强降水。随后单体减弱,面积增大,雨强减小,整个过程持续了 4～5 h。

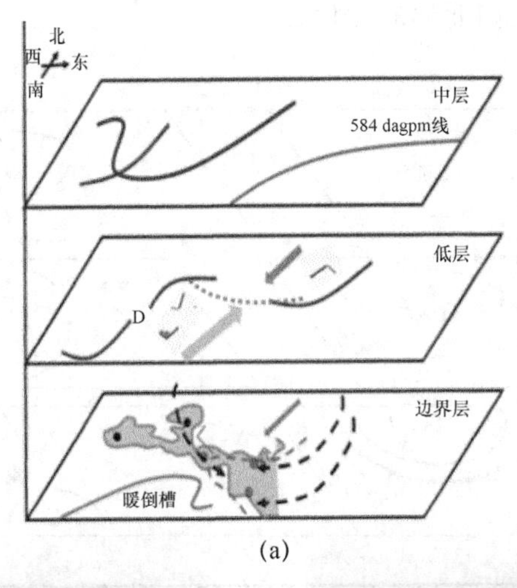

(a)

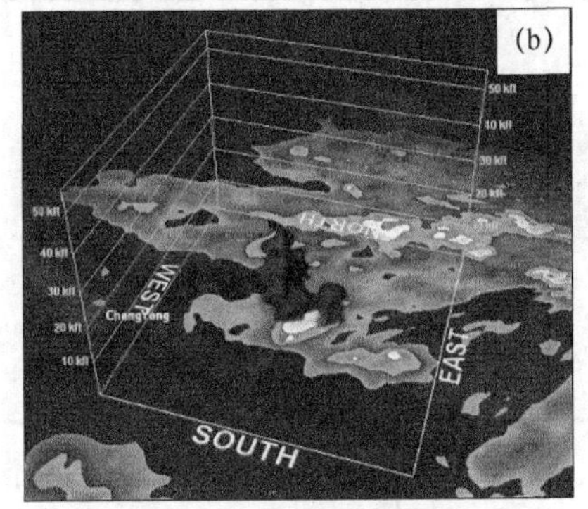


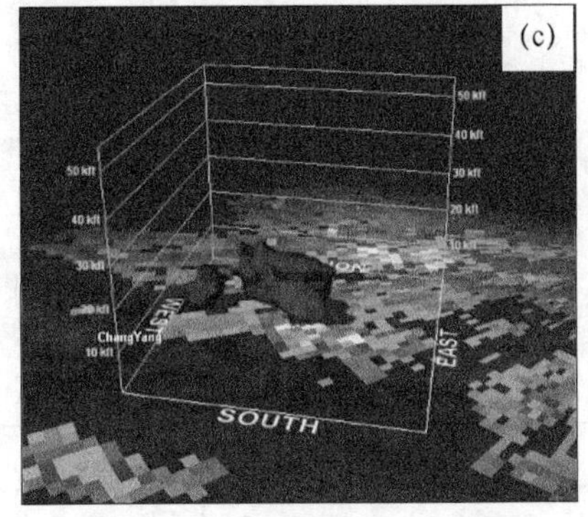


图 2　冷锋入暖槽天气模型(a)、孤立单体发展(b)、单体合并增强(c)

## 2.2　东风波(气流)合并

中层低纬度地区副高加强西伸,使其西侧台风低压北上,高低值系统之间气压梯度加大,东南急流加强,为鄂西南地区提供了充沛的水汽和不稳定能量,边界层有两支气流在宜昌附近交汇:台风低压东侧的西南暖湿气流为强降水提供充足的能量和水汽,副高西侧的东南暖干气流为强降水提供较好的能量条件,有时会存在一支干冷气流为强降水提供触发条件,即台风倒槽与西风带系统合并。东风波影响下,地形存在两种抬升机制:第一种为偏东气流形成的边界层辐合流场,第二种则是西部高大的山脉会对偏东风形成较强的地形抬升(图 3a、b)。

副高南侧的低压倒槽沿着偏东气流向西移动,在向西移动的过程中,东北部有弱冷空气扩散南下,存在大范围抬升运动的条件下,在江汉平原南部水汽充沛、上升运动强、存在大范围的不稳定层结条件,东北部冷空气扩散南下,有利于在冷暖气流交汇地区出现强降水。

冷空气较强时,即有西风带系统合并的情况下,北部对流单体向南移动过程中不断在前沿触发出新的对流单体,当侵入到东风带系统时,会使倒槽回波显著加强,在 8 月 3 日回波在长江河谷处加强后,向西移动受阻,同时气流与西部单体向东的外流气流之间的辐合加强(图 3c),三支气流共同作用单体在猇亭—宜都一带停滞会产生极端短时强降水,减弱的单体东移南压。

冷空气较弱时，缓慢北抬的东风波回波与北部南下的辐合线回波合并，会在合并处产生极端短时强降水，单体减弱后向西北移动(图 3d)。

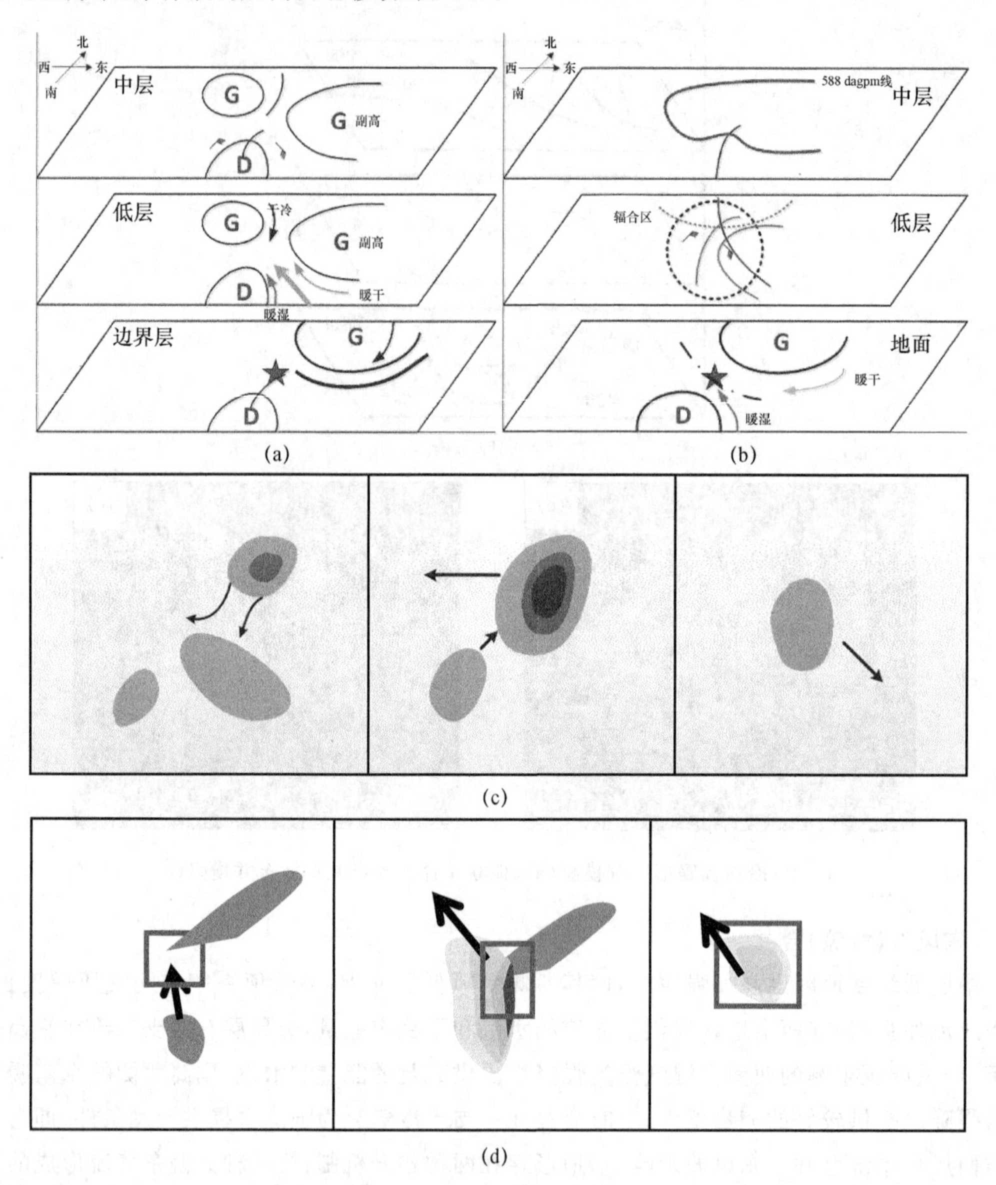


图 3　8 月 3 日(a)和 8 月 11 日(b)天气模型；
8 月 3 日(c)和 8 月 11 日(b)对流系统组织结构演变

## 2.3　低槽(冷锋)类

中层低槽东移，低层切变线东移南压，湖北南部为副高控制中高温高湿气团(图 4a)，过程开始前 12～24 h 33°N 附近存在东西向露点锋，露点锋南侧大气水汽含量非常高，围绕露点锋存在一个南部上升、北部下沉的垂直环流，另外在宜昌北部(襄阳、远安)、西部地形抬升速度超过 1.0 $m \cdot s^{-1}$，露点锋垂直环流提供了初始对流触发机制，地形抬升则使南下对流单体增强。短时强降水发生前，不稳定能量异常大，对流不稳定能量转化而成的小尺度上升运动会非常强烈，再加上鄂西山地地形抬升作用，对流单体在山地会强烈发展。这次强降水过程是在水汽充沛和不稳定能量异常大的情况下，中小尺度强烈上升运动造成了强降水过程。

从襄樊南部移入的两个对流单体在宜昌北部山区受地形抬升作用不断发展，其前侧冷出流沿坡地南下，触发新对流单体，并入回波主体，使其向南传播，最终合并为多单体风暴（图4b）。多单体风暴在沮河河谷坍塌，产生 94.7 mm · $h^{-1}$ 极端短时强降水。

对流系统组织结构演变如下：(1)初始阶段：暴雨点北侧有对流单体发展，其前沿有地面中尺度冷锋沿坡地南下，对流单体随冷锋一同南移；(2)成熟阶段：地面中尺度冷锋南下触发新对流单体，并入对流风暴主体，使其迅速增强且合并为多单体风暴，产生中尺度暴雨；(3)消亡阶段：风暴主体分裂，减弱南移，雨强减小。

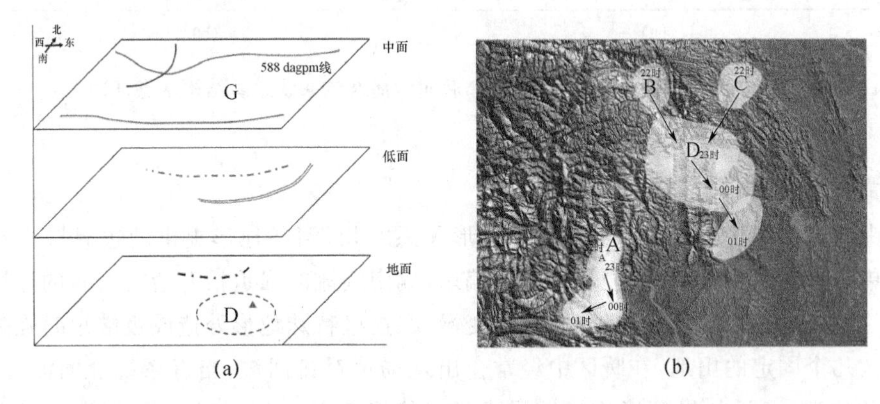


图 4　低槽（冷锋）类天气模型(a)和中尺度雨团移动路径示意图(b)

## 3　后向传播类

暴雨发生在低涡前的暖区西南急流中，低层急流显著增强，急流末端出现风速脉动，并存在显著露点锋（图 5a）；短时强降水开始前，中低层存在暖湿平流，使地面低压发展，低压带中辐合线触发对流发展。

在低空急流末端存在密集的等露点线，露点锋梯度及坡度都较大。地形抬升作用不强，以天气系统辐合产生的强上升运动为主；宜昌东南部整层大气可降水量大，水汽（尤其低层水汽）充足；不稳定能量及垂直风切变较大，高移低传效应，有利于风暴的后向传播。

在西南涡右侧急流的末端，对流系统组织结构演变如图（图 5b），初始阶段为辐合线上的弱对流，随着环境低空急流的加强（水汽、不稳定、抬升条件好转），对流单体发展，在随环境流场移动的过程中，后向传播作用使后侧单体发展，单体主要沿低山之间的谷地移动，多个单体反复通过一个地区造成了极端短时强降水。

在低涡外围西南急流的末端，存在显著露点锋，风速辐合以及露点锋垂直环流提供了中尺度抬升机制；极端降水发生之前，地面位于暖低压带中，不稳定能量大，边界层抬升运动强；在辐合线上干冷、暖湿气流汇合区中产生对流单体，沿辐合线呈东北—西南分布，与引导气流方向一致，沿引导气流向东北移动过程中，前侧单体减弱外流气流加强了后侧单体的辐合，使后侧单体加强，形成后向传播，在移动过程中，列车效应产生极端降水。

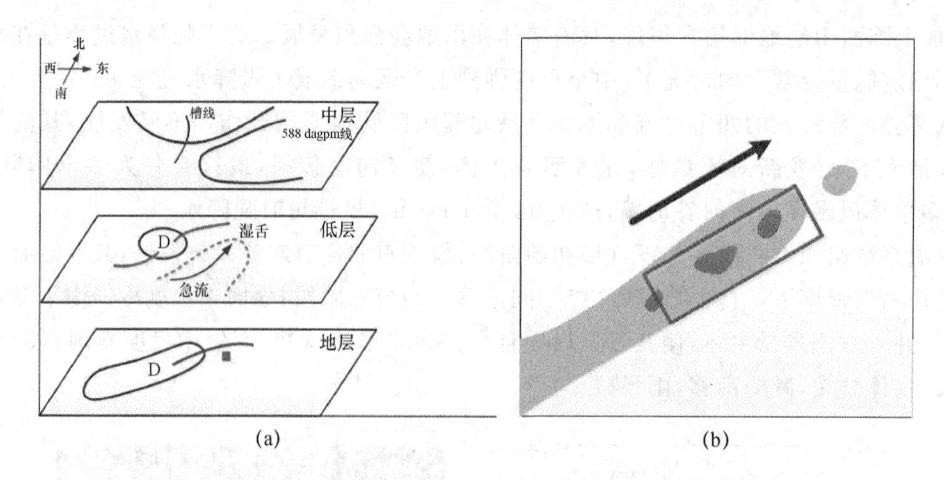


图 5　西南急流类天气模型(a)和后向传播对流系统组织结构示意(b)

## 4　结论与讨论

鄂西南地区极端短时强降水的发生与地形关系密切，河谷地形提供的边界层水汽会使经过江面的单体快速强烈发展，过渡带地形对偏东、偏南气流的强迫抬升会在山脉的迎风坡触发单体，并阻挡单体的移动，使单体增强，移速变慢，在这些特殊地形处造成极端短时强降水。而在西部山区几个固定的山地，在暖区中经常会出现局地对流回波，当有系统性回波合并时，会造成回波的快速发展，如果环境流场较弱或者以传播为主，也会在合并地区产生极端短时强降水。

### 参考文献

[1]　俞小鼎.短时强降水临近预报的思路与方法[J].暴雨灾害，2013,32(3):202-209.

[2]　李德俊,唐仁茂,熊守权,等.强冰雹和短时强降水天气雷达特征及临近预警[J].气象，2011,37(4):474-480.

[3]　吴翠红,王晓玲,龙利民,等.近 10a 湖北省强降水时空分布特征与主要天气概念模型[J].暴雨灾害，2013,32(2):113-119.

[4]　顾问,谈建国,常远勇.1981—2013 年上海地区强降水事件特征分析[J].气象与环境学报,2015,31(6):107-114.

[5]　周长春,吴蓬萍,周秋雪.一次复杂地形暖区强降水特征及触发机制分析[J].暴雨灾害，2015,34(1):27-33.

[6]　刘裕禄,邱学兴,黄勇.发生短时强降雨的对流云合并作用分析[J].暴雨灾害，2015,34(1):47-53.

[7]　王佳津,王春学,陈朝平,等.基于 HYSPLIT4 的一次四川盆地夏季暴雨水汽路径和源地分析[J].气象，2015,41(11):1315-1327.

[8]　王丛梅,俞小鼎.2013 年 7 月 1 日河北宁晋极端短时强降水成因研究[J].暴雨灾害,2015,34(2):105-116.

# 基于高分辨率模式的短时强降水客观概率预报方法*

李 明[1] 高维英[2]

(1. 陕西省气象台,西安 710015;2. 陕西省气象学会,西安 710016)

## 摘 要

根据陕西秦巴山区 643 个经质量控制的自动气象站 2010—2014 年逐小时观测降水,采用百分位法确定陕西秦巴山区短时强降水标准。基于 2010—2014 年 11824 站次短时强降水个例和欧洲中期天气预报中心(ECMWF)间隔 6 h 的 0.25°×0.25°再分析格点资料,以空间最近、时间最近前一时次原则:计算并确定该区域汛期 5—9 月各月短时强降水 36 种对流参数历史概率分布特征值;考虑对流参数的显著性和适度性指标构建评价方案,利用相对模糊偏差矩阵、标准差系数方法,优选出该区域 5—9 月各月的 15 种对流参数及其权重。业务运行以 ECMWF 细网格模式的基本预报产品,计算优选的对流参数值,结合参数历史概率分布值及其权重,建立陕西秦巴山区分月短时强降水客观概率预报模型。将模型概率预报结果升序排列后 80%处对应的数值且大于 0.2 作为短时强降水的临界概率,定量检验:TS 评分为 0.59,漏报率 0.18,空报率 0.31。

**关键词**:ECMWF 细网格模式 相对模糊偏差矩阵 短时强降水 客观概率预报

## 引言

短时强降水始终是气象部门汛期关注的重点,也是预报难点,陕西秦巴山区短时强降水发生频次高,地质结构脆弱,每年汛期都因强降水造成灾害损失。随着多源资料的应用和融合分析技术的进步,对其监测水平取得了很大进步。针对强对流天气预报,许多气象工作者分析总结了各类天气学概念模型[1],许爱华等[2]从热力、动力、水汽条件出发建立了中国中东部触发强对流天气的 5 种类型;苏永玲[3]根据京津冀短时强降水、雷雨大风、冰雹天气典型个例进行总结,建立了冷涡型、冷槽型、低槽副高型天气学概念模型;有学者利用西北四省区 15 a 强对流天气研究成果提出了该区域 3 类基本形势配置及其各自的特征[4];郑媛媛等[5]则采用多种资料的环境场消空指标方法提高了强对流天气的识别水平,强对流天气学模型加强了业务工作者对此类天气的认识,在业务应用中有一定的意义,但主要是定性,定量化比较困难,而且业务人员的理解不同,预报结论有可能不一致。一些气象工作者针对模式的定量降水预报采用统计方法进行订正,研究表明对小到中雨量级的降水有一定的改善,但是对强降水的改善不是很理想[6-10]。很多研究和预报业务实践表明,对流参数能够揭示大气的水汽、能量、动力等特征,相对而言是一种量化和客观的诊断强对流的方法[11-19]。有学者基于探空资料总结了不同强对流天气的对流参数阈值,但其时空分辨率低,预报时效有限[20-23]。对此,一些气象工作者利用模式基本预报产品来诊断强对流天气,较常规探空资料提高了时空分辨率和更具有预报性[24-28],但是二者都存在强对流天气对流参数指标固定化的问题,以及较少涉及各对流参数所

*资助项目:中国气象局预报员专项(CMAYBY2017—075)和陕西省自然科学基础研究计划项目(2017JM6067)。

起作用的程度。另外，从这些研究中也发现不同季节、不同区域强对流天气对对流参数具有不同的敏感性，而且各对流参数所起作用也是不同的，即强对流天气的发生与否，对流参数并不存在所谓固定的阈值。因此，一些学者认为，基于高分辨率数值模式产品，应用动力统计方法如模糊逻辑方法开展强对流天气预报技术是未来的发展方向[29,30]。本文基于该思路，针对陕西秦巴山区短时强降水，利用高分辨率数值模式的基本产品和历史短时强降水个例，优选对流参数，以及确定其权重和对流参数历史概率分布特征值，建立区域内短时强降水分月的客观概率预报模型，实现陕西短时强降水的客观预报，为此类天气的预报提供技术支撑。

## 1 资料

本文建立客观概率预报方法所使用的资料为2010—2014年陕西秦巴山区643个经质量控制的自动气象站逐小时降水，同时间段内欧洲中期天气预报中心(European Centre for Medium-Range Weather Forecasts，简称ECMWF)间隔6 h分辨率0.25°×0.25°的位势高度、温度、相对湿度、风速、风向再分析资料。业务运行采用欧洲中心细网格模式间隔3 h分辨率0.25°×0.25°的上述5个要素预报场。欧洲中期天气预报中心资料范围31.5°—40°N，105°—112°E。本文陕西秦巴山区范围为31.5°—35.5°N，105.0°—112.0°E，包括汉中、安康、商洛和宝鸡南部、西安南部、渭南南部。

## 2 陕西秦巴山区短时强降水标准

目前针对短时强降水标准，各省根据日常预报业务经验确定，没有严格的标准，例如，陕西根据预报经验，确定小时降水量超过10 mm为全省短时强降水标准，但是陕西秦巴山区年降水量在800～1200 mm，属于湿润区，和陕北黄土高原、关中平原的气候背景不同。另外，各月的标准也应不同，因此以往根据预报经验确定的标准不能准确表征陕西秦巴山区短时强降水情况。本文根据有关极端强降水的定义[31]，在大量历史个例基础上确定陕西秦巴山区汛期各月的短时强降水标准，即对经过质量控制的陕西秦巴山区643个乡镇级自动站2010—2014年5—9月逐小时观测资料，剔除无降水后的11824站次样本，按月将逐小时降水量从小到大排序，将99%分位处对应的降水量平均值定义为该区域该月的短时强降水标准，确定了陕西秦巴山区汛期5—9月短时强降水标准(表1)。根据该标准，从2010—2014年逐小时降水中筛选出11824站次短时强降水个例。

**表1 陕西秦巴山区汛期各月短时强降水标准(单位：mm·h⁻¹)**

| 地区/月 | 5月 | 6月 | 7月 | 8月 | 9月 |
|---|---|---|---|---|---|
| 陕西秦巴山区 | 10 | 15 | 20 | 20 | 10 |

## 3 短时强降水对流参数特征

### 3.1 汛期各月对流参数气候平均值

表征强对流天气的对流参数的种类多，代表的物理含义不同，一些业务工作者针对强对流天气总结了一些对流参数的定量指标，如陕西发生短时，强降水K指数在37℃以上，但正如引言中所述单一的对流参数阈值或某个对流参数不能全面表征短时强降水发生的条件和可能性。因此，本文将考虑最佳对流稳定度指数(BIC)、K指数(K)、SI指数(SI)、深对流指数(DCI)、大气可降水量(PW)等36类对流参数[11]，从中优选出若干对表征短时强降水发生所需的动力、热力、水汽等有较好指示意义的量。根据ECMWF每日4次再分析资料计算出逐日最大(或最小)对流参数值，然后进行月和区域平均，得到陕西秦巴山区各月对流参数的气候平均值(表2)。以K指数为例，5月气候平均值是17.52℃，6月26.34℃，7、8月约30.00℃，9月气候平均值为20.33℃，可以看出各月的K指数气候平均值差异很大。

**表2　陕西秦巴山区各月部分对流参数平均值**

| 参数<br>月份 | PW | CAPE | LFC | PE | LI | K | DCI | BIC |
|---|---|---|---|---|---|---|---|---|
| 5 | 2.45 | 375.70 | 808.26 | 615.96 | 2.93 | 17.52 | 18.66 | −7.16 |
| 6 | 3.04 | 686.35 | 831.71 | 511.49 | 0.13 | 26.34 | 30.74 | −14.79 |
| 7 | 4.69 | 1536.62 | 855.05 | 284.28 | −2.71 | 30.98 | 39.32 | −24.75 |
| 8 | 4.14 | 1407.83 | 861.42 | 389.91 | −1.07 | 30.03 | 35.90 | −20.05 |
| 9 | 3.86 | 195.25 | 870.60 | 764.69 | 3.94 | 20.33 | 20.18 | −5.74 |

注：PW—大气整层可降水量，单位：cm；CAPE—对流有效位能，单位：$J \cdot kg^{-1}$；LFC—自由对流高度，单位：hPa；PE—平衡高度，单位：hPa；LI—抬升指数，单位：℃；K—指数，单位：℃；DCI—深对流指数，单位：℃；BIC—最佳对流稳定度指数，单位：℃。

### 3.2　短时强降水发生临近时刻对流参数特征值

根据陕西秦巴山区2010—2014年短时强降水个例，将其空间上最靠近、时间上最接近的前一时次ECMWF再分析资料格点上的基本气象要素作为该站次发生短时强降水的要素场，并计算该格点的对流参数值。根据该方法计算出陕西秦巴山区汛期各月短时强降水发生临近时刻的对流参数平均值，表3给出陕西秦巴山区汛期5—9月短时强降水发生临近时刻部分对流参数值，可以看出短时强降水发生时，同一对流参数在各月的数值差异是很大的，并不存在一个固定的阈值。另外，从表2、表3看出，短时强降水发生临近时刻的对流参数值和其对应月的气候平均值有较大的差异，因此利用对流参数预报短时强降水时需要考虑不同气候背景下的对流参数值。

**表3　陕西秦巴山区各月短时强降水发生临近时刻的部分对流参数值**

| 参数<br>月份 | PW | CAPE | LFC | PE | LI | K | DCI | BIC |
|---|---|---|---|---|---|---|---|---|
| 5 | 3.60 | 1157.53 | 872.57 | 386.92 | −0.85 | 31.75 | 30.03 | −11.79 |
| 6 | 5.73 | 2027.82 | 912.40 | 297.86 | −3.47 | 35.52 | 39.24 | −19.60 |
| 7 | 6.15 | 2891.99 | 873.36 | 236.49 | −5.19 | 36.67 | 43.23 | −27.53 |
| 8 | 6.63 | 2201.36 | 903.21 | 247.71 | −4.72 | 37.53 | 43.26 | −27.53 |
| 9 | 4.53 | 1171.50 | 914.31 | 406.59 | 0.86 | 30.07 | 30.63 | −12.84 |

注：对流参数名称及单位同表2。

### 3.3　短时强降水发生时对流参数概率分布特征值

根据标准确定的2010—2014年5—9月短时强降水个例，计算各月所有短时强降水个例对应的36类对流参数；将各月的每类对流参数值进行排序，排序原则是如果对流参数值越大越有利于短时强降水发生则按从小到大排序，如果对流参数值越小越有利于短时强降水发生则按从大到小排序，由此得到按10%间隔划分的各累积频率对应的参数值，表示对流参数在该值时对应的短时强降水可能发生的概率。图1给出了陕西秦巴山区8月短时强降水发生临近时刻两种对流参数概率分布特征值，若最佳对流稳定度指数（BIC）为－33.89～－30.6℃（如图1中圆圈处），对应发生短时强降水概率在60%～70%，考虑在业务中减少空报率，取下限，即短时强降水发生概率为60%。

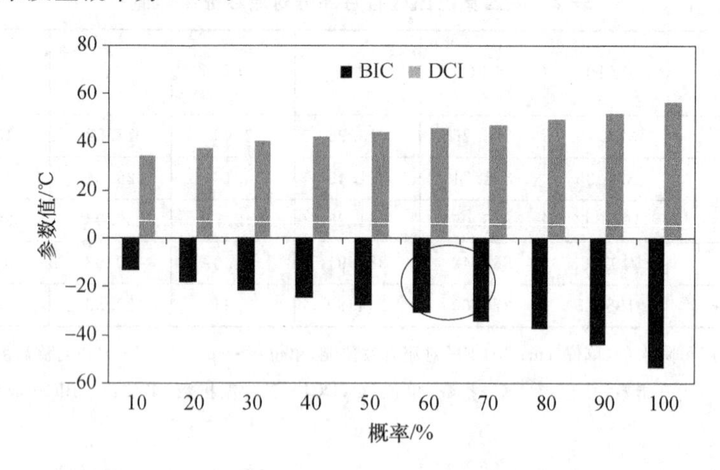


图1　陕西秦巴山区8月短时强降水发生临近时刻部分对流参数概率分布特征值

# 4　技术方案确定

## 4.1　构建评价方案

短时强降水发生时需要一定的环境气象条件，如能量、动力、水汽条件，这些条件可以通过具有物理意义的对流参数定量化体现。但是，如第3节所分析，短时强降水在不同气候背景下，对流参数的作用和敏感性是不同的。如5月和8月反映短时强降水产生条件的对流参数是不一样的。此外，短时强降水产生需要多种环境条件，即需要多种对流参数，而不是某一个对流参数，且需要达到一定强度，即对流参数需要考虑多种因素来评价，而不是某一种因素就能评价其好坏。因此，需要对各对流参数进行综合评价。本文采用模糊数学中的相对偏差模糊矩阵方法[32,33]。该方法相对于常规的相关系数方法，优点是能够将各对流参数的多种评价指标同时综合考虑，形成对流参数对短时强降水作用的权重。36种对流参数作为短时强降水的待评价方案如下。

设 $X=\{x_1, x_2, \cdots x_n\}$，是待评价的 $n$ 个方案的集合，即待选对流参数，这里 $n=36$。

如何从待选的36个方案中优选出在不同气候背景下对短时强降水有关键指示作用的对流参数，需要考虑两个重要指标：首先短时强降水发生临近时刻某个对流参数相对于其当月的气候平均值要有显著变化，即显著性指标，这才能反映环境大气的异常；同时短时强降水发生时该对流参数自身的变化要在适度范围内，不能太大，即适度性指标，否则应用时就无法确定其在相同气候背景下可参考的数值，即不能作为关键参数。图2是以陕西秦巴山区2012年8月313站次短时强降水发生时最佳对流稳定度指数（BIC）和抬升指数（LI）相对于同时段强降水发生时对流参数平均值的偏差散点图。可以看出，最佳对流稳定度指数(BIC)偏差值变幅为－2～2℃，抬升指数(LI)偏差值变幅为－6～8℃，即发生短时强降水时LI值自身波动较大，而BIC值自身波动较小，即LI的适度性差于BIC。

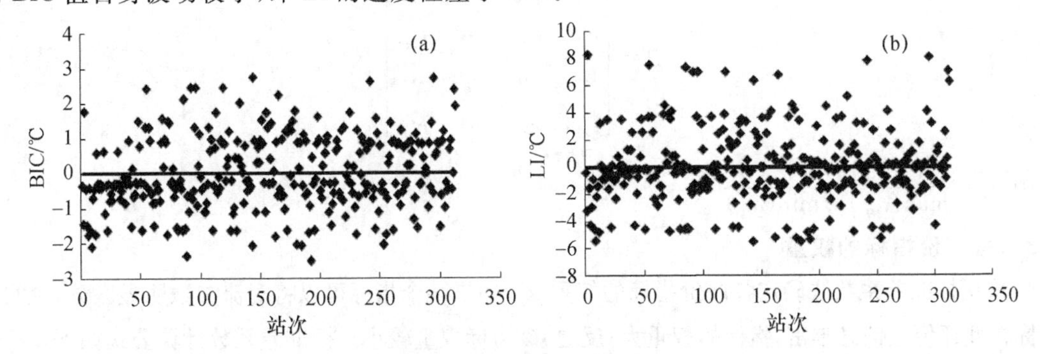


图2　2012年8月短时强降水发生临近时刻最佳对流稳定度指数(BIC)(a)和抬升指数(LI)(b)相对于同时段平均值的偏差散点图(单位：℃)

因此设计评价指标方案如下。

设$Y=\{y_1,y_2,\cdots y_m\}$是评价因素的集合。这里考虑的评价因素有两个：对流参数的显著性和适度性，即$m=2$；显著性即短时强降水发生临近时刻的对流参数值与对应时段的气候平均值的差值，适度性即短时强降水发生临近时刻的对流参数值与对应时段强降水发生时的对流参数平均值的差值。

将$X$中每个方案用$Y$中的每个指标进行衡量，得到一个参数值矩阵，即所有36类对流参数及其评价指标构成的集合为待评价的方案矩阵$\mathbf{A}$(式(1))，本文中为36类对流参数和各参数的显著性、适度性两种评价指标构成，根据该方案，通过历史短时强降水个例，可以确定两种评价指标的权重。

$$\mathbf{A}=\begin{bmatrix} a_{11} & a_{12} & \cdots & a_{1m} \\ a_{21} & a_{21} & \cdots & a_{2m} \\ \cdots & \cdots & a_{ij} & \cdots \\ a_{n1} & a_{m1} & \cdots & a_{nm} \end{bmatrix} \quad (1)$$

式中：$a_{ij}$表示第$i$个方案关于第$j$项评价因素的指标值。由于对流参数的单位、量纲不同，为了统一和方便比较，本文采用极值法进行处理。首先将矩阵$\mathbf{A}$中所有评价指标无量纲化，即利用2010—2014年5—9月各月所有短时强降水站次的各种对流参数偏差、标差两项指标进行无量纲化，然后对各月的每种对流参数所有站次评价指标偏差、标差平均后进入矩阵$\mathbf{A}$。

建立理想方案$u=(u_1^0 \quad u_2^0 \quad \cdots \quad u_m^0)$，该方案旨在构建一个既能体现对流参数显著性明显，又能体现适度性很好的理想状态。

$$u_j^0=\begin{cases} \max(a_{ij}) & \text{当 } a_{ij} \text{ 为显著性指标} \\ \min(a_{ij}) & \text{当 } a_{ij} \text{ 为适度性指标} \end{cases} \quad (2)$$

本文理想方案中显著性指标$u_1^0$选取对流参数偏差的最大值；适度性指标$u_2^0$选取对流参数标差的最小值。

## 4.2　建立相对偏差模糊矩阵

建立相对偏差模糊矩阵$R$，判断各评价指标和理想方案的接近程度，如果对流参数的评价指标能接近该理想方案，即对流参数值相对气候值偏差大（显著性明显），而标差又小（适度性好），则该参数的效果好。

$$R=\begin{bmatrix} r_{11} & r_{12} & \cdots & r_{1m} \\ r_{21} & r_{21} & \cdots & r_{2m} \\ \cdots & \cdots & r_{ij} & \cdots \\ r_{n1} & r_{n1} & \cdots & r_{nm} \end{bmatrix} \tag{3}$$

其中 $r_{ij}=\dfrac{|a_{ij}-u_j^0|}{\max(a_{ij})-\min(a_{ij})}$ (4)

## 4.3 各评价指标的权重

采用标准差系数法确定各评价指标的权重 $w_j$，如果某个指标可以将对流参数明显区分，说明该指标在此评价上信息丰富，指标的权重大；反之，该指标权重较小。标准差系数计算公式如下：

$$V_j=\frac{\sigma_j}{r_j},\sigma_j=\sqrt{\frac{1}{n-1}\sum\nolimits_{j=1}^{n}(r_{ij}-\bar{r}_{ij})^2},\bar{r}_j=\frac{1}{n}\sum\nolimits_{j=1}^{n}r_{ij} \tag{5}$$

式中：$V_j$ 是第 $j$ 项指标的标准差系数，$\sigma_j$ 是第 $j$ 项指标的标准差，$\bar{r}_j$ 是第 $j$ 项指标的平均值。

本文中通过该公式可以确定对流参数评价指标显著性和适度性的权重。

## 4.4 确定对流参数的权重

### 4.4.1 确定技术方案评价方法

$$F_i=\sum_{j=1}^{m}w_j r_{ij} \tag{6}$$

式中：$w_j$ 为 4.3 节所确定的评价指标权重，$r_{ij}$ 为 4.2 节中矩阵中各对流参数的数值，$F_i$ 表示各方案（对流参数）排序值，越小方案排序越前。依据 2010—2014 年 5—9 月各月的对流参数排序值，筛选出区域内汛期各月排在前 15 位 $F_i$，作为计算对流参数权重的基础。

### 4.4.2 确定各对流参数的权重

$$W_i^c=\frac{1}{F_i}\Big/\sum\nolimits_{j=1}^{n}\frac{1}{F_i} \tag{7}$$

式中：$W_i^c$ 表示通过 $F_i$ 确定各对流参数的权重。利用权重公式计算 $F_i$ 排在前 15 位的对流参数权重。

36 种备选对流参数经过上述 4.1～4.4 步骤后，确定了陕西秦巴山区汛期 5—9 月对短时强降水环境条件有较好表征作用的前 15 种对流参数及其权重，并作为建立概率预报模型的关键变量因子，表 4 给出了陕西秦巴山区 8 月前 15 位对流参数及其权重。

表 4 优选的陕西秦巴山区 8 月前 15 位的对流参数及其权重

| 排列序号 | 物理量参数 | 权重(%) |
|---|---|---|
| 1 | 最佳对流稳定度指数(BIC)(℃) | 12.56 |
| 2 | 700 hPa 散度(DIV)($s^{-1}$) | 11.47 |
| 3 | K 指数(K)(℃) | 8.17 |
| 4 | 850 hPa 水汽通量散度(qflux)($g\cdot hPa^{-1}\cdot cm^{-2}\cdot s^{-1}$) | 8.04 |
| 5 | 自由对流高度(LFC)(hPa) | 7.45 |

续表

| 排列序号 | 物理量参数 | 权重(%) |
| --- | --- | --- |
| 6 | 抬升凝结高度(PC)(hPa) | 6.71 |
| 7 | 700 hPa 涡度(VOR70)($s^{-1}$) | 6.09 |
| 8 | 对流凝结高度(CCL)(hPa) | 5.68 |
| 9 | 深对流指数(DCI)(℃) | 5.63 |
| 10 | 大气可降水量(PW)(cm) | 5.49 |
| 11 | 850 hPa 南风(V)($m \cdot s^{-1}$) | 4.66 |
| 12 | 0～3 km 垂直风切变(SHR2)($m \cdot s^{-1} \cdot km^{-1}$) | 4.65 |
| 13 | 沙氏指数(SI)(℃) | 4.53 |
| 14 | 850 hPa 涡度 VOR85($s^{-1}$) | 4.42 |
| 15 | 3～6 km 垂直风切变(SHR3)($m \cdot s^{-1} \cdot km^{-1}$) | 4.41 |

### 4.5 短时强降水客观概率预报方法

$$P_m = \sum_{j=1}^{15} F_{mj}^{c} \times W_j^{c} \tag{8}$$

式中：$P_m$ 表示某区域某月短时强降水发生概率；$F_{mj}^{c}$ 表示根据 ECMWF 细网格模式的位势高度、温度、相对湿度、风速、风向所计算的预报范围内格点上 15 种对流参数值与对应区域内对应月的各对流参数历史概率特征值比照后的获得的对流参数的概率；$W_j^{c}$ 表示对应上述 15 种对流参数的权重(表 4)；$m$ 表示月，这里为 5—9 月；$i$ 为对流参数个数，这里 $i=15$。

## 5 业务应用

短时强降水客观概率预报方法 2015 年汛期投入业务试运行，利用 ECMWF 细网格模式每日 08:00 和 20:00(北京时，下同)起报的 0.25°×0.25°位势高度、温度、相对湿度、风向、风速基本要素预报产品，根据 4.5 节短时强降水客观概率方法，提供陕西秦巴山区未来 24 h、逐3 h 0.25°×0.25°分辨率的短时强降水客观概率预报产品。

### 5.1 总体检验结果

根据 2015 年 5—9 月 91 次短时强降水过程概率预报结果和实况降水对应情况，确定将每次过程概率预报结果升序排列后的 80%处对应的数值且不小于 0.2 作为短时强降水发生的临界概率区(大概率区)，比较符合实际，对短时强降水落区有较好指示意义。根据该标准，对短时强降水客观概率预报进行检验，方法为 TS 评分、漏报率($PO$)、空报率($FAR$)，公式如下：

$$TS=\frac{NA}{NA+NB+NC} \tag{9}$$

$$PO=\frac{NC}{NA+NC} \tag{10}$$

$$FAR=\frac{NB}{NA+NB} \tag{11}$$

式中：$NA$ 为预报正确站(次)数、$NB$ 为空报站(次)数、$NC$ 为漏报站(次)数。当预报的降水与观测的降水完全一致时，则 $TS=1$，$TS$ 越接近于 0，预报越差。

经检验 $TS$ 评分值为 0.59，漏报率 0.18，空报率 0.31，预报效果较为理想。

### 5.2 2015 年汛期试运行期间短时强降水概率预报部分个例

#### 5.2.1 2015 年 8 月 23 日 20 时—24 日 00 时陕西秦巴山区西南部、东部短时强降水过程

2015 年 8 月 23 日 20 时—24 日 00 时受高空槽和低层切变影响，在陕西秦巴山区东部商洛市和西南部汉中、安康市分别出现了短时强降水。而 ECMWF 细网格模式 8 月 23 日 08 时起报的 20 时—23 时时段降水量来看，仅预报了陕西秦巴山区东南部、南部有弱降水，其中商洛南部、安康东南部最大仅 6 mm、汉中南部最大 1.5 mm(图 3a)，预报明显小于实况。23 日 08 时起报的 20 时客观概率预报(图 3b)，最大概率值为 0.35，大概率区约为 0.25，因此在陕西秦巴山区东部的商洛市存在一个大概率区(Ⅰ)；23 日 20—21 时商洛市商州区有 6 站次出现大于 20 $mm \cdot h^{-1}$ 的降水(图 3c)，最大 36.2 $mm \cdot h^{-1}$；23 日 21 时降水云团略南移，21—22 时在商洛市山阳县 6 站次出现大于 20 $mm \cdot h^{-1}$ 降水(图 3 d)，最大 44.7 $mm \cdot h^{-1}$；23 日 22 时降水强度开始减弱，22—23 时在山阳县仅有 1 站次降水大于 20 $mm \cdot h^{-1}$(图 3e)；23 日 23:00 后商洛市范围内短时强降水结束(图 3f)，短时强降水落区、强降水中心和大概率Ⅰ区一致。同时从宝鸡南部、汉中中部到汉中南部、安康南部有一值为 0.2 的"L"型概率带，其中汉中东南部、安康南部为大于 0.25 的大概率区(Ⅱ)；23 日 20—21 时宝鸡西南部出现较强降水(图 3c)，但是没有达到短时强降水标准；21—22 时汉中市中北部城固县两站次出现大于 20 $mm \cdot h^{-1}$ 的降水(图 3 d)，23 日 23 时—24 日 00 时(图 3f)汉中、安康市交界处的镇巴县、紫阳县有 4 个站次出现大于 20 $mm \cdot h^{-1}$ 的降水，最大 28 $mm \cdot h^{-1}$，和大概率区Ⅱ落区一致；此外虽然"L"型概率带数值未达到阈值，但是在该概率带上仍然产生了较强的降水，且强降水雨团的移动路径(图 3c 中箭头方向)和"L"型概率带一致，仍有一定的参考意义。

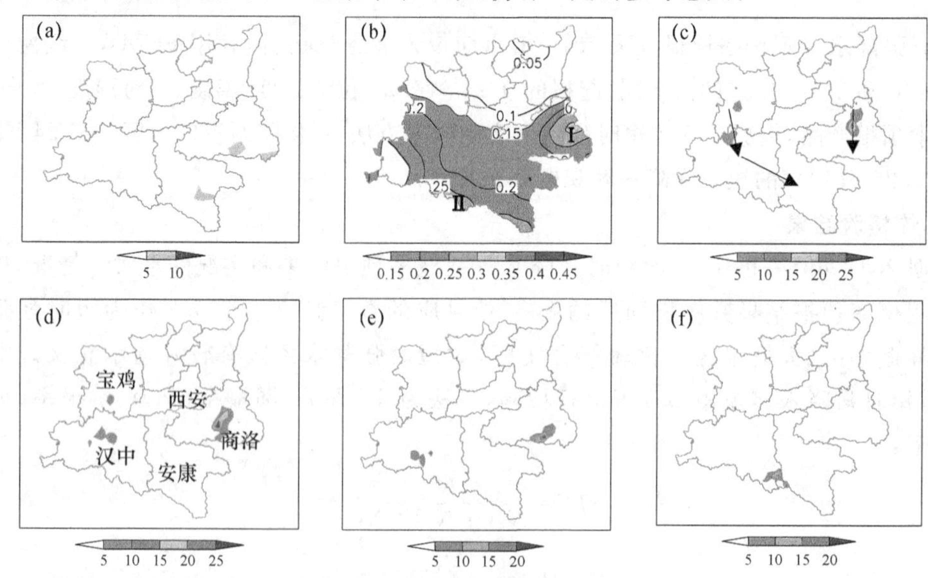


图 3 ECMWF 细网格模式 2015 年 8 月 23 日 08 时起报的 20—23 时降水量(a. 单位：$mm \cdot h^{-1}$)和 2015 年 8 月 23 日 08 时起报的 20 时短时强降水客观概率预报(b)，以及各时次短时强降水分布(c. 23 日 20—21 时，d. 23 日 21—22 时，e. 23 日 22—23 时，f. 23 日 23—24 日 00 时)(单位：$mm \cdot h^{-1}$；图中箭头表示降水云团移动方向)

5.2.2 2015 年 8 月 4 日 15—17 时和 20—23 时陕西秦巴山区东南部短时强降水过程

在高空槽和低层切变共同影响下，在陕西秦巴山区东南部产生短时强降水，云图上在秦巴山区西部有云顶亮温为－43～－32℃的云带(图略)，但并未产生短时强降水，而是在该云带前方东南部的商洛、安康有对流云团发展产生短时强降水。8 月 4 日 08 时起报的 14 时客观概率预报(图 4a)，最大概率为 0.26，大概率区约为 0.2，因此商洛东部、安康东部处于大概率区内；15—17 时在大概率区的镇安、商南、旬阳县出现 5 站次短时强降水，最大 16—17 时安康市旬阳县石门乡站 40.3 mm・h$^{-1}$，同时在大该概率区外的汉中市东南部镇巴县出现 1 站次短时强降水(图 4c)，大概率区和短时强降水落区略有差异。20 时(图 4b)概率强度明显增大，最大概率为 0.4，大概率值约为 0.3，安康东部、商洛东南部处在大概率区内；21—23 时在安康市、商洛市出现 14 站次短时强降水(图 4 d)，最大 20—21 时安康市东南部的平利县两河镇站 62.3 mm・h$^{-1}$，21—22 时商洛市商南县、丹凤县出现 2 站短时强降水，最大商南县金丝峡镇 33.8 mm・h$^{-1}$，短时强降水站次基本出现在大概率区内。

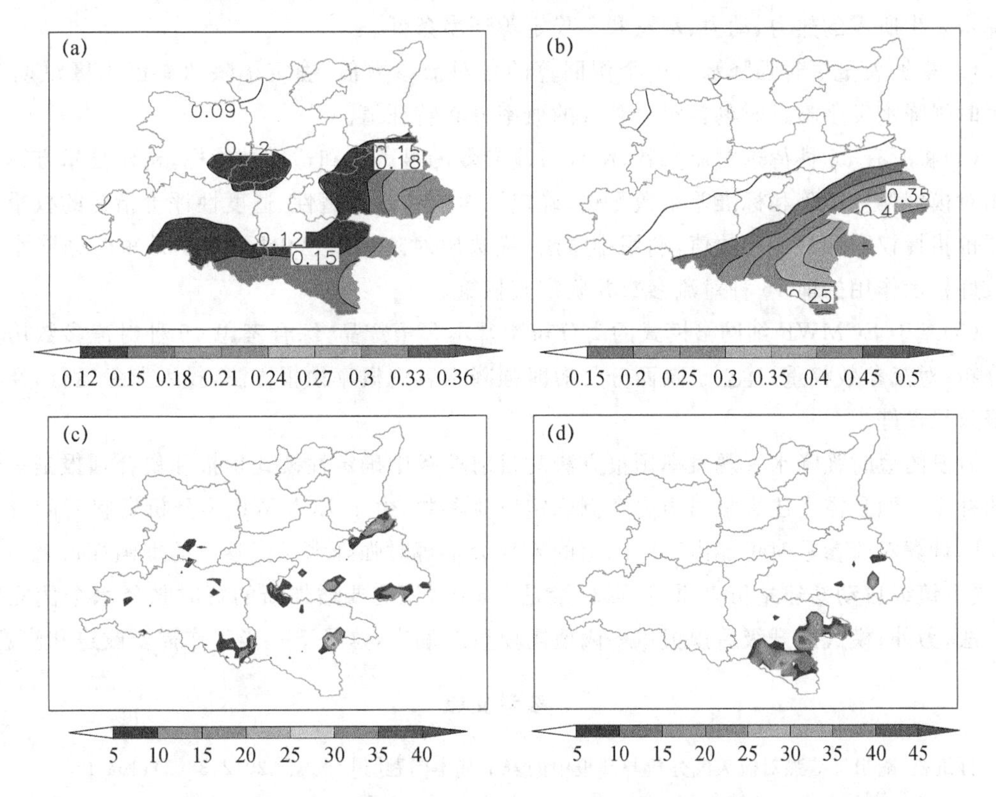


图 4 2015 年 8 月 4 日 08 时起报的 14 时 (a)、20 时 (b)短时强降水客观概率预报，8 月 4 日 15—17 时(c)和 21—23 时(d)短时强降水分布(单位：mm・h$^{-1}$)

从以上短时强降水客观概率预报分析来看，该预报方法可以较好地指示短时强降水发生的可能性大小、短时强降水落区以及强降水中心。

## 6 结论与讨论

随着模式分辨率和准确率的不断提高，其在预报中发挥的作用越来越强，但是模式本身对短时强降水等强对流天气预报还是不足的。因此，采用基于高分辨率模式的动力统计方法研究强对流天气客观预报成为可行的一种方法。本文通过大量逐小时降水历史个例研究确定区域内分月短时强降水标准，在此基础上，根据 ECMWF 高分辨率再分析资料和短时强降水个例，以表征强降水环境场的对流参数为重点，确定不同气候背景下短时强降水发生临近时刻的各对流参数相对作用及其概率特征值，建立基于 ECMWF 细网格模式的陕西秦巴山区分月短时强降水客观概率预报方法。该方法在业务中初步应用，取得了较好的预报效果。主要结论如下。

(1)根据 2010—2014 年经过质量控制的逐小时降水资料，按百分位方法确定了陕西秦巴山区 5—9 月短时强降水标准。陕西秦巴山区汛期各月发生短时强降水频次均较高，但是 7 月、8 月短时强降水强度明显高于其他月。

(2)利用 ECMWF2010—2014 年间隔 6 h 的 $0.25°\times0.25°$的再分析资料和短时强降水个例：确定了陕西秦巴山区各月的对流参数气候值，以及根据空间最靠近、时间最接近的前一时次原则，确定了短时强降水发生临近时刻的对流参数特征值，定量反映了不同气候背景下短时强降水发生所需的热力、动力、水汽和不稳定等环境条件。

(3)根据大量短时强降水历史个例回算的各对流参数值，确定了陕西秦巴山区汛期 5—9 月短时强降水发生临近时刻各对流参数的概率分布特征值。

(4)将所有 36 种待选对流参数，结合对流参数的显著性和适度性指标，构建技术方案。采用相对模糊偏差矩阵和标准差系数方法，确定了对流参数显著性、适度性评价指标的权重。考虑评价指标权重和对流参数值，利用排序法，优选出对陕西秦巴山区 5—9 月短时强降水环境有较好指示作用的前 15 种对流参数并确定其权重。

(5)基于 ECMWF 细网格模式的高分辨率基本预报产品，综合考虑 15 种对流参数历史概率分布、对流参数权重，建立了陕西分月短时强降水客观概率预报方法，投入业务运行，经检验预报效果良好。

研发的短时强降水客观概率预报方法对目前业务中确定性模式预报和集合预报是一个有效的补充。但是需要注意根据历史个例确定对流参数，由于 ECMWF 再分析资料时间分辨率是 6 h，计算对流参数时可能由于时间上的差异会给短时强降水对流参数的准确性带来一定误差；受乡镇级自动站建站历史原因，资料量是 5 a 的，还需要增加新的短时强降水个例完善预报方法；另外，模式的升级后预报概率阈值需要重新确定，这是下一步工作需要改进和注意的。

## 参考文献


[1] 孙继松，陶祖钰．强对流天气分析与预报中的若干基本问题[J]．气象，2012，38(2)：164-173.

[2] 许爱华，孙继松，许东蓓，等．中国中东部强对流天气的天气形势分类和基本要素配置特征[J]．气象，2014，40(4)：400-411.

[3] 苏永玲，何立富，巩远发，等．京津冀地区强对流时空分布特征与天气学特征分析[J]．气象，2011，37(2)：177-184.

[4] 许东蓓，许爱华，肖玮，等．中国西北四省区强对流天气形势配置及特殊性综合分析[J]．高原气象，2015，34(4)：973-981.

[5] 郑媛媛，姚晨，郝莹，等．不同类型大尺度环流背景下强对流天气的短时临近预报预警研究[J]．气象，2011，37(7)：795-801.

[6] Peng X D, Che Y Z, Chang J. A novel approach to improve numerical weather prediction skills by using

anomaly integration and historical data[J]. J Geophy Res，2013,118(16):8814-8826.

[7] 李俊,杜钧,陈超君．降水偏差订正的频率(或面积)匹配方法介绍和分析[J]. 气象，2014,40(5):580-588.

[8] 邱学兴,王东勇,陈宝峰．T639 模式预报系统误差统计和订正方法研究[J]. 气象，2012,38(5):526-532.

[9] 孙靖,程光光,张小玲．一种改进的数值预报降水偏差订正方法及应用[J]. 应用气象学报，2015,26(2):173-184.

[10] 智协飞,季晓东,张璟,等．基于 TIGGE 资料的地面气温和降水的多模式集成预报[J]. 大气科学学报，2013,36(3):257-266.

[11] 刘健文,郭虎,李耀东,等．天气分析预报物理量计算基础[M]. 北京:气象出版社,2005.

[12] 李耀东,高守亭,刘健文．对流能量计算及强对流天气落区预报技术研究[J]. 应用气象学报，2004,15(1):10-20.

[13] 李耀东,刘健文,高守亭．动力和能量参数在强对流天气预报中的应用研究[J]. 气象学报，2004,62(4):401-409.

[14] 张一平,乔春贵,梁俊平．淮河上游短时强降水天气学分型与物理诊断量阈值初探[J]. 暴雨灾害，2014,33(2):129-138.

[15] 周后福,邱明燕,张爱民,等．基于稳定度和能量指标作强对流天气的短时预报指标分析[J]. 高原气象，2006,25(4):716-722.

[16] 李明,高维英,侯建忠,等．一次西南涡东北移对川陕大暴雨影响的分析[J]. 高原气象，2013,32(1)133-144.

[17] 陈涛,张芳华,宗志平．一次南方春季强对流过程中影响对流发展的环境场特征分析[J]. 高原气象，2012,31(4):1019-1031.

[18] 郝莹,姚叶青,郑媛媛,等．短时强降水的多尺度分析及临近预警[J]. 气象，2012,38(8):903-912.

[19] 姚叶青,郝莹,张义军,等．安徽龙卷发生的环境条件和临近预警[J]. 高原气象，2012,31(6):1721-1730.

[20] 雷蕾,孙继松,魏东．利用探空资料判别北京地区夏季强对流的天气类别[J]. 气象，2011, 37(2):136-141.

[21] 刘晓璐,刘建西,张世林,等．基于探空资料因子组合分析方法的冰雹预报[J]. 应用气象学报，2014,25(2):168-175.

[22] 樊李苗,俞小鼎．中国短时强对流天气的若干环境参数特征分析[J]. 高原气象，2013,32(1):156-165.

[23] 牛金龙,黄楚惠,李国平,等．基于高分辨率资料的湿螺旋度指标及其对成都强降水的预报应用[J]. 高原气象，2015,34(4):942-949.

[24] 陈敏,范水勇,郑祚芳,等．基于 BJ-RUC 系统的临近探空及其对强对流发生潜势预报的指示性能初探[J]. 气象学报，2011,69(1):181-194.

[25] 陈子通,闫敏华,黄晓梅,等．应用于强对流天气预报的模式探空产品[J]. 热带气象学报，2006,22(4):321-325.

[26] 魏东,尤凤春,范水勇,等．北京快速更新循环预报系统(BJ-RUC)模式探空质量评估分析[J]. 气象，2010,36(8):72-80.

[27] Hart R E, Forbes G S. The use of hourly model—generated soundings to forecast mesoscale phenomena. Part Ⅰ:Initial assessment in forecasting warm-season phenomena[J]. Wea Forecasting,1998,13(4):1165-1185.

[28] Lee B D, Wilhelmson R B. The numerical simulation of nonsupercell tornado genesis. Part Ⅲ:Parameter

tests investigating the role of CAPE, vortex sheet strength, and boundary layer vertical shear[J]. J Atmos Sci,2000,57(4):2246-2261.

[29] 郑永光,周康辉,盛杰,等. 强对流天气监测预报预警技术进展[J]. 应用气象学报, 2015, 26(6): 641-657.

[30] Kuk B,Kim H,Ha J,et al. A fuzzy logic method for lightning prediction using thermodynamic and kinematic parameters from radio sounding observations in South Korea[J]. Wea Forecasting,2012,27(1): 205-217.

[31] 翟盘茂,潘晓华. 中国北方近50年温度和降水极端事件变化[J]. 地理学报,2003,58(1):1-10.

[32] 陈新建,段钊,赵法锁,等. 基于模糊数学的地质灾害危险性评价[J]. 中国地质灾害与防治学报, 2011, 22(3):90-94.

[33] 李柏年. 模糊数学及其应用[M]. 合肥:合肥工业大学出版社,2007.

# ECMWF 模式降水预报及极端天气预报指数在暴雨预报中的评估和应用*

季晓东　漆梁波

（上海中心气象台，上海 200030）

## 摘　要

本文分析了欧洲中期天气预报中心（European Centre for Medium-range Weather Forecasts，ECMWF）细网格模式（简称 EC-thin）在长三角地区汛期的暴雨预报评分及 ECMWF 降水极端天气预报指数（EFI）对暴雨预警的指示作用。研究发现：(1) EC-thin 降水和降水 EFI 对暴雨预报的 ETS 评分随着预报时效的延长而降低，在短时效内 EC-thin 降水预报占优，超过 60 h 后，降水 EFI 更好。(2)对 EC-thin 降水而言，在不同的预报时效采用不同的阈值来预报暴雨，可望达到最佳的效果。短期内该阈值随着预报时效的延长，自 55 mm 下降到 35 mm。(3)对于降水 EFI 而言，12～36 h EFI 为 0.65～0.7 时，暴雨预报 ETS 评分最高。随着预报时效的延长逐渐下降，到 60～84 h EFI 取 0.55～0.6 时，ETS 评分最高。(4)采用合理的方式和阈值组合考虑 EC-thin 降水和降水 EFI，可望得到更高的暴雨预报评分。

**关键词**：暴雨预报　ECMWF 细网格模式　极端天气预报指数(EFI)　ETS 评分

## 引言

随着气候变暖，暴雨发生频率和强度有增加的趋势，常常衍生的洪涝灾害对社会和生态的影响力和破坏力也越来越严重[1,2]，因此，探索提高暴雨预报的方法刻不容缓。随着数值天气预报的发展，世界先进数值预报模式对暴雨预报能力在持续上升[3-5]，但对暴雨及以上等级的预报评分仍不高[6,7]。

除此之外，集合预报虽然分辨率略低，但也能够提供确定性模式暴雨预报的可靠性和发生的概率[8]。基于欧洲中期天气预报中心集合预报系统（ECMWF-EPS），Lalaurette[9]研究了一种可识别极端天气事件的极端天气预报指数，可以识别未来是否发生极端降水、极端高（低）温和极端大风等极端天气事件，对极端天气有较好的早预警作用。Zsótér[10,11]基于安德森-达林检验（Anderson-Darling test）改进了原始的 EFI 公式，使得 EFI 对于小概率事件更加敏感。为了弥补极端天气预报指数本身不能够表征极端天气事情的异常程度（相对于模式气候）的不足，Tsonevsky[12]设计了 SOT（Shift of Tails）指数，合理地搭配 EFI 后其对极端天气的预报更加准确[10,11,13]。夏凡等[14]借鉴 ECMWF 方法，建立了适合 T213 集合预报的极端天气预报指数，发现对极端低温天气具有较好的识别能力，可提前 3～5 d 发出极端低温预警信号，但随着预报时效的延长，识别技巧逐渐降低。龙柯吉等[15]发现降水 EFI 对暴雨预报有一定的指示意

* 资助项目：中国气象局暴雨专家创新团队专项（CMACXTD002-3）、中国气象局气象预报业务关键专项 YBGJXM(2017)1A、上海市气象局研究型专项（YJ201601）。

义，选取合适的EFI阈值可以作为暴雨预报的参考依据，并能得到较高的预报评分。朱鹏飞等[16]等分析了降水EFI和强降水、降水气候距平的统计关系，表明EFI大值区和强降水具有较好的对应关系。

可以看出，高分辨率模式和集合预报对暴雨预报各有千秋，利用两者的优势互补，从低分辨率的集合预报获得关于降水区域和位置的不确定性信息，而从高分辨率模式预报获得降水的精细化特征，可以做出更为准确的暴雨预报[17-21]。因此，本文通过评估EC-thin降水在长三角地区2016年汛期(5—9月)的暴雨预报评分及ECMWF降水极端天气预报指数(EFI)对暴雨预警的指示作用，分析确定两者在长三角地区汛期的暴雨预报阈值，探索并尝试融合EC-thin降水预报和降水EFI指数信息，以期提高对暴雨预报预警的准确率。

# 1 资料和方法

本研究中，预报评估选取了长三角地区164个站点。EC-thin降水资料和降水EFI资料分别来自2016年和2017年5—9月的24 h间隔累积降水和24 h间隔累积降水EFI预报产品，将模式格点预报插值到相应的站点。实况资料为对应预报时段(08—08时)的地面观测降水资料。暴雨检验采用业务检验常用的ETS评分等方法[22]。

为了消除暴雨落区的细微偏差和插值平滑带来的不利影响，采用了“相邻格点”插值方法[23]，将站点周围格点中最大的值赋予该站点。从而得到EC-thin和降水EFI的对应的站点预报值。

# 2 EC-thin降水和降水EFI的暴雨预报评估

## 2.1 2016年5—9月EC-thin降水的暴雨预报评估

长三角地区EC-thin暴雨预报的ETS评分分布图表明(图1)，12—36 h暴雨预报的ETS评分整体效果最优，评分较高区域主要是沿长江地区和浙江中北部地区，其中部分站点评分达到了0.6。36～60 h暴雨预报评分较12～36 h有明显的降低，评分大于0.3的区域也显著缩小，只有江苏中南部、安徽东南部地区。60～84 h各站点的暴雨预报评分进一步降低，但在江苏中南部、安徽东南部、浙江中部地区的一些站点评分还是高于0.3的。

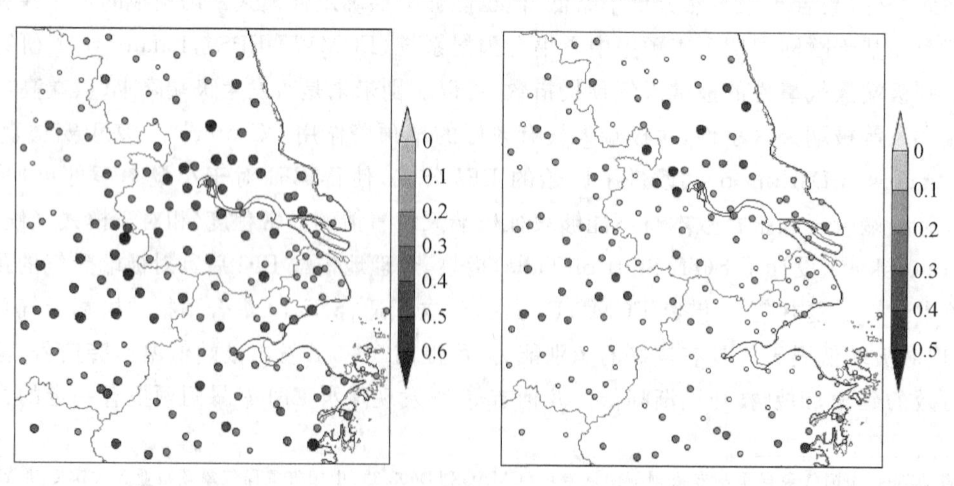

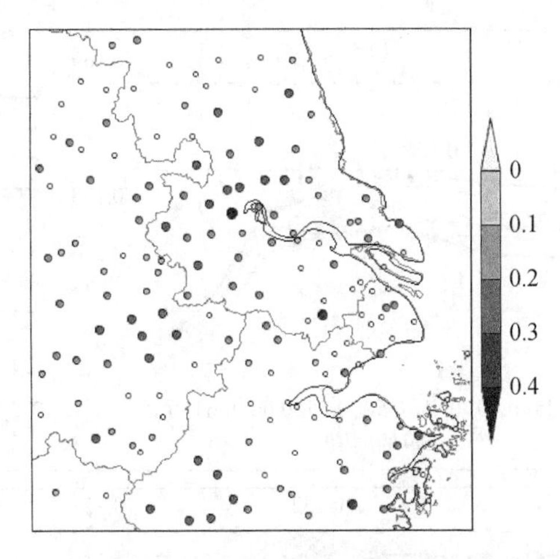


图 1　2016 年 5—9 月长三角地区 EC-thin 暴雨预报的 ETS 评分分布图

（a. 12～36 h；b. 36～60 h；c. 60～84 h）

分析了不同预报时效的 EC-thin 的暴雨预报评分，发现了不同预报时效时不同 EC-thin 降水阈值的暴雨预报评分，随着预报时效的增加，整体评分逐步减小。而且在同一预报时效中，随着预报阈值的增加，评分都有一个先增加后减小的趋势。12～36 h 最高 ETS 评分出现在阈值为 50 mm 左右，36～64 h 和 64～84 h 则分别出现在 40 mm 左右和 35 mm 左右。ETS 评分较高时的阈值也随着预报时效的增加而逐步减小。

## 2.2　2016 年 5—9 月降水 EFI 的暴雨预报评估

使用 2.1 节相同的方法来评估不同预报时效时，不同降水 EFI 阈值的暴雨预报评分效果。发现降水 EFI 与 EC-thin 降水的暴雨预报评分趋势大体一致。但它们的暴雨预报评分趋势也有一些差异。12～36 h 时 EC-thin 降水的最高 ETS 评分要优于降水 EFI，而 36～60 h、60～84 h 则是降水 EFI 更优。为此考虑将 EC-thin 降水和降水 EFI 结合，利用上述优势互补性，寻找两者合理的阈值组合，以期可以做出更为准确的暴雨预报。

图 2 展示了 2016 年 5—9 月不同 EC-thin 降水阈值和降水 EFI 阈值结合后的暴雨预报 ETS 评分，对比发现，12～36 h 大部分组合的最高评分超越了单独使用 EC-thin 降水或者降水 EFI 时的最高 ETS 评分。36～60 h 两者组合的 ETS 评分则都未超过单独使用 EC-thin 降水或者降水 EFI 时的最高 ETS 评分。60～84 h 时其略大于单独使用 EC-thin 降水或降水 EFI 时的最大 ETS 评分。

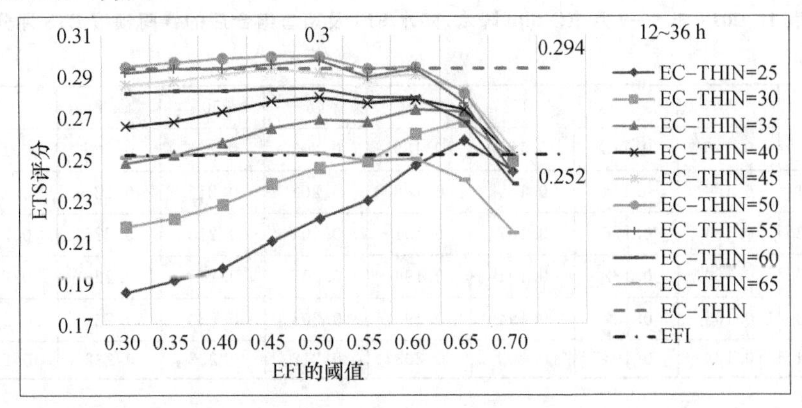

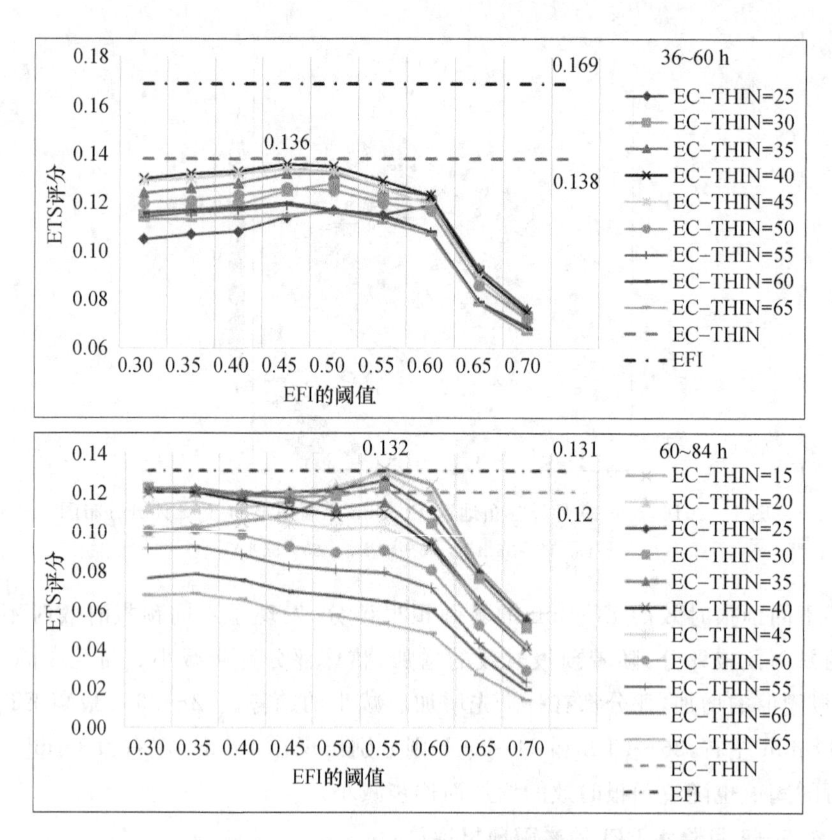


图 2　2016 年 5—9 月不同 EC-thin 降水阈值和降水 EFI 阈值组合后的暴雨预报 ETS 评分

(a. 12～36 h；b. 36～60 h；c. 60～84 h)

## 3　EC-thin 降水和降水 EFI 组合阈值的暴雨预报检验

为了验证上述分析结果。表 1 给出的是 2017 年 5—9 月长三角地区不同预报时效 EC-thin 降水、降水 EFI 及两者组合后的暴雨预报 ETS 评分。2017 年 5—9 月阈值组合的效果，与 2016 年的评估结果类似。如果采用 2016 年检验的最佳 ETS 评分组合阈值，即 12～36 h 和 36～60 h 时超过了单独使用 EC-thin 降水或者单独使用降水 EFI 时的最高 ETS 评分；60～84 h 时虽然略高于单独使用 EC-thin 降水时的最高 ETS 评分 0.143，但是较单独使用降水 EFI 最佳 ETS 评分(0.163)却低些。

**表 1　2017 年 5—9 月 EC-thin 降水、降水 EFI 及两者组合后的暴雨预报 ETS 评分**

(a)12～36 h

| EFI \ EC-thin | | 25 | 30 | 35 | 40 | 45 | 50 | 55 | 60 | 65 |
|---|---|---|---|---|---|---|---|---|---|---|
| | | 0.146 | 0.173 | 0.185 | 0.189 | 0.203 | 0.216 | 0.225 | 0.213 | 0.206 |
| 0.30 | 0.071 | 0.150 | 0.174 | 0.185 | 0.188 | 0.202 | 0.215 | 0.224 | 0.213 | 0.205 |
| 0.35 | 0.082 | 0.154 | 0.176 | 0.187 | 0.191 | 0.204 | 0.216 | 0.226 | 0.213 | 0.206 |
| 0.40 | 0.095 | 0.160 | 0.182 | 0.191 | 0.194 | 0.207 | 0.219 | 0.228 | 0.216 | 0.208 |
| 0.45 | 0.113 | 0.168 | 0.187 | 0.194 | 0.196 | 0.208 | 0.220 | 0.229 | 0.217 | 0.209 |
| 0.50 | 0.134 | 0.179 | 0.194 | 0.202 | 0.203 | 0.212 | 0.222 | 0.232 | 0.218 | 0.210 |

续表

| EC-thin / EFI | | 25 | 30 | 35 | 40 | 45 | 50 | 55 | 60 | 65 |
|---|---|---|---|---|---|---|---|---|---|---|
| | | 0.146 | 0.173 | 0.185 | 0.189 | 0.203 | 0.216 | 0.225 | 0.213 | 0.206 |
| 0.55 | 0.160 | 0.196 | 0.208 | 0.219 | 0.219 | 0.226 | 0.234 | 0.242 | 0.226 | 0.216 |
| 0.60 | 0.184 | 0.206 | 0.220 | 0.228 | 0.230 | 0.239 | 0.249 | 0.252 | 0.236 | 0.221 |
| 0.65 | 0.207 | 0.221 | 0.228 | 0.236 | 0.237 | 0.240 | 0.250 | 0.251 | 0.240 | 0.222 |
| 0.70 | 0.216 | 0.223 | 0.228 | 0.228 | 0.228 | 0.229 | 0.234 | 0.228 | 0.211 | 0.198 |

(b)36～60 h

| EC-thin / EFI | | 25 | 30 | 35 | 40 | 45 | 50 | 55 | 60 | 65 |
|---|---|---|---|---|---|---|---|---|---|---|
| | | 0.130 | 0.147 | 0.162 | 0.168 | 0.166 | 0.153 | 0.132 | 0.120 | 0.121 |
| 0.30 | 0.070 | 0.133 | 0.148 | 0.161 | 0.167 | 0.165 | 0.151 | 0.132 | 0.119 | 0.120 |
| 0.35 | 0.084 | 0.137 | 0.152 | 0.164 | 0.169 | 0.166 | 0.152 | 0.132 | 0.118 | 0.119 |
| 0.40 | 0.097 | 0.141 | 0.155 | 0.166 | 0.169 | 0.165 | 0.150 | 0.130 | 0.116 | 0.117 |
| 0.45 | 0.112 | 0.147 | 0.159 | 0.168 | 0.171 | 0.167 | 0.151 | 0.130 | 0.117 | 0.117 |
| 0.50 | 0.126 | 0.150 | 0.161 | 0.170 | 0.173 | 0.166 | 0.151 | 0.130 | 0.116 | 0.116 |
| 0.55 | 0.141 | 0.159 | 0.170 | 0.179 | 0.180 | 0.172 | 0.155 | 0.134 | 0.120 | 0.119 |
| 0.60 | 0.152 | 0.162 | 0.172 | 0.182 | 0.181 | 0.172 | 0.154 | 0.130 | 0.115 | 0.118 |
| 0.65 | 0.158 | 0.163 | 0.169 | 0.175 | 0.173 | 0.166 | 0.146 | 0.124 | 0.111 | 0.111 |
| 0.70 | 0.142 | 0.145 | 0.148 | 0.152 | 0.150 | 0.144 | 0.130 | 0.116 | 0.105 | 0.106 |

(c)60～84 h

| EC-thin / EFI | | 15 | 20 | 25 | 30 | 35 | 40 | 45 | 50 | 55 |
|---|---|---|---|---|---|---|---|---|---|---|
| | | 0.075 | 0.088 | 0.104 | 0.116 | 0.125 | 0.134 | 0.143 | 0.135 | 0.125 |
| 0.30 | 0.066 | 0.089 | 0.097 | 0.109 | 0.119 | 0.128 | 0.136 | 0.144 | 0.135 | 0.125 |
| 0.35 | 0.080 | 0.098 | 0.103 | 0.114 | 0.123 | 0.132 | 0.140 | 0.147 | 0.138 | 0.127 |
| 0.40 | 0.098 | 0.111 | 0.115 | 0.125 | 0.132 | 0.140 | 0.146 | 0.152 | 0.142 | 0.130 |
| 0.45 | 0.117 | 0.125 | 0.128 | 0.136 | 0.143 | 0.149 | 0.152 | 0.156 | 0.146 | 0.131 |
| 0.50 | 0.134 | 0.135 | 0.137 | 0.142 | 0.148 | 0.152 | 0.154 | 0.158 | 0.150 | 0.134 |
| 0.55 | 0.145 | 0.143 | 0.142 | 0.144 | 0.149 | 0.151 | 0.150 | 0.153 | 0.141 | 0.125 |
| 0.60 | 0.163 | 0.158 | 0.155 | 0.152 | 0.155 | 0.153 | 0.151 | 0.150 | 0.138 | 0.119 |
| 0.65 | 0.136 | 0.133 | 0.127 | 0.120 | 0.119 | 0.116 | 0.115 | 0.112 | 0.102 | 0.085 |
| 0.70 | 0.099 | 0.096 | 0.09 | 0.080 | 0.079 | 0.074 | 0.073 | 0.073 | 0.065 | 0.056 |

注：表中第一列为不同的降水 EFI 阈值，第二列为对应不同降水 EFI 阈值的 ETS 评分，第一行为不同的 EC-thin 降水阈值，第二行为对应不同 EC-thin 降水阈值的 ETS 评分，其余是 EC-thin 降水和降水 EFI 组合后的 ETS 评分

因此，2016 年的阈值设置在 2017 年并未取得最佳的效果(12～36 h、36～60 h 除外)，而且 2016 年汛期 60～84 h 组合阈值的最高 ETS 评分仅超过单独使用降水 EFI 的最高 ETS 评分 0.001。从表 2 可以发现，在 12～36 h 和 36～60 h 时，同时满足 EC-thin 降水和降水 EFI 的组合阈值的最优 ETS 评分略高于只满足其中之一的组合阈值。但在 60～84 h 时，满足其中之一的组合阈值优于同

时满足两者的组合阈值,并且均超过了单独使用 EC-thin 降水或降水 EFI 时的最佳评分。

**表 2　2016 年、2017 年汛期长三角地区 EC-thin 降水和降水 EFI 组合阈值对比**

| 12～36 h | | EC-thin 降水 | 降水 EFI | EC-thin 降水和降水 EFI | EC-thin 降水或降水 EFI |
|---|---|---|---|---|---|
| 2016.05—09 | 阈值 | 50 mm | 0.65 | 50 mm 和 0.45～0.50 | 50 mm 或 0.75 |
| | ETS 评分 | 0.294 | 0.252 | 0.300 | 0.300 |
| 2017.05—09 | 阈值 | 55 mm | 0.7 | 55 mm 和 0.60 | 50 mm 或 0.85 |
| | ETS 评分 | 0.225 | 0.216 | 0.252 | 0.228 |
| 36～60h | | | | | |
| 2016.05—09 | 阈值 | 40 mm | 0.6 | 40 mm 和 0.45 | 45 mm 或 0.80 |
| | ETS 评分 | 0.138 | 0.169 | 0.136 | 0.135 |
| 2017.05—09 | 阈值 | 40 | 0.65 | 35 mm 和 0.60 | 45 mm 或 0.80 |
| | ETS 评分 | 0.168 | 0.158 | 0.182 | 0.170 |
| 60～84h | | | | | |
| 2016.05—09 | 阈值 | 30～35 mm | 0.55 | 15 mm 和 0.55 | 40 mm 或 0.60 |
| | ETS 评分 | 0.120 | 0.131 | 0.132 | 0.139 |
| 2017.05—09 | 阈值 | 45 mm | 0.6 | 45 mm 和 0.55 | 70 mm 或 0.60 |
| | ETS 评分 | 0.143 | 0.163 | 0.158 | 0.167 |

## 4　结论与讨论

本文评估了长三角地区 2016 年汛期(5—9 月)EC-thin 降水和降水 EFI 的暴雨预报结果,并设计出提高暴雨预报水平的不同阈值组合。有以下结论。

(1)2016 年 5—9 月长三角地区 EC-thin 降水对沿长江一线(江苏中南部、安徽东南部)和浙江中北部地区的暴雨预报效果较好,预报评分随着预报时效的增加而明显地减小。

(2)在同一个预报时效中,随着 EC-thin 降水阈值和降水 EFI 阈值的增加,ETS 评分先增加后减小。对于不同预报时效,EC-thin 降水和降水 EFI 的最佳 ETS 评分阈值大致随着预报时效地增加而逐步减小。比较而言,EC-thin 在 12～36 h 有较高的 ETS 评分,而降水 EFI 在 36～60 h 和 60～84 h 的评分较高。

(3)EC-thin 降水和降水 EFI 组合后的最高 ETS 评分,不仅明显超过 EC-thin 降水取 50 mm 或降水 EFI 取 0.5 时(这也是业务预报中通常遵循的阈值)的评分。合理组合两者可以明显提高暴雨预报水平,尤其是预报时效在 60 h 以内时。

当然,由于本文应用的资料有限,范围也较小,且存在降水的年际变化,因此,在确定具体阈值组合上,取得最佳效果的阈值在 2016 年和 2017 年略有差别,后期将逐步增加样本的时间长度和空间尺度。但长期而言,应该都能找到一个大致的阈值范围,而组合阈值均可望达到比单一阈值更好的效果。

## 参考文献

[1]　江志红,丁裕国,陈威霖.21 世纪中国极端降水事件预估[J].气候变化研究进展,2007,3(4):202-207.

[2] 苏布达,姜彤,董文杰.长江流域极端强降水分布特征的统计拟合[J].气象科学,2008,28(6):625-629.
[3] 漆梁波.高分辨率数值模式在强对流天气预警中的业务应用进展[J].气象,2015,41(6):661-673.
[4] Forbes R, Haiden T, Magnusson L. Improvements in IFS Forecasts of heavy precipitation [J]. ECMWF Newsletter,2015,144:21-26.
[5] Malardel S, Wedi N, Deconinck W, et al. A new grid for the IFS [J]. ECMWF Newsletter, 2016,146:23-28.
[6] 肖红茹,王灿伟,周秋雪,等.T639、ECMWF 细网格模式对 2012 年 5—8 月四川盆地降水预报的天气学检验[J].高原山地气象研究,2013,33(1):80-85.
[7] 刘静,叶金印,张晓红,等.淮河流域汛期面雨量多模式预报检验评估[J].暴雨灾害,2014,33(1):58-64.
[8] 杜钧,李俊.集合预报方法在暴雨研究和预报中的应用[J].气象科技进展,2014, 4(5):6-20.
[9] Lalaurette F. Early detection of abnormal weather conditions using a probabilistic extreme forecast index [J]. Q J R Meteorol Soc,2003,129:3037-3057.
[10] Zsótér E. Recent developments in extreme weather forecasting [J]. ECMWF Newsletter, 2006,107:8-17.
[11] Zsótér E,Pappenberger F, Richardson D. Sensitivity of model climate to sampling configurations and the impact on the Extreme Forecast Index [J]. Meteorol, 2015,22:236-247.
[12] Tsonevsky I, Richardson D. Application of the new EFI products to a case of early snowfall in Central Europe [J]. ECMWF Newsletter, 2012,133:4.
[13] Magnusson L, Haiden T. Predicting heavy rainfall in China [J]. ECMWF Newsletter, 2016, 149:4-5.
[14] 夏凡,陈静.基于 T213 集合预报的极端天气预报指数及温度预报应用试验[J].气象,2012,38(12):1492-1501.
[15] 龙柯吉,陈朝平,郭旭,等.基于 ECMWF 极端降水天气指数的四川盆地暴雨预报研究[J]. 高原山地气象研究,2016,36(2):30-35.
[16] 朱鹏飞,邱学兴,王东勇,等.ECMWF 降水极端天气指数在安徽省的应用评估[J].暴雨灾害, 2015,34(4):316-323.
[17] Tsonevsky I. New EFI parameters for forecasting severe convection [J]. ECMWF Newsletter,2015,144:27-32.
[18] 董全,代刊,陶亦为,等.ECMWF 集合预报极端天气预报产品应用和检验[J].气象, 2017,43(9):1095-1109.
[19] Roebber J, Shultz M, Colle A, et al. Toward improved precipitation: High-resolution and ensemble modeling systems in operations [J]. Wea Forecasting,2004,19:936-949.
[20] Du J. Hybrid Ensemble Prediction System:A New Ensembling Approach//Symposium on the 50 th Anniversary of Operational Numerical Weather Prediction[C]. University of Maryland, College Park, Maryland,2014.
[21] Fang X Q, Kuo Y H. Improving ensemble-based quantitative precipitation forecast for topography-enhanced typhoon heavy rainfall over Taiwan with a modified probability-matching technique [J]. Mon Wea Rev,2013, 141(11):3908-3932.
[22] 施能.科研与预报中的多元分析方法[M].北京:气象出版社,2002:14.
[23] Ebert E. Fuzzy verification of high-resolution gridded forecasts:A review and proposed framework[J]. Meteor Appl, 2008,15:51-64.

# 风云卫星监测预报暴雨业务系统(SMFHS)

徐双柱[1]　王　楠[2]　王继竹[1]　吴　涛[1]　张萍萍[1]

(1 武汉中心气象台,武汉 430074;2 象辑知源科技有限公司,北京 100081)

## 摘　要

本文介绍了由武汉中心气象台和象辑知源科技有限公司联合开发的业务系统“风云卫星监测预报暴雨业务系统”(Feng Yun Satellite Monitoring and Forecasting Heavy System,简称 SMFHS)。该系统集卫星资料收集、存储、访问于一体,同时集成了基于风云气象卫星、多普勒雷达、自动气象站等观测数据和数值天气预报产品建立的暴雨云团识别跟踪和暴雨临近、短时客观预报方法,实现了资料处理、产品生成、预报分析等业务流程的自动化和集约化。该系统于 2017 年汛期在武汉中心气象台投入业务试运行。

**关键词**:风云卫星　暴雨　监测　预报　业务系统

## 引言

我国是一个多暴雨国家,暴雨预报一直是气象工作者十分关注的问题。但长期以来,由于直接产生暴雨的天气系统尺度较小,加之地形对降水的增幅作用,利用现有的常规探空站网和地面观测资料,难以监测到降水天气系统发生、发展和演变的真实情况,这给暴雨预报带来极大的困难。近年来,气象卫星技术迅速发展,在监测天气系统、预报灾害天气方面扮演了十分重要的角色。气象卫星资料具有观测范围广、时空分辨率高、直观形象及不受地理条件限制等优点,在暴雨监测和分析预报中的作用日益明显。本文介绍了风云卫星监测预报暴雨业务系统(SMFHS),该系统结合了 GIS 技术和多种暴雨预报模型,基于风云卫星、多普勒雷达、自动气象站等观测数据和数值预报产品,利用完善的数据库技术和信息可视化技术管理和分析各类气象数据,依托暴雨预报模型,借助 GIS 在空间分析和信息显示方面的优势,为预报人员提供了集资料处理、产品生成、预报分析等于一体的集约化业务操作平台。该系统由武汉中心气象台和象辑知源科技有限公司联合开发,于 2017 年汛期在武汉中心气象台投入业务试运行。

## 1　系统概述

风云卫星监测预报暴雨业务系统是一个复杂的系统工程,涉及气象、信息采集、通信、计算机网络、地理信息等不同专业。系统基于风云三号卫星资料在暴雨监测和预报中的应用需求,根据长江中游暴雨气候特点,搭建了数据综合管理、多源数据可视化、暴雨监测预报、暴雨个例库、学习园地和用户管理 6 个功能模块,实现了资料处理、产品生成、预报分析等业务流程的自动化和集约化,为暴雨天气预报业务发展提供了有力的技术支撑。

### 1.1　架构设计

系统采用多层架构设计,分层结构为:数据来源层、原始数据层、数据存储层、计算层、应用层和用户层(图 1),充分考虑可扩展性、重用性及灵活性,以适应日益复杂多变的暴雨预报业务要求。

(1)数据来源层:用于采集业务系统所需气象数据,主要来源包括湖北省气象局 FTP 服务器、cassandra 数据库、华为大数据平台等;

(2)原始数据层:用于汇集和处理各类气象数据,包含卫星监测数据、雷达监测数据、自动气象站观测数据、各类数值预报产品等;

(3)数据存储层:主要用于对解码处理后的数据进行标准化存储,包括文件存储和结构化数据库,便于上层计算和应用开发;

(4)计算层:用于各类产品算法分析,主要包含各类暴雨预报模型,数值预报的解释应用,数据统计分析,格点、站点插值分析,等值线平滑,数据空间分析等;

(5)应用层:主要面向业务人员操作和服务对象使用,主要内容包含各类监测预报产品的交互显示操作等;

(6)用户层:建立多级用户管理模块,对省级、市级等用户进行综合管理。

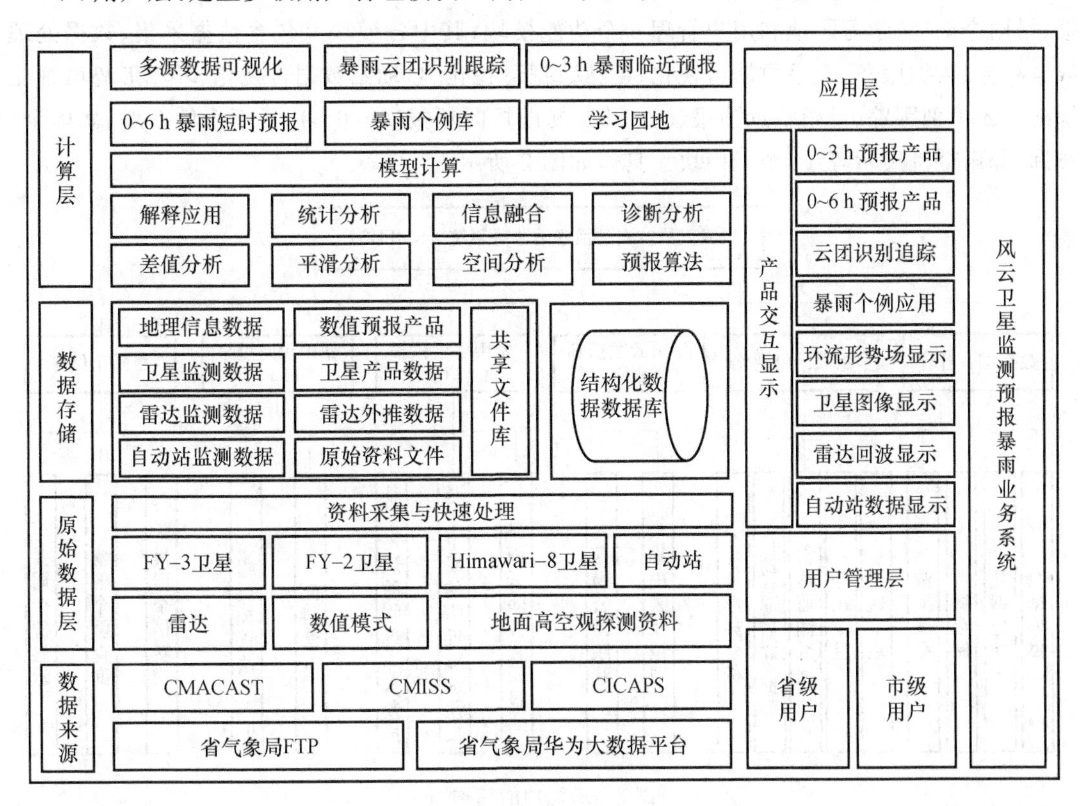


图 1　系统总体架构

## 1.2　关键技术

### 1.2.1　分布式大数据存储

数据存储管理模块采用合理、先进、高效的综合管理模式,引入大数据方案,通过融合 NoSQL 数据库与分布式文件系统,为卫星监测预报业务中数据获取、加工及应用等提供基础支撑和保障。

### 1.2.2 基于 WebGIS 的气象信息融合显示

WebGIS 用于实现在浏览器端直接进行 GIS 数据的显示及浏览，是 GIS 技术与互联网技术的结合。系统借助 WebGIS 在空间分析和信息显示方面的优势，将种类繁多、数据量大的气象信息以直观的方式展现出来，实现实况监测、短时临近预报等产品的时空融合显示，使预报业务人员能够清晰地理解分析，进而做出准确判断。

### 1.2.3 短时临近暴雨预报方法

采用多阈值分割法开展暴雨云团识别，结合雷达、自动站等观测数据进行识别结果的消空，利用光流法实现暴雨云团 3 h 外推预报。根据长江中游暴雨气候特点，基于“配料法”和“相位校正法”建立 6 h 暴雨预报模型。

# 2 系统功能

## 2.1 总体功能结构

风云卫星监测预报暴雨业务系统主要包括数据综合管理、多源数据可视化、暴雨监测预报、暴雨个例库、学习园地和用户管理 6 个功能模块；其中各模块又包含数据采集、数据处理、数据存储、数据服务、卫星数据可视化、雷达数据可视化、自动站数据可视化、环流形势可视化、暴雨云团识别跟踪、暴雨临近预报（0～3 h）、暴雨短时预报（0～6 h）、暴雨个例新增、暴雨个例查询、暴雨个例展示等 14 个子模块。具体如图 2 所示。

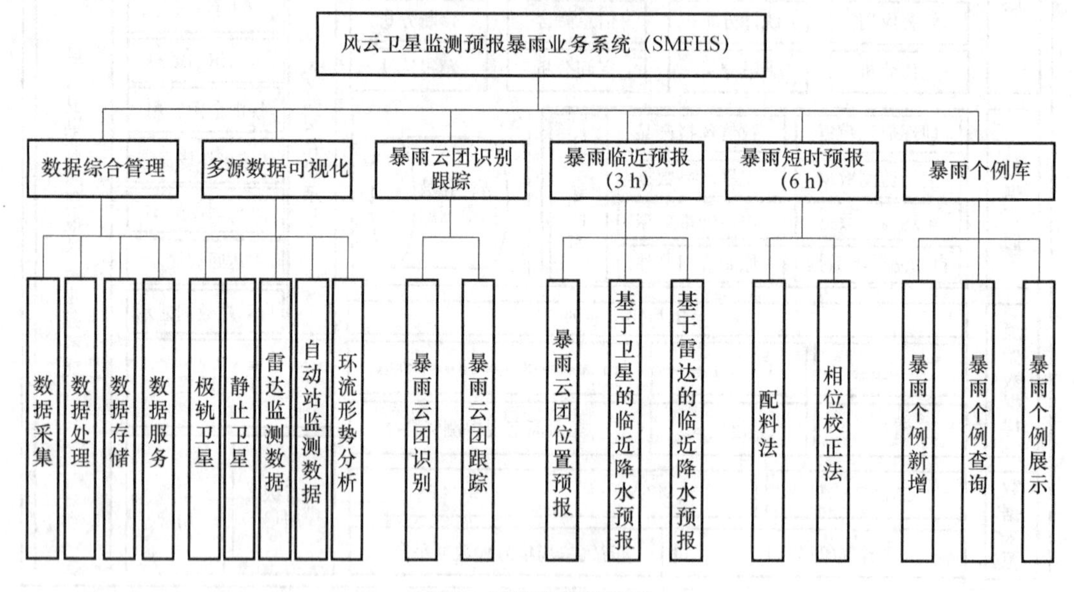


图 2　系统功能结构图

## 2.2 数据综合管理

实现数据采集、处理、存储及服务等功能。按要求采集和解析风云系列卫星业务应用数据，建立后端数据快速预处理子模块，并转换格式和投影，为实现 WebGIS 展现提供数据支持。气象数据类型繁杂、格式不一，采用合理、先进、高效的数据存储管理模式，引入大数据方案，通过融合 NoSQL 数据库与分布式文件系统，可以有效地将气象监测数据、数值预报产品、地理信息数据以及其他相关数据等进行统一管理，为卫星监测预报应用业务中数据获取、加工及应用等提供基础支撑和保障。

## 2.3 多源数据可视化

通过GIS地图展示功能，将实况卫星、雷达、地面高空监测数据及统计分析结果等渲染到地图上进行实时展示，使数据显示更为直观。监测数据可视化内容包括：

(1)多源极轨卫星数据，具体包括FY-3A、FY-3B、FY-3C、NOAA-18、NOAA-19、TERRA等极轨卫星的可见光红外扫描计、微波湿度计、中分辨率成像光谱仪等星载仪器观测数据的可视化显示；

(2)多源静止卫星数据及产品，具体包括FY-2G、FY-2F、Himawari-8等静止卫星长波红外、水汽、可见光等通道数据及真彩色云图的可视化显示；FY-2G、FY-2F等静止卫星云分类、降水指数、云区湿度廓线、总云量、晴空大气可降水量、对流层上部相对湿度等卫星产品的可视化显示；

(3)多源观测数据，具体包括雷达数据、自动站数据及环流形势场数据，实现各类气象观测资料的综合可视化显示。

## 2.4 暴雨监测及预报

### 2.4.1 暴雨云团识别跟踪

系统依据“多阈值分割法”自动识别符合阈值条件的暴雨云团，可勾画出云团轮廓，并将不同强度的云团绘以不同颜色进行区分，移动鼠标悬浮于某云团上，即显示该云团的几何参数及物理量参数信息(图3)。

“多阈值分割法”具有多组阈值，每组阈值由亮温和面积组成，分别对应于识别云团的温度和面积要求。此阈值为综合多通道卫星数据及产品，基于多个暴雨个例建立的长江中游暴雨云团识别标准。先用高级别亮温阈值识别出强中心，然后从强中心区域开始扩展云团范围，一直扩展至亮温满足下一级别亮温阈值的区域或至另一个子云团的边界，对该区域进行面积检测后进入下一级别阈值的云团区域识别。最后，由中心区域扩展后的区域即为子云团的范围。

图3 系统暴雨云团识别及外推预报界面

### 2.4.2 暴雨临近预报(0～3 h)

系统通过卫星及雷达两种方式实现暴雨临近预报,并基于 WebGIS 展示未来 3 h 暴雨云团位置预报及降水落区预报,可进行两种预报方法的实时对比和相互补充。

卫星临近预报在“多阈值分割法”暴雨云团识别的基础之上,通过光流法实时跟踪并外推云团的运动轨迹,同时加入神经网络算法,对云团降水位置的变化进行预测,得出 0～3 h 暴雨云团跟踪和暴雨临近预报。

雷达临近预报采用象辑知源科技有限公司自有技术,基于雷达基数据,结合连续性特性滤波、形态学滤波、斑点噪声滤波等手段将不同仰角的多层回波进行三维滤波处理,采用机器学习和光流法等方法进行暴雨临近预报。

### 2.4.3 暴雨短时预报(0～6 h)

利用风云三号卫星提供的相应时次高分辨率微波湿度计和微波成像仪产品、风云系列卫星多通道探测资料、卫星气象中心下发的相关导出产品以及日本、欧洲中心细网格模式预报相应预报时段的物理量产品,结合 02 时、05 时、08 时、11 时、14 时、17 时、20 时、23 时地面及 08 时、20 时高空常规资料,分别用“配料法”法和“相位校正法”建立 0～6 h 暴雨定量短时预报模型,降水预报产品以色斑图和站点预报两种表现形式进行展示。

“配料法”是采用诊断分析方式,从 FY-2、FY-3 卫星产品以及欧洲数值预报产品中,选取与水汽、上升强迫和不稳定三种基本物理成分相关的最佳“配料”因子,制定合适的“配料”综合指数方程,并通过统计分析的方法,确定 6 h 短时暴雨预报的“配料”综合指数阈值。

相位校正法是将模式降水和卫星云团跟踪降水分别作为两个阵列块,然后将模式降水阵列块与一定搜索半径 $r$ 内的卫星跟踪降水阵列块求相关,构建两个阵列块的位移偏差矢量,进而对模式降水进行订正。

### 2.5 暴雨个例库

系统以网页浏览的形式展现历史暴雨过程相关资料。针对暴雨过程进行暴雨个例新增,并可基于时间、名称等对个例进行搜索,浏览个例期间卫星、雷达、自动站及形势场等相关资料。

### 2.6 预报技术学习园地

展示与卫星及暴雨预报方法相关的文档、技术成果等静态文档、图片、文献等。主要以列表的形式分类进行展现,支持上传、导出等功能。

### 2.7 示范平台远程学习

为湖北省省级、地市级气象台用户提供用户访问功能,分为省级管理员用户和市级普通用户。

## 3 结束语

风云卫星监测预报暴雨业务系统可以有效地管理、分析、展示卫星、雷达、自动站等气象数据。通过 GIS 和暴雨预报模型的结合,实现实况观测数据的可视化展示,并可实时生成暴雨预报产品,辅助业务人员提升天气分析、诊断能力和理论水平,逐步提高暴雨天气监测预报能力,为暴雨天气预报业务发展提供了有力的科技支持。下一步,将开辟短时临近降水的评估检验模块,以实现暴雨预报产品的实时检验功能,通过评估结果进一步对暴雨预报模型进行修正,以达到提升暴雨预报准确率的终极目标。

# 环渤海海域卫星反演风与站点观测风对比分析

张增海[1]　曲荣强[2]　刘　涛[1]　王海平[1]　杨正龙[1]

(1 国家气象中心,北京 100081;2 辽宁省气象台,沈阳 110166)

## 摘　要

选用了布设在渤海海域的浮标、平台、海岛共计 18 个站点,利用 COARE 算法进行站点风速的高度修正,对三类站点的观测风与 ASCAT 卫星反演风进行对比分析。统计检验结果表明,卫星风与三类站点风相比,整体上卫星风速比站点风速大。浮标与卫星的风速差最小,而平台和海岛与卫星的风速差较大。风向对比结果显示,卫星风与站点风的风向平均偏差都很小,但均方根偏差却比较大。随着风速的增加,三类站点的风速平均偏差都是由高到低变化,由正值变化为负值,弱风速的时候卫星风速大于站点风,高风速的时候卫星风速小于站点风速。风速的均方根偏差则相对稳定。卫星风与站点风的风向均方根偏差随着风速的增加而减小,在不同的方向上,风速偏差和风向偏差等统计量的区别较小。随季节的变化中,平台和海岛站的风速与卫星风速的平均偏差秋冬季大,而春夏季小。

**关键词**:渤海　ASCAT　卫星反演风　偏差　均方根偏差

## 引言

受地理位置影响,渤海主要受中高纬度天气系统影响,尤其冬半年,较强的大陆冷高压前锋移动到海面时,海上会出现大风天气。除了冷空气以外,温带气旋、热带气旋及强对流天气也可以造成海上大风[1-3]。海上观测风资料来源于海上石油平台、海岛、浮标、灯船等站点,是海面上的直接观测资料,可以对单点进行长时间序列的观测,但是由于站点选择困难,安装及维修等花费昂贵,广阔的海面上观测站点非常稀疏,对海面风场在时空分布等方面研究与分析造成很大的影响。另外站点观测的高度差别很大,受不同安置高度而引起的观测偏差非常严重[4],对站点观测风速修正到统一的高度上进行比较也很有必要。

搭载在卫星上的微波散射计等传感器反演出的海上风场,在一定程度上弥补了海洋气象观测不足的状况。散射计反演风场是通过观测海面粗糙度来完成的,因此卫星反演风的风速和风向与海面站点观测资料在特定海域的一致性需要进行评估。关于卫星反演风在中国近海的适用性前人做了很多的工作,早期针对 QuikSCAT 反演风与海岛和船舶观测风进行了一些对比研究[5,6]。在 QuikSCAT 退役之后,ASCAT 卫星反演风[7]获得了高度的重视,国外的研究者利用浮标对 ASCAT 风场进行检验[8,9],认为二者有着良好的一致性;近几年国内气象工作者对 ASCAT 反演风在中国近海的质量也进行了分析[10-15],结果表明 ASCAT 反演风在开阔海域有较好的精度,近岸海域偏差相对较大。在这些研究中站点风速大多都是选用了直接观测结果,没有对站点观测进行高度修正,其对比结果存在着一定的适用性限制。

本文选择渤海海域浮标、石油平台和海岛三类观测站中资料连续性较好的部分站点,利用 COARE 算法将站点观测风速修正到 10 m 高度上，分析修正后的站点风与 ASCAT 卫星反演风之间的平均偏差及均方根偏差，以及不同风速等级和不同风向条件下偏差的分布状况。通过分析，增加了对渤海海域不同来源观测风资料之间差别的认识。文中的 ASCAT卫星反演风简称为卫星风，站点观测风简称为站点风，具体包括浮标风、平台风和海岛风。

## 1 资料

### 1.1 站点观测资料

环渤海海域布设了多个浮标、平台、灯塔和海岛站点，但受海上环境影响，观测仪器安装、维护都非常困难，很多站点的观测资料的时间序列都有严重缺失。这里选择的 18 个站中，有 13 个站的样本量占全部观测时次的 90%以上，3 个站为 70%左右，2 个站为 50%左右。浮标选用了位于渤海中部的大连气象 1 号灯浮标和位于莱州湾的潍坊港浮标，其中前者为直径 10 m 的大浮标，后者为直径 3 m 的小浮标；平台站选用了包括渤海 A 平台在内的共计 6 个站点(含双岛海上风塔)；海岛站选用了受周围环境影响较小的 10 个站点，并去除了距离卫星风覆盖范围较远的站点。站点资料的时段为 2015 年 7—12 月，要素为 2 min 平均风速和风向，资料来源于国家气象信息中心的全国综合气象信息共享平台(CIMISS)。站点位置如图 1 所示，站点的高度、站名、类型等信息见表 1。根据站点类型将站点分为三组，第一组为浮标站点，第二组为平台站点(含海上风塔)，第三组为海岛站。三组的样本量分别为浮标站 1952 个、平台站 10434 个、海岛站 25691 个。

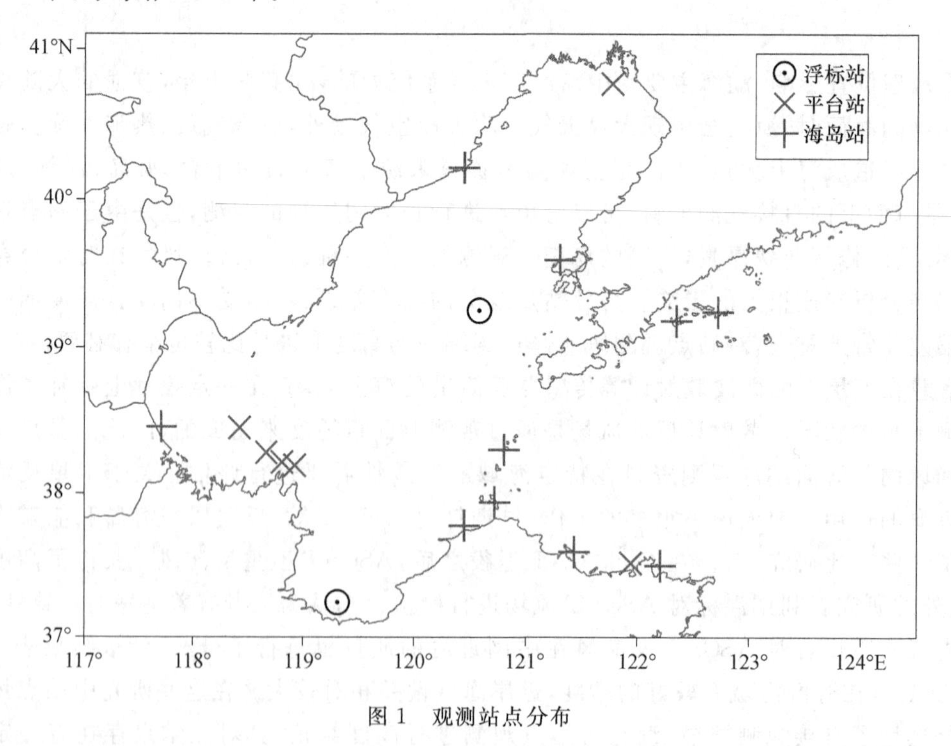


图 1　观测站点分布

表 1　观测站点站号、站名及经纬度等信息

| 序号 | 站号 | 纬度/°N | 经度/°E | 海拔高度/m | 站点类型 | 站名信息 |
|---|---|---|---|---|---|---|
| 1 | 54558 | 39.25 | 120.58 | 10.0 | 浮标站 | 大连气象 1 号灯浮标 |
| 2 | 54748 | 37.24 | 119.31 | 3.2 | 浮标站 | 潍坊港浮标 |
| 3 | 54646 | 38.45 | 118.42 | 30.3 | 平台站 | 渤海 A 平台 |
| 4 | 54740 | 38.28 | 118.67 | 59.0 | 平台站 | CB246A |
| 5 | 54741 | 38.22 | 118.81 | 40.9 | 平台站 | 中心一号 |
| 6 | 54742 | 38.19 | 118.93 | 45.1 | 平台站 | CB30A |
| 7 | D0164 | 37.52 | 121.94 | 9.2 | 平台站 | 双岛海上风塔 |
| 8 | L9410 | 40.77 | 121.77 | 11.0 | 平台站 | 海 24 钻井平台 |
| 9 | 54458 | 40.21 | 120.44 | 7.0 | 海岛站 | 叼龙嘴 |
| 10 | 54720 | 38.46 | 117.71 | 5.2 | 海岛站 | 渤海新区捏海一号 |
| 11 | 54756 | 37.94 | 120.73 | 40.2 | 海岛站 | 长山岛(梯度风) |
| 12 | 54761 | 37.59 | 121.43 | 8.2 | 海岛站 | 担子岛 |
| 13 | D0029 | 37.50 | 122.21 | 11.8 | 海岛站 | 刘公岛 |
| 14 | D1004 | 37.78 | 120.45 | 11.0 | 海岛站 | 桑岛气象站 |
| 15 | D1083 | 38.30 | 120.81 | 42.0 | 海岛站 | 大钦岛站 |
| 16 | L2241 | 39.59 | 121.30 | 55.0 | 海岛站 | 东山 |
| 17 | L2511 | 39.24 | 122.72 | 71.0 | 海岛站 | 小长山 |
| 18 | L2531 | 39.18 | 122.35 | 59.0 | 海岛站 | 广鹿岛 |

### 1.2　卫星散射计反演风资料

ASCAT 散射计搭载在欧洲卫星气象组织(EUMETSAT)发射的 MetOp 卫星上，工作频率为 C 波段(5.255 GHz)，散射计获得海面后向散射系数来探测海面粗糙度，再通过地球物理模型(CMOD5.n)来反演海洋表面 10 m 高度上的风速和风向。2006 年 10 月发射 MetOp-A 星，2012 年 9 月发射 MetOp-B 星。两颗星的 ASCAT 反演风都有 25 km 和 12.5 km 两种分辨率的洋面风产品，本文中所用的洋面风数据包括 A 星和 B 星的 12.5 km 分辨率产品，资料来源于皇家荷兰气象研究协会(KNMI)。

### 1.3　再分析资料

利用 COARE3.5 算法进行风速的高度修正的过程中，海面要素例如海浪和海表温度资料使用的是 ERA-interIM 再分析资料，空间分辨率为 0.125°×0.125°，时间分辨率为 6 h，在进行时间空间匹配时，空间上用的是距离站点位置的最近一个再分析格点，时间上用的是观测资料向前和向后 3 h 内最近时间的再分析资料。

## 2　方法

### 2.1　样本统计

对比分析采用样本平均偏差和均方根偏差等参数来完成，公式如下，

平均偏差：
$$Bias = \frac{1}{N}\sum_{i=1}^{N}(A_i - S_i) \tag{1}$$

均方根偏差：

$$RMSD = \sqrt{\frac{1}{N}\sum_{i=1}^{N}(A_i - S_i)^2} \tag{2}$$

式中：$A$ 表示卫星散射计（ASCAT）反演风，$S$ 表示站点观测（Station observation）风，$N$ 表示分析样本量。在本文中风速和风向的偏差统计采用 A-S 的方式，卫星风速减去站点风速，正值表示卫星风速大于站点观测风速，负值表示卫星风速小于站点观测风速；风向偏差的正值表示卫星风相对于观测风顺时针旋转一定的角度数，负值表示卫星风相对于观测风逆时针旋转一定的角度数。

### 2.2 空间插值

采用反距离权重插值方法计算卫星风在观测站点上的风向和风速，具体的方法是先将卫星风分解为 $u$、$v$ 分量，利用反距离权重插值方法得到站点位置上的 $U$、$V$，然后再合成为风向和风速值。

反距离权重插值公式：

$$Z_p = \sum\nolimits_{i=1}^{m} \frac{Z_i}{d_i^k} / \sum\nolimits_{i=1}^{m} \frac{1}{d_i^k} \tag{3}$$

式中：$Z_p$ 为站点 $p$ 的 $u$、$v$ 风速值，$Z_i$ 为第 $i$ 个卫星风的 $u$、$v$ 风速值，$d_i$ 为站点 $p$ 与其邻域内第 $i$ 个卫星风之间的距离，$k$ 为次幂，这里取 $k=2$，也就是反距离平方插值方法，邻域半径为 ASCAT 卫星风分辨率的一半。

### 2.3 风速的高度修正

ASCAT 卫星风为海面 10 m 高度上的反演风，而站点的高度各有不同，为了能对比风速的一致性，需要将不同高度的风修正到 10 m 的高速上。高度修正的方法有很多，最常用的有指数风廓线公式和对数风廓线公式，这两种方法都没有考虑海表温度以及海浪等对风速的影响，本文中使用的 COARE3.5 的块体算法[16,17]将海面要素作为输入项进行计算，将风速修正到 10 m 的高度上。COARE 算法是由热带海洋与全球大气计划“耦合海气响应试验”（TOGA-COARE）发展起来，以 Monion-Obukhov（MO）相似理论为基础，主要是利用风速、温度、湿度等计算海气界面之间的热通量和动量通量等，该算法最初的只适用于热带海域，到 3.0 版本时可适用于中纬度地区，风速限制扩展至 20 $m \cdot s^{-1}$，3.5 版本的时候风速的限制扩展到 25 $m \cdot s^{-1}$，并可以计算输出 10 m 高度的风速。

## 3 分析与讨论

### 3.1 站点风与卫星风的整体对比

潍坊港浮标的高度为 3.2 m 左右，利用 COARE 算法对该浮标的观测风进行高度修正，并与卫星风进行对比（图 2）。从散点图中可以看出，修正前的浮标观测风速的量值整体上偏小于卫星反演风，大量样本位于对角线的左侧，进行风速的高度修正之后，对比样本向对角线靠近。定量计算卫星风减去浮标风的风速差，由原来的 1.14 $m \cdot s^{-1}$ 减小为 0.36 $m \cdot s^{-1}$，平均风速增加了 0.78 $m \cdot s^{-1}$，而利用指数公式进行高度修正平均风速增加的量值为 0.74 $m \cdot s^{-1}$。

分别对三个分组所有站点的风速样本进行对比分析（图 3a，3b，3c），风速修正后，卫星风减去浮标风的平均偏差 0.15 $m \cdot s^{-1}$，卫星风比浮标风偏大，而未修正之前二者的风速偏差为 0.58 $m \cdot s^{-1}$。浮标风速修正后均值是变大的，主要是因为潍坊港浮标站的观测仪器的高度大

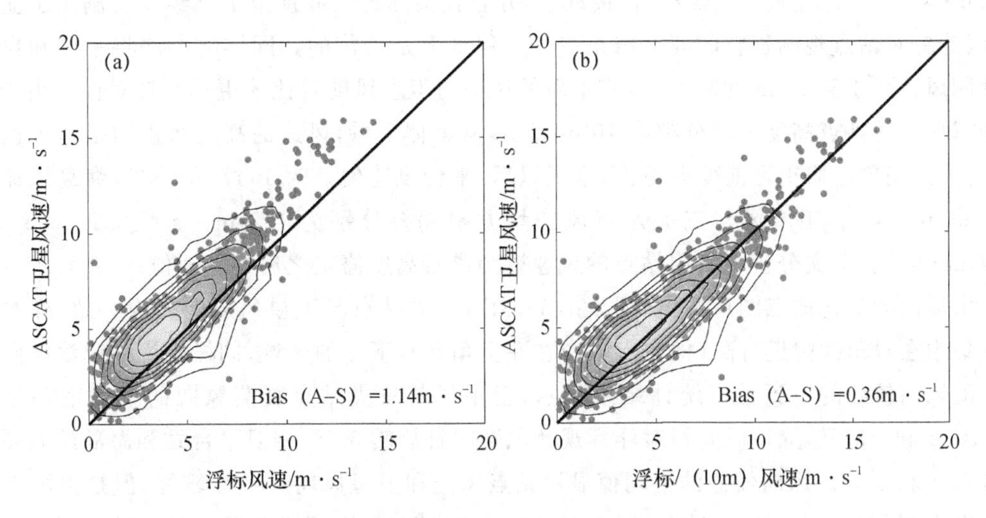


图 2　潍坊港浮标风速高度修正前后与卫星风的对比分析

（a. 观测风速，b. 修正到 10 m 高度的风速）

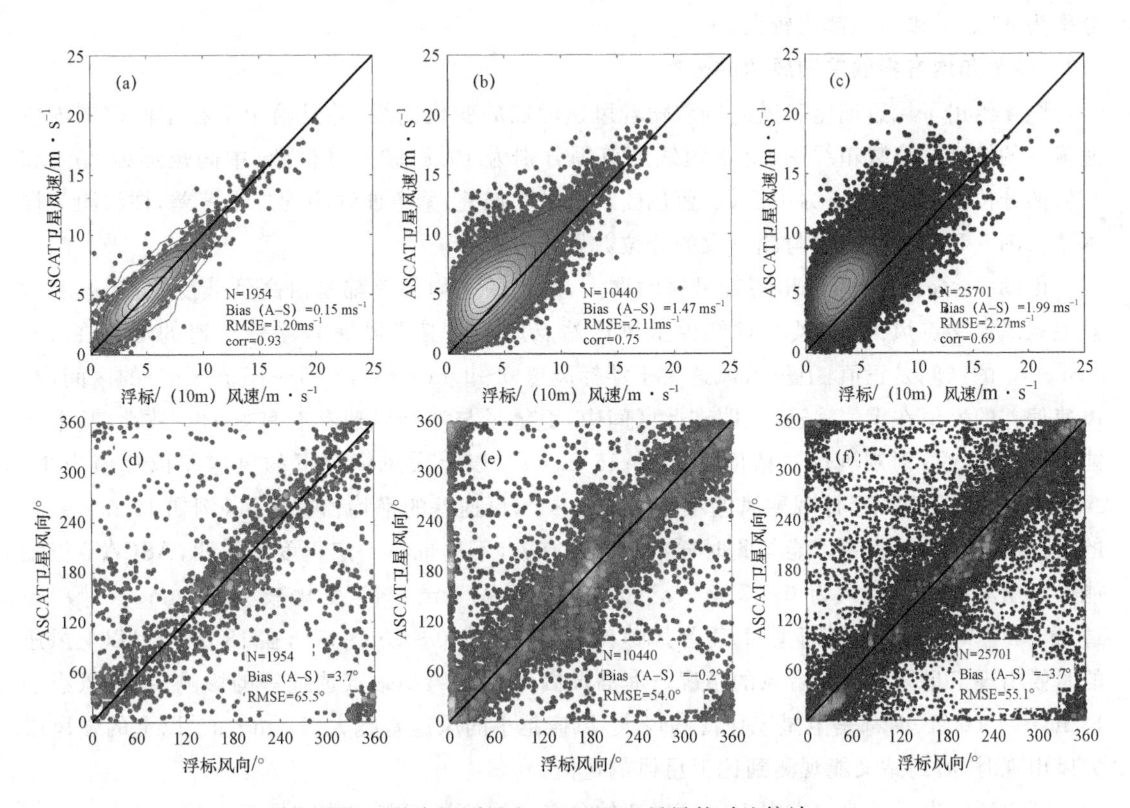


图 3　站点观测风和 ASCAT 卫星风的对比统计

（a、b、c 为浮标、平台、海岛测风与卫星风速的对比；d、e、f 为风向的对比）

约低于 10 m，修正到 10 m 高度上后，风速会变大，而大连 1 号灯浮标站的高度为 10 m，风速大小没有变化，整体浮标样本的风速平均值增加了 0.43 $m \cdot s^{-1}$ 左右，两类风速的相关系数由 0.92 增加为 0.93，二者相关性略有提高。而 0.15 $m \cdot s^{-1}$ 的偏差精度与自动站仪器

0.1 m·s$^{-1}$的观测精度[18]已经非常接近了,并且在实际的业务预报中已经完全满足了业务需求,因此针对站点观测资料的高度修正在一定程度上是可信的。同样的方法将平台和自动站的观测风速修正到10 m的高度上,修正后的风速与卫星风的对比才更具有针对性。由于平台站和海岛站的站点高度大部分都在10 m以上,从整体上看,风速的高度修正结果是风速值降低了,风速偏差比修正之前变得更大,修正以后,平台风速偏差为1.47 m·s$^{-1}$,海岛风速偏差为1.99 m·s$^{-1}$。卫星风与三类站点风的均方根偏差分别为1.2 m·s$^{-1}$、2.11 m·s$^{-1}$和2.27 m·s$^{-1}$。下文分析中所用站点的风速皆为进行高度修正之后的风速值。

由风向的对比散点图可看出(图3d,3e,3f),三类站点与卫星风风向较为一致,样本密集区都集中在对角线附近,部分样本点集中在左上角和右下角的区域,同样能说明反演风向和站点观测风向较好的一致性。统计结果显示,卫星风与三类站点观测风向的平均偏差分别为3.7°、0.2°和-3.7°,卫星风向相对浮标观测风逆时针旋转3.7°,相对平台站和海岛站为顺时针旋转0.2°和3.7°。风向偏差的平均值显示站点风向和卫星风向一致性较好,但是由图上也可以看出样本点并非全在对角线上,同时也分布在对角线两侧,风向偏差在具体的观测样本上还是有很大的差值,这在风向的均方根偏差也表现出来,三类站点风与卫星风的风向均方根偏差分别为66°、54°和55°,都比较大。

### 3.2 偏差和均方根偏差随风速的分布

图4给出了风速偏差和风向偏差随着风速增加的变化曲线,并且给出了在不同范围内风速偏差的统计分位数箱线图,上下短线的范围分别为10%、90%分位数,中间矩形为25%和75%的分位数,黑色圆点为中位数,蓝色曲线为平均偏差,紫色曲线为均方根偏差,柱状图为样本量。图5和图6中采用与此一致的分位数划分方式。

由图4a、4c、4e可以看出随着风速的增大,风速的平均偏差都是由高到低变化,弱风的时候卫星风比站点风大,强风的时候卫星风比站点风小。卫星风速与浮标风速的偏差在0~4 m·s$^{-1}$的区间是正值,卫星风风速大于浮标风速0~1 m·s$^{-1}$,在5~15 m·s$^{-1}$的区间内,风速偏差的均值在零值附近,说明在此区间中,卫星风与浮标风速具有良好的一致性,基本上能够满足WMO对观测仪器精度的要求;15 m·s$^{-1}$以上大风情况下的风速差以负值为主,ASCAT卫星风速比浮标观测风速小1~2 m·s$^{-1}$;风速差的平均值在大风(例如19 m·s$^{-1}$)的时候出现大的风速差可能与此时样本量偏少有关,不过也在一定程度上说明,ASCAT很难能反演出大风。平台风为0~7 m·s$^{-1}$时,风速差从3 m·s$^{-1}$变化减小到1 m·s$^{-1}$,7~17 m·s$^{-1}$以上的风速区间里面,卫星风速比平台风略大0~1 m·s$^{-1}$,在18 m·s$^{-1}$以上风速的时候出现卫星风小于平台风的情况。海岛风因为受岛屿及站点选址等的影响,在测风小于12 m·s$^{-1}$(6级)时都是卫星风比海岛风大,风速越小的风速差越大,12 m·s$^{-1}$以上的强风或大风出现时,海岛站又能观测到比卫星风的量值。

图中还给出了风速均方根偏差随风速的分布。浮标风速差的均方根偏差的大小为0.5~1.5 m·s$^{-1}$,随风速的增加变化不大;平台风速差的均方根偏差为1.5~2.0 m·s$^{-1}$,随风速的增加略有减小;海岛风速差的均方根偏差为2.0~3.0 m·s$^{-1}$,随风速的增加均方根偏差增大。

卫星风与站点风的风向偏差随着风速的变化曲线在图4b、4d、4f所示。浮标风向差的平均偏差随风速增加主要以正值为主,特别是在大于10 m·s$^{-1}$的风速的情况下,卫星风向相对于浮标风顺时针偏转10°～40°，而在0～1 m·s$^{-1}$的风速存在较大的负值偏差。平台风向偏差和海岛风向偏差的均值都比较小，特别是在2～15 m·s$^{-1}$的区间中，风向偏差最大也在10°以内。

风向的均方根偏差随着风速的增加都呈现下降的趋势。对于平台站和海岛站来说，0～5 m·s$^{-1}$的弱风区均方根偏差在50°～80°，5～12 m·s$^{-1}$风速区间的风向均方根偏差下降到30°～50°，12 m·s$^{-1}$以上的风向均方根偏差下降到30°以内，浮标风向偏差的量值相对偏小，6 m·s$^{-1}$以上的风向偏差为20°～40°。但是从全部样本上来看，风速5 m·s$^{-1}$的样本占整个样本量的70%左右，表明弱风的风向偏差是影响风向整体精度的一个主要因素，这与谢小萍等[13]的结论相同，但是在6 m·s$^{-1}$以上的情况下，卫星风与站点风的风向偏差基本能满足业务需求。

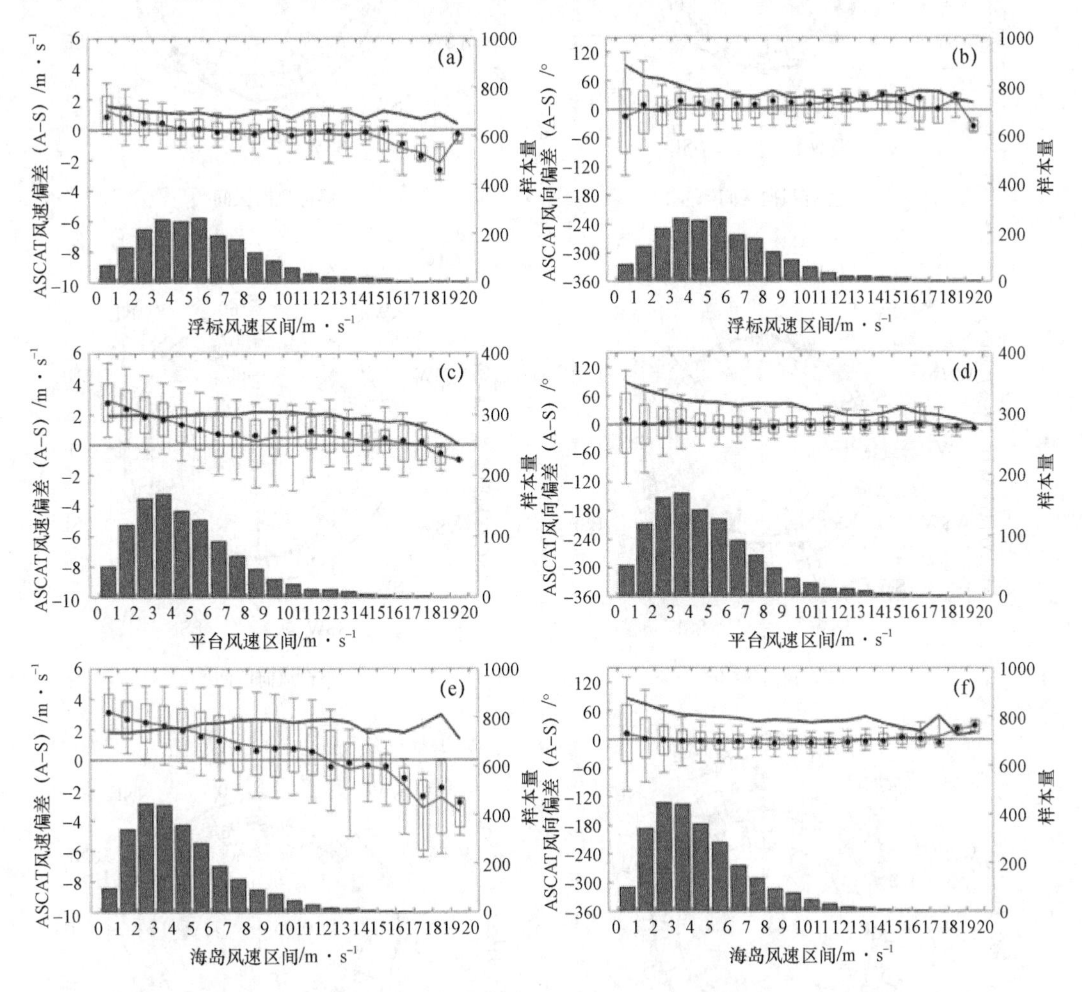


图4 风速和风向偏差随风速的变化（a、c、e为卫星风与站点风的风速平均偏差和均方根偏差随风速的分布；b、d、f为相应的风向偏差分布）

### 3.3 偏差与均方根偏差随风向的分布

图5中给出了卫星风与站点风速和风向偏差及均方根偏差的随风向的分布情况，风向按照16个方位进行划分，以N和NNE等表示。

在风向的各个方位上，浮标的风速偏差均值和中位数都几乎为零，风速的均方根偏差在

1.4 m·s$^{-1}$左右，此结果与张增海等[10]分析中国近海浮标与卫星风的结果一致，浮标风和卫星风的风向保持了良好的一致性，但是平台站和海岛站的表现则略有不同。平台站的风速平均偏差在偏北风和东南风方向上量级最大，卫星风偏大平台站 2 m·s$^{-1}$以上，而其他风向上

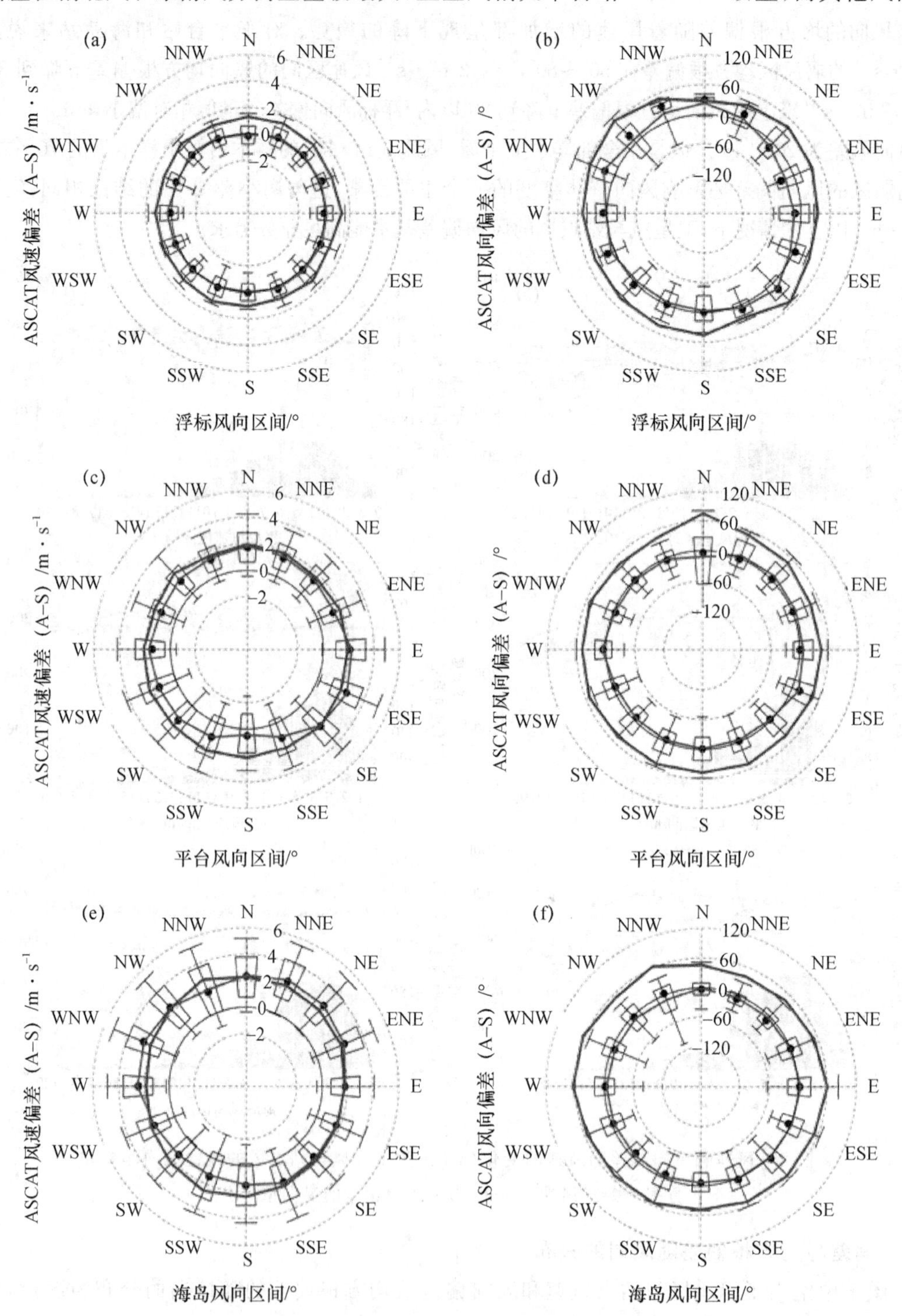


图 5　风速和风向偏差随风向的变化(a、c、e 为卫星风与站点风的风速平均偏差和均方根偏差分布；b、d、f 为相应的风向偏差分布)

在 2 m·s$^{-1}$以下，尤其是偏南风方向上最小为 1 m·s$^{-1}$以下，这样的结果应该与平台站点布设的位置有关。海岛站的风速平均偏差在东北风和西北风方向上的较大，量级与平台站在东南风方向上相当，而在西南风方向上风速平均偏差最小，在 1.5 m·s$^{-1}$左右。三类站点观测风与卫星风的风速均方根偏差在各个风向上的差别并不是很大。在量级上，平台站和海岛站的均方根偏差在 2 m·s$^{-1}$左右，浮标略小，在 1.5 m·s$^{-1}$上下。

由风向平均偏差和均方根偏差随风向的分布来看，三类站点分布类似，风向平均偏差在零值附近。浮标站的风向偏差在北到西北方向上为正值，在东北到偏东风方向以负值为主，在不同的风向有一定的波动性。另外，平台站的风向偏差和海岛站的风向偏差都比较小。风向偏差的表现与三类站点布设方式有直接关系。浮标站在海上测风时并不是固定的，而是在海面随波浪起伏转动，观测风向时应该引入了传感器自身的影响。平台站点通常是在石油钻井平台的适当位置安装气象观测仪，一般难以达到风传感器的安装要求[18]，是否由于风传感器的相对位置造成偏北风状况下较大的风向均方根偏差，还需要对不同的站点做详细分析。

### 3.4 偏差的季节变化

图 6 给出了卫星风与站点风之间风速及风向偏差的季节分布。浮标的风速偏差逐月均值分布均匀，没有明显的季节分布，平均值差别不大，为−0.5～0.5 m·s$^{-1}$。但是平台及海岛的风速偏差平均值存在着季节变化，秋冬季大而春夏季小，3—5 月份，平均值分别为0.5 m·s$^{-1}$

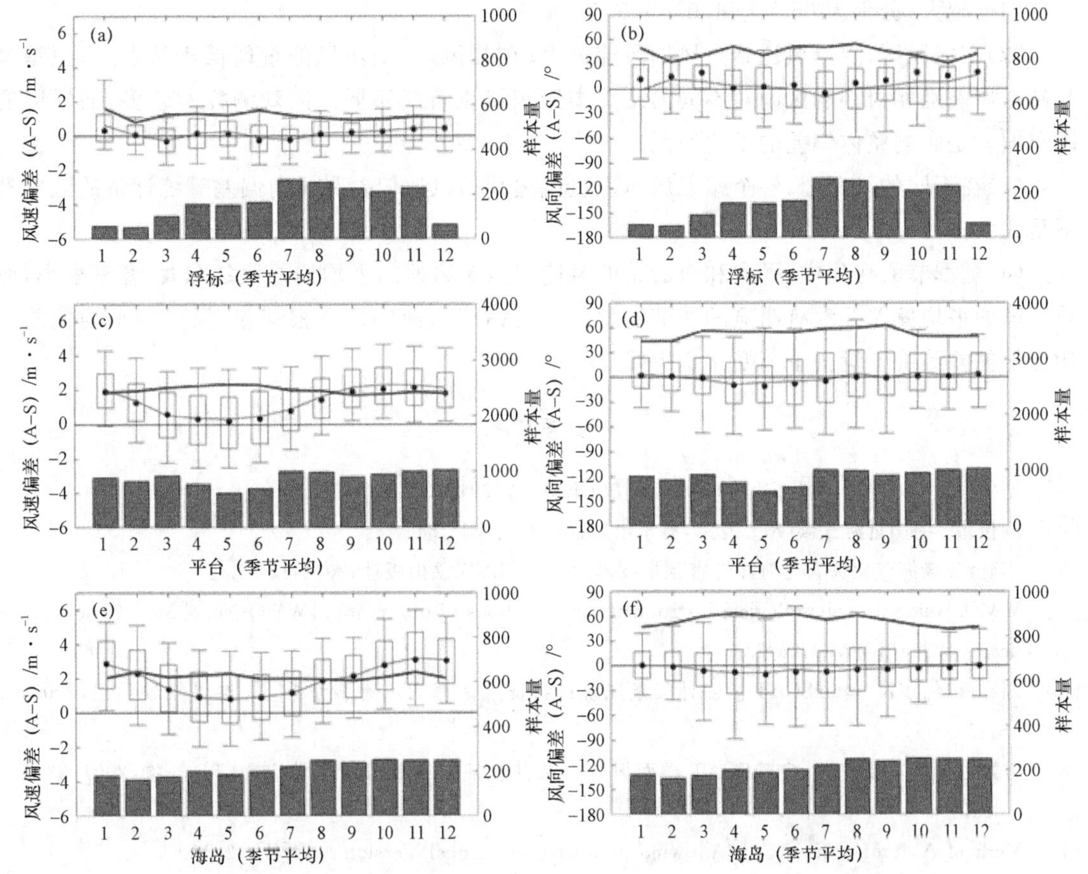


图 6　偏差的季节分布（a、c、e 为站点风与卫星风的风速平均偏差和均方根偏差随季节的分布；b、d、f 为站点风与卫星风的风向平均偏差和均方根偏差随季节的分布）

和 1.0 m·s$^{-1}$左右，11 月至次年 1 月份的平均值较大，分别为 2.0 m·s$^{-1}$和3.0 m·s$^{-1}$左右。由风速差的均方根偏差分布来看，三类站点的偏差随季节变化不大，但是在量值上有所不同，浮标的均方根偏差较小，为 1.2 m·s$^{-1}$，而平台和海岛的稍大，为2.0 m·s$^{-1}$左右。

三类站点的风向平均偏差在零线附近，没有明显的季节变化。从量值上看，浮标的风向平均偏差在 7 月份为负值，而在 3—5 月及 10—12 月为正值，而平台及海岛站的风向平均偏差在 4—7 月为负值，其他月份基本为零。浮标风向的均方根偏差在 4—8 月偏大，为 50°左右，其他月份的偏小一些，其均值为 40°。平台和海岛两类站点的风向均方根偏差都是在 3—9 月份偏高，分别为 58°和 60°左右，10 月至次年 2 月最小，相应的量值都为 48°左右。

## 4 结论

通过利用环渤海海域的浮标、平台、海岛的观测风资料与 ASCAT 卫星风场进行对比分析得到如下结论。

(1)对站点观测风速进行高度修正后，卫星风速与三类站点风速的平均偏差分别为 0.15 m·s$^{-1}$、1.47 m·s$^{-1}$和 1.99 m·s$^{-1}$，均方根偏差分别为 1.20 m·s$^{-1}$、2.11 m·s$^{-1}$和 2.27 m·s$^{-1}$、相关系数分别为 0.93、0.75 和 0.69。浮标风速与卫星风速的平均偏差最小，相关性也最高。卫星风与站点观测风向的平均偏差都很小，分别为 3.7°、0.2°和−3.7°，但是均方根偏差较大，分别为 65.5°、54.0°和 55.1°。

(2)在弱风区，卫星风比站点风的风速偏大；在强风区，卫星风的量值低于站点风；卫星风与站点风差别相对小的区间对不同的站点类型来说则有所不同。因观测样本较多，弱风区的风向偏差是影响整体偏差的重要原因。

(3)在不同的风向上，各个站点风与卫星风之间的风速偏差和风向偏差等统计量的区别都不是太大。

(4)随季节的变化中，平台和海岛站的风速与卫星风速的平均偏差秋冬季大，春夏季小，而浮标风的平均偏差并没有明显的季节变化。三类站点风速的均方根偏差、风向的平均偏差及均方根偏差等统计量的季节变化也不明显。

### 参考文献


[1] 辛宝恒. 黄海渤海大风概论[M]. 北京:气象出版社,1991:40-62.

[2] 阎俊岳. 中国近海气候[M]. 北京:科学出版社,1993:281-284.

[3] 李延江. 渤海气象灾害与海洋灾害预报技术[M]. 北京:气象出版社,2014:16-20.

[4] WMO. Guide to meteorological instruments and methods of observation, WMO-No. 8[M]. Geneva: Publications Board WMO, 2006.

[5] 刘春霞,何溪澄. QuikSCAT 散射计矢量风统计特征及南海大风遥感分析[J]. 热带气象学报,2003,19(S):107-117.

[6] 方翔,咸迪,李小龙等. QuikSCAT 洋面风资料及其在热带气旋分析中的应用[J]. 气象,2007,33(3):33-39.

[7] Verhoef A, Stoffelen A. ASCAT wind product user manual Version 1.14[Z]. 2016.

[8] Bentamy A, CroizeFillon D, Perigaud C. Characterization of ASCAT measurements based on buoy and QuikSCAT wind vector observations[J], Ocean Sci, 2008(4):265-274.

[9] Verspeek J, Stoffelen A, Portabella M, et al. Validation and Calibration of ASCAT Using CMOD 5. n [J]. IEEE Transactions on Geoscience and Remote Sensing, 2010, 48(1):386-395.

[10] 张增海,曹越男,刘涛,等. ASCAT 散射计风场在我国近海的初步检验与应用[J]. 气象,2013,40(4):478-481.

[11] 沈春,项杰,蒋国荣. 中国近海 ASCAT 风场反演结果验证分析[J]. 海洋预报,2013,30(3):27-32.

[12] 高留喜,朱蓉,常蕊. QuikSCAT 和 ASCAT 卫星反演风场在中国南海北部的适用性研究[J]. 气象,2014,40(10):1240-1247.

[13] 谢小萍,魏建苏. ASCAT 近岸风场产品与近岸浮标观测风场对比[J]. 应用气象学报,2014,25(4):445-453.

[14] 杨晓君,张增海. ASCAT 散射计风资料在中国北方海域的真实性检验[J]. 海洋预报,2014,31(5):8-12.

[15] 姚日升,涂小萍,丁烨毅,等. 华东沿海 ASCAT 反演风速的检验和订正[J],应用气象学报,2015,26(6):735-742.

[16] Yu L S, Weller R A. Objectively analyzed air-sea heat fluxes for the global ice-free oceans(1981-2005)[J]. Bulletin of the American Meteorological Society, 2007, 88(4):527-539.

[17] Edson J B, Jampana V, Weller R A, et al. On the exchange of momentum over the open ocean[J]. J. Phys. Oceanogr, 2013, 43(8):1589-1610.

[18] 胡玉峰. 自动气象站原理与测量方法[M]. 北京:气象出版社,2004:9-10.

# 海上无线电气象传真自动播发功能的探索与应用

沈　立

（交通运输部东海航海保障中心上海通信中心，上海 201210）

**摘　要**

海上船舶航行安全与海洋气候环境密切相关。据统计，80％海上事故的直接或间接诱因是气象、气候的异常变化。及时准确地播发海上气象、海浪等海上安全信息，是减少海难事故的有效途径。海上无线电气象传真系统作为一种基于无线电频段覆盖海上船舶，提供气象图服务的航保通信业务，是海上船舶接收海上气象信息的重要手段，也是船舶掌握天气海况，规划航线的重要工具。因此，探索建设和发展我国自有的海上气象传真系统，协助船舶用户有效避免突发极端气候灾害等危险性事件，使东海航海保障中心上海通信中心更好地承担国际履约职能，抢占战略资源高地，提升航保通信服务能力的重点探索领域。

**关键词**：海上无线电气象传真系统　气象图　极端气候灾害　航保通信服务

## 引言

多年来，上海通信中心将掌握发布气象传真业务作为技术领域的重点突破方向。近期，该系统经过多方努力，已完成主体工程建设，顺利通过验收后处于完善功能的试运行阶段。期间，采取 4170 kHz、8302 kHz、12382 kHz、16559 kHz 四频段同步播发的测试方案，先后完成岸基回传信号监听、海上船舶气象图接收等测试环节，经 30 余航次的图像接收监测，验证了该系统运行的有效性，实现了工程规划的设计目标。盛恒海轮气象传真接收情况如图 1 所示。

图 1　盛恒海轮气象传真接收图

然而实际运行时，我们发现大部分通信工程师由于缺乏气象专业背景，在气象图命名规则、图文信息识别、任务图像检索等人工操作环节，较容易因误操作造成气象任务的播发错误。因此，如何减少乃至避免人为错误的发生概率，成为试运行阶段必须克服的重点难题。对此，我们针对性地构思设计了自动播发程序，将日常任务表单与气象图遵循同一命名规则，优化系统软件的自动化应用，最终改进了原先人工必须参与的操作流程，以自动寻图的逻辑程序，实现了全天候气象图任务的自动播发。

## 1 系统概述

气象传真系统由信息源推送系统、信息调制与控制系统、信息播发系统等组成[1]。该工程由上海海洋中心气象台承担气象图的制作、编辑、上传职责，上海通信中心承担气象图播发职能。

该系统具有三大技术特色，一是实现了所有软硬件设备的全网络化管理；二是全自主开发的信息调制与控制系统；三是两路设施互为主备的冗余设计。

### 1.1 信息源推送系统

信息源推送系统设在气象台，包括专题数据库单元和信息推送单元两部分组成。专题数据库单元，主要存储研究区域内各类观测数据、GTS数据、遥感资料及各类网络下载资源，为气象预报提供实况绘制及预报订正提供数据支撑；信息推送单元，主要完成数值模式计算、模式结果自动处理、预报员绘图及预报订正等工作，最终将标准格式的图片推送至上海海岸电台信息采集单元。上海通信中心在机房设有镜像服务器，技术人员远程登入FTP网址，及时获取待播发的气象信息[1]。

### 1.2 信息调制与控制系统

信息调制与控制系统是将气象传真的图像信息转换成无线电信号和系统控制的核心部分，因气象传真发射系统市场相对较窄，目前国内市场尚无定型产品，为此通信中心联合中海电信公司自主开发了拥有独有知识产权的信息调制与控制系统，包括信息采集单元、信息调制单元、中央控制单元和信号匹配单元四部分[1]。

信息采集单元将信息源推送系统推送的标准图片信息进行编排、存储，并根据通信中心公布的播发时刻表，将采集的气象信息经过光电转换单元后存入信息播发队列，调制单元采用FSK的调制方式，根据图片亮度对图像调制在1.9 kHz的副载波上。控制单元负责整个系统的控制，包括频率的设置、调制参数、播发时刻等。信号匹配单元主要完成模拟调制信号的初级放大和信息格式的匹配。

### 1.3 信息播发系统

信息播发系统包括发信机、天线互换和共用设备等组成部分。根据《海岸电台总体及工艺设计规范》要求："HF电路应按主用机数量1/3配备备用发信机，MF电路按应按主用机数量的1/2配备备用发信机"。如总体方案所述，本工程拟开设4\\8\\12\\16MHz频段的电路4条，因此需配置发信机8台(4主4备)[2]。

为保证远距离的通信质量，特别配备有高频段电路配置10 kW发信机，其余电路配置5 kW发信机，即共计配置10 kW发信机1台、5 kW发信机7台。"发信台搬迁工程"建设了40副天线，1台10×10和2台20×20 HF天线互换器。其中5部MF发信机通过馈线直接连接MF发信天线；天线互换器用于连接"发信台搬迁工程"中配置的31部HF发信机和"搬迁配套工程"配置14部HF发信机。工程拟直接利用上海海岸电台已有的天线互换和天线等设备。

为确保海上无线电气象传真播发业务的顺利进行，本工程在上海海岸电台中控台配置3台气象传真接收机(设置在不同的接收频率)，监测气象传真播发业务是否正常开展。同时，本工程增设发信机需要配置相应的馈线设备，包括同轴电缆接头、室内馈线等，共计配置市内馈线500 m。

# 2　系统功能分析

## 2.1　播发时刻安排表

系统播发时刻安排表由上海通信中心与上海海洋中心气象台共同制定，是业务任务播发的整体框架规则。播发类别涵盖西北太平洋系列图、热带气旋预报图、卫星云图、中国近海气象图、地面天气图、高空天气图等数十种类，其中北太平洋系列气象图由中国气象局编辑，代表了我国现有最高水平的气象图编制技术。播发时刻表如图2所示。

上海海岸电台气象传真图播发时刻表

| 序号 | 播发时间 | 传真图名称 | 播发内容 | 预报时间 | 预报时效 |
|---|---|---|---|---|---|
| 1 | 0800 (0000) | MANAM | 上海海岸电台播发时刻表和人工修正 | | 12 |
| 2 | 0820 (0020) | FYPN | 卫星云图 | 8:00 | 00 |
| 3 | 0840 (0040) | ASAS | 西北太平洋海平面分析图 | 8:00 | 00 |
| 4 | 0900 (0100) | AUAS50 | 西北太平洋500hPa分析图 | 8:00 | 00 |
| 5 | 0920 (0120) | AUAS85 | 西北太平洋850hPa分析图 | 8:00 | 00 |
| 6 | 0940 (0140) | WTAS | 热带气旋预报图 | 8:00 | 00-72 |
| 7 | 1000 (0200) | AWPN | 西北太平洋风浪分析图 | 8:00 | 00 |
| 8 | 1020 (0220) | ADPN | 西北太平洋海浪分析图 | 8:00 | 00 |
| 9 | 1040 (0240) | FSAS | 西北太平洋海平面预报图 | 8:00 | 24 |
| 10 | 1100 (0300) | FSAS | 西北太平洋海平面预报图 | 8:00 | 48 |
| 11 | 1120 (0320) | FUAS50 | 西北太平洋500hPa预报图 | 8:00 | 24 |
| 12 | 1140 (0340) | FUAS50 | 西北太平洋500hPa预报图 | 8:00 | 48 |
| 13 | 1200 (0400) | FUAS85 | 西北太平洋850hPa预报图 | 8:00 | 24 |
| 14 | 1220 (0420) | FUAS85 | 西北太平洋850hPa预报图 | 8:00 | 48 |
| 15 | 1240 (0440) | ASPN | 北太平洋海平面分析图 | 8:00 | 00 |
| 16 | 1300 (0500) | FSPN | 北太平洋海平面预报图 | 8:00 | 24 |
| 17 | 1320 (0520) | FSPN | 北太平洋海平面预报图 | 8:00 | 48 |
| 18 | 1340 (0540) | AUPN50 | 北太平洋500hPa分析图 | 8:00 | 00 |
| 19 | 1400 (0600) | FUPN50 | 北太平洋500hPa预报图 | 8:00 | 24 |
| 20 | 1420 (0620) | FUPN50 | 北太平洋500hPa预报图 | 8:00 | 48 |
| 21 | 1440 (0640) | AWCI | 中国近海海浪分析图 | 8:00 | 00 |
| 22 | 1500 (0700) | FYPN | 卫星云图 | 14:00 | 00 |
| 23 | 1520 (0720) | FSPN6 | 西北太平洋中长期预报图 | 8:00 | 72-196 |
| 24 | 1540 (0740) | WTAS | 热带气旋预报图 | 14:00 | 00-72 |
| 25 | 1600 (0800) | STPN | 西北太平洋陡度预报图 | 8:00 | 24 |
| 26 | 1620 (0820) | FWPN | 西北太平洋风浪预报图 | 8:00 | 24 |
| 27 | 1640 (0840) | FWPN | 西北太平洋风浪预报图 | 8:00 | 48 |
| 28 | 1700 (0900) | FDPN | 西北太平洋海浪预报图 | 8:00 | 24 |
| 29 | 1720 (0920) | FDPN | 西北太平洋海浪预报图 | 8:00 | 48 |
| 30 | 1740 (0940) | STPN | 西北太平洋陡度预报图 | 8:00 | 48 |
| 28 | 1800 (1000) | FSCI | 中国近海海平面预报图 | 8:00 | 24 |
| 29 | 1820 (1020) | FSCI | 中国近海海平面预报图 | 8:00 | 48 |
| 33 | 1840 (1040) | | 其它 | | |
| 34 | 1900 (1100) | | 其它 | | |
| 35 | 1920 (1120) | | 其它 | | |
| 36 | 1940 (1140) | | 其它 | | |
| 37 | 2000 (1200) | MANAM | 上海海岸电台播发时刻表和人工修正 | | 12 |
| 38 | 2020 (1220) | FYPN | 卫星云图 | 20:00 | 00 |
| 39 | 2040 (1240) | ASAS | 西北太平洋海平面分析图 | 20:00 | 00 |
| 40 | 2100 (1300) | AUAS50 | 西北太平洋500hPa分析图 | 20:00 | 00 |
| 41 | 2120 (1320) | AUAS85 | 西北太平洋850hPa分析图 | 20:00 | 00 |
| 42 | 2140 (1340) | WTAS | 热带气旋预报图 | 20:00 | 00-72 |
| 43 | 2200 (1400) | AWPN | 西北太平洋风浪分析图 | 20:00 | 00 |
| 44 | 2220 (1420) | AWCI | 西北太平洋海浪分析图 | 20:00 | 00 |
| 45 | 2240 (1440) | FSAS | 西北太平洋海平面预报图 | 20:00 | 24 |
| 46 | 2300 (1500) | FSAS | 西北太平洋海平面预报图 | 20:00 | 48 |
| 47 | 2320 (0320) | FUCI | 西北太平洋500hPa预报图 | 20:00 | 24 |
| 48 | 2340 (1540) | FUCI | 西北太平洋500hPa预报图 | 20:00 | 48 |
| 49 | 2400 (1600) | FUCI | 西北太平洋850hPa预报图 | 20:00 | 24 |
| 50 | 0020 (1620) | FUCI | 西北太平洋850hPa预报图 | 20:00 | 48 |
| 51 | 0040 (1640) | ASPN | 北太平洋海平面分析图 | 8:00 | 00 |
| 52 | 0100 (1700) | FSPN | 北太平洋海平面预报图 | 8:00 | 24 |
| 53 | 0120 (1720) | FSPN | 北太平洋海平面预报图 | 8:00 | 48 |
| 54 | 0140 (1740) | AUPN | 北太平洋500hPa分析图 | 8:00 | 00 |
| 55 | 0200 (1800) | FUPN | 北太平洋500hPa预报图 | 8:00 | 24 |
| 56 | 0220 (1820) | FUPN | 北太平洋500hPa预报图 | 8:00 | 48 |
| 44 | 0220 (1420) | AWCI | 中国近海海浪分析图 | 20:00 | 00 |
| 58 | 0300 (1900) | FYPN | 卫星云图 | 2:00 | 00 |
| 59 | 0320 (1920) | FSPN6 | 西北太平洋中长期预报图 | 20:00 | 72-196 |
| 60 | 0340 (1940) | WTAS | 热带气旋预报图 | 2:00 | 00-72 |
| 61 | 0400 (2000) | STPN | 西北太平洋陡度预报图 | 20:00 | 24 |
| 62 | 0420 (2020) | FWPN | 西北太平洋风浪预报图 | 20:00 | 24 |
| 63 | 0440 (2040) | FWPN | 西北太平洋风浪预报图 | 20:00 | 48 |
| 28 | 0500 (2100) | FDPN | 西北太平洋海浪预报图 | 20:00 | 24 |
| 29 | 0520 (2120) | FDPN | 西北太平洋海浪预报图 | 20:00 | 48 |
| 66 | 0540 (2140) | STPN | 西北太平洋陡度预报图 | 20:00 | 48 |
| 64 | 0600 (2200) | FSCI | 中国近海海平面预报图 | 20:00 | 24 |
| 65 | 0620 (2220) | FSCI | 中国近海海平面预报图 | 20:00 | 48 |
| 69 | 0640 (2240) | | 其它 | | |
| 70 | 0700 (2300) | | 其它 | | |
| 71 | 0720 (2320) | | 其它 | | |
| 72 | 0740 (2340) | | 其它 | | |

图2　上海通信中心气象传真业务播发时刻表

根据精确测算，每幅云图从信息提取、计算、生成图片，气象信息采集、存储、编排、信息调制与编码，信号的初级放大、信息格式的匹配到播发完毕，约耗时20 min。因此，该播发时刻安排表，严格按照每日24 h划分72个任务时段，细分为62个任务时段、2个当日播发时刻表和人工修正时段及8个空闲时段，满足每日数十种类气象图的播发需求。

## 2.2　基于IP的网络化管理

该系统全部软硬件设施经数据库设置，均处于同一198专属网段内，便于操作者采取网络化管理，以两种权限账号登录控制平台，一是通过智能操作终端完成云图发送情况实时监测、临时任务插播、收发图像校对、当日任务及历史记录查询等功能；二是通过发信机组监测平台完成发信机设备实时动态监测、预设频率切换、发生功率调整、发射开关启停等远程控制。操作者还可远程访问服务器数据库，实现发信机IP地址修改、新增设备赋址等功能。

## 2.3　智能操作终端

播发控制系统基于IE浏览器内核开发，由两台独立运行的主机实现各功能的分类控制。智能操作终端主要包括播发任务实时监测、临时任务插播、收发图像校对、当日任务及历史记录查询等功能。

智能操作终端主界面左侧为24 h任务列表，用于监测各气象图到点播图的进度状态。中间为发射图像对照进度百分比状态，并显示有气象图的自动扫描状态，复合验证单幅云图的播发进度；右侧接收图像通过服务器外连的接收设备，仿真显示气象图的实时接收情况。

气象传真属于代表国家发布的权威气象信息，故必须具有当日任务及历史任务的查询功能。当日任务查询功能可依据北京时间，自动生成 24 h 内的气象传真任务列表；历史任务查询功能则可根据起、始时间的人工设置，自动生成在此期间全部播发的任务表单。

夏季台风、冬季严寒等极端性天气多发季节，系统还设有临时重要任务的插播功能，有效提升了航行船舶在各类极端天气状况下及时获取气象预报信息的有效性，大幅提升航海保障单位的服务能力。当操作者接到上级临时插播实时气象图的指示后，可采取类似 E-mail 发送的人工处理模式，自主编辑任务名称、播发时刻、发射频率、图像内容等功能，确保插播任务的及时推送。

### 2.4 发信机监测终端

考虑发信台由周浦搬迁至崇明带来的远途通信难题，工程设计了发信机监测平台，便于中控台远程登录控制 8 台发信机组。该界面集成显示 8 台发信机液晶屏显示的全部监测信息，操作者可自由切换 8 台发信机控制界面，远程观察 IP 地址、功率状态、发射频段、发射开关启停模式等状态信息。当突发故障告警时，可采取远程故障动态标记，将故障机剥离出 198 专网，并按照告警的具体分类，安排人员完成维修养护等工作。发信机工作状态、连接状态直观反映了设备对控制信号的响应模式，有利于技术人员克服发信台地处崇明的偏远环境，实现发信设施的远程干预控制。

## 3 自动播发功能的探索与应用

为使该系统减少人工操作所造成的错误发生行为，改进增加了自动播发功能。该功能的包括自动寻图程序、日常任务列表及系统自动刷新三部分。其中，核心环节为自动寻图程序与气象图程序命名规则的同一性原则。

完善后，操作人员根据预先编辑的日常任务列表，确定好每周 7 d 的全部播发任务安排时刻表。系统可根据自动刷新程序的设定，在当日零时根据日常任务列表的先后顺序，自动生成 24 h 的任务节目单。日常任务安排表如图 3 所示。

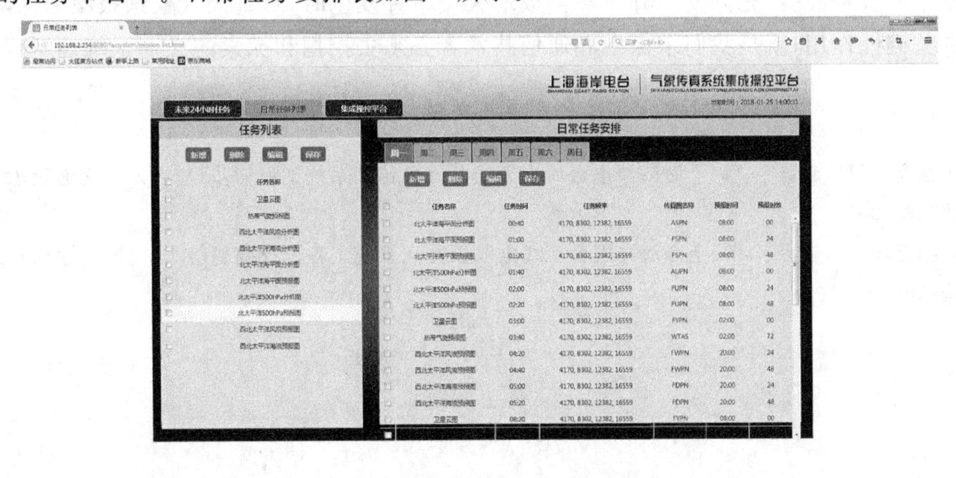


图 3　气象传真日常任务安排表

依据授时设备的时间进度，在单个任务到点播发前两分钟，按照自动寻图程序与气象图命名规则的同一性原则，自动获取 FTP 服务器上的气象云图，最终实现气象图任务的到点及时推送。自动播发功能演示如图 4 所示。

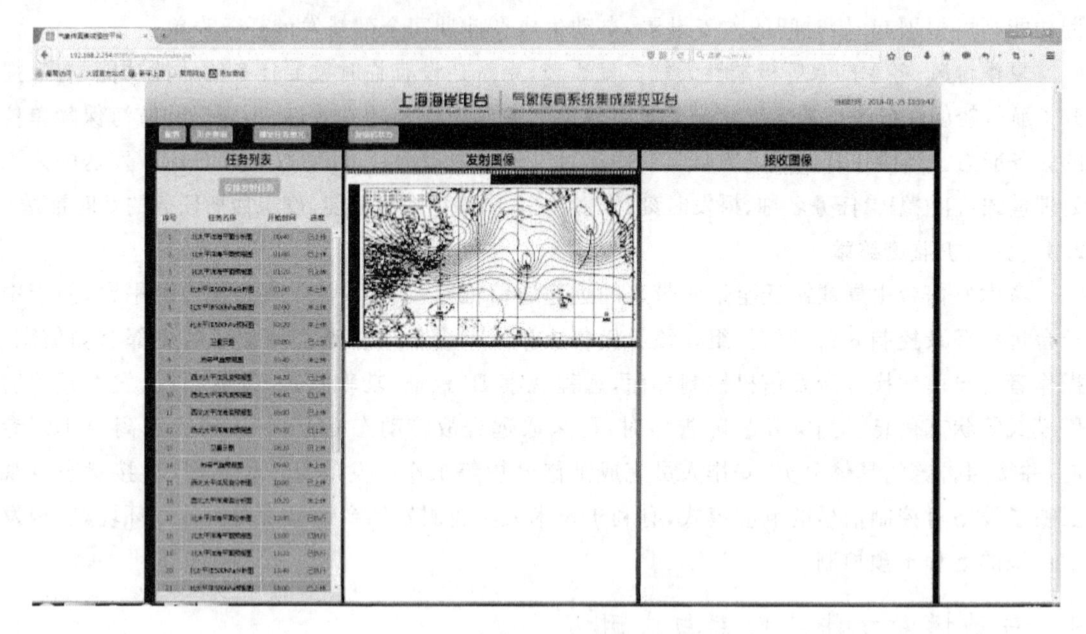


图 4　自动播发功能演示图

## 4　结语

上海通信中心建成的气象传真系统，通过专用频道实时发布，对完善我国自主海洋预报服务体系、打破船舶对国外预报及通信系统的依赖、切实履行我国海事及海洋预报应有的职责、提升我国的海洋战略地位具有重要意义。因此，如何依托并利用好项目建设、测试、验收、试运行所积累的宝贵经验，充分发挥其在各类极端天气事件发生时，对重大气象预报服务保障所能起到的关键性作用，就是我们东保中心通信技术者必须去挖掘和探索的又一系统性工程。

### 参考文献

[1]　王福斋，赵星，赵晋宇，等. 上海海岸电台海上无线电气象传真系统工程初步设计[Z]. 交通运输部规划研究院，2014.

[2]　王福斋，赵星，赵晋宇，等. 上海海岸电台无线电气象传真系统工程设计变更[Z]. 交通运输部规划研究院，2016.

# 2017年陕西决策气象服务满意度调查评估

支会茹　乔　健　刘　环　郑小华　吴林荣

（陕西省气象台，西安 710014）

## 摘　要

2017年陕西省级决策气象服务满意度为92.77%，其中“气象部门服务人员专业形象及服务意识”满意度指数最高为94.12%，“天气预报预警准确率”满意度指数为90.18%。决策用户通过气象网站、电视、手机短信、APP手机应用、广播、《气象信息快报》等方式成为获取气象信息的重要渠道。暴雨洪涝、霾、高温热害、寒潮大风、冰雹、降水量、雷电仍是决策用户主要关注的天气，霾和紫外线强度的关注度较2016年分别增长15%和8%。未来1～3 d天气预报和0～6 h短时预报仍是决策用户群认为最有价值的预报产品，与2016年相比，未来1～3 d天气预报、未来0～6 h预报、交通气象、降水概率、空气质量预报的需求比例提高1%～14%。

**关键词**：满意度　评估　决策　需求度　覆盖度

## 引言

2007年起陕西省气象局已连续10 a开展了气象服务满意度调查评估工作，近三年陕西省级决策气象服务总体满意度都在92%以上。2017年省级决策气象服务满意度为92.77%，2016年满意度为92.78%，2015年满意度为92.38%。总体来说，气象服务满意度维持在一个适当水平。

## 1　2017年陕西省级决策用户群气象服务调查概况

参与2017年度省级决策气象服务质量需求调查工作的有省委宣传部、省应急办、省气象局、省发改委、省公安厅、省财政厅、省国土资源厅、省住房和城乡建设厅、省交通运输厅、省水利厅、省农业厅、省民政厅、省林业厅、省安监局、省卫生厅、省环境保护厅、省军区、省武警总队等27个气象灾害应急指挥部成员单位的领导和气象灾害应急联络员。调查采用问卷调查方式，共回收46份。

### 1.1　职位结构

处级以上行政人员14人，占调查总人数的30.4%；科级及一般行政人员32人，占调查总人数的69.6%。

### 1.2　年龄结构

36～55岁27人，占调查总人数的58.7%；20～35岁18人，占调查总人数的39.1%；56岁以上1人，占调查总人数的2.2%。

### 1.3　学历结构

大学本科学历27人，占调查总人数的58.7%；硕士研究生15人，占调查总人数的32.6%；大专学历3人，占调查总人数的6.5%；高中学历1人，占调查总人数的2.2%。

## 2 2017年陕西省级决策用户群满意度指数分析

### 2.1 2017年省级决策用户群满意度指数分析

2017年省级决策用户群对决策气象服务的总体满意度指数为92.77%，比2016年下降0.01%。其中，“预报预警准确率”满意度指数90.18%，比2016年提高1.30 %，上升幅度最大；“气象部门的应急处理能力”满意度指数92.86%，比2016年提高0.90 %上升幅度次之；“天气预报的时效性和发布渠道”满意度指数92.79%，比2016年提高0.30%，上升幅度第三。“气象部门对政府决策服务的重视程度”满意度指数92.83%，下降4.36%为最大；“气象部门服务人员专业形象及服务意识”满意度指数94.12%，下降1.87%为第二；“气象信息对决策工作有价值”满意度指数93.30%，下降1.14%为第三；“高影响天气保障服务”满意度指数92.44%，下降0.79%为第四；“气象信息所发挥的社会效益和经济效益”满意度指数93.67%，下降0.04%为第五。值得注意的是，“气象部门对政府决策服务的重视程度”“气象部门服务人员专业形象及服务意识”“气象信息对决策工作有价值”“高影响天气保障服务”“气象信息所发挥的社会效益和经济效益”这五个满意度指数有所下降，所以要不断提高服务意识，丰富服务产品，在精细预报上下功夫，不断完善服务体系(表1)。

**表1 2017年省级决策气象服务的期望值(满分5)和满意值(满分5)对比情况**

| | 期望值(E) | 满意值(S) | 差距(E-S) | 2017/2016满意度指数(S/E) |
|---|---|---|---|---|
| 气象部门对政府决策服务的重视程度 | 4.85 | 4.50 | 0.35 | 92.83/97.19% |
| 气象信息对决策工作有价值 | 4.87 | 4.54 | 0.33 | 93.30/94.44% |
| 气象信息所发挥的社会效益和经济效益 | 4.80 | 4.50 | 0.30 | 93.67/93.71% |
| 气象部门的应急处理能力 | 4.87 | 4.52 | 0.35 | 92.86/91.96% |
| 天气预报预警准确率 | 4.87 | 4.39 | 0.48 | 90.18/88.88% |
| 天气预报的时效性和发布渠道 | 4.83 | 4.48 | 0.35 | 92.79/92.49% |
| 气象部门服务人员专业形象及服务意识 | 4.80 | 4.52 | 0.28 | 94.12/96.05% |
| 高影响天气保障服务 | 4.89 | 4.52 | 0.37 | 92.44/93.23% |
| 2017年省级决策服务总体满意度指数 | | | | 92.77/92.78% |

### 2.2 2017年省级决策气象服务材料质量分析

在决策服务材料的用语表达问题上，37%的用户选择“比较通俗”，30%的用户选择“通俗易懂”，4%的用户选择“一般”，4%的用户选择“比较专业”，没有用户选择“太专业”。与2016年比较，选择“比较专业”的用户比例下降20%，表明我们决策服务材料通俗易懂性提高，材料更通俗化和便于理解，被大众接受。

在政府决策部门是否建立了决策气象服务信息的批转分办流程问题上，89%的用户选择“已有严格的决策信息的批转流程”，用户比例比2016年上升34%，说明气象服务材料越来越受到各个部门重视；2%选择“还未建立”。在决策服务信息是否能及时送达主管领导手中的问题上，有39%用户选择“能够迅速送达”。

## 3 2017年度陕西省级决策用户群气象服务需求度分析

### 3.1 与省级决策用户群工作密切相关的灾害性天气或气象灾害

2017年，省级决策用户群关注的前八位灾害性天气依次为：暴雨洪涝占87%，霾占74%，高温热害占63%，寒潮大风占57%，冰雹占52%，降水量和雷电占48%，雾占43%。沙尘暴和雪及雪深占39%，霜冻占35%，干旱占30%，风向风速占26%，紫外线强度占22%，相对湿度占13%，气压占7%。与2016年相比，暴雨洪涝、霾、高温热害、寒潮大风、冰雹、降水量、雷电仍是决策用户主要关注的天气，霾和紫外线强度的关注度较2016年有明显上升，分别增长15%和8%。决策用户群对干旱、沙尘暴、降水量、冰雹、寒潮大风、风向风速、雪及雪深、气压、低温霜冻、雾、雷电等的关注度有所下降(图1)。

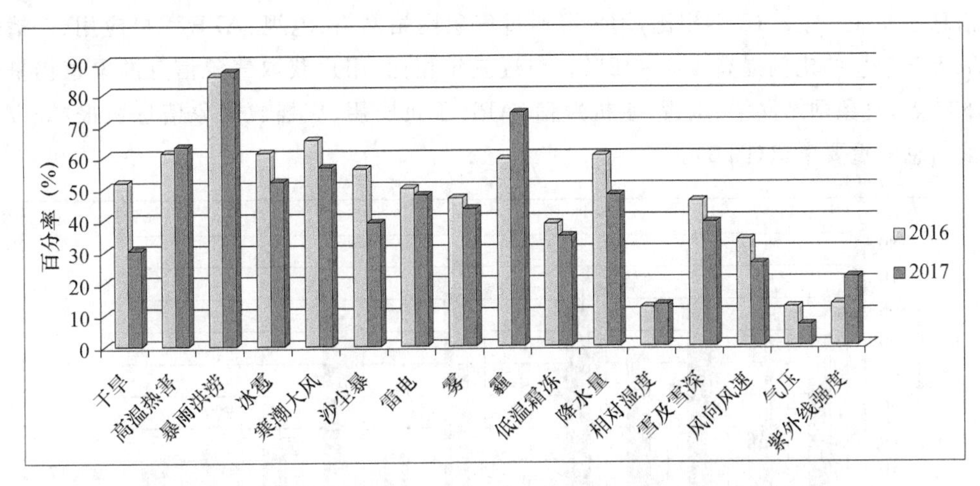


图1 2016—2017年省级决策用户群认为与工作密切相关的天气现象对比

### 3.2 对省级决策管理工作最有帮助的天气预报产品

2017年省级决策用户群对天气预报产品的需求排前六位的是：未来1～3 d天气预报占83%，0～6 h短时预报占65%，天气实况占59%，各类气象灾害预警信号占50%，未来3～5 d天气预报43%，交通气象占39%。与2016年相比，未来1～3 d天气预报、0～6 h预警、交通气象、降水概率、空气质量预报的需求比例提高1%～14%，其中未来1～3 d天气预报、降水概率需求比例提高12%～14%，交通气象、空气质量预报需求比例提高5%～6%(图2)。

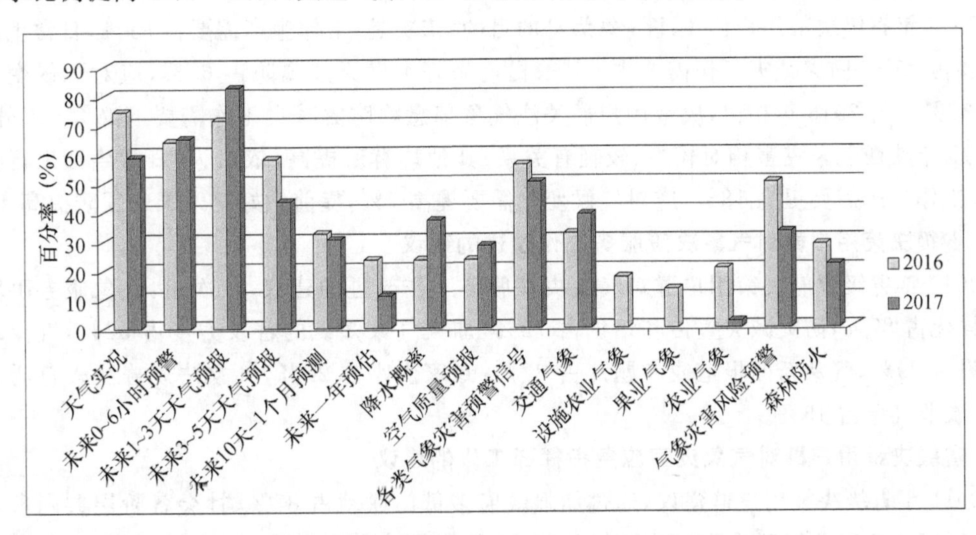


图2 2016—2017年省级决策用户群认为对决策工作有帮助的预报产品对比

## 4 2017年度陕西省级决策用户群气象服务覆盖度分析

### 4.1 省级决策用户群获取天气信息服务的主要渠道

2017年省局决策用户群获取天气信息的渠道，排前六位的是：气象网站网络占63%，电视占61%，手机短信占59%，APP手机应用占57%，广播占43%，《气象信息快报》占37%。官方微博微信占28%，《气象信息专报》占20%，公共显示屏占15%，报纸杂志占13%，卫星遥感监测信息占9%。与2016年相比，用户群通过气象网站网络、电视、APP手机应用、广播等方式获取天气信息的比例提高4%～12%。与近三年相比，用户获取气象信息的渠道仍呈现多样化的特点，气象网站网络、电视、手机短信、APP手机应用、广播、《气象信息快报》等方式成为获取信息的重要渠道(图3)。

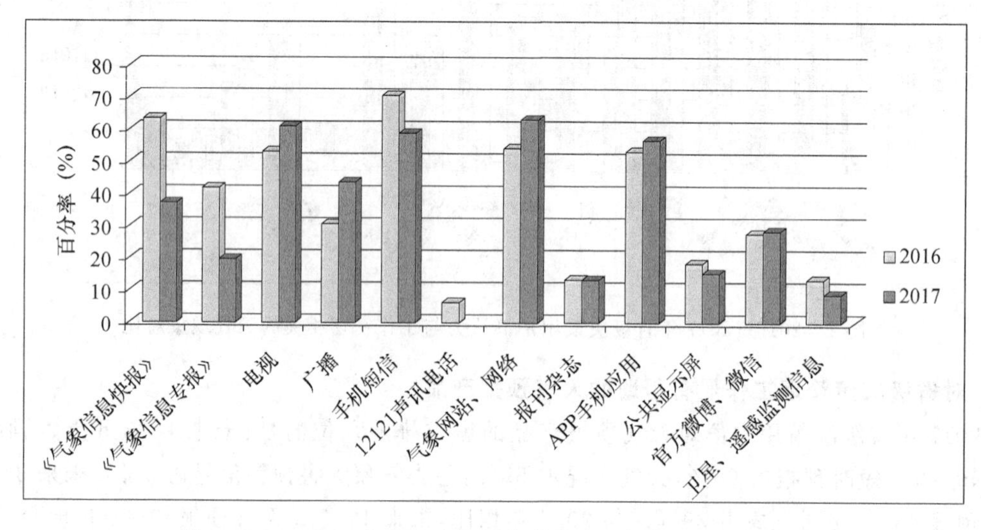


图3 2016—2017年省级决策用户群获取天气信息的渠道对比

### 4.2 省级决策用户群关注气象信息的目的

2017年省级决策用户群关注气象信息的目的，依次是：工作生产需要占91%，日常生活出行需要占85%，防灾减灾工作需要占65%，提前做好突发天气预防占63%，应对气候变化需要占37%。与2016年相比，决策用户群关注气象信息除防灾减灾工作需要下降3%以外，这与2017年陕西气象灾害相对较少、较轻有关系；其他均有所提高，依次为：日常生活出行提高26%，工作生产需要提高18%，应对气候变化需要提高7%，提前做好突发天气预防提高4%。

### 4.3 省级决策用户群对气象决策服务工作改进的建议

2017年省级政府决策用户群对气象决策服务工作改进的建议，依次是：气象服务手段更为多样化占87%，防灾减灾宣传和培训占72%，加大气象知识的普及力度占52%，气象现代化建设占39%，气象新闻报道或专题片占37%，专家讲座占28%，气象法规普法教育活动占24%，农业气象占15%。

### 4.4 省级决策用户群对气象灾害应急指挥部工作的建议

2017年省级决策用户群建议，通过加强政府多部门联动占85%，社会各阶层共同参与占67%，提高应急气象信息的发布时效占63%，以及加强政府应急部门主导和监管占54%等方式提高应急气象服务工作质量。

在评价“政府多部门联动对处置气象灾害事件和做好气象防灾减灾工作”时，80％的用户认为非常有用，20％的用户认为比较有用。这说明政府多部门联动在处置气象灾害事件和做好气象防灾减灾工作方面发挥了重要作用，更好地发挥了“政府主导、部门联动、社会参与”的作用。

在评价“气象灾害应急指挥部《气象信息快报》产品”时，63％的用户认为非常好，35％的用户认为较好。

## 5 结论

2017 年省级决策气象服务满意度为 92.77％。其中，“气象部门服务人员专业形象及服务意识” 满意度指数最高为 94.12％，较 2016 年下降 1.87％；“天气预报预警准确率”满意度指数最低为 90.18％，比 2016 年提高 1.30 ％。

决策用户群通过气象网站网络、电视、APP 手机应用、广播等方式获取天气信息的比例比 2016 年提高 4％～12％。用户获取气象信息的渠道仍呈现多样化的特点，气象网站网络、电视、手机短信、APP 手机应用、广播、《气象信息快报》等方式成为获取信息的重要渠道。

暴雨洪涝、霾、高温热害、寒潮大风、冰雹、降水量、雷电仍是决策用户主要关注的天气，霾和紫外线强度的关注度较 2016 年有明显上升，分别增长 15％和 8％。决策用户群对干旱、沙尘暴、降水量、冰雹、寒潮大风等的关注度有所下降。

未来 1～3 d 天气预报和 0～6 h 短时预报仍是决策用户群认为最有价值的预报产品。与 2016 年相比，未来 1～3 d 天气预报、未来 0～6 h 预警、交通气象、降水概率、空气质量预报的需求比例提高 1％～14％，其中未来 1～3 d 天气预报、降水概率需求比例提高 12％～14％，交通气象、空气质量预报需求比例提高 5％～6％。

随着省级决策用户对气象服务手段多样化需求的增加，需要加大气象知识的宣传力度和普及力度，拓宽发布渠道。决策气象服务产品应更具有针对性和敏感性，更关注社会热点和决策需求，全力提高服务产品的决策效果，改进产品的结构和内容表述，在精细化上下功夫，使决策服务产品发挥更大的社会效益和经济效益。

# 基于探空资料判别呼和浩特地区强对流天气类别

袁慧敏

（内蒙古自治区气象台，呼和浩特 010051）

**摘　要**

选取2012 —2016年5—9月呼和浩特地区的强对流天气过程，利用呼和浩特观测站（53463）实况探空资料和区域站观测资料，分析呼和浩特地区冰雹、雷暴大风以及短时强降水天气过程下物理量的差异，遴选出适合呼和浩特地区强对流天气的敏感物理量参数，凝练出强对流天气物理量阈值和潜势预报指标，建立强对流天气潜势预报多指标综合判别方法，为强对流天气的自动识别和客观化预报提供依据，结果表明，合理利用探空资料甄别夏季强对流天气的类别是可能的。

**关键词**：探空资料　强对流天气　物理参量　潜势预报

## 引言

强对流天气通常包括强雷雨造成的暴雨、冰雹、雷暴大风、龙卷等中小尺度天气现象，而对于内蒙古来说，暴雨、冰雹、雷暴大风是夏季出现频率比较高的强对流天气，具有强度大、时间短、破坏力强等特点，一旦出现往往会造成严重的后果。因此，这几类强对流天气的预报被作为重点和难点越来越受到广泛的重视。随着探测手段的发展，雷达、闪电定位等先进仪器的应用使我们对强对流天气临近时刻所表现出来的征兆、特征等认识不断深入，也有很多成熟的研究成果已经应用于短时临近预报，但是这几类强天气的6～24 h的分类预报依然是一个比较困难的工作，通常条件下预报员利用天气型并结合一些探空计算的物理参量来进行潜势预报，探空资料成为反映强天气出现前本地上空大气层结温湿结构的重要手段。

现如今针对强对流天气的研究基本上是基于常用的几种物理参数进行单一种类强对流的分析，而究竟哪些物理量在冰雹、雷暴大风、暴雨等强对流天气下有显著差异，对多种物理量指标还没有一个综合的评判方法，即对呼和浩特地区有较好预报意义的综合指标还比较少。本文正是从这点出发，利用呼和浩特观测站(53463)2011—2016年5—9月探空资料计算的多达19种物理参量进行细致统计分析研究，期望遴选出对于呼和浩特地区强对流天气敏感程度不同的物理量及其变量，建立呼和浩特地区强对流天气物理量阈值和潜势预报指标，对各潜势预报指标进行多指标综合分析，最终建立强对流天气潜势预报多指标综合判别方法，为今后呼和浩特地区强对流潜势预报提供参考。

## 1　资料和方法

本文采用2012—2016年5—9月呼和浩特7站常规观测资料和约40个自动站雨量、大风资料以及53563站(呼和浩特观测站)每日2次或3次的实况探空资料(7月初至9月初增加14时的加密探空)进行分析研究。

### 1.1 天气现象分类

本文首先将天气类型进行划分和归类。把 2012—2016 年 5—9 月的天气现象按对流活动的剧烈程度依次分为：1 h 降水量大于 20 mm 的暴雨日、雷暴大风日以及冰雹日。冰雹被视为最严重的对流天气现象，雷暴大风次之，以此类推。

为了便于研究各种强对流天气特有的物理量特征，把同时出现几种强对流天气的个例按照天气现象就重的原则归类[1]，如雷暴大风伴有冰雹的归为冰雹天气。此外，为了保证各种天气类型筛选的准确程度，考虑了雷暴资料的 2014 年停止观测问题，规定地面观测出现雷雨并伴有大风记录记为一个雷暴大风日。按照上述天气分类的原则严格筛选出冰雹 33 例、雷暴大风 62 例、1 h 降水量大于 20 mm 的暴雨 29 例。

在上述分类过程中发现，冰雹、暴雨天气常常伴有雷暴大风，甚至冰雹、雷暴大风、暴雨同时出现的现象也时有发生，这给日常强对流天气的定性预报带来了相当大的难度。

### 1.2 物理量说明和计算

根据上述天气类型，利用探空资料分别计算了 3 种天气状况下当日 2 个或 3 个时次的 19 种热力、动力物理量。同时计算了上述 19 种物理量的日最大值、最小值、日平均值及相应的各物理量的离散度。在计算变量的时候选取距离强对流发生之前最近时次的探空资料进行计算以保证能比较准确地反映物理量随天气的变化情况。

按照各物理参量的天气动力学意义，物理量选取如下：

(1)表示大气能量的物理量选取：对流有效位能(CAPE)、下沉对流有效位能(DCAPE)、K 指数；

(2)表示热力不稳定的物理量包括：对流温度 $T_{CON}$、500 hPa 和 850 hPa 的 $\theta_{se}$ 差($\Delta\theta_{se500-850}$)、逆温层顶高度、逆温层顶温度；

(3)表示环境温湿状况的物理量有：0℃层高度、－20℃层高度、500 hPa 温度露点差[$(T-T_d)_{500}$]、850 hPa 温度露点差[$(T-T_d)_{850}$]、500 hPa 和 850 hPa 温差[$\Delta T_{500\text{-}850}$]、500 hPa 和 850 hPa 温度露点差[$(T-T_d)_{500\text{-}850}$]、大气可降水量(PW)；

(4)表示动力稳定度的物理量有：总指数 TT、沙氏指数 SI、抬升指数 LI、垂直风切变指数 VWS、粗理查森数 BRN。

### 1.3 强对流天气发生发展潜势预报指标的筛选及特征分析

首先，统计 3 类强对流天气中各物理量和特征量，各物理量和特征量在不同类别强对流天气中的分布特点各有不同，同一个指标在不同类别的强对流天气中的指示意义各有其侧重。

其次，采用统计学方法计算物理量和特征量的离散度，一般情况下当某指数的离散度偏大时，说明该指数指示意义不明确，可以剔除，但是由于本身数据观测时间原因，往往出现强对流的时段在午后到傍晚时间，而我国规定的高空观测时间是早 08 时和晚 20 时，因而数据的离散度较大，需要将数据剔除异常值。

将 3 种类别中每个指数的数据进行 0～1 标准化，计算出每组数据的标准差，再除以每组数据的平均值以消除数据本身大小的影响，得出各指数在不同类别强对流中的离散度，离散度≤60%的指标有较明确的预报指示意义[2,3]。因此将离散度＞60% 作为剔除异常值的标准，得出各指数在不同类别强对流中的离散度，见表 1。

**表 1　冰雹、雷暴大风、暴雨三种强对流天气的一些物理量的平均值和离散度/%**

| 物理量/单位 | | 冰雹 | | 短时强降水 | | 雷暴大风 | |
|---|---|---|---|---|---|---|---|
| | | 均值 | 离散度 | 均值 | 离散度 | 均值 | 离散度 |
| 能量 | K/℃ | 28.33 | 20.27 | 30.96 | 22.71 | 26.73 | 28.08 |
| | CAPE/J·$kg^{-1}$ | 664.27* | 57.13* | 674.28* | 58.72* | 1117.62* | 57.35* |
| | DCAPE/J·$kg^{-1}$ | 611.36 | 50.91 | 580.93 | 56.80 | 614.38 | 53.11 |
| 热力参数 | $T_g$/℃ | 25.41 | 22.51 | 27.05 | 17.87 | 26.72 | 19.07 |
| | $\Delta\theta_{se500\text{-}850}/K$ | −8.23* | 53.01* | −11.46* | 52.62* | −8.35* | 55.45* |
| | 逆温层顶高度/hPa | 809.59 | 10.87 | 778.05 | 18.28 | 806.14 | 6.60 |
| | 逆温层顶温度/℃ | 14.74* | 35.37* | 15.47* | 30.53* | 14.72* | 35.53* |
| 环境温湿状况 | 0℃层高度/hPa | 4113.4 | 13.46 | 4675.77 | 8.56 | 4189.71 | 12.51 |
| | −20℃层高度/hPa | 7134.76 | 8.78 | 7856.54 | 8.29 | 7193.330 | 8.66 |
| | $(T-T_d)_{500}$/℃ | 19.92 | 41.72 | 20.6 | 43.57 | 21.49 | 45.11 |
| | $(T-T_d)_{850}$/℃ | 4.28* | 54.51* | 2.14* | 54.43* | 7.29* | 53.87* |
| | $\Delta T_{500\text{-}850}$/℃ | −27.16 | 12.41 | −25.28 | 13.63 | −27.43 | 13.46 |
| | $(T\text{-}T_d)_{500\text{-}850}$/℃ | −30.58 | 31.31 | −28.77 | 38.78 | −29.09 | 40.20 |
| | PW/cm | 4.43 | 28.58 | 6.02 | 28.51 | 4.41 | 30.23 |
| 动力稳定度 | TT/℃ | 47.09 | 7.42 | 45.08 | 9.93 | 46.01 | 10.3706 |
| | SI/℃ | −2.10* | 51.44* | −2.86* | 54.66* | −1.84* | 54.08* |
| | LI/℃ | −2.27* | 54.06* | −2.71* | 53.35* | −2.19* | 53.40* |
| | BRN | 141.96* | 43.54* | 8.36* | 56.00* | 30.28* | 58.63* |
| | VWS | 1.134 | 41.53 | 0.97 | 41.86 | 1.12 | 46.16 |

注：* 表示剔除异常值后计算出的指数平均值与离散度。

## 2　物理量对冰雹、雷暴大风、暴雨 3 种强对流天气的甄别能力

### 2.1　能量条件

对流不稳定能量 CAPE 和 K 指数是我们日常强对流天气预报经常关注的两个判据。从统计可以看出，这两个物理量对于是否出现强对流表现敏感，但是在 3 种强对流天气之间差异并不是很大，相比之下雷暴大风出现时对流有效位能稍高，CAPE 均值能达到 1117.62 J·$kg^{-1}$。但是 CAPE 受抬升高度的影响，计算值差异比较大，因此其阈值在使用时需要进行订正。而 K 指数表现为短时强降水比冰雹和雷暴大风时略大，说明暴雨对水汽条件依赖度更高。此外，对于下沉对流有效位能(DCAPE)统计发现，三者没有太大的差异，这与我们平时认为雷暴大风的 DCAPE 比较大的认识有所差异。但是 CAPE 和 DCAPE 这两个物理量的离散度都比较大，说明就单个个例来讲其值不确定性比较大(表 1，图 1)。

### 2.2　热力不稳定指标

对流温度($T_g$)预报局地对流时，常与当天下午预估可能出现的最高气温做比较，如果最高气温接近或高于对流温度[4]，就预报会产生局地对流，两者的对比分析将在今后的研究中详细分析。强对流天气发生一般具有比较明显的层结不稳定特征，$\Delta\theta_{se500\text{-}850}$ 表示高能舌和能量

峰的垂直分布，基本上<0℃是对流不稳定层结，冰雹和雷暴大风的值略高于短时强降水，说明指示短时强降水的发生，其具有更强的不稳定性。（表1，图2）。

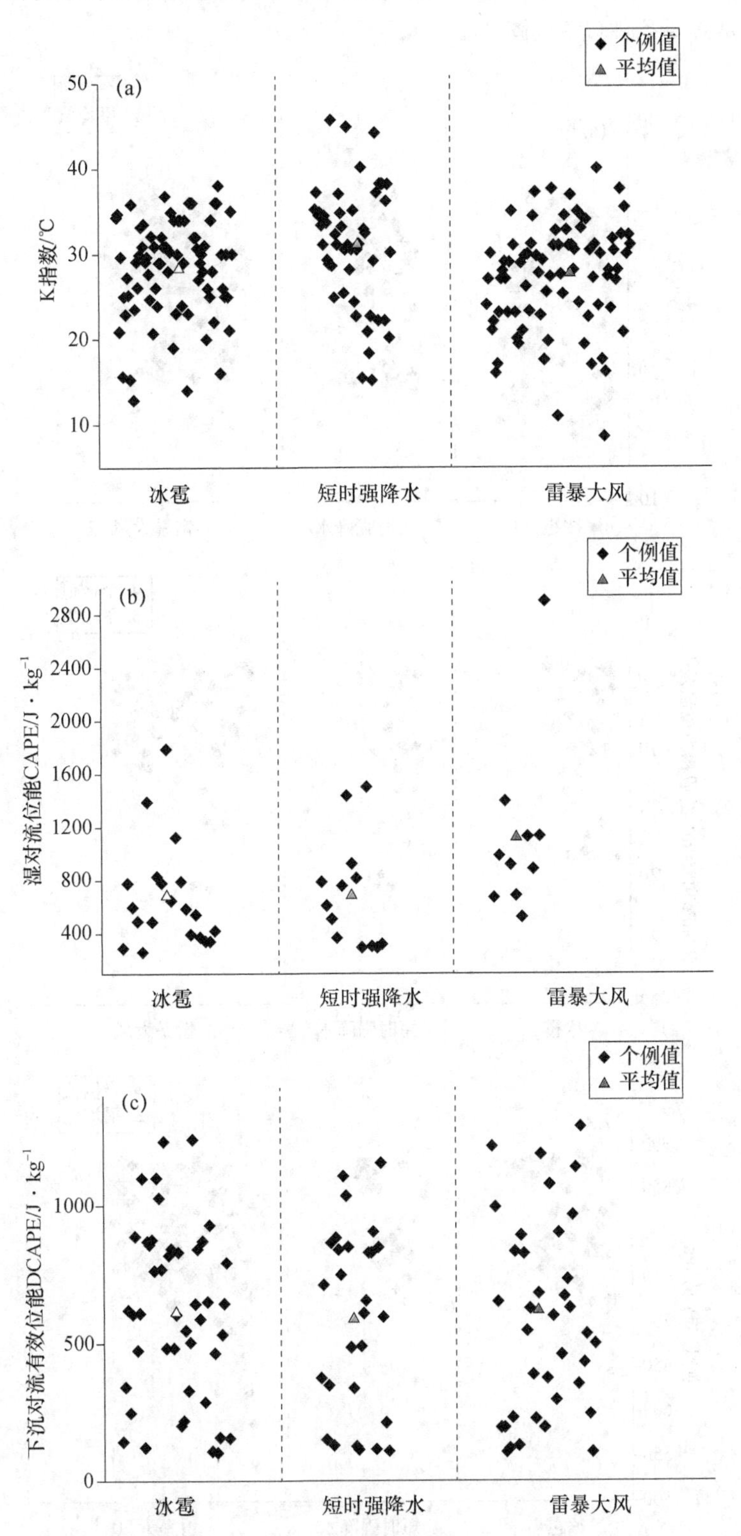


图1　冰雹、短时强降水、雷暴大风的K指数(a)、CAPE值(b)、DCAPE值(c)

强对流发生前期，逆温层的存在有利于不稳定能量的积聚。从统计可以看出，雹暴发生日一般具有比较深厚的逆温层，高度可达 3 km(700 hPa 左右）以上，对其他对流天气而言，是否存在逆温并不是必要条件（表 1，图 2）。

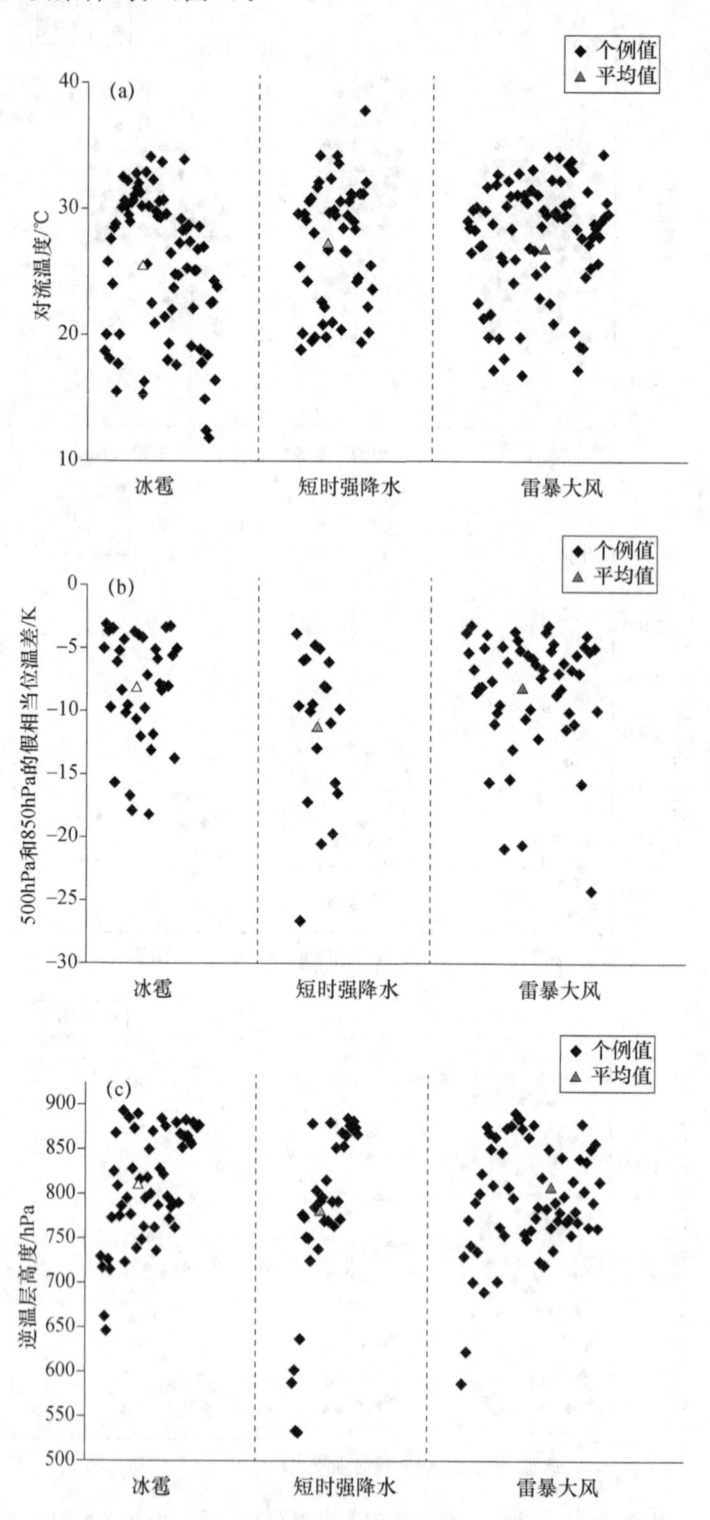

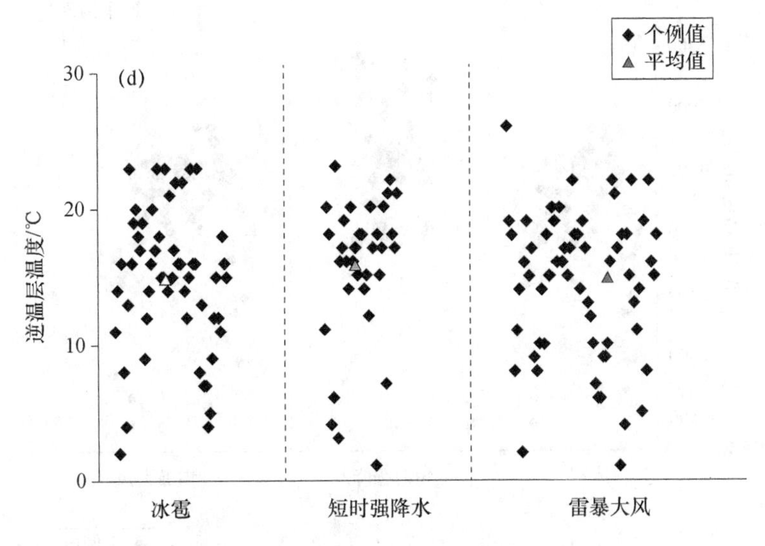


图 2　冰雹、短时强降水、雷暴大风的对流温度(a)、$\Delta\theta_{se500-850}$(b)、逆温层高度(c)、逆温层温度(d)

**2.3　温湿参量**

0℃层是云中水分冻结高度的下限，而－20℃层是大水滴自然成冰温度，这两个温度层的高度是识别和表示雹云特征的重要参数。从统计结果来看，冰雹的0℃层高度约4 km，－20℃层在7.4 km左右，这两个特性层的高度都要明显低于暴雨的500～600 m。不太高的0 ℃层使冰雹不容易在落地之前就被融化，而暴雨的0℃ 偏高(4.75 km左右)使得固态降水物出云后能融化形成大雨滴到达地面。这与以往的研究结果是一致的(表1,图3)。

温湿条件的差异对于强对流天气的类别有重要的影响。从500 hPa、850 hPa的温度露点差统计看出:冰雹和雷暴大风一般具有上干下湿的特点，高空的温度露点差可达30℃以上，高层干冷空气的侵入有利于强雹暴的产生和发展;而暴雨需要整层的湿层，低层的温度露点差约为2℃，接近饱和。从单个个例来看高层500 hPa的 $T$-$T_d$ 不确定性较大，离散度较高。而暴雨个例中低层的 $T$-$T_d$ 仅有两次过程异常大，这可能与暴雨落区距离探空站较远有关，因此影响了离散度的大小(表1,图3)。

高低空的温差反映了大气垂直温度梯度，是判断夏季华北地区是否出现雷暴天气的重要判据。统计发现，冰雹和雷暴大风的高低空温差均值可达－27 ℃以上，而暴雨均值为－25 ℃，两者之间温差3～4 ℃。说明不太大的高低层温差条件即可产生暴雨，但是强的雷暴天气必须要达到比较大的温差才有可能出现(表1,图3)。这种差异反映了对流层中层不同强度的冷空气对不同对流天气形成过程的影响。

此外，我们还统计了大气可降水量(PW)，结果表明单位面积整层气柱中的可降水含量越多越容易产生短时强降水(均值约6 cm)，但是冰雹、雷暴大风PW的统计值相差不大(表1,图3)。

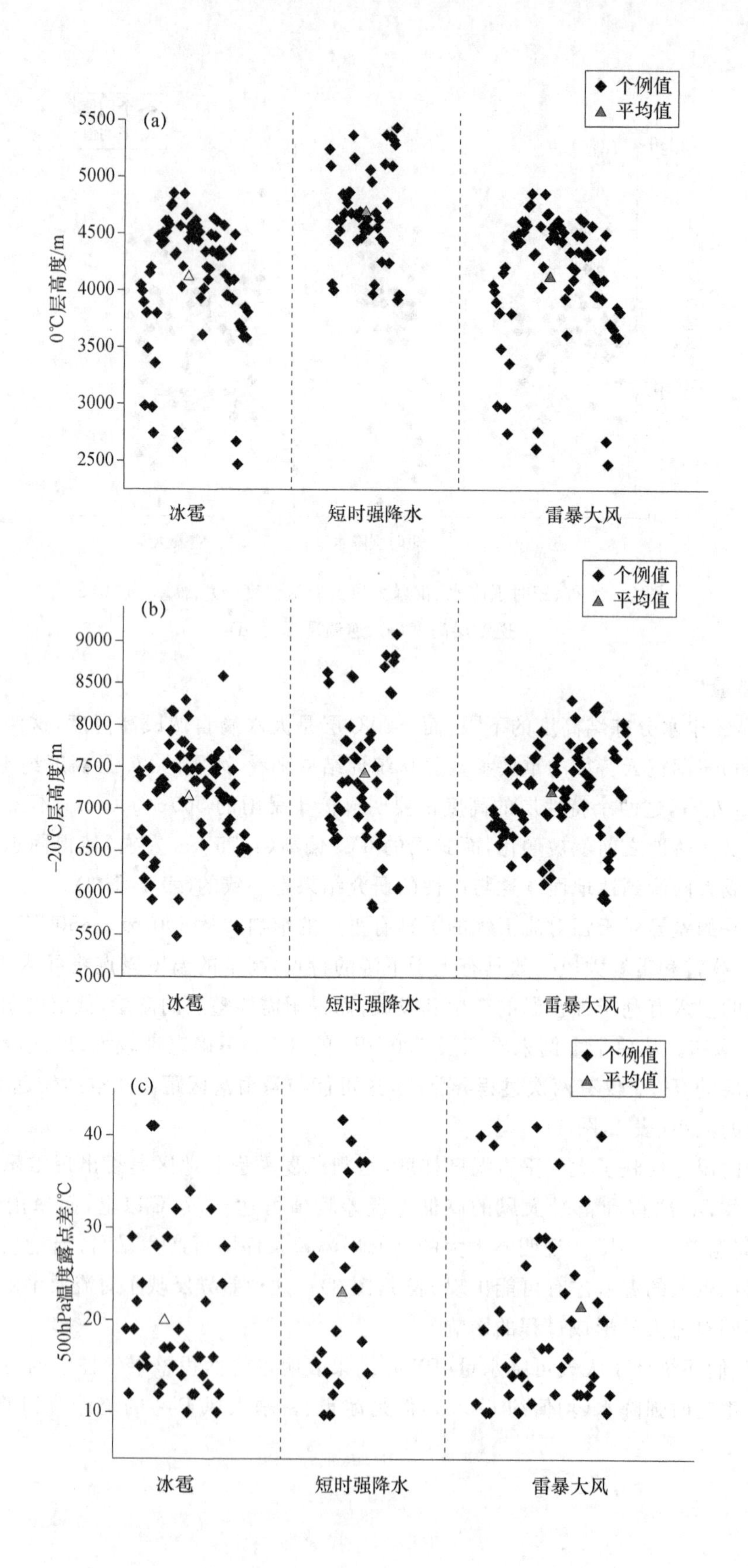

个例值
平均值
(a)
5500
5000
4500
4000
3500
3000
2500
0℃层高度/m
冰雹
短时强降水
雷暴大风
(b)
9000
8500
8000
7500
7000
6500
6000
5500
5000
−20℃层高度/m
冰雹
短时强降水
雷暴大风
(c)
40
30
20
10
500hPa温度露点差/℃
冰雹
短时强降水
雷暴大风

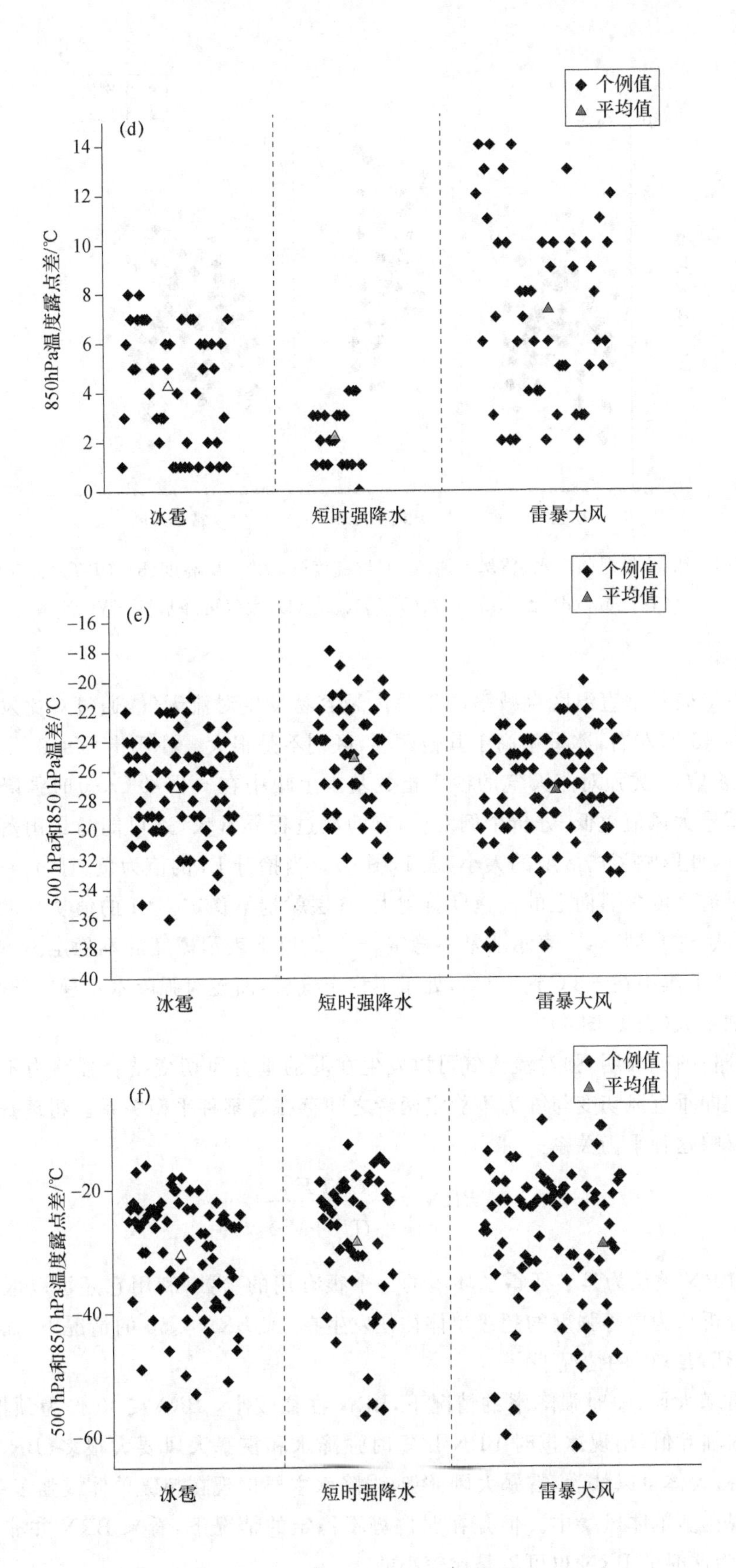
个例值
平均值
(d)
14
12
10
8
6
4
2
0
850hPa温度露点差/℃
冰雹
短时强降水
雷暴大风
个例值
平均值
(e)
-16
-18
-20
-22
-24
-26
-28
-30
-32
-34
-36
-38
-40
500 hPa和850 hPa温差/℃
冰雹
短时强降水
雷暴大风
个例值
平均值
(f)
-20
-40
-60
500 hPa和850 hPa温度露点差/℃
冰雹
短时强降水
雷暴大风

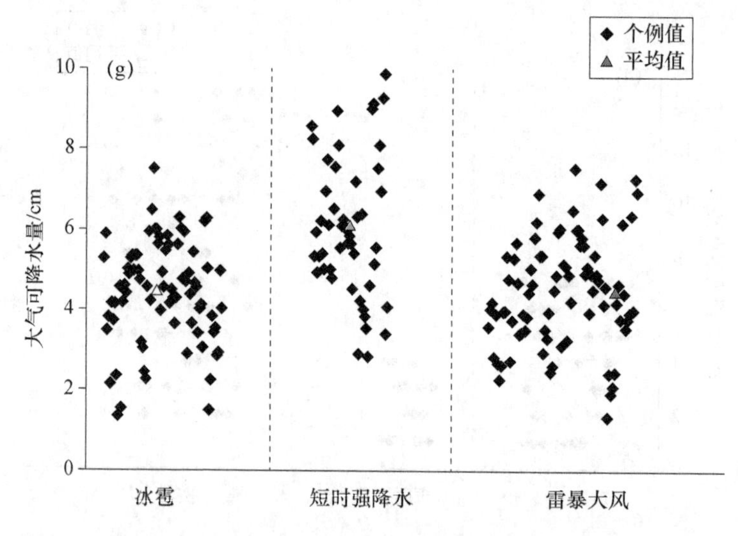


图 3　冰雹、短时强降水、雷暴大风的 0℃层高度(a)、20℃层高度(b)、$(T\text{-}T_d)_{500}$(c)、$(T\text{-}T_d)_{850}$(d)、$\Delta T_{500\text{-}850}$(e)、$(T\text{-}T_d)_{500\text{-}850}$(f)、大气可降水量 PW(g)

### 2.4　动力条件

总指数 TT 表示垂直温度直减率，TT 越大越容易发生对流天气，通过对比发现 3 类强对流总指数均在 45 ℃左右，冰雹率高于其他两项，区别不是很大。沙氏指 SI<0 层结不稳定，负值越大，越不稳定，3 类强对流天气的沙氏指数基本上集中在－4～0℃，短时强降水的均值反而比冰雹和雷暴大风值更低，分析个例发现，有两次过程异常大，这可能与暴雨落区距离探空站较远有关，因此影响了离散度的大小(表 1，图 4)。当抬升 LI 的值为负，且负值越大，气块上升超过自由对流高度之后向上的加速度就越大，气层就越不稳定。LI 的值从－3℃到－1℃就表示不稳定，从－6℃到－4℃表示非常不稳定，－7℃ 以下表示极度的不稳定。冰雹和雷暴大风 LI 的值基本上集中在－3℃到－1℃，处于不稳定气层，而短时强降水不稳定值相对略大，三类强对流区别不大(表 1，图 4)。

大量的分析研究表明，强对流天气可以发生在弱的垂直风切变结合强静力不稳定或相反的环境中[5]。即垂直风切变与静力不稳定两者之间存在着某种平衡关系。粗理查森数的概念可以很好地反映这种平衡关系。

$$BRN=\frac{CAPE}{\frac{1}{2}(U^2+V^2)}$$

近年来，BRN 被认为是表征雷暴环境的一个很有用的参数，利用它还可以区分对流风暴类型。有些分析认为中等强度的超级单体往往发生在 $5\leqslant BRN\leqslant 50$ 的情况下，而多单体风暴一般发生在 $BRN>35$ 的情况下[6,7]。

在出现雷暴大风、短时强降水的情况下，BRN 往往较小，$BRN\leqslant 30$ 作为预报雷暴大风、短时强降水的临界值，出现冰雹时 BRN 比短时强降水和雷暴大风要大很多($BRN\geqslant 80$)。这样的分析结果，大体可以认为，雷暴大风、短时强降水主要出现在超级单体或强多单体风暴中，而冰雹多出现在多单体风暴中。但是在弱位势不稳定的情况下，看来 BRN 并非是一个好的预报指标，因为这时的 BRN 也可以是比较小的。

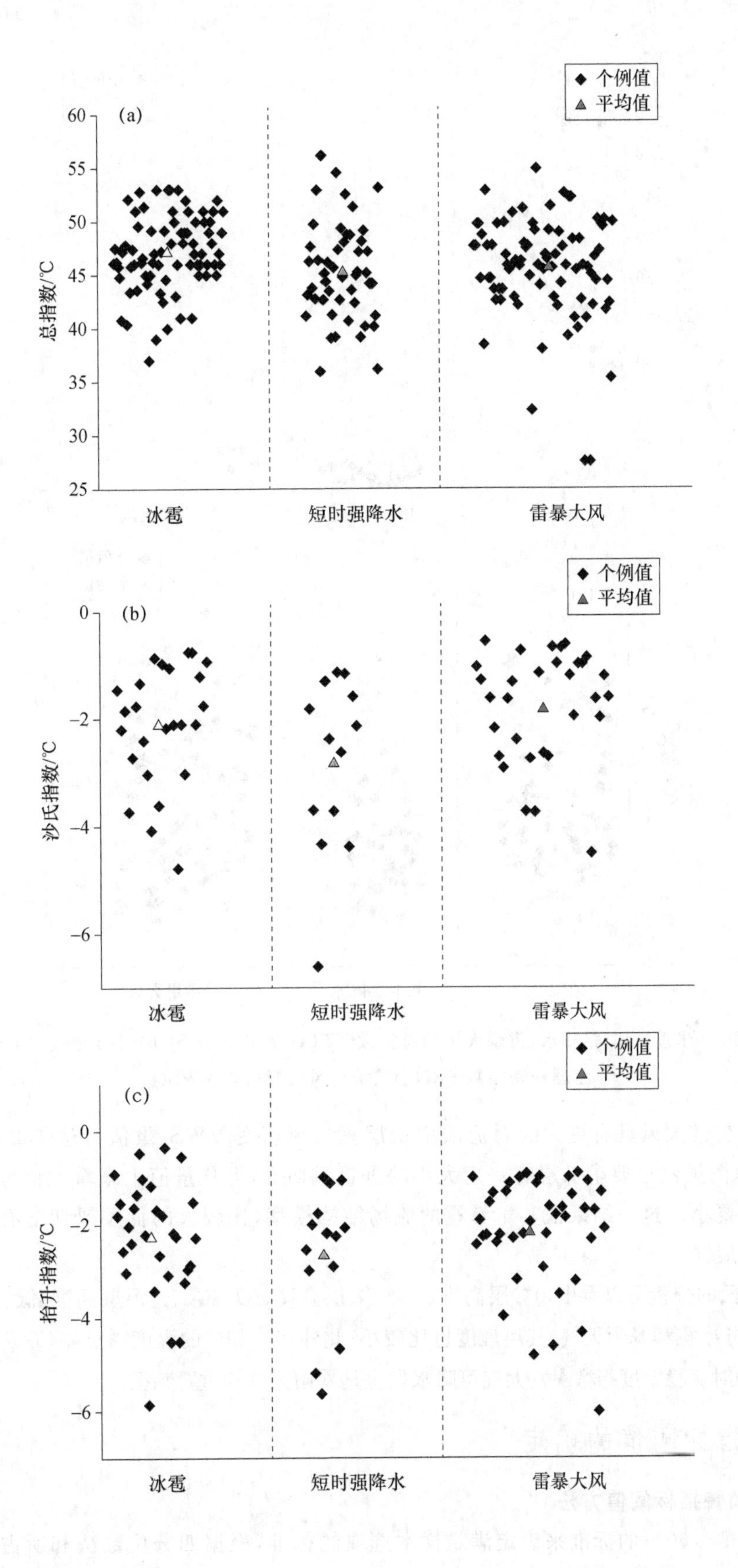
个例值
平均值
(a)
60
55
50
45
40
35
30
25
总指数/℃
冰雹
短时强降水
雷暴大风
个例值
平均值
(b)
0
-2
-4
-6
沙氏指数/℃
冰雹
短时强降水
雷暴大风
个例值
平均值
(c)
0
-2
-4
-6
抬升指数/℃
冰雹
短时强降水
雷暴大风

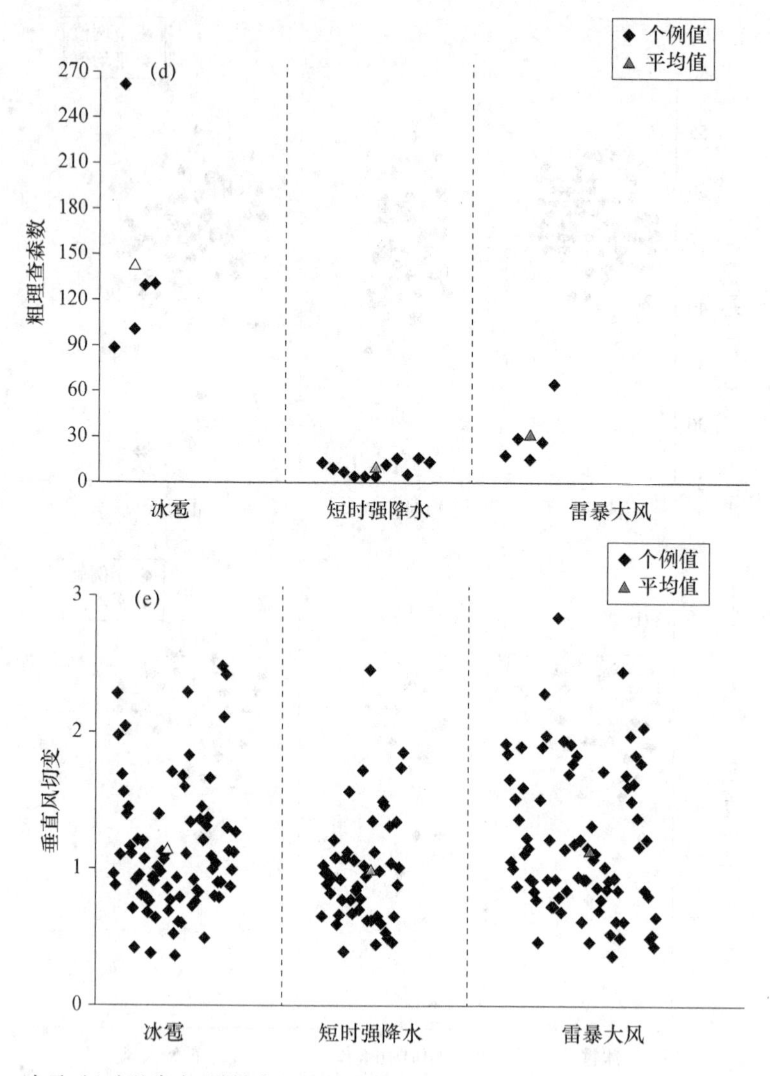


图 4　冰雹、短时强降水、雷暴大风的总指数 TT(a)、沙氏指数 SI(b)、抬升指数 LI(c)、粗理查森指数 BRN(d)、垂直风切变指数 VWS(e)

冰雹和雷暴大风具有更大的对流层中低层垂直风切变 VWS，量值可达 1.2 m・$s^{-1}$ 以上(表 1)，而暴雨虽然也要求低层有一定大小的垂直风切变，但从量值上来看大部分个例风切变值比前两者要小。这一结果证实了暴雹的流场结构模型，比较大的低层风切变有利于强雷暴的产生和发展。

通过上面的分析可以看出，0℃层高度、−20 ℃层高度、$\Delta T_{500\text{-}850}$、逆温层高度、低空风切变能比较显著地区分冰雹和暴雨天气，其离散度也比较小；此外，850 hPa 的温度露点差$(T\text{-}T_d)_{850}$、$\Delta\theta_{se500\text{-}850}$差值(定义为对流稳定度指数[8])、大气可降水量也是暴雨天气的重要判据。

## 3　预警指标阈值的确定

### 3.1　确定预警指标阈值方法

以离散度≤60％的标准来确定满足样本选取的标准，根据四分位数法和所占比例≥70％

界定各类预报因子阈值，进而确立呼和浩特地区强对流天气预警指标（表 2、表 3、表 4）。

A、方法一：四分位数法

四分位数法，即把所有数值由小到大排列并分成四等份，处于三个分割点位置的数值就是四分位数。本文选取样本序列里 Q1 与 Q3 之间的值作为显著物理量的阈值区间，Q1 对应的值作为指标的下限，确定呼和浩特地区强对流天气显著物理量阈值。

B、方法二：所占比例≥70%阈值确定法

按照某类强对流天气样本所占比例≥70%的比例对各物理量进行阈值的确定。例如，70%的冰雹出现在 CAPE 指数为 396.1～1125.4 $J \cdot kg^{-1}$的范围内。

### 3.2 预警指标阈值

由于所选参数存在两种指标类别，即正向指标（越大越好）、逆向指标（越小越好）和适度指标（不能太小也不能太大）。

其中逆向指标有：$\Delta\theta_{se500\text{-}850}$、$(T\text{-}T_d)_{850}$、$\Delta T_{500\text{-}850}$$(T\text{-}T_d)_{500\text{-}850}$、沙氏指数 SI、抬升指数 LI。

适度指标有：粗理查森数 BRN，0℃层高度、－20℃层高度、逆温层高度。

**表 2　冰雹天气的预警阈值/%**

| | 物理量/单位 | 四分位法 | | 所占比例≥70%的阈值 | 最大值 | 最小值 |
|---|---|---|---|---|---|---|
| | | 阈值 | 所占比例/% | | | |
| 环境 | K/℃ | 24.0～32.0 | 51.28 | 22.0～34.0 | 38.0 | 12.9 |
| | CAPE/$J \cdot kg^{-1}$ | 396.1～1125.4 | 65.00 | 341.7～1391.6 | 1787.7 | 265 |
| | DCAPE/$J \cdot kg^{-1}$ | 287.1～830.3 | 50.64 | 157.2～877.1 | 1240.2 | 100.7 |
| 环境温湿状况 | $T_{CON}$/℃ | 20.0～29.8 | 50.64 | 18.4～30.7 | 34.1 | 11.8 |
| | $\Delta\theta_{se500\text{-}850}$/K | －10.65～－4.14 | 57.14 | －3.72～－13.76 | －18.22 | －3.14 |
| | 逆温层顶高度/hPa | 772.0～865.0 | 48.15 | 738.0～877.0 | 893.0 | 646.0 |
| | 逆温层顶温度/℃ | 12.0～18.0 | 51.85 | 8.0～20.0 | 23.0 | 2.0 |
| | 0℃层高度/hPa | 3807.4～4490 | 50.64 | 3656.7～4574.9 | 4851.83 | 2466.7 |
| | －20℃层高度/hPa | 6613.2～7480 | 50.64 | 6521.5～7633.1 | 8580 | 5485.6 |
| | $(T\text{-}T_d)_{500}$/℃ | 13～22 | 51.35 | 13～29 | 41 | 10 |
| | $(T\text{-}T_d)_{850}$/℃ | 6～2 | 54.16 | 7～1 | 1 | 8 |
| | $\Delta T_{500\text{-}850}$/℃ | －30～－25 | 50.64 | －31～－24.0 | －21 | －36 |
| | $(T\text{-}T_d)_{500\text{-}850}$/℃ | －38～－24 | 50.64 | －41～－22.0 | －16 | －55 |
| | PW/cm | 3.54～5.28 | 50.64 | 3.06～5.79 | 7.51 | 1.34 |
| 动力稳定度 | TT/℃ | 45～49.2 | 50.64 | 44.2～51.0 | 53 | 37 |
| | SI/℃ | －3.02～－1.04 | 60.00 | —3.03～－0.97 | －4.78 | －0.75 |
| | LI/℃ | －3.03～－1.36 | 60.00 | －3.25～－1.02 | －5.86 | －0.36 |
| | BRN | 100.6～130.3 | 60.00 | 88.2～130.3 | 261.2 | 88.2 |
| | VWS | 0.79～1.31 | 50.64 | 0.76～1.6 | 2.48 | 0.36 |

**表 3 短时强降水天气的预警阈值/%**

| 物理量/单位 | | 四分位法 | | 所占比例 | 最大值 | 最小值 |
|---|---|---|---|---|---|---|
| | | 阈值 | 所占比例/% | ≥70%的阈值 | | |
| 环境 | K/℃ | 25.2～34.6 | 46.94 | 22～38 | 45.5 | 15 |
| | CAPE/J·kg$^{-1}$ | 494.6～912.5 | 60.00 | 295.3～912.5 | 1490.1 | 280.6 |
| | DCAPE/J·kg$^{-1}$ | 204.4～824.2 | 46.43 | 117.3～877.1 | 1148.2 | 101.5 |
| 环境温湿状况 | $T_{CON}$/℃ | 22.1～30.5 | 46.94 | 20.1～31.6 | 37.7 | 18.7 |
| | $\Delta\theta_{se500-850}$/K | −16.63～−6.22 | 55.00 | −17.29～−5.99 | −26.74 | −3.98 |
| | 逆温层顶高度/hPa | 748～850 | 47.59 | 723～873 | 883 | 530 |
| | 逆温层顶温度/℃ | 14～19 | 55.88 | 7～20 | 23 | 3 |
| | 0℃层高度/hPa | 4429.7～4834.4 | 46.94 | 4228.6～5152 | 5417.1 | 3902.4 |
| | −20℃层高度/hPa | 7343～8160 | 46.94 | 7219.5～8749.2 | 9144 | 6629.3 |
| | $(T-T_d)_{500}$/℃ | 13～23 | 45 | 12～33 | 37 | 9 |
| | $(T-T_d)_{850}$/℃ | 3～1 | 57.17 | 3～1 | 0 | 4 |
| | $\Delta T_{500-850}$/℃ | −28～−24 | 46.94 | −30～−22 | −18 | −32 |
| | $(T-T_d)_{500-850}$/℃ | −36～−22 | 46.94 | −42～−19 | −13 | −57 |
| | PW/cm | 4.88～6.47 | 46.94 | 4.03～8.05 | 9.83 | 2.8 |
| 动力稳定度 | TT/℃ | 42.2～47 | 46.94 | 40～49.2 | 56 | 35.8 |
| | SI/℃ | −4.36～−1.33 | 69.23 | −4.36～−1.33 | −6.64 | −1.16 |
| | LI/℃ | −3.03～−1.8 | 57.14 | −4.69～−1.51 | −5.67 | −1.02 |
| | BRN | 4.2～12.6 | 54.54 | 2.9～14.9 | 15.1 | 2.7 |
| | VWS | 0.64～1.05 | 46.94 | 0.59～1.34 | 2.44 | 0.38 |

**表 4 雷暴大风天气的预警阈值/%**

| 物理量/单位 | | 四分位法 | | 所占比例 | 最大值 | 最小值 |
|---|---|---|---|---|---|---|
| | | 阈值 | 所占比例/% | ≥70%的阈值 | | |
| 环境 | K/℃ | 23～31.3 | 48.53 | 20～34 | 39.9 | −2.1 |
| | CAPE/J·kg$^{-1}$ | 666.7～1129.6 | 70.00 | 666.7～1391.6 | 2894.9 | 517.9 |
| | DCAPE/J·kg$^{-1}$ | 350.7～830.8 | 47.76 | 221.7～963.9 | 1285.3 | 101.5 |
| 环境温湿状况 | $T_{CON}$/℃ | 23.4～30.5 | 48.53 | 20.3～31.9 | 35 | 11.8 |
| | $\Delta\theta_{se500-850}$/K | −10.14～−5.04 | 53.85 | −12.21～−4.65 | −24.27 | −3.24 |
| | 逆温层顶高度/hPa | 768～859 | 47.5 | 753～873 | 890 | 586 |
| | 逆温层顶温度/℃ | 11～18 | 51.25 | 9～20 | 26 | 1 |
| | 0℃层高度/hPa | 3902～4536 | 48.53 | 3606～4673 | 5338 | 2879 |
| | −20℃层高度/hPa | 6763～7600 | 48.53 | 6575～7795 | 8880 | 5793 |
| | $(T-T_d)_{500}$/℃ | 13～26 | 46.03 | 12～35 | 41 | 10 |
| | $(T-T_d)_{850}$/℃ | 10～4 | 51.40 | 12～2 | 1 | 14 |
| | $\Delta T_{500-850}$/℃ | −29～−25 | 48.53 | −31～−24 | −19 | −38 |
| | $(T-T_d)_{500-850}$/℃ | −35～−21 | 48.53 | −42～−19 | −9 | −62 |
| | PW/cm | 3.53～5.19 | 48.53 | 3.1～5.98 | 8.36 | 1.32 |

续表

| 物理量/单位 | | 四分位法 | | 所占比例≥70%的阈值 | 最大值 | 最小值 |
|---|---|---|---|---|---|---|
| | | 阈值 | 所占比例/% | | | |
| 动力稳定度 | TT/℃ | 43.3～49 | 48.53 | 42.2～50.4 | 55 | 28.4 |
| | SI/℃ | －2.65～－1.04 | 52.77 | －2.94～－0.87 | －4.52 | －0.57 |
| | LI/℃ | －2.4～－1.35 | 51.21 | －3.52～－1.02 | －6.03 | －0.92 |
| | BRN | 17.2～28.8 | 60.00 | 14.9～28.8 | 64.2 | 14.9 |
| | VWS | 0.77～1.43 | 48.53 | 0.59～1.77 | 2.84 | 0.15 |

注：表中逆向指标的最大值与最小值列的是指标意义上的最大值与最小值，而非数学上的最大与最小。

## 4 小结

利用呼和浩特的探空资料对2012—2016年的冰雹、雷暴大风、短时强降水强对流日多种物理量的统计计算分析，初步得到了一些能有效识别强对流天气及其类型的物理量，结论如下。

(1)预报中常用的CAPE、K指数能用来判断是否出现强对流天气，但是并不能甄别强对流天气的种类。

(2)雹暴的发生要求环境空气的0℃层和－20℃层的高度不宜太高，0℃层高度约4 km，－20℃层在7.4 km左右，这两个特性层的高度都要明显低于暴雨的500～600 m。并且冰雹的发生一般在低层有比较深厚的逆温层。

(3)冰雹和雷暴大风要求500 hPa和850 hPa的环境温差达到－27℃左右，而不太大的高低层温差条件即可能产生暴雨，仅在－25℃左右。大部分暴雨的产生要求具有整层湿的垂直结构，并且低层850 hPa的温度露点差均值约为3℃，接近饱和，说明充足的水汽供应对于暴雨是必要条件，但并非冰雹和雷暴大风的必要条件。

(4)$\Delta\theta_{se500\text{-}850}$、单位面积整层气柱中的可降水量PW越多越容易出现20 mm·$h^{-1}$的暴雨，更能指示暴雨的发生，其具有更强的不稳定性，冰雹、雷暴大风PW的值相差不大。

(5)以离散度≤60%的标准来确定满足样本选取的标准，根据四分位数法和所占比例≥70%界定各类预报因子阈值，进而确立了呼和浩特地区强对流天气预警指标。

### 参考文献

[1] 雷蕾，孙继松，魏东. 利用探空资料判别北京地区夏季强对流的天气类别[J]. 气象，2011，37(2)：136-141.

[2] 赵静，青泉，顾清源. 一次对流性强降雨过程的雷达特征分析[J]. 高原山地气象研究，2010，30(2)：46-50.

[3] 吴莉娟，江智全，肖天贵，等. 凉山山地强降雨型泥石流灾害雷达短临预警技术研究[J]. 高原山地气象研究，2013，33(1)：86-89.

[4] 何立富，周庆亮，谌芸，等. 国家级强对流潜势预报业务进展与检验评估[J]. 气象，2011，37(7)：777-784.

[5] 许爱华，詹丰兴，刘晓晖，等. 强垂直温度梯度条件下强对流天气分析与潜势预报[J]. 气象科技，2006，36(4)：376-380.

[6] 冯民学，周俊驰，曾明剑，等. 基于对流参数的洋口港地区雷暴预报方法研究[J]. 气象，2012，38(12)：1515-1522.

[7] 张义军，周秀骥. 雷电研究的回顾和进展[J]. 应用气象学报，2006，17(6)：829-834.

[8] 周益平，陈涛，贺中华，等. 衡阳市降水型地质灾害潜势预报预警方法初探[J]. 防灾科技学院学报，2010，12(4)：57-61.